Pragas Introduzidas no Brasil

INSETOS E ÁCAROS

Pragas Introduzidas no Brasil

INSETOS E ÁCAROS

EDITORES

EVALDO FERREIRA VILELA
ROBERTO ANTONIO ZUCCHI

FEALQ

© FUNDAÇÃO DE ESTUDOS AGRÁRIOS
LUIZ DE QUEIROZ — FEALQ

Av. Centenário, 1080
13416-000 Piracicaba, SP, Brasil

Fone: 19-3417-6609
.Fax: 19-3422-2755

livros@fealq.org.br
fealq.org.br

Dados Internacionais de Catalogação na Publicação
DIVISÃO DE BIBLIOTECA - DIBD/ESALQ/USP

Pragas introduzidas no Brasil: insetos e ácaros / edição de Evaldo Ferreira Vilela e Roberto Antonio Zucchi. - - Piracicaba: FEALQ, 2015.

908 p. : il.

Bibliografia.

ISBN: 978-85-7133-079-5

1. Ácaros 2. Insetos 3. Pragas de plantas I. Vilela, E. F. ed., II. Zucchi, R. A. ed. III. Título

CDD 632.7
V699p

MISTO
Papel produzido a partir de fontes responsáveis
FSC® C108975

Sumário

Lista de capítulos, autores e coautores 11

Endereços eletrônicos de autores e coautores 28

Lista de autores e coautores em ordem alfabética 31

Apresentação 47

Prefácio 49

PARTE I – DEFESA FITOSSANITÁRIA

1. **Ameaças fitossanitárias para o Brasil: entender o passado para prever o futuro** 53
R. L. Sugayama
A. R. Stancioli
E. F. Vilela

2. **Quarentena vegetal no Brasil** 67
V. Gonzaga
N. P. Benito
M. Lopes-da-Silva
H. M. C. Rocha
D. Navia

3. **Relato de nova praga e suas consequências para o agronegócio brasileiro** 109
F. A. de Souza-Costa

4. **Trânsito de vegetais e prevenção à introdução de pragas** 118
O. L. R. Silva

5. **Potenciais impactos socioeconômicos da expansão da mosca-da-carambola** 132
S. H. G. Miranda
A. M. Nascimento
V. P. Ximenes

PARTE II – FRUTICULTURA E PLANTAS ORNAMENTAIS

6. **Mosca-do-mediterrâneo, *Ceratitis capitata* (Wiedemann)** 153
R. A. Zucchi

7. **Mosca-da-carambola, *Bactrocera carambolae* Drew & Hancock** ... 173
A. Malavasi

8. **Mosquinha-da-mangueira, *Erosomyia mangiferae* Felt** 185
F. N. P. Haji
J. A. Alencar
A. N. Moreira
F. R. Barbosa

9. **Mosca-africana-do-figo, *Zaprionus indianus* Gupta** 191
C. R. Vilela
B. Goñi

10. **Minador-dos-citros, *Phyllocnistis citrella* Stainton** 215
F. L. Cônsoli
J. R. P. Parra
M. C. M. Chagas
A. L. Parra-Pedrazzoli

11. **Traça-da-bananeira, *Opogona sacchari* (Bojer)** 236
J. M. Milanez
E. F. B. Lima

12. **Traça-da-maçã, *Cydia pomonella* (L.)** 246
A. Kovaleski
J. J. Carbonari
M. Albuquerque

13. **Mariposa-oriental, *Grapholita molesta* (Busck)** 262
D. E. Nava
M. Botton
C. J. Arioli

14. **Lagarta-da-coroa, *Duponchelia fovealis* Zeller** 280
M. A. C. Zawadneak
H. R. Vidal
B. Santos

15. **Psilídeo-asiático-dos-citros, *Diaphorina citri* Kuwayama** 299
J. R. S. Lopes
J. R. P. Parra
P. T. Yamamoto
J. M. S. Bento

16. **Cochonilha-pardinha, *Selenaspidus articulatus* (Morgan)** 315
R. Marín
J. R. P. Parra
A. de S. Pinto

17. **Cochonilha-rosada, *Maconellicoccus hirsutus* (Green)** 328
E. G. F. Morais
A. L. B. G. Peronti
A. L. Marsaro Júnior
G. C. Amaro

18. Mosca-negra-dos-citros, *Aleurocanthus woglumi* Ashby 345
J. D. Vendramim
M. R. Pena
N. M. Silva

19. Mosca-branca-do-fícus, *Singhiella simplex* (Singh) 358
A. F. de Lima
F. Racca Filho
T. D. Trindade

20. Pulgões, *Greenidea ficicola* Takahashi e *Greenidea psidii* van der Goot 371
C. R. Sousa-Silva
A. L. B. G. Peronti
F. A. Ilharco

21. Tripes, *Frankliniella occidentalis* (Pergande) 378
E. F. B. Lima

22. Tripes-do-cacaueiro, *Selenothrips rubrocinctus* (Giard) 387
E. F. B. Lima
R. A. Zucchi

23. Tripes-da-casca-da-banana, *Elixothrips brevisetis* (Bagnall) 398
E. F. B. Lima

24. Ácaro-vermelho-da-macieira, *Panonychus ulmi* (Koch) 407
J. L. C. Mineiro
M. E. Sato
A. Raga
A. Kovaleski

25. Ácaro-vermelho-das-palmeiras, *Raoiella indica* Hirst 418
D. Navia
E. G. F. Morais
R. S. de Mendonça
M. G. C. Gondim Jr.

26. Ácaro-da-erinose-da-lichia, *Aceria litchii* (Keifer) 453
J. L. C. Mineiro
A. Raga
D. Navia

27. Ácaro-hindustânico-dos-citros, *Schizotetranychus hindustanicus* (Hirst) 472
A. K. Fantine
R. L. Sugayama
E. F. Vilela

PARTE III – HORTICULTURA E PLANTAS FORRAGEIRAS

28. Traça-da-batata, *Phthorimaea operculella* (Zeller) 483
F. H. França
M. C. Branco
V. O. Becker

29. Traça-do-tomateiro, *Tuta absoluta* (Meyrick) 500
M. Michereff Filho
J. A. Guimarães
A. P. de Moura
E. F. Vilela

30. Traça-das-crucíferas, *Plutella xylostella* (L.) 516
M. Castelo Branco
F. H. França

31. Cochonilha-do-carmim, *Dactylopius opuntiae* (Cockerell) 529
J. L. Batista
C. H. Brito
E. B. Lopes

32. Tripes-da-cebola, *Thrips tabaci* Lindeman 537
E. F. B. Lima
R. A. Zucchi

33. Tripes, *Thrips palmi* Karny 548
R. C. Monteiro
E. F. B. Lima

PARTE IV – GRANDES CULTURAS

34. Broca-do-café, *Hypothenemus hampei* (Ferrari) 577
F. Cantor
V. L. R. M. Benassi
C. J. Fanton
D. Rodriguez
J. R. Cure

35. Bicudo-do-algodoeiro, *Anthonomus grandis* Boheman 599
F. S. Ramalho
R. S. Medeiros
W. P. Lemos

36. Gorgulho-aquático-do-arroz, *Oryzophagus oryzae* (Lima) 624
J. F. S. Martins
U. S. Cunha

37. Broca-da-haste-do-algodoeiro, *Conotrachelus denieri* Hustache...643
C. J. Ávila
P. E. Degrande

38. Pulgão-verde-dos-cereais, *Schizaphis graminum* (Rondani) 653
J. M. Waquil
M. Lopes-da-Silva
J. R. Salvadori
C. M. Lazzarotto
P. R. V. S. Pereira
D. Lau

39. Mosca-branca, *Bemisia tabaci* (Gennadius) biótipo B 682
A. L. Lourenção
R. Krause-Sakate
G. E. Valle

40. Percevejo-das-gramíneas, *Blissus ?leucopterus* 708
José R. Valério
Paulo R. Reis
José O. G. de Lima

41. Mosca-do-sorgo, *Stenodiplosis sorghicola* (Coquillett) 720
J. M. Waquil
F. M. Lara

42. *Helicoverpa armigera* (Hübner) 739
A. Specht
S. V. Paula-Moraes
D. R. Sosa-Gómez

43. Ácaro-do-enrolamento-do-trigo, *Aceria tosichella* Keifer 754
P. R. V. S. Pereira
D. Lau
D. Navia
R. S. de Mendonça
J. R. Salvadori
V. Bianchin

PARTE V – FLORESTAS

44. Broca-do-eucalipto, *Phoracantha semipunctata* (Fabricius) 769
G. T. Ribeiro
J. C. M. Poderoso
C. F. Wilcken
J. C. Zanuncio

45. Gorgulho-do-eucalipto, *Gonipterus platensis* Marelli 779
C. F. Wilcken
N. C. Oliveira

46. Gorgulho-do-pínus, *Pissodes castaneus* (Degeer) 792
E. T. Iede
M. F. O. Martins
W. Reis Filho
S. R. M. Zaleski

47. Broca-da-teca, *Sinoxylon unidentatum* (Fabricius) 802
O. Peres Filho
E. P. Teixeira
R. G. Moura

48. Vespa-da-madeira, *Sirex noctilio* Fabricius 810
E. T. Iede
S. R. C. Penteado
W. Reis Filho

49. **Vespa-da-galha-do-citriodora,**
***Epichrysocharis burwelli* Schauff** 827
R. A. Pereira
E. Berti Filho
C. F. Wilcken

50. **Vespa-da-galha-do-eucalipto,**
***Leptocybe invasa* Fisher & La Salle** 835
C. F. Wilcken
B. Zaché
M. V. Masson
R. A. Pereira
L. R. Barbosa
J. C. Zanuncio

51. **Lagarta-da-teca, *Hyblaea puera* (Cramer)** 845
O. Peres Filho
R. G. Moura
A. Dorval

52. **Pulgão-gigante-do-pínus, *Cinara atlantica* (Wilson)** 854
S. M. N. Lazzari
S. R. C. Penteado
R. C. Zonta-de-Carvalho
C. M. Lazzarotto
J. T. Cardoso

53. **Pulgão-lanígero-do-pínus, *Pineus boerneri* Annand** 871
S. M. N. Lazzari
J. T. Cardoso
S. R. C. Penteado
R. C. Zonta-de-Carvalho
C. M. Lazzarotto

54. **Psilídeo-de-concha-do-eucalipto,**
***Glycaspis brimblecombei* Moore** 883
C. F. Wilcken
D. C. Firmino-Winckler
M. H. F. A. Dal Pogetto
T. K. R. Dias
A. C. V. Lima
L. A. N. de Sá
P. J. Ferreira Filho

55. **Percevejo-bronzeado-do-eucalipto,**
***Thaumastocoris peregrinus* Carpintero & Dellapé** 898
C. F. Wilcken
L. R. Barbosa
E. P. Soliman
A. C. V. Lima
L. A. N. de Sá
S. Lawson

Lista de capítulos, autores e coautores

PARTE I – DEFESA FITOSSANITÁRIA

Capítulo 1 – Ameaças fitossanitárias para o Brasil: entender o passado para prever o futuro

Regina Lúcia Sugayama – regina.sugayama@defesaagropecuaria.com
Agropec Pesquisa, Extensão e Consultoria Ltda.
Rua Joviano Naves, 15, sala 27
Empresarial Palmares
31155-710 Belo Horizonte, MG

Andrea Ramos Stancioli – andrearstancioli@gmail.com
Projeto Inovação Tecnológica para Defesa Agropecuária
Av. dos Andradas, 1220
Belo Horizonte, MG

Evaldo Ferreira Vilela – evaldovilela@gmail.com
Departamento de Entomologia – Universidade Federal de Viçosa
36570-000 Viçosa, MG

Capítulo 2 – Quarentena vegetal no Brasil

Vilmar Gonzaga – vilmar.gonzaga@embrapa.br
Embrapa Recursos Genéticos e Biotecnologia
Parque Estação Biológica, final W5 Norte, s/n
Caixa postal 02372
70770-900 Brasília, DF

Norton Polo Benito – norton.benito@embrapa.br
Embrapa Recursos Genéticos e Biotecnologia
Parque Estação Biológica, final W5 Norte, s/n
Caixa postal 02372
70770-900 Brasília, DF

Marcelo Lopes-da-Silva – marcelo.lopes.silva@embrapa.br.
Embrapa Recursos Genéticos e Biotecnologia
Parque Estação Biológica, final W5 Norte, s/n
Caixa postal 02372
70770-900 Brasília, DF

Helouise Montandon de Carvalho Rocha – helouise.rocha@embrapa.br
Embrapa Quarentena Vegetal
Parque Estação Biológica, final W5 Norte, s/n
Caixa postal 02372
70770-900 Brasília, DF

Denise Navia – denise.navia@embrapa.br
Embrapa Recursos Genéticos e Biotecnologia
Parque Estação Biológica, final W5 Norte, s/n
Caixa postal 02372
70770-900 Brasília, DF

CAPÍTULO 3 – RELATO DE NOVA PRAGA E SUAS CONSEQUÊNCIAS PARA O AGRONEGÓCIO BRASILEIRO

Fernando A. de Souza-Costa – fernandosouzacosta@bol.com.br
Ministério da Agricultura, Pecuária e Abastecimento
Rua Bonaparte, 274, Padre Eustáquio
30720-200 Belo Horizonte, MG

CAPÍTULO 4 – TRÂNSITO DE VEGETAIS E PREVENÇÃO À INTRODUÇÃO DE PRAGAS

Odilson Luiz Ribeiro e Silva – odilson.silva@agricultura.gov.br
Agricultural Attaché – Adido Agrícola
Missão do Brasil junto à União Europeia (Brazilian Mission to the European Union)
Av. Franklin Roosevelt, 30
Bruxelas 1050, Bélgica

CAPÍTULO 5 – POTENCIAIS IMPACTOS SOCIOECONÔMICOS DA EXPANSÃO DA MOSCA-DA-CARAMBOLA

Sílvia Helena Galvão de Miranda – shgdmira@usp.br
Annelise Mendes Nascimento – mnascimento.anne@gmail.com
Valquíria Prezotto Ximenes – val_ximenes@hotmail.com
Departamento de Economia, Administração e Sociologia – Esalq/USP
Av. Pádua Dias, 11
13418-900 Piracicaba, SP

PARTE II – FRUTICULTURA E PLANTAS ORNAMENTAIS

CAPÍTULO 6 – MOSCA-DO-MEDITERRÂNEO, *Ceratitis capitata* (WIEDEMANN)

Roberto A. Zucchi – razucchi@usp.br
Departamento de Entomologia e Acarologia – Esalq/USP
Av. Pádua Dias, 11
13418-900 Piracicaba, SP

CAPÍTULO 7 – MOSCA-DA-CARAMBOLA, *Bactrocera carambolae* DREW & HANCOCK

Aldo Malavasi – a.malavasi@iaea.org
Departamento de Ciências Nucleares
Agência Internacional de Energia Atômica
VIC, 1400 Viena, Áustria

CAPÍTULO 8 – MOSQUINHA-DA-MANGUEIRA, *Erosomyia mangiferae* FELT

Francisca Nemaura Pedrosa Haji – nemaurahaji@yahoo.com.br
José Adalberto de Alencar – adalberto.alencar@embrapa.br
Embrapa Semiárido

Rodovia BR-428, km 152, Zona Rural, s/n
Caixa postal 23
56302-970 Petrolina, PE

Andréa Nunes Moreira – anmcarvalho@yahoo.com.br
Instituto Federal de Educação, Ciência e Tecnologia do Sertão Pernambucano
BR 235, km 22, Proj. Sen. Nilo Coelho – N4, Zona Rural
Caixa postal 178
56300-000 Petrolina, PE

Flavia Rabelo Barbosa – flavia.barbosa@embrapa.br
Embrapa Arroz e Feijão
Rodovia GO-462, km 12, Zona Rural
Caixa postal 179
75375-000 Santo Antônio de Goiás, GO

CAPÍTULO 9 – MOSCA-AFRICANA-DO-FIGO, *Zaprionus indianus* GUPTA

Carlos Ribeiro Vilela – crvilela@ib.usp.br
Departamento de Genética e Biologia Evolutiva – Instituto de Biociências – USP
Rua do Matão, Travessa 14, n. 321
05508-090 São Paulo, SP

Beatriz Goñi – bgoni@fcien.edu.uy
Sección Genética Evolutiva – Instituto de Biología, Facultad de Ciencias –
Universidad de la República – UdelaR
Iguá, 4225
11400 Montevidéu, Uruguai

CAPÍTULO 10 – MINADOR-DOS-CITROS, *Phyllocnistis citrella* STAINTON

Fernando L. Cônsoli – fconsoli@usp.br
José Roberto P. Parra – jrpparra@usp.br
Ana Lia Parra-Pedrazzoli – analiaparrapedrazzoli@usp.br
Departamento de Entomologia e Acarologia – Esalq/USP
Av. Pádua Dias, 11
13418-900 Piracicaba, SP

Marcone César Mendonça das Chagas – marcone@rn.gov.br
Embrapa/Emparn
Av. Elisa Pereira dos Santos, s/n, Parque das Nações
Caixa postal 188
59158-160 Parnamirim, RN

CAPÍTULO 11 – TRAÇA-DA-BANANEIRA, *Opogona sacchari* (BOJER)

José Maria Milanez – milanez@epagri.sc.gov.br
Empresa de Pesquisa Agropecuária e Extensão Rural de Santa Catarina – Estação
Experimental de Itajaí
Rodovia Antonio Heil, 6800, km 6
Caixa postal 277
88318-112 Itaipava, Itajaí, SC

Élison Fabrício Bezerra Lima – elisonfabricio@hotmail.com
Departamento de Entomologia e Acarologia – Esalq/USP
Av. Pádua Dias, 11
13418-900 Piracicaba, SP

Capítulo 12 - Traça-da-maçã, ***Cydia pomonella* (L.)**

Adalecio Kovaleski – adalecio.kovaleski@embrapa.br
Embrapa Uva e Vinho – Estação Experimental de Fruticultura de Clima Temperado (EFCT)
BR 285, km 4
Caixa postal 1513
95200-000 Vacaria, RS

Jairo João Carbonari – jairo.carbonari@agricultura.gov.br
Serviço de Sanidade Vegetal (SSV/RS)
Av. Loureiro da Silva, 515, sala 509
90010-420 Porto Alegre, RS

Moisés Lopes Albuquerque – abpmmaca@abpm.org.br
Associação Brasileira dos Produtores de Maçã
Rua Nereu Ramos, 1061, Centro
89580-000 Fraiburgo, SC

Capítulo 13 - Mariposa-oriental, ***Grapholita molesta* (Busck)**

Dori Edson Nava – dori.edson-nava@embrapa.br
Embrapa Clima Temperado
BR 392, km 78
Caixa postal 403
96010-971 Pelotas, RS

Marcos Botton – marcos.botton@embrapa.br
Embrapa Uva e Vinho
Rua Livramento, 515
Caixa postal 130
95700-000 Bento Gonçalves, RS

Cristiano João Arioli – cristianoarioli@epagri.sc.gov.br
Empresa de Pesquisa Agropecuária e Extensão Rural de Santa Catarina
Estação Experimental de Videira
Rua João Zardo, 1660
Caixa postal 21
89560-000 Videira, SC

Capítulo 14 - Lagarta-da-coroa, ***Duponchelia fovealis* Zeller**

Maria Aparecida Cassilha Zawadneak – mazawa@ufpr.br
Departamento de Patologia Básica – Setor de Ciências Biológicas –
Universidade Federal do Paraná (UFPR)
Caixa postal 19020
80531-980 Curitiba, PR

Hugo Reis Vidal – hugovidal.agro@gmail.com
Associação dos Engenheiros Agrônomos do Paraná
Rua Professor Nilo Brandão, 551
82210-050 Curitiba, PR

Bráulio Santos – bsantos@ufpr.br
Departamento de Patologia Básica – Setor de Ciências Biológicas –
Universidade Federal do Paraná (UFPR)
Caixa postal 19020
80531-980 Curitiba, PR

Capítulo 15 – Psilídeo-asiático-dos-citros, *Diaphorina citri* Kuwayama

João Roberto S. Lopes – jrslopes@usp.br
José Roberto P. Parra – jrpparra@usp.br
Pedro Takao Yamamoto – pedro.yamamoto@usp.br
José Maurício S. Bento – jmsbento@usp.br
Departamento de Entomologia e Acarologia – Esalq/USP
Av. Pádua Dias, 11
13418-900 Piracicaba, SP

Capítulo 16 – Cochonilha-pardinha, *Selenaspidus articulatus* (Morgan)

Rosmarina Marín – rmarinl@yahoo.com
Universidad Nacional de la Rioja (Unlar)
Centro de Investigación e Innovación Tecnológica (Ceniit)
Ciudad Universitaria de la Ciencia y la Técnica
Av. Dr Luis M. de la Fuente, s/n
5300 La Rioja, Argentina

José Roberto P. Parra – jrpparra@usp.br
Departamento de Entomologia e Acarologia – Esalq/USP
Av. Pádua Dias, 11
13418-900 Piracicaba, SP

Alexandre de Sene Pinto – aspinn@uol.com.br
Campus do Centro Universitário Moura Lacerda
Caixa postal 63
14076-510 Ribeirão Preto, SP

Capítulo 17 – Cochonilha-rosada, *Maconellicoccus hirsutus* (Green)

Elisangela Gomes Fidelis de Morais – elisangela.fidelis@gmail.com
George Corrêa Amaro – george.amaro@embrapa.br
Laboratório de Entomologia – Embrapa Roraima
BR 174, km 8
Caixa postal 133
69301-970 Boa Vista, RR

Ana Lúcia Benfatti Gonzalez Peronti – anaperonti@hotmail.com
Universidade Federal de São Carlos – Departamento de Ecologia e Biologia Evolutiva
Caixa postal 676

Via Washington Luiz, km 235
13565-905 São Carlos, SP

Alberto Luiz Marsaro Júnior – alberto.marsaro@embrapa.br
Laboratório de Entomologia – Embrapa Trigo
BR 285, km 294
Caixa postal 451
99001-970 Passo Fundo, RS

Capítulo 18 – Mosca-negra-dos-citros, *Aleurocanthus woglumi* Ashby

José Djair Vendramim – jdvendra@usp.br
Departamento de Entomologia e Acarologia – Esalq/USP
Av. Pádua Dias, 11
13418-900 Piracicaba, SP

Márcia Reis Pena – marciarpena@yahoo.com.br
Neliton Marques da Silva – nmerinato@gmail.com
Laboratório de Entomologia e Acarologia Agrícola – FCA/Ufam –
Campus Universitário, Coroado I
Av. General Rodrigo Octávio Jordão Ramos, 3000
69077-000 Manaus, AM

Capítulo 19 – Mosca-branca-do-fícus, *Singhiella simplex* (Singh)

Aurino Florencio de Lima – aurino@ufrrj.br
Francisco Racca Filho – fraccafo@ufrrj.br
Instituto de Biologia – Departamento de Entomologia e Fitopatologia – UFRRJ
BR 465, km 7
23890-000 Seropédica, RJ

Thiago Dias Trindade – thiagotdt@hotmail.com
Colégio Técnico da Universidade Rural (CTUR)
BR 465, km 8
23890-000 Seropédica, RJ

Capítulo 20 – Pulgões, *Greenidea ficicola* Takahashi e *Greenidea psidii* van der Goot

Carlos Roberto Sousa-Silva – dcrs@ufscar.br
Ana Lúcia Benfatti Gonzalez Peronti – anaperonti@hotmail.com
Departamento de Ecologia e Biologia Evolutiva – Centro de Ciências Biológicas e da Saúde – Universidade Federal de São Carlos
Caixa postal 676
Via Washington Luiz, km 235
13565-905 São Carlos, SP

Fernando Albano Ilharco
Departamento de Protecção de Plantas – Entomologia
Inia – Quinta do Marquês
Av. da República, Nova Oeiras
2784-505 Oeiras, Portugal

Capítulo 21 – Tripes, *Frankliniella occidentalis* (Pergande)

Élison Fabrício Bezerra Lima – elisonfabricio@hotmail.com
Departamento de Entomologia e Acarologia – Esalq/USP
Av. Pádua Dias, 11
13418-900 Piracicaba, SP

Capítulo 22 – Tripes-do-cacaueiro, *Selenothrips rubrocinctus* (Giard)

Élison Fabrício Bezerra Lima – elisonfabricio@hotmail.com
Roberto A. Zucchi – razucchi@usp.br
Departamento de Entomologia e Acarologia – Esalq/USP
Av. Pádua Dias, 11
13418-900 Piracicaba, SP

Capítulo 23 – Tripes-da-casca-da-banana, *Elixothrips brevisetis* (Bagnall)

Élison Fabrício Bezerra Lima – elisonfabricio@hotmail.com
Departamento de Entomologia e Acarologia – Esalq/USP
Av. Pádua Dias, 11
13418-900 Piracicaba, SP

Capítulo 24 – Ácaro-vermelho-da-macieira, *Panonychus ulmi* (Koch)

Jeferson Luiz de Carvalho Mineiro – jefmin@hotmail.com
Mario Eidi Sato – mesato@biologico.sp.gov.br
Adalton Raga – adalton@biologico.sp.gov.br
Centro Experimental – Instituto Biológico (IB)
Rodovia Heitor Penteado, km 3
13092-543 Campinas, SP

Adalecio Kovaleski – adalecio.kovaleski@embrapa.br
Embrapa Uva e Vinho – Estação Experimental de Fruticultura de Clima Temperado (EFCT)
BR 285, km 4
Caixa postal 1513
95200-000 Vacaria, RS

Capítulo 25 – Ácaro-vermelho-das-palmeiras, *Raoiella indica* Hirst

Denise Navia – denise.navia@embrapa.br
Renata Santos de Mendonça – mendonca.rsm@gmail.com
Embrapa Recursos Genéticos e Biotecnologia
Parque Estação Biológica, final W5 Norte, s/n
Caixa postal 02372
70770-900 Brasília, DF

Elisangela Gomes Fidelis de Morais – elisangela@cpafrr.embrapa.br
Laboratório de Entomologia – Embrapa Roraima
BR 174, km 8
69301-970 Boa Vista, RR

Manoel Guedes Correa Gondim Junior – mguedes@depa.ufrpe.br
Departamento de Agronomia – Área de Fitossanidade – UFRPE
R. Dom Manoel de Medeiros, s/n – Dois Irmãos
52171-900 Recife, PE

CAPÍTULO 26 – ÁCARO-DA-ERINOSE-DA-LICHIA, *Aceria litchii* (KEIFER)

Jeferson Luiz de Carvalho Mineiro – jefmin@hotmail.com
Adalton Raga – adalton@biologico.sp.gov.br
Centro Experimental – Instituto Biológico (IB)
Rodovia Heitor Penteado, km 3
13092-543 Campinas, SP

Denise Navia – denise.navia@embrapa.br
Embrapa Recursos Genéticos e Biotecnologia
Parque Estação Biológica, final W5, Norte, s/n
Caixa postal 02372
70770-900 Brasília, DF

CAPÍTULO 27 – ÁCARO-HINDUSTÂNICO-DOS-CITROS,
Schizotetranychus hindustanicus (HIRST)

Andreza Kerr Fantine – a.kfantine@gmail.com
Departamento de Entomologia – UFV
Rua Pedro Gabriel Sabatine, 120
09781-340 São Bernardo do Campo, SP

Regina Sugayama – regina.sugayama@gmail.com
Agropec Pesquisa, Extensão e Consultoria Ltda.
Rua Joviano Naves, 15, sala 27
Empresarial Palmares
31155-710 Belo Horizonte, MG

Evaldo Ferreira Vilela – evaldovilela@gmail.com
Departamento de Entomologia – Universidade Federal de Viçosa
36570-000 Viçosa, MG

PARTE III – HORTICULTURA E PLANTAS FORRAGEIRAS

CAPÍTULO 28 – TRAÇA-DA-BATATA, *Phthorimaea operculella* (ZELLER)

Félix Humberto França – felix.franca@yahoo.com.br
SHS Q. 2, Bloco J, apto. 1007
70322-901 Brasília, DF

Marina Castelo Branco – marina.castelo@embrapa.br
Departamento de Pesquisa e Desenvolvimento
Parque Estação Biológica – PqEB, Av. W3 Norte (final), Edifício Sede
Caixa postal 40315
Brasília, DF

Vitor O. Becker – becker.vitor@gmail.com
Reserva Serra Bonita
Caixa postal 01
45880-000 Camacan, BA

CAPÍTULO 29 – TRAÇA-DO-TOMATEIRO, *Tuta absoluta* (MEYRICK)

Miguel Michereff Filho – miguel.michereff@embrapa.br
Jorge Anderson Guimarães – jorge.anderson@embrapa.br
Alexandre Pinho de Moura – alexandre.moura@embrapa.br
Laboratório de Entomologia – Embrapa Hortaliças
Rodovia Brasília–Anápolis, BR 060, km 9
Caixa postal 218
70359-970 Brasília, DF

Evaldo Ferreira Vilela – evaldovilela@gmail.com
Departamento de Entomologia – Universidade Federal de Viçosa
36570-000 – Viçosa, MG

CAPÍTULO 30 – TRAÇA-DAS-CRUCÍFERAS, *Plutella xylostella* (L.)

Marina Castelo Branco – marina.castelo@embrapa.br
Departamento de Pesquisa e Desenvolvimento
Parque Estação Biológica – PqEB, Av. W3 Norte (final), Edifício Sede
Caixa postal 40315
Brasília, DF

Félix Humberto França – felix.franca@yahoo.com.br
SHS Q. 2, bloco J, apto. 1007
70322-901 Brasília, DF

CAPÍTULO 31 – COCHONILHA-DO-CARMIM, *Dactylopius opuntiae* (COCKERELL)

Jacinto de Luna Batista – jacinto@cca.ufpb.br
Departamento de Fitotecnia e Ciências Ambientais – CCA – UFPB
58397-000 Areia, PB

Carlos Henrique de Brito – carlos@cca.ufpb.br
Departamento de Ciências Biológicas – CCA – UFPB
58397-000 Areia, PB

Edson Batista Lopes – eblopes@gmail.com
Estação Experimental de Lagoa Seca – EMEPA
58117-000 Lagoa Seca, PB

CAPÍTULO 32 – TRIPES-DA-CEBOLA, *Thrips tabaci* LINDEMAN

Élison Fabrício Bezerra Lima – elisonfabricio@hotmail.com
Roberto A. Zucchi – razucchi@usp.br
Departamento de Entomologia e Acarologia – Esalq/USP
Av. Pádua Dias, 11
13418-900 Piracicaba, SP

CAPÍTULO 33 - TRIPES, *Thrips palmi* KARNY

Renata Chiarini Monteiro – renatathrips@yahoo.com
Rua Barão de Piracicamirim, 723
13400-005 Piracicaba, SP

Élison Fabrício Bezerra Lima – elisonfabricio@hotmail.com
Departamento de Entomologia e Acarologia – Esalq/USP
Av. Pádua Dias, 11
13418-900 Piracicaba, SP

PARTE IV – GRANDES CULTURAS

CAPÍTULO 34 - BROCA-DO-CAFÉ, *Hypothenemus hampei* (FERRARI)

Fernando Cantor-Rincon – fernando.cantor@unimilitar.edu.co
Daniel Rodriguez-Caicedo – daniel.rodriguez@unimilitar.edu.co
Jose Ricardo Cure-Hakim – jose.cure@unimilitar.edu.co
Programa de Biología Aplicada – Facultad de Ciencias Básicas y Aplicadas
Campus Universidad Militar Nueva Granada, Edificio Francisco Antonio Zea, Piso 1
Vía Cajicá – Zipaquirá, km 3
Cajicá (Cundinamarca), Colômbia

Vera Lucia Rodrigues Machado Benassi – vbenassi@incaper.es.gov.br
Cesar José Fanton – fanton@incaper.es.gov.br
Instituto Capixaba de Pesquisa, Assistência Técnica e Extensão Rural –
Estação Experimental de Linhares
BR 101, km 151
Caixa postal 62
29915-140 Linhares, ES

CAPÍTULO 35 - BICUDO-DO-ALGODOEIRO, *Anthonomus grandis* BOHEMAN

Francisco de Sousa Ramalho – ramalhohvv@globo.com
Embrapa Algodão
Avenida Osvaldo Cruz, 1143, Centenário
58428-095 Campina Grande, PB

Rômulo Sátiro de Medeiros – romulo.medeiros@ifsertao-pe.edu.br
IFE – Ciência e Tecnologia – Campus Salgueiro
BR 232, km 508, sentido Recife, Zona Rural
56000-000 Salgueiro, PE

Walkymário de Paulo Lemos – walkymario.lemos@embrapa.br
Embrapa Amazônia Oriental
Trav. Dr. Eneas Pinheiro, s/n
67095-100 Belém, PA

Capítulo 36 – Gorgulho-aquático-do-arroz, ***Oryzophagus oryzae*** (Lima)

José Francisco da Silva Martins – jose.martins@embrapa.br
Centro de Pesquisa Agropecuária de Clima Temperado (CPACT)
Caixa postal 403
96001-970 Pelotas, RS

Uemerson Silva da Cunha – uscunha@ufpel.edu.br
Departamento de Fitossanidade – Faculdade de Agronomia Eliseu Maciel – Universidade Federal de Pelotas
Caixa postal 354
96010-900 Pelotas, RS

Capítulo 37 – Broca-da-haste-do-algodoeiro, ***Conotrachelus denieri*** Hustache

Crébio José Ávila – crebio.avila@embrapa.br
Embrapa Agropecuária Oeste
Caixa postal 449
79804-970 Dourados, MS

Paulo E. Degrande – paulodegrande@ufgd.edu.br
Universidade Federal da Grande Dourados (UFGD) – Faculdade de Ciências Agrárias (FCA)
Caixa postal 533
79804-970 Dourados, MS

Capítulo 38 – Pulgão-verde-dos-cereais, ***Schizaphis graminum*** (Rondani)

José Magid Waquil – jmwaquil@gmail.com
Inovadefesa–UFV–CNPq
Rua Jovelino Lanza, 210 – Bairro Jardim Arizona
35700-353 Sete Lagoas, MG

Marcelo Lopes-da-Silva – marcelo.lopes.silva@embrapa.br
Laboratório de Quarentena Vegetal – Embrapa Recursos Genéticos e Biotecnologia
Parque Estação Biológica – PqEB, Av. W5 Norte (final)
Caixa postal 02372
70770-917 Brasília, DF

José Roberto Salvadori – salvadori@upf.br
FAMV–UPF, Caixa postal 611
BR 285, km 174
99001-970 Passo Fundo, RS

Crisleide Maria Lazzarotto – crislazza@gmail.com
Departamento de Zoologia – Universidade Federal do Paraná
Caixa postal 19020
81531-980 Curitiba, PR

Paulo Roberto Valle da Silva Pereira – paulo.pereira@embrapa.br
Douglas Lau – douglas.lau@embrapa.br
Embrapa Trigo
BR 285, km 174
Caixa postal 451
99001-970 Passo Fundo, RS

Capítulo 39 - Mosca-branca, *Bemisia tabaci* (Gennadius) biótipo B

André Luiz Lourenção – andre@iac.sp.gov.br
Giuliana Etore do Valle – gevalle@yahoo.com.br
Instituto Agronômico (IAC)
Caixa postal 28
13012-970 Campinas, SP

Renate Krause-Sakate – renatekrause@fca.unesp.br
Departamento de Proteção Vegetal – Faculdade de Ciências Agronômicas
Rua José Barbosa de Barros, 1780
18610-307 Botucatu, SP

Capítulo 40 - Percevejo-das-gramíneas, *Blissus ?leucopterus*

José Raul Valério – jose.valerio@embrapa.br
Embrapa Gado de Corte
Avenida Rádio Maia, 830
79106-550 Campo Grande, MS

Paulo Rebelles Reis – paulo.rebelles@epamig.ufla.br
Epamig–CTSM – Campus da Ufla
Caixa postal 176
37200-000 Lavras, MG

José Oscar Gomes de Lima – joscarlima@yahoo.com.br
Laboratório de Entomologia e Fitopatologia – Universidade Estadual do Norte Fluminense
Av. Alberto Lamego, 2000
28013-602 Campos dos Goytacazes, RJ

Capítulo 41 - Mosca-do-sorgo, *Stenodiplosis sorghicolla* (Coquillett)

José Magid Waquil – jmwaquil@gmail.com
Inovadefesa–UFV–CNPq
Rua Jovelino Lanza, 210 – Bairro Jardim Arizona
35700-353 Sete Lagoas, MG

Fernando Mesquita Lara – lara_fm@ig.com.br
Unesp – Campus de Jaboticabal (aposentado)
Via de Acesso Prof. Paulo D. Castellane, s/n
14884-900 Jaboticabal, SP

Capítulo 42 - *Helicoverpa armigera* (Hübner)

Alexandre Specht – alexandre.specht@embrapa.br
Laboratório de Entomologia – Embrapa Cerrados
BR 020, km 18
Caixa postal 08223
73310-970 Planaltina, DF

Silvana Vieira de Paula-Moraes – silvana.moraes@embrapa.br
CPAC – Cerrados
BR 020, km 18

Caixa postal 08223
73310-970 Planaltina, DF

Daniel Ricardo Sosa-Gómez – daniel.sosa-gomez@embrapa.br
Embrapa Soja
Rod. Carlos João Strass – Distrito de Warta
Caixa postal 231
86001-970 Londrina, PR

CAPÍTULO 43 – ÁCARO-DO-ENROLAMENTO-DO-TRIGO, *Aceria tosichella* KEIFER

Paulo Roberto V. da S. Pereira – paulo.pereira@embrapa.br
Douglas Lau – douglas.lau@embrapa.br
Vânia Bianchin – vania.bianchin@embrapa.br
Laboratório de Entomologia – Embrapa Trigo
BR 285, km 294
Caixa postal 451
99001-970 Passo Fundo, RS

Denise Navia – denise.navia@embrapa.br
Renata S. de Mendonça – mendonca.rsm@gmail.com
Embrapa Recursos Genéticos e Biotecnologia
Parque Estação Biológica, final W5, Norte, s/n
Caixa postal 02372
70770-900 Brasília, DF

José Roberto Salvadori – salvadori@upf.br
PPGAgro – UPF
BR 285, km 171 – Bairro São José
Caixa postal 611
99001-970 Passo Fundo, RS

PARTE V – FLORESTAS

CAPÍTULO 44 – BROCA-DO-EUCALIPTO, *Phoracantha semipunctata* (FABRICIUS)

Genésio Tâmara Ribeiro – gribeiro@ufs.br
Departamento de Ciências Florestais – Universidade Federal de Sergipe
Avenida Marechal Rondon, s/n
49100-000 São Cristóvão, SE

Júlio César Melo Poderoso – juliopoderoso@yahoo.com.br
Laboratório de Controle Biológico de Insetos – Bioagro – Departamento de Entomologia – UFV
Viçosa, MG

Carlos Frederico Wilcken – cwilcken@fca.unesp.br
Departamento de Proteção Vegetal – FCA/Unesp – Campus de Botucatu
R. José Barbosa de Barros, 1780
18610-307 Botucatu, SP

José Cola Zanuncio – zanuncio@ufv.br
Departamento de Biologia Animal – Universidade Federal de Viçosa (UFV)
36570-000 – Viçosa, MG

CAPÍTULO 45 - GORGULHO-DO-EUCALIPTO, *Gonipterus platensis* MARELLI

Carlos Frederico Wilcken – cwilcken@fca.unesp.br
Departamento de Proteção Vegetal – FCA/Unesp – Campus de Botucatu
R. José Barbosa de Barros, 1780
18610-307 Botucatu, SP

Nádia Cristina de Oliveira – nadiac.oliveira@hotmail.com
Faculdade Integrada de Campo Mourão – Departamento de Agronomia – Campus Universitário
BR 158, km 207, s/n
87300-970 Campo Mourão, PR

CAPÍTULO 46 - GORGULHO-DO-PÍNUS, *Pissodes castaneus* (DEGEER)

Edson Tadeu Iede – edson.iede@embrapa.br
Mila Ferraz de Oliveira Martins – milafomartins@hotmail.com
Wilson Reis Filho – wilson.reis@colaborador.embrapa.br
Laboratório de Entomologia – Embrapa Florestas
Estrada da Ribeira, km 111 – Bairro Guaraituba
83411-000 Colombo, PR

Scheila Ribeiro Messa Zaleski – srmzaleski@gmail.com
Rua Pedro Viriato Parigot de Sousa, 3155 – Mossunguê
81200-100 Curitiba, PR

CAPÍTULO 47 - BROCA-DA-TECA, *Sinoxylon unidentatum* (FABRICIUS)

Otávio Peres Filho – peres@ufmt.br
Faculdade de Engenharia Florestal – Universidade Federal do Mato Grosso – Campus Cuiabá
Av. Fernando Corrêa, 2367 – Bairro Boa Esperança
78060-900 Cuiabá, MT

Edson Possidônio Teixeira – edson@iac.sp.gov.br
Centro de Fitossanidade, Entomologia – Instituto Agronômico de Campinas
Caixa postal 28
Avenida Barão de Itapura, 1481
13012-970 Campinas, SP

Rogério Goularte Moura – rgmoura@gmail.com
Centro de Energia Nuclear na Agricultura
Avenida Centenário, 303
Caixa postal 96
13400-970 Piracicaba, SP

CAPÍTULO 48 - VESPA-DA-MADEIRA, *Sirex noctilio* FABRICIUS

Edson Tadeu Iede – edson.iede@embrapa.br
Susete do Rocio Chiarello Penteado – susete.penteado@embrapa.br

Wilson Reis Filho – wilson.reis@colaborador.embrapa.br
Laboratório de Entomologia – Embrapa Florestas/Epagri – Laboratório de Entomologia
Estrada da Ribeira, km 111 – Bairro Guaraituba
83411-000 Colombo, PR

CAPÍTULO 49 – VESPA-DA-GALHA-DO-CITRIODORA, *Epichrysocharis burwelli* SCHAUFF

Rosylaine Aparecida Pereira – rosylaine@gmail.com
Departamento de Proteção Vegetal – FCA/Unesp – Campus de Botucatu
R. José Barbosa de Barros, 1780
18610-307 Botucatu, SP

Evoneo Berti Filho – eberti@usp.br
Departamento de Entomologia e Acarologia – Esalq/USP
Av. Pádua Dias, 11
13418-900 Piracicaba, SP

Carlos Frederico Wilcken – cwilcken@fca.unesp.br
Departamento de Proteção Vegetal – FCA/Unesp – Campus de Botucatu
R. José Barbosa de Barros, 1780
18610-307 Botucatu, SP

CAPÍTULO 50 – VESPA-DA-GALHA-DO-EUCALIPTO, *Leptocybe invasa* FISHER & LA SALLE

Carlos Frederico Wilcken – cwilcken@fca.unesp.br
Bruno Zaché – bzache@bol.com.br
Rosylaine Aparecida Pereira – rosylaine@gmail.com
Departamento de Proteção Vegetal – FCA/Unesp – Campus de Botucatu
R. José Barbosa de Barros, 1780
18610-307 Botucatu, SP

Marcus Vinicius Masson – marcus_masson@bahiaspeccell.com
BSC/Copener Florestal Ltda.
R. Dr. José Tiago Correia, s/n, Alagoinhas Velha
48030-480 Alagoinhas, BA

Leonardo Rodrigues Barbosa – leonardo.r.barbosa@embrapa.br
Embrapa Florestas
Estrada da Ribeira, km 111
Caixa postal 319
83411-000 Colombo, PR

José Cola Zanuncio – zanuncio@ufv.br
Departamento de Biologia Animal – Universidade Federal de Viçosa (UFV)
36570-000 Viçosa, MG

CAPÍTULO 51 – LAGARTA-DA-TECA, *Hyblaea puera* (CRAMER)

Otávio Peres Filho – peres@ufmt.br
Alberto Dorval – adorval@terra.com.br
Faculdade de Engenharia Florestal – Universidade Federal do Mato Grosso – Campus Cuiabá
Av. Fernando Corrêa, 2367 – Bairro Boa Esperança
78060-900 Cuiabá, MT

Rogério Goularte Moura – rgmoura@gmail.com
Centro de Energia Nuclear na Agricultura
Avenida Centenário, 303
Caixa postal 96
13400-970 Piracicaba, SP

CAPÍTULO 52 - PULGÃO-GIGANTE-DO-PÍNUS, *Cinara atlantica* (WILSON)

Sonia Maria Noemberg Lazzari – sonialazzari@gmail.com
Crisleide Maria Lazzarotto – crislazza@gmail.com
Departamento de Zoologia – Universidade Federal do Paraná
Caixa postal 19020
81531-980 Curitiba, PR

Susete do Rocio Chiarello Penteado – susete.penteado@embrapa.br
Embrapa Florestas
Estrada da Ribeira, km 111
Caixa postal 319
83411-000 Colombo, PR

Regina Célia Zonta-de-Carvalho – regcarva@adapar.pr.gov.br
Centro de Diagnóstico Marcos Enrietti – Agência de Defesa Agropecuária do Paraná
Rua Jaime Balão, 575
80040-340 Curitiba, PR

Josiane Teresinha Cardoso – a2jtc@cav.udesc.br
Departamento de Engenharia Ambiental – Universidade do Estado de Santa Catarina Av. Luiz de Camões, 2090
88520-000 Lages, SC

CAPÍTULO 53 - PULGÃO-LANÍGERO-DO-PÍNUS, *Pineus boerneri* ANNAND

Sonia Maria Noemberg Lazzari – sonialazzari@gmail.com
Crisleide Maria Lazzarotto – crislazza@gmail.com
Departamento de Zoologia – Universidade Federal do Paraná
Caixa postal 19020
81531-980 Curitiba, PR

Josiane Teresinha Cardoso – a2jtc@cav.udesc.br
Departamento de Engenharia Ambiental – Universidade do Estado de Santa Catarina
Av. Luiz de Camões, 2090
88520-000 Lages, SC

Susete do Rocio Chiarello Penteado – susete.penteado@embrapa.br
Embrapa Florestas
Estrada da Ribeira, km 111
Caixa postal 319
83.411-000 Colombo, PR

Regina Célia Zonta-de-Carvalho – regcarva@adapar.pr.gov.br
Centro de Diagnóstico Marcos Enrietti – Agência de Defesa Agropecuária do Paraná
Rua Jaime Balão, 575
80040-340 Curitiba, PR

Capítulo 54 – Psilídeo-de-concha-do-eucalipto, *Glycaspis brimblecombei* Moore

Carlos Frederico Wilcken – cwilcken@fca.unesp.br
Daniela Cristina Firmino-Winckler – dcfirmino@hotmail.com
Mario Henrique F. A. Dal Pogetto – mhpogetto@gmail.com
Thaise Karla Ribeiro Dias – thaiserdias@yahoo.com.br
Alexandre Coutinho Vianna Lima – acvlima@silvicontrol.com.br
Departamento de Proteção Vegetal – FCA/Unesp – Campus de Botucatu
R. José Barbosa de Barros, 1780
18610-307 Botucatu, SP

Luiz Alexandre Nogueira de Sá – luiz.sa@embrapa.br
Laboratório de Quarentena "Costa Lima" – Embrapa Meio Ambiente
Caixa postal 69
13820-000 Jaguariúna, SP

Pedro José Ferreira Filho – pedrojf@ufscar.br
Departamento de Ciências Ambientais – UFSCar – Campus de Sorocaba
Rodovia João Leme dos Santos (SP-264), km 110
18052-780 Sorocaba, SP

Capítulo 55 – Percevejo-bronzeado-do-eucalipto, *Thaumastocoris peregrinus* Carpintero & Dellapé

Carlos Frederico Wilcken – cwilcken@fca.unesp.br
Alexandre Coutinho Vianna Lima – acvlima@silvicontrol.com.br
Departamento de Proteção Vegetal – FCA/Unesp – Campus de Botucatu
R. José Barbosa de Barros, 1780
18610-307 Botucatu, SP

Leonardo Rodrigues Barbosa – leonardo.r.barbosa@embrapa.br
Embrapa Florestas
Estrada da Ribeira, km 111
Caixa postal 319
83411-000 Colombo, PR

Everton Pires Soliman – everton_soliman@hotmail.com
Suzano Papel e Celulose – Unidade Limeira
Caixa postal 254
13465-970 Americana, SP

Luiz Alexandre Nogueira de Sá – lans@cnpma.embrapa.br
Laboratório de Quarentena "Costa Lima" – Embrapa Meio Ambiente
Caixa postal 69
13820-000 Jaguariúna, SP

Simon Lawson – simon.lawson@daff.qld.gov.au
Department of Agriculture, Fisheries and Forestry
Level 3A West
Ecosciences Precinct
GPO Box 267
Brisbane QLD 4001, Austrália

Endereços eletrônicos de autores e coautores

1. Adalecio Kovaleski – adalecio.kovaleski@embrapa.br
2. Adalton Raga – adalton@biologico.sp.gov.br
3. Alberto Dorval – adorval@terra.com.br
4. Alberto Luiz Marsaro Júnior – alberto.marsaro@embrapa.br
5. Aldo Malavasi – a.malavasi@iaea.org
6. Alexandre Coutinho Vianna Lima – acvlima@silvicontrol.com.br
7. Alexandre Pinho de Moura – alexandre.moura@embrapa.br
8. Alexandre Sene Pinto – aspinn@uol.com.br
9. Alexandre Specht – alexandre.specht@embrapa.br
10. Ana Lia Parra-Pedrazzoli – analiaparrapedrazzoli@usp.br
11. Ana Lúcia Benfatti Gonzalez Peronti – anaperonti@hotmail.com
12. André Luiz Lourenção – andre@iac.sp.gov.br
13. Andréa Nunes Moreira – anmcarvalho@yahoo.com.br
14. Andrea Ramos Stancioli – andrearstancioli@gmail.com
15. Andreza Kerr Fantine – a.kfantine@gmail.com
16. Annelise Mendes Nascimento – mnascimento.anne@gmail.com
17. Aurino Florencio de Lima, UFRRJ – aurino@ufrrj.br
18. Beatriz Goñi – bgoni@fcien.edu.uy
19. Bráulio Santos – bsantos@ufpr.br
20. Bruno Zaché – bzache@bol.com.br
21. Carlos Frederico Wilcken – cwilcken@fca.unesp.br
22. Carlos Henrique de Brito – carlos@cca.ufpb.br
23. Carlos Ribeiro Vilela – crvilela@ib.usp.br
24. Carlos Roberto Sousa e Silva – dcrs@ufscar.br
25. Cesar José Fanton – fanton@incaper.es.gov.br
26. Crébio José Ávila – crebio.avila@embrapa.br
27. Crisleide Maria Lazzarotto – crislazza@gmail.com
28. Cristiano João Arioli – cristianoarioli@epagri.sc.gov.br
29. Daniel Ricardo Sosa Gomez – daniel.sosa-gomez@embrapa.br
30. Daniel Rodriguez Caicedo – daniel.rodriguez@unimilitar.edu.co
31. Daniela Cristina Firmino-Winckler – dcfirmino@hotmail.com
32. Denise Navia – denise.navia@embrapa.br
33. Dori Edson Nava – dori.edson-nava@embrapa.br
34. Douglas Lau – douglas.lau@embrapa.br
35. Edson Batista Lopes – eblopes@gmail.com
36. Edson Possidônio Teixeira – edson@iac.sp.gov.br
37. Edson Tadeu Iede – edson.iede@embrapa.br
38. Elisangela Gomes Fidelis de Morais – elisangela.fidelis@gmail.com

39. Élison Fabrício Bezerra Lima – elisonfabricio@hotmail.com
40. Evaldo Ferreira Vilela – evaldovilela@gmail.com
41. Everton Pires Soliman – everton_soliman@hotmail.com
42. Evoneo Berti Filho – eberti@usp.br
43. Félix Humberto França – felix.franca@yahoo.com.br
44. Fernando A. de Souza Costa – fernandosouzacosta@bol.com.br
45. Fernando Albano Ilharco
46. Fernando Cantor Rincon – fernando.cantor@unimilitar.edu.co
47. Fernando L. Cônsoli – fconsoli@usp.br
48. Fernando Mesquita Lara – lara_fm@ig.com.br
49. Flavia Rabelo Barbosa – flavia.barbosa@embrapa.br
50. Francisca Nemaura Pedrosa Haji (aposentada) – nemaurahaji@yahoo.com.br
51. Francisco de Sousa Ramalho – ramalhohvv@globo.com
52. Francisco Racca Filho, UFRRJ – fraccafo@ufrrj.br
53. Genésio Tâmara Ribeiro – gribeiro@ufs.br
54. George Corrêa Amaro – george.amaro@embrapa.br
55. Giuliana Etore do Valle – gevalle@yahoo.com.br
56. Helouise Montandon de Carvalho Rocha – helouise.rocha@embrapa.br
57. Hugo Reis Vidal – hvidal@swi.com.br
58. Jacinto de Luna Batista – jacinto@cca.ufpb.br
59. Jairo João Carbonari – jairo.carbonari@agricultura.gov.br
60. Jeferson Luiz de Carvalho Mineiro – jefmin@hotmail.com
61. João Roberto S. Lopes – jrslopes@usp.br
62. Jorge Anderson Guimarães – jorge.anderson@embrapa.br
63. José Adalberto de Alencar – adalberto.alencar@embrapa.br
64. José Cola Zanuncio – zanuncio@ufv.br
65. José Djair Vendramim – jdvendra@usp.br
66. José Francisco da Silva Martins – jose.martins@embrapa.br
67. José Magid Waquil – jmwaquil@gmail.com
68. José Maria Milanez – milanez@epagri.sc.gov.br
69. José Maurício S. Bento – jmsbento@usp.br
70. José Oscar Gomes de Lima – joscarlima@yahoo.com.br
71. José Raul Valério – jose.valerio@embrapa.br
72. Jose Ricardo Cure Hakim – jose.cure@unimilitar.edu.co
73. José Roberto P. Parra – jrpparra@usp.br
74. José Roberto Salvadori – salvadori@upf.br
75. Josiane Teresinha Cardoso – a2jtc@cav.udesc.br
76. Júlio César Melo Poderoso – juliopoderoso@yahoo.com.br
77. Leonardo Rodrigues Barbosa – leonardo.r.barbosa@embrapa.br
78. Luiz Alexandre Nogueira de Sá – luiz.sa@embrapa.br
79. Manoel Guedes Correa Gondim Junior – mguedes@depa.ufrpe.br
80. Marcelo Lopes da Silva – marcelo.lopes.silva@embrapa.br
81. Márcia Reis Pena – marciarpena@yahoo.com.br
82. Marcone César Mendonça das Chagas – marcone@rn.gov.br

83. Marcos Botton – marcos.botton@embrapa.br
84. Marcus Vinicius Masson – marcus_masson@bahiaspeccell.com
85. Maria Aparecida Cassilha Zawadneak – mazawa@ufpr.br
86. Marina Castelo Branco – marina.castelo@embrapa.br
87. Mario Eidi Sato – mesato@biologico.sp.gov.br
88. Mario Henrique F. A. Dal Pogetto – mhpogetto@gmail.com
89. Miguel Michereff Filho – miguel.michereff@embrapa.br
90. Mila Ferraz de Oliveira Martins – milafomartins@hotmail.com
91. Moisés Lopes Albuquerque – abpmmaca@abpm.org.br
92. Nádia Cristina de Oliveira – nadiac.oliveira@hotmail.com
93. Neliton Marques da Silva – nmerinato@gmail.com
94. Norton Polo Benito – norton.benito@embrapa.br
95. Odilson Luiz Ribeiro e Silva – odilson.silva@agricultura.gov.br
96. Otávio Peres Filho – peres@ufmt.br
97. Paulo E. Degrande – paulodegrande@ufgd.edu.br
98. Paulo Rebelles Reis – paulo.rebelles@epamig.ufla.br
99. Paulo Roberto Valle da Silva Pereira – paulo.pereira@embrapa.br
100. Pedro José Ferreira Filho – pedrojf@ufscar.br
101. Pedro Takao Yamamoto – pedro.yamamoto@usp.br
102. Regina Célia Zonta-de-Carvalho – regcarva@adapar.pr.gov.br
103. Regina Lúcia Sugayama – regina.sugayama@defesaagropecuaria.com
104. Renata Chiarini Monteiro – renatathrips@yahoo.com
105. Renata Santos de Mendonça – mendonça.rsm@gmail.com
106. Renate Krause-Sakate – renatekrause@fca.unesp.br
107. Roberto A. Zucchi – razucchi@usp.br
108. Rogério Goularte Moura – rgmoura@gmail.com
109. Rômulo Sátiro de Medeiros – romulo.medeiros@ifsertao-pe.edu.br
110. Rosmarina Marín – rmarinl@yahoo.com
111. Rosylaine Aparecida Pereira – rosylaine@gmail.com
112. Scheila Ribeiro Messa Zalesk – srmzaleski@gmail.com
113. Silvana Vieira de Paula Moraes – silvana.moraes@embrapa.br
114. Sílvia Helena Galvão de Miranda – shgdmira@usp.br
115. Simon Lawson – simon.lawson@daff.gld.gov.au
116. Sonia Maria Noemberg Lazzari – sonialazzari@gmail.com
117. Susete do Rocio Chiarello Penteado – susete.penteado@embrapa.br
118. Thaise Karla Ribeiro Dias – thaiserdias@yahoo.com.br
119. Thiago Dias Trindade – thiagotdt@hotmail.com
120. Uemerson Silva da Cunha – uscunha@ufpel.edu.br
121. Valquíria Prezotto Ximenes – val_ximenes@hotmail.com
122. Vânia Bianchin – vania.bianchin@embrapa.br
123. Vera Lucia Rodrigues Machado Benassi – vbenassi@incaper.es.gov.br
124. Vilmar Gonzaga – vilmar.gonzaga@embrapa.br
125. Vitor O. Becker – becker.vitor@gmail.com
126. Walkymário de Paulo Lemos – walkymario.lemos@embrapa.br
127. Wilson Reis Filho – wilson.reis@colaborador.embrapa.br

Lista de autores e coautores em ordem alfabética

A

Adalecio Kovaleski
adalecio.kovaleski@embrapa.br
Estação Experimental de Fruticultura de Clima Temperado (EFCT)
BR 285, km 4 – Caixa Postal 1513
95200-000 Vacaria, RS

Adalton Raga
adalton@biologico.sp.gov.br
Laboratório de Acarologia
Centro Experimental – Instituto Biológico – IB
Rodovia Heitor Penteado, km 3
13092-543 Campinas, SP

Alberto Dorval
adorval@terra.com.br
Faculdade de Engenharia Florestal
Universidade Federal do Mato Grosso – Campus Cuiabá
Av. Fernando Corrêa, 2367 – Bairro Boa Esperança
78060-900 Cuiabá, MT

Alberto Luiz Marsaro Júnior
alberto@cnpt.embrap.br
Laboratório de Entomologia, Embrapa Trigo
BR 285, km 294
Caixa postal 451
99001-970 Passo Fundo, RS

Aldo Malavasi
a.malavasi@iaea.org
Departamento de Ciências Nucleares
Agência Internacional de Energia Atômica
VIC, 1400 Viena, Áustria

Alexandre Coutinho Vianna Lima
acvlima@silvicontrol.com.br
Departamento de Proteção Vegetal
FCA/Unesp – Campus de Botucatu
R. José Barbosa de Barros, 1780
18610-307 Botucatu, SP

Alexandre Pinho de Moura
alexandre.moura@embrapa.br
Laboratório de Entomologia – Embrapa Hortaliças
Rodovia Brasília-Anápolis – BR 060, km 9
Caixa postal 218
70359-970 Brasília, DF

Alexandre Sene Pinto
aspinn@uol.com.br
Campus do Centro Universitário Moura Lacerda
Caixa postal 63
14076-510 Ribeirão Preto, SP

Alexandre Specht
alexandre.specht@embrapa.br
Laboratório de Entomologia – Embrapa Cerrados
BR 020, km 18
Caixa postal 08223
73310-970 Planaltina, DF

Ana Lia Parra-Pedrazzoli
analiaparrapedrazzoli@usp.br
Departamento de Entomologia e Acarologia – Esalq/USP
Av. Pádua Dias, 11
13418-900 Piracicaba, SP

Ana Lúcia Benfatti Gonzalez Peronti
anaperonti@hotmail.com
Universidade Federal de São Carlos – Centro de Ciências Biológicas e da Saúde
Departamento de Ecologia e Biologia Evolutiva
Via Washington Luiz, km 235
Caixa postal 676
13565-905 São Carlos, SP

André Luiz Lourenção
andre@iac.sp.gov.br
Instituto Agronômico (IAC)
Caixa postal 28
13012-970 Campinas, SP

Andréa Nunes Moreira
anmcarvalho@yahoo.com.br
Instituto Federal de Educação, Ciência e Tecnologia do Sertão Pernambucano
BR 235, km 22, Proj. Sen. Nilo Coelho – N4, Zona Rural
Caixa postal 178
56300-000 Petrolina, PE

Andrea Ramos Stancioli
andrearstancioli@gmail.com
Projeto Inovação Tecnológica para Defesa Agropecuária
Av. dos Andradas, 1220
Belo Horizonte, MG

Andreza Kerr Fantine
a.kfantine@gmail.com
Departamento de Entomologia – UFV
Rua Pedro Gabriel Sabatine, 120
09781-340 São Bernardo do Campo, SP

Annelise Mendes Nascimento
mnascimento.anne@gmail.com
Departamento de Economia, Administração e Sociologia – Esalq/USP
Av. Pádua Dias, 11
13418-900 Piracicaba, SP

Aurino Florencio de Lima
aurino@ufrrj.br
Instituto de Biologia – Departamento de Entomologia e Fitopatologia – UFRRJ
BR 465, km 7
23890-000 Seropédica, RJ

B

Beatriz Goñi
bgoni@fcien.edu.uy
Sección Genética Evolutiva – Departamento de Biología Animal –
Instituto de Biología Facultad de Ciencias – Udelar
Iguá, 4225
11400 Montevidéu, Uruguay

Braulio Santos
bsantos@ufpr.br
Departamento de Patologia Básica – Setor de Ciências Biológicas
Universidade Federal do Paraná (UFPR)
Caixa postal 19020
80531-980 Curitiba, PR

Bruno Zaché
bzache@bol.com.br
Departamento de Proteção Vegetal – FCA/Unesp – Campus de Botucatu
R. José Barbosa de Barros, 1780
18610-307 Botucatu, SP

C

Carlos Frederico Wilcken
cwilcken@fca.unesp.br
Departamento de Proteção Vegetal – FCA/Unesp – Campus de Botucatu
R. José Barbosa de Barros, 1780
18610-307 Botucatu, SP

Carlos Henrique de Brito
carlos@cca.ufpb.br
Departamento de Ciências Biológicas – CCA – UFPB
58397-000 Areia, PB

Carlos Ribeiro Vilela
crvilela@ib.usp.br
Departamento de Genética e Biologia Evolutiva – Instituto de Biociências – USP
Rua do Matão, travessa 14, 321
05508-090 São Paulo, SP

Carlos Roberto Sousa e Silva
dcrs@ufscar.br
Departamento de Ecologia e Biologia Evolutiva
Centro de Ciências Biológicas e da Saúde – Universidade Federal de São Carlos
Caixa postal 676
Via Washington Luiz, km 235
13565-905 São Carlos, SP

Cesar José Fanton
fanton@incaper.es.gov.br
Instituto Capixaba de Pesquisa, Assistência Técnica e Extensão Rural
Estação Experimental de Linhares
BR 101, km 151
Caixa postal 62
29915-140 Linhares, ES

Crébio José Ávila
crebio.avila@embrapa.br
Embrapa Agropecuária Oeste
Caixa postal 449
79804-970 Dourados, MS

Crisleide Maria Lazzarotto
crislazza@gmail.com
Departamento de Zoologia – Universidade Federal do Paraná
Caixa postal 19020
81531-980 Curitiba, PR

Cristiano João Arioli
cristianoarioli@epagri.sc.gov.br
Empresa de Pesquisa Agropecuária e Extensão Rural de Santa Catarina
Estação Experimental de Videira
Rua João Zardo, 1660
Caixa postal 21
89560-000 Videira, SC

D

Daniel Ricardo Sosa-Gómez
daniel.sosa-gomez@embrapa.br
Embrapa Soja
Rod. Carlos João Strass – Distrito de Warta
Caixa postal 231
86001-970 Londrina, PR

Daniel Rodriguez-Caicedo
daniel.rodriguez@unimilitar.edu.co
Programa de Biología Aplicada – Facultad de Ciencias Básicas y Aplicadas
Edificio Francisco Antonio Zea – Piso 1
Campus Universidad Militar Nueva Granada
Vía Cajicá – Zipaquirá, km 3
Cajicá (Cundinamarca), Colômbia

Daniela Cristina Firmino-Winckler
dcfirmino@hotmail.com
Departamento de Proteção Vegetal – FCA/Unesp – Campus de Botucatu
R. José Barbosa de Barros, 1780
18610-307 Botucatu, SP

Denise Navia Magalhães Ferreira
denise.navia@embrapa.br
Embrapa Recursos Genéticos e Biotecnologia
Parque Estação Biológica, final W5 Norte s/n
Caixa postal 02372
70770-900 Brasília, DF

Dori Edson Nava
dori.edson-nava@embrapa.br
Embrapa Clima Temperado
BR 392, km 78
Caixa postal 403
96010-971 Pelotas, RS

Douglas Lau
douglas.lau@embrapa.br
Laboratório de Entomologia – Embrapa Trigo
BR 285, km 294
Caixa postal 451
99001-970 Passo Fundo, RS

E

Edson Batista Lopes
eblopes@gmail.com
Estação Experimental de Lagoa Seca – EMEPA
58117-000 Lagoa Seca, PB

Edson Possidônio Teixeira
edson@iac.sp.gov.br
Centro de Fitossanidade, Entomologia – Instituto Agronômico de Campinas
Avenida Barão de Itapura, 1481
Caixa postal 28
13012-970 Campinas, SP

Edson Tadeu Iede
edson.iede@embrapa.br
Laboratório de Entomologia – Embrapa Florestas
Estrada da Ribeira, km 111 – Bairro Guaraituba
83411-000 Colombo, PR

Elisangela Gomes Fidelis de Morais
elisangela.fidelis@gmail.com
Laboratório de Entomologia – Embrapa Roraima
BR 174, km 8
69301-970 Boa Vista, RR

Élison Fabrício Bezerra Lima
elisonfabricio@usp.br
Departamento de Entomologia e Acarologia – Esalq/USP
Av. Pádua Dias, 11
13418-900 Piracicaba, SP

Evaldo Ferreira Vilela
evaldovilela@gmail.com
Departamento de Entomologia – Universidade Federal de Viçosa
36570-000 Viçosa, MG

Everton Pires Soliman
everton_soliman@hotmail.com
Suzano Papel e Celulose – Unidade Limeira
Caixa postal 254
13465-970 Americana, SP

Evoneo Berti Filho
eberti@usp.br
Departamento de Entomologia e Acarologia – Esalq/USP
Av. Pádua Dias, 11
13418-900 Piracicaba, SP

F

Félix Humberto França
felix.franca@yahoo.com.br
SHS Q. 2, bloco J, apto. 1007
70322-901 Brasília, DF

Fernando A. de Souza Costa
fernandosouzacosta@bol.com.br
Ministério da Agricultura, Pecuária e Abastecimento
Rua Bonaparte, 274, Padre Eustáquio
30720-200 Belo Horizonte, MG

Fernando Albano Ilharco
Departamento de Protecção de Plantas – Entomologia
Inia – Quinta do Marquês
Av. da República, Nova Oeiras
2784-505 Oeiras, Portugal

Fernando Cantor Rincon
fernando.cantor@unimilitar.edu.co
Programa de Biología Aplicada – Facultad de Ciencias Básicas y Aplicadas
Edificio Francisco Antonio Zea, piso 1
Campus Universidad Militar Nueva Granada
Vía Cajicá-Zipaquirá, km 3
Cajicá (Cundinamarca), Colômbia

Fernando L. Cônsoli
fconsoli@usp.br
Departamento de Entomologia e Acarologia – Esalq/USP
Av. Pádua Dias, 11
13418-900 Piracicaba, SP

Fernando Mesquita Lara
lara_fm@ig.com.br
Unesp – Campus de Jaboticabal (aposentado)
Via de acesso Prof. Paulo D. Castellane, s/n
14884-900 Jaboticabal, SP

Flavia Rabelo Barbosa
flavia.barbosa@embrapa.br
Embrapa Arroz e Feijão
Rodovia GO-462, km 12, Zona Rural
Caixa postal 179
75375-000 Santo Antônio de Goiás, GO

Francisca Nemaura Pedrosa Haji
nemaurahaji@yahoo.com.br
Embrapa Semiárido
BR-428, km 152, Zona Rural, s/n
Caixa postal 23
56302-970 Petrolina, PE

Francisco de Sousa Ramalho
ramalhohvv@globo.com
Embrapa Algodão
Avenida Osvaldo Cruz, 1143, Centenário
58428-095 Campina Grande, PB

Francisco Racca Filho
fraccafo@ufrrj.br
Instituto de Biologia – Departamento de Entomologia e Fitopatologia – UFRRJ
BR 465, km 7
23890-000 Seropédica, RJ

G

Genésio Tâmara Ribeiro
gribeiro@ufs.br
Departamento de Engenharia Florestal – Universidade Federal de Sergipe
Avenida Marechal Rondon, s/n
49100-000 São Cristóvão, SE

George Corrêa Amaro
george@cpafrr.embrapa.br
Laboratório de Entomologia – Embrapa Roraima
BR 174, km 8
69301-970 Boa Vista, RR

Giuliana Etore do Valle
gevalle@yahoo.com.br
Instituto Agronômico (IAC)
Caixa postal 28
13012-970 Campinas, SP

H

Helouise Montandon de Carvalho Rocha
helouise.rocha@embrapa.br
Embrapa Quarentena Vegetal
Parque Estação Biológica, final W5 Norte, s/n
Caixa postal 02372
70770-900 Brasília, DF

Hugo Reis Vidal
hvidal@swi.com.br
Associação dos Engenheiros Agrônomos do Paraná
Rua Professor Nilo Brandão, 551
82210-050 Curitiba, PR

J

Jacinto de Luna Batista
jacinto@cca.ufpb.br
Departamento de Fitotecnia e Ciências Ambientais – CCA – UFPB
58397-000 Areia, PB

Jairo João Carbonari
jairo.carbonari@agricultura.gov.br
Serviço de Sanidade Vegetal (SSV/RS)
Av. Loureiro da silva, 515, sala 509
90010-420 Porto Alegre, RS

Jeferson Luiz de Carvalho Mineiro
jefmin@hotmail.com
Laboratório de Acarologia
Centro Experimental – Instituto Biológico (IB)
Rodovia Heitor Penteado, km 3
13092-543 Campinas, SP

João Roberto S. Lopes
jrslopes@usp.br
Departamento de Entomologia e Acarologia, Esalq/USP
Av. Pádua Dias, 11
13418-900 Piracicaba, SP

Jorge Anderson Guimarães
jorge.anderson@embrapa.br
Laboratório de Entomologia – Embrapa Hortaliças
Rodovia Brasília-Anápolis, BR 060, km 9
Caixa postal 218
70359-970 Brasília, DF

José Adalberto de Alencar
adalberto.alencar@embrapa.br
Embrapa Semiárido
Rodovia BR-428, km 152, Zona Rural, s/n
Caixa postal 23
56302-970 Petrolina, PE

José Cola Zanuncio
zanuncio@ufv.br
Departamento de Biologia Animal – Universidade Federal de Viçosa (UFV)
36570-000 Viçosa, MG

José Djair Vendramim
jdvendra@usp.br
Departamento de Entomologia e Acarologia – Esalq/USP
Av. Pádua Dias, 11
13418-900 Piracicaba, SP

José Francisco da Silva Martins
jose.martins@embrapa.br
Centro de Pesquisa Agropecuária de Clima Temperado (CPACT)
Caixa postal 403
96001-970 Pelotas, RS

José Magid Waquil
jmwaquil@gmail.com
Inovadefesa – UFV – CNPq
Av. dos Andradas, 1220
30120-010 Belo Horizonte, MG

José Maria Milanez
milanez@epagri.sc.gov.br
Empresa de Pesquisa Agropecuária e Extensão Rural de Santa Catarina
Estação Experimental de Itajaí
Rodovia Antonio Heil, km 6
Caixa postal 277
88301-970 Itajaí, SC

José Maurício S. Bento
jmsbento@usp.br
Departamento de Entomologia e Acarologia – Esalq/USP
Av. Pádua Dias, 11
13418-900 Piracicaba, SP

José Oscar Gomes de Lima
joscarlima@yahoo.com.br
Laboratório de Entomologia e Fitopatologia – Universidade Estadual do Norte Fluminense
Av. Alberto Lamego, 2000
28013-602 Campos dos Goytacazes, RJ

José Raul Valério
jose.valerio@embrapa.br
Embrapa – Embrapa Gado de Corte
Avenida Rádio Maia, 830
79106-550 Campo Grande, MS

Jose Ricardo Cure-Hakim
jose.cure@unimilitar.edu.co
Programa de Biología Aplicada – Facultad de Ciencias Básicas y Aplicadas
Edificio Francisco Antonio Zea, Piso 1
Campus Universidad Militar Nueva Granada
Vía Cajicá-Zipaquirá, km 3
Cajicá (Cundinamarca), Colômbia

José Roberto Postali Parra
jrpparra@usp.br
Departamento de Entomologia e Acarologia – Esalq/USP
Av. Pádua Dias, 11
13418-900 Piracicaba, SP

José Roberto Salvadori
salvadori@upf.br
PPGAgro-UPF
BR 285, km 171 – Bairro São José
Caixa postal 611
99001-970 Passo Fundo, RS

Josiane Teresinha Cardoso
a2jtc@cav.udesc.br
Departamento de Engenharia Ambiental – Universidade do Estado de Santa Catarina
Av. Luiz de Camões, 2090
88520-000 Lages, SC

Júlio César Melo Poderoso
juliopoderoso@yahoo.com.br
Laboratório de Controle Biológico de Insetos
Bioagro – Departamento de Entomologia – Universidade Federal de Viçosa
Viçosa, MG

L

Leonardo Rodrigues Barbosa
leonardo.r.barbosa@embrapa.br
Embrapa Florestas
Estrada da Ribeira, km 111
Caixa postal 319
83411-000 Colombo, PR

Luiz Alexandre Nogueira de Sá
luiz.sa@embrapa.br
Laboratório de Quarentena “Costa Lima” – Embrapa Meio Ambiente
Caixa postal 69
13820-000 Jaguariúna, SP

M

Manoel Guedes Correa Gondim Junior
mguedes@depa.ufrpe.br
Departamento de Agronomia, Área de Fitossanidade – UFRPE
R. Dom Manoel de Medeiros, s/n – Dois Irmãos
52171-900 Recife, PE

Marcelo Lopes da Silva
marcelo.lopes.silva@embrapa.br.
Embrapa Recursos Genéticos e Biotecnologia
Parque Estação Biológica, final W5 Norte, s/n
Caixa postal 02372
70770-900 Brasília, DF

Márcia Reis Pena
marciarpena@yahoo.com.br
Laboratório de Entomologia e Acarologia Agrícola
Universidade Federal do Amazonas (Ufam)
Campus Universitário, Coroado I
Av. General Rodrigo Octávio Jordão Ramos, 3000
69077-000 Manaus, AM

Marcone César Mendonça das Chagas
marcone@rn.gov.br
Embrapa/EMPARN
Av. Elisa Pereira dos Santos, s/n, Parque das Nações
Caixa postal 188
59158-160 Parnamirim, RN

Marcos Botton
marcos.botton@embrapa.br
Embrapa Uva e Vinho
Rua Livramento, 515
Caixa postal 130
95700-000 Bento Gonçalves, RS

Marcus Vinicius Masson
marcus_masson@bahiaspeccell.com
BSC – Copener Florestal Ltda.
R. Dr. José Tiago Correia, s/n, Alagoinhas Velha
48030-480 Alagoinhas, BA

Maria Aparecida Cassilha Zawadneak
mazawa@ufpr.br
Departamento de Patologia Básica – Setor de Ciências Biológicas
Universidade Federal do Paraná (UFPR)
Caixa postal 19020
80531-980 Curitiba, PR

Marina Castelo Branco
marina.castelo@embrapa.br
Departamento de Pesquisa e Desenvolvimento – Parque Estação Biológica – PqEB
Av. W3 Norte (final), Edifício Sede
Caixa postal 40315
Brasília, DF

Mario Eidi Sato
mesato@biologico.sp.gov.br
Laboratório de Acarologia – Centro Experimental – Instituto Biológico (IB)
Rodovia Heitor Penteado, km 3
13092-543 Campinas, SP

Mario Henrique F. A. Dal Pogetto
mhpogetto@gmail.com
Departamento de Proteção Vegetal – FCA/Unesp – Campus de Botucatu
R. José Barbosa de Barros, 1780
18610-307 Botucatu, SP

Miguel Michereff Filho
miguel.michereff@embrapa.br
Laboratório de Entomologia – Embrapa Hortaliças
Rodovia Brasília-Anápolis, BR 060, km 9
Caixa postal 218
70359-970 Brasília, DF

Mila Ferraz de Oliveira Martins
milafomartins@hotmail.com
Laboratório de Entomologia – Embrapa Florestas
Estrada da Ribeira, km 111 – Bairro Guaraituba
83411-000 Colombo, PR

Moisés Lopes Albuquerque
abpmmaca@abpm.org.br
Associação Brasileira dos Produtores de Maçã
Rua Nereu Ramos, 1061, Centro
89580-000 Fraiburgo, SC

N

Nadia Cristina de Oliveira
nadiac.oliveira@hotmail.com
Faculdade Integrado de Campo Mourão
Departamento de Agronomia – Campus Universitário
BR 158, km 207, s/n
87300-970 Campo Mourão, PR

Neliton Marques da Silva
nmerinato@gmail.com
Laboratório de Entomologia e Acarologia Agrícola
Ufam – Campus Universitário, Coroado I
Av. Gen. Rodrigo Octávio Jordão Ramos, 3000
69077-000 Manaus, AM

Norton Polo Benito
norton.benito@embrapa.br
Embrapa Recursos Genéticos e Biotecnologia
Parque Estação Biológica, final W5 Norte, s/n
Caixa postal 02372
70770-900 Brasília, DF

O

Odilson Luiz Ribeiro e Silva
odislon.silva@agricultura.gov.br
Agricultural Attaché – Adido Agrícola
Missão do Brasil junto à União Europeia
(Brazilian Mission to the European Union)
Av. Franklin Roosevelt, 30
Bruxelas, 1050, Bélgica

Otávio Peres Filho
peres@ufmt.br
Faculdade de Engenharia Florestal
Universidade Federal do Mato Grosso – Campus Cuiabá
Av. Fernando Corrêa, 2367 – Bairro Boa Esperança
78060-900 Cuiabá, MT

P

Paulo E. Degrande
paulodegrande@ufgd.edu.br
Universidade Federal da Grande Dourados (UFGD)
Faculdade de Ciências Agrárias (FCA)
Caixa postal 533
79804-970 Dourados, MS

Paulo Rebelles Reis
paulo.rebelles@epamig.ufla.br
Epamig-CTSM – Campus da Ufla
Caixa postal 176
37200-000 Lavras, MG

Paulo Roberto V. da S. Pereira
paulo.pereira@embrapa.br
Laboratório de Entomologia – Embrapa Trigo
BR 285, km 294
Caixa postal 451
99001-970 Passo Fundo, RS

Pedro José Ferreira Filho
pedrojf@ufscar.br
Departamento de Ciências Ambientais – UFSCar – Campus de Sorocaba
Rod. João Leme dos Santos (SP-264), km 110
18052-780 Sorocaba, SP

Pedro Takao Yamamoto
pedro.yamamoto@usp.br
Departamento de Entomologia e Acarologia – Esalq/USP
Av. Pádua Dias, 11
13418-900 Piracicaba, SP

R

Regina Célia Zonta-de-Carvalho
regcarva@seab.pr.gov.br
Centro de Diagnóstico Marcos Enrietti – Seab/PR
Rua Jaime Balão, 575
80040-340 Curitiba, PR

Regina Lúcia Sugayama
regina.sugayama@defesaagropecuaria.com
Agropec Pesquisa, Extensão e Consultoria Ltda.
Rua Joviano Naves 15, sala 27
Empresarial Palmares
31155-710 Belo Horizonte, MG

Renata Chiarini Monteiro
renatathrips@yahoo.com
Rua Barão de Piracicamirim, 723
13400-005 Piracicaba, SP

Renata Santos de Mendonça
renatasm@cenargen.embrapa.br
Embrapa Recursos Genéticos e Biotecnologia
Parque Estação Biológica, final W5 Norte, s/n
Caixa postal 02372
70770-900 Brasília, DF

Renate Krause-Sakate
renatekrause@fca.unesp.br
Faculdade de Ciências Agronômicas (FCA) – Unesp
Departamento de Proteção Vegetal – Setor Defesa Fitossanitária
Rua José Barbosa de Barros, 1780
18610-307 Botucatu, SP

Roberto A. Zucchi
razucchi@usp.br
Departamento de Entomologia e Acarologia – Esalq/USP
Av. Pádua Dias, 11
13418-900 Piracicaba, SP

Rogério Goularte Moura
rgmoura@gmail.com
Centro de Energia na Agricultura
Avenida Centenário, 303
Caixa postal 96
13400-970 Piracicaba, SP

Rômulo Sátiro de Medeiros
romulo.medeiros@ifsertao-pe.edu.br
IFE – Ciência e Tecnologia – Campus Salgueiro
BR 232, km 508, sentido Recife, Zona Rural
56000-000 Salgueiro, PE

Rosmarina Marín
rmarinl@yahoo.com
Universidad Nacional de la Rioja (Unlar) –
Centro de Investigación e Innovación Tecnológica (Ceniit)
Ciudad Universitaria de la Ciencia y la Técnica
Av. Dr. Luis M. de la Fuente, s/n
5300 La Rioja, Argentina

Rosylaine Aparecida Pereira
rosylaine@gmail.com
Departamento de Proteção Vegetal
FCA/Unesp – Campus de Botucatu
R. José Barbosa de Barros, 1780
18610-307 Botucatu, SP

S

Scheila Ribeiro Messa Zalesk
srmzaleski@gmail.com
Rua Pedro Viriato Parigot de Sousa, 3155 – Mossunguê
81200-100 Curitiba, PR

Silvana Vieira de Paula Moraes
silvana.moraes@embrapa.br
CPAC – Embrapa Cerrados
BR 020 km 18
Caixa postal 08223
73310-970 Planaltina, DF

Sílvia Helena Galvão de Miranda
shgdmira@usp.br
Departamento de Economia, Administração e Sociologia – Esalq/USP
Av. Pádua Dias, 11
13418-900 Piracicaba, SP

Simon Lawson
simon.lawson@daff.qld.gov.au
Department of Agriculture, Fisheries and Forestry
Level 3A West
Ecosciences Precinct
GPO Box 267
Brisbane QLD 4001, Austrália

Sonia Maria Noemberg Lazzari
sonialazzari@gmail.com
Departamento de Zoologia – Universidade Federal do Paraná
Caixa postal 19020
81560-020 Curitiba, PR

Susete do Rocio Chiarello Penteado
susete.penteado@embrapa.br
Embrapa Florestas
Estrada da Ribeira, km 111
Caixa postal 319
83411-000 Colombo, PR

T

Thaise Karla Ribeiro Dias
thaiserdias@yahoo.com.br
Departamento de Proteção Vegetal – FCA/Unesp – Campus de Botucatu
R. José Barbosa de Barros, 1780
18610-307 Botucatu, SP

Thiago Dias Trindade
thiagotdt@hotmail.com
Colégio Técnico da Universidade Rural (CTUR)
BR 465, km 8
23890-000 Seropédica, RJ

U

Uemerson Silva da Cunha
uscunha@ufpel.edu.br
Departamento de Fitossanidade – Faculdade de Agronomia Eliseu Maciel
Universidade Federal de Pelotas
Caixa postal 354
96010-900 Pelotas, RS

V

Valquíria Prezotto Ximenes
val_ximenes@hotmail.com
Departamento de Economia, Administração e Sociologia – Esalq/USP
Av. Pádua Dias, 11
13418-900 Piracicaba, SP

Vânia Bianchin
vania.bianchin@embrapa.br
Laboratório de Entomologia – Embrapa Trigo
BR 285, km 294
Caixa postal 451
99001-970 Passo Fundo, RS

Vera Lucia Rodrigues Machado Benassi
vbenassi@incaper.es.gov.br
Instituto Capixaba de Pesquisa, Assistência Técnica e Extensão Rural
Estação Experimental de Linhares
BR 101, km 151
Caixa postal 62
29915-140 Linhares, ES

Vilmar Gonzaga
vilmar.gonzaga@embrapa.br.
Embrapa Recursos Genéticos e Biotecnologia
Parque Estação Biológica, final W5 Norte, s/n
Caixa postal 02372
70770-900 Brasília, DF

Vitor O. Becker
becker.vitor@gmail.com
Reserva Serra Bonita
Caixa postal 01
45880-000 Camacan, BA

W

Walkymário de Paulo Lemos
walkymario.lemos@embrapa.br
Embrapa Amazônia Oriental
Trav. Dr. Eneas Pinheiro, s/n
67095-100 Belém, PA

Wilson Reis Filho
wilson.reis@colaborador.embrapa.br
Laboratório de Entomologia – Embrapa Florestas
Estrada da Ribeira, km 111 – Bairro Guaraituba
83411-000 Colombo, PR

Apresentação

Este livro, com 55 capítulos e mais de 200 fotografias em cores, contou com a participação de 127 pesquisadores de 66 instituições do Brasil e do exterior. É uma versão revisada, atualizada e ampliada do livro *Histórico e impacto das pragas introduzidas no Brasil*, editado em 2001 por Evaldo F. Vilela, Fernando Cantor e Roberto A. Zucchi (esgotado em 2007).

O livro está dividido em cinco partes: (1) Defesa fitossanitária (2) Fruticultura e plantas ornamentais (3) Horticultura e plantas forrageiras (4) Grandes culturas (5) Florestas. Na parte I, são discutidas as ameaças fitossanitárias para o Brasil, a quarentena vegetal, o registro de praga introduzida, o trânsito de vegetais no comércio internacional e é feita a análise de benefício–custo da praga introduzida. Nas demais partes, são tratadas as pragas das frutíferas, das plantas ornamentais, das hortaliças, das plantas forrageiras e das grandes culturas, que foram introduzidas no Brasil entre o início do século XX e a segunda década deste século. Nessas partes, são apresentados dados taxonômicos, históricos, biológicos, sobre prejuízos e controle para cada praga (insetos e ácaros). Várias pragas introduzidas há muito tempo, que não haviam sido abordadas na versão anterior, foram incluídas neste livro.

É uma obra que alerta também para os problemas da ocorrência de espécies exóticas (ácaros e insetos) no Brasil, que aumentaram significativamente em número na última década. A possibilidade de uma praga ser introduzida é um risco constante, que afeta todo o processo fitossanitário, haja vista os problemas no manejo do controle e as perdas econômicas decorrentes da recente constatação de *Helicoverpa armigera* no país.

Esta obra visa atender as expectativas de pesquisadores, engenheiros agrônomos, agentes alfandegários, biólogos, estudantes e pessoas interessadas em entomologia e seus aspectos básicos, aplicados e históricos.

EVALDO F. VILELA & ROBERTO A. ZUCCHI
Editores

Prefácio

Com o crescimento do comércio e do trânsito internacional, aumenta a preocupação das regiões e dos países com a introdução e disseminação de novas pragas que, invariavelmente, requerem novas medidas de controle de suas populações, com o consequente encarecimento dos custos de produção. Estima-se que o número de passageiros aéreos internacionais atingirá 1,3 bilhão em 2014, com novos destinos, principalmente a partir da Ásia. Trata-se de movimentação recorde na história da humanidade, com implicações para a sanidade dos produtos e das lavouras agrícolas, base da alimentação humana e animal.

O Brasil é um dos principais fornecedores de alimento e ração animal para o mundo, com chances de ampliar o superávit de sua balança comercial, por isso é preciso conhecer melhor as ameaças e os riscos à preservação da condição fitossanitária no território nacional.

É nesse contexto que os autores, ligados a duas das mais tradicionais escolas de agricultura do Brasil, uniram-se para, com dedicação, construir esta obra coletiva, de grande relevância pelas suas informações e ilustrações. São 55 capítulos, de 127 autores; um considerável volume de páginas, com mais de 200 fotografias em cores.

Este livro auxiliará o Ministério da Agricultura, Abastecimento e Pecuária, bem como seus parceiros nos estados, na luta permanente para prevenir a entrada de pragas exóticas no Brasil. Nesse cenário ameaçador, é preciso aproveitar os ensinamentos deste livro, que lista os maiores especialistas de nossas universidades e institutos de pesquisa na área. A atuação desses profissionais aperfeiçoa e motiva a defesa agropecuária brasileira permanentemente.

Esta obra serve ainda como fonte de conhecimento para a capacitação de jovens graduandos e pós-graduandos interessados na área. Como a literatura sobre o tema em nosso idioma é escassa, este livro preenche parte dessa lacuna.

Os assuntos aqui tratados são de grande interesse, como a medição de impactos econômicos, sociais e ambientais causados pelas pragas exóticas, à luz de uma metodologia científica, livrando-nos dos achismos. Na sequência, tem-se uma base lógica para alocar recursos para o enfrentamento do problema decorrente da introdução de nova praga, seu controle, ou até antes, na prevenção de ameaças. Chama-se ainda a atenção para as implicações da introdução de pragas exóticas na composição da flora nativa brasileira.

É evidente a importância deste livro para as ações de monitoramento das pragas quarentenárias não presentes no Brasil, de modo a antecipar os riscos de sua entrada, com estimativas de seus potenciais impactos. Com isso, podem-se tomar providências preventivamente, evitando ou postergando a concretização do cenário ou dificuldades comerciais futuras e investindo em novas soluções tecnológicas para combater ou manejar novas pragas.

É relevante enfatizar, por último, a importância dos temas aqui tratados para a formação da riqueza nacional, como as ameaças fitossanitárias, o trânsito de vegetais e as pragas introduzidas na fruticultura, horticultura, nas forrageiras e grandes culturas, como a mais recente, *Helicoverpa armigera,* que tantos prejuízos tem causado à produção agrícola, com elevação de custos e riscos, além de inquietar os produtores brasileiros.

ALYSSON PAOLINELLI
Ex-Ministro da Agricultura
Prêmio World Food Prize, Estados Unidos, 2006

PARTE I

Defesa Fitossanitária

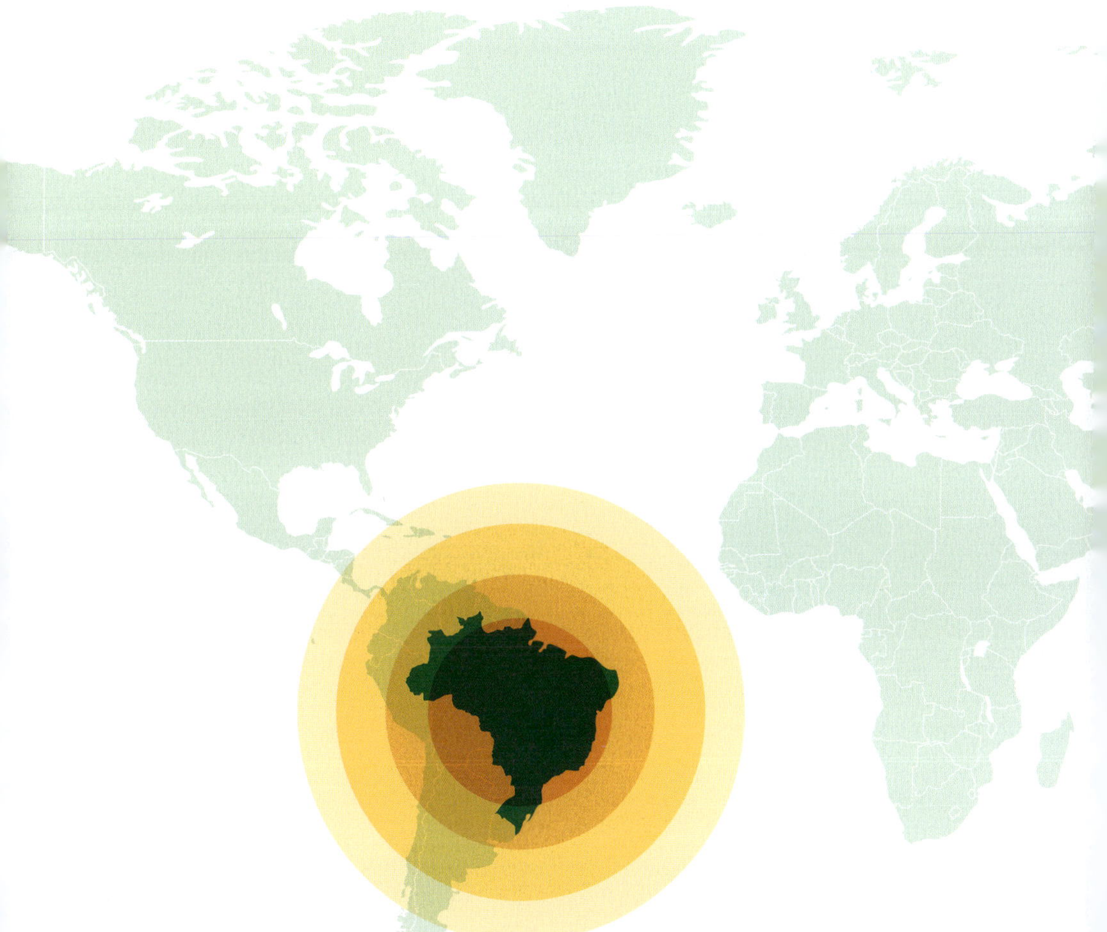

1

Ameaças fitossanitárias para o Brasil: entender o passado para prever o futuro

R. L. Sugayama, A. R. Stancioli, E. F. Vilela

INTRODUÇÃO

A relação entre a colonização indiana nas Guianas no século XIX, o Programa de Aceleração de Crescimento (PAC) do governo federal brasileiro para a infraestrutura viária, o aumento do uso de defensivos na agricultura e o controle do trânsito doméstico de plantas ou de partes de plantas no Brasil constitui o tema central da discussão neste capítulo.

Em meados de 1990, o Brasil ingressou em uma intensa fase de abertura comercial, o que possibilitou o estabelecimento de novas parcerias em todas as áreas da economia. O agronegócio acompanhou essa tendência e passou a ocupar posição de destaque ainda maior no cenário internacional, em setores como açúcar, soja, café, suco de laranja, fumo e biocombustíveis.

A pauta da exportação brasileira aumentou em diversidade de produtos, volumes negociados e mercados de destino. As importações acompanharam esse fluxo positivo, e houve mais importações da China, dos Estados Unidos e de países como Rússia, Irã, Emirados Árabes Unidos e Tailândia. O trânsito intensificado, decorrente dessa globalização, evidentemente traria consequências para o aspecto sanitário.

A disseminação de pragas e doenças passou a ocorrer em velocidade e direções antes inimagináveis. A gama de espécies de insetos e ácaros introduzidos acidentalmente provocou e ainda provoca impacto significativo na agricultura brasileira (Figura 1). Nesse contexto, o desafio que ora se apresenta é o de atuar no mercado global, de modo a assegurar a sanidade agropecuária local.

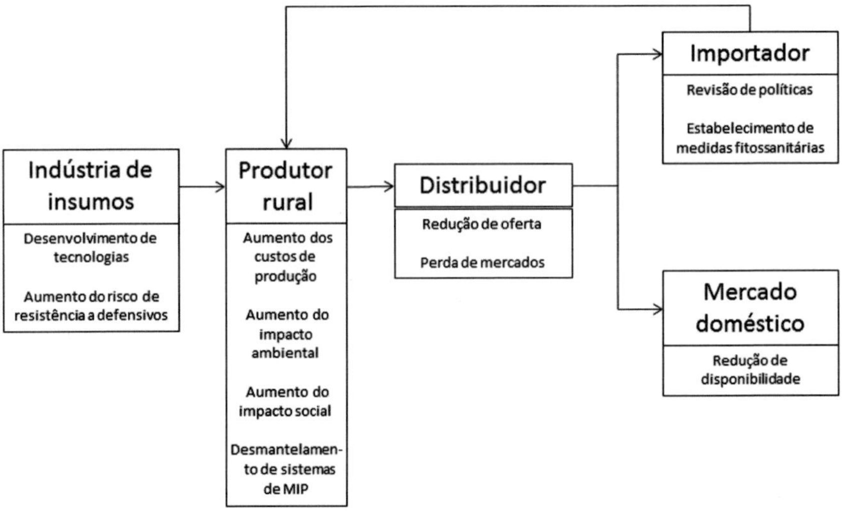

Figura 1. Impacto da introdução de uma nova praga agrícola.

MOVIMENTOS MIGRATÓRIOS E DEFESA VEGETAL

Com a maior abertura da economia, de 1995 a 2011, foram relatadas no Brasil pelo menos nove espécies de insetos e ácaros de importância agrícola: *Cydia pomonella, Phyllocnistis citrella, Bactrocera carambolae, Zaprionus indianus, Aleurocanthus woglumi, Dactylopius opuntiae, Schizotetranychus hindustanicus, Raoiella indica* e *Maconellicoccus hirsutus*.

Essa invasão biológica foi acompanhada, no mesmo período, pela introdução de fungos fitopatogênicos (ferrugem-asiática-da-soja, ferrugem-alaranjada-da-cana-de-açúcar, sigatoka negra) e procariontes (*greening*, cancro cítrico). Deduz-se que, em média, uma praga exótica vem sendo detectada por ano no Brasil. Dois importantes aspectos chamam a atenção para esse fato: a expressiva predominância de espécies de origem oriental e a prevalência de espécies (pela primeira vez relatada no Brasil) em estados da Região Norte, especialmente em Roraima.

O maior volume de passageiros e mercadorias oriundas de países asiáticos ingressa no Brasil a partir dos estados da Região Sudeste. Assim, uma das explicações para a introdução de espécies asiáticas a partir da Região Norte do país é a colonização dos países do Arco Norte (Venezuela, Guiana, Suriname e França/Guiana Francesa) por imigrantes indianos no século XIX. A colonização desses países propiciou a entrada dessas pragas na América do Sul por meio dos imigrantes que, em ato comum aos movimentos migratórios, carregavam com eles plantas e animais úteis.

Quase duzentos anos antes do Acordo sobre a Aplicação de Medidas Sanitárias e Fitossanitárias (Acordo SPS), os colonizadores franceses, holandeses e ingleses valeram-se da mão de obra de imigrantes do Sudeste Asiático, em substituição aos escravos negros. Nos dias de hoje, cerca de 40% da população das Guianas e de Trinidad e Tobago é de origem indiana, o que reflete na arquitetura, na cultura e na gastronomia da região.

Uma série de espécies vegetais cultivadas nessas regiões, como cana-de-açúcar, soja, manga, frutos cítricos e arroz, tem seus centros de origem e dispersão na Ásia. Este fato reforça a ideia da relação entre a colonização indiana e a ocorrência de algumas pragas na América do Sul.

Com os imigrantes, foram introduzidas espécies vegetais e, inevitavelmente, pragas a elas associadas. Ao ingressarem em um ambiente com disponibilidade de plantas hospedeiras e livres de seus agentes bióticos de mortalidade, essas pragas encontraram condições favoráveis ao seu estabelecimento e à sua dispersão. Algumas delas, como é o caso do ácaro *Schizotetranychus hindustanicus*, atingiram *status* de praga na Venezuela, enquanto em seu local de origem a espécie raramente atinge o nível de dano econômico (Fantine, 2011).

O DESAFIO: CONCILIAR DESENVOLVIMENTO DE INFRAESTRUTURA E PROTEÇÃO FITOSSANITÁRIA

Até muito recentemente, o intercâmbio comercial entre o Brasil e as Guianas era reduzido. Com base na relação de produtos vegetais de importação autorizada pelo Brasil, constata-se que não há sequer uma espécie para a qual tenham sido regulamentados requisitos fitossanitários para importação pelo país. No entanto, essa situação tende a mudar.

Em 2010, o Departamento Nacional de Infraestrutura de Transportes (DNIT) apresentou, durante a III Conferência Nacional sobre Defesa Agropecuária, em Belo Horizonte, MG, o Programa de Aceleração do Crescimento (PAC) do governo federal para a infraestrutura viária. De acordo com esse PAC, 45.337 quilômetros de rodovias (construídas, recuperadas ou duplicadas), 2.518 quilômetros de ferrovias, 67 portos e uma eclusa em hidrovias serão implantados até 2014. As obras beneficiarão milhões de brasileiros, ao facilitar o acesso, por exemplo, da população do Acre ao Oceano Pacífico, da população do Amazonas ao Caribe venezuelano e da população do Amapá à Guiana Francesa. Além disso, permitirão reduzir o tempo de transporte de mercadorias da Ásia para o Brasil, quando a Rodovia Interoceânica (ligando o Porto de Talara, no Peru, a Rio Branco, no Acre) e o trajeto Rio Branco–São Paulo estiverem plenamente implantados. Esse eixo de transporte permitirá a rápida distribuição de mercadorias asiáticas no Brasil, ao oferecer uma rota alternativa ao Canal do Panamá.

Dados do Ministério das Relações Exteriores mostram que o trânsito oficial de mercadorias entre o Estado do Acre e o Peru aumentou em mais de sessenta vezes de 2006 a 2010. Da mesma forma, o comércio bilateral com a Venezuela ampliou-se significativamente. As exportações agrícolas brasileiras passaram de 78 milhões de dólares, em 2003, para 2,2 bilhões, em 2008. A Venezuela ocupou, em 2010, a sétima posição no *ranking* agrícola dos destinos de mercadorias agrícolas do Brasil (Mapa, 2011).

Com as melhorias nas condições de trânsito por meio terrestre, a tendência é que a participação brasileira nos mercados sul-americanos torne-se ainda mais expressiva. Haverá também maior influxo de mercadorias agrícolas e não agrícolas desses países para o Brasil, que será sustentado por ações planejadas de vigilância, principalmente nas fronteiras. Considerando que o risco é uma combinação entre o grau de perigo representado e a probabilidade de ele acontecer, supõe-se que as obras de infraestrutura promovidas pelo PAC levarão a um aumento do risco da introdução de pragas exóticas no Brasil.

Que pragas são essas?

O Brasil, como signatário do Acordo sobre a Aplicação de Medidas Sanitárias e Fitossanitárias, utiliza análises de risco de pragas para subsidiar a proposição de medidas fitossanitárias necessárias e tecnicamente justificáveis para mitigar riscos identificados em novas vias de ingresso.

Com base nessas análises, o Ministério da Agricultura, Pecuária e Abastecimento publica e atualiza a listagem de pragas quarentenárias ausentes e presentes (Brasil, 2008). Essas espécies, por definição, representam risco inaceitável para o país, pelo custo de seu controle, pelas perdas diretas em campo e/ou pela perda de mercados em consequência de uma possível introdução.

O Anexo I da Instrução Normativa 41/2008 contempla 496 espécies e 32 gêneros regulamentados como pragas quarentenárias ausentes (Brasil, 2008). Somam-se a essa listagem outras 65 Instruções Normativas publicadas depois que regulamentam requisitos fitossanitários para prevenção de pragas de risco inaceitável para novas vias de ingresso. Levantou-se a distribuição de 268 das 496 pragas regulamentadas ao nível de espécie (cerca de 54% do total) e de 301 pragas, representando um dos 32 gêneros regulamentados como quarentenários ausentes no Brasil, totalizando 569 espécies.

LEVANTAMENTO DE DISTRIBUIÇÃO GEOGRÁFICA DE PRAGAS QUARENTENÁRIAS AUSENTES NO BRASIL

Com base principalmente na coleta de dados da International Society for Pest Information, Crop Protection Compendium e European Plant Protection Organization, que pode estar subestimada, do total de 569 espécies, foram encontrados relatos de ocorrência de 44 espécies de insetos e ácaros quarentenários, ausentes no Brasil, em pelo menos um país da América do Sul e/ou de Trinidad e Tobago (Tabelas 1 e 2).

Tabela 1. Espécies de insetos e ácaros quarentenários ausentes no Brasil, com relato de ocorrência em pelo menos um país da América do Sul e/ou em Trinidad e Tobago.

Ordens	Número de espécies
Acarina	5
Coleoptera	16
Diptera	4
Hemiptera	10
Hymenoptera	1
Lepidoptera	4
Thysanoptera	4

Tabela 2. Insetos e ácaros de importância quarentenária para o Brasil e sua distribuição na América do Sul.

Nomes científicos	Ordens	Famílias	Distribuição
Acarus siro (Linnaeus)	Acarina	Acaridae	Chile (Cabi)
Aculus schlechtendali (Nalepa)	Acarina	Eriophyidae	Chile (Cabi)
Brevipalpus chilensis (Baker)	Acarina	Tenuipalpidae	Chile (Cabi)
Brevipalpus lewisi (McGregor)	Acarina	Tenuipalpidae	Bolívia, Chile, Colômbia (Inra)
Rhizoglyphus echinopus (Fumouze & Robin)	Acarina	Acaridae	Chile (Ispi)
Anthonomus vestitus (Boheman)	Coleoptera	Curculionidae	Equador, Peru (Eppo)
Brachycerus albidentatus (Gyllenhal)	Coleoptera	Curculionidae	Argentina (Eppo)
Callidiellum rufipenne (Motschulsky)	Coleoptera	Cerambycidae	Argentina (Eppo)
Diabrotica balteata (LeConte)	Coleoptera	Chrysomelidae	Colômbia, Venezuela (Eppo)
Hylotrupes bajulus (Linnaeus)	Coleoptera	Cerambycidae	Uruguai
Lissorhoptrus oryzophilus (Kuschel)	Coleoptera	Curculionidae	Colômbia, Suriname, Venezuela (Eppo)

Continua

Nomes científicos	Ordens	Famílias	Distribuição
Lophocateres pusilis (Klug)	Coleoptera	Trogossitidae	Guiana, Trinidad e Tobago (Cabi)
Necrobia rufipes (De Geer)	Coleoptera	Cleridae	Equador (Causton et al., 2006)
Otiorhynchus sulcatus (Fabricius)	Coleoptera	Curculionidae	Chile, Colômbia (Eppo)
Premnotrypes latithorax (Pierce)	Coleoptera	Curculionidae	Bolívia, Chile, Peru (Eppo)
Premnotrypes sanfordi (Pierce)	Coleoptera	Curculionidae	Peru (Eppo)
Premnotrypes solani (Pierce)	Coleoptera	Curculionidae	Peru (Eppo)
Premnotrypes suturicallus (Kuschel)	Coleoptera	Curculionidae	Peru (Eppo)
Premnotrypes vorax (Hustache)	Coleoptera	Curculionidae	Colômbia, Equador, Venezuela (Eppo)
Prostephanus truncatus (Horn)	Coleoptera	Bostrichidae	Colômbia (Eppo)
Sternochetus mangiferae (Fabricius)	Coleoptera	Curculionidae	Guiana Francesa, Trinidad e Tobago (Eppo)
Anastrepha suspensa (Loew)	Diptera	Tephritidae	Guiana Francesa (Eppo)
Delia antiqua (Meigen)	Diptera	Anthomyiidae	Colômbia, Argentina, Bolívia (Eppo)
Prodiplosis longifila (Gagne)	Diptera	Cecidomyiidae	Colômbia, Equador, Peru (ZipcodeZoo)
Toxotrypana curvicauda Gerstäcker	Diptera	Tephritidae	Trinidad e Tobago (Eppo)
Ceroplastes rubens (Maskell)	Hemiptera	Coccidae	Trinidad e Tobago (Eppo)
Dialeurodes citri (Ashmead)	Hemiptera	Aleyrodidae	Argentina, Chile, Colômbia, Guyana, Peru (Eppo, Martin et al., 2000)
Diuraphis noxia (Mordvilko)	Hemiptera	Aphididae	Argentina, Chile (Eppo)
Homalodis cacoagulata (Say)	Hemiptera	Cicadellidae	Chile (Eppo)
Leptocoris rufomarginata (Fabricius)	Hemiptera	Rhopalidae	Guiana Francesa, Guiana, Suriname, Trinidad e Tobago, Venezuela (Eppo)
Myndus crudus (Van Duzee)	Hemiptera	Cixiidae	Trinidad e Tobago (Eppo)
Parabemisia myricae (Kuwana)	Hemiptera	Aleyrodidae	Venezuela (Arnal et al., 2003)
Perkinsiella saccharicida (Kirkaldy)	Hemiptera	Delphacidae	Colômbia, Equador, Peru, Venezuela (Eppo)
Planococcus lilacinus (Cockerell)	Hemiptera	Pseudococcidae	Guiana (Eppo)
Siphoninus phyllyreae (Haliday)	Hemiptera	Aleyrodidae	Venezuela (Arnal et al., 2003)
Tremex fuscicornis (Fabricius)	Hymenoptera	Siricidae	Chile (Eppo)
Chileco madiavaldiviana (Philippi)	Lepidoptera	Cossidae	Chile (ZipcodeZoo)

Continua

Nomes científicos	Ordens	Famílias	Distribuição
Cydia fabivora (Meyrick)	Lepidoptera	Tortricidae	Colômbia, Equador, Peru, Venezuela (Eppo)
Diaphania indica (Saunders)	Lepidoptera	Pyralidae	Guiana Francesa, Paraguai, Venezuela (Eppo)
Rhyacionia buoliana (Schiff.)	Lepidoptera	Olethreutidae	Argentina, Chile, Uruguai (Eppo)
Drepanothrips reuteri (Uzel)	Thysanoptera	Thripidae	Chile (Moritz et al., 2004)
Frankliniella cestrum (Moulton)	Thysanoptera	Thripidae	Chile (Eppo)
Limothrips cerealium (Haliday)	Thysanoptera	Thripidae	Argentina (De Santis et al., 1980)
Scirtothrips dorsalis (Hood)	Thysanoptera	Thripidae	Trinidad e Tobago (Eppo)

A Tabela 2 traz informações sobre as espécies de ácaros e insetos regulamentados pelo Brasil, como pragas quarentenárias ausentes e sua distribuição na América do Sul e em Trinidad e Tobago. Chile, Colômbia, Peru e Venezuela são os países onde se encontraram mais relatos de ocorrência de pragas quarentenárias ausentes no Brasil (Figura 2).

Figura 2. Números de espécies de insetos e ácaros quarentenários ausentes para o Brasil e relatados nos países da América do Sul e em Trinidad e Tobago.

Considerando o histórico recente de introduções e a tendência de incremento de trânsito de pessoas e mercadorias em função das obras do PAC, infere-se que as fronteiras dos estados de Roraima e Acre são as que representam maior probabilidade de ingresso de novas pragas.

CONSEQUÊNCIAS DA ENTRADA DE NOVAS PRAGAS NO BRASIL

Por definição, as espécies listadas no Anexo I da IN 41/2008 têm potencial de impacto inaceitável para o país. Sua presença em países dos quais o Brasil importa plantas ou partes de plantas justifica a imposição de medidas fitossanitárias para evitar que sejam acidentalmente introduzidas aqui. Em outros capítulos deste livro são relatadas essas consequências, que vão desde perdas econômicas diretas até a necessidade de desenvolvimento de métodos de controle químico, como comentado a seguir.

- Perdas econômicas diretas pelo ataque em campo: pragas como o bicudo-do-algodoeiro (*Anthonomus grandis*, Coleoptera: Curculionidae), o minador-da-folha-dos-citros (*Phyllocnistis scitrella*, Lepidoptera: Gracillariidae), a mosca-branca (*Bemisia tabaci*, Hemiptera: Aleyrodidae) e outras, mencionadas neste livro, são exemplos claros das perdas diretas provocadas por organismos introduzidos acidentalmente no Brasil.
- Restrição ao trânsito de plantas, ou de partes de plantas, em nível nacional: a detecção de *Raoiella indica* (Acari: Tenuipalpidae) e de *Schizotetranychus hindustanicus* (Acari: Tetranychidae), no Estado de Roraima, impediu temporariamente o trânsito de bananas e frutos cítricos para o restante do país. Essas restrições tiveram impacto econômico tanto para Roraima quanto para os estados que dependem desse estado para o abastecimento de seus mercados, como o Amazonas.
- Estabelecimento de medidas fitossanitárias por importadores: a exportação de produtos passíveis de transportar uma praga introduzida passa a ser condicionada à apresentação de documentos oficiais. Eles atestarão a realização de procedimentos de mitigação de risco, para garantir a proteção fitossanitária dos países importadores.
- Necessidade de estabelecimento de medidas de mitigação: a detecção de *S. hindustanicus* em Roraima exigiu que os produtores que exportam frutos para o Estado do Amazonas ou para outras unidades da federação passassem a realizar tratamento com escovação e cera. Este procedimento gera o aumento dos custos de produção.
- Necessidade de estabelecimento de controle de trânsito: a presença de pragas quarentenárias obriga a emissão de documentação para trânsito, o que depende da habilitação de profissionais, por meio de curso ministrado pelos órgãos oficiais das esferas federal e estadual, incorrendo em custos

para o produtor rural. Eles passam a necessitar de serviços especializados para que seus produtos possam transitar entre estados ou, em alguns casos, como em Minas Gerais, dentro do próprio estado.

- Necessidade de implantação de programas de monitoramento e controle: as ações oficiais e privadas de monitoramento de pragas regulamentadas dependem da existência de ferramentas para prospecção e monitoramento, muitas vezes baseadas em semioquímicos. No caso da mosca-da-carambola, *Bactrocera carambolae* (Diptera: Tephritidae), foi necessário obter o registro de um paraferomônio para campanhas de monitoramento e de aniquilamento de machos. No caso da *Cydia pomonella* (Lepidoptera: Tortricidae), foi preciso obter o registro de um feromônio sexual sintético atrativo para machos, tanto para monitoramento quanto para supressão populacional, por meio da técnica de atrai e mata.
- Necessidade de desenvolvimento de cultivares resistentes ou tolerantes: como no caso da mosca-branca.
- Necessidade de desenvolvimento de programas de controle biológico: como no caso da mosca-negra, *Aleurocanthus woglumi* (Hemiptera: Aleyrodidae).
- Necessidade de desenvolvimento de métodos de controle químico: como descrito em outros capítulos deste livro.

ELOS DO AGRONEGÓCIO *VERSUS* INTRODUÇÃO DE NOVAS PRAGAS

Depreende-se que todos os elos do agronegócio são potencialmente afetados pela introdução de pragas exóticas (Figura 2). As consequências são sérias para o produtor, que tem seus custos de produção aumentados, assim como para o consumidor, que pode ter reduzida a disponibilidade de produtos básicos. Também são afetados desde a indústria de insumos para controle e monitoramento – que aloca recursos para P&D&I, para desenvolvimento de tecnologias – até os órgãos oficiais, que arcam com o custo de elaboração e publicação de instrumentos que normatizem o trânsito, o monitoramento e o combate de pragas.

O ingresso das espécies de pragas quarentenárias – listadas na Tabela 3 a seguir – representa um risco potencial para várias cadeias produtivas importantes para o agronegócio brasileiro. Muitas delas têm participação expressiva em nossa pauta de exportação, como citros, café, soja, e em outras culturas básicas, como feijão, arroz e trigo.

Tomando por exemplo o gorgulho-do-caroço-da-manga, *Sternochetus mangiferae* (Coleoptera: Curculionidae), é razoável supor que a espécie possa ingressar através da fronteira do Amapá com a Guiana Francesa. A espécie encontraria, no Estado do Amapá, ampla oferta de plantas hospedeiras (mangueiras) em áreas urbanas, onde se estabeleceria.

Tabela 3. Cadeias potencialmente afetadas por pragas quarentenárias no Brasil.

Espécies	Cadeias potencialmente afetadas	*Status* regulatório em outros países ou organismos supranacionais
Brevipalpus chilensis	Videira, citros	Quarentenária para Estados Unidos
Brevipalpus lewisi	Citrus spp.	A1 para Argentina, Uruguai, Paraguai
Anthonomus vestitus	Algodão	A1 para APPPC, Cosave, CPPC, Oirsa e PPPO
Brachycerus albidentatus	Alho e cebola	A1 para CAN, Cosave, CPPC, Oirsa, Argentina, Chile, Paraguai e Uruguai. Quarentenária para Estados Unidos
Callidiellum rufipenne	Madeiras	A1 para Nappo e Eppo
Diabrotica balteata	Milho, soja, feijão, cucurbitáceas (polífaga)	A1 para Chile e Turquia
Lissorhoptrus oryzophilus	Arroz	A2 para China, APPPC e PPPO. A1 para África Oriental e Sul da África
Otiorhynchus sulcatus	Videira, macieira, coníferas, ornamentais	A2 para Cosave. A1 para sul da África, Argentina, Paraguai e Uruguai
Premnotrypes latithorax	Batata	A2 para Cosave, Chile, Paraguai. A1 para CPPC, Eppo, EU, Oirsa, Rússia, Turquia, Sul da África
Premnotrypes sanfordi		A1 para Cosave, CPPC, Eppo, EU, Oirsa, Rússia, Turquia, Argentina, Chile, Paraguai, Uruguai
Premnotrypes solani		A1 para Cosave, CPPC, Eppo, EU, Oirsa, Rússia, Turquia, Argentina, Chile, Paraguai, Uruguai
Premnotrypes suturicallus		A1 para Eppo, EU, Rússia, Turquia e sul da África
Prostephanus truncatus	Milho	A2 para APPPC, PPPO, China, Leste da África, Sul da África. A1 para Neppo, Nova Zelândia
Sternochetus mangiferae	Manga	A2 para APPPC, PPPO, China, África (leste e sul). A1 para Cosave, Eppo, IAPSC, Oirsa, Chile, Paraguai. Quarentenária para EU e Estados Unidos.
Anastrepha suspensa	Frutas	A2 para CPPC, China. A1 para APPPC, CAN, Cosave, Eppo, EU, PPPO, Argentina, Chile, Paraguai, Uruguai. Quarentenária para Estados Unidos e Nova Zelândia
Delia antiqua	Cebola, alho	A2 para CPPC
Toxotrypana curvicauda	Mamão	A1 para Argentina e Uruguai

Continua

Espécies	Cadeias potencialmente afetadas	*Status* regulatório em outros países ou organismos supranacionais
Ceroplastes rubens	Citros, manga, ornamentais	A1 para Sul da África
Dialeurodes citri	Citros, ornamentais	A2 para Ucrânia. A1 para África (leste e sul). Quarentenária para Bielorrússia e Turquia
Diuraphis noxia	Trigo, cevada, triticale, forrageiras	A2 para África (leste e sul). Quarentenária para Estados Unidos
Homalodisca coagulata	Citros, abacate, videira, frutas de caroço, soja	A1 para Eppo
Myndus crudus	Coco	Quarentenária para Estados Unidos
Parabemisia myricae	Citros, videira, abacate	A1 para Eppo e África (leste e sul)
Perkinsiella saccharicida	Cana-de-açúcar	A2 para África (sul). A1 para Cosave, CPPC, Oirsa, África (leste), Argentina e Paraguai
Planococcus lilacinus	Goiaba, cacau, citros, café	A1 para Cosave, Oirsa, África (sul), Argentina, Paraguai, Uruguai
Cydia fabivora	Soja, feijão	A2 para Oirsa. A1 para Cosave, Argentina, Chile, Paraguai, Uruguai. Quarentenária para Estados Unidos
Diaphania indica	Algodão, cucurbitáceas	Quarentenária para Estados Unidos
Rhyacionia buoliana	Pínus	A1 para África (sul)
Frankliniella australis (= *F. cestrum*)	Videira	A1 para Argentina. Quarentenária para Estados Unidos
Scirtothrips dorsalis	Hortaliças, videira, mamona, milho, feijão, soja, fruteiras, algodão	A2 para Eppo. A1 para Canadá. Quarentenária para EU

As larvas penetram no fruto para alimentar-se no caroço da manga, o que torna difícil o controle com inseticidas químicos e facilita a dispersão passiva por meio do transporte de frutos infestados. O trânsito entre Belém e Macapá é intenso e rapidamente a praga poderia chegar e estabelecer-se no Estado do Pará.

A presença da praga no Brasil exigiria a realização de cursos para a formação de profissionais, para a emissão do Certificado Fitossanitário de Origem e o estabelecimento de um serviço de fiscalização de trânsito pelos órgãos estaduais de defesa agropecuária em barreiras. Exigiria também o desenvolvimento de programas de educação sanitária, para prevenir a disseminação da praga.

Os países para os quais o Brasil exporta mangas *in natura* poderiam questionar a ocorrência da praga, além de estabelecer medidas fitossanitárias que garantam que os lotes exportados estejam seguros, do ponto de vista fitossanitário.

Multiplique-se esse processo por 44, e temos uma aproximação do que poderá ser a agricultura brasileira daqui a vinte anos caso não se adote uma postura mais proativa em termos estratégicos, para prevenir o ingresso dessas espécies de pragas quarentenárias no país (Tabela 3).

CONSIDERAÇÕES FINAIS

> "Seu império (século XIII) não era de acumulação de riquezas e tesouros; em vez disso, distribuía amplamente as mercadorias obtidas em batalha para que pudessem retornar para a circulação comercial. [...] Erigiu pontes, facilitando a travessia sobre centenas de rios a fim de acelerar o deslocamento dos seus exércitos e mercadorias. [...] Transplantaram limões e cenouras da Pérsia para a China e o chá da China para o Ocidente. O império de Gengis Khan exerceu seu ímpeto determinado de levar produtos e mercadorias de um lugar para outro." (Weatherford, 2010)

O Brasil, atualmente uma das principais potências agrícolas do mundo, muito dependeu, para se tornar essa potência, dos povos que colonizaram seu território e para cá trouxeram plantas cultivadas, como o café da África, a soja e os citros da Ásia, o tomate do Peru, o cacau do México e o eucalipto da Austrália.

Pensar hoje a cotonicultura brasileira sem o bicudo-do-algodoeiro seria utópico, mas é perfeitamente plausível pensá-la sem *Anthonomus vestitus* (Coleoptera: Curculionidae). A citricultura brasileira sem o minador-da-folha-dos-citros é impensável, mas mantê-la livre de *Dialeurodes citri* (Hemiptera: Aleyrodidae), *Brevipalpus lewisi* (Acari: Tenuipalpidae) e *Ceroplastes rubens* (Hemiptera: Coccidae) deve ser um compromisso assumido por todos os elos da cadeia produtiva brasileira.

Com a reflexão aqui realizada, foi possível enfatizar o que se perde com a introdução de pragas exóticas, ao mesmo tempo que se atestou a absoluta relevância da sanidade agropecuária para o país. A história da colonização no norte da América do Sul é fato marcante, assim como o avanço que pode representar o PAC de infraestrutura viária.

A estratégia a ser adotada, portanto, é a prevenção, subsidiada por estudos e levantamentos da situação das pragas existentes nos países da América do Sul. A rápida detecção de eventos de entrada, a avaliação do potencial de impacto e suas possíveis rotas de dispersão no Brasil pressupõem uma vigilância efetiva, que requer condições minimamente adequadas para ser exercida em fronteiras e nas demais portas de entrada do território brasileiro.

É necessário ficar alerta, neste momento em que o Brasil é apontado por lideranças de todo o mundo como um dos principais responsáveis pela segurança alimentar em médio prazo (*). A adoção de uma postura proativa, envolvendo todos

* O Governo Federal lançou, em abril de 2015, o 1º Plano de Defesa Agropecuária 2015/2020 (PDA), que pode ser consultado em <http://www.agricultura.gov.br/arq_editor/PDA2015_2020.pdf>.

os elos do agronegócio, em prol da manutenção ou da melhoria do *status* fitossanitário do país, possibilitará um olhar responsável e atento, capaz de sustentar ampla discussão sobre a efetiva preservação da natureza e o cuidado essencial com o povo.

AGRADECIMENTOS

Este trabalho foi desenvolvido no âmbito do projeto Inovação Tecnológica para Defesa Agropecuária (InovaDefesa), com fomento do CNPq e do Fundo Setorial do Agronegócio/MCTI (2008-2013). O amigo Odilson Ribeiro e Silva (Mapa) foi o idealizador do conteúdo apresentado neste capítulo e, por isso, agradecemos e dedicamos a ele este trabalho.

Regina Sugayama agradece a Aldo Malavasi (Biofábrica Moscamed Brasil) a orientação acadêmica e profissional ao longo dos últimos vinte anos.

Evaldo Vilela agradece ao ex-ministro Alysson Paolinelli e ao ex-diretor do CNPq, prof. José Oswaldo Siqueira, pelo apoio na defesa agropecuária, e ao Departamento de Entomologia da UFV, pelo apoio de sempre.

Os autores agradecem aos muitos colegas que contribuíram com sugestões e críticas: Carlos Bicalho Schlotfeldt (Mapa), Décio Coutinho (CNA), Marcelo Lopes da Silva (Cenargen), Denise Návia (Cenargen), Tânia Lyra (CNA), Antônio Souza do Nascimento (CNPMF), José Oswaldo Siqueira (CNPq), Túlio Oliveira (Aenda), Luís Carlos Ribeiro (Andef), Rudolf Ziegler (SFA-RR/Mapa) e Andreza Fantine (UFV).

Agradecem também aos representantes de órgãos oficiais de defesa agropecuária, que oportunizaram o enriquecimento das ideias aqui discutidas: Altino Rodrigues Neto (Ima), Cássio Peixoto (Adab), Jucimara Rodrigues (Seagri-BA), Rachel Barbosa da Silva (Idaron), Augusto Fernandes Neto (Idaron), Carlos Alberto Terossi Filho (Aderr), Alessandra Fabíola D'Castro (Codesav) e Luiz Antônio da Silva (Codesav), e a Luiz Henrique G. V. Pontes pelo auxílio na coleta de dados no início deste trabalho.

REFERÊNCIAS BIBLIOGRÁFICAS

ARNAL, E.; CHÁVEZ, A. & RAMOS, F. Parasitoides registrados en moscas blancas (Homoptera: Aleyrodidae) colectados en Venezuela durante el período 1991-2000. *Entomotropica*, 18: 183-91, 2003.

BRASIL. Instrução Normativa 41, de 1º de julho de 2008.

CABI – Commonwealth Agricultural Bureaux Internacional. *Crop Protection Compendium*. Disponível em: <www.cabi.org/cpc/>. Acesso em: 12 fev. 2013.

CAUSTON, C. E. et al. Alien insectis: threats and implications for conservation of Galápagos islands. *Ann. Entomol. Soc. Am.*, 99: 121-43, 2006.

DE SANTIS, L.; DE SUREDA, A. E. G. & MERLO, Z. E. El trips de los cereales en la República Argentina. *Rev. Museo de La Plata* (Nueva Serie), XII(120): 203-6, 1980.

EPPO – European and Mediterranean Plant Protection Organization. *EPPO Database on Quarantine Pests*, 2011. Disponível em: <www.eppo.int>. Acesso em: 28 jan. 2013.

FANTINE, A. K. *Schizotetranychus hindustanicus (Hirst, 1924) (Acari: Tetranychidae):* rota de risco e potencial de impacto na citricultura brasileira. Minas Gerais: Universidade Federal de Viçosa, 2011.

INRA. *Spider Mites Web.* Disponível em: <http://www.ensam.inra.fr/cbgp/spmweb/index.php>. Acesso em: 11 fev. 2013.

ISPI – Internacional Society for Pest Information. *Pest directory*, 2009.

MAPA – Ministério da Agricultura, Pecuária e Abastecimento. *Intercâmbio nacional do agronegócio – Principais mercados de destino.* Brasil, 2011. 462p. Disponível em: <www.agricultura.gov.br/arq_editor/file/MAIS%20DESTAQUES/Agronegocio_2011.pdf>. Acesso em: 4 fev. 2013.

MARTIN, J. H.; MIFSUD, D. & RAPISARDA, C. The whiteflies (hemiptera: Aleyrodidae) of Europe and the Mediterranean Basin. *Bulletin of Entomological Research*, v. 90, p. 407-48, 2000.

MORITZ, G. et al. *Pest thrips of the world.* Alemanha: University of Halle, 2004. (CD-ROM).

VACANTE, V. Review of the Phytophagous mites collected on citrus in the world. *Acarologia*, v. 50, n. 2, p. 221-41, 2010.

WEATHERFORD, J. *Gengis Khan e a formação do mundo moderno.* Rio de Janeiro, Bertrand Brasil, 2010. 462p.

ZIPCODEZOO, 2013. Disponível em <http://zipcodezoo.com/>. Acesso em: 10 fev. 2013.

2

Quarentena vegetal no Brasil

V. Gonzaga, N. P. Benito, M. Lopes-da-Silva,
H. M. C. Rocha, D. Navia

HISTÓRICO DA QUARENTENA VEGETAL

Após a chegada dos europeus ao Novo Mundo, em 1492, iniciou-se o movimento de pessoas transportando espécies vegetais da Europa para as Américas e vice-versa. Nesse período, não havia qualquer preocupação com as pragas que essas espécies vegetais poderiam carregar para outros locais. Na Europa, a introdução sem controle de plantas causou graves consequências sociais e econômicas, como a grande "fome da batata", na Irlanda, e elevadas perdas, provocadas pela filoxera em vinhedos, na França (Fraser, 2003; Barnejee et al., 2007).

Entre 1845 e 1850, cerca de dois milhões de irlandeses perderam a vida, devido à fome, em consequência da destruição total da safra de batata no país. Base da economia e da alimentação irlandesa na época, a cultura da batata tinha sido aniquilada pelo fungo *Phytophtora infestans* (Mont.) de Bary, deixando um rastro de destruição e miséria que mudou para sempre a Irlanda (Fraser, 2003). A origem provável da doença foi o Peru e, hipoteticamente, o fungo teria sido levado para a Irlanda, junto com tubérculos de batata, nos navios que levavam guano, usado como fertilizante na Europa (Ristaino, 2002).

As práticas de quarentenas vegetais só apareceriam após o problema da filoxera em videiras na França. Diferentemente da tragédia irlandesa, neste caso foi possível estabelecer a ligação entre a introdução de plantas e o aparecimento de uma praga. Em 1854, o entomologista Asa Fitch descreveu uma espécie de pulgão encontrado em videiras americanas (Sorensen et al., 2008). Essa mesma espécie foi relatada por Westwood, em 1863, no Jardim Botânico de Londres, ao examinar as estranhas galhas nas folhas de uma espécie de videira oriunda dos Estados Unidos. Não conseguindo identificá-la, Westwood não deu importância ao achado (Legros, 1993). No mesmo ano, uma doença misteriosa foi relatada em videiras viníferas na região de Gard, França (Barnejee et al., 2007). Poucos anos depois, ela já dizimava boa parte das uvas viníferas francesas. Nessa época, o francês Planchon descobriu que os sintomas eram causados por um pulgão, que foi nomeado como uma nova espécie, *Phylloxera vastatrix* (Planchon). Posteriormente, o entomologista franco-alemão Lichtenstein demonstrou que *P. vastatrix* era a mesma espécie de pulgão descrita por Fitch na América do Norte (Legros, 1993). Essa constatação possibilitou a ligação entre a introdução, na França, de videiras americanas pelos viticultores e o problema da filoxera.

Por volta de 1870, as perdas causadas pela filoxera atingiam 40% da área dos vinhedos na França. A perspectiva era que o aniquilamento total da produção de vinhos ocorreria em menos de uma década. A situação só foi revertida com a utilização da enxertia de uvas viníferas sobre porta-enxertos de videiras americanas (Barnejee et al., 2007). Riley, um entomologista americano, demonstrou que as espécies de videiras americanas eram resistentes à filoxera. Esse achado só foi possível porque havia sido observado que as videiras viníferas europeias nos Estados Unidos eram dizimadas pela mesma praga que estava ocorrendo na França (Sorensen et al., 2008). O intercâmbio da informação foi a chave para a solução do problema.

O saldo da crise provocada pela introdução da filoxera na Europa foi o desaparecimento de várias castas nobres de uvas viníferas e um vultoso prejuízo econômico e social (Barnejee et al., 2007). A partir dessa experiência, as proibições da entrada de material vegetal começaram a vigorar em alguns países da Europa (Ebbels, 2003). Em 1873, a Alemanha decretou uma lei que proibia a importação de plantas dos Estados Unidos, para evitar a entrada da filoxera e do besouro-colorado-da-batata, *Leptinotarsa decemlineata* (Say) (Wardowski et al., 1986). Uma lei semelhante, em 1877, foi adotada pelo Reino Unido. Em 1878, uma conferência de países europeus realizada em Berna, Suíça, criava a primeira legislação harmonizada para procedimentos de inspeção para a filoxera (Ebbels, 2003).

A inspeção quarentenária intensiva aparece em 1891, quando os Estados Unidos passaram a confinar produtos vegetais no Porto de San Pedro, na Califórnia, onde foi criada uma estação quarentenária. Em 1909, a Austrália estabelece seu serviço de quarentena, em virtude dos sérios problemas causados pela introdução sem critério de animais e plantas em seu território. A lei da obrigatoriedade de quarentena nos Estados Unidos foi publicada em 1912 e, dois anos depois, a Índia, ainda colônia britânica, estabeleceu sua primeira lei de quarentena (Sharma et al.,

2007). A partir do início do século XX, ampliou-se o estabelecimento de estações quarentenárias pelo mundo.

Em 1909, organizou-se no Brasil a primeira estrutura que comportava atividades consideradas quarentenárias, pelo Decreto 7.556, de 16 de setembro de 1909, denominada Serviço de Inspeção Agrícola. Em janeiro do ano seguinte, passou a chamar-se Serviço de Inspeção, Estatística e Defesa Agrícolas. A atividade desse órgão era a fiscalização fitossanitária na importação de vegetais, sendo estabelecida a exigência do atestado oficial de sanidade e as análises de material importado. O Serviço coordenava ainda as campanhas de erradicação de pragas no território nacional (Alves, 1980; Marques et al., 1995). Em 1915, por meio do Decreto 11.519, esse órgão passou a chamar-se Serviço de Agricultura Prática, e em seu regulamento foram estabelecidas as carreiras de entomologista e fitopatologista no país. Foi somente em 12 de abril de 1934, com o Decreto 24.114, que foi aprovado o Regulamento de Defesa Sanitária, ainda em vigor, por meio do qual ampliaram-se largamente as atribuições desse serviço (Marques & Marinho, 2007).

Em 1947, durante a Rodada Genebra, a primeira rodada de negociações comerciais multilaterais, 23 países, inclusive o Brasil, assinaram o Acordo Geral sobre Tarifas e Comércio (Gatt). O acordo resultou de um conjunto de normas e de grande número de concessões tarifárias que objetivaram combater práticas protecionistas de países e impulsionar a liberalização comercial internacional (Lupi, 2001).

Na Rodada de Tóquio do Gatt (1973-79), foi estabelecido o Standards Code (Código de Normas), de adesão voluntária, que objetivava disciplinar o tema de regulamentos técnicos, incluindo as medidas de natureza sanitária. A disciplina sobre esse assunto avançou durante a Rodada Uruguai (1986-93), quando o Standard Code foi sucedido por outros dois acordos: Acordo sobre a Aplicação de Medidas Sanitárias e Fitossanitárias (Sanitary and Phytosanitary Agreement – SPS) e o Acordo sobre Barreiras Técnicas ao Comércio (Agreement on Technical Barriers to Trade – TBT). A diferença básica entre os dois está em seus objetivos e, portanto, em sua abrangência (Miranda et al., 2004).

O Acordo SPS tem como meta garantir que as medidas sanitárias e fitossanitárias elaboradas por países-membros da Organização Mundial do Comércio (OMC) não se transformem em obstáculos desnecessários ao comércio e estabelece que os países têm o direito de adotar tais medidas para a proteção da vida ou da saúde humana, animal ou vegetal, desde que não sejam inconsistentes com os princípios do Acordo.

O Acordo TBT abrange tanto produtos industriais quanto agrícolas. Contudo, suas disposições não se aplicam às medidas sanitárias e fitossanitárias definidas no Acordo SPS. Segundo Thorstensen (1999), o TBT aplica-se às características do produto e aos métodos de processo e produção que tenham efeito sobre as características e qualidades dele, com os objetivos de garantir padrões de qualidade e segurança à saúde dos consumidores, bem como proteger o ambiente, objetivos expressos no TBT como legítimos.

A partir do funcionamento da OMC, em 1995, os problemas fitossanitários e sanitários passaram a ser regulados pelo Acordo SPS. Dentre as suas diretivas, estabeleceu-se que a imposição de obstáculos à livre importação de produtos agrícolas deve acontecer somente com provas científicas de risco da prática da importação.

As questões relativas ao Acordo SPS devem ser encaminhadas aos respectivos pontos focais, de forma que se obtenha uma resposta satisfatória e resulte em um desdobramento adequado. O Brasil possui dois pontos focais para o Acordo SPS. Um deles é a Secretaria de Defesa Agropecuária (SDA), do Ministério da Agricultura, Pecuária e Abastecimento (Mapa), e o outro é a Agência Nacional de Vigilância Sanitária (Anvisa), do Ministério da Saúde. Dúvidas sobre produtos relacionados a questões sanitárias devem ser remetidas ao ponto focal do SPS na Anvisa, e aquelas que envolvam produtos agropecuários, ao do SPS na SDA/Mapa.

A Convenção Internacional para Proteção de Vegetais (CIPV) e a Organização Mundial de Saúde Animal (OIE) são reconhecidas dentro do Acordo SPS como os órgãos que harmonizam os padrões internacionais das medidas fitossanitárias e sanitárias.

A CIPV é um tratado internacional, firmado entre 177 países signatários, com o objetivo de impedir a introdução e a disseminação de pragas de plantas ou de produtos derivados, assim como promover medidas apropriadas para controlá-las. O Brasil aderiu à convenção em abril de 1929, em Roma, e tem apresentado atuação significativa, com representações em comissões, grupos de trabalho e painéis técnicos. A Comissão de Medidas Fitossanitárias (CMF) governa a CIPV e aprova as Normas Internacionais para Medidas Fitossanitárias (NIMFs). Tais normas são preparadas como parte do programa global de política e assistência técnica em quarentena vegetal da Organização das Nações Unidas para a Agricultura e a Alimentação (FAO), o qual disponibiliza os padrões, as diretrizes e as recomendações para a harmonização internacional das medidas fitossanitárias, a fim de facilitar o comércio e evitar barreiras injustificadas (Brasil, 2012).

Para harmonizar requisitos fitossanitários exigidos no comércio internacional dos blocos econômicos de países, existem as Organizações Regionais de Proteção Fitossanitária (ORPFs), que congregam países com proximidade geográfica. São exemplos dessas organizações: Cosave (Comitê Sanitário del Cono Sur, América do Sul), Nappo (North American Plant Protection Organization, América do Norte, incluindo México), Oirsa (Organizacion Internacional Regional de Sanidad Agropecuaria, América Central), Eppo (European Plant Protection Organization, Europa) (Oliveira & Paula, 2000).

CONCEITOS IMPORTANTES PARA QUARENTENA VEGETAL

O conceito de praga, como entendido pela FAO (1995), é bastante amplo, incluindo qualquer espécie, raça ou biótipo de vegetais, animais ou agentes patogênicos nocivos para os vegetais ou produtos vegetais (ácaros, insetos, bactérias, fungos, nematoides, vírus, viroides, fitoplasmas ou plantas invasoras).

Quarentena, no sentido amplo, significa o confinamento oficial de artigos regulamentados para observação e pesquisa ou para futura inspeção, análise e/ou tratamento (CIPV, 2009). A quarentena vegetal visa prevenir ou retardar a entrada e o estabelecimento de organismos nocivos em áreas onde sua ocorrência não é conhecida, com base em proibição ou fiscalização do trânsito de plantas ou produtos vegetais por meio da legislação fitossanitária. Está fundamentada em princípios biológicos, para tornar efetiva a medida de exclusão contida nos princípios de controle de Whetzel (Kimati, 1978).

Os princípios básicos que devem ser observados quando da promulgação de medidas quarentenárias são os seguintes:

- As medidas quarentenárias devem estar baseadas em princípios biológicos, isto é, a praga deve representar uma ameaça substancial para determinado sistema agrícola.
- As medidas quarentenárias devem ser designadas para proteção de culturas, não para proteção de comércio.
- A área objeto deve ser cuidadosamente pesquisada antes que medidas quarentenárias sejam recomendadas.
- As medidas quarentenárias devem ser derivadas de uma legislação adequada.
- As medidas quarentenárias podem ser modificadas, desde que as condições mudem ou novos fatos sejam conhecidos (Stace-Smith & Martin, 1989).

A precisa definição de conceitos no contexto da quarentena é vital, entre eles, o de organismo de importância quarentenária. Segundo Kahn (1999), uma praga exótica pode ser considerada de importância quarentenária se:

- sua ocorrência em determinado país é desconhecida, ou se trata de uma variante de espécie doméstica, ou se, presente no país, não é amplamente distribuída e está sob o programa nacional de contenção, supressão ou erradicação;
- há relato de que essa praga causa dano econômico em outras regiões, ou de que seu ciclo de vida ou sua interação hospedeiro/patógeno apresentam potencial para provocar prejuízos econômicos em condições ambientais favoráveis e disponibilidade de hospedeiros ou inóculos. Nessa conceituação, ainda deve ser considerado se o ciclo de hospedeiros presentes no país ameaçado é aquele necessário ao organismo em foco.

Há duas formas mais utilizadas como quarentena: a de pós-entrada e a intermediária. A quarentena de pós-entrada, mais comum, é realizada em local de alta segurança (uma estação quarentenária) após a entrada do material vegetal no país ou na área em perigo. Bem menos comum, a quarentena intermediária ocorre em um terceiro país ou área do qual o material não se originou e no qual esse mesmo material não será introduzido (CIPV, 2009).

Os procedimentos de quarentena de cada país devem ser regulamentados pela sua própria legislação fitossanitária. As legislações nacionais devem ser baseadas nas NIMFs. Os países signatários da CIPV devem internalizar, em suas legislações, as 34 normas-padrão. Embora estas normas estejam sujeitas a alterações, em virtude da dinâmica dos problemas fitossanitários, alguns conceitos estão muito bem estabelecidos. O conceito norteador das legislações fitossanitárias que regulam o comércio entre países é o de praga quarentenária, desdobrado em categorias. Para receber a regulamentação de praga quarentenária ausente, é necessário que o organismo nocivo represente, de forma potencial, ameaça à economia de uma área ou país em que ainda não esteja presente. Se a praga estiver presente no país, ela será regulamentada como quarentenária presente. Neste caso, deve estar restrita a determinada região do país e sob controle oficial (CIPV, 2009). Outra categoria reconhecida é a de praga não quarentenária regulamentada. Esta categoria refere-se a pragas que, quando presentes em plantas para plantio, afetam o uso proposto para elas, com impacto econômico inaceitável, sendo regulamentada no território da parte importadora (CIPV, 2009). Todas as regulamentações devem reconhecer a área em perigo, que é aquela onde fatores ecológicos favorecem o estabelecimento de uma praga cuja presença resultará em perdas econômicas importantes. Um resumo das características dos tipos de pragas do ponto de vista quarentenário é apresentado na Tabela 1.

As informações sobre a ocorrência de pragas quarentenárias são de responsabilidade da Organização Nacional de Proteção Fitossanitária (ONPF) do país. No Brasil, a ONPF é a Divisão de Sanidade Vegetal (DSV) do Mapa. Qualquer detecção de praga quarentenária deve ser comunicada, primeiramente, de forma oficial, ao DSV, conforme a IN 2 de 2002 do Mapa.

Tabela 1. Classificação das pragas conforme a regulamentação fitossanitária padrão internacional.

Denominação da praga	Presença na área em perigo	Impacto econômico	Regulamentação
Quarentenária ausente	Ausente	Previsto como significativo na área em perigo	Existente
Quarentenária presente	Presente, mas não amplamente disseminada	Previsto e mensurável, com significativo impacto na área em risco	Existente
Praga não quarentenária regulamentada	Presente	Prejuízo inaceitável para o uso proposto de plantas	Existente
Praga contaminante ou caroneira	Ausente ou presente	Nulo ou não significante	Não existente

ANÁLISE DE RISCO DE PRAGAS E LISTA DE PRAGAS QUARENTENÁRIAS

As atividades de quarentena são implementadas para reduzir o risco a um nível aceitável ou tolerável, de acordo com as considerações sobre risco/benefício e custo/benefício (Kahn, 1999). Para diminuir os riscos de introdução de pragas nocivas para a agricultura, adotam-se medidas quarentenárias, que podem ser de natureza diversa. Estas medidas têm como referência principal a lista de pragas de importância quarentenária para o país, os países ou a região. Uma praga é considerada quarentenária para um país mediante o reconhecimento oficial da sua ONPF. Segundo as diretrizes da CIPV, a regulamentação (reconhecimento oficial) só deve ocorrer após a avaliação científica do risco que a praga representa.

A lista de pragas quarentenárias é cuidadosamente elaborada, segundo critérios definidos por meio de um processo denominado Análise de Risco de Pragas (ARP) (FAO, 1995). No caso do Brasil, a lista de pragas quarentenárias está contida, atualmente, na IN 41 de 2008 do Mapa. As espécies de pragas que constam da lista podem ser retiradas ou incluídas, com base em dados científicos registrados na ARP.

Uma ARP é um processo de avaliação de provas biológicas, científicas e econômicas para determinar se uma praga deve ser regulamentada como quarentenária (ISPM 5, 2011). Nesse processo, também pode ser analisada a intensidade de medidas fitossanitárias que devem ser adotadas para controlar a praga (Eppo, 1998). Os riscos são avaliados, em geral, em termos qualitativos, pois é impossível obter valores realísticos das probabilidades de ocorrência de introdução e impacto da praga. Dessa forma, qualquer ARP necessita do julgamento de um especialista, que conclui, com base em certas evidências, que tal probabilidade pode ser qualificada, por exemplo, como alta, média ou baixa. Este é um elemento de subjetividade inerente ao processo, também influenciado pela disponibilidade de dados (Gray et al., 1998). Uma ARP pode ser desencadeada em função da praga, de produto importado ou revisão de uma legislação (ISPM 11, 2004). A existência de uma praga ainda não presente e que pode ser reconhecida como quarentenária pelas autoridades fitossanitárias pode desencadear um estudo de ARP. No caso de um produto, a análise é iniciada quando a importação ainda não foi regulamentada (por exemplo, uma nova espécie vegetal) ou mesmo quando há a inclusão de um novo país no rol dos exportadores. Este é o caso mais comum de aplicação de ARP no Brasil, cujos estudos estão sob a responsabilidade da Divisão de Análise de Risco de Pragas (Darp) do DSV, Mapa.

A ARP define qual é o risco da praga ou da via de ingresso e o que deve ser feito (regulamentação ou desregulamentação) no caso de uma revisão da legislação fitossanitária. Basicamente, consiste em três estágios: 1) iniciação; 2) avaliação de risco da praga; e 3) manejo do risco da praga (Figura 1) (FAO, 2007). O estágio 1 define se o organismo é praga (no caso de uma ARP iniciada por organismo potencialmente praga) ou se um grupo de organismos associados a uma via de

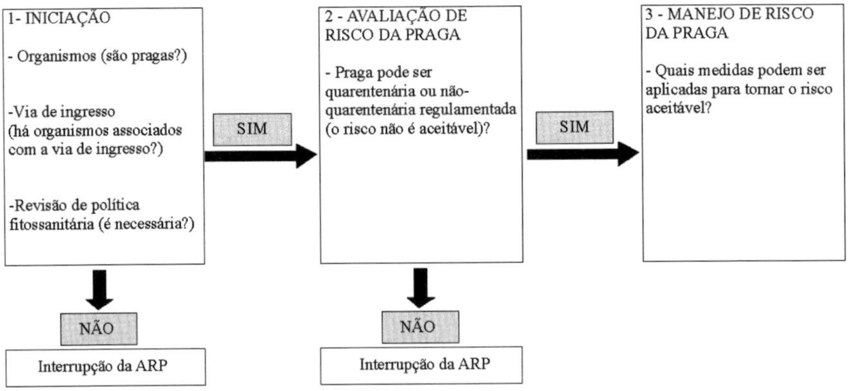

Figura 1. Estágios da análise de risco de pragas. Adaptado de IPPC (2007).

ingresso (caso de ARP iniciada por via de ingresso) são pragas. São considerados indicadores de que o organismo é uma praga os seguintes elementos (ISPM 11, 2004): histórico prévio de sucesso no estabelecimento em novas áreas; características de fitofagia; presença detectada em conexão com as observações de injúrias às plantas ou aos organismos benéficos; pertencente a táxon (família ou gênero) que comumente contém pragas conhecidas; capacidade de atuar como vetor de outras pragas conhecidas.

Se os organismos são considerados pragas no estágio 1, a ARP segue para o estágio 2 – avaliação do risco da praga –, que envolve vários passos. Um deles é a categorização, processo que serve para determinar se a praga tem características de praga quarentenária ou de praga não quarentenária regulamentada. Na avaliação para as pragas candidatas a quarentenárias, é identificada a área ameaçada e sua probabilidade de introdução e dispersão.

A introdução de uma praga deve necessariamente envolver o evento de sua entrada, estabelecimento e dispersão. O potencial de entrada de uma praga é obtido a partir da análise da associação da praga com vias de ingresso. As plantas e suas partes, importadas ou transportadas dentro do país, são as principais vias de ingresso.

No estabelecimento de uma praga, vários fatores são determinantes para que uma população passe a ocupar uma área na qual não era encontrada: o clima (temperatura, quantidade de chuvas, radiação, vento, altitude, topografia), a disponibilidade de hospedeiros e a ausência de inimigos naturais.

A capacidade de dispersão de um organismo exótico dentro de um território em que ele se estabelece é um dos fatores-chave para a tomada de decisão no tocante às ações contidas em planos de contingência contra a praga (FAO, 1998). A análise de risco pode evidenciar que o organismo tem alta capacidade de dispersão e, portanto, certas ações de fiscalização podem ser pouco efetivas para evitar que atinja as regiões de produção. Neste caso, é preferível investir em ações de controle, antevendo a aparição da praga em regiões críticas. O outro componente do risco, o impacto da praga, é mensurado sob três aspectos: econômico, ambiental e social. Do ponto de vista econômico, a praga terá o seu impacto avaliado em relação aos seguintes itens: redução direta da produção; redução da qualidade do produto; custo adicional para controle; custo adicional para colheita e classificação; custo de replantio; perda por substituição de cultivos; perda pelo aumento do custo de produção; perda por veiculação de patógenos; efeitos negativos na exportação (FAO, 2007; Soliman et al., 2010).

Uma avaliação econômica é realizada a partir das seguintes informações básicas: área cultivada; valor da produção; valor da exportação da planta hospedeira. Deve-se fazer um cálculo do potencial de perda da cultura em função do estabelecimento da praga sem controle e estimar o aumento do custo pela introdução da nova prática de controle. A possível suspensão da exportação de determinado produto também deve ser avaliada. Neste caso, considera-se o valor exportado do produto agrícola. As consequências ambientais da introdução do inseto são decorrência indireta da utilização de produtos químicos que podem ser poluentes ou produzir efeitos negativos sobre organismos benéficos. Outro aspecto considerado impacto ambiental negativo é o potencial ataque da praga à flora nativa. Os impactos sociais das pragas podem ser dramáticos e sempre são importantes, independente da escala de produção envolvida, podendo afetar negativamente desde a agricultura empresarial até a familiar. O impacto social negativo da praga resulta dos seguintes aspectos: perdas de empregos; redução do valor de propriedades rurais; efeitos negativos sobre a atividade turística; perda parcial ou total de plantas tradicionais de certas regiões (FAO, 2007).

Nas situações de séria tensão socioeconômica provocada pelas pragas, poderá ocorrer migração de pessoas das zonas rurais para as cidades, em busca de melhores condições de vida. Entretanto, a magnitude dos impactos sociais é difícil de estabelecer, pois esses impactos dependem da ação governamental. Portanto, é necessária a escolha de cenários que deverão ser devidamente avaliados. Um instrumento excelente para visualizar os riscos econômicos, sociais e ambientais de forma qualitativa é a matriz de risco (Figura 2).

A conclusão do estágio 2 é o resumo do risco global, com base na avaliação dos resultados a respeito da introdução, dispersão, impacto potencial econômico para pragas quarentenárias e impactos não aceitáveis para pragas não quarentenárias regulamentadas. Considerando que a praga receba a qualificação de quarentenária, o estágio 3 envolverá a identificação das medidas fitossanitárias que, isoladamente ou em conjunto, reduzirão o risco a um nível aceitável. As medidas fitossanitárias não são justificáveis se o risco da praga é considerado aceitável ou se elas não são viáveis, por exemplo, no caso de dispersão natural. A conclusão do estágio de

PROBABILIDADE DE ENTRADA, ESTABELECIMENTO E DISPERSÃO DA PRAGA	NEGLIGÍVEL	MUITO BAIXO	BAIXO	MODERADO	ALTO	EXTREMO
ALTA	NEGLIGÍVEL	MUITO BAIXO	BAIXO	MODERADO	ALTO	EXTREMO
MODERADA	NEGLIGÍVEL	MUITO BAIXO	BAIXO	MODERADO	ALTO	EXTREMO
BAIXA	NEGLIGÍVEL	NEGLIGÍVEL	MUITO BAIXO	BAIXO	MODERADO	ALTO
MUITO BAIXA	NEGLIGÍVEL	NEGLIGÍVEL	NEGLIGÍVEL	MUITO BAIXO	BAIXO	MODERADO
EXTREMAMENTE BAIXA	NEGLIGÍVEL	NEGLIGÍVEL	NEGLIGÍVEL	NEGLIGÍVEL	MUITO BAIXO	BAIXO
NEGLIGÍVEL	NEGLIGÍVEL	NEGLIGÍVEL	NEGLIGÍVEL	NEGLIGÍVEL	NEGLIGÍVEL	MUITO BAIXO

IMPACTO NEGATIVO DA ENTRADA, ESTABELECIMENTO E DISPERSÃO DA PRAGA

Figura 2. Matriz de estimação de riscos qualitativos (probabilidade x impacto) de pragas para a economia, o meio ambiente e a sociedade. Adaptado de DAFF (2012).

manejo será a adoção das medidas fitossanitárias consideradas apropriadas para reduzir o risco da praga a um nível aceitável.

Após a conclusão de uma ARP, ocorrerá um período de negociação entre as ONPFs do país importador e do país exportador. Havendo consenso entre eles, será feita a incorporação oficial do requisito fitossanitário na legislação do país importador, prevendo o cumprimento dos requisitos do país exportador. As análises de risco podem prever a realização de inspeções oficiais no produto importado ou mesmo a quarentena, procedimentos que serão incluídos em requisitos fitossanitários (Cosave, 2003).

Para evitar a entrada e a disseminação de pragas quarentenárias, o Brasil adota requisitos fitossanitários, que consistem em normas específicas para a importação e o trânsito de determinado material vegetal. Nos requisitos são indicadas as pragas que devem estar ausentes do material importado e transportado, podendo conter outras exigências do país em relação a um processo de importação. Os requisitos fitossanitários só podem ser oficializados após duas fases distintas de sua concepção: 1) ARP; 2) acordo entre ONPFs. Após a conclusão de uma ARP, passa-se a um período de negociação entre as ONPFs do importador e do exportador. Havendo consenso entre os países, ocorrerá a incorporação oficial do requisito fitossanitário na legislação do país importador, prevendo o cumprimento dos requisitos pelo exportador. Todo e qualquer processo de importação seguirá com o certificado fitossanitário, que é expedido pela ONPF do país exportador, como uma garantia reconhecida do estado fitossanitário do produto importado. O certificado fitossanitário, chamado "de origem" (CFO), também é exigido para transporte no Brasil e atesta a ausência de pragas quarentenárias no material vegetal ou produto. Os requisitos fitossanitários podem prever a realização de quarentena.

As inspeções fora das estações quarentenárias são operações que apresentam elevado risco de falsos–negativos, ou seja, quando a praga está no produto inspecionado e não é visualizada. Estima-se que de 50 a 80% das espécies de insetos escapam da inspeção visual (Work et al., 2005). A probabilidade de introdução de pragas em um país é grande, se compararmos a eficiência relativa da inspeção com o número de interceptações. A fiscalização fitossanitária nos Estados Unidos resultou em 571 mil interceptações de espécies não nativas de insetos e ácaros entre 1984 e 2001 (McCullough et al., 2006), e calcula-se que 42 das espécies de insetos que se estabeleceram nesse país entre 1997 e 2001 (Work et al., 2005) foram oriundas do comércio internacional ou do trânsito de pessoas. Cabe ressaltar que 63,7% das interceptações de insetos e ácaros nesse país foram feitas em artigos contidos em bagagens de pessoas em trânsito internacional (McCullough et al., 2006).

Nem sempre pragas com grande número de interceptações são as mais prováveis de se estabelecer. Por exemplo: entre as pragas introduzidas, apenas 10% têm sido interceptadas nos serviços quarentenários de países da Europa (Kenis et al., 2007). Assim, pragas com alto potencial de estabelecimento raramente são interceptadas. Entretanto, essa relação não pode ser estendida a outras regiões do mundo, pelo fato de as interceptações na Europa serem mais numerosas para insetos e pragas tropicais, o que possivelmente faz baixar a intersecção entre interceptação e estabelecimento. Outra situação que favorece essa diferença são as inspeções direcionadas para insetos regulamentados como pragas quarentenárias. Assim, espécies não nativas e não regulamentadas acabam por ser introduzidas. Calcula-se que foram introduzidas, somente na Áustria e na Suíça, 341 espécies de insetos, a maioria com origem no comércio de plantas ornamentais (Kenis et al., 2007).

INTRODUÇÃO DE PRAGAS E MEDIDAS DE MITIGAÇÃO

Vimos que a ARP é um processo importante, não só para conhecer as pragas que podem ser introduzidas em um país com a espécie vegetal de interesse, como também para relacionar as espécies pragas que devem ser regulamentadas e, assim, estabelecer formas de interceptá-las e detectá-las e elaborar um plano de contingência caso sejam introduzidas.

Há uma crescente preocupação dos países (ou das ORPFs) de organizar informações relativas a espécies invasoras, procedimentos e atividades, na tentativa de evitar a entrada de novas pragas ou combater aquelas já introduzidas. Existem projetos que mantêm páginas na web e disponibilizam gratuitamente essas informações, como os projetos Delivering Alien Invasive Species Inventories for Europe – Daisie (www.europe-aliens.org) e PaDIL (www.padil.gov.au).

Essas informações são importantes para entender todas as partes de um processo de introdução de uma espécie invasora e tomar decisões de controle.

Veremos a seguir exemplos de dois momentos distintos: introdução e dispersão de uma espécie; erradicação da espécie invasora de um território.

Introdução de uma espécie

A entrada de insetos e ácaros em regiões distantes da área original está ligada sobretudo à atividade agrícola e ao comércio. A introdução de espécies relacionada a essas atividades provavelmente é mais antiga do que os seus registros. Relatos de pragas no cultivo do trigo de cinco mil anos atrás dão ideia da relação do ser humano com pragas e doenças das plantas cultivadas e, em consequência, de como a disseminação do cultivo do trigo pelo Oriente Médio, pela Europa e pela Ásia também disseminou as pragas a ele relacionadas. Hoje, o comércio mundial é muito maior e envolve diferentes tipos de materiais vegetais (de madeiras para embalagem a grãos) e diferentes meios de transporte. Os países com os maiores volumes de movimentação de mercadorias (que não são necessariamente de grãos para consumo humano ou animal) são os que correm maiores riscos de receber pragas invasoras em seus portos ou aeroportos.

Os caminhos pelos quais uma espécie pode ser introduzida compreendem basicamente uma rota geográfica pela qual uma espécie move-se saindo de sua área/região de ocorrência e chegando a outras áreas. Podem existir facilitadores para esse movimento, como uma estrada, um canal, um túnel, formando um corredor de introdução associado às atividades humanas, promovendo, de modo intencional ou não, a introdução de novas espécies. Estudos buscam avaliar os pontos de entrada, no que diz respeito à movimentação de mercadorias e pessoas, o histórico de introdução de pragas e a infraestrutura de transportes. A partir desses dados, é possível quantificar os riscos e apresentar uma metodologia quantitativa, que atribua uma nota de risco, para caracterizar os caminhos pelos quais uma espécie invasora pode entrar em um território (Yemshanov et al., 2011).

As introduções de espécies pragas, na maioria dos casos, ocorrem de maneira não intencional. A falta de conhecimento das pessoas sobre a praga e sobre como podemos nos tornar agentes de dispersão são fatores determinantes para que isso ocorra. Os caminhos ou meios como essas introduções ocorrem são diversos, e entender isso pode ajudar-nos na tomada de decisões que evitem a introdução de novas espécies.

O processo de invasão de uma espécie em uma nova área passa por quatro etapas: 1) a chegada, ou seja, a entrada da espécie na área; 2) o estabelecimento, que está ligado à favorabilidade climática, à existência de fonte de alimento e à possibilidade de reprodução; 3) a integração, quando a espécie adapta-se ao novo ambiente e, possivelmente, outras espécies adaptam-se à nova espécie; 4) a dispersão, pela qual a nova espécie começa a atingir outras áreas que fazem fronteira com a área inicial, processo que depende da reprodução e da taxa de aumento das populações, do movimento ativo ou passivo para a dispersão e das barreiras geográficas (Venette & Koch, 2009).

Com informações sobre a distribuição da espécie invasora pelo mundo ou com dados sobre a biologia da espécie, podem ser criados mapas que ajudam a prever a probabilidade de estabelecimento (Figura 3) de uma praga em um novo território e, em consequência, os pontos de entrada mais vulneráveis (aqueles com alta probabilidade de estabelecimento) e possíveis rotas de dispersão (Venette et al., 2010). Diferentes métodos para a construção desses mapas podem ser usados. Saber interpretá-los e conhecer suas limitações é importante para tomadas de decisões das ONPFs.

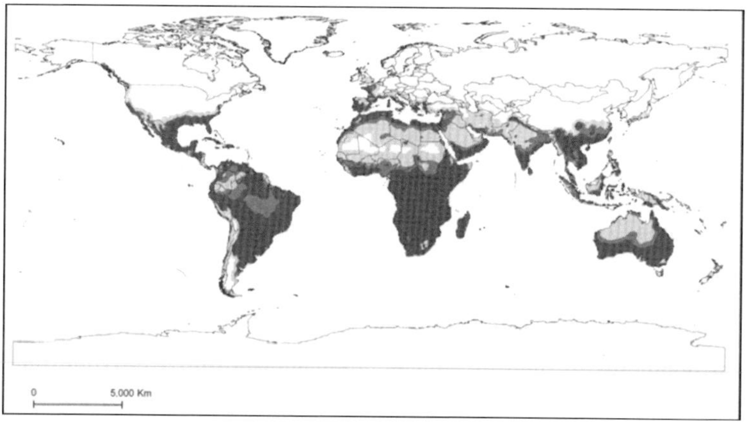

Figura 3. Exemplo de mapa mostrando áreas com melhor adequação climática para o estabelecimento da espécie *Bactrocera zonata* (Diptera: Tephritidae). As áreas mais escuras são mais favoráveis ao estabelecimento da espécie. Mapa construído utilizando o programa Climex. Adaptado de Ni et al. (2011).

Conhecer o histórico de introduções de pragas no mundo é essencial para entender como elas ocorrem, o que foi feito quando ocorreram e o que pode ser feito para evitar futuras introduções. Quantas pragas já foram introduzidas? Quantas se tornaram pragas importantes? Em que períodos essas introduções ocorreram? Para entender a importância dessas informações, vamos conhecer o histórico de introduções em alguns dos nossos parceiros econômicos.

No Japão, país com o qual o Brasil tem forte ligação cultural e econômica, já foram introduzidas 433 espécies de insetos (Mito & Uesugi, 2004). Muitas dessas introduções estão ligadas ao período do pós-guerra, quando o mercado japonês caracterizou-se por importar matérias-primas, em grande parte vegetais, e exportar produtos industrializados, como máquinas e eletrônicos. A grande importação de cereais, principalmente dos Estados Unidos, fez introduzir muitas espécies de coleópteros de grãos armazenados no Japão. No final do século XIX, havia o relato de 8 espécies de pragas de grãos armazenados; atualmente, são 108 espécies (Washitani, 2004).

Na China, atualmente um dos grandes parceiros econômicos do Brasil, o crescimento econômico e o aumento do comércio, com a importação de alimentos *in natura*, também levaram à introdução de muitas pragas no país, assim como têm levado muitas pragas da China para seus parceiros comerciais. Além disso, o crescimento industrial e a melhoria da infraestrutura de transporte de mercadorias (grandes portos, mais estradas, novas linhas de trens, mais passageiros em aeroportos, pontes etc.) têm facilitado a introdução e a dispersão de espécies invasoras. Exemplos recentes são a introdução de *Hyphantria cunea* (Drury) (Lepidoptera), oriunda da América do Norte, que invadiu áreas urbanas e atacou mais de duzentas espécies de plantas, causando desfolhamento; de *Opogona sacchari* (Bojer) (Lepidoptera), importante praga da banana, originária do continente africano, mas que foi introduzida a partir de plantas ornamentais oriundas da América do Sul; e de *Solenopsis invicta* Buren (Hymenoptera), introduzida em 2004 (Ding et al., 2008). O exemplo da China serve para o Brasil, que também tem melhorado sua infraestrutura de transporte interno, aumentando o volume do comércio de produtos com seus parceiros e o número de pessoas circulando internamente e para outros países. Este é um indicativo de que atitudes devem ser tomadas para evitar o ingresso de novas pragas.

Na Europa, grande mercado consumidor de produtos do mundo todo, o histórico de introduções de espécies exóticas (Figura 4) mostra, de maneira geral, que o número dessas introduções tem aumentado a cada ano. Em alguns grupos de insetos, como é o caso de parasitoides para o controle biológico (Insecta: Hymenoptera), pode-se perceber que a introdução intencional, entre os anos de 1950 e 1990, favoreceu o aumento do número de espécies exóticas (que, a princípio, não causam danos ao serem introduzidas). Recentemente, esse movimento de introduções intencionais tem caído. Com relação às espécies de coleópteros de madeira (Coleoptera: Cerambycidae), já foram introduzidas mais de 250 espécies de outros continentes ou em processos internos de movimentação. Atualmente, 19 delas ainda não foram erradicadas e causam problemas, porém, a introdução de novas espécies vem sendo combatida, devido sobretudo ao maior rigor na fiscalização e ao combate a novos focos de introdução detectados, mesmo considerando que, nas últimas décadas, intensificou-se o comércio, em especial com os países asiáticos, de materiais como madeira para construção civil, embalagens de madeira e peças de bambu (Cocquempot & Lindelöw, 2010). Os casos mais recentes de detecção na natureza de espécies exóticas foram de *Anoplophora chinensis* Forster na Itália, em 2000, e de *Anoplophora glabripennis* (Motschulsky) na Áustria, em 2001.

O número de casos de introduções de outros grupos na Europa, como ácaros, lepidópteros e dípteros, tem aumentado. Porém, é importante entender que nem todas as espécies introduzidas têm importância econômica, afetando diretamente a produção ou indiretamente, através de barreiras fitossanitárias. No caso dos dípteros, de 98 espécies introduzidas, 14 são de importância econômica (Skuhravá

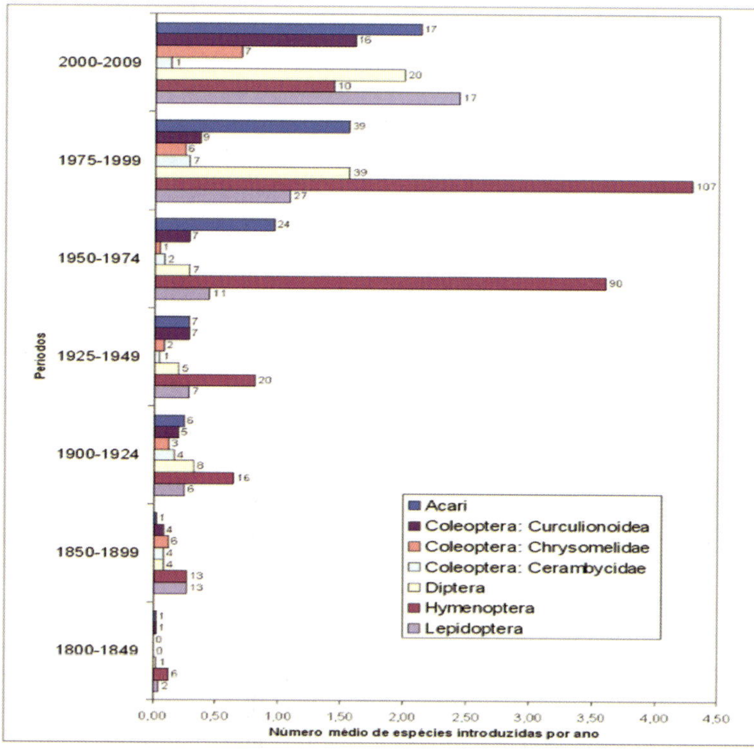

Figura 4. Média do número de espécies introduzidas na Europa, por ano, nos períodos relatados, para ácaros e insetos das ordens Lepidoptera, Coleoptera (Curculionoidea, Chrysomelidae, Cerambycidae) e Hymenoptera. O número na frente das barras em cores corresponde ao número absoluto de introduções no período. Adaptado de Navajas et al. (2010), Lopez-Vaamonde et al. (2010), Sauvard et al. (2010), Beenen & Roques (2010), Cocquempot & Lindelöw (2010), Rasplus et al. (2010).

et al., 2010); no caso dos lepidópteros, de 97 espécies introduzidas, 4 apresentam importância econômica (Lopez-Vaamone et al., 2010).

Erradicação de uma espécie invasora

Algumas das perguntas que quase todas as pessoas envolvidas com produção agrícola e defesa fitossanitária se fazem são: Realmente vale a pena investir em sistemas de prevenção da entrada de uma praga, por meio de laboratórios, quarentenas, pesquisas e pessoal qualificado, se, por mais que se faça, mais cedo ou mais tarde a praga será introduzida? Os valores dos danos econômicos sempre são tão grandes que justificam a prevenção ou a erradicação? Se a erradicação da praga é viável em termos técnicos, ela é válida financeiramente? Os danos ambientais da introdução de uma praga são mensuráveis e devem ser levados em consideração?

Talvez seja difícil responder a essas questões, primeiro, pela falta de dados precisos; segundo, porque a resposta não é a mesma para todas as pragas, ou seja, cada caso é um caso.

Entretanto, a premissa inicial de cada governo é a prevenção. Segundo a Convenção sobre Diversidade Biológica (CDB) realizada em 2002, os países devem evitar que sejam introduzidas espécies exóticas. Porém, quando isto acontece, a erradicação é considerada a melhor alternativa, a opção chave para a mitigação dos impactos causados pelas invasões biológicas (Genovesi, 2005).

Os elementos-chave para que políticas nacionais tenham uma rápida resposta a novos problemas de invasões biológicas são basicamente os que se seguem (Genovesi & Shine, 2003).

- Promover a educação e programas públicos de divulgação para engajar as comunidades locais e os setores diretamente envolvidos com o problema da erradicação da espécie, incentivando sua participação no processo.
- Realizar a revisão da legislação nacional, para garantir que o *status* da espécie invasora seja compatível com as medidas de mitigação a tomar.
- Estabelecer procedimentos de coleta, análise e circulação de informações sobre a espécie invasora, incluindo chaves de identificação para diferentes grupos taxonômicos.
- Criar sistemas de alerta para as áreas de maior risco.
- Preparar planos de contingência para a erradicação de grupos específicos.
- Prover fundos adequados e equipamentos para uma rápida resposta às novas invasões e treinar pessoal para utilizar os métodos de erradicação escolhidos.
- Preparar e implementar, provendo fundos e suporte adequados, planos de erradicação para algumas das principais espécies invasoras.

Muitos fatores têm sido considerados cruciais no sucesso de erradicação de uma praga. Pluess et al. (2012) analisaram 136 casos de erradicação de pragas e testaram quatro fatores considerados por outros autores importantes no processo de erradicação de uma praga: o tempo de reação entre entrada/detecção da praga e o início da campanha de erradicação; o tamanho da área infestada; o conhecimento sobre a biologia do organismo invasor; o isolamento insular. Ao analisar esses fatores, os autores concluíram que somente o tamanho da infestação teve relação significativa com o sucesso da erradicação, ou seja, quanto menor o tamanho da área infestada, maiores as chances de o programa de erradicação ter sucesso. É evidente que os outros fatores não deixam de estar relacionados: quanto mais cedo se inicia o processo de erradicação, maiores são as chances de o tamanho da área atingida ser pequeno, e quanto mais se conhece a biologia da espécie, mais rápido serão propostas formas de combater e erradicar a praga.

Mas cada caso é único. Um exemplo exitoso de combate a uma espécie invasora é relatado por Koyama et al. (2004) sobre a erradicação da mosca-das-frutas,

Bactrocera cucurbitae (Coquillett), das ilhas do Sudoeste do Japão. Essa espécie ataca cucurbitáceas (melão, melancia, abóbora etc.) e outras frutas e entrou nas ilhas do Japão entre 1919 a 1974, em sucessivas introduções. A técnica do inseto estéril foi utilizada para erradicação dessa praga, com sucessivas liberações de insetos entre os anos de 1972 a 1993, ou seja, em vinte e um anos. Pesquisas sobre comportamentos de dispersão, acasalamento e oviposição, assim como dinâmica da população, distribuição espacial, genética e evolução de *B. cucurbitae,* foram fundamentais e deram suporte para o sucesso do processo de erradicação.

Porém, um processo de erradicação de uma praga não é necessariamente tão demorado, por exemplo, quando já se conhece o risco de ela ser introduzida e é feito o monitoramento nas prováveis áreas de entrada. Um caso ocorreu na África do Sul, em 2010, quando foi detectada a presença de *Bactrocera invadens* Drew, mosca-das-frutas que tem muitas espécies frutíferas como hospedeiras, no norte do país, próximo ao Zimbábue, por meio de armadilhas contendo metileugenol. Feita a detecção, foi realizado um trabalho de erradicação, utilizando a técnica de macho estéril e armadilhas com metileugenol e malathion por um período de doze semanas. Depois, a área foi monitorada com armadilhas até a confirmação da erradicação, oito meses após a detecção da praga no território (Manrakhan et al., 2011).

A erradicação de uma espécie invasora é mais complicada em termos técnicos e requer mais investimentos do que a prevenção da entrada da espécie. Porém, como a cada ano os sistemas de defesa fitossanitária geram e têm acesso a mais informações sobre pragas que representam riscos, mais se conhece sobre formas de controle e sobre experiências anteriores de erradicação, a tendência é que surjam processos de erradicação mais eficientes (comparem-se os dois casos mencionados anteriormente).

Em síntese, a chave de todo o processo de defesa fitossanitária, para um país, é ter informações sobre as pragas, seu *status* no mundo, os problemas causados, os hospedeiros, a biologia da espécie, as alternativas de controle. A disponibilidade dessas informações permite definir medidas de prevenção, erradicação ou manejo.

Nesse sentido, as informações de interceptações de pragas da Estação Quarentenária de Germoplasma Vegetal (EQGV) podem e devem ser usadas em uma rede de proteção fitossanitária para o país.

ESTAÇÕES QUARENTENÁRIAS

A quarentena de plantas feita nas estações quarentenárias, por ser uma inspeção intensiva, é muito mais eficiente na detecção de pragas. Nem todo produto vegetal importado está sujeito à quarentena, mas, nessa situação, sempre está sujeito à fiscalização fitossanitária nos portos, aeroportos e postos de fronteira. A quarentena não é realizada para grandes volumes de produtos de importação autorizada e com vistas ao consumo do mercado interno brasileiro. Pequenos volumes de produto cujo objetivo seja a pesquisa científica (material que será liberado no meio ambiente brasileiro) devem passar por quarentena, pois seu uso prevê alto risco de introdução de pragas (Batista et al., 1998).

Diante de um novo cenário econômico mundial, frente à OMC, à CIPV e ao Acordo SPS, houve a necessidade de maior segurança para a movimentação de produtos vegetais (o que inclui os produtos comerciais e o intercâmbio de germoplasma), e os países-membros/signatários passaram a internalizar ações, de modo a fortalecer seus sistemas de defesa fitossanitária. Uma das vias mais importantes de ingresso de pragas no país está relacionada à importação de material de propagação. Por isso, entre diversas ações, em 1999 o Mapa aprovou as Normas para Cadastramento e Credenciamento de Estações Quarentenárias para Vegetais, Partes de Vegetais e Organismos Vivos, através da IN 16 (Brasil, 1999). Estas normas foram estabelecidas considerando a necessidade de ampliar o número de estações quarentenárias, para prevenir a entrada de pragas exóticas no país, e de uma infraestrutura adequada, para que a fiscalização fitossanitária cumpra suas atribuições regimentais.

Uma estação quarentenária é a entidade estruturada fisicamente e com pessoal técnico competente para a realização das práticas de quarentena. Pode ser constituída de prédios, com parte administrativa e laboratórios para análise fitossanitária, e de casas de vegetação de alta segurança para prevenir o escape de pragas. De preferência, as estações quarentenárias devem estar localizadas próximo a um ponto importante de entrada no país, como um aeroporto internacional. Essa proximidade facilita o transporte de material importado. Apesar de menos óbvios, fatores como a liberação de poluentes, fumaça de incinerações e deriva de inseticidas devem ser considerados na instalação de uma quarentena. Nos Estados Unidos, os detalhes estruturais dos edifícios quarentenários seguem exigências contidas na legislação. Na prática, uma estação quarentenária deve conter um setor administrativo, pois, além de gerenciar a parte de pessoal, é preciso controlar a documentação. Os principais documentos técnicos emitidos em uma quarentena são os laudos de análise fitossanitária, que contêm a identificação do material em introdução, análises e diagnósticos realizados, e também os tratamentos fitossanitários, visando a eliminação da praga. Dessa maneira, pode-se dividir a atividade de quarentena em duas ações principais: a exclusão e a eliminação. Na exclusão, o material vegetal deve ficar confinado em casas de vegetação ou em laboratórios que disponham de sistemas de segurança e acesso controlado; o objetivo básico é a observação de sintomas de pragas que apareçam durante o crescimento vegetal. A eliminação é atividade que livra o material vegetal da praga (Ogle, 1997). A destruição do material vegetal na quarentena ou de um foco de praga em uma área fora da estação quarentenária é conhecida como ação de erradicação (CIPV, 2009), a qual sempre deve estar sujeita à verificação do órgão governamental responsável.

Deve ser estabelecido um fluxograma de atividades de uma quarentena. Um exemplo é mostrado na Figura 5, que utiliza como modelo a organização das atividades da Estação Quarentenária da Embrapa, segundo Batista et al. (1998). A partir do intercâmbio, o material vegetal importado com quarentena prescrita passa pela inspeção para ácaros, insetos e plantas infestantes. O objetivo desta inspeção é verificar a existência de pragas e de contaminantes que possam ser eliminados.

De acordo com a IN 16, de 29 de dezembro de 1999, as estações quarentenárias podem ser classificadas em três níveis, de acordo com a infraestrutura física, a qualificação profissional e as metodologias utilizadas na análise de risco de pragas:

- Nível 1: é a estação com capacidade de detectar e identificar pragas quarentenárias em nível de espécie; dispõe de instalações adequadas e especialistas renomados nas áreas de virologia, acarologia, nematologia, micologia, bacteriologia, entomologia e plantas invasoras.
- Nível 2: possui capacidade de detectar e identificar algumas espécies de pragas quarentenárias; dispõe de especialistas renomados em uma ou mais das seguintes áreas: virologia, acarologia, nematologia, micologia, bacteriologia, entomologia ou plantas invasoras.

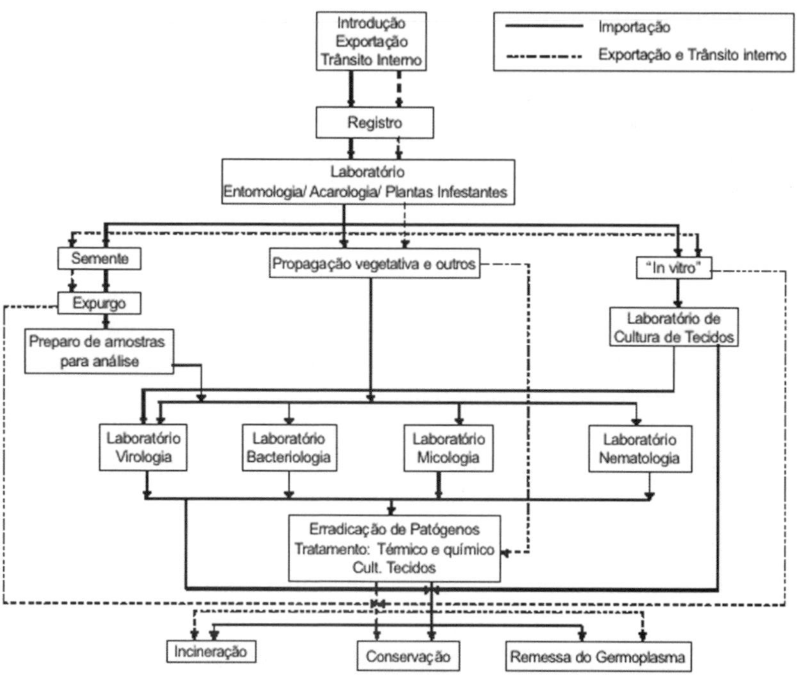

Figura 5. Fluxo de atividades na Estação Quarentenária de Germoplasma Vegetal da Embrapa Recursos Genéticos e Biotecnologia (Batista et al., 1998).

- Nível 3: é a estação quarentenária para acompanhamento de campo de materiais de propagação vegetal harmonizados pelo Mercosul, em local de realização de ensaios de pesquisa em melhoramento genético de vegetais, com laboratório de fitopatologia e responsável técnico para realizar as análises e o monitoramento das ocorrências fitopatológicas, entomológicas e de plantas invasoras. (Brasil, 1999)

A identificação dos organismos é necessária até em nível de espécie, ou pelo menos no nível taxonômico mais próximo dele. Embora existam diferentes procedimentos de identificação específica, as quarentenas devem estabelecer protocolos dentro de critérios de qualidade que possam ser referenciais internacionalmente reconhecidos. Muitas organizações regionais de proteção fitossanitária, como a Eppo, têm protocolos para identificação de pragas quarentenárias. O objetivo fundamental de uma quarentena é detectar organismos que ainda não estejam presentes no país. Portanto, os especialistas de uma quarentena, diferentemente dos taxonomistas tradicionais no Brasil, devem ser capazes de reconhecer diferenças entre os conjuntos de biotas de várias partes do mundo que tenham importância agrícola-florestal. Torna-se necessária, então, a existência de coleções de referência para identificação quarentenária.

Como instrumento para realizar pesquisa de modo seguro, com material genético vegetal importado, a atividade de quarentena deve passar por melhorias constantes. Com relação ao Brasil, cujo sistema quarentenário para plantas parece limitado em relação à demanda da introdução de material genético, tornam-se imperativas constantes políticas de melhorias e expansão.

ESTAÇÃO QUARENTENÁRIA DE GERMOPLASMA VEGETAL (EQGV) DA EMBRAPA

O Brasil possui entre 50 e 55 mil espécies de plantas superiores e é o país que concentra a maior biodiversidade do mundo. Entretanto, a agricultura e a segurança alimentar do povo brasileiro são totalmente dependentes da introdução de recursos genéticos originários de outros países (Giacometti, 1993; Goedert, 2007). Desse modo, o avanço da agropecuária brasileira depende da importação sistemática e crescente de recursos genéticos, pois o melhoramento de plantas depende do germoplasma (material com genes ou combinação de genes únicos) disponível para determinada espécie e de sua variabilidade genética intra e interespecífica (Goedert, 2007; Marques & Marinho, 2007). Em geral, a maior variabilidade genética de uma espécie é encontrada em seu centro de origem. Contudo, os centros de origem das espécies vegetais correspondem aos locais onde é encontrada a maior diversidade de espécies fitófagas ou fitopatogênicas a elas associadas. Estes organismos podem tornar-se sérias pragas nas áreas onde são introduzidos. São, então, muitas as possibilidades de introduzir pragas exóticas juntamente com o germoplasma vegetal de interesse.

Para garantir que o enriquecimento genético não represente uma ameaça ao agronegócio nacional, é imprescindível que o material vegetal intercambiado seja devidamente analisado sob os aspectos fitossanitários. É necessário assegurar a sanidade dele antes que seja incorporado às coleções de germoplasma e aos programas de melhoramento das diversas instituições integrantes do Sistema Nacional de Pesquisa Agropecuária (SNPA). Este sistema foi instituído em 1992 pela Portaria 193 (7 de agosto de 1992) do Mapa e autorizado pela Lei Agrícola (Lei 8.171, de 17 de janeiro de 1991). Atualmente, é constituído pela Embrapa, pelas Organizações Estaduais de Pesquisa Agropecuária (Oepas), por universidades e institutos de pesquisa de âmbito federal ou estadual, bem como por outras organizações, públicas e privadas, direta ou indiretamente vinculadas à atividade de pesquisa agropecuária.

Os procedimentos quarentenários de vegetais e solo para pesquisa ou outros fins científicos foram normatizados por meio da Portaria Complementar 224 do Mapa em 3 de maio de 1977. Esta portaria autorizou a Embrapa Recursos Genéticos e Biotecnologia a executar o intercâmbio e a quarentena de germoplasma vegetal destinado à pesquisa, sendo então criado o Laboratório de Quarentena Vegetal (LQV). É importante ressaltar que a execução do intercâmbio e a quarentena de germoplasma vegetal destinados à pesquisa, em atendimento ao SNPA, estão sob legislação específica, de acordo com o Decreto 24.114, de 12 de abril de 1934, que aprova o Regulamento de Defesa Sanitária Vegetal.

O Mapa, através da Portaria 11, de 15 de fevereiro de 2002, credenciou o LQV da Embrapa Recursos Genéticos e Biotecnologia como Estação Quarentenária nível I para os procedimentos legais exigidos para o intercâmbio de material propagativo no país, por atender aos requerimentos da IN 16. Para ressaltar o objetivo principal dessa estação, que é o intercâmbio de germoplasma vegetal, ela passou a ser denominada Estação Quarentenária de Germoplasma Vegetal (EQGV). Desde a sua criação, em 1977, até 2011, mais de 600 mil amostras de material vegetal foram analisadas no LQV/EQGV (Tabela 2).

Tabela 2. Número de amostras de material vegetal analisadas na Estação Quarentenária da Embrapa Recursos Genéticos e Biotecnologia, no período de 1976 a 2010.

Ano	Importação	Exportação	Trânsito interno	Total
1976 a 1979	11.338	4.706	8.720	24.764
1980 a 1989	105.958	24.344	33.264	163.566
1990 a 1999	145.922	20.861	19.607	186.390
2000 a 2010	195.660	12.801	27.794	236.255
Total	458.878	62.712	89.385	610.975
Percentual	75%	10%	15%	

A EQGV atualmente está organizada como se segue: uma unidade de intercâmbio; sete unidades laboratoriais das diversas áreas de fitossanidade – acarologia, bacteriologia, entomologia, micologia, nematologia, plantas infestantes e virologia; unidades de uso comum de diagnóstico molecular e microscopia; unidades de apoio de cultura de tecidos e tratamentos, além de salas para esterilização de material laboratorial e para câmaras climatizadas, câmara fria, quarentenários e incinerador. A equipe da EQGV está composta por treze pesquisadores, incluindo dois entomologistas e um acarologista; pelo apoio administrativo e de pesquisa, com catorze assistentes/analistas; e dois funcionários de campo. Além disso, estagiários de iniciação científica, desenvolvimento técnico-científico, pós-graduação e pós-doutorado realizam atividades de desenvolvimento e pesquisa em defesa fitossanitária na EQGV.

Um dos grandes desafios para os Centros Colaboradores em Defesa Agropecuária (CDAs) credenciados pelo Mapa, incluindo a EQGV, é a implantação e manutenção de um sistema de qualidade (SQ) apropriado, o qual venha garantir eficiência e qualidade do serviço e aumentar a confiabilidade dos resultados gerados.

Desde junho de 2003, a Embrapa Recursos Genéticos e Biotecnologia passa pela implantação de um programa de SQ (Castro et al., 2007). A EQGV faz parte do escopo da implantação da Norma ISO/IEC 17.025, que tem requisitos laboratoriais para ensaios e calibração de equipamentos e rastreabilidade (ABNT, 2005). Na EQGV, metas importantes já foram alcançadas, visando a acreditação, por exemplo: capacitação de toda a equipe através de cursos de conceitos de qualidade e de interpretação dos requisitos na NBR ISO/IEC 17.025 e boas práticas laboratoriais (BPLs); diagnóstico da situação atual quanto ao estágio de aplicação dos requisitos de qualidade, através de levantamentos de dados, *checklists*, observações, entrevistas e visitas às unidades laboratoriais da EQGV; mapeamento de todos os processos operacionais existentes na EQGV e elaboração de listas mestras dos documentos do SQ, identificando os códigos e nomes de cada unidade/setor; elaboração e aprovação de procedimentos operacionais padrão (POPs); organização dos documentos básicos necessários para o processo de implantação do SQ (manual da qualidade, política da qualidade, POPs gerenciais); levantamento, avaliação e consolidação das necessidades de manutenção e calibração de equipamentos e instrumentos; definição de indicadores de controle internos e externos que garantam a qualidade dos resultados dos ensaios e projetos; realização de auditorias internas de qualidade; verificação das necessidades de adequação física da EQGV *in loco*; e acompanhamento da elaboração dos projetos arquitetônicos de novas instalações.

Além de adotar normas de qualidade, a EQGV desenvolve outras atividades fundamentais para o bom funcionamento e a qualidade das análises quarentenárias. Nesse sentido, sua equipe tem realizado atividades de pesquisa e desenvolvimento voltadas para o serviço quarentenário e toda a defesa fitossanitária no país. As principais linhas de atuação da EQGV em pesquisa e desenvolvimento são: desenvolvimento e/ou otimização de métodos para detecção e identificação de pragas; sistemática morfológica e molecular de grupos de pragas de expressão econômica e quarentenária; biologia e ecologia de pragas quarentenárias presentes ou ausentes, incluindo modelagem para predição de potencial de estabelecimento e impacto econômico; estruturação e disponibilização de bancos de dados sobre pragas; avaliação de tratamentos para erradicação de pragas em material vegetal destinado à pesquisa. Todas essas atividades dão suporte técnico a políticas públicas para defesa fitossanitária e o desenvolvimento delas ocorre em parceria com outras unidades da Embrapa e demais instituições de pesquisa e universidades no Brasil e no exterior.

A capacitação contínua dos técnicos da EQGV é outra atividade necessária para a manutenção da qualidade dos serviços prestados. Por outro lado, a equipe também tem contribuído para a capacitação de fitossanitaristas de todo o país, em especial de fiscais agropecuários e profissionais da rede de laboratórios de diagnóstico fitossanitário, em métodos de detecção e identificação de pragas e em implantação de sistemas de qualidade, através de cursos teóricos e práticos de curta duração.

INSPEÇÃO ENTOMOLÓGICA E ACAROLÓGICA DE MATERIAL VEGETAL E IDENTIFICAÇÃO DE PRAGAS NA EQGV

A inspeção entomológica e acarológica de material vegetal em quarentena deve possibilitar a detecção de qualquer estágio de desenvolvimento de insetos ou ácaros (inclusive de ovos), mesmo que presentes em número reduzido, vivos ou mortos. Os métodos comumente utilizados na inspeção entomológica e acarológica do material vegetal intercambiado através da EQGV são: exame direto; peneiramento; lavagem utilizando peneiras granulométricas. Cada um deles apresenta vantagens e desvantagens, e eles podem ser utilizados em separado ou associados, de modo a aumentar a eficiência da inspeção. O método de inspeção depende do produto, do tipo de material – sementes, bulbos, tubérculos, mudas, estacas, rizomas, material *in vitro* – e do número de acessos.

O exame direto (Figura 6) pode ser utilizado para qualquer produto e tipo de material. Este método consiste na observação da superfície dos tecidos vegetais ao microscópio estereoscópico (aumento mínimo de 40 vezes). Deve-se dar especial atenção a regiões de reentrâncias, inserção de pedúnculos, proximidade das nervuras, domácias, rachaduras, fendas ou qualquer irregularidade no tecido vegetal. É interessante associar o exame direto aos demais métodos de inspeção. No caso de mudas, estacas ou borbulhas, devem-se dissecar algumas gemas, com o auxílio de pinças ou estiletes, observando as superfícies expostas ao estereoscópio, para a detecção de infestações latentes de microácaros eriofiídeos no interior das gemas. Apesar de a dissecação de gemas ser um procedimento parcialmente destrutivo

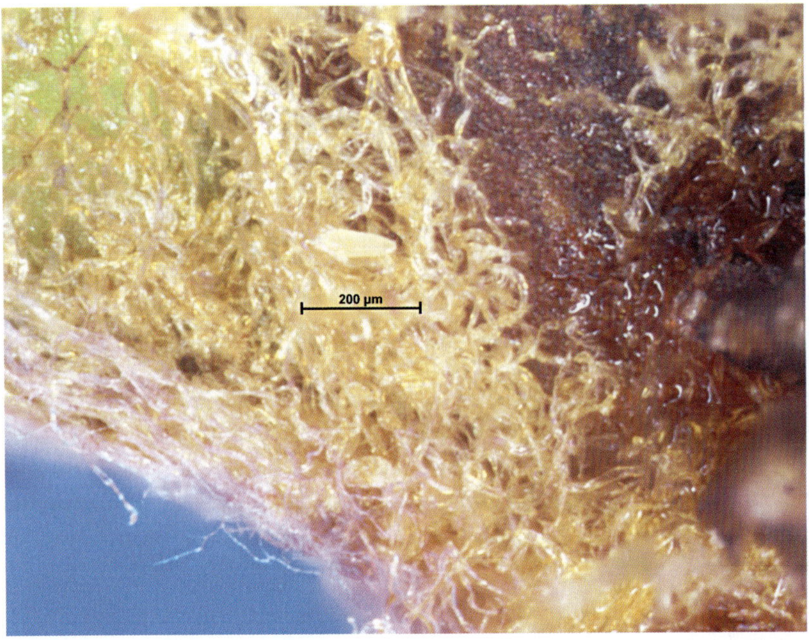

Figura 6. Exame direto de material vegetal na EQGV com dissecação de gemas. Ácaro eriofiídeo detectado ao microscópio estereoscópico no interior de gemas de videiras.

(uma porcentagem delas deve ser aberta e examinada), ela é fundamental para garantir a eficiência da inspeção. Para o exame direto de bulbos, além da inspeção da superfície, devem-se também retirar algumas das camadas externas e inspecionar a sua superfície interna ao estereoscópio, onde podem estar abrigadas colônias. Deve-se registrar a coloração e o local onde os insetos e ácaros foram encontrados, informação que pode ser relevante para identificá-los.

O peneiramento (Figura 7) é utilizado para inspeção de sementes, não sendo adequado para sementes muito pequenas. O método consiste em despejar uma porção de sementes no interior de uma peneira (de cerca de 1 mm de abertura) e agitá-la manualmente sobre uma placa de Petri. Esta placa, por sua vez, deve ser colocada no interior de uma bandeja plástica contendo 1 cm de água, para evitar o escape de indivíduos vivos. Durante o peneiramento, quando grande quantidade de partículas for depositada sobre uma placa de Petri, cobrindo-a totalmente, ela deverá ser substituída por outra placa limpa. Quando a camada de partículas é muito espessa, a sua posterior inspeção ao estereoscópio é dificultada. Em seguida, a superfície interna da placa de Petri sobre a qual a amostra foi peneirada deve ser observada ao microscópio estereoscópico (aumento mínimo de 40 vezes). O peneiramento não permite a detecção de ácaros ou insetos alojados no interior das sementes, por isso deve ser associado ao método do exame visual direto, no qual sementes com irregularidades são dissecadas para detecção de infestação interna. Este método corresponde a uma adaptação de Sinha (1964) e Solomon (1945) para extração de ácaros de grãos ou produtos armazenados.

O método de lavagem pode ser utilizado para estacas, mudas, frutas, tubérculos, rizomas ou folhas (Figura 8). Ele não permite a detecção de insetos ou ácaros alojados no interior do tecido vegetal, por isso, para alcançar maior eficácia, deve ser associado com o método do exame direto citado.

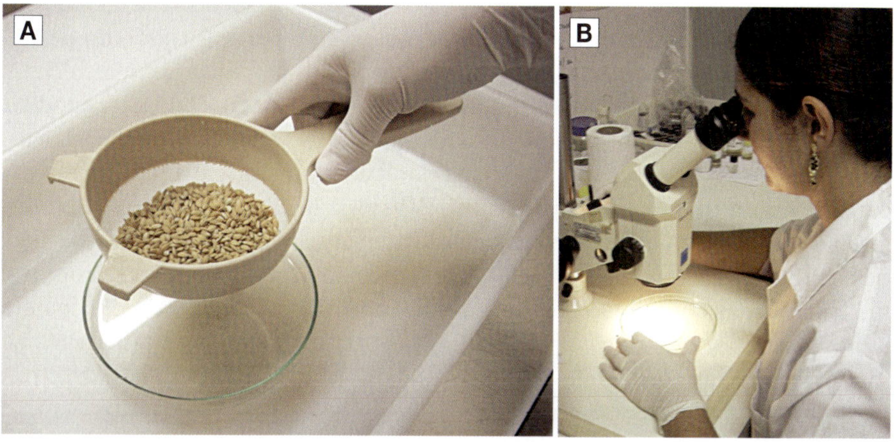

Figura 7. Método de peneiramento. A) Sementes sendo agitadas no interior de uma peneira para desprendimento de ácaros e insetos. B) Material sendo analisado ao microscópio estereoscópico.

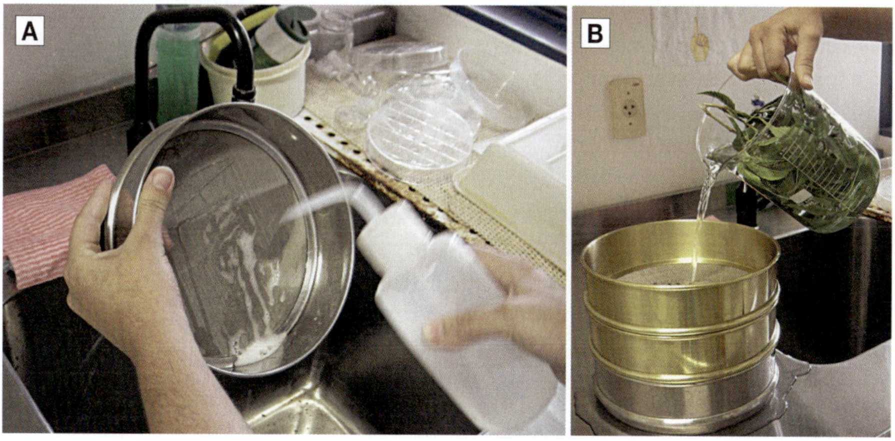

Figura 8. Material de lavagem. A) Água e detergente sendo despejados nas peneiras granulométricas para retenção de insetos e ácaros. B) Recolhimento de material retido na peneira de menor abertura.

O princípio da lavagem utilizando peneiras granulométricas consiste em fazer que os insetos, ácaros e demais artrópodes externamente associados ao material vegetal desprendam da superfície dos tecidos, por meio da agitação em solução de detergente (o qual quebra a tensão superficial da água), e atravessem um jogo de peneiras de abertura decrescente, sendo retidos na peneira inferior, de menor abertura. Esta peneira deve apresentar abertura inferior à largura dos menores organismos potencialmente associados ao material vegetal (os ácaros da superfamília Eriophyoidea, de 50 a 60 mm de largura). A peneira superior, de maior abertura, deve reter o material vegetal mais grosseiro. Após imersão da amostra (ou parte dela) na solução de detergente previamente preparada, o material vegetal submerso nela deve ser agitado. Após vinte minutos de descanso, deve-se verter a solução de detergente e partículas desprendidas e sedimentadas (retendo o material vegetal no recipiente com uma mão) sobre um jogo de peneiras granulométricas. É importante lavar a peneira superior com água abundante e em alta pressão, para facilitar a passagem das partículas. Este procedimento deve ser repetido de modo a assegurar que todas as partículas externas sejam desprendidas. As partículas retidas na peneira de menor abertura, onde deverão estar os artrópodes, são transferidas a um frasco, em solução de álcool etílico 70%, com o jato de uma piceta. A solução contendo o álcool etílico e as partículas retidas é examinada ao estereoscópio (aumento mínimo de 40 vezes).

Para os materiais que oferecem maior risco de veicular pragas exóticas, por serem introduzidos na forma de bulbos, estacas, borbulhas, mudas, tubérculos ou rizomas, a inspeção entomológica/acarológica não é finalizada com a verificação deles logo após seu recebimento. Esses materiais são plantados em quarentenários, para acompanhamento por todas as unidades laboratoriais, incluindo as unidades de entomologia/acarologia. Após o crescimento vegetativo do material importado, são coletadas amostras de folhas e ramos nos quarentenários, as quais são inspecionadas por exame direto e/ou lavagem no laboratório. Este procedimento é importante para assegurar a ausência de infestação, devido ao risco de ocorrência de infestações latentes de insetos ou ácaros no material de propagação, ou mesmo que a presença de pragas não tenha sido detectada na inspeção inicial. Por exemplo, o período de tempo necessário para detecção de infestações latentes de ácaros eriofiídeos, que se desenvolvem em gemas, pode ser bastante longo. Verma e Kapur (1990), ao referir-se à quarentena de fruteiras de climas áridos, aconselham a observação do material por um período de uma a três estações; Diekmann et al. (1994), ao referir-se a pequenas frutas do gênero *Ribes*, sugerem a observação por um período de pelo menos dez meses.

A identificação de sintomas no material vegetal em análise quarentenária na EQGV pode indicar a ocorrência de infestações. Entretanto, a ausência de sintomas não descarta a possibilidade de infestação por insetos ou ácaros. Muitas pragas, quando em baixas populações, não causam o aparecimento de nenhum sintoma.

Coleções de referência de insetos e ácaros da EQGV

A disponibilidade de material de referência que dê subsídio à identificação dos insetos e ácaros interceptados ou enviados para identificação na EQGV é fundamental para a acurácia e agilidade nas identificações. Além disso, é obrigatória a preservação e manutenção dos espécimes interceptados como material testemunha, em especial no caso de interceptações de espécies exóticas, as quais podem demandar auditorias técnicas dos países exportadores. Ao encontro dessas demandas, vêm sendo estruturadas na EQGV coleções de referência de insetos e ácaros, as quais são estratégicas para a defesa fitossanitária no país. Além dos espécimes interceptados, vêm sendo depositados nessas coleções espécimes enviados por fitossanitaristas de todo o Brasil aos especialistas para identificação, doados por colaboradores nacionais ou internacionais ou coletados/obtidos durante o desenvolvimento de projetos de pesquisa da equipe.

Os insetos da coleção de referência estão preservados de três diferentes maneiras: em álcool 70%, montados em alfinete entomológico ou em lâminas com meio Hoyer (principalmente cochonilhas e tripes). A ordem Coleoptera é aquela que possui maior número de indivíduos na coleção, sobretudo coleópteros de grãos armazenados das famílias Curculionidae, Tenebrionidae, Nitidulidae e Bostrichidae. Na coleção de referência são depositados insetos de várias ordens (Coleoptera, Lepidoptera, Diptera, Hemiptera, Thysanoptera, Hymenoptera, Isoptera), de importância econômica/agrícola, presentes no Brasil, que servirão para estudos comparativos na identificação de insetos interceptados na atividade de inspeção.

Os ácaros depositados na coleção estão preservados em meio de montagem (Hoyer, Berlese modificado ou Heinze PVA), em lâminas de microscopia. Até o momento, a coleção de ácaros conta com cerca de 200 espécies (90 gêneros e 17 famílias), incluindo as principais famílias/superfamílias de fitófagos – Eriophyoidea, Tetranychidae, Tenuipalpidae, Tarsonemidae e Penthaleidae – e de pragas de produtos armazenados – Acaridae e Glycyphagidae. Encontram-se depositados na coleção material tipo das duas principais superfamílias de ácaros fitófagos: Eriophyoidea e Tetranychoidea. Além das famílias citadas, estão sendo também incorporados à coleção espécimes de ácaros predadores, fungívoros, saprófitas ou associados a insetos, interceptados em material vegetal.

Como atividade paralela à organização e ao enriquecimento das coleções físicas, esforços vêm sendo dirigidos para a tomada de imagens dos principais caracteres taxonômicos das espécies depositadas nas coleções de referência da EQGV, visando a estruturação de coleções digitais. Essas imagens poderão ser disponibilizadas para consultas on-line, auxiliando na identificação de pragas interceptadas nos diversos pontos de entrada, CDAs, ou mesmo recém-detectadas por fitossanitaristas nas diversas regiões do país. Elas também podem ser utilizadas na confecção de chaves de identificação ilustradas. A "conservação" da coleção em imagens digitais é relevante sobretudo para os ácaros. Apesar de as preparações de ácaros serem consideradas "permanentes" ou "semipermanentes", sabe-se que, na realidade, apresentam durabilidade limitada, devido à oxidação natural dos meios de montagem.

Identificação de insetos e ácaros interceptados na EQGV

A rápida e acurada identificação dos insetos e ácaros interceptados em material vegetal importado é essencial para a adoção de medidas fitossanitárias. Falhas na identificação podem levar à aplicação de medidas de prevenção e controle inadequadas (Paterson, 1991; Armstrong & Ball, 2005).

A identificação das pragas interceptadas na EQGV tem sido rotineiramente realizada com base em caracteres morfológicos. Sendo a EQGV uma Estação Quarentenária nível 1, os especialistas devem identificar insetos e ácaros associados a qualquer produto e pertencentes a qualquer grupo taxonômico. O primeiro passo para a identificação morfológica é a identificação das ordens ou famílias às quais os espécimes interceptados pertencem. Após a identificação da família, é imprescindível o acesso a bases de dados, catálogos, chaves de identificação, descrições de espécies e/ou comparação com espécimes identificados depositados nas coleções de referência. Em caso de dificuldade para a identificação específica das pragas interceptadas, são consultados taxonomistas especialistas no grupo específico, seja no Brasil ou no exterior.

A identificação dos insetos e ácaros interceptados que não representam risco fitossanitário, por não apresentarem hábito alimentar fitófago, comumente é apresentada em nível de família e/ou gênero. Entretanto, os tratamentos fitossanitários (sobretudo fumigação) de rotina aplicados ao germoplasma vegetal também garantem sua limpeza em relação a esses organismos.

Para a identificação específica de insetos e ácaros, costuma ser necessário o exame detalhado de diversos espécimes, incluindo machos e fêmeas. Um problema comumente enfrentado na EQGV para a identificação dos insetos ou ácaros interceptados é a detecção de um número reduzido de espécimes, muitas vezes apenas de imaturos ou de um dos gêneros (macho ou fêmea), ou mesmo espécimes danificados, nos quais os caracteres taxonômicos chave não podem ser visualizados.

Nos casos em que os espécimes detectados permitem apenas a identificação do gênero, pode ser possível determinar se a praga está presente ou não no país pelo princípio da exclusão. Para isso, deve-se realizar comparação taxonômica dos espécimes interceptados com aqueles do mesmo gênero que ocorrem no país. Por meio da observação de algumas características morfológicas, pode-se afirmar que o espécime detectado está ausente, mesmo que não seja possível determinar a que espécie pertence. Portanto, é muito importante dispor de informação completa e atualizada sobre as pragas que ocorrem no país, além de ter seus representantes depositados nas coleções de referência.

Ferramentas moleculares podem ser extremamente úteis para a identificação dos insetos e ácaros interceptados, ou mesmo podem consistir na única opção para identificação, em casos em que há dificuldades e limitações para identificação morfológica. Marcadores moleculares podem possibilitar a identificação específica de um único espécime; de espécimes de qualquer sexo ou estágio de desenvolvimento; de espécimes mortos; de espécies morfologicamente muito próximas ou crípticas; de categorias subespecíficas, incluindo a detecção de biótipos. Informações sobre o DNA de um organismo permitem acesso ao genótipo dele, ao invés do fenótipo. Estas informações podem ser obtidas a partir de pequenas quantidades de tecidos, e o DNA é relativamente estável (Bickford et al., 2007; Navajas & Roderick, 2008). Além disso, após o estabelecimento de um protocolo para a identificação molecular de uma praga, a identificação específica pode ser realizada por um profissional capacitado para utilização de métodos moleculares, e não apenas por um taxonomista.

Os marcadores mais utilizados em sistemática molecular de insetos e ácaros são o mtDNA e o rDNA (Navajas & Roderick, 2008). Os métodos de análise de DNA utilizados em sistemática são basicamente: 1) comparação de sequências de nucleotídeos de um lócus específico, em geral amplificado por PCR; a variação das sequências é analisada diretamente, utilizando-se métodos filogenéticos; 2) acesso indireto à variação das sequências, através da comparação de fragmentos de DNA homólogos, analisando-se a variação em número, tamanho ou conformação, em um método chamado Restriction Fragment Length Polymorphism (RFLP). Este segundo método apresenta menor resolução do que o sequenciamento de nucleotídeos (Navajas & Roderick, 2008).

Outro aspecto importante a ser considerado na utilização de ferramentas moleculares em sistemática de insetos e ácaros é o emprego de métodos não destrutivos de extração de DNA, os quais permitem a preservação de *voucher* espécimes (Rowley et al., 2007; Navajas & Navia, 2010). Recentemente, alguns protocolos de extração de DNA não destrutivos foram descritos para ácaros (Dabert, Ehrnsberger & Dabert, M., 2008). No caso dos insetos, pode-se utilizar, para a extração de DNA, apenas parte de um tecido do espécime (por exemplo, uma perna) ou, no caso de espécimes pequenos, imersão em tampões de extração, de onde será extraído o DNA, seguida de recuperação e preservação do espécime (Rowley et al., 2007).

Métodos moleculares para a identificação de pragas interceptadas estão começando a ser utilizados na EQGV. Um sucesso recente foi a identificação molecular de ovos de ácaros interceptados em estacas de citros importadas dos Estados Unidos, em julho de 2011. Por meio do exame direto das estacas de citros ao estereoscópio, foram detectados ovos de ácaros fitófagos que apresentavam forma e coloração características da família Tetranychidae, a principal família de ácaros fitófagos de importância econômica e quarentenária. A identificação morfológica específica dos tetraniquídeos é baseada exclusivamente em caracteres taxonômicos dos machos.

Diante da impossibilidade de realizar a identificação morfológica do estágio de desenvolvimento detectado, procedeu-se à identificação molecular, a partir de vinte ovos, por meio do sequenciamento direto da região ITS do rDNA. A análise das sequências indicou 99% de similaridade com sequências do ácaro *Panonychus citri* (Mc Gregor), resultado apresentado no laudo fitossanitário (Mendonça et al., 2011).

Os requisitos para a utilização de métodos moleculares na identificação de pragas interceptadas incluem: estabelecimento prévio de protocolos de extração e de amplificação de DNA, os quais podem variar entre grupos de pragas; disponibilidade de sequências dos marcadores escolhidos em bases de dados públicas de DNA. Uma dificuldade enfrentada para a identificação molecular de muitas pragas quarentenárias é a ausência de sequências nas bases públicas de dados de DNA. É importante a estruturação de um banco de sequências e de um banco de DNA, como subsídio à identificação molecular das pragas.

INTERCEPTAÇÕES DE INSETOS E ÁCAROS NA ESTAÇÃO QUARENTENÁRIA DE GERMOPLASMA VEGETAL DA EMBRAPA

Insetos

No período de 1998 a 2011 (para as interceptações até 1996, consultar Oliveira, Navia & Mendes, 1999) foram feitas 123 interceptações de insetos em diferentes produtos vegetais. Nestas interceptações, foram identificadas 25 espécies de insetos pertencentes a 16 famílias e distribuídas em 5 ordens (Coleoptera, Hemiptera, Lepidoptera, Psocoptera e Thysanoptera). Os coleópteros de grãos armazenados foram os insetos mais frequentes nas interceptações, sobretudo porque a maior parte do material vegetal analisado era constituída de sementes (Tabela 3). As espécies com maior número de interceptações em sementes são *Sitophilus zeamais* Motschulsky e *S. oryzae* (L.) e espécies de *Carpophilus*.

Os países em que ocorreu maior quantidade de interceptações de insetos foram: Estados Unidos (43), Argentina (13), Colômbia (11) e México (10). Porém, estes foram os países que mais enviaram germoplasma vegetal para o Brasil. Dessas interceptações, apenas uma apresentou uma praga quarentenária (material vindo dos Estados Unidos).

Em relação aos diferentes produtos vegetais importados, os que apresentaram maior número de interceptações de insetos foram: milho (45), arroz (22), soja (11) e trigo (11), que são os produtos com o maior número de processos introduzidos no Brasil. Em nenhuma dessas interceptações foi detectada uma praga quarentenária.

Na maioria dos processos, são interceptados poucos indivíduos (adultos e larvas), porque, em geral, os remetentes de material para pesquisa preocupam-se com a limpeza e a qualidade do material enviado. Em um processo com vários sacos com 50 a 100 sementes, há pouco material no qual os insetos possam esconder-se, diferente do caso de uma grande massa de grãos transportada por um caminhão ou navio.

Tabela 3. Insetos interceptados na EQGV da Embrapa entre os anos de 1998 e 2011.

Nome científico	Ordem	Família	Procedência/Produto/ Tipo de material[1]	*Status*[2]
Astylus sp.	Coleoptera	Dasytidae	Argentina/Soja/S	P
Balclutha sp.	Hemiptera	Cicadellidae	Austrália/*Brachiaria*/S	P
Callosobruchus chinensis (Linnaeus)	Coleoptera	Chrysomelidae*	Estados Unidos/Soja/S	P
Carpophilus sp.	Coleoptera	Nitidulidae	Argentina/Milho/S; Estados Unidos/Milho/S; México/ Capsicum/S; Porto Rico/Milho/S	P
Carpophilus dimidiatus F.	Coleoptera	Nitidulidae	Estados Unidos/Soja/S	P
Carpophilus mutilatus Erichson	Coleoptera	Nitidulidae	Estados Unidos/Milho/S	P
Corcyra cephalonica Stainton	Lepidoptera	Pyralidae	Argentina/Girassol/S	P
Cryptolestes ferrugineus (Stephens)	Coleoptera	Laemophloeidae	Colômbia/Arroz/S; Estados Unidos/Arroz/S; Filipinas/Arroz/S; Mali/Sorgo/S; Rússia/Trigo/S; Ucrânia/Trigo/S	P
Cryptolestes pussiloides (Steel & Howe)	Coleoptera	Laemophloeidae	Argentina/Trigo/S	P
Drepanothrips reuteri Uzel	Thysanoptera	Thripidae	Estados Unidos/Uva/E	QA
Euschistus heros (Fabricius)	Hemiptera	Pentatomidae	Gana/Soja/S	P
Euschistus servus (Say)	Hemiptera	Pentatomidae	Estados Unidos/Soja/S	P
Hypothenemus hampei Wood & Bright	Coleoptera	Curculionidae*	França/Café/S	P
Lasioderma serricorne (Fabricius)	Coleoptera	Anobiidae	Estados Unidos/Algodão, milho, soja/S; Índia/Mamona/S	P
Liposceles bostrychophilus	Psocoptera	Liposcelidae	Estados Unidos/Arroz, milho/S; México/Cevada/S	P
Liposcelis sp.	Psocoptera	Liposcelidae	Argentina/Arroz/S; Colômbia/ Arroz, milho, sorgo/S; Estados Unidos/Algodão/S; Filipinas/ Arroz/S; Israel/Mamona/S	P
Oebalus sp.	Hemiptera	Pentatomidae	Argentina/Arroz/S	P
Otiorhynchus sp.	Coleoptera	Curculionidae	Itália/Oliveira/M	QA
Palpita unionalis (Hubner)	Lepidoptera	Pyralidae	Portugal/Oliveira/M	A

Continua

Nome científico	Ordem	Família	Procedência/Produto/ Tipo de material[1]	*Status*[2]
Pseudococcus longispinus (Targioni-Tozzetti)	Hemiptera	Pseudococcidae	França/Café/M	P
Rhizopertha dominica (Fabricius)	Coleoptera	Bostrichidae	Colômbia/Arroz/S; Estados Unidos/Milho/S; Filipinas/Milho/S; México/Trigo/S; Níger/Sorgo/S; Paraguai/Colza/S; Rússia/Trigo/S; Síria/Cevada/S; Ucrânia/Trigo/S	P
Sitophilus oryzae (Linnaeus)	Coleoptera	Curculionidae	Argentina/Trigo/S; China/Arroz/S; Colômbia/Arroz/S; Estados Unidos/Aveia/S; Filipinas/Arroz/S; Gana/Trigo/S; México/Milho, Trigo/S; Uruguai/Cevada/S	P
Sitophilus zeamais Motschulsky	Coleoptera	Curculionidae	Argentina/Milho/S; Colômbia/ Milho/S; Estados Unidos/Milho/S; Gana/Milho/S; Israel/Mamona/S; México/Cevada, Milho/S	P
Sitotroga cerealella (Olivier)	Lepidoptera	Gelechiidae	China/Arroz/S; Colômbia/ Arroz/S; Filipinas/Arroz/S	P
Tenebroides mauritanicus Piller & Mitterpacher	Coleoptera	Trogossitidae	Colômbia/Sorgo/S	P
Tribolium castaneum (Herbst)	Coleoptera	Tenebrionidae	Argentina/Trigo/S; Estados Unidos/Milho/S; Níger/Sorgo/S	P
Tribolium confusum Jaquelin Du Val	Coleoptera	Tenebrionidae	Estados Unidos/Algodão/S	P

* Nomenclatura segundo Bouchard et al. (2011).

1 Procedência: país de origem do material; produto: nome comum do material vegetal intercambiado; tipos de materiais: E – estacas; M – mudas; S – sementes.

2 *Status* da praga no Brasil: A – ausente; P – presente; QA – quarentenária ausente.

Em muitos casos, são encontrados um ou dois indivíduos, muitas vezes danificados, o que impede a identificação específica do espécime, sendo relatado apenas o gênero. O fato de a quantidade de material ser pequena, por outro lado, facilita a erradicação de uma praga por meio de tratamento químico (por exemplo, fumigação com fosfina para eliminar coleópteros de grãos armazenados).

Apesar da grande quantidade de processos de importação de sementes para pesquisa, os três insetos ausentes no Brasil foram interceptados em material vegetal propagativo (estacas e mudas): *Otiorhynchus* sp. (o gênero é ausente) e *Palpita unionalis* (Hübner), em mudas de oliveira, e *Drepanothrips reuteri* Uzel, em estacas de uva. Outros insetos/artrópodes não relatados como praga foram interceptados, dependendo das condições de limpeza do material ou do tipo de material (por exemplo, em mudas com substrato foram interceptados artrópodes das classes Chilopoda e Oligochaeta).

Analisando apenas o caso de *Otiorhynchus* sp. (Figura 9), interceptado em oliveira, podem-se vislumbrar os benefícios da interceptação da praga, evitando que ela entre no país. O gênero *Otiorhynchus* tem mais de mil espécies. Várias delas são pragas de oliveiras, videiras e plantas ornamentais na Europa. *Otiorhynchus sulcatus* Germar é uma das espécies presentes na lista de pragas quarentenárias emitida pelo Mapa (IN 41 de 2008), e para ela são citadas 140 plantas hospedeiras. Esse inseto tem reprodução partenogênica e as suas larvas desenvolvem-se no solo, consumindo raízes de plantas; seu controle é difícil e de custo elevado, tornando o processo de erradicação muito difícil, se a sua entrada e o seu estabelecimento ocorrem. Caso seja introduzido, as condições climáticas são favoráveis e ele pode adaptar-se a outras plantas frutíferas e ornamentais presentes no país. Existe muita informação sobre as espécies mais importantes economicamente desse gênero, o que facilita o levantamento de informações para tomadas de decisão e atividades de fiscalização de material vegetal. Ou seja, evitar a sua entrada é a melhor atitude.

Figura 9. Aspecto geral de *Otiorhynchus* sp. (Coleoptera: Curculionidae). Inseto ausente interceptado na EQGV da Embrapa.

Ácaros

No período de 1998 a 2011, foram interceptados ácaros pertencentes a 22 famílias e pelo menos 31 gêneros. Foram detectados ácaros pertencentes às quatro principais famílias de fitófagos – Tetranychidae, Eriophyidae, Tenuipalpidae e Tarsonemidae (alguns gêneros) – e também às duas principais famílias de pragas de produtos armazenados – Acaridae e Glycyphagidae (Tabela 4). Além de ácaros dessas famílias, os quais são considerados praga, pois podem afetar diretamente o substrato ou a planta hospedeira, foram detectados outros que não representam risco fitossanitário, por serem fungívoros, predadores de ácaros ou insetos, saprófitas e associados a vertebrados ou invertebrados.

Tabela 4. Ácaros interceptados na EQGV da Embrapa entre os anos de 1998 e 2011.

Nome científico	Ordem	Família	Procedência/Produto/ Tipo de material[1]	*Status*[2]
Abacarus hystrix (Nalepa)	Prostigmata	Eriophyidae	Estados Unidos/Trigo/S	A
Acarus farris (Oudemans)	Astigmata	Acaridae	Holanda/Amaryllis/B	ND
Aceria sp.	Prostigmata	Eriophyidae	Argentina/Milho/S; Estados Unidos/Milho/S	ND
Aceria tosichella Keifer	Prostigmata	Eriophyidae	Estados Unidos/Trigo/S	QA*
Aceria zeala (Keifer)	Prostigmata	Eriophyidae	Argentina Milho/S; México/Milho/S	P
Aculus fockeui (Nalepa & Trouessart)	Prostigmata	Eriophyidae	Bélgica/Cereja/M	P
Aleuroglyphus ovatus (Troupeau)	Astigmata	Acaridae	Holanda/Tulipa/B	P
Brevipalpus aff. obovatus Donnadieu	Prostigmata	Tenuipalpidae	França/Café/M	P
Brevipalpus chilensis Baker	Prostigmata	Tenuipalpidae	Chile/Kiwi, uva/F	QA
Brevipalpus lewisi McGregor	Prostigmata	Tenuipalpidae	Estados Unidos/Uva/F	QA
Brevipalpus sp.	Prostigmata	Tenuipalpidae	França/*Malus*/E	ND
Bryobia sp.	Prostigmata	Tetranychidae	Estados Unidos/Uva/E	A
Caloglyphus sp.	Astigmata	Acaridae	Peru/Pupunha/S	ND
Diptacus giganthorhynchus (Nalepa)	Prostigmata	Eriophyidae	Bélgica/Maçã/E	A
Dolichotetranychus floridanus (Banks)	Prostigmata	Tetranychidae	Martinica/Abacaxi/M	P
Glycyphagus domesticus De Geer	Prostigmata	Glycyphagidae	Uruguai/Cevada/S	P
Glycyphagus sp.	Astigmata	Glycyphagoidae	Argentina/Trigo/S; Estados Unidos/Soja/S	ND
Oxycenus maxwelli (Keifer)	Prostigmata	Eriophyidae	Itália, Portugal/Oliveira/M	A*
Panonychus citri (McGregor)	Prostigmata	Tetranychidae	Estados Unidos/Citrus/E	P
Panonychus sp.	Prostigmata	Tetranychidae	Nova Zelândia/ Maçã/E	ND
Phytonemus sp.	Prostigmata	Tarsonemidae	Estados Unidos/Agodão/S	ND
Polyphagotarsonemus latus (Banks)	Prostigmata	Tarsonemidae	França/Café/M; Portugal/Uva/M	P
Rhizoglyphus callae Oudemans	Astigmata	Acaridae	Holanda/Tulipa/B	A
Rhizoglyphus robini Claparède	Astigmata	Acaridae	Holanda/Amaryllis, gladíolos, lírio, *Zantedeschia*/B	P

Continua

Nome científico	Ordem	Família	Procedência/Produto/ Tipo de material[1]	*Status*[2]
Rhizoglyphus sp.	Astigmata	Acaridae	Costa do Marfim/Coco/F; Guiana/Café/M; Holanda/ Bambu/S	ND
Steneotarsonemus furcatus De Leon	Prostigmata	Tarsonemidae	Estados Unidos/Arroz, Milho/S	P, NRC
Steneotarsonemus sp.	Prostigmata	Tarsonemidae	Alemanha/Milho/S; Argentina/Milho/S; Bélgica/ Arroz/S; China/Arroz/S; Estados Unidos/Milho/S	ND
Suidasia pontifica Oudemans	Astigmata	Acaridae	Índia/ Mamona/S	P
Tetranychus sp.	Prostigmata	Tetranychidae	Estados Unidos/Araçá/E	ND
Tetranychus urticae Koch	Prostigmata	Tetranychidae	Estados Unidos/Mamão/S	P
Tyrophagus putrescentiae Schrank	Astigmata	Acaridae	Argentina/Girassol, milho, soja/S; Austrália/ *Brachiaria*/S; Colômbia/ *Brachiaria*/S; Costa do Marfim/Coco/F; Estados Unidos/Citrus, Milho/S; Guiana/Café/M; Holanda/ *Amaryllis*, lírio, tulipa, *Zantedeschia*/B; Paraguai/ Feijão/S; Israel/Mamona/S	P
Tyrophagus sp.	Astigmata	Acaridae	Argentina/Girasssol, Milho/S; Chile/Kiwi/F; Colômbia/Milho/S; Estados Unidos/Cana-de-açúcar/E; Estados Unidos/Sorgo/S; Estados Unidos/Tinhorão/B; Holanda/Bambu/S; Holanda/*Hippeastrum*/B; México/Trigo/S	ND

* Ausente no momento da interceptação, atualmente já relatado no país.

1 Procedência: país de origem do material; produto: nome comum do material vegetal intercambiado; tipos de materiais: B – bulbos; E – estacas; F – frutos; M – mudas; S – sementes.

2 *Status* da praga no Brasil: A – ausente; P – presente; QA – quarentenária ausente; NRC – não relatada para a cultura; ND – não determinado.

Entre 1998 e 2010, houve 183 interceptações de ácaros-praga em material vegetal intercambiado pela EQGV. Nesse período, o maior número de interceptações de ácaros-praga ocorreu em material proveniente dos Estados Unidos (77), Holanda (45), Chile (15) e Argentina (14). Entre os ácaros-praga interceptados, três eram regulamentados como quarentenários ausentes (IN 52) na ocasião de sua detecção – *Aceria tosichella* Keifer, *Brevipalpus chilensis* Baker (Figura 10) e *Brevipalpus lewisi* McGregor – e outros cinco eram ausentes (não relatados no

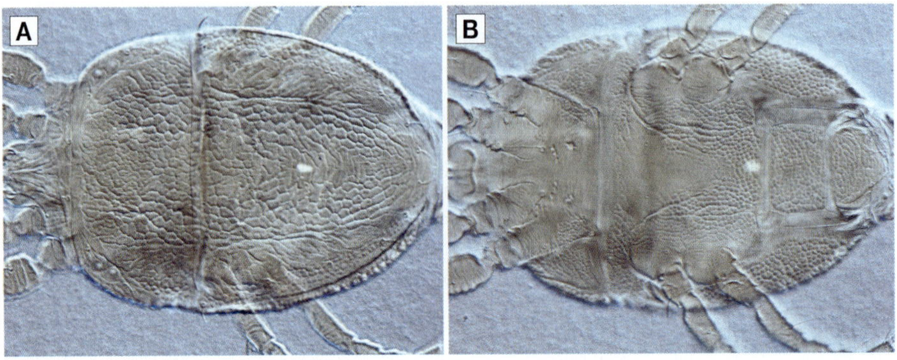

Figura 10. Ácaro quarentenário ausente *Brevipalpus chilensis* Baker (Prostigmata: Tenuipalpidae) interceptado na EQGV da Embrapa, visto ao microscópio de contraste de fase. A) Aspecto dorsal. B) Aspecto ventral.

Brasil) – *Abacarus hystrix* (Nalepa), *Bryobia* sp., *Diptacus gigantorhynchus* (Nalepa), *Oxycenus maxwelli* (Keifer) (Figura 11) e *Rhyzoglyphus callae* Oudemans.

Apesar de o maior número de interceptações de ácaros-praga ter ocorrido em material intercambiado na forma de sementes (103 interceptações), os quarentenários ou exóticos foram interceptados, em sua maioria, em frutos, bulbos, estacas ou mudas – *B. chilensis* em frutos de kiwi e uva do Chile; *B. lewisi* e *Bryobia* sp. em estacas de uva dos Estados Unidos; *D. gigantorhynchus* em estacas de maçã da Bélgica; *O. maxwelli* em mudas de oliveiras de Portugal e Itália; e *R. callae* em bulbos de tulipas da Holanda. Isso evidencia que o maior risco de introdução de ácaros quarentenários ou ausentes através de material vegetal está associado à importação de frutos e material de propagação vegetativa dos seus hospedeiros. As sementes costumam veicular ácaros-praga associados a produtos armazenados, os quais, em sua maioria, já são cosmopolitas. No caso de interceptações de ácaros quarentenários ou exóticos em sementes – *A. tosichella* e *A. hystrix* em sementes de trigo dos Estados Unidos –, eles eram contaminantes nas sementes, mas não

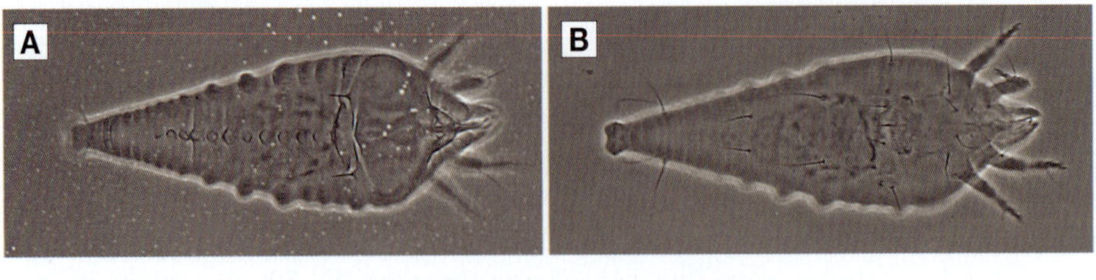

Figura 11. Ácaro exótico *Oxycenus maxwelli* (Keifer) (Prostigmata: Eriophyidae) interceptado na EQGV da Embrapa, visto ao microscópio de contraste de fase. A) Aspecto dorsal. B) Aspecto ventral.

as infestavam. Esses ácaros eriofiídeos infestam os órgãos vegetativos dos hospedeiros e, provavelmente, devido à sua alta densidade nas plantas em campo, foram coletados junto às sementes e veiculados por elas.

Assim como ocorre com os insetos interceptados na EQGV, observa-se que as interceptações de ácaros de expressão quarentenária também representam um benefício para o agronegócio nacional, por evitarem as perdas que essas pragas podem causar, devido a danos diretos, como redução da produção por causa de infestações, ou danos indiretos, como restrições para exportação de produtos nacionais a países que regulam tais pragas. Os ácaros *B. chilensis* e *B. lewisi*, interceptados na EQGV, são pragas de frutíferas, considerados quarentenários em diversos outros países da América do Sul e também em países da Europa, além dos Estados Unidos e do Japão. Os ácaros *Brevipalpus* apresentam reprodução sexuada e partenogenética, de modo que a entrada de uma ou poucas fêmeas pode dar origem a colônias e possibilitar seu estabelecimento. O ácaro *B. chilensis*, por exemplo, é considerado uma das pragas mais nocivas às videiras no Chile (González, 1983) e também causa danos em plantações de kiwi (González, 1986) e em citros (González, Fríaz & Barría, 1989). Ele também tem como frutíferas hospedeiras: maçã, pera, maracujá e pêssego (Departamento de Protección Agrícola, 2005; González, 2001). Esses ácaros podem ser encontrados em frutos colhidos, sendo necessária a realização de tratamentos pós-colheita quarentenários em frutos para exportações destinadas a países onde são mantidos sob quarentena (Jadue et al., 1997). Portanto, a simples constatação da presença de *B. chilensis* e *B. lewisi* no Brasil poderia levar à imposição de restrições nas exportações de frutos brasileiros, como vem acontecendo com o Chile.

O ácaro tarsonemídeo *Steneotarsonemus furcatus* De Leon tem sido com frequência interceptado em sementes de milho provenientes dos Estados Unidos. Entretanto, curiosamente, esse ácaro não foi relatado em milho nesse país nem em qualquer outro país. Assim, as interceptações podem prover informações sobre plantas hospedeiras ainda não reportadas para as pragas interceptadas. No Brasil, *S. furcatus* foi encontrado em coco e arroz (Navia et al., 2005, 2006), sendo exótico para a cultura do milho. Mesmo que não seja uma espécie exótica para o Brasil, é possível que a população que infesta milho apresente variabilidade genética em relação às que ocorrem no país, representando um biótipo distinto. Diante desta hipótese, têm sido utilizados procedimentos para garantir completa desinfestação do material importado infestado por *S. furcatus* na EQGV.

CONSIDERAÇÕES FINAIS

A capacitação de profissionais para a realização de uma inspeção fitossanitária minuciosa e para a identificação acurada das pragas interceptadas é fator crucial para o objetivo da quarentena de pós-entrada. O desenvolvimento de métodos rápidos e seguros para identificação de pragas é uma necessidade constante do serviço quarentenário. Um dos requisitos para o credenciamento de uma estação quarentenária é a presença de especialistas capazes de identificar pragas em nível de espécie. Este requisito é particularmente difícil de ser atendido no caso de insetos e ácaros, devido ao elevado número de táxons desses grupos de pragas. Dessa forma, considera-se fundamental para a acurada identificação dos espécimes interceptados: o constante intercâmbio de informações com taxonomistas no Brasil e no exterior; a disponibilidade de coleções de referência onde estejam depositados representantes de grupos de pragas de expressão quarentenária; a utilização de ferramentas moleculares quando não for possível a identificação morfológica; e a consulta a bancos de dados atualizados e à bibliografia taxonômica, incluindo chaves de identificação de pragas.

A quarentena vegetal desenvolveu-se em consequência dos problemas históricos de introdução de pragas juntamente com vegetais. É considerada a medida de mitigação do risco de pragas mais eficiente, por resultar na eliminação delas ou na destruição do material vegetal que as contém quando não é possível a eliminação do organismo. Entretanto, essa característica de alta segurança é acompanhada por alto custo de manutenção de uma estação quarentenária. Não há como adequar uma infraestrutura de quarentena que possa realizar a inspeção de todos os produtos vegetais importados com fins comerciais. No caso do Brasil, a quarentena é adotada de forma sistemática para importação de germoplasma vegetal ou material vegetal para fins experimentais, com alto valor de uso. A importação de material vegetal para plantio representa um risco elevado e deve ser um ponto focal do sistema de defesa fitossanitária de um país. No entanto, nem todos os países distinguem o material vegetal para pesquisa do material comercial, valendo-se das mesmas exigências para ambos. De forma diferenciada, o Brasil, ao colocar em quarentena todo o material vegetal para pesquisa agrícola, permite um trâmite menos burocrático dessas importações. Ao mesmo tempo, esse sistema beneficia a agricultura brasileira, por não deixá-la exposta aos riscos de introdução de pragas por meio do intercâmbio científico. O maior benefício é a disponibilidade de variabilidade genética de germoplasma vegetal para a pesquisa de melhoramento genético, o que tem assegurado ao país uma posição de destaque internacional na produção agrícola.

Em suma, o maior desafio de qualquer sistema quarentenário é ser seguro e ao mesmo tempo eficiente no intercâmbio científico e comercial de vegetais entre os países.

REFERÊNCIAS BIBLIOGRÁFICAS

ABNT – Associação Brasileira de Normas Técnicas. *NBR ISO/IEC 17.025:* requisitos gerais para competência de laboratórios de ensaio e calibração. Rio de Janeiro, 2005. 31p.

ALVES, H. T. Campanhas fitossanitárias nacionais. In: ENCONTRO NACIONAL DE FOTOSSANITARISTAS, 1, Campinas, 1980. *Anais*... Campinas, 1980, p. 15-27.

ARMSTRONG, K. F. & BALL, S. L. DNA barcodes for biosecurity: invasive species identification. *Philos. Trans. R. Soc. Lond. B. Biol. Sci.* 360: 1.813-23, 2005.

BARNERJEE, A. et al. *Long run health impacts of income shocks*: wine and Phylloxera in 19th Century France, 2007. Disponível em: <www.nber.org/papers/w12895>. Acesso em: 19 abr. 2012.

BATISTA, M. F. et al. Intercâmbio e quarentena de germoplasma vegetal. *Biotec. Ciência & Desenvol.* 6: 32-9, 1998.

BEENEN, R. & ROQUES, A. Leaf and seed beetles (Coleoptera, Chrysomelidae). *Biorisk* 4: 267-92, 2010. Doi: 10.3897/biorisk.4.52.

BICKFORD, D. et al. Cryptic species as a window on diversity and conservation. *Trends Ecol. Evol.* 22: 148-55, 2007.

BOUCHARD, P. et al. Family-group names in Coleoptera (Insecta). *Zookeys* 88: 1-972, 2011. Doi: 10.3897/zookeys.88.807.

BRASIL. Instrução Normativa n. 16. Ministério da Agricultura, Pecuária e Abastecimento. *Diário Oficial da União*, 30 dez. 1999.

BRASIL. Negociações multilaterais fitossanitárias. Disponível em: <www.agricultura.gov.br/internacional/negociacoes/multilaterais/fitossanitarias>. Acesso em: 19 abr. 2012.

CASTRO, C. S. P. et al. *Implantação das normas BPL e NBR ISO/IEC 17.025 na Embrapa Recursos Genéticos e Biotecnologia*. Embrapa Recursos Genéticos e Biotecnologia, 2007. (Circular Técnica, 52).

CIPV. *Glossário de termos fitossanitários. Norma Internacional para Medidas Fitossanitárias* – NIMF nº 5. Roma, 2009. 27p.

COCQUEMPOT, C. & LINDELÖW, A. Longnhorn beetles (Coleoptera, Cerambycidae). *Biorisk* 4: 193-218, 2010. Doi: 10.3897/biorisk.4.56.

COSAVE. *Requisitos fitosanitarios armonizados por categoria de riesgo para el ingreso de productos vegetales*. Assunción, Paraguay: Comite Regional de Sanidad Vegetal del Cono Sur, 2003. 19p.

DABERT, J.; EHRNSBERGER, R. & DABERT, M. *Glaucalges tytonis* sp.n. (Analgoidea, Xolalgidae) from the barn owl *Tyto alba* (Strigiformes, Tytonidae): compiling morphology with DNA barcode data for taxon descriptions in mites (Acari). *Zootaxa* 1.719: 41-52, 2008.

DEPARTAMENTO de Protección Agrícola – Servicio Agrícola Y Ganadero & United States Departament of Agriculture Plant Protection and Quarantine. *Importation of fresh commercial citrus fruit*: clementine (*Citrus reticulata* Blanco var. Clementine), madarin (*Citrus reticulata* Blanco) and tangerine (*Citrus reticulata* Blanco) from Chile into the United States – A pathway initiated plant pest risk assessment, 2005. Disponível em: <www.aphis.usda.gov/ppq/para/clclementine.pdf>. Acesso em: 20 maio 2005.

DIECKMANN, M.; FRISON, E. A. & PUTTER, T. *FAO/IPGRI technical guidelines for the safe movement of small fruit germplasm*. Rome: FAO /IPGRI, 1994. 124p. il.

DING, J. et al. China's booming economy is sparking and accelerating biological invasions. *Bioscience* 58: 317-24, 2008.

EBBELS, D. *Principles of plant health and quarantine*. Wallingford: Cabi, 2003. 315p.

EPPO. *Guidelines on pest risk analysis*. Check-list of information required for pest risk analysis. (PRA) PM 5/1(1). EPPO, 1998. 5p.

FAO. *Glossary of phytosanitary terms*, 1995. NIMF nº 5. Roma: FAO, 1995.

FAO. *Pest risk analysis training – Manual of participant*. IPPC, 2007. 142p.

FISHER, T. W. & ANDRÉS, L. A. Quarantine concepts, facilities and procedures. In: BELLOWS, T. S. et al. (eds.). *Handbook of biological control*. New York: Academic Press, 1999.

FRASER, E. D. G. *Social vulnerability and ecological fragility*: building bridges between social and natural sciences using the Irish potato famine as a case study, 2003. Disponível em: <www.consecol.org/vol7/iss2/art9>. Acesso em: 19 abr. 2012.

GENOVESI, P. Eradications of invasive alien species in Europe: a review. *Biol. Invasions* 7: 127-33, 2005.

GENOVESI, P. & SHINE, C. *European strategy on invasive alien species*. Estrasburgo: Council of Europe, 2003. 50p.

GIACOMETTI, D. C. The management of genetic resources as a component of biological diversity. *Diversity* 8: 10-3, 1993.

GOEDERT, C. O. Histórico e avanços em recursos genéticos no Brasil. In: NASS, L. L. (ed.). *Recursos genéticos vegetais*. Brasília: Embrapa Recursos Genéticos e Biotecnologia, 2007. 858p.

GONZÁLEZ, R. H. La falsa arañita de la vid *Brevipalpus chilensis* Baker (Acarina, Tenuipalpidae). *Rev. Frutícola* 4(2): 61-5, 1983.

GONZÁLEZ, R. H. Plagas del kiwi en Chile. *Rev. Frutícola* 7(1): 13-27, 1986.

GONZÁLEZ, R. H.; FRÍAZ, M. & BARRÍA, G. Avances en el control de la arañita roja europea en pomáceas y carozos. *Rev. Frutícola* 10(2): 53-6, 1989.

GONZÁLEZ, R. H. Manejo conjunto del trips de California, *Frankliniella occidentalis* (Pergande) y la falsa arañita de la vid, *Brevipalpus chilensis* Baker en uva de mesa. *Rev. Frutícola* 22(2): 51-61, 2001.

GRAY, G. et al. Principles for conduct of pest risk analyses: report of an expert workshop. *Risk Analysis* 18: 773-80, 1998.

ISPM 5. *Glossary of phytosanitary terms*. Rome: IPPC/FAO, 2011. 36p.

ISPM 11. *Pest risk analysis for quarantine pests including analysis of environmental risks and living modified organisms*. Rome: IPPC/FAO, 2004. 30p.

JADUE, Y. et al. Preliminary evaluation of ionizing radiation as a quarantine treatment for the false grape mite, *Brevipalpus chilensis. Z Pflanzenkr Pflanzenschutz* 104(3): 222-30, 1997.

KAHN, R. P. Regulatory concepts. In: KANH, R. P. & MATHUR, S. B. (eds.). *Containment facilities and safeguards for exotic plant pathogens and pests*. St. Paul: APS Press, 1999. 213p.

KENIS, M. et al. How can alien species inventories and interception data help us prevent insect invasions? *Bull. Entomol. Res*. 97: 489-502, 2007.

KIMATI, H. Princípios gerais de controle de doenças de plantas. In: GALLI, F. (coord.). *Manual de fitopatologia:* princípios e conceitos. 2. ed. São Paulo: Agronômica Ceres, 1978. 373p.

KOYAMA, J.; KAKINOHANA, H. & MIYATAKE, T. Eradication of the melon fly, *Bactrocera-cucurbitae*, in Japan: importance of behavior, ecology, genetics, and evolution. *Ann. Rev. Entomol*. 49: 331-49, 2004.

LEGROS, J. P. L'invasion de vignoble par le Phylloxéra. *Bull. Acad. Sci. Lett. Montpellier*, 24: 205-22, 1993.

LOPES-VAAMONDE, C. et al. Lepidoptera. *Biorisk* 4: 603-68, 2010. Doi: 10.3897/biorisk.4.50.

LUPI, A. L. P. B. *Soberania, OMC e Mercosul*. São Paulo: Aduaneiras, 2001. 366p.

MANRAKHAN, A. et al. Eradication of *Bactrocerainvadens* (Diptera: Tephritidae) in Limpopo province, South Africa. *Afr. Entomol.* 19: 650-9, 2011.

MARQUES, A. S. A. & MARINHO, V. L. A. Movimentação de germoplasma vegetal no Brasil – intercâmbio e quarentena. In: NASS, L. L. (ed.). *Recursos genéticos vegetais*. Brasília: Embrapa Informação Tecnológica/Embrapa Recursos Genéticos e Biotecnologia, 2007. 858p.

MARQUES, A. S. A. et al. Quarentena e o intercâmbio de germoplasma vegetal no Brasil: a atuação do Cenargen. *Pesq. Agropec. Bras.* 30: 143-54, 1995.

McCULLOUGH, D. G. et al. Interceptions of nonindigenous plant pests at US ports of entry and border crossings over a 17-year period. *Biol. Invasions* 8: 611-30, 2006.

MENDONÇA, R. S. de et al. A critical review on some closely related species of *Tetranychus sensu stricto* (Acari: Tetranychidae) in the public DNA sequences databases. *Exp. Appl. Acarol.* 55(1):1-23, 2011. Doi: 10.1007/s10493-011-9453-5.

MIRANDA, S. H. G. et al. Normas sanitárias e fitossanitárias: proteção ou protecionismo. *Info. Econ.* 34: 25-35, 2004.

MITO, T. & UESUGI, T. Invasive alien species in Japan: the *status quo* and the new regulation for prevention of their adverse effects. *Glob. Environ. Res.* 8: 171-91, 2004.

NAVAJAS, M. & NAVIA, D. DNA-based methods for eriophyoid mite studies: review, critical aspects, prospects and challenges. *Exp. Appl. Acarol.* 51: 257-71, 2010. Doi: 10.1007/s10493-009-9301-z.

NAVAJAS, M. & RODERICK, G. *Molecular diagnosis*. Alpha M. indd, 191-6, 2008.

NAVAJAS, M. et al. Mites and ticks (Acari). *Biorisk* 4: 149-92, 2010. Doi: 10.3897/biorisk.4.58.

NAVIA, D.; MENDES, M. A. S. & OCHOA, R. *Steneotarsonemus furcatus* De Leon (Prostigmata: Tarsonemidae) infesting rice crops in Brazil. *Int. J. Acarol.* 32: 219-22, 2005.

NAVIA, D. et al. Acarofauna associada a frutos de coqueiro (*Cocos nucifera* L.) de algumas localidades das Américas. *Neotrop. Entomol.* 34: 349-54, 2006.

NI, W. L. et al. Including climate change in pest risk assessment: the peach fruit fly, *Bactrocera zonata* (Diptera: Tephritidae). *Bull. Entomol. Res.*: 1-11, 2011. Doi:10.1017/S0007485311000538.

OGLE, H. J. Disease management: exclusion, eradication and elimination. In: BROWN, J. F. & OGLE, H. J. (eds.). *Plant pathogens and plant diseases*. Armidale: Rockvale Publications, 1997. 551p.

OLIVEIRA, M. R. V.; NAVIA, D. & MENDES, A. P. Insetos interceptados pela quarentena de pós-entrada de germoplasma vegetal no Brasil, de outubro de 1989 a dezembro de 1996. *An. Soc. Entomol. Brasil.* 28: 497-503, 1999.

OLIVEIRA, M. R. V. & PAULA, S. V. Propostas metodológicas para análise de risco de pragas quarentenárias de material vegetal. *Embrapa Recursos Genéticos e Biotecnologia, Documentos*, 47: 142, 2000.

PATERSON, H. E. H. The recognition of cryptic species among economically important insects. In: ZALUCKI, M. P. (ed.). *Heliothis:* research methods and prospects. Nova York: Springer-Verlag, 1991. 233p.

PLUESS, T. et al. When are eradication campaigns successful? A test of common assumptions. *Biol. Invasions* 8(1), 2012. Doi: 10.1007/s10530-011-0160-2.

RASPLUS, J. Y. et al. Hymenoptera. *Biorisk* 4: 669-776, 2010. Doi: 10.3897/biorisk.4.55.

RISTAINO, J. B. Migrations of the Irish potato famine pathogen, *Phytophthora infestans*. *Microbes Infect.*, n. 4, p. 1.369-77, 2002.

ROWLEY, D. L. et al. Vouchering DNA-barcoded specimens: test of a nondestructive extraction protocol for terrestrial arthropods. *Mol. Ecol. Notes* 7: 915-24, 2007.

SAUVARD, D. et al. Weevils and bark Beetles (Coleoptera, Curculionoidea). *Biorisk* 4: 219-66, 2010. Doi: 10.3897/biorisk.4.64.

SHARMA, P. K.; VAID, A. & SRIVASTACA, K. *Plant quarantine. Science technique entrepeneur regional horticulture research sub-station Bhaderwah Sher-e-Kashmir*. Jammu: University of Agricultural Sciences & Technology, 2007. 4p.

SINHA, R. N. Mites of stored grain in western Canada – ecology and methods of survey. *Proc. Entomol. Soc. Manit.* 20: 19-33, 1964.

SKUHRAVÁ, M.; MARTINEZ, M. & ROQUES, A. Diptera. *Biorisk* 4: 553-602, 2010. Doi:10.3897/biorisk.4.53.

SOLIMAN, T. et al. Economic impact assessment in pest risk analysis. *Crop. Prot.* 29: 517-24, 2010.

SOLOMON, M. E. Tyroglyphid mites in stored products – methods for the study of population density. *Ann. Appl. Biol.* 32: 71-5, 1945.

SORENSEN, W. C. et al. Charles V. Riley, France and *Phylloxera*. *Am. Entomol.* 54(3): 134-49, 2008.

STACE-SMITH, R. & MARTIN, R. R. Plant quarantine diagnostic problems: viruses. In: KAHN, R. P. (ed.). *Plant protection and quarantine, vol II. Selected pests and pathogens of quarantine significance*. Boca Raton: CRC Press, 1989. 265p.

THORSTENSEN, V. *OMC – Organização Mundial do Comércio:* as regras do comércio internacional e a Rodada do Milênio. São Paulo: Aduaneiras, 1999. 406p.

VENETEE, R. C. & KOCH, R. L. IPM for invasive species. In: RADCLIFFE, B.; HUTCHISON, W. D. & CANCELADO, R. E. (eds.). *Integrated pest management.* Cambridge University Press, 2009. 550p.

VENETEE, R. C. et al. Pest risk maps for invasive alien species: roadmap for improvement. *Bioscience* 60: 5, 2010.

VERMA, B. R. & KAPUR, M. *Eriophyid mites* (Acari: Eriophyoidea) of arid zone fruit crops and quarantine. *Indian. J. Entomol.* 52: 249-52, 1990.

WARDOWSKI, W. F.; NAGY, S. W. F. & GRIERSON, W. *Fresh citrus fruits*. Nova York: Van Nostrand Reinhold, 1986. 571p.

WASHITANI, I. Invasive alien species problems in Japan: an introductory ecological essay. *Glob. Environ. Res.* 8: 1-11, 2004.

WORK, T. T. et al. Arrival rate of nonindigenous insect species into the United States through foreign trade. *Biol. Invasions* 7: 323-32, 2005.

YEMSHANOV, D. et al. Trade-associated pathways of alien forest insect entries in Canada. *Biol. Invasions* 14(4): 797-812, 2011. Doi: 10.1007/s10530-011-0117-5.

3

Relato de nova praga e suas consequências para o agronegócio brasileiro

F. A. de Souza-Costa

INTRODUÇÃO DE PRAGAS: UM PROBLEMA FITOSSANITÁRIO

Nos últimos anos, temos constatado uma intensificação do comércio internacional, decorrente da globalização, da regionalização dos mercados, da criação de blocos regionais e da redução ou eliminação de barreiras tarifárias e não tarifárias. Esse aumento do comércio, ao mesmo tempo que permitiu maior competitividade entre os países, tornou-se um problema fitossanitário global, pois também possibilitou o movimento de pragas (vírus, bactérias, nematoides, fungos, ácaros, insetos, plantas daninhas etc.), as quais, quando introduzidas em áreas do sistema produtivo dos países, podem causar danos com forte repercussão social e econômica.

O fato é que essas pragas podem representar riscos e prejuízos para o agronegócio brasileiro, devido à possibilidade, no cenário externo, de imposição do cumprimento de exigências fitossanitárias adicionais às nossas exportações, o que, em casos extremos, pode até mesmo provocar o fechamento do mercado em países em que a praga não ocorre. Por outro lado, países em que ela já é encontrada passam a questionar as exigências impostas pelo Brasil para a importação dos produtos exportados por eles que sejam potencialmente veiculadores da praga. No ambiente interno, os impactos estão diretamente relacionados com aumento dos custos de produção, alteração nos programas de manejo de pragas em execução, danos ambientais, custos sociais – com redução de fontes de alimentos e de matérias-primas –, além dos gastos do orçamento público com as ações de prevenção e controle (supressão, contenção ou, se possível, erradicação) de pragas.

Diante de todos esses impactos negativos, as atividades relacionadas à vigilância agropecuária internacional têm assumido importância estratégica para os governos. Como forma de não impedir o incremento do comércio internacional de produtos agrícolas e, ao mesmo tempo, permitir que os países protejam sua agricultura, organismos internacionais desenvolveram acordos multilaterais para facilitar e disciplinar o comércio de produtos vegetais entre os países.

ACORDOS MULTILATERAIS SOBRE MEDIDAS FITOSSANITÁRIAS

O último ciclo de negociações multilaterais, conhecido como Rodada Uruguai, foi denominado Acordo Geral sobre Tarifas Aduaneiras e Comércio (Gatt, 1994), incorporado no arcabouço legal brasileiro por meio do Decreto 1.355, de 30 de dezembro de 1994. A necessidade de institucionalizar as disposições desse acordo levou à criação da Organização Mundial do Comércio (OMC), em 1º de janeiro de 1995, que incorporou vários acordos em sua estrutura, dentre eles, o Acordo Multilateral sobre a Aplicação de Medidas Sanitárias e Fitossanitárias (Acordo SPS).

Nesse contexto, visando a harmonização das medidas fitossanitárias em âmbito internacional, como resultado das negociações, recomenda-se que os países adotem, para a área vegetal, normas, guias e recomendações internacionais elaboradas pela Convenção Internacional sobre Proteção de Vegetais (CIPV), a instituição reconhecida como de referência por esse acordo multilateral do SPS para as questões fitossanitárias, conforme mostrado no fluxograma (Figura 1).

As Normas Internacionais para Medidas Fitossanitárias (NIMFs) são elaboradas pela secretaria da CIPV como parte do programa mundial de políticas e de assistência técnica em matéria de quarentena vegetal, encaminhadas pela Organização das Nações Unidas para Agricultura e Alimentação (FAO).

Esse programa tem o propósito de estimular o uso de medidas baseadas em princípios científicos, para evitar a aplicação de ações arbitrárias ou injustificadas, que possam constituir discriminação ou restrição velada ao comércio. Essas normas internacionais fitossanitárias são reconhecidas como base ou referência para as medidas fitossanitárias, consultas e solução de controvérsias que se aplicam aos países membros da OMC, em virtude do Acordo SPS.

Por esse acordo, a execução das medidas e ações de defesa sanitária vegetal estão a cargo da Organização Nacional de Proteção Fitossanitária (ONPF) de cada país. A ONPF brasileira é o Departamento de Sanidade Vegetal da Secretaria de Defesa Agropecuária do Ministério da Agricultura, Pecuária e Abastecimento

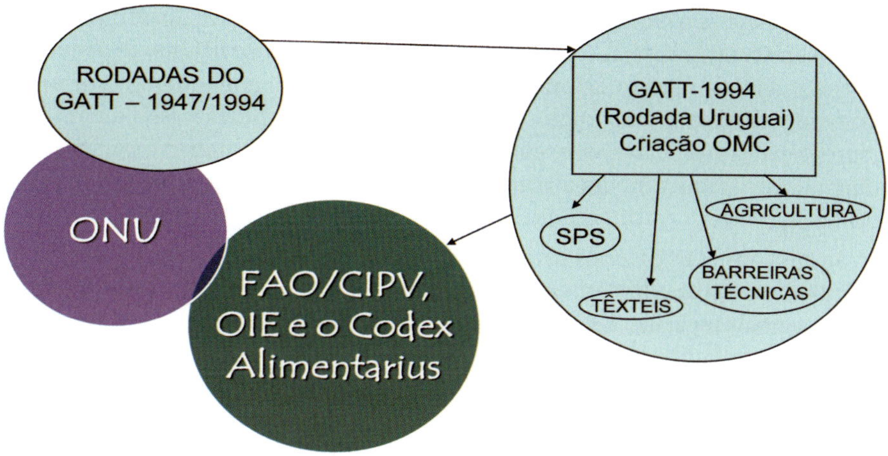

Figura 1. Vinculação do acordo da OMC/SPS às instituições de referência.

(Mapa). Ela é a responsável pela verificação da importância quarentenária de pragas ausentes e presentes e por estabelecer a regulamentação para o trânsito de produtos de origem vegetal potencialmente veiculadores de pragas quarentenárias, destinados ao comércio, a uso próprio, à pesquisa e/ou à experimentação científica.

PRAGAS QUARENTENÁRIAS AUSENTES

A Norma Internacional de Medidas Fitossanitária 5 (FAO, 2005) consiste em um glossário de termos e definições específicos para os sistemas fitossanitários dos países-membros da OMC. Segundo essa norma, o conceito de praga refere-se a qualquer espécie, raça, biótipo vegetal ou animal ou patógeno daninho para plantas ou produtos vegetais. A CIPV (1997) trabalha com pragas regulamentadas, que podem ser quarentenárias (ausentes ou presentes) ou não quarentenárias regulamentadas. Uma praga quarentenária possui importância econômica potencial e representa perigo para uma área quando não está presente (praga quarentenária ausente), ou está presente mas não amplamente disseminada no território e encontra-se sob controle oficial (praga quarentenária presente).

Com base nas diretrizes da CIPV (1997), as pragas classificadas como quarentenárias para o Brasil constam da Instrução Normativa 52 do Mapa, de 20 de novembro de 2007, alterada pela Instrução Normativa 41, de 1º de julho de 2008, que lista as pragas quarentenárias ausentes (A1) e as pragas quarentenárias presentes (A2).

Para a realização de análises de risco, bem como para o estabelecimento e cumprimento de regulamentações de importação, todos os países necessitam de informações sobre o *status* de pragas em determinado território. As atividades de defesa sanitária – ou seja, o planejamento de programas nacionais, regionais ou internacionais de manejo de pragas, o estabelecimento e a manutenção de áreas livres de pragas e a elaboração de listas nacionais de pragas regulamentadas (quarentenárias ausentes, quarentenárias presentes e não quarentenárias regulamentadas) – requerem que o *status* das pragas seja bem definido em cada país pela sua ONPF.

As diretrizes e os critérios para a categorização de uma praga como quarentenária (ausente ou presente) têm como base a realização da Análise de Risco de Praga (ARP), segundo as orientações da NIMF 2 (FAO, 1995) e da NIMF 11 (FAO, 2004) e de Oliveira e Paula-Moraes (2000). O estudo de ARP tem como objetivo definir o potencial quarentenário da praga ausente, com base nos riscos fitossanitários que ela pode causar em determinada área, levando em consideração o impacto mínimo ao comércio internacional (FAO, 2004). Esse estudo pode ser iniciado por três categorias gerais de eventos: 1) identificação de uma via de ingresso que pode permitir a introdução e/ou dispersão de pragas quarentenárias; 2) identificação de uma praga que pode ser qualificada como quarentenária e induzir a regulamentação fitossanitária; 3) demanda de políticas e/ou de prioridades de ações fitossanitárias ou revisão dos estudos já existentes.

A partir da conclusão da ARP, deve-se determinar se a praga enquadra-se na definição de quarentenária e verificar se ela possui importância econômica e potencial de introdução a partir da importação comercial de vegetais, ou de suas partes e seus produtos. O resultado do estudo da ARP indicará também o nível adequado de proteção fitossanitária e as exigências fitossanitárias que deverão ser atendidas e declaradas no Certificado Fitossanitário (CF) ou no Certificado Fitossanitário de Reexportação (CFR) emitido pela ONPF do país que exporta para o Brasil, podendo envolver medidas aplicadas no campo de produção, no envio (produto), nos procedimentos pré-embarque e embarque e outras.

BRASIL: DETECÇÃO DE PRAGA QUARENTENÁRIA AUSENTE (A1) OU COM POTENCIAL QUARENTENÁRIO

É interessante destacar que o trabalho de detecção de nova praga e seu relato pelos pesquisadores têm influência sobre a ação de uma ONPF na determinação do *status* de uma praga, pois a grande maioria das informações sobre detecção de novas pragas no território brasileiro é obtida por meio das pesquisas e publicações desses profissionais.

A detecção de uma praga quarentenária ausente (registrada na lista oficial) ou de uma praga ausente com potencial quarentenário (não registrada na lista oficial) pode ocorrer de várias formas. Na modalidade de importação, a detecção pode acontecer durante o processo de inspeção da vigilância agropecuária internacional, no ponto de ingresso; na amostra retirada do produto importado para análise laboratorial, solicitada pela fiscalização agropecuária ou internamente; durante um levantamento de detecção, em nível de campo, dentro do território nacional. Deve-se destacar que a detecção de uma praga quarentenária ausente ou ausente com potencial quarentenário, em campo, pode indicar ou não o seu estabelecimento no território nacional.

Entende-se como estabelecimento a perpetuação de uma praga dentro de uma área após a sua entrada (NIMF 5, FAO 2005), enquanto introdução refere-se ao ingresso de uma praga, resultando em seu estabelecimento (NIMF 5, FAO 2005). Outra possibilidade é a detecção de uma praga quarentenária presente que não ocorria anteriormente (praga quarentenária presente).

É importante informar, nos trabalhos a serem publicados, em que tipo de material a praga foi detectada (se comercial ou de pesquisa científica) e o local da detecção (indicando se ocorreu no campo de produção comercial ou de experimentação científica ou dentro de um laboratório). São dados importantes para embasar a comprovação técnica e evitar que países importadores usem essa informação contra o Brasil. Registros incorretos, com informações incompletas ou mal interpretadas, podem causar danos ao comércio e, em consequência, novas demandas para a ONPF brasileira.

Quando ocorrer a detecção de uma praga quarentenária ausente (A1) que conste da lista oficial ou a introdução de uma nova praga quarentenária no território brasileiro, caberá à ONPF efetuar um levantamento de delimitação, para estabelecer os limites da distribuição geográfica considerada infestada pela praga e verificar as possibilidades de controle.

No caso do estabelecimento dessa praga no Brasil, seu *status* será modificado após a realização da ARP, para verificar a necessidade de retificar a lista oficial de praga regulamentada, categorizando-a como praga quarentenária presente ou praga não quarentenária regulamentada, e promover a alteração das medidas fitossanitárias estabelecidas para a importação do produto, quando apropriado, ou mesmo retirá-la da lista de pragas regulamentadas.

No caso de detecção de uma praga ausente, sem registro anterior de ocorrência no Brasil, pode-se fazer uma ARP para determinar o potencial quarentenário dela e a necessidade de inclusão na lista de pragas regulamentadas (como quarentenária ausente, caso ela não tenha se estabelecido; como quarentenária presente, no caso de estabelecimento em algumas áreas; ou mesmo como não quarentenária regulamentada). Se a praga for incluída em algumas dessas categorias, haverá necessidade de estabelecimento de medidas fitossanitárias. Estas medidas são qualquer legislação, regulamentação ou procedimento oficial com o propósito de prevenir a introdução e/ou disseminação de pragas quarentenárias ou limitar o impacto econômico de pragas não quarentenárias regulamentadas (NIMF 5, FAO 2005).

As organizações internacionais utilizam essas informações sobre as pragas e medidas fitossanitárias adotadas pelos países para alimentar os bancos de dados, que ficam disponíveis a todos os países e pessoas interessadas no assunto. Os países também utilizam as informações produzidas pelos pesquisadores do país sobre a presença de pragas em território nacional para realizar seus estudos de ARP e estabelecer os requisitos fitossanitários para a importação de produtos brasileiros. É importante destacar que a ONPF muitas vezes tem dificuldades para esclarecer o *status* da praga, gastando recursos públicos e tempo para comprovar que determinada praga não ocorre em seu território.

Dadas as implicações decorrentes da inclusão ou da retirada de uma praga da lista oficial de pragas quarentenárias presentes ou ausentes, ou mesmo da simples alteração da condição fitossanitária do país pela entrada de uma nova praga diante do Acordo SPS, torna-se importante estabelecer um padrão de procedimentos para relatar a detecção de uma praga quarentenária ausente (A1) ou de uma praga ausente com potencial quarentenário.

NECESSIDADE DE CRITÉRIOS PARA A PUBLICAÇÃO DE ESTUDOS SOBRE DETECÇÃO DE PRAGA AUSENTE

Dentro das disposições estabelecidas pelo Acordo SPS está o princípio da transparência, que prescreve a necessidade de um país-membro divulgar, em nível internacional, informações fundamentadas sobre suas pragas e suas medidas fitossanitárias e o respectivo princípio da harmonização, que estabelece que as medidas adotadas estejam em conformidade com as diretrizes da CIPV.

Para cumprir esses e outros princípios, a ONPF utiliza como base informações comprobatórias que podem incluir registros individuais de pragas, registros de pragas a partir de levantamentos, registros ou outra indicação da ausência de praga, resultados da vigilância geral, informações de publicações e bancos de dados científicos, medidas fitossanitárias usadas para prevenir a introdução ou disseminação e outras informações relevantes para avaliar a ausência ou presença da praga.

Verifica-se, portanto, que os registros de pragas são componentes essenciais. Eles fornecem informações sobre a presença ou ausência de uma praga, o momento e a localização, o hospedeiro, quando apropriado, o dano observado, o método e a técnica de identificação, bem como referências ou outras informações relevantes sobre uma única observação. Esses registros estão baseados principalmente em publicações científicas geradas no país. A confiabilidade desses registros de pragas baseia-se nos dados referentes ao coletor/identificador, nos meios de identificação técnica, no local e na data do registro e na documentação/publicação dele.

A NIMF 8 (FAO, 1998) determina que a ONPF é a responsável pelo registro da ausência, presença ou transitoriedade das pragas, e devem ser adotadas boas práticas de informação, com o objetivo de facilitar a cooperação internacional entre os países-membros, em cumprimento à obrigação de informar dados precisos e confiáveis. O registro é a evidência documentada que indica a presença ou ausência de uma praga específica em determinado território. Em âmbito internacional, esse registro é utilizado pelos países para estabelecer requisitos fitossanitários para a importação de produtos brasileiros ou questionar a exigência do Brasil no que se refere às medidas fitossanitárias estabelecidas para a exportação de produto potencialmente hospedeiro de praga para o país. Como consequência, no primeiro caso, às vezes é necessário cumprir exigências fitossanitárias adicionais para a praga que efetivamente não temos, gerando aumento dos custos de exportação; no segundo caso, fica-se exposto ao risco real de introdução da praga no país, pela dificuldade de fazer que o país exportador cumpra os requisitos fitossanitários brasileiros.

Portanto, a divulgação da ocorrência de qualquer praga de importância quarentenária supostamente ausente do território nacional de forma precipitada e sem todas as informações técnicas e científicas exigidas pelos acordos internacionais poderá ocasionar restrições às exportações brasileiras, com possibilidade de sérios prejuízos à economia nacional.

Dadas as implicações decorrentes da inclusão ou da retirada de uma praga da lista oficial de pragas quarentenárias (presentes ou ausentes), ou mesmo da simples alteração da condição fitossanitária do país pela entrada de uma nova praga, pelo Acordo SPS torna-se importante fixar um padrão de procedimentos para relatar a detecção de uma praga quarentenária ausente, ou ausente com potencial quarentenário.

Para estabelecer um controle na publicação de trabalhos de detecção de pragas quarentenárias ausentes ou ausentes com potencial quarentenário em material comercial ou de pesquisa, o Ministério da Agricultura, Pecuária e Abastecimento (Mapa) e o Ministério da Educação (MEC) editaram a Portaria Interministerial 290, de 15 de abril de 1996, publicada no Diário Oficial da União (DOU) de 18 de abril de 1996 (seção 1, p. 6.575), que dispõe sobre a realização de pesquisas na área de fitossanidade ou em outra a ela relacionada, determinando que a detecção ou a caracterização de qualquer praga até então considerada inexistente no território nacional deverá ser imediatamente comunicada à ONPF brasileira.

Os procedimentos para comunicar ao Mapa a ocorrência de uma praga no país foram publicados na Instrução Normativa 2, de 9 de janeiro de 2002. Foi estabelecida a exigência de informações que contemplem o nome científico da praga, o nome comum, a parte vegetal afetada, a sua biologia, os danos econômicos potenciais, os métodos de controle, referências bibliográficas, o local e a forma como foi detectada, medidas emergenciais adotadas para a sua contenção e dados sobre a sua dispersão e distribuição geográfica. A legislação específica estabelece um prazo de trinta dias para o Mapa manifestar-se sobre a ocorrência, e o pesquisador pode ser convocado a discutir um plano de contingência para o controle da praga.

Deve-se destacar que os regulamentos editados para a publicação levam em consideração o princípio da precaução, devido às implicações comerciais decorrentes.

Assim, no momento em que as medidas não tarifárias, como é o caso das medidas fitossanitárias, são decisivas na abertura e também na manutenção de mercados, torna-se importante a modernização do sistema de informação fitossanitária.

NOTIFICAÇÃO DE PRAGA QUARENTENÁRIA À OMC

A CIPV determina que os países notifiquem a presença, o surto, a dispersão de pragas e as alterações de suas medidas fitossanitárias que poderão ter efeito sobre outros países-membros, com o propósito de comunicar perigos imediatos ou potenciais. Segundo a NIMF 17 (FAO, 2002), a notificação de pragas permite aos países vizinhos e importadores comerciais ajustar, se necessário, os seus requisitos e as suas medidas de segurança e vigilância fitossanitária. Deve-se ressaltar que a apresentação da notificação de uma praga de modo confiável e rápido confirma o funcionamento eficaz dos sistemas de defesa sanitária vegetal de um país. Os relatos precisos constituem parte essencial da cooperação internacional, que é fundamental para facilitar o comércio.

CONSIDERAÇÕES FINAIS

O Acordo SPS confirma o fortalecimento das regras multilaterais para a orientação do comércio mundial, tendo como princípio base a não discriminação comercial entre os países-membros da OMC. Para a agricultura, esse acordo transformou-se no elemento essencial e facilitador no processo de abertura comercial para o Brasil, quando se elimina o conceito de risco zero e passa-se a qualificá-lo ou quantificá-lo.

Para a publicação de relatos sobre a detecção de praga quarentenária ausente ou ausente com potencial quarentenário, foram estabelecidos critérios por meio de regulamentação do Mapa. Nesse sentido, é primordial o trabalho conjunto entre os pesquisadores e o governo federal, para evitar prejuízos ao agronegócio brasileiro. Para o alcance dos objetivos, é importante que todos assumam suas responsabilidades e executem as ações que lhes são delegadas por meio dos regulamentos oficiais. Deve-se entender que o trabalho de defesa sanitária vegetal é uma estrutura constituída da integração de sistemas públicos e privados, com complexa amplitude de atuação, que tem como eixo aglutinador o princípio de preservar a condição fitossanitária e o desenvolvimento sustentável da agricultura do país.

Assim, em um momento em que os argumentos fitossanitários ganham cada vez maior importância nas negociações comerciais, a publicação de trabalhos de detecção de pragas quarentenárias deve inserir-se em um contexto mais amplo, considerando os acordos multilaterais assumidos pelo Brasil no âmbito do comércio exterior. Destaque-se que os pesquisadores são agentes importantes para a formação de um sistema de informação fitossanitário brasileiro eficiente e confiável.

REFERÊNCIAS BIBLIOGRÁFICAS

CIPV – Convenção Internacional para a Proteção dos Vegetais. Aprovado na 29ª Conferência da ONU – Organização das Nações Unidas para Agricultura e Alimentação, em 17 de novembro de 1997.

DECRETO nº 1.355, de 30 de dezembro de 1994. Promulga a ata final que incorpora os resultados da Rodada Uruguai de Negociações Comerciais Multilaterais do Acordo Geral sobre Tarifas e Comércio, 1994.

FAO. *International standards for phytosanitary measures. Pest risk analysis for quarentine pests.* Secretariat of the International Plant Protection Convention of the Food and Agriculture Organization (FAO) of the United Nations, 2004.

FAO. *International standards for phytosanitary measures. Glossary of phytosanitary terms.* Secretariat of the International Plant Protection Convention of the Food and Agriculture Organization (FAO) of the United Nations, 2005.

FAO. *International standards for phytosanitary measures. Determination of pests status in an area.* Secretariat of the International Plant Protection Convention of the Food and Agriculture Organization (FAO) of the United Nations, 1998.

FAO. *Normas internacionales para medidas fitosanitarias. Notificación de plagas.* Secretaria de la Convención Internacional de Protección Fitosanitaria de la Organización de las Naciones Unidas para la Agricultura y la Alimentación (FAO), 2002.

FAO. *Normas internacionales para medidas fitosanitarias. Directrices para el análisis del riesgo de plagas.* Secretaria de la Convención Internacional de Protección Fitosanitaria de la Organización de las Naciones Unidas para la Agricultura y la Alimentación (FAO), 1995.

INSTRUÇÃO NORMATIVA Mapa nº 1, de 15 de dezembro de 1998. Normas para importação de material destinado a pesquisa científica.

INSTRUÇÃO NORMATIVA Mapa nº 2, de 9 de janeiro de 2002. Normas para a notificação de ocorrência de praga exótica no país.

INSTRUÇÃO NORMATIVA Mapa nº 52, de 20 de novembro de 2007. Estabelece a lista de pragas quarentenárias ausentes (A1) e de pragas quarentenárias presentes (A2) para o Brasil.

INSTRUÇÃO NORMATIVA Mapa nº 41, de 20 de novembro de 2007. Altera a lista de pragas quarentenárias ausentes (A1) e de pragas quarentenárias presentes (A2) para o Brasil.

OLIVEIRA, M. R. V. & PAULA-MORAES, S. V. *Propostas metodológicas para análise de risco de pragas quarentenárias de material vegetal.* Brasília: Embrapa Recursos Genéticos e Biotecnologia, 2000. (Série Documentos, 47).

PORTARIA INTERMINISTERIAL Mapa/MEC nº 290, de 15 de abril de 1996. Notificar ao Ministério da Agricultura, Pecuária e Abastecimento a detecção de praga exótica antes de qualquer divulgação.

4

Trânsito de vegetais e prevenção à introdução de pragas

O. L. R. Silva

INTRODUÇÃO

O aumento do comércio e de passageiros no trânsito internacional tem sido importante fator para a introdução e disseminação de pragas em todo o planeta. Segundo dados da OMC, o comércio internacional cresceu em taxas de 5,3% nos últimos vinte anos (<www.wto.org/english/news_e/pres13_e/pr688_e.htm>). O aumento do número de passageiros no trânsito internacional também mostra tendência de aumento. Segundo a Associação Internacional de Transporte Aéreo (Iata), o número de passageiros aéreos internacionais deverá aumentar de 952 milhões, em 2009, para 1,3 bilhão, em 2014 (<www.iata.org/pressroom/pr/pages/2011-02-14-02.aspx>), ou seja, mais de 70%. Novos destinos e novos passageiros são incorporados à lista de previsão de voos da Iata, principalmente da Ásia.

Os vegetais e seus produtos representam grande parte do comércio internacional e são a base da alimentação humana, da produção animal e, em consequência, também dos produtos de origem animal, além se serem fonte de energia, fibras e insumos para vários setores, como o da construção civil. O Brasil é um dos principais fornecedores de alimentos e rações em nível mundial. A condição fitossanitária atual, ou *status* fitossanitário do país, permite que a produção seja realizada de modo a provocar o menor impacto ambiental possível e garantir retorno econômico ao setor produtivo. Essa condição representa o valioso patrimônio fitossanitário nacional, que deve ser preservado e aperfeiçoado.

O complexo soja é o principal item da pauta exportadora do agronegócio brasileiro, responsável por cerca de 26 bilhões de dólares em 2012. No entanto, não há registro de não conformidades significativas, do ponto de vista fitossanitário, em relação à exportação de soja ou de grãos em geral. No âmbito da União Europeia, esse fato pode ser verificado nas notificações de não conformidade de caráter fitossanitário encontradas no Europhyt (<ec.europa.eu/food/plant/europhyt>), o sistema que trata do assunto. As notificações de 2011 e 2012 não se referem a grãos, apesar de a UE ser um dos grandes importadores do produto, principalmente do complexo soja. As principais notificações de não conformidade fitossanitária no Europhyt estão relacionadas às frutas e aos vegetais, incluindo flores, com cerca de 78% nos dois anos citados; madeira e suportes de madeira, com cerca de 12%; e material de propagação, com cerca de 10% (Tabela 1). Os dados do Europhyt mostram que não há necessidade específica de norma de controle fitossanitário de grãos no comércio internacional, como anteriormente preconizado por alguns países europeus no âmbito da Convenção Internacional de Proteção dos Vegetais (CIPV). Essa preocupação parecia então estar centrada em preocupações comerciais e estratégicas, como minimizar a dependência da UE em relação a proteína vegetal importada para a alimentação animal. Outro parâmetro importante para considerar os dados da UE é o fato de o bloco ser considerado o principal importador e exportador de produtos agropecuários.

Em algumas regiões nas quais o controle fitossanitário é menor ou apresenta dificuldades operacionais, por exemplo, por causa de número insuficiente de pontos de controle na fronteira, o trânsito de material vegetal de risco aumenta ainda mais a tendência de introdução de pragas em áreas indenes. É o caso da Região Norte do Brasil, onde algumas das principais introduções de pragas ocorreram e poderão ocorrer no futuro. A mosca-da-carambola (*Bactrocera carambolae*), o ácaro-vermelho-das-palmeiras (*Raoiella indica*), a sigatoka negra (*Mycosphaerella fijiensis*) e a cochonilha-rosada (*Maconellicoccus hirsutus*) são exemplos da introdução de pragas no país pela Região Norte.

Para minimizar esse quadro de risco, é importante contar com mecanimos de prevenção eficientes. O objetivo deste capítulo é tratar de propostas relativas a ações preventivas, com vistas a comparar experiências positivas de prevenção à introdução de pragas em áreas indenes.

O sistema europeu será citado como referência devido aos instrumentos legais para coleta e tratamento de informações, avaliação e gerenciamento dos riscos, além da semelhança com o caso brasileiro.

Tabela 1. Interceptações de organismos nocivos em produtos de base agrícola importados pela União Europeia e Suíça de 2011 a 2012.

Ano de 2011

	Grãos	Frutas/ vegetais	Material de propagação	Madeira	Total
Janeiro	0	95	9	28	132
Fevereiro	0	149	15	14	178
Março	0	134	23	15	172
Abril	0	118	15	2	135
Maio	0	174	13	7	194
Junho	0	196	14	14	224
Julho	0	135	14	30	179
Agosto	0	97	21	38	156
Setembro	0	158	19	49	226
Outubro	0	167	39	20	226
Novembro	0	183	15	56	254
Dezembro	0	122	17	11	150
Total	0	1.728	214	284	2.226
Porcentagem	–	77,62	9,61	12,75	100,0

Ano de 2012

	Grãos	Frutas/ vegetais	Material de propagação	Madeira	Total
Janeiro	0	190	25	5	220
Fevereiro	0	163	28	10	201
Março	0	180	46	14	240
Abril	0	130	24	11	165
Maio	0	155	19	12	186
Junho	0	154	20	21	195
Julho	0	182	27	20	229
Agosto	0	154	13	60	227
Setembro	0	120	12	29	161
Outubro	0	147	14	33	194
Novembro	0	148	8	22	178
Dezembro	0	108	13	25	146
Total	0	1.831	249	262	2.342
Porcentagem	–	78,18	10,63	11,18	100,0

Fonte: European Union Notification System for Plant Health Interceptions (Europhyt).

A UE contava, até 1º de julho de 2013, com uma estrutura central, a Direção Geral de Saúde e do Consumidor (DG-Sanco), que coordenava ações em 27 países. Desde agosto de 2013, passou a contar com 28 países, por causa da entrada da Croácia no bloco. A competência de defesa do consumidor foi transformada em outra estrutura administrativa, gerida por um representante de um Estado-membro da União Europeia. O Brasil também conta com 27 unidades da federação e com uma unidade central, a Secretaria de Defesa Agropecuária (SDA), que coordena as ações de controle e prevenção de eventos sanitários e fitossanitários no país. Além disso, as bases do sistema de proteção de plantas no país foram fundamentadas em legislações oriundas de países europeus, como a França, e permanecem até hoje como base da ação pública nesse contexto (Decreto-lei 24.114/34).

MEDIDAS DE PREVENÇÃO À INTRODUÇÃO DE PRAGAS

Medidas de prevenção são muito menos onerosas do que as de controle de pragas. Estudo do United States Department of Agriculture (USDA), de 1995, indicou que cada unidade aplicada na prevenção da mosca-da-carambola evitaria gastos de 65 a 88 unidades de valor no controle da praga (USDA 1995 – Economic feasibility of eradicating carambola fruit fly – *Bactrocera carambolae* – from South America – Washington DC). Dados mais recentes relativos ao Brasil indicam ser de 26 a 35 vezes menos oneroso aplicar recursos na prevenção da praga do que no seu controle (Miranda et al., 2010, Capítulo 5).

Para países como o Brasil, com grande diversidade de condições edafoclimáticas favoráveis ao estabelecimento de pragas, a prevenção é essencial para preservar o *status* fitossanitário e evitar danos ao meio ambiente, com vistas a garantir a competitividade do agronegócio, a produção sustentável aos agricultores e melhores produtos para os consumidores. Entre as medidas de prevenção mais importantes, podem ser citadas: o tratamento da informação relacionada de forma integrada e inteligente; a avaliação do risco com base nas informações obtidas; o gerenciamento e a comunicação do risco.

Tratamento da informação de possíveis riscos fitossanitários

A maior parte das informações necessárias para a avaliação dos riscos fitossanitários potenciais em geral encontra-se disponível, mas sem o ordenamento necessário para análise estratégica e inteligente. Assim, é improvável que as informações disponíveis possam permitir a compreensão dos fatores que influenciam os riscos potenciais relacionados à introdução de pragas e contribuir para a avaliação e gestão deles de forma eficiente e eficaz. Exemplos de informações que em geral estão disponíveis:

- as interceptações de vegetais e seus produtos, relacionadas a não conformidades de caráter fitossanitário;

- as informações coletadas em missões oficiais de inspeção ou de avaliação de conformidade;
- as informações oriundas de determinada origem ou produto utilizadas para a realização de análise de risco de pragas;
- informações da literatura e da imprensa especializada.

O tratamento das informações sobre não conformidades de determinada origem e produto é fundamental tanto para analisar possíveis riscos de introdução de pragas como para comunicar às autoridades competentes sobre essa origem para a tomada de providências. A literatura internacional também prevê a comunicação das não conformidades com base na Norma Internacional de Medida Fitossanitária 13 da Convenção Internacional para a Proteção dos Vegetais (CIPV) – *Guia para notificação de não conformidade e ação de emergência* (<www.ippc.int/file_uploaded/1323945354_ISPM_13_2001_En_2011-12-01_Refor.pdf>). A comunicação da não conformidade e as medidas tomadas pelas autoridades fitossanitárias responsáveis pela exportação de determinado artigo regulamentado muitas vezes resultam em diminuição do risco fitossanitário dessa origem ou do produto relacionado. O acompanhamento sistemático das interceptações e das correspondentes respostas das autoridades competentes responsáveis pela certificação fitossanitária, por meio de sistema especializado, muitas vezes simples, é fator que pode reduzir sensivelmente o risco de introdução de pragas. Exemplo de sistema simples e eficiente é o Europhyt da União Europeia. Esse sistema é uma pequena base de dados com as interceptações de pragas em exportações para a UE. Além disso, faz parte também do sistema a comunicação eletrônica a pontos de contato oficiais estabelecidos em cada origem dos produtos vegetais exportados, que são posteriormente inspecionados nos pontos de ingresso da UE. As interceptações classificadas por ano e por mês são disponibilizadas na internet e constituem importante fonte de informação para posterior avaliação do risco fitossanitário em relação a determinado produto ou origem. Em tabelas mensais, separadas pelo ano do registro das não conformidades, são disponibilizados os números de interceptação de pragas e outras não conformidades relacionadas a vegetais, como aquelas referentes à qualidade do produto. Seguem exemplos de informações que constam do sistema Europhyt.

2013 – EUROPHYT – European Union – Notification System For Plant Health

Notified during the month of: MARCH

Number of harmful organism interceptions: 184 Interceptions

Number of interceptions for other reasons: 395

Posteriormente, as informações gerais são detalhadas por origem ou país exportador, indicando-se qual é o produto relacionado, a espécie da planta envolvida na notificação, a praga correspondente e o número de interceptações, nos itens: Country of Export; Commodity Plant; Species Harmful Organism; Nº of Interceptions.

As notificações do Europhyt muitas vezes são utilizadas de maneira bastante efetiva como parâmetros em medida fitossanitária. Os responsáveis pela área fitossanitária oficial do Brasil e da África do Sul, por exemplo, foram informados sobre o limite de até cinco notificações por ano de *Guignardia citricarpa* em frutas cítricas exportadas para a UE a partir de 2012. A medida baseou-se nas interceptações anteriores e no risco de introdução da praga nos pomares de frutas cítricas da Europa, localizados no sul do continente.

No caso da UE, podem ser tomadas medidas complementares a partir das informações das notificações de não conformidade de determinada origem. Caso as interceptações ultrapassem um número considerado razoável, referente a organismos considerados de alto impacto econômico ou mesmo encontrados em produtos de grande interesse comercial, além das comunicações sobre o assunto feitas à autoridade competente do país envolvido, podem ser encaminhadas missões de inspeção oficial para avaliar os controles oficiais, que objetivam evitar a exportação de produtos não conformes por meio da certificação.

As inspeções oficiais, tanto para os países-membros como para terceiros, são realizadas por organismo especializado da UE, que verifica as não conformidades em temas sanitários e fitossanitários. O Food and Veterinary Office (FVO) realiza, acompanha e emite relatórios de missões de inspeção ou auditoria para verificação da conformidade e do controle oficial correspondente. Todo o procedimento do FVO é normatizado, e as informações dos preceitos legais em que se baseiam as inspeções compõem o questionário pré-missão e o início de cada relatório e podem ser encontradas, em sua versão final, na página do FVO na internet. Antes da postagem do relatório final na internet, o documento é analisado pela autoridade do país onde foi realizada a inspeção, para posteriores comentários. Somente após o final do prazo de troca e recebimento de informações o relatório final é disponibilizado na internet (<ec.europa.eu/food/fvo/index_en.cfm>) e pode ser analisado por outros interessados, além de representar importante medida de transparência e fonte de informação sobre conformidades e não conformidades relacionadas ao tema da missão de inspeção.

Previamente ao envio de qualquer missão a um país, é encaminhado pré-questionário para coleta de informações a respeito da legislação vigente, do controle oficial realizado e dados de comercialização sobre o produto relacionado. Os componentes da missão são escolhidos entre especialistas do FVO e podem contar também com especialistas dos estados-membros. Durante as missões de inspeção, caso não conformidades sérias sejam evidenciadas, a missão de auditores do FVO, em consulta ao órgão central, poderá anunciar medidas restritivas ao comércio na reunião final com as autoridades do país que recebe a missão.

O modelo europeu permite, inclusive com as missões do FVO, coletar informações fundamentais para análise posterior do risco fitossanitário envolvido no comércio internacional de determinados vegetais. Além disso, oferece suporte técnico e científico para a tomada de decisão relativa a medidas fitossanitárias ou sanitárias (ver seção a seguir). Outro fator importante é a avaliação da qualidade do controle oficial do órgão correspondente do país, que certifica os produtos exportados para a UE.

O sistema de alerta, conjugado às notificações ao país exportador, às respostas relacionadas oriundas da autoridade competente ou às missões a países exportadores, é instrumento importante para a prevenção de ocorrências fitossanitárias no âmbito da UE, que poderiam ser analisadas para adaptação à situação brasileira. Para o êxito do componente informação, é imprescindível contar com legislação de suporte, estruturas oficiais de acompanhamento e verificação de não conformidades, entidades credenciadas para a identificação das pragas interceptadas e as correspondentes metodologias de análise harmonizadas entre os diversos pontos de ingresso. No que se refere a não conformidades sanitárias em alimentos e rações, a UE conta com sistema ainda mais sofisticado, o Rapid Alert System for Food and Feed (RASFF), baseado no Regulamento 178/2002. O RASFF possui equipe especializada para acompanhamento das informações relacionadas aos riscos correspondentes a alimentos e rações tanto para os países-membros como para terceiros. A metodologia de coleta de informações é muito semelhante tanto para o caso fitosssanitário como para o sanitário, embora seja mais complexa no caso sanitário. Cabe salientar que a legislação fitossanitária da UE, bem como o controle oficial correspondente, deverá ser aperfeiçoada a partir de proposta da Comissão Europeia que foi encaminhada ao Parlamento Europeu e ao Conselho no dia 6 de maio de 2013, chamada de Smart Rules for Safer Food (<ec.europa.eu/dgs/health_consumer/pressroom/ animal-plant-health_en.htm>).

AVALIAÇÃO E GERENCIAMENTO DO RISCO – ESTRUTURAS INDEPENDENTES QUE SE COMUNICAM

As informações geradas e obtidas pela UE sobre não conformidades ou possíveis riscos fitossanitários para os países-membros podem ser encaminhadas para a European Food Safety Agency (EFSA) (<www.efsa.europa.eu>), que é o órgão independente, responsável pelas avaliações de risco no âmbito da UE. A EFSA realiza avaliações de risco tanto de caráter sanitário como fitossanitário, inclusive de organismos geneticamente modificados. Além de corpo técnico especializado, conta com grande número de colaboradores, que são escolhidos entre os países-membros a partir de editais públicos. Item fundamental para o trabalho da instituição é a independência e a transparência para a realização de suas avaliações, constantemente observadas pelos agentes econômicos e sociais, que de uma maneira ou de outra têm seus interesses afetados pelas avaliações realizadas. Outro item fundamental do sistema europeu é a separação entre a avaliação e o gerenciamento do risco. Dessa forma, são tomadas medidas com maior isenção e com a especialidade requerida para subsidiar a melhor tomada de decisão.

As avaliações de risco da EFSA em geral são publicadas na página da internet e são conhecidas como *EFSA opinion* a respeito de determinado assunto. Além de válidas para a UE, também constituem importante fonte de referência para outros países ou instituições, como organismos internacionais de referência do Acordo sobre a Aplicação de Medidas Sanitárias e Fitossanitárias da Organização Mundial do Comércio (OMC), como a Convenção Internacional para a Proteção dos Vegetais (CIPV), o *Codex Alimentarius* e a Organização Mundial de Saúde Animal (OIE). São poucos os países que contam com estrutura semelhante para avaliação de risco ou diferenciam, em processos administrativos específicos, a avalição do risco da tomada de decisão relacionada a medidas para minimizar o risco estimado. As estruturas de suporte científico de avaliação de risco estimulam também a atualização das correspondentes instâncias de ciência e tecnologia sobre temas de interesse sanitário ou fitossanitário, bem como de outras instituições de interesse público ou de comércio relacionadas ao tema. Esse fato torna a estrutura oficial de avaliação de risco ainda mais relevante para o país ou para o bloco econômico a que pertence. Uma rede de colaboração de cientistas e de instituições ligadas à ciência e à tecnologia está em geral associada ao sistema de avaliação de risco, que, por sua vez, atua em demandas atuais e importantes para a resolução dos problemas que afetam ou têm potencial para afetar a economia do país ou de um bloco comercial.

É fundamental que os responsáveis pela avaliação do risco e o seu gerenciamento tenham estreita comunicação, para que se compreenda a real dimensão do risco, as propostas de medidas para minimizá-lo e os impactos destas medidas junto aos agentes econômicos e à sociedade. A legitimação das medidas a tomar, principalmente as de grande impacto, deve ser realizada da melhor forma possível, de acordo com o procedimento de elaboração de normas vigentes e sempre levando em conta os parâmetros internacionais relacionados ao assunto.

O gerenciamento do risco em geral inicia-se após a conclusão da avaliação do risco fitossanitário ou sanitário. Em alguns casos, no entanto, devido ao risco envolvido, a autoridade responsável pela manutenção do *status* sanitário ou fitossanitário pode tomar medidas emergenciais, independente da avaliação de risco da EFSA, inclusive sob o amparo da legislação internacional, como prevê o Artigo 5.7 do Acordo sobre Aplicação de Medidas Sanitárias e Fitossanitárias da OMC. No entanto, as medidas emergenciais são temporárias, por sua própria natureza, e devem ser reavaliadas oportunamente, com o aporte de informações técnico-científicas. No caso da Comissão Europeia, o gerenciamento do risco sanitário ou fitossanitário é realizado por meio da Direção Geral de Saúde e do Consumidor (DG-Sanco). O órgão propõe medidas para minimizar o risco, a partir de sugestões ou alternativas propostas por grupos de especialistas em gestão do risco. As propostas, dependendo de cada caso, são submetidas a escrutínio e avaliação, no caso da UE, dos representantes dos estados-membros especializados no tema. O Comitê Permanente da Cadeia Alimentar e Saúde Animal ou o Comitê de Sanidade Vegetal, dentre outros grupos especializados de representantes dos estados-membros, têm sua agenda definida com um ano de antecedência, o que não é muito comum no Brasil. Durante as reuniões dos comitês, que costumam ocorrer em Bruxelas, com a presença da DG-Sanco, são avaliadas medidas para minimizar riscos fitossanitários ou sanitários no âmbito da UE. A validação da proposta de gerenciamento de risco ou alguma alteração de medida anterior é passo importante para a legitimidade da medida a ser tomada, que em princípio é decidida por consenso ou maioria. Dependendo do caso, ela pode ser tomada de imediato, após consulta aos países-membros, ou ser submetida a escrutínio do Parlamento Europeu ou do Conselho. O sistema legislativo europeu está fundamentado no Tratado de Lisboa (<europa.eu/lisbon_treaty/index_pt.htm>). Nesse sentido, as medidas de maior abrangência e impacto também são submetidas a escrutínio do ponto de vista político.

Por fim, é necessário ressaltar que toda medida fitossanitária deve ser submetida, previamente, exceto em casos emergenciais, a consulta pública, para poder receber sugestões, ser aperfeiçoada e garantir a legitimidade da sua ação. Os princípios da transparência previstos nos dispositivos internacionais são fundamentais para evitar questionamentos posteriores sobre o efeito da medida proposta em relação a parceiros comerciais, por exemplo, ou a agentes que sofrerão maior impacto. Estudos de impacto da legislação também são importantes ferramentas para a tomada de decisão, a validação e a legitimação de medidas fitossanitárias ou sanitárias de maior relevância.

Experiência da Austrália na prevenção de riscos sanitários e fitossanitários

A Austrália pode ser citada também como exemplo na área de prevenção de riscos em matéria sanitária e fitossanitária. De maneira geral, as políticas de biossegurança de manejo de risco objetivam a prevenção e o controle da entrada e do estabelecimento ou dispersão de pragas e doenças que podem causar algum dano. Sucessivos governos mantêm políticas que resultam em baixo risco biológico para o país. Algumas semelhanças com o Brasil fazem que a Austrália também seja importante modelo nas políticas de prevenção. Por exemplo, a importância estratégica do agronegócio nacional tanto internamente como no mundo, a dimensão continental (7,69 milhões de km^2), as condições de clima tropical e temperado, como também a diversidade de fauna e de flora.

Como parte da política pública de prevenção na Austrália, foram determinados os principais organismos que podem potencialmente afetar o *status* sanitário e fitossanitário do país e as principais origens de risco. A partir dessa avaliação, foram tomadas medidas em nível nacional, de forma coordenada, para prevenir a introdução desses organismos.

A Austrália tem sistema abrangente de quarentena pré e pós-entrada de produtos de risco no país. Como medidas de quarentena pré-entrada, podem ser citadas a avaliação de risco com base em parâmetros internacionais e a inspeção ao largo da costa (*off-shore*), além de ações junto a países vizinhos, para minizar riscos. Na fronteira, a Austrália inspeciona embarcações, pessoas e bens. Há também medidas em nível de pós-fronteira para ação imediata em casos emergenciais. O organismo central, o Departamento de Agricultura, Pesca e Florestas (DAPF) do governo federal, equivalente ao Ministério da Agricultura, Pecuária e Abastecimento (Mapa) no Brasil, é responsável pelo desenvolvimento da política de biossegurança e pelo estabelecimento de medidas fundamentadas em risco. Essa política inclui agências especializadas que tratam diferentes aspectos da prevenção. A Biosecurity Australia é responsável pela avaliação de risco e oferece sugestões e recomendações de políticas públicas relacionadas ao tema. AAustralian Quarantine and Inspection Service desenvolve procedimentos operacionais na fronteira e toma decisões sobre a permissão de importação e prestação de serviços quarentenários, entre outros aspectos. Assim, verifica-se também, no caso da Austrália, a separação em instâncias administrativas diferentes para as ações, de avaliação e manejo de risco, como ocorre também no âmbito da União Europeia.

Os movimentos de bens, no interior da Austrália, são responsabilidade das autoridades de nível estadual e dos territórios, que levam em consideração diferenças regionais do *status* de pragas e doenças. O sistema de quarentena australiano é sustentato por legislações federais, estaduais e dos territórios. A lei básica do DAPF é o Ato da Quarentena (1908), que estabelece a base legal para prevenção e controle da entrada de pessoas, embarcações, bens, animais e plantas no país, além do manejo dos riscos associados, e que se encontra em processo de revisão. O Ato de Controle de Alimentos Importados (1992), o Ato da Carne Australiana e da Indústria da Pecuária (1997) e o Ato de Controle das Exportações (1982) compõem os principais diplomas legais associados à prevenção e controle de ocorrências sanitárias e fitossanitárias na Austrália.

O DAPF, por meio da Biosecurity Australia, atua em parceria com os governos estaduais e dos territórios para editar medidas adaptadas às condições regionais. Outras agências, como o Departamento de Saúde e Envelhecimento e o Departamento de Sustentabilidade e Ambiente, Água, Poluição e Comunidades do governo australiano, também são consultadas quando há tema pertinente em suas alçadas.

Na elaboração de avaliação de risco, a Biosecurity Australia identifica a praga ou a doença de risco quanto à entrada, ao estabelecimento ou à dispersão e estima a extensão potencial do dano. Se o risco excede o nível apropriado de proteção, avaliam-se medidas para reduzi-lo a condição aceitável. Se nenhuma medida é considerada adequada para reduzir o risco, a autorização para eventual comércio ou entrada de um produto não é dada.

O sistema de biossegurança da Austrália tem sido submetido a muitas revisões, e o DAPF continua a trabalhar para que o sistema de biossegurança seja efetivo e sustentável no futuro. Recentes avaliações comprovaram que o sistema funciona bem, mas poderia ser aperfeiçoado (<www.daff.gov.au/aqis/about/reports-pubs/nairn>). Foi sugerida revisão da legislação, com os objetivos de apoiar áreas de grande importância do ponto de vista do manejo do risco, de distribuir responsabilidades entre governos, empresas privadas e a população, além de aumentar a transparência e pontualidade ao longo de todo o processo. Nova legislação está em fase de elaboração e deverá ser mais ampla e simples, provendo prerrogativas flexíveis para manejar de modo efetivo os riscos e promover a cooperação entre governos, setor privado, parceiros comerciais e a população.

Pontos em comum da revisão da legislação australiana e da europeia (Smart Rules for Safer Food) são: a simplificação de procedimentos para operadores comerciais, a fundamentação de medidas de avaliação de risco, o aumento de produtividade, o uso da inteligência e o aumento de parcerias.

AÇÕES PARA PREVENÇÃO DE PRAGAS E MANUTENÇÃO DO *STATUS* FITOSSANITÁRIO NO BRASIL

O Brasil tem como base legal para suas ações de prevenção de pragas o Decreto-lei 24.114 de 1934 (Silva & Nojosa, 2008). Apesar de antigo, o instrumento legal ainda se mostra muito útil para as ações empreendidas em nível governamental. No entanto, faz-se necessário atualizar a legislação para contemplar a complexidade da prevenção e do controle de pragas do mundo atual. A visão holística e integrada das várias atividades que têm dinâmica comum, relacionada à prevenção de riscos sanitários e fitossanitários, pode ser uma opção para otimizar recursos e a atuação de estruturas afins para a coleta e estuturação de informações, avaliação e gerenciamento do risco. Os princípios gerais de alterações da legislação sanitária e fitossanitária, como nos casos da União Europeia e da Austrália, são muito parecidos. O Brasil poderia analisar essas experiências, como apoio para as ações de revisão das legislações, que compõem a sanidade vegetal e a defesa agropecuária como um todo.

No entanto, mesmo antes da revisão da legislação de base, é possível otimizar mecanismos atuais de informação, avaliação de risco e aplicação de medidas para minimizar os riscos. Exemplos como o do Europhyt e do RASFF, já citados, são importantes para otimizar a certificação de produtos importados. Talvez apenas uma plataforma possa tratar as informações relacionadas às não conformidades sanitárias e fitossanitárias no Brasil, englobando as experiências do Europhyt e do RASFF, conforme modelo já desenvolvido no âmbito do Mapa e conhecido como Sisagro – Sistema Agropecuário. A criação de estrutura para avaliação de conformidades, do ponto de vista fitossanitário e sanitário, já se encontra em estudo, com vistas à implantação, no âmbito do órgão central de defesa agropecuária do país, ou seja, a Secretaria de Defesa Agropecuária. Esse fato se deve também à necessidade imposta pelo Sistema Unificado de Atenção à Sanidade Agropecuária (Suasa), Decreto 5.741 de 2006 (<www.planalto.gov.br/ ccivil_03/_Ato2004-2006/2006/Decreto/D5741.htm>), de realização de auditorias para verificação da conformidade e equivalência das inspeções oficiais dos estados e municípios com a inspeção federal, bem como de outros países que tenham a intenção de exportar para o Brasil novos produtos, ou produtos de novas origens.

A maior inter-relação de informações das áreas de defesa agropecuária e vigilância sanitária também poderia otimizar ações em prol da sanidade e garantir um fluxo de informações fundamental para a manutenção e a melhoria do *status* sanitário e fitossanitário nacional. Os temas fitossanitários e sanitários muitas vezes se relacionam. Podem-se citar, por exemplo, os limites máximos de resíduos de agrotóxicos em alimentos e rações, além dos contaminantes, como fungos produtores de micotoxinas que causam danos aos vegetais e, portanto, são pragas por definição. Os temas ambientais com frequência também estão relacionados aos temas fitossanitários. A inter-relação das agências reguladoras de processos conexos é essencial para o bom resultado das medidas fitossanitárias.

As bases das medidas sanitárias e fitossanitárias estão fundamentadas em um mesmo âmbito na Organização Mundial do Comércio, no Acordo sobre Aplicação de Medidas Sanitárias e Fitossanitárias (<www.itamaraty.gov.br/o-ministerio/conheca-o-ministerio/tecnologicos/cgc/solucao-de-controversias/mais-informacoes/texto-dos-acordos-da-omc-portugues/1.1.3-acordo-sobre-a-aplicacao-de-medidas-sanitarias-e-fitossanitarias-acordo-sps/view>). Para o êxito na aplicação das medidas fitossanitárias, é importante contar com instrumentos de tratamento da informação fitossanitária relevante e de estrutura para avaliação de conformidade. Para complementar a fase da informação, é necessário o suporte da avaliação de risco de modo independente e articulado à comunidade acadêmica. Em seguida, para complementar o tripé de suporte às ações de caráter fitossanitário, ou mesmo sanitário, é preciso estrutura para oferecer suporte à tomada de decisão sobre as medidas que visam minimizar o risco. Esses três pilares são fundamentais para as ações efetivas de prevenção de organismos que possam colocar em risco o patrimônio fitossanitário nacional.

Para que essas estruturas sejam estabelecidas, é necessária prioridade política às ações de prevenção, a qual existe quando a sociedade e a classe dirigente têm consciência da importância do agronegócio para a economia brasileira. Todos os atores que, de uma maneira ou de outra, conhecem a importância estratégica do agronegócio são importantes para a criação da massa crítica que levará à decisão política de criação das estruturas fundamentais para a efetiva prevenção de pragas e para a manutenção do maior patrimônio nacional, que é a sua vegetação nativa e comercial.

CONSIDERAÇÕES FINAIS

O agronegócio nacional, englobando toda a agricultura e atividades correlatas de processamento, transporte e comercialização, é o motor da economia nacional e tem garantido, nos últimos anos, o superávit da balança comercial do Brasil (<www.agricultura.gov.br/internacional/indicadores-e-estatisticas/balanca-comercial>). Desse modo, os temas fitossanitários são estratégicos para o desenvolvimento nacional e para a melhoria do padrão de vida da população. Em geral, no Brasil, não há especialização, de forma clara, das funções oficiais para a coleta e o tratamaneto de informações, a avaliação e o gerenciamento de risco. Nas condições atuais, uma mesma estrutura oficial poderá realizar as três principais atividades da análise de risco (coleta de informações, avaliação e gerenciamento, comunicação do risco).

Além do esforço de sensibilização política dos tomadores de decisão, é importante que o corpo técnico que suportará as ações citadas tenha claro o objetivo de uma reforma que atue na direção da prevenção e minimização de riscos potenciais à agricultura e à flora nacionais. Deve ser ressaltado que a Convenção Internacional de Proteção dos Vegetais (CIPV), na sua última versão, trata da proteção das plantas cultivadas e das nativas do ponto de vista fitossanitário (<www.planalto.gov.br/ccivil_03/_Ato2007-2010/2008/Decreto/D6665.htm>).

O Decreto 24.114/34, que fundamenta o controle fitossanitário no Brasil, apesar de ser muito útil, necessita ser alterado para garantir maior eficiência e eficácia ao sistema de prevenção de pragas à agricultura nacional. A inter-relação dos agentes públicos e privados que podem atuar em prol da prevenção é essencial para garantir o fluxo de dados entre as atividades de tratamento da informação, verificação da conformidade, avaliação e gerenciamento do risco. O tamanho e a importância do agronegócio nacional não comportam mais ações de prevenção e controle de pragas com fundamento em legislação do início do século passado.

Além da revisão e atualização da legislação fitossanitária e de defesa agropecuária, é importante avançar, mesmo no sistema atual, enquanto a legislação permanece a mesma, na busca da integração e harmonização de procedimentos administativos que possam garantir a especialização das áreas de coleta de informação, avaliação e gerenciamento do risco. A especialização de estruturas administrativas integradas, com o suporte de redes de especialistas, pode ser feita mesmo antes da aprovação da possível nova legislação fitossanitária brasileira. O esforço, do ponto de vista gerencial, para integrar e coordenar ações para melhor eficiência e eficácia dos processos existentes pode ser empreendido de maneira célere e, assim, garantir a manutenção e a melhoria do *status* fitossanitário nacional.

Finalmente, deve ser ressaltado que as ações de prevenção precisam contar com financiamento adequado. É comum, em outros países, que grande parte desse financimento venha de cobrança de taxas dos agentes econômicos beneficiados com as ações oficiais de inspeção – por exemplo, os exportadores que se beneficiam da emissão de certificados fitossanitários. O Brasil é um dos poucos países em que o financiamento das ações de prevenção e controle está quase totalmente fundamentado em recursos do orçamento oficial, que às vezes não estão disponíveis no momento e na quantidade necessária para a ação efetiva do serviço de proteção fitossanitária. Esse financiamento deve ser entendido como provedor de maior agilidade para os serviços oficiais de interesse da população e de setores comerciais, como também para a garantia efetiva das ações de prevenção.

AGRADECIMENTOS

Aos colegas da Missão da Austrália em Bruxelas, Carolyn Irving e Russel Phillips, e à estagiária Clarissa Gotelipe Campos, que auxiliaram na elaboração deste capítulo.

REFERÊNCIAS BIBLIOGRÁFICAS

MIRANDA, S. H. G. et al. *Uma aplicação da análise benefício–custo para políticas de defesa sanitária:* alguns estudos de caso para o Brasil. Relatório de pesquisa – Projeto CNPq nº 505.157/2007-1 – "Inovação tecnológica para defesa agropecuária", coordenado por Evaldo Vilella, ago. 2010. 110p.

SILVA, O. L. R. & NOJOSA, G. B. A. Defesa da produção vegetal: do risco zero à análise de risco de pragas. In: ALBUQUERQUE, A. C. S. & SILVA, A. G. da (eds.). *Agricultura tropical*: quatro décadas de inovações tecnológicas, institucionais e políticas. Brasília: Embrapa Informação Tecnológica, 2008. v. 1, p. 1.187-216.

5

Potenciais impactos socioeconômicos da expansão da mosca-da-carambola

S. H. G. Miranda, A. M. Nascimento, V. P. Ximenes

INTRODUÇÃO

Neste capítulo será apresentada uma abordagem metodológica para a avaliação dos impactos socioeconômicos e ambientais da entrada de pragas e/ou da sua disseminação no território nacional. Trata-se da técnica de análise custo–benefício ou benefício–custo (ABC), como denominada por alguns autores (Miranda, Bartolomeu & Lima, 2009; Miranda et al., 2010), muito frequente na área de análise de projetos.

A avaliação de impactos tem papel importante não só para evidenciar os efeitos nem sempre plenamente conhecidos de pragas exóticas introduzidas no Brasil, mas também para a alocação de recursos para a sua prevenção e o seu controle. Ainda, esse tipo de análise tem interface com a política comercial, já que a análise de risco de praga, prevista na ISPM 11 (FAO, 2006) pela International Plant Protection Convention (IPPC), tem como requisito adicional a avaliação epidemiológica, além de uma averiguação de impactos econômicos, sociais e ambientais potenciais. A ideia é que políticas fitossanitárias adotadas pelos países tenham respaldo em argumentos técnicos, mas também considerem os econômicos e socioambientais.

As dificuldades de mensuração desses impactos serão ressaltadas neste capítulo. Nele também serão apresentados os resultados de um estudo de caso envolvendo

Bactrocera carambolae, desenvolvido no âmbito do projeto Inovação Tecnológica para a Defesa Agropecuária (InovaDefesa), coordenado pela Universidade Federal de Viçosa, com recursos do Fundo Setorial do Agronegócio CTAgro/MCTI e CNPq e apresentado no relatório da pesquisa, juntamente com um estudo para a gripe aviária e o Huanglongbing (Miranda et al., 2010).

A entrada e a disseminação de pragas exógenas na agricultura e seus impactos constituem um problema antigo. Com a intensificação dos fluxos comerciais e dos meios de transporte, cada vez mais eficientes, organismos com potencial de causar prejuízos relevantes à agropecuária movimentam-se com rapidez entre os diferentes países. Pesquisas realizadas nos Estados Unidos, no Reino Unido, na Austrália, na África do Sul, na Índia e no Brasil revelam que os danos econômicos anuais das pragas introduzidas nas culturas, pastagens e áreas florestais superam os US$ 336 bilhões (Pimentel et al., 2001).

Somente no Brasil, nos últimos anos, podem-se citar algumas novas pragas que estão causando ou têm potencial para causar prejuízos de grande monta aos setores que atingem. São elas: Huanglongbing ou Greening, que atinge a citricultura; o ácaro-vermelho-das-palmeiras, *Raoiella indica*, que atinge várias arecáceas; e a lagarta *Helicoverpa armigera*, recentemente detectada no Brasil, que vem atacando e causando grandes prejuízos nas culturas de soja, milho e algodão.

Os principais impactos diretos decorrentes de pragas exóticas registrados na literatura são a queda na produtividade, o aumento dos custos de manejo para seu controle e o comprometimento da sustentabilidade das culturas nas regiões afetadas. Além disso, impactos indiretos são observados, como a concentração na atividade agrícola, decorrente do aumento dos custos da cultura, que com frequência afeta mais os pequenos produtores do que os grandes, dificultando sua permanência no negócio e provocando a redução de agentes nesse segmento. Em termos ambientais, há aumento da degradação, em virtude do maior uso de agrotóxicos e do risco de interação com outras espécies vegetais ou animais (Miranda & Ximenes, 2009).

A entrada de novas pragas pode ainda provocar impactos diretos e indiretos para o governo, no que se refere à receita tributária nos setores e regiões afetados significativamente pelas pragas e à alocação de gastos em defesa agropecuária. Além do mais, a maior frequência de eventos fitossanitários e sanitários implica aumento na demanda por serviços do setor público relacionados ao controle e à elaboração de programas para erradicação de doenças e pragas introduzidas, o que, em consequência, faz aumentar o ônus para os governos (Miranda & Ximenes, 2009). Na Figura 1 é apresentada a dotação orçamentária do Ministério da Agricultura, Pecuária e Abastecimento (Mapa) para a defesa agropecuária em período recente, bem como os recursos efetivamente executados.

Ainda em relação às despesas do governo federal, verifica-se que a parcela destinada aos gastos sanitários autorizados e aos gastos sanitários executados, no

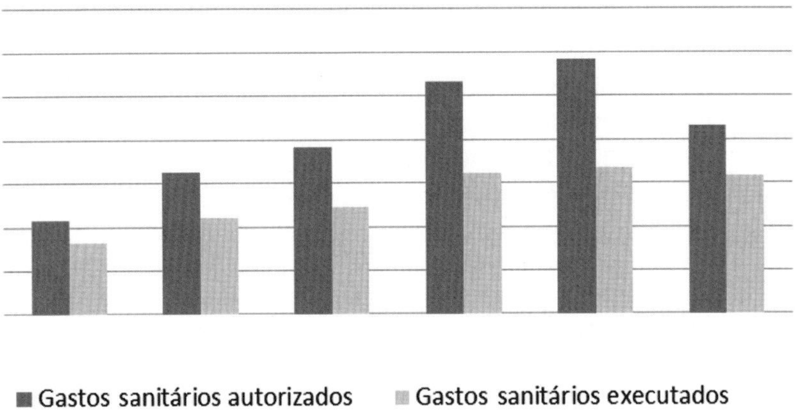

Fonte: Baseado em dados de Tesouro Nacional. Disponível em: <consulta.tesouro.fazenda.gov.br/cofin/dotacao_vs_desp_param.asp>. Acesso em ago. 2010.

Figura 1. Gastos autorizados e executados para a defesa agropecuária de 2004 a 2009, em R$ milhares - Brasil.

total da alocação do orçamento do Mapa, cresceu entre 2004 e 2007, passando de 2,8% e 3,9%, respectivamente, no início do período, para 4,4% e 4,6%. Entre 2004 e 2008, o montante de recursos autorizado, em valor absoluto e corrente, aumentou em quase 82%, embora em percentual tenha registrado queda. Contudo, em 2009, os gastos autorizados caíram para 2,6% do total do Mapa e os executados, para 2,4%.

É difícil estimar as perdas provocadas por pragas nas culturas agrícolas e na pecuária, principalmente aquelas decorrentes da entrada de espécies exóticas. Os impactos diretos, relacionados aos prejuízos provocados na produção, quantitativos e qualitativos, dependem da espécie, do número de indivíduos, dos hospedeiros envolvidos, do estágio de desenvolvimento e da duração do ataque, tanto regulados pelo clima como pelo manejo da cultura, época do ano etc. (Bento, 2000).

Além de a avaliação econômica e socioambiental contribuir para o planejamento da defesa agropecuária, inclusive na priorização de políticas e programas, também é importante para subsidiar o planejamento estratégico e as ações dos setores privados potencialmente afetados pelas pragas. Como exemplo, pode-se citar a importância dessa previsão de impactos para o investimento de segmentos como o de agrotóxicos e o de pesquisa agropecuária na área de genética e de controle biológico.

Nesse contexto, a ABC pode não só ser aplicada a casos de pragas já presentes no território nacional (denominada análise *ex post*), mas sobretudo a pragas em vias de introdução ou com alto risco de introdução, em uma abordagem de análise *ex ante*. Essa aplicação é ilustrada na análise de Miranda et al. (2010) de cenários de uma potencial futura entrada da gripe aviária.

O objetivo principal deste capítulo é evidenciar a relevância das análises dos impactos econômicos e sociais das pragas exóticas existentes no Brasil ou em vias de introdução. Para tanto, será mostrada a aplicação, ainda que simplificada, da análise benefício–custo (ABC) ao Programa Nacional de Erradicação da Mosca--da-carambola, identificando e mensurando seus benefícios diretos e indiretos frente aos gastos do Ministério da Agricultura, Pecuária e Abastecimento (Mapa) com tal programa.

AVALIAÇÃO ECONÔMICA DE IMPACTOS DE PRAGAS INTRODUZIDAS

Na década de 1970, a FAO estimou uma perda na produção mundial próxima de 14%, devido ao ataque de insetos na agricultura. Nos Estados Unidos, em 1988, tal perda estava próxima de 10% ao ano, variando de 2 a 20%, dependendo da cultura (exceto para grãos armazenados), segundo o United States Department of Agriculture (USDA) (Bento, 2000).

No Brasil também há vários exemplos de doenças que provocaram prejuízos econômicos significativos em termos de perda de produção. É o caso da ferrugem asiática, que atingiu a soja brasileira na safra de 2001-2002, no Paraná. O prejuízo devido à sua introdução nessa safra foi estimado em US$ 177 milhões. Na safra de 2007-2008, essas perdas alcançaram cerca de US$ 2,38 bilhões, dos quais apenas US$ 1,97 bilhão foram gastos com controle, com perda em produtividade estimada em 418,5 mil toneladas (Consórcio Antiferrugem, 2008).

Em estimativa de prejuízos baseada na perda média em cada cultura, por ano, a partir de registros e observações de campo realizadas por entomologistas em diversas regiões do Brasil e em bancos de dados da Embrapa e da Esalq, a perda de produção no Brasil por causa do ataque de insetos foi estimada em 7,1%, em média, variando de 2 a 30%, dependendo da cultura (Bento, 2000). Esses dados apontam um prejuízo financeiro para a renda agrícola em torno de US$ 2,2 bilhões ao ano. Dentre as culturas avaliadas, a produção da seringueira foi a mais afetada (30%), seguida do caju (15%), do café (12%) e do coco-da-baía (12%). Quanto às perdas financeiras, a cana-de-açúcar liderou o *ranking*, com prejuízos anuais estimados em US$ 467 milhões e perda de 10% da produção; em segundo lugar, veio o café, com US$ 310 milhões, seguido da soja (US$ 281 milhões), com perdas de 5% da produção; já para o milho, a perda na safra chegou a 7% e os prejuízos financeiros, a US$ 275 milhões (Bento, 2000).

Em estudo mais recente, também baseado no percentual de perdas causadas por pragas nas principais culturas, estimou-se que os insetos considerados pragas causam perdas anuais de US$ 12 bilhões para a economia brasileira, dos quais US$ 1,6 bilhão são decorrentes de pragas exóticas (Oliveira et al., 2012). Os mesmos autores registraram que, desde o final do século XIX, 24 espécies de pragas foram introduzidas no Brasil e causaram prejuízos econômicos significativos.

A análise benefício–custo (ABC) é indicada especialmente para os casos em que as dimensões de custo e de benefício de determinada ação ou projeto não estão claramente definidas. A técnica é usada sobretudo com a finalidade de observar os fluxos financeiros dessa ação ou projeto e avaliar seus impactos econômicos. A sua utilização para apoio na formulação de políticas públicas tem se tornado comum, já que identifica, quantifica e compara os gastos e os benefícios das diversas alternativas de políticas, permitindo subsidiar a tomada de decisão. Nesse contexto, é o método empregado com mais frequência por países-membros da Organização para Cooperação e Desenvolvimento Econômico (OCDE) no âmbito da análise de impacto regulatório (AIR; em inglês, Regulatory Impact Analysis – RIA) (Miranda, Bartholomeu & Lima, 2009).

Entre os exemplos de aplicação da ferramenta em questões fitossanitárias e sanitárias, Macleod (2007) cita Rautapaa (1984), que examinou os benefícios e custos de manter a Finlândia livre da mosca-minadora (*Liriomyza trifolii*), que ataca folhas de crisântemo, e Pemberton (1988), que estudou os benefícios e custos envolvidos na erradicação da doença causada pela bactéria *Clavibacter michiganensis* ssp. *sependonicus*, causadora da mancha-anelar-da-batata. Há registros, ainda, de que, aliada a instrumentos econométricos, a ABC tenha sido aplicada nos Estados Unidos para subsidiar as decisões do USDA em casos que envolvam o comércio internacional de produtos agropecuários, como o da maçã com o Japão (Calvin & Krissoff, 1998).

A abordagem adotada no estudo de caso apresentado neste capítulo baseia-se, em termos gerais, na aplicação da ABC por Vo e Miller (1995), que analisaram o risco da dispersão da mosca-da-carambola no hemisfério americano, inclusive no Brasil. A economia líquida que a erradicação da mosca traria para a América do Sul, ao longo de um período de projeção de doze anos, medida em valor presente de 1995, foi estimada entre US$ 709 e US$ 938 milhões. O estudo compara opções de controle e erradicação para a mosca-da-carambola nos países da América do Sul e do Caribe e menciona que a erradicação também traria benefícios no longo prazo, os quais, contudo, não foram quantificados (Vo & Miller, 1995).

ANÁLISE BENEFÍCIO-CUSTO COMO INSTRUMENTO DE ANÁLISE DE IMPACTO DE POLÍTICAS SANITÁRIAS

A aplicação da técnica de análise benefício–custo para o caso de políticas de defesa agropecuária implica a identificação dos benefícios e custos tangíveis e, sempre que possível, os intangíveis, diretos e indiretos, envolvidos na ação analisada. Na prática, criam-se cenários relativos à extensão geográfica de disseminação da praga, às culturas atingidas, às variáveis afetadas no âmbito interno e/ou externo para cada cenário traçado e às políticas e ações adotadas. Na sequência, calcula-se o valor presente dos benefícios e dos custos projetados para o período de tempo analisado (horizonte temporal).

As perdas evitadas, monetizadas ou valoradas, bem como os gastos com os programas do governo, são transformados em valor presente, utilizando-se a seguinte expressão:

$$VP = \sum_{j=0}^{n} \frac{V_j}{(1+i)^j} \qquad (1)$$

VP é o valor presente do montante V, que pode representar as perdas evitadas ou benefícios (R_j) da política ou ação, ou representar os custos (C_j); i é a taxa de desconto e j é o horizonte temporal de projeção dos fluxos, neste caso, medido em anos e definido para $j = 0, 1, 2 \ldots n$. Foram adotadas duas alternativas de desconto no estudo aqui apresentado. A primeira, a Selic, buscou representar um nível mais próximo da taxa de juros de mercado. A segunda, a taxa de juros de longo prazo (TJLP), é uma taxa de desconto cujo aspecto social pode ser mais bem evidenciado, tendo em vista que é a referência para os financiamentos de investimentos de longo prazo do BNDES. Ambas foram usadas em níveis de dezembro de 2008.

Os benefícios do programa para a erradicação da mosca são estimados pela valoração das perdas evitadas, como consequência da adoção de políticas para a sua prevenção, o seu controle e a sua erradicação. Os custos, por sua vez, compreendem as despesas com o Programa Nacional de Erradicação da Mosca-da--carambola, conduzido pelo Ministério da Agricultura e Pecuária (Mapa). Ou seja, basicamente, foram computados apenas os gastos do governo federal, por meio de dotação específica para o programa. Esses recursos são repassados por intermédio de convênios, a serem executados pelos serviços sanitários dos estados. Gastos orçamentários dos próprios estados e mesmo de entidades e instituições privadas poderiam ser acrescidos, se disponíveis.

Os dados de custos do programa e dos seus benefícios (perdas evitadas) foram projetados ao longo do horizonte de análise e os montantes foram trazidos a valores presentes. A partir da soma dos valores presentes dos benefícios e custos e dos resultados líquidos, torna-se possível compará-los e obter a relação benefício–custo. Para calcular essa relação, utiliza-se a seguinte equação:

$$B/C = \sum_{j=0}^{n} R_j/(1+i)^j \Big/ \sum_{j=0}^{n} C_j/(1+i)^j \qquad (2)$$

em que:

R_j = benefícios (receitas) da adoção de programas de defesa agropecuária no ano j

C_j = custo de programas de defesa no ano j

i = taxa de desconto (Selic ou TJLP)

n = vida útil do programa ou da ação adotada, de dez anos

Quando a relação B/C é maior do que 1, os benefícios excedem os custos e a política ou ação analisada pode ser recomendada. Essa relação pode ser interpretada também como uma indicação do retorno do investimento. Ou seja, demonstra o retorno (benefício ou perda evitada) para cada unidade monetária investida ou gasta (custo) na ação ou no programa de defesa.

Ressalte-se que, em relação à quantificação de benefícios e custos intangíveis, a ABC apresenta limitações significativas (Miranda, Bartholomeu & Lima, 2009). Na maioria dos casos de análise de políticas, os benefícios são subestimados. Em geral, os custos são mais facilmente identificados e valorados, enquanto os benefícios, sobretudo de ações com significativo componente social, são difusos e de valoração mais complexa. Algumas das dificuldades consistem em: quantificar impactos sobre uma piora na qualidade de vida, em função do aumento do uso de agrotóxicos; avaliar o efeito sobre a perda da qualidade do solo e a contaminação de mananciais associada ao uso inadequado de agrotóxicos; medir os impactos de redução no emprego agrícola e possíveis fluxos de migração para a cidade ou para outras regiões, entre outras.

Assim, é possível incorporar diversos outros efeitos diretos e indiretos usando essa abordagem, tais como aqueles sobre os custos de adoção de novas tecnologias, o aumento no uso de agrotóxicos, a perda na qualidade das frutas, os preços domésticos e internacionais, a saúde dos trabalhadores rurais, a qualidade da água do lençol freático, a contaminação do solo, as receitas tributárias do governo, a imagem do país junto a mercados importadores, despesas do governo para contratar e capacitar agentes de fiscalização fitossanitária e com amostragem e testes laboratoriais, entre outros. A limitação para sua inclusão na análise benefício–custo é, com frequência, a disponibilidade e o acesso a dados e as dificuldades metodológicas, como comentado no parágrafo anterior.

Diante da inexistência de dados essenciais para estimar os impactos da praga ou do não acesso a eles, é possível realizar um levantamento por meio de questionários, painéis ou entrevistas em profundidade (Malhotra, 2006). No caso da mosca-da-carambola, devido à carência de informações específicas sobre o padrão de disseminação em condições brasileiras, foram feitas consultas a especialistas em moscas-das-frutas para complementar dados da experiência de outros países com essa praga.

Tendo em vista a complexidade do tema e o fato de que o objetivo é ter uma primeira aproximação dos custos e benefícios econômicos e de alguns benefícios sociais de maior relevância, é necessário realizar algumas pressuposições simplificadoras para proceder à análise benefício–custo das políticas de defesa agropecuária. Embora muitas dessas simplificações sejam fortes, elas viabilizam a análise quantitativa e determinística proposta e podem ser, pouco a pouco, flexibilizadas, permitindo estudos mais detalhados e mais condizentes com a realidade. Além do mais, é preciso delimitar o estudo apenas à quantificação dos impactos mais relevantes e sobre os segmentos produtivos mais afetados, a fim de viabilizar empiricamente esse tipo de análise.

Como primeiro passo para avaliar as perdas evitadas, é preciso dispor de um modelo epidemiológico para a praga estudada, ou seja, informações sobre o grau de incidência e severidade da praga em diferentes condições e os fatores que determinam variações nesse grau, sobre o padrão de disseminação dela, sobre formas de dispersão, velocidade, período relevante e outras.

EXEMPLO DA ABC APLICADA AO PROGRAMA NACIONAL DE ERRADICAÇÃO DA MOSCA-DA-CARAMBOLA

O caso da mosca-da-carambola (*Bactrocera carambolae*) é bastante apropriado a esse tipo de análise, tendo em vista a magnitude dos prejuízos econômicos previstos, principalmente comerciais, se ela se expandir pelo território brasileiro a partir do Amapá, onde está presente desde 1996. Este tipo de análise configura uma abordagem *ex ante,* já que trata de cenários hipotéticos de uma futura dispersão da praga e de seus impactos, permitindo discutir a adoção de medidas preventivas.

A praga possui vários hospedeiros e causa perdas na produção e na qualidade das frutas. Adicionalmente, o potencial de disseminação em áreas exportadoras de frutas do Nordeste agrava as perdas, devido a implicações para o comércio internacional brasileiro, comprometendo a geração de renda e emprego nessas áreas.

Para analisar os benefícios do programa da mosca-da-carambola, foram definidos dois cenários alternativos. O cenário A considera a inexistência do programa e, portanto, é o cenário base para a identificação das perdas máximas. O cenário alternativo B, ao contrário, considera a existência e a manutenção do programa e dos convênios com os estados para erradicar a doença no Amapá, controlá-la junto aos países fronteiriços e evitar que se alastre para outros estados do Brasil. Os benefícios do programa são calculados pela diferença entre as perdas no cenário A e no cenário B, ou seja, as perdas evitadas com a manutenção do programa.

No estudo, as perdas econômicas na produção do Amapá são consideradas desprezíveis; os impactos diretos na produção e na exportação são computados apenas para a manga, a goiaba e a laranja (hospedeiras primárias exploradas comercialmente no Brasil); e não são computadas perdas de qualidade e consequente depreciação de seus preços no mercado. Adicionalmente, os preços domésticos de comercialização das frutas e os custos de produção, em valores reais, são pressupostos constantes ao longo dos dez anos considerados para a projeção de impactos.

Atualmente, *B. carambolae* está circunscrita à região de Macapá e sua mais provável rota de disseminação é a partir de Belém (Aldo Malavasi, informação pessoal, abril de 2010). Dessa cidade, há duas rotas principais de dispersão: para o Nordeste, por meio do intenso tráfego pelo Maranhão, Piauí, Ceará, Bahia e Pernambuco; e a rota que segue diretamente para o Sul, pelos caminhões que transportam produtos primários do Norte para essa região do país. Na Tabela 1 é apresentado o cronograma proposto para a disseminação da praga, na ausência de medidas de controle e erradicação, empregado para projetar perdas futuras.

Tabela 1. Padrão temporal de disseminação da mosca-da-carambola no território brasileiro, no cenário de ausência de ações de defesa agropecuária.

UF/Ano	1	2	3	4	5	6	7	8	9	10
Norte										
Amapá	x	x	x	x	x	x	x	x	x	x
Pará		x	x	x	x	x	x	x	x	x
Amazonas			x	x	x	x	x	x	x	x
Outros				x	x	x	x	x	x	x
Centro-Oeste				x	x	x	x	x	x	x
Nordeste										
Maranhão/ Piauí				x	x	x	x	x	x	x
Ceará				x	x	x	x	x	x	x
Bahia/ Pernambuco				x	x	x	x	x	x	x
Outros				x	x	x	x	x	x	x
Sudeste				x	x	x	x	x	x	x
Sul					x	x	x	x	x	x

Fontes: Vo & Miller (1995), Aldo Malavasi (informação pessoal).

Por meio de consulta a especialistas sobre as rotas de maior circulação de pessoas e produtos da Região Norte para o resto do Brasil e considerando a situação climática nas regiões (o clima mais seco seria desfavorável para *B. carambolae*) e a presença das plantas hospedeiras preferenciais, foram arbitradas as defasagens de tempo para a introdução da praga em outros estados e regiões do país. Dois anos foi o tempo de disseminação do Norte para o restante do Brasil adotado por Vo e Miller (1995).

O impacto direto da praga ocorre pela perda da produtividade das frutíferas. No Brasil, ainda não há um modelo epidemiológico para *B. carambolae* que permita estimar as perdas para as condições específicas de cada região do país. Assim, adotaram-se perdas de 25%, 10% e 5%, respectivamente, para a manga, a goiaba e a laranja, na ausência de outros tratamentos fitossanitários para controle de moscas; e 5%, 2% e 1%, respectivamente, quando há sinergia com os tratamentos para outras moscas-das-frutas (gêneros *Ceratitis* e *Anastrepha*) presentes no país. Esses percentuais basearam-se no trabalho de Vo e Miller (1995) e em Aldo Malavasi (informação pessoal), dada a experiência de infestações no Suriname e nas regiões do Oiapoque e de Macapá.

Na Tabela 2, apresenta-se a produção de manga no período base, seus preços e as perdas diretas de 25% na produção no primeiro ano de disseminação da mosca-da-carambola. Dados semelhantes foram obtidos ao se considerar um percentual de apenas 5% de perdas e pressupor que há sinergia com o controle de outras moscas.

Tabela 2. Perdas diretas na produção brasileira de manga devido à disseminação da mosca-da--carambola. Valores monetários médios para o período de 2006-2008.

Regiões	Produção (t) 2006 a 2008	Precos (R$/t)	Perdas 25% produção (t)[1]	Valor Perda (R$)	Perda 5% da produção (t)[2]	Valor perda (R$)	A partir do ano
Norte							
Amazonas	934,67	529,17	234	123.649	46,73	24.730	3
Outros	5.864,67	529,17	1.466	775.852	293,23	155.170	4
Centro-Oeste	5.992,33	529,17	1.498	792.740	299,62	158.548	4
Nordeste	912.688,67						
Ceará	42.538,33	529,17	10.635	5.627.502	2.126,92	1.125.500	4
Rio Grande do Norte	36.438,67	716,67	9.110	6.528.625	1.821,93	1.305.725	4
Paraíba	22.514,00	529,17	5.629	2.978.433	1.125,70	595.687	4
Pernambuco	183.445,33	716,67	45.861	32.867.441	9.172,27	6.573.488	4
Bahia	577.503,67	658,57	144.376	95.081.648	28.875,18	19.016.330	4
Outros estados	50.248,67	529,17	12.562	6.647.522	2.512,43	1.329.504	4
Sudeste	278.850,00						
São Paulo	186.011,67	340,00	46.503	15.810.992	9.300,58	3.162.198	4
Outros estados	92.838,33	340,00	23.210	7.891.258	4.641,92	1.578.252	4
Sul	11.733,67	340,00	2.933	997.362	586.68	199.472	5
Brasil	1.216.064,00		304.016,00	176.123.026	60.803,20	35.224.605	

Fonte: IBGE (2010) e médias de preços calculadas com base em dados do Projeto Hortifruti – Cepea/Esalq (Cepea, 2009).

1 As perdas são estimadas multiplicando-se 25% da produção do estado pelo seu preço médio no período de 2006-2008.

2 O mesmo cálculo é feito considerando-se perdas médias de 5% na produção em campo, que foram reduzidas em função de tratamentos fitossanitários para controle de outras moscas-das-frutas.

No primeiro caso, o prejuízo total é de R$ 176,1 milhões a valores médios para o triênio analisado. Ao se considerar a sinergia com controle para outras moscas (5% de perdas na produção de manga, apenas), o valor do prejuízo cairia para R$ 35,2 milhões. As perdas calculadas para o caso da goiaba, considerando 10% de choque sobre a produção (caso sem controle para outras moscas-das-frutas) e de 2% (caso com controle fitossanitário), totalizam prejuízos da ordem de R$ 10,6 milhões e R$ 2,1 milhões, respectivamente. No caso da laranja, considerando perdas de 5% (sem controle) e 1% (com controle) na produtividade, estimam-se perdas de R$ 298,8 milhões e R$ 59,8 milhões, significativas, tendo em vista a relevância dessas frutas, se a praga atingir a Região Sudeste, principal produtora.

Na Tabela 3 é apresentado o exemplo da evolução dessas perdas para o caso da manga, ao longo de dez anos de projeção, prazo pressuposto como suficiente para a disseminação e a naturalização da praga e para a retomada das exportações para os Estados Unidos e o Japão, considerado o percentual de 25% de perdas.

Tabela 3. Perdas estimadas na produção (25%), em R$, considerando que não há tratamento fitossanitário para controle de outras moscas-das--frutas na cultura da manga, horizonte de dez anos de disseminação e naturalização da doença no Brasil.

Regiões	**Ano 3**	**Ano 4**	**Ano 5**	**Ano 6**	**Ano 7**	**Ano 8**	**Ano 9**	**Ano 10**
Norte								
Amazonas	123.649	123.649	123.649	123.649	123.649	123.649	123.649	123.649
Outros estados		775.851	775.851	775.851	775.851	775.851	775.851	775.851
Centro-Oeste		792.741	792.741	792.741	792.741	792.741	792.741	792.741
Nordeste								
Ceará		5.627.502	5.627.502	5.627.502	5.627.502	5.627.502	5.627.502	5.627.502
Rio Grande do Norte		6.528.625	6.528.625	6.528.625	6.528.625	6.528.625	6.528.625	6.528.625
Paraíba		2.978.433	2.978.433	2.978.433	2.978.433	2.978.433	2.978.433	2.978.433
Pernambuco		32.867.442	32.867.442	32.867.442	32.867.442	32.867.442	32.867.442	32.867.442
Bahia		95.081.647	95.081.647	95.081.647	95.081.647	95.081.647	95.081.647	95.081.647
Outros estados		6.647.522	6.647.522	6.647.522	6.647.522	6.647.522	6.647.522	6.647.522
Sudeste								
São Paulo		15.810.992	15.810.992	15.810.992	15.810.992	15.810.992	15.810.992	15.810.992
Outros estados		7.891.258	7.891.258	7.891.258	7.891.258	7.891.258	7.891.258	7.891.258
Sul			997.362	997.362	997.362	997.362	997.362	997.362
Brasil	123.649	175.125.663	176.123.025	176.123.025	176.123.025	176.123.025	176.123.025	176.123.025

Quanto às exportações, o *status* dos países de destino das frutas vendidas pelo Brasil, com relação à mosca-da-carambola, é essencial para compreender sua reação diante de uma possível dispersão da praga. No caso da manga, considera-se que apenas o Canadá e os países classificados como não quarentenários para a mosca-da-carambola (IPPC, 2010) não impõem medidas restritivas às frutas brasileiras, diante da crise fitossanitária, nas regiões produtivas exportadoras. Contudo, esses países somam apenas 4,33% dos destinos das exportações (em receita) na média do triênio de referência (2006 a 2008). A União Europeia detém praticamente 75% de todas as exportações brasileiras da fruta nesse triênio, seguida pelos Estados Unidos, com 19%, e pelo Canadá, com 3,6%.

Na média do período de 2006 a 2008, 96,6% das exportações brasileiras de manga saíram da Região Nordeste e apenas 2,3% de São Paulo. Considerando que 95,6% das exportações brasileiras são destinadas a países quarentenários, em receita cambial, considera-se que logo no terceiro ano, quando a mosca atinge o Nordeste, as exportações da região são interrompidas na proporção de 92,4%. Supõe-se que no ano seguinte, com o processo de equivalência e reconhecimento pela União Europeia, essas exportações serão retomadas. Isso também aconteceria com os países importadores do Mercosul e outros quarentenários. Já para os Estados Unidos e o Japão, um prazo mais longo é adotado para que retomem a importação das frutas nacionais. Para ambos, países quarentenários para a *Bactrocera*, assume-se que demoraria três ou quatro anos para o reconhecimento da equivalência do processo brasileiro de desinfecção e retomada do comércio. As perdas com o mercado internacional constam na Tabela 4.

Os custos de produção em áreas infestadas, segundo especialistas, são da ordem de R$ 38,00/hectare/mês. Com esses dados, é possível estimar que, na hipótese de ausência de ações de política de defesa sanitária, além da perda direta na produção de frutas, os produtores arcam com custos adicionais para o controle fitossanitário. Esse custo certamente atenuaria a projeção de impactos ao longo do tempo, mas, como não se dispõe de dados epidemiológicos para fundamentar um cenário mais realista, não foi adotado neste estudo de caso. Além do impacto financeiro desse aumento no uso de inseticidas, esperam-se também impactos sociais e ambientais.

Com vistas a se aproximar da mensuração de um impacto social decorrente da praga, foi estimado um choque sobre o mercado de empregos nas regiões afetadas pela dispersão da mosca-da-carambola. As perdas projetadas de postos de emprego tomaram como base o choque sobre a exportação, tanto em termos de grau de intensidade quanto de duração. Os Estados Unidos representam quase 20% das exportações de frutas do Brasil, principalmente oriundas do Nordeste. Como a mão-de-obra alocada na atividade para exportação ganhou certa especificidade nos últimos anos, presume-se que a perda em empregos ocorre também na proporção de 20% nos estados exportadores de manga, Bahia e Pernambuco, durante quatro anos.

Tabela 4. Perdas na exportação de mangas pela disseminação da mosca-da-carambola no Brasil. Ano base = média 2006-2008.

Lugares de destino	Exportações médias (R$) 2006-2008	Perdas na exportação Ano 4	Perdas Ano 5	Perdas Ano 6	Perdas Ano 7	Perdas Ano 8
União Europeia	148.318.679,36	148.318.679,36				–
Estados Unidos	37.428.039,29	37.428.039,29	37.428.039,29	37.428.039,29	37.428.039,29	–
Canadá	7.164.933,63					–
Argentina	1.049.065,61	1.049.065,61				–
Japão	1.236.383,78	1.236.383,78	1.236.383,78	1.236.383,78	1.236.383,78	–
Países árabes	556.490,94	556.490,94				–
Chile	365.655,54	365.655,54				–
Países da África	933.414,10					–
Guiana Francesa	795,89	795,89				–
Suriname	1.683,76	1.683,76				–
Total	197.055.141,91	188.956.794,20	38.664.423,10	38.664.423,10	38.664.423,10	–

Fonte: As exportações médias foram calculadas com base em dados do Sistema Alice (Secex, 2010), em dólares FOB, convertidos em reais pela taxa de câmbio de compra disponibilizada pelo Ipeadata.

A perda de postos de emprego, estimada em unidade monetária, a partir dos dados de massa salarial da Relação Anual de Informações Sociais (Rais) do Ministério do Trabalho e Emprego, concentra-se nos estados do Nordeste (manga) e São Paulo (laranja, neste caso por um ano apenas, dada a maior flexibilidade da mão de obra, ao buscar realocação no mercado de trabalho nesse estado). Calcularam-se perdas anuais de R$ 43,1 milhões para o Nordeste e R$ 51,9 milhões para São Paulo.

Na Tabela 5, aparecem resumidos os três tipos de impactos considerados a partir da disseminaçao e naturalização da praga no restante do Brasil, além do Amapá, projetados para dez anos, agora exemplificados também para as três frutas analisadas. Observam-se nas últimas linhas da tabela os valores presentes dos fluxos, dados para as duas taxas de desconto aplicadas; a última coluna apresenta os totais dos valores presentes de 2008, acumulados para o período, para cada fruta. Todos esses resultados são apresentados para a situação em que os produtores já adotam tratamentos para controle de outras moscas-das-frutas e, portanto, com sinergia para o controle de *Bactrocera*.

Considerando os totais na linha da TJLP, entende-se que, caso não houvesse o Programa de Erradicação da Mosca-da-carambola, somando-se perdas de produtividade, interrupção de exportações e perdas de postos de trabalho, por dez anos, os prejuízos chegariam a R$ 484,5, R$ 263,8 e R$ 309,8 milhões acumulados, respectivamente, nas culturas de manga, goiaba e laranja, ou aproximadamente R$ 1,06 bilhão para as três em conjunto, valor que se acredita ainda subestimado, tendo em vista inúmeros outros impactos diretos e indiretos não quantificados no estudo.

Os custos do programa para os dez anos de projeção são estimados a partir dos recursos alocados pelo governo federal, publicados no Sistema Integrado de Administração Financeira (Siaf). A dotação autorizada para o programa, em 2008, foi de R$ 3,8 milhões, valor tomado como constante em termos reais para o período, resultando em um valor presente total de R$ 22,83 milhões e R$ 29,37 milhões, respectivamente, utilizando a taxa Selic e a TJLP.

Os benefícios e custos dos cenários A e B e os resultados liquidos de sua comparação constam na Tabela 6. No cenário A, acumulado para dez anos, as perdas correspondem aos prejuízos diretos em produção, exportação e postos de empregos perdidos nas regiões exportadoras de frutas. Embora o cenário de ausência de programa de defesa fitossanitária para a mosca seja improvável, analiticamente é útil, pois reflete o benefício total de manter o programa, dada a magnitude das perdas que podem ser evitadas.

Comparados esses dois cenários, o valor máximo dos benefícios estimados das ações de erradicação da mosca-da-carambola, em dez anos, chega a quase R$ 2,7 bilhões, no caso hipotético de a praga disseminar-se nos estados e diante da ausência de medidas de controle para outros tipos de moscas-das-frutas, uando a TJLP como taxa de desconto. Em cenário mais factível, considerando efeitos sinérgicos com o controle de outras moscas-das-frutas, a perda evitada líquida varia de R$ 745,4 milhões (Selic) a pouco mais de R$ 1,0 bilhão (TJLP).

Tabela 5. Síntese das perdas estimadas para a cultura de manga, goiaba e laranja devido à dispersão hipotética da mosca-da-carambola. Brasil. Período de referência: média 2006-2008. Projeção para dez anos. Cenário com tratamento fitossanitário para outras moscas (perda de produção de 5%, 2% e 1%, respectivamente).

Manga (perdas: 5%)	**Ano 1**	**Ano 2**	**Ano 3**	**Ano 4**	**Ano 5**	**Ano 6**	**Ano 7**	**Ano 8**	**Ano 9**	**Ano 10**	**TOTAL**
Produção[1]			24.730	22.192.436	22.391.909	22.391.909	22.391.909	22.391.909	22.391.909	22.391.909	156.568.619
Exportação				188.956.794	38.664.423	38.664.423	38.664.423				304.950.063
Emprego[3]				43.116.999	43.116.999	43.116.999	43.116.999				172.467.996
Taxa[2]						**Valor presente**					
Selic			19.143	173.167.237	62.420.313	54.918.453	48.318.188	9.137.714	8.039.516	7.073.303	363.093.867
TJLP			21.906	211.983.407	81.741.160	76.932.856	72.407.394	14.648.345	13.786.677	12.975.696	484.497.441
Goiaba (perdas: 2%)	**Ano 1**	**Ano 2**	**Ano 3**	**Ano 4**	**Ano 5**	**Ano 6**	**Ano 7**	**Ano 8**	**Ano 9**	**Ano 10**	**TOTAL**
Produção	928	62.595	63.072	2.113.680	2.113.680	2.113.680	2.113.680	2.113.680	2.113.680	2.113.680	14.922.354
Exportação				188.956.794	38.664.423	38.664.423	38.664.423				304.950.063
Taxa						**Valor presente**					
Selic	928	55.072	48.823	130.127.961	24.434.104	21.497.540	18.913.901	862.553	758.889	667.683	197.367.453
TJLP	928	58.913	55.870	169.296.695	31.997.148	30.114.962	28.343.494	1.383.728	1.301.391	1.224.838	263.777.966
Laranja (perdas: 1%)	**Ano 1**	**Ano 2**	**Ano 3**	**Ano 4**	**Ano 5**	**Ano 6**	**Ano 7**	**Ano 8**	**Ano 9**	**Ano 10**	**TOTAL**
Produção	30.010	709.609	754.826	56.704.176	59.769.711	59.769.711	59.769.711	59.769.711	59.769.711	59.769.711	416.816.884
Exportação				21.524.351							21.524.351
Emprego				51.948.895							51.948.895
Taxa						**Valor presente**					
Selic	30.010	624.326	584.294	53.227.299	35.813.812	32.509.600	27.722.682	24.390.887	21.459.517	18.880.448	215.242.873
TJLP	30.010	667.867	668.635	65.219.631	46.899.196	44.140.420	41.543.925	39.100.164	36.800.155	34.635.440	309.705.441

1 Cenário com tratamento fitossanitário para outras moscas.
2 A taxa de desconto utilizada nesse caso foi de 13,66% ao ano (Selic, para dezembro de 2008) e, de 6,25% ao ano (TJLPs).
3 Os empregos na fruticultura já foram computados no caso da manga. Como os dados da Rais incluem os empregos da fruticultura no agregado, com exceção da laranja e da uva, as perdas no emprego nas culturas da manga e da goiaba só serão consideradas na avaliação da manga.

Tabela 6. Valores presentes totais das perdas evitadas e dos custos do Programa de Erradicação da Mosca-da-carambola para a manga, a goiaba e a laranja. Período de projeção: dez anos (taxa de desconto TJLP = 6,25% ao ano).

Benefícios (perdas evitadas) e custos (R$) Casos: manga, goiaba e laranja		Cenários	
		A (ausência do programa)	**B (manutenção do programa)**
Sem controle para outras moscas (TJLP)	Perdas	2.714.872.311	–
	Custos do programa	–	29.367.527
	Benefícios (perdas evitadas A–perdas B)		2.714.872.311
	Custo (custo A–custo B)		29.367.527
	Saldo líquido (benefícios–custos)	2.685.504.783	
	Relação benefícios–custos	92,4	
Com controle para outras moscas (TJLP)	Perdas	1.047.979.848	-
	Custos do programa	–	29.367.527
	Benefícios (perdas A–perdas B)		1.047.979.848
	Custo (custo A–custo B)		29.367.527
	Saldo líquido (benefícios–custos)	1.018.612.321	
	Relação benefícios–custos	35,7	

A relação benefício–custo do Programa de Erradicação da Mosca-da-carambola nos cenários com controle para as demais moscas-das-frutas varia de 26,4 a 35,7, respectivamente, para as taxas de desconto Selic e TJLP. Isso significa que, dadas as pressuposições e os cenários adotados, para cada R$ 1 investido pelo governo federal no programa fitossanitário analisado, o retorno é de R$ 26,4 a R $35,7. Essa magnitude da relação benefício–custo é bastante elevada e, apesar de ter sido utilizado um modelo determinístico, não levando em consideração um intervalo de confiança, ilustra a importância econômica do referido programa, medida em benefícios líquidos.

A título de comparação, estudo realizado para países do Caribe e da América do Sul, para analisar os impactos potenciais da disseminação de *Bactrocera* nessas regiões, estimou uma economia líquida resultante da erradicação da mosca entre US$ 709 e US$ 938 milhões, em valor presente de 1995, para a América do Sul, para um horizonte de doze anos (Vo & Miller, 1995).

Utilizando também os dados de Miranda et al. (2010), Barreto et al. (2011) analisaram os benefícios, para as regiões brasileiras, do controle da *B. carambolae*. Concluíram que os impactos sociais e econômicos devem ser relativizados, já que os prejuízos da dispersão da praga variam de acordo com as frutas atingidas, o grau de incidência nas diferentes regiões e o estágio tecnológico dos fruticultores. Os autores enfatizaram a importância de medidas proativas por parte de instituições públicas e privadas.

Em termos sociais, impactos ao longo de toda a cadeia produtiva, movimentos migratórios das áreas de fruticultura para outras regiões, risco de concentração decorrente de efeitos diferenciados sobre empresas de menor porte, em relação às de grande porte, são outros elementos que poderiam ser incorporados na discussão.

CONSIDERAÇÕES FINAIS

O objetivo deste capítulo foi destacar a importância da avaliação econômica da entrada de pragas exóticas no Brasil e ilustrar os desafios metodológicos e de disponibilidade de dados para que esse tipo de análise seja viabilizado e ampliado no país. O Brasil ainda carece, na literatura econômica, de estudos nessa área da economia aplicada, que, além dos desafios inerentes à ciência econômica, enfrenta a exigência de ampla gama de dados e conhecimentos no âmbito da fitotecnia, fitopatologia, entomologia, entre outras áreas do campo biológico, e de um esforço conjunto de especialistas nessas distintas áreas do conhecimento.

Diante dessas dificuldades, propôs-se uma abordagem metodológica de aplicação relativamente simples, que é a análise benefício–custo, cujo uso tem se ampliado como instrumento de avaliação de impactos regulatórios em vários países do mundo. Apesar das limitações do método, da necessidade de adotar inúmeras pressuposições simplificadoras, de qualificar alguns impactos sem que seja possível mensurá-los, esse estudo evidencia a relevância dos impactos econômicos de pragas para a tomada de decisão de agentes públicos e até mesmo privados.

Sobretudo, a discussão aqui apresentada suscita a reflexão sobre a necessidade de buscar avanços também na estimação de impactos sociais e ambientais decorrentes da entrada dessas pragas no país. Impactos dessas naturezas, embora reconhecidamente significativos em algumas situações, ainda são pouco valorizados nos debates, em especial em função das dificuldades metodológicas de sua identificação, delimitação e mensuração.

É evidente que uma importante ação do governo é monitorar as pragas e doenças quarentenárias não presentes no Brasil, antecipando os riscos de sua entrada, e estimar os impactos potenciais delas. Tal monitoramento deve ser planejado de modo a permitir que o setor privado (segmentos produtivos, industriais, de insumos, principalmente defensivos e consumidores) e o público (órgãos de defesa sanitária, negociadores no âmbito internacional, educadores sanitários) possam ter uma previsão de como serão afetados. Assim poderão ser tomadas providências preventivas, evitando ou postergando a concretização do cenário ou dificuldades comerciais futuras e investindo em soluções tecnológicas novas para combater ou manejar novas pragas.

REFERÊNCIAS BIBLIOGRÁFICAS

BARRETO, M. C. et al. Impactos socioeconômicos da dispersão da mosca-da-carambola (*Bactrocera carambolae*) à fruticultura nacional. In: SILVA, A. R.; LEMOS, W. R. & ZUCCHI, R. A. (eds.). *Moscas-das-frutas na Amazônia brasileira* – Diversidade, hospedeiros e inimigos naturais. Embrapa Amapá, 2011. 299p.

BENTO, J. M. S. Comedores de lucro. *Cultivar* 22: 18-21, 2000.

CALVIN, L. & KRISSOFF, B. Technical barriers to trade: a case study of phytosanitary barriers and U.S.-Japanese apple trade. *Journal of Agricultural and Resource Economics* 23(2): 351-66, 1998.

CEPEA – Centro de Estudos Avançados em Economia Aplicada. *Anuário Hortifruti Brasil 2009-2010*. Disponível em: <www.cepea.esalq.usp.br>. Acesso em: maio 2010.

CONSÓRCIO ANTIFERRUGEM. *Tabela de custo*. Disponível em: <http://www.consorcioantiferrugem.net/index.php?conhe%e7a_a%26nbsp%3bferrugem%26nbsp%3btabela-de-custo>. Acesso em: 10 dez. 2008.

FAO – Food and Agricultural Organisation. *Pest risk analysis for quarantine pests including analysis of environmental risks and living modified organisms* (ISPM nº 11, 2004). Rome: FAO, 2006. Disponível em: <www.fao.org/docrep/009/a0450e/ a0450e00.htm> . Acesso em: maio 2013.

IBGE – Instituto Brasileiro de Geografia e Estatística, 2010. Disponível em: <www.ibge.gov.br>. Acesso em: maio 2010.

INTERNATIONAL PLANT PROTECTION CONVENTION. *Pragas quarentenárias nos países*, 2010. Disponível em: <www.ippc.int/index.php?id=nppocan&no_cache=1&L=0> Acesso em: maio 2010.

MACLEOD, A. The benefits abd costs of specific phytosanitary campaigns in the UK. In: LANSINK, O. & ALFONS, G. J. M. (eds.). *New approaches to the economics of plant health*. Netherlands: Springer, 2007.

MALHOTRA, N. K. *Pesquisa de marketing – Uma orientação aplicada*. Porto Alegre: Bookman, 2006. 720p.

MIRANDA, S. H. G.; BARTHOLOMEU, D. B. & LIMA, L. M. *Guia para Avaliação de Impacto Regulatório com Sustentabilidade (AIR-S)*. Piracicaba: Fealq/Inmetro, 2009. (Relatório de pesquisa).

MIRANDA, S. H. G. et al. *Uma aplicação da análise benefício–custo para políticas de defesa sanitária:* alguns estudos de caso para o Brasil. Relatório de pesquisa – Projeto CNPq nº. 505.157/2007-1 – "Inovação tecnológica para defesa agropecuária", coordenado por Evaldo Vilella, 2010. 110p.

MIRANDA, S. H. G. & XIMENES, V. P. A importância econômica dos impactos da introdução de pragas exógenas no Brasil. *Agronegócios*. Curitiba: IBPEX, 2009, p. 95-106.

OLIVEIRA, C. M. et al. Economic impact of exotic insect pests in Brazilian agriculture. *Journal of Applied Enthomology*, 2012. Doi: 10.1111/jen.12018.

PIMENTEL, D. et al. Economic and environmetal threats of alien plant, animal, and microbe invasions. *Agriculture, Ecosystems & Environment* 84: 1-20, 2001.

SECEX – Secretaria de Comércio Exterior. Ministério do Desenvolvimento, Indústria e Comércio Exterior, 2010. Disponível em: <www.aliceweb.desenvolvimento.gov.br>. Acesso em: maio 2010.

VO, T. T. & MILLER, C. E. (coords.). *Viabilidade econômica da erradicação da mosca-da-carambola (Bactrocera carambolae) da América do Sul*. Trad. Regina Sugayama. Aphis/USDA (Relatório), 1995. 42p. (Mimeo.).

PARTE II

Fruticultura e Plantas Ornamentais

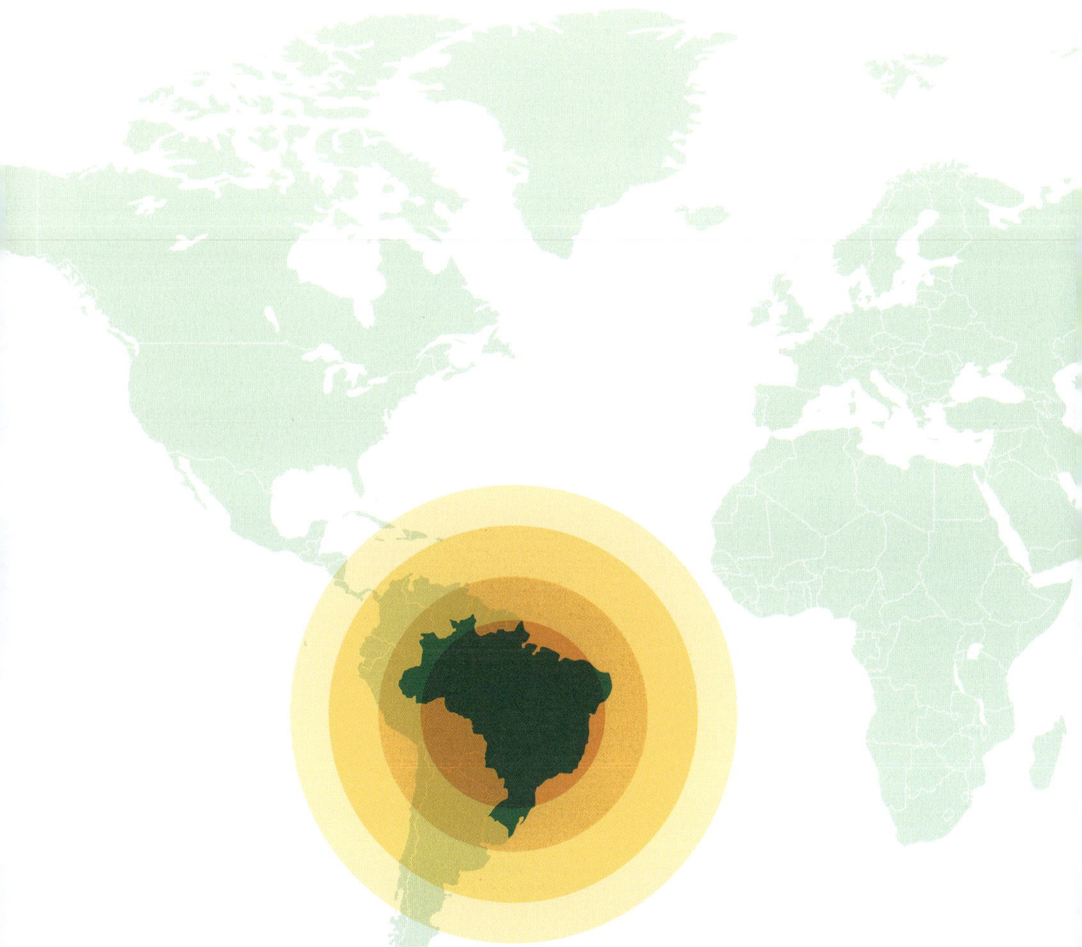

6

Mosca-do-mediterrâneo, *Ceratitis capitata* (Wiedemann)

R. A. Zucchi

INTRODUÇÃO

A detecção de *Ceratitis capitata* no Brasil, há mais de cento e dez anos, é um dos mais antigos registros de praga agrícola introduzida no nosso território. Em pouco mais de um século, a mosca-do-mediterrâneo invadiu 22 dos 26 estados brasileiros, desenvolvendo-se em cerca de 90 hospedeiros. Possui extraordinária capacidade de adaptar-se a vários nichos ecológicos brasileiros, como observado recentemente no Semiárido nordestino e na região amazônica. Em pouco mais de um século, a distribuição e o número de hospedeiros de *C. capitata* aproximam-se aos de *Anastrepha fraterculus* (Wied.), a mais comum e mais polífaga espécie nativa de moscas-das-frutas no Brasil.

Nenhuma outra espécie de Tephritidae é mundialmente tão distribuída quanto a mosca-do-mediterrâneo. É a única espécie de *Ceratitis* registrada no Brasil e também nas Américas. Todavia, outra espécie do gênero – *C. malgassa* (Munro, 1939) – foi detectada no México (Chapingo), em sementes de noz-moscada provenientes de Porto Rico (Mayagüez), as quais, por sua vez, eram oriundas de Granada (Steyskal, 1982). Desde então, não houve detecção dessa espécie no continente americano. Entre as 95 espécies de *Ceratitis* (De Meyer & Copeland, 2009), que ocorrem principalmente na África, apenas algumas, além de *C. capitata*, são economicamente importantes.

A mosca-do-mediterrâneo é uma das pragas agrícolas mais pesquisadas, em razão de sua distribuição mundial e importância econômica (dano direto e restrições quarentenárias). Considerando esses aspectos e o fato de que as invasões em vários países estão bem documentadas, *C. capitata* é modelo ideal para os estudos de invasões biológicas (Diamantidis et al., 2011).

Neste capítulo, são apresentadas as primeiras observações da mosca-do-mediterrâneo no Brasil, preservando-se a grafia da época em que os relatos foram escritos, e são oferecidas informações mais recentes. Alguns trabalhos, por focarem linhas de pesquisa não desenvolvidas no Brasil, também foram incluídos. Em realidade, comparando as pesquisas brasileiras com aquelas realizadas em outros países, observa-se que pouco se avançou nas pesquisas sobre *C. capitata* no Brasil, decorrido mais de um século da sua detecção.

Posição taxonômica e nomenclatura

Ordem: Diptera
Subordem: Brachycera
Família: Tephritidae
Tribo: Dacinae
Subtribo: Ceratitidina
Gênero: *Ceratitis* MacLeay, 1829
Espécie: *Ceratitis capitata* (Wiedemann, 1824)
Sinonímias: *Trypeta capitata* Wiedemann, 1824
Ceratitis citriperda MacLeay, 1829
Ceratitis hispanica Brême, 1842
Pardalaspis asparagi Bezzi, 1924

RECONHECIMENTO

Macho e fêmea (Figuras 1A, 1B) com 4 a 5 mm de comprimento e 10 a 12 mm de envergadura. Mesonoto negro com manchas esbranquiçadas. Escutelo dilatado, negro, brilhante, com fina faixa amarela na base. Asas com pequenos pontos negros irregulares na metade basal; duas faixas transversais (faixa discal sobre a metade da asa, desde a margem anterior até a proximidade da margem posterior, e faixa cubital sobre a veia mcu) e faixa marginal; projeção da célula cup alargada na parte mediana. Abdome amarelado, com duas faixas transversais mais claras (Foote, 1980).

Ceratitis capitata é facilmente reconhecida pela coloração geral e pelo padrão alar. Uma chave para separação das espécies de moscas-das-frutas de importância econômica, incluindo *C. capitata*, *Bactrocera carambolae* Drew & Hancock,

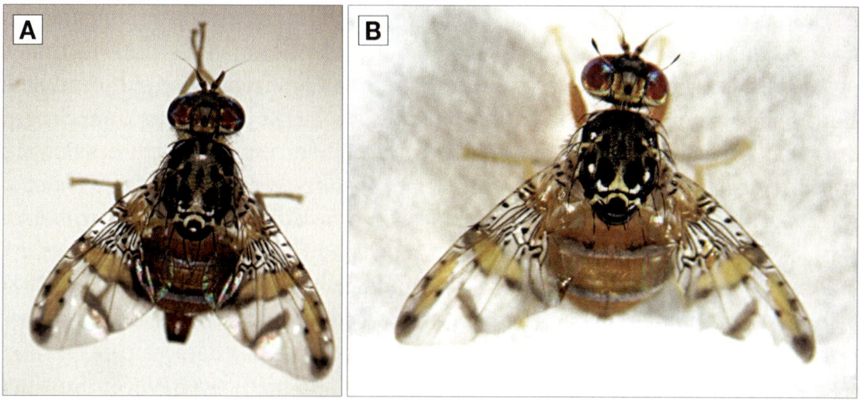

Figura 1. *Ceratitis capitata*. A) Fêmea. B) Macho. Fotos: Miguel F. Souza Filho.

Rhagoletis blanchardi Aczél e sete espécies de *Anastrepha*, foi elaborada por Zucchi (2000a).

DISTRIBUIÇÃO GEOGRÁFICA

A mosca-do-mediterrâneo está amplamente distribuída nas regiões tropical e temperada de todo o mundo, sendo o único tefritídeo que ocorre em todas as regiões zoogeográficas (Malavasi, Zucchi & Sugayama, 2000). Na América do Sul, foi registrada primeiramente no Brasil (Mariconi & Iba, 1955).

Decorridos aproximadamente 65 anos do registro de *C. capitata* no Estado de São Paulo (Ihering, 1901), a espécie foi constatada em seis outros estados: Bahia, Minas Gerais, Rio de Janeiro, Paraná, Santa Catarina e Rio Grande do Sul (Silva et al., 1968).

Até os anos de 1980, foi registrada apenas nas regiões Sudeste e Sul (Malavasi, Morgante & Zucchi, 1980), sendo a região do Recôncavo Baiano o ponto mais ao norte da distribuição no Brasil (Nascimento & Zucchi, 1981). O deslocamento da mosca-do-mediterrâneo pelo território brasileiro foi avançando e, em 1992, foi detectada na Região Centro-Oeste, em Mato Grosso do Sul (Uchôa & Zucchi, 2000). Na Região Nordeste, até 1996, nenhum exemplar havia sido coletado em levantamentos realizados em Mossoró e Assu, RN. Entretanto, em 2000, *C. capitata* era uma espécie predominante na região, infestando vários hospedeiros, com preferência para acerola (Araujo, Lima & Zucchi, 2000). O registro da mosca-do-mediterrâneo no Estado do Maranhão, atribuído a Morgante (1991) por Silva, Uramoto e Malavasi (1998), é equivocado, mas nesse mesmo ano foi encontrada em São Luís, MA (Oliveira et al., 1998). Ainda na década de 1990, *C. capitata* foi registrada em três localidades da Região Norte: Ouro Preto d'Oeste, RO (Ronchi-Teles & Silva, 1996), Belém e Quatro Bocas, PA (Silva, Uramoto & Malavasi, 1998).

Das 27 unidades da federação, *C. capitata* não foi registrada em apenas cinco estados – quatro da Região Norte (Acre, Amapá, Amazonas e Roraima) e uma da Região Nordeste (Sergipe). Nesses quatro estados da Amazônia, têm sido conduzidos levantamentos de moscas-das-frutas (Silva et al., 2011). Entretanto, em Sergipe, nunca houve levantamentos de tefritídeos, a não ser uma amostra ocasional de frutos, que resultou na coleta de *Anastrepha fraterculus* (Wied.) (Malavasi et al., 1980; Zucchi, 2008). Provavelmente, a mosca-do-mediterrâneo não se estabeleceu em todos os estados da Amazônia em razão de condições climáticas desfavoráveis, e nenhum fruto nativo foi constatado como seu hospedeiro (Silva et al., 2011). Portanto, a não adaptação aos frutos nativos pode ser outro fator desfavorável à ocorrência de *C. capitata* na Amazônia. Entretanto, desde a detecção em território brasileiro, há mais de cento e dez anos, a mosca-do-mediterrâneo continua a se disseminar em direção às regiões Nordeste e Norte, por meio do transporte de frutos. Provavelmente, foi introduzida na região amazônica em frutos oriundos principalmente do Estado de São Paulo (Silva, 1993).

HISTÓRICO DA INTRODUÇÃO NO BRASIL

Primeiro registro

"O primeiro relato de *C. capitata* no Brasil foi publicado por Ihering (1901). Comtudo, tenho lido por diversas vezes que, no Mexico e na America Central, a laranja já tem sido atacada por bichos, o que no Brasil não observei até o anno proximo passado. Verificando uma destas fructas, tive ocasião de presenciar que de um pequeno orificio sahia em diminuta quantidade um liquido deteriorado e, por incisão, notei a presença de larvas de uma mosca, no interior da laranja, que coloquei em uma caixinha com terra. Passados alguns dias as larvas deixaram a laranja e introduziram-se na terra onde a maior parte pereceu, conseguindo somente uma transformar-se em nympha e, depois de um mez, em uma mosca da familia das Trypetidae, que o Dr. L. Howard, a quem remeti, classificou *Ceratitis capitata* Wied., espécie commum e de grande distribuição geographica [...]."

Primeiras informações taxonômicas

Na segunda década do século XX, foram publicadas as primeiras notas taxonômicas de *C. capitata* no Brasil por Averna-Saccá (1912).

"Informações sobre a *Ceratitis capitata*. Segundo Berlese a descripção da especie foi feita pela primeira vez por De Breme, em 1842, sobre exemplares levados da Hespanha (Andaluzia) por Ghigliani. De Breme a chamou *Ceratitis hispanica,* classificando-a no genero já instituido por Mac Leay em 1829, por uma especie da ilha de São Miguel (Açores), onde ataca e aniquila as laranjas, tomando ahi o nome de *C. citriperda*."

Bezzi (1919), ao discutir as espécies de moscas-das-frutas no Brasil, comentou:

"No mundo antigo, são muito mais numerosas e diversas as moscas de fructas, embora as mais damnosas pertencem a dois gêneros que contêm o maior numero delas. O primeiro genero denomina-se *Ceratitis* e abunda particularmente na Africa: uma das suas espécies, a *Cer. capitata*, Wiedemann, espalhou-se por todas as regiões quentes e temperadas do mundo, tendo chegado até o Brazil, onde ella é conhecidíssima [...]."

Primeiros registros de hospedeiros

Sobre os hospedeiros de *C. capitata*, Hempel (1905) relatou:

"[...] Em nossos estudos sobre este assumpto, estabelecemos que as larvas de *Ceratitis capitata* Wied., acham-se nos pecegos, ameixas e laranjas. Resta ainda determinar onde e como o insecto passa o período que medeia entre a maturação das laranjas e a dos pecegos. Estando eu ultimamente na fazenda da Companhia Dumont, perto de Ribeirão Preto, no estudo do cupim branco, notei nos terreiros, junto com o café fresco, milhões de pequenas larvas de um mosca. Isto foi no dia 7 de Julho, dia chuvoso, sahindo as larvas das cerejas do café e transformando-se em chrysalida e guardei as em uma caixa com areia húmida. Em tres semanas, precisamente no dia 28 de Julho, começaram a sahir as moscas adultas, e todas pertenciam á especie *Ceratitis capitata* Wied. [...] Em outras visitas que fiz, indaguei para saber si é comum o aparecimento de bichos nos terreiros, e tive em resposta a affirmação de que há estas larvas todos os annos. Ficou, para mim, desde logo, estabelecido que o café serve de alimentação ás larvas da mosca na primeira parte do período entre as laranjas e os pecegos. É preciso, porém, que prossigam as pesquisas para determinar, si fôr necessário, outra planta que lhes dê alimentação, para ficar, assim, fechado o cyclo biológico, ou si o insecto passa a ultima parte do período em estado adulto. [...]"

Esse assunto foi abordado novamente na década de 1960, quando Puzzi & Orlando (1965) usaram pela primeira vez a denominação "sucessão de hospedeiros". Segundo esses autores, as populações de *C. capitata* podem ocorrer durante todo o ano no Estado de São Paulo, em razão da sucessão de hospedeiros e da capacidade de suas larvas de se desenvolver em grande gama de frutos. Assim, as populações migram de uma espécie frutífera para outra, conforme sua disponibilidade na natureza. Por exemplo, *C. capitata* migra do cafezal para citros (cultivares tardios). No Rio Grande do Sul, a mosca-do-mediterrâneo inicialmente ataca pêssego (a partir de outubro), migra para uva (janeiro a março) e daí para maçã e caqui (fevereiro a março) (Zanardi et al., 2011).

Primeiras observações sobre parasitoides

Hempel (1906) apresentou minucioso relato da vinda de entomologistas estrangeiros para coleta de parasitoides de *C. capitata* no Brasil. Fez a seguinte ponderação, entre outras:

"[...] Ficou averiguado que, entre nós, existem diversas especies de parasitas hymenopteros que atacam as larvas das moscas, mas não me é possivel ainda demonstrar se as diversas especies de parasitas têm predilecção por esta ou aquella especie de moscas; porque, em quase todas as experiências, estavam presentes todas as mosca. É notável que, nas experiências onde estavam representadas as tres especies de moscas, os parasitas começaram a sahir junto a *Anastrepha fratercula* e *Lonchaea glaberrima*, depois que a maioria de *Ceratitis capitata* já tinha sahido. Nas experiencias com jaboticaba e Phyllocalix, onde a maioria das moscas era da espécie *Anastrepha fratercula*, estavam presentes tres especies de parasitas; ao passo que, na experiencia com pecego de Jundiahy, com todas as moscas da especie *Ceratitis capitata*, e na ultima experiencia com pecegos do Jardim do Instituto, onde havia apenas um individuo da especie *Anastrepha fratercula*, sendo os demais da especie *Ceratitis capitata*, não sahiu nenhum parasita. Ha duas razões para isto: primeiramente, todos os dados que tenho a respeito de *Ceratitis capitata* indicam que este não é indígena do Brasil, mas foi introduzido, espalhando-se por todo o paiz, e que os parasitas que atacam as moscas indígenas, ainda não se transferiram a sua atividade á mosca introduzida. Outra razão é que certos fructos, como o pecego, têm a polpa tão grossa que os parasitas, com os seus oviscaptos curtos, não podem alcançar as larvas das moscas, para nelas depositarem seus ovos [...]."

Aproximadamente oitenta anos após as observações de Hempel, foram publicadas as duas primeiras associações entre parasitoides nativos (braconídeos) – *Doryctobracon areolatus* e *Opius bellus* – e a mosca-do-mediterrâneo (Arrigoni, 1984). Decorrida mais de uma década, *D. areolatus* foi novamente registrada como parasitoide de *C. capitata* também no Estado de São Paulo (Leonel Jr., Zucchi & Wharton, 1995). Portanto, a adaptação de parasitoides nativos às larvas da mosca-do-mediterrâneo ainda não ocorreu de modo pleno, provavelmente devido ao tamanho menor das larvas de *C. capitata* em relação às das espécies de *Anastrepha* (nativas). Nenhuma espécie de Figitidae foi associada a *C. capitata* no Brasil (J. A. Guimarães, informação pessoal).

As pesquisas sobre as relações tritróficas (moscas/hospedeiros/parasitoides) têm sido restritas aos registros de hospedeiros e de braconídeos parasitoides, preferência pelos hospedeiros e especulações sobre o tamanho do ovipositor do parasitoide em relação à espessura da polpa dos frutos.

Primeiras informações biológicas

Em suas *Informações sobre C. capitata,* Averna-Saccá (1912) apresentou também os primeiros dados biológicos:

"A femea fecundada, depois de ter furado e atravessado o sarcocarpo e de ter produzido assim no fruto uma ferida de extensão mais ou menos de dois milimetros, apresentando bordos escurecidos e uma pequena zona circular, depõe nessa ferida de dois a seis ovos; mas como as femeas costumam utilizar-se do orificio e da camara de postura feita por outras femeas, podem achar-se mais de uma mesma câmara [...] Decorridos de dois a 5 dias, conforme a extensão, nascem as larvazinhas, as quaes, em seguida, começam alimentar-se da polpa e reduzem pouco a pouco, quando em grande numero, a parte interna do fruto a uma calda informe, e dá-se então a queda do fruto. De 9 a 15 dias as larvas atingem o seu completo desenvolvimento. Saem então do fruto e transportam-se ao solo. Ahi quando o fruto não cae antes deles se retirarem, como sucede muitas vezes, escondem-se entre os detritos ou então internam-se a um milímetro de profundidade e transformam-se em chrysalida. Após 10-11 dias, no verão; 18-20 no outomno, 30 dias ou mais no inverno, aparece o insecto em estado perfeito [...]."

BIOLOGIA

Diversos estudos biológicos foram realizados com a mosca-do-mediterrâneo (revisão em Yuval & Hendrichs, 2000; Eberhard, 2000). Neste item são apresentadas apenas algumas informações básicas. Antes da cópula, os machos reúnem-se nas folhas, em uma formação chamada leque, por meio de feromônio liberado por eles, e atraem outros machos, em agrupamento típico (leque), o que auxilia na localização e seleção dos casais para o acasalamento (Prokopy & Hendrichs, 1979). À aproximação da fêmea, o macho vibra as asas e agita a cabeça (detalhes em Briceño, Ramos & Ebehard, 1996). O período de pré-oviposição é de treze a dezenove dias (Fonseca & Autuori, 1936). Nesse período, a fêmea consome alimentos ricos em proteína, para o desenvolvimento ovariano. Os ovos são introduzidos em frutos em amadurecimento. A fêmea marca o fruto com feromônio após a oviposição, mas outras fêmeas podem colocar ovos no mesmo fruto (Prokopy, Ziegler & Wong, 1978). A oviposição é influenciada pela temperatura, pela luminosidade e pelas características do fruto (forma, tamanho e propriedades da casca). A fêmea localiza o fruto por meio de estímulos visuais e olfativos detectados por estruturas das antenas, tarsos, probóscida e acúleo (Morgante, 1991). Vários ovos são colocados, em cada postura, em um mesmo fruto por meio do acúleo; por exemplo, em valores aproximados: dez em pêssego; cinco em café e seis em maçã (Souza et al., 1983). Uma fêmea deposita de trezentos a mil ovos (Flechter, 1989). O período de incubação do ovo depende da temperatura. A larva desenvolve-se no interior do fruto e passa por três instares, caracterizados pelos ganchos bucais. É do tipo vermiforme e, quando completamente desenvolvida (ao redor de 8 mm), cai ao solo, onde se enterra para se transformar em pupa tipo coarctada (marrom-avermelhada; 4 mm de comprimento). Como a pupa é formada sob o tegumento da larva do último instar, essa fase é chamada pupário. Os adultos emergem dos pupários no solo em geral nas primeiras horas do dia, quando começam a alimentar-se (secreções de frutos, exsudação de cochonilhas, fezes de pássaros etc.) (Salles, 1995). A emergência dos adultos é influenciada pela umidade e pelo tipo de solo (Milward-de-Azevedo & Parra, 1989). A longevidade em laboratório é de cerca de um ano, mas na natureza deve ser de dois a três meses (Flechter, 1989). Apresenta dimorfismo sexual – fêmea com o último segmento abdominal visível na forma de tubo (oviscapo), que abriga o VIII segmento abdominal na forma de estilete (acúleo), adaptado para colocar o ovo no interior do fruto; macho com um par de cerdas orbitais anteriores proclinadas e expandidas no ápice (em forma de espátula).

A duração do ciclo biológico apresenta os seguintes valores médios (em laboratório, a 25ºC): ovo, dois dias; fase larval, onze dias; pupa, dezessete dias; total: trinta dias. É influenciada pela temperatura e pelo fruto hospedeiro (Morgante, 1991). Em criação massiva, os parâmetros biológicos são estes: viabilidade de ovos: 96%; período larval: sete dias; pupa: oito a doze dias; viabilidade: 98%; período útil dos adultos na criação: quinze dias (Walder et al., 1995). Estudos nutricionais para as larvas e os adultos foram realizados por Zucoloto (1991, 1992) e Plácido-Silva et al. (2006).

A mosca-do-mediterrâneo é multivoltina (várias gerações/ano). A duração de cada geração (ovo a adulto) é determinada pelos graus-dias acumulados em determinada localidade, até alcançar sua constante térmica. A temperatura base e a constante térmica de populações de *C. capitata* provenientes de localidades brasileiras com características tropicais (Petrolina, PE: 9,30ºC e 350 graus-dias), subtropicais (Campinas, SP: 8,47ºC e 341 graus-dias) e temperadas (Pelotas, RS: 9,60ºC e 328 graus-dias) são próximas. Esses resultados demonstram a capacidade de adaptação da mosca-do-mediterrâneo a condições climáticas distintas (Ricalde et al., 2012). As populações da mosca-do-mediterrâneo, com distribuição geográfica ampla, exibem diferenças significativas na sobrevivência dos pré-adultos, na taxa de desenvolvimento das larvas e em parâmetros populacionais, como a taxa intrínseca de aumento. As populações geograficamente isoladas apresentam diferente potencial de invasão, pois as taxas de crescimento populacional influenciam no estabelecimento e na dispersão da mosca-do-mediterrâneo (Diamantidis et al., 2011).

ECOLOGIA

Embora a mosca-do-mediterrâneo tenha sido registrada há mais de um século no Brasil, os estudos ecológicos sobre essa praga são escassos no país. De fato, a quase totalidade dos trabalhos, nessa linha de pesquisa, limita-se aos estudos de flutuação populacional, de influência dos fatores abióticos, de análise faunística e de comparação da ocorrência nas áreas urbanas e rurais.

Nesse contexto, ainda hoje o trabalho clássico sobre aspectos ecológicos de moscas-das-frutas é o de Puzzi & Orlando (1965), publicado há mais de seis décadas após a detecção da mosca-do-mediterrâneo no país. Esses autores observaram que os fatores bióticos (hospedeiros e seus estágios de maturação) são mais importantes na densidade populacional do que os abióticos (temperatura, umidade relativa do ar e precipitação pluvial). As populações da mosca-do-mediterrâneo correlacionam-se de maneira positiva com a temperatura e negativa com a umidade relativa em cafeeiro Novo Mundo, quando esses dados são tomados microclimaticamente, com pico de atividade diária de voo entre doze e dezesseis horas, com temperatura acima de 26°C (Parra, Zucchi & Silveira Neto, 1982).

Na última década, no Brasil, não surgiu pesquisa que incrementasse o conhecimento ecológico da mosca-do-mediterrâneo. Entretanto, *C. capitata* é uma espécie excelente para esses estudos, pois é a única espécie do gênero no país e tem preferência pelo café, cultivado em áreas com diferentes condições ambientais. Ainda hoje, sabe-se apenas que o café é importante na sucessão de hospedeiros no Brasil, mas nada se conhece sobre a relação ecológica entre a mosca-do-mediterrâneo e o café em território brasileiro. Entretanto, com base no desenvolvimento e na maturação do café e no ciclo biológico de *C. capitata* (número de gerações em graus-dia), foram obtidas informações sobre a dinâmica populacional da mosca-do-mediterrâneo, visando desenvolver novas estratégias para o Programa Medfly (Midgarden & Lira, 2006).

A invasão de *C. capitata* no Nordeste e na região amazônica implica cenários novos, que apresentam elementos únicos para o entendimento da dispersão da espécie. Portanto, essa é uma condição ímpar e ainda recente para desenvolver estudos sobre o padrão de distribuição espacial e temporal da mosca-do-mediterrâneo na ocupação de nichos nesses ambientes do Brasil.

Em geral, as informações ecológicas sobre a mosca-do-mediterrâneo acontecem como complemento dos levantamentos das espécies de *Anastrepha*. Contudo, em vários países, têm sido realizados estudos ecológicos com novas abordagens, por exemplo, modelo para a distribuição geográfica potencial com base nas necessidades climáticas da mosca-do-mediterrâneo (Vera et al., 2002), distribuição espaço-temporal em Israel (Israely et al., 2005), modelo para a tolerância à seca de *C. capitata* na Califórnia e na Itália (Gutierrez & Ponti, 2011).

PLANTAS HOSPEDEIRAS

O mais recente catálogo dos hospedeiros de *C. capitata* em todo o mundo foi elaborado há mais de quinze anos (Liquido et al., 1998). Nele foram listadas 374 espécies, em 69 famílias.

No Brasil, com exceção de alguns trabalhos de aceitação e influência de frutos na biologia e no comportamento da mosca-do-mediterrâneo (Zucoloto, 1993; Costa et al., 2011), os estudos de hospedeiros são principalmente de registro e de índices de infestação (e.g. Souza Filho, 1999).

Na primeira compilação dos hospedeiros de *C. capitata* no Brasil (Silva, Uramoto & Malvasi, 1968), foram listados trinta nomes comuns de hospedeiros. Em levantamentos realizados em vários estados brasileiros (Malavasi et al., 1980), a mosca-do-mediterrâneo foi associada a 25 espécies de hospedeiros em 55 amostrados. Decorridas duas décadas, foi registrada em 58 espécies, em 21 famílias (Zucchi, 2000b). Com base nos registros compilados recentemente (Zucchi, 2012), as larvas de *C. capitata* desenvolvem-se em 88 hospedeiros nativos e introduzidos, distribuídos em 26 famílias (Tabela 1). A maior parte das espécies atacadas pertence à família Myrtaceae, e em treze famílias apenas uma espécie é hospedeira de *C. capitata* (Figura 2).

C. capitata adaptou-se aos frutos nativos, incluindo alguns da Mata Atlântica, entretanto não há nenhum registro em fruto nativo da região amazônica (Silva et al., 2011). Portanto, a invasão de *C. capitata* nessa região é recente. Atualmente, apenas *A. fraterculus* desenvolve-se em mais hospedeiros do que *C. capitata* (v. Zucchi, 2008, 2012), mas novos hospedeiros continuam sendo descobertos (Dias & Silva, 2014). *C. capitata* é mais comum nas áreas urbanas do que as espécies de *Anastrepha* (Haji et al., 1991; Veloso, 1997; Canal, 1997). No Mato Grosso do Sul, em goiaba em área urbana, *C. capitata* suplanta *A. fraterculus* e *A. zenildae* Zucchi, duas espécies nativas muito comuns nesse hospedeiro (Uchôa, 1999).

Tabela 1. Hospedeiros de *Ceratitis capitata* no Brasil.

Hospedeiros (famílias e espécies)	Estados	Referências (primeiros registros)
Anacardiaceae		
Anarcadium occidentale (caju)	MG	Canal (1997)
Mangifera indica (manga)	-	Malavasi et al. (1980)
	GO	Veloso (1997)
	SP	Souza Filho (1999)
	ES	Martins (2011)
Spondias dulcis (cajá-manga)	SP	Souza Filho (1999)
	ES	Martins (2011)
Spondias velunosa (cajá-mirim)	-	Malavasi et al. (1980)
Sponias purpurea (seriguela)	MG	Canal (1997)
	SP	Souza Filho (1999)
	ES	Martins (2011)
Spondias tuberosa (umbu)	RN	Araujo et al. (2005)
Annonaceae		
Annona coriacea (araticum)	SP	Raga et al. (2011)
Annona muricata (graviola)	MG	Canal (1997)
Apocynaecae		
Hancornia speciosa (mangaba)	MS	Uchôa & Nicácio (2010)
Arecaceae		
Butia eriospatha (butiá)	RS	Savaris et al. (2013)
Cactaceae		
Pereskia aculeata	MG	Marsaro Jr. et al. (2011)
Caricaceae		
Carica papaya (mamão)	ES	Martins & Alves (1988)

Continua

Hospedeiros (famílias e espécies)	Estados	Referências (primeiros registros)
Chrysobalanaceae		
Licania tomentosa (oiti)	ES	Martins (2011)
Clusiaceae		
Garcinia brasiliensis	SP	Souza Filho (1999)
Garcinia macrophylla	ES	Martins (2011)
Rheedia brasiliensis (bacupari)	-	Malavasi et al. (1980)
Combretaceae		
Terminalia catappa (sete copas)	MA	Morgante (1991)
	RN	Costa et al. (1993)
	MG	Canal (1997)
	GO	Veloso (1997)
	SP	Souza Filho (1999)
	ES	Martins (2011)
Cucurbitaceae		
Sechium edule (chuchu)	MG	Canal (1997)
Ebenaceae		
Dyospyros kaki (caqui)	-	Malavasi et al. (1980)
	SP	Souza Filho (1999)
Fabaceae		
Inga affinis (ingá)	SP	Souza Filho (1999)
Inga laurina (ingá)	MS	Uchôa (1999)
Inga sellowiana (ingá)	SC	Garcia & Norrbom (2011)
Lauraceae		
Persea americana (abacate)	-	Malavasi et al. (1980)
Malpighiaceae		
Malpighia emarginata (acerola)	RN	Costa et al. (1993)
Malpighia glabra (acerola)	GO	Veloso (1997)
Malpighia sp.	PA	Silva et al. (1998)
	SP	Souza Filho (1999)
	ES	Martins (2011)
	-	Malavasi et al. (1980)
Melastomataceae		
Mouriri elliptica (puçá)	GO	Veloso (1997)
Moraceae		
Morus nigra (amora)	SP	Souza Filho (1999)
Myrtaceae		
Campomanesia cambessedeana (gabiroba)	GO	Veloso (1997)
Campomanesia sessiliflora (guavira)	MS	Uchôa (1999)
Eugenia brasiliensis (grumixama)	SP	Raga et al. (2005)
Eugenia dodoneifolia	SP	Souza Filho (1999)
Eugenia dysenterica (cagaita)	GO	Veloso (1997)
Eugenia involucrata (cereja-da-terra)	SP	Raga et al. (2005)
Eugenia pyriformis (uvaia)	-	Malavasi et al. (1980)
Eugenia schomburgkii (maria-preta)	SP	Raga et al. (2005)
Eugenia uniflora (pitanga)	-	Malavasi et al. (1980)

Continua

Hospedeiros (famílias e espécies)	Estados	Referências (primeiros registros)
Myrtaceae		
	RN	Costa et al. (1993)
	MG	Canal (1997)
	SP	Souza Filho (1999)
	ES	Martins (2011)
Jambosia sp. (jambo)	–	Malavasi et al. (1980)
Jambosia sp. (jambo-vermelho)	RJ	Lima (1926)
Myrciaria cauliflora (jabuticaba)	–	Malavasi et al. (1980)
	ES	Martins (2011)
Myrciaria glazioviana (cabeludinha)	ES	Martins (2011)
Myrciaria jaboticaba (jabuticaba)	SP	Raga et al. (2005)
Myrciaria trunciflora (jabuticaba-de-cabinho)	RS	Dias & Silva (2014)
Plinia glomerata (cabeluda)	SP	Raga et al. (2005)
Psidium cattleyanum (araçá)	RN	Souza Filho (1999)
Psidium guajava (goiaba)	RN	Costa et al. (1993)
	RO	Ronchi-Teles & Silva (1996)
	MG	Canal (1997)
	MA	Oliveira et al. (1998)
	MS	Uchôa (1999)
	SP	Souza Filho (1999)
	ES	Martins (2011)
Psidium myrtoides (araçá-una)	ES	Martins (2011)
Syzygium cumini (jamelão)	CE	Souza et al. (2008)
	ES	Martins (2011)
Syzygium jambos (jambo)	–	Malavasi et al. (1980)
Syzygium mallacense (jambo-vermelho)	ES	Martins (2011)
Oxalidaceae		
Averrhoa carambola (carambola)	MG	Canal (1997)
	GO	Veloso (1997)
	MA	Oliveira et al. (1998)
	PA	Silva et al. (1998)
	SP	Souza Filho (1999)
	MS	Uchoa (1999)
	PI	Feitosa et al. (2007)
	ES	Martins (2011)
Passifloraceae		
Passiflora alata (maracujá-doce)	SP	Souza Filho (1999)
Passiflora edulis (maracujá-azedo)	SC	Garcia & Norrbom (2011)
	ES	Martins (2011)
Rosaceae		Malavasi et al. (1980)
Eriobotrya japonica (nêspera)	–	Martins (2011)
	ES	Malavasi et al. (1980)
Malus domestica (maçã)	–	Hempel (1905)
Prunus domestica (ameixa)	SP	Raga et al. (2011)
Prunus mume (ameixa-japonesa)	SP	Hempel (1905)
Prunus persica (pêssego)	SP	Martins (2011)
	ES	Souza Filho (1999)
Prunus persica var. *nucipersica* (nectarina)	SP	Malavasi et al. (1980)
Prunus sp. (ameixa-preta)	–	Malavasi et al. (1980)

Continua

Hospedeiros (famílias e espécies)	Estados	Referências (primeiros registros)
Rosaceae		
Pyrus communis (pera)	–	Malavasi et al. (1980)
Rubus sp. (amora)	SP	Souza Filho (1999)
Rubiacea		
Coffea arabica (café)	SP	Hempel (1905)
	ES	Martins (2011)
Coffea canephora (café conilon)	ES	Martins (2011)
Rutaceae		
Citrus aurantianum (laranja-azeda)	-	Malavasi et al. (1980)
	SP	Souza Filho (1999)
Citrus deliciosa (mexerica)	–	Malavasi et al. (1980)
	ES	Martins (2011)
Citrus grandis (toranja)	–	Malavasi et al. (1980)
Citrus limonia (limão-cravo)	SP	Souza Filho (1999)
Citrus madurensis (calamondin)	–	Malavasi et al. (1980)
Citrus nobilis (tangerina)	MG	Canal (1997)
Citrus reticulata (tangerina)	–	Malavasi et al. (1980)
	ES	Martins (2011)
Citrus reticulata x *C. sinensis* (tangor murcott)	SP	Souza Filho (1999)
Citrus reticulata var. *ponkna*	RS	Dias & Silva (2014)
Citrus reticulata var. *valencia*	RS	Dias & Silva (2014)
Citrus sinensis (laranja-doce)	SP	Ihering (1901)
	–	Malavasi et al. (1980)
	MS	Uchoa (1999)
	ES	Martins (2011)
Konquat fortunella	SP	Souza Filho (1999)
Murraya paniculata (murta)	ES	Martins (2011)
Ravenia wampi (vampiro)	RJ	Aguiar-Menezes et al. (2006)
Sapotaceae		
Chrysophyllum cainito (abiu-roxo)	SP	Souza Filho (1999)
	ES	Martins (2011)
Chrysophyllum gonocarpum (aguaí)	MS	Uchôa & Nicácio (2010)
Chrysophyllum mexicanum (caimito-mexicano)	SP	Souza Filho (1999)
Manilkara zapota (sapoti)	–	Malavasi et al. (1980)
	ES	Martins (2011)
Pouteria caimito (abiu-amarelo)	SP	Souza Filho (1999)
	ES	Martins (2011)
Pouteria gardneriana (guapeva)	GO	Veloso (1997)
Solanaceae		
Capsicum annuum (pimentão)	DF	França et al. (1995)
Capsicum chinense (pimenta-biquinho)	ES	Martins (2011)
Solanum gilo (jiló)	SP	Raga et al. (2011)
Sterculiaceae		
Guazuma ulmifolia (mutamba)	GO	Veloso (1997)
Verbenaceae		
Citharexylum myrianthum (pombeiro)	SP	Raga et al. (2011)

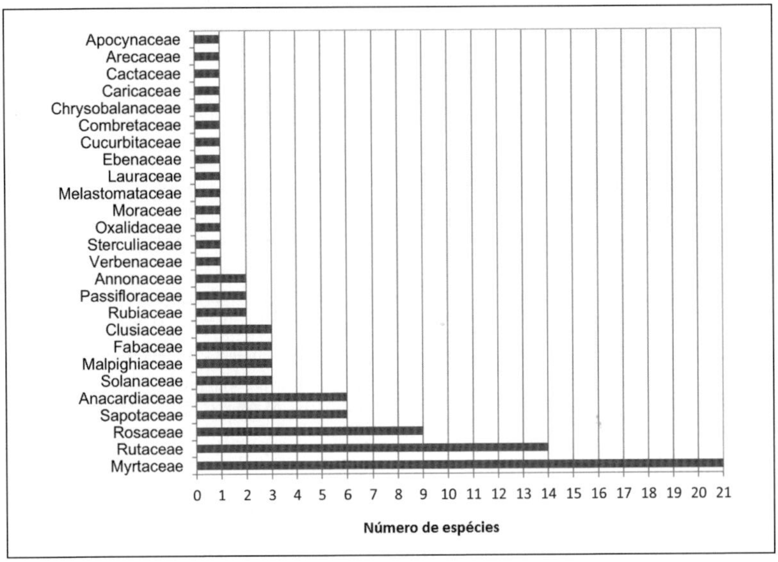

Figura 2. Número de espécies de hospedeiros de *Ceratitis capitata* nas respectivas famílias.

IMPORTÂNCIA ECONÔMICA

Sobre os prejuízos acarretados pela mosca-do-mediterrâneo, Avena-Saccá (1912) relatou:

> "[...] Por observações feitas por Latreille, discorre, estribadas no testemunho de Cattaire acerca dos prejuizos que a mesma espécie produz nos cedros, na ilha de França. Laboulbene (1871) descreve os damnos que a especie de *C. hispânica* produz nas laranjas na Argelia, inteiramente semelhantes aos que De Breme constatou relativamente á mesma fruta da Hespanha. Na Itália, A. Costa, primeiro lembrou que a *C. hispânica* não era na Calabria rara, em Aspromonte, e que só mais tarde se conheceram nessas regiões os prejuizos que faziam aos laranjaes. Com efeito, já em 1874, o damno produzido nas laranjas da Calabria pela espécie de que se trata começou a ser notado, e acentuou-se sensivelmente nos annos seguintes. Em 1878-79, a praga se estendeu aos laranjaes de Messina, e já então os agricultores do logar lhe conheciam as larvas que se escondem no interior dos frutos, mas desconheciam o adulto. Nesse mesmo anno, 1879, Macchiatti observou em Sassari, os vermes que penetram na polpa dos limões de que se nutrem. Em 1881, F. Alfonso encontrou a praga nos laranjaes nos arredores de Palermo e do mesmo anno existem observações interessantes em Miná Palumbo [...]."

O dano causado pela mosca-do-mediterrâneo inicia-se quando a fêmea introduz o acúleo no fruto, pois, durante a oviposição, bactérias podem penetrar e começar o processo de podridão dele. Posteriormente, pela punctura deixada pelo acúleo e pelos danos das larvas na polpa do fruto, pode haver também penetração de microrganismos, que causam o apodrecimento do fruto. A punctura causada pelo acúleo, dependendo do fruto, pode apresentar sintoma típico – em citros, mancha parda; em pêssego, pequeno ponto escuro; em caqui, mancha negra (Orlando & Sampaio, 1973). As larvas eclodem no interior do fruto e alimentam-se da polpa, tornando-o imprestável para o consumo. Em geral, os frutos atacados caem no solo. Os danos causados são significativos, em razão do alto nível populacional de *C. capitata* nos pomares.

As perdas ocasionadas pela mosca-do-mediterrâneo à fruticultura brasileira ainda não foram devidamente estimadas, nem os danos causadas pelas espécies de *Anastrepha* (espécies nativas) foram adequadamente avaliados. Entretanto, em época recente, foram avaliados os impactos socioeconômicos da mosca-da-carambola (*Bactrocera carambolae* Drew & Hancock), detectada no Brasil em 1996 (Barreto et al., 2011).

A estimativa do dano real causado pelas moscas-das-frutas é dificultada, pois, além dos danos diretos aos frutos, essas pragas têm importância quarentenária. Portanto, é preciso avaliar também quanto é perdido pelo embargo à exportação de frutas *in natura* por causa da presença de determinadas espécies de moscas-das-frutas no país exportador, mas que não ocorrem nos países importadores dessas *commodities*. Além do mais, quando a exportação de frutas *in natura* é permitida, várias exigências do país importador – por exemplo, estabelecimento de áreas livres, galpões especiais para empacotamento, embalagens especiais, fiscalização por agentes do país exportador etc. – precisam ser cumpridas. Essas atividades estão relacionadas à importância econômica das moscas-das-frutas, mas são difíceis de ponderar.

O valor do prejuízo tem sido baseado em estimativas hipotéticas. Por exemplo, Baldez (1972) estabeleceu alguns cálculos econômicos sobre o prejuízo das moscas-das-frutas em citros a partir de uma perda hipotética de 20%. Segundo Orlando e Sampaio (1973): "No Estado de São Paulo, muitos frutos, como: pêssegos, goiabas, uvaias etc., se não forem protegidos contra o ataque das moscas-das-frutas, sofrem danos que atingem, sem exagero, a totalidade das produções. Em citros, entre nós, normalmente, o ataque atinge níveis menos elevados, porém, alcançando porcentagens bastante altas, dependendo da região, variação anual, variedades, etc., podendo reduzir a produção, em 30 a 50%". As introduções da mosca-do-mediterrâneo na Califórnia, EUA, têm sido erradicadas desde 1975, pois o estabelecimento dessa praga causaria, além de perdas diretas (destruição de frutos), aumento do uso de inseticidas, restrições quarentenárias e destruição de frutos nativos. Estima-se que uma infestação permanente nesse estado norte-americano resultaria em perdas anuais de 1,3 a 1,8 bilhões de dólares (CDFA, 2008). Em razão da importância econômica e quarentenária de *C. capitata*, o Departamento de Agricultura dos Estados Unidos (USDA, 2003) dispõe de um plano de ação para a mosca-do-mediterrâneo que envolve vários procedimentos (identificação, levantamento, erradicação etc.), além de outras informações, para evitar o estabelecimento dessa praga no território norte-americano.

CONTROLE

Apesar da disponibilidade de armadilhas com atrativo alimentar ou feromônio, na prática o controle é realizado preventivamente. Os produtores têm empregado isca tóxica, composta por um atrativo alimentar (5% a 10%) e inseticida. O atrativo mais utilizado é a proteína hidrolisada e o melaço. A aplicação inicia-se quando da mudança de coloração da fruta e estende-se até a colheita. Outra opção é a utilização de espinosade na formulação isca concentrada (GB) (uma parte do produto para 1,5 L de água). No sul do Estado de São Paulo, onde o ataque de espécies de moscas-das-frutas em citros é mais intenso, têm sido realizadas aplicações aéreas para diminuir a população dos tefritídeos e, em consequência, minimizar seus danos.

AGRADECIMENTOS

A todos que me enviaram informações sobre os registros publicados dos hospedeiros de *C. capitata*. Ao Pedro T. Yamamoto, pelas informações sobre controle.

REFERÊNCIAS BIBLIOGRÁFICAS

AGUIAR-MENEZES, E. L. et al. *Levantamento de moscas-das-frutas, suas plantas hospedeiras e seus parasitoides, nas regiões Norte, Noroeste, baixadas litorâneas e sul fluminense.* Embrapa Agrobiologia, 2006. 36p. (Documento 218).

ARAUJO, E. L.; LIMA, F. A. M. & ZUCCHI, R. A. Moscas-das-frutas nos estados brasileiros. Rio Grande do Norte. In: MALAVASI, A. & ZUCCHI, R. A. (eds.). *Moscas-das-frutas de importância econômica no Brasil*: conhecimento básico e aplicado. Ribeirão Preto: Holos, 2000. 327p.

ARAUJO, E. L. et al. Moscas-das-frutas (Diptera: Tephritidae) no semiárido do Rio Grande do Norte: plantas hospedeiras e índices de infestação. *Neotrop. Entomol.* 34: 889-994, 2005.

ARRIGONI, E. B. *Dinâmica populacional de moscas-das-frutas (Diptera – Tephritidae) em três regiões do Estado de São Paulo.* Piracicaba, 1984. 165p. Tese (doutorado) – Escola Superior de Agricultura "Luiz de Queiroz", Universidade de São Paulo.

AVERNA-SACCÁ, R. Informações sobre *Ceratitis capitata. Boletim de Agricultura* 13: 391-402, 1912.

BALDEZ, L. C. G. Mosca-das-frutas. *Boletim do Campo* 35: 5-9, 1972.

BARRETO, M. C. et al. Impactos econômicos da dispersão da mosca-da-carambola (*Bactrocera carambolae*) à fruticultura nacional. In: SILVA, R. A.; LEMOS, W. P. & ZUCCHI, R. A. (eds.). *Moscas-das-frutas na Amazônia brasileira:* diversidade, hospedeiros e inimigos naturais. Macapá: Embrapa Amapá, 2011. 299p.

BEZZI, M. Descoberta de uma nova mosca das fructas no Brazil. *Chacaras e Quintaes* 19: 372-4, 1919.

BRICEÑO, P. D.; RAMOS, D. & EBEHARD, W. G. Courtship behavior of male *Ceratitis capitata* (Diptera, Tephritidae) in captivity. *Fla. Entomol.* 79: 130-43, 1996.

CANAL, D. N. A. *Levantamento, flutuação populacional e análise faunística das espécies de moscas-das-frutas (Dip., Tephritidae) em quatro municípios do norte de Minas Gerais.* Piracicaba, 1997. 113p. Tese (doutorado) – Escola Superior de Agricultura "Luiz de Queiroz", Universidade de São Paulo.

CDFA – California Department of Food and Agriculture. *Mediterranean fruit fly fact sheet*, 2008. Disponível em: <www.cdfa.ca.gov/plant/factsheets/MedFlyFactSheet. pdf>. Acesso em: 30 jul. 2013.

COSTA, A. M. et al. Influence of different tropical fruits on biological and behavioral aspects of the Mediterranean fruit fly *Ceratitis capitata* (Wiedemann) (Diptera, Tephritidae). *Revista Brasileira de Entomologia* 55(3): 355-60, 2011.

COSTA, G. M. M. et al. Ocorrência das "mosca-das-frutas" *Ceratitis capitata* (Diptera, Tephritidae) em Natal-RN. In: 14º CONGRESSO BRASILEIRO DE ENTOMOLOGIA, 1993. p. 177. *Resumos.*

DE MEYER, M. & COPELAND, R. S. A new sexually dimorphic *Ceratitis* species from Kenya (Diptera: Tephritidae). *J. Afrotrop. Zool.* 5: 21-6, 2009.

DIAMANTIDIS, A. D. et al. Population-specific demography and invasion potential in medfly. *Ecol. Evol.* 479-88, 2001.

DIAS, N. P. & SILVA, F. F. Moscas-das-frutas (Diptera: Tephritidae e Lonchaeidae) na região da fronteira oeste do Rio Grande do Sul. *Rev. Cienc. Agrar.* 57: 29-34, 2014.

EBERHARD, W. G. Sexual behavior and sexual selection in the Mediterranean fruit fly, *Ceratitis capitata* (Dacinae: Ceratitidini). In: MARTIN, A. & NORRBOM, A. L. (eds.). *Fruit flies (Tephritidae)*: phylogeny and evolution of behavior. CRC Press, 2000. 944p.

FEITOSA, S. S. et al. Primeiro registro de moscas-das-frutas (Diptera: Tephritidae) em carambola nos municípios de Teresina, Altos e Parnaíba no Estado do Piauí. *Semina: Ciências Agrárias* 28: 629-34, 2007.

FLECHTER, B. S. Life history strategies of tephritid fruit flies. In: ROBINSON, A. S. & HOOPER, G. (eds.). *Fruit flies their biology, natural enemies and control.* v. 3A, 1989. 447p.

FONSECA, J. P. & AUTUORI, M. Bicho dos frutos. *O Biológico* 10: 351-9, 1936.

FOOTE, R. H. Fruit fly genera South of the United States (Diptera: Tephritidae). *USDA Technical Bulletin* 1600, 1980. 79p.

FRANÇA, F. H. et al. Registro da ocorrência da mosca-do-mediterrâneo (Diptera: Tephritidae) em pimentão no Brasil. *Horticultura Brasileira* 13: 83, 1995.

GARCIA, F. R. M. & NORRBOM, A. L. Tephritoid flies (Diptera, Tephritoidea) and their plant hosts from the state of Santa Catarina in southern Brazil. *Fla. Entomol.* 94: 151-7, 2011.

GUTIERREZ, A. P. & PONTI, L. Assessing the invasive potential of the Mediterranean fruit fly in California and Italy. *Biol. Invasion* 13: 2.661-76, 2011. Disponível em: <link.springer.com/article/10.1007%2Fs10530-011-9937-6>. Acesso em: fev. 2013.

HAJI, F. N. P. et al. Ocorrência e índice de moscas-das-frutas (Tephritidae) na região do submédio do São Francisco. *Ver. Bras. Frut.* 13: 205-9, 1991.

HEMPEL, A. Contribuição à biologia do *Ceratitis capitata* Wied. *Boletim de Agricultura* 6: 352-4, 1905.

HEMPEL, A. O bicho dos fructos e seus parasitas. *Boletim de Agricultura* 7: 206-14, 1906.

IHERING, H. Laranjas bichadas. *Revista Agrícola* 70: 179-91, 1901.

ISRAELY, N. et al. Spatiotemporal distribution patterns of Mediterranean fruit fly (Diptera: Tephritidae) in the Central Region of Israel. *Ann. Entomol. Soc. Am.* 98: 77-84, 2005.

LEONEL JR., F. L.; ZUCCHI, R. A. & WHARTON, R. A. Distribution and tephritid hosts (Diptera) of braconid parasitoids (Hymenoptera) in Brazil. *Intern. J. Pest. Manag.* 41: 208-13, 1995.

LIMA, A. C. Sobre as moscas-das-frutas que vivem no Brasil. *Chacaras e Quintaes* 34: 21-4, 1926.

LIQUIDO, N. J.; BARR, P. G. & CUNNINGHAM, R. T. Medhost. An encyclopedic bibliography of the host plants of the Mediterranean fruit fly, *Ceratitis capitata* (Wiedemann). In: THOMPSON, F. C. (ed.). *Fruit fly expert system and systematic information database.* Diptera Data Dissemination Disk, 1998, version 1.0.

MALAVASI, A.; MORGANTE, J. S. & ZUCCHI, R. A. Biologia de "moscas-das-frutas" (Diptera, Tephritidae). I – Lista de hospedeiros e ocorrência. *Rev. Bras. Biol.* 40: 9-16, 1980.

MALAVASI, A.; ZUCCHI, R. A. & SUGAYAMA, R. H. Biogeografia. In: MALAVASI, A. & ZUCCHI, R. A. (eds.). *Moscas-das-frutas de importância econômica no Brasil*: conhecimento básico e aplicado. Ribeirão Preto: Holos, 2000. 327p.

MARICONI, F. A. M. & IBA, S. A mosca-do-mediterrâneo. *O Biológico* 31: 17-32, 1955.

MARSARO JR., A. L. et al. First record of natural infestation of *Pereskia aculeate* Mill (Cactaceae) by *Ceratitis capitata* (Wied.) (Diptera: Tephritidae) in Brazil. *Revista de Agricultura* 86: 151-4, 2011.

MARTINS, D. S. & ALVES, F. L. Ocorrência da mosca-das-frutas *Ceratitis capitata* (Wiedemann, 1824) (Diptera: Tephritidae), na cultura do mamoeiro (*Carica papaya* L.) no norte do Estado do Espírito Santo. *An. Soc. Entomol. Brasil.* 17: 227-9, 1988.

MARTINS, D. S. *Diversidade, distribuição geográfica e hospedeiros de moscas-das-frutas (Diptera: Tephritidae) no Estado do Espírito Santo, Brasil.* Viçosa, 2011. 136p. Tese (doutorado) – Universidade Federal de Viçosa.

MIDGARDEN, D. & LIRA, E. Ecological relationship of medfly and coffee in Guatemala and Mexico. In: 7th INTERNATIONAL SYMPOSIUM ON FRUIT FLIES OF ECONOMIC IMPORTANCE. Salvador, Brasil, 2006, p. 241-7.

MILWARD-DE-AZEVEDO, E. M. V. & PARRA, J. R. P. Influência da umidade de dois tipos de solo na emergência de *Ceratitis capitata*. *Pesq. Agropec. Bras.* 24: 321-7, 1989.

MORGANTE, J. S. *Moscas-das-frutas (Tephritidae):* características biológicas. Detecção e controle. Minist. Agric. Ref. Agr., 1991. 19p. (Boletim Técnico).

NASCIMENTO, A. S. & ZUCCHI, R. A. Dinâmica populacional das moscas-das-frutas do gênero *Anastrepha* (Dip., Tephritidae) no Recôncavo Baiano. I – Levantamento das espécies. *Pesq. Agropec. Bras.* 16: 763-7, 1981.

OLIVEIRA, F. L. et al. Registros de espécies e de hospedeiros de moscas-das-frutas (Diptera: Tephritidae) no Estado do Maranhão. In: 17º CONGRESSO BRASILEIRO DE ENTOMOLOGIA. Rio de Janeiro, 1998.

ORLANDO, A. & SAMPAIO, A. S. Moscas-das-frutas. *O Biológico* 39: 143-50, 1973.

PARRA, J. R. P.; ZUCCHI, R. A. & SILVEIRA NETO, S. Flutuação populacional e atividade de voo da mosca-do-mediterrâneo em cafeeiros "Mundo Novo". *Pesq. Agropec. Bras.* 17: 985-92, 1982.

PLÁCIDO-SILVA, M. C. et al. Effects of different protein concentrations on longevity and feeding behavior of two adult populations of *Ceratitis capitata* Wiedemann (Diptera: Tephritidae). *Neotrop. Entomol.* 35: 747-52, 2006.

PROKOPY, R. J. & HENDRICHS, J. Mating behavior of *Ceratitis capitata* on a field caged host tree. *Ann. Entomol. Soc. Am.* 72: 642-8, 1979.

PROKOPY, R. J.; ZIEGLER, R. R. & WONG, T. T. Y. Deterrence of repeated oviposition by fruit-marking pheromone in *Ceratitis capitata* (Diptera: Tephritidae). *J. Chem. Ecol.* 4: 55-63, 1978.

PUZZI, D. & ORLANDO, A. Estudos sobre a ecologia das "moscas-das-frutas" (Trypetidae) no Estado de São Paulo, visando o controle racional da praga. *Arq. Inst. Biol.* 32: 7-22, 1965.

RAGA, A. et al. Ocorrência de espécies de Tephritoidea (Diptera) em frutos de Myrtaceae no Estado de São Paulo, Brasil. *Entomotropica* 20: 11-4, 2005.

RAGA, A. et al. Host ranges and infestation indices of fruit flies (Tephritidae) and lance flies (Lonchaeidae) in São Paulo State, Brazil. *Fla. Entomo.* 94: 787-94, 2011.

RICALEDE, M. P. et al. Temperature-dependent development and survival of Brazilian populations of the Mediterranean fruit fly, *Ceratitis capitata*, from tropical, subtropical and temperate regions. *Journal of Insect Science* 12: 29, 2012. Disponível em: <insectscience.org/12.29>. Acesso em: jan. 2013.

RONCHI-TELES, B. & SILVA, N. M. Primeiro registro de ocorrência da mosca-do-mediterrâneo (*Ceratitis capitata*) (Diptera: Tephritidae) na Amazônia Brasileira. *An. Soc. Entomol. Brasil.* 25: 569-70, 1996.

SALLES, L. A. B. *Bioecologia e controle da mosca-das-frutas sul-americana*. Embrapa/CNPACT, 1995. 58p.

SAVARIS, M. et al. First record of *Anastrepha fraterculus* and *Ceratitis capitata* (Diptera: Tephritidae) on Arecaceae in Brazil. *Fla. Entomol.* 96: 1.597-9, 2013.

SILVA, A. G. et al. *Quarto catálogo dos insetos que vivem nas plantas do Brasil, seus parasitos e predadores*. Min. Agric., Dep. Insp. Agropec. Parte II, Tomo 1, 1968. 622p.

SILVA, J. G.; URAMOTO, K. & MALAVASI, A. First record of *Ceratitis capitata* (Diptera: Tephritidae) in the eastern Amazon, Pará, Brazil. *Fla. Entomol.* 81: 574-7, 1998.

SILVA, M. M. *Levantamento e análise faunística de mosca-das-frutas (Diptera, Tephritidae) em quatro locais do Estado do Amazonas*. Piracicaba, 1993. 152p. Tese (doutorado) – Escola Superior de Agricultura "Luiz de Queiroz", Universidade de São Paulo.

SILVA, R. A.; LEMOS, W. P. & ZUCCHI, R. A. Ocorrência e hospedeiros de *Ceratitis capitata* na Amazônia brasileira. In: SILVA, R. A.; LEMOS, W. P. & ZUCCHI, R. A. (eds.). *Moscas-das-frutas na Amazônia brasileira:* diversidade, hospedeiros e inimigos naturais. Macapá: Embrapa Amapá, 2011. 299p.

SOUZA, H. M. L. et al. Occurrence of *Anastrepha fraterculus* (Wied.), *Ceratitis capitata* (Wied.) and *Silba* spp. eggs in ovopisition bores on three host fruits. *Rev. Brasil. Entomol.* 27: 191-5, 1983.

SOUZA, A. J. B. et al. Moscas-das-frutas (Diptera: Tephritidae) associadas às plantas hospedeiras do pomar do campus do Pici da Universidade Federal do Ceará. *Arq. Inst. Biol.* 75: 21-7, 2008.

SOUZA FILHO, M. F. *Biodiversidade de moscas-das-frutas (Diptera: Tephritidae) e seus parasitoides*. Piracicaba, 1999. 173p. Tese (doutorado) – Escola Superior de Agricultura "Luiz de Queiroz", Universidade de São Paulo.

STEYSKAL, G. C. A second species of *Ceratitis* (Diptera: Tephritidae) adventive in the New World. *Proc. Entomol. Soc. Wash.* 84: 165-6, 1982.

UCHOA, M. A. F. *Biodiversidade de moscas frugívoras (Diptera, Tephritoidea), seus frutos hospedeiros e parasitoides (Hymenoptera) em áreas de cerrado do Estado de Mato Grosso do Sul*. Piracicaba, 1999. 104p. Tese (doutorado) – Escola Superior de Agricultura "Luiz de Queiroz", Universidade de São Paulo.

UCHOA, M. A. F. & NICÁCIO, J. New records of Neotropical fruit flies (Tephritidae), lance flies (Lonchaiedae) (Diptera, Tephritoidea) and their host plants in the South Pantanal and adjacent areas, Brazil. *Ann. Entomol. Soc. Am.* 103(5): 723-33, 2010.

UCHOA, M. A. F. & ZUCCHI, R. A. Mato Grosso e Mato Grosso do Sul. In: MALAVASI, A. & ZUCCHI, R. A. (eds.). *Moscas-das-frutas de importância econômica no Brasil*: conhecimento básico e aplicado. Ribeirão Preto: Holos, 2000. 327p.

USDA – United States Department of Agriculture. *Mediterranean Fruit Fly Action Plan,* 2003. Disponível em: <www.aphis.usda.gov/.../medfly_action_plan.pdf>. Acesso em: 30 jul. 2013.

VELOSO, V. R. S. *Dinâmica populacional de Anastrepha spp. e Ceratitis capitata (Wied., 1824) (Diptera, Tephritidae) nos cerrados de Goiás*. Goiânia, 1997. 115p. Tese (doutorado) – Universidade Federal de Goiânia.

VERA, T. et al. Potential geographical distribution of the Mediterranean fruit fly, *Ceratitis capitata* (Diptera: Tephritidae), with emphasis on Argentina and Australia. *Environ. Entomol.* 31: 1.009-22, 2002.

WALDER, J. M. M. et al. Criação e liberação do parasitoide *Diachasmimorpha longicaudata* (Ashmead) (Hymenoptera: Braconidae) para controle de moscas-das-frutas no Estado de São Paulo. *Laranja* 16: 149-53, 1995.

YUVAL, B. & HENDRICHS, J. Behavior of flies in the genus *Ceratitis* (Dacinae: Ceratitidini). In: MARTIN, A. & NORRBOM, A. L. (eds.). *Fruit flies (Tephritidae)*: phylogeny and evolution of behavior. CRC Press, 2000. 944p.

ZANARDI, O. Z. et al. Desenvolvimento e reprodução da mosca-do-mediterrâneo em caquizeiro, macieira, pessegueiro e videira. *Pesq. Agropc. Bras.* 46: 682-8, 2011.

ZUCCHI, R. A. Taxonomia. In: MALAVASI, A. & ZUCCHI, R. A. (eds.). *Moscas-das-frutas de importância econômica no Brasil:* conhecimento básico e aplicado. Ribeirão Preto: Holos, 2000a. 327p.

ZUCCHI, R. A. Mosca-do-mediterrâneo, *Ceratitis capitata* (Diptera: Tephritidae). In: VILELA, E. F.; ZUCCHI, R. A. & CANTOR, F. (eds.). *Histórico e impacto das pragas introduzidas no Brasil.* Ribeirão Preto: Holos, 2000b.173p.

ZUCCHI, R. A. *Fruit flies in Brazil – Anastrepha species their host plants and parasitoids*, 2008. Disponível em: <www.lea.esalq.usp.br/anastrepha/>. Atualizado em: 3 out. 2014. Acesso em: 14 out. 2014.

ZUCCHI, R. A. *Fruit flies in Brazil – Hosts and parasitoids of the Mediterranean fruit fly*, 2012. Disponível em: <www.lea.esalq.usp.br/ceratitis>. Atualizado em: 11 ago. 2014. Acesso em: 14 out. 2014.

ZUCOLOTO, F. S. Effects of flavor and nutritional value on diet selection by *Ceratitis capitata* larvae (Diptera: Tephritidae). *J. Insect. Physiol.* 37: 21-6. 1991.

ZUCOLOTO, F. S. Egg production by *Ceratitis capitata* (Diptera: Tephritidae) fed with different carbohydrates. *Rev. Bras. Ent.* 36: 235-40, 1992.

ZUCOLOTO, F. S. Acceptability of different Brazilian fruits to *Ceratitis capitata* (Diptera: Tephritidae) and fly performance on each species. Braz. *J. Med. Biol. Res.* 26: 291-8, 1993.

7

Mosca-da-carambola, *Bactrocera carambolae* Drew & Hancock

A. Malavasi

INTRODUÇÃO

A família Tephritidae é uma das maiores dentro dos Diptera. Possui mais de 500 gêneros e 4 mil espécies divididas em três subfamílias (White & Harris, 1992; Norrbom, Carrol & Freidburg, 1999). As pragas de tefritídeos são particularmente importantes devido à sua capacidade de invadir novas regiões, distantes da sua distribuição original. Espécies que colonizam novos ambientes e que atacam espécies de frutos comerciais representam um grande problema e implicam a imposição de restrições quarentenárias por parte dos países (McPheron & Steck, 1996). Essas restrições podem afetar o comércio de frutas frescas e, assim, reduzir ou inibir a expansão de áreas cultivadas com fruteiras nas regiões onde a praga estiver estabelecida.

Muitas espécies de tefritídeos são frugívoras – alimentam-se de frutos frescos. As espécies mais importantes, como *Ceratitis capitata*, a mosca-do-mediterrâneo, têm grande capacidade de dispersão e de colonização de novas áreas. Existem três características principais que dão aos tefritídeos o *status* de espécies invasivas com grande potencial de colonização: a) alta e rápida taxa de crescimento, que permite aumento dramático da população em curtos períodos de tempo; b) alta capacidade natural de dispersão, dada pela sua boa capacidade de voo e pela busca ativa de hospedeiros, quando estes não se encontram disponíveis na área onde a população está instalada; c) alta dispersão antrópica, já que os estágios de ovo e de larva ocorrem necessariamente dentro do fruto, sendo muito comum as pessoas transportarem frutas de um local a outro.

Muitas frutas infestadas podem ser carregadas por pessoas que viajam grandes distâncias – hoje, principalmente por via aérea – e em curtos períodos de tempo. Em cerca de trinta horas, é possível deslocar-se de um lado a outro do planeta, transportando pragas e doenças humanas que representam um perigo constante para os órgãos de defesa agropecuária e para as agências de saúde humana. Em algumas culturas, por exemplo, na América Latina e no Caribe, no Sudeste Asiático e na África Subsaariana, é muito comum as pessoas carregarem frutas frescas, e provavelmente infestadas com larvas de tefritídeos, que constituem uma fonte fácil de alimento, já que se encontram prontas para consumo a qualquer hora. Portanto, frutos infestados com ovos e larvas podem viajar grandes distâncias devido ao hábito cultural associado ao moderno sistema de transporte aéreo, permitindo, assim, que enorme número de insetos imaturos mova-se em largas distâncias, o que seria impossível por meio de dispersão natural. Este é exatamente o caso da mosca-da-carambola, *Bactrocera carambolae*, que foi introduzida no Suriname, norte da América do Sul, na década de 1970.

Posição taxonômica e nomenclatura

Ordem: Diptera

Subordem: Brachycera

Família: Tephritidae

Subfamília: Dacinae

Gênero: *Bactrocera* Macquart, 1835

Espécie: *Bactrocera carambolae* Drew & Hancock, 1994

A subfamília Dacinae (Christenson & Foote, 1960; Fletcher, 1987; White & Harris, 1992) tem origem no Velho Mundo, em especial na Ásia e na África tropicais, e é representada por cerca de oitocentas espécies, incluindo *Bactrocera* e *Ceratitis* spp. Até chegar à região das Guianas na América do Sul (Hancock, 1990; Sauers-Müller, 1991), não havia registro de nenhuma espécie do complexo *Bactrocera dorsalis*, mosca-das-frutas do Oriente, estabelecida permanentemente no Novo Mundo (Vargas, Stark & Nishida, 1990; Drew, Hooper & Bateman, 1978; Bateman, 1982). Exemplares isolados e pequenas infestações de várias espécies do complexo *B. dorsalis* foram detectados no Chile e nos Estados Unidos – Califórnia e Flórida –, mas as rápidas ações das autoridades sanitárias impediram seu estabelecimento permanente.

B. carambolae (Figura 1) foi descrita por Drew e Hancock (1994). Estes autores subdividiram o gênero *Dacus,* chamando um deles de *Bactrocera,* que inclui

Figura 1. *Bactrocera carambolae* (macho). Foto: D. Didelot.

a maioria das espécies anteriormente pertencentes a *Dacus*. O grupo de moscas anteriormente classificadas como *Dacus dorsalis*, mosca-do-oriente, é encontrado em toda a Ásia e nas ilhas do Pacífico. Inicialmente, Drew e Hancock suspeitavam da existência de sete espécies crípticas, identificadas erroneamente como *D. dorsalis*. Como resultado de sua análise, eles descreveram 44 novas espécies com base na morfologia, na distribuição geográfica e na lista de hospedeiros. A mosca-da-carambola é, portanto, próxima da mosca-do-oriente e sua região de origem é a Indonésia, a Malásia e a Tailândia.

BIOLOGIA E ECOLOGIA

O período de ovo adulto dura aproximadamente 22 dias, em condições climáticas favoráveis (26°C e 70% UR). Os ovos levam de um a dois dias para eclodir, o estágio larval dura de seis a nove dias e o de pupa, de oito a nove dias. Os adultos atingem a maturidade sexual oito a dez dias após a emergência. O tempo mínimo de geração é de aproximadamente 30 dias.

As fêmeas realizam puncturas em frutos verdes ou próximo à maturação e podem depositar de um a dez ovos imediatamente abaixo do pericarpo. As larvas passam por três estágios dentro do fruto, alimentando-se da polpa e produzindo galerias. No final do terceiro estágio, elas deixam o fruto, o que em geral ocorre quando ele já está caído no solo. A empupação ocorre no solo a 2 a 7 centímetros de profundidade. A duração do período pupal depende da temperatura e da umidade do solo. Os adultos emergem dos pupários e iniciam atividade e voo após a expansão plena de suas asas.

Machos e fêmeas procuram ativamente alimento e atingem a maturidade sexual com idade entre 8 e 12 dias. Eles se alimentam de frutos em decomposição, néctar de plantas, excrementos de aves, secreções de afídeos e outras substâncias (Hendrichs & Hendrichs, 1990; Hendrichs & Prokopy, 1994). Necessitam de proteína para a maturação de ovócitos e espermatozoides. Ambos os sexos parecem responder bem a atrativos alimentares, embora, hipoteticamente, as fêmeas devam ser mais atraídas, devido à sua necessidade de proteína para a produção de ovos.

As fêmeas ovipositam em frutos verdes saudáveis e realizam a punctura para deixarem seus ovos abaixo da epiderme dos frutos. Podem colocar até cerca de 3 mil ovos durante toda a vida, em condições de laboratório, embora se considere que de 1.200 a 1.500 seja o número usual durante a sua vida, em condições naturais.

Para a cópula, as fêmeas são atraídas para os leques formados pelos machos, que apresentam um comportamento de chamada com o propósito de atraí-las (Sivinski & Burk, 1989). A cópula de *B. carambolae* ocorre imediatamente antes do escurecer, quando a intensidade luminosa torna-se menor que 1.000 lux, e em geral, acontece na planta hospedeira (McInnis et al., 1999). No Suriname, as primeiras cópulas ocorrem apenas após dezoito dias de emergência.

As fases do ciclo de *B. carambolae* – ovo, larva (três estágios), pupa e adulto até a fase reprodutiva – podem ser completadas entre trinta e quarenta dias. Os adultos podem permanecer vivos até cerca de 125 dias. O tempo de vida varia com a temperatura e a disponibilidade de alimento.

Adultos de ambos os sexos apresentam grande capacidade de voo e podem percorrer longas distâncias em caso de falta de hospedeiros ou alimento. Por outro lado, tendem a permanecer nos locais em que emergiram quando encontram alimento.

PLANTAS HOSPEDEIRAS

A mosca-da-carambola ataca mais de cem espécies de frutos no Sudeste Asiático. Para as condições do Suriname, Van Sauers-Müller (1991) reportou que a lista de hospedeiros identificados é similar à encontrada para a espécie em sua região de origem, na Indonésia e na Malásia. Os principais hospedeiros encontrados no Suriname, na Guiana Francesa e no estado brasileiro do Amapá, com a sua classificação em termos de importância, aparecem na Tabela 1.

HISTÓRICO DA INTRODUÇÃO DA PRAGA NA AMÉRICA DO SUL E NO BRASIL

A mosca-da-carambola é nativa da Indonésia, da Malásia e da Tailândia (Vijaysegaran & Oman, 1991) e foi coletada pela primeira vez na América do Sul, na capital do Suriname, Paramaribo, em 1975. Provavelmente por negligência dos identificadores – talvez não soubessem em que continente ficava o Suriname –, não

Tabela 1. Hospedeiros de *B. carambolae* no norte da América do Sul.

Nome científico	Nome comum	Família	*Status**
Averrhoa carambola	Carambola	Oxalidaceae	1
Syzygium malaccensis	Jambo-roxo	Myrtaceae	1
Chrysophyllum caimito	Abio	Sapotaceae	2
Malpighia punicifolia	Acerola	Malpighiaceae	2
Mangifera indica	Manga	Anacardiaceae	2
Manilkara zapota	Sapoti	Sapotaceae	2
Psidium guajava	Goiaba	Myrtaceae	2
Citrus paradisi	Pomelo	Rutaceae	3
C. aurantium	Laranja azeda	Rutaceae	3
C. reticulata	Tangerina	Rutaceae	3
C. sinensis	Laranja-doce	Rutaceae	3
Eugenia uniflora	Pitanga	Myrtaceae	3
Garcinia dulcis	Moendoe	Clusiaceae	3
Spondias cytherea	Golden apple	Anacardiaceae	3
Terminalia catappa	Amendoeira	Combretaceae	3
Ziziphus mauritiana	Jujube	Rhamnaceae	3
Anacardium occidentale	Caju	Anacardiceae	3

* 1) Excelente. 2) Regular. 3) Inadequado.

foi tomada nenhuma iniciativa, até que novamente, em 1981, novos exemplares foram coletados e enviados ao Departamento de Agricultura dos Estados Unidos, sendo então identificados como *Dacus dorsalis*, a mosca-do-oriente. Embora a espécie já fosse reconhecida como uma da mais sérias pragas de fruteiras no mundo, nenhuma ação foi tomada naquela época.

Em 1986, a comunidade internacional deu-se conta de que a presença da mosca-do-oriente no Suriname poderia representar uma importante ameaça à produção e comercialização de frutas da América tropical e subtropical e do Caribe. A mosca foi mais tarde identificada como uma nova espécie, *B. carambolae,* pertencente ao complexo da mosca-do-oriente.

Sem surpresa, Malavasi et al. (1998a,b) notaram que havia forte relação entre o Suriname e a região de origem da mosca-da-carambola, a Indonésia: ambos os países são ex-colônias da Holanda. Só foi possível imaginar essa relação quando *D. dorsalis* foi classificada como *B. carambolae.* O Suriname possuía, em 2012, uma população estimada de 490 mil habitantes, 15% dela formada por descendentes de javaneses, trazidos da Indonésia pelos colonizadores holandeses no quarto final do século XIX e começo do século XX, como força de trabalho, em substituição aos escravos, que haviam abandonado os campos de produção após a sua libertação, em 1873. O Suriname tornou-se país independente da Holanda apenas em 1975 e ainda mantém com esse país fortes relações econômicas, culturais e comerciais. Mais de 90% do comércio e das viagens internacionais acontecem com a Holanda. Durante o período colonial e mesmo após a independência, a companhia aérea holandesa KLM era a única empresa a operar voos que chegavam e partiam do Suriname.

Por volta de 1998, estava claro (Malavasi, Midgarden & Sauers-Muller, 1998a) que a introdução da mosca-da-carambola na América do Sul deu-se por meio de um viajante da Indonésia que partiu de sua capital, Djakarta, para Amsterdã e de lá para Paramaribo, numa jornada de 12 mil quilômetros. A distância entre o Sudeste Asiático, onde a mosca-da-carambola ocorre naturalmente, e o norte da América do Sul não permitiria uma introdução através das linhas marítimas regulares pelo longo período de tempo, estimado em mais de quarenta dias.

A falta de fundos e coordenação entre a comunidade internacional permitiu que a mosca expandisse sua distribuição geográfica no norte da América do Sul, alcançando a Guiana Francesa em 1985 (sentidos leste e sul); a República da Guiana, em 1993, ao longo do Rio Courantyne, na fronteira oeste do Suriname; e, finalmente, o Brasil, na cidade do Oiapoque, na fronteira com a Guiana Francesa, em março de 1996.

Brasil

Após a detecção da praga em março de 1996, numa ação rápida do Ministério da Agricultura, Pecuária e Abastecimento (Mapa), desencadeada em maio, o foco inicial foi debelado em dezembro do mesmo ano. Entretanto, a cidade de Oiapoque está a apenas 6 quilômetros da vila de Saint Georges. As cidades estão separadas pelo rio Oiapoque, com largura média de 400 metros, que serve de fronteira internacional e tem intenso tráfego de barcos que transportam pessoas e mercadorias livremente, sem qualquer inspeção, tanto do lado francês como do lado brasileiro.

Guiana Francesa

É importante contextualizar o que ocorre nessa região e que afeta diretamente o estabelecimento da mosca-da-carambola no Brasil. A Guiana Francesa é um departamento ultramarino da França, com superfície de 83 mil quilômetros quadrados, pouco menor do que o Estado de Santa Catarina, e com população de apenas 230 mil habitantes (em comparação, Santa Catarina tem 6,2 milhões). A população, na sua maioria, é creole (80%) e recebe grande ajuda social da metrópole, o que reduz significativamente a força de trabalho. A agricultura praticamente inexiste e todos os produtos consumidos na capital Cayenne e nas demais cidades são recebidos da Europa. Entretanto, a Guiana Francesa tem grande importância estratégica para a França, pois nela está localizada a base de lançamentos de foguetes de

Kourou, a qual, por estar muito próxima à linha do Equador, consegue alocar em órbita satélites a custo competitivo, se comparada com outras bases de lançamento.

Dados oficiais do Ministério da Agricultura da França, de 2006, revelam que há na Guiana Francesa 3.275 hectares cultivados com frutas que produzem 76 toneladas anuais. Apenas para comparação, esse valor corresponde a aproximadamente 10% da área cultivada apenas com manga no Vale do São Francisco. Em resumo, a produção agrícola da Guiana Francesa é irrisória; e o governo francês não possui planos ou interesse em mudar esse panorama.

Nesse cenário, fica complicado cobrar das autoridades sanitárias francesas qualquer apoio no combate a *B. carambolae*, já que qualquer medida de controle custará muito mais do que o valor da produção. As autoridades francesas têm apelado para diferentes argumentos, a maioria inválidos e usados apenas para tergiversar quanto à verdadeira falta de interesse em iniciar um projeto de controle.

Acrescente-se a isso a presença de asiáticos imigrantes da China, do Laos e do Vietnã, que têm por hábito cultivar plantas hospedeiras da mosca-da-carambola originárias da Ásia, como a própria carambola e o jambo-roxo.

Nesse quadro, na Guiana Francesa há uma ampla distribuição de *B. carambolae,* desde a fronteira com o Suriname, no extremo noroeste do departamento, até a fronteira com o Amapá, no nordeste do departamento, ao longo da rodovia que cruza todo o norte da Guiana, a aproximadamente 50 quilômetros da costa. *B. carambolae* é encontrada em alta densidade na vila de Saint Georges, infestando grande número das carambolas presentes na vila e nos povoados ao longo da margem esquerda do rio Oiapoque, no lado francês. Considerando que a largura média do rio é de 400 metros, é bem provável que a infestação do lado amapaense se dê pela própria espécie, já que a mosca-da-carambola pode voar facilmente essa distância, auxiliada ou não pelo vento. Acrescente-se ainda o tráfego intenso e livre entre os sítios, casas e vilarejos das duas margens do rio, o que sem dúvida aumenta a probabilidade de as pessoas levarem frutas infestadas e até espécimes da mosca-das-frutas dentro dos barcos.

A tentativa de impedir o tráfego de barcos seria inócua, pela porosidade típica na região. A estratégia preconizada e sempre negociada com a França foi realizar ações de controle na vila de Saint Georges e em seu entorno, para diminuir a pressão de infestação do lado francês para o lado brasileiro. A ponte que ligará as duas cidades, prevista para ser inaugurada em breve, é mais um complicador, que deverá aumentar ainda mais o risco de infestações recorrentes, caso um dia se alcance a erradicação no Estado do Amapá.

Amapá

Após o sucesso inicial da erradicação do foco, em dezembro de 1996, a pressão exercida pela população da mosca-da-carambola, presente na margem francesa do rio Oiapoque, resultou em repetidos focos na área urbana de Oiapoque, que acabaram espalhando-se para a área rural e em seguida foram levados a outras vilas ao longo da BR-156, que liga o município à capital Macapá, num percurso de aproximadamente 500 quilômetros.

Apesar dos esforços do Mapa, a situação foi pouco a pouco complicando-se, e em 2005-2006 havia cinco focos principais no Estado do Amapá: Oiapoque, Carnot, Porto Grande, Macapá e Santana. A população de *B. carambolae* mantinha-se em densidades relativamente altas, sobretudo nas cidades de Santana e Porto Grande, ambas no sul do estado. A presença constante da praga na cidade de Santana, porto fluvial importante, que recebe barcos e também envia para o alto rio Amazonas, representa alto risco de disseminação para os estados do Pará e Amazonas. O Mapa e a Agência de Defesa Agropecuária do Pará (Adepará) mantêm uma rede de detecção por meio de armadilhas nas rotas mais prováveis de disseminação da espécie (Godoy, 2009). Essa rede permitiu detectar em Monte Dourado, no Estado do Pará, em fevereiro de 2007, três exemplares da mosca-da-carambola. A cidade está localizada às margens do rio Jari, que faz divisa com o município de Laranjal do Jari, no Estado do Amapá. A aplicação imediata do plano de contingência resultou na erradicação desse único foco, fora até então do Amapá, em julho de 2007, e na declaração de erradicação do foco, em fevereiro de 2008.

A mosca-da-carambola encontra-se atualmente (2012) em todo o Estado do Amapá, tornando sua erradicação cada vez mais difícil, tanto do ponto de vista operacional como financeiro.

Em 2011, como resultado da gradativa ocupação da mosca-da-carambola em todo o território da República da Guiana – que faz fronteira com o Estado de Roraima –, foi detectado um foco na cidade de Normandia, pela rede de detecção do Mapa, erradicado após a aplicação das medidas de controle.

Distribuição geográfica atual na América do Sul

Um programa regional financiado pelo International Fund for Agricultural Development (IFAD), pelo United States Department of Agriculture (USDA) e pelo governo da Holanda foi estabelecido em Paramaribo, em 1997, com o objetivo de erradicar a espécie da América do Sul. Em três anos, a distribuição dentro do Suriname foi reduzida em 80%; foi alcançada a erradicação na região fronteiriça da República da Guiana e a população da praga foi mantida somente na região do Oiapoque. Em 2002, quando a mosca-da-carambola estava presente basicamente na área urbana da capital e em alguns *spots* na rodovia para a Guiana Francesa, o programa foi interrompido, por falta de apoio financeiro, devido à crise mundial. Como resultado da interrupção, a espécie voltou a ocupar sua distribuição pré-programa regional e espalhou-se nas direções norte e oeste, no sentido da República da Guiana, e nas direções sul e leste no Amapá, alcançando Macapá.

A atual distribuição da mosca-da-carambola na América do Sul (2012) inclui todo o Suriname e a Guiana Francesa, as regiões oeste, central e sul da República da Guiana e o Estado do Amapá (Figura 2).

Figura 2. Distribuição de *B. carambolae* na América do Sul (em vermelho).

IMPACTO ECONÔMICO, BIOLÓGICO E SOCIAL

A mosca-da-carambola está listada com outras espécies do complexo *B. dorsalis* na lista de insetos quarentenários para a Comunidade Econômica Europeia (Eppo, 2011). A presença da espécie, em sua atual distribuição, representa uma ameaça à produção e comercialização de frutas e vegetais nas regiões tropical e subtropical da América Central, do Sul e no Caribe. A falta de ações para controlar a praga, quando foi primeiramente detectada, permitiu seu estabelecimento, de forma a torná-la de significativa importância econômica (Vo & Muller, 1995; Sanchez, 1998). A descoberta dessa praga resultou na imposição de restrições quarentenárias pelos países importadores, em 1986, reduzindo as exportações de frutas do Suriname e o desenvolvimento da área frutícola e as exportações do Suriname e da Guiana Francesa.

A expansão geográfica da mosca-da-carambola para além da sua distribuição atual poderá acarretar mudanças significativas no nível de produção e no valor das exportações dos países que forem infestados. As perdas econômicas deverão ocorrer devido à diminuição do valor do produto, que serve como hospedeiro da praga, tanto pelo dano causado no fruto e pela redução da produtividade quanto pela perda em função da redução do mercado internacional, devido às restrições quarentenárias.

Uma análise econômica conduzida por Sanchez (1998) mostrou que os benefícios acumulados sobre a produção, numa projeção de doze anos, variavam entre 239 e 359 milhões de dólares, sendo que o Brasil seria o maior beneficiário, com valores entre 194 e 291 milhões de dólares.

Análises atuais (Barreto et al., 2011) aplicadas somente ao Brasil mostram que as perdas podem ser significativas para diferentes ambientes e que a contenção para o Estado do Amapá é altamente desejável. Miranda, Nascimento e Ximenes (2010) fizeram uma análise de benefício–custo do controle da espécie para todo o Brasil e chegaram à conclusão de que o benefício econômico do controle, estimado a partir do quinto ano de disseminação da praga, atingiria um valor aproximado de 400 milhões de reais (ver Capítulo 5).

CONSIDERAÇÕES FINAIS

A introdução de *B. carambolae* na América do Sul ilustra mais um caso de como os meios de transporte ajudam no processo de cosmopolitização das pragas agropecuárias. Mostra também a falta de decisão dos organismos internacionais, que se mostram sempre lentos no processo de avaliação e implementação de qualquer programa de controle, supressão ou erradicação de uma espécie invasora em novo território, principalmente quando o país afetado tem pouca relevância na produção mundial de alimentos, como é o caso do Suriname.

Apesar do significativo aporte financeiro do Mapa no programa de erradicação dentro do Estado do Amapá, essa possibilidade está cada vez mais distante, em função das dificuldades operacionais e logísticas enfrentadas e pelo fato de o programa gradualmente mudar seu foco, concentrando-se agora apenas na contenção da praga nesse estado. De qualquer forma, desde a detecção do primeiro foco, em março de 1996, passaram-se dezesseis anos e, apesar do alto custo e da baixa eficiência operacional, o programa conseguiu manter a espécie apenas no Estado do Amapá.

Do ponto de vista ecológico, como *B. carambolae* tem origem em ambiente tropical com alta temperatura, acima de 25°C, e alta umidade, acima de 80%, e até agora, na América do Sul, está restrita a ambientes com essas características, é possível especular que não se adapte facilmente aos ambientes brasileiros onde estão localizadas as grandes áreas produtoras de frutas. Entretanto, essa não é uma aposta que se deva pagar para ver. Por outro lado, o risco da introdução da mosca-da-carambola na Flórida, EUA, é considerado baixo (Malavasi et al., 2013).

REFERÊNCIAS BIBLIOGRÁFICAS

BARRETO, M. C. et al. Impactos socioeconômicos da dispersão da mosca-da-carambola (*Bactrocera carambolae*) à fruticultura nacional. In: SILVA, R. A.; LEMOS, W. P. L. & ZUCCHI, R. A. (eds.). *Moscas-das-frutas na Amazônia brasileira:* diversidade, hospedeiros e inimigos naturais. Macapá: Embrapa Amapá, 2011.

BATEMAN, M. A. The ecology of fruit flies. *Ann. Rev. Entomol.* 12: 493-519, 1972.

CHRISTENSON, L. D. & FOOTE, R. H. Biology of fruit flies. *Ann. Rev. Entomol.* 5: 171-92, 1960.

DREW, R. A I.; HOOPER, G. H. S. & BATEMAN, M. A. *Economic fruit flies of the South Pacific.* Brisbane: Watson Ferguson, 1978. 139p.

DREW, R. A. I. & HANCOCK, D. L. The *Bactrocera dorsalis* complex of fruit flies (Diptera: Tephritidae: Dacinae) in Asia. *Bulletin of Entomological Research* (suppl. 2): 1-68, 1974.

EPPO. *Quarantine pest data sheets*, 2011.

FLETCHER, B. S. The biology of Dacine fruit flies. *Ann. Rev. Entomol.* 32: 115-44, 1987.

GODOY, M. J. S. Programa Nacional de Erradicação da Mosca-da-carambola. In: MALAVASI, A. & VIRGINIO, J. F. (eds.). *Curso internacional de capacitação em moscas-das-frutas – Biologia, monitoramento e controle de moscas-das-frutas*. Juazeiro, Biofábrica Moscamed Brasil, 2009.

HANCOCK, D. *Oriental fruitfly survey and detection.* FAO Project Report (TCP/RLA/8858). Rome, 1990.

HENDRICHS, J. & HENDRICHS, M. A. Mediterranean fruit fly (Diptera: Tephritidae) in nature: location and diel pattern of feeding behavior and other activities on fruiting and nonfruting hosts and nonhosts. *Annal. Entomol. Soc. Am.* 83: 632-41, 1990.

HENDRICHS, J. & PROKOPY, R. J. Food foraging behavior of frugivorous fruit flies. In: CALKINS, C. O.; KLASSEN, W. & LIEDO, P. (eds.). *Fruit flies and the sterile insect technique.* CRC Press, 1994.

MALAVASI, A.; MIDGARDEN, D. & SAUERS-MULLER, A. V. *Carambola fruit fly – Operations manual.* IICA, Paramaribo, Suriname, 1998a. 32p.

MALAVASI, A.; MIDGARDEN, D. & DE MEYER, M. *Bactrocera* species that pose a threat to Florida: *B. carambolae* and *B. invadens.* In: PEÑA, J. E. (ed.). *Potential invasive pests of agricultural crops.* Cabi, 2013. 440p.

MALAVASI, A et al. Regional programme for the eradication of the carambola fruit fly in South Arnerica. In: HONG, T. (ed.). In: INTERNATIONAL SYMPOSIUM OF FRUIT FLIES OF ECONOMIC IMPORTANCE. *Proceedings.* Penang, 1998b.

McINNIS, D. O. et al. Interspecific mating of introduced sterile *Bactrocera dorsalis* with wild *B. carambolae* (Diptera: Tephritidae) in Suriname: a case for cross-species SIT. *Ann. Entom. Soc. Am.* 92: 758-65, 1999.

McPHERSON, B. A. & STECK, G. J. *Fruit fly pests*: a world assessment of their biology and management. Delray Beach: St. Lucie Press, 1996.

MIRANDA, S. H. G.; NASCIMENTO, A. S. & XIMENES, V. Aplicação da análise benefício–custo para políticas de defesa sanitária no Brasil: alguns estudos de caso. In: CONFERÊNCIA NACIONAL SOBRE DEFESA AGROPECUÁRIA, 2. Belo Horizonte: UFV, Instituto Mineiro de Agropecuária, Secretaria de Defesa Agropecuária, 2010.

NORRBOM, A. L.; CARROL, A. L. & FREIDBEERG, A. Status of knowledge. In: THOMPSON, F. C. (ed.). *Fruit fly expert identification system and systematic information database.* Leiden: The Netherlands, 1999.

SANCHEZ, O. *Economic feasibility of the Carambola Fruit Fly Eradication Program.* Report to IFAD/IICA/CFF Program. Paramaribo, Suriname, 1998. 42p.

SIVINSKI, J. & BURK, T. Reproductive and mating behavior. In: ROBINSON, A. S. & HOOPER, G. (eds.). *Fruit flies*: their biology, natural enemies and control. Amsterdam: Elsevier, 1989.

SAUERS-MULLER, A. V. An overview of the carambola fruit fly *Bactocera* species (Diptera: Tephritidae), found recently in Suriname. *Fla. Entomol.* 74: 432-40, 1991.

VARGAS, R. I.; STARK, J. D. & NISHIDA, T. Population dynamics, habitat preference, and seasonal distribution patterns of oriental fruit fly and melon fruit fly (Diptera: Tephritidae) in and agricultural area. *Envir. Entom.* 19: 1.820-8, 1990.

VIJAYSEGARAN, S. & ORNAN, M. S. Fruit flies in peninsular Malaysia: their economic importance and control strategies. In: KAWASAKI, K.; IWAHASHI, O. & KANESHIRO, K. Y. (eds.). In: INTERNATIONAL SYMPOSIUM ON THE BIOLOGY AND CONTROL OF FRUIT FLIES, Okinawa, 1991. *Proceedings...* Okinawa, 1991: The University of Ryukyu, The Okinawa Precfectural Government.

VO, T. T. & MILLER, C. *Economic feasibility of eradicating carambola fruit fly (Bactrocera carambolae) from South America.* USDA/Aphis Report, 1995. 48p.

WHITE, I. M. & ELSON-HARRIS, M. M. *Fruit flies of economic significance*: their identification and bionomics. London and Australia: CAB International, 1992. 600p.

8

Mosquinha-da-mangueira, *Erosomyia mangiferae* Felt

F. N. P. Haji, J. A. Alencar, A. N. Moreira, F. R. Barbosa

INTRODUÇÃO

No agronegócio de frutas *in natura*, a manga é produzida com o uso de tecnologias modernas e sofisticadas, principalmente quando a finalidade é atingir os mercados externos. Dentre as tecnologias, destaca-se a indução floral e os processos pós-colheita, que permitem que esse produto brasileiro seja colocado no mercado mundial no período de entressafra dos maiores produtores, como Índia e México. Na exportação nacional de manga, a Região Nordeste, especialmente o Submédio do Vale do São Francisco, contribui com mais de 80% do total exportado. Em 2011, essa região exportou 105.856 toneladas do produto, correspondendo a 83% do total exportado pelo Brasil, o que equivaleu a uma receita de US$ 114,98 milhões (Valexport, comunicação pessoal).

A alteração no agroecossistema da manga, provocada pelas mudanças climáticas e a expansão das áreas cultivadas, associada à necessidade do emprego de práticas culturais modernas, visando à obtenção de elevada produtividade, propiciou condições favoráveis ao surgimento de novos problemas fitossanitários, dentre eles, a ocorrência de uma nova praga, identificada como *Erosomyia mangiferae*.

Posição taxonômica e nomenclatura

Ordem: Diptera

Família: Cecidomyiidae

Subfamília: Cecidomyiinae

Gênero: *Erosomyia* Felt, 1911

Espécie: *Erosomyia mangiferae* Felt, 1911

Sinonímia: *Mangodiplosis mangiferae* (Tavares, 1918)

HISTÓRICO DA INTRODUÇÃO DE *E. mangiferae* NO BRASIL

O primeiro relato sobre *E. mangiferae* no Brasil foi feito em 1992, sem ser mencionado, porém, o local de sua ocorrência (Harris & Schreiner, 1992). Em meados de 1993, em um pomar comercial de manga no município de Petrolina, Pernambuco, constatou-se a incidência de um pequeno díptero que atacava os ponteiros e a panícula floral das mangueiras, porém, em baixo nível populacional. Posteriormente, em 1995, verificou-se acentuado aumento populacional e a dispersão do inseto para diversos municípios circunvizinhos, ocasionando danos à mangicultura do Submédio do Vale do São Francisco. Em agosto desse ano, exemplares da nova praga foram coletados e enviados ao Dr. Raymond J. Gagné (United States Department of Agriculture), que os identificou como *Erosomyia mangiferae*. Segundo esse taxonomista, ela é originária da Índia e foi introduzida nas Américas em mudas. Admite-se que essa praga também tenha sido introduzida no Submédio do Vale do São Francisco em mudas.

INTRODUÇÃO DE *E. mangiferae* EM OUTROS PAÍSES

A primeira constatação de problemas causados por *E. mangiferae* aconteceu em St. Vincent, no Caribe. Em 1911, as mangueiras atacadas apresentavam lesões apenas nas folhas; no ano seguinte, também as inflorescências estavam afetadas. Em 1921, o inseto foi encontrado em Trinidad. Em dezembro de 1964, em Coimbatore (Sul da Índia), a espécie foi registrada, mas durante muitos anos foi erroneamente identificada como *E. indica* (Srivastava & Tandon, 1983; Grover & Kashyap, 1989; Whiteweell, 1993; Gagné, 1994). Segundo Rhodes (1992), *E. mangiferae* é considerada praga potencial no Caribe. Na América do Sul, Hovard (1993, apud Callan, 1940) registrou a sua ocorrência, mas sem mencionar o país.

Na República Dominicana, nos plantios de manga em florescimento, comumente são observados um escurecimento e uma deformação das inflorescências. Inicialmente, os sintomas foram atribuídos a *Colletotrichum gloeosporioides*. Em 1986, descobriu-se que as lesões eram causadas pelas larvas de *E. mangiferae* e que patógenos secundários, como *Colletotrichum*, podiam ser isolados dessas lesões (Whitweell, 1993).

DESCRIÇÃO E ASPECTOS BIOLÓGICOS

Os adultos de *E. mangiferae* são muito pequenos, amarelados e com abdome acinzentado. O macho (1,61 mm) é maior que a fêmea (1,32 mm). As asas são largas, as pernas longas e fortemente arqueadas e denteadas. No macho, a genitália é mais escura do que o corpo; a fêmea apresenta o ovipositor alongado (Grover & Kashyap, 1989). Os ovos são minúsculos, de coloração amarelo-clara, envoltos em um material gelatinoso (Abbas et al., 1988). São depositados nas flores mais novas e nos brotos dos ramos (Grover & Kashyap, 1989). O período de incubação é de um a dois dias. A fase larval apresenta quatro instares, diferenciados pelo tamanho e por aspectos morfológicos. A larva de primeiro instar possui cabeça com formato cônico e peças bucais bem desenvolvidas, utilizadas para broquear o eixo da inflorescência ou os frutos na fase de "chumbinho". A larva de segundo instar apresenta pontos distintos no tórax, mais proeminentes no terceiro instar. O quarto instar tem coloração amarela intensa e espátula esternal esclerotizada, provavelmente para facilitar a penetração no solo para empupar. O período larval dura de oito a dez dias. A fase de pupa ocorre no solo e dura de uma a duas semanas (Abbas et al., 1988). O ciclo de ovo–adulto é de 21 a 30 dias (Urich, 1921, apud Grover & Kashyap, 1989).

Em levantamentos realizados de 1986 a 1988, em três localidades da República Dominicana, verificou-se que o pico de infestação de *E. mangiferae* nas inflorescências da mangueira ocorre de dezembro a março (Whitweell, 1993).

Embora não existam estudos sobre flutuação populacional, afirma-se que no Submédio do Vale do São Francisco ocorre *E. mangiferae* em todas as épocas do ano, mas os maiores picos populacionais são observados após o período chuvoso. Vale salientar ainda que a presença dessa praga está sempre correlacionada com o período pós-poda, quando a mangueira emite brotações novas e inflorescências, que são as partes da planta suscetíveis ao ataque de *E. mangiferae*.

SINTOMAS E DANOS

Entre os cecidomiídeos associados à inflorescência da mangueira, *E. mangiferae* é a espécie mais importante, por ocasionar a perda total da panícula (Abbas et al., 1988).

Na região do Submédio do Vale do São Francisco, a praga foi constatada atacando os tecidos tenros da planta, tais como brotações e folhas novas, panícula floral e rutos no estágio de "chumbinho" (Haji et al., 1996). Nas brotações e no eixo da inflorescência, observam-se pequenos orifícios, dos quais partem galerias que se tornam necrosadas e apresentam, depois, uma exsudação, principalmente nas brotações. Nas folhas novas, ocorrem numerosas pontuações esbranquiçadas, com as larvas em seu interior ou logo após a saída delas (Figura 1). As pontuações, após

Figura 1. Lesões provocadas por *E. mangiferae* em folhas novas de manga, durante o desenvolvimento até a saída da fase larval. Foto: José Adalberto de Alencar.

a saída das larvas, tornam-se escuras e necrosadas, podendo ser com facilidade confundidas com manchas fúngicas (Figura 2). Em consequência do ataque no eixo do broto vegetativo e no pecíolo da folha nova, os tecidos dessas partes da planta tornam-se escurecidos e posteriormente necrosados, impedindo o transporte de seiva para o ponteiro do broto e causando, em consequência, murchamento seguido de secamento (Figura 3). Quando o ataque ocorre no eixo da inflorescência, a panícula floral apresenta uma curvatura facilmente visível, que caracteriza a presença da praga na cultura. A mosquinha-da-mangueira também pode danificar individualmente os botões florais e os frutos recém-formados, provocando a queda deles. No Submédio do Vale do São Francisco, apesar de os danos não terem sido quantificados, as perdas podem ser altamente significativas, segundo relatos de mangicultores da região, quando medidas de controle não são adotadas na fase inicial de ataque da praga.

Os danos de *E. mangiferae* são caracterizados por Grover e Kashyap (1989) em quatro etapas. A primeira inicia-se com a postura nas folhas das brotações; as larvas, ao eclodirem, penetram no tecido e formam pequenas galhas com aspecto de "bolha"; como consequência, os brotos murcham e secam. Na segunda etapa, o ataque ocorre nas gemas de inflorescências recém-formadas; estas gemas são protegidas por folhas incrustadas na base ou catafilo, onde os ovos são depositados;

Figura 2. Evolução das lesões para necrose em folhas de manga após a saída da larva de *E. mangiferae.* Foto: José Adalberto de Alencar.

Figura 3. Eixo do broto vegetativo e pecíolos de folhas de manga apresentando manchas escuras e ponteiro do broto com murchamento pelo ataque de *E. mangiferae.* Foto: José Adalberto de Alencar.

ao eclodirem, as larvas penetram nos tecidos dessas folhas, formando escoriações em forma de "bolhas", que aparecem de seis a sete dias após a postura, destruindo parcial ou totalmente as gemas. Na terceira etapa, como as gemas florais foram destruídas, a praga passa a ovipositar intensamente no eixo da panícula floral, no qual, em uma polegada de comprimento, podem ser encontradas mais de cem larvas; o eixo da panícula floral torna-se atrofiado e deformado e fica escurecido ao redor do orifício de saída da larva. Na quarta etapa, as larvas broqueiam e danificam os frutos recém-formados; os frutos atacados tornam-se amarelados, deformados e têm o seu desenvolvimento paralisado; as perdas nesse estágio são consideráveis. Na República Dominicana, as lesões provocadas por *E. mangiferae* atingiram de 80 a 100% das brotações e das flores novas, com infestação constatada em todos os estágios florais e frutos recém-formados, cujas perdas alcançaram 70% (Whitweell, 1993).

DISTRIBUIÇÃO GEOGRÁFICA

E. mangiferae ocorre na Índia, Ilhas Reunião, São Vicente, Santa Lúcia, Trinidad, República Dominicana e Brasil (Callan, 1940; Harris & Schreiner, 1992; Rhodes, 1992; Whiteweell, 1993; Gagné, 1994). No Nordeste do Brasil, foi registrada pela primeira vez no município de Petrolina, PE. No entanto, atualmente, ocorre em todos os municípios produtores de manga do Submédio do Vale do São Francisco localizados nos estados da Bahia e de Pernambuco.

REFERÊNCIAS BIBLIOGRÁFICAS

ABBAS, S. R..; VERGHESE, A. & FASIN, N. Studies on the mango inflorecence midge, *Erosomyia indica* Grover. *Acta Horticulturae* 231: 593-6, 1988.

CALLAN, E. M. The gall midges (Diptera, Cecidomyiidae) of the West Indies. *Rev. de Entomología* 11: 730-58, 1940.

GAGNÉ, R. J. *The gall midges of the neotropical region*. Ithaca: Cornell University Press, 1994. 352p.

GROVER, P. & KASHYAP, V. Evaluation of the new gall midge species discovered and studied in cecidological laboratory (part I). *Cecid. Internacionale* 10: 35-57, 1989.

HAJI, F. N. P. et al. *Nova praga na cultura da manga no Submédio São Francisco*. Petrolina: Embrapa Semiárido, 1996. 2p. (Comunicado Técnico, 64).

HARRIS, K. M. & SCHREINER, I. H. A new species of gall midge (Diptera: Cecidomyiidae) attacking mango foliage in Guan, with observations on its pest status and biology. *Bull. Entomol. Res.* 82: 14-48, 1992.

RHODES, L. Biological and infestation dynamics of the mango gall midge *Erosomyia mangiferae*. In: IV INTERNATIONAL MANGO SYMPOSIUM. Florida, 1992.

SRIVASTAVA, R. P. & TANDON, P. L. Field evaluation of some insecticides for the control of mango blossom midge, *Erosomyia indica*. *Pesticides* 17: 21, 1983.

WHITWEELL, A. C. The pest/predator/parasitoid complex on mango inflorescences in Dominica. *Acta Horticulturae* 34: 421-32, 1993.

9

Mosca-africana-do-figo, *Zaprionus indianus* Gupta

C. R. Vilela, B. Goñi

INTRODUÇÃO

No início de 1999, época da safra de figos (*Ficus carica* L.; Moraceae) de mesa do cultivar roxo-de-valinhos, no município de Valinhos, SP, foi constatada a presença de grande quantidade de pequenas moscas alimentando-se e fazendo posturas na região do ostíolo dos frutos (Vilela, Teixeira & Stein, 2001, Figura 7.1) em início de maturação, quando é realizada a colheita. Grande quantidade de larvas também foi observada dentro de alguns frutos, tornando-os impróprios para o consumo humano. A análise do material (figos infestados e adultos fixados em etanol 70%), enviado primeiro ao Centro de Fitossanidade (Entomologia) do Instituto Agronômico de Campinas, SP, e posteriormente ao então Departamento de Biologia do Instituto de Biociências da Universidade de São Paulo, permitiu identificar as moscas como pertencentes a uma espécie da família Drosophilidae, de origem africana e conhecida cientificamente por *Zaprionus indianus* Gupta, 1970.

A espécie invasora, que não é considerada uma praga em sua região de origem, aparentemente chegou ao Estado de São Paulo no final de 1998, de forma acidental (Vilela, 1999). Entretanto, devido às condições favoráveis, esse drosofilídeo africano atingiu o *status* de praga dos figos na principal área produtora desse estado. Por essa razão, Vilela, Teixeira e Stein (2001) propuseram o termo mosca-africana-

-do-figo para designar popularmente no Brasil a nova praga (Vilela, Teixeira & Stein, 1999). Convém salientar que o termo *fig fly* (Lachaise & McEvey, 1990) também é utilizado para designar as espécies africanas do gênero *Lissocephala*, as quais, ao contrário da espécie polífaga e oportunista *Z. indianus*, são totalmente dependentes das infrutescências (sicônios) de diversas espécies de figo da Região Afrotropical, sem as quais não são capazes de completar o desenvolvimento larval.

As várias peculiaridades da mosca alienígena, do cultivo e da comercialização dos figos, citadas a seguir, propiciaram uma rápida infestação dos frutos na época da safra: 1) a introdução da mosca na área deve ter coincidido com o início da safra, que na região de Valinhos ocorre principalmente de dezembro a abril, ou precedido imediatamente a ela; 2) a colheita do figo é feita na fase de maturação, quando a levedura *Candida tropicalis*, identificada pelo dr. Luiz Humberto Gomes (Gomes et al., 2003; Raga, Souza Filho & Sato, 2003), presente sobretudo na região do ostíolo, inicia a rápida deterioração dos figos do cultivar roxo-de-valinhos, atraindo as moscas e estimulando a desova; 3) a mosca tem alto potencial biótico, ciclo vital relativamente curto e diretamente proporcional à temperatura que, sendo alta na época da safra principal (durante o verão), permite o rápido desenvolvimento tanto embrionário como larval e, em consequência, o aumento exponencial da população; 4) a safra sobreposta, de modo simultâneo ou parcial, com as de outras culturas pode ter contribuído para o aumento populacional das moscas no local e na época da safra principal do figo, já que se trata de uma espécie polífaga. O presente capítulo, originalmente publicado no livro *Histórico e impacto das pragas introduzidas no Brasil* (Vilela, Teixeira & Stein, 2001), foi reescrito para incorporar nossas observações recentes e as informações publicadas a respeito das populações americanas de *Z. indianus* desde a sua invasão, detectada de início no Brasil em janeiro de 1999 até dezembro de 2013. Surpreendentemente, mais de cem artigos foram publicados nesses últimos quinze anos. A lista completa das referências encontra-se no final deste capítulo. Além desses, foram produzidas várias páginas eletrônicas e numerosos resumos foram apresentados em congressos.

Posição taxonômica e nomenclatura

Ordem: Diptera

Subordem: Brachycera

Família: Drosophilidae

Gênero: *Zaprionus* Coquillett, 1901

Espécie: *Zaprionus indianus* Gupta, 1970

A família Drosophilidae apresenta distribuição mundial e é composta por cerca de 4 mil espécies de moscas de pequeno porte, em geral com 2,5 a 3,0 mm de comprimento, geralmente sem relevância econômica, e que estão agrupadas em 73 gêneros (Brake & Bächli, 2004).

Z. indianus (Figuras 1A, 1B) é a mosca mais comum do seu gênero no continente africano. Provavelmente, pelo desconhecimento da ocorrência da espécie em toda a Região Afrotropical, Gupta (1970) propôs o epíteto *indianus* em alusão à procedência dos exemplares tipo coletados na Índia. De acordo com Tsacas (1985), essa espécie também se encontra referida na literatura com os seguintes sinônimos: *Z. inermis* Séguy, 1938; *Z. paravittiger* Godbole & Vaidya, 1972; e *Z. collarti* Tsacas, 1980. Este último foi proposto em substituição ao primeiro, pois foi constatado que o epíteto *inermis* estava pré-ocupado no gênero *Zaprionus* pelo homônimo *Zaprionus inermis* Collart, 1937. Por outro lado, nas últimas décadas, ela tem sido identificada incorretamente por vários autores sob o binômio *Zaprionus vittiger* Coquillett, 1901, com a qual pode ser facilmente confundida, se analisada exclusivamente com relação à morfologia externa (Tsacas, 1980, 1985). Um histórico detalhado sobre todos os problemas nomenclaturais envolvendo essa espécie foi publicado por Tsacas (1985).

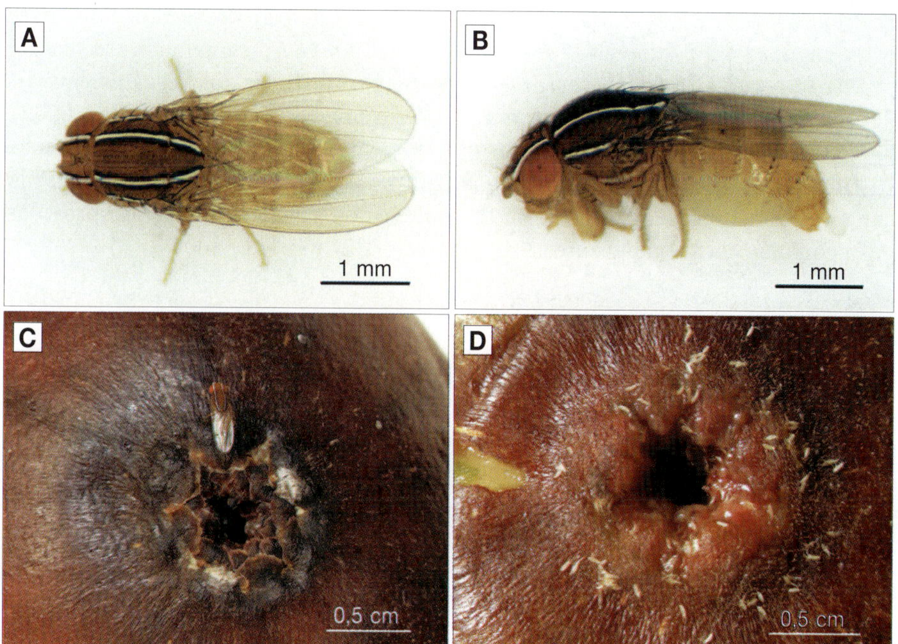

Figura 1. Mosca-africana-do-figo, *Z. indianus* Gupta, 1970. A–C) Adultos. D) Ovos e larvas. A) Macho em vista dorsal. B) Fêmea em vista lateral esquerda, da geração F_2 da linhagem isofêmea I86F16 (IB-USP, São Paulo, SP), obtida a partir de fêmea aspirada em caqui, em 27 de março de 1999, na Chácara Santa Mônica, município de Santa Isabel, SP. C) Fêmea adulta em vista dorsal, da linhagem isofêmea M44F1, sobre o figo, fotografada imediatamente após sair da cavidade do sicônio, onde havia penetrado por completo, sem poder ser visualizada. D) Ovos e larvas no ostíolo (e/ou no seu entorno) de figos do cultivar roxo-de-valinhos, da linhagem isofêmea M44F1 (IB-USP). Fotos: Carlos R. Vilela.

De acordo com a recente revisão das espécies afrotropicais desse gênero, feita por Yassin & David (2010), *Z. indianus* pertence ao complexo *indianus* (com três espécies) do grupo *vittiger* (com 17 espécies) do subgênero *Zaprionus stricto sensu*, atualmente composto por 46 espécies essencialmente afrotropicais (Chassagnard & Tsacas, 1993; Chassagnard, 1996; Yassin et al., 2008a). Além dessas, outras 11 espécies de ocorrência nas regiões Oriental e Australiana (Okada & Carson, 1983; Wynn & Toda, 1988; Yassin & David, 2010) são incluídas em um subgênero à parte: *Anaprionus* Okada, 1990. Deste modo, o gênero *Zaprionus* Coquillett, 1901, está atualmente formado por dois subgêneros e um total de 57 espécies (Brake & Bächli, 2008; Yassin, 2008; Yassin et al., 2008a; Yassin & David, 2010), das quais *Z. indianus* é, por enquanto, a única que está se espalhando pelos trópicos, provavelmente devido à intensificação do comércio mundial de frutas. Entretanto, não deve ser descartada a possibilidade de que outras espécies polífagas e potencialmente cosmopolitas ou semicosmopolitas de *Zaprionus* também possam estar passando por processo semelhante. Convém destacar o registro da introdução de *Zaprionus ghesquierei* Collart e *Z. tuberculatus* Malloch na Região Paleártica (Chassagnard & Kraaijeveld, 1991; Bächli et al., 2004). Adicionalmente, o recente registro da ocorrência de *Z. ghesquierei* nas baixas altitudes das florestas pluviais da Ilha Molokai, no arquipélago havaiano (O'Grady, Beardsley & Perreira, 2002), deve servir de alerta para uma iminente invasão dessa espécie no Novo Mundo. Distingue-se facilmente de *Z. indianus* pela presença, no profêmur, de uma fila de cerdas longas que não emergem de minúsculos tubérculos e são desprovidas das pequenas cerdas adjacentes e divergentes (Bächli et al., 2004).

RECONHECIMENTO

As espécies do gênero *Zaprionus*, descrito por Coquillett em 1901, ocorrem principalmente nas regiões Afrotropical, Oriental e Australiana. Caracteristicamente, apresentam, na região do tórax, um total de quatro a sete faixas longitudinais branco-prateadas, em geral bordejadas de estreitas faixas negras, que contrastam fortemente com as áreas castanho-aveludadas adjacentes. Algumas dessas faixas têm continuidade na região dorsolateral da cabeça, bordejando os olhos compostos e atingindo as bordas distais dos pedicelos das antenas. As que têm continuidade nas bordas do triângulo ocelar fundem-se na região mediana da fronte, atingindo o ápice da sutura ptilinal, podendo também avançar sobre a carena (com base nas fotografias publicadas por Yassin & David, 2010).

BIOLOGIA E ECOLOGIA

As moscas do gênero *Zaprionus*, como acontece com a maioria das espécies de Drosophilidae, alimentam-se fundamentalmente de bactérias e leveduras que participam da fermentação de substratos ricos em carboidratos, em especial frutos em decomposição. As substâncias voláteis que se originam durante o processo de fermentação desses substratos funcionam como o principal atrativo para essas moscas. Desse modo, o substrato em fermentação em geral é utilizado pelos adultos como local de alimentação, corte e oviposição, e pelas larvas como sítio de desenvolvimento e, por vezes, de pupariação.

Na Região Afrotropical, todas as espécies de moscas do gênero *Lissocephala* (22) e as 23 espécies do grupo *fima* do subgênero *Sophophora* do gênero *Drosophila*, ambos pertencentes à família Drosophilidae, evoluíram em associação íntima com as espécies endêmicas de figo (*Ficus* spp., Moraceae). Sabe-se que essas moscas dependem dos frutos de pelo menos dezenove das noventa espécies de figo que ocorrem na Região Afrotropical (Lachaise & Tsacas, 1983) para completar o seu ciclo de vida. Enquanto as espécies africanas de *Lissocephala* somente completam os ciclos em figos imaturos, as espécies de *Drosophila* do grupo *fima* utilizam-se de figos em estágios de pós-maturação, embora não sejam totalmente dependentes deles, pois suas larvas também podem desenvolver-se em outros substratos. Além de parte desses drosofilídeos, que são obrigatoriamente dependentes dos figos nativos, na Região Afrotropical ocorrem muitos outros da mesma família, por exemplo, as espécies do gênero *Zaprionus*, que são facultativamente figo-dependentes e podem ser consideradas oportunistas. De acordo com Lachaise e Tsacas (1983), imagos de *Z. indianus*, a espécie de *Zaprionus* mais comum nessa região biogeográfica, emergiram de frutos de 74 espécies pertencentes a 31 famílias de plantas. Convém notar que vários dos frutos citados – cajá-mirim (*Spondias mombin* L.; Anacardiaceae), mamão (*Carica papaya* L.; Caricaceae), goiaba (*Psidium guajava* L.; Myrtaceae), abacaxi (*Ananas comosus* (L.) Merril; Bromeliaceae), abacate (*Persea americana* Mill.; Lauraceae), entre outros – não são nativos do continente africano, mas foram introduzidos nele a partir do Novo Mundo. Por outro lado, as 74 espécies citadas incluem também algumas não africanas que foram introduzidas na América, onde são extensamente cultivadas: cítricos (*Citrus* spp.; Rutaceae), manga (*Mangifera indica* L.; Anacardiaceae), nêspera (*Eriobotrya japonica* Lindl.; Rosaceae), carambola (*Averrhoa carambola* L.; Oxalidaceae). A condição polífaga da mosca invasora, constatada na Região Afrotropical, tem sido confirmada para o Novo Mundo, onde ela infesta grande número de frutos nativos previamente danificados, tanto cultivados como não cultivados, o que tem ampliado o número de espécies vegetais conhecidas como capazes de permitir o completo desenvolvimento larval da espécie (Vilela, Teixeira & Stein, 2001).

Essa capacidade de desenvolver-se em uma grande gama de substratos de diferentes origens geográficas permitiu uma expansão notavelmente rápida da espécie alienígena por praticamente todo o continente americano. A única barreira à expansão de *Z. indianus* parece ser representada pelo inverno mais rigoroso e seco das regiões das Américas de maior altitude e daquelas de grande latitude, tanto meridionais como setentrionais. Entretanto, a espécie invasora foi coletada também em elevadas altitudes (de 580 a 2.300 metros) em zonas agrícolas do Equador, nas proximidades de pomares, cujas safras se sobrepõem ao longo do ano e servem de substrato para o desenvolvimento larval da espécie (Rafael, 2007). Esses dados são indicativos de que as populações talvez possam manter-se em ambientes antrópicos irrigados para a produção de frutas, mesmo que estejam localizados em áreas de elevada altitude, mais secas e frias.

Publicações esporádicas sobre a emergência de adultos de outros drosofilídeos a partir de frutos de espécies do gênero *Ficus* em outras regiões, que não a África, podem ser encontradas na literatura. Heed (1957) relata a ocorrência de espécies dos gêneros *Diathoneura* e *Drosophila* em figos silvestres (espécie não determinada) em El Salvador. Miller & Phaff (1962) verificaram que *Drosophila melanogaster* Meigen, 1830, deposita muitos ovos em figo comestível *(Ficus carica* L.) do cultivar *Calimyrna* em pomares no Oeste dos Estados Unidos (Califórnia). Bock e Parsons (1981) obtiveram uma espécie de *Liodrosophila* em figos silvestres na Austrália. Uma radiação adaptativa de alguns drosofilídeos, relacionada à evolução dos figos, com os quais apresentam dependência restrita, parece ter ocorrido apenas na África. Como no caso das espécies afrotropicais do gênero *Zaprionus* e do grupo *fima* de *Drosophila*, os drosofilídeos de outras regiões biogeográficas que utilizam espécies nativas ou cultivadas de figo como substrato de desenvolvimento larval provavelmente o fazem de maneira oportunista, já que são polífagos. Em casos semelhantes, o importante é que determinado fruto, independente da sua espécie, tenha capacidade de servir de substrato adequado ao desenvolvimento das leveduras e bactérias necessárias ao desenvolvimento larval (Heed, 1957). De acordo com observações feitas por pesquisadores do Instituto Agronômico de Campinas, as desovas de *Z. indianus* ocorrem quando os figos ainda estão intactos e em início de amadurecimento, isto é, na fase de colheita para exportação, muito embora também possam ocorrer nos estágios subsequentes. Os ovos são encontrados entre as brácteas que circundam o ostíolo e/ou nele próprio, quando tem diâmetro menor do que o da mosca e pode ficar totalmente obliterado por eles (Vilela, Teixeira & Stein, 2001, Figura 7.1). Em figos com ostíolos de diâmetro maior do que o das fêmeas (Figura 1C), elas podem penetrar totalmente na cavidade do sicônio, onde realizam as posturas.

Z. indianus pode ser facilmente criada em laboratório, em meio de cultura convencional para drosofilídeos, preparado à base de banana e suplementado com fermento biológico fresco de pão (*Saccharomyces cerevisiae*). Com a utilização desse meio, o tempo decorrido entre a postura dos ovos e a emergência dos adultos é de aproximadamente dezoito dias, em condições controladas de temperatura (22 ± 1°C) e fotoperíodo (13h : 11h, L : E) (Vilela, 1999).

Observações de campo e de laboratório permitiram constatar um comportamento peculiar que merece destaque. Quando uma fêmea não receptiva de *Z. indianus* é abordada por um macho que exibe algum comportamento de corte, vibra lateralmente todo o corpo, permanece com as pernas fixas ao substrato e ao mesmo tempo curva a extremidade abdominal, com extrusão das placas do ovipositor em direção ao cortejador. Esse comportamento em geral repele o macho, impedindo que ele monte a fêmea ou mesmo dificultando o ato. Entretanto, quando o cortejador consegue montar uma fêmea não receptiva, ela continua a realizar o movimento vibratório, impedindo-o de efetuar a cópula. Com frequência observa-se que um segundo macho pode ter sucesso na tentativa de montar sobre o casal, formando então uma tríade, porém sem ocorrência de cópula. Comportamento vibratório muito semelhante, senão idêntico, foi descrito como *shaking the body violently* por Spieth (1952) para exemplares fêmeas de uma linhagem de *Z. vittiger* Coquillett, 1901, procedente de Kumba, África. É provável que as moscas dessa linhagem tenham sido identificadas incorretamente e que se trate, na realidade, de *Z. indianus* Gupta, 1970. Esse comportamento peculiar, jamais observado nas espécies do gênero *Drosophila*, foi posteriormente verificado por Bennet-Clark, Leroy e Tsacas (1980) em outras seis espécies de *Zaprionus*. Eles constataram que a amplitude da vibração manifestada durante esse comportamento, por eles denominado *rocking behaviour*, é aproximadamente igual à separação das faixas longitudinais. É provável que esse comportamento caracterize todas as espécies do gênero *Zaprionus*.

HISTÓRICO DA INTRODUÇÃO DA PRAGA NO BRASIL

O primeiro registro publicado (Vilela, 1999) sobre a ocorrência de *Z. indianus* no continente americano menciona exemplares adultos observados em 20 de março e coletados em 27 de março de 1999, sobre caquis (*Diospyros kaki* L.; Ebenaceae) em início de decomposição, dos quais também emergiram moscas daquela espécie, no pomar da Chácara Santa Mônica, localizada no município de Santa Isabel, região metropolitana de São Paulo, SP. A partir de uma das fêmeas emergidas desses caquis, foi estabelecida uma linhagem isofêmea (I86F16, IB-USP). De sua geração F_2 selecionou-se uma imago macho e uma fêmea que foram fotomicrografadas em vista dorsal e lateral (Figuras 1A, 1B). Na mesma época (fevereiro a abril de 1999), os doutores E. P. Teixeira (na região de Valinhos), R. Tidon-Sklorz e seus alunos (na região do Distrito Federal), F. M. Sene e seus alunos (na região de Ribeirão Preto), H. E. M. C. Bicudo e seus alunos, L. Madi-Ravazzi e seus alunos (na região de São José do Rio Preto) nos comunicaram (*in litteris*), em 19 de fevereiro (Teixeira), 13 de abril (Tidon, citando também Sene) e 19 de abril (Bicudo e Madi-Ravazzi) de 1999, a presença de um drosofilídeo não identificado nas regiões geográficas onde realizam suas pesquisas. Porém, não havia informações, naquela época, sobre as características morfológicas da espécie, nem sobre as datas exatas das coletas. Os levantamentos faunísticos realizados pelos diversos laboratórios de drosofilídeos espalhados pelo Brasil, praticamente durante todo o ano, com a utilização de armadilhas contendo iscas preparadas com frutos em fermentação, em especial bananas, não detectaram a presença da espécie antes de 1999. Assim, é muito provável que a introdução da mosca no Brasil tenha ocorrido de início no Estado de São Paulo, entre o final de 1998 e o início de 1999.

O seu reconhecimento como uma possível praga que ataca figos em início de amadurecimento foi feito pela primeira vez no início de fevereiro de 1999, pela engenheira agrônoma Cristiane Fabiano, de Valinhos, SP, que enviou, em 5 de fevereiro de 1999, frutos infestados para o Centro de Fitossanidade do Instituto Agronômico de Campinas (IAC), onde foram inicialmente identificados em nível de família (Drosophilidae) pelo doutor Édson P. Teixeira. Duas amostras adicionais de figos, compostas de frutos maduros e em início de maturação, procedentes da mesma região, foram coletadas pelo engenheiro agrônomo José Augusto Maiorano e enviadas ao IAC em 18 de fevereiro e 13 de abril de 1999 (Vilela, Teixeira & Stein, 2001; Figuras 7.1–7.3). Dessa última amostra, três figos contendo grande quantidade de larvas foram enviados ao Laboratório de Drosofilídeos do então Departamento de Biologia do Instituto de Biociências da USP, onde foram então mantidos em câmara de temperatura (22 ± 1°C) e fotoperíodo (13 h : 11 h; L : E) controlados, em frascos de vidro contendo vermiculita umedecida. Os frascos foram inspecionados ao final de cada dia para a retirada dos adultos emergidos nas 24 horas precedentes. Entre 23 de abril e 9 de maio de 1999 emergiram 581 imagos (301 machos e 280 fêmeas) de *Z. indianus*. Embora seja uma amostra pequena, pode-se calcular uma média de 194 adultos por fruto. Entretanto, considerando a mortalidade que ocorre nos estágios de embrião, larva e pupa, a quantidade de ovos depositados em cada fruto deve ter sido bem maior. Nenhum outro drosofilídeo emergiu dos três figos; porém, dois machos pertencentes à família Lonchaeidae (dípteros em geral considerados infestantes secundários), mas não identificados em nível genérico ou específico, emergiram em 12 e 19 de maio.

Vilela, Teixeira e Stein (2001) relacionam, em ordem cronológica de coletas realizadas em 1999 (início da invasão), vários dados inéditos sobre a ocorrência de *Z. indianus* no Estado de São Paulo, que se referem a exemplares adicionais capturados em armadilhas contendo atrativos ou emergidos de frutos danificados, tanto caídos no solo como presos a plantas de diferentes espécies e famílias vegetais e gentilmente enviados por colegas do então Departamento de Biologia (IB-USP) e do Instituto Agronômico de Campinas ou por pessoas a eles relacionadas.

A elevada infestação dos figos produzidos na região de Valinhos durante a safra de dezembro de 1998 a abril de 1999 contribuiu para a rápida expansão de *Z. indianus* pelos estados brasileiros (Tabela 1), para onde os frutos infestados por larvas foram transportados tanto por via aérea como terrestre. Acredita-se que a ausência oficial de registros (até dezembro de 2013) para 8 dos 26 estados do Brasil se deva simplesmente à falta de coletas nessas regiões e/ou de publicação formal dos registros, e não à ausência das moscas. Uma vez presente em todas as unidades federativas do Brasil, a mosca-africana-do-figo teve condições de atingir os países vizinhos e aqueles do Caribe e das Américas Central e do Norte (Tabela 2), pela expansão natural da espécie. Sendo uma espécie polífaga, ao ser transportada por intermédio das atividades humanas, sobretudo pelo comércio do figo,

Tabela 1. Primeiros registros da invasão do Estado de São Paulo e das demais unidades federativas do Brasil pela mosca-africana-do-figo (*Z. indianus*)

Ano	Mês	Unidade Federativa	Referências
1999	Janeiro	SP	Moraes et al. (apud Tidon et al., 2003)
	Fevereiro	DF	Tidon et al. (2003)
	Dezembro	BA, RJ	David et al. (2006a)
		SC	Toni et al. (2001)
2000	Março	RS	Castro & Valente (2001)
	Abril	PE	Santos et al. (2003)
	Agosto	MA, RO	Tidon et al. (2003)
		PB	Santos et al. (2003)
	Dezembro	PA	Marlúcia Martins (apud Tidon et al., 2003)
2001	Março	GO	Marchiori (2003)
2001?	Março (?)	CE, MG	Machado et al. (2005)
2003	Agosto	TO	Mata et al. (2008)
2004	Setembro	ES	Culik (2004)
2006	Abril	RN	Fernandes & Araújo (2011)
2007	Março	MT	Blauth & Gottschalk (2007)
2008	Maio	AM	Furtado et al. (2009)
	Novembro	MS	Barbosa et al. (2012)

Tabela 2. Primeiros registros da invasão no Brasil e nos demais países das três Américas pela mosca-africana-do-figo (*Z. indianus*).

Ano	Mês	País	Referências
1999	Janeiro	Brasil	Moraes et al. (apud Tidon et al., 2003)
2000	Abril	Uruguai	Goñi et al. (2001)
2001	?	Argentina	Timpe (apud Rafael, 2007)
2002	Maio	México	Castrezana (2007)
2003	Outubro	Panamá	Linde et al. (2006)
2004	Janeiro	Equador	Rafael (2007)
2005	Julho	Estados Unidos (Sudeste)	Linde et al. (2006)
2006	Outubro	Estados Unidos (Sudoeste)	Castrezana (2007)
2010	?	Ilhas Cayman, Venezuela	Al-T'Oma & Linde (2010)
2013	Julho	Canadá (Sudeste)	Renkema et al. (2013)

para determinado local, essa mosca teve condições de se dispersar com rapidez por quase todo o continente.

Amostras das imagos emergidas dos figos e dos demais substratos analisados, tanto aquelas citadas em Vilela, Teixeira e Stein (2001) como relacionadas no presente capítulo, foram depositadas no Museu de Zoologia da Universidade de São Paulo e/ou no Instituto Agronômico de Campinas.

DISTRIBUIÇÃO GEOGRÁFICA ATUAL

Z. indianus é uma mosca semicosmopolita que, em especial por intermediação humana, tem se espalhado, nas últimas décadas, pelas regiões tropicais do planeta. Atualmente (dezembro de 2013), essa espécie, cuja distribuição geográfica é a mais ampla dentre as suas congêneres, é encontrada em todo o continente africano (tanto na Região Afrotropical como na Paleártica, no Marrocos e no Egito); nas ilhas da região ocidental do Oceano Índico (Comores, Madagascar e Seychelles), incluindo o arquipélago Mascarenhas (Reunião e Maurício); em algumas ilhas da região oriental do Oceano Atlântico (Canárias, Cabo Verde, Madeira, Santa Helena, São Tomé e Príncipe); na Região Paleártica, que inclui o Sul da Europa (Espanha, Itália e Áustria); na ilha mediterrânea de Malta; no Oriente Médio (Arábia Saudita, Irã, Iraque, Israel, Omã); no cáucaso (Azerbaijão); no Nepal (dado ambíguo) e na Índia (Parkash et al., 1989; Chassagnard & Kraaijeveld, 1991; Chassagnard & Tsacas, 1993; Bächli et al., 2004; Yassin & Abou-Youssef, 2004; Carles-Tolrá, 2009; Al-T'Oma & Linde, 2010; Yassin & David, 2010). Essa espécie invadiu também a Região Neotropical, na qual entrou inicialmente pelo Brasil (Vilela, 1999) e a partir daí espalhou-se para os países vizinhos e demais países da América do Sul e América Central, atingindo também o Caribe e a Região Neártica (México, sul das costas Leste e Oeste dos Estados Unidos e Região Sudoeste do Canadá) (Tabela 2). Entretanto, as pesquisas com marcadores moleculares (Yassin et al., 2008b) evidenciam que a invasão do sul da Costa Leste norte-americana (Flórida) ocorreu de maneira independente da invasão ocorrida de início no Brasil. Porém, ainda não há dados a respeito da origem das populações que invadiram o sul da Costa Oeste norte-americana (Califórnia).

Recentemente (janeiro a abril de 2012), observamos que imagos de *Z. indianus* podem ser encontradas com facilidade nas vascas de frutas frescas (não refrigeradas) em supermercados, hortifrutis e sacolões da cidade de São Paulo, porém não conseguimos localizá-las – apenas encontramos um exemplar – dentro das residências. Não tivemos o mesmo sucesso nas observações realizadas simultaneamente em Montevidéu (Uruguai).

IMPACTO ECONÔMICO, BIOLÓGICO E SOCIAL

As primeiras estacas do cultivar figo-roxo foram importadas da Itália pelo imigrante italiano Lino Bussato (Pires, 1970, apud Maiorano, 2010). Trata-se de um cultivar que produz sicônios partenocárpicos – isto é, os frutos desenvolvem-se sem haver polinização – e apresenta grande valor comercial, além de grande rusticidade, vigor e produtividade.

De acordo com Vilela, Teixeira e Stein (2001), a região de Valinhos, grande produtora de figo de mesa desse cultivar, caracteriza-se pela predominância de pequenas propriedades localizadas em relevo acidentado. A exploração das culturas é feita no sistema familiar, em parceria com os chamados meeiros. Além do figo, outras plantas frutíferas são cultivadas na região, como a goiaba e o caqui, cujos frutos também são utilizados – porém, apenas quando previamente danificados – como substrato durante o desenvolvimento das larvas de *Z. indianus*. O controle fitossanitário das culturas é feito em sua maior parte com o emprego de fungicidas (calda bordalesa), raramente com a utilização de inseticidas. A produção comercializada no mercado nacional caracteriza-se sobretudo pelo consumo de fruta madura *in natura*, enquanto para exportação as frutas são colhidas no início do estágio de maturação. Dentro do contexto nacional, a produção de figo de 1994 a 1998, imediatamente antes da invasão, ocupou lugar de destaque dentre as várias espécies de frutas exportadas, representando, nesse período, um faturamento da ordem de US$ 800.000 a US$ 1.700.000 (Prognóstico Agrícola: 1998-1999, 1998). Em decorrência da introdução da mosca-africana-do-figo na região de Valinhos, durante a safra de figo do verão de 1998-1999 e consequente infestação dos frutos, foram registradas as primeiras devoluções de lotes de figos exportados, sendo que as primeiras estimativas indicaram perdas da ordem de 50% da produção. O estabelecimento desse inseto como praga da cultura de figos, em especial nessa região, implicou sérios prejuízos socioeconômicos e ambientais, em decorrência das medidas necessárias ao seu controle.

Surpreendentemente, apesar dos prejuízos decorrentes da introdução da praga, o faturamento com a exportação de figo *in natura*, com destaque para países da Europa, ampliou-se de modo contínuo até atingir, em 2009, a cifra de US$ 7.796.000 (Francisco et al., 2011). De acordo com estes autores, houve um esforço dos produtores para a melhoria da qualidade do figo, o adensamento da cultura e o estabelecimento de pomares cuja produção é especialmente direcionada ao mercado externo, com sistemas de certificação exigidos pelos países importadores, o que demonstra investimentos em tecnologia de produção.

Cerca de 80% da produção brasileira de figos está concentrada nos estados de São Paulo, Minas Gerais e Rio Grande do Sul. Em 2010, o Estado de São Paulo apresentou o segundo maior rendimento (15,99 t/ha) registrado no Brasil, de acordo com o banco de dados IBGE/Sidra 2012. O município de Valinhos respondeu por 64% da produção de figos do estado, cuja cultura está concentrada na Região Administrativa de Campinas (Corrêa & Boliani, 2010). De acordo com Conti (2010), o sistema de cultivo artesanal adotado em Valinhos, caracterizado pela atenção ao pomar como um todo, pela eliminação dos frutos podres e pulverizações com maiores quantidades de calda bordalesa, mostrou-se o único eficaz no combate a essa praga.

No Brasil, a comercialização do figo em geral é feita em caixas abertas de papelão (por vezes citadas como engradados) contendo três gavetas, cada uma delas com seis ou oito figos, dependendo do tamanho dos frutos (Figuras 2A, 2B).

Durante a safra de dezembro de 2011 a abril de 2012, monitoramos de modo esporádico os figos do cultivar roxo-de-valinhos, vendidos em supermercados e feiras livres da cidade de São Paulo, e fizemos várias observações, relatadas a seguir.

Uma linhagem isofêmea (codificada M44F1) foi obtida a partir de uma fêmea coletada em uma vasca de bananas-maçã maduras, em 20 de janeiro de 2012, em supermercado no centro da cidade de São Paulo. Fêmeas de uma geração indeterminada dessa linhagem foram utilizadas para infestar figos previamente não infestados, com vistas à obtenção de fotografias (Figuras 1C, 1D) (v. página 193).

Os figos expostos nas prateleiras refrigeradas dos supermercados, cuja temperatura é mantida em torno de 10°C, são comercializados na forma tradicional (gavetas de papelão forradas com papel azul), completamente envoltas com filme plástico de PVC (cloreto de polivinila) (Figura 2A), enquanto nas feiras livres as gavetas ficam totalmente abertas (Figura 2B). Nas duas condições, foi detectada a presença de larvas na região dos ostíolos de pelo menos um figo por gaveta, quando ainda dentro do prazo de validade. Em geral, os figos infestados podem ser reconhecidos pela presença de maior umidade na região do ostíolo (Figura 2B).

Em uma gaveta contendo oito figos, totalmente envolta por filme de PVC, adquirida em 7 de abril de 2012, foram encontrados dois figos com massas de larvas, sobretudo de segundo estágio, obliterando os ostíolos. A gaveta estava exposta em gôndola refrigerada de um supermercado da região central da cidade de São Paulo e havia sido embalada no dia anterior, com prazo de validade de cinco dias (de acordo com os dados da etiqueta do atacadista). As larvas e a bolha de gás resultante do processo fermentativo, presentes no ostíolo de um dos figos, foram fotografadas sequencialmente (Figuras 2C, 2D, 2E) na mesma data da compra. Nos ostíolos dos figos infestados é possível visualizar, de tempos em tempos, uma massa branca de larvas (Figura 2C), que é empurrada para cima à medida que bolhas de gás, resultantes da atividade fermentativa promovida pelas leveduras dentro da cavidade das infrutescências, aumentam de volume. Uma vez que a película que envolve a bolha atinge a superfície do ostíolo (Figura 2D) e é rompida pelo aumento da pressão gasosa, ocorre o retorno à cavidade da infrutescência da massa de larvas (Figura 2E), que então deixa temporariamente de ser visualizada, até que nova bolha se forme. O processo continua até que o figo se desintegre, formando uma massa disforme. A partir de uma das fotos (Figura 2C), estima-se que aproximadamente trinta larvas da praga estivessem infestando o figo, o que foi posteriormente confirmado, já que as 26 imagos (9 machos e 17 fêmeas) que emergiram eram todas da mesma espécie (*Z. indianus*).

Ao tomar conhecimento do nosso monitoramento, o professor João Stenghel Morgante gentilmente nos forneceu dois figos do cultivar roxo-de-valinhos infestados com larvas, um no dia 1º de fevereiro de 2012 e o outro no dia seguinte. Esses figos haviam sido adquiridos em um sacolão no bairro do Campo Belo, São Paulo, no dia 28 de janeiro de 2012 e mantidos no refrigerador. Os figos foram

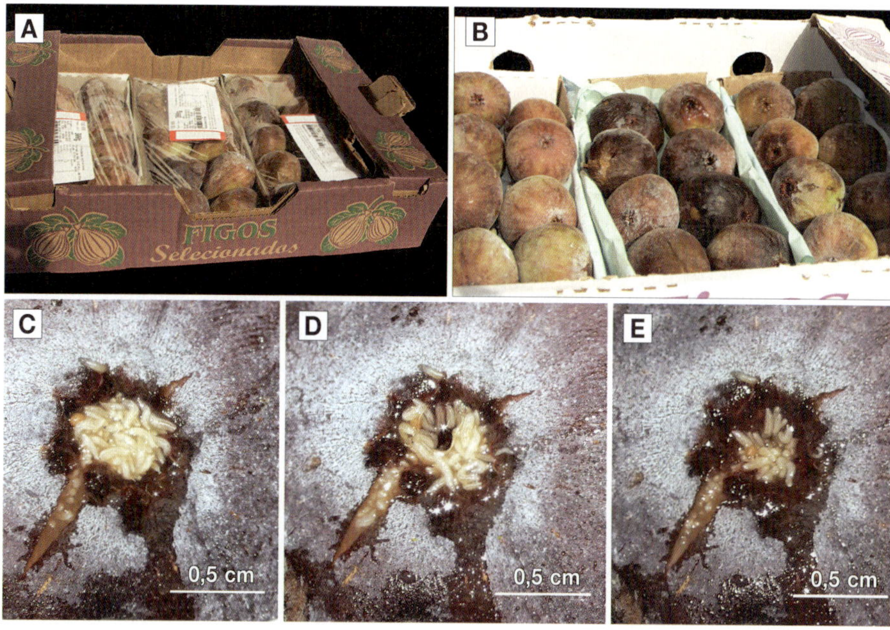

Figura 2. Figos do cultivar roxo-de-valinhos adquiridos em supermercado (A) e em feira livre (B), na região central da cidade de São Paulo, SP, em março de 2012.
C-E) Fotografias sequenciais das larvas de segundo estágio de *Z. indianus* Gupta, 1970, no ostíolo de um figo adquirido em 7 de abril de 2012, em supermercado na região central da cidade de São Paulo. C) Larvas obliterando totalmente o ostíolo, empurradas pela pressão dos gases formados na cavidade do figo. D) Visualização da bolha de gás saindo por entre a massa de larvas. E) Retorno da massa de larvas à cavidade do sicônio. Barra: C–E = 0,5 cm.
Fotos: Carlos R. Vilela.

então mantidos sobre areia úmida colocada no fundo de um frasco de um quarto de litro tampado com rolha de esponja sintética e mantido à temperatura ambiente. As 63 imagos que emergiram dos dois figos, entre 7 e 10 de fevereiro de 2012, pertenciam a duas espécies: *Drosophila melanogaster* (10 machos e 16 fêmeas) e *Zaprionus indianus* (20 machos e 17 fêmeas), que emergiram durante os quatro dias (7 a 10), exceto a primeira, que não emergiu de um dos figos no dia 10. À mesma temperatura, *D. melanogaster* tem ciclo de vida mais curto do que *Z. indianus*. Portanto, fica evidente que a primeira espécie infestou os frutos após a segunda, já que ambas começaram a emergir no mesmo dia (7). Parece tratar-se de um caso de sucessão ecológica no processo de infestação, na qual *Z. indianus* é pioneira, criando condições nos figos para que outras espécies sejam atraídas, provavelmente mediadas por uma sucessão na colonização dos frutos por diferentes leveduras.

Como se pode deduzir pelas etiquetas autoadesivas de comercialização coladas sobre o filme, acreditamos que a técnica de envolver por completo as gavetas de figos com filme de PVC deva ser realizada pelos atacadistas da região da Companhia de Entrepostos e Armazéns Gerais de São Paulo (Ceagesp). Essa providência realmente evita que a oviposição seja feita pelas fêmeas da mosca-africana-do-figo que costumam estar presentes nas vascas dos supermercados, onde há sobretudo bananas já amadurecidas e/ou danificadas. Porém, como alguns figos já contêm larvas de segundo estágio, estas devem ter se originado de posturas realizadas antes da colheita ou na pós-colheita, antes da adição do filme de PVC, seja pelos atacadistas, seja pelos produtores. No caso das feiras livres, o processo pode ter sido semelhante, uma vez que vários figos comercializados já se encontravam infestados.

Uma solução criativa, que realmente pode impedir a infestação dos frutos, foi proposta por Raga, Souza Filho e Sato (2003). Consiste em cobrir por completo os ostíolos com etiquetas autoadesivas antes do início do amadurecimento dos figos e, portanto, antes da oviposição feita pelas moscas. Porém, essa técnica não tem sido observada nos figos comercializados, talvez devido aos custos da mão de obra necessária.

Cabe salientar que o fato de que os consumidores têm sido claramente prejudicados ao adquirirem uma porcentagem de figos infestados com larvas, o que foi constatado durante o monitoramento feito em 2012 na cidade de São Paulo, contrasta fortemente com o aumento da produção, rentabilidade e exportação dessa fruta (Francisco et al., 2011).

Desde a invasão no continente americano, ocorrida em 1998-1999, a mosca *Z. indianus* tem sido pesquisada tanto por grupos interessados nos aspectos práticos e imediatos do controle de pragas como por aqueles preocupados com os impactos das invasões biológicas sobre os biomas do Novo Mundo. Além da consolidação de redes internacionais de colaboradores, as pesquisas desenvolvidas com essa espécie contribuíram de modo relevante para a formação de recursos humanos nas áreas envolvidas. De cerca de 125 artigos (ver referências) publicados a respeito das populações americanas dessa nova praga das culturas de figo do cultivar roxo-de-valinhos, 118 aparecem agrupados na Tabela 3, de acordo com as principais áreas de pesquisa. Esses artigos, que obviamente não incluem as dezenas de resumos apresentados em congressos e disponibilizados em páginas eletrônicas, contêm informações importantes sobre os aspectos biológicos relacionados de modo direto ou indireto aos interesses econômicos. Sua utilização no planejamento de medidas integradas para o controle da espécie invasora poderia minimizar os prejuízos econômicos e sociais que ela tem ocasionado, uma vez que a sua total erradicação não nos parece exequível.

Finalmente, é preciso salientar que, até o momento, não há evidências de que *Z. indianus* seja uma praga da fruticultura, como tem sido sugerido em alguns artigos (Santos et al., 2003; Linde et al., 2006), com títulos enganosos, e por outros que assim a consideram ao longo de seus textos. Sem dúvida, é uma praga da cultura de figos do cultivar roxo-de-valinhos relacionada a certas peculiaridades do próprio cultivar e das condições climáticas das áreas de cultivo.

Tabela 3. Áreas do conhecimento contempladas nas pesquisas realizadas com populações americanas da mosca-africana-do-figo (*Z. indianus*) e suas respectivas referências, intencionalmente citadas em apenas uma delas. As referências já citadas ao longo do texto foram omitidas, assim como aquelas do item Ocorrência, já apresentadas nas Tabelas 1 e 2.

Biologia	Raga (2010)	Setta et al. (2008, 2009)	Schmitz et al. (2007)
Gomes et al. (2003)	Pasini et al. (2011, 2012)	Yassin et al. (2008a,b)	Acurio & Rafael (2009)
Stein et al. (2003)	**Ecologia**	Silva et al. (2009)	Oliveira et al. (2009)
Setta & Carareto (2005)	Gottschalk et al. (2003, 2007)	Vidal et al. (2009)	Hanna et al. (2010)
Castrezana (2007)	Tidon et al. (2003)	Robe et al. (2010)	Hochmüller et al. (2010)
Nava et al. (2007)	Araripe et al. (2004)	Setta et al. (2011)	Linde (2010a)
Gottschalk et al. (2009)	Ferreira & Tidon (2005)	Commar et al. (2012)	Amador et al. (2011)
Bizzo et al. (2010)	Galego & Carareto (2005)	Deprá et al. (2012)	Santos et al. (2011)
Boaventura et al. (2010)	Silva et al. (2005a,b)	Bernardo & Loreto (2013)	Emerich et al. (2012)
Bonin et al. (2010)	David et al. (2006a)		Garcia et al. (2012)
Linde (2010b)	Tidon (2006)	**Genética**	Pasini & Link (2012)
Müller et al. (2012)	Toni et al. (2007)	Loh & Bitner-Mathé (2005)	Poppe et al. (2012)
Svedese et al. (2012)	Döge et al. (2008)	Machado et al. (2005)	
Matavelli et al. (2013)	Garcia et al. (2008, 2009)	Nardon et al. (2005)	**Substrato de desenvolvimento larval**
Rego et al. (2013)	Mata et al. (2008, 2010)	David et al. (2006b)	
	Yassin et al. (2009)	Galego et al. (2006)	Souza Filho et al. (2000), (apud Raga, 2010)
Controle	Hipólito et al. (2012)	Ananina et al. (2007)	
Marchiori (2003)	Matavelli & Zuben (2012)	Campos et al. (2007)	Vilela & Selivon (2000)
Marchiori & Silva (2003)	Grupioni et al. (2013)	Galego & Carareto (2007, 2010)	Castro & Valente (2001)
Marchiori et al. (2003)	Marchiori et al. (2013)	Setta & Carareto (2007)	Toni et al. (2001)
Raga & Souza Filho (2003)	Mata & Tidon (2013)	Yassin et al. (2007)	Goñi et al. (2002)
Raga et al. (2003, 2006)	Oliveira et al. (2013)	Araripe et al. (2008)	Santos et al. (2003)
Guimarães & Zucchi (2004)	Pasini et al. (2013)	Loh et al. (2008)	Leão & Tidon (2004)
Kato et al. (2004)	Penariol & Madi-Ravazzi (2013)	Braganholi et al. (2010)	Pires & Bélo (2005)
Marchiori et al. (2004)	Poppe et al. (2013)		Linde et al. (2006)
Silva et al. (2004)	Prezoto & Braga (2013)	**Ocorrência**	Roque et al. (2006, 2009)
Mazaro et al. (2005)	Roque et al. (2013)	Vilela (1999)	Etges & Sloan (2008)
Penariol et al. (2008)		Chaves & Tidon (2005, 2008)	Lavagnino et al. (2008)
Bélo et al. (2009)	**Filogenia**	Soto et al. (2006)	Castrezana (2011)
Brotto (2010)	Herédia et al. (2004)	Torres & Madi-Ravazzi (2006)	Fernandes et al. (2013)

O ostíolo do figo é uma abertura natural que permite a colonização do sicônio por leveduras e/ou bactérias e o subsequente processo de fermentação. Portanto, não é necessário que o fruto esteja previamente danificado por agentes bióticos ou abióticos para que o processo de fermentação o torne um substrato atrativo às espécies frugívoras de Drosophilidae, como é o caso de *Z. indianus*.

AGRADECIMENTOS

Aos professores Fábio de Melo Sene, Hermione Elly Melara de Campos Bicudo, Lílian Madi-Ravazzi e Rosana Tidon, pelas informações sobre a ocorrência da mosca-africana nas proximidades de seus laboratórios de pesquisa no primeiro semestre de 1999. Aos senhores Antonio Pellegrini e José Juliatto, por permitirem a coleta em suas propriedades. Aos engenheiros agrônomos Cristiane Fabiano e José Augusto Maiorano, pelas coletas e pelo envio do material. A César Pagotto Stein e Édson Possidônio Teixeira, pela colaboração essencial na elaboração do capítulo originalmente publicado em 2001. Ao professor João Stenghel Morgante, pela doação de figos infestados. Um agradecimento especial à doutora Denise Selivon, pela gentileza em permitir o uso de seu fotomicroscópio e pelas dicas que permitiram a obtenção das fotomicrografias das imagos. À Comisión Sectorial de Investigación Científica (CSIC) de la Universidad de la República (Udelar), Uruguai, pelo apoio à Pasantía en el Exterior concedida à BG.

REFERÊNCIAS BIBLIOGRÁFICAS

ACURIO, A. E. & RAFAEL, V. L. Inventario taxonómico de Drosophilidae (Diptera) en el Parque Nacional Yasuni, Amazonia ecuatoriana. *Acta Amazonica* 39(3): 713-8, 2009.

AL-T'OMA, Z. A. R. M. & LINDE, K. van der. First records of *Zaprionus indianus* (Diptera: Drosophilidae) from the Barsa governorate in Iraq. *Drosophila Information Service* 93: 197-200, 2010.

AMADOR, R. B.; MARTINS, M. B. & FURTADO. I. da S. Is *Zaprionus indianus* invading a preserved Amazon Forest? *Drosophila Information Service* 94: 73, 2011.

ANANINA, G. et al. Inversion polymorphism and a new polytene chromosome map of *Zaprionus indianus* Gupta (1970) (Diptera: Drosophilidae). *Genetica* 131: 117-25, 2007.

ARARIPE, L. O. et al. Male sterility thresholds in a tropical cosmopolitan drosophilid, *Zaprionus indianus*. *Journal of Thermal Biology* 29: 73-80, 2004.

ARARIPE, L. O. et al. Divergent abdominal bristle patterns in two distantly related drosophilids: antero-posterior variations and sexual dimorphism in a modular trait. *Genetica* 134: 211-22, 2008.

BÄCHLI, G. et al. *The Drosophilidae (Diptera) of Fennoscandia and Denmark. Fauna Entomologica Scandinavica*. Leiden: Brill, 2004, v. 39. 362p.

BARBOSA, M. R. R.; GRACIOLLI, G. & PAIVA, F. Diptera, Drosophilidae, *Zaprionus indianus* Gupta, 1970: distribution extension for the state of Mato Grosso do Sul, Brazil. *Check List* 8(1): 175-6, 2012.

BÉLO, M. et al. Avaliação do efeito bioinseticida dos extratos de *Tabernaemontana catharinensis* A.DC. (Apocynaceae) e *Zeyheria montana* Mart. (Bignoniaceae) sobre a mosca *Zaprionus indianus* (Diptera: Drosophilidae) (Gupta, 1970). *Revista Brasileira de Biociências* 7(3): 235-9, 2009.

BENNET-CLARK, H. C.; LEROY, Y. & TSACAS, L. Species and sex-specific songs and courtship behavior in the genus *Zaprionus* (Diptera – Drosophilidae). *Animal Behaviour* 28(1): 230-55, 1980.

BERNARDO, L. P. & LORETO, E. L. S. hobo-brothers elements and their time and place for horizontal transfer. *Genetica* 141: 471-8, 2013.

BIZZO, L. et al. Seasonal dynamics of a drosophilid (Diptera) assemblage and its potential as bioindicator in open environments. *Iheringia*, Série Zoologia, 100(3): 185-91, 2010.

BLAUTH, M. L. & GOTTSCHALK, M. S. A novel record of Drosophilidae species in the Cerrado biome of the state of Mato Grosso, west-central Brazil. *Drosophila Information Service* 90: 90-6, 2007.

BOAVENTURA, D. D. et al. Levantamento de densidade populacional de *Zaprionus indianus* a partir de frutos de figo-roxo na região de Valinhos – SP. In: II SIMPÓSIO BRASILEIRO SOBRE A CULTURA DA FIGUEIRA. *Anais...* Campinas: Cati, 2010.

BOCK, I. R. & PARSONS, P. A. Species of Australia and New Zealand. In: ASHBURNER, M.; CARSON, H. L. & THOMPSON JR., J. N. (eds.). *The genetics and biology of Drosophila*. London: Academic Press, 1981, v. 3a.

BONIN, T. G. et al. Variação no desenvolvimento da mosca praga do figo *Zaprionus indianus* sob condições experimentais. In: II SIMPÓSIO BRASILEIRO SOBRE A CULTURA DA FIGUEIRA. *Anais...* Campinas: Cati, 2010.

BRAGANHOLI, D. et al. Genetic variability among natural populations of *Zaprionus indianus* (Drosophilidae) in the states of São Paulo and Minas Gerais, Brazil. *Genetics and Molecular Research* 9(3): 1.504-12, 2010.

BRAKE, I. & BÄCHLI, G. Drosophilidae (Diptera). In: *World Catalogue of Insects* 9: 1-412, 2008.

BROTTO, M. Uso de armadilhas para controle da mosca do figo *Zaprionus indianus* Gupta na produção de figos. In: II SIMPÓSIO BRASILEIRO SOBRE A CULTURA DA FIGUEIRA. *Anais...* Campinas: Cati, 2010.

CAMPOS, S. R. C.; RIEGER, T. T. & SANTOS, J. F. Homology of polytene elements between *Drosophila* and *Zaprionus* determined by *in situ* hybridization in *Zaprionus indianus*. *Genetics and Molecular Research* 6(2): 262-76, 2007.

CARLES-TOLRÁ, M. *Zaprionus indianus* Gupta: género y especie nuevos para la Peninsula Ibérica (Diptera: Drosophilidae). *Boletín de la Sociedad Entomologica Aragonesa* 45: 316, 2009.

CASTREZANA, S. New records of *Zaprionus indianus* Gupta, 1970 (Diptera, Drosophilidae) in North America and a key to identify some *Zaprionus* species deposited in the Drosophila Tucson Stock Center. *Drosophila Information Service* 90: 34-6, 2007.

CASTREZANA, S. New record on novel hosts for the Drosophilid pest *Zaprionus indianus*. *Drosophila Information Service* 94: 1-2, 2011.

CASTRO, F. L. & VALENTE, V. L. S. *Zaprionus indianus* is invading Drosophilid communities in the southern Brazilian city of Porto Alegre. *Drosophila Information Service* 84: 15-7, 2001.

CHASSAGNARD, M. T. Les espèces africaines du sous-genre *Zaprionus* S. Str. à six bandes thoraciques (Diptera: Drosophilidae). *Annales de la Société Entomologique de France* (N.S.) 32(1): 59-65, 1996.

CHASSAGNARD, M. T. & KRAAIJEVELD, A. R. The occurrence of *Zaprionus stricto sensu* in the Palearctic Region (Diptera: Drosophilidae). *Annales de la Société Entomologique de France* (N.S.) 27(4): 495-6, 1991.

CHASSAGNARD, M. T. & TSACAS, L. Le sous-genre *Zaprionus* S. Str. définition de groupes d'espèces et révision du sous-groupe *vittiger* (Diptera, Drosophilidae). *Annales de la Société Entomologique de France* (N.S.) 29(2): 173-94, 1993.

CHAVES, N. B. & TIDON, R. Drosophilidae of the Brazilian Savanna, the forgotten ecosystem. *Drosophila Information Service* 88: 25-7, 2005.

CHAVES, N. B. & TIDON, R. Biogeographical aspects of drosophilids (Diptera, Drosophilidae) of the Brazilian savanna. *Revista Brasileira de Entomologia* 52(3): 340-8, 2008.

COQUILLETT, D. W. New Diptera from Southern Africa. *Proceedings of the United States National Museum* 24: 27-32, 1901.

COMMAR, L. S. et al. Taxonomic and evolutionary analysis of *Zaprionus indianus* and its colonization of Palearctic and Neotropical regions. *Genetics and Molecular Biology* 35(2): 395-406, 2012.

CONTI, J. H. Perpetuação do negócio do figo. In: II SIMPÓSIO BRASILEIRO SOBRE A CULTURA DA FIGUEIRA. *Anais*... Campinas: Cati, 2010.

CORRÊA, L. de S. & BOLIANI, A. C. Panorama de pesquisa com figueiras. In: II SIMPÓSIO BRASILEIRO SOBRE A CULTURA DA FIGUEIRA. *Anais*... Campinas: Cati, 2010.

CULIK, M. P. First record of *Zaprionus indianus* (Diptera: Drosophilidae) in the state of Espírito Santo, Brazil. *Drosophila Information Service* 87: 32-3, 2004.

DAVID, J. R. et al. Quantitative trait analysis and geographic variability of natural populations of *Zaprionus indianus*, a recent invader in Brazil. *Heredity* 96: 53-62, 2006a.

DAVID, J. R. et al. Sexual dimorphism of body size and sternopleural bristle number: a comparison of geographic populations of an invasive cosmopolitan drosophilid. *Genetica* 128(1-3): 109-22, 2006b.

DEPRÁ, M. et al. *Mar*, a Mite family of *hAT* transposons in *Drosophila*. *Mobile DNA* 3: 1-13, 2012.

DÖGE, J. S.; VALENTE, V. L. S. & HOFMANN, P. R. P. Drosophilids (Diptera) from an Atlantic Forest area in Santa Catarina, southern Brazil. *Revista Brasileira de Entomologia* 52(4): 615-24, 2008.

EMERICH, P. P. et al. High abundance of Neotropical Drosophilids (Diptera: Drosophilidae) in four cultivated areas of central Brazil. *Neotropical Entomology* 41(2): 83-8, 2012.

ETGES, W. J. & SLOAN, J. V. Rediscovery of *Drosophila wheeleri* in Sonora, Mexico? *Drosophila Information Service* 91: 50-3, 2008.

FERNANDES, D. R. R.; LARA, R. I. R. & PERIOTO, N. W. Drosofilídeos e seus himenópteros parasitoides em *Coffea arabica* L. *Coffee Science* 4 (2): 110-3, 2009.

FERNANDES, D. R. R. & ARAUJO, E. L. Ocorrência de *Zaprionus indianus* Gupta (Diptera: Drosophilidae) em frutos de juazeiro *Ziziphus joazeiro* Mart: (Rhamnaceae) no Estado do Rio Grande do Norte. *Revista Brasileira de Fruticultura* 33(4): 1.356-8, 2011.

FERNANDES, D. R. R. Fugivorous flies (Diptera: Tephritidae and Lonchaidae) and native parasitoids (Hymenoptera) associated with *Pouteria caimito* (Sapotaceae) in Brazil. *Florida Entomologist* 96(1): 255-7, 2013.

FERREIRA, L. B. & TIDON, R. Colonizing potential of Drosophilidae (Insecta, Diptera) in environments with different grades of urbanization. *Biodiversity and Conservation* 14: 1.809-21, 2005.

FRANCISCO, V. L. F. dos et al. Evolução e aspectos socioeconômicos da cultura do figo no Estado de São Paulo. *Informações Econômicas* 41(2): 13-22, 2011.

FURTADO, I. S.; MARTINS, M. B. & COSTA, J. E. First record of *Zaprionus indianus* (Diptera: Drosophilidae) in the Urucu Petroleum Province in Amazonas, Brazil. *Drosophila Information Service* 92: 17-8, 2009.

GALEGO, L. G. da C. & CARARETO, C. M. A. Intraspecific and interspecific pre-adult competition on the Neotropical Region colonizer *Zaprionus indianus* (Diptera: Drosophilidae) under laboratory conditions. *Bragantia* 64(2): 249-55, 2005.

GALEGO, L. G. da C. & CARARETO, C. M. A. Analysis of the drosophilid *Zaprionus indianus* introduction in Brazil: contribution of esterase loci polymorphisms. *Drosophila Information Service* 90: 79-84, 2007.

GALEGO, L. G. da C. & CARARETO, C. M. A. Scenario of the spread of the invasive species *Zaprionus indianus* Gupta, 1970 (Diptera, Drosophilidae) in Brazil. *Genetics and Molecular Biology* 33(4): 767-73, 2010.

GALEGO, L. G. da; CERON, C. R. & CARARETO, C. M. A. Characterization of esterases in a Brazilian population of *Zaprionus indianus* (Diptera: Drosophilidae). *Genetica* 126(1): 89-99, 2006.

GARCIA, A. C. et al. Two decades of colonization of the urban environment of Porto Alegre, southern Brazil, by *Drosophila paulistorum* (Diptera, Drosophilidae). *Iheringia*, Série Zoologia, 98(3): 329-38, 2008.

GARCIA, A. C. et al. Spatial and temporal variation in Drosophilidae (Diptera) abundance in three environments with different vegetal cover levels in a park in Porto Alegre, southern Brazil. *Drosophila Information Service* 92: 80-7, 2009.

GARCIA, C. F. et al. Drosophilid assemblages at different urbanization levels in the city of Porto Alegre, state of Rio Grande do Sul, southern Brazil. *Neotropical Entomology* 41(1): 32-41, 2012.

GOMES, L. H. et al. Presence of the yeast *Candida tropicalis* in figs infected by the fruit fly *Zaprionus indianus* (Diptera: Drosophilidae). *Brazilian Journal of Microbiology* 34: 5-7, 2003.

GOÑI, B. et al. First record of *Zaprionus indianus* Gupta, 1970 (Diptera, Drosophilidae) in southern localities of Uruguay. *Drosophila Information Service* 84: 61-5, 2001.

GOÑI, B. et al. Increased frequencies of *Zaprionus indianus* Gupta, 1970 (Diptera, Drosophilidae) in Uruguay. *Drosophila Information Service* 85: 75-80, 2002.

GOTTSCHALK, M. S. et al. Drosophilidae (Diptera) associated to fungi: differential use of resources in anthropic and Atlantic Rain Forest areas. *Iheringia*, Série Zoologia, 99(4): 442-8, 2009.

GOTTSCHALK, M. S. et al. Comparison between two sampling methods for Drosophilidae (Diptera) using banana baits. *Drosophila Information Service* 86: 33-5, 2003.

GOTTSCHALK, M. S. et al. Changes in Brazilian Drosophilidae (Diptera) assemblages across an urbanization gradient. *Neotropical Entomology* 36(6): 848-62, 2007.

GRUPIONI, N. V.; BÉLO, M. & BARBOSA, J. C. Competição em *Drosophila*. I. *D. hydei versus D. immigrans*. *Biodiversidade* 12(1): 22-34.

GUIMARÃES, J. A. & ZUCCHI, R. A. Parasitism behavior of three species of Eucoilinae (Hymenoptera: Cynipoidea: Figitidae) fruit fly parasitoids (Diptera) in Brazil. *Neotropical Entomology* 33: 217-24, 2004.

GUPTA, J. P. Description of a new species of *Phorticella Zaprionus* (Drosophilidae) from India. *Proceedings of the Indian National Science Academy* 36: 62-70, 1970.

HANNA, G.; BLINCOW, K. & HEIN, E. Species abundance ratios of *Drosophila melanogaster* and *Zaprionus indianus* in two different habitats of the tropical dry forest of Alamos, Mexico (Diptera: Drosophilidae). *Drosophila Information Service* 93: 106-9, 2010.

HEED, W. B. Ecological and distributional notes on the Drosophilidae of El Salvador. *University of Texas Publications* 5.721: 62-78, 1957.

HERÉDIA, F.; LORETO, E. L. S. & VALENTE, V. L. S. Complex evolution of *gypsy* in Drosophilid species. *Molecular Biology and Evolution* 21(10): 1.831-42, 2004.

HIPÓLITO, J. et al. Pollination biology and genetic variability of a giant perfumed flower (*Aristolochia gigantea* Mart. and Zucc., Aristolochiaceae) visited mainly by small Diptera. *Botany* 90: 815-29, 2012.

HOCHMÜLLER, C. J. C. et al. The Drosophilid fauna (Diptera, Drosophilidae) of the transition between the Pampa and Atlantic Forest biomes in the state of Rio Grande do Sul, southern Brazil: first records. *Papéis Avulsos de Zoologia* 59(10): 285-95, 2010.

IBGE – Instituto Brasileiro de Geografia e Estatística. *Sidra*. Disponível em: <www.sidra.ibge.gov.br/bda/tabela/listabl.asp?z=t,c=1613>. Acesso em: 20 abr. 2012.

KATO, C. M. et al. Ocorrência de *Zaprionus indianus* Gupta, 1970 (Diptera: Drosophilidae) no Estado de Minas Gerais. *Ciências Agrotécnicas* 28: 454-5, 2004.

LACHAISE, D. & McEVEY, S. F. Independent evolution of the same set of characters in fig flies (*Lissocephala*, Drosophilidae). *Evolutionary Ecology* 4: 358-64, 1990.

LACHAISE, D. & TSACAS, L. Breeding-Sites in tropical African Drosophilids. In: ASHBURNER, M.; CARSON, H. L. & THOMPSON JR., J. N. (eds.). *The genetics and biology of Drosophila*. London: Academic Press, 1983, v. 3d.

LAVAGNINO, N. J. et al. Geographic distribution and hosts of *Zaprionus indianus* (Diptera: Drosophilidae) in North-Eastern Argentina. *Revista de la Sociedad Entomologica Argentina* 67(1-2): 189-92, 2008.

LEÃO, B. F. D. & TIDON, R. Newly invading species exploiting native host-plants: the case of the African *Zaprionus indianus* (Gupta) in the Brazilian cerrado (Diptera, Drosophilidae). *Annales de la Société Entomologique de France* (N.S.) 40(3-4): 285-90, 2004.

LINDE, K. van der. Request for samples and sightings of *Zaprionus indianus*. *Fly Times* 44: 5-6, 2010a.

LINDE, K. van der. *Zaprionus indianus*: species identification and taxonomic position. *Drosophila Information Service* 93: 95-8, 2010b.

LINDE, K. van der et al. First records of *Zaprionus indianus* (Diptera: Drosophilidae), a pest species on commercial fruits from Panama and the United States of America. *Florida Entomologist* 89: 402-4, 2006.

LOH, R. & BITNER-MATHÉ, B. C. Variability of wing size and shape in three populations of a recent Brazilian invader, *Zaprionus indianus* (Diptera: Drosophilidae), from different habitats. *Genetica* 125: 271-81, 2005.

LOH, R. et al. Adaptation to different climates results in divergent phenotypic plasticity of wing size and shape in an invasive drosophilid. *Journal of Genetics* 87(3): 209-17, 2008.

MACHADO, T. et al. Allozyme variability in an invasive drosophilid, *Zaprionus indianus* (Diptera, Drosophilidae): comparison of a recently introduced Brazilian population with old world populations. *Annales de la Société Entomologique de France* (N.S.) 41: 7-13, 2005.

MAIORANO, J. A. A cultura do figo no Brasil. In: II SIMPÓSIO BRASILEIRO SOBRE A CULTURA DA FIGUEIRA. *Anais*... Campinas: Cati, 2010.

MARCHIORI, C. H. First report of parasitoid *Pachycrepoideus vindemiae* Rondani (Hymenoptera: Pteromalidae) in pupae of *Zaprionus indianus* Gupta (Diptera: Drosophilidae) in Brazil. *Biotemas* 16: 129-33, 2003.

MARCHIORI, C. H. & SILVA, C. G. First occurrence of parasitoid *Spalangia endius* (Walker) (Hymenoptera: Pteromalidae) in pupae of *Zaprionus indianus* Gupta (Diptera: Drosophilidae) in Brazil. *Brazilian Journal of Biology* 63(2): 361-2, 2003.

MARCHIORI, C. H. et al. Parasitoids of *Zaprionus indianus* Gupta (Diptera: Drosophilidae) collected in Itumbiara, Goiás, Brazil. *Arquivos do Instituto Biológico* 70(2): 217-8, 2003.

MARCHIORI, C. H. et al. Microimenópteros parasitoides de moscas coletados em área urbana e de mata em Itumbiara, Goiás, Brasil. *Biotemas* 17(1): 151-62, 2004.

MARCHIORI, C. H.; BORGES, L. M. F. & FERREIRA, L. L. Hosts of the parasitoid *Pachycrepoideus vindemmiae* (Rondani) (Hymenoptera: Pteromalidae) of medical-veterinary and economic importance collected in the State of Goiás, Brazil. *American Journal of Life Sciences* 1(5): 228-31, 2013.

MATA, R. A. & TIDON, R. The relative roles of habitat heterogeneity and disturbance in drosophilid assemblages (Diptera, Drosophilidae) in the Cerrado. *Insect Conservation and Diversity* 6(6): 663-70, 2013.

MATA, R. A.; ROQUE, F. & TIDON, R. Drosophilids (Insecta, Diptera) of the Paranã valley: eight new records for the Cerrado biome. *Biota Neotropica* 8(1): 55-60, 2008.

MATA, R. A. et al. Invasive and flexible: niche shift in the drosophilid *Zaprionus indianus* (Insecta, Diptera). *Biological Invasions* 12: 1.231-41, 2010.

MATAVELLI, C. & ZUBEN, C. J. von. New versions of trap and bait for the collection of the fig-fly *Zaprionus indianus* Gupta 1970 (Diptera: Drosophilidae). *Drosophila Information Service* 95: 122-8, 2012.

MATAVELLI, C.; ZARA, F. J. & ZUBEN, C. J. von. Post-embryonic development in *Zaprionus indianus* (Diptera: Drosophilidae). *Annals of the Entomological Society of America* 106(6): 779-87, 2013.

MAZARO, S. M. et al. Ensacamento de figos cv. roxo-de-valinhos. *Scientia Agraria* 6(1-2): 59-63, 2005.

MILLER, M. W. & PHAFF, H. J. Successive microbial populations in Calimyrna figs. *Applied Microbiology* 10: 394-400, 1962.

MÜLLER, M. J. et al. Courtship behavior of *Zaprionus indianus* (Gupta) (Diptera: Drosophilidae) from populations colonizing South America. *Neotropical Entomology* 41(2): 112-20, 2012.

NARDON, C. et al. Is genome size influenced by colonization of new environments in dipteran species? *Molecular Ecology* 14(3): 869-78, 2005.

NAVA, D. E. et al. Biology thermal requirements and estimation of the number of generations of *Zaprionus indianus* (Diptera: Drosophilidae) for the main fig producing regions of Brazil. *Florida Entomologist* 90(3): 495-501, 2007.

O'GRADY, P. M.; BEARDSLEY, J. W. & PERREIRA, W. D. New records for introduced Drosophilidae (Diptera) in Hawai'i. *Bishop Museum Occasional Papers* 69: 34-5, 2002.

OKADA, T. & CARSON, H. L. The genera *Phorticella* Duda and *Zaprionus* Coquillett (Diptera, Drosophilidae) of the Oriental Region and New Guinea. *Kontyû* 51: 539-53, 1983.

OLIVEIRA, C. M. et al. Economic impact of exotic insect pests in Brazilian agriculture. *Journal of Applied Entomology* 137: 1-15, 2013.

OLIVEIRA, G. F. et al. First record of *Zaprionus indianus* (Diptera, Drosophilidae) in Fernando de Noronha, an oceanic island of Pernambuco state, Brazil. *Drosophila Information Service* 92: 18-20, 2009.

PARKASH, R. et al. Genetic variation at alcohol dehydrogenase *locus* in some Drosophilids. *Current Science* 58(14): 808-11, 1989.

PASINI, M. P. B. & LINK, D. Occurrence of *Zaprionus indianus* (Diptera: Drosophilidae) in Agudo, Rio Grande do Sul, Brazil. *EntomoBrasilis* 5(1): 70-4, 2012.

PASINI, M. P. B.; LINK, D. & FRONZA, D. Eficácia de atrativos alimentares na captura de *Zaprionus indianus* (Gupta) em pomar de figo em Santa Maria – RS. *EntomoBrasilis* 4(2): 56-60, 2011.

PASINI, M. P. B.; LINK, D. & FRONZA, D. Eficiência de atrativos alimentares no monitoramento de *Zaprionus indianus* (Diptera: Drosophilidae) em pomar de goiaba. *Revista Brasileira de Agroecologia* 7(1): 152-9, 2012.

PASINI, M. P. B. et al. Soluções atrativas para o monitoramento populacional de *Zaprionus indianus* (Diptera: Drosophilidae) em pomar de figo. *Pesquisa Agropecuária Tropical* 43(3): 272-7, 2013.

PENARIOL, L. V. & MADI-RAVAZZI, L. Edge-interior differences in the species richness and abundance of drosophilids in a semiciduous Forest fragment. *SpringerPlus* 2: 114-7, 2013.

PENARIOL, L. V.; BICUDO, H. E. M. C. & MADI-RAVAZZI, L. On the use of open or closed traps in the capture of drosophilids. *Biota Neotropica* 8(2): 47-51, 2008.

PIRES, D. J. & BÉLO. M. Flies collected in orchards. *Drosophila Information Service* 88: 69-72, 2005.

POPPE, J. L.; VALENTE, V. L. S. & SCHMITZ, H. J. Structure of Drosophilidae assemblage (Insecta, Diptera) in Pampa Biome (São Luiz Gonzaga, RS). *Papéis Avulsos de Zoologia* 52(16): 185-95, 2012.

POPPE, J. L.; VALENTE, V. L. S. & SCHMITZ, H. J. Population dynamics of Drosophilids in the Pampa biome in response to temperature. *Neotropical Entomology* 42 (3): 269-77, 2013.

PREZOTO, F. & BRAGA, N. Predation of *Zaprionus indianus* (Diptera: Drosophilidae) by the social wasp *Synoeca cyanea* (Hymenoptera: Vespidae). *Florida Entomologist* 96(2): 670-2, 2013.

PROGNÓSTICO AGRÍCOLA: 1998/99. São Paulo: IEA, 1998, v. 2. 254p.

RAFAEL, V. *Drosophila malerkotliana* y *Zaprionus indianus* (Diptera, Drosophilidae) invaden poblaciones ecuatorianas de *Drosophila*. *Revista Ecuatoriana de Medicina y Ciencias Biológicas* 28(1-2): 30-43, 2007.

RAGA, A. Manejo da mosca-do-figo. In: II SIMPÓSIO BRASILEIRO SOBRE A CULTURA DA FIGUEIRA. *Anais*... Campinas: Cati, 2010.

RAGA, A. & SOUZA FILHO, M. F. de. Captura de *Zaprionus indianus* (Gupta) (Dip.: Drosophilidae) em frascos de plásticos com iscas alimentares na cultura de figo. *Revista de Agricultura* 78(3): 323-9, 2003.

RAGA, A.; SOUZA FILHO, M. F. de & SATO, M. E. Eficiência de protetores de ostíolo do figo sobre a infestação da mosca *Zaprionus indianus* (Gupta) (Diptera: Drosophilidae) no campo. *Arquivos do Instituto Biológico* 70(3): 287-89, 2003.

RAGA, A. et al. Eficácia de atrativos alimentares na captura de moscas-das-frutas em pomar de citros. *Bragantia* 65(2): 337-45, 2006.

REGO, L. N. A. A. et al. Spermatogenesis of the *Zaprionus indianus* and *Zaprionus sepsoides* (Diptera: Drosophilidae): cytochemical, structural and ultrastructural characterization. *Genetics and Molecular Biology* 36(1): 50-60, 2013.

RENKEMA, J. M. et al. First records of *Zaprionus indianus* Gupta (Diptera: Drosophilidae) from commercial fruit fields in Ontario and Quebec, Canada. *Journal of the Entomological Society of Ontario* 144: 125-30, 2013.

ROBE, L. J.; VALENTE, V. L. S. & LORETO, E. L. S. Taxonomic boundaries, phylogenetic relationships and macro-evolutionary patterns within the *Drosophila tripunctata* "radiation" (Diptera: Drosophilidae). *Genetica* 138: 725-35, 2010.

ROQUE, F.; FIGUEIREDO, R. & TIDON, R. Nine new records of drosophilids in the Brazilian savanna. *Drosophila Information Service* 89: 14-7, 2006.

ROQUE, F.; HAY, J. du V. & TIDON, R. Breeding sites of drosophilids (Diptera) in the Brazilian savanna. I. Fallen fruits of *Emmotum nitens* (Icacinaceae), *Hancornia speciosa* (Apocynaceae) and *Anacardium humile* (Anacardiaceae). *Revista Brasileira de Entomologia* 53(2): 308-13, 2009.

ROQUE, F.; MATA, E. A. da & TIDON, R. Temporal and vertical drosophilid (Insecta; Diptera) assemblage fluctuations in a neotropical gallery Forest. *Biodiversity and Conservation* 22: 657-72, 2013.

SANTOS, J. F. et al. Colonization of Northeast Region of Brazil by the drosophilid flies *Drosophila malerkotliana* and *Zaprionus indianus*, a new potential insect pest for Brazilian fruitculture. *Drosophila Information Service* 86: 92-5, 2003.

SANTOS, J. P. J. dos; BAUTH, M. L. & GOTTSCHALK, M. L. New records of Drosophilidae in southern Amazônia. *Drosophila Information Service* 94: 40-2, 2011.

SCHMITZ, H. J.; VALENTE, V. L. S. & HOFMANN, P. R. P. Taxonomic survey of Drosophilidae (Diptera) from Mangrove forests of Santa Catarina island, southern Brazil. *Neotropical Entomology* 36(1): 53-64, 2007.

SETTA, N. de & CARARETO, C. M. A. Fitness components of a recently-established population of *Zaprionus indianus* (Diptera, Drosophilidae) in Brazil. *Iheringia*, Série Zoologia, 95(1): 47-51, 2005.

SETTA, N. de & CARARETO, C. M. A. Screening for transposable elements in South America invasive species *Zaprionus indianus* and *Drosophila malerkotliana*. *Drosophila Information Service* 90: 96-9, 2007.

SETTA, N. de et al. Multiple invasions of *Gypsy* and *Micropia* retroelements in genus *Zaprionus* and *melanogaster* subgroup of the genus *Drosophila*. *BMC Evolutionary Biology* 9(12): 279, 2009.

SETTA, N. de et al. *Copia* retrotransposon in the *Zaprionus* genus: another case of transposable element sharing with the *Drosophila melanogaster* subgroup. *Journal of Molecular Evolution* 72: 326-38, 2011.

SETTA, N. de et al. Insights about the phylogenetic relationship between *Zaprionus* and *Drosophila* from molecular and cytogenetic data of *α-esterase 7* gene of *Zaprionus indianus*. *Drosophila Information Service* 91: 60-8, 2008.

SILVA, C. G. et al. Ocorrência de *Pachycrepoideus vindemiae* (Hym.: Pteromalidae) em pupas de *Zaprionus indianus* Gupta (Dip.: Drosophilidae) coletadas em frutos de goiaba. *Arquivos do Instituto Biológico* 71(1): 91-2, 2004.

SILVA, N. M. da et al. Characterization of mitochondrial control region, two intergenic spacers and tRNAs of *Zaprionus indianus* (Diptera: Drosophilidae). *Genetica* 137(3): 324-32, 2009.

SILVA, N. M. da et al. Ecology of colonizing populations of the figfly *Zaprionus indianus* (Diptera, Drosophilidae) in Porto Alegre, southern Brazil. *Iheringia*, Série Zoologia, 95(3): 233-40, 2005a.

SILVA, N. M. da et al. Population dynamics of the invasive species, *Zaprionus indianus* (Gupta) (Diptera: Drosophilidae) in communities of Drosophilids of Porto Alegre city, southern Brazil. *Neotropical Entomology* 34(3): 363-74, 2005b.

SOTO, L. et al. First record of *Zaprionus indianus* Gupta, 1970 (Diptera, Drosophilidae) in Argentina. *Drosophila Information Service* 89: 13-4, 2006.

SPIETH, H. T. Mating behavior within the genus *Drosophila* (Diptera). *Bulletin of the American Museum of Natural History* 99: 401-74, 1952.

STEIN, C. P.; TEIXEIRA, E. P. & NOVO, J. P. S. Aspectos biológicos da mosca do figo, *Zaprionus indianus* Gupta, 1970 (Diptera: Drosophilidae). *Entomotropica* 18(3): 219-21, 2003.

SVEDESE, V. M. et al. Ação de fungos entomopatogênicos em larvas e adultos da mosca do figo *Zaprionus indianus* (Diptera: Drosophilidae). *Ciência Rural* 42(11): 1.916-22, 2012.

TIDON, R. Relationships between drosophilids (Diptera, Drosophilidae) and the environment in two contrasting tropical vegetations. *Biological Journal of the Linnnean Society* 87: 233-47, 2006.

TIDON, R.; LEITE, D. F. & LEÃO, B. F. D. Impact of the colonization of *Zaprionus* (Diptera, Drosophilidae) in different ecosystems of the Neotropical Region: two years after the invasion. *Biological Conservation* 112: 299-305, 2003.

TONI, D. C. de; HOFMANN, P. R. P. & VALENTE, V. L. S. First record of *Zaprionus indianus* (Diptera, Drosophilidae) in the state of Santa Catarina, Brazil. *Biotemas* 14: 71-85, 2001.

TONI, D. C. de et al. Study of the Drosophilidae (Diptera) communities on Atlantic Forest islands of Santa Catarina state, Brazil. *Neotropical Entomology* 36: 356-75, 2007.

TORRES, F. R. & MADI-RAVAZZI, L. Seasonal variation in natural populations of Drosophila spp. (Diptera) in two woodlands in the state of São Paulo. *Iheringia*, Série Zoologia, 96(4): 437-44, 2006.

TSACAS, L. L'identité de *Zaprionus vittiger* Coquillett et révision des espèces afrotropicales affines. *Bulletin de la Société Entomologique de France* 85: 141-54, 1980.

TSACAS, L. *Zaprionus indianus* Gupta, 1970, nouveau nom pour le plus commun des *Zaprionus* africains (Diptera, Drosophilidae). *Annales de la Société Entomologique de France* (N.S.) 21(3): 343-4, 1985.

VIDAL, N. M.; LUDWIG, A. & LORETO, E. L. S. Evolution of *Tom*, *297*, *17.6* and *rover* retrotransposons in Drosophilidae species. *Molecular Genetics and Genomics* 282(4): 351-62, 2009.

VILELA, C. R. Is *Zaprionus indianus* Gupta, 1970 (Diptera, Drosophilidae) Currently colonizing the Neotropical Region? *Drosophila Information Service* 82: 37-9, 1999.

VILELA, C. R. & SELIVON, D. Breeding sites of Neotropical Drosophilidae (Diptera). II. Fallen fruits of *Citharexylum myrianthum* Cham. (Verbenaceae). *Drosophila Information Service* 83: 32-6, 2000.

VILELA, C. R.; TEIXEIRA, E. P. & STEIN, C. P. Nova praga nos figos: *Zaprionus indianus* Gupta, 1970. *Informativo da Sociedade Entomológica do Brasil* 24(2): 2, 1999.

VILELA, C. R..; TEIXEIRA, E. P. & STEIN, C. P. Mosca-africana-do-figo, *Zaprionus indianus* (Diptera: Drosophilidae). In: VILELA, E. F.; ZUCCHI, R. A. & CANTOR, F. (eds.). *Histórico e impacto das pragas introduzidas no Brasil.* Ribeirão Preto: Holos, 2001.

WYNN, S. & TODA, M. J. Drosophilidae (Diptera) in Burma. IV. The genus *Zaprionus*. *Kontyû* 56(4): 843-51, 1988.

YASSIN, A. E. Molecular and morphometrical revision of the *Zaprionus tuberculatus* species subgroup (Diptera: Drosophilidae), with descriptions of two cryptic species. *Annals of the Entomological Society of America* 101(6): 978-88, 2004.

YASSIN, A. E. & ABOU-YOUSSEF, A. Y. A new front for a global invasive Drosophilid: the colonization of the Northern-Western desert of Egypt by *Zaprionus indianus* Gupta, 1970. *Drosophila Information Service* 87: 67-8, 2008.

YASSIN, A. E. & DAVID, J. R. Revision of the Afrotropical species of *Zaprionus* (Diptera, Drosophilidae), with descriptions of two new species and notes on internal reproductive structures and immature stages. *Zookeys* 51: 33-72, 2010.

YASSIN, A. E.; DAVID, J. R. & BITNER-MATHÉ, B. C. Phenotypic variability of natural populations of an invasive drosophilid, *Zaprionus indianus*, on different continents: comparison of wild-living and laboratory-grown flies. *Comptus Rendus Biologies* 332(9): 898-908, 2009.

YASSIN, A. E. et al. Mesosternal bristle number in a cosmopolitan drosophilid: an X-linked variable trait independent of sternopleural bristles. *Journal of Genetics* 86: 149-58, 2007.

YASSIN, A. E. et al. DNA barcode discovers two cryptic species and two geographical radiations in the invasive drosophilid *Zaprionus indianus*. *Molecular Ecology Resources* 8: 491-501, 2008a.

YASSIN, A. E. et al. Grafting the molecular phylogenetic tree with morphological branches to reconstruct the evolutionary history of the genus *Zaprionus* (Diptera: Drosophilidae). *Molecular Phylogenetic Evolution* 47: 903-15, 2008b.

10

Minador-dos-citros, *Phyllocnistis citrella* Stainton

F. L. Cônsoli, J. R. P. Parra, M. C. M. Chagas, A. L. Parra-Pedrazzoli

INTRODUÇÃO

A larva-minadora-dos-citros, *Phyllocnistis citrella*, é um microlepidóptero de 2,0 a 2,5 mm de comprimento, minador de folhas durante sua fase larval, preferencialmente de espécies de *Citrus*. No início do século XX, era registrada em todo o continente asiático e em parte do continente africano. No início da década de 1990, começaram a surgir relatos de sua ocorrência em países do Norte da África e do Oeste europeu. Poucos anos mais tarde, já era encontrada no extremo leste europeu e, em 1993, já atingia a América, infestando pomares de citros no Estado da Flórida, EUA. Sua difusão na América foi extraordinariamente rápida, tendo sido encontrada no Brasil em 1996, apenas três anos após sua constatação nos Estados Unidos. Nesse período, já havia se disseminado pelo México, América Central, Caribe e vários países da América do Sul. A larva-minadora tem sido considerada uma séria praga dos citros, não apenas pelos danos diretos que pode causar à citricultura, devido à queda na produtividade da planta, pela redução de sua capacidade fotossintética, causada pela destruição do tecido foliar, como também pelos danos indiretos. Estes danos, provocados por *P. citrella,* são os mais sérios, dada a sua capacidade de disseminar a bactéria do cancro cítrico, *Xanthomonas citri*, que encontra nas galerias abertas pela larva-minadora condições propícias para infectar os tecidos da planta (Chagas et al., 2001). Os adultos do minador, no entanto, não disseminam tal bactéria (Belasque et al., 2005).

Posição taxonômica e nomenclatura

Ordem: Lepidoptera

Família: Gracillariidae

Subfamília: Phyllocnistinae

Gênero: *Phyllocnistis*

Espécie: *Phyllocnistis citrella* Stainton, 1856

Sinonímia: *Phyllocnistis citricola* (Shiraki, 1913)

P. citrella foi descrita com base em exemplares coletados na Índia e tem como sinônimo *P. citricola* (Shiraki, 1913). A descrição de *P. saligna* Zeller, 1839, é válida, constituindo, assim, uma espécie diferente de *P. citrella*. Porém, exemplares de *P. citrella* coletados no Japão foram erroneamente identificados como *P. saligna* por Kurisaki (1928) (Heppner, 1993).

Na literatura internacional, *P. citrella* é vulgarmente chamada de "Asian citrus leafminer" (larva-asiática-minadora-dos-citros) ou, mais comumente, de "citrus leafminer" (larva-minadora-dos-citros). No Brasil, ela recebeu várias denominações comuns e têm sido vulgarmente chamada de lagarta ou larva-minadora-dos-citros, minador-dos-citros, minador-das-folhas-dos-citros e minadora-das-folhas-novas-dos-citros.

Alguns autores contestam a posição de Gracillariidae em Tineoidea, preferindo colocá-la em uma superfamília distinta, Gracillariodea (Zimmerman, 1978, referido por Davis, 1987). Assim, devido à vaga definição morfológica do adulto de Gracillariidae, gêneros como *Phyllocnistis,* que apresentam características bastante distintas, não são posicionados com facilidade. *Phyllocnistis* é um gênero completamente atípico dentro de Gracillariidae e, devido às suas peculiaridades, alguns autores propuseram a criação de uma família monotípica. No entanto, taxonomistas desse grupo têm preferido assumir um posicionamento mais conservador, até que se faça uma comparação mais ampla em Tineoidea e se encontre uma solução para o posicionamento taxonômico desse inseto. *Phyllocnistis* é enquadrado em Gracillariidae pelas características de hipermetamorfose e pelo hábito alimentar da larva (Davis, 1987). Outros representantes do grupo também são minadores, fazendo de Gracillariidae a maior família de minadores de plantas em Lepidoptera, com mais de 1.600 espécies descritas.

Aspectos da biologia, do formato e da localização da mina, o padrão de decomposição das fezes, o hospedeiro e aspectos do desenvolvimento hipermetamórfico são características importantes para a distinção entre as espécies desse grupo. As larvas de alguns gêneros alimentam-se do líquido das células (*sap feeding*) nos instares iniciais, mas sofrem mudanças morfológicas radicais, desenvolvendo aparelho bucal mastigador e passando a ingerir o tecido da folha por mastigação. Essa mudança de forma e de hábito alimentar ocorre em diferentes instares, de acordo com o gênero. Quando as larvas assumem essas características após o segundo instar, ou continuam a se alimentar no interior da mina (*Aristaea, Caloptilia, Macrostola* e *Parornix*) ou a abandonam e passam a alimentar-se em uma câmara construída por uma porção dobrada da folha (*Caloptilia* e *Macarostola*). Outras espécies, no entanto, mantêm o mesmo hábito alimentar ao longo do período larval, apresentando de seis a nove instares (*Cameraria, Marmara* e *Phyllonorycter*) ou apenas três instares (*Phyllocnistis*) (Davis, 1987). O último instar de *P. citrella* é o mais especializado da família, pela ausência completa de pernas, estematas e peças bucais, com exceção da fiandeira (Davis, 1987).

HISTÓRICO DA INTRODUÇÃO DA PRAGA NO BRASIL

P. citrella era um inseto restrito ao Velho Mundo, ocorrendo sobretudo em países do Centro-Oeste asiático. O comércio de mudas cítricas sem dúvida facilitou sua dispersão para os demais continentes. Foi relatada pela primeira vez nos Estados Unidos, em 1914, em mudas de *Citrus* sp. e *Atalantia* sp., interceptadas pelo serviço quarentenário norte-americano. Medidas adotadas naquela época impediram sua disseminação pelo território do país (Sasscer, 1915). Entretanto, houve rápida disseminação por diversos países a partir do início da década de 1990, e, em 1993, ela foi novamente encontrada nos Estados Unidos, infestando pomares de citros na Flórida. Desta vez, a tentativa de erradicação foi infrutífera e a larva-minadora disseminou-se para outros estados do Centro-Sul do país. Nessa mesma época, *P. citrella* era relatada em vários países do Oeste europeu e disseminava-se pelo continente africano, onde já era registrada desde o início do século XX. *P. citrella* moveu-se rapidamente do Sul dos Estados Unidos para o México e, apenas dois anos mais tarde, já havia ultrapassado a fronteira mexicana, sendo encontrada em vários países da América Central, Caribe e América do Sul (Heppner, 1993; Cônsoli, Zucchi & Lopes, 1996; Hoy & Nguyen, 1997).

Alguns alertas foram publicados no Brasil após a descoberta desse inseto em pomares de citros da Flórida, na tentativa de evitar sua introdução no país (Gravena, 1994; Lourenção, Müller & Prates, 1994). Entretanto, apenas dois anos depois, em 1996, já era encontrada em pomares de citros no sul do Estado de São Paulo (Feichtenberger & Raga, 1996; Prates, Nakano & Gravena, 1996). A partir do seu primeiro registro em território nacional, *P. citrella* foi reconhecida como praga em várias regiões do país. Na época atual, encontra-se distribuída por praticamente todos os estados brasileiros, do Acre à Bahia, de Roraima ao Rio Grande do Sul, incluindo todos os principais estados citrícolas (Arleu & Fanton, 1997; Lolato & Moraes, 1997; Silva et al., 1997; Didonet, Aguiar & Panato, 1998; Lopes & Silva, 1998; Nascimento et al., 1998; Ramalho Silva et al., 1998; Thomazini & Albuquerque, 2005). A rápida distribuição e a sequência de registros de *P. citrella* no Brasil sugerem que sua disseminação pode ter ocorrido devido à intensa comercialização de mudas produzidas em São Paulo, considerando que esse estado pode ter sido a porta de entrada do inseto no país. No entanto, é possível também que ele tenha invadido o Brasil pela fronteira norte, disseminando-se para os demais estados em duas frentes.

DISTRIBUIÇÃO GEOGRÁFICA

Apesar de *P. citrella* ter sido originalmente descrita de exemplares coletados na Índia, há relatos que indicam sua ocorrência no Irã e no Iraque desde 500 a.C. Devido à sua ampla distribuição pelos países do Sul da Ásia, como Bangladesh, China (incluindo Hong Kong), Índia, Indonésia, Camboja, Laos, Malásia, Mianmar, Nepal, Sri Lanka, Tailândia e Vietnã, Heppner (1993) considerou-os o centro de origem dessa praga. Entretanto, espécimes depositados no Museu de História Natural de Londres (British Museum of Natural History), coletados em Sri Lanka (1880-1890), Malásia (1924) e África do Sul (1908), não permitem considerar como centro a China, já que os primeiros registros chineses são da década de 1930 (Hoy & Nguyen, 1997). Atualmente, *P. citrella* distribui-se por toda a Ásia, do Japão à Turquia (Tabela 1).

No início da década de 1990, a larva-minadora já se encontrava em cinco países da Europa e em dez da África, atingindo o Novo Mundo em 1993 (Heppner, 1993;

Tabela 1. Distribuição geográfica de *P. citrella* (Heppner, 1993; Cônsoli et al., 1996; Hoy & Nguyen, 1997).

Continentes/ regiões	Países	Continentes/ regiões	Países
África	África do Sul	Ásia	Afeganistão
	Argélia		Arábia Saudita
	Costa do Marfim		Bangladesh
	Egito		Coreia do Norte e do Sul
	Etiópia		China (incluindo Hong Kong)
	Nigéria		Filipinas
	Marrocos		Iêmen
	Sudão		Índia
	Tanzânia		Indonésia
	Tunísia		Irã
Caribe	Cuba		Iraque
	Porto Rico		Israel
	República Dominicana		Japão

Continua

Continentes/ regiões	Países
América Central	Belize
	Costa Rica
	El Salvador
	Guatemala
	Honduras
	Nicarágua
	Panamá
América do Norte	Estados Unidos
	México
América do Sul	Argentina
	Brasil
	Colômbia
	Equador
	Peru
	Uruguai
	Venezuela
Europa	Espanha
	França
	Grécia
	Itália
	Portugal
Ásia	Jordânia
	Laos
	Líbano
	Malásia
	Mianmar
	Nepal
	Paquistão
	Sri Lanka
	Taiwan
	Tailândia
	Turquia
	Vietnã
	Omã
Oceania	Austrália
	Papua-Nova Guiné
	Ilhas Carolina
	Ilhas Marlana
	Ilhas Salomão
	Samoa Ocidental

Hoy & Nguyen, 1997). Sua área de distribuição aumentou rapidamente após sua introdução na Flórida, alastrando-se pelos estados da Louisiana, Alabama e Texas (Legaspi & French, 1996). Sua dispersão para os demais países americanos onde a citricultura é desenvolvida foi imediata. Atualmente, é encontrada nos cinco continentes, ocorrendo com maior frequência em países asiáticos. *P. citrella* já foi relatada em 66 países, sendo 26 asiáticos, 10 africanos, 6 da Oceania, 5 europeus e 19 americanos (Tabela 1) (Heppner, 1993; Cônsoli, Zucchi & Lopes, 1996; Hoy & Nguyen, 1997).

BIOLOGIA E ECOLOGIA

Ovos recém-colocados podem apresentar coloração brilhante, variando do amarelo-claro ao verde-claro, assumindo coloração opaca ao longo do desenvolvimento embrionário. São achatados, ovais, com tamanho ao redor de 0,31 mm de comprimento por 0,21 mm de largura, e podem ser colocados isoladamente na folha, nos brotos ou nos frutos. Nas brotações, os ovos são colocados próximo à nervura principal das folhas, na maioria das vezes, na superfície abaxial delas. São postos em maior quantidade no terço apical e na porção mediana da área foliar, sendo as folhas de 0,6 a 2,0 cm de comprimento as preferidas para oviposição (Chagas, 1999; Chagas & Parra, 2000; Parra et al., 2004). A melhor condição térmica para o desenvolvimento embrionário é 30°C (Chagas, 1999). O período embrionário varia de 0,5 a 10 dias, dependendo das condições térmicas (Badawy, 1967; Voûtte, 1934; Latif & Yunus, 1952; Ba-Angood, 1977; Singh, 1984; Radke & Kandalkar, 1987; Huang & Li, 1989; Huang et al., 1989abc).

Nos instares iniciais, a larva apresenta a cabeça achatada dorsoventralmente e antenas trissegmentadas, com duas estruturas delgadas no ápice. No último instar, a cabeça assume formato quadrangular e tem antenas unissegmentadas, com um par de papilas. Ocelos presentes apenas nos instares iniciais. O aparelho bucal é extremamente especializado, apresentando labro bem desenvolvido, bi ou trilobado, com as margens serreadas ou lisas. As mandíbulas são achatadas, tendo projeções pontiagudas distintas e/ou de formato serreado, devido à presença de dentículos.

A presença de cerdas no tórax é bastante reduzida no último instar, e tais cerdas têm tamanho reduzido nos instares iniciais. Os segmentos torácicos apresentam dimensões distintas; a largura dos dois primeiros segmentos é superior à do terceiro. Pernas torácicas e abdominais ausentes. São dez os segmentos abdominais, e o formato do último é variável. No primeiro instar, o último segmento abdominal apresenta uma incisão mediana; ele tem dois processos caudais no segundo e no terceiro instares, maiores neste do que no segundo. No último instar ainda há um par de pequenos espinhos laterais do terceiro ao sétimo segmento abdominal. A placa anal apresenta três pares de cerdas (Badawy, 1967; Davis, 1987).

A larva recém-eclodida penetra diretamente no tecido foliar, perfurando a epiderme da folha na região em contato com a porção inferior do ovo. A larva é achatada, amarelo-esverdeada, mede cerca de 0,74 mm de comprimento por 0,33 mm de largura no início do desenvolvimento. No final do período larval, a larva é amarela, cilíndrica, e mede 4,99 por 1,03 mm. *P. citrella* tem três instares, diferenciados pelo tamanho da cápsula cefálica, a qual apresenta dimensões de 0,12, 0,19 e 0,33 mm, do primeiro ao terceiro instares, respectivamente. Alguns autores, porém, consideram a fase pré-pupa como um quarto instar distinto, devido às profundas alterações morfológicas que a larva sofre ao iniciar essa fase. Chagas (1999) considerou que o minador-dos-citros apresenta quatro instares, com base na medição da cápsula cefálica das larvas. A maneira de obtenção do conteúdo das células de que a larva se alimenta é interessante. Os movimentos laterais da cabeça pressionam a parede celular, de duas ou três células, ao redor da cápsula cefálica, rompendo-as, de maneira que o líquido celular flui em direção à cabeça da larva e é imediatamente ingerido. Ao ingerir o conteúdo de algumas células, a larva continua a se locomover por meio de movimentos peristálticos, construindo mina em formato de serpentina, característica da espécie. Ao final do seu período alimentar, a larva move-se para o bordo da folha e constrói uma porção da mina livre de excrementos, para se transformar em pupa. O ciclo larval dura de 3,0 a 49,5 dias (Voûte, 1934; Pandey & Pandey, 1964; Ba-Angood, 1977; Singh, 1984; Radke & Kandalkar, 1987; Wilson, 1991; Achor, Browning & Albrigo, 1997).

A pré-pupa é reconhecida pela interrupção da alimentação e pelo encurtamento dos segmentos do corpo da larva, o que resulta na diminuição do tamanho. O corpo assume coloração branco-amarelada e o inseto já se encontra dentro da porção enrolada no bordo da folha. A fase de pré-pupa pode durar de quatro a vinte horas (Singh, 1984).

A pupa mede cerca de 2,0 a 2,5 mm de comprimento e a coloração varia do marrom ao marrom-amarelado. Na região anterior, há uma estrutura pontiaguda, em forma de espinho, utilizada para abrir a parede da galeria e facilitar a emergência do adulto. A diferenciação dos sexos pode ser feita durante o estágio pupal, utilizando-se características morfológicas do último segmento abdominal, que é maior nas fêmeas. Esse caráter mostrou-se mais apropriado para a determinação do sexo durante a fase pupal do que a posição relativa do ápice da antena e das asas, ou da antena e do primeiro par de pernas. Esse estágio pode durar de 3,5 a 17 dias (Clausen, 1931; Pandey & Pandey, 1964; Ba-Angood, 1977; Singh, 1984; Radke & Kandalkar, 1987; Jacas & Garrido, 1996).

Os adultos são diminutos (aproximadamente 4 mm de envergadura). O corpo e as asas posteriores são brancos, com longas cerdas na margem anal das asas. As asas anteriores apresentam coloração prateada, com inúmeras linhas pretas e manchas pretas e marrom-amareladas dispersas por elas. Na região apical das asas anteriores há duas manchas pretas circulares (Heppner, 1993).

Os adultos podem estar ativos por todo o dia, sendo a cópula normalmente realizada à noite. A temperatura mínima necessária para o voo é de 9°C, mesmo em ambiente chuvoso ou com ventos inferiores a 2,0 m/s^{-1} (Ujiye, 1990). Eles copulam durante um a três dias após a emergência. Os machos são atraídos às fêmeas pela emissão do feromônio sexual e a cópula dura de cinco a onze horas (Clausen, 1931; Pandey & Pandey, 1964; Ba-Angood, 1977; Radke & Kandalkar, 1987; Huang et al., 1989a; Ujiye, 1990). O intervalo entre a cópula e a postura pode ir de 24 horas a 6 dias. A fecundidade é bastante variável, com a postura de 4,6 a 108 ovos/fêmea (Ba-Angood, 1977; Radke & Kandalkar, 1987, Huang et al., 1989a). São postos de 1 a 28 ovos por folha, com média de 5,9, preferencialmente na superfície anterior (67,3%) (Wilson, 1991).

Os machos vivem de 1 a 7,5 dias, e as fêmeas, de 1 a 22,5 dias (Radke & Kandalkar, 1987; Huang et al., 1989a). Adultos acasalados têm longevidade (24 a 36 horas) muito inferior àquela dos indivíduos não acasalados (6 dias) (Ba-Angood, 1977).

A taxa de desenvolvimento de *P. citrella* depende da temperatura, apresentando constante térmica (K) de 239,8 GD e 246,8 GD, e limite térmico inferior de desenvolvimento (Tb) de 10,7°C e 10,4°C, respectivamente, para fêmeas e machos (Chagas, 1999; Chagas & Parra, 2000). Conforme as condições climáticas, *P. citrella* tem ciclo de vida de 10 a 76 dias, podendo haver de 12,1 a 14,1 gerações no período de setembro a abril (época de brotação) nas regiões representativas da citricultura no Estado de São Paulo. Sua biologia é muito estudada na Ásia, onde é reconhecida como praga nociva dos citros (Clausen, 1931; Voûte, 1934; Latif & Yunus, 1952; Badawy, 1967; Ba-Angood, 1977; Singh, 1984; Radke & Kandalkar, 1987; Huang & Li, 1989; Huang et al., 1989abc; Ujiye, 1990). Vários fatores bióticos e abióticos podem afetar o crescimento populacional dessa praga. Altas temperaturas (mínima superior a 18°C) e umidade relativa (pressão de vapor superior a 20 mm Hg), associadas à baixa incidência de raios solares (menos de seis horas), são condições ideais para o desenvolvimento e o crescimento populacional de *P. citrella* (Patel et al., 1994). No entanto, *P. citrella* é capaz de superar condições climáticas desfavoráveis ao seu desenvolvimento, sobrevivendo a condições adversas, como invernos rigorosos, por apresentar diapausa tanto no estágio pupal (Huang et al., 1989a) como no de adulto (Clausen, 1931). No Brasil, o ciclo de vida de *P. citrella* é muito variável, de acordo com a temperatura (Tabela 2) (Parra et al., 2005), sendo a melhor condição térmica para a fase de ovo, conforme já citado, a temperatura de 30°C; para larvas e pupas, a melhor temperatura é a de 32°C (Chagas & Parra, 2000). A fecundidade da espécie é maior em UR de 70%, condição em que ela também apresenta maior longevidade (Tabela 3) (Parra et al., 2005).

Estudos de biologia e dinâmica populacional de *P. citrella* em condições naturais permitiram a construção de tabelas de vida e a identificação dos fatores chave de mortalidade dessa praga. Inimigos naturais, principalmente os agentes entomó-

Tabela 2. Duração e viabilidade dos estágios de ovo, larva e pupa de *P. citrella* em diferentes temperaturas. UR: 60 ± 10%; fotofase: 14h (Parra et al., 2005).

Temperatura	Ovo		Larva		Pupa	
	Duração	Viabilidade	Duração	Viabilidade	Duração	Viabilidade
°C	dias	%	dias	%	dias	%
18	3,4 ± 0,18 b	96,5	11,3 ± 0,18 a	96,0	18,1 ± 0,16 a	96,5
20	4,0 ± 0,03 a	97,3	8,8 ± 0,10 b	98,3	14,2 ± 0,13 b	96,5
22	2,9 ± 0,06 c	96,5	7,0 ± 0,12 e	98,0	10,5 ± 0,09 c	96,8
25	2,1 ± 0,05 d	97,5	6,3 ± 0,15 d	97,4	8,1 ± 0,10 d	97,0
28	2,1 ± 0,03 d	100,0	4,2 ± 0,06 e	95,7	7,7 ± 0,13 e	98,0
30	1,3 ± 0,07 e	98,2	4,0 ± 0,10 e	96,0	6,7 ± 0,08 f	97,6
32	1,4 ± 0,08 e	95,4	3,6 ± 0,09 f	98,4	6,4 ± 0,10 g	97,6

Médias seguidas da mesma letra, na vertical, não diferem estatisticamente entre si, pelo teste de Tukey (P > 0,05).

Tabela 3. Período de pré-oviposição (dias), fecundidade (ovos/fêmea), viabilidade de ovos (%) e longevidade (dias) de machos e fêmeas de *P. citrella* em diferentes umidades relativas. Temperatura: 25 ± 1°C; fotofase: 14h (Parra et al., 2005).

UR (%)	Pré-oviposição (dias)	Fecundidade (ovos/fêmea)	Viabilidade de ovos (%)	Longevidade (dias)	
				Machos	Fêmeas
30	3,00 ± 0,13 a	21,35 ± 3,10 a	78,30 ± 5,76 a	3,47 ± 0,39 a	4,67 ± 0,40 a
50	3,21 ± 0,30 a	58,65 ± 3,40 b	91,91 ± 2,50 b	8,70 ± 0,57 b	10,75 ± 0,62 b
70	2,84 ± 0,24 a	90,53 ± 8,61 c	90,35 ± 3,07 b	12,39 ± 1,07 c	14,74 ±1,09 c
90	3,21 ± 0,33 a	53,65 ± 4,11 b	93,95 ± 2,29 b	10,18 ± 1,14 ab	10,35 ± 0,96 b

Médias seguidas da mesma letra, na vertical, não diferem estatisticamente entre si, pelo teste de Tukey (P > 0,05).

fagos, são o principal fator de mortalidade das gerações de verão (geração chave) e de outono. As condições climáticas e os entomopatógenos foram as principais causas de mortalidade de larvas de primeiro instar da geração chave. As gerações tardias de outono foram prejudicadas sobretudo pelas condições climáticas, e as de inverno e início de primavera apresentaram alta mortalidade, devido à deficiência hídrica das folhas de *Citrus* sp. (Huang et al., 1989bc). O pico da população de ovos e larvas ocorre durante a primavera, o verão e o início do outono, com redução significativa da população de inverno, em especial em locais onde essa estação é rigorosa (Huang et al., 1989bc; Peña, Duncan & Browning, 1996).

Outros fatores, como a turgescência das folhas da planta hospedeira e a densidade de larvas em uma mesma folha, também podem afetar seu desenvolvimento (Murai, 1974; Radke & Kandalkar, 1987; Batra et al., 1988; Huang et al., 1989a; Wilson, 1991). A competição intraespecífica afeta a sobrevivência das larvas (Murai, 1974). Normalmente, apenas uma larva desenvolve-se por folha, mas são comuns duas a três larvas por folha. No entanto, apesar de as fêmeas evitarem colocar seus ovos em folhas com larvas em desenvolvimento ou mesmo ovos de outras fêmeas, há infestações de nove a vinte minas por folha. Quando um número excessivo de larvas desenvolve-se em uma folha, a mortalidade chega a 76% (Hutson & Pinto, 1934; Pandey & Pandey, 1964; Murai, 1974; Wilson, 1991; Heppner, 1993). A probabilidade de sobrevivência de uma larva que se desenvolve em uma folha com outros indivíduos depende do tamanho da folha, da distribuição dos demais indivíduos nela e da ocorrência de contato entre eles (Murai, 1974). Na verdade, o simples contato já pode resultar em morte por inanição, devido ao fato de a larva não conseguir alimentar-se de células adjacentes àquelas do tecido já danificado, quando em contato com a mina construída por outro indivíduo. Nesse caso, a larva encontra-se envolta por camadas de células já destruídas por ela mesma e pelo competidor e não consegue alcançar tecido sadio para se alimentar. No entanto, a probabilidade de sobrevivência dessas larvas aumenta ao longo do seu desenvolvimento, pois as maiores conseguem deixar a região de células já consumidas e reiniciar a sua alimentação (Murai, 1974).

Agentes entomófagos são o principal fator biótico de mortalidade de *P. citrella*. Trinta e três espécies de parasitoides larvais ou pupais foram listadas atacando a larva-minadora-dos-citros (revisão em Cônsoli et al., 1996). Podemos incluir a essa lista pelo menos mais seis espécies relatadas atacando essa praga na Flórida, EUA (Peña, Duncan & Browning, 1996). Assim, tem-se um total de 39 espécies de parasitoides que atacam *P. citrella*, todos himenópteros, com representantes de Braconidae (três espécies), Elasmidae (três espécies), Encyrtidae (duas espécies), Eulophidae (29 espécies), Eurytomidae (uma espécie) e Pteromalidae (uma espécie). Esses parasitoides exercem o controle natural da praga, com índices de parasitismo de 17 a 70% (Chen & Le, 1986; Ujiye, 1988; Paiva et al., 1998). É interessante que muitos parasitoides indígenas de áreas onde *P. citrella* se estabeleceu recentemente como praga também apresentem elevado potencial de controle, com níveis de parasitismo de até 100% para larvas e de 60% para pupas (Peña, Duncan & Browning, 1996). Os níveis de parasitismo, nessas condições, oscilaram muito e foram influenciados pela flutuação populacional da praga e sobretudo pelo uso de produtos químicos para o controle de outras pragas dos citros, o que serviu para reduzir a abundância desses inimigos naturais e, em consequência, os níveis de parasitismo de *P. citrella* (Peña, Duncan & Browning, 1996).

PLANTAS HOSPEDEIRAS

Plantas da família Rutaceae são hospedeiros preferenciais de *P. citrella*, que também pode ser encontrada em representantes de Oleaceae, Loranthaceae, Fabaceae e Lauraceae (Tabela 4) (Heppner, 1993). Apesar de algumas outras plantas terem sido relatadas como hospedeiras de *P. citrella*, esse inseto não consegue desenvolver-se com sucesso até o estágio adulto. Inúmeros desses relatos indicavam a simples presença de adultos ou imaturos nas folhas da planta. Várias dessas espécies vegetais foram testadas quanto à sua adequação como hospedeiras, mas não ocorreu oviposição em *Eugenia jambolona*, *Chicorium intybus* (chicória-verdadeira), *Malva parviflora* (malva), *Verbena* sp., *Lamnea nudicalus*, *Pisium sativum* (ervilha), *Convolvus arvensis* e *Loranthus* sp. No entanto, apesar de o inseto depositar seus ovos em *Vitis vinifera* (videira), *Jasminum sambac* (jasmim árabe, bogari), *Jasminum* sp. (jasmim), *Dalbergia sissoo*, *Murraya koenigii* e *Grewia asiatica*, o desenvolvimento larval não foi alcançado. Já em *Salix* sp. e *Murraya exotica* obteve-se apenas o desenvolvimento larval, ainda que incompleto (Latif & Yunus, 1952). Heppner (1993) ainda relatou a inadequação de *Jasminum cinnamomfolium* para o desenvolvimento de *P. citrella*.

IMPACTO ECONÔMICO E PREJUÍZOS

Danos diretos

P. citrella ataca brotações novas, e os danos diretos, devido ao consumo foliar para a construção da mina, são evidentes. O nível de dano dessa praga pode chegar

Tabela 4. Plantas hospedeiras de *P. citrella*.

Família	Espécie	Família	Espécie
Rutaceae		**Rutaceae**	(cont.)
	Aegle marmelos		*Citrus reticulata* [= *suhuiensis*] (tangerina Murcott)
	Atalantia sp.		*Citrus regulosa*
	Citrofortunella sp. (citrofortunela)		*Citrus sinensis* (laranja-doce)
	Citrofortunella microcarpa (calamondina)		*Citrus sinensis "Sunburst"* (laranja Sunburst)
	Citrus sp. (citros)		*Citrus simensis "Valencia"* (laranja Valência)
	Citrus aurantiifolia [= "Swingle"] (lima)		*Citrus tangelo*
	Citrus aurantiifolia "Tahiti" (lima)		*Citrus tangelo "Minneola"*
	Citrus aurantium (laranja-de-sevilha)		*Citrus reticulata "Owari Satsuma"* [= *unshiu*] (mandarin)
	Citrus jambhiri (limão rugoso)		*Fortunella crassifolia* ("kumquat")
	Citrus latifolia (lima sem semente)		*Fortunella margarita* ("kumquat")
	Citrus limetta (lima-doce)		*Limonia* spp. (lima)
	Citrus limettioides (lima-doce)		*Murraya paniculata* (laranja-jasmim)
	Citrus limon (limão-verdadeiro)		*Poncirus trifoliata* (laranja-de-três-folhas)
	Citrus limonia [var. *pussila*] (limão)		*Severenia buxifolia* (laranja-chinesa)
	Citrus maxima (pomelo)	**Oleaceae**	
	Citrus medica (laranja-cidra)		*Jasminum humile* (jasmim-amarelo)
	Citrus meyeri (limão Meyer)		*Jasminum sambac* (jasmim-árabe, bogari)
	Citrus myrtifolia ("chinotto")	**Loranthaceae**	
	Citrus nobilis (tangerina-rei)		*Loranthus* sp.
	Citrus paradisi (pomelo)	**Fabaceae**	
	Citrus reticulata (tangerina)		*Pongamia pinnata*
	Citrus reticulata [= *deliciosa*] (tangerina-do-mediterrâneo)	**Lauraceae**	
	Citrus reticulata [= *kara*] (tangerina Kara)		*Alseodaphne semecarpifolia*
	Citrus reticulata [= *reshni*] (tangerina Cleópatra)		*Cinnamomum zelanicum* (canela--verdadeira, canela-de-cheiro)

a 20% de área foliar, com uma média de infestação de 0,74 larva/folha (Huang & Li, 1989). A relação entre a área danificada e a densidade de larvas/folha é de 12,7 a 50% de redução na área foliar em folhas atacadas por 1,62 ou mais de três larvas/folha, respectivamente (Sponagel & Diaz, 1994; Knapp et al., 1995; Schaffer et al., 1997). Entretanto, avaliações do efeito da densidade de larvas/folha e do período de alimentação da larva na redução da área foliar indicaram que a área danificada da folha apresentou maior correlação com o período de alimentação das larvas. A ausência de redução significativa na área foliar com o aumento da densidade de larvas/folha pode ocorrer devido à competição entre larvas em uma mesma folha (Schaffer et al., 1997). As folhas atacadas podem ter necrose do tecido, encarquilhamento e abscisão (Heppner, 1993). Apresentam ainda redução significativa em sua atividade fotossintética, que pode ser atribuída em parte à redução do conteúdo de clorofila das folhas, já que as áreas minadas tornam-se cloróticas ou necróticas (Schaffer et al., 1997).

Danos indiretos

O dano indireto causado por essa praga, no entanto, parece o mais severo. As galerias abertas por *P. citrella* facilitam a infecção dos tecidos por agentes fitopatogênicos, em especial a bactéria do cancro cítrico, *Xanthomonas citri*. A relação entre níveis de folhas danificadas pela larva-minadora e de folhas infectadas pela bactéria do cancro cítrico foi demonstrada por diversos autores (Sohi & Sandhu, 1968; Cook, 1988; Venkateswarlu & Ramapandu, 1992; Gottwald, Graham & Schubert, 1997; Chagas et al., 2001). A facilidade encontrada pela bactéria em infectar tecidos danificados pela larva-minadora não só aumenta sua probabilidade de desenvolver-se com sucesso, mas também resulta em maior número de pústulas/folha, elevando, em consequência, o potencial de inóculo desse fitopatógeno (Gottwald, Graham & Schubert, 1997). Plantas atacadas por *P. citrella* podem apresentar níveis de infecção pela bactéria do cancro duas a dez vezes maiores do que plantas sadias (Sohi & Sandhu, 1968; Venkateswarlu & Ramapandu, 1992; Chagas et al., 2001). Essas plantas também são mais sensíveis ao ataque de fitopatógenos oportunistas, como os fungos saprófitas *Alternaria* spp. e *Paecilomyces* spp. (Sohi & Sandhu, 1968; Cook, 1988). Estudos realizados pelo Fundo de Defesa da Citricultura (Fundecitrus) mostraram que o cancro cítrico aumentou cerca de cem vezes após a entrada da praga no Brasil, no período de 1996 a 2000.

CONTROLE

Várias são as tentativas de controle dessa praga, sendo o controle químico o mais intensamente utilizado (Prates, Nakano & Gravena, 1996; Dhouibi & Wadoud, 1997; Jerraya et al., 1997; Raga et al., 1998). Entretanto, devido ao desenvolvimento de resistência a alguns produtos químicos utilizados para o seu controle (Ohkubo, 1993; Gyoutoko et al., 1996), vêm sendo intensamente estudados outros métodos de controle via uso de produtos químicos de origem natural (Valand, Patel & Patel, 1992; Johti, Tandon & Verghese, 1993), de armadilhas de feromônio sexual (Ujiye, 1990; Parra-Pedrazzoli et al., 2006), de seleção de variedades resistentes (Wilson,

1991; Jacas et al., 1997; Santos et al., 2011) e de agentes entomopatogênicos (Beattie et al., 1995; Shapiro, Schroeder & Stansly, 1998) ou entomófagos (Hoy & Nguyen, 1997), sendo o controle biológico por parasitoides o que tem apresentado os melhores resultados (Hoy & Nguyen, 1997).

Controle biológico de *P. citrella* no Brasil: um exemplo de sucesso

Existe um número significativo de inimigos naturais associados naturalmente ao controle da praga, em especial parasitoides das famílias Encyrtidae, Eulophidae e Elasmidae, e que em diversos países mostraram que a população do minador podia ser reduzida de modo significativo pela ação desses parasitoides (e/ou predadores). Seguiram-se estudos com esses parasitoides e/ou predadores no Brasil (Jahnke et al., 2006, 2007, 2008) e na Europa (Lo Pinto, Salerno & Wajnberg, 2005; Karamaouna et al., 2010).

Após o registro no Brasil, em 1996, o minador passou a ser parasitado por inimigos naturais nativos, com taxas próximas de 50% (Sá et al., 1999), principalmente *Galeopsomyia fausta*, com ocorrência de outros eulofídeos (*Cirrospilus* sp. e *Horismenus* sp.), elasmídeos (*Elasmos* sp.) e calcidídeos (*Conura* sp.) (Parra et al., 2008).

Como esses percentuais não eram suficientes para reduzir a população da praga no Estado de São Paulo, a qual passou a causar os prejuízos diretos e indiretos mencionados, importou-se o parasitoide *Ageniaspis citricola,* que havia dado excelentes resultados de parasitismo em outros países, como Estados Unidos (60 a 80%), Argentina (89%) e Peru (98%) (Chagas et al., 2002), adaptando-se também na Tunísia (Braham et al., 2006). O material foi trazido dos Estados Unidos (Flórida) com a colaboração da doutora Marjorie Hoy, sendo esses inimigos naturais originários do Vietnã. Foi um trabalho financiado pelo Fundecitrus, em parceria com a Esalq, a Embrapa e a Gravena ManEcol de Jaboticabal.

Como já referido, o minador-dos-citrus dispersou-se rapidamente nas áreas tropicais e subtropicais da Ásia a partir de 1994. Esse parasitoide, que oviposita em ovos ou larvas do primeiro instar do minador, é um endoparasitoide poliembriônico. Um dos poucos locais em que ele não se adaptou foi na Espanha, devido, provavelmente, às condições climáticas adversas, em especial a seca excessiva.

O sistema de criação do parasitoide no Brasil foi bastante simplificado em relação ao modelo americano. A produção do parasitoide sobre *P. citrella*, criado em plantas de limão-cravo, foi otimizada em razão, basicamente, da praticidade do manuseio das plantas cultivadas em tubetes, as quais se mantêm vigorosas até a terceira poda. O sistema, entre outras vantagens, demanda pouco espaço para a criação do parasitoide, sendo possível monitorar o seu desenvolvimento em laboratório utilizando câmaras climatizadas e/ou pequenas salas de criação para programar toda a produção, com base nas exigências térmicas da praga (243,3

GD) e do parasitoide (197,7 GD) (Chagas et al., 2002). A melhor temperatura para a criação do parasitoide é a de 25°C (Milano & Parra, 2003).

As liberações do inimigo natural em pomares de citros do Estado de São Paulo iniciaram-se em outubro de 1998, nos municípios de Descalvado e Nova Granada. O programa de produção massal desenvolvido na Esalq/USP em Piracicaba, SP, visava o estabelecimento do parasitoide nas áreas de citros do estado (na época, cerca de 800 mil ha), bem como liberações nos estados do Paraná, Minas Gerais, Rio Grande do Sul, Santa Catarina, Goiás, Bahia, Rio de Janeiro, Piauí e Rio Grande do Norte. Foram liberados cerca de um milhão de parasitoides em diferentes propriedades, distribuídas em 75 municípios representativos da citricultura paulista (Figura 1).

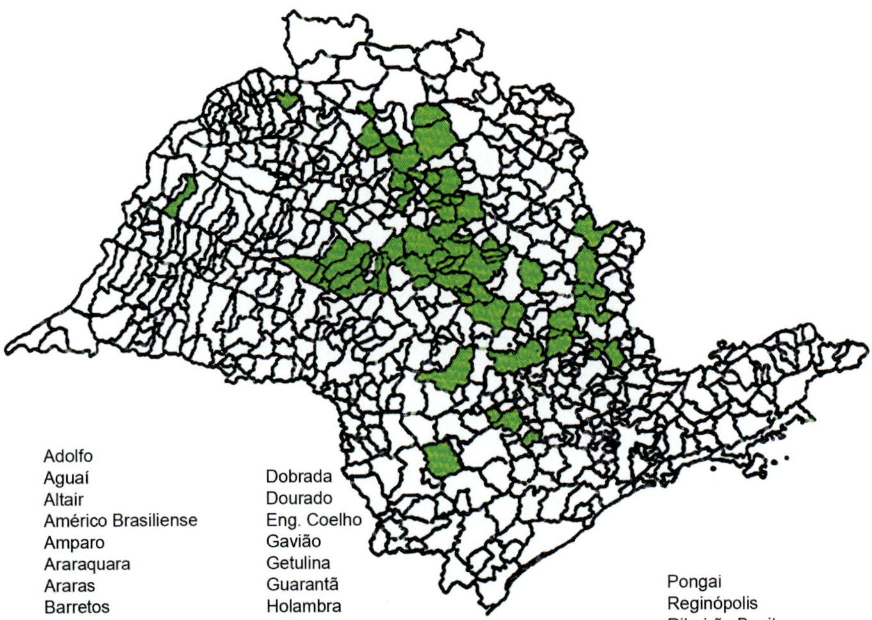

Figura 1. Municípios paulistas em que houve a liberação de *Ageniaspis citricola*.

A recuperação do parasitoide em pomares de São Paulo deu-se a partir de três meses da sua liberação em várias localidades. Em 2002, em levantamento realizado em 18.500 ha, observou-se a adaptação de *A. citricola* em 100% das diferentes regiões do estado, embora com preferência por regiões mais úmidas (Parra et al., 2004, 2008). Mesmo em áreas com aplicações de inseticidas, tem-se observado alto parasitismo pelo parasitoide introduzido, conseguindo-se uma inversão da população da praga a partir de 2004 e, em algumas áreas, até a redução da ocorrência do cancro cítrico (Parra et al., 2004).

A partir de 2004, o HLB ou *greening* foi "introduzido" no Brasil e passou a ser necessário maior número de aplicações de agroquímicos para controlar o vetor da doença, o psilídeo *Diaphorina citri*. Os agricultores chegam a fazer vinte, trinta ou até mais aplicações de inseticidas em áreas com problemas. Mesmo nestas áreas, o nível de parasitismo por *A. citricola* chega a ser, atualmente, de 60% em média, valor equivalente ao período anterior à introdução do HLB, mostrando a total adaptação do parasitoide às diferentes áreas de citros de São Paulo (Paiva & Yamamoto, 2013, em preparo). Os ciclos de *P. citrella* e de *A. citricola* aparecem ilustrados na Figura 2.

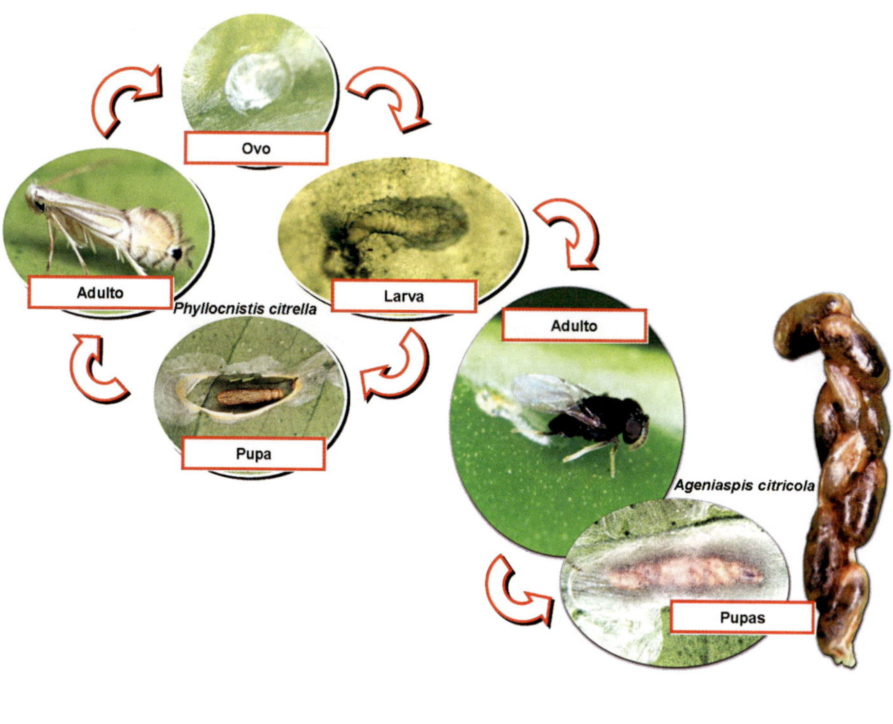

Figura 2. Ciclo biológico de *P. citrella* e do parasitoide *A. citricola*.

SÍNTESE DO FEROMÔNIO SEXUAL DE *P. citrella* NO BRASIL

Os primeiros trabalhos indicando um possível feromônio sexual de *P. citrella* surgiram por acaso, quando, no Japão, Ando et al. (1985) descobriram de modo acidental, em um ensaio de seleção de atraentes para espécies de Gelechiidae, que o composto (Z,Z)-7,11-hexadecadienal (Z7Z11-16Ald) poderia atrair essa praga. A partir daí, o composto passou a ser sugerido erroneamente por diversos autores como um atraente sexual de *P. citrella* (Ujiye, 1990; Yen & Chang, 1991). Contudo, testes de campo com armadilhas contendo o mesmo composto utilizado por Ando et al. (1985) falharam na China, na Espanha, na Itália, nos Estados Unidos, na Turquia e no Brasil (revisados em Santana et al., 2003). Somente no final da década de 1980 Du et al. (1989) demonstraram que esse composto tratava-se, na verdade, de um forte atraente sexual para *Phyllocnistis wampella*, mostrando-se pouco atrativo para *Phyllocnistis citrella*.

A partir daí, as pesquisas voltaram-se novamente para os estudos básicos do comportamento desse inseto, primordiais para a identificação e síntese do seu feromônio sexual. A descoberta do feromônio de *P. citrella* pelo grupo de pesquisa do Brasil (Esalq e UFV) e dos Estados Unidos (Universidade da Califórnia – Davis) foi um avanço muito significativo, não só pela importância econômica do minador-dos-citros em todo o mundo, mas também pela complexidade química dos compostos envolvidos e pelo tamanho diminuto do inseto. Diversos grupos de cientistas, em muitos países, vinham realizando tal pesquisa há algumas décadas, porém sem sucesso. A partir de estudos básicos do comportamento desse inseto (Leal et al., 2006; Parra-Pedrazzoli et al., 2006), utilizando técnicas de cromatografia gasosa acoplada a um detector eletroantenográfico (GC-EAD), com base nos dados de cromatografia gasosa acoplada ao espectrômetro de massa (GC-MS) e ao espectrômetro de infravermelho (GC-IR), foram identificados os compostos do feromônio sexual do minador-dos-citros: (Z,Z,E)-7,11,13-hexadecatrienal e (Z,Z)-7,11-hexadecadienal.

Em condições de campo, no Brasil e nos Estados Unidos, os principais constituintes do feromônio de *P. citrella* capturaram mais machos do que armadilhas contendo fêmeas virgens ou sem feromônio (Lapointe et al., 2006; Leal et al., 2006). Esse feromônio, na forma sintética, deverá ser colocado no interior de armadilhas adesivas, a serem instaladas nos pomares de citros do país, para prever a ocorrência da referida praga e tornar o seu controle mais econômico e efetivo, racionalizando as pulverizações e preservando os inimigos naturais no agroecossistema (Parra-Pedrazzoli et al., 2009).

O registro desse feromônio encontra-se em andamento junto ao Ministério da Agricultura, Pecuária e Abastecimento (Mapa).

REFERÊNCIAS BIBLIOGRÁFICAS

ANDO, T. et al. (7z,11z)-7,11-Hexadecadienal – Sex attractant of the citrus leafminer Moth, *Phyllocnistis citrella* Stainton (Lepidoptera, Phyllocnistidae). *Agric. Biol. Chem.* 49 (12): 3.633-5, 1985.

ARCHOR, D. S.; BROWNING, H. & ALBRIGO, L. G. Anatomical and histochernical effects of feeding by *Citrus* leafrniner larvae *(Phyllocnistis citrella* Stainton) in *Citrus* leaves. *J. Amer. Soc. Hort. Sci.* 122: 829-36, 1997.

ARLEU, R. J. & FANTON, C. J. *Ocorrência do minador-da-folha-dos-citros no Estado do Espírito Santo.* Vitória Empresa Capixaba de Pesquisa Agropecuária (Emcapa), 1997. (Comunicado Técnico, 82). 4p.

BA-ANGOOD, S. A. S. A contribution to the biology and occurrence of the citrus leafrniner, *Phyllocnistis citrella* Staint. (Gracilariidae, Lepid.) in the Sudan. *Z Ang. Ent.* 83: 106-11, 1977.

BA-ANGOOD, S. A. S. On the biology and food preference of the citrus leafminer, *Phyllocnistis citrella* Stainton (Gracilariidae, Lepidoptera) in POR of Yemen. *Z Ang. Ent.* 86: 53-7, 1978.

BADAWY, A. The morphology and biology of *Phyllocnitis citrella* Stain., a citrus leafminer in the Sudan. *Bull. Soc. Entomol. Egypte* 51: 95-103, 1967.

BATHIA, K. N. & JOSHI, R. K. Efficacy of insecticidal treatments in the control of citrus leafminer on Kinnow seedlings in the nursery. *Madras Agric. J.* 78:1-4, 1991.

BATRA, R. C. et al. Biology of citrus leafminer on some citrus rootstocks and its relationship with abiotic factors. *Punjab Hortic. J.* 28: 30-5, 1988.

BEATTIE, G. A. C. et al. Field evaluation of *Steinernema carpocapsae* (Weiser) (Rhabditida: Steinernematidae) and selected pesticides and enhancers for control of *Phyllocnistis citrella* Stainton (Lepidoptera: Gracillariidae). *J. Austral. Entomol. Soc.* 34: 335-42, 1995.

BELASQUE, J. et al. Adult citrus leafminers (*Phyllocnistis citrella*) are not efficient vectors for *Xanthomonas axonopodis* pv. citri. *Plant Disease* 89(6): 590-4, 2005.

BRAHAM, M. et al. Establishment and dispersal of the parasitoids *Ageniaspis citricola* Lobvinovskaya (Hymenoptera: Encyrtidae) and *Semielacher petiolatus* Girault (Hymenoptera: Eulophidae), introduced into Tunisia for the biological control of *Phyllocnistis citrella* Stainton (Lepidoptera: Gracillariidae). *Int. J. Pest. Manag.* 32(4): 353-63, 2006.

CHAGAS, M. C. M. das. *Phyllocnitis citrella Stainton, 1856 (Lepidoptera: Gracillariidae):* bioecologia e relação com o cancro cítrico. Piracicaba, 1999. 72p. Tese (doutorado) – Escola Superior de Agricultura "Luiz de Queiróz", Universidade de São Paulo.

CHAGAS, M. C. M. das & PARRA, J. R. P. *Phyllocnistis citrella* Stainton (Lepidoptera: Gracillariidae): técnica de criação e biologia em diferentes temperaturas. *An. Soc. Entomol. Brasil.* 29: 227-35, 2000.

CHAGAS, M. C. M. das et al. *Phyllocnistis citrella* Stainton (Lepidoptera: Gracillariidae) and its relationship with the citrus canker bacterium *Xanthomonas axonopodis* pv. citri in Brazil. *Neotrop. Entomol.* 30(1): 55-9, 2001.

CHAGAS, M. C. M. das et al. *Ageniaspis citricola*: criação e estabelecimento no Brasil. In: PARRA, J. R. P. et al. (eds.). *Controle biológico no Brasil:* parasitoides e predadores. São Paulo: Manole, 2002. 609p.

CHEN, M. S. & LE, X. N. A preliminary study on *Elachertus* sp. – an ectoparasite of *Phyllocnistis citrella. J. Fujian. Agric. College* 15: 123-31, 1986.

CLAUSEN, C. P. Two citrus leafrniners of the far east. *Technical Bulletin of the USDA*, 252. Washington, D.C., 1931. 13p.

CÔNSOLI, F. L.; ZUCCHI, R. A. & LOPES, J. R. S. *Phyllocnistis citrella Stainton, 1856 (Lepidoptera: Gracillariidae: Phyllocnistinae) – A lagarta-minadora-dos-citros*. Piracicaba: Fealq, 1996. 39p.

COOK, A. A. Association of citrus canker pustules with leafminer tunnels in North Yemen. *Plant Disease* 72: 546, 1988.

DAVIS, D. R. Order Lepidoptera – Gracillariidae (Tineoidea). In: STHER, F. W. (ed.). *Immature insects*. Dubuque: Kendall & Hunt Publishing Company, 1987. 754p.

DHOUIBI, M. H. & WADOUD, A. Biology and field evaluation of several insecticides and petroleum spray oils for the control of citrus leafminer *Phyllocnistis citrella* Stainton (Lepidoptera: Gracillariidae) in Tunisia. In: INTERNATIONAL CONFERENCE ON PESTS IN AGRICULTURE. *Abstract*, v. 3. Paris: Association Nationale pour la Protection des Plantes, 1997.

DIDONET, J.; AGUIAR, R. W. S. & PANATO, A. P. Ocorrência e infestação da larva-minadora-de-citros *Phyllocnistis citrella* (Lepidoptera, Gracillariidae) no Estado do Tocantins. In: CONGRESSO BRASILEIRO DE ENTOMOLOGIA, 17. *Resumos*... Rio de Janeiro: Sociedade Entomológica do Brasil, 1998.

DU TY et al. (Z,Z)-7,11-Hexadecadienal: sex attractant of *Phyllocnistis wampella* Liu et Zeng. *Insect Knowledge* 26 (3): 147-9, 1989.

FEICHTENBERG, E. & RAGA, Raga A. First report of citrus leafminer *Phyllocnistis citrella* (Lep.: Gracillariidae) in Brazil. In: REUNIÃO INTERAMERICANA DE HORTICULTURA TROPICAL, 42, Curitiba, *Anais*... Curitiba, 1996.

GOTTWALD, T. R.; GRAHAM, J. H. & SCHUBERT, T. S. An epidemiological analysis of the spread of citrus canker in urban Miami, Florida, and synergistic interaction with the Asian citrus leafminer. *Fruits* 52: 383-90, 1997.

GRAVENA, S. "Minadora-das-folhas-dos-citros": a mais nova ameaça da citricultura brasileira. *Laranja* 15: 397-404, 1994.

GYOUTOKU, Y. et al. The resistance of the citrus leafminer, *Phyllocnistis citrella* Stainton, to insecticides and a laboratory bioassay method. *Japan J. Appl. Entomol. Zool.* 40: 238-41, 1996.

HEPPNER, J. B. Citrus leafminer, *Phyllocnitis citrella,* in Florida (Lepidoptera: Gracillariidae: Phyllocnistinae). *Tropical Lepidoptera* 4: 49-64, 1993.

HOY, M. A. & NGUYEN, R. Classical biological control of the citrus leafminer *Phyllocnistis citrella* Stainton (Lepidoptera: Gracillariidae): theory, practice, art and science. *Tropical Lepidoptera* 8 (suppl. 1): 1-19, 1997.

HUANG, M. D. & LI, S. X. The damage and economic threshold of *Citrus* leafminer. In: *Studies on the integrated management of Citrus insect pest*. Guangdong: Academic Book & Periodical Press, 1989.

HUANG, M. D. et al. Studies on annual population dynamics and control strategy of the *Citrus* leaf miner. In: *Studies on the integrated management of Citrus insect pest*. Guangdong: Academic Book & Periodical Press, 1989a.

HUANG, M. D. et al. Studies on population dynamics and control strategy of the citrus leaf miner. *Acta Ent. Sin.* 32: 58-67, 1989b.

HUANG, M. D. et al. Life history of *Phyllocnitis citrella* Stainton and its occurrence. *Acta Phytopathologica Sin.* 16: 159-62, 1989c.

HUTSON, J. C. & PINTO, M. P. D. Two caterpillar pests of citrus. *Tropical Agric.* 83: 188-93, 1934.

JACAS, J. A. & GARRIDO, A. Differences in the morphology of male and female pupae of *Phyllocnistis citrella* (Lepidoptera, Gracillariidae). *Fla. Entomol.* 79: 603-6, 1996.

JACAS, J. A. et al. Screening of different citrus rootstocks and citrus related species for resistance to *Phyllocnistis citrella* (Lepidoptera: Gracillariidae). *Crop Protection* 16: 701-5, 1997.

JAHNKE, S. M. et al. Parasitism in *Phyllocnistis citrella* Stainton (Lepidoptera: Gracillariidae) in citrus orchards in Montenegro, RS, Brazil. *Neotrop. Entomol.* 35(3): 357-63, 2006.

JAHNKE, S. M. et al. Structure and composition of the assemblage of parasitoids associated to *Phyllocnistis citrella* Stainton pupae (Lepidoptera: Gracillariidae) in citrus orchards in southern Brazil. *Neotrop. Entomol.* 36(5): 746-51, 2007.

JAHNKE, S. M. et al. Spatial distribution of parasitism on *Phyllocnistis citrella* Stainton, 1856 (Lepidoptera: Gracillariidae) in citrus orchards. *Braz. J. Biol.* 68(4): 813-7, 2008.

JERRAYA, A. et al. Control of citrus leafminer: effect of acetamiprid, a new insecticide. *Phytoma* 50: 46-50, 1997.

JOTHI, B. D.; TANDON, P. L. & VERGHESE, A. Evaluation of different plant oils and extracts against citrus leaf miner, *Phyllocnitis citrella* Stainton (Lepidoptera: Phyllocnistidae). In: *Botanical pesticides in integrated pest management.* Rajahmundry: Indian Society of Tobacco Science, 1993.

KARAMAOUNA, F. et al. Changes in predation and parasitism of the citrus leafminer *Phyllocnistis citrella* Stainton (Lepidoptera: Gracillariidae) populations in Spain following establishment of *Citrostichus phyllocnistoides* (Hymenoptera: Eulophidae). *Biol. Contr.* 52(1): 37-45, 2010.

KNAPP, J. L. et al. *Citrus leafminer, Phyllocnistis citrella Stainton*: current status in Florida – 1995. Gainesville: Florida Cooperative Extension Service, Institute of Food and Agricultural Sciences, University of Florida, 1995. 35p.

LAPOINTE, S. L. et al. Field evaluation of a synthetic female sex pheromone of the leafminer moth *Phyllocnistis citrella* (Lepidoptera: Gracillariidae) in Florida citrus. *Fla. Entomol.* 89: 274-6, 2006.

LATIF, A. & YUNUS, M. Food-plants of citrus leaf-miner (*Phyllocnitis citrella* Stn.) in the Punjab. *Bull. Entomol. Res.* 42: 311-6, 1952.

LEAL, W. S. et al. Identification, synthesis and field evaluation of the complete sex pheromone from the citrus leafminer, *Phyllocnistis citrella. J. Chem. Ecol.* 32: 155-68, 2006.

LEGASPI, J. C. & FRENCH, J. V. *The citrus leafminer and its natural enemies.* Citrus Center, Texas A&M University, 1996. 4p. (Circ. B96-1).

LOLATO, A. & MORAES, J. C. de. Ocorrência da "lagarta-minadora-das-folhas-de-citros" *Phyllocnistis citrella* Stainton, 1856 (Lepidoptera: Gracillariidae) em Lavras, sul de Minas Gerais. *Ciênc. Agrotec.* 21: 521-2, 1997.

LOPES, C. M. D. A. & SILVA, N. M. Levantamento de parasitoides da lagarta-minadora-dos--citros *Phyllocnistis citrella* Stainton (Lepidoptera, Gracillariidae, Phyllocnistinae) no Amazonas. In: CONGRESSO BRASILEIRO DE ENTOMOLOGIA, 17. *Resumos...* Rio de Janeiro: Sociedade Entomológica do Brasil, 1998.

LO PINTO, M.; SALERNO, G. & WAJNBERG, E. Biology and behaviour of *Cirrospillus diallus* and *Cirrospilus pictus*, parasitoids of *Phyllocnistis citrella. Biocontrol.* 50(6): 921-35, 2005.

LOURENÇÃO, A. L.; MÜLLER, G. W. & PRATES, H. S. "*Minadora-das-folhas-dos- citros*": praga exótica potencialmente importante para a citricultura brasileira. Campinas: Cati, 1994. 2p. (Comunicado Técnico, 118).

MILANO, P. & PARRA, J. R. P. Influência de três temperaturas na biologia e na capacidade de parasitismo de *Ageniaspis citricola* Logvinovskaya (Hymenoptera: Encyrtidae) em laboratório. *Neotrop. Entomol.* 37(2): 299-303, 2003.

MURAI, M. Studies on the interference among larvae of the citrus leaf miner, *Phyllocnistis citrella* Stainton (Lepidoptera: Phyllocnistidae). *Res. Popul. Ecol.* 16: 80-111, 1974.

NASCIMENTO, F. N. do et al. Ocorrência e flutuação populacional de *Phyllocnistis citrella* Stainton, danificando plantas cítricas no Estado do Tocantins. In: CONGRESSO BRASILEIRO DE ENTOMOLOGIA, 17. *Resumos*... Rio de Janeiro: Sociedade Entomológica do Brasil, 1998.

OHKUBO, N. Occurrence and control of pyrethroid-resistant citrus leafminer, *Phyllocnistis citrella* Stainton in Nagasaki Prefecture. *Proc. Assoc. Plant Prot. Kyushu* 39: 131-3, 1993.

PAIVA, P. E. B. et al. *Galeopsomyia fausta:* principal parasitoide nativo da minadora-das-folhas--dos-citros em São Paulo. In: CONGRESSO BRASILEIRO DE ENTOMOLOGIA, 17. *Resumos*... Rio de Janeiro: Sociedade Entomológica do Brasil, 1998.

PANDEY, N. D. & PANDEY, Y. D. Bionomics of *Phyllocnistis citrella* Stt. (Lepidoptera: Gracillariidae). *Indian J. Entomol.* 26: 417-26, 1964.

PARRA, J. R. P. et al. O controle biológico da larva-minadora-dos-citros. *Visão Agrícola* 2: 64-7, 2004.

PARRA, J. R. P. et al. Biologia de insetos-praga e vetores. In: MATTOS JR., D. et al. (eds.). *Citros*. São Paulo: Fapesp, 2005. 929p.

PARRA, J. R. P. et al. Controle biológico de pragas dos citrus. In: YAMAMOTO, P. T. (ed.). *Manejo integrado das pragas dos citrus*. São Paulo: Fundecitrus, 2008. 336p.

PARRA-PEDRAZZOLI, A. L. et al. Towards the identification and synthesis of the sex pheromone of the Citrus leafminer, *Phyllocnistis citrella* Stainton (Lepidoptera: Gracillariidae). *Neotrop. Entomol.* 35(1): 12-8, 2006.

PARRA-PEDRAZZOLI, A. L. et al. Synthetic sex pheromone of citrus leafminer in Brazilian citrus groves. *Pesq. Agropec. Bras.* 44(7): 676-80, 2009.

PATEL, N. C. et al. Effect of weather factors on activity of citrus leaf miner (*Phyllocnistis citrella*) infesting lime (*Citrus aurantifolia*). *Indian J. Agric. Sci.* 64: 132-4, 1994.

PEÑA, J. E.; DUNCAN, R. & BRIOWNING, H. Seasonal abundance of *Phyllocnistis citrella* (Lepidoptera: Gracillariidae) and its parasitoids in South Florida. *Environ. Entomol.* 25: 698-702, 1996.

PRATES, H. S.; NAKANO, O. & GRAVENA, S. *A "minadora-das-folhas-de-citros" Phyllocnistis citrella Stainton, 1856*. Campinas: Cati, 1996. 3p. (Comunicado Técnico, 129).

RADKE, S. G. & KANDALKAR, H. G. Bionomics of citrus leafminer, *Phyllocnistis citrella* Stainton (Lepidoptera: Gracillariidae). *PKV Res. J.* 11: 91-2, 1987.

RAGA, A. et al. Effect of insecticides on *Phyllocnistis citrella* Stainton (Lep.: Gracillariidae) on sweet orange 'Pera' (*Citrus sinensis* L. Osbeck). *Rev. Agric.* 73: 143- 54, 1998.

RAMALHO SILVA, P. R. et al. Ocorrência da larva-minadora-dos-citros *Phyllocnistis citrella* (Lepidoptera, Gracillariidae) e seus inimigos naturais na região citrícola do Estado do Rio de Janeiro – Dados preliminares. In: CONGRESSO BRASILEIRO DE ENTOMOLOGIA, 17. *Resumos*... Rio de Janeiro: Sociedade Entomológica do Brasil, 1998.

SÁ LAN et al. *Parasitoides da larva-minadora-da-folha-dos-citros, Phyllocnistis citrella Stainton:* laboratório de quarentena "Costa Lima" em Jaguariúna. Embrapa Meio Ambiente, 1999. 4p. (Comunicado Técnico, 2).

SANT'ANA, J. et al. Avaliação da atração de *Phyllocnistis citrella* (Lepidoptera, Gracillariidae) a (Z,Z) e (Z,E)-7,11-hexadecadienal, em pomares de citros do Brasil. *Biociências* 11: 77-181, 2003.

SANTOS, M. S. et al. Resistance of citrus genotypes to *Phyllocnistis citrella* Stainton (Lepidoptera: Gracillariidae). *Neotrop. Entomol.* 40: 489-94, 2011.

SASSCER, E. R. Important insect pests collected on imported nursery stock in 1914. *J. Econ. Entomol.* 8: 268-70, 1915.

SCAFFER, B. et al. Citrus leafminer (Lepidoptera: Gracillariidae) in lime: assessment of leaf damage and effects on photosynthesis. *Crop Protection* 16: 337-43, 1997.

SHAPIRO, J. P.; SCHROEDER, W. J. & STANSLY, P. A. Bioassay and efficacy of *Bacillus thuringiensis* and an organosilicone surfactant against the citrus leafminer (Lepidoptera: Phyllocnistidae). *Fla. Entomol.* 81: 201-10, 1998.

SILVA, P. H. S. da et al. Ocorrência do minador-dos-citros *Phyllocnistis citrella* Stainton, 1856 (Lepidoptera: Gracillariidae) em Teresina, PI. *Ciênc. e Agrotec.* 21: 392-4, 1997.

SING, B. P. Studies on the bionomics and control of citrus leafminer *Phyllocnistis citrella* Stainton. *Pesticides* 18: 46-50, 1984.

SINGH, S. P. et al. Field screening of citrus germplasm against the citrus leafminer, *Phyllocnistis citrella* Stainton. *Indian J. Entomol.* 50: 69-75, 1988.

SOHI, G. S. & SANDHU, M. S. Relationship between *Citrus* leafminer (*Phyllocnistis citrella* Stainton) injury and *Citrus* canker (*Xanthomonas citri* (Hasse) Dowson) incidence on *Citrus* leaves. *J. Res. Punjab Agric. Univ.* 5: 66-9, 1968.

SPONAGEL, K. W. & DIAZ, F. J. *El minador de las hojas de lós cítricos Phyllocnistis citrella. Un insecto plaga de importancia económica en la citricultura de Honduras.* Tegucigalpa: Fundación Hondureña Investigación Agrícola de Honduras, 1994. 27p.

THOMAZINI, M. J. & ALBUQUERQUE, E. S. de. Occorrência de *Phyllocnisits citrella* Stainton (Lepidoptera: Gracillariidae) em citros no Estado do Acre, Brasil. *Acta Amazonica* 35: 395-8, 2005.

UJIYE, T. Parasitoid complex of the citrus leafminer, *Phyllocnistis citrella* (Lepidoptera: Phyllocnistidae) in several citrus-growing districts of Japan. *Proc. Assoc. Plant. Prot. Kyushu* 34: 180-3, 1988.

UJIYE, T. Studies on the utilization of a sex attractant of the citrus leafminer moth, *Phyllocnistis citrella* Stainton (Lepidoptera: Phyllocnistidae). 1. Analysis of seasonal population trends and some behavioral characteristics of the male moth by the use of synthetic sex attractants in the field. *Bull. Fuji Tree Res. Station* 18: 19-46, 1990.

VALAND, V. M.; PATEL, J. R. & PATEL, N. C. Bioefficacy of insecticides against citrus leaf miner, *Phyllocnistis citrella* Stainton on kagzi lime. *Indian J. Plant Prot.* 20: 212-4, 1992.

VENKATESWRALU, C. & RAMAPANDU, S. Relationship between incidence of canker and leafminer in acid lime and sathgudi sweet orange. *Indian Phytopathology* 45: 227-8, 1992.

VOÛTE, A. D. De djeroek-mineeffups (*Phyllocnistis citrella* Stt.). Korte Meded Inst PIZiekt, 19, 38p. *Review of Applied Entomology,* Ser. A, 23:162, 1934.

YEN, Y. P. & CHANG, C. Y. Synthesis of the Sex Attractant (7z,11z)-Hexadecadienal of the citrus leafminer Moth, *Phyllocnistis citrella* Stainton. *J. Chinese Chem. Soc.* 38(1): 293-5, 1991.

WILSON, C. G. Notes on *Phyllocnistis citrella* Stainton (Lepidoptera: Phyllocnistidae) attacking four citrus varieties in Darwin. *J. Austral. Entomol. Soc.* 30: 77-8, 1991.

11

Traça-da-bananeira, *Opogona sacchari* (Bojer)

J. M. Milanez, E. F. B. Lima

INTRODUÇÃO

Do ponto de vista entomológico, *Opogona sacchari*, conhecida popularmente como traça-da-bananeira, é considerada uma praga de importância secundária no Brasil, já que não causa perdas significativas na produção de banana nem prejuízos diretos aos bananicultores que comercializam a fruta no mercado interno. No entanto, para o Estado de Santa Catarina, maior exportador brasileiro de banana para a Argentina, o prejuízo é considerável, já que a simples presença de lagartas de *O. sacchari*, praga quarentenária A1 nesse país, em amostras de caixas de frutos, resulta no rechaço da carga por técnicos da barreira fitossanitária da Estação Aduaneira de Dionísio Cerqueira, SC. Esse problema é tão significativo que autoridades argentinas já consideraram a possibilidade de interromper o comércio da banana produzida em Santa Catarina.

Para garantir a exportação da fruta, o Ministério da Agricultura, Pecuária e Abastecimento (Mapa) promulgou a Instrução Normativa 28, em julho de 2009, que estabeleceu os critérios e procedimentos para prevenção e controle da praga *O. sacchari*, visando a certificação da *commodity* destinada à exportação. Na época atual, para a exportação da banana, é exigido o Certificado Fitossanitário de Origem (CFO) no ponto egresso, devidamente embasado em Permissão de Trânsito de

Vegetais (PTV). Além disso, existe um esforço científico para produzir informações sobre a bioecologia da praga, com vistas a fornecer subsídios para o controle dela e a minimização dos prejuízos.

Posição taxonômica e nomenclatura

Ordem: Lepidoptera

Família: Tineidae

Subfamília: Hieroxestinae

Gênero: *Opogona* Zeller, 1853

Espécie: *Opogona sacchari* (Bojer, 1856)

Sinonímias: *Alucita sacchari* Bojer, 1856
Tinea subcervinella Walker, 1863
Gelechia sanctaehelenae Walker, 1875
Gelechia ligniferella Walker, 1875
Laverna plumipes Butler, 1876

A descrição de *O. sacchari* foi baseada em exemplares coletados nas Ilhas Mascarenhas, com holótipo das Ilhas Maurício (Bojer, 1856, apud Davis & Peña, 1990). Originalmente classificada no gênero *Alucita*, uma série de modificações na nomenclatura da espécie foi realizada até a sua transferência para o gênero *Opogona* (Davis & Peña, 1990). Na literatura internacional, é referida por vários nomes comuns, sendo os mais frequentes "banana moth", "sugarcane borer", "teigne du bananier" e "bananenmotte". No Brasil, é conhecida como "traça-da-bananeira".

RECONHECIMENTO

Uma breve caracterização morfológica externa das larvas e adultos de *O. sacchari* é apresentada a seguir. Mais detalhes, especialmente sobre quetotaxia e genitália, podem ser vistos em Süss (1974), Davis & Peña (1990) e Eppo (2006).

A lagarta é clara e transparente. Partes do sistema digestivo são visíveis pela parede do corpo. Cabeça marrom-avermelhada, brilhante, com um par de ocelos laterais de cada lado. Placas torácicas de cor marrom no meso e no metatórax e nos urossegmentos I-VIII. Garra pré-tarsal do protórax prolongada, com dois lobos axiais. Pernas abdominais A3-A6 com 43 a 45 colchetes, e perna anal com 22 colchetes.

O adulto é marrom-amarelado (Figura 1), com aproximadamente 11 mm de envergadura. Asas franjadas; asas anteriores com faixas longitudinais marrom--escuras (fêmea) ou círculo marrom-escuro em direção ao ápice (macho); asas posteriores mais claras e brilhantes, com frênulo de uma cerda (macho) ou cinco a sete cerdas (fêmea).

Figura 1. Adulto de *O. sacchari*. Foto: José M. Milanez.

HISTÓRICO DA INTRODUÇÃO DA PRAGA NO BRASIL

Introduzida em mudas de bananeira ou outros hospedeiros alternativos, a presença de *O. sacchari* no Brasil foi constatada em bananais em julho de 1973, no município de Guarujá, SP, quando frutos foram embargadas na fronteira argentina (Cintra, 1975). Em Santa Catarina, os primeiros ataques da praga foram registrados em bananais do litoral norte, em especial no município de Luís Alves (Bublitz et al., 1981). Provavelmente, a introdução da praga nos bananais da região norte catarinense deveu-se ao comércio de banana, chamado de "segunda", com produtores da região do Vale do Paraíba, cuja finalidade era o processamento industrial da fruta para a produção de purê para exportação.

DISTRIBUIÇÃO GEOGRÁFICA

No Brasil, *O. sacchari* está registrada somente nos estados de São Paulo, dispersa em municípios do litoral sul e Vale do Ribeira, e de Santa Catarina (Cintra, 1975; Novo & Repilla, 1978; Suplicy & Sampaio, 1982).

No exterior, é registrada em áreas úmidas das regiões tropicais e subtropicais. Relatada anteriormente em ilhas do Oceano Índico e ilhas próximas ao continente africano, foi constatada na década de 1970 na Europa e na América do Sul e, recentemente, no Japão e na China (Vorsino, Taniguchi & Wright, 2005). Atualmente, está distribuída em unidades políticas de todos os continentes, exceto na Antártica (Tabela 1). Em países como Dinamarca, França, Grécia, Hungria, Inglaterra e República Tcheca, a praga foi erradicada (Eppo, 2012).

Tabela 1. Distribuição geográfica mundial de *O. sacchari*.

Continentes	Unidades políticas
América	
América do Norte	Flórida (EUA)
América Central e Caribe	Barbados
	Bermuda
	Guadalupe (França)
	Honduras
América do Sul	Brasil
	Peru
	Venezuela
Europa	Açores (Portugal)
	Alemanha
	Itália
	Holanda
	Polônia
	Suíça
África	África do Sul
	Canárias (Espanha)
	Madagascar
	Madeira (Portugal)
	Marrocos
	Maurício
	Nigéria
	Reunião (França)
	Santa Helena (Reino Unido)
	Seicheles
Ásia	China
	Israel
	Japão
	Tailândia
Oceania	Havaí (EUA)

Fonte: Gold, Pinese & Peña (2002), Vorsino, Taniguchi & Wright (2005) e Eppo (2012).

BIOLOGIA E ECOLOGIA

Trata-se de uma praga ainda pouco estudada, principalmente no que se refere à sua biologia e ao seu comportamento (Figura 2).

Figura 2. Ciclo de vida de *O. sacchari*.

As fêmeas de *O. sacchari* costumam depositar seus ovos em massas irregulares, de forma achatada, contendo até 101 ovos. O período de incubação é de oito dias. As lagartas, ao emergirem, medem em média 2 mm de comprimento, realizam movimentos rápidos e são vorazes, observando-se canabalismo nos últimos estágios larvais, tanto na ausência como na presença abundante de alimentos. Segundo Giannotti et al. (1977), o período larval varia de 42 a 70 dias em dieta à base de banana, porém os autores não relataram a temperatura na qual o inseto foi criado. Mourikis e Vassilaina-Alexopoulou (1981, apud Bergmann et al., 1995) observaram que o período larval foi de 58 dias, quando criadas com dieta à base de flocos de milho. Bergmann et al. (1995) estudaram alguns aspectos biológicos de *O. sacchari*, fornecendo dieta à base de feijão para alimentação das lagartas; constataram que a duração dos períodos larval e pupal foi de 24,19 e 11,24 dias, respectivamente, em câmaras reguladas com temperatura de 25±1°C, umidade relativa de 70±10% e fotofase de 12 horas; a longevidade do macho foi de 11,24 dias e a da fêmea, de 12,40 dias, completando o ciclo biológico em 37,9 dias nas mesmas condições de temperatura, umidade relativa e fotofase.

Milanez, Hinz e Silva (2011) estudaram o ciclo biológico de *O. sacchari* em dieta natural, em condições de laboratório (25 ± 2°C; U.R. 70 ± 20°C; fotofase de 14 horas), e verificaram que os ovos são depositados individualmente ou agrupados (quatro a dezesseis ovos por postura). O período de incubação variou de quatro a sete dias. A duração média das fases larval e pupal foi de 25,34 e 12,07 dias, respectivamente. O período de ovo–adulto variou de 32 a 41 dias. A longevidade média da fêmea foi de 10,5 dias e a do macho, de 8,3 dias.

Durante o período de setembro de 2007 a dezembro de 2012, os rechaços de cargas nos municípios exportadores de banana de Santa Catarina aconteceram

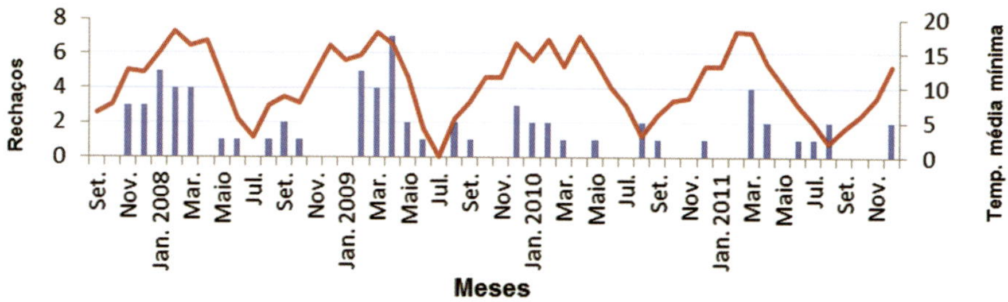

Figura 3. Correlação entre o número de cargas rechaçadas e a temperatura média mínima (°C), no período de setembro de 2007 a dezembro de 2011, no município de Luís Alves, SC. (Milanez, não publicado)

em quase todos os meses do ano, com maior número nos meses de primavera e verão. Estudos de correlação entre elementos climáticos e os meses em que a praga esteve presente no campo e provocou os rechaços para o município exportador de Luís Alves, SC, mostram uma correlação positiva com temperatura média mínima (Figura 3). Entretanto, a praga esteve presente no campo também nos períodos chuvosos, tanto no inverno como no verão, contrariando a afirmação de Gallo et al. (2002) de que a sua ocorrência se dava apenas nos meses mais secos, durante o inverno.

PLANTAS HOSPEDEIRAS

No Brasil, *O. sacchari* tem sido registrada em bananeira, cana-de-açúcar, milho, tubérculos de batata, inhame, bambu, gladíolo, dália e *Dracaena* sp. (Cintra, 1975; Bergmann et al., 1993). Também foi coletada em cogumelos *Lentinula edodes* (Zorzenon & Potenza, 2003) e na palmeira-real (*Archontophoenix* spp.).

Praga polífaga, a traça-da-bananeira possui cerca de cem espécies de plantas hospedeiras em quase trinta famílias (Shang et al., 2003). Dessas, a Eppo (2012) lista trinta como as de maior importância econômica, incluindo *Dracaena* sp., abacaxi, bananeira, bambu, batateira, cana-de-açúcar, milho e várias plantas ornamentais.

IMPACTO ECONÔMICO E PREJUÍZOS

Os maiores prejuízos de *O. sacchari* no Brasil recaem sobre a cultura de banana. Como danos diretos, as larvas penetram preferencialmente pela região estilar do fruto, apesar de, em casos de forte infestação, também aparecerem sinais de ataque nas laterais dele, no engaço, nas almofadas das pencas e no pseudocaule (Pigatti, 1978). Os danos caracterizam-se pela formação de galerias na polpa (Figura 4), provocando o seu apodrecimento e inviabilizando comercialmente o produto. A

Figura 4. Dano de *O. sacchari* na banana. Foto: José M. Milanez.

ocorrência desse inseto no bananal pode ser detectada pela existência de frutos com maturação antecipada e de fezes da lagarta na região estilar (Mesquita, 1984). As perdas estimadas por descarte de frutas atacadas nas casas de embalagem chegam a 2 a 5% (R$ 200 a R$ 500), o que corresponde a vinte a cinquenta caixas por carga (Salvador, informação pessoal).

A traça-da-bananeira é também considerada praga do fungo comestível conhecido como shiitake (*Lentinula edodes*), tradicionalmente cultivado no Brasil em toras recém-cortadas de *Eucaliptus* sp. As lagartas alimentam-se sob a casca em decomposição, em sementes inoculadas e do micélio do cogumelo, chegando a inutilizar cerca de 35% das toras preparadas para a produção do fungo, acarretando prejuízos aos médios e pequenos produtores do Estado de São Paulo (Zorzenon & Potenza, 2003).

Nos últimos anos, com a expansão da área cultivada da palmeira-real (*Archontophoenix* spp.) na região produtora de banana do Vale do Itajaí, SC, tem-se observado a presença constante de lagartas de *O. sacchari* em restos de estipes deixados no campo após a extração do palmito (Figura 5). Também são observadas injúrias causadas por lagartas no pecíolo das folhas (Figura 6). O ataque em plântulas causa o sintoma de coração morto (Figura 7). A multiplicação da praga na cultura de palmeira-real é preocupante, já que ela pode migrar para áreas adjacentes, com a presença de bananeiras, e agravar ainda mais o quadro de rechaço de cargas de banana exportadas para a Argentina.

Figura 5. Lagarta de *O. sacchari* em restos de estipes de palmeira-real.
Foto: José M. Milanez.

Figura 6. Lagarta de *O. sacchari* atacando a base de pecíolo de folhas de palmeira-real.
Foto: José M. Milanez.

Figura 7. Plântula de palmeira-real com sintoma de coração morto.
Foto: José M. Milanez.

No Estado de Santa Catarina, esse rechaço, na estação aduaneira de Dionísio Cerqueira, causa prejuízos da ordem de R$ 4.000 por carga (mil caixas) em que a lagarta tenha sido detectada em amostragens. No período de outubro de 2009 a março de 2013, o prejuízo estimado foi de cerca de R$ 300.000 (Salvador, informação pessoal). Os principais municípios exportadores de banana do Estado de Santa Catarina e a participação percentual de cada um no total de cargas rechaçadas, entre agosto de 2007 e dezembro de 2012, são apresentados na Figura 8.

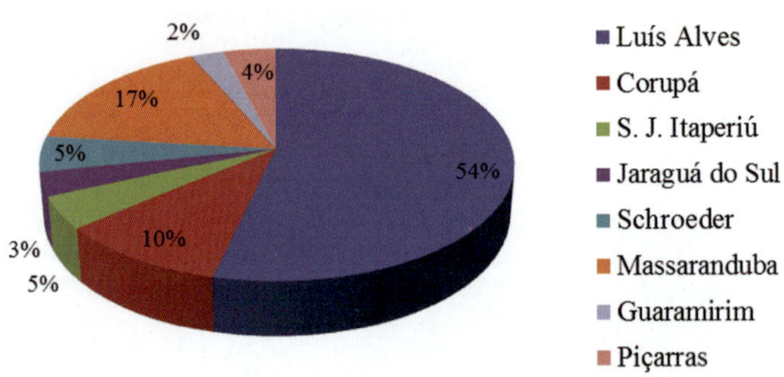

Figura 8. Principais municípios exportadores de banana de Santa Catarina e percentagem de cargas rechaçadas no período de agosto de 2007 a dezembro de 2012.

AGRADECIMENTOS

Ao extensionista da Epagri-SC, engenheiro agrônomo José Salvador, pela disponibilização de informações acerca dos prejuízos causados pela traça-da-bananeira nos municípios produtores do Estado de Santa Catarina. À Fapesc, pelo apoio financeiro aos estudos bioecológicos de *O. sacchari* no Estado de Santa Catarina.

REFERÊNCIAS BIBLIOGRÁFICAS

BERGMANN, E. C. et al. Aspectos biológicos e comportamentais de *Opogona sacchari* (Bojer, 1856) (Lepidoptera: Tineidae), em condições de laboratório. *Rev. Agric.* 70(1): 41-52, 1995.

BUBLITZ, E. O. et al. *Diagnóstico da cultura da banana em Santa Catarina*. 2. ed. Florianópolis: Empasc, 1981. 94p. (Boletim Técnico, 5).

CINTRA, A. F. *Opogona* sp. – nova praga da bananicultura em São Paulo. *O Biológico* 41: 223-31, 1975.

DAVIS, D. R. & PEÑA, J. E. Biology and morphology of banana moth, *Opogona sacchari* (Bojer), and its introdution into Florida (Lepidoptera: Tineidae). *Proc. Entomol. Soc. Wash.* 92: 593-618, 1990.

EPPO – European and Mediterran Plant Protection Organization. *Opogona sacchari*. *EPPO Bull.* 36: 171-3, 2006.

EPPO – European and Mediterran Plant Protection Organization. *PQR – EPPO database on quarantine pests*, 2012. Disponível em: <www.eppo.int>. Acesso em: 4 maio 2013.

GALLO, D. et al. *Entomologia agrícola*. Piracicaba: Fealq, 2002. 920p.

GIANONOTTI, O. et al. Observações gerais sobre o desenvolvimento sexual do lepidóptero *Opogona sacchari* (Bojer, 1856) em laboratório. *Arg. Inst. Biol.* 44: 209-12, 1977.

GOLD, C. S.; PINESE, B. & PEÑA, J. E. Pests of banana. In: PEÑA, J. E. & WYSOKI, M. (eds.). *Tropical fruit pests and pollinators*: biology, economic importance, natural enemies and control. Wllingford: Cabi Publishing, 2002. 443p.

MESQUITA, A. L. M. Insetos de importância econômica que atacam a bananeira no Brasil. In: SIMPÓSIO BRASILEIRO SOBRE BANANICULTURA, 1., Jaboticabal. *Anais*... Jaboticabal, 1984, p. 254-74.

MILANEZ, J. M.; HINZ, R. H. & DA SILVA, C. M. Aspectos biológicos da traça-da-bananeira. *Agropec. Catarin.* 24: 92-4, 2011.

NOVO, J. P. S. & REPILLA, J. A. *Traça-da-bananeira*. Cati, 1978, p. 47-9. (Boletim Técnico, 28).

PIGATTI, A. Seleção de inseticidas em laboratório para o controle da "traça-da-bananeira", *Opogona sacchari* (Bojer, 1856) (*O. subcervinella* Walker, 1863) (Lepidoptera: Lyonetidae). *O Biológico* 44: 21-3, 1978.

SHANG. H. et al. Host plants of an exotic insect pest, the banana moth, *Opogona sacchari*. *Entomol. Knowledge* 40(1): 55-9, 2003.

SÜSS, L. Opogona sacchari (Bojer) (Lepidoptera, Lyonetiidae), a new pest of ornamental plants in greenhouses. *Boll. Zool. Agrar. Bachic.* 12: 1-28, 1974.

SUPLICY, N. & SAMPAIO, A. S. Banana pests. *O Biológico* 48: 169-82, 1982.

VORSINO, A. E.; TANIGUCHI, G. Y. & WRIGHT, M. G. *Opogona sacchari* (Lepidoptera: Tineidae) a new pest of pineaple in Hawaii. *Proc. Hawaiia. Entomol. Soc.* 37: 97-8, 2005.

ZORZENOM, F. J. & POTENZA, M. R. Diagnóstico de danos causados pela traça-da-bananeira *Opogona sacchari* (Lepidoptera: Tineidae) em cultivo de shiitake (*Lentinula edoles*). *Arq. Inst. Biol.* 70: 507-9, 2003.

12

Traça-da-maçã, *Cydia pomonella* (L.)

A. Kovaleski, J. J. Carbonari, M. Albuquerque

INTRODUÇÃO

O cultivo comercial de pomáceas teve início no Brasil na década de 1970, primeiro impulsionado por incentivos governamentais na área de reflorestamento, em especial nas regiões atualmente pertencentes aos municípios de Vacaria, RS, e Fraiburgo, SC. Até então, praticamente todas as maçãs e peras consumidas no país eram importadas, sobretudo da Argentina e do Chile. Todavia, o sistema produtivo de maçã passou por intensa e constante evolução tecnológica, transformando o Brasil, na época atual, em um importante *player* do cenário internacional. Entretanto, possivelmente devido a fatores climáticos, o mesmo avanço não é observado na produção de pera, e o país continua dependente de importações.

Atualmente, o Brasil possui cerca de 40 mil hectares de macieiras, cultivados por cerca de 3.500 produtores concentrados nos estados de Santa Catarina e Rio Grande do Sul, com produção anual aproximada de 1,4 milhão de toneladas; cerca de 10% são exportados para mais de vinte países de diferentes continentes.

A estabilização econômica no Brasil, percebida a partir da década de 1990, somada à intensificação do comércio internacional, elevou as importações brasileiras de maçã e pera. Como a maior parte das pomáceas que importa provém de áreas onde *Cydia pomonella* (Walsingham) ocorre como principal praga, o aumento do trânsito internacional de mercadorias e as condições limitadas de fiscalização fitossanitária podem ter contribuído para a entrada do inseto no país.

Após constante interceptação de frutas importadas com alta infestação de *C. pomonella* e das primeiras capturas de adultos na área urbana de Vacaria, RS, em 1991, foi constituído um grupo de trabalho composto por representantes das principais instituições públicas e privadas ligadas à cadeia produtiva da maçã, com o objetivo de elaborar e implementar um programa nacional de supressão e erradicação da praga no Brasil.

Algumas espécies exóticas de insetos já se encontram estabelecidas e figuram como pragas da macieira no Brasil, como a mariposa-oriental (*Grapholita molesta*) e o ácaro-vermelho (*Panonychus ulmi*). Além dessas, há duas pragas importantes nativas da América do Sul: a mosca-das-frutas, *Anastrepha fraterculus*, e a lagarta--enroladeira, *Bonagota cranaodes*. O estabelecimento de *C. pomonella* como nova praga da maçã no país teria consequências sérias para o programa de manejo das quatro espécies já existentes nos pomares comerciais. Além disso, seria um fator complicador, devido às constantes restrições e proibições do uso de inseticidas, impostas por países importadores da maçã brasileira, e à necessidade premente de desenvolvimento de alternativas de controle de pragas com menor impacto ambiental e menor risco à saúde humana.

A cadeia produtiva da maçã, com o apoio do Ministério da Agricultura, Pecuária e Abastecimento, da Embrapa Uva e Vinho e de órgãos estaduais de Defesa Sanitária Vegetal do Rio Grande do Sul e de Santa Catarina, não tem medido esforços na condução do Programa Nacional de Erradicação de *C. pomonella*, com o objetivo de reduzir os riscos de estabelecimento da praga no Brasil e, com isso, evitar o aumento dos custos de produção e a contaminação ambiental, bem como atender às demandas fitossanitárias para a exportação da maçã brasileira.

Atualmente, *C. pomonella* está regulamentada pelo Ministério da Agricultura, Pecuária e Abastecimento, por meio das Instruções Normativas 52 de 2007 e 41 de 2008, como praga quarentenária presente, com distribuição restrita aos estados de Santa Catarina e do Rio Grande Sul e sob sistema oficial de controle (Mapa, 2012).

Posição taxonômica e nomenclatura

Ordem: Lepidoptera

Família: Tortricidae

Gênero: *Cydia* Hübner [1825]

Espécie: *Cydia pomonella* (L., 1758)

1635: O holandês Jean Goedaerdt publicou o primeiro registro da praga como "pear eater" (comedora de peras), como *Tortrix pomonella* L.

1747: Recebeu o apelido de "codling moth", devido a um tipo de maçã alongada existente na Inglaterra.

1758: O nome científico foi alterado para *Phalaena Tinea pomonella* L.

1830: Passou a ser denominada *Carpocapsa pomonana* Treitsochke.

1862: Foi restaurado o epíteto específico (*Carpocapsa pomonella* Harris).

1897: O gênero foi modificado, resultando no nome científico atualmente válido, *Cydia pomonella* (Walsingham).

Sinonímias: *Carpocapsa pomonana* Treitschke
Carpocapsa pomonella L.
Enarmonia pomonella L.
Grapholitha pomonella L.
Laspeyresia pomonella L.
Phalaena pomonella L.

Nomes comuns:

Português: cydia, carpocapsa, traça-da-maçã (Brasil); bichado das pomoideas (Portugal)

Inglês: codling moth

Espanhol: carpocapsa, polilla de la manzana, gusano de las manzanas y las peras

Alemão: Apfelwickler, Obstmade, Wickler

Francês: carpocapse de la pomme, carpocapse des pommes, pyrale de la pomme, ver des pommes et des poires

Italiano: bruco delle mele, bruco delle pere, carpocapsa delle mele, verme del pomario, verme delle mele, verme delle pere

HISTÓRICO DA INTRODUÇÃO DA PRAGA NO BRASIL

Primeiros registros

Costa Lima (1945) relata a ocorrência da carpocapsa no Rio Grande do Sul desde 1926. Entretanto, não menciona nenhum trabalho, referindo-se apenas à etiologia do inseto no país. No *Manual de entomologia* (Gallo et al., 1970), *C. pomonella* é citada como uma das pragas da macieira; todavia, não é feita menção à sua distribuição. Já no *Manual de entomologia agrícola* (Gallo et al., 1978; 1988), não consta da lista de pragas da macieira. Apesar da sugestão de inseticidas para controle da praga presente no *Guia de tratamentos fitossanitários para a macieira* (Fortes & Salles, 1982), os autores ressaltam que ela não ocorre como praga da macieira no Rio Grande do Sul. No *Manual da cultura da macieira* (Orth, Ribeiro & Reis Filho, 1986), considera-se que não está estabelecida no Brasil. Também não é citada como praga no *Guia para o controle de doenças, pragas, plantas invasoras e deficiências nutricionais da macieira* (Associação de Engenheiros Agrônomos de Santa Catarina, 1987). Kovaleski (1992) descreveu as principais pragas de fruteiras temperadas no Brasil e não mencionou *C. pomonella*. Isto também acontece no *Manual da cultura da macieira* (Embrapa, 1994). Kovaleski, Protas e Sugayama (2001) descrevem a praga e relatam que os primeiros exemplares de *C. pomonella* foram capturados em 1991 na região urbana de Vacaria, RS, e que, após um intenso monitoramento nos anos seguintes, foram identificados focos do inseto também nas áreas urbanas de Caxias do Sul e Bom Jesus, também no Rio Grande do Sul, e Lages, em Santa Catarina. Não foi observada a captura de exemplares em áreas comerciais de maçã do Brasil. Kovaleski e Mumford (2007) fazem referência ao programa de erradicação de *C. pomonella* no Brasil, demonstrando a situação da praga antes e depois do início das atividades de erradicação, e mostram os benefícios econômicos do programa em relação a um possível estabelecimento dela no país.

MONITORAMENTO E PRIMEIRAS CAPTURAS

Na década de 1980, iniciou-se o monitoramento para detecção de *C. pomonella* no Brasil, usando-se, em média, dez armadilhas com feromônio sexual sintético. Os quatro primeiros exemplares foram capturados na área urbana de Vacaria, em outubro de 1991. A identificação foi confirmada pelo doutor Vítor Becker. Em janeiro de 1992, as armadilhas foram instaladas em pomares comerciais e domésticos localizados nos municípios de Pelotas, Caxias do Sul e Vacaria, no Estado do Rio Grande do Sul e de São Joaquim, Caçador e Fraiburgo, no Estado de Santa Catarina, e não houve capturas do inseto.

Em 1993, o monitoramento passou a ser conduzido em vários locais nos estados do Rio Grande do Sul, Santa Catarina e Paraná, incluindo regiões produtoras de maçã (áreas urbanas e pomares comerciais), postos da Ceasa e rotas de importação de frutas frescas.

Dos locais monitorados, foram encontrados focos de *C. pomonella* apenas nas áreas urbanas de Caxias do Sul, Vacaria e Bom Jesus, no Rio Grande do Sul, e Lages, em Santa Catarina. Nas demais regiões produtoras de maçã desses estados e também do Paraná, nunca houve capturas do inseto, tanto na área urbana como na comercial.

A dispersão da praga a longas distâncias ocorre pelo transporte, pelo homem, de frutas infestadas. Portanto, a localização dos focos nas áreas urbanas é explicada pelo fato de que frutos e embalagens provenientes de outros países comumente são descartados no lixo sem nenhum tipo de tratamento ou cuidado. Sabe-se que lagartas, pré-pupas e pupas da praga podem alojar-se em pequenas cavidades nas caixas de papelão e nas bandejas e recomenda-se, portanto, que sejam incineradas. Some-se a isso a alta disponibilidade de hospedeiros primários nos quintais (macieira, pereira, marmeleiro e nogueira-europeia) que não recebe nenhum tipo de tratamento com inseticidas e pode favorecer o estabelecimento da praga em áreas urbanas.

A partir das primeiras capturas, o monitoramento passou a ser feito de forma sistemática nas áreas infestadas, com a finalidade de estudar a flutuação populacional. Em alguns períodos, devido à dificuldade de obter recursos para o programa, o monitoramento foi prejudicado, reduzindo-se o número de armadilhas. Por outro lado, na medida em que avançava a erradicação, a densidade de armadilhas era aumentada, para identificar os lugares em que havia sido detectada a presença da praga (Tabela 1).

Tabela 1. Número de armadilhas instaladas nas áreas urbanas dos quatro municípios com foco de *C. pomonella*.

Período	Bom Jesus	Caxias do Sul	Lages	Vacaria
1997-1998*	100	180	400	400
1998-1999	100	180	400	400
1999-2000	0	0	400	400
2000-2001	0	0	400	400
2001-2002	0	0	400	0
2002-2003	0	0	400	0
2003-2004	200	0	400	400
2004-2005	200	400	1.708	400
2005-2006	400	600	1.721	1.000
2006-2007	400	1.200	1.752	1.200
2007-2008	400	1.200	1.752	1.200
2008-2009	150	0	1.780	850
2009-2010	100	2.000	1.800	1.200
2010-2011	50	1.595	1.605	1.200
2011-2012	50	1.200	1.200	1.000

* Os dados obtidos no monitoramento da safra 1997-1998 são considerados como referência para o programa de erradicação.

Observa-se que a dinâmica populacional da cydia no Brasil seguia padrão semelhante ao de outros países da América do Sul, como Argentina, Uruguai e Chile. As primeiras capturas ocorrem em setembro e as maiores densidades são observadas no final de outubro e início de novembro (Figura 1).

AÇÕES DE SUPRESSÃO E ERRADICAÇÃO DA PRAGA

Com a confirmação da presença de *C. pomonella* em apenas quatro áreas urbanas da região produtora de maçã no Brasil, o governo, com o apoio do se-

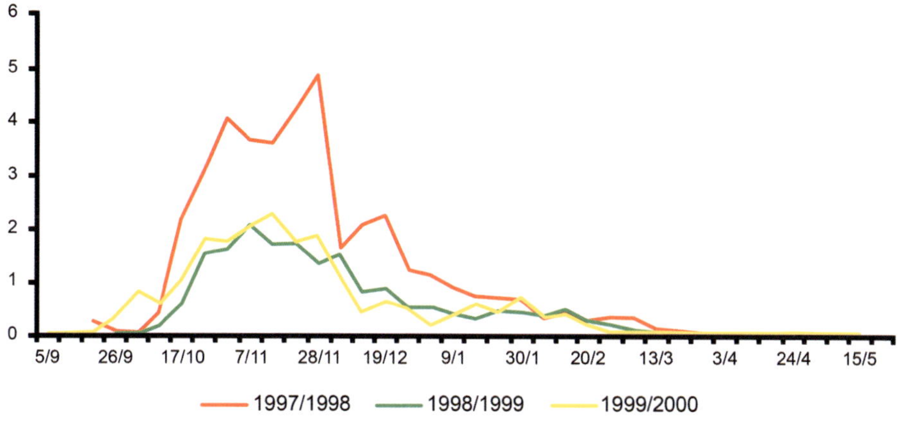

Figura 1. Dinâmica populacional de *C. pomonella* no período de 1977 a 2000 em Lages, Santa Catarina (leitura semanal do número de machos capturados nas armadilhas).

tor produtivo, instituiu oficialmente o Programa Nacional de Erradicação de *C. pomonella* (PNECP), por meio de regulamentações publicadas no *Diário Oficial da União*, como as Portarias 130 de 1994, 185 de 1994, 84 de 1996 e 50 de 2003. Atualmente, o PNECP está vigente por meio da Instrução Normativa 48 do Mapa, de 23 de outubro de 2007.

Foi estabelecido que a supressão populacional deveria ser iniciada em Vacaria e Bom Jesus, por se tratar de importantes centros produtores e por haver pomares comerciais próximos da área urbana, e em Lages, pelo "elevado" nível populacional detectado no monitoramento de 1997-1998.

A erradicação poderia ser alcançada associando-se vários métodos como estratégia de ação para o desencadeamento do processo e, portanto, vislumbraram-se duas opções: a eliminação de plantas hospedeiras e o uso de armadilhas atrai–mata, pela maior viabilidade de execução. Em ambos os casos, seria mantido o monitoramento para acompanhar as oscilações na densidade populacional da praga.

Uso de armadilhas atrai-mata

Entre os métodos existentes na época para controle populacional de insetos, optou-se pela técnica de aniquilamento de machos, também conhecida como atrai–mata. Esse método associa o uso do feromônio sexual (atrai) e um inseticida (mata). Os machos são atraídos para painéis contendo o feromônio e intoxicam-se com o inseticida.

O método foi estabelecido como prioridade em Vacaria e Bom Jesus (Figura 2), em função dos recursos disponíveis e do risco de dispersão para áreas comerciais, e em Lages, pelo risco de transporte para as áreas produtoras de São Joaquim e Fraiburgo.

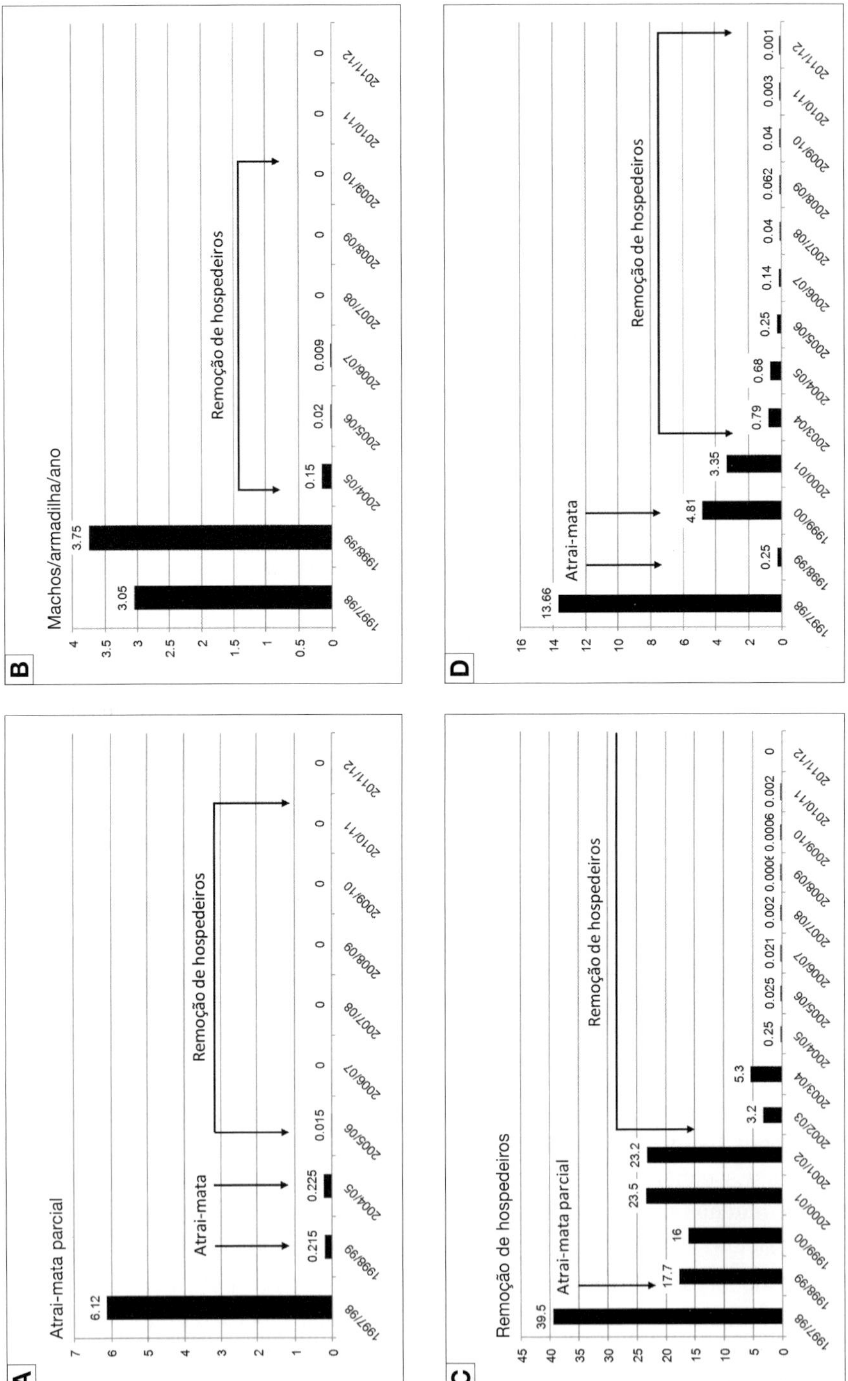

Figura 2. Média de machos de *C. pomonella* por armadilha/ano. A) Bom Jesus, RS. B) Caxias do Sul, RS. C) Lages, SC. D) Vacaria, RS.

Na primavera de 1998, foram instalados cerca de 40 mil painéis de aniquilamento na área urbana de Vacaria, 15 mil em Bom Jesus e 16 mil em Lages (apenas nos lugares com as maiores capturas). As armadilhas atrai–mata foram instaladas logo após a primeira captura de adultos nas armadilhas de monitoramento, por meio de feromônio, e colocadas preferencialmente em árvores hospedeiras da praga.

Na área urbana das duas cidades do Rio Grande do Sul onde a técnica atrai–mata foi utilizada, observou-se redução superior a 90% na captura de machos nas armadilhas de monitoramento, o que evidencia a efetividade e viabilidade dessa técnica. A redução em Lages foi superior a 50%, uma vez que a instalação foi parcial nos principais focos.

Eliminação de plantas hospedeiras

Em função das dificuldades para importação do produto atrai–mata e do seu elevado custo, além dos riscos da instalação de um produto contendo inseticida em pomares caseiros das áreas urbanas, em 2002 a comissão do PNECP optou pela remoção das plantas hospedeiras da praga, em substituição à técnica do atrai–mata. Esse método de controle parte da premissa de que, com a eliminação de árvores hospedeiras, a praga não encontra substrato adequado para reproduzir-se. Os principais entraves para seu emprego seriam a rejeição dos habitantes, devido a aspectos sentimentais e ecológicos, além da possibilidade de que a ausência de hospedeiros na área urbana aceleraria a dispersão para áreas comerciais. Para identificar possíveis eventos de dispersão para essas áreas, aumentou-se a densidade das armadilhas nos pomares localizados nas proximidades das áreas urbanas.

Dessa forma, um amplo e consistente trabalho de conscientização da população urbana dos municípios com foco da praga foi desencadeado por meio do uso de diferentes mídias, como jornal, rádio e televisão, além da confecção e distribuição de material impresso (Figura 3) e de visitas individualizadas às residências, com o objetivo de registrar as espécies e o número de plantas hospedeiras da praga. Nesse trabalho, sempre foi enfatizada a importância econômica da maçã para a região e o que a entrada de uma praga poderia significar.

Assim, os hospedeiros foram identificados, catalogados e removidos (Tabela 2) e mudas de plantas frutíferas ou nativas não hospedeiras da praga foram doadas aos proprietários que aceitaram a erradicação das plantas hospedeiras. É importante mencionar que o trabalho de remoção dos hospedeiros iniciou-se nas áreas em que as armadilhas de monitoramento apresentaram os mais elevados níveis de captura e nas áreas periféricas, com o objetivo de confinar a população no centro das áreas urbanas.

Como previsto, ações judiciais foram necessárias, devido à resistência de alguns proprietários, movidos por questões sentimentais, ambientais, ou mesmo por não entenderem a importância econômica e social do programa, já que o setor produtivo da maçã é o principal item do produto interno bruto (PIB) em municípios como Vacaria, Bom Jesus e Lages.

Figura 3. Cartilha e desenhos utilizados na divulgação do Programa Nacional de Erradicação de *C. pomonella* no Brasil.

Tabela 2. Número aproximado de plantas hospedeiras de *C. pomonella* removidas e substituídas por espécies não hospedeiras nos quatro municípios com foco da praga.

Município	**Área urbana (ha)**	**Hospedeiros**		
		Removidos	**Remanescentes**	**Removidos (%)**
Bom Jesus	1.000	1.980	20	99,0
Caxias do Sul*	60.000	45.000	12.000	73,3
Lages	12.000	34.880	120	99,5
Vacaria	6.000	14.900	80	99,7

* Em Caxias do Sul, a remoção dos hospedeiros foi suspensa quando atingida a erradicação da praga na cidade.

Paralelamente ao trabalho de remoção/substituição dos hospedeiros, a praga era e continua sendo monitorada de setembro a abril, por meio do uso de armadilhas com feromônio sexual, em número e densidade variados, de acordo com as capturas e com a extensão das áreas urbanas dos quatro municípios que apresentaram foco da praga (Tabela 1).

A drástica queda do número de adultos capturados desde 1997 (Figura 2) demonstra que as ações de supressão e erradicação adotadas (atrai–mata e remoção de hospedeiros) foram muito eficientes. Na safra 1997-1998, foram capturados aproximadamente 22.500 machos em 1.080 armadilhas, enquanto na safra 2011-2012 foi capturado apenas um exemplar em 3.450 armadilhas instaladas nas mesmas áreas urbanas. Em Bom Jesus, desde 2006, não foram observadas capturas do inseto, e em Caxias do Sul os últimos exemplares foram capturados em 2007. Em

Lages, desde 2007, as capturas variavam entre um e três exemplares, e na última temporada (2011-2012) obteve-se o primeiro "zero" de captura. Em Vacaria, onde ainda não foi possível remover algumas plantas de nogueira-europeia na área central da cidade, foram capturados três exemplares em 2010-2011 e apenas um na safra 2011-2012. Esses dados indicam o sucesso do programa de erradicação e a grande possibilidade de eliminar essa praga que é a principal praga da maçã e da pera na maioria dos países produtores dessas frutas.

Monitoramento em áreas comerciais

Adicionalmente às ações realizadas nas áreas urbanas com detecção de foco da praga, o PNECP estabelece a obrigatoriedade de monitoramento dela por meio do uso de armadilhas com feromônio sexual em áreas comerciais cultivadas com rosáceas e em estabelecimentos processadores e embaladores, nos estados do Rio Grande do Sul, Santa Catarina e Paraná, sob a responsabilidade dos responsáveis técnicos (RTs) devidamente habilitados e credenciados pelos órgãos estaduais de Defesa Sanitária Vegetal, sob os preceitos normativos do Ministério da Agricultura, Pecuária e Abastecimento.

Nos pomares comerciais localizados nos municípios cuja área urbana foi ou é foco da praga, a densidade é de uma armadilha a cada cinco hectares e, para as demais regiões, de uma para cada dez hectares, totalizando cerca de 8 mil armadilhas anualmente instaladas e monitoradas. Ressalte-se que nunca houve captura de *C. pomonella* em áreas comerciais de pomáceas.

DISTRIBUIÇÃO GEOGRÁFICA

A espécie é originária do Sudeste da Europa. Os adultos apresentam baixa capacidade de voo (Prokopy, Johnson & O'Brien, 1990). O principal meio de dispersão da praga é o transporte de frutas infestadas de um local a outro. Atualmente, ela ocorre em todas as áreas produtoras de maçã no mundo, exceto em algumas partes da Ásia. É encontrada em todos os países europeus, tendo como limite norte de sua distribuição a Escandinávia. Espalhou-se para a Ásia, incluindo os Estados Independentes da Commonwealth, o Oeste da China, o Paquistão, o Norte da Índia e o Oriente Médio. Na África, *C. pomonella* foi detectada na Tunísia, no Marrocos, no Egito, na Argélia, na África do Sul, em Pretória e no Rio Orange. Acredita-se que esteja presente nos Estados Unidos há mais de duzentos anos. Slingerland (1898) registrou-a como praga de pomáceas na Nova Inglaterra em 1750. Ocorre também no Sul do Canadá, ao longo de toda a fronteira com os Estados Unidos. No México, está restrita aos Estados do Norte. No hemisfério Sul, ocorre no continente australiano, no Sudeste da Austrália, Tasmânia e Nova Zelândia. Na América do Sul, aparece na Argentina, no Uruguai, no Chile, no Peru e em uma pequena área na fronteira entre o Equador e a Venezuela (Codling Moth Information Support System, 1997).

BIOLOGIA E ECOLOGIA

As informações detalhadas sobre a biologia da praga podem ser encontradas em Alford (1984), Vermeulen et al. (1988), González (1989) e Agnello et al. (1991).

Fases do ciclo de vida

Os ovos são depositados isoladamente nas folhas ou nos frutos. São achatados e de formato circular. No início do desenvolvimento são esbranquiçados. Posteriormente, observa-se um anel avermelhado na periferia. Medem cerca de 1 mm de diâmetro e são de difícil visualização. O período de incubação é de dezoito dias, a 15°C, e de seis dias, a 25°C. As larvas recém-emergidas procuram um local adequado para entrar no fruto e alimentam-se da polpa até atingir as sementes. As lagartas são brancas nos estágios iniciais e rosadas, com cabeça escura, ao longo do desenvolvimento. O período de desenvolvimento larval é de 21 a 35 dias. As larvas maduras medem de 12 a 20 mm. Quando plenamente desenvolvidas, saem do fruto e tecem casulos na casca da árvore ou em cavidades. As pupas são de coloração castanha a marrom-escura e medem de 10 a 12 mm de comprimento. Os adultos medem de 15 a 20 mm de envergadura. As asas anteriores são acinzentadas, com uma mancha circular escura rodeada de escamas acobreadas na extremidade. As asas posteriores são de cor cinza-pálido. A emergência dos adultos inicia na primavera. A atividade sexual é crepuscular e limitada pela temperatura. Os machos iniciam voo a 12,5°C e as fêmeas, a 15°C. A fecundidade média é de 44 ovos/fêmea, ao longo de um período de vida de aproximadamente doze dias.

Número de gerações

A espécie é multivoltina, com diapausa facultativa. O número de gerações varia de um a cinco, dependendo das condições climáticas. No Canadá e em algumas regiões da Rússia e do Reino Unido, há uma geração anual. No Noroeste dos Estados Unidos, na África do Sul e no Paquistão podem ocorrer duas gerações. Na Califórnia, podem ocorrer três a quatro gerações e, em Israel, cinco gerações. No Chile e na Argentina, são três gerações anuais. Já no Brasil, dados preliminares indicam que 94% das larvas coletadas na primavera entraram em diapausa, sendo que algumas permaneceram nessa condição até dois anos (Kovaleski, observação pessoal).

Diapausa

É o período em que o inseto diminui a atividade metabólica, o que permite resistir a condições climáticas adversas. No caso de *C. pomonella*, a diapausa ocorre no último instar durante o outono e termina na primavera, quando as larvas transformam-se em pupas, das quais emerge a primeira geração de adultos. Há sincronia com a fenologia dos hospedeiros. Segundo Kovaleski, Protas e Sugayama (2001), larvas coletadas em hospedeiros na área urbana de Vacaria entram em diapausa em janeiro, e os adultos emergem no início da primavera. Isso mostra que a espécie tem o potencial de se estabelecer na região, já que as condições climáticas são favoráveis e há oferta de plantas hospedeiras.

PLANTAS HOSPEDEIRAS

Hospedeiros primários: maçã (*Malus domestica*), pera (*Pyrus communis*), marmelo (*Cydonia oblonga*) e noz-europeia (*Juglans regia*).

Hospedeiros secundários: pêssego (*Prunus persica*), ameixa (*Prunus domestica*), nectarina (*Prunus persica* var. *nucipersica*) e cereja (*Prunus avium*).

IMPACTO ECONÔMICO E DANOS

São reconhecidos dois tipos de danos: 1) orifícios de entrada de larvas em estágios iniciais, quando elas não conseguem completar seu desenvolvimento; 2) galerias que surgem quando elas penetram a casca em direção ao centro do fruto, alimentando-se das sementes. As larvas podem entrar pela lateral, pelo cálice ou pelo pedúnculo do fruto. Um sinal típico do ataque da praga é a presença de excrementos na sua superfície (Figura 4). Algumas larvas podem danificar um segundo fruto antes de terminar sua atividade de alimentação. Em áreas em que *C. pomonella* está estabelecida como praga, as perdas podem superar 80% em maçã e chegar a 40 a 60% em pera quando não são adotadas medidas de controle.

O impacto econômico, considerando o estabelecimento da praga em pomares comerciais do Brasil, foi simulado por Kovaleski e Mumford (2007), levando em conta perdas diretas da produção devido ao dano causado pela praga e ao custo de controle por meio do uso de diferentes métodos. Nesse estudo, é demonstrado que as perdas decorrentes do controle em pomares comerciais e os danos causados pela praga poderiam atingir U$ 113 milhões em quinze anos, considerando a situação da cydia no Brasil em 2004-2005.

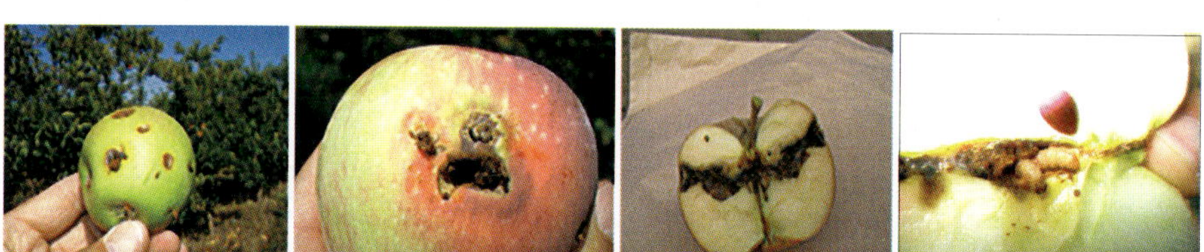

Figura 4. Dano de *C. pomonella* na parte externa e interna da maçã. Fotos: Adalécio Kovaleski.

Redução da produção

Ao considerar somente 1% de dano (embora em locais onde a praga esteja estabelecida os índices sejam bem superiores), a perda de produção seria de 14 mil toneladas de frutos, levando em conta a área cultivada de 40 mil hectares e uma produtividade média brasileira de 40 toneladas por hectare. Atualmente, o produtor recebe cerca de U$ 0,35 por quilo de maçã. Com isso, o prejuízo anual devido às perdas de produção causadas pela praga seria de U$ 4.900.000.

Custo do controle

Nos países onde *C. pomonella* está estabelecida, e por ser a praga-chave da cultura, são necessárias, em média, oito aplicações de inseticidas a cada ciclo da cultura. A redução do número de aplicações requer a adoção de outros métodos de controle eficientes, como a confusão sexual. Dessa forma, para o controle químico, considerando o custo médio de U$ 25 por hectare aplicado, seriam gastos, no Brasil, cerca de U$ 8 milhões. A adoção da confusão sexual poderia chegar ao custo de mais de U$ 12 milhões, considerando os custos dessa técnica nos países da América do Sul, como Argentina e Chile.

Desequilíbrio ambiental e riscos à saúde humana

O aumento no número de aplicações de inseticidas levaria ao aparecimento de pragas secundárias, como cochonilhas, pulgões e ácaros, o que exigiria aplicações de inseticidas e acaricidas específicos e aumentaria os custos de produção. É necessário considerar ainda o risco de intoxicação do aplicador e também a seleção de linhagens de insetos ou ácaros resistentes a produtos utilizados de maneira rotineira e abusiva. Além disso, os mercados importadores têm imposto fortes reduções aos níveis de resíduos na fruta, em especial os países da Europa.

Barreiras técnicas na exportação

O estabelecimento de *C. pomonella* em pomares comerciais de macieira levaria, inevitavelmente, a um comprometimento da imagem do produto brasileiro no mercado mundial; a restrições técnicas na exportação, embora a praga esteja presente na maioria das regiões que importam a maçã do Brasil; e a problemas de resíduos químicos nos frutos, seja pelos limites mínimos permitidos ou pela constante proibição do uso de moléculas. Nesse sentido, as restrições internacionais estão a cada dia mais intensas, e o setor produtivo vem enfrentando grandes desafios na busca de alternativas denominadas "limpas" para o controle de pragas. Nos últimos anos, têm sido veiculadas notícias a respeito da proibição da entrada da fruta americana, chilena e da Nova Zelândia em Taiwan e da chinesa nas Filipinas, devido à detecção de lagartas de *C. pomonella*.

Custos do programa de erradicação

Apesar da dificuldade para calcular todas as despesas de um programa de erradicação, tendo em vista a diversidade e a complexidade das ações das instituições envolvidas e das diferentes fontes de recursos, é possível estimar os gastos considerando os aportes de recursos públicos, do setor produtivo e de produtores para monitoramento das áreas comerciais. Dessa forma, estima-se que anualmente o programa tenha um custo aproximado de US$ 398.000. Este custo, se comparado às perdas relacionadas aos danos e ao controle da praga, sem considerar os impactos ambientais, prejuízos à saúde humana e possíveis restrições na exportação, evidencia o acerto do Brasil na implantação, condução e manutenção do programa de erradicação de *C. pomonella*.

Restrições quarentenárias na importação

A manutenção de *C. pomonella* como praga quarentenária regulamentada e próxima da erradicação, além dos benefícios já elencados, permite ao Brasil, com base em regras internacionais estabelecidas pelo Acordo de Medidas Sanitárias e Fitossanitárias da Organização Mundial do Comércio e pela Convenção Internacional de Proteção dos Vegetais da FAO, impor restrições fitossanitárias nas importações brasileiras de frutos hospedeiros da praga.

Desde 2002, a Argentina foi obrigada a implantar um sistema de mitigação de risco (SMR) para *C. pomonella,* com o objetivo de manter as exportações de maçã, pera e marmelo para o Brasil. Esse programa foi estabelecido após serem constatadas frequentes interceptações da praga em partidas de frutas importadas daquele país. O SMR foi aprovado e auditado pelo Ministério da Agricultura, Pecuária e Abastecimento do Brasil e estima-se que a Argentina tenha um custo anual aproximado de U$ 8 milhões para a execução do programa, com ações realizadas na produção, na colheita, no beneficiamento e na exportação, visando minimizar o risco de detecção da praga nos pontos de ingresso do Brasil. Com esses custos adicionais de produção, a Argentina vem perdendo competitividade com relação à maçã brasileira.

CONSIDERAÇÕES FINAIS

Os resultados obtidos evidenciam que as ações adotadas pelo Programa Nacional de Erradicação de *C. pomonella* tiveram alta eficiência na redução populacional da praga nas áreas inicialmente consideradas focos. É fundamental ressaltar que o sucesso do Programa deve-se à organização do setor da maçã e ao comprometimento das diversas instituições envolvidas tanto no monitoramento como no processo de eliminação dos hospedeiros. Vale ressaltar que o cultivo da maçã representa parte importante da economia de vários municípios dos estados do Rio Grande do Sul, Santa Catarina e Paraná. O setor também é responsável pela geração de mais de 60 mil empregos diretos e 150 mil indiretos, se considerada toda a cadeia produtiva (matérias-primas, produção, frigorificação, beneficiamento, embalagens, distribuição e venda). A ameaça da proliferação de *C. pomonella* colocou em risco o segmento da maçã no Brasil, o que gerou, como visto, várias ações para contenção da praga.

Nos últimos dez a quinze anos, observou-se grande redução no uso de inseticidas, devido à adoção do monitoramento das principais pragas por meio de armadilhas de feromônio (grafolita e lagarta-enroladeira) e atrativos alimentares (mosca-das-frutas). O controle químico vem sendo substituído pelo emprego da confusão sexual, principalmente para grafolita. Em função da redução no uso de inseticidas, observou-se o estabelecimento de inimigos naturais do ácaro-vermelho, e raros são os pomares que necessitam da aplicação de acaricidas. Certamente, a entrada de uma nova praga com a importância de *C. pomonella* desestruturaria o atual manejo integrado das pragas da maçã, exigindo maior número de aplicações de inseticidas ou elevando os custos de produção, devido à necessidade de aplicação de técnicas como a confusão sexual. Verifica-se o grande esforço de vários países para suprimir a praga nas regiões onde ela está presente em pomares comerciais, e muitos estão seguindo o exemplo do Brasil.

Apesar de as ações do PNECP terem atingido os resultados mencionados neste capítulo, é de conhecimento das instituições envolvidas que o programa deva continuar, evidentemente com número de armadilhas adequado às exigências quarentenárias, para que eventuais reintroduções possam ser detectadas e erradicadas, impedindo, assim, o deslocamento e o estabelecimento da praga em áreas comerciais do Brasil.

Em 5 de maio de 2014, em ato solene realizado em Vacaria, RS, o Ministério da Agricultura, Pecuária e Abastecimento (Mapa) assinou a declaração de erradicação de *Cydia pomonella* no Brasil, por meio da Instrução Normativa 10, publicada no *Diário Oficial da União* de 8 de maio de 2014. Uma vez erradicada a praga, passa a ser fundamental o trabalho do Mapa de inspeção de frutas hospedeiras importadas, visando reduzir o risco de reinfestações. A conscientização dos importadores brasileiros com relação aos riscos que *C. pomonella* representa à fruticultura temperada do país deve fazer parte do conjunto de medidas permanentes.

AGRADECIMENTOS

Ao Ministério da Agricultura, Pecuária e Abastecimento (Mapa), à Embrapa Uva e Vinho (CNPUV), à Associação Brasileira de Produtores de Maçã (ABPM), à Associação Gaúcha dos Produtores de Maçã e Pera (Agapomi), à Agência Internacional de Energia Atômica (AIEA), à Secretaria de Agricultura, Pecuária e Agronegócio do Rio Grande do Sul (Seapa/RS), à Companhia Integrada de Desenvolvimento Agrícola de Santa Catarina (Cidasc), pelas informações disponibilizadas e efetiva participação no Programa Nacional de Erradicação de *C. pomonella*.

REFERÊNCIAS BIBLIOGRÁFICAS

AGNELLO, A. J. et al. *Simplified integrated management program. A guide for apple sampling procedures in New York.* Cornell Cooperative Extension. IPM Number 201C, 1991.

ALFORD, D. V. *A colour atlas of fruit pests, their recognition, biology and control.* Sheridon House Inc, 1984. 320p.

ASSOCIAÇÃO dos Engenheiros Agrônomos de Santa Catarina. *Guia para o controle de doenças, pragas, plantas invasoras e deficiências nutricionais da macieira.* 2. ed. Florianópolis: Acaresc, 1989. 41p.

CODLING Moth Information Support System, 1997. Disponível em: <ippc.orst.edu/codlingmoth/bionomics/about.html>. Acesso em: abr. 2012.

COSTA LIMA, A. *Insetos do Brasil*: lepidópteros. 1ª Parte. Rio de Janeiro: Escola Nacional de Agronomia, 1945. v. 5.

FORTES, J. F. & SALLES, L. A. B. *Guia de tratamentos fitossanitários para macieira.* Embrapa-Uepae Cascata, 1982. 28p. (Circular 6).

GALLO, D. et al. *Manual de entomologia – Pragas das plantas e seu controle.* São Paulo: Editora Agronômica Ceres, 1970. 858p.

GALLO, D. et al. *Manual de entomologia agrícola.* São Paulo: Editora Agronômica Ceres, 1978. 531p.

GALLO, D. et al. *Manual de entomologia agrícola.* São Paulo: Editora Agronômica Ceres, 1988. 649p.

GEIER, P. W. The life history of codling moth (*Cydia pomonella* L. Lepidoptera: Tortricidae) in the Australian capital territory. *Journal of Zoology* 11: 323-67, 1963.

GONZÁLEZ, R. H. *Insectos y acaros de importancia agrícola y cuarnetenária en Chile.* Santiago: Universidad de Chile, 1989. 310p. Disponível em: <www.cabi.org/cpc/ ?compid=1& dsid=11396&loadmodule=datasheet&page=868&site=161>. Acesso em: 11 abr. 2012.

KOVALESKI, A. Principais pragas de fruteiras temperadas. Monitoramento e controle. In: FERNANDES, O.; COSTA, A. C. B. & BORTOLI, S. A. (eds.). *Manejo integrado de pragas e nematoides.* Jaboticabal: Funep, 1992. v. 2, p. 271-85.

KOVALESKI, A.; PROTAS, J. F. S. & SUGAYAMA, R. L. Traça-da-maçã, *Cydia pomonella* (Lepidoptera: Tortriciadae). In: VILELA, E. F.; ZUCCHI, R. A. & CANTOR, F. (eds.). *Histórico e impacto das pragas introduzidas no Brasil.* Ribeirão Preto: Holos, 2001, p. 31-8.

KOVALESKI, A. & MUNFORD, J. Pulling out the evil by the roots: the codling moth *Cydia pomonella* eradication programme in Brazil. In: VREYSEN, M. J. B.; ROBINSON, J. & HENDRICHS, J. (eds.). *Area-wide control of insect pest – From research to field implementation.* The Netherlands, 2007, p. 581-90.

ORTH, A. I.; RIBEIRO, L. G. & REIS FILHO, W. Manejo de pragas. In: *Manual da cultura da macieira.* Empresa Catarinense de Pesquisa Agropecuária, 1986, p. 341-79.

PROKOPY, R. J.; JOHNSON, S. A. & O'BRIEN, M. T. Second-stage integrated management of apple artrhropod pests. *Entomologia Experimentalis et Applicata* 54: 9-19, 1990.

SLINGERLAND, M. V. Codling moth in New England in 1750. *New York Agric. Experimental Station Bulletin* 142: 85-155, 1989.

VREMEULEN, J.; CHICHON, L. & PARRA, E. *Sistema de alarma termoacumulativo para el control de carpocapsa (Cydia pomonella L.) para el Alto Valle del Rio Negro y Neuquen.* Inta – Estación Experimental Agropecuária Alto Valle, 1988. 15p.

13

Mariposa-oriental, *Grapholita molesta* (Busck)

D. E. Nava, M. Botton, C. J. Arioli

INTRODUÇÃO

A mariposa-oriental ou grafolita, *Grapholita molesta* (Busck, 1916) (Lepidoptera: Tortricidae), foi introduzida no Brasil em 1929 e, desde então, tem sido considerada uma das principais pragas de frutíferas de caroço, em especial nos estados da Região Sul do Brasil. As técnicas de manejo adotadas pelos fruticultores têm evoluído muito nos últimos anos, sobretudo após a utilização do feromônio sexual para monitoramento e controle, seja por confundimento ou por atrai–mata.

No livro *Histórico e impacto das pragas introduzidas no Brasil*, o capítulo sobre a mariposa-oriental foi escrito por Salles (2001). Nesta edição, é realizada, de forma mais ampliada, uma atualização das informações básicas e de controle de *G. molesta*. São apresentadas informações sobre nomenclatura científica, distribuição geográfica e hospedeiros, descrição e bioecologia, danos, técnicas de criação, monitoramento e controle.

Posição taxonômica e nomenclatura

Ordem: Lepidoptera

Família: Tortricidae

Subfamília: Olethreutinae

Tribo: Grapholitini

Gênero: *Grapholita* Treitschke, 1829

Subgênero: *Aspila*

Espécie: *Grapholita molesta* (Busck, 1916)

Sinonímia: *Laspeyresia molesta* Busck, 1916

Grapholita molesta foi descrita como *Laspeyresia molesta* por August Busck, em 1916, a partir de insetos provenientes da região da Virgínia, EUA. Tem sido associada também com *Cydia* Hübner [1825], pelo fato de alguns autores terem considerado *Laspeyresia* Hübner [1825] e *Grapholita* Treitschke [1829] como sinônimos. Entretanto, o nome *Laspeyresia* Hübner [1825] não pode ser usado porque é homônimo de *Laspeyresia* Reichenbah, 1817 (Noctuidae). Assim, de acordo com Powell, Razoswski e Brown (1995), o nome correto da espécie é *Grapholita molesta* (Busck, 1916).

No Brasil, é conhecida popularmente como mariposa-oriental ou grafolita. Na Alemanha, na Espanha, nos Estados Unidos, na França e na Itália, é chamada de "pfirsichtriebbohrer", "tinola orientale", "oriental fruit moth", "tordeuse orientale" e "tignola orientale del pesco", respectivamente.

DISTRIBUIÇÃO GEOGRÁFICA E HOSPEDEIROS

A mariposa-oriental é originária da Ásia (Extremo Oriente), tendo centro de origem, discutível, entre o Japão e o Norte da China, onde é considerada praga de rosáceas (Gonzalez, 1989a). Em 1909, sua presença foi registrada na Austrália (Reichart & Bondar, 1972) e, em 1916, nos Estados Unidos. Sua introdução no continente americano provavelmente aconteceu por volta de 1913, junto com material vegetal oriundo do Japão (King, 1970). Nos Estados Unidos, distribuiu-se por toda a região produtora de pêssego e, em 1925, chegou ao Canadá (Phillips & Proctaor, 1969). No continente europeu, sua provável introdução deu-se pela região do Mediterrâneo, em 1920; logo depois, a espécie dispersou-se por todos os países, sendo identificada na França em 1922, na Áustria em 1951, na Iugoslávia em 1952 e na Hungria em 1966 (Besson & Joly, 1976). Na América do Sul, foi constatada pela primeira vez no Brasil em 1929, mais especificamente, no Estado do Rio Grande do Sul (Silva et al., 1962), de onde avançou para o Uruguai (1932), a Argentina (1936) e o Chile (1971) (Gonzalez, 1989b). Aqui, a praga ocorre em toda a Região Centro-Sul, principalmente nos estados de Minas Gerais, São Paulo, Paraná, Santa Catarina e Rio Grande do Sul (Salles, 1998).

A ocorrência da *G. molesta* está associada ao cultivo de frutíferas da família Rosaceae. Embora o pessegueiro (*Prunus persica* (L.) Batsch.) seja considerado seu principal hospedeiro, ataca também a cerejeira (*Prunus avium* L.), o marmeleiro (*Cydonia vulgaris* Pers.), a nespereira (*Eriobotrya japonica* (Thunb) Lindley), a nectarineira (*Prunus persica* (L.) Batschvar. nucipersica), a ameixeira (*Prunus salicina* Lindl.), a pereira (*Pyrus communis* L.) e a macieira (*Malus domestica* L.) (Chaudhry, 1956; Reichart & Bondar, 1972; Gonzalez, 1989a; Grutzmacher et al., 1999; Salles, 2001; Arioli, 2007). De acordo com Salles (1998), essa praga também ataca os cultivos do caquizeiro (*Diospyros kaki* L. Ebenaceae), da nogueira-pecã [(*Carya illinoensis* (Wang.) K.) Jungladaceae] e da roseira (*Rosa* spp., Rosaseae), embora não sejam hospedeiros adequados para seu desenvolvimento.

RECONHECIMENTO

Os adultos de *G. molesta* são mariposas de cor cinza-escuro, com faixas transversais escuras nas asas (Figura 1A). Os adultos medem de 12 a 15 mm de envergadura e de 6 a 7 mm de largura das asas. As asas posteriores são pardacentas e uniformes. As diferenças existentes entre machos e fêmeas são de difícil percepção, mas as fêmeas em geral são maiores do que os machos (Reichard & Bodor, 1972; Salles, 1991).

A postura é realizada de forma isolada na face inferior das folhas novas, em regiões lisas, próximas às axilas, diretamente sobre ramos novos não lignificados e mais raramente nos frutos (Figura 1B) (Gonzalez, 1989a; Salles, 1991; Botton et al., 2011). Os ovos medem cerca de 0,7 mm de diâmetro, possuem formato redondo-ovalado e coloração branca ou branca-acinzentada (Gonzalez, 1989a; Salles, 1991; Howitt, 1993), sendo de difícil visualização nas folhas. Com o desenvolvimento

Figura 1. Fases do ciclo biológico de *G. molesta*. A) Macho (esquerda) e fêmea (direita). B) Ovos colocados na folha, próximo das nervuras. C) Lagarta alimentando-se do broto. D) Pupa em tronco de pessegueiro. Fotos: Gustavo Fonseca Matos.

embrionário, adquirem coloração escura, devido à formação da cápsula cefálica das lagartas.

As lagartas passam por cinco instares, os três primeiros de cor branco-creme e os dois últimos, de cor branco-rosado a rosado. Quando recém-eclodidas, medem cerca de 4 mm de comprimento e, no final do último estágio de lagarta, podem chegar até 12 mm de comprimento (Figura 1C) (Gonzalez, 1989a; Salles, 1991; Nuñes & Paullier, 1995; Silva et al., 2010). A cabeça é bem distinta das demais partes do corpo e apresenta coloração escura (Gonzalez, 1989a; Salles, 1991). No último segmento abdominal, apresentam uma estrutura quitinosa em forma de pente, chamada pente anal, que pode conter de três a seis dentes quitinosos (Gonzalez, 1989a, 1993; Nuñes & Paullier, 1995; Integrated..., 1999; Botton et al., 2011). Essa é uma característica utilizada para diferenciar essa espécie de outras espécies que também atacam frutas de clima temperado.

As pupas ficam protegidas em uma câmara construída com fios de seda pela lagarta na fase de pré-pupa, entre folhas, frutos ou nas fendas formadas pela epiderme do tronco (Figura 1D), ou no solo, na área de projeção da copa (Salles, 1991; Gonzalez, 1993). Inicialmente, são de cor castanho-claro e, à medida que se aproxima o período de emergência do adulto, tornam-se pardo-escuras (Salles, 1991). Nessa fase, o inseto é com facilidade disseminado para outras regiões, sobretudo quando se encontra próximo à base do pedúnculo dos frutos, onde dificilmente é percebido durante a classificação e o transporte (Gonzalez, 1993).

BIOECOLOGIA

Estágios de desenvolvimento

- **Adulto** – Por ser um inseto de hábitos noturnos, a atividade reprodutiva (acasalamento e postura) ocorre durante a noite. Permanece durante o dia em repouso na vegetação. Herter, Carvalho e Noremberg (1986) verificaram que a maior captura de insetos em armadilhas com feromônio sexual ocorreu entre as 19 e as 21 horas no verão, e este é um indicativo do horário da cópula. Logo após a emergência (um a dois dias), ocorre a cópula, que dura poucos minutos (Hurtado, Tomasa & Obispo, 1979). As fêmeas começam a colocar cerca de dois dias após a cópula, e em um período de até quatorze dias podem ovipositar de 30 a 232 ovos (Reichard & Bodor, 1972; Enukidze, 1981), dependendo do alimento utilizado na fase larval (Arioli et al., 2010; Silva et al., 2010). O pico de oviposição ocorre entre o quarto e o nono dias após a emergência (Gonzalez, 1993; Silva et al., 2010). Fêmeas originadas de lagartas em diapausa possuem menor fecundidade do que as oriundas de gerações de verão (Chaudhry, 1956; Silva, 2009). A longevidade depende do alimento utilizado no estágio larval e pode variar de 15,2 a 22,9 dias (Silva et al., 2010). Além desse fator, a temperatura à qual os adultos estão expostos também exerce grande influência na sua sobrevivência, variando de 23,7 a 15,9 dias, nas faixas térmicas de 20 a 30°C, respectivamente (Grellmann, 1991).

- **Ovo** – A oviposição ocorre nas primeiras horas após o pôr do sol (Dustam & Armstrong, 1933). Os ovos são colocados de forma isolada; 85% deles localizam-se na fase dorsal das folhas de pessegueiro, 14% na ventral e 1% no pedúnculo e na epiderme dos frutos (Dustan, 1961). O desenvolvimento embrionário, assim como as demais fases, varia conforme a temperatura (Tabela 1). Silva et al. (2010) determinaram uma duração para a fase de ovo variável de 3,2 a 3,8 dias e uma viabilidade superior a 76%, a 25°C.
- **Lagarta** – A duração deste estágio é influenciada pela temperatura. Pode variar de 21,5 a 11,0 dias na faixa térmica de 20 a 30°C, respectivamente (Grellmann, 1991) (Tabela 1). Temperaturas inferiores a 20°C diminuem a viabilidade desse estágio. Outro fator que pode interferir na duração do estágio larval é o alimento consumido pelos insetos. Silva et al. (2010) observaram que a duração desse estágio no caso de insetos alimentados com ramos e frutos de pessegueiro foi menor (13 e 14 dias, respectivamente) em comparação com aqueles alimentados com dieta artificial, à base de farinha de milho (15,5 dias), e frutos de macieira dos cultivares Fuji e Gala (17,3 e 16,3 dias, respectivamente). Isso demonstra que o pessegueiro é um dos hospedeiros preferidos por *G. molesta*.
- **Pré-pupa** – Nesta fase, os insetos alimentam-se menos e iniciam a construção de um casulo para proteção da pupa, normalmente entre folhas, folhas e ramos, nas fendas do tronco e mesmo no solo. A duração dessa fase pode variar de 7,9 a 3,0 dias na faixa térmica de 20 a 30°C, respectivamente (Tabela 1).
- **Pupa** – A duração desta fase pode variar de 6,8 a 12,3 dias, dependendo da temperatura (Tabela 1). No caso de insetos alimentados, no estágio larval, com ramos de pessegueiro, a 25°C, a duração é de 7 dias e a viabilidade, de 77%, mas tanto uma quanto a outra podem variar em função do alimento utilizado pelas larvas (Silva et al., 2010).
- **Período ovo-adulto** – A duração deste período varia de 23,7 a 46,8 dias, na faixa térmica de 30 a 20°C, respectivamente (Tabela 1). A viabilidade também é variável (Tabela 2). As exigências térmicas de *G. molesta* para as condições do Brasil foram determinadas por Grellmann (1991). Para o ciclo biológico (ovo–adulto) de *G. molesta,* a temperatura base é de 8,9°C e a constante térmica, de 482 graus/dia.

Tabela 1. Duração dos estágios de desenvolvimento e do ciclo biológico (ovo–adulto) de *G. molesta*, criada em dieta artificial, sob diferentes temperaturas. Umidade relativa de 75±10% e fotofase de 14 horas (valores determinados por Grellmann, 1991).

Temperatura (°C)	Duração (dias)				
	Ovo	Lagarta	Pré-pupa	Pupa	Ovo–adulto
20	5,1	21,5	7,9	12,3	46,8
23	3,8	15,7	4,5	9,1	33,1
26	3,1	12,3	3,4	7,7	26,5
30	2,9	11,0	3,0	6,8	23,7

Tabela 2. Viabilidade dos estágios de desenvolvimento e do ciclo biológico (ovo–adulto) de *G. molesta*, criada em dieta artificial, sob diferentes temperaturas. Umidade relativa de 75±10% e fotofase de 14 horas (valores determinados por Grellmann, 1991).

Temperatura (°C)	Viabilidade (%)				
	Ovo	Lagarta	Pré-pupa*	Pupa	Ovo–adulto
20	84,7	18,5	–	93,3	14,8
23	81,6	48,0	–	94,4	40,0
26	83,6	76,0	–	89,5	56,9
30	81,3	64,0	–	96,9	50,4

* Valores não informados.

Dinâmica populacional

O desenvolvimento de *G. molesta* é influenciado sobretudo pela temperatura (Tabelas 1 e 2). A princípio, nas condições do Sul do Brasil, durante o inverno, as lagartas entram em diapausa (Arioli, Carvalho & Botton, 2005; Hickel et al., 2003), provavelmente pela diminuição do número de horas de luz (Sausen et al., 2011), como ocorre com as populações de *G. molesta* em regiões de clima temperado de outros países (Omelyuta, 1978). Para a região de Vacaria, Kovaleski e Ribeiro (2002) verificaram que as lagartas de último instar permanecem em diapausa durante o inverno, sob a epiderme (casca) do tronco, e em *burrknots* (raízes aéreas) de macieira.

Arioli (2007) relata que lagartas de *G. molesta* alimentam-se de *burrknots* no cultivar Gala, presumindo que essas estruturas sejam uma fonte de alimento presente nos pomares de macieira no período de escassez de alimento (ausência de frutos e ponteiros). Silveira Neto et al. (1981), ao estudarem a flutuação populacional de *G. molesta* em pomares de pessegueiro e nectarineira, em Valinhos, SP, capturaram insetos durante todas as épocas do ano. Assim, a diapausa para as populações de *G. molesta* no Brasil deve ser mais bem estudada, pois há indícios de que, de acordo com o local de ocorrência do inseto, a diapausa pode ou não se manifestar.

Os primeiros voos de adultos ocorrem em meados de agosto, logo após o início da brotação do pessegueiro e de outras plantas hospedeiras, e podem ocorrer até cinco gerações no período de agosto a abril para as condições do sul do Rio Grande do Sul (Grellmann et al., 1992; Arioli, Carvalho & Botton, 2005). Salles (2001) comenta que, após esse período, a mariposa-oriental pode alimentar-se em mudas de viveiros e completar mais duas gerações, de modo que, durante um ano, podem ocorrer até sete gerações. Na região da Serra Gaúcha, onde as temperaturas são mais baixas, durante o período produtivo do pessegueiro podem ser observados quatro momentos distintos de voo. O primeiro pico ocorre em meados de agosto, seguido por outros três picos: um na segunda quinzena de outubro, outro na primeira semana de dezembro e o quarto na primeira semana de janeiro (Botton, Ariolli & Colleta, 2001; Arioli, Carvalho & Botton, 2005). Em macieira, também são relatadas de quatro a cinco gerações da praga por safra, com início de captura de adultos em agosto, estendendo-se até maio (Reis Filho, Nora & Melzer, 1988; Nora & Hickel, 2002).

Essas informações podem ser utilizadas como ferramenta para orientar os produtores, visando direcionar as táticas de controle para os períodos em que a população do inseto encontra-se elevada nos pomares comerciais.

TÉCNICA DE CRIAÇÃO

A mariposa-oriental tem sido criada em laboratório com o uso de dietas naturais ou artificiais (Ivaldi-Sender, 1974; Szocs & Tóth, 1982; Vetter, Esposito & Baker, 1989; Rosenthal, Loeck & Silva Jr., 1994; Ribbert & Marín, 2005; Marín et al., 2006). No Brasil, até 2007, os estudos com *G. molesta* eram realizados com insetos obtidos de criações em pequena escala, utilizando dietas artificiais com maçã seca (Grellmann et al., 1991; Rosenthal, Loeck & Silva Jr., 1994), ou por meio da coleta de insetos nos pomares (Arioli, Bolton & Carvalho, 2004). As técnicas de criação, até então, demandavam elevada mão de obra, e não existia uma dieta artificial adequada para a produção de insetos em grande quantidade e com as mesmas características dos insetos selvagens.

Arioli et al. (2007) desenvolveram uma técnica de criação com ingredientes de fácil aquisição (Tabela 3), de baixo custo e que exige pouca mão de obra. Para a criação dos adultos, são utilizadas garrafas PET, que também servem como substrato para oviposição. Os adultos são alimentados com uma solução de mel (Tabela 3), disponibilizada em algodão. Para a obtenção dos ovos, a garrafa PET é recortada, e os pedaços que contêm os ovos são colocados em um recipiente que contém a dieta artificial, preparada 24 horas antes da inoculação. Para o desenvolvimento larval, é utilizada uma dieta à base de levedura de cerveja e germe de trigo, além de outros ingredientes (Tabela 3), que são homogeneizados. Próximo da fase de pré-pupa, gaze é colocada sobre os recipientes de desenvolvimento larval,

Tabela 3. Composição das dietas utilizadas para a criação de lagartas e adultos de *G. molesta* (adaptado de Arioli et al., 2007).

Ingredientes	Quantidade (ml ou g)	Proporção (%)
	Estágio larval	
Água	900,0	69,91
Levedura de cerveja	224,0	17,40
Germe de trigo	56,0	4,35
Ágar	32,0	2,49
Ácido ascórbico	8,0	0,62
Ácido benzoico	3,6	0,28
Metilparaidroxibenzoato (Nipagin)	2,8	0,22
Formaldeído	1,0	0,08
Total	1287,4	100
	Estágio adulto	
Água	200,0	86,84
Mel	30,0	13,03
Metilparaidroxibenzoato (Nipagin)	0,3	0,13
Total	230,3	100

servindo de substrato para a pupação, além de facilitar a retirada das pupas do local em que ocorreu o desenvolvimento larval.

DANOS

No Brasil, os maiores danos de *G. molesta* eram observados principalmente em pessegueiro e marmeleiro. Porém, nas três últimas décadas, têm sido observados ataques severos também em macieira, sendo a *G. molesta* considerada, atualmente, uma das principais pragas da cultura (Reis Filho, Nora & Melzer, 1988; Kovaleski & Botton, 1999; Kovaleski & Ribeiro, 2003; Monteiro & Hickel, 2004; Arioli, 2007).

Os danos provocados por *G. molesta* são ocasionados pelas lagartas, tanto nas brotações do ano (ponteiros) (Figura 2A) como nos frutos de pessegueiro (Figura 2B), marmeleiro (Figuras 2C, 2D) e macieira (Figuras 2E, 2F), além de outras rosáceas, embora nem sempre ocorra ataque nas brotações (Tabela 4). Em geral, as lagartas perfuram os brotos e ramos não lignificados (dano secundário) e perfuram e consomem os frutos (dano primário) (Salles, 2001; Botton et al., 2011).

Após a eclosão, as lagartas dirigem-se para os brotos tenros, nos quais penetram e constroem uma galeria no sentido descendente, que pode variar de 1,5 a 10 cm de comprimento (Salles, 2001). Os sintomas do ataque são visíveis a partir da segunda semana, quando se verifica a deposição de excrementos na entrada da galeria, o murchamento dos ponteiros e o seu posterior secamento.

Figura 2. Danos causados por *G. molesta* em diferentes frutíferas. A) Nas brotações de pessegueiro. B) Nos frutos de pessegueiro. C) Fruto de marmeleiro com excrementos da lagarta na parte externa, indicando ataque de *G. molesta*. D) Fruto de marmeleiro seccionado ao meio, mostrando galerias na polpa feitas por lagartas. E) Fruto de macieira com excremento próximo do pedúnculo, indicando ataque de *G. molesta*. F) Fruto de macieira seccionado ao meio, indicando dano causado pela lagarta. Fotos: A) Dori Edson Nava. B) Wagner da Roza Härter. C e D) Bernardo Ueno. E e F) Oscar Arnaldo Batista Neto e Silva.

Tabela 4. Locais de ataque de *G. molesta* em frutíferas hospedeiras (adaptado de Salles, 2001).

Hospedeiros	**Brotações/ponteiros**	**Frutos**
Ameixeira	Sim	Sim
Cerejeira	Não	Sim
Nectarineira	Sim	Sim
Nespereira	Não	Sim
Macieira	Sim	Sim
Marmeleiro	Sim	Sim
Pessegueiro	Sim	Sim
Pereira	Sim	Sim

O sintoma típico do ataque é o aparecimento de um exsudado gomoso na região de penetração da lagarta. Mas, quando isso é observado, ela já deixou a galeria para se transformar em pupa (Salles, 1991; Nuñes & Paullier, 1995; Sales, 2001).

Durante a noite, a lagarta possui o hábito de abandonar a galeria, podendo alimentar-se com três a sete ramos diferentes na mesma planta, em geral próximos entre si, para poder completar o desenvolvimento larval (Wingo, 1941; Lepage & Fadigas, 1944; Gonzalez, 1989a). Normalmente, o ataque nos ponteiros e nas brotações em plantas adultas não provoca muitos prejuízos, mas pode comprometer o acúmulo de reservas para a próxima safra. Nas brotações, o dano mais significativo ocorre em pomares jovens, de um a dois anos, e em mudas de viveiros, quando as plantas encontram-se em formação (Sales, 1998).

Nos frutos, as lagartas constroem galerias em direção ao caroço, liberando os excrementos na superfície, inviabilizando-os para o consumo e para a indústria. O ataque aos frutos é considerado o mais prejudicial e ocorre devido ao dano ocasionado por lagartas recém-eclodidas e também à movimentação das lagartas de quarto e quinto instares dos ramos para os frutos (Botton et al., 2003). Quando o dano é produzido pelas lagartas recém-eclodidas, é mais difícil detectá-lo, pois essas lagartas penetram no fruto, na região próxima do pedúnculo, e o dano é observado apenas quando a fruta começa a exsudar goma (fruto verde) ou pelos excrementos (frutos maduros). Quando o dano ocorre devido ao ataque de lagartas em movimentação durante a noite, observa-se um orifício de entrada relativamente grande e, em geral, folhas ficam aderidas ao fruto.

Os cultivares de pessegueiro tardios costumam ser mais atacados, em comparação com aqueles de ciclo precoce e médio, pois é maior o número de gerações desses últimos e, em consequência, possuem populações mais elevadas.

No Rio Grande do Sul, na cultura do pessegueiro, o inseto tem provocado perdas diretas ao redor de 3 a 5%, principalmente nos cultivares tardios com colheita no mês de janeiro (Botton, Ariolli & Colleta, 2001). Entretanto, não se tem informações sobre perdas devidas a danos indiretos, causados sobretudo pela incidência do fungo *M. fructicola*, que pode ocorrer em consequência da ação da mariposa-oriental (rompimento da casca), o que eleva as perdas durante a fase de amadurecimento dos frutos nos pomares e durante o armazenamento.

Na cultura da macieira, a mariposa-oriental foi inicialmente observada nos pomares brasileiros em 1982, e em 1985 foram registrados até 90% de frutos danificados pela praga, o que mostra sua rápida adaptação à cultura (Reis Filho, Nora & Melzer, 1988).

MONITORAMENTO

O monitoramento de *G. molesta* é realizado com armadilhas delta contendo feromônio sexual sintético, específico para a atração de machos (Figura 3, Tabela 5).

Figura 3. Armadilha delta contendo no interior um septo de borracha (liberador de feromônio), utilizada para monitoramento de *G. molesta*. Foto: Dori Edson Nava.

Tabela 5. Produtos à base de feromônio sexual registrados no Mapa para o monitoramento e controle de *G. molesta* no Brasil (Agrofit, 2012). Consulta realizada em 10 de março de 2012.

Ingrediente ativo	Nome comercial	Densidade de armadilhas[1]	Classe toxicológica	Eficiência aproximada (dias)[2]	Carência (dias)[3]
Monitoramento					
Álcool laurílico	Biographolita®	1 armadilha/ 3-5 ha	IV	30	SR
Acetato de dodecenila	Iscalure Grafolita®	1 armadilha/ 3-5 ha	IV	30	SR
Controle					
(Z)-8-dodecenol	Biolita®	20 sachês	IV	90	SR
Acetato de E-8-dodecenila	Splat Grafo®	1 a 2 kg	IV	90	SR
Acetato de E-8-dodecenila	Cetro®	500 ampolas	IV	180	SR

1 Mínimo de duas armadilhas por pomar.

2 Informações de empresas fabricantes, sendo a eficiência variável de acordo com as condições climáticas.

3 SR = sem restrição.

O feromônio é liberado constantemente e deve ser substituído no máximo a cada sessenta dias (Arioli, Carvalho & Botton, 2006).

A armadilha é fixada nas plantas, no interior do pomar, na altura aproximada de 1,7 m, em local livre de ramos que possam interferir na formação e distribuição da pluma de odor, potencializando assim a captura dos machos. Em pomares pequenos, de até 3 hectares, como é o caso da maioria dos pomares de pessegueiro do Rio Grande do Sul, recomendam-se no mínimo duas armadilhas por hectare (Botton, Arioli & Colleta, 2001). Em pomares maiores, recomenda-se a utilização de uma armadilha a cada 3 a 5 hectares. O fundo adesivo da armadilha deve ser trocado a cada trinta dias, quando apresenta ressecamento ou diminuição significativa da cola, o que em geral ocorre em períodos chuvosos e de grande acúmulo de detritos e poeira.

As armadilhas devem ser instaladas no pomar quando as plantas iniciam as brotações, antes da ocorrência do primeiro voo, em agosto. A avaliação das armadilhas deve ser feita semanalmente, por meio da contagem e retirada dos machos de *G. molesta* capturados. O nível de controle preconizado é a captura de 20 machos/armadilha/semana.

CONTROLE

Biológico

A preservação de inimigos naturais nos pomares de pessegueiro representa uma importante estratégia no manejo de *G. molesta*. A escolha de inseticidas seletivos aos parasitoides e predadores tem sido a principal estratégia para a manutenção desses inimigos naturais nos pomares (Giolo, 2007; Botton et al., 2011).

Dentre os principais inimigos naturais da mariposa-oriental, destaca-se o parasitoide de lagarta *Macrocentrus ancylivorus* (Hymenoptera: Braconidae), introduzido no Brasil em 1944, visando o controle biológico clássico. Desde então, ele tem sido com frequência encontrado em pomares de pessegueiro, com índices de parasitismo superiores a 80% nos meses de abril a maio. Mesmo que nesse momento os danos da mariposa-oriental já tenham ocorrido, pois a maioria das frutas é colhida até o mês de fevereiro, sua manutenção deve ser priorizada, por contribuir de forma significativa para reduzir os níveis populacionais da praga nos pomares. Ainda faltam estudos sobre o papel desse parasitoide na regulação da praga em outros cultivos, principalmente em pomares de maçã, onde o manejo de pragas por meio de inseticidas é mantido até o mês de maio.

Além desse parasitoide de lagarta, vespas do gênero *Trichogramma pretiosum* (Hymenoptera: Trichogrammatidae) ocorrem naturalmente nos pomares, parasitando ovos (Afonso, 2001; Melo, 2010; Della Giustina, Leolato & Santos, 2011). Embora os índices de parasitismo sejam menores do que de *M. ancylivorus*, estudos têm sido realizados, utilizando o parasitoide em liberações inundativas, visando o controle da praga ainda na fase de ovo e evitando, assim, o crescimento populacional dela nos pomares (Rodrigues et al., 2011).

Químico

A utilização de inseticidas ainda é a estratégia predominante para o controle da mariposa-oriental nas regiões produtoras de pêssego e maçã no Brasil (Botton et al., 2011; Agrofit, 2012). Para tanto, são utilizados sobretudo inseticidas fosforados e piretroides, de ação neurotóxica, que apresentam amplo espectro de ação. Muitos desses produtos são potenciais contaminantes do ambiente e favorecem o aparecimento de pragas secundárias, em especial ácaros fitófagos [(*Panonychus ulmi* (Koch) e *Tetranychus urticae* Koch (Prostigmata: Tetranychidae)] e cochonilhas [(*Pseudaulacaspis pentagona* (Targioni-Tozzetti) (Hemiptera: Diaspididae)], além de selecionarem populações resistentes.

Nos últimos anos, alguns inseticidas mais seletivos aos inimigos naturais e polinizadores, e menos tóxicos a mamíferos, foram registrados na cultura do pessegueiro e da macieira, destacando-se o lufenuron, o novaluron e o clorantraniliprole (rynaxapir).

No caso do lufenuron e do novaluron, as aplicações devem ser direcionadas no início do voo dos adultos, identificado por meio das armadilhas de feromônio sexual. Os tratamentos devem ser repetidos dez a doze dias após a primeira aplicação. No caso do clorantraniliprole, ele possui maior efeito de choque e atividade residual, o que permite aumentar o intervalo entre tratamentos. Esses inseticidas possuem efeito sobre os ovos, o que deve ser explorado, empregando-os no início da infestação. Da mesma forma, os produtos devem ser utilizados visando o controle das primeiras gerações da praga, visto que, no período de pré-colheita, ocorre ataque simultâneo da mosca-das-frutas e/ou do gorgulho-do-milho, que não são controlados por esses produtos. Nesse caso, o etofemprox, recentemente autorizado para o controle da praga, pode ser uma alternativa, pois também apresenta efeito sobre os adultos da mosca-das-frutas.

Uso de feromônio

A interrupção ou disrupção do acasalamento por meio do uso de feromônio sexual sintético é uma alternativa viável para substituir/reduzir os inseticidas de amplo espectro no controle da *G. molesta*. As mesmas substâncias químicas empregadas no monitoramento (feromônio sintético), quando aplicadas em elevada quantidade nos pomares, evitam o acasalamento e a reprodução (Salles & Marini, 1989; Botton et al., 2005).

No Brasil, o registro de três formulações comerciais abriu perspectivas de utilização desses compostos para o controle da praga em rosáceas. Porém, apenas na cultura da macieira essa tecnologia já é utilizada, em cerca de 30% (± 15 mil hectares) da área cultivada no Brasil (Leandro Ernesto Jost Mafra, comunicação pessoal). Em pessegueiro, sua utilização ainda é limitada, realizada praticamente em caráter experimental ou em pomares isolados (Salles & Marini, 1989; Botton et al., 2005; Harter et al., 2010). Embora o método apresente inúmeras vantagens (ausência de toxicidade, seletividade aos inimigos naturais, facilidade de aplicação e redução no uso de inseticidas de amplo espectro), é específico para o controle da praga-alvo. Assim, quando utilizado para o controle da grafolita, em algumas situações, pode ocorrer o ataque de pragas, como a mosca-das-frutas, e outras de importância secundária, como lagartas pertencentes às famílias Noctuidae e Geometridae e besouros da família Chrysomelidae, os quais devem ser manejados de forma complementar.

Em pequenos pomares, característicos das áreas cultivadas com pessegueiro, o uso também é limitado, devido à possibilidade de migração de fêmeas de *G. molesta* fecundadas de áreas não tratadas. Por isso, o emprego de feromônio sexual como método de controle ainda é direcionado/utilizado principalmente pelos produtores de maçã, devido ao maior tamanho e uniformidade dos pomares. Assim, aplicações adicionais de inseticidas se fazem necessárias para a produção de frutas sem perdas significativas. Desse modo, a associação da disrupção de acasalamento com inseticidas deve ser priorizada, seguindo a estratégia empregada em outros países.

A forma mais correta de combater *G. molesta* por meio do uso de feromônio sexual é manter uma concentração adequada do produto no pomar durante todo o ano. Mesmo após a colheita em pomares com variedades de ciclo curto, é recomendado que sejam mantidos os liberadores no pomar, para evitar que populações de indivíduos remanescentes aumentem antes do inverno, o que pode fazer surgir uma alta população numa próxima safra. Nas condições brasileiras, a primeira aplicação de feromônio no ciclo deve ser realizada um pouco antes da brotação (nos meses de agosto e setembro no Sul do Brasil). A reaplicação pode ser ou não recomendada, em função das características dos produtos existentes no mercado e também das condições climáticas das regiões produtoras de frutas de clima temperado. A tendência é o aumento do emprego dessa tecnologia na cultura, incluindo a entrada de novas formulações no mercado brasileiro.

Além da utilização do feromônio sexual de *G. molesta* por confundimento na cultura da macieira, ele pode ser empregado com a técnica atrai–mata e, neste caso, além do feromônio sexual, é utilizado um inseticida registrado para a cultura.

Métodos auxiliares

Na Região Sul do Brasil, os cultivares de ciclo precoce (colheita entre outubro e dezembro) sofrem menor pressão da praga, quando comparados aos de ciclo médio e tardio (colheita entre janeiro e fevereiro). Assim, se o objetivo é reduzir as perdas por *G. molesta*, o plantio de cultivares precoces deve ser preferido.

A catação e destruição de ponteiros atacados durante a poda verde também são recomendadas para reduzir a população da praga.

Outra alternativa, utilizada principalmente em pomares de produção orgânica, é o ensacamento dos frutos para a proteção contra o ataque não só da mariposa-oriental, mas também de outros insetos (Lipp & Secchi, 2002). Trata-se de técnica antiga, e o material utilizado para a confecção dos sacos pode ser à base de papel-manteiga parafinado branco ou de tecido polipropileno microperfurado transparente. O ensacamento dos frutos deve ser realizado quando os frutos ainda estão pequenos. No caso da mariposa-oriental, as recomendações são que o ensacamento deve ser realizado 20 a 25 dias antes da maturação (Embrapa, 1990). Entretanto, se a data for antecipada, o ataque de outras pragas será evitado.

AGRADECIMENTOS

Ao dr. Vitor Osmar Becker pelas informações sobre a posição taxonômica de *G. molesta*.

REFERÊNCIAS BIBLIOGRÁFICAS

AFONSO, A. P. *Controle da Grapholita molesta (Busck, 1916) (Lepidoptera: Tortricidae) no sistema de produção integrada de pêssegos*. Pelotas, 2001. 75f. Dissertação (mestrado) – Universidade Federal de Pelotas.

MAPA – Ministério da Agricultura, Pecuária e Abastecimento. *Agrofit*, 2010. Apresenta informações sobre produtos fitossanitários. Disponível em: <extranet.agricultura.gov.br/agrofit_cons/principal_agrofit_cons>. Acesso em: 10 mar. 2012.

ARIOLI, C. J. et al. Biologia da mariposa-oriental em dieta artificial à base de milho. *Scientia Agra.* 11: 481-6, 2010.

ARIOLI, C. J. *Técnica de criação e controle de Grapholita molesta (Busck, 1916) (Lepidoptera: Tortricidae) na cultura da macieira*. Pelotas, 2007. 83p. Tese (doutorado) – Universidade Federal de Pelotas.

ARIOLI, C. J. BOTTON, M. & CARVALHO, G. A. Controle químico de *Grapholita molesta* (Busck) (Lepidoptera: Tortricidae) na cultura do pessegueiro. *Ciência Rural* 34: 1.695-700, 2004.

ARIOLI, C. J.; CARVALHO, G. A. & BOTTON, M. Flutuação populacional de *Grapholita molesta* com armadilhas de feromônio sexual na cultura do pessegueiro em Bento Gonçalves, RS. *Ciência Rural* 35: 1-5, 2005.

ARIOLI, C. J.; CARVALHO, G. A. & BOTTON, M. Monitoramento de *Grapholita molesta* (Busck) (Lepidoptera: Tortricidae) na cultura do pessegueiro com feromônio sexual sintético. *BioAssay* 1: 1-5, 2006.

ARIOLI, C. J. *Técnica de criação de Grapholita molesta (Busck, 1916) (Lepidoptera: Tortricidae) em laboratório utilizando dieta artificial para a produção de insetos visando estudos de comportamento e controle.* Bento Gonçalves: Embrapa-CNPUV, 2007. 12p. (Boletim de Pesquisa e Desenvolvimento, 13).

BESSON, J. & JOLY, E. La tordeuse orientale du pêcher. *Ver. Zool. Agric. Pat. Veg.* 75: 1-22, 1976.

BOTTON, M. et al. Principais pragas do pessegueiro. In: GARRIDO, L. C. & BOTTON, M. (orgs.). *Sistema de produção de pêssego de mesa na Região da Serra Gaúcha*. Bento Gonçalves: Embrapa-CNPUV, 2003. 16p. (Sistema de Produção, 3).

BOTTON, M.; ARIOLI, A. & COLLETA, V. D. *Monitoramento da mariposa-oriental Grapholita molesta (Busck, 1916) na cultura do pessegueiro*. Bento Gonçalves: Embrapa-CNPUV, 2001. 4p. (Comunicado Técnico, 38).

BOTTON, M. et al. Avaliação do uso de feromônio de confundimento no controle de *Grapholita molesta* (Lepidoptera: Tortricidae) em pomares de pessegueiro. *Idesia* 23: 43-50, 2005.

BOTTON, M. et al. *Bioecologia, monitoramento e controle da mariposa-oriental na cultura do pessegueiro no Rio Grande do Sul*. Bento Gonçalves: Embrapa-CNPUV, 2011. 11p. (Circular Técnica, 86).

CHAUDHRY, G. U. The development and fecundity of the oriental fruit moth, *Grapholita molesta* (*Cydia*) *molesta* (Busck) under controlled temperatures and humidities. *Bull. Ent. Res.* 46: 869-98, 1956.

DELLA GIUSTINA, P. G.; LEOLATO, L. S. & SANTOS, R. S. Diagnóstico da ocorrência de *Trichogramma* sp. (Hymenoptera: Trichogrammatidae) em ovos de *Grapholita molesta*. *Jornal da Fruta*, 2011, p. 11.

DUSTAM, G. G. & ARMSTRONG, T. Observations on the relation of temperature and moisture to the oriental peach moth. *Rep. Ent. Soc. Ont.* 63: 29-39, 1933.

DUSTAN, C. G. The oriental fruit moth, *Grapholita molesta* (Busck) (Lepidoptera: Olethreutidae) in Ontario. *Proc. Ent. Soc. Ont.* 91: 215-7, 1961.

ENUKIDZE, N. R. The biology of the oriental fruit moth in Abkhazia. *Zashchita Rastenii* 6: 38, 1981.

EMBRAPA. *Cartilha do produtor de pêssego*. Pelotas: Embrapa-CNPFT, 1990. 30p. (Série Documentos, 36).

GIOLO, F. P. *Seletividade de agrotóxicos utilizados na cultura do pessegueiro a Trichogramma pretiosum Riley, 1879 (Hymenoptera: Trichogrammatidae) e Chrysoperla carnea (Stephens, 1836) (Neuroptera: Chrysopidae)*. Pelotas, 2007. 222p. Tese (doutorado) – Universidade Federal de Pelotas.

GONZALEZ, R. H. *Sistemas de monitoreo y manejo de las polillas da fruta (Cydia molesta y C. pomonela)*. Santiago: Universidad de Chile, 1993. 60p.

GONZALEZ, R. H. Fenologia de la grapholita o polilia oriental del durazno. *Aconex* 12: 5-9, 1989a.

GONZALEZ, R. H. *Insectos y acaros de importância agrícola y cuarentenária em Chile*. Editora Universitaria de Chile, 1989b. 310p.

GRELLMANN, E. O. *Exigências térmicas e estimativa do número de gerações de Grapholita molesta (Busck, 1916) (Lepidoptera: Olethreutidae) em Pelotas, RS*. Pelotas, 1991. 43p. Dissertação (mestrado) – Universidade Federal de Pelotas.

GRELLMANN, E. O. et al. Ciclo evolutivo de *Grapholita molesta* (Busck, 1916) (Lepidoptera: Olethreutidae) em diferentes temperaturas. *Rev. Bras. Frut.* 13: 21-6, 1991.

GRELLMANN, E. O. et al. Necessidades térmicas e estimativa do número de gerações de *Grapholita molesta* (Busck, 1916) (Lep., Olethreutidae) em Pelotas, RS. *Pesq. Agropec. Bras.* 27: 999-1.004, 1992.

GRUTZMACHER, A. D. et al. Eficiência dos inseticidas fisiológicos Mimic 240 SC (tebufenozide) e Intrepid 240 SC (methoxifenozide) no controle da mariposa-oriental *Grapholita molesta* (Busck, 1916) (Lepidoptera: Noctuidae) na cultura da pereira. *Rev. Bras. Agroc.* 5: 211-5, 1999.

HARTER, W. R. et al. Isca tóxica e disrupção sexual no controle da mosca-da-fruta sul-americana e da mariposa-oriental em pessegueiro. *Pesq. Agropec. Bras.* 45: 229-35, 2010.

HERTER, F. G.; CARVALHO, R. L. & NOREMBERG, E. M. Horário de captura de grafolita em pessegueiro. In: CONGRESSO BRASILEIRO DE ENTOMOLOGIA, 10, Rio de Janeiro. *Resumos*... Rio de Janeiro: Sociedade Entomológica do Brasil, 1986. p. 111.

HICKEL, E. R. et al. Dinâmica populacional da mariposa-oriental em pomares de pessegueiro e ameixeira. *Pesq. Agropec. Bras.* 38: 325-37, 2003.

HOWITT, A. Oriental fruit moth. In: *Common tree fruit tests. NCR 63.* Michigan State University, 1993. 5p.

HURTADO, P. P.; TOMASA, M. C. & OBISPO, L. A. Biologia y control de *Grapholita* y *Anarsia* em melocotoneros. *Rev. Exten. Agraria* 18: 11-7, 1979.

INTEGRATED pest management for stone fruits. Oakland University of California – Division of Agriculture and Natural Resources, 1999. 264p.

IVALDI-SENDER, C. Techniques simples pour un élevage permanent de la Tordeuse Orientale, *Grapholita molesta* (Lepidoptera: Tortricidae) sur milieu artificiel. *Ann. Zool. Ecol. Anim.* 6: 337-43, 1974.

KING, R. W. Economic aspects of the biology and control of the oriental fruit moth, *Grapholita molesta* Busck, in the United States. *Ohio J. Scien.* 70: 58-61, 1970.

KOVALESKI, A. & BOTTON, M. Manejo de lagartas na cultura da macieira. In: ENCONTRO NACIONAL SOBRE FRUTICULTURA DE CLIMA TEMPERADO, 2, Fraiburgo, SC. *Anais*... Caçador, SC: Epagri, 1999. p. 144-9.

KOVALESKI, A. & RIBEIRO, L. G. *Manejo de pragas na produção integrada da maçã.* Bento Gonçalves: Embrapa-CNPUV, 2002. 8p. (Circular Técnica, 34).

KOVALESKI, A. & RIBEIRO, L. G. Manejo de pragas na produção integrada de maçã. In: PROTAS, J. F. S. & VALDEBENITO SANHUEZA, R. M. (eds.). *Produção integrada de frutas*: o caso da maçã no Brasil. Bento Gonçalves: Embrapa-CNPUV. 2003. p. 61-8.

LEPAGE, H. S. & FADIGAS, M. A mariposa-oriental-das-frutas *Grapholita molesta* (Busck). *O Biológico* 10: 135-40, 1994.

LIPP, J. P. & SECCHI, V. A. Ensacamento de frutos: uma antiga prática ecológica para o controle de moscas-das-frutas. *Agroecologia e Desenvolvimento Rural Sustentável* 3: 53-8, 2002.

MARÍN, M. S. et al. *Grapholita molesta*: caracterización de uma cria artificial. *Rev. Fac. Cien. Agra.* 38: 7-12, 2006.

MELO, D. F. *Coleta, identificação e seleção de Trichogramma spp. (Hymenoptera: Trichogrammatidae) visando ao manejo de Grapholita molesta (Busck, 1916) (Lepidoptera: Tortricidae).* Espírito Santo, 2010. 70p. Dissertação (mestrado) – Universidade Federal do Espírito Santo.

MONTEIRO, L. B. & HICKEL, E. Pragas de importância econômica em fruteiras de caroço. In: MONTEIRO, L. B. et al. *Fruteiras de caroço*: uma visão ecológica. Curitiba: UFPR, 2004. 309p.

NORA, I. & HICKEL, E. R. Pragas da macieira. In: *Manual da cultura da macieira.* Florianópolis: Epagri, 2002, p. 463-525.

NUÑES, S. & PAULLIER, J. *Cydia molesta* (Busck). In: BENTANCOURT, C. M. & SCATONI, I. B. *Lepidopteros de importancia económica*: reconocimiento, biologia y daños de las plagas agrícolas y florestales. Montivideo: Hemisfério Sur, 1995, p. 32-40.

OMELYUTA, V. P. Effect of atmospheric temperature on the development of the oriental peach moth. *Zakhist Roslin* 23: 3-6, 1978.

PHILLIPS, J. H. H. & PROCTAOR, J. R. Studies of fecundity and behaviour of the oriental fruit moth, *Grapholita molesta* (Lep.: Tortricidae). *Can. Entomol.* 101: 1.024-33, 1969.

POWELL, J. A.; RAZOSWSKI, J. & BROWN, R. L. Olethreunae. In: HEPNER, J. B. (ed.). *Atlas of neotropical Lepidoptera*: checklist: part 2. Gainesville: Association for Tropical Lepidoptera, 1995, p. 156.

REICHARD, G. & BONDAR, J. Biology of the oriental fruit moth (*Grapholita molesta* Busck). *Acta Phyt. Acd. Scit. Hung.* 7: 279-95, 1972.

REIS FILHO, W.; NORA, I. & MELZER, R. Population dynamics of *Grapholita molesta* Busck, 1916 and its adaptation on apple in South Brazil. *Acta Hort.* 232: 202-8, 1988.

RIBBERT, D. A. & MARÍN, M. S. Densidad de adultos de *Grapholita molesta* en jaulas. *Rev. Fac. Cien. Agra.* 36: 25-30, 2005.

RODRIGUES, M. L. et al. Selection of *Trichogramma pretiosum* lineages for control of *Grapholita molesta* in peach. *Flor. Entomol.* 94: 398-403, 2011.

ROSENTHAL, M. A.; LOECK, A. E. & SILVA JUNIOR, P. Criação de *Grapholita molesta* (Busck, 1916) (Lepidoptera: Olethreutidae) em dietas artificiais e naturais. *Pesq. Agropec. Bras.* 29: 1.847-53, 1994.

SALLES, L. A. B. Principais pragas e seu controle. In: BARBOSA, C. A. & RASEIRA, M. C. B. (eds.). *A cultura do pessegueiro*. Brasília: Embrapa SPI, 1998. 350p.

SALLES, L. A. B. *Grafolita (Grapholita molesta)*: bioecologia e controle. Pelotas: Embrapa-CNPFT, 1991. 13p. (Série Documentos, 42).

SALLES, L. A. B. Mariposa-oriental, *Grapholita molesta* (Lepidoptera: Tortricidae). In: VILELA, E. F.; ZUCCHI, R. A. & CANTOR, F. (eds.). *Histórico e impacto das pragas introduzidas no Brasil*. Ribeirão Preto: Holos, 2001. 173p.

SALLES, L. A. B. & MARINI, L. H. Avaliação de uma formulação de confundimento no controle de *Grapholita molesta* (Busck, 1916) (Lepidoptera: Tortricidae). *An. Soc. Entomol. Brasil.* 18: 329-36, 1989.

SAUSEN, C. D. et al. Diapause initiation and alterations in the life cycle of *Grapholita molesta* (Busck) (Lepidoptera: Tortricidae) as induced by photoperiodic conditions. *Neotrop. Entomol.* 40: 529-32, 2011.

SILVA, A. G. et al. *Quarto catálogo dos insetos que vivem nas plantas do Brasil*. Rio de Janeiro: Mara-SDSV, 1962. 622p.

SILVA, O. A. B. N. *Efeito de dietas, diapausa e inseticidas reguladores de crescimento sobre o desempenho reprodutivo de Grapholita molesta (Busck) (Lepidoptera: Tortricidae) em laboratório*. Pelotas, 2009. 88p. Dissertação (mestrado) – Universidade Federal de Pelotas.

SILVA, O. A. B. N. et al. Desenvolvimento e reprodução da mariposa-oriental em macieira e pessegueiro. *Pesq. Agropec. Bras.* 45: 1.082-8, 2010.

SILVEIRA NETO, S. et al. Flutuação populacional de *Grapholita molesta* (Busck) (Lep., Olethreutidae) em pessegueiro e nectarina, com o uso de feromônio sexual sintético. *An. Soc. Entomol. Brasil.* 10: 43-9, 1981.

SZOCS, G. & TÓTH, M. Rearing of the oriental fruit moth, *Grapholita molesta* Busck, on simple semisynthetic diets. *Ac. Phytop. Academ. Scit. Hung.* 17: 295-9, 1982.

VETTER, R. S.; ESPOSITO, R. M. & BAKER, T. C. Mass rearing of oriental fruit moth (Lepidoptera: Tortricidae). *J. Econ. Entomol.* 82: 1.825-9, 1989.

WINGO, C. W. *The oriental fruit moth in Missouri*. Columbia University of Missouri, 1941. (Bulletin, 424).

14

Lagarta-da-coroa, *Duponchelia fovealis* Zeller

M. A. C. Zawadneak, H. R. Vidal, B. Santos

INTRODUÇÃO

O microlepidóptero *Duponchelia fovealis* é originário da região do Mediterrâneo e das Ilhas Canárias. Sua ocorrência fora da região nativa foi relatada pela primeira vez em 1984, na Finlândia. Atualmente, está estabelecida em outras partes da Europa e também na Ásia, África, Índia, Canadá e Estados Unidos (Epstein, 2004; Anônimo, 2005b; Brambila & Stocks, 2010; Eppo, 2010; Hoffman, 2010; Bonsignore & Vacante, 2010; Nappo, 2010; Stocks & Hodges, 2011; Cabi, 2012). O primeiro registro na América do Sul ocorreu no Brasil, no Estado do Paraná, em 2010 (Zawadneak et al., 2011).

A dispersão de *D. fovealis* pode ocorrer por meio do comércio internacional, com a importação de material infestado — propagativo (mudas) e não propagativo, incluindo flores, frutos (principalmente pimentas e pimentões) e ervas medicinais — nos estágios imaturos de desenvolvimento do inseto. Além disso, os adultos são relatados como bons voadores, tendo sido observado na Holanda que mariposas de *D. fovealis* foram capturadas em armadilhas luminosas a cerca de 100 km das estufas em que a população do inseto estava estabelecida (Epstein, 2004; Anônimo, 2005a; Anônimo, 2005b; Miller-Cormier, 2005; Brambila & Stocks, 2010; Hoffman, 2010; Stocks & Hodges, 2011; Cabi, 2012).

No Brasil, a lagarta-da-coroa foi relatada pela primeira vez por Zawadneak et al. (2011) causando danos em *Fragaria* × *ananassa* Dusch. (morangueiro). A espécie foi identificada por M. Alma Solis (Systematic Entomology Laboratory, U.S. Department of Agriculture, National Museum of Washignton, DC). Exemplares dela foram depositados nas coleções do National Museum, em Washignton, DC, e na Coleção Entomológica "Padre Jesus Santiago Moure", do Departamento de Zoologia da UFPR, em Curitiba. Os relatos de produtores indicam que *D. fovealis* tem sido observada desde 2007, de forma crescente e abundante, em lavouras comerciais de morangueiros cultivados em estufas tipo túnel, no polo produtivo da Região Metropolitana de Curitiba, de clima Cfb, segundo classificação climática de Köppen. Em novembro de 2011, foram registradas infestações de *D. fovelis* em morangueiros cultivados a céu aberto, em condições de clima Cfa, no norte do Paraná. Também foi constatada a presença de lagartas em plantas de kalanchoe (*Kalanchoe blossfeldiana* Poelln) comercializadas em vasos (Zawadneak, não publicado).

Não existem informações sobre a forma como a praga ingressou no Brasil, mas pode ter sido introduzida com material propagativo de plantas ornamentais, das quais é praga importante na Europa (Solis, 2006; Stocks & Hodges, 2011; Cabi, 2012). Por se tratar de uma praga recente no Brasil, não há estudos de levantamento e os meios, características e extensão da dispersão no país ainda são desconhecidos.

Posição taxonômica e nomenclatura

Ordem: Lepidoptera

Superfamília: Pyraloidea

Família: Crambidae

Subfamília: Spilomelinae

Gênero: *Duponchelia* Zeller, 1847

Espécie: *Duponchelia fovealis* Zeller, 1847

Sinonímias (Beccaloni et al., 2005; Cabi, 2012):

Duponchelia canuisalis Milliere

Hymenia griseata Butler

Stenia eanuisalis Millière

Stenia uniflexalis Mabille

Há seis espécies válidas no gênero *Duponchelia*: *D. caidalis* Oberthür, *D. fovealis*, *D. fumidalis* Turati, *D. lanceolalis* Guenée, *D. naitoi* Sasaki e *D. ranalis* (Hampson) (Munroe, 1995; Beccaloni et al., 2005). *D. ranalis* está registrada para a Região Neotropical, no Estado do Pará, Brasil (Munroe, 1995).

Nomes comuns:

Na literatura internacional, *D. fovealis* é vulgarmente chamada por "the European pepper moth Southern" e "European marshland pyralid" (Brambila & Stocks, 2010; Stocks & Hodges, 2011; Cabi, 2012). No Brasil, recebeu várias denominações, mas tem sido chamada de lagarta-da-coroa (Zawadneak et al., 2011).

RECONHECIMENTO

Os adultos de *D. fovealis* são mariposas com 9 a 12 mm de comprimento e 19 a 21 mm de envergadura. A cabeça, as antenas e o corpo são pardos, sendo o abdome circundado por anéis amarelo-claros. As pernas são marrom-claras. O abdome do macho é delgado e possui um tufo de pelos em sua extremidade (Figura 1A); o da fêmea é robusto (Figura 1B). As asas anteriores são marrons, mais escuras nos ápices, com duas linhas transversais finas e amarelo-claras. A linha mais externa apresenta na região central uma mancha digitiforme voltada para o ápice da asa. Quando em repouso, as asas são mantidas sob o corpo, formando um triângulo. As asas posteriores são marrom-claras, com fina linha ondulada, de coloração creme, atravessando o meio da asa. As linhas transversais e a posição das asas e do abdome adotada, quando os adultos estão em repouso, tornam essa espécie muito distinta das demais (Trematerra, 1990; Svensson, 1999; Anônimo, 2005b; Hoffman, 2010; Bethke & Vander Mey, 2010; Bonsignore & Vacante, 2010; Brambila & Stocks, 2010; Stocks & Hodges, 2011).

Figura 1. *D. fovealis* (macho e fêmea).
Fotos: Maria Aparecida Cassilha Zawadneak.

Os ovos são elípticos e medem em média 0,5 × 0,7 mm de largura e comprimento, de coloração amarelo-clara, tornando-se avermelhados próximo à eclosão da lagarta, quando o embrião atinge seu completo desenvolvimento e ela pode ser notada através dos envoltórios inteiramente transparentes que abrigaram vitelo e embrião (Trematerra, 1990; Bonsignore & Vacante, 2010; Brambila & Stocks, 2010; Stocks & Hodges, 2011).

As lagartas neonatas são de coloração salmão, com cápsula cefálica preta e brilhante com cerca de 1,5 mm de comprimento, com pelos esparsos e eretos distribuídos por todo o corpo. À medida que a lagarta se desenvolve, o padrão de cor varia de branco-creme (Figura 2A) a marrom-claro ou acinzentado, a depender da planta hospedeira. Quando totalmente desenvolvidas, as lagartas medem de 20 a 30 mm. O escudo pronotal é da mesma cor da cabeça (Figura 2B) (Trematerra, 1990; Anônimo, 2005b; Bonsignore & Vacante, 2010; Brambila & Stocks, 2010; Stocks & Hodges, 2011; Cabi, 2012). Os padrões de manchas e quetotaxia ao longo dos segmentos do corpo, característicos da espécie, foram descritos por Trematerra (1990) e Solis (2006).

Figura 2. *D. fovealis*. A) Lagarta de terceiro e quarto instares. B) Detalhe da cabeça e tórax. Fotos: Maria Aparecida Cassilha Zawadneak.

A pupa obtecta, castanho-clara, mede 9 a 12 mm de comprimento e é envolta pelo casulo, de 15 a 19 mm de comprimento, tecido com seda e recoberto por pequenos fragmentos vegetais, partículas de solo e excrementos. Perto da emergência do adulto, a pupa torna-se mais escura (Trematerra, 1990; Anônimo, 2005b; Bethke & Vander Mey, 2010; Bonsignore & Vacante, 2010; Brambila & Stocks, 2010; Hoffman, 2010; Stocks & Hodges, 2011). As pupas de fêmeas apresentam orifício genital na região mediana-ventral do sétimo segmento abdominal; as de machos apresentam o orifício no oitavo segmento, delimitado lateralmente por escleritos semicirculares, conforme descrito para Lepidoptera por Butt e Cantu (1962).

BIOLOGIA E ECOLOGIA

Durante o dia, as mariposas vivem escondidas embaixo das folhas, realizando voos curtos e irregulares quando perturbadas. Em repouso, levantam o abdome quase em ângulo reto (Figura 3) (Guda, Capizzi & Trematerra, 1988; Anônimo, 2005b; Bethke & Vander Mey, 2010; Bonsignore & Vacante, 2010; Brambila & Stocks, 2010; Hoffman, 2010; Zawadneak et al. 2011; Cabi, 2012).

Figura 3. *D. fovealis*. Adulto em repouso.
Foto: Maria Aparecida Cassilha Zawadneak.

As fêmeas põem em média duzentos ovos durante a vida, isolados ou em grupos de até dez, em forma sobreposta (telhado) (Pijnakker, 2001; Anônimo, 2005b; Bethke & Vander Mey, 2010; Bonsignore & Vacante, 2010; Brambila & Stocks, 2010; Hoffman, 2010; Stocks & Hodges, 2011). Os ovos podem ser depositados em qualquer parte da planta, mais comumente na face inferior das folhas, perto de nervuras (Figura 4), ou na superfície do solo (Trematerra, 1990; Anônimo, 2005b; Bethke & Vander Mey, 2010; Bonsignore & Vacante, 2010; Brambila & Stocks, 2010; Hoffman, 2010; Stocks & Hodges, 2011); também podem ser depositados em frutos (Stocks & Hodges, 2011).

As lagartas são polífagas e alimentam-se de folhas, flores, brotos, frutos e restos de folhas. São fotofóbicas, muito ágeis e com frequência movem-se para a parte inferior da planta, onde broqueiam o caule ou atacam as raízes superficiais. Em cultivos de plantio adensado, podem alimentar-se de qualquer parte de uma

Figura 4. *D. fovealis*. Postura e lagarta de primeiro instar em folha de morangueiro. Foto: Maria Aparecida Cassilha Zawadneak.

planta, tendo preferência por folhas em contato com a superfície do solo. À medida que se desenvolvem, tecem fios de seda junto com material vegetal seco, o que dificulta a sua localização (Anônimo, 2005b; Brambila & Stocks, 2010; Stocks & Hodges, 2011; Cabi, 2012). As lagartas são adaptadas às condições de alta umidade: podem tolerar plantas em solo inundado e ser encontradas em plantas aquáticas e nos pântanos (Cabi, 2012). A literatura relata várias infestações de *D. fovealis* em estufas de cultivo de plantas aquáticas (para ornamentação de aquários) na Alemanha, Dinamarca, Finlândia e Holanda e, ainda, a capacidade das lagartas de sobreviver em situações em que as folhas foram temporariamente submergidas (Billen, 1994; Cabi, 2012). Quando as lagartas atingem a maturidade, formam um casulo, onde empupam. Os casulos são encontrados junto a detritos, mas também em folhas secas, em contato com o solo (Anônimo, 2005b; Brambila & Stocks, 2010; Stocks & Hodges, 2011; Zawadneak et al., 2011; Cabi, 2012).

O tempo de desenvolvimento varia de acordo com a temperatura e o tipo de cultivo. Em estufa, com temperatura de 20°C, é de seis a oito semanas no total, variando de quatro a dez dias para o período de incubação, de três a quatro semanas para o período larval e de uma a duas semanas para o pupal. Os adultos podem viver de uma a duas semanas (Anônimo, 2005b; Bethke & Vander Mey, 2010; Bonsignore & Vacante, 2010; Brambila & Stocks, 2010; Hoffman, 2010; Cabi, 2012).

A espécie *D. fovealis* não é tolerante ao frio e não hiberna durante qualquer estágio do ciclo de vida. Em condições abrigadas, nas estufas, o inseto pode reproduzir-se continuamente (Anônimo, 2005b; Bonsignore & Vacante, 2010; Brambila & Stocks, 2010; Hoffman, 2010; Cabi, 2012). No Brasil, Zawadneak et al. (2011) relataram que *D. fovealis* ocorre durante todo o ciclo da cultura do morangueiro em estufas. Outros relatos apontam que, em climas quentes da Califórnia e do Sudeste dos Estados Unidos, a lagarta-da-coroa apresentou elevado potencial biótico e reduzido ciclo de vida (Brambila & Stocks, 2010). Com base nessas observações, é possível afirmar que, ao se alimentar de plantas cultivadas o ano todo em estufas, em regiões de clima mais quente e úmido, *D. fovealis* seria favorecida, podendo completar diversas gerações populacionais (Stocks & Hodges, 2011) e oito a nove gerações por ano.

No Paraná, avaliações preliminares dos parâmetros biológicos de *D. fovealis*, em dieta artificial e condições controladas (25 ± 2°C, UR de 70 ± 10% e 12 horas de fotofase), demonstraram que os adultos vivem em média doze dias e cada fêmea pode produzir 145 ovos. É de 54 dias o período médio de duração entre a fase de ovo e a fase adulta (Figura 5) (Zawadneak e equipe de pesquisadores UFPR, não publicado).

Figura 5. *D. fovealis*. Ciclo de vida em dieta artificial (25 ± 2°C, UR de 70 ± 10% e fotofase de 12 horas) (Zawadneak et al., 2011).

PLANTAS HOSPEDEIRAS

D. fovealis é uma espécie polífaga, que ocorre principalmente em cultivo protegido e em viveiros (Anônimo, 2005a; Bethke & Vander Mey, 2010; Bonsignore & Vacante, 2010; Stocks & Hodges, 2011; Zawadneak et al., 2011; Cabi, 2012).

As lagartas de *D. fovealis* podem causar danos significativos a 35 espécies de plantas, no mínimo (Stocks & Hodges, 2011). Há registro na literatura de ataque a 43 famílias botânicas e a pelo menos 73 espécies de plantas (Tabela 1), incluindo culturas agrícolas, como cereais e hortaliças, plantas medicinais, plantas ornamentais terrestres (destacando-se as flores de corte) e aquáticas (muitas espécies utilizadas em aquários) (Guda et al., 1988; Billen, 1994; Marek & Bartova, 1998; Clark, 2000; Epstein, 2004; Zimmermann, 2004; Anônimo, 2005a; Solis, 2006; DeVenter, 2009; Ahern, 2010; Bethke & Vander Mey, 2010; Bonsignore & Vacante, 2010; Brambila & Stocks, 2010; Hoffman, 2010; Stocks & Hodges, 2011; Zawadneak et al., 2011; Cabi, 2012). A classificação taxonômica das espécies botânicas relatadas na literatura internacional e apontadas como hospedeiros de *D. fovealis* (Tabela 1) foi revisada e compilada no presente capítulo, conforme as Alterações no Código Internacional de Nomenclatura Botânica do Angiosperm Phylogeny Group III System (Anônimo, 2010, 2012; IPNI, 2011).

Apesar do potencial para causar danos economicamente significativos, *D. fovealis* não está incluída em nenhuma das listas preparadas pelas organizações regionais de proteção de vegetais como praga recomendada para o *status* de quarentena (Anônimo, 2005b; Ahern, 2010).

DANOS

A lagarta-da-coroa não é relatada como vetor de nenhum agente patogênico (Cabi, 2012). Pode causar prejuízos econômicos quando se alimenta de folhas, frutos, caules e flores de plantas ornamentais e agrícolas, reduzindo assim a produtividade, a qualidade e o valor comercial. Danos mais significativos podem resultar quando a alimentação ocorre na coroa das plantas, onde a lagarta abre galerias superficiais, causando a interrupção do fluxo de seiva e, em consequência, o murchamento, o amarelecimento e a morte das plantas. Na Holanda, *D. fovealis* difundiu-se amplamente e alimenta-se de frutos de hortícolas, como as do gênero *Capsicum* (pimentões ou pimentas suaves), e de alface. Danos significativos foram relatados em mudas de lisianto, kalanchoe, ciclame e begônia (Kyrki & Itaemies, 1984; Trematerra, 1990; Messelink & Van Wensveen, 2003; Epstein, 2004; Bethke & Vander Mey, 2010; Bonsignore & Vacante, 2010), em plantas aquáticas cultivadas em estufa (Huisman & Koster, 1995; Marek & Bartova, 1998) e em morangueiro (Bonsignore & Vacante, 2010; Franco & Baptista, 2010). No Brasil, até o momento, há relatos de danos causados ao morangueiro (Zawadneak et al., 2011) e ao kalanchoe (Zawadneak, observação pessoal).

Tabela 1. Plantas hospedeiras de *D. fovealis*.

Família	**Nome científico**	**Nome comum**
Acanthaceae	*Hygrophila* R.Br.	(*hygro*)
Adoxaceae	*Sambucus* L.	(*elderberry*)
Alistamaceae	*Echinodorus* Rich.	(*burhead*)
Amaranthaceae	*Alternanthera reineckii* Briq.	alternanthera “splendida” e “rosaefolia”
	Amaranthus L.	caruru
	Chenopodium album L.	falsa-erva-de-santa-maria
Annonaceae.	*Annona* L.	fruta-do-conde
Apiaceae	*Apium graveolens* L.	aipo
Aponogetonaceae	*Aponogeton* L.	folha de aquário
Araceae	*Anthurium* Schott.	antúrio
	Cryptocoryne Fisch.	(*water-trumpet*)
Asparagaceae	*Ophiopogon* Ker Gawl.	grama-preta
Asteraceae	*Bellis* L.; *Bellis perennis* L.	margarida
	Chrysanthemum L.	crisântemo
	Cineraria L.	cinerária-marítima
	Gerbera jamesonii Adlam	gérbera
	Lactuca sativa L.	alface
	Senecio vulgaris L	cardo-morto
	Tanacetum L.	catinga-de-mulata
Balsaminaceae	*Impatiens* L.	beijo
Begoniaceae	*Begonia* L.	begônia
	Begonia elatior Hort.	begônia
Chenopodiaceae	*Beta vulgaris* L.	beterraba
Convolvulaceae	*Convolvulus arvensis* L.	corriola
Crassulaceae	*Kalanchoe blossfeldiana* Poelln.	kalanchoe
Cucurbitaceae	*Cucumis* L.	cucurbitáceas
Ericaceae	*Azalea* L.	azaleia
Euphorbiaceae	*Croton* L.	marmeleiro-branco
	Codiaeum variegatum (L.) A.Juss.	cróton variegado
	Euphorbia pulcherrima Willd.	poinsetia-bico-de-papagaio
Gentianaceae	*Eustoma grandiflorum* (Raf.) Shinners	lisianto
Geraniaceae	*Pelargonium* L'Hér.	gerânio
Lamiaceae	*Coleus* Lour.	coleus
	Mentha pulegium L.	poejo

Continua

Família	Nome científico	Nome comum
Lamiaceae	*Ocimum basilicum* L.	manjericão
	Origanum majorana L.	manjerona
	Thymus L.	tomilho
Lythraceae	*Cuphea hyssopifolia* Kunth	(*false heather*)
	Nesaea pedicellata Hiern	planta de aquário amarelo
	Punica granatum L.	(*pomegranate*)
	Rotala macrandra Koehne	rotala-vermelha
Malvaceae	*Malva sylvestris* L.	malva
Marantaceae	*Calathea* G.Mey.	(*calathea*)
Moraceae	*Ficus* L.	figueira
Onagraceae	*Ludwigia glandulosa* Walter	(*false loosetrife*)
	Ludwigia perennis L.	(*false loosetrife*)
Orchidaceae	*Phalaenopsis* Blume	orquídea Falenópsis
Oxalidaceae	*Oxalis acetosella* L.	trevo-roxo
Paeoniaceae	*Paeonia* L.	peônia
Plantaginaceae	*Plantago lanceolata* L.	tanchagem-menor
Plumbaginaceae	*Limonium* Mill.	latifólia ou lavanda-do-mar
Poaceae	*Zea mays* L.	milho
Polygonaceae	*Rumex* L.	azedinha-brava
Portulacaceae	*Portulaca oleracea* L.	beldroega
Primulaceae	*Cyclamen* L.	ciclame
	Lysimachia L.	lisimáquia
Rannunculaceae	*Anemone* L.	flor-da-esperança
	Ranunculus repens L.	(*creeping buttercup*)
Rosaceae	*Fragaria x ananassa* Duchesne	morangueiro
	Rosa L.	rosa
	Rubus fruticosus L.	amora-silvestre
Rubiaceae	*Bouvardia* Salisb.	(*bouvardia*)
	Galium L.	(*galium*)
Sarraceniaceae	*Sarracenia* L.	(*pitcher plant*)
Saxifragaceae	*Heuchera* L.	(*alumroot coralbells*)
Scrophulariaceae	*Bacopa lanigera* Wettst.	bacopa
Solanaceae	*Capsicum annuum*L.	pimentões
	Capsicum chinense Jacq	pimentas
	Solanum lycopersicum L.	tomate
Ulmaceae	*Ulmus* L.	olmo

Fonte: Dados compilados pelos autores.

Estima-se que os cultivos de maior risco de ocorrência de danos econômicos com essa praga sejam pimentas, pimentão-verde, tomateiros, milho, pepino, abóbora e morangueiros (Bethke & Vander Mey, 2010; Stocks & Hodges, 2011).

Danos e sintomas de ataque

Os danos decorrentes da alimentação da lagarta são observados na parte externa das folhas (furos arredondados ou de forma crescente), nas folhas murchas ou secas. Ela prefere as folhas do estrato inferior, na base da planta, embora folhas superiores também possam ser atacadas se o plantio for adensado (Guda, Capizzi & Trematerra, 1988; Marek & Bartova, 1998; Messelink & Van Wensveen, 2003; Ahern, 2010; Bonsignore & Vacante, 2010; Brambila & Stocks, 2010; Stocks & Hodges, 2011; Cabi, 2012). As flores e os frutos também são danificados (Cabi, 2012). No material vegetal atacado, há a presença de muita teia e excrementos. As lagartas dos últimos instares podem broquear caules herbáceos e macios. Infestações severas de *D. fovealis* causam os danos mais significativos, pois deixam as plantas murchas, debilitadas e com baixa produtividade, levando-as à morte (Guda, Capizzi & Trematerra, 1988; Pijnakker, 2001; Messelink & Van Wensveen, 2003; Anônimo, 2005a, 2005b; Murphy, 2005; Ahern, 2010; Bethke & Vander Mey, 2010; Bonsignore & Vacante, 2010; Hoffman, 2010; Stocks & Hodges, 2011; Cabi, 2012). Segundo Guda, Capizzi e Trematerra (1988), as lesões deixadas pela alimentação de *D. fovealis* podem facilitar as infecções do fungo *Botrytis cinerea* Pers. & F. ("mofo-cinzento"). Quando o solo não cobre totalmente as raízes da planta, como acontece em plantas cultivadas em vasos, as lagartas alimentam-se eventualmente de raízes próximas da superfície (Guda, Capizzi & Trematerra, 1988; Pijnakker, 2001; Messelink & Van Wensveen, 2003; Ahern, 2010; Stocks & Hodges, 2011; Cabi, 2012). Alimentam-se também de detritos vegetais em decomposição na superfície do solo (Pijnakker, 2001; Anônimo, 2005a, 2005b; Murphy, 2008b; Stocks & Hodges, 2011).

Danos em morangueiro

As lagartas de *D. fovealis* alimentavam-se de folhas, flores, frutos e broqueiam o caule da planta (coroa) (Zawadneak et al., 2011) (Figuras 6A, 6B). Em plantas com sintomas de murchamento e secamento, foram encontradas até seis lagartas broqueando o caule.

Nos primeiros instares, os danos causados pela lagarta-da-coroa são caracterizados pela raspagem do limbo foliar ("folha raspada"). À medida que vão se desenvolvendo, as lagartas perfuram as folhas, provocando lesões circulares assimétricas, e destroem-nas parcial ou totalmente. Podem ainda atacar as flores do morangueiro e alimentar-se de frutos em maturação.

As lagartas são ágeis e preferem a folhagem do estrato inferior das plantas de morangueiro e locais com maior umidade nos canteiros. É bastante característica,

Figura 6. *D. fovealis*. A) Lesões circulares assimétricas em folhas de morangueiro. B) Broqueamento do caule (coroa). Fotos: Maria Aparecida Cassilha Zawadneak.

no local de ataque, a ocorrência de grande quantidade de excrementos e teias produzidos pela lagarta. As pupas são encontradas entre os restos de vegetação morta, nos excrementos ou na região da coroa, abrigadas no casulo.

Os prejuízos causados pelo ataque de *D. fovealis* no morangueiro variam, a depender do estágio de desenvolvimento da lagarta, do nível de infestação, da idade fenológica da planta hospedeira (primeiro ciclo ou, em algumas regiões, até mesmo segundo ciclo), do tipo de cultivo (protegido por túneis ou a céu aberto), do cultivar plantado, da condição edafoclimática e do manejo da água (presença de áreas encharcadas na lavoura).

A praga está presente o ano inteiro nas lavouras, pois há disponibilidade de alimento, em função do ciclo da planta. Observou-se que no inverno, quando as temperaturas atingiram 9°C, sob condições de cultivo em túnel alto, as mariposas apresentaram menor frequência de voo e as lagartas tornaram-se mais lentas. A maior ocorrência concentra-se na folhagem seca, junto à superfície do *mulching*. Dessa forma, os níveis de infestação aumentam quando o produtor deixa a cultura em produção por mais de um ano (segundo ciclo) e não realiza a limpeza de folhas velhas e secas na base da planta, nem elimina as plantas mortas pelo ataque da praga. Devido ao ataque por broqueamento do caule, ocorre primeiro a morte das folhas mais velhas, localizadas próximo ao solo, e a planta apresenta folhas com coloração avermelhada. Pela abertura deixada pela lagarta pode entrar um complexo de fungos de solo, tais como *Fusarium* e *Phytophthora*. Nessa fase, as plantas são arrancadas com facilidade.

ESTRATÉGIAS DE MANEJO DA POPULAÇÃO

É importante o reconhecimento de *D. fovealis*, o monitoramento constante e, no caso de seu aparecimento na cultura, a elaboração de um plano de controle de aplicação imediata, capaz de erradicá-la da área ou manter a sua população em níveis bem baixos (Murphy, 2008a; Bonsignore & Vacante, 2010).

Monitoramento

Em áreas de cultivo de plantas relatadas como possíveis hospedeiras de *D. fovealis,* é recomendada a realização de vistorias sistemáticas, para verificar a ocorrência do inseto no início de sua infestação. As informações obtidas auxiliarão no planejamento dos métodos de redução dos níveis populacionais (Guda, Capizzi & Trematerra, 1988; DeVenter, 2009; Bonsignore & Vacante, 2010; Stocks & Hodges, 2011).

A maneira mais prática de identificar a presença do inseto é a avaliação visual, para detecção de formas imaturas (larvas, pupas em casulos) e de sintomas de danos causados às plantas (Figura 7). A detecção dos ovos é difícil, devido ao seu tamanho microscópico, e requer certo nível de experiência (Bonsignore & Vacante, 2010; Brambila & Stocks, 2010; Stocks & Hodges, 2011). O monitoramento da

Figura 7. Avaliação de *D. fovealis* em campo (adultos, lagartas, teias, excrementos e danos nas plantas). Fotos: Maria Aparecida Cassilha Zawadneak.

população pode ser realizado pela captura de adultos com armadilhas azuis ou ainda com lâmpada ultravioleta (Pijnakker, 2001; Anônimo, 2005a; Cabi, 2012). No Brasil, testes com armadilhas com lâmpada ultravioleta, placas com cola e recipientes com água (Figura 8) têm monitorado de forma satisfatória a população de adultos em áreas de cultivo do morangueiro. Com bons resultados, têm sido utilizadas armadilhas delta com feromônio sexual sintético para atração e captura dos machos (Griepink, 1997; Brambila & Stocks, 2010). Segundo DeVenter (2009), os adultos podem ser atraídos por feromônio em armadilha delta com cola adesiva; por funil, com recipiente embaixo para reter os insetos; e pela armadilha d'água. Embora Murphy (2008b) não considere as armadilhas luminosas tão eficazes quanto as de feromônio, as pesquisas têm demonstrado que a associação dos dois métodos parece o meio mais eficaz de capturar os machos dessa praga.

Controle cultural

Para a redução dos níveis populacionais em áreas de produção, a sanidade é uma das recomendações de controle cultural mais importantes. Consiste principal-

Figura 8. Armadilha luminosa (lâmpada ultravioleta, recipiente com água e detergente). Foto: Hugo Vidal.

mente na remoção de plantas infestadas e de plantas não produtivas da área de cultivo. É recomendada ainda a remoção das folhas do baixeiro da planta que se encontram em contato com o solo e de detritos vegetais dos canteiros, o manejo da água de irrigação, o uso de substratos — como perlita e vermiculita — e, ainda, o plantio de cultivares mais tolerantes (Anônimo, 2005a; Brambila & Stocks, 2010; Stocks & Hodges, 2011).

Controle químico

Não há inseticidas registrados para o controle de *D. fovealis* que sejam minimamente eficientes. O combate dessa lagarta apenas com inseticidas, via pulverização, torna-se um pouco difícil. Contribui para protegê-la das moléculas inseticidas – principalmente as de ação de contato – a preferência de *D. fovealis* por micro-habitats úmidos, além do hábito da lagarta de ficar escondida sob as folhas, entre teias e detritos, em material vegetal senescente, e de permanecer na parte basal da planta, muitas vezes em seu interior (Bethke & Vander Mey, 2010; Brambila & Stocks, 2010; Stocks & Hodges, 2011). Além disso, *D. fovealis* tem períodos sem atividade de alimentação (pré-pupal e pupal), durante os quais produtos sistêmicos que funcionem por meio de ingestão também não têm efeito significativo (Stocks & Hodges, 2011).

Os inseticidas de contato são recomendados para pulverizações próximas do nível do solo, quando a lagarta ainda não broqueou a coroa, e os inseticidas sistêmicos são mais recomendados para aplicação na água de irrigação (Stocks & Hodges, 2011). Além disso, se realizadas com alto volume de água, a 20 libras de pressão, as pulverizações de inseticidas sobre as plantas a campo podem dar boa cobertura e proteger o cultivo de maneira adequada (Bonsignore & Vacante, 2010).

De acordo com a literatura internacional, vários produtos já foram testados para controle químico de *D. fovealis*, com variados níveis de eficiência: Acephate, Bifenthrin, Azadirachtin, Chlorantraniliprole, Deltamethrin, DDVP (dichlorvos), Methomyl, Emamectin, Esfenvalerate, Ethoprop, Fluvalinate, Imidacloprid, Lambda-cyhalothrin, Orthene, Permethrin, Spinosad e Teflubenzuron (Guda, Capizzi & Trematerra, 1988; Pijnakker, 2001; Anônimo, 2005a; Murphy, 2005, 2008b; Bethke & Vander Mey, 2010; Bonsignore & Vacante, 2010; Stocks & Hodges, 2011; Cabi, 2012). No entanto, por se tratar de praga exótica, a ausência de produtos registrados dificulta a recomendação de controle químico de *D. fovealis* na cultura infestada (Murphy, 2005; Stocks & Hodges, 2011; Zawadneak et al., 2011).

Controle biológico

A literatura relata inúmeros casos de sucesso na utilização de organismos benéficos presentes no solo para o controle de *D. fovealis*. A eficácia desse método está relacionada ao hábito da mariposa de realizar a postura em diferentes partes da planta, preferencialmente na região do estrato inferior, onde as lagartas passam a maior parte de sua vida. As observações, no Paraná, de ocorrência de lagartas parasitadas por *Apanteles* sp. (Hymenoptera: Braconidae) (Figura 9) e predadas por aranhas reforçam os relatos a respeito da eficácia do controle biológico da praga.

Para o controle de ovos e lagartas de primeiro instar em condições de laboratório, tem sido relatada a utilização dos ácaros predadores de pragas de solo *Stratiolaelaps miles* (Berlese) (Acari: Mesostigmata: Laelapidae), que são bem adaptados às condições de umidade em estufas (Brambila & Stocks, 2010); *Hypoaspis miles* (Berlese) e *Hypoaspis aculeifer* (Canestrini) (Acari: Laelapidae) (Messelink & Wensveen, 2003; Murphy, 2008b; Brambila & Stocks, 2010; Stocks & Hodges, 2011); *Atheta coriaria* Kraatz (Coleoptera: Staphylinidae), eficiente predador de ovos e de lagartas de primeiro instar; disponível comercialmente nos Estados Unidos, é utilizado por muitos produtores (Messelink & Van Wensveen, 2003; Anônimo, 2005a; Murphy, 2008b; Brambila & Stocks, 2010; Stocks & Hodges, 2011). Os nematoides entomopatogênicos *Heterorhabditis bacteriophora* Poinar e *Steinernema carpocapsae* (Weiser) (Nematoda: Rhabditida) foram relatados como eficientes em localizar as lagartas ocultas, atuando sob condições de alta umidade, e são recomendados para aplicação dirigida ao solo (Pijnakker, 2001; Messelink & Van Wensveen, 2003; Anônimo, 2005a; Ahern, 2010; Bethke & Vander Mey, 2010; Bonsignore & Vacante, 2010; Brambila & Stocks, 2010; Stocks & Hodges, 2011; Cabi, 2012).

Os produtos à base de *Bacillus thuringiensis* Berlinier (Bt), bactéria entomopatogênica de origem biológica e de ação larvicida, quando pulverizados via

Figura 9. Casulos de *Apanteles* sp. Foto: Maria Aparecida Cassilha Zawadneak.

foliar e na superfície do solo, têm demonstrado potencial no controle de *D. fovealis* (Murphy, 2008b; Bonsignore & Vacante, 2010; Brambila & Stocks, 2010; Stocks & Hodges, 2011).

O controle biológico por parasitoides de ovos com *Trichogramma* (Hymenoptera: Trichogrammatidae) tem apresentado resultados promissores (Messelink & Van Wensveen, 2003; Zimmermann, 2004; Anônimo, 2005a; Murphy, 2008b; Bonsignore & Vacante, 2010; Brambila & Stocks, 2010; Stocks & Hodges, 2011; Cabi, 2012).

Para os adultos, não há agentes de biocontrole disponíveis (Murphy, 2008a; Cabi, 2012).

Tais relatos indicam que, diante da presença de organismos benéficos na área de cultivo, é possível promover o uso racional de defensivos, mantendo a população de *D. fovealis* abaixo do nível de dano.

AGRADECIMENTOS

Aos editores deste livro, pelo convite. À doutora Alma Solis (United States Department of Agriculture — USDA), pela identificação da espécie. À Rede Paranaense de Coleções Biológicas — Projeto TAXon line (Universidade Federal do Paraná), pela execução de imagens com o auxílio do software Auto-Montage Pro (Syncroscopy). À professora doutora Mirna Martins Casagrande (Universidade Federal do Paraná), pelas informações. À professora doutora Angélica Maria Penteado Martins Dias (Universidade Federal de São Carlos), pela identificação do parasitoide *Apanteles* sp.

REFERÊNCIAS BIBLIOGRÁFICAS

AHERN, R. *New pest advisory group report. Duponchelia fovealis Zeller: Duponchelia* Lepidoptera/Pyralidae. NPAG Report Pest Alert, 2010. 7p. Disponível em: <entomology.ifas.ufl.edu/pestalert/Duponchelia_fovealis_NPAG_ET_Report_20100917.pdf>. Acesso em: mar. 2012.

ANÔNIMO. *Risk management decision document. Duponchelia fovealis Zeller in Canada*. Canadian Food Inspection Agency. UF/IFAS Pest Alert, 2005a. Disponível em: <entomology.ifas.ufl.edu/pestalert/duponchelia_fovealis_risk_management.pdf>. Acesso em: fev. 2012.

ANÔNIMO. *Plant pest information: Duponchelia fovealis Zeller*. Canadian Food Inspection Agency. UF/IFAS Pest Alert, 2005b. Disponível em: <entomology.ifas.ufl. edu/pestalert/duponchelia_fovealis_canada.pdf>. Acesso em: fev. 2012.

ANÔNIMO. *The plant list*. Version 1. Published on the Internet, 2010. Disponível em: <www.theplantlist.org/>. Acesso em: jan. 2012.

ANÔNIMO. *Lista de espécies da flora do Brasil. Jardim Botânico do Rio de Janeiro*, 2010. Disponível em: <floradobrasil.jbrj.gov.br/2012>. Acesso em: fev. 2012.

BECCALONI, G. et al. (eds.). *The global Lepidoptera names index (LepIndex)*. World Wide Web electronic publication, 2005. Disponível em: <www.nhm.ac.uk/entomology/lepindex>. Acesso em: fev. 2012.

BETHKE, J. & VANDER MEY, B. *Pest alert*: *Duponchelia fovealis*. San Diego: University of California Cooperative Extension, 2010. Disponível em: </ucanr.org/sites/cetest/files/55177. pdf >. Acesso em: mar. 2012.

BILLEN, W. On the harmfulness of *Duponchelia fovealis* (Zeller, 1847) in Germany (Lepidoptera, Pyralidae). *Nota Lepidopterol.* 16: 212, 1994.

BONSIGNORE, C. P. & VACANTE, V. *Duponchelia fovealis* Zeller. Une nuova emergenza per la fragola? *Protezione delle Colture* 3: 40-3, 2010.

BRAMBILA, J. & STOCKS, I. *The European pepper moth, Duponchelia fovealis Zeller (Lepidoptera: Crambidae), a Mediterranean pest moth discovered in central Florida.* FDACS – Division of Plant Industry, 2010. Disponível em: <www.freshfromflorida.com/pi/pest_alerts/pdf/ duponchelia_fovealis.pdf>. Acesso em: dez. 2011.

BUTT, B. A. & CANTU, E. *Sex determination of lepidopterous pupae*. Washington, DC: Agricultural Research Service, US Department of Agricultural, 1962. 7p.

CABI International. *Selected sections for: Duponchelia fovealis (Southern European marshland pyralid).* Crop protection compendium. Invasive species compendium (Beta), 2012. Disponível em: <www.cabi.org/isc/?compid=5&dsid=20168&loadmodule=datasheet&page=481& site=144>. Acesso em: fev. 2012 .

CLARK, J. S. *Duponchelia fovealis* arriving on imported plant material. *Atropos* 10: 20-1, 2000.

DEVENTER, P. van. *Water trap best for catching Duponchelia in the Greenhouse*, 2009. Disponível em: <documents.plant. wur.nl/wurglas/C_bestwatertrap.pdf>. Acesso em: jan. 2012.

EPPO – European and Mediterranean Plant Protection Convention Reporting Service, 2000, nº. 02. Paris, 2010. Disponível em: <archives.eppo.org/EPPOReporting/2010/Rse-1010.pdf>. Acesso em: fev. 2012.

EPSTEIN, M. E. Lepidoptera lab report – 2004. New Pyraloidea in California. In: *Plant pest diagnostics branch*. Annual report 2004. 97p. Disponível em: <www.cdfa.ca.gov/phpps/ppd/ PDF/PPDC2004.pdf>. Acesso em: maio 2010.

FRANCO, M. C. & BATISTA, M. C. *Duponchelia fovealis* Zeller – nova praga em Portugal. *Frutas, legumes e flores* 110: 34-5, 2010.

GRIEPINK, F. C. Sex pheromones work! Also in the Netherlands? *Gewasbescherming* 28: 43-5, 1997.

GUDA, C. D.; CAPIZZI, A. & TREMATERRA, P. Damages on *Eustoma grandiflorum* (Raf.) Shinn. caused by *Duponchelia fovealis* (Zeller). *Annali dell'Istituto Sperimentale per la Floricultura* 19: 3-11, 1988.

HOFFMAN, K. *CDFA Detection advisory for a cramid moth: Duponchelia fovealis (Zeller) (Pyraloidea: Crambidae).* County of Kern, California, 2010. Disponível em: <www. kernag.com/ dept/news/2010/2010-san-diego-duponchelia-fovealis-07-16-2010.pdf>. Acesso em: dez. 2011.

HUISMAN, K. J. & KOSTER, J. C. New and interesting Microlepidoptera from the Netherlands (Lepidoptera) in the year 1992. *Entomologische Berichten* 55: 53-67, 1995.

IPNI – International Plant Names Index, 2011. Disponível em: <www.ipni.org/ipni/plantnamesearchpage>. Acesso em: fev. 2012.

KYRKI, J. & ITAEMIES, J. *Duponchelia fovealis* (Lepidoptera: Pyralidae) introduced into Finland. *Notulae Entomologicae* 64: 80, 1984.

MAREK, J. & BARTOVA, E. *Duponchelia fovealis* Zeller, 1847, a new pest of glasshouse plants in the Czech Republic. *Plant Protection Science* 34: 151-2, 1998.

MESSELINK, G. & VAN WENSVEEN, W. Biocontrol of *Duponchelia fovealis* (Lepidoptera: Pyralidae) with soil-dwelling predators in potted plants. In: 55th INTERNATIONAL SYMPOSIUM ON CROP PROTECTION, Ghent, 2003. *Proceedings...* Communications in Agricultural and Applied Biological Sciences, Ghent University 68(4a): 159-65, 2003.

MILLER-CORMIER, D. *Duponchelia fovealis – Finding in Ontario cut flower production facilities.* Official pest reports for Canadá, 2005. Disponível em: <www.pestalert.org/notifications.cfm?region=Canada#146>. Acesso em: jan. 2012.

MUNROE, E. G. Pyraustinae. In: MUNROE, E. G. et al. *Pyraloidea [60. Pyralidae]*. Apud: HEPPNER, J. B. (ed.). *Atlas of neotropical Lepidoptera. Checklist Part 2: Hyblanoidea – Pyraloidea – Tortricoidea.* Gainesville: Association for Tropical Lepidoptera, 1995. 243p.

MURPHY, G. *Duponchelia fovealis – pronouncing it is just the start of the battle.* Ontario Ministry of Agriculture, Food and Rural Affairs, 2005. Disponível em: <www.omafra.gov.on.ca/english/crops/hort/news/grower/2005/08gn05a1.htm>. Acesso em: fev. 2012.

MURPHY, G. *An overview of Duponchelia control options*, 2008a. Disponível em: <www.greenhousecanada.com/content/view/1424/132/>. Acesso em: fev. 2012.

MURPHY, G. *Controlling Duponchelia*, 2008b. Disponível em: <www.omafra.gov.on.ca/english/crops/hort/news/grower/2008/07gn08a1.htm>. Acesso em: fev. 2012.

NAPPO. *Phytosanitary alert system*: thirteen new state detections of *Duponchelia fovealis*, United States: Nappo, 2010. Disponível em: </www.pestalert.org/oprDetail.cfm?oprID=466>. Acesso em: jan. 2012.

PIJNAKKER, J. *Duponchelia fovealis*, le lépidoptère redouté des plantes en pot aux Pays-Bas. *Revue Horticole* 429: 51-3, 2001.

SOLIS, M. A. *Key to selected Pyraloidea (Lepidoptera) larvae intercepted at U.S. ports of entry*: revision of Pyraloidea in "keys to some frequently intercepted lepidopterous larvae" by Weisman 1986. Disponível em: <www.sel.barc.usda.gov/lep/selected_ pyraloid_larval_key.pdf.> . Acesso em: mar. 2010.

STOCKS, S. D. & HODGES, A. *A European pepper moth or Southern European marsh pyralid Duponchelia fovealis (Zeller)*, 2011. Disponível em: <edis.ifas.ufl.edu/pdffiles/IN/IN91000.pdf>. Acesso em: jan. 2012.

SVENSSON, I. Remarkable records of Microlepidoptera in Sweden during 1998. *Entomologisk Tidskrift* 120: 23-35, 1999.

TREMATERRA, P. Morphological aspects of *Duponchelia fovealis* Zeller (Lepidoptera: Pyralidae). *Redia* 73: 41-52, 1990.

ZAWADNEAK, M. A. C. et al. Novo desafio. *Cultivar HF* 8/9: 24-6, 2011.

ZIMMERMANN, O. Use of *Trichogramma* wasps in Germany: present *status* of research and commercial application of egg parasitoids against lepidopterous pests for crop. *Gesunde Pflanzen* 56: 157-66, 2004.

15

Psilídeo-asiático-dos-citros, *Diaphorina citri* Kuwayama

J. R. S. Lopes, J. R. P. Parra,
P. T. Yamamoto, J. M. S. Bento

INTRODUÇÃO

Psilídeo-asiático-dos-citros, *Diaphorina citri* Kuwayama, é a principal praga exótica dos citros no continente americano, por ser vetor de patógenos associados à doença de maior impacto na citricultura mundial, denominada "Huanglongbing" (HLB), também conhecida como "Greening" dos citros. Originalmente relatada na China e na África do Sul, no início do século XX, essa doença está distribuída nos principais países produtores de citros na Ásia, na África e nas Américas (Gottwald, 2010). Nas Américas, foi detectada pela primeira vez no Brasil, em 2004 (Coletta-Filho et al., 2004; Teixeira et al., 2005) e, posteriormente, em diversos países das Américas Central e do Norte, incluindo México e Estados Unidos (Gottwald, 2010).

Há três agentes etiológicos envolvidos na HLB, que são bactérias restritas aos vasos do floema de plantas cítricas, pertencentes ao gênero *Candidatus* Liberibacter. Uma delas, *Ca.* L. africanus, é de ocorrência restrita à África e a algumas ilhas do Oceano Índico, onde é transmitida pelo psilídeo *Trioza erytreae* (del Guercio) (Aubert, 1987; Bové, 2006), que não ocorre no Brasil. As outras duas espécies, *Ca.*

L. asiaticus e *Ca*. L. americanus, são disseminadas por *D. citri* e ocorrem no Brasil, porém a primeira é a mais amplamente distribuída e importante (Bassanezi et al., 2010), a única relatada em quase todos os países americanos e asiáticos que apresentam *D. citri* como vetor (Bové, 2006). A segunda, *Ca.* L. americanus, foi detectada, além de no Brasil, apenas em Hunan, na China (Gottwald, 2010). Há também um fitoplasma do grupo 16Sr IX que está associado a plantas cítricas com sintomas semelhantes aos de HLB no Estado de São Paulo (Teixeira et al., 2008), porém a frequência de plantas infectadas pelo fitoplasma é baixa e seu vetor ainda é desconhecido.

A HLB é considerada a principal doença da citricultura, pela magnitude dos danos causados, pela velocidade de disseminação por *D. citri* e pela dificuldade de controle. Inicialmente detectada em poucas localidades das regiões central e sul do Estado de São Paulo (Teixeira et al., 2005), em 2011 a doença já estava distribuída em mais de duzentos municípios paulistas, havendo 53,4% de talhões contaminados e incidência média de 3,8% de árvores sintomáticas (Fundecitrus, 2012). A HLB também já foi detectada em áreas produtoras dos estados de Minas Gerais (Triângulo Mineiro e região de Alfenas) e Paraná, indicando que há condições bastante favoráveis à sua disseminação no Brasil. No Estado de São Paulo, verificou-se que a doença pode avançar rapidamente em pomares novos e localizados próximo a fontes de inóculo, podendo superar 50% de plantas doentes em apenas três a cinco anos após a observação das primeiras plantas sintomáticas, se não forem tomadas medidas de controle (Bassanezi et al., 2010; Gottwald, 2010). Dez anos após a primeira detecção da doença, em 2004, estima-se que já foram erradicados 36 milhões de árvores cítricas afetadas por HLB no Estado de São Paulo e no Triângulo Mineiro.

Este texto revisa informações disponíveis sobre a origem, a distribuição geográfica, a bioecologia, o comportamento e os danos de *D. citri*, o reconhecimento dos sintomas da HLB, assim como diretrizes para o monitoramento e controle desse importante inseto vetor no Brasil.

Posição taxonômica e nomenclatura

Ordem: Hemiptera

Subordem: Sternorrhyncha

Família: Liviidae

Subfamília: Euphyllurinae

Gênero: *Diaphorina* Löw, 1880

Espécie: *Diaphorina citri* Kuwayama, 1908

É a única espécie de *Diaphorina* registrada no Brasil (Burckhardt & Queiroz, 2012).

ORIGEM, DISTRIBUIÇÃO GEOGRÁFICA E HISTÓRICO DA PRAGA NO BRASIL

D. citri é relatado nas regiões Paleártica, Afrotropical, Oriental e Neotropical (Aubert, 1987). Essa espécie provavelmente é originária do continente asiático (Crawford, 1917) e está distribuída em áreas tropicais e subtropicais da Ásia (Afeganistão, China, Hong Kong, Índia, Indonésia, Malásia, Myanmar, Nepal, Paquistão, Filipinas, Ilhas Ryukyu, Sri Lanka, Taiwan, Tailândia), no Oriente Médio (Arábia Saudita), na África (Ilhas Maurício e Reunião), na América do Sul (Argentina, Brasil, Uruguai e Venezuela), na América do Norte (Estados Unidos e México) e em várias regiões do Caribe (Bahamas, Ilhas Cayman, Jamaica, República Dominicana, Cuba, Porto Rico, Belize) e da América Central (Halbert & Nuñez, 2004; Mead & Fasulo, 2011).

No Brasil, *D. citri* foi registrado por Costa Lima (1942) e, segundo Aubert (1987), tem ocorrência endêmica no país, sendo mencionado nos estados de São Paulo, Bahia, Sergipe, Ceará, Pernambuco, Alagoas, Pará e Rio de Janeiro (Silva et al., 1968), mas possivelmente deve ocorrer em todas as regiões onde se cultivam citros no país.

Bioecologia e comportamento de *D. citri*

Plantas da família Rutaceae são hospedeiras de *D. citri*. Dentre as vinte e uma espécies de hospedeiros referidos, em algumas o psilídeo não completa o desenvolvimento, em outras coloca apenas ovos. Alves et al. (2014) encontraram variações no ciclo biológico do psilídeo entre variedades comerciais de citros. O inseto ocorre preferencialmente em ramos novos, fator determinante para a ocorrência e o incremento populacional de *D. citri*. A planta *Murraya paniculata* (L.) Jack, conhecida popularmente como murta-de-cheiro, murta, murta-da-índia, murta-dos-jardins ou jasmim-laranja, é utilizada no Brasil em cemitérios, parques e jardins como cerca-viva ou com função ornamental e é um dos principais hospedeiros desse psilídeo.

Os ovos, amarelos, são depositados nas gemas recém-brotadas. As ninfas desenvolvem-se de forma sincronizada com o crescimento dos ramos (Figura 1A, 1B). Embora os adultos sejam mais associados a ramos em crescimento, podem alimentar-se também de folhas maduras (Parra et al., 2010). Ao se alimentarem, assumem uma postura inclinada, de aproximadamente 45° em relação à superfície vegetal (Figura 1C).

A duração do desenvolvimento ovo–adulto em limão-cravo (*Citrus limonia* Osbeck), murta (*M. paniculata*) e tangerina Sunki (*C. sunki* Hort. Ex. Tanaka) é semelhante, sendo próxima de dezoito dias nos três hospedeiros (Nava et al., 2007). Por outro lado, a viabilidade em tangerina Sunki é bastante reduzida, em torno de 45%, o que mostra sua inadequação ao psilídeo. A fecundidade é maior em murta (348 ovos) e menor em tangerina Sunki (166 ovos). O número médio de

Figura 1. A) Brotação cítrica com ovos e ninfas de primeiro instar de *D. citri*. B) Ninfas de *D. citri* com excrementos sólidos. C) Adulto de *D. citri* em posição de alimentação. D) Paralisia no crescimento apical de brotos infestados.

ovos observado em murta por Nava et al. (2007) é bem inferior àquele referido na Ásia por Liu e Tsai (2000), que relataram que o psilídeo chegou a colocar 626 ovos nesse mesmo hospedeiro, mostrando que existem diferenças entre *strains* de *D. citri*.

Observou-se, no Brasil, que a variedade ou espécie afetam igualmente os sexos, pois a razão sexual nos três hospedeiros mencionados (murta, limão-cravo e tangerina Sunki) foi sempre igual a 0,5 (1♂: 1♀). Ninfas de *D. citri* criadas em diferentes hospedeiros — *Citrus sinensis* (Pera e Natal), *C. limonia* e *M. paniculata* — têm as mesmas exigências térmicas (Nava et al., 2010).

As fêmeas de *D. citri* sempre vivem mais do que os machos, independente da planta hospedeira em que foram criadas. Segundo Nava et al. (2007), a postura é concentrada nos dez primeiros dias. As ninfas apresentam sempre cinco instares, independente do hospedeiro, sendo o último o mais longo, com cerca de cinco dias de duração (Nava et al., 2007).

O ciclo biológico (ovo–adulto) de *D. citri* coletado no Estado de São Paulo varia de 43,5 a 12,1 dias na faixa de 18 a 32°C. A viabilidade do período ovo–adulto variou de 69,9 a 66,8% na faixa de 18 a 30°C, sendo drasticamente reduzida a 32°C (12,2%). Embora, na natureza, o inseto deva procurar microclimas favoráveis, a exposição a temperaturas elevadas por períodos prolongados deve afetar o seu desenvolvimento no campo.

O *strain* brasileiro de *D. citri* apresenta um limiar térmico inferior de desenvolvimento ou temperatura base (Tb) de 13,5°C e uma constante térmica de 210,9 GD, diferentes dos valores encontrados por Liu e Tsai (2000) na Flórida, EUA, provavelmente devido às diferentes populações estudadas.

As fases de ovo, principalmente, e de ninfas menores são mais vulneráveis na natureza e nelas ocorre mais mortalidade (Paiva, 2009).

No Estado de São Paulo, a densidade média de ovos no campo (8,7 ovos por ramo) (Paiva, 2009; Paiva & Parra, 2012a) é metade daquela observada na Flórida (16 ovos por ramo, em média) (Hall et al., 2008). No Brasil, o controle populacional por predadores é baixo, em comparação com os Estados Unidos (Michaud, 2004), talvez devido à aplicação excessiva de agroquímicos para controlar o psilídeo. Embora a viabilidade de ovo a adulto, em campo, tenha sido baixa nas gerações estudadas no Estado de São Paulo por Paiva (2009), variando de 1,7 a 21,4%, valores muito inferiores aos obtidos em laboratório, ainda assim os dados de exigências térmicas de laboratório foram aplicáveis no campo (Paiva, 2009).

A UR afeta apenas a mortalidade da fase ninfal, pois, nessa fase, a viabilidade é reduzida para 40% quando a UR atinge 30% (Gómez Torres, 2009), valor muito inferior àqueles obtidos em URs superiores estudadas (50, 70 e 90%).

Não existe um padrão de distribuição temporal de *D. citri* no Estado de São Paulo; ela é variável, de acordo com a disponibilidade e abundância de ramos novos. Embora o tamanho populacional seja dependente do clima, *D. citri* apresenta, nesse estado, um padrão de distribuição espacial do tipo agregada (Paiva, 2009).

Ambos os sexos de *D. citri* atingem a maturidade reprodutiva dois a três dias após a emergência. As cópulas duram em média 48,3 ± 8,4 minutos (variando de 15,2 a 98,0 minutos) (Wenninger & Hall, 2007). Ainda segundo estes autores, os acasalamentos foram observados exclusivamente durante o dia (com a presença de luz), sem um horário de pico evidente, e sempre sobre brotações novas. Evidências comportamentais indicam que as fêmeas de *D. citri* produzem um feromônio sexual (Wenninger, Stelinski & Hall, 2008), embora ele ainda não tenha sido identificado quimicamente. Esses autores demonstraram também que as fêmeas do psilídeo, quando acasaladas, foram mais atrativas aos machos do que as fêmeas virgens e que tanto machos virgens quanto acasalados colonizaram plantas de citros que estavam ou tinham sido previamente colonizadas por fêmeas virgens ou acasaladas.

DANOS CAUSADOS

D. citri pode causar danos diretos, pela sua alimentação e ação toxicogênica, bem como danos indiretos, pela transmissão de bactérias associadas à HLB. Os danos diretos são observados em folhas jovens e hastes de brotações cítricas, sobre as quais desenvolvem-se ovos e ninfas da praga, e na intensa sucção de seiva do floema. Os adultos de *D. citri*, como as ninfas, são com mais frequência associados a ramos novos, embora possam alimentar-se em folhas de ramos maduros. Ao alimentar-se, o inseto injeta toxinas que supostamente provocam deformação foliar e paralisia do crescimento de brotos novos (Figura 1D). Uma única ninfa pode causar esse tipo de dano ao se alimentar em brotos por um período de apenas 24 horas (Michaud, 2004). Uma alta infestação de ovos e ninfas em brotações resulta em distorção foliar severa e pode causar a abscisão de folhas e até mesmo da porção apical da haste (Halbert & Manjunath, 2004). Suspeita-se que a toxina possa afetar inclusive ramos não infestados pelos psilídeos, contribuindo para o sintoma denominado "twig dieback" (morte de ramos periféricos) (Shivankar, Rao & Singh, 2000), em geral atribuído à doença HLB. Em função da ingestão de seiva elaborada, os psilídeos podem excretar grande volume de substâncias açucaradas (*honeydew*) quando em altas populações, permitindo, assim, o desenvolvimento de fumagina sobre os ramos, com efeitos adversos na fotossíntese (Aubert, 1987). Além de *honeydew*, observa-se uma excreção sólida, na forma de filamentos ondulados ou grânulos de cor branca e aspecto ceroso que são depositados sobre as folhas. Por afetar as brotações, o dano direto tem maior impacto sobre o crescimento de árvores jovens, cuja copa ainda está em formação, mas também há relatos de redução significativa na floração e na frutificação na Índia (Shivankar, Rao & Singh, 2000).

Embora os danos diretos possam ser significativos, *D. citri* tornou-se a principal praga da citricultura brasileira, pela sua capacidade de transmitir bactérias associadas ao HLB e que habitam o floema de plantas cítricas, tais como *Ca.* L. americanus e *Ca.* L. asiaticus (Parra et al., 2010). O processo de transmissão inicia-se com a aquisição do patógeno em uma planta cítrica infectada e termina com a inoculação dele em uma planta sadia. A aquisição de *Ca.* L. asiaticus pode ocorrer tanto por ninfas como por adultos de *D. citri,* porém, as ninfas adquirem-no com mais eficiência (Xu et al., 1988; Inoue et al., 2009; Pelz-Stelinski et al., 2010); isso também é constatado para *Ca.* L. americanus (Nascimento et al., 2010). Indivíduos que adquirem *Ca.* L. asiaticus na fase ninfal são capazes de transmiti-lo após a ecdise para a fase adulta (Inoue et al., 2009), o que evidencia que o patógeno é circulativo no vetor, não estando restrito ao estomodeu ou às peças bucais. De fato, *Ca.* L. asiaticus é detectado após a aquisição em vários órgãos e tecidos de *D. citri*, incluindo tubo digestivo, músculos, hemolinfa, túbulos de Malpighi, ovários e glândulas salivares (Ammar, Shatters & Hall, 2011). Há um período latente de vários dias entre o início da aquisição e a inoculação (Da Graça, 1991; Capoor, Rao & Viswanath, 1974), que supostamente ocorre via saliva, após a bactéria atingir as glândulas salivares. Há aumento na concentração de *Ca.* L. asiaticus em *D. citri* com o passar do tempo, após a aquisição pelas ninfas (Inoue et al., 2009), o que indica que a transmissão é do tipo propagativa. A ocorrência de multiplicação e persistência da bactéria em *D. citri* também é evidenciada pela sua detecção no corpo do inseto em períodos de até doze semanas após a aquisição (Hung et al., 2004). A eficiência de transmissão de *Ca.* L. asiaticus por *D. citri* para plantas cítricas tem se mostrado bastante variável (1 a 100%) em diferentes estudos (Capoor, Rao & Wiswanath, 1974; Xu et al., 1988; Pelz-Stelinski et al., 2010). O vetor pode adquirir ou inocular o patógeno em plantas cítricas durante períodos de tempo de apenas 15 a 30 minutos (Capoor, Rao & Wiswanath, 1974). Entretanto, períodos mais longos de acesso à aquisição e inoculação aumentam a eficiência da transmissão. Além da transmissão para plantas cítricas, *Ca.* L. asiaticus pode ser transmitido verticalmente em *D. citri*, através dos ovos (transmissão transovariana) (Pelz-Stelinki et al., 2010), e sexualmente, de machos infectivos para fêmeas sadias, por meio de cópula (Mann et al., 2011).

"HUANGLONGBING" (HLB): RECONHECIMENTO DA DOENÇA E SEU IMPACTO NA PRODUÇÃO

O nome chinês "Huanglongbing" significa doença do broto amarelo, pelo fato de que árvores doentes emitem ramos novos amarelados, de tonalidade bem mais clara do que brotos normais, e que se destacam na periferia da copa (Figura 2A). Embora esse sintoma seja comum, a doença é diagnosticada principalmente pelo sintoma de mosqueado nas folhas maduras, que se caracteriza por um padrão assimétrico de áreas amarelas e verdes, sem um limite claro entre elas (Figura 2D) (Gottwald, Da Graça & Bassaneze, 2007). Em alguns casos, as folhas mostram aparência coriácea e levemente encarquilhada, com nervuras dilatadas e mais claras (Figura 2B). Como os sintomas podem ser confundidos com os de outras doenças ou problemas nutricionais, recomenda-se sempre a confirmação do patógeno pelo teste de "polymerase chain reaction" (PCR). Em estágios mais avançados da doença, podem ocorrer sintomas foliares semelhantes aos de deficiência de zinco, com subsequente queda de folhas, seca de ponteiros ("twig dieback") e eventual morte das plantas. Ocorre também queda excessiva de frutos, os quais podem apresentar-se pequenos, assimétricos, com coloração não uniforme e, quando cortados ao meio, mostram amarelecimento do feixe vascular no eixo da columela, além de sementes pequenas, escurecidas e abortadas (Figura 2C).

Assim, a HLB tem efeitos drásticos sobre a quantidade e a qualidade dos frutos produzidos. Além de menores e mais leves, frutos sintomáticos possuem menor quantidade de suco, mais acidez e menores índices de Brix, sólidos solúveis e razão Brix/acidez (Bassanezi, Montesino & Stuchi, 2009). Sintomas severos são observados até cinco anos após os primeiros sintomas foliares (Gottwald, Aubert & Zhao, 1989). O rápido progresso da doença, combinado com menor produção e qualidade de frutas, certamente compromete a viabilidade da cultura, considerando-se que o retorno do investimento ocorre após sete anos do plantio e que a expectativa de vida econômica é maior que quinze anos (Bassanezi et al., 2010).

Considerando que todas as variedades cítricas comerciais são suscetíveis, o controle da HLB é fundamentado em estratégias preventivas, que incluem o plantio de mudas sadias, a inspeção e erradicação de plantas doentes nos pomares e o manejo do psilídeo vetor, *D. citri*.

Figura 2. Sintomas de Huanglongbing. A) Árvore com brotações amareladas. B) Folha coriácea, com nervuras alargadas e mais claras. C) Fruto deformado e com sementes abortadas. D) Folha madura com mosqueado típico. Fotos A e C: Fundecitrus.

MONITORAMENTO DE *D. citri*

Um ponto chave para o manejo de *D. citri* é o seu monitoramento populacional, que pode ser realizado de diversas formas. As mais usuais são: inspeção visual, cartões adesivos amarelos (armadilhas adesivas), rede entomológica e amostragem por golpe (*tap*).

Na inspeção visual, o inspetor deve vistoriar três a cinco brotações em 1% das plantas cítricas do talhão, procurando localizar ovos, ninfas e adultos. Na amostragem por golpe, ele utiliza uma prancheta com papel branco plastificado, de preferência quadriculado, que é posicionada abaixo do ramo, o qual é golpeado três vezes, contando-se posteriormente o número de psilídeos adultos que caíram sobre o papel. Esses dois métodos indicam a infestação real no momento da amostragem, porém não informam quando os insetos invadiram a área monitorada. Além disso, em áreas com um programa eficiente de controle do vetor, podem não ser efetivos.

Os cartões adesivos indicam a atividade dos insetos que se encontram dentro do pomar ou estão se movimentando em direção a ele. Podem ser utilizados cartões adesivos amarelos ou verdes, porém, em áreas com incidência de clorose variegada dos citros (CVC) e presença de cigarrinhas vetoras, recomenda-se usar os cartões amarelos. Um fator importante a ser levado em conta é o local de instalação dos cartões na planta e sua distribuição no pomar. Recomenda-se colocar as armadilhas no terço médio (altura aproximada de 1,70 m do solo) e na parte externa da copa (extremidade dos ramos). As folhas à sua volta devem ser removidas, para não prejudicar a sua atratividade (Miranda, Yamamoto & Noronha Jr., 2011). Em relação à distribuição dos cartões adesivos no pomar, eles devem ser colocados de preferência na periferia das propriedades e nas bordas dos talhões. Neste caso, os cartões não são usados com o intuito de monitorar a população de *D. citri* dentro dos talhões, e sim para determinar os momentos e os locais de ocorrência ou movimentação do vetor para o interior da propriedade, sobretudo naquelas em que o controle não é realizado com eficiência.

Ainda não foi estabelecido um número mínimo ou máximo de armadilhas a serem instaladas por área, plantas, pomar ou propriedade. Para fins práticos, recomenda-se que elas sejam colocadas, como já citado, próximo à bordadura dos talhões. Em áreas de risco, incluindo pomares vizinhos com incidência de HLB e sem manejo de *D. citri*, recomenda-se maior atenção, com a instalação de um cartão adesivo a cada 50 m. A frequência de avaliação deve ser semanal, retirando-se os adultos encontrados. A troca dos cartões deve ser realizada quando não apresentarem mais condições de uso. Em geral, a vida útil no campo desses cartões é de quinze dias, mas pode ser menor ou maior, dependendo das condições climáticas, em especial da ocorrência de chuvas. Quando os cartões permanecem muito tempo no campo, vão perdendo a cor, o que prejudica a atratividade do psilídeo. Além disso, quando a frequência de avaliação é superior a uma semana, muitas vezes o inseto está presente na armadilha, porém o inspetor não consegue identificá-lo.

Independente do método utilizado, é de suma importância que o monitoramento seja realizado por inspetores bem treinados, principalmente no caso dos cartões adesivos, nos quais muitas vezes o inseto encontra-se danificado.

CONTROLE DE *D. citri*

Químico

O controle químico é uma das principais estratégias para o manejo de *D. citri*. O controle do vetor deve ser realizado desde o plantio das mudas até a renovação do pomar, devido à alta incidência de doenças e/ou à diminuição da produtividade, em função da idade.

A produção de mudas sadias é primordial para o sucesso do pomar. Recomenda-se que sejam plantadas já protegidas com inseticidas sistêmicos, aplicados no viveiro antes da transferência para o campo. Os inseticidas sistêmicos, aplicados em mudas, são efetivos por aproximadamente noventa dias. Após a diminuição do poder residual e, em consequência, da eficiência deles, deve-se continuar o controle, com monitoramento e aplicação de inseticidas quando for detectada a presença do vetor, em especial em mudas que emitem brotações constantemente, as preferidas para a oviposição e o desenvolvimento das ninfas.

Até o segundo ano de idade do pomar, podem ser utilizados tanto inseticidas em pulverização como inseticidas sistêmicos, aplicados em *drench*, via tronco ou granulados. Os sistêmicos devem ser aplicados nos períodos de desenvolvimento da planta, nos momentos em que ela estiver vegetando e quando houver umidade no solo. Já os inseticidas com efeito de contato, aplicados em pulverização, podem ser utilizados durante todo o ano.

Em pomares em produção, o psilídeo deve ser amostrado e seu controle deve ser realizado na presença do vetor. Em plantas com altura superior a 3 m, devem ser aplicados, de preferência, inseticidas em pulverização.

As seguintes precauções devem ser tomadas na aplicação de inseticidas para controle de *D. citri*: 1) Aplicar somente inseticidas recomendados pela produção integrada de citros. 2) Rotacionar grupos químicos de inseticidas, para evitar seleção de população resistente. 3) Preferir os menos agressivos aos inimigos naturais. 4) Utilizar as doses recomendadas pelos fabricantes. 5) Evitar a aplicação de inseticidas, principalmente neonicotinoides, no período de florescimento da laranjeira.

Biológico

Os predadores citados como importantes controladores do psilídeo em outros países (Michaud, 2004) não têm se mostrado eficientes no Brasil, muito provavelmente devido à aplicação sistemática e, muitas vezes, irracional de produtos químicos. Optou-se então pelo ectoparasitoide *Tamarixia radiata* Waterston (Hymenoptera: Eulophidae) (Figuras 3A, 3B), em relação ao endoparasitoide *Diaphorencyrtus aligarhensis* (Shefee, Alan & Agarval) (Hymenoptera: Encyrtidae), pois a primeira espécie controlou o psilídeo com liberações inoculativas nas Ilhas Reunião, após a sua importação da Índia em 1978. Após algumas liberações inoculativas (cerca de 4.600 indivíduos em 41 liberações), obteve-se, um ano depois, o controle da praga e, em seguida, o controle da HLB. De forma análoga, deu bons resultados em 1999 em Guadalupe (Ilhas), após liberação de mil indivíduos, reduzindo de modo significativo a população da praga, pois a HLB não estava presente (Étienne et al., 2001). Resultados de controle foram obtidos nas Ilhas Maurício, Guadalupe e nas Ilhas Reunião (Étienne et al., 2001), em Taiwan (Chien & Chu, 1996) e nos Estados Unidos (Hoy & Nguyen, 2000). Segundo Halbert & Nuñez (2004), onde ocorre naturalmente *T. radiata* é responsável pela manutenção da praga em equilíbrio.

Figura 3. A) Adulto de *T. radiata*. B) Orifício de emergência de *T. radiata* em ninfa de *D. citri*. C) Sistema de criação de *T. radiata* na Esalq/USP. D) Multiplicação de *D. citri* em plantas de murta (*Murraya paniculata*) para produção de *T. radiata*. Fotos: A) Tim Holmes. B, C) Alexandre J. F. Diniz.

T. radiata foi coletada no Brasil em 2005-2006 (Gómez Torres et al., 2006), em Jaboticabal e Piracicaba, SP. Logo a seguir, foram observadas altas taxas de parasitismo em diferentes regiões do Estado de São Paulo. O parasitismo natural de *D. citri* por *T. radiata* em dez regiões produtoras de citros nos estados, no período de 2005 a 2008, foi alto, sendo registrado em 72% das amostras. O parasitismo médio nas diferentes áreas foi de 12,4%, chegando a ser superior a 90% em algumas amostragens, mesmo nas regiões que receberam aplicações de inseticidas. A ação desse parasitoide tem sido sempre maior no verão (Paiva & Parra, 2012b).

O ciclo biológico de *T. radiata* varia de 17,3 a 7,59 dias, na faixa de 18 a 32°C, sendo a temperatura de 25°C a mais adequada ao seu desenvolvimento, com uma taxa líquida de reprodução (Ro) de 126,79 vezes, ou seja, uma capacidade de aumento de 127 vezes a cada geração, valor superior ao obtido nas demais temperaturas (Gómez Torres, Nava & Parra, 2012). Embora o total de ninfas parasitadas (167) tenha sido maior a 25°C, esse valor é bem inferior ao registrado por outros autores. Chu e Chien (1991) e Skelley e Hoy (2004) encontraram até quinhentas ninfas parasitadas por *T. radiata*, em especial as ninfas de últimos instares, preferidas para tal parasitismo (Gómez Torres, 2009). A ação do parasitoide e sua emergência foram maiores entre 25 e 30°C.

Desde a introdução da HLB no Brasil, em 2004, o parasitismo por *T. radiata* tem diminuído de maneira significativa. Em 2005, houve áreas com até 90% de parasitismo, enquanto em 2007 o parasitismo máximo chegou a apenas 32,4%. Essa queda deveu-se à aplicação sistemática de produtos químicos, pois existem áreas em que são feitas 25 aplicações de inseticidas durante o ano. A aplicação intensiva de produtos químicos, cujo consumo aumentou 600% entre 2004 e 2010 na cultura cítrica, sobretudo de piretroides e neonicotinoides, que eliminam o parasitoide em suas diferentes fases, foi a principal causa dessa redução (Carvalho, 2008; Ferrari, 2009). Em liberação inoculativa em áreas sem aplicação de agroquímicos, o parasitoide chega a parasitar 80% das ninfas, como ocorreu em Cordeirópolis, Limeira, Itapetininga, entre outras regiões do Estado de São Paulo.

Um zoneamento em um mapa de isotermas, com base nas exigências térmicas e higrométricas de *D. citri* e de *T. radiata*, tem mostrado que a cada geração de *D. citri* ocorrem de 2,6 a 3,1; 3,1 a 4,0; 3,1 a 6,3 e 3,1 a 6,3 gerações de *T. radiata*, respectivamente, para as regiões norte, nordeste, sudoeste e sudeste do Estado de São Paulo (Gómez Torres, 2009).

Técnicas de criação do parasitoide vêm sendo desenvolvidas em diversos países, principalmente com a criação do psilídeo sobre murta, no México, na Costa Rica, nos Estados Unidos (Flórida e Texas) e no Brasil. Em Piracicaba, SP, na Esalq/USP, criam-se de 60 mil a 100 mil parasitoides por mês para liberação de aproximadamente 400 indivíduos por ha (Figuras 3C, 3D).

A utilização de *T. radiata* como agente de controle biológico poderá ser um componente adicional ao MIP de citros, em especial nas áreas problema, detectadas pelo zoneamento da praga e do parasitoide citado. Na situação atual, ou seja, com a aplicação sistemática de produtos químicos, ele poderá ser liberado em áreas orgânicas ou mesmo ocupadas pelo hospedeiro alternativo do psilídeo, a planta ornamental conhecida como murta-de-cheiro, ou ainda em pomares abandonados, devido à ocorrência da HLB. Nesses locais, os parasitoides se multiplicarão e poderão migrar para áreas comerciais, pois, por serem pequenos, poderão ser levados a grandes distâncias pelo vento (Diniz et al., 2012; Parra et al., 2010).

Fungos entomopatogênicos, como *Beauveria bassiana* (Padulla & Alves, 2009) e *Isaria fumosorosea* (Meyer et al., 2008), estão sendo investigados e poderão ser incluídos em programa de MIP da cultura.

Comportamental

Embora ainda não exista o controle comportamental para o psilídeo *D. citri*, muitas pesquisas têm sido realizadas. Destaca-se a busca por semioquímicos, em especial o feromônio sexual e os voláteis de plantas (atraentes e repelentes). A identificação e a síntese desses compostos poderiam ser uma contribuição importante para o monitoramento e as práticas de manejo de *D. citri*.

AGRADECIMENTOS

Ao CNPq, à Fapesp e ao Fundecitrus, pelo apoio financiamento de projetos temáticos sobre o tema, e ao CNPq, pelas bolsas de produtividade concedidas aos autores. Agradecemos também ao CNPq, à Fapesp e ao MCT pelo financiamento do INCT de Semioquímicos na Agricultura, no qual o vetor *D. citri* vem sendo estudado.

REFERÊNCIAS BIBLIOGRÁFICAS

ALVES, G. B.; DINIZ, A. J. F. & PARRA, J. R. P. Biology of the Huanglongbing vector *Diaphorina citri* (Hemiptera: Liviidae) on diferente host plants. *J. Econ. Entomol.* 107: 691-6, 2014.

AMMAR, E. D.; SHATTERS, R. G. & HALL, D. G. Localization of *Candidatus* liberibacter asiaticus, associated with citrus huanglongbing disease, in its Psyllid vector using fluorescence in situ hybridization. *Journal of Phytopathology* 159: 726-34, 2011.

AUBERT, B. *Trioza erytreae* Del Guercio and *Diaphorina citri* Kuwayama (Homoptera: Psylloidae), the two vectors of citrus greening disease: biological aspects and possible control strategies. *Fruits* 42: 149-62, 1987.

BASSANEZI, R. B.; MONTESINO, L. H. & STUCHI, E. S. Effects of huanglongbing on fruit quality of sweet orange cultivars in Brazil. *European Journal of Plant Pathology* 125: 565-72, 2009.

BASSANEZI, R. B. et al. Epidemiologia do *huanglongbing* e suas implicações para o manejo da doença. *Citrus Research & Technology* 31: 11-23, 2010.

BOVÉ, J. M. Huanglongbing: a destructive, newly-emerging, century-old disease of citrus. *J. Plant Pathol.* 88: 7-37, 2006.

BURCKHARDT, D. & QUEIROZ, D. L. Checklist and comments on the jumping plant-live (Hemiptera: Psylloidea) from Brazil. *Zootaxa* 3.571: 26-48, 2012.

CAPOOR, S. P.; RAO, D. G. & VISWANATH, S. M. Greening disease of citrus in the Deccan trap country and its relationship with the vector *Diaphorina citri* Kuwayama. In: WEATHERS, L. G. & COHEN, M. (eds.). In: 6th CONFERENCE OF THE INTERNATIONAL ORGANIZATION OF CITRUS VIROLOGISTS. *Proceedings...* University of California, Division of Agricultural Sciences, 1974.

CARVALHO, S. P. L. *Toxicidade de inseticidas neonicotinoides sobre o psilídeo Diaphorina citri Kuwayama (Hemiptera: Psyllidae) e o parasitoide Tamarixia radiata (Waterston) (Hymenoptera: Eulophidae).* Piracicaba, 2008. 59p. Tese (doutorado) – Escola Superior de Agricultura "Luiz de Queiroz", Universidade de São Paulo.

CHIEN, C. C. & CHU, Y. I. *Biological control of citrus psyllid, Diaphorina citri in Taiwan. Biological pest control in Systems of Integrated Pest Management.* Taipei: Food and Fertilizer Technology Center Book Series, 1996.

CHU, Y. I. & CHIEN, C. C. Utilization of natural enemies to control psyllid vectors transmitting citrus greening. In: KIRITANI, K.; SU, H. J. & CHU, Y. I. (eds.). *Integrated control of plant virus diseases*. Taipei: Food and Fertilizer Technology Center for the Asian and Pacific Region, 1991.

COLLETTA-FILHO, H. D. et al. First report of the causal agent of huanglongbing (*Candidatus* liberibacter asiaticus) in Brazil. *Plant Disease* 88: 1.382, 2004.

COSTA LIMA, A. M. *Insetos do Brasil, Homoptera*. Rio de Janeiro: Escola Nacional de Agronomia, 1942.

CRAWFORD, D. L. Philippines and asiatic Psyllidae. *Philippines Journal of Science*, Taguig 12: 163-75, 1917.

DA GRAÇA, J. V. Citrus greening disease. *Annu. Rev. Phytopathol.* 29: 109-36, 1991.

DINIZ, A. J. F. et al. *Tamarixia radiata*: uma alternativa para o controle do psilídeo dos citros. *Citricultura Atual*, 2012, n. 87, p. 12-4.

ÉTIENNE, J. et al. Biological control of *Diaphorina citri* (Hemiptera: Psyllidae) in Guadeloupe by imported *Tamarixia radiata* (Hymenoptera: Eulophidae). *Fruits* 56: 307-15, 2001.

FERRARI, B. M. *Efeitos letais e subletais de inseticidas sobre Tamarixia radiata (Waterston, 1922) (Hymenoptera: Eulophidae)*. Piracicaba, 2009. 76p. Dissertação (mestrado) – Escola Superior de Agricultura "Luiz de Queiroz", Universidade de São Paulo.

FUNDECITRUS. *Levantamento amostral*. Fundo de Defesa da Citricultura, Araraquara, Brasil, 2012a. Disponível em: <www.fundecitrus.com.br/Home/Default.aspx>. Acesso em: 22 maio 2012.

GÓMEZ-TORRES, M. L. *Estudos biológicos de Tamarixia radiata (Waterston, 1922) (Hymenoptera: Eulophidae) para o controle de Diaphorina citri Kuwayama, 1907 (Hemiptera: Psyllidae)*. Piracicaba, 2009. 138p. Tese (doutorado) – Escola Superior de Agricultura "Luiz de Queiroz", Universidade de São Paulo.

GÓMEZ-TORRES, M. L. et al. Primeiro registro de *Tamarixia radiata* (Waterston) (Hymenoptera: Eulophidae) em *Diaphorina citri* Kuwayama (Hemiptera: Psyllidae) no Brasil. *Revista de Agricultura* 81: 112-7, 2006.

GÓMEZ-TORRES, M. L.; NAVA, D. E. & PARRA, J. R. P. Life table of *Tamarixia radiata* (Hymenoptera: Eulophidae) on *Diaphorina citri* (Hemiptera: Psyllidae) at different temperatures. *Journal of Economic Entomology* 105: 338-43, 2012.

GOTTWALD, T. R. Current epidemiological understanding of citrus huanglongbing. *Annual Review of Phytopathology* 48: 119-39, 2010.

GOTTWALD, T. R.; AUBERT, B. & ZHAO, X. Y. Preliminary analysis of citrus greening (huanglongbing) epidemics in the People's Republic of China and French Reunion Island. *Phytopathology* 79: 687-93, 1989.

GOTTWALD, T. R.; DA GRAÇA, J. V. & BASSANEZI, R. B. *Citrus huanglongbing:* the pathogen and its impact. Online. Plant Health Progress doi:10.1094/PHP-2007-0906-01-RV, 2007.

HALBERT, S. E. & MANJUNATH, K. L. Asian citrus psyllids (Sternorrhyncha: Psyllidae) and greening disease of citrus: a literature review and assessment of risk in Florida. *Florida Entomologist* 87: 330-53, 2004.

HALBERT, S. E. & NÚÑEZ, C. A. Distribution of the Asian citrus psyllid, *Diaphorina citri* Kuwayama (Rhynchota: Psyllidae) in the Caribbean basin. *Florida Entomologist* 87: 401-2, 2004.

HALL, D. G.; HENTZ, M. G. & ADAIR, J. R. R. C. Population ecology and phenology of *Diaphorina citri* (Hemiptera: Psyllidae) in two Florida citrus groves. *Environmental Entomology* 37: 914-24, 2008.

HOY, M. A. & NGUYEN, R. Classical biological control of Asian citrus psylla. *Citrus Industry* 81: 48-50, 2000.

HUNG, T. H. et al. Detection by PCR of *Candidatus* Liberibacter asiaticus, the bacterium causing citrus huanglong – bing in vector psyllids: application to the study of vector pathogen relationships. *Plant Pathology* 53: 96-102, 2004.

INOUE, H. et al. Enhanced proliferation and eficient transmission of *Candidatus* Liberibacter asiaticus by adult *Diaphorina citri* after acquisition feeding in the nymphal stage. *Annals of Applied Biology* 155: 29-36, 2009.

LIU, Y. H. & TSAI, J. H. Effects of temperature on biology and life table parameters of the Asian citrus psyllid, *Diaphorina citri* Kuwayama (Homoptera: Psyllidae). *Annals of Applied Biology* 137: 201-6, 2000.

MANN, R. S. et al. Sexual transmission of a plant pathogenic bacterium, *Candidatus Liberibacter asiaticus*, between conspecific insect vectors during mating. *PLoS ONE 6*: e29197, 2011.

MEAD, F. W. & FASULO, T. R. *Asian citrus psyllid, Diaphorina citri Kuwayama (Insecta: Hemiptera: Psillidae).* Entomology and Nematology Department, Florida Cooperative Extension Service, Institute of Food and Agricultural Sciences, University of Florida. Document nº. EENY-033, 2011. 8p.

MEYER, J. M.; HOY, M. A. & BOUCIAS, D. G. Isolation and characterization of an *Isaria fumosorosea* isolate infecting the Asian citrus psyllid in Florida. *Journal of Invertebrate Pathology* 99: 96-102, 2008.

MICHAUD, J. P. Natural mortality of Asian citrus psyllid (Homoptera: Psyllidae) in central Florida. *Biological Control* 29: 260-9, 2004.

MIRANDA, M. P.; YAMAMOTO, P. T. & NORONHA JR., N. C. de. Utilização de cartões adesivos para monitoramento de *Diaphorina citri*. *Citricultura Atual*, 2011, n. 81, p. 8-9.

NASCIMENTO, F. E. et al. Effect of developmental stage of *Diaphorina citri* on acquisition of *Candidatus* liberibacter asiaticus and *Ca.* L. americanus. In: XVIII CONFERENCE OF THE IOCV, 2010, Campinas, SP. *Citrus Research & Technology* 31: 28-38.

NAVA, D. E. et al. The effects of host, geographic origin, and gender on the thermal requirements of *Diaphorina citri* (Hemiptera: Psyllidae). *Environmental Entomology* 39: 678-84, 2010.

NAVA, D. E. et al. Biology of *Diaphorina citri* (Hem., Psyllidae) on different hosts and at different temperatures. *Journal of Applied Entomology* 131: 709-15, 2007.

PADULLA, L. F. L. & ALVES, S. B. Suscetibilidade de ninfas de *Diaphorina citri* a fungos entomopatogênicos. *Arquivos do Instituto Biológico* 76: 297-902, 2009.

PAIVA, P. E. B. *Distribuição espacial e temporal, inimigos naturais e tabela de vida ecológica de Diaphorina citri Kuwayama (Hemiptera: Psyllidae) em citros em São Paulo.* Piracicaba, 2009. 64p. Tese (doutorado) – Escola Superior de Agricultura "Luiz de Queiroz", Universidade de São Paulo.

PAIVA, P. E. B. & PARRA, J. R. P. Natural parasitism of *Diaphorina citri* Kuwayama (Hemiptera, Psyllidae) nymphs by *Tamarixia radiata* Waterston (Hymenoptera, Eulophidae) in São Paulo orange groves. *Neotropical Entomology* 56: 499-503, 2012b.

PAIVA, P. E. B. & PARRA, J. R. P. Life table analysis of *Diaphorina citri* (Hemiptera: Liviidae) infesting sweet orange (*Citrus sinensis*) in São Paulo. *Florida Entomologist* 95: 278-84, 2012a.

PARRA, J. R. P. et al. Bioecologia do vetor *Diaphorina citri* e transmissão de bactérias associadas ao *huanglongbing*. *Citrus Research & Technology*, Cordeirópolis 31: 37-51, 2010.

PELZ-STELINSKI, K. S. et al. Transmission parameters for *Candidatus* liberibacter asiaticus by Asian citrus psyllid (Hemiptera: Psyllidae). *Journal of Economic Entomology* 103: 1.531-41, 2010.

SHIVANKAR, V. J.; RAO, C. N. & SINGH, S. Studies on citrus psylla, *Diaphorina citri* Kuwayama: a review. *Agricultural Reviews* 21: 199-204, 2000.

SILVA, A. G. A. et al. *Quarto catálogo dos insetos que vivem nas plantas do Brasil:* seus parasitos e predadores. Rio de Janeiro: Ministério da Agricultura, 1968. 622p. Parte 2, t. 1: Insetos, hospedeiros e inimigos naturais.

SKELLEY, L. H. & HOY, M. A. A synchronous rearing method for the Asian citrus psyllid and its parasitoids in quarantine. *Biological Control* 29: 14-23, 2004.

TEIXEIRA, D. C. et al. First report of a huanglongbing-like disease of citrus in Sao Paulo State, Brazil and association of a new liberibacter species, "*Candidatus* liberibacter americanus", with the disease. *Plant Disease* 89: 107, 2005.

TEIXEIRA, D. C. et al. A phytoplasma closely related to the pigeon pea witches'-broom phytoplasma (16Sr IX) is associated with citrus huanglongbing symptoms in the state of São Paulo, Brazil. *Phytopathology* 98: 977-84, 2008.

WENNINGER, E. J. & HALL, D. G. Daily timing of mating and age at reproductive maturity in *Diaphorina citri* (Hemiptera: Psyllidae). *Florida Entomologist* 90: 715-22, 2007.

WENNINGER, E. J.; STELINSKI, L. L. & HALL, D. G. Behavioral evidence for a female-produced sex attractant in *Diaphorina citri* Kuwayama (Hemiptera: Psyllidae). *Entomologia Experimentalis et Applicata* 128: 450-9, 2008.

XU, C. F. et al. Further study of the transmission of citrus huanglongbing by a psyllid, Diaphorina citri Kuwayama. In: TIM-MER, L. W.; GARNSEY, S. M. & NAVARRO, L. (eds.). In: 10th CONFERENCE OF THE INTERNATIONAL ORGANIZATION OF CITRUS VIROLOGISTS, 17-21 nov. 1986, *Proceedings*... Valência, Espanha; Department of Plant Pathology, University of California, Riverside, CA, 1988.

16

Cochonilha-pardinha, *Selenaspidus articulatus* (Morgan)

R. Marín, J. R. P. Parra, A. de S. Pinto

INTRODUÇÃO

A cochonilha *Selenaspidus articulatus* (Morgan) pertence à família Diaspididae, a mais numerosa da superfamília Coccoidea, que engloba as cochonilhas de carapaça, algumas das quais estão entre as principais pragas da agricultura mundial (Ferris, 1938). Os prejuízos dessa cochonilha, conhecida como pardinha, resultam do seu ataque às folhas e aos frutos de *Citrus*. A espécie causa prejuízos diretos, pela injeção de saliva digestiva, que resulta em auréolas amareladas em folhas e frutos. Em altas populações, provoca murchamento e queda de folhas, com prejuízos à fisiologia da planta. Como consequência, os frutos não amadurecem de maneira uniforme, perdendo qualidade (Beingolea, 1969; Bartra, 1974; Parra, Pinto & Oliveira, 2003).

A temperatura, a umidade relativa do ar e a precipitação pluviométrica têm sido apontadas como os principais fatores controladores de populações de *S. articulatus*. Embora alguns autores relatem que o pico populacional da praga seja no período quente e chuvoso (Pinto, 1995), sabe-se que nesse período a ação de fungos entomopatogênicos pode ser limitante para a evolução populacional do inseto (Lucchesi et al., 1986). Assim, períodos de longa estiagem podem determinar o crescimento populacional da praga pela ausência desses patógenos. Dentre os predadores, os coccinelídeos são considerados os mais importantes (Prates, Cabrita & Pinto, 1985; Leão Neto et al., 1986; Yamamoto & Pinto, 2008). Segundo Watanabe e Yoshii (1992), os microimenópteros parasitoides não têm grande ação sobre a praga no Estado de São Paulo.

Posição taxonômica e nomenclatura

Ordem: Hemiptera

Subordem: Sternorrhyncha

Família: Diaspididae

Gênero: *Selenaspidus* Fernald, 1903

Espécie: *Selenaspidus articulatus* (Morgan, 1889)

Sinonímias (Ferris, 1938; Mckenzie, 1956):

Aspidiotus articulatus (Morgan)

Aspidiotus (*Selenaspidus*) *articulatus* (Morgan)

Pseudaonidia articulata (Morgan)

Pseudaonidia articulata var. *simplex* de Chermog

Foi descrita por Morgan, em 1889, como *Aspidiotus articulatus* e posteriormente recebeu outras denominações, até ser transferida para o gênero *Selenaspidus*.

Nomens comuns:

Em língua portuguesa e espanhola, tem recebido os seguintes nomes comuns: "cochonilha-parda ou pardinha", "quereza-redonda-dos-citros", "quereza-roxa-das-índias-ocidentais" e "quereza-aleonada".

RECONHECIMENTO

A identificação está baseada principalmente nos caracteres da fêmea adulta: prossoma semicircular separado do possoma por uma constrição bem marcada (Figura 1A), apresentando uma pequena protuberância (Figura 1B) (Williams & Watson, 1988); antenas atrofiadas; presença de dois pares de espiráculos respiratórios, um no prossoma e outro no possoma; abdômen com oito segmentos; pigídio formado pelos três últimos segmentos, com quatro lóbulos na extremidade caudal, sendo dois médios (L1 e L2) e dois laterais (L3 e L4); lóbulos com aspecto ondulado, com duas placas pouco desenvolvidas entre os lóbulos L1 e L2; lóbulos L3 e L4 com duas placas mais desenvolvidas; a partir de L3 e L4 observam-se três placas franjadas e a quarta, espiriforme; duas séries de dutos glandulares nas laterais do pigídio; vulva linguliforme circundada por glândulas perivulvares; pernas atrofiadas.

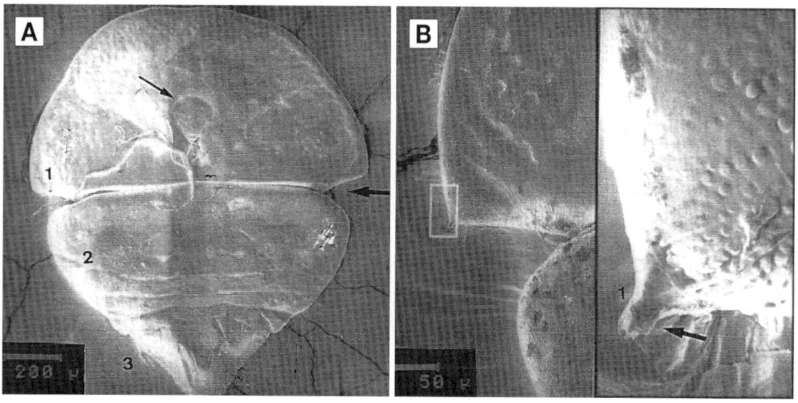

Figura 1. *S. articulatus*. A) Prossoma e possoma, vista ventral (8x). B) Protuberância da margem lateral do prossoma (20x).

PLANTAS HOSPEDEIRAS

Dekle (1976) referiu cinquenta plantas hospedeiras da cochonilha-pardinha, incluindo os gêneros *Citrus*, *Coffea*, *Jasminum*, *Gardenia*, *Ligustrum*, *Magnolia*, *Mangifera*, *Olea*, *Pandonus*, *Sambucus*, *Tilia* e várias espécies de palmeiras. Wille (1952) e Bartra (1974) citaram diversos hospedeiros de *S. articulatus* nas regiões tropicais e subtropicais do mundo, incluindo cítricos em geral, graviola (*Annona muricata*), abacate (*Persea americana*), pimenta (*Piper nigrum*), cherimólia (*Annona cherimola*), azeitona (*Olea europea*), seringueira (*Hevea* sp.), mogno (*Swietenia macrophylla*), tamarindo (*Tamarindus indica*), coco (*Coccus nucifera*), abricó (*Mammea americana*), cicas (*Cycas circinalis*), maracujá (*Passiflora edulis*), uva (*Vittis vinifera*), manga (*Mangifera indica*), louro (*Laurus nobilis*) e outras, incluindo palmeiras, bananeiras e tangerinas (Beingolea, 1969).

Outros autores relataram a ocorrência de *S. articulatus* em diversas espécies vegetais e em vários municípios, como em tamarindeiro em Vassouras, RJ (Cassino, Lima & Ferreira, 1986), em seringueira em Olímpia, SP (Bergman, Stradioto & Brisolla, 1988), em sansão-do-campo (*Mimosa caesalpiniaefolia*) e a sua utilização como cerca viva em pomares de cítricos em Bebedouro, SP (Ferraz, 1997), em acerola (*Malpighia glabra*) na região de Maringá, PR (Albuquerque et al., 2002), em murta-dos-jardins (*Myrtus communis*) em Pinheiral, RJ (Azeredo, Rodrigues & Cassino, 2004), e em mamoeiro (*Carica papaya*) no Rio Grande do Norte (Martins, Culik & Wolff, 2004).

Bergman, Stradioto e Brisolla (1988) observaram que, em altas infestações, as folhas da seringueira ficam totalmente recobertas pela praga.

Pereira et al. (1998), em levantamento de hospedeiros em ornamentais e frutíferas de *S. articulatus* na Barra da Tijuca, RJ, constataram que, dos 23 vegetais nos quais coletaram a cochonilha, 10 eram novos hospedeiros de *S. articulatus*. São eles: *Chrysalidocarpus lutescens* (areca-bambu), *Clusia* sp., *Delonix regia* (flamboyant), *Eugenia uniflora* (pitangueira), *Hibiscus pernambucensis* (hibisco-do-mangue), *Marneria edulis*, *Morus alba* (amoreira), *Psidium guajava* (goiabeira), *Sizygium cumini* (jambolão) e *Spondias lutea* (cajazeiro). Entre os novos hospedeiros, *S. cumini* foi o que apresentou maior ocorrência de *S. articulatus*: 42% das plantas amostradas tinham a cochonilha.

Campos (2003), ao realizar levantamento de pragas em espécies ornamentais presentes em residências de Ribeirão Preto, SP, relatou a ocorrência de *S. articulatus* em ixora (*Ixora coccinea*) e jiboia (*Epipremnum pinnatum*), em canteiros e vasos.

BIOLOGIA

O desenvolvimento de *S. articulatus* é variável, dependendo do sexo. A fêmea apresenta dois instares ninfais (Figura 2). Já os machos passam por quatro instares ninfais (Figura 2). No primeiro instar, não é possível distinguir se se trata de macho ou fêmea; a partir do segundo instar, é possível a identificação. O terceiro e o quarto instares são do tipo "pupoide" (Figuras 2D, 2E). O primeiro instar (ninfa I), comum para fêmeas e machos, é constituído de duas fases, uma móvel (Figura 2A) e outra séssil (Figura 2B) (Loayza, 1999). A fase móvel (migrante) possui corpo ovalado, de cor amarela, mede 0,22 mm de comprimento e 0,17 mm de largura (Figura 2A). As ninfas móveis, tão logo saem da carapaça materna, buscam um local adequado para fixação. Podem caminhar por uma hora ou até por 48 horas, dependendo da temperatura. Procuram brotações e folhas novas, fixando-se ao longo das nervuras centrais e secundárias em ambas as superfícies da folha, principalmente na face abaxial. No fruto, fixam-se nas depressões da casca. Alguns indivíduos tendem a permanecer na mesma folha, fixando-se ao redor da carapaça materna e de outras cochonilhas adultas, formando colônias. A segunda fase (séssil), com 0,32 mm de comprimento e 0,24 mm de largura, compreende duas etapas:

- A primeira inicia-se com a inserção das peças bucais no hospedeiro. Horas após a fixação, começam a produzir uma secreção filamentosa de aspecto cotonoso, originando uma carapaça branca, de formato cônico. Tem duração de um a dois dias, conforme a temperatura.
- A segunda etapa inicia-se a partir da formação de uma carapaça mais espessa e rígida, formando um halo amarelo ao redor da primeira carapaça. Ao findar o primeiro instar, a parte dorsal da exúvia é incorporada à face interna da carapaça (Figuras 2B, 3-1a, 3-1b), enquanto a face ventral é fixada à superfície da folha. Apenas a área de inserção das peças bucais permanece livre. Apresenta cor branca, é cerosa e delicada. A duração média desse instar é de 13,5 dias a 25°C e de 37,5 dias a 18°C (Tabela 1). O segundo instar da fêmea (ninfa II) tem corpo piriforme, amarelo (Figura 2C), com

Figura 2. Ciclo de desenvolvimento de *S. articulatus*. (1) Fêmea. (2) Macho. A) Ninfa I móvel. B) Ninfa I séssil. C) Ninfa II. D) Pré-pupa (c. exúvia). E) Pupa. F) Adulto (a. jovem; b. maduro sexualmente; (') carapaças).

0,46 mm de comprimento e 0,39 mm de largura. No dorso, visualiza-se uma nova banda em torno da carapaça do primeiro instar (Figuras 2C, 3A-2). A carapaça torna-se transparente, podendo-se observar o corpo da ninfa. Ao término desse estágio, a exúvia é incorporada da mesma forma descrita anteriormente para a ninfa de primeiro instar. A Figura 3 ilustra as exúvias incorporadas à parte dorsal da carapaça e o ângulo de rotação em relação ao posicionamento delas, tomando como base o pigídio. A duração média é de 16 dias a 25°C e de 26 dias a 18°C (Tabela 1).

Tabela 1. Duração (dias) das fases imaturas e do ciclo total (fase móvel–adulto) de fêmeas de *S. articulatus* sobre mudas de *Citrus limonia* em duas temperaturas. UR 60 ± 10%; fotofase: 14 horas. Valores entre parênteses expressam o intervalo de variação, ao nível de 5% de probabilidade (Loayza, 1999).

Temperatura (ºC)	Primeiro instar (fase móvel + fase fixa) (ninfa 1)	Segundo instar (ninfa 2)	Ciclo total
18	37,53 ± 1,66	26,26 ± 1,40	63,94 ± 2,01
25	13,55 ± 0,75	16,17 ± 0,86	29,94 ± 1,02

A fêmea adulta apresenta corpo piriforme, de cor amarela quando jovem (Figura $2F_1a$) e pigídio marrom. Quando sexualmente madura, torna-se laranja (Figura $2F_1b$). Mede 1,22 mm de comprimento e 1,05 mm de largura. A secreção da carapaça inicia-se a partir da última banda do segundo instar, expandindo-se ao redor e além do corpo da fêmea (Figura 3A-4). O conjunto, constituído por todas as bandas de secreção, assume formato circular e convexo (Figura 3A). De início, a carapaça é transparente, tornando-se marrom com a maturação sexual da fêmea. Ela mede 2,10 mm de diâmetro. As fêmeas fecundadas secretam filamentos cerosos de cor

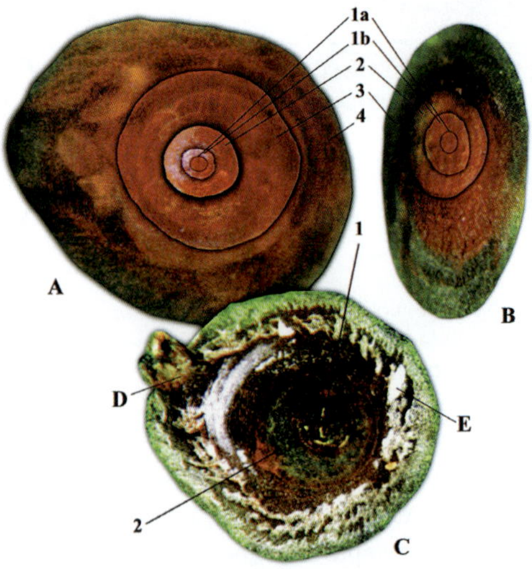

Figura 3. Formato da carapaça de *S. articulatus*. A) Fêmea (vista dorsal). B) Macho (vista dorsal). C) Abertura da carapaça. D) Da fêmea. As bandas circulares da carapaça representam os períodos de crescimento das ninfas de primeiro instar (1a – carapaça branca; 1b – carapaça amarela), de segundo instar (2), do macho (3) e da fêmea (3 e 4). E) Secreção filamentosa para fixação na folha.

branca em toda a periferia da carapaça (com exceção da extremidade posterior), aderindo-a, ventralmente, à superfície da folha (Figuras 3C, 3E). Essa secreção tem a função de sustentação das ninfas recém-eclodidas. A extremidade posterior permanece livre, constituindo-se na única passagem para as ninfas abandonarem a carapaça materna (Figuras 3C, 3D).

O segundo instar do macho (ninfa II) é similar ao da fêmea. Os machos são facilmente distinguidos pelo formato do corpo, mais alongado, e por apresentarem cor amarela escura (Figura $2C_2$). Medem 0,51 mm de comprimento e 0,37 mm de largura. Na cabeça, evidenciam-se duas manchas pretas correspondentes aos ocelos (Figura $2C_2$). A secreção glandular é produzida pela última vez, sendo a carapaça do mesmo tamanho nos instares seguintes (Figuras $2C_2$, 3B-2).

A carapaça mede 1,32 mm de comprimento e 1,0 mm de largura. Ao contrário das fêmeas, a exúvia é eliminada pela extremidade posterior da carapaça, ao findar esse estágio (Figura 2D-c). De maneira similar às fêmeas, os machos também secretam filamentos cerosos de cor branca que aderem ao hospedeiro, auxiliando na fixação do inseto. Esses filamentos são produzidos em toda a periferia da carapaça, com exceção da extremidade posterior, que permanece livre para a liberação das exúvias. A duração média desse instar é de 9,7 dias a 25°C e de 15 dias a 18°C (Tabela 2).

O terceiro instar do macho (pré-pupa) tem corpo ovalado, de coloração alaranjada (Figura 2D), e mede 0,77 mm de comprimento e 0,42 mm de largura. Nesse estágio, ocorrem mudanças acentuadas, como a diferenciação da cabeça, a definição dos ocelos, a formação de esboços das antenas, pernas e asas, o alongamento do abdômen (Figura 2D). Finalizando o instar, o processo de eliminação da exúvia se repete. Na fase de pré-pupa, ocorre o atrofiamento do aparato bucal e, como consequência, o inseto não se alimenta nos instares posteriores. A duração média desse instar é de 3 dias a 25°C e de 5,4 dias a 18°C (Tabela 2).

O quarto instar do macho (pupa) tem corpo ovalado, alaranjado (Figura 2E), mede 0,81 mm de comprimento e 0,45 mm de largura (Tabela 2). Nesse instar, as

Tabela 2. Duração (dias) das fases imaturas e do ciclo total (fase móvel–adulto) de machos de *S. articulatus* sobre mudas de *Citrus limonia* em duas temperaturas. UR: 60 ± 10%; fotofase: 14 horas. Valores entre parênteses expressam o intervalo de variação, ao nível de 5% de probabilidade (Loayza, 1999).

Temperatura (°C)	Primeiro instar (fase móvel + fase fixa) (ninfa 1)	Segundo instar (ninfa 2)	Terceiro instar (pré-pupa)	Quarto instar (pupa)	Ciclo total
18	35,37 ± 1,12	15,08 ± 1,44	5,35 ± 0,89	6,31 ± 0,90	62,04 ± 1,96
25	12,36 ± 0,68	9,71 ± 0,77	3,29 ± 0,45	3,93 ± 0,60	29,01 ± 1,38

antenas, asas e pernas estão mais desenvolvidas. Observa-se a presença dos ocelos, segmentação no abdômen (Figura 2E), com desenvolvimento do estilete copulador. Como no instar anterior, a exúvia é eliminada ao término da fase de pupa. A duração média desse instar é de 3,9 dias a 25°C e de 6,3 dias a 18°C (Tabela 2).

O macho adulto tem corpo frágil, de coloração avermelhada (Figura $2F_2$); mede 0,90 mm de comprimento, 0,36 mm de largura e 1,53 mm de envergadura. Apresenta um par de longas antenas e um par de asas transparentes, que é atrofiado (Figura $2F_2$). O estilete copulador é longo, possibilitando sua introdução por debaixo da carapaça da fêmea, para cópula. O macho abandona a carapaça por trás. Logo após a emergência, está apto para o acasalamento. Ao atingir a fase adulta, os machos podem permanecer abrigados na carapaça por um a dois dias, se a temperatura for inferior a 18°C. Em temperaturas superiores, sua atividade é normal, isto é, abandonam a carapaça algumas horas após a ecdise, podendo voar ou caminhar em busca da fêmea. O ciclo de desenvolvimento é de 29 dias a 25°C e de 62 dias a 18°C (Tabela 2).

A reprodução é ovovípara e o período de incubação dura alguns minutos. As ninfas recém-eclodidas abandonam a carapaça materna e procuram um local adequado para fixação. O período de oviposição é de 32,8 dias a 18°C e de 55,8 dias a 25°C. A fecundidade à temperatura de 18°C foi a mais baixa (52 ninfas móveis); a 25°C, foram obtidas 135 ninfas móveis (Loayza, 1999).

Loayza, Parra e Vendramim (2003) verificaram, em laboratório, que a pardinha desenvolveu-se melhor em citros da variedade Hamlin, sendo Natal e Pera intermediários; Valência mostrou-se menos adequada para o desenvolvimento do inseto.

ECOLOGIA

Herrera-Aranguena (1964) considerou que o uso excessivo de produtos químicos na citricultura do Peru elevou a "categoria" de *S. articulatus* e *Lepidosaphes beckii* de pragas secundárias a pragas-chave. Altas populações da praga podem estar correlacionadas a longos períodos de déficit hídrico, que desfavorecem os fungos entomopatogênicos, os quais contribuem para manter as populações em equilíbrio (Nakano, 1985), ou com a poeira, gerada pelo uso de grades ou circulação de veículos (Pinto et al., 1994; Benvenga, Gravena & Da Silva, 2008). Segundo Gravena (1990) e Benvenga, Gravena e Da Silva (2008), a poeira favorece a ocorrência de cochonilhas em citros, principalmente as de carapaça. Pinto et al. (1994) verificaram que a ocorrência de *S. articulatus* é maior nas plantas próximas às estradas, cobertas por poeira. Gravena (1990) citou cinco espécies favorecidas pela poeira na citricultura brasileira: *Parlatoria pergandii, P. ziziphi, S. articulatus, Unaspis citri* e *Mycetaspis personata.* Surís (1985) determinou a influência do porta-enxerto sobre a pardinha e verificou que a lima-da-pérsia, enxertada sobre laranja Agrio, apresentou maior população desse diaspidídeo em relação ao mesmo material sobre Rugoso e Cleópatra. As cochonilhas preferem, em geral, folhas maduras (velhas) em relação às mais novas. Surís e Varona (1988) avaliaram a distribuição de *S. articulatus* em pomares de laranja de Cuba, em 1981-1983, e verificaram que a distribuição dessa praga foi heterogênea dentro do pomar e dentro da planta.

Perruso e Cassino (1993), estudando a flutuação populacional de *S. articulatus* em citros, observaram grande regularidade no que se refere às épocas de ocorrência, registrando as maiores infestações no período quente e úmido (setembro a janeiro) e as menores no período frio e seco (maio a julho). Pinto (1995) também determinou a dinâmica populacional de *S. articulatus* em Taquaritinga, SP. Observou que a população da pardinha apresentou picos em todas as estações do ano. Entretanto, os maiores níveis ocorreram nos meses quentes e úmidos. O autor verificou que a face de exposição norte e a parte interna da planta ofereceram melhores condições para a sobrevivência da cochonilha. A parte superior da folha, próxima ao pecíolo, apresentou-se mais infestada do que a inferior.

Pereira et al. (1997) avaliaram a flutuação populacional de *S. articulatus* no Rio de Janeiro e constataram que o pico populacional ocorreu em abril, com comportamento atípico, pois essa cochonilha prefere condições quentes e úmidas. Domenici, Baldin e Scoparin (1997) estudaram o local de maior concentração do inseto na planta, comparando tronco, folhas da "saia", parte interna e externa da planta. Observaram maior concentração na parte interna das plantas, o que sugere que esse local é o mais adequado para amostragens da cochonilha.

Silva-Filho et al. (1998) observaram picos populacionais variáveis de *S. articulatus,* dependendo do ano em que se realizou a amostragem, na região do Parque da Gleba e na Barra da Tijuca, RJ.

DISTRIBUIÇÃO GEOGRÁFICA E IMPACTO NA CITRICULTURA

S. articulatus já foi registrada em vários países do mundo. McKenzie (1956) levantou a hipótese de que teria como centro de origem a África. Bartra (1974) citou sua ocorrência no Brasil, Peru, Guiana Inglesa, México, Índia, Panamá, Trinidad e Tobago, Equador, Bolívia, Estados Unidos (Flórida) e África (Uganda). Foi também referida causando sérios problemas em citros no Equador (Yust, 1958) e em Cuba (Dziedzick & Karnkowski, 1990). No Peru, Herrera-Aranguena (1964) citou *S. articulatus* e *L. beckii* como as principais cochonilhas que atacam citros. Beingolea (1969) relatou que a pardinha era a principal praga das plantações de citros do Peru.

Dziedzick e Karnkowski (1990) citaram que essa cochonilha, relatada na Ásia, nas Américas do Sul e Central e na Austrália, tinha na Europa registros de ocorrência apenas em casas de vegetação. *S. articulatus* foi relatada no Brasil, ocorrendo apenas no Estado do Pará (Lepage, 1938; Silva et al., 1968, citados por Menezes & Cassino, 1984). No entanto, Racca-Filho e Cassino (1980) comentaram o surgimento da pardinha em pomares cítricos no Rio de Janeiro, no final da década de 1970, alertando que poderia tornar-se muito prejudicial à citricultura do estado e disseminar-se para outros centros citrícolas. Gonçalves e Lima (1980) também relataram a ocorrência dessa praga em pomares cítricos no Rio de Janeiro, em Seropédica, Itaguaí e Itaboraí.

Menezes e Cassino (1984) relataram a associação da pardinha às plantas cítricas em municípios do Espírito Santo. A ocorrência de *S. articulatus* em São Paulo foi relatada por Prates, Nardo e Watanabe (1985). Essa espécie infestou citros em 1981 e, mais intensamente, em 1984-1985. Watanabe e Yoshii (1992) registraram a pardinha infestando pomares de citros nos municípios paulistas de Bebedouro, Terra Roxa, Araraquara, Viradouro, Catanduva, Paraíso, Taiuva, Taiaçu, Barretos, Jaboticabal, Monte Azul Paulista, Piranji, Guariba, Pitangueiras, Cajobi, Olímpia, Uchoa, Novo Horizonte, Mogi-Guaçu, Porto Feliz e Tatuí. Prates, Nardo e Watanabe (1998) relataram que a cochonilha *S. articulatus* encontrava-se disseminada por todo o Estado de São Paulo, causando sérios prejuízos aos produtores, com perdas de peso dos frutos de até 30%, por provocar maturação precoce, além de outros danos, como manchas, descoloração e queda de folhas e frutos. Gouvea et al. (1998) registraram diversas ocorrências dessa espécie na Bahia, causando danos consideráveis no município de Santa Inês, no sudoeste do estado. Yust (1958) observou que a pardinha causa sérios danos em citros, provocando áreas amareladas nas folhas, desfolhamento e grande redução na produção e na qualidade dos frutos.

Herrera-Aranguena (1964) determinou que os danos de *S. articulatus* são proporcionais à sua população. Quando em pequenas populações, ataca unicamente as folhas e os frutos. Entretanto, quando a infestação é alta, ataca também as hastes e os ramos verdes. O ataque a frutos leva à desuniformidade da coloração. Os prejuízos causados pelo ataque da pardinha em citros são detalhados por Bartra (1974). Os danos diretos são causados principalmente pela picada da cochonilha, que injeta a saliva digestiva, causando auréolas amareladas nas folhas e nos frutos. Os danos indiretos são derivados da picada, que causa murchamento das folhas, com reflexos na fotossíntese. Gravena et al. (1995) referiram que plantas atacadas pela praga sofrem prejuízos no crescimento e na produção, pois o fruto atacado fica deformado e não cresce. Em frutos novos, o local de ataque fica deprimido (Parra, Pinto & Oliveira, 2003) e o tamanho deles é reduzido, bem como a quantidade de suco. Plantas novas, com até quatro anos de idade, são as mais prejudicadas pela praga.

Informações sobre o manejo desse inseto na citricultura podem ser obtidas em Gravena et al. (1995), Gallo et al. (2002), Yamamoto & Parra (2005), Benvenga et al. (2008), Parra et al. (2008) e Yamamoto & Pinto (2008).

REFERÊNCIAS BIBLIOGRÁFICAS

ALBUQUERQUE, F. A. de et al. Insetos associados à cultura da aceroleira (*Malpighia glabra* L.) na região de Maringá, Estado do Paraná. *Acta Scientiarum* 24(1): 1.245-9.

AZEREDO, E. H. de; RODRIGUES, W. C. & CASSINO, P. C. R. Ocorrência de *Selenaspidus articulatus* (Morgan) (Hemiptera, Diaspididae) e do predador *Pentilia egena* (Mulsant) (Coleoptera, Coccinellidae) em *Myrtus communis* L. (Myrtaceae), em Pinheiral, RJ. *Revista Brasileira de Entomologia* 48(4): 569-76, 2004.

BARTRA, P. C. E. Biologia de *Selenaspidus articulatus* Morgan y sus principales controladores biológicos. *Rev. Per. de Ent.* 17(1): 60-8, 1974.

BEINGOLEA, O. G. Notas sobre la biologia de *Selenaspidus articulatus* Morgan (Hom.: Diaspididae), "Queresa Redonda de los Cítricos". *Rev. Per. de Ent.* 12(1): 119-29, 1969.

BENVENGA, S. R.; GRAVENA, S. & SILVA, J. L. da. Manejo de cochonilhas dos citros. In: YAMAMOTO, P. T. (org.). *Manejo integrado de pragas dos citros.* Piracicaba: CP2, 2008. 336p.

BERGMANN, E. C.; STRADIOTO, M. F. & BRISOLLA, A. D. Ocorrência de *Selenaspidus articulatus* (Morgan, 1889) em cultura de seringueira (*Hevea brasiliensis* Muell. Arg.) no município de Olímpia, Estado de São Paulo. *O Biológico* 54(1-6): 27-8, 1988.

CAMPOS, L. Z. de O. *Levantamento das espécies de plantas ornamentais e das cochonilhas (Insecta, Hemiptera) associadas a essas em Ribeirão Preto, SP.* Ribeirão Preto, 2003. Monografia (graduação) – Centro Universitário Moura Lacerda.

CASSINO, P. C. R.; LIMA, E. R. de & FERREIRA, I. T. Novo hospedeiro de *Selenaspidus articulatus* (Morgan, 1889) (Homoptera, Diaspididae) no Estado do Rio de Janeiro. In: 10° CONGRESSO BRASILEIRO DE ENTOMOLOGIA. *Resumos...* Rio de Janeiro: Universidade Federal Rural do Rio de Janeiro, 1986.

DEKLE, G. W. Arthropods of Florida and neighboring lands: Florida armored scale insects. *Florida Dept. Agric. Cons. Serv.* 3: 1-345, 1976.

DOMENICI, M. G.; BALDIN, E. L. L. & SCOPARIN, C. H. L. Preferência de fixação de *Selenaspidus articulatus* (Morgan, 1889) (Hemiptera: Diaspididae) na folha de citrus, em relação a sua localização. In: 16° CONGRESSO BRASILEIRO DE ENTOMOLOGIA. *Resumos...* Salvador: Sociedade Entomológica do Brasil, 1997.

DZIEDZICK, A. & KARNKOWSKI, W. The contribution to knowledge of *Selenaspidus articulatus* (Morgan) (Homoptera, Coccinea [sic], Diaspididae). *Acta. Biol. Cracov. Ser. Zool.* 32: 39-43, 1990.

FERRAZ, L. E. Infestação de cochonilha-pardinha em sansão-do-campo usado como cerca viva em pomares de laranja. *Bragantia* 56(2): 289-90, 1997.

FERRIS, G. E. *Atlas of the scale insects of North America (Second Series).* Stanford University Press, 1938, p. 270-1.

GALLO, D. et al. *Entomologia agrícola.* Piracicaba: Fealq, 2002. 920p. (Biblioteca de Ciências Agrárias Luiz de Queiroz, 10).

GONÇALVES, C. R. & LIMA, A. E. *Selenaspidus articulatus* (Morgan), nova praga de plantas cítricas no Rio de Janeiro (Hom.: Diaspididae). In: 6° CONGRESSO BRASILEIRO DE ENTOMOLOGIA. *Resumos...* Campinas: Unicamp, Instituto de Biologia, 1980.

GOUVEA, A. et al. Pragas associadas às plantas cítricas no município de Santa Inês, BA. In: 8° CONGRESSO BRASILEIRO DE ENTOMOLOGIA. *Resumos...* Rio de Janeiro: Sociedade Entomológica do Brasil, 1998.

GRAVENA, S. Manejo integrado de pragas de citros na atualidade. In: FERNANDES, O. A. et al. (eds.). *Manejo integrado de pragas e nematoides*. Jaboticabal: Funep, 1990, n. 1.

GRAVENA, S. et al. *Manual do pragueiro*. Jaboticabal: Funep, 1995. 40p.

HERRERA-ARANGUENA, J. M. Ciclos biológicos de las queresas de los cítricos en la Costa Central. Métodos para su control. *Rev. Per. Ent.* 7(1): 1-8, 1964.

LEÃO NETO, R. da et al. Eficiência de inseticidas sobre a cochonilha *Selenaspidus articulatus* (Morgan) (Hom., Diaspididae) e efeito sobre inimigos naturais no pomar cítrico. In: 10° CONGRESSO BRASILEIRO DE ENTOMOLOGIA. *Resumos*... Rio de Janeiro: Universidade Federal Rural do Rio de Janeiro, 1986.

LEPAGE, H. S. Catálogo dos coccídeos do Brasil. *Rev. Museu Paulista*, 23: 327-604, 1938.

LOAYZA, R. M.; PARRA, J. R. P. & VENDRAMIM, J. D. Biologia comparada de *Selenaspidus articulatus* (Morgan) (Hemiptera: Diaspididae) em cultivares de *Citrus sinensis* e em *Citrullus silvestris*. *Neotropical Entomology*, 32(3): 493-6, 2003.

LOAYZA, R. M. *Bioecologia e determinação do nível de controle de Selenaspidus articulatus (Morgan, 1889) (Hemiptera: Diaspididae) em citros*. Piracicaba, 1999. 110p. Tese (doutorado) – Escola Superior de Agricultura "Luiz de Queiroz", Universidade de São Paulo.

LUCCHESI, R. et al. Controle integrado da cochonilha parda *Selenaspidus articulatus* (Morgan, 1889) (Homop., Diaspididae) através de óleos minerais, inseticidas e fungos entomopatogênicos naturais. In: 10° CONGRESSO BRASILEIRO DE ENTOMOLOGIA. *Resumos*... Rio de Janeiro: Universidade Federal Rural do Rio de Janeiro, 1986.

MARTINS, D. D. S.; CULICK, M. P. & WOLFF, V. R. D. S. New records of scale insects (Hemiptera: Coccoidea) as pests of papaya in Brazil. *Neotropical Entomology* 33(5): 655-7, 2004.

McKENZIE, H. L. *The armored scale insects of California. Buli. Calif. Insect. Surveys 5*. Berkley and Los Angeles: University of California Press, 1956. 357p.

MENEZES, E. B. & CASSINO, P. C. R. Ocorrência de *Selenaspidus articulatus* (Morgan, 1889) (Homoptera, Diaspididae) no Estado do Espírito Santo. In: 9° CONGRESSO BRASILEIRO DE ENTOMOLOGIA. *Resumos*... Londrina: Embrapa/CNPSo, 1984.

NAKANO, O. Cochonilhas nos laranjais do Estado de São Paulo. *Rev. Agronômica* 27: 15-7, 1985.

PARRA, J. R. P.; PINTO, A. de S. & OLIVEIRA, H. N. de. *Guia ilustrado de pragas e insetos benéficos dos citros*. Piracicaba: A. S. Pinto, 2003. 140p.

PARRA, J. R. P. et al. Controle biológico de pragas dos citros. In: YAMAMOTO, P. T. (org.). *Manejo integrado de pragas dos citros*. Piracicaba: CP2, 2008. 336p.

PEREIRA, C. H. et al. Flutuação populacional de *Selenaspidus articulatus* no Parque da Gleba e Barra da Tijuca, RJ. In: 7° CONGRESSO BRASILEIRO DE ENTOMOLOGIA. *Resumos*... Salvador: Sociedade Entomológica do Brasil, 1997.

PEREIRA, C. H. et al. Novas hospedeiras para *Selenaspidus articulatus* (Morgan, 1889) (Hom., Diaspididae) no Parque da Gleba e Barra da Tijuca, Rio de Janeiro. In: 8° CONGRESSO BRASILEIRO DE ENTOMOLOGIA. *Resumos*... Rio de Janeiro: Sociedade Entomológica do Brasil, 1998.

PERRUSO, J. C. & CASSINO, P. C. R. Dados preliminares da flutuação populacional de *Selenaspidus articulatus* (Morgan, 1889) (Homoptera, Diaspididae) em *Citrus sinensis* (L.) Osbeck no Estado do Rio de Janeiro. In: 14° CONGRESSO BRASILEIRO DE ENTOMOLOGIA. *Resumos*... Piracicaba: Esalq/USP, 1993.

PINTO, A. de S. *Flutuação populacional de Selenaspidus articulatus (Morgan) Hemiptera: Diaspididae) em citros e ocorrência de inimigos naturais no município de Taquaritinga, SP*. Jaboticabal, 1995. Dissertação (mestrado) – Universidade Estadual Paulista.

PINTO, A. de S. et al. Efeito da poeira na distribuição da cochonilha *Selenaspidus articulatus* (Hemiptera, Diaspididae) e do ácaro *Phyllocoptruta oleivora* (Acari, Eriophiidae) em pomar de citros. In: 4º SIMPÓSIO DE CONTROLE BIOLÓGICO. *Resumos*... Gramado: Sociedade Entomológica do Brasil, 1994.

PRATES, H. S.; NARDO, E. A. B. de & WATANABE, M. A. Ocorrência de inimigos naturais de *Selenaspidus articulatus* Morgan, 1889 (Hemiptera: Diaspididae) em pomares cítricos no Estado de São Paulo. In: 8º CONGRESSO BRASILEIRO DE ENTOMOLOGIA. *Resumos*... Rio de Janeiro: Sociedade Entomológica do Brasil, 1998.

PRATES, H. S.; CABRITA, J. R. M. & PINTO, W. B. S. *Selenaspidus articulatus, uma praga em potencial para a citricultura paulista*. Campinas: Cati, 1985. 14p. (Comunicado Técnico).

RACCA FILHO, E. & CASSINO, P. C. R. Ocorrência de diaspidídeos em pomares citrícolas do Estado do Rio de Janeiro (Hom., Diaspididae). In: 6º CONGRESSO BRASILEIRO DE ENTOMOLOGIA. *Resumos*... Campinas: Unicamp, Instituto de Biologia, 1980.

SILVA-FILHO, R. et al. Monitoramento de *Selenaspidus articulatus* (Morgan, 1889) (Hom., Diaspididae) em *Sizygium cuminii* (Jamelão) no Parque da "Gleba", Barra da Tijuca, RJ. In: 8º CONGRESSO BRASILEIRO DE ENTOMOLOGIA. *Resumos*.... Rio de Janeiro: Sociedade Entomológica do Brasil, 1998.

SURÍS, M. & VARONA, I. Distribución espacial de *Selenaspidus articulatus* (Coccoidea: Diaspididae) en una plantación de naranjo. Valencia. *Rev. Protec. Veg.* 3(1): 38-44, 1988.

SURÍS, M. Influencia del patrón en la presencia de *Selenaspidus articulatus* (Coccoidea: Diaspididae) en cítricos. *Agrotec. Cuba* 17(2): 27-30, 1985.

WATANABE, M. A. & YOSHII, C. Parasitismo em cochonilha pardinha *Selenaspidus articulatus* (Hemiptera-Homoptera, Diaspididae) por *Aphytis* sp. (Hymenoptera, Aphelinidae). *Rev. Agricultura* 67(1): 63-5, 1992.

WILLE, J. E. *Entomologia agrícola del Peru*. Lima: Ministério da Agricultura, 1952.

WILLIAMS, D. J. & WATSON, G. W. *The scale insects of the tropical South Pacific Region. Part 1. The armoured scales (Diaspididae)*. Wallingford: CAB Internacional, 1988. 290p.

YAMAMOTO, P. T. & PINTO, A. de S. Manejo de pragas dos citros. In: PINTO, A. de S. & ZACCARO, R. P. (orgs.). *Produção de mudas e manejo fitossanitário dos citros*. Piracicaba: CP2, 2008. 133p.

YAMAMOTO, P. T. & PARRA, J. R. P. Manejo integrado de pragas dos citros. In: MATTOS JR., D. et al. (org.). *Citros*. Campinas: Instituto Agronômico/Fundag, 2005. 929p.

YUST, H. R. Rufous scale on robusta coffee in Equador. *J. Econ. Entomol*. 56(3): 404, 1958.

17

Cochonilha-rosada, *Maconellicoccus hirsutus* (Green)

E. G. F. Morais, A. L. B. G. Peronti,
A. L. Marsaro Júnior, G. C. Amaro

INTRODUÇÃO

Nativa do Sul da Ásia (Williams 1986, 2004) ou Austrália (Goolsby, Kirk & Meyerdik, 2002), *Maconellicoccus hirsutus* foi descrita a partir de espécimes coletados na Índia em 1908. Nas décadas seguintes foi registrada em várias localidades das regiões tropicais e subtropicais do Velho Mundo (Eppo, 2005). O primeiro relato no Novo Mundo foi no Havaí, em 1983 (Beardsley, 1985). Mais recentemente, espalhou-se para outras regiões da Oceania e das Américas. Granada foi a porta de entrada nas Américas, em 1994, de onde se espalhou com rapidez para outros dezesseis países caribenhos (USDA-Aphis 1996), da América Central (Miller, 1999), do Norte da América do Sul (Matile-Ferrero, Étienne & Tiego, 2000; Tambasco et al., 2000; Cermeli et al., 2002; Kondo, Ramos-Portilla & Vergara-Navarro, 2008) e do Sul da América do Norte (Miller, 1999; Chong, 2009).

No Brasil, *M. hirsutus* era considerada praga quarentenária ausente (A1). Entretanto, já se alertava para o risco eminente de entrada dessa praga no país (Tambasco et al., 1995; Tambasco & Nardo, 1998). Como se temia, no final de 2010, colônias de *M. hirsutus* foram encontradas atacando plantas de *Hibiscus rosa-sinensis* L. (Malvaceae) nos municípios de Bonfim, Pacaraima e Boa Vista, RR (Marsaro Júnior et al., 2013). No início de 2012, a cochonilha rosada foi registrada no Estado do Espírito Santo, cerca de 3.400 quilômetros a sudeste de Roraima (Culik et al., 2013), e, no final de 2012, em São Paulo e Mato Grosso (Peronti & Marsaro Júnior, não publicado) (Figura 1).

A grande preocupação, com relação à dispersão da cochonilha-rosada no país, está ligada principalmente à sua polifagia. Foi registrada em mais de 200 gêneros de plantas, de 76 famílias botânicas, algumas de grande importância econômica para o Brasil, como café, citros, soja, milho, cana-de-açúcar, algodão, uva, várias plantas ornamentais e olerícolas (Ben-Dov, Miller & Gibson, 2012). No Brasil, foi registrada em onze espécies de plantas (Marsaro Júnior et al., 2013; Culik et al., 2013). *Centrolobium paraensis* Tul. (Fabaceae), *Inga edulis* Mart. (Fabaceae), *Citrus sinensis* (L.) Osbeck (Rutaceae) (Marsaro Júnior et al., 2013) e *Solanum americanum* Mill. (Solanaceae) (Culik et al., 2013) foram registradas pela primeira vez como hospedeiras. Isto demonstra a capacidade dessa cochonilha de ampliar sua gama de hospedeiros.

Figura 1. Distribuição espacial de *M. hirsutus* (Hemiptera: Pseudococcidae) no Brasil.

A dispersão de *M. hirsutus* a curtas distâncias pode ocorrer pelos ovos, ovissacos ou formas imaturas, facilmente transportados pelo vento, pela água, pelos animais ou pelo homem. As ninfas de primeiro instar também podem caminhar curtas distâncias sobre o solo, até outras plantas hospedeiras vizinhas. No caso de regiões mais distantes dos focos de infestação, o comércio agrícola é o principal responsável pela propagação da praga. A cochonilha em geral é transportada junto com mudas de suas plantas hospedeiras ou, com menor frequência, através de flores de corte e frutos (Eppo, 2005).

O reconhecimento desse inseto-praga no campo pode ser realizado principalmente pelos ovos, que apresentam coloração rosada (Figura 2); pelos caracteres macroscópicos da fêmea, como corpo avermelhado coberto por uma camada de cera branca, filamentos de cera laterais ausentes e posteriores curtos (Figura 3); e pelos sintomas da planta hospedeira. Entretanto, a confirmação da espécie deve

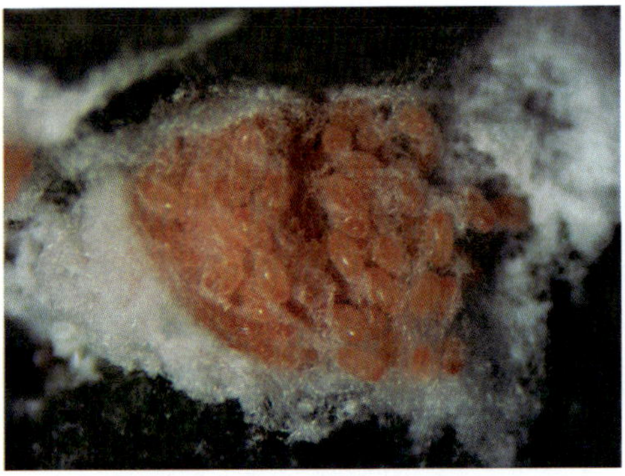

Figura 2. Ovos de *M. hirsutus* (Hemiptera: Pseudococcidae). Foto: Alberto L. Marsaro Júnior.

Figura 3. Fêmea adulta de *M. hirsutus* (Hemiptera: Pseudococcidae). Foto: Elisângela G. F. Morais.

ser feita por especialistas, que se baseiam sobretudo em caracteres microscópicos das fêmeas, como presença de numerosos condutos tubulares sobre o dorso, em geral mais de trinta sobre alguns segmentos abdominais. Apresentam diferentes formatos de borda externa, não tão definida quanto aquela apresentada por outras espécies; três a seis pares de cerários compostos por uma ou duas cerdas cônicas e com pouca ou nenhuma concentração de poros triloculares na base; condutos tubulares com colar oral espalhados sobre a superfície; círculo presente; antenas com nove segmentos; barra anal presente, mas comumente imperceptível (Miller et al., 2012) (Figura 4).

A alimentação de *M. hirsutus* provoca malformação de brotos, folhas e flores, causada pela injeção de saliva tóxica. A planta atacada fica com aspecto encarquilhado (Figura 5) e, em ataques severos, pode morrer (Kairo et al., 2000). Os frutos das plantas infestadas não se desenvolvem de modo regular e, em geral, apresentam tamanho reduzido e aspecto anormal; podem cair precocemente, reduzindo, assim, a produção e o seu valor comercial. Como outros insetos sugadores de seiva, a cochonilha-rosada elimina uma secreção que atrai formigas e propicia o desenvolvimento da fumagina, deteriorando ainda mais a qualidade do produto agrícola ou florestal (Gonzalez-Gaona et al., 2010). Além disso, a presença de grandes quantidades de cera, característica de infestações por *M. hirsutus*, também reduz o valor estético e comercial das plantas ornamentais (Kairo ct al., 2000).

Posição taxonômica e nomenclatura

Ordem: Hemiptera
Subordem: Sternorrhyncha
Superfamília: Coccoidea
Família: Pseudococcidae
Gênero: *Maconellicoccus* Ezzat, 1958
Espécie: *Maconellicoccus hirsutus* (Green, 1908)

M. hirsutus foi inicialmente descrita no gênero *Phenacoccus* por Green (1908), baseado em espécimes coletados na Índia em um arbusto desconhecido. Entretanto, Ezzat (1958) descreveu o gênero *Maconellicoccus* para abrigar a espécie, e a redescreveu como *M. hirsutus*, espécie-tipo do gênero. O gênero *Maconellicoccus* inclui outras sete espécies: *M. australiensis* (Green & Lidgett), *M. lanigerus* (Fuller), *M. leptospermi* Williams e *M. tasmaniae* (Williams), conhecidas para a Austrália; *M. multipori* (Takahashi) e *M. ramchesis* (Williams), conhecidas para a Região Oriental; e *M. ugandae* (Laing), para a África (Ben-Dov, 1994).

HISTÓRICO DA INTRODUÇÃO DA PRAGA NO BRASIL

M. hirsutus foi detectada pela primeira vez no Brasil em outubro de 2010, no Estado de Roraima, nos municípios de Bonfim, Pacaraima e Boa Vista, atacando

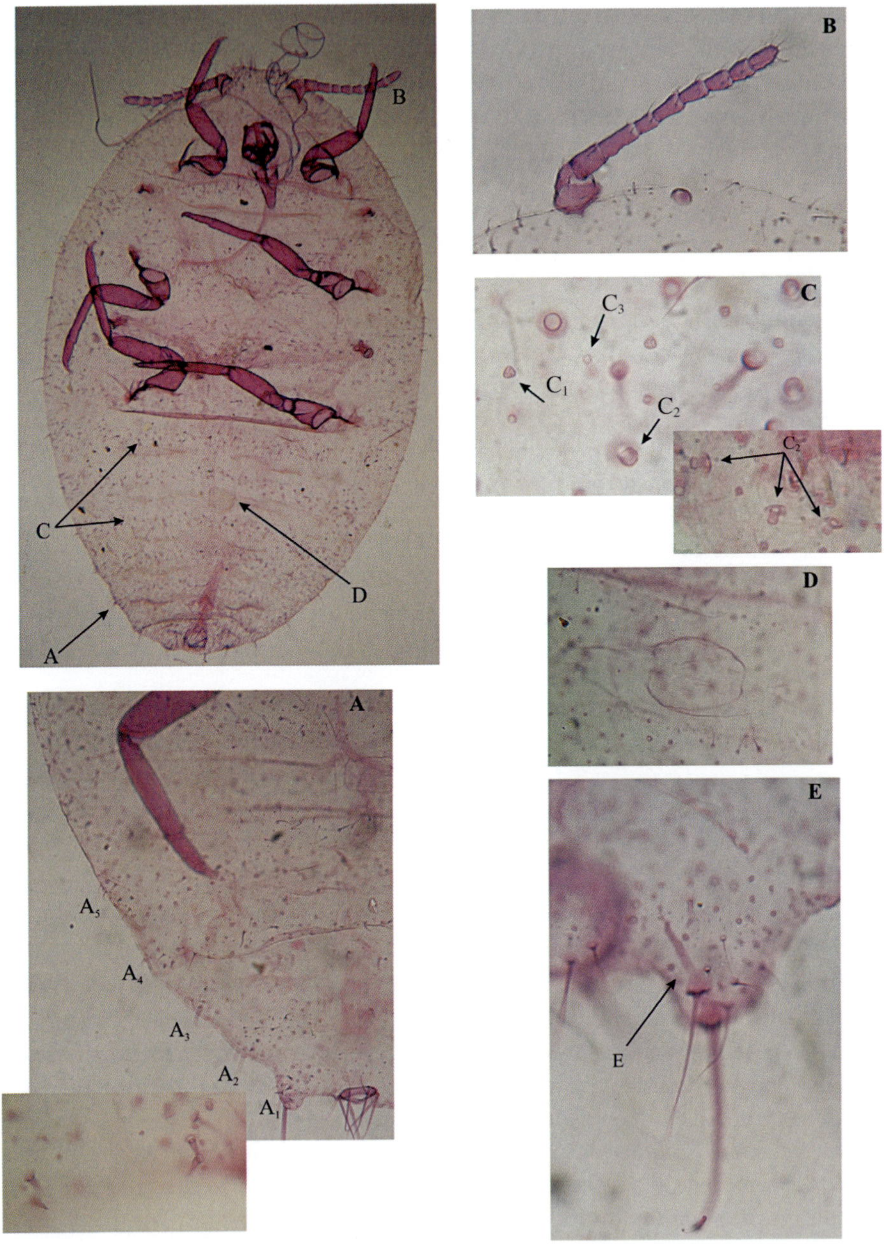

Figura 4. Caracteres microscópicos utilizados para a identificação taxonômica da fêmea adulta de *M. hirsutus* (Hemiptera: Pseudococcidae).
A) Cerários. B) Antena. C) Condutos tubulares e poros presentes na superfície dorsal. C1) Poros triloculares. C2) Condutos tubulares com borda oral. C3) Condutos tubulares com colar oral. D) Círculo. E) Barra anal. Fotos: Ana Lúcia B. G. Peronti.

folhas, gemas apicais e flores de *Hibiscus rosa-sinensis* L. (Malvaceae). Posteriormente, foi coletada no município de Normandia (Roraima) atacando frutos, folhas e gemas apicais de gravioleira (*Annona muricata* L. – Annonaceae) (Figura 6), mudas de pau-rainha (*Centrolobium paraensis* Tul. – Fabaceae) (Figura 7),

Figura 5. Galho de *Hibiscus rosa-sinensis* L. (Malvaceae) com gema apical, flores e folhas atacadas por *M. hirsutus* (Hemiptera: Pseudococcidae) e formiga associada à colônia, Boa Vista, Roraima. Foto: Elisângela G. F. Morais.

Figura 6. Fruto de graviola *Annona muricata* L. (Anonnaceae) atacado por *M. hirsutus* (Hemiptera: Pseudococcidae), Normandia, Roraima. Foto: Elisângela G. F. Morais.

Figura 7. Colônia de *M. hirsutus* (Hemiptera: Pseudococcidae) em muda de *Centrolobium paraensis* Tul. (Fabaceae), Boa Vista, Roraima. Foto: Elisângela G. F. Morais.

plantas de soja (*Glycine max* L. – Fabaceae) (Figura 8) e mudas de tomateiros (*Lycopersicon esculentum* Mill. – Solanaceae), em Boa Vista (Marsaro Júnior et al., 2013).

Com a confirmação da espécie em Roraima, o Ministério da Agricultura, Pecuária e Abastecimento (Mapa), por meio da Instrução Normativa 30, de 24 de agosto de 2011, proibiu a saída de mudas e demais materiais de propagação, exceto sementes e material *in vitro*, de qualquer espécie vegetal do Estado de Roraima para outras unidades da federação. Além disso, abacate, amora, banana, cacau, café, caqui, mamão, maracujá, pimentas e pimentões, quiabo, uva, bem como qualquer fruto das plantas do gênero *Spondias* ou das famílias Annonaceae, Cucurbitaceae e Myrtaceae, provenientes do Estado de Roraima, somente poderiam transitar para outra unidade da federação após inspeção da partida, efetuada por agente do órgão estadual de defesa agropecuária do Estado de Roraima e emissão da permissão de trânsito de vegetais (PTV). A lista de frutos que necessitam de inspeção e emissão de PTV não é mais longa porque, desde a constatação da mosca-da-carambola, *Bactrocera carambolae* Drew & Hancock (Diptera: Tephritidae) nesse estado, em dezembro de 2010, o trânsito de outros hospedeiros de *M. hirsutus* foi proibido, por também serem atacados por essa outra praga exótica.

Apesar dessas medidas fitossanitárias, em maio e julho de 2012, infestações por *M. hirsutus* foram verificadas em Cachoeiro de Itapemirim, ES, em quiabo (*Abelmoschus esculentus* (L.) Moench – Malvaceae) e na planta invasora maria-

Figura 8. Planta de soja *Glycine max* L. – Fabaceae atacada por *M. hirsutus* (Hemiptera: Pseudococcidae), Boa Vista, Roraima. Foto: Elisângela G. F. Morais.

-pretinha (*Solanum americanum* Mill. – Solanaceae) (Culik et al., 2013). Entre o final de 2012 e o início de 2013, a cochonilha-rosada foi também detectada, em plantas de hibisco (*H. rosa-sinensis*), em dezembro de 2012, em São Carlos, SP, e, em janeiro de 2013, em Rondonópolis, MT (Peronti & Marsaro Júnior, não publicado).

Em Roraima, a via mais provável de entrada de *M. hirsutus* deve ter sido a dispersão natural ou o trânsito de vegetais infestados, em especial mudas de hibisco oriundas da Venezuela ou da Guiana. Duas cidades brasileiras com focos dessa cochonilha ficam na divisa com esses países: Pacaraima faz divisa com a Venezuela e Bonfim, com a Guiana. Nessas fronteiras, a movimentação de pessoas é intensa, inclusive em locais onde não há barreira fitossanitária. Em levantamentos realizados em Roraima, em 2011, por técnicos da Agência de Defesa Agropecuária do Estado de Roraima (Aderr) e do Ministério da Agricultura, Pecuária e Abastecimento (Mapa), *M. hirsutus* não foi encontrada nos municípios do sul do estado (Mucajaí, Iracema, Caracaraí, Rorainópolis, São João da Baliza, Caroebe, São Luiz do Anauá e Cantá).

A dispersão da cochonilha-rosada para os demais estados do Brasil pode ter ocorrido de duas formas: no sentido norte-sul do país, a partir de Roraima, ou de novas introduções em países onde *M. hirsutus* está presente. Em ambos os casos, a dispersão pode ter ocorrido por diferentes vias: terrestre, aérea ou marítima.

DISTRIBUIÇÃO GEOGRÁFICA

Desde a descrição da espécie na Índia, em 1908, *M. hirsutus* espalhou-se para várias partes do mundo, sobretudo para as regiões tropical e subtropical. Atualmente, é encontrada no Norte da África, Ásia, Antilhas, Austrália, Ilhas do Pacífico, Sul dos Estados Unidos, América Central e Norte da América do Sul. No Brasil, *M. hirsutus* foi registrada nos estados de Roraima (Boa Vista, Bonfim, Normandia e Pacaraima) (Marsaro Júnior et al., 2013), Espírito Santo (Cachoeiro de Itapemirim) (Culik et al., 2013), São Paulo (Campinas e São Carlos) e Mato Grosso (Rondonópolis) (Peronti & Marsaro Júnior, não publicado) (Figura 1).

A seguir, é apresentada a lista dos países onde *M. hirsutus* foi registrada e o respectivo ano de introdução naqueles localizados nas Américas (Ben-Dov, Miller & Gibson, 2012), incluindo a introdução recente no Brasil (Marsaro Júnior et al., 2013).

- América Central e Caribe: Granada (1994), São Cristóvão e Neves (1995), Trinidad e Tobago (1995), Anguilla (1996), Antilhas Neerlandesas (1996), Santa Lúcia (1996), Ilhas Virgens Britânicas (1997), Ilhas Virgens dos Estados Unidos (1997), Porto Rico (1997), São Vicente e Granadinas (1997), Guadalupe (1998), Montserrat (1998), Belize (1999), Jamaica (1999), Martinica (1999), Antígua e Barbuda (2000), Aruba (2000), Bahamas (2000), Barbados (2000), Dominica (2001), República Dominicana (2002), Guatemala (2002) e Haiti (2002).
- América do Sul: Guiana Francesa (1997), Guiana (1997), Venezuela (1999), Suriname (2001), Colômbia (2008) e Brasil (2010).
- América do Norte: Estados Unidos – Havaí (1983), Califórnia (1999), Flórida (2002), Carolina do Sul (2009) – e México (1999).
- Ásia: Bangladesh, Brunei Darussalam, Camboja, China (Guangdong, Hong Kong, Macao, Shanxi, Xizhang, Yunnan), Índia (amplamente distribuída), Indonésia (amplamente distribuída), Japão (Ryukyu), Laos, Líbano, Malásia, Maldivas, Myanmar, Nepal, Omã, Paquistão, Filipinas, Arábia Saudita, Singapura, Sri Lanka, Taiwan, Tailândia, Emirados Árabes, Vietnã, Iêmen.
- África: Benin, Burkina Faso, Camarões, República Central Africana, Chade, Congo, Côte d'Ivoire, Egito, Gabão, Gâmbia, Quênia, Libéria, Níger, Nigéria, Senegal, Seychelles, Somália, Sudão, Tanzânia (incluindo Zanzibar), Zaire, Zâmbia.
- Oceania: Austrália, Guam, Micronésia, Palau, Papua Nova Guiné, Samoa, Ilhas Salomão, Tonga, Tuvalu, Vuatu e Samoa Ocidental.

BIOLOGIA E ECOLOGIA

M. hirsutus apresenta grande dimorfismo sexual. A fêmea, com cerca de 3 mm de comprimento, é áptera, com corpo avermelhado coberto por uma camada cerosa de coloração branca, antenas curtas, filamentos de cera laterais ausentes e posteriores curtos (Figura 3). Os machos, de coloração alaranjada, têm um par de asas simples, antenas longas e medem de 2,5 a 3 mm de comprimento, excluindo os dois longos filamentos caudais (Figura 9). Não possuem aparelho bucal e vivem apenas alguns dias até se acasalarem (Chong, Roda & Mannion, 2009).

A reprodução sexual é a mais comum nessa espécie, entretanto, a partenogênese também pode ocorrer (Serrano, Lapointe & Meyerdirk, 2001; Chong, Roda & Mannion, 2008). A reprodução partenogenética foi verificada no Egito (Hall, 1921) e na Índia (Singh & Ghosh, 1970). A fêmea de *M. hirsutus* coloca cerca de 150 a 600 ovos e seu período reprodutivo dura de oito a onze dias. Os ovos, com 0,3 e 0,4 mm de comprimento, são colocados em uma camada cerosa de forma irregular (ovissaco) produzida pela fêmea (Figura 2). O período de incubação dos ovos varia de seis a nove dias. As fêmeas passam por três estágios ninfais e os machos, por quatro. O penúltimo e o último instares do macho correspondem à pré-pupa e pupa. O período ninfal pode durar até trinta dias (Mani, 1989; Chong, Roda & Mannion, 2008).

O período de desenvolvimento das fêmeas (de ovo a adulto) varia de 66, 31, 29 e 33 dias nas temperaturas de 20°C, 25°C, 27°C e 30°C, respectivamente. O período de desenvolvimento, a sobrevivência e a capacidade reprodutiva de *M.*

Figura 9. Macho adulto de *M. hirsutus* (Hemiptera: Pseudococcidae). Foto: Alberto L. Marsaro Júnior.

hirsutus podem variar de acordo com a planta hospedeira (Babu & Azam, 1987; Persad & Khan, 2002; Serrano & Lapointe, 2002). Ela tem elevada capacidade de aumentar sua população em curto período de tempo; as temperaturas mais favoráveis ao seu desenvolvimento e reprodução são 25°C e 27°C. Nestas temperaturas, verificou-se que a taxa reprodutiva líquida (R_0 = número de fêmeas por fêmea) foi de aproximadamente 150 e o tempo de geração (T = tempo em que a população dobra de tamanho) foi de quarenta dias (Chong, Roda & Mannion, 2008).

M. hirsutus pode formar densas colônias com todos os estágios presentes, cobertas por uma camada de cera branca produzida pelas cochonilhas (Figura 7). A essas colônias é comum a associação com formigas, as quais alimentam-se da excreção açucarada eliminada pelas cochonilhas (Ghose, 1970; Mani, 1989). As formigas registradas associadas a *M. hirsutus* incluem *Oecophylla* sp., *Iridomyrmex* sp. e *Solenopsis* sp. (Hymenoptera: Formicidae) nas Ilhas Salomão e Papua Nova Guiné (Williams & Watson, 1988). Em Roraima, tem-se verificado a associação dessa cochonilha com formigas-lava-pés, *Solenopsis* spp. (Hymenoptera: Formicidae), principalmente em plantas de soja (Figura 10) e pau-rainha, e com outras espécies ainda não identificadas, a maioria do gênero *Crematogaster* (Hymenoptera: Formicidae), em especial em plantas de hibisco (Figura 5) (Morais, não publicado).

Figura 10. Formigas-lava-pés [*Solenopsis* spp. (Hymenoptera: Fomicidae)] associadas a colônias de *M. hirsutus* (Hemiptera: Pseudococcidae) em cultivo de soja, Boa Vista, Roraima. Foto: Elisângela G. F. Morais.

PLANTAS HOSPEDEIRAS

M. hirsutus é uma espécie extremamente polífaga, que ataca mais de 330 espécies de 200 gêneros, distribuídos em 76 famílias botânicas, incluindo plantas ornamentais, cultivadas, florestais e daninhas. As espécies mais suscetíveis são das famílias Malvaceae (em particular o gênero *Hibiscus*), Fabaceae, Moraceae, Proteaceae e Rhamnaceae (Ben-Dov, Miller & Gibson, 2012).

Dentre as espécies cultivadas, essa cochonilha ataca: algodão (*Gossypium arboreum* L. e *Gossypium herbaceum* L. – Malvaceae), soja (*G. max*), feijão-comum (*Phaseolus vulgaris* L. – Fabaceae), feijão-de-corda (*Vigna unguiculata* L. – Fabaceae), café (*Coffea* sp. – Rubiaceae), cana-de-açúcar (*Saccharum officinarum* L. – Poaceae), milho (*Zea mays* L. – Poaceae) etc. Dentre as hortaliças, ataca: alface (*Lactuca sativa* L. – Asteraceae); Solanaceae: tomate (*L. esculentum*), pimentas e pimentão (*Capsicum* spp.); Cucurbitaceae: abóbora (*Cucurbita* spp.) e pepino (*Cucumis sativus* L.) etc. (Ben-Dov, Miller & Gibson, 2012).

Dentre as ornamentais, *M. hirsutus* ataca: hibisco (*Hibiscus* spp. – Malvaceae), malvavisco (*Malvaviscus arboreus* Cav. – Malvaceae), fícus (*Ficus* sp. – Moraceae), alamanda (*Allamanda catartica* L. – Apocynaceae), grevílea (*Grevillea robusta* Cunn. – Proteaceae), rosa (*Rosa* sp. – Rosaceae), ixora (*Ixora* sp. – Rubiaceae), cactos (*Opuntia* sp. – Cactaceae) etc. (Ben-Dov, Miller & Gibson, 2012).

Dentre as fruteiras, a cochonilha-rosada ataca: Anacardiaceae, como manga (*Mangifera indica* L.), cajá (*Spondias cytherea* L.), ciriguela (*S. purpurea* L.) etc.; Annonaceae, como graviola (*A. muricata*), condessa (*A. reticulata* L.), fruta-do-conde (*A. squamosa* L.) etc.; Myrtaceae: goiaba (*Psidium guajava* L.), jamelão (*Eugenia jambolana* Lam.), jambo (*E. malaccensis* L.) etc.; citros (*Citrus* sp. Rutaceae); uva (*Vitis vinifera* L. Vitaceae); mamão (*Carica papaya* L. Caricaceae); maracujá (*Passiflora edulis* Sims. Passifloraceae), dentre outras (Ben-Dov, Miller & Gibson, 2012).

A cochonilha-rosada ataca também diversas espécies florestais, tais como: leucena (*Leucaena glauca* Lam. Fabaceae), acácia (*Acacia arabica* Lam. Fabaceae), teca (*Tectona grandis* L.f Verbenaceae), ipê (*Tabebuia* sp. Bignoniaceae) etc. (Ben-Dov, Miller & Gibson, 2012).

Em Roraima, foi verificado o ataque de *M. hirsutus* em folhas e flores de hibisco, *H. rosa-sinensis* (Figura 5); folhas e frutos de graviola, *A. muricata* (Figura 6); folhas e gemas apicais de mudas de pau-rainha, *C. paraenses* (Figura 7); folhas, gemas apicais, flores e vagens de soja, *G. max* (Figura 8) e folhas de tomate, *S. lycopersicum*; folhas e frutos de ingá, *I. edulis*; folhas de goiaba, *P. guajava*; folhas e frutos de carambola, *Averrhoa carambola* L. (Oxalidaceae); e folhas de laranja, *C. sinensis* (Marsaro Júnior et al., 2013). Os tomateiros foram destruídos antes do florescimento, por isso não foi possível verificar o ataque em flores e frutos. O pau-rainha não havia sido relatado anteriormente como hospedeiro de *M. hirsutus*. No Estado do Espírito Santo, a cochonilha-rosada foi coletada em quiabo, *Abelmoschus esculentus* (Malvaceae), e maria-pretinha, *Solanum ameri-*

canum (Solanaceae) (Culik et al., 2013). Nos estados de São Paulo e Mato Grosso, *M. hirsutus* foi coletada em *H. rosa-sinensis* L. (Malvaceae) (Peronti & Marsaro Júnior, não publicado).

É possível que o ataque de *M. hirsutus* já esteja ocorrendo em outras espécies de plantas, visto que monitoramentos frequentes não têm sido realizados no Brasil.

IMPACTO ECONÔMICO E PREJUÍZOS

M. hirsutus tem causado sérios danos a diversas plantas cultivadas e ornamentais no Sul da Ásia e no Egito (Williams, 1986, 1996). Essa cochonilha tem se destacado como uma praga importante de algodão no Paquistão (Mohammad, 2012) e na Índia (Muralidharan & Badaya, 2000). Entretanto, os maiores prejuízos têm sido verificados nos países caribenhos, afetando principalmente a produção de frutas e ornamentais. Os prejuízos causados por essa praga no Caribe foram de 3,5 a 10 milhões de dólares em Granada, em 1996-1997; 280.000 dólares em São Cristóvão, em 1995-1997; 5,1 milhões de dólares em Trinidad e Tobago, em 1995-1997; 67.000 dólares em Santa Lúcia; e 3,4 milhões de dólares em São Vicente e Granadinas, em 1999 (Kairo et al., 2000). Esses prejuízos são calculados com base no custo para controle e nas perdas diretas nas lavouras. Entretanto, houve um impacto incalculável sobre as exportações agrícolas desses países. Nos Estados Unidos, se medidas para prevenção de dispersão e controle de *M. hirsutus* não fossem efetuadas, estima-se que as perdas na agricultura poderiam chegar a 750 milhões de dólares por ano e a 5 bilhões em dez anos (Moffitt, 1999).

No Brasil, perdas significativas causadas por *M. hirsutus* ainda não foram notificadas até 2013, embora infestações esporádicas tenham ocorrido em plantas de importância econômica, como soja, tomate, quiabo e laranja (Culik et al., 2013; Marsaro Júnior et al., 2013). Os baixos níveis de infestação de *M. hirsutus* nas áreas onde foi relatada devem estar relacionados à ação do controle biológico realizado por inimigos naturais nativos e exóticos, como o parasitoide *Anagyrus kamali* Moursi (Hymenoptera: Encyrtidae), verificado em Roraima (Marsaro Júnior et al., 2013), e várias espécies de coccinelídeos associadas às colônias dessa cochonilha no Espírito Santo (Culik et al., 2013) e em São Paulo (Peronti & Marsaro Júnior, não publicado).

Entretanto, considerando que, até 2013, a maioria dos focos de *M. hirsutus* ocorria em áreas urbanas e de pequenos produtores, ainda não é possível prever como essa espécie irá se comportar quando o ataque acontecer em cultivos extensos. Nessas áreas, a densidade de inimigos naturais em geral é menor, devido ao uso intenso de inseticidas e a outros fatores, como ausência de áreas de refúgio. Por isso, nesses cultivos é possível que as infestações da cochonilha atinjam níveis mais elevados.

Em Roraima, houve um impacto devido à restrição do trânsito de vegetais para outros estados. Essas restrições têm desestimulado muitos produtores a investirem em suas produções, em especial de fruteiras, já que a maior parte desses produtos é destinada à comercialização em Manaus, AM. Nos demais estados onde *M. hirsutus* já se encontra presente, medidas restritivas para comercialização de plantas hospedeiras ainda não foram adotadas. Além disso, a dispersão de *M. hirsutus* para outras regiões do Brasil pode comprometer seriamente a exploração comercial de várias espécies vegetais de interesse agrícola. Desde 2003, *M. hirsutus* está na lista de pragas quarentenárias A1 da Organização de Proteção de Plantas da Europa e Mediterrâneo (Eppo). Por isso, os países-membros dessa organização exigem que os materiais vegetais cujas plantas são hospedeiras da cochonilha-rosada estejam livres dessa praga. Além disso, os países mais ameaçados podem exigir que as plantas hospedeiras ou partes delas importadas sejam provenientes de áreas livres de *M. hirsutus* nos países onde ocorre (Eppo, 2005). Portanto, a presença da cochonilha-rosada nas grandes áreas produtoras agrícolas do Brasil de frutas e ornamentais, em particular, pode afetar a exportação desses produtos para os países da Europa e do Mediterrâneo.

Os problemas de restrição de comercialização de produtos para outros estados ou países importadores e os danos diretos causados por *M. hirsutus* podem gerar sérios impactos sociais, econômicos e ambientais para o Brasil. Tais problemas podem levar a um aumento nos gastos com agrotóxicos para o controle e tratamentos fitossanitários pós-colheita, que, em consequência, causariam aumento nos custos de produção e maiores riscos de contaminação ambiental e intoxicação humana.

O modo de controle de *M. hirsutus* mais eficiente é o biológico, visto que o controle químico tem sido pouco eficaz, pois o inseto vive em condições protegidas, em fendas e rachaduras de cascas de árvores, na base do pecíolo, na face dorsal do limbo foliar e em bainhas de gramíneas, além de apresentar uma grossa camada cerosa no corpo e seus ovos serem protegidos por uma secreção filamentosa no ovissaco (Figura 2), o que dificulta o acesso e a penetração dos inseticidas (Kairo et al., 2000). A introdução da joaninha *Cryptolaemus montrouzieri* Mulsant (Coleoptera: Coccinellidae) e dos parasitoides *Anagyrus kamali* Moursi e *Gyranusoidea indica* Shafee, Alam & Agarwal (Hymenoptera: Encyrtidae) no Caribe e nos Estados Unidos reduziu significativamente a população da cochonilha-rosada (Meyerdirk et al., 1998; Kairo et al., 2000; Michaud & Evans, 2000). No Havaí e nas ilhas Marianas, a introdução do parasitoide *A. kamali* juntamente com a joaninha *C. montrouzieri* foi eficaz para manter as populações de *M. hirsutus* abaixo do nível de dano econômico (Meyerdirk et al., 1998). A liberação de parasitoides na Califórnia reduziu a densidade de *M. hirsutus* em 95% em um ano (Roltsch et al., 2006).

Em Roraima, plantas de hibiscos atacadas pela cochonilha-rosada têm sido periodicamente monitoradas, e tem-se verificado elevados índices de parasitismo por *A. kamali* (Marsaro Júnior et al., 2013). Esse inimigo natural provavelmente foi introduzido junto com a cochonilha. Entretanto, a presença constante de formigas associadas às colônias de *M. hirsutus* pode reduzir a eficácia de controle por esse parasitoide.

O controle fitossanitário, como o uso de irradiação (Jacobsen & Hara, 2003), imersão em água quente (Hara & Jacobsen, 2005) e tratamento térmico com vapor (Follet, 2004), também pode ser uma alternativa para a permissão da exportação de frutos pós-colheita para regiões livres da praga. No entanto, esses métodos não são eficientes para eliminar as cochonilhas em mudas e flores ornamentais de corte (Chong, 2009).

A dose mínima recomendada para tratamento com irradiação é de 100 a 250 Gy (Jacobsen & Hara, 2003). A temperatura ideal da água para imersão de frutos verificada por Hara & Jacobsen (2005) é de 49°C por 20 minutos. No tratamento térmico com vapor das vagens de ervilha (*Pisum sativum* L), a 47°C por 45 minutos ou a 49°C por 10 minutos, todas as fases do ciclo de *M. hirsutus* foram eliminadas (Follett, 2004). Entretanto, tanto para tratamento com água quente quanto térmico com vapor, são necessários estudos para verificar a temperatura e o tempo ideal de tratamento para cada fruto específico. A temperatura e sobretudo o tempo de tratamento podem variar de acordo com a máquina usada e o hospedeiro de *M. hirsutus,* em especial para os frutos que absorvem mais calor ou apresentam estruturas que abrigam as cochonilhas, como é o caso do cálice de frutas cítricas (Follett, 2004).

REFERÊNCIAS BIBLIOGRÁFICAS

BABU, T. R. & AZAM, K. M. Studies on biology, host spectrum and seasonal population fluctuation of the mealybug, *Maconellicoccus hirsutus* (Green) on grapevine. *Indian J. Hort.* 44: 284-8, 1987.

BEN-DOV, Y. *A systematic catalogue of the mealybugs of the world (Insecta: Homoptera: Coccoidea: Pseudococcidae and Putoidae) with data on geographical distribution, host plants, biology and economic importance.* Andover, UK: Intercept Limited, 1994. 686 p.

BEN-DOV, Y.; MILLER, D. R. & GIBSON, G. A. H. *ScaleNet*, 2012. Disponível em: <www.sel.barc.usda.gov/scalenet/query.htm>. Acesso em: 30 mar. 2012.

BERADSLEY, J. W. *Maconellicoccus hirsutus* (Green). *Proc. Hawaii Entomol. Soc.* 25: 27, 1985.

CERMELI, M. et al. Presencia de la cochinilla rosada de la cayena *Maconellicoccus hirsutus* (Green) (Hemiptera: Pseudococcidae) en Venezuela. *Entomotropica*, 17: 103-5, 2002.

CHONG, J. H. First report of the pink hibiscus mealybug, *Maconellicoccus hirsutus* (Green) (Hemiptera: Pseudococcidae), in South Carolina. *J. Agr. Urban. Entomol.* 26: 87-94, 2009.

CHONG, J. H.; RODA, A. L. & MANNION, C. M. Life history of the mealybug, *Maconellicoccus hirsutus* (Hemiptera: Pseudococcidae), at constant temperatures. *Environ. Entomol.* 37: 323-32, 2008.

CULIK, M. P. et al. The invasive hibiscus mealybug *Maconellicoccus hirsutus* (Hemiptera: Pseudococcidae) and its recent range expansion in Brazil. *Fla. Entomol.* 96 (2): 638-40, 2013.

EPPO – European and Mediterranean Plant Protection Organization. Data sheets on quarantine pests – *Maconellicoccus hirsutus*, 2005. *OEPP/EPPO Bulletin* 35: 413-5. Disponível em: <www.eppo.org/QUARANTINE/insects/Maconellicoccus_hirsutus/DS_Maconellicoccus_hirsutus.pdf>. Acesso em: 30 mar. 2012.

EZZAT, Y. M. *Maconellicoccus hirsutus* (Green), a new genus, with redescription of the species (Homoptera: Pseudococcidae-Coccoidea). *Bull. Soc. Entomol. Egypte* 42: 377-83, 1958.

FOLLETT, P. A. Generic vapor heat treatments to control *Maconellicoccus hirsutus* (Homoptera: Pseudococcidae). *J. Econ. Entomol.* 97: 1.263-8, 2004.

GHOSE, S. K. Predators, parasites and attending ants of the mealybug, Maconellicoccus hirsutus. *Indian J. Plant Prot.* 22: 22-30, 1970.

GONZALES-GAONA, E. et al. Validation of two pheromonal compounds for monitoring pink hibiscus mealybug in Mexico. *Agrociencia* 44: 65-73, 2010.

GOOLSBY, J. A.; KIRK, A. A. & MEYERDIRK, D. E. Seasonal phenology and natural enemies of *Maconellicoccus hirsutus* (Hemiptera: Pseudococcidae) in Australia. *Fla. Entomol.* 85: 494-8, 2002.

GREEN, E. E. Remarks on Indian scale insects (Coccidae), Part III. With a catalogue of all species hitherto recorded from the Indian continent. Mem. Dept. Agric. India. *Entomol. Ser.* 2: 15-46, 1908.

HALL, W. J. *The hibiscus mealy bug (Phenacoccus hirsutus).* Bulletin Ministry of Agriculture Egypt, Technical and Scientific Service Entomological, Section 17: 1-28, 1921.

HARA, A. H. & JACOBSEN, C. M. Hot water immersion for surface disinfestation of *Maconellicoccus hirsutus* (Homoptera: Pseudococcidae). *J. Econ. Entomol.* 98: 284-8, 2005.

JACOBSEN, C. M. & HARA, A. H. Irradiation of *Maconellicoccus hirsutus* (Homoptera: Pseudococcidae) for phytosanitation of agricultural commodities. *J. Econ. Entomol.* 96: 1.334-9, 2003.

KAIRO, M. T. K. et al. Biological control of the hibiscus mealybug, *Maconellicoccus hirsutus* Green (Hemiptera: Pseudococcidae) in the Caribbean. *IPM Rev.* 5: 241-54, 2000.

KONDO, T.; RAMOS-PORTILLA, A. A. & VERGARA-NAVARRO, E. V. Updated list of mealybugs and putoids from Colombia (Hemiptera: Pseudococcidae and Putoidae). *Bol. Mus. Entomol. Univ. Valle* 9: 29-53, 2008.

MANI, M. A review of the pink mealybug *Maconellicoccus hirsutus* (Green). *Insect Sci. Appl.* 10: 157-67, 1989.

MARSARO JR., A. L. et al. First report of *Maconellicoccus hirsutus* (Green, 1908) (Hemiptera: Coccoidea: Pseudococcidae) and the associated parasitoid *Anagyrus kamali* Moursi, 1948 (Hymenoptera: Encyrtidae), in Brazil. *Braz. J. Biol.* 73: 413-8, 2013.

MATILE-FERRERO, D.; ÉTIENNE, J. & TIEGO, G. Introduction de deux ravageurs d'importance pour la Guyane française: *Maconellicoccus hirsutus* et *Paracoccus marginatus* (Hem., Coccoidea, Pseudococcidae). *Bull. Soc. Entomol. Fr.* 105: 485-6, 2000.

MEYERDIRK, D. E. et al. *Biological control of the pink hibiscus mealybug project manual.* United States Department of Agriculture, Washington, DC, 1998.

MICHAUD, J. P. & EVANS, G. A. Current status of pink hibiscus mealybug in Puerto Rico including a key to parasitoid species. *Fla. Entomol.* 83: 97-101, 2000.

MILLER, D. R. Identification of the pink hibiscus mealybug, *Maconellicoccus hirsutus* (Green) (Hemiptera: Sternorrhyncha: Pseudococcidae). *Insecta Mundi* 13: 189-203, 1999.

MILLER, D. R. et al. *Scale insects*: identification tools for species of quarantine importance. Scale families. ARS & Aphis/USDA, 2012. Disponível em: <www.sel.barc.usda.gov/ScaleKeys/ScaleInsectsHome/ScaleInsectsFamilies.html>. Acesso em: 30 mar. 2012.

MOFFITT, L. J. *Economic risk to United States agriculture of pink hibiscus mealybug invasion.* A report to the United States Department of Agriculture, Animal and Plant Health Inspection Service, 1999.

MOHAMMAD, A. K. *Mealy bug*: an emerging threat to cotton crop, 2012. Disponível em: <http:// pakissan. com/english/advisory/mealy.bug.an.emerging.threat.to.cotton.crop.shtm>. Acesso em: 30 mar. 2012.

MURALIDHARAN, C. M. & BADAYA, S. N. Mealy bug (*Maconellicoccus hirsutus*) outbreak on herbaceum cotton (*Gossypium herbaceum*) in Wagad cotton belt of Kachch. *Indian J. Agr. Sci.* 70: 705-6, 2000.

PERSAD, A. & KHAN, A. Comparison of life table parameters for *Maconellicoccus hirsutus, Anagyrus kamali, Cryptolaemus montrouzieri* and *Scymnus coccivora*. *Biol. Control.* 47: 137-49, 2002.

ROLTSCH, W. J. et al. Classical biological control of the pink hibiscus mealybug, *Maconellicoccus hirsutus* (Green), in southern California. *Biol. Control.* 37: 155-66, 2006.

SERRANO, M. S. & LAPOINTE, S. L. Evaluation of host plants and a meridic diet for rearing *Maconellicoccus hirsutus* (Hemiptera: Pseudococcidae) and its parasitoid *Anagyrus kamali* (Hymenoptera: Encyrtidae). *Fla. Entomol.* 85: 417-25, 2002.

SERRANO, M. S.; LAPOINTE, S. L. & MEYERDIRK, D. E. Attraction of males by virgin female of the mealybug *Maconellicoccus hirsutus* (Hemiptera: Pseudococcidae). *Environ. Entomol.* 30: 339-45, 2001.

SINGH, M. P. & GHOSH, S. N. Studies on *Maconellicoccus hirsutus* causing 'bunchy top' in mesta. *J. Sci. Ind. Res.* 4: 99-105, 1970.

TAMBASCO, F. J. et al. Um exemplo de praga quarentenária: cochonilha-rosada, *Maconellicoccus hirsutus* (Hemiptera: Pseudococcidae). In: VILELA, E. F.; ZUCCHI, R. A. & CANTOR, F. (eds.). *Histórico e impacto das pragas introduzidas no Brasil*. Ribeirão Preto: Holos, 2000. 173p.

TAMBASCO, F. J. & NARDO, E. B. A. *Atenção para a cochonilha-rosada:* colabore para evitar sua introdução no país ou denunciar focos de infestação. Jaguariúna: Embrapa Meio Ambiente; Brasília: Ministério da Agricultura, 1998. 11p.

TAMBASCO, F. J. et al. Cochonilha-rosada, *Maconellicoccus hirsutus* (Green): uma praga de importância quarentenária já se encontra na Guiana Inglesa. *Floresta* 30: 85-93, 1995.

USDA/APHIS. *Pathway risk assessment.* Pink Mealybug from the Caribbean, 1996. 61p.

WILLIAMS, D. J. The identity and distribution of the genus *Maconellicoccus* Ezzat (Hemiptera: Pseudococcidae) in Africa. *Bull. Entomol. Res.* 76: 351-7, 1986.

WILLIAMS, D. J. A brief account of the hibiscus mealybug *Maconellicoccus hirsutus* (Hemiptera: Pseudococcidae), a pest of agriculture and horticulture, with descriptions of two related species from southern Asia. *Bull. Entomol. Res.* 86: 617-28, 1996.

WILLIAMS, D. J. *Mealybugs of Southern Asia*. Southdene Sdn. Bhd., Kuala Lumpur, Malaysia, 2004. 896p.

WILLIAMS, D. J. & WATSON, G. W. *The scale insects of the tropical South Pacific Region.* Pt. 2: The Mealybugs (Pseudococcidae). London: CAB International Institute of Entomology, 1998. 260p.

18

Mosca-negra-dos-citros, *Aleurocanthus woglumi* Ashby

J. D. Vendramim, M. R. Pena, N. M. Silva

INTRODUÇÃO

O Brasil é o maior produtor mundial de laranja. A partir da década de 1980, consolidou-se também como o maior produtor mundial de suco de laranja concentrado, mantendo essa liderança até o momento. Grande parte desse suco é exportada para os mercados americano, europeu e asiático, gerando divisas da ordem de US$ 1,5 bilhão a US$ 2,5 bilhões por ano. Em praticamente cinquenta anos, gerou-se, no Brasil, ao longo da cadeia produtiva citrícola, cerca de US$ 60 bilhões, em preços atuais (Neves et al., 2012). Segundo estes autores, essa riqueza está distribuída em centenas de empresas diretamente ligadas ao setor, em milhares de propriedades rurais, gerando mais de 200 mil empregos diretos e indiretos. Só o Estado de São Paulo concentra 53% do total da produção mundial de suco, detendo, junto com o Estado da Flórida, EUA, 81% desse total.

Entretanto, além dos problemas associados a algumas etapas da cadeia produtiva, essa importante *commodity* agrícola tem na dimensão fitossanitária um de seus principais gargalos, com destaque para a mosca-negra-dos-citros, *Aleurocanthus woglumi* Ashby. Esta espécie é considerada uma das principais pragas introduzidas na cultura dos citros no Brasil e disseminou-se de forma surpreendente para as diversas regiões do país, atingindo o Estado de São Paulo sete anos após sua introdução no Brasil.

Esse inseto, de origem asiática, foi detectado pela primeira vez no país no Estado do Pará, em 2001, e, até o início de 2012, já havia se disseminado por outros nove estados da federação (Mapa, 2012). No início de sua introdução, os ataques foram severos, principalmente sobre o limão Tahiti, tornando-se motivo de muita preocupação para os citricultores. Ainda que, sob a ação de inimigos naturais, seu nível de infestação tenha diminuído, essa praga ainda gera muitos prejuízos à citricultura brasileira.

De hábito alimentar polífago, a mosca-negra-dos-citros infesta diferentes espécies de plantas cultivadas e silvestres, com registro em trezentos hospedeiros, sendo citros o preferido (Nguyen & Hamon, 2003). Em regiões tropicais, a ocorrência de inúmeras gerações anuais e de grande número de indivíduos dificulta o controle da praga. Isso gera grande preocupação em relação aos impactos negativos que as medidas de controle adotadas podem ter sobre os recursos naturais e às barreiras fitossanitárias impostas por países importadores de frutas (Medeiros et al., 2009).

Neste capítulo, serão abordados vários assuntos concernentes à mosca-negra-dos-citros, com destaque para a questão taxonômica, o processo histórico de sua introdução no país e a forma como está distribuída geograficamente, além de aspectos relativos a sua biologia, plantas hospedeiras e principais impactos econômicos na cultura de citros.

Posição taxonômica e nomenclatura

Ordem: Hemiptera

Subordem: Sternorrhyncha

Superfamília: Aleyrodoidea

Família: Aleyrodidae

Subfamílias: Aleyrodinae

Gênero: *Aleurocanthus* Quaintance & Baker, 1914

Espécie: *Aleurocanthus woglumi* Ashby, 1915

Sinonímias (Mound & Halsey, 1978):

Aleurocanthus punjabensis Corbett, 1935

Aleurocanthus woglumi var. *formosana* Takahashi, 1935

Nomes comuns:

Mosca-negra-dos-citros, "citrus blackfly", "mosca prieta de los citrilos" e "aleurode noir des agrumes" (Eppo nº 103).

RECONHECIMENTO

A identificação taxonômica é feita geralmente pela morfologia externa da exúvia do pupário e também por meio de um padrão molecular estabelecido por técnicas de RAPD (polimorfismo de DNA amplificado ao acaso) (Oliveira, Silva & Návia, 2001).

DISTRIBUIÇÃO GEOGRÁFICA

A mosca-negra-dos-citros é uma praga de origem asiática (Dietz & Zetek, 1920) que apresenta ampla distribuição geográfica. Está presente nas Américas, na África, na Ásia e na Oceania.

O primeiro registro de sua ocorrência foi em 1913, na ilha caribenha da Jamaica. Propagou-se para Cuba, em 1916, e, mais tarde, para o México, em 1935 (Smith, Maltby & Jimenez, 1964). Foi detectada em Key West, na Flórida, em 1934, de onde foi erradicada em 1937 (Newell & Brown, 1939). Redescoberta em Ft. Lauderdale, Flórida, em 1976 (Dowell et al., 1981), na época atual encontra-se amplamente disseminada no centro e no sul da Flórida, de Cross Creek a Key West (Nguyen & Hamon, 2003).

No continente americano, distribui-se desde o Sul dos Estados Unidos até o Sudeste do Brasil. Na América do Norte, ocorre nas Bermudas, Estados Unidos (Flórida, Havaí e Texas) e México; na América Central, está presente nas Antilhas Holandesas, Bahamas, Barbados, Costa Rica, Cuba, El Salvador, Guatemala, Haiti, Ilhas Caimã, Jamaica, Nicarágua, Panamá, Porto Rico, República Dominicana e Trinidad; na América do Sul, ocorre no Brasil, Colômbia, Equador, Guiana, Peru, Suriname e Venezuela — neste último país, segundo Angeles et al. (1968; 1972; 1974) e Martínez (1983), a mosca-negra está presente desde 1965 e atualmente encontra-se disseminada em todas as regiões citrícolas do país; na África, ocorre na África do Sul, Ilhas Seychelles, Quênia, Tanzânia, Tunísia, Uganda e Zimbábue; na Ásia, em Bangladesh, Butão, Camboja, China, Emirados Árabes, Filipinas, Hong Kong, Índia, Indonésia, Iêmen, Irã, Laos, Malásia, Maldivas, Myanmar, Nepal, Omã, Paquistão, Singapura, Sri Lanka, Tailândia, Taiwan e Vietnã; na Oceania, nas Ilhas Salomão e Papua Nova Guiné (Oliveira, Silva & Návia, 1999, 2001; Eppo nº 103; Weems, 1962).

HISTÓRICO DA INTRODUÇÃO DA PRAGA NO BRASIL

Com relativa frequência, a Amazônia, entre as regiões brasileiras, tem se constituído como porta de entrada de pragas e doenças de importância quarentenária. Foi assim com a sigatoga-negra, a mosca-do-chifre, a mosca-da-carambola (restrita ao Amapá e a Roraima), a mosca-negra-dos-citros e, mais recentemente, o ácaro-vermelho, entre outros. Esses organismos, uma vez estabelecidos na região, tendem a disseminar-se com relativa rapidez por todo o território nacional.

A mosca-negra-dos-citros foi detectada pela primeira vez no Brasil no Estado do Pará, em 2001 (Silva, 2005; Maia et al., 2005; Mapa, 2012). A praga teve rápida propagação no país. Foi registrada nos estados do Amapá em 2002 (Jordão & Silva,

2006), Maranhão em 2003 (Lemos et al., 2006), Amazonas e Tocantins em 2004 (Pena & Silva, 2007; Ronchi-Teles, Pena & Silva, 2009), São Paulo e Goiás em 2008 (Pena et al., 2008), Paraíba e Roraima em 2009 (Lopes et al., 2009; Correia et al., 2011), Bahia e Ceará em 2010 (Silva et al., 2010).

O fato de a primeira ocorrência no Brasil ter sido relatada apenas em 2001, considerando a presença da praga na Jamaica desde 1913 e na Venezuela desde 1965, deve-se à barreira natural formada pela Floresta Amazônica, que constitui o grande obstáculo à introdução natural de pragas oriundas das Américas Central e do Norte (Silva, 2005).

A partir da primeira ocorrência no Estado do Pará, tem havido rápida disseminação da mosca-negra-dos-citros para outros estados e regiões citrícolas do Brasil. Isto provavelmente deve ter sido facilitado pelo comércio por meio do transporte fluvial e, sobretudo, do rodoviário, em especial de frutos de laranja *in natura* de áreas de ocorrência da praga para indústrias de suco concentrado no Estado de São Paulo, tendo em vista que 90% da produção paraense é exportada principalmente para o estado paulista (para a indústria de suco) e para o Nordeste brasileiro (para consumo *in natura*). Dessa forma, o transporte ao longo das rodovias e a deficiência de fiscalização certamente têm sido os maiores facilitadores para a disseminação dessa praga nos principais estados citricultores brasileiros (Silva et al., 2011).

BIOLOGIA E ECOLOGIA

Os ovos da mosca-negra são colocados em forma de espiral no lado inferior da folha. Cada fêmea coloca de duas a três espirais de ovos (Figura 1A) durante seu ciclo de vida, que é de dez a catorze dias (Dowell et al., 1981).

Os ovos são depositados de forma agregada, com grande variação de número por espiral: 28 a 32 (Dowell, Fitzpatrick & Howard, 1978), 7 a 52 (Martínez, 1983), 30 a 35 (Jordão & Silva, 2006), 10 a 61 (Lemos et al., 2006), 12 a 28 (Pena et al., 2009a), chegando a atingir uma média de 90,6 ovos/espiral (Patel & Patel, 2001). Na comparação entre três hospedeiros, laranja (*Citrus sinensis*), lima-ácida (*C. latifolia*) e manga (*Mangifera indica*), sob condições de laboratório, as fêmeas preferiram ovipositar em lima-ácida (Pena et al., 2009a).

Os ovos inicialmente apresentam-se branco-leitosos, tornando-se marrom-escuros próximo à eclosão (Patel & Patel, 2001). Possuem formato alongado e pontas arredondadas e fixam-se nas folhas através de um pedúnculo curto, localizado próximo à extremidade posterior (Weems, 1962). O período de incubação varia de dez a dezoito dias (Martinez & Angeles, 1973), com média de quinze dias (Patel & Patel, 2001; Pena et al., 2009a) e viabilidade de 65 a 95% (Martínez & Angeles, 1973; Patel & Patel, 2001; Cunha, 2003; Pena, 2007; Pena et al., 2009a).

O estágio ninfal apresenta quatro instares, cuja duração varia em função das condições ambientais: ninfa 1 (8 a 15 dias), ninfa 2 (7 a 13 dias), ninfa 3 (6

Figura 1. Fases de desenvolvimento da mosca-negra *A. woglumi*. A) Postura na forma de espiral. B) Ninfas de primeiro instar. C) Ninfas de segundo instar. D) Ninfas de terceiro instar. E) Ninfas de quarto instar. F) Adulto. Fotos: Márcia Reis Pena.

a 19 dias), ninfa 4 (23 a 39 dias) (Martinez & Angeles, 1973; Cunha, 2003; Pena, 2007; Pena et al., 2009a). Também é variável a sobrevivência: ninfa 1 (52 a 89%), ninfa 2 (69 a 98%), ninfa 3 (87 a 100%), ninfa 4 (59 a 89%) (Martinez & Angeles, 1973; Pena, 2007; Pena et al., 2009a). Cunha (2003), ao trabalhar em condições de campo, encontrou, entretanto, valores bem mais baixos para a sobrevivência ninfal (42, 26, 19 e 14%, respectivamente), e considerou que tais resultados podem estar relacionados à ação de parasitoides e predadores e à alta precipitação pluvial ocorrida durante a pesquisa.

As ninfas de primeiro instar (Figura 1B) apresentam corpo oval, alongado (0,30 mm × 0,15 mm), de coloração marrom, com dois filamentos transparentes que se curvam em cima dele (Dietz & Zetek, 1920). São móveis por diversas horas e em geral movimentam-se alguns poucos centímetros da espiral antes de se fixarem para se alimentar (Dowell, Fitzpatrick & Howard, 1978). No segundo instar (Figura 1C), o corpo é mais ovalado e convexo (0,40 mm × 0,20 mm) em relação ao primeiro instar, apresenta coloração marrom-escura e numerosas cerdas cobrindo-o; no terceiro instar, torna-se preto-brilhante, com numerosas cerdas, e mais convexo e robusto (0,87 mm × 0,74 mm) do que no segundo instar (Dietz & Zetek, 1920; Smith, Maltby & Jimenez, 1964). A partir do terceiro instar (Figura 1D), já é possível distinguir machos de fêmeas, já que estas são maiores (Martínez & Angeles, 1973; Dowell et al., 1981). No quarto instar (Figura 1E), também chamado de pupa, o corpo é ovalado, preto-brilhante em toda a sua extensão e com cera branca na borda. O sexo é prontamente distinguível a partir desse estágio. As fêmeas têm 1,24 mm de comprimento por 0,71 mm de largura e os machos, 0,99 mm de comprimento por 0,61 mm de largura (Dietz & Zetek, 1920; Dowell et al., 1981).

Como consequência da variação em cada estágio, também o ciclo de vida de ovo a adulto varia bastante, principalmente em razão da variação da temperatura. Foram registrados os seguintes valores: 45 a 133 dias (Dietz & Zetek, 1920), 65 a 108 dias (Martínez & Angeles, 1973), 60 a 150 dias (Dowell & Fitzpatrick, 1978), 59 a 88 dias (Cunha, 2003) e 64 a 74 dias (Pena, 2007; Pena et al., 2009a), com taxas de sobrevivência variando de 33 a 68% (Martínez & Angeles, 1973; Pena, 2007; Pena et al., 2009a). Embora as fêmeas prefiram ovipositar em lima-ácida, em comparação com a laranja e a manga, o desenvolvimento do inseto é pouco afetado por essas plantas hospedeiras (Pena, 2007; Pena et al., 2009a).

O adulto (Figura 1E) emerge por uma sutura em forma de T que se rompe na região anterior da pupa. Apresenta cabeça, tórax e abdome alaranjados, com manchas de cor cinza-escuro na cabeça, no pro, no meso e no metatórax. As asas são negro-azuladas brilhantes. Os olhos são vermelho-alaranjados. Antenas e pernas de cor amarelo-pálido, com manchas marrons nas extremidades anteriores. As fêmeas adultas, maiores do que os machos, medem cerca de 1,44 mm de comprimento e os machos, 1,03 mm (Pena, 2007). A longevidade média dos machos é de 6,5 dias e a das fêmeas, de 7,7 dias, com períodos médios de pré-oviposição, oviposição e pós-oviposição de 1,0, 5,9 e 2,1 dias, respectivamente (Patel & Patel, 2001).

O desenvolvimento de *A. woglumi* é favorecido por temperaturas entre 28°C e 32°C, com umidade relativa do ar entre 70 e 80%. Não sobrevive em áreas com temperatura igual ou superior a 40°C e altitudes acima de mil metros (Oliveira, Silva & Návia, 1999). O limite mínimo para o desenvolvimento é de 13,7°C e a sobrevivência das formas imaturas mantém-se constante a temperaturas de 25,6°C, decrescendo com o aumento ou a redução delas (Dowell & Fitzpatrick, 1978). Umidade alta, pluviosidade relativamente alta e distribuída de modo uniforme, baixa incidência de parasitismo são condições essenciais para o ótimo desenvolvimento da mosca-negra.

A distribuição espacial da mosca-negra-dos-citros pode ser feita de forma vertical (na própria planta) e horizontal (entre as plantas). O inseto é capaz de voar até 187 metros em 24 horas, embora o principal meio de dispersão para locais distantes sejam as folhas infestadas carregadas pelo vento ou o material de propagação infestado transportado pelo homem, principalmente plantas ornamentais (Oliveira, Silva & Návia, 2001).

Os maiores níveis populacionais de *A. woglumi* ocorrem no período de baixa precipitação pluviométrica (Medeiros et al., 2009). Chuvas intensas podem funcionar como importante fator de mortalidade de adultos na cultura de citros (Menezes et al., 2008), o que provavelmente afeta a ocorrência de ovos, ninfas e adultos (Maia, 2008; Menezes et al., 2008).

A distribuição das posturas, ovos e ninfas é semelhante nos quadrantes norte, leste, sul e oeste das árvores de citros no período chuvoso. Há maior concentração dessas formas biológicas nos quadrantes leste e oeste, no período seco (Medeiros et al., 2009). A extensa lista de hospedeiros da mosca-negra-dos-citros sugere que os estímulos químicos, quer sejam arrestantes ou estimulantes de oviposição, não são específicos a nenhum grupo de plantas. Também foi verificado, em estudos com cores, que grande número de adultos da mosca-negra pousa na folhagem de citros a poucos centímetros de armadilhas amarelas, sugerindo que orientam-se para a cor quando estão voando e que os estímulos químicos só são importantes depois de o inseto ter pousado (Dowell et al., 1979) .

Em experimentos envolvendo seleção hospedeira pela mosca-negra-dos-citros, Dowell (1979) não encontrou evidência de atraentes olfativos nas folhas de laranja para os adultos. Foi constatado que o inseto orienta-se para qualquer objeto que reflita fortemente a luz, em uma faixa de 500 a 600 nanômetros, independentemente do formato ou do tamanho. Após o pouso, as fêmeas são capazes de distinguir as diferentes plantas hospedeiras potenciais.

A disposição da mosca-negra no campo pode variar entre regular e agregada, em função da época de amostragem. A distribuição binomial negativa é o modelo que melhor se ajusta à distribuição dessa praga (Maia, 2008).

PLANTAS HOSPEDEIRAS

Apesar de as plantas cítricas serem os hospedeiros primários de *A. woglumi*, essa praga pode atacar mais de trezentas espécies vegetais em todo o mundo (Nguyen & Hamon, 2003), na maioria, plantas frutíferas. Entre as espécies de importância econômica hospedeiras dessa praga, podem ser incluídas: abacateiro (*Persea americana*), bananeira (*Musa* spp.), cafeeiro (*Coffea arabica*), cajueiro (*Anacardium occidentale*), citros (*Citrus* spp.), goiabeira (*Psidium guajava*), mamoeiro (*Carica papaya*), mangueira (*Mangifera indica*), marmeleiro (*Cydonia oblonga*), pereira (*Pyrus* spp.), romãzeira (*Punica granatum*), roseira (*Rosa* spp.) e videira (*Vitis vinifera*) (Eppo nº 103). Segundo Shaw (1950), apenas no México, 75 espécies incluídas em 38 famílias foram registradas como hospedeiras em que *A. woglumi* pode completar seu ciclo biológico, enquanto, na Venezuela, de acordo com Angeles et al. (1972), foram registradas 49 espécies hospedeiras, compreendidas em 16 famílias botânicas diferentes, com altas infestações em representantes da família Rutaceae (espécies cítricas). Também são frequentes as infestações, ainda que em níveis menos elevados, em representantes das famílias Bignoniaceae, Anacardiaceae, Myrtaceae, Rubiaceae, Araceae, Musaceae, Rosaceae e Salicaceae.

Nas regiões pantropicais, os hospedeiros primários de *A. woglumi* são as plantas do gênero *Citrus*, caju e abacate. São hospedeiros secundários: café, na América do Sul; manga, na Ásia e na América do Sul; banana, nas regiões pantropicais;

uva, na Índia; e goiaba, na China. Quando em elevada densidade populacional, entretanto, os adultos dispersam-se para outras plantas hospedeiras próximas das áreas infestadas (Oliveira, Silva & Návia, 2001).

No Brasil, levantamentos em 44 dos 71 municípios do Estado do Pará, realizados por Cunha (2003), revelaram altas infestações de *A. woglumi* em espécies cítricas, como laranja-doce, tangerina, limão, pomelo e limas ácidas. As mangueiras, em geral, apresentaram altos índices de infestação, sendo grande o número de folhas com a face abaxial totalmente coberta por ninfas. Com base nesse levantamento, as plantas cítricas, as mangueiras e as grumixamas foram consideradas plantas hospedeiras de *A. woglumi*, enquanto os jambeiros são hospedeiros não preferenciais da praga. Ainda segundo o autor, roseiras, bananeiras, mamoeiros, cajueiros e mangostãozeiros não são hospedeiros da praga no Estado do Pará.

Considerando os hospedeiros mais importantes de *A. woglumi*, os frutos cítricos, estudos realizados na Flórida com seis espécies desse grupo indicam que as limas e os limões são os mais favoráveis ao desenvolvimento do inseto (Howard, 1979).

A diversidade de hospedeiros da praga aumenta conforme a sua densidade. A oviposição em hospedeiros preferidos parece ocorrer em todas as densidades da população, de modo independente de sua frequência no ambiente (Dowell et al., 1979).

A inspeção na planta, durante o monitoramento, deve ser feita sempre na região inferior da folha, utilizando lupa de bolso (30×) ou microscópio estereoscópico. A coloração escura e brilhante da ninfa facilita a sua visualização, bem como a postura, feita em espiral (Barbosa et al., 2008).

Para realizar a amostragem, visando determinar o nível de controle da mosca-negra, recomenda-se a divisão da área em parcelas de até um hectare, onde devem ser amostradas dez plantas. Elas devem ser selecionadas ao acaso, por meio de caminhamento em ziguezague. Cada ponto de amostragem será constituído por uma planta, cuja copa deverá ser dividida em quadrantes. Em cada planta amostrada, devem ser observadas oito brotações e/ou folhas novas (duas por quadrante), procedimento que deve ser realizado a cada quinze dias (Barbosa et al., 2008).

PREJUÍZOS CAUSADOS

Tanto os adultos quanto as ninfas causam danos ao se alimentarem da seiva da planta (Figuras 2A, 2B), debilitando-a e provocando, como consequência, o seu murchamento e até mesmo a sua morte. Durante a alimentação, o inseto elimina uma excreção açucarada na superfície das folhas e dos frutos, o que facilita o aparecimento da fumagina (Figuras 2C, 2D, 2E), comprometendo a fotossíntese e a respiração.

Em médias e altas infestações, as folhas tornam-se negras na face abaxial e adaxial, devido às ninfas e à fumagina, respectivamente (Silva et al., 2011).

Figura 2. Danos causados pela mosca-negra *A. woglumi*. A) Sucção de seiva pelos adultos. B) Sucção de seiva pelas ninfas. C) Folhas cobertas por fumagina. D, E) Frutos cobertos por fumagina.

O impacto negativo da introdução da mosca-negra-dos-citros em regiões produtoras de frutas pode ter consequências desastrosas, não somente do ponto de vista econômico, mas também ambiental. Isto se deve aos efeitos que as medidas de controle adotadas podem ter sobre os recursos naturais quanto ao dano da praga na flora nativa e ainda à sua possível adaptação a outras espécies comerciais ainda não consideradas hospedeiras (Barbosa & Paranhos, 2004).

O ataque dessa praga pode levar à redução da frutificação em até 80%, com perdas de 20 a 80% na produção, afetando a exportação não apenas dos citros, como também de outras frutíferas (Barbosa et al., 2004; Lopes & Ronchi-Teles, 2003). Trabalhos realizados no México dão conta de que mais de 90% da redução na produção de frutos ocorre quando as infestações excedem 5 a 7 ninfas/cm^2/folha (Summy et al., 1983, apud Silva et al., 2011).

CONTROLE

Em diversas partes do mundo, o controle biológico da mosca-negra tem se mostrado mais eficiente do que o controle químico. Para o controle biológico, têm sido utilizados parasitoides (pequenas vespas) como: *Eretmocerus serius*, *Encarsia clypealis*, *E. opulenta* (Hymenoptera: Aphelinidae); *Amitus hesperidum* (Hymenoptera: Platygasteridae); predadores, como as joaninhas *Delphastus pellidus*, *D. pusillus* e *Scymnus* spp. (Coleoptera: Coccinellidae); e o bicho-lixeiro *Chrysoperla* spp. (Neuroptera: Chrysopidae) (Oliveira, Silva & Návia, 1999).

Aschersonia aleyrodis está entre os primeiros fungos utilizados no controle biológico de aleirodídeos na América do Norte. O seu uso foi bem-sucedido nas plantações de citros na Flórida, já no início do século XX, quando ramos de citros com esse fungo foram introduzidos nessas plantações para disseminação na população de mosca-branca (Berger, 1921; Fawcett, 1936, apud Liu, Chaverri & Hodge, 2006). As espécies de *Aschersonia* podem ser encontradas nas populações de moscas-brancas e em plantações abandonadas (árvores de quintais) que não são tratadas com pesticidas. Com o aumento do uso de pesticidas químicos, iniciado nas décadas de 1940 e 1950, a demanda pelo controle biológico, que havia diminuído, voltou a se intensificar e, especificamente no caso desses fungos, recomeçou nos anos 1960 (Liu, Chaverri & Hodge, 2006). Em observações de campo, foi verificado o crescimento de *Aschersonia* sp. causando a morte de *A. woglumi* no Amazonas (Pena, 2007) e no Pará (Silva, 2005). Neste último estado, além de *A. aleyrodis*, foram encontrados infectando a mosca-negra também os fungos *Fusarium* sp. e *Aegerita webberi* (Batista et al., 2002).

Em bioensaios realizados em laboratório com *Aschersonia* cf. *aleyrodis* (isolado do pomar do Campus da Universidade Federal do Amazonas), Pena et al. (2009b) constataram boa eficiência desse fungo no controle de *A. woglumi*, em concentrações a partir de $2{,}3 \times 10^7$ conídios/ml, embora ele tenha apresentado crescimento lento no meio de cultura testado. As maiores mortalidades ocorreram nas fases mais jovens do inseto, como ovo, ninfa 1 e ninfa 2, e a menor, no estágio de ninfa 4. As mortalidades iniciam-se no quarto dia após a inoculação do fungo, com picos no décimo dia.

O controle químico da mosca-negra-dos-citros, segundo Martínez (1983), é oneroso e pouco eficiente, sobretudo quando se realiza sobre as posturas desse inseto. Além disso, a abundância de hospedeiros, tanto de plantas cultivadas como silvestres, facilita as reinfestações.

Os produtos registrados junto ao Ministério da Agricultura são: Ampligo [chlorantraniliprole (antranilamida) + lambda-cialotrina (piretroide)], Kohinor 200 SC [imidacloprido (neonicotinoide)], Provado 200 SC [imidacloprido (neonicotinoide)], Timon [imidacloprido (neonicotinoide)] (Brasil, 2014).

REFERÊNCIAS BIBLIOGRÁFICAS

ANGELES, N. J. et al. Aportes en el estudio de hospederas de la “mosca prieta de los cítricos”, *Aleurocanthus woglumi* Ashby, en Venezuela. *Agron. Trop.* 22: 549-53, 1972.

ANGELES, N. J.; OAKLEY, R. G. & OSÓRIO, J. A. Presencia em Venezuela de *Aleurocanthus woglumi* Ashby (Aleyrodidae – Homoptera) mosca prieta de los citricos. *Agron. Trop.* 18: 487-8, 1968.

ANGELES, N. J. et al. Registro de nuevas localidades, en la distribución de la "mosca prieta de los cítricos" *Aleurocanthus woglumi* Ashby, em Venezuela. *Agron. Trop.* 24: 107-11, 1974.

BARBOSA, F. R. & PARANHOS, B. J. Ameaça negra. *Cultivar HF* 5: 6-7, 2004.

BARBOSA, F. R. et al. *Pragas quarentenárias que ameaçam a cultura da mangueira no Brasil.* Embrapa Semiárido, 2008. (Circular Técnica, 87). 17p. Disponível em: <www.infoteca.cnptia.embrapa.br/handle/doc/160518>. Acesso em: 23 mar. 2012.

BARBOSA, F. R. et al. *Aleurocanthus woglumi* (Hemiptera: Aleyrodidae): uma ameaça à fruticultura do Vale do São Francisco. In: CONGRESSO BRASILEIRO DE ENTOMOLOGIA, 20. *Resumos...* Gramado: SEB, 2004.

BATISTA, T. F. C. et al. Identificação de fungos entomopatogênicos para controle da mosca-negra-dos-citros *Aleurocanthus woglumi* Ashby (Hemiptera: Aleyrodidae). Praga quarentenária. In: CONGRESSO BRASILEIRO DE ENTOMOLOGIA, 19, Manaus. *Resumos...* Manaus: SEB, 2002.

BERGER, E. W. Natural enemies of scale insects and whiteflies in Florida. *Florida State Plant Breading Quartely Bulletin* 5: 141-54, 1921.

BRASIL. Ministério da Agricultura Pecuária e Abastecimento, 2012. Disponível em: <http://agrofit.agricultura.gov.br/agrofit_cons/principal_agrofit_cons.> Acesso em: 12 set. 2014.

CORREIA, R. G. et al. Primeiro registro da ocorrência de mosca-negra-dos-citros, *Aleurocanthus woglumi* Ashby, 1915 (Hemiptera: Aleyrodidae) em Roraima. *Revista Agro@mbiente* 5: 245-8, 2011.

CUNHA, M. L. A. *Distribuição geográfica, aspectos biológicos e controle químico da mosca-negra-dos-citros, Aleurocanthus woglumi Ashby (Hemiptera: Aleyrodidae), nas condições ambientais do Estado do Pará.* Belém, 2003. 57p. Dissertação (mestrado) – Universidade Federal Rural da Amazônia.

DIETZ, H. F. & ZETEK, J. *The blackfly of citrus and other subtropical plants.* USDA Dep. Agric. Bull., 885, 1920. 55p.

DOWELL, R. V. Host selection by the citrus blackfly *Aleurocanthus woglumi* (Homoptera: Aleyrodidae). *Ent. Exp. & Appl.* 25: 289-96, 1979.

DOWELL, R. V. et al. Biology, plant-insect relations, and control of citrus blackfly. *Fla. Agric. Exp. Stn. Bull.* 818: 1-48, 1981.

DOWELL, R. V. & FITZPATRICK, G. E. Effects of temperature on the growth and survivorship of the citrus blackfly (Homoptera: Aleyrodidae). *Can. Entomol.* 110: 1.347-50, 1978.

DOWELL, R. V.; FITZPATRICK, G. E. & HOWRAD, F. W. Activity and dispersal of first instar larvae of the citrus blackfly. *J. N. Y. Entomol. Soc.* 85: 17-8, 1978.

DOWELL, R. V. et al. Field studies of the host range of the citrus blackfly, *Aleurocanthus woglumi* (Homoptera: Aleyrodidae). *Can. Ent.* 111: 1-6, 1979.

EPPO nº 103. Disponível em: <www.eppo.org/QUARANTINE/insects/Aleurocanthus_woglumi/ALECWO_ds.pdf>. Acesso em: 20 jan. 2012.

HOWARD, F. W. Comparación de seis especies de *Citrus* como plantas hospederas de *Aleurocanthus woglumi* Ashby. *Folia Entomol. Mex.* 41: 33-40, 1979.

JORDÃO, A. L.; SILVA, R. A. *Guia de pragas agrícolas para o manejo integrado no Estado do Amapá*. Ribeirão Preto: Holos, 2006. 182p.

LEMOS, R. N. S. et al. Ocorrência de *Aleurocanthus woglumi* Ashby (Hemiptera: Aleyrodidae) no Maranhão. *Neotrop. Entomol.* 35: 558-9, 2006.

LIU, M.; CHAVERRI, P. & HODGE, K. A taxonomic revision of the insect biocontrol fungus *Aschersonia*, its allies with white stromata and their *Hypocrella* sexual states. *Mycol. Res.* 110: 537-54, 2006.

LOPES, C. M. D. & RONCHI-TELES, B. *Evite a introdução da mosca-negra, Aleurocanthus woglumi, no Amazonas.* Delegacia Federal de Agricultura no Amazonas DFA-AM, 2003. (Folder Técnico).

LOPES, E. B. et al. *Relatório técnico-fitossanitário*: mosca-negra-dos-citros (*Aleurocanthus woglumi* Ashby) (Hemiptera: Aleyrodidae) chega à Paraíba. Emepa-PB – Empresa Estadual de Pesquisa Agropecuária da Paraíba SA /Estação Experimental de Lagoa Seca, 2009. 17p.

MAIA, P. S. P. *Caracterização da distribuição espacial da mosca-negra-dos-citros (Aleurocanthus woglumi Ashby, 1915) em pomar georreferenciado para determinar um plano de amostragem sequencial.* Belém, 2008. 91p. Dissertação (mestrado) – Universidade Federal Rural da Amazônia.

MAIA, W. J. M. S. et al. Infestação em citros por *Aleurocanthus woglumi* (Ashby) e perspectivas de controle biológico aplicado no Pará. In: SIMPÓSIO DE CONTROLE BIOLÓGICO, 9., Recife. *Anais...* Recife: SEB, 2005.

MAPA – Ministério da agricultura, Pecuária e Abastecimento. Disponível em: <api.ning.com/files/ftLkqUnbFVsgEpeVC7ZZVTlEETIPAa4--mP3tSkH1GhXUHFP CMNY7xilorvSRud-cUiqSwgB9kPWEV5vvWA4U7gpDqvsVhCe/ProgramasPragasQuarentenárias.pdf>. Acesso em: 22 mar. 2012.

MARTÍNEZ, N. B. Biologia de la mosca prieta de los citricos *Aleurocanthus woglumi* Ashby (Homoptera: Aleyrodidae) en el campo. *Agron. Trop.* 31: 211-8, 1983.

MARTÍNEZ, N. B. & ANGELES, N. J. Contribución al conocimiento de la biologia de la mosca prieta de los cítricos *Aleurocanthus woglumi* Ashby em Venezuela. *Agron. Trop.* 23: 401-6, 1973.

MEDEIROS, F. R. et al. Dinâmica populacional da mosca-negra-dos-citros *Aleurocanthus woglumi* Ashby (Hemiptera: Aleyrodidae) em *Citrus* spp. no município de São Luís, MA. *Rev. Bras. Frutic.* 31: 1.016-21, 2009.

MENEZES, R. O. et al. Amostragem sequencial com base na lei de Taylor para levantamento populacional da mosca-negra-dos-citros (*Aleurocanthus woglumi* Ashby) em pomares de citros no município de Capitão Poço, PA. In: SEMINÁRIO DE INICIAÇÃO CIENTÍFICA DA UFRA, 6. SEMINÁRIO DE INICIAÇÃO CIENTÍFICA DA EMBRAPA AMAZÔNIA ORIENTAL, 6., 2008. *Anais...* Belém: UFRA/Embrapa Amazônia Oriental, 2008.

MOUND, L. A. & HALSEY, S. H. *Whitefly of the world. A systematic catalogue of the Aleyrodidae (Homoptera) with host plant and natural enemy data.* BM(NH) e John Wiley and Sons, 1978. 340p.

NEVES, M. F. et al. *O retrato da citricultura brasileira*, 2012. Disponível em: <www.citrusbr.com.br/download/biblioteca/ o_retrato_ da_citricultura_brasileira_baixa.pdf>. Acesso em: 7 jan. 2012.

NEWELL, W. & BROWN, A. C. Eradication of the citrus blackfly in Key West. *Fla. J. Econ. Entomol.* 32: 680-2, 1939.

NGUYEN, R. & HAMON, A. B. *Citrus blackfly, Aleurocanthus woglumi Ashby (Homoptera: Aleyrodidae).* University of Florida: CIR 360, 2003.

OLIVEIRA, M. R. V.; SILVA, C. C. A. & NÁVIA, D. *Praga quarentenária 1 – a mosca-negra-dos-citros, Aleurocanthus woglumi Ashby (Hemiptera: Aleyrodidae).* Brasília: Ministério da Agricultura, Pecuária e Abastecimento, 1999. 7p.

OLIVEIRA, M. R. V.; SILVA, C. C. A. & NÁVIA, D. *Mosca-negra-dos-citros Aleurocanthus woglumi*: alerta quarentenário. Brasília: Ministério da Agricultura, Pecuária e Abastecimento, 2001. 12p.

PATEL, P. S. & PATEL, G. M. Biology of the citrus blackfly, *Aleurocanthus woglumi* Ashby (Homoptera: Aleyrodidae) on kagzi lime. *Pest Manag. Econ. Zool.* 9: 147-50, 2001.

PENA, M. R. *Biologia da mosca-negra-dos-citros, Aleurocanthus woglumi Ashby 1915 (Hemiptera: Aleyrodidae) em três plantas hospedeiras e uso do fungo Aschersonia sp. como agente entomopatogênico.* Manaus, 2007. 97p. Dissertação (mestrado) – Universidade Federal do Amazonas.

PENA, M. R. & SILVA, N. M. Sugadora negra. *Cultivar HF* 7: 16-8, 2007.

PENA, M. R. et al. Inibição do desenvolvimento de *Aleurocanthus woglumi* Ashby (Hemiptera: Aleyrodidae) por *Aschersonia* cf. *aleyrodis* Webber (Deuteromycotina: Hyphomycetes). *Arq. Inst. Biol.* 76: 619-25, 2009b.

PENA, M. R. et al. Biologia da mosca-negra-dos-citros, *Aleurocanthus woglumi* Ashby (Hemiptera: Aleyrodidae) em três plantas hospedeiras. *Neotrop. Entomol.* 38: 254-61, 2009a.

PENA, M. R. et al. Ocorrência da mosca-negra-dos-citros, *Aleurocanthus woglumi* Ashby (Hemiptera: Aleyrodidae) no Estado de São Paulo. *Rev. Agric.* 83: 61-5, 2008.

RONCHI-TELES, B.; PENA, M. R. & SILVA, N. M. Observações sobre a ocorrência de mosca-negra-dos-citros, *Aleurocanthus woglumi* Ashby, 1915 (Hemiptera: Sternorrhyncha: Aleyrodidae) no Estado do Amazonas. *Acta Amaz.* 39: 241-4, 2009.

SHAW, J. G. *Hosts of the citrus blackfly in Mexico.* United States Bureau of Entomology and Plant Quarantine E-793, 1950. 3p.

SILVA, A. B. Mosca-negra-dos-citros, *Aleurocanthus woglumi* Ashby, praga potencial para a citricultura brasileira. In: POLTRONIERI, L. S.; TRINDADE, D. R. & SANTOS, I. P. (eds.). *Pragas e doenças de cultivos amazônicos*. Belém: Embrapa Amazônia Ocidental, 2005. 483p.

SILVA, A. G. et al. *Mosca-negra-dos-citros*: características gerais, bioecologia e métodos de controle dessa importante praga quarentenária da citricultura brasileira. *EntomoBrasilis* 4(3): 85-91, 2011. Disponível em: <www.periodico.ebras.bio.br/ojs>. Acesso em: mar. 2012.

SILVA, S. X. B. et al. Mosca-negra-dos-citros (*Aleurocanthus woglumi* Ashby) na Bahia: detecção e medidas de controle. In: REUNIÃO REGIONAL DA SBPC NO RECÔNCAVO DA BAHIA, 1., 2010, Cruz das Almas. Disponível em: <www.sbpcnet.org.br/livro/reconcavo/resumos/62.htm>. Acessso em: 23 mar. 2012.

SMITH, H. D.; MALTBY, H. L. & JIMENEZ, E. J. Biological control of the citrus blackfly in Mexico. *US Dept. Agric. Tech. Bull.* 1.311, 1964. 30p.

WEEMS JR., H. V. *Citrus blackfly, Aleurocanthus woglumi Ashby.* Fla. Dept. Agric., Div. Plant Ind. Entomol. 1962. (Circular 9).

19

Mosca-branca-do-fícus, *Singhiella simplex* (Singh)

A. F. de Lima, F. Racca Filho, T. D. Trindade

INTRODUÇÃO

A mosca-branca-do-fícus, *Singhiella simplex*, foi encontrada pela primeira vez no Brasil, em *Ficus benjamina* (Moraceae), em 2009, no Estado do Rio de Janeiro. Veio a se somar a outras pragas já registradas no país na primeira década do século XXI, também de origem asiática: *Parabemisia myricae* (Kuwana, 1927) (Gravena, 2004; 2005), *Aleuroclava jasmini* (Takahashi, 1932), *Dialeurodes kirkaldyi* (Kotinsky, 1907) e *Minutaleyrodes minuta* (Singh, 1931) (Racca-Filho & Lima, 2006), bem como a *Aleurocanthus woglumi* Ashby, 1915 (Silva, 2001).

Existe a possibilidade de ocorrência de novas introduções, considerando-se o processo de globalização mundial, em que o intenso trânsito de material vegetal avoluma-se e expande-se com rapidez surpreendente, levando à necessidade urgente de o governo investir maciçamente em sistemas de vigilância e aprimoramento da inspeção nas fronteiras e nos pontos de entrada (portos e aeroportos), de modo a interceptar com rapidez os organismos exóticos, que podem causar prejuízos incalculáveis aos sistemas produtivos nacionais. Apenas uma intervenção rápida nos processos de identificação e o combate eficaz a tais agentes podem beneficiar o país, atento à movimentação dos organismos exóticos nocivos à produção agrícola.

Neste capítulo, são apresentados os aspectos taxonômicos e bioecológicos de *S. simplex* e faz-se um alerta para a problemática da introdução de organismos exóticos no Brasil, além de tecer-se considerações sobre o manejo dessa praga.

Posição taxonômica e nomenclatura

Ordem: Hemiptera

Subordem: Sternorrhyncha

Família: Aleyrodidae

Subfamília: Aleyrodinae

Gênero: *Singhiella* Sampson, 1943

Espécie: *Singhiella simplex* (Singh, 1931)

Sinonímias: *Aleurocanthus simplex* Singh, 1931
Dialeurodes glomerata Singh, 1931
Pealius simplex (Singh, 1931)
Pealius indicus David & Subramaniam, 1976

S. simplex foi descrita por Singh, em 1931, no gênero *Aleurocanthus*, de material coletado em *Ficus benghalensis* (Moraceae) – *Aleurocanthus simplex* Singh, 1931. Em 1991, Jesudasan e David transferiram a espécie para o gênero *Pealius* – *Pealius simplex* (Singh, 1931) e, neste mesmo trabalho, colocaram as espécies *Dialeurodes glomerata* Singh, 1932, e *Pealius indicus* David & Subramaniam, 1976, como sinônimos juniores. Em 2007, Martin e Mound transferiram *P. simplex* para o gênero *Singhiella*. Este gênero contém 31 espécies, cujas localidades típicas, em sua maioria, concentram-se na região asiática (27 espécies); as demais estão na África (duas), na Austrália (uma) e nos Estados Unidos (uma) (Mound & Halsey, 1978; Jensen, 2001; Chen & Ko, 2007; Martin & Mound, 2007; Evans, 2008).

HISTÓRICO DA INTRODUÇÃO DA PRAGA NO BRASIL

Em agosto de 2009, *S. simplex* foi identificada pela primeira vez no Brasil, coletada em *Ficus benjamina* (Moraceae) no bairro de Campo Grande, município do Rio de Janeiro, RJ, causando intenso desfolhamento na planta (Rural Semanal, 2009). Posteriormente, dispersou-se e foi encontrada em outros municípios do Estado do Rio de Janeiro, bem como em São Paulo, SP (Jesus et al., 2010; Velasco et al., 2011), e outros locais (Tabela 1).

Possivelmente, *S. simplex* já se encontra em outros estados da federação, o que exige um levantamento minucioso que possa esclarecer essa situação, com o propósito de alertar as autoridades sobre os danos que esse inseto causa e seus prováveis prejuízos. Ela está se dispersando como muita velocidade, haja vista que sua planta hospedeira preferencial é muito utilizada em projetos de arborização pública, bem como em jardins e sebes particulares.

Tabela 1. Distribuição de *S. simplex* no Brasil e suas plantas hospedeiras*.

Estados	Municípios	Plantas hospedeiras
Espírito Santo	Vitória	*F. benjamina*
Minas Gerais	Belo Horizonte	*F. benjamina*
Pernambuco	Recife	*F. benjamina*
	Serra Talhada	*F. benjamina*
Rio de Janeiro	Barra do Piraí	*F. benjamina* e *F. microcarpa*
	Belford Roxo	*F. benjamina*
	Campo dos Goytacazes	*F. benjamina*
	Japeri	*F. benjamina*
	Mesquita	*F. benjamina*
	Miguel Pereira	*F. benjamina*
	Nova Iguaçu	*F. benjamina*, *F. elastica* e *F. microcarpa*
	Piraí	*F. benjamina*
	Queimados	*F. benjamina*
	Rio de Janeiro	*F. benjamina*, *F. elastica* e *F. microcarpa*
	São João do Meriti	*F. benjamina* e *F. microcarpa*
	Seropédica	*F. benjamina* e *F. microcarpa*
São Paulo	Araras	*F. benjamina*
	Campinas	*F. benjamina*
	Diadema	*F. benjamina*
	Guarujá	*F. benjamina*
	Santo André	*F. benjamina*
	Santos	*F. benjamina* e *F. elastica*
	São Bernardo	*F. benjamina*
	São Caetano	*F. benjamina*
	São Paulo	*F. benjamina*

* Dados compilados até abril de 2012.

DISTRIBUIÇÃO GEOGRÁFICA

Atualmente, *S. simplex* encontra-se registrada nas regiões Neártica, Neotropical, Oriental e Paleártica, nos seguintes países: Barbados, Brasil, Burma, China, Coreia, Estados Unidos, Ilhas Cayman, Índia, Israel, Jamaica, Panamá e Porto Rico (Mound & Halsey, 1978; Martin & Mound, 2007; Evans, 2008; Suh et al., 2008; Jesus et al., 2010).

Nos Estados Unidos, foi constada em agosto de 2007, no sul da Flórida, em *F. benjamina*, causando severos danos (Hodges, 2007). Logo em seguida, foi registrada em *F. altissima*, *F. aurea*, *F. benghalensis*, *F. lyrata*, *F. maclellandi* e *F. microcarpa* (Mannion et al., 2008). No Brasil, a dispersão foi muito rápida, e hoje ela está presente em vários estados (Tabela 1).

BIOLOGIA E ECOLOGIA

Várias espécies de moscas-brancas são pragas de importância agrícola, não só pelo dano direto causado devido à sucção da seiva das plantas, como também pelos prejuízos que provocam, transmitindo fitoviroses.

A aleirodifauna, na maioria dos países, é pouco conhecida, e a bioecologia de suas espécies é pouco estudada. O tamanho diminuto de seus representantes (entre 1 e 3 mm, em sua maioria) facilita sua disseminação pelo mundo, devido principalmente às dificuldades de interceptá-los nos postos de fronteira e de entrada de materiais vegetais oriundos de importações. Apresentam seis fases em seus ciclos biológicos: ovo, quatro instares ninfais e adulto alado. O quarto instar ninfal, também chamado de pupário, possui os caracteres morfológicos utilizados na identificação das espécies, pois os adultos não têm características distintivas, em sua maioria (Costa Lima, 1942; Gill, 1990). As Figuras 1 e 2, além de ilustrarem o orifício vasiforme (1), cujo aspecto característico permite a distinção dos aleirodídeos dos demais representantes de Sternorrhyncha, mostra o sulco traqueal torácico de *S. simplex* (2).

S. simplex coloniza tanto a parte abaxial quanto a adaxial das folhas das figueiras (Figura 3), ovipositando de forma aleatória nelas. O período do desenvolvimento embrionário desses ovos acontece em torno de dez dias até a eclosão das ninfas.

As ninfas de primeiro instar são móveis e buscam locais que sejam mais favoráveis para a sua alimentação. Permanecem com essa característica, em média, por quatro dias, tornando-se sésseis nos instares subsequentes. O quarto instar é ovalado, achatado, verde-claro. Podem-se observar, por transparência, os olhos avermelhados, bem como a diferença de tamanho entre machos e fêmeas (Figura 4).

Os adultos são bastante pequenos (cerca de 1,4 mm de comprimento por 1 mm de largura). O corpo apresenta fina pulverulência, de coloração creme. As asas são brancas, com uma fina faixa mediana cinza (Figura 5).

Velasco et al. (2011) apresentam alguns dados sintomatológicos em *F. benjamina* pela ação desse aleirodídeo, entre eles, queda acentuada das folhas, após amarelecimento, caracterizando toxemia decorrente da sucção de seiva, sintoma que também aparece em *F. microcarpa*. Em muitos casos, há secamento dos ponteiros e a reposição foliar torna-se lenta e reduzida, além de ocorrer nanismo, o que pode levar a planta à morte (Hodges, 2007). *F. elastica*, embora esteja sujeita a grandes infestações, não apresentou perda expressiva de folhas (Figuras 4, 5).

As árvores examinadas, em sua maioria, compõem ambientes externos. Altas infestações levam a planta a uma grande perda de vigor, provocando queda de

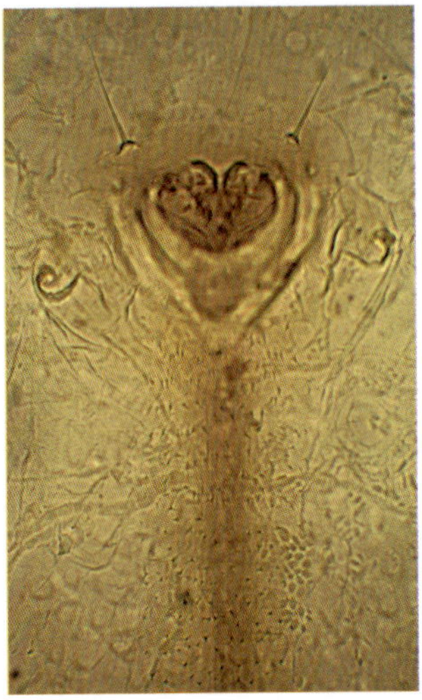

Figura 1. Orifício vasiforme de *S. simplex*.

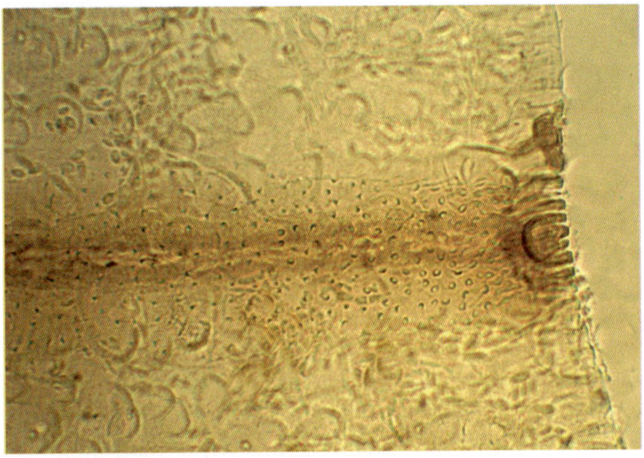

Figura 2. Sulco traqueal torácico de *S. simplex*.

Figura 3. Infestação de *S. simplex* sobre *F. microcarpa* em Seropédica, RJ.

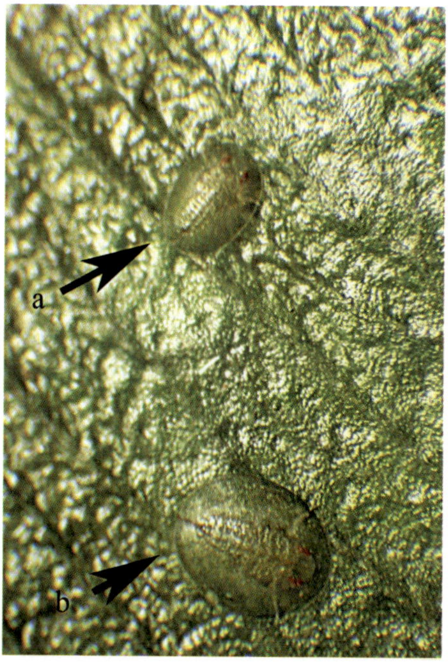

Figura 4. Ninfas de quarto instar (pupário) de *S. simplex* em folhas de *F. benjamina* (a – macho; b – fêmea).

Figura 5. Alados de *S. simplex* em folhas de *F. benjamina* (a – macho; b – fêmea).

galhos. *F. benjamina, F. elastica* e *F. microcarpa* são amplamente utilizadas em arborização urbana, encontradas em ruas e praças públicas. Por isso, podem representar risco potencial para transeuntes, caso não seja feito o manejo adequado delas.

PLANTAS HOSPEDEIRAS

Foram relatadas as seguintes plantas hospedeiras de *S. simplex* (Hodges, 2007; Evans, 2008; Suh et al., 2008; Mannion et al., 2008; Mannion, 2010):

- Ericaceae: *Rhododendron indicum*.
- Moraceae: *Ficus altissima, F. aurea, F. benghalensis, F. benjamina, F. elastica* (registro novo), *F. glomerata, F. lyrata, F. maclellandi* e *F. microcarpa*.

CONTROLE

Nos Estados Unidos, o controle químico de *S. simplex* é recomendado em infestações severas. Ele está baseado na aplicação de neonicotinoides, ou na mistura destes com piretroides (Mannion et al., 2008). Entretanto, no Brasil, não há produto registrado para o controle dessa praga na arborização pública ou na jardinagem amadora. Assim, o manejo integrado deve ser buscado para o controle da infestação por *S. simplex* (Figuras 6, 7, 8) em plantas de arborização pública (ruas, parques e

Figura 6. Infestação de *S. simplex* em *F. benjamina* próximo a campo de futebol em Nova Iguaçu, RJ.

Figura 7. Folhas de *F. benjamina* caídas em decorrência de infestação de *S. simplex* em Nova Iguaçu, RJ.

Figura 8. Seca de galhos de *F. benjamina* provocada por infestação de *S. simplex* em Nova Iguaçu, RJ.

jardins) ou em áreas privadas, valorizando-se o controle biológico, associado ao controle mecânico e cultural, em determinadas situações.

Controle biológico

Parasitoides

Na região de origem da mosca-branca-do-fícus, registra-se apenas o parasitoide *Encarsia tricolor* Foerster (Hymenoptera: Aphelinidae). Em outros locais, identificaram-se mais duas espécies desse gênero e outra de *Amitus* sp. (Hymenoptera: Platygasteridae) (Tabela 2).

Predadores

Velasco et al. (2011) listaram uma série de predadores de *S. simplex* em São Paulo, SP, entre eles, *Harmonia axyridis* Pallas (Coleoptera: Coccinellidae), além de microimenópteros e aracnídeos. *H. axyridis* é amplamente utilizada em controle biológico de cochonilhas, pulgões e psilídeos (Koch, Venete & Hutchison, 2006).

Tabela 2. Agentes de controle biológico registrados em colônias de *S. simplex* (compilados de vários autores).

Agentes	Ordens: Famílias	Espécies
Predadores	Coleoptera: Coccinellidae	*Chilocorus nigritis*
		Curinus coeruleus
		Delphastus catalinae
		Exochomus childreni
		Harmonia axyridis
		Olla v-nigrum
	Neuroptera: Chrysopidae	*Chrysopa* sp.
		Chrysoperla sp.*
Parasitoides	Hymenoptera: Platygasteridae	*Amitus benetti*
	Hymenoptera: Aphelinidae	*Encarsia* sp.
		E. protransvena
		E. tricolor
Patógenos	Capnodiales: Davidiellaceae	*Cladosporium* sp.*
	Hypocreales: Clavicipitaceae	*Aschersonia* sp.*
		Paecilomyces lilacinus
	Hypocreales: Cordycipitaceae	*Isaria fumosorosea*
		Lecanicillium sp.
	Hypocreales: Nectriaceae	*Fusarium* sp.

* Registros feitos no Estado do Rio de Janeiro pelos autores.

Delphastus catalinae (Horn) pode ser uma alternativa viável para a mosca-branca--do-fícus (Legaspi et al., 2010)

Nos municípios de Nova Iguaçu e Seropédica, RJ, foram detectadas larvas de *Chrysoperla* (Neuroptera: Chrysopidae) predando as ninfas em *F. benjamina* e *F. microcarpa*, podendo ser considerados potenciais agentes de controle da mosca--branca-do-fícus. Os crisopídeos são exclusivamente predadores, ao menos em um estágio de desenvolvimento; ocorrem em vários habitats e influenciam a regulação de populações de insetos fitófagos (Tauber et al., 2000; McEwen, New & Wittington, 2001; Ecole et al., 2002) (Tabela 2).

Patógenos

Os fungos *Aschersonia* sp. e *Cladosporium* sp. foram observados infectando colônias de *S. simplex* em Seropédica, RJ (Figura 9).

Controle mecânico e cultural

A remoção total da copa ou uma poda drástica (esqueletização) têm apresentado resultados satisfatórios. Sugere-se que em seguida seja feita a queima das folhas e a remoção dos galhos. Uma vez que a reposição foliar é lenta, torna-se fácil o controle de novos focos desse inseto (Figura 10).

Velasco et al. (2011) sugeriram a fertilização silicatada, pois o silício tem alto potencial de uso. Além de favorecer o metabolismo do vegetal, promove a ativação de genes envolvidos com mecanismos de defesa contra os insetos. Esse mineral, após sua absorção, deposita-se na parede celular, provocando aumento da rigidez da célula.

Figura 9. Ação de *Aschersonia* sp. (a) e *Cladosporium* sp. (b) sobre *S. simplex* em folha de *F. microcarpa* em Seropédica, RJ.

Figura 10. *F. benjamina* em processo de rebrotamento após sofrer esqueletização (poda drástica) devido a infestação de *S. simplex* em Nova Iguaçu, RJ.

IMPACTO ECONÔMICO E PREJUÍZOS

Pelos danos causados por *S. simplex* – desfolhamento intenso, seca de galhos e até morte das plantas hospedeiras –, pode-se ter ideia do impacto econômico que causa quando sua presença é registrada, considerando que sua disseminação é muito rápida.

Na avaliação da infestação em *F. benjamina* na cidade de São Paulo, *S. simplex* estava presente em 100% das plantas amostradas. Essa espécie ornamental representa 10% das árvores plantadas nas calçadas dessa capital (Velasco et al., 2011). Assim, a morte dos referidos vegetais causaria um impacto, com resultados negativos à arborização das ruas paulistanas.

Também é preciso considerar as possibilidades de essa praga adaptar-se a outras plantas de interesse econômico, o que acarretaria sérios prejuízos, tendo em vista sua capacidade de proliferação e de disseminação. Deve-se ressaltar que *S. simplex* já foi encontrada em azaleia, importante planta ornamental muito cultivada no Brasil.

REFERÊNCIAS BIBLIOGRÁFICAS

CHEN, Y.-F. & KO, C.-C. *Singhiella melanolepis*, a new species of whitefly (Hemiptera: Aleyrodidae) from Taiwan with remarks on the genus *Singhiella* Sampson. *Zootaxa* 1.390: 1-16, 2007.

COSTA LIMA, A. M. da. *Insetos do Brasil – Homópteros*. Rio de Janeiro: Escola Nacional de Agronomia, 1942. Tomo 3. 327p. (Série Didática, 4).

ECOLE, C. C. et al. Predação de ovos, larvas e pupas do bicho-mineiro-do-cafeeiro, *Leucoptera coffeellum* (Guérin-Mèneville & Perrottet, 1842) (Lepidoptera: Lyonetiidae) por *Chrysoperla externa* (Hagen, 1861) (Neuroptera: Chrysopidae). *Ciênc. Agrotecnol.* 26: 318-24, 2002.

EVANS, G. A. *The whiteflies (Hemiptera: Aleyrodidae) of the world and their host plants and natural enemies.* USDA/Aphis, 2008. Disponível em: <www.sel.barc.usda.gov:8080/1WF/World-Whitefly-Catalog.pdf>. Acesso em: 26 fev. 2012.

GILL, R. J. The morphology of whiteflies. In: GERLING, D. (ed.). Whiteflies: their bionomics, pest *status* and management. Andover: Intercepter, 1990. 348p.

GRAVENA, S. *Citricultura tem nova praga*: a mosca-branca japonesa, 2004. Disponível em: <www.revistacoopercitrus.com.br//edicao160/Citric_m_14 asp>. Acesso em: 30 fev. 2005.

GRAVENA, S. *Manual prático de manejo ecológico de pragas dos citros.* Jaboticabal: Santin Gravena, 2005. 372p.

HODGES, G. *The fig whitefly Singhiella simplex (Singh) (Hemiptera; Aleyrodidae): a new exotic whitefly found on Ficus species in South Florida.* Pest Alert. Florida Division of Plant Industry, Florida Departament of Agriculture and Consumer Services, 2007. Disponível em: <doacs.state.fl.us/pi/enpp/ento/Singhiella20%simplex.html>. Acesso em: 30 dez. 2011.

JENSEN, A. A cladistic analysis of Dialeurodes, Massilieurodes and Singhiella, with notes and keys to the Neartic species and descriptions of four new Massilieurodes species (Hemiptera: Aleyrodidae). *Syst. Entomol.* 26: 279-310, 2001.

JESUDASAN, R. W. A. & DAVID, B. V. Taxonomic studies on Indian Aleyrodidae (Insecta: Homoptera). *Orient Insects* 25: 231-434, 1991.

JESUS, L. M. F. et al. Registro de uma mosca-branca-do-fícus (Hemiptera: Aleyrodidae) e sua disseminação no Brasil. In: XXIII CONGRESSO BRASILEIRO DE ENTOMOLOGIA. *Resumo...* Natal, RN, 2010.

KOCH, R. L.; VENETE, R. C. & HUTCHISON, W. D. Invasions by *Harmonia axyridis* (Pallas) (Coleoptera: Coccinellidae) in the Western hemisphere: implications for South America. *Neotrop. Entomol.*, 35: 421-34, 2006.

LEGASPI, J. C. et al. *Fecundity of ficus whitefly, Singhiella simplex (Hemiptera: Aleyrodidae), and its predation by Delphastus catalinae (Coleoptera: Coccinellidae) Homestead, Florida*, 2010. Disponível em: <conference.ifas.ufl.edu/TSTAR/presentations/Thursday/pm/ 0255%20 J%20Legaspi.pdf>. Acesso em: 30 dez. 2011.

MANNION, C. et al. *Fig whitefly*: a new pest in South Florida. Fact Sheet, U.S. Department of Agriculture, Cooperative Extension Service, University of Florida, IFAS, Florida A. & M. University Cooperative Extension Program, and Boards of Country Commissioners Cooperating. Larry Arrington, Dean, 2008. 4p.

MANNION, C. *Biology and population dynamics of the Ficus whitefly, Singhiella simplex.* Florida: University of Florida. Invasive pest. UF/IFAS, Florida. Tropical Research and Education Center, 2010. 24p.

MARTIN, J. H. & MOUND, L. A. An annotated check list of the world's whiteflies (Insecta: Hemiptera: Aleyrodidae). *Zootaxa* 1.492: 1-84, 2007.

McEWEN, P.; NEW, T. & WITTINGTON, A. E. (eds.). *Lacewings in the crop environment*. Cambridge: Cambridge University Press, 2001. 564p.

MOUND, L. A. & HALSEY, S. H. *Whitefly of the world*: a sistematic catalogue of the Aleyrodidae (Homoptera) with host plant and natural enemy data. Grã-Bretanha: BM(NH) e J. Wiley and Sons, 1978. 340p.

RACCA FILHO, F. & LIMA, A. F. Novas ocorrências de aleirodídeos no território brasileiro (Hemiptera: Aleyrodidae). In: XXI CONGRESSO BRASILEIRO DE ENTOMOLOGIA. *Resumo...* Recife, PE, 2006.

RURAL SEMANAL: informativo da Universidade Federal Rural do Rio de Janeiro. Pesquisadores da UFRRJ anunciam a descoberta de uma nova espécie no país. *Seropédica* RJ, 25: 1, 2009.

SILVA, A. B. Terrível praga dos citros chega ao Brasil. Belém, *Gazeta Mercantil*, 16 maio 2001.

SINGH, K. A contribution toward our knowledge of the Aleyrodidae (Whiteflies) of the India. *Mem. Dep. Agric. India* (Entomological Series) 12: 1-98, 1931.

SUH, S.-J.; EVANS, G. A. & OH, S.-M. A checklist of intercepted whiteflies (Hemiptera: Aleyrodidae) at the Republic of Korea ports of entry. *J. Asia-Pacific Entomol.* 11: 37-43, 2008.

TAUBER, M. J. et al. Commercialization of predators: recent lessons from green lacewings (Neuroptera: Chrysopidae: *Chrysoperla*). *Am. Entomol.* 46: 26-38, 2000.

VELASCO, G. D. N. et al. Avaliação da infestação por *Singhiella simplex* (Hemiptera: Aleyrodidae) em *Ficus benjamina* no Estado de São Paulo, SP. *Brasil. Rev. Agric.* 86(2): 134-41, 2011.

20

Pulgões, *Greenidea ficicola* Takahashi e *Greenidea psidii* van der Goot

C. R. Sousa-Silva, A. L. B. G. Peronti, F. A. Ilharco

INTRODUÇÃO

O gênero *Greenidea* Schouteden, 1905 (Aphididae: Greenideinae: Greenideini), é de origem asiática e engloba aproximadamente 45 espécies que vivem sobre hospedeiros arbóreos das famílias Fagaceae, Moraceae, Betulaceae, Juglandaceae, Myrtaceae e Theaceae (Blackman & Eastop, 2000). Distingue-se de outros gêneros de Greenideini por apresentar antenas com seis segmentos, sifúnculus alongados e longas cerdas, cauda arredondada com processo mediano e primeiros segmentos tarsais com 7.7.7 cerdas. É dividido em quatro subgêneros: *Paragreenidea* Raychaudhuri, 1956; *Neogreenidea* Raychaudhuri, Ghosh, Banerjee & Ghosh, 1973; *Trichosiphum* Pergande, 1906; e *Greenidea* Schouteden, 1905, distribuídos quase exclusivamente do Japão ao leste da Austrália e da Índia às Filipinas (Sugimoto, 2008). As espécies registradas no Brasil, *G. ficicola* Takahashi e *G. psidii* van der Goot, pertencem aos subgêneros *Greenidea* e *Trichosiphum*, respectivamente (Figura 1).

De acordo com Raychaudhuri (1956), as fêmeas ápteras vivíparas do subgênero *Trichosiphum* Pergande possuem os sifúnculos com reticulações basais (Figura 1D). Nas do subgênero *Greenidea* Schouteden, eles são inteiramente reticulados, exceto nos ápices (Figura 1C). Variações no padrão de reticulação basal dos sifúnculos, no subgênero *Trichosiphum*, foram constatadas por Sugimoto (2008) em ápteros

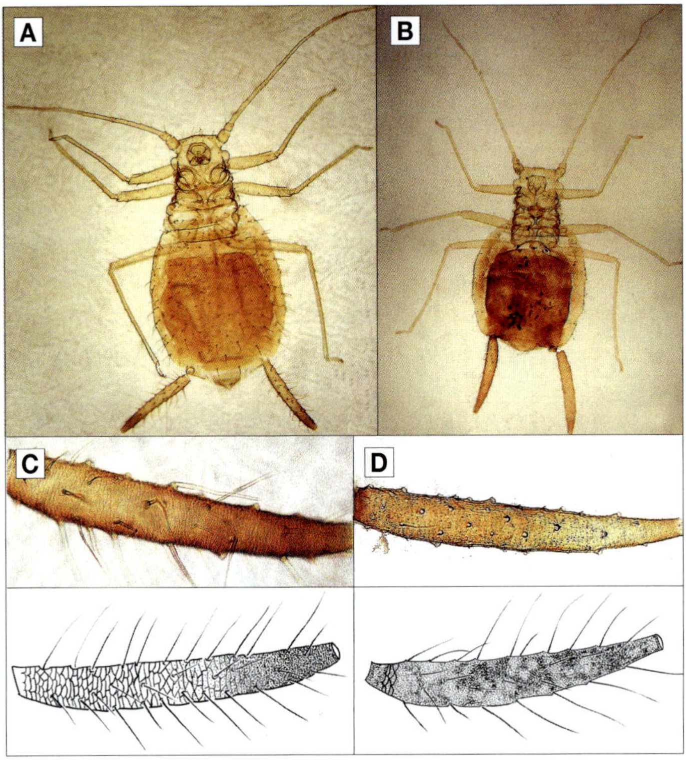

Figura 1. Fêmeas vivíparas ápteras. A) *G. ficicola*. B) *G. psidii*. C) Reticulação ao longo do sifúnculo, exceto no ápice em *G. ficicola*. D) Reticulação concentrada na base do sifúnculo em *G. psidii*. Fotos: K. C. Rosa. Ilustrações: A. L. B. G. Peronti.

de *G. carpini*, *G. formosana* e *G. myricae*, cuja extensão da reticulação sifuncular variava de um terço a metade do seu comprimento.

Posição taxonômica e nomenclatura

Ordem: Hemiptera

Família: Aphididae

Subfamília: Greenideinae

Tribo: Greenideini

Gênero: *Greenidea* Schouteden, 1905

Espécies: *Greenidea ficicola* Takahashi, 1921

Greenidea psidii van der Goot, 1916

Greenidea ficicola Takahashi, 1921

Sinonímias: *Trichosiphum formosanum* Maki, 1917 (1916) (*partim*)
Greenidea artocarpi van der Goot 1917
Greenidea neoficicola Ghosh, Ghosh & Raychaudhuri 1970

Greenidea psidii van der Goot, 1916

Sinonímias: *Greenidea (Trichosiphum) formosana* (Maki, 1917)
? *Greenidea (Trichosiphum) guangzhouensis* Chang, 1979
Greenidea (Trichosiphum) formosana heeri D. N. Raychaudhuri, M. R. Ghosh, M. Banerjee & A. K. Ghosh, 1973
Trichosiphum formosanum Maki, 1918

HISTÓRICO DA INTRODUÇÃO DAS DUAS PRAGAS NO BRASIL

Lazzari et al. (2006) relataram a coleta de uma fêmea alada de *G. ficicola* em setembro de 2001 e outra em fevereiro de 2002, com armadilha amarela, em Curitiba, PR. Em anos posteriores, observaram grandes colônias do afídeo sobre *Ficus benjamina* (L.) nas áreas urbanas de Curitiba, Londrina e Rolândia e nas áreas costeiras do Paraná e de Santa Catarina, nas cidades de Matinhos e Penha, respectivamente. Em setembro de 2003 e 2004, *G. ficicola* foi coletada em São Carlos, SP, sobre *Ficus microcarpa* L.f. (Sousa-Silva, Brombal & Ilharco, 2005).

A rápida colonização de *G. ficicola* em diferentes regiões do mundo (Afrotropical, Neártica, Neotropical e Sul da Europa) foi documentada por Bella et al. (2009). Estes autores ressaltam que as razões para a introdução desses afídeos em novos territórios são acidentais e com frequência ligadas às atividades humanas, como o comércio internacional de vegetais e produtos vegetais. Sousa-Silva, Brombal e Ilharco (2005) observaram que a utilização de espécies nativas e exóticas de *Ficus* para a ornamentação de parques ou ruas, amplamente adotada no Sudeste do Brasil, e o incremento do comércio internacional com os países asiáticos nas últimas duas décadas podem explicar a expansão desse afídeo na América do Sul.

G. psidii foi coletada pela primeira vez no Brasil em 2004, sobre *Psidium guajava* L., nos estados de São Paulo, Paraná e Santa Catarina. Posteriormente, o afídeo também foi coletado sobre *Psidium cattleianum* Sabine, um hospedeiro nativo, na cidade de Curitiba, PR (Lazzari et al., 2006).

DISTRIBUIÇÃO GEOGRÁFICA

G. ficicola está registrada na região asiática (China, Índia, Indonésia, Japão, Malásia, Nepal, Paquistão, Bangladesh, Filipinas, Rússia, Taiwan), Espanha, Itália, África (Burundi), Estados Unidos (Flórida), Austrália (Blackman & Eastop, 1994, 2000; Halbert, 2004), México (Peña-Martínez et al., 2003), Peru (Rubín de

Celis, Ortiz & Barletta, 2006), Colômbia (Giraldo et al., 2009), Argentina (La Rossa, Vasicek & Paglioni, 2010). No Brasil, ocorre nos estados de São Paulo, Paraná e Santa Catarina (Sousa-Silva et al., 2005; Lazzari et al., 2006).

G. psidii está registrada na China, Índia, Japão, Bangladesh, Nepal, Taiwan, Indonésia e Filipinas. Fora da região de origem, ocorre no Havaí, Califórnia, EUA (Blackman & Eastop, 1994, 2000; Halbert, 2004; Sugimoto, 2008), Costa Rica (Pérez Hidalgo, Villalobos-Muller & Mier Durante, 2009). No Brasil, ocorre nos estados de São Paulo, Paraná e Santa Catarina (Lazzari et al., 2006).

BIOLOGIA E ECOLOGIA

As fêmeas ápteras vivíparas de *G. ficicola* apresentam o corpo piriforme (1,7 a 2,8 mm de comprimento), com antenas, pernas e sifúnculos cobertos por longas cerdas (Figura 1A). As ninfas têm escleritos distribuídos por todo o dorso abdominal, que se fusionam em uma placa discal. Esta placa é mais ou menos extensa nas fêmeas. Os sifúnculos são longos, medindo, no mínimo, um terço do comprimento do corpo e divergentes apicalmente. A cauda é arredondada e apresenta uma pequena protuberância no ápice. Em vida, o corpo, a cabeça, as antenas e as pernas são castanho-claras e os sifúnculos, de cor castanha mais escurecida. Exemplares clareados apresentam uma placa abdominal ventral castanha e os sifúnculos castanho-claros, com o um quarto apical escurecido. Os olhos são vermelhos. As fêmeas vivíparas aladas (Figura 2A) possuem o corpo mais alongado (1,7 a 2,30 mm de comprimento). Apresentam a cabeça e o tórax escuros e o abdômen verde-escuro. As antenas, as pernas e os sifúnculos são mais pigmentados do que nas fêmeas ápteras e de maior tamanho: 0,5 a 0,7 vezes o tamanho do corpo (Sugimoto, 2008; Pérez Hidalgo, Villalobos-Muller & Mier Durante, 2009).

As fêmeas ápteras vivíparas de *G. psidii* (Figura 1B) possuem o corpo piriforme (1,57 a 2,40 mm de comprimento), coloração castanho-clara, com uma faixa marrom-escura na parte anterior do dorso abdominal. O sifúnculo é marrom-escuro. Em exemplares clareados, o corpo é marrom-claro. O abdômen mostra uma placa ventral com borda marrom que clareia em direção ao centro. Os sifúnculos são marrons e divergentes apicalmente, com cerca de um terço do comprimento do corpo. As fêmeas aladas (Figura 2B) têm o corpo mais alongado, com sifúnculos longos e escuros que medem cerca de três quartos do comprimento do corpo. Em exemplares clareados, o corpo é marrom-claro. O abdômen mostra uma placa ventral com borda marrom que clareia em direção ao centro (Blackman & Eastop, 2000; Sugimoto, 2008).

Embora as duas espécies sejam muito semelhantes, podem ser separadas observando-se as diferenças na extensão da reticulação dos sifúnculos nas formas ápteras, como referido por Raychaudhuri (1956) (Figuras 1C, 1D), no caso dos subgêneros *Trichosiphum* e *Greenidea*. Nas fêmeas aladas, deve-se observar o arranjo dos sensórios secundários no terceiro segmento antenal. Em *G. ficicola,*

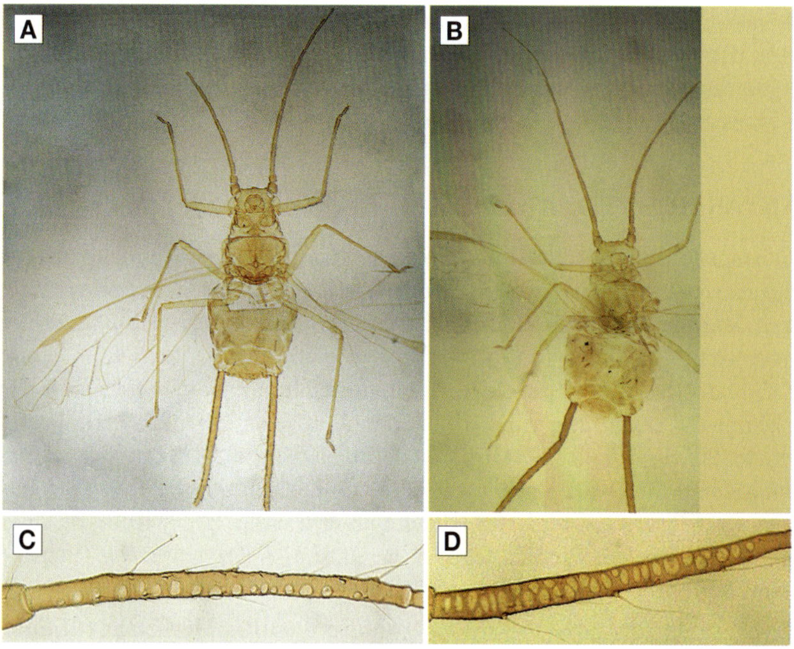

Figura 2. Fêmeas vivíparas aladas. A) *G. ficicola*. B) *G. psidii*. C) Sensórios alinhados ao longo do terceiro segmento antenal em *G. ficicola*. D) Sensórios desalinhados ao longo do terceiro segmento antenal em *G. psidii*. Fotos: K. C. Rosa.

eles estão alinhados e espaçados (Figura 2C); em *G. psidii*, desalinhados e mais condensados (Figura 2D), como observado por Halbert (2004) e Sugimoto (2008).

O desenvolvimento de *G. ficicola* e de *G. psidii* (referida como *G. formosana*) é provavelmente anolocíclico, uma vez que ainda não foram coletadas formas sexuadas (Blackman & Eastop, 2000). Sugimoto (2008) relata que machos de *G. formosana* foram descritos como *G. psidii* por Takahashi (1936). *G. ficicola*, ocasionalmente, pode ser atendida por formigas (Blackman & Eastop, 2000).

As fêmeas aladas, ápteras e ninfas de ambas as espécies colonizam os botões florais e ramos novos de seus hospedeiros (Halbert, 2004; Lazzari et al., 2006). Raychaudhury (1956) observou que *G. ficicola* em geral alimenta-se na superfície inferior das folhas jovens e dos brotos tenros das plantas hospedeiras, mas, às vezes, alimenta-se apenas nas frutas. A biologia e a ecologia das espécies são pouco conhecidas.

Rubin de Celis, Ortiz e Barletta (2006) constataram junto com *G. ficicola*, em *F. benjamina*, a presença dos predadores *Hippodamia convergens* (Guérin-Meneville) (Coleoptera: Coccinelidae) e *Chrysoperla externa* (Hagen) (Neuroptera: Chrysopidae). Salas-Araiza et al. (2011) observaram em El Bajio, na região central do México, *C. comanche* Bancks, *C. exotera* (Navás) e *C. carnea* (Stephens) (Neuroptera: Chrysopidae) predando *G. ficicola* e *G. psidii*, tanto em goiabeiras quanto em figueiras. Dentre os Coccinellidae (Coleoptera), esses autores identificaram nove espécies, sendo os predadores mais comuns os do gênero *Scymnus*.

PLANTAS HOSPEDEIRAS

O hospedeiro preferencial de *G. ficicola* são as espécies de *Ficus* (Moraceae): *F. ampelos*, *F. aurea* Nutt., *F. bengalensis* L., *F. benjamina* L., *F. carica* L., *F. chlorocarpa* Miq., *F. crenulata* Hassk., *F. glomerata* Roxb., *F. macrophylla* Desf., *F. microcarpa* L.f., *F. nitida* var. *hillyi*, *F. obscura* Blume, *F. retusa* L., *F. rubiginosa* Desf. f. *australis* Willd., *F. septica*, *F. stipulata* Thunb., *F. sycomorus* L., *F. variegata* Blume e *F. wightiana* Wall. (Blackman & Eastop, 1994, 2000; Halbert, 2004; Sugimoto, 2008). Em Java, há relatos de infestações em outras Moraceae, como *Streblus elongatus* (Miq.) Corner e *S. asper* Lour. (Noordam, 1994), e em *Psidium guajava* L. (Myrtaceae) na Índia (Blackman & Eastop, 2000; Halbert, 2004). No Brasil, *G. ficicola* foi coletada sobre *F. benjamina* e *F. microcarpa* (Sousa-Silva, Brombal & Ilharco, 2005; Lazzari et al., 2006).

G. psidii foi coletada em *Psidium guajava* e outras Myrtaceae (*Callistemon*, *Eucalyptus*, *Eugenia*, *Melaleuca*, *Metrosideros*, *Rhodomyrtus*, *Syzygium* e *Tristania*). Também infesta *Ficus* (Moraceae), *Engelhardtia* (Juglandaceae), *Scurrula* (Loranthaceae), *Lagerstroemia* (Lythraceae) e *Nesua ferrea* (Clusiaceae) (Beardsley, 1993; Blackman & Eastop, 1994, 2000; Gill, 1998; Noordam, 1994); citados por Halbert, 2004). No Brasil, foi coletada sobre *P. guajava* e *P. cattleianum* (Lazzari et al., 2006).

IMPACTO ECONÔMICO E PREJUÍZOS

Até o momento, desconhece-se para o Brasil qualquer dano econômico ocasionado por *G. ficicola* em *Ficus* spp., e por *G. psidii* em *P. guajava*. Segundo Lazzarotto et al. (2011), essas espécies ainda estão em processo de adaptação às suas plantas hospedeiras em seu novo ambiente, ou as plantas podem estar apresentando barreiras químicas ou físicas contra elas.

Nos Estados Unidos, Halbert (2004) relatou que ambas as espécies de *Greenidea* têm potencial para tornar-se pragas. Em laboratório, *G. ficicola* causou significativa queda de folhas em *F. benjamina*, e *G. psidii* foi interceptada na Flórida em um carregamento de *Myrtus communis* L. oriundo da Califórnia. Foottit et al. (2006) consideraram *G. ficicola* praga potencial de *Ficus* spp. e *G. psidii*, praga secundária de *Myrtus*.

REFERÊNCIAS BIBLIOGRÁFICAS

BELLA, S. et al. *Greenidea ficicola:* is it an example of rapid colonization due to climatic changes? *Redia* 92: 137-9, 2009.

BLACKMAN, R. L. & EASTOP, V. F. *Aphids on the world's trees:* an identification and information guide. Wallingford: CAB International, 1994. 1.004p.

BLACKMAN, R. L. & EASTOP, V. F. *Aphids on the world's crops*: an identification and information guide. Chichester: John Wiley & Sons Ltd., 2000. 466p.

FOOTTIT, R. G. et al. Adventive aphids (Hemiptera: Aphididae) of America North of Mexico. *Proc. Entomol. Soc. Wash.* 108(3): 583-610, 2006.

GIRALDO, R. D. D. et al. Nuevo registro *Greenidea ficicola* Takahashi (Hemiptera: Sternorrhyncha: Aphididae) en guayabo *Psidium guajava* (Myrtaceae) em Antioquia, Colômbia. *Rev. Fac. Nal. Agr. Medellín* 62(1): 4.999-5.002, 2009.

HALBERT, S. E. The genus *Greenidea* (Rhynchota: Aphididae) in the United States. *Fla. Entomol.* 87: 159-63, 2004.

LA ROSSA, F. R.; VASICEK, A. L. & PAGLIONI, A. Primer registro de *Greenidea ficicola* Takahashi (Hemiptera: Aphididae) en Argentina. *Rev. FCA Uncuyo* 1: 247-52, 2010.

LAZZARI, S. M. N. et al. First record of *Greenidea psidii* van der Goot and comparison with *Greenidea ficicola* Takahashi (Hemiptera: Aphididae) in Brazil. *Zootaxa* 1.235: 63-8, 2006.

PEÑA-MARTÍNEZ, R. et al. Dos nuevas plagas potenciales en México. (Homoptera: Aphididae: Greenideinae). *Entomol. Mexicana* 3: 411-5, 2003.

PÉREZ HIDALGO, N.; VILLALOBOS-MULLER, W. & MIER DURANTE, P. *Greenidea psidii* (Hemiptera: Aphididae: Greenideinae) new invasive aphid in Costa Rica. *Fla. Entomol.* 92 (2): 396-8, 2009.

RAYCHAUDHURI, D. N. Revision of *Greenidea* and related genera. *Zool. Verh.* (Leiden): 31, 1956.

RUBÍN DE CELIS, V. E.; ORTIZ, M. S. & BARLETTA, C. F. *Greenidea ficicola* Takahashi (Hemiptera: Aphididae), nuevo registro para Sudamérica. *Rev. Peru. Entomol.* 45: 105-7, 2006.

SALAS-ARAIZA, M. D. et al. Population dynamics of two species of *Greenidea* (Hemiptera: Aphididae) and their natural enemies on *Psidium guajava* (Myrtaceae) and *Ficus benjamina* (Moraceae) in Central Mexico. *Fla. Entomol.* 94(1): 97-105, 2011.

SOUSA-SILVA, C. R.; BROMBAL, J. C. & ILHARCO, F. A. *Greenidea ficicola* Takahashi (Hemiptera: Greenideidae), a new aphid in Brazil. *Neotrop. Entomol.* 34(6): 1.023-4, 2005.

SUGIMOTO, S. A revision of the genus *Greenidea* Schouteden in Japan (Homoptera: Aphididae: Greenideinae). *Insecta Matsumurana* (64): 53-79, 2008.

21

Tripes, *Frankliniella occidentalis* (Pergande)

E. F. B. Lima

INTRODUÇÃO

Com mais de quarenta espécies registradas no Brasil, *Frankliniella* é o gênero de Thysanoptera com o maior número de espécies no país (Cavalleri & Mound, 2012), a maioria nativa. O gênero também tem aqui o maior número de espécies pragas (Monteiro, Mound & Zucchi, 2001), das quais somente *F. occidentalis* é exótica. Estabelecida no Brasil, a espécie possui importância econômica acentuada para o cultivo de hortícolas e ornamentais.

Posição taxonômica e nomenclatura

Ordem: Thysanoptera

Subordem: Terebrantia

Família: Thripidae

Subfamília: Thripinae

Gênero: *Frankliniella* Karny, 1910

Espécie: *Frankliniella occidentalis* (Pergande, 1895)

Sinonímias: Foram estabelecidas dezoito sinonímias para essa espécie (Mound, 2005).

A descrição de *F. occidentalis* foi baseada em vários indivíduos coletados em 1881, que causavam deformação em folhas novas e velhas de damasco, e em 1891, em flores de laranjeira, em Los Angeles, Califórnia, EUA (Pergande, 1895). Foi classificada originalmente no gênero *Euthrips*, entretanto, Hood (1914) transferiu-a para *Frankliniella*. Na literatura internacional, é referida por vários nomes comuns, em especial "western flower thrips", "trips del maiz", "blütenthrips", "thrips californien" e "tripes-da-califórnia" (em Portugal). No Brasil, nenhum nome comum vem sendo usado.

RECONHECIMENTO

A fêmea (Figura 1) apresenta coloração que varia entre amarelo-claro e marrom-amarelado, com manchas marrom-escuras medianamente, nos urotergitos I-VIII (Figura 2A). Antena 8 segmentada. Pedicelo do antenômero III simples; antenômeros III-IV com sensilos bifurcados (Figura 2B). Cabeça com três pares de cerdas ocelares e cinco pares de cerdas pós-oculares; par de cerdas ocelares III dentro do triângulo ocelar e próximo à margem anterior dos ocelos posteriores; par de cerdas pós-oculares IV desenvolvido (Figura 2C). Pronoto quadrangular com cinco pares de cerdas marginais principais, um deles menos desenvolvido do que os demais (Figura 2D). Metanoto com reticulação central e esculturação estriada

Figura 1. Fêmea de *F. occidentalis*. Foto: Jack Kelly Clark.

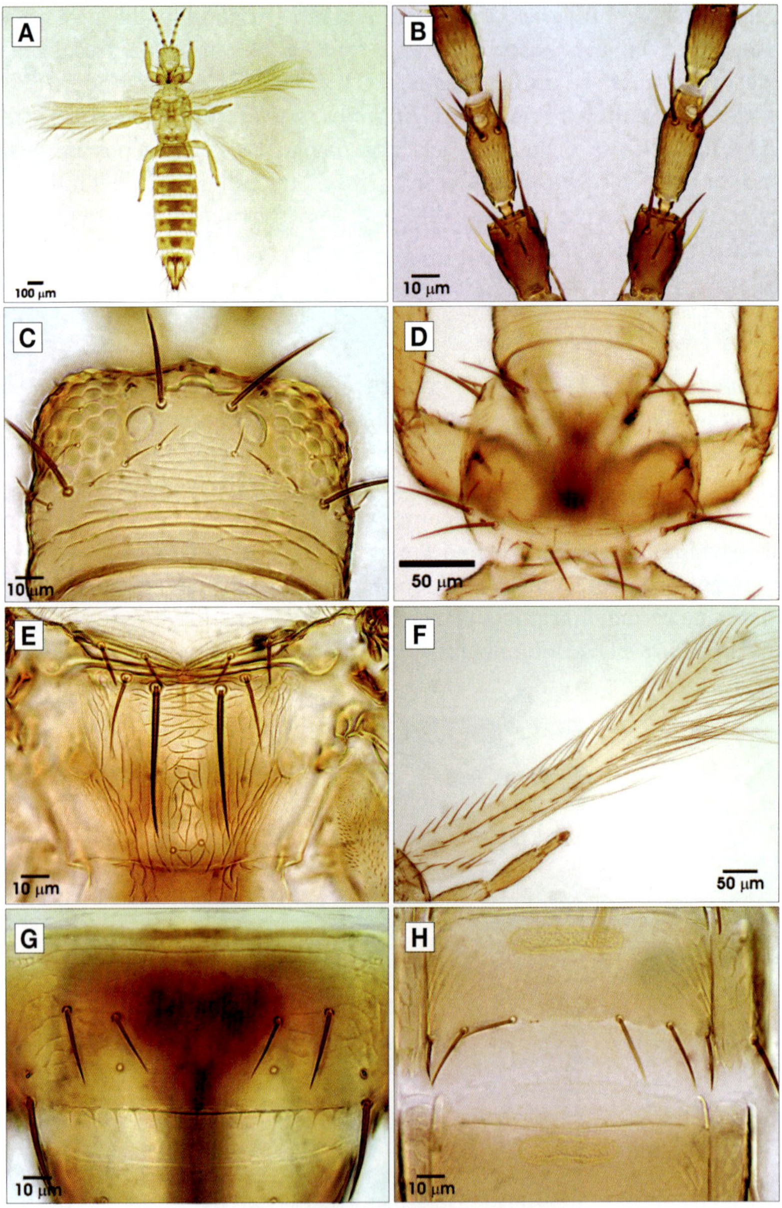

Figura 2. *F. occidentalis*. A) Fêmea em preparação microscópica. B) Antenômeros II-IV. C) Cabeça; D) Pronoto. E) Metanoto. F) Asa anterior. G) Pente póstero-marginal no urotergito VIII. H) Áreas glandulares nos urotergitos IV e V. Fotos: Élison Fabrício B. Lima.

oblíqua lateralmente; par de sensilos campaniformes presente (Figura 2E). Asa anterior com duas fileiras de cerdas completas (Figura 2F). Urotergitos V-VIII com ctenidia anterolateral; urotergito VIII com pente posteromarginal completo, com dentes de base larga (Figura 2G). O macho é semelhante à fêmea, porém menor, de coloração clara. Urotergito VIII com pente posteromarginal incompleto, com dentes pequenos e de base larga; uroesternitos III-VII com área glandular oval pequena e transversal medianamente (Figura 2H).

Além de *F. occidentalis,* três espécies nativas são as de maior importância econômica do gênero no país. Elas podem ser diferenciadas pelos seus caracteres morfológicos, apresentados na Tabela 1.

Tabela 1. Caracteres morfológicos para distinção de espécies de *Frankliniella* economicamente importantes no Brasil.

Caracteres/Espécies	*F. brevicaulis*	*F. occidentalis*	*F. schultzei*	*F. zucchini*
Coloração (fêmeas)	Marrom	Variável, com manchas marrons no abdome	Marrom ou amarelo-clara	Amarelo-clara
Formato do pedicelo do antenômero III	Taça	Simples	Simples	Simples
Cerdas oculares I	Presentes	Presentes	Presentes	Pelo menos uma ausente
Posição do par de cerdas ocelares III	Acima dos ocelos posteriores	Acima dos ocelos posteriores	Entre os ocelos posteriores	Acima dos ocelos posteriores
Par de sensilos campaniformes no metanoto	Presente	Presente	Ausente	Presente
Pente posteromarginal no urômero VIII	Completo, com dentes esparsos	Completo	Incompleto medianamente	Completo

HISTÓRICO DA INTRODUÇÃO DA PRAGA NO BRASIL

O primeiro registro de *F. occidentalis* no Brasil foi feito por Redaelli e Fernandes (1944) no Rio Grande do Sul, com material coletado em flores de videira, alfafa, feijoeiro, meloeiro e Rosaceae. Contudo, diante da confusão na taxonomia do gênero, na época, e da falta de espécimes-testemunha, é provável que o relato tenha sido baseado em identificação errônea de *F. schultzei* (Monteiro, Mound & Zucchi, 1999). No início da década de 1990, entretanto, a espécie dispersou-se amplamente a partir de sua área de origem e, em 1993, estabeleceu-se no Sudeste brasileiro, em áreas de cultivo de flores de corte e horticultura (Monteiro, Mound & Zucchi, 1999).

DISTRIBUIÇÃO GEOGRÁFICA

Nativa da Califórnia, EUA (Hoddle, Mound & Paris, 2012), *F. occidentalis* está distribuída mundialmente, registrada em quase oitenta países dos cinco continentes (Eppo, 2012; Plantwise, 2013), como consequência do aumento de transporte vegetal, em especial a partir da década de 1990 (Monteiro, Mound & Zucchi, 1999). No Brasil, foi constatada em oito estados e no Distrito Federal (Tabela 2). Somente na Região Norte não há registros da espécie.

Tabela 2. Distribuição geográfica de *F. occidentalis* no Brasil.

Regiões	Estados
Nordeste	Alagoas
	Ceará
	Pernambuco
Centro-Oeste	Distrito Federal
Sudeste	Minas Gerais
	Rio de Janeiro
	São Paulo
Sul	Paraná
	Rio Grande do Sul

Fontes: Monteiro (1999), Monteiro, Mound & Zucchi (1999), Monteiro, Mound & Zucchi (2001), Cavalleri & Mound (2012).

BIOLOGIA

Como em outros Terebrantia, a postura é endofítica. A duração do ovo em campo é de cinco a quinze dias, mas em laboratório foi calculada em 2,5 dias a 25°C. O estágio ninfal dura cerca de nove a doze dias, podendo prolongar-se por cerca de sessenta dias durante o inverno rigoroso. A pré-pupa dura de um a três dias e a pupa, de três a dez dias em campo. Em laboratório, à temperatura constante de 25°C, as duas fases podem durar 1,1 e 2,7 dias, respectivamente. Os adultos vivem ao redor de vinte a trinta dias, mas podem atingir até setenta dias (Capinera, 2001).

No Brasil, somente dois estudos da biologia da espécie foram realizados. Em feijoeiro-de-porco, com fornecimento de pólen como alimentação complementar, a 25°C, o período de desenvolvimento ninfa–adulto foi de aproximadamente nove dias. A longevidade dos adultos foi de 8,3 dias e a viabilidade ninfal e pupal foi de 83 e 90%, respectivamente. Em média, são produzidas 22,5 ninfas/fêmea após o período de acasalamento e oviposição de 96 horas (Lopes & Alves, 2000).

Em morangueiro, a duração média e a viabilidade do período ninfa–adulto não diferiram entre flores (8,49 ± 0,18 dias e 68,52%) e folíolos (8,85 ± 0,15 dias e 75,47%). Entretanto, a fecundidade média diária e a total foram maiores na criação com flores. A duração da fase de ovo foi de cerca de 3,7 dias em flores e de

4,4 dias em folíolos, com viabilidade ao redor de 65 e 74%, respectivamente. A duração ovo–adulto foi menor na criação com flores (uma geração a cada 20,92 dias), portanto o desempenho de *F. occidentalis* foi superior nessa condição (Nondillo et al., 2009). O número de gerações por ano, em algumas cidades do Rio Grande do Sul, varia entre dez e dezoito. A temperatura base e a constante térmica para o período ovo–adulto são de 9,9°C e 211,9 graus/dia (Nondillo et al., 2008).

Em estudo sobre a flutuação populacional de *F. occidentalis* e seus inimigos naturais em crisântemo, em casa de vegetação no Estado de Minas Gerais, observou-se que a população do tripes é maior em setembro e outubro (Carvalho, Bueno & Mendes, 2006), quando em geral a umidade relativa é mais baixa e as temperaturas são altas. Em morangueiro, no Rio Grande do Sul, colônias de *F. occidentalis* foram mais numerosas de novembro a fevereiro, quando a temperatura média foi superior a 20°C (Nondillo et al., 2012).

PLANTAS HOSPEDEIRAS

F. occidentalis é altamente polífaga, com 244 espécies de plantas em 62 famílias registradas como hospedeiras (Eppo, 2012). No Brasil, ela foi registrada em 25 espécies vegetais (Tabela 3).

IMPACTO ECONÔMICO

No Brasil, *F. occidentalis* é praga principalmente de flores ornamentais, com destaque para crisântemo, rosa e violeta-africana (Monteiro, Mound & Zucchi, 1999). Entretanto, também ataca morangueiro, alface e outras hortícolas (Lopes, Alves & Tamai, 2000; Nondillo et al., 2008, 2010). Nas flores, alimenta-se do pólen e, no ovário, causa abortamento e danos qualitativos (Figura 3A) (Capinera, 2001), especialmente importantes para flores de corte. Ao alimentar-se de folhas,

Figura 3. Danos causados por *F. occidentalis*. A) Marcas de alimentação nas sépalas da flor de roseira. B) Marcas de alimentação nas sépalas da flor de morangueiro. C) Bronzeamento na casca do morango. D) Bronzeamento em morango em detalhe. Fotos: A) Jack Kelly Clark. B, C, D) Aline Nondillo.

Tabela 3. Plantas associadas a *F. occidentalis* no Brasil.

Nomes comuns	Nomes científicos	Famílias
Losna-branca	*Parthenium hysterophorus*	Asteraceae
Periquito	*Alternanthera ficoidea*	Amaranthaceae
Açafrão-bastardo	*Carthamus tinctorius*	Asteraceae
Tango	*Solidago canadensis*	Asteraceae
Picão-preto	*Bidens pilosa*	Asteraceae
Alface	*Lactuca sativa*	Asteraceae
Astromélia	*Alstroemeria* sp.	Alstroemeriaceae
Cebola	*Allium cepa*	Liliaceae
Cravo	*Trifolium* sp.	Fabaceae
Crisântemo	*Chrysanthemum frutescens* *Chrysantemum* sp. *Dendranthema grandiflora*	Asteraceae
Feijoeiro	*Phaseolus vulgaris*	Fabaceae
Feijoeiro-de-porco	*Canavalia ensiformis*	Fabaceae
Girassol	*Helianthus annuus*	Asteraceae
Meloeiro	*Cucumis melo*	Cucurbitaceae
Morangueiro	*Fragaria* x *ananassa*	Rosaceae
Nectarina	*Prunus persica* var. *nucipersica*	Rosaceae
Pêssego	*Prunus persica*	Rosaceae
Pimentão	*Capsicum annuum*	Solanaceae
Rosa	*Rosa* spp.	Rosaceae
Sorgo	*Sorghum* spp.	Poaceae
Tomateiro	*Solanum lycopersicum*	Solanaceae
Videira	*Vitis vinífera*	Vitaceae
Violeta-africana	*Saintpaulia ionantha*	Gesneriaceae

Fontes: Monteiro (1999), Monteiro, Mound & Zucchi (1999), Monteiro, Mound & Zucchi (2001), Cavalleri & Mound (2012).

causa distorção, encarquilhamento e formação de manchas. A oviposição provoca deformações nos frutos (Capinera, 2001). Em morangueiro, produz danos nos estames e no receptáculo floral e bronzeamento na base dos frutos verdes e maduros (Figuras 3B, 3C, 3D) (Nondillo et al., 2010). Em alface, causa danos diretos nas folhas e transmite vírus, reduzindo a produtividade da cultura (Lopes, Alves & Tamai, 2000).

CONTROLE

Além do controle químico, devem ser utilizadas táticas culturais e biológicas. O uso de telas extremamente finas em casas de vegetação é recomendado, embora seja difícil encontrar material fino o suficiente para impedir a entrada de tripes. O uso de plásticos com capacidade de absorção da luz ultravioleta sobre as estufas e a retirada de ervas daninhas hospedeiras de *F. occidentalis* perto dos cultivos também impedem a colonização pelo tripes (Capinera, 2001).

Para o controle biológico, pode ser usado *Orius insidiosus* (Hemiptera, Anthocoridae), produzido comercialmente no Brasil e eficiente no controle de *F. occidentalis* em crisântemo (Bueno et al., 2003; Carvalho, Bueno & Mendes, 2006). O uso de *Metarhizium anisopliae* em alface também pode ser outra forma de controlar *F. occidentalis* (Lopes, Alves & Tamai, 2000b).

O emprego de inseticidas contra *F. occidentalis* deve ser feito de forma responsável, em especial levando em consideração que há registros de mais de 150 casos de resistência da espécie a mais de vinte ingredientes ativos de inseticidas (Whalon et al., 2012) e que o uso inadvertido de produtos químicos pode eliminar inimigos naturais e provocar surtos de outras pragas (Nondillo et al., 2012). Em morangueiro, recomenda-se o controle químico somente se, após amostragens semanais realizadas por meio de batidas em bandejas brancas, forem encontradas 50% ou mais das flores com infestação média de três ou mais tripes por flor (Nondillo et al., 2012). No Brasil, há produtos registrados para as culturas de cravo, videira e crisântemo (Agrofit/Mapa, 2013).

AGRADECIMENTOS

A Jack Kelly Clark (University of California Statewide IPM Program), à dra. Aline Nondillo e ao dr. Marcos Botton (Embrapa Uva e Vinho), por terem cedido as fotografias.

REFERÊNCIAS BIBLIOGRÁFICAS

AGROFIT/MAPA. *Sistema de Agrotóxicos Fitossanitários*/Ministério da Agricultura, Pecuária e Abastecimento, 2013. Disponível em: <extranet.agricultura.gov.br/agrofit_cons/principal_agrofit_cons>. Acesso em: 1 maio 2013.

BUENO, V. H. P. et al. An overview of biological control in greenhouse chrysanthemums in Brazil. *IOBC/WPRS Bulletin*, 26: 1-5, 2003.

CAPINERA, J. L. Order Thysanoptera – Thrips. In: CAPINERA, J. L. (ed.). *Handbook of vegetable pests*. New York: Elsevier, 2001. 729p.

CARVALHO, L. M.; BUENO, V. H. P. & MENDES, S. M. Ocorrência e flutuação populacional de tripes, pulgões e inimigos naturais em crisântemo de corte em casa de vegetação. *Bragantia* 65(1): 139-46, 2006.

CAVALLERI, A. & MOUND, L. A. Toward the identification of *Frankliniella* species in Brazil (Thysanoptera, Thripidae). *Zootaxa* 3.270: 1-30, 2012.

EPPO – European and Mediterran Plant Protection Organization. *PQR – EPPO database on quarantine pests*, 2012. Disponível em: <www.eppo.int>. Acesso em: 16 abr. 2012.

HOOD, J. D. On the proper generic names of certain Thysanoptera of economic importance. *Proc. Entomol. Soc. Wash* 16 : 34-44, 1914.

HOODLE, M. S.; MOUND, L. A. & PARIS, D. L. *Thrips of California*. Queensland: CBIT Publishing, 2012.

LOPES, R. B. & ALVES, S. B. Criação e observações preliminares da biologia de *Frankliniella occidentalis* (Pergande) (Thysanoptera: Thripidae) em feijão-de-porco *Canavalia ensiformis* (L.). *An. Soc. Entomol. Bras.* 29(1): 39-47, 2000.

LOPES, R. B.; ALVES, S. B. & TAMAI, M. A. Fungo *Metarhizium anisopliae* e o controle de *Frankliniella occidentalis* em alface hidropônico. *Sci. Agric.* 57(2): 239-43, 2000.

MONTEIRO, R. C. *Estudos taxonômicos de tripes (Thysanoptera) constatados no Brasil, com ênfase no gênero Frankliniella*. Piracicaba, 1999. 144p. Tese (doutorado) – Escola Superior de Agricultura "Luiz de Queiroz", Universidade de São Paulo.

MONTEIRO, R. C.; MOUND, L. A. & ZUCCHI, R. A. Espécies de *Frankliniella* (Thysanoptera: Thripidae) de importância agrícola no Brasil. *Neotrop. Entomol.* 30(1): 65-72, 2001.

MONTEIRO, R. C.; MOUND, L. A. & ZUCCHI, R. A. Thrips (Thysanoptera) as pests of plant production in Brazil. *Rev. Bras. Entomol.* 43(3-4): 163-71, 1999.

MOUND, L. A. *Thysanoptera (Thrips) of the world – A checklist,* 2005. Disponível em: <http://www.ento.csiro.au/thysanoptera/worldthrips.php>. Acesso em: 16. jun. 2012.

NONDILLO, A. et al. Exigências térmicas e estimativa do número de gerações anuais de *Frankliniella occidentalis* (Pergande) (Thysanoptera: Thripidae) em morangueiro. *Neotrop. Entomol.* 37(6): 646-50, 2008.

NONDILLO, A. et al. Biologia e tabela de vida de fertilidade de *Frankliniella occidentalis* (Pergande) (Thysanoptera, Thripidae) em morangueiro. *Rev. Bras. Entomol.* 53(4): 679-83, 2009.

NONDILLO, A. et al. Caracterização das injúrias causadas por *Frankliniella occidentalis* no morangueiro. *Ciência Rural* 40(4): 820-6, 2010.

NONDILLO, A. et al. Manejo de *Frankliniella occidentalis* (Pergande) (Thysanoptera: Thripidae) na cultura do morangueiro no Rio Grande do Sul. Embrapa Uva e Vinho, 2012. 12p. (Circular Técnica, 90).

PERGANDE, T. Observations on certain Thripidae. *Insect Life* 7: 390-5, 1895.

PLANTWISE. *Frankliniella occidentalis*, 2013. Disponível em: <www.plantwise.org/KnowledgeBank/Datasheet.aspx?dsid=24426>. Acesso em: 18 abr. 2013.

REDAELLI, D. C. & FERNANDES, R. G. Nova praga da parreira no estado. *Bol. Agronom.* 8(94-96): 39-40, 1944.

WHALON, M. E. et al. *Arthropod pesticide resistance database*, 2012. Disponível em: <www.pesticideresistance.org>. Acesso em: 18 abr. 2013.

22

Tripes-do-cacaueiro, *Selenothrips rubrocinctus* (Giard)

E. F. B. Lima, R. A. Zucchi

INTRODUÇÃO

Uma das pragas introduzidas há mais tempo no Brasil é *Selenothrips rubrocinctus* (Giard, 1901), que está amplamente estabelecida no território nacional. Praga-chave de cacaueiro, é uma das espécies que causa maiores prejuízos econômicos à cultura. Apesar de ter sido introduzida, sua importância quarentenária atual é pequena, visto que o país não possui grande volume de exportação de cacau. A produção, embora dê sinais de recuperação, foi fortemente reduzida com a introdução da doença vassoura-de-bruxa. Além disso, *S. rubrocinctus* está amplamente distribuída em vários países, o que diminui as barreiras quarentenárias para exportação do produto.

Apesar de chamar a atenção na cacauicultura, também é praga de outras espécies vegetais, em especial arbóreas, tais como cajueiro, eucalipto, mangueira, goiabeira, caquizeiro e lichia.

Posição taxonômica e nomenclatura

Ordem: Thysanoptera

Subordem: Terebrantia

Família: Thripidae

Subfamília: Panchaetothripinae

Gênero: *Selenothrips* Karny, 1911

Espécie: *Selenothrips rubrocinctus* (Giard, 1901)

Sinonímias: *Physopus rubrocinctus* Giard, 1901
Heliothrips (Selenothrips) decolor Karny, 1911
Heliothrips (Selenothrips) mendax Schmutz, 1913
Brachyurothrips indicus Bagnall, 1926

A descrição de *S. rubrocinctus* foi baseada em adultos e imaturos coletados em Saint-Claude, ilha de Guadalupe, França, a danificar folhas de cacaueiro (Giard, 1901). Embora classificada originalmente no gênero *Physopus*, foi transferida para *Selenothrips*, depois de Karny (1911) ter estabelecido, no gênero *Heliothrips*, o subgênero *Selenothrips*, que posteriormente foi elevado ao *status* de gênero por Hood (1913). Na literatura internacional, é referida por vários nomes comuns, sendo os mais frequentes: "red-banded thrips", "cacao thrips", "trips de la cinta roja", "trips del cacao", "thrips du cacaoyer", "kakaoblasenfuss" e "tripide del cacao". No Brasil, com frequência é referida como "tripes-do-cacaueiro" ou "tripes-da-cinta--vermelha", em referência à faixa vermelha no abdome dos imaturos (Figura 1).

Figura 1. Ninfas de *S. rubrocinctus*. Foto: Lyle J. Buss.

RECONHECIMENTO

A fêmea é escura (Figuras 2, 3A). Antena 8-segmentada. Segmento III com metade basal mais larga; segmento IV alargado no meio; segmento VIII longo e afilado; cerdas antenais bastante longas (Figura 3B). Cabeça com constrição posterior e forte reticulação, exceto na extremidade posterior; cerdas ocelares III

Figura 2. Fêmea de *S. rubrocinctus*. Foto: Lyle J. Buss.

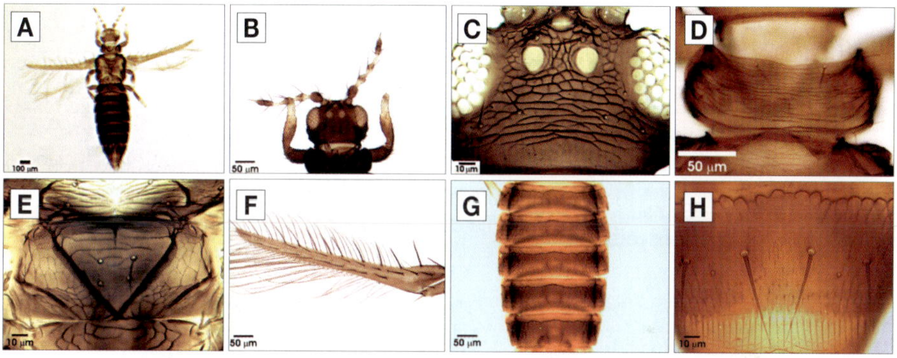

Figura 3. *S. rubrocinctus*. A) Fêmea em preparação microscópica. B) Antenas, cabeça e pronoto. C) Cabeça. D) Pronoto. E) Metanoto. F) Asa anterior. G) Urotergitos III-VII. H) Urotergito VIII. Foto: Élison Fabrício B. Lima.

desenvolvidas, próximo às margens laterais externas do triângulo ocelar; cerdas pós-oculares relativamente desenvolvidas (Figura 3C). Pronoto quadrangular, mais largo do que longo, com esculturação transversalmente estriada (Figura 3D). Metanoto com esculturação transversalmente estriada na parte superior e reticulada nas laterais e na parte inferior; no centro, contornos da reticulação lateral formam um triângulo, com um par central de cerdas e um par de sensilos campaniformes (Figura 3E). Asa anterior escura, com cerdas robustas (Figura 3F). Tergitos abdominais com reticulação conspícua; retículos laterais mais conspícuos do que os medianos (Figura 3G); tergito abdominal VIII com *craspedum* completo, com dentes longos e finos e a base estreita (Figura 3H). O macho é semelhante à fêmea, porém menor. Tergito abdominal IX com três pares de cerdas robustas em tubérculos proeminentes alinhados no sentido longitudinal. Esternitos abdominais III-VII com pequena área glandular anteromedianamente.

S. rubrocinctus é a única espécie do gênero, e deve ser facilmente distinguida de outras pelas características mencionadas ou pela coloração particular das ninfas. Entretanto, espécies de *Caliothrips*, de *Heliothrips*, de *Helionothrips* (não ocorre no Brasil) e de *Oneilliella williamsi* podem ser confundidas com o tripes-do-cacaueiro. As espécies desses gêneros podem ser separadas de *S. rubrocinctus* pelos caracteres apresentados na Tabela 1. *Heliothrips haemorrhoidalis* (Bouché, 1833) é com frequência coletada com *S. rubrocinctus* em eucalipto, caju e cacau.

Tabela 1. Caracteres morfológicos para distinção de *Selenothrips rubrocinctus* das espécies de *Caliothrips*, *Heliothrips*, *Helionothrips* e *Oneilliella williamsi*.

Caracteres/ Espécies	***Selenothrips rubrocinctus***	***Caliothrips* spp.**	***Heliothrips* spp.**	***Helionothrips* spp.**	***Oneilliella williamsi***
Sensilos nos antenômeros III e IV	Bifurcados	Bifurcados	Simples	Bifurcados	Bifurcados
Carena cefálica posterior	Ausente	Ausente	Ausente	Presente	Ausente
Coloração da asa anterior	Escura	Geralmente bicolorida	Clara	Escura	Escura, com mancha basal clara
Esculturação pronotal	Estriada transversal	Reticulada, com marcas internas	Reticulada	Reticulada	Reticulada central
Fileiras de cerdas da asa anterior	Completas	Incompletas	Incompletas	Incompletas	Incompletas

HISTÓRICO DA INTRODUÇÃO DA PRAGA NO BRASIL

S. rubrocinctus foi registrada pela primeira vez no Brasil em 1921, em cacaueiro (Lima, 1921). De origem africana (Monteiro, Mound & Zucchi, 1999; Mound, 2009), a espécie deve ter entrado na América por meio de transporte vegetal proveniente de países do continente africano, uma vez que o tráfego de navios entre essas áreas era frequente desde a época colonial. Todavia, como no continente americano há registros do tripes-do-cacaueiro anteriores ao brasileiro, não é possível afirmar se a espécie foi introduzida no Brasil direto da África ou de outros países vizinhos ou, ainda, se ocorreu somente um evento de introdução.

DISTRIBUIÇÃO GEOGRÁFICA

S. rubrocinctus está amplamente distribuída em áreas tropicais e subtropicais e, ocasionalmente, em locais com temperaturas baixas, como Flórida, EUA, ou China (Wilson, 1975). Está presente em 65 unidades políticas de todos os continentes, exceto na Europa e na Antártica (Plantwise, 2013). No Brasil, possui ampla distribuição, sendo registrada nas cinco regiões e em todos os biomas do território nacional (Tabela 2).

Tabela 2. Distribuição geográfica de *S. rubrocinctus* no Brasil.

Regiões	Estados	Registros
Norte	Amazonas	Silva et al. (1968), Monteiro (1999)
	Pará	Silva et al. (1968), Monteiro (1999)
	Rondônia	Bleicher & Melo (1996), Monteiro (1999)
	Roraima	Pereira (2002)
	Tocantins	Tavares et al. (2013)
Nordeste	Bahia	Silva et al. (1968), Monteiro (1999)
	Ceará	Silva et al. (1968), Monteiro (1999)
	Pernambuco	Silva et al. (1968), Monteiro (1999)
	Piauí	Lima (2011)
Centro-Oeste	Mato Grosso do Sul	Silva et al. (1968), Monteiro (1999)
Sudeste	Espírito Santo	Figueroa (1973), Monteiro (1999)
	Minas Gerais	Silva et al. (1968), Monteiro (1999)
	Rio de Janeiro	Silva et al. (1968), Monteiro (1999)
	São Paulo	Silva et al. (1968), Monteiro (1999)
Sul	Rio Grande do Sul	Silva et al. (1968), Monteiro (1999)

BIOLOGIA

O ciclo de vida de *S. rubrocinctus* consta de ovo, quatro estágios imaturos e adulto. Os machos são raros. A postura é endofítica e o ovo é recoberto com secreção, que forma uma película protetora (Figueroa, 1973). Em tungue (*Aleurites fordii*), as ninfas começam a eclodir após cerca de dez dias e o ciclo completo, em temperatura ambiente, dura quase trinta dias (Wen-Xub, 1984). Em condições laboratoriais, a fase de ovo é a mais suscetível, com mortalidade de mais de 70% (Soto-Rodriguez & Retana-Salazar, 2005).

Em cajueiro, a duração dos estágios de ninfa, pré-pupa e pupa varia, respectivamente, entre 18,2 e 5,5 dias, 5,1 e 1,9 dias e 3,5 e 1,0 dias, em temperaturas de 15°C a 30°C. A temperatura base (Tb) é de 6,6°C (ninfa), 10,1°C (pré-pupa) e 10,5°C (pupa). A constante térmica (K) é 108,4 (ninfa), 44,7 (pré-pupa) e 20,0 (pupa) graus/dias (Morais et al., 2004).

A dinâmica populacional do tripes-do-cacaueiro é influenciada pelos altos índices de precipitação pluviométrica, que reduzem sua população em cacaueiro (Figueroa, 1973). Além disso, temperaturas médias baixas no início da colonização do tripes em cacaueiro favorecem o estabelecimento da praga, enquanto, para a manutenção da população, temperaturas altas são mais favoráveis. Na cultura de caju no Estado do Ceará, as épocas de estiagem são mais propícias para o estabelecimento de *S. rubrocinctus* (Melo et al., 1979) Em tungue, também verificou-se que temperaturas baixas reduzem a sua população (Wen-Xub, 1984).

PLANTAS HOSPEDEIRAS

A constatação de *S. rubrocinctus* na natureza é facilitada pelos sintomas nas plantas e pelas características peculiares dos imaturos e adultos da espécie. Assim, a associação da espécie com a planta hospedeira é fácil de ser estabelecida e, em consequência, o número de vegetais hospedeiros do tripes-do-cacaueiro é relativamente alto. Polífaga, alimenta-se em plantas, em especial árvores pertencentes a 21 famílias em todo o mundo (Sakimura, 1986; Plantwise, 2013). No Brasil, foi identificada em trinta espécies vegetais (Tabela 3).

Tabela 3. Plantas associadas a *S. rubrocinctus* no Brasil.

Nome comum	Nome científico	Família	Registro
	Acalypha sp.	Euphorbiaceae	Silva et al. (1968)
	Caesalpinia gardneriana	Fabaceae	Lima (2011)
	Cissus sp.	Vitaceae	Monteiro (1999)
	Croton sp.	Euphorbiaceae	Silva et al. (1968)
	Mimosa sp.	Fabaceae	Silva et al. (1968)
Abacateiro	*Persea americana*	Lauraceae	Castro, Cavalcante & Cavalcante (1975)
Algodoeiro	*Gossypium hirsutum*	Malvaceae	Silva et al. (1968)
Araçazeiro	*Psidium guineense*	Myrtaceae	Silva et al. (1968)
Cacaueiro	*Theobroma cacao*	Malvaceae	Silva et al. (1968)
Cafeeiro	*Coffea* sp.	Rubiaceae	Silva et al. (1968)
Cajazeira	*Spondias* spp.	Anarcadiaceae	Silva et al. (1968)
Caramboleira	*Averrhoa carambola*	Oxalidaceae	Silva et al. (1968)
Caquizeiro	*Diospyros kaki*	Ebenaceae	Sato & Nakano (2002)
Cajueiro	*Anacardium occidentale*	Anarcadiaceae	Silva et al. (1968)
Coca	*Erythroxylum coca*	Erythroxylaceae	Silva et al. (1968)
Cróton	*Codiaeum variegatum*	Euphorbiaceae	Silva et al. (1968)
Eucalipto	*Eucalyptus* sp.	Myrtaceae	Silva et al. (1968)
Feijoeiro	*Phaseolus vulgaris*	Fabaceae	Silva et al. (1968)
Goiabeira	*Psidium guajava*	Myrtaceae	Silva et al. (1968)
Ingazeira	*Inga* sp.	Fabaceae	Silva et al. (1968)

Continua

Nome comum	Nome científico	Família	Registro
Jambeiro-branco	*Eugenia aquea*	Myrtaceae	Silva et al. (1968)
Lichia	*Litchi chinensis*	Myrtaceae	Sánchez-Soto & Nakano (2004)
Macadâmia	*Macadamia* sp.	Proteaceae	Monteiro (1999)
Mamoeiro	*Carica papaya*	Caricaceae	Monteiro (1999)
Mangueira	*Mangifera indica*	Anarcadicaceae	Silva et al. (1968)
Mangostão	*Garcinia mangostana*	Clusiaceae	Monteiro (1999)
Pinhão-manso	*Jatropha curcas*	Euphorbiaceae	Gabriel (2008)
Roseira	*Rosa* sp.	Rosaceae	Silva et al. (1968)
Sete copas	*Terminalia catappa*	Combretaceae	Silva et al. (1968)
Videira	*Vitis vinifera*	Vitaceae	Silva et al. (1968)

IMPACTO ECONÔMICO

De maneira geral, *S. rubricinctus* ataca folhas em desenvolvimento, nas quais surgem manchas cloróticas, e frutos jovens, em que a casca fica escarificada.

No cacaueiro, em que é considerada praga-chave, os danos na folha apresentam-se como manchas cloróticas (Figura 4A) que evoluem para necrose. Quando o ataque é intenso, ocorre desfolha parcial ou total ("queima" ou "emponteiramento") (Figueroa, 1973). Nos frutos, causa "ferrugem", como resultado da oviposição e eliminação de secreção pelo tripes e consequente oxidação do tecido vegetal (Figueroa, 1973).

Em mangueira, ataca preferencialmente a face abaxial das folhas, próximo à nervura central, mas infestações nos frutos também ocorrem. Nas folhas, ocorre prateamento que, após algum tempo, assume coloração marrom, com aspecto coriáceo. Nas cascas da manga, formam-se escarificações (Figura 4B). Caso os frutos sejam atacados no início do crescimento, as marcas cicatrizam e formam-se depressões nesses locais, à medida que as mangas desenvolvem-se, inviabilizando-as para o comércio (Cunha, Santos Filho & Nascimento, 2000).

Em cajueiro, provoca bronzeamento de folhas, desfolha, ressecamento de ramos e inflorescências e deformação de frutos (Figura 4C) (Melo & Bleicher, 1995). As plantas com infestação de até 160 tripes/folha não apresentam danos significativos; entretanto, a partir de 240 tripes/folha ocorre desfolhamento importante e perda de peso em frutos jovens (Igboekwe, 1985).

Em goiabeira, ocorre a formação de uma crosta de coloração ferruginosa na superfície dos frutos, depreciando-os qualitativamente. Nos ramos em crescimento, pode causar danos severos ao desenvolvimento da planta, quando ataca as folhas jovens (Piza Júnior & Kavati, 1994).

Figura 4. Danos de *S. rubrocinctus*. A) Folha de cacau. B) Manga. C) Folhas de cajueiro. D) Caqui. Fotos: A) Lyle J. Buss. B, C) Antonio Lindemberg Martins Mesquita. D) Eduardo Hickel.

Em videira, ocorre "queima" e queda das folhas (Haji et al., 2004). Em caquizeiro e algodoeiro, prateamento da face abaxial das folhas e bronzeamento da casca dos frutos (Figura 4D) (Silva, 1998; Sato & Nakano, 2002). Em lichia, foi observada uma infestação em que 80% das folhas em desenvolvimento estavam danificadas. Os danos concentravam-se na face adaxial, enquanto na face abaxial havia manchas fecais pretas (Sánchez-Soto & Nakano, 2004). Em eucalipto, ocorre prateamento das folhas em altas infestações de *S. rubrocinctus* (Monteiro, Mound & Zucchi, 1999).

CONTROLE

Para conseguir o controle efetivo de *S. rubrocinctus*, devem-se usar várias táticas. Assim, práticas culturais, como a eliminação de hospedeiros alternativos, são importantes.

Várias espécies de inimigos naturais do tripes-do-cacaueiro são conhecidas, como aranhas, ácaros, joaninhas, larvas de crisopídeos, *Franklinothrips vespiformis, Scolothrips sexmaculatus* e *Orius* spp. (Silva et al., 1968; Bleicher & Melo, 1996; Funderburk et al., 2000; Chin & Brown, 2008). Na maioria dos casos, o controle biológico é suficiente para manter a população do tripes, sem causar danos econômicos, e o uso de inseticidas não é necessário (Denmark & Wolfenbarger, 2010).

No Brasil, há inseticidas registrados contra *S. rubrocintus* para as culturas de abacateiro, algododeiro, cacaueiro, cafeeiro, cajueiro, carambola, roseira, feijoeiro, goiabeira, mangueira e videira (Agrofit/Mapa, 2013). Para a cultura de manga, há níveis de ação estabelecidos para a região do Vale do São Francisco. Nas plantas, devem ser realizadas amostragens semanais, por meio de batidas de ramos, panículas e frutos em bandejas brancas. Os níveis de ação são 40% de infestação nos ramos, 10% de panículas com dez ou mais tripes e 10% de frutos com dez ou mais tripes (Moreira, 2004).

AGRADECIMENTOS

Ao dr. Lyle J. Buss (University of Florida), dr. Eduardo Hickel (Epagri-SC) e dr. Antonio Lindemberg Martins Mesquita (Embrapa Agroindústria Tropical), por terem cedido as fotografias.

REFERÊNCIAS BIBLIOGRÁFICAS

AGROFIT. *Sistema de Agrotóxicos Fitossanitários*/Ministério da Agricultura, Pecuária e Abastecimento, 2013. Disponível em: <extranet.agricultura.gov.br/agrofit_cons/principal_agrofit_cons>. Acesso em: 1 maio 2013.

BLEICHER, E. & MELO, Q. M. S. *Artrópodes associados ao cajueiro no Brasil*. 2. ed. Fortaleza: Embrapa–CNPAT, 1996. 35p.

CASTRO, Z. B.; CAVALCANTE, M. L. S. & CAVALCANTE, R. D. Ocorrência de *Selenothrips rubrocinctus* (Giard, 1901) como praga no Estado do Ceará. *Fitossanidade* 1(3): 71-2, 1975.

CHIN, D. & BROWN, H. *Red-banded thrips on fruit trees*. Agnote, 2008. Disponível em: <www.nt.gov.au/dpifm/Content/File/p/Plant_Pest/719.pdf>. Acesso em: 19 abr. 2013.

CUNHA, M. M. C.; SANTOS FILHO, H. P. & NASCIMENTO, A. S. *Manga:* fitossanidade. Cruz das Almas: Embrapa Mandioca e Fruticultura, 2000. 104p.

DENMARK, H. A. & WOLFENBARGER, D. O. *Redbanded thrips, Selenothrips rubrocinctus (Giard) (Insects: Thysanoptera: Thripidae)*. Gainesville: Florida Department of Agriculture and Consumer Services, Division of Plant Industry, 2010. 4p.

DENMARK, H. A.; WOLFENBARGER, D. O. & FASULO, T. R. *The redbanded thrips Selenothrips rubrocinctus (Giard), in Florida (Thysanoptera: Thripidae)*, 2010. Disponível em: <entnemdept.ufl.edu/creatures/orn/thrips/redbanded_thrips.htm> Acesso em: 23 abr. 2013.

FIGUEROA, G. E. S. *Dinâmica populacional do Selenothrips rubrocinctus (Giard, 1901) (Thysanoptera: Thripidae), na região cacaueira do Espírito Santo, Brasil*. Piracicaba, 1973. 84f. Dissertação (mestrado) – Escola Superior de Agricultura "Luiz de Queiroz", Universidade de São Paulo.

FUNDERBURK, J. et al. *Thrips of ornamentals in the southeastern U.S.Edis*, 2007. Disponível em: <edis.ifas.ufl.edu/IN754>. Acesso em: 19 abr. 2013.

GABRIEL, D. *Pragas do pinhão manso (Jatropha curcas)*. Instituto Biológico, 2008. (Comunicado Técnico, 88).

GIARD, A. Sur un thrips (*Physopus rubrocincta* nov. sp.) nuisible au Cacaoyer. *Bul. Soc. Entomol. Fr.* 15: 263-5, 1901.

HAJI, F. N. P. et al. *Cultivo da videira:* pragas. Petrolina: Embrapa Semi-Árido, 2004. Disponível em: <sistemasdeproducao.cnptia. embrapa.br/FontesHTML/Uva/CultivodaVideira/agrotoxicos.htm>. Acesso em: 20 abr. 2013.

HOOD. On a collection of Thysanoptera from Porto Rico. *Insecutor Inscitiae Menstruus* 1(12): 149-54, 1913.

IGBOEKWE, A. D. Injury to young cashew plants, *Anacardium occidentale* L., by the red-banded thrips *Selenothrips rubrocinctus* Giard (Thysanoptera: Thripidae). *Agric. Ecosyst. Environ.* 13(1): 25-32, 1985.

KARNY, H. Revision der Gattung *Heliothrips* Haliday. *Entomologische Rundschau* 28: 179-82, 1911.

LIMA, A. M. C. Moléstias de plantas no nosso Paíz. *Bol. Min. Agric.* 10 (2): 119-27, 1921.

LIMA, E. F. B. *Tripes (Insecta: Thysanoptera) associados a espécies de Fabaceae no Meio-Norte do Brasil*. Piracicaba, 2011. 120p. Dissertação (mestrado) – Escola Superior de Agricultura "Luiz de Queiroz", Universidade de São Paulo.

MELO, O. M. S. et al. *Incidência de pragas nos cajueiros do Ceará*. Fortaleza: Epace, 1979. 13p. (Comunicado Técnico, 4).

MELO, Q. M. S. & BLEICHER, E. Pragas do cajueiro. In: ARAÚJO, J. P. P. & SILVA, V. V. *Cajucultura*: modernas técnicas de produção. Fortaleza: Embrapa–CNPAT, 1995. 292p.

MONTEIRO, R. C. *Estudos taxonômicos de tripes (Thysanoptera) constatados no Brasil, com ênfase no gênero* Frankliniella. Piracicaba, 1999. 144p. Tese (doutorado) – Escola Superior de Agricultura "Luiz de Queiroz", Universidade de São Paulo.

MONTEIRO, R. C.; MOUND, L. A. & ZUCCHI, R. A. Thrips (Thysanoptera) as pests of plant production in Brazil. *Rev. Bras. Entomol.* 43(3-4): 163-71, 1999.

MORAIS, F. M. et al. Influência da temperatura na biologia de *Selenothrips rubrocinctus* (Giard) (Thysanoptera: Thripidae) criado em caju *Anacardium occidentale* (L.). In: XX CONGRESSO BRASILEIRO DE ENTOMOLOGIA, 2004. *Anais*... Disponível em: <www.seb.org.br/eventos/cbe/xxcbe/anais/resumosdeposteres /RESUMOS/resumo_1823.html>. Acesso em: 23 abr. 2013.

MOREIRA, F. R. B. Pragas. In: MOUCO, M. A. C. (ed.). *Cultivo da mangueira*. Petrolina: Embrapa Semi-Árido, 2004. Disponível em: <www.cpatsa.embrapa.br/sistema_ producao/spmanga/index.htm>. Acesso em: 24 abr. 2013.

MORTON, J. F. Brazilian pepper: its impact on people, animals and the environment. *Econ. Bot.* 32(4): 353-9, 1978.

MOUND, L. A. *World Thysanoptera*, 2009. Disponível em: <anic.ento.csiro.au/thrips/>. Acesso em: 2 maio 2013.

PEREIRA, P. R. V. S. Ocorrência do tripes-do-cacaueiro *Selenothrips rubrocinctus* (Giard, 1901) (Thysanoptera: Thripidae) em cajueiros no Estado de Roraima Embrapa Roraima, 2002. (Comunicado Técnico, 4).

PIZA JR., C. T. & KAVATI, R. *A cultura da goiabeira*. Cati, 1994. 29p. (Boletim Técnico, 219).

PLANTWISE. *Selenothrips rubrocinctus*, 2013. Disponível em: <http://www.plantwise.org/knowledgeBank/datasheet.aspx?dsid=24426>. Acesso em: 18 abr. 2013.

SAKIMURA, K. On the host plants of some Hawaiian thrips. *Proc. Haw. Ent. Soc.* 10(2): 251-4, 1939.

SAKIMURA, K. Thrips in and around the coconut plantations in Jamaica, with a few taxonomical notes (Thysanoptera). *Fla. Entomol.* 69(2): 348-63, 1986.

SÁNCHEZ-SOTO, S. & NAKANO, O. Primeiro registro de *Selenothrips rubrocinctus* (Giard) (Thysanoptera: Thripidae) atacando lichia no Brasil. *Neotrop. Entomol.* 33(3): 395-6, 2004.

SATO, S. S. & NAKANO, O. Occurrence of *Selenothrips rubrocinctus* (Giard) on oriental persimmons, in Piracicaba, São Paulo. *Rev. Agric.* 77(2): 295-8, 2002.

SILVA, A. B. Insetos e ácaros nocivos ao algodoeiro no Estado do Pará. Belém: Embrapa–CPATU, 1998. 34p. (Documentos, 124).

SILVA, A. G. A. et al. Ordem Thysanoptera. In: SILVA, A. G. A. et al. *Quarto catálogo de insetos que vivem nas plantas do Brasil – Seus parasitos e predadores*. Rio de Janeiro: Ministério da Agricultura, 1968, t. 1. 622p.

SOTO-RODRIGUEZ, G. & RETANA-SALAZAR, A. P. Tabla de vida y patrón de distribución de *Selenothrips rubrocinctus* (Thripidae: Panchaetothripinae) en condiciones de laboratório. *Rev. Biol. Trop.* 53(1): 187-90, 2005.

TAVARES, T. M et al. Desenvolvimento inicial de progênies de cajueiro anão precoce nas condições edafoclimáticas do Estado do Tocantins. *Revista Verde* 11(1): 11-8, 2013.

WEN-XUB, W. Binomics and control of *Selenothrips rubrocinctus*. *Acta Entomol. Sinica.* 27(1): 81-6, 1984.

WILSON, T. H. A monograph of the subfamily Panchaetothripinae (Thysanoptera: Thripidae). *Mem. Am. Entomol. Inst.* 23: 1-354, 1975.

23

Tripes-da-casca-da-banana, *Elixothrips brevisetis* (Bagnall)

E. F. B. Lima

INTRODUÇÃO

Na cultura de banana, as espécies de tripes causam danos qualitativos, resultantes da alimentação e/ou oviposição no tecido vegetal, em especial nas cascas dos frutos, o que os deprecia para a comercialização. Os prejuízos podem ser significativos sobretudo para a exportação, considerando que o Brasil, quinto maior produtor de banana do mundo, com cerca de 7.330.000 toneladas em 2011, comercializa aproximadamente 110 mil toneladas do fruto por ano ao exterior (FAO, 2011; IBGE, 2011).

Várias espécies de tripes ocorrem na bananicultura brasileira (Monteiro, Mound & Zucchi, 1999; Fancelli, 2004). Todavia, uma espécie que não constava na lista de pragas quarentenárias ausentes do Ministério da Agricultura, Pecuária e Abastecimento (Mapa), *Elixothrips brevisetis* (Bagnall, 1921), foi detectada em Santa Catarina (Lima & Milanez, 2013).

A despeito de sua importância quarentenária, pouco se sabe sobre a biologia de *E. brevisetis*, e alguns dados biológicos básicos, como a duração das fases do ciclo de vida, ainda são desconhecidos. Por outro lado, com o incremento na quantidade de transporte de produtos agrícolas entre os países, decorrente principalmente do comércio de *commodities*, o tripes-da-casca-da-banana, que tem grande capacidade de estabelecimento, vem sendo registrado em várias áreas fora de sua distribuição original, causando prejuízos em cultivos de banana.

Posição taxonômica e nomenclatura

Ordem: Thysanoptera

Subordem: Terebrantia

Família: Thripidae

Subfamília: Panchaetothripinae

Gênero: *Elixothrips* Stannard & Mitri, 1962

Espécie: *Elixothrips brevisetis* (Bagnall, 1921)

Sinonímias: *Tryphactothrips brevisetis* Bagnall, 1921
Dinurothrips quamensis Moulton, 1942

A descrição de *E. brevisetis* foi baseada em uma única fêmea coletada no distrito de Cascade, Ilha de Mahé, Seichelles, sem dados do hospedeiro (Bagnall, 1921). Foi classificada originalmente no gênero *Tryphactothrips*, mas Stannard Jr. e Mitri (1962) estabeleceram o gênero *Elixothrips* para a espécie, visto que a consideraram morfologicamente distinta dos representantes de *Tryphactothrips*. Na literatura internacional, com frequência é referida como "banana rind thrips" (tripes-da-casca-da-banana, em tradução livre). O macho foi descrito com base em um único indivíduo, após a descrição original da espécie (Kudô, 1979).

RECONHECIMENTO

A fêmea possui corpo marrom, com manchas amarelas na cabeça, tórax e urômeros finais. Antenômeros III-V e base do VI amarelos (Figuras 1A, 1B). Antena 8-segmentada. Antenômeros III-IV com sensilos simples recurvados, aparentemente bifurcados (Figura 1C). Cabeça com reticulação conspícua; região ocelar em elevação; gena constricta atrás dos olhos e na base (Figura 1D). Tórax reticulado; pronoto com laterais achatadas (Figura 1E); mesonoto com divisão longitudinal completa; metanoto com reticulação alongada, de formato triangular; cerdas medianas afastadas da margem anterior (Figura 1F). Asa anterior bicolorida; primeira nervura fundida à costa (Figura 1G). Urômero II constrito na base, com várias microtríquias robustas recurvadas anterolateralmente (Figura 1H); urômero VIII com craspedum; cerdas do urômero IX cerca de 0,4 vez tão longas quanto o urômero X; urômero X com divisão longitudinal completa e cerdas apicais com ápice expandido (Figura 1J); urotergitos III-VII com linhas de esculturação transversal anteromedianamente. O macho é menor do que a fêmea (1,03 mm), com a cabeça e o tórax marrom, em contraste com o abdome amarelo-claro. Urotergito IX com um par de longas cerdas posterolaterais, com ápice expandido; uroesternitos com três pares de cerdas discais longas; uroesternitos VI, VII e VIII

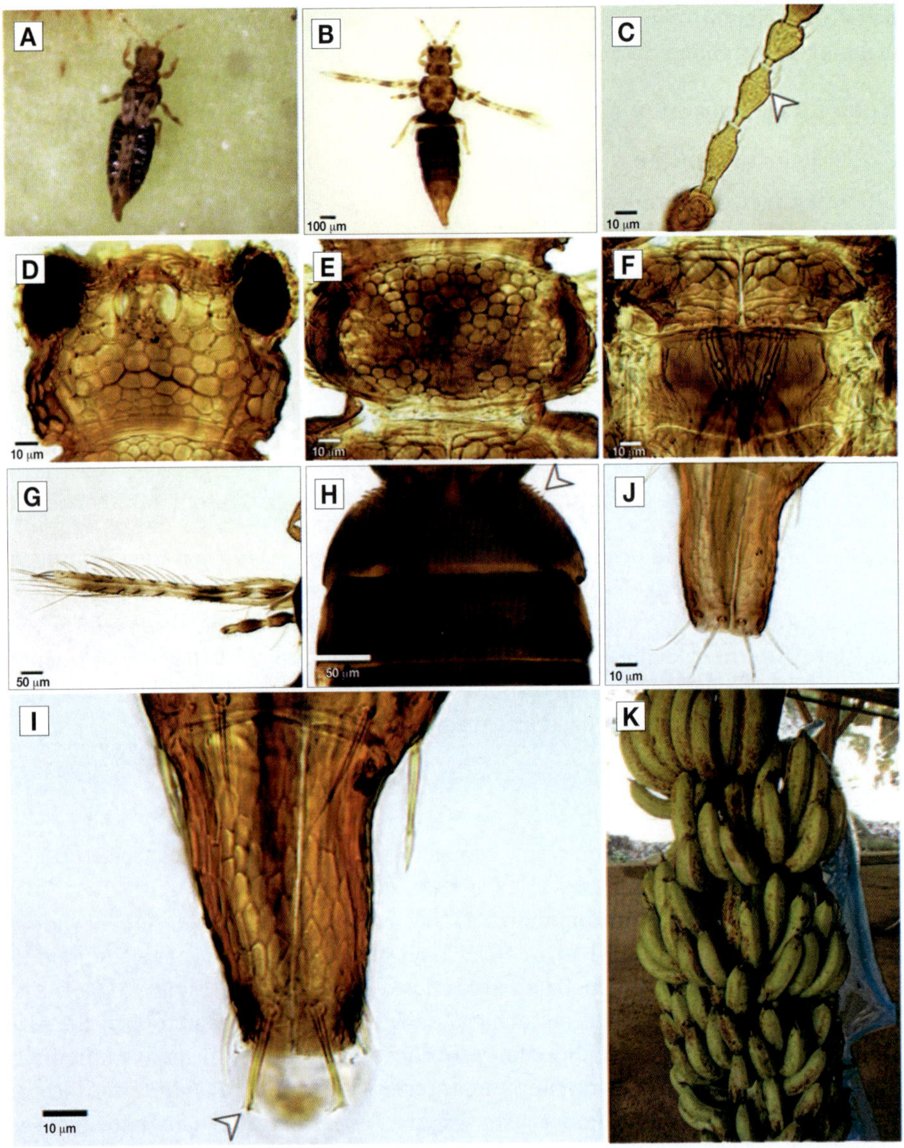

Figura 1. *E. brevisetis*. A) Fêmea. B) Fêmea (preparação microscópica). C) Segmentos antenais II-VI, com sensilos simples nos segmentos III-IV. D) Cabeça. E) Pronoto. F) Mesonoto e metanoto. G) Asa anterior. H) Segmentos abdominais II-III, com microtríquias anterolateralmente no segmento II. I) Segmento abdominal X, com cerdas apicais de ápice expandido; *Hoodothrips lineatus*. J) Segmento abdominal X, com cerdas apicais de ápice pontiagudo. K) Bananas com dano nas cascas. Fotos: 1A e 1K) J. M. Milanez; 1B a 1J) E. F. B. Lima.

com áreas glandulares, respectivamente circular, transversal e em formato de U medianamente separado.

Elixothrips pertence ao complexo *Tryphactothrips* (Stannard Jr. & Mitri, 1962), do qual *Hoodothrips* é o único outro gênero registrado no Brasil. Entretanto, *E. brevisetis* pode ser facilmente distinguida de *Ho. lineatus* (também praga da banana) pelo par de cerdas apicais expandidas no segmento abdominal X (Figura 1J); em *Ho. lineatus*, essas cerdas são pontiagudas (Figura 1I). O gênero *Hercinothrips*, representado no Brasil por *He. bicinctus* (Bagnall, 1913) e *He. femoralis* (Reuter, 1891), também é próximo de *Elixothrips*, mas, do mesmo modo, possui cerdas apicais pontiagudas no segmento abdominal X. Na Tabela 1 são apresentados os caracteres morfológicos que distinguem essas quatro espécies.

Tabela 1. Caracteres morfológicos para distinção de *E. brevisetis*, *Hercinothrips* spp. e *Ho. lineatus*.

Caracter/Espécie	*E. brevisetis*	*Hercinothrips* spp.	*Ho. lineatus*
Sensilos nos antenômeros III e IV	Simples	Bifurcados	Bifurcados
Divisão longitudinal no mesonoto	Completa	Incompleta	Incompleta
Formato das cerdas principais da asa anterior	Simples	Simples	Fusiforme
Tarsos	1) Segmentados	2) Segmentados	1) Segmentados
Ápice das cerdas apicais no urômero X	Expandido	Pontiagudo	Pontiagudo

HISTÓRICO DA INTRODUÇÃO DA PRAGA NO BRASIL

No Brasil, o tripes-da-casca-da-banana foi constatado em 2010, causando danos qualitativos (Figura 1L) em bananas cultivadas no município de Luís Alves, Estado de Santa Catarina (Lima & Milanez, 2013).

DISTRIBUIÇÃO GEOGRÁFICA

E. brevisetis é originária da região oriental, amplamente distribuída em países da Ásia, África e Oceania banhados pelos oceanos Pacífico e Índico. Entretanto, a partir da década de 1990, após o registro da espécie em Guadalupe (Bournier, 1993), foi registrada em várias partes do continente americano (Tabela 2). Em 2010, foi detectada no Brasil, causando danos qualitativos em banana no Estado de Santa Catarina. A espécie foi oficialmente registrada no país junto ao Mapa (Documento 70570-000339/2012-79) em 2012 (Lima & Milanez, 2013).

Tabela 2. Distribuição geográfica de *E. brevisetis*.

Continentes	Unidades políticas	Referências (registros)
América		
América do Norte	Flórida (EUA)	Hamon & Edwards (1994)
América Central e Caribe	Cuba	González & Castillo (2009)
	Guadalupe (França)	Bournier (1993), Hamon & Edwards (1994)
	Ilhas Virgens	Mound & Marullo (1996), Hamon & Edwards (1994)
	Martinica (França)	Rey (2002)
	Panamá	Goldarazena et al. (2012)
América do Sul	Brasil	Lima & Milanez (2013)
	Galápagos (Equador)	Hoddle & Mound (2011)
	Suriname	Mound & Marullo (1996)
África	Ilhas Maurício	Mau & Kessing (2007), Sakimura (1985), Stannard Jr. & Mitri (1962), Wilson (1975), Kudô (1992)
	Seychelles	Hamon & Edwards (1994), Mau & Kessing (2007), Sakimura (1985), Stannard Jr. & Mitri (1962), Wilson (1975), Bagnall (1921), Mound (2009)
Ásia	China	Mirab-balou et al. (2011)
	Filipinas	Hamon & Edwards (1994), Mau & Kessing (2007), Sakimura (1985), Stannard Jr. & Mitri (1962), Wilson (1975), Kudô (1992), Mound (2009), Mirab-balou et al. (2011)
	Indonésia	Evasari (2008)
	Japão	Kudô (1992), Okajima (1979)
	Malásia	Kudô (1992)
	Sri Lanka	Tillekaratne et al. (2011)
	Taiwan	Hamon & Edwards (1994), Mau & Kessing (2007), Sakimura (1985), Wilson (1975), Kudô (1992), Mound (2009)
Oceania	Austrália	Mound (2009)
	Guam (EUA)	Hamon & Edwards (1994), Mau & Kessing (2007), Sakimura (1985), Stannard Jr. & Mitri (1962), Wilson (1975), Kudô (1992), Mirab-balou et al. (2011)
	Havaí (EUA)	Hamon & Edwards (1994), Mau & Kessing (2007), Sakimura (1985)
	Ilhas Marianas (EUA)	Mau & Kessing (2007), Sakimura (1985), Stannard Jr. & Mitri (1962), Wilson (1975), Kudô (1992)

Continua

Continentes	Unidades políticas	Referências (registros)
Oceania	Ilhas Marshall	Hamon & Edwards (1994), Mau & Kessing (2007), Sakimura (1985), Stannard Jr. & Mitri (1962), Wilson (1975), Kudô (1992)
	Kiribati	Hamon & Edwards (1994), Mau & Kessing (2007), Sakimura (1985), Stannard Jr. & Mitri (1962), Wilson (1975), Kudô (1992)

BIOLOGIA

E. brevisetis é uma espécie polífaga que se alimenta de folhas, flores, hastes e frutos vegetais (Dubois & Coyne, 2010). Todavia, apenas alguns aspectos da sua biologia são conhecidos (hábito alimentar, plantas hospedeiras e danos causados em plantas cultivadas, especialmente em bananas). Os dados do ciclo de vida ainda não foram determinados (Mau & Kessing, 2007).

Provavelmente, *E. brevisetis* se reproduz sobretudo por partenogênese telítoca (Muruvanda, 1986; Rey, 2002), visto que os machos são raros mesmo em amostragens em que as fêmeas são numerosas (Rey, 2002).

No único estudo de flutuação populacional realizado em condições tropicais em plantações de banana da Martinica (Rey, 2002), verificou-se que a população de *E. brevisetis* mantém-se alta e estável durante todos os meses do ano, com média de vinte tripes por planta e sobreposição de gerações nas colônias de adultos e imaturos.

PLANTAS HOSPEDEIRAS

Adultos de *E. brevisetis* foram coletados em muitas espécies de várias famílias botânicas, mas poucos são os registros de imaturos sobre plantas (Mound, 2009). Dessa forma, poucas espécies vegetais são relatadas como hospedeiras do tripes-da-casca-da-banana (Tabela 3). No Brasil, a espécie foi coletada somente em banana (*Musa* sp.).

IMPACTO ECONÔMICO

O tripes-da-casca-da-banana alimenta-se de folhas, flores, frutos e hastes das plantas hospedeiras, causando prateamento no tecido vegetal que, após certo tempo, torna-se marrom-escuro (Figura 1L), afetando a comercialização do produto (Dubois & Coyne, 2010). Nas folhas, a alimentação nos ponteiros também resulta em murchamento e encarquilhamento. A face abaxial das folhas fica manchada com material fecal preto. As flores tornam-se manchadas e deformadas, e muitos botões são abortados. Nas cascas dos frutos, aparecem manchas e rachaduras de

Tabela 3. Plantas hospedeiras de *E. brevisetis*.

Nome comum	Nome científico	Família
	Cestrum diurnum L.[1]	Solanaceae
	Clerodendrum infortunatum L.[2]	Lamiaceae
Amoreira	*Morus* sp.[3]	Moraceae
Bananeira	*Musa* spp.[1]	Musaceae
Beri	*Canna* spp.[1], *Canna indica* L.[4]	Cannaceae
Cheflera	Schefflera arboricola[4]	Araliaceae
Dama-da-noite	*Ipomoea alba* L.[1]	Convolvulaceae
Figueira, fícus	*Ficus* spp.[1]	Moraceae
Fruta-pão	*Artocarpus altilis* (Parkinson) Fosberg[4]	Moraceae
Gramíneas	Não informado[5]	Poaceae
Inhame	*Dioscorea* spp.[1]	Dioscoreaceae
Mal-me-quer, vedélia	*Sphagneticola trilobata* (L.) Pruski[1]	Asteraceae
Mamoeiro	*Carica papaya* L.[1]	Caricaceae
Maracujazeiro	*Passiflora* sp.[4]	Passifloraceae
Noni	*Morinda citrifolia* L.[1]	Rubiaceae
Pândano	*Pandanus* sp.[4]	Pandanaceae
Rabo-de-gato	*Acalypha* sp.[4]	Euphorbiaceae
Taro, inhame-coco	*Colocasia esculenta* (L.) Schott[4]	Araceae

1 Mau & Kessing (2007). 2 Tillekaratne et al. (2011). 3 Kudô (1992). 4 Hamon & Edwards (1994). 5 Goldarazena et al. (2012).

aspecto coriáceo (Rey, 2002; Constantinides & McHugh, 2003). Quando em grandes populações, a polpa também pode ser afetada, mas os danos aos frutos, em geral, são apenas qualitativos. No Brasil, a espécie foi coletada causando o dano típico em bananas (Figura 1L) (Lima & Milanez, 2013). No Havaí e na Martinica, é praga importante da banana, causando prejuízos consideráveis (Rey, 2002; Mau & Kessing, 2007).

Embora seja uma espécie polífaga, os maiores prejuízos econômicos são relatados na bananicultura. Os cachos podem ser totalmente atingidos e tornar-se inviáveis para a comercialização (Lima & Milanez, 2013).

Além de causar prejuízos, o tripes-da-casca-da-banana possui uma alta capacidade de estabelecimento. Na Martinica, *Hercinothrips femoralis* era a principal espécie de tripes praga da banana. Entretanto, amostragens realizadas após a introdução de *E. brevisetis* revelaram que a maior parte dos tripes coletados na ilha passaram a ser dessa espécie, tomando a posição de *H. femoralis* (Rey, 2002). A substituição coincidiu com períodos de maiores surtos de aparecimento de ferrugem nas bananas (Rey, 2002).

CONTROLE

É especialmente crítico durante a floração e a fase de desenvolvimento do fruto. No entanto, medidas precisam ser empregadas durante todo o crescimento da cultura, uma vez que a presença do tripes, sobretudo em cultivos destinados à exportação, pode significar rejeição do produto por motivos quarentenários (Constantinides & McHugh Jr., 2003).

A eliminação de plantas antigas, com altas infestações, pode reduzir a população do tripes (Rey, 2002). O uso de sacos plásticos não tratados para cobrir os cachos antes da colheita também ajuda a impedir a colonização pela praga (Hawaiian Banana Industry, 2010).

Não há registros de inimigos naturais de *E. brevisetis*, porém, é provável que predadores generalistas de tripes, tais como percevejos (Anthocoridae), realizem algum controle biológico natural da espécie (Mau & Kessing, 2007).

No Brasil, não há produtos registrados contra essa praga (Agrofit/Mapa, 2013). No exterior, o controle químico tem sido associado ao uso de coberturas plásticas com inseticidas colocadas sobre os frutos (Rey, 2002; Mau & Kessing, 2007).

AGRADECIMENTOS

Aos editores do livro, pelo convite. Ao doutor José Maria Milanez (Epagri-SC), pela cessão de fotos e pelas informações.

REFERÊNCIAS BIBLIOGRÁFICAS

AGROFIT. *Sistema de Agrotóxicos Fitossanitários*/Ministério da Agricultura, Pecuária e Abastecimento, 2013. Disponível em: <extranet.agricultura.gov.br/ agrofit_cons/principal_agrofit_cons>. Acesso em: 9 mar. 2013.

BAGNALL, R. S. On Thysanoptera from the Seychelles Islands and Rodrigues. *Ann. Mag. Nat. His.* 7(40): 257-93, 1921.

BOURNIER, A. Thysanoptères de Martinique et Guadeloupe. Zoology. *J. Pure Ap. Zool.* 3(3): 227-40, 1993.

CONSTANTINIDES, N. L. & McHUGH, J. J. *Pest management strategic plan for banana production in Hawaii. Workshop summary*, 2003. Disponível em: <www.ipmcenters. org/pmsp/ pdf/hibananapmsp.pdf >. Acesso em: 9 mar. 2013.

DUBOIS, T. & COYNE, D. L. Integrated pest management of banana. In: PILLAY, M. & TENKOUANO, A. (eds.). *Banana breeding*: progress and challenges. Boca Raton: CRC Press, 2010. 363p.

EVASARI, Y. *Keanekaragaman trips (Thysanoptera) di Kampus IPB darmaga, Bogor dan sekitarnya.* Bogor, Indonésia, 2008. Dissertação (mestrado) – Fakultas Pertanian, Institut Pertanian Bogor.

FANCELLI, M. Pragas e seu controle. In: BORGES, A. L. & SOUZA, L. S. (eds.). *O cultivo da bananeira.* Cruz das Almas: Embrapa Mandioca e Fruticultura, 2004. 279p.

FAO. *Food and agricultural commodities production*, 2011. Disponível em: <faostat.fao.org/site/339/default.aspx>. Acesso em: 5 abr. 2013.

GOLDARAZENA, A. et al. An updated checklist of the Thysanoptera of Panama with comments on host associations. *Check List* 8(6): 1.232-47, 2012.

GONZÁLEZ, C. & CASTILLO, N. *Trichromothrips* Priesner, *Salpingothrips* Hood y *Elixothrips* Standard and Mitri (Thysanoptera: Thripidae), nuevos géneros para Cuba. *Rev. Protección Veg.* 24(3): 187-90, 2009.

HAMON, A. B. & EDUARDS, G. B. *Thrips (Thysanoptera) new to Florida: I. Thripidae, Panchaetothripinae.* Florida Department of Agriculture and Consumer Services, 1994. (Entomology Circular 365: 1-2).

HAWAIIAN Banana Industry. *Banana IPM protocol supporting documentation*, 2010. Disponível em: <www.extento.hawaii.edu/IPM/Certification/banana/banprotocol1.pdf>. Acesso em: 9 mar. 2013.

HODDLE, M. S. & MOUND, L. A. Thysanoptera of the Galapagos Islands. *Pac. Sci.* 65(4): 507-13, 2011.

IBGE – Instituto Brasileiro de Geografia e Estatística. *Produção agrícola municipal*, 2011. Disponível em: www.sidra.ibge.gov.br/bda/tabela/protabl.asp?c=1613 &z=t&o=3&i=P>. Acesso em: 5 abr. 2013.

KUDÔ, I. Some Panchaetothripinae Thysanoptera from Souteast Asia. *Orient Insects* 13(3-4): 345-55, 1979.

KUDÔ, I. Panchaetothripinae in Japan (Thysanoptera, Thripidae): 3. Monilothripini and Tryphactothripini. *Japan J. Ent.* 60(3): 467-82, 1992.

LIMA, E. F. B. & MILANEZ, J. M. First record of *Elixothrips brevisetis* (Bagnall) in Brazil. *Neotrop. Entomol.* 42(1): 115-7, 2013.

MAU, R. & KESSING, J. L. M. *Elixothrips brevisetis* (Bangnall), 2007. Disponível em: <www.extento.hawaii.edu/kbase/crop/Type/e_brevis.htm#HOSTS>. Acesso em: 10 mar. 2013.

MIRAB-BALOU, M. et al. Thrips (Insecta: Thysanoptera) of China. *Check List* 7(6): 720-44, 2011.

MONTEIRO, R. C.; MOUND, L. A. & ZUCCHI, R. A. Thrips (Thysanoptera) as pests of plant production in Brazil. *Revista Brasileira de Entomologia* 43(3-4): 163-71, 1999.

MOUND, L. A. *World Thysanoptera*, 2009. Disponível em: <anic.ento.csiro.au/thrips/ identifying_thrips/Elixothrips_brevisetis.htm>. Acesso em: 10 mar. 2013.

MOUND, L. A. & MARULLO, R. The thrips of Central and South America: an introduction (Insecta: Thysanoptera). *Mem. Entomol. Int.* 6: 1-487, 1996.

MURUVANDA, D. A. Notes and exhibitions: thrips damaging banana. *Proc. Hawaii Entomol. Soc.* 27: 8, 1986.

OKAJIMA, S. Two unrecorded thrips from Japan. *New Ent.* 28: 8-12, 1979.

REY, F. Rouille argentée des bananes martiniquaises: distribution et méthode de lute. *Fruits* 57: 3-10, 2002.

SAKIMURA, K. Notes and exhibitions: *Elixothrips brevisetis* (Bagnall). *Proc. Hawaii Entomol. Soc.* 25: 2, 1985.

STANNARD JR., L. J. & MITRI, T. K. Preliminary studies on the *Tryphactothrips* complex in which *Anisopilothrips*, *Mesostenothrips*, and *Elixothrips* are erected as new genera (Thripidae: Heliothripinae). *T. Am. Entomol. Soc.* 88(2-3): 183-224, 1962.

TILLEKARATNE, K. et al. Survey of thrips in Sri Lanka: A checklist of thrips species, their distribution and host plants. *Ceylon J. Sci. Biol. Sci.* 40(20): 89-108, 2011.

WILSON, T. H. A monograph of the subfamily Panchaetothripinae (Thysanoptera: Thripidae). *Mem. Am. Entomol. Inst.* 23: 1-354, 1975.

24

Ácaro-vermelho-da-macieira, *Panonychus ulmi* (Koch)

J. L. C. Mineiro, M. E. Sato, A. Raga, A. Kovaleski

INTRODUÇÃO

Tetranychidae é considerada a primeira família de ácaros em importância econômica, seguida pelas famílias Eriophyidae, Tenuipalpidae e Tarsonemidae. Os tetraniquídeos destacam-se também por sua importância quarentenária. Esses ácaros são diminutos: medem de 400 a 500 μm de comprimento e em geral produzem teia (Moraes & Flechtmann, 2008). É comum apresentarem reprodução por partenogênese telítoca ou arrenótoca (Jeppson, Keifer & Baker, 1975).

A macieira (*Malus domestica* Borkh.) é uma frutífera de clima temperado, originária da Ásia Menor, cuja introdução no Brasil data de 1926. Os frutos são variados e de polpa doce-acidulada (Lorenzi et al., 2006). Os principais produtores de maçã são China, Estados Unidos, Chile, Argentina e Brasil. Os chineses são responsáveis por 43% da produção mundial. A produção de maçã concentra-se nos estados da Região Sul, principalmente em Santa Catarina e Rio Grande do Sul, ambos responsáveis, entre 2001 e 2010, por mais de 95% da produção de maçã do país (55% e 41%, respectivamente); o Paraná respondeu por 4% da produção de maçã entre 2001 e 2010; São Paulo, Minas Gerais e Bahia foram responsáveis por apenas 0,3% (Informativo Técnico Seagri, 2010).

A natureza perene das plantas frutíferas, o clima, o solo e a vegetação associada favorecem a existência de um número significativo de insetos e ácaros. Essa associação interfere de forma permanente e, em dado momento, uma ou mais espécies passam a se constituir em praga, causando sérios danos ao pomar (Fachinello & Nachtigal, 2009). O ácaro-vermelho *Panonychus ulmi* (Koch) é considerado praga-chave da macieira no Sul do Brasil (Monteiro, 2002a).

Posição taxonômica e nomenclatura

Ordem: Acari

Superfamília: Tetranychoidae

Família: Tetranychidae

Gênero: *Panonychus* Yokoyama, 1929

Espécie: *Panonychus ulmi* (Koch, 1836)

Sinonímias (Bolland, Gutierrez & Flechtmann, 1998):

Tetranychus ulmi Koch, 1836

Paratetranychus pilosus alboguttatus Zacher, 1913

Tetranychus alboguttatus Zacher, 1913

Paratetranychus pilosus occidentalis McGregor & Newcomer, 1928

Oligonychus alni Oudemans, 1929

Oligonychus muscorum Oudemans, 1929

Oligonychus potentillae Oudemans, 1929

Metatetranychus mali Oudemans, 1931

Metatetranychus canestrinii Oudemans, 1939

Panonychus ulmi foi descrito em 1836, a partir de espécimes coletados em *Ulmus* sp., em Resensburg, Alemanha (Koch, 1836), originalmente como *Tetranychus ulmi* Koch.

Nomes comuns:

"Ácaro-vermelho" ou "ácaro-vermelho-da-macieira".

"European red mite" (ácaro-vermelho-europeu), nos Estados Unidos e na Europa.

DISTRIBUIÇÃO GEOGRÁFICA

O ácaro-vermelho já foi registrado no Afeganistão, África do Sul, Alemanha, Argélia, Argentina, Armênia, Aruba, Austrália, Áustria, Bélgica, Bermudas, Brasil, Bulgária, Canadá, Chile, China, Coreia, Costa Rica, Dinamarca, Egito, Espanha, Estados Unidos, Finlândia, França, Grécia, Holanda, Hungria, Ilha da Madeira,

Índia, Irã, Irlanda, Israel, Itália, Iugoslávia, Japão, Líbano, Líbia, Lituânia, Marrocos, Nova Zelândia, Noruega, Polônia, Portugal, Reino Unido, Romênia, Síria, Suécia, Suíça, Taiwan, Tasmânia, Tunísia, Turquia, Uruguai, Venezuela e Vietnã (Flechtmann, 1967; Jeppson, Keifer & Baker, 1975; Ochoa, Aguilar & Vargas, 1991).

HISTÓRICO DA INTRODUÇÃO DA PRAGA NO BRASIL

P. ulmi (Figura 1) foi relatado pela primeira vez no Brasil por Flechtmann (1967), que encontrou espécimes em maçãs importadas da Argentina. Bleicher (1974) relatou a presença desse ácaro em macieiras plantadas na Região Sul do país. Segundo Mendonça et al. (2011), o ácaro-vermelho-da-maçã poderia ter sido introduzido no Brasil, uma vez que essa espécie foi relatada aqui há cerca de quarenta anos.

Figura 1. *P. ulmi*. A) Macho. B) Fêmea. C) Ovo de verão. D) Ovo de inverno. E) Ninfas. Fotos: Adalécio Kovaleski.

PLANTAS HOSPEDEIRAS

P. ulmi tem como principais hospedeiros de importância econômica plantas da família Rosaceae (macieira, pereira, amendoeira, ameixeira, pessegueiro) e às vezes videiras (Vitaceae) (Hoy, 2011). Esse ácaro também foi relatado em outras 130 plantas hospedeiras (Jeppson, Keifer & Baker, 1975; Bolland, Gutierrez & Flechtmann, 1998). Entretanto, para o Brasil, há registros apenas para macieira (Flechtmann, 1967; Bleicher, 1974, Mendonça et al., 2011) e videira (Bertolo, Ott & Ferla, 2011; Ferla & Botton, 2008; Johann et al., 2009; Mendonça et al., 2011). No caso de videiras brasileiras, não há danos significativos de *P. ulmi*, como aqueles relatados para a Europa.

BIOECOLOGIA

O ácaro-vermelho-da-macieira é semelhante ao ácaro-purpúreo-dos-citros *Panonychus citri* (McGregor). Distingue-se dele pelos tubérculos brancos, onde se implantam as setas dorsais do idiossoma. São ácaros globosos, de coloração avermelhada (Figuras 1A, 1B).

No Brasil, Kovaleski e Vendramim (1993) estudaram a biologia dessa espécie em folhas de macieira Fuji a 25°C. Segundo os autores, os ovos são esféricos e com superfície estriada; na região dorsal há uma haste encurvada e afilada na extremidade; em campo, os ovos são vermelho-alaranjados (Figuras 1C, 1D) e, em condições de laboratório, podem apresentar policromismo, variando de vermelho-alaranjados a creme-pálidos; o período de incubação varia de 5,32 a 5,40 dias para a primeira e a segunda gerações, respectivamente. Os imaturos apresentam três fases de desenvolvimento pós-embrionário: larva, protoninfa e deutoninfa. Em cada uma dessas fases, são ativos (locomoção e alimentação). Entre uma fase e outra há um estágio quiescente, imóvel e sem alimentação. A fase larval distingue-se das demais por apresentar três pares de pernas, e nas demais, quatro pares. A protoninfa e a deutoninfa são muito semelhantes, diferindo pelo tamanho (Figura 1E). A fêmea apresenta o corpo globoso, e logo após a última ecdise, antes de se alimentar, a coloração é vermelho-amarelada ou castanha. Após um período de alimentação, a coloração passa para vermelha-escura. O período de pré-oviposição variou de 1,5 dias, na primeira geração, a 1,6 dias, na segunda. O período de oviposição foi de 12,7 e 15,2 dias para a primeira e segunda gerações, respectivamente. O número de ovos por fêmea foi de 45,5 na primeira geração e de 51,5 na segunda. O número de ovos por fêmea por dia na primeira geração foi de 3,6 e na segunda, de 3,4.

Em regiões com clima temperado, como nos Estados Unidos, o número de gerações pode chegar até dez por ano (Jeppson, Keifer & Baker, 1975).

Os picos populacionais de *P. ulmi* em macieira no Brasil ocorrem de janeiro a março (Lorenzato, 1987). Há indicações de que, em pomares em que os agrotóxicos são pouco usados, a população desses ácaros é muito reduzida (Moraes & Flechtmann, 2008).

Segundo Ferla e Botton (2008), no Rio Grande do Sul, a dispersão de *P. ulmi* pode ser resultado da proximidade dos pomares de macieira com vinhedos. Outra possibilidade seria a disseminação por trânsito de material vegetativo infestado tanto do Brasil quanto do exterior.

Os ácaros alimentam-se da clorofila da folha, que se torna pálida e em seguida assume uma coloração bronzeada, reduzindo a fotossíntese e a respiração, com aumento temporário da transpiração (Jeppson, Keifer & Baker, 1975; Ochoa, Aguilar & Vargas, 1991; Ferla & Botton, 2008). As formas imaturas alimentam-se primeiramente na página superior das folhas; os adultos podem alimentar-se de ambos os lados delas, especialmente quando as populações são altas. Quando o ataque é severo, as folhas podem cair (Jeppson et al., 1975).

IMPACTO ECONÔMICO E DANOS

O ácaro-vermelho-da-maçã pode causar sérios prejuízos em macieira no Brasil (Monteiro, 2002b). Em altas populações, pode provocar bronzeamento de folhas (Figura 2). Quando o ataque é intenso, pode reduzir a quantidade e a qualidade

Figura 2. Danos severos de *P. ulmi* em macieiras. Fotos: Adalécio Kovaleski.

dos frutos, além de afetar a florada e a produção da safra seguinte (Kovaleski & Ribeiro, 2003). Nas décadas de 1980 e 1990, eram necessárias três a quatro pulverizações de acaricidas por ciclo vegetativo, empregadas de forma preventiva para o controle da praga em macieira na Região Sul do Brasil (Monteiro, 1994). O ácaro-vermelho foi considerado uma praga muito importante nas décadas de 1980 e 1990, quando o seu controle era difícil, devido aos problemas associados à evolução de resistência de *P. ulmi* a acaricidas e ao uso frequente de inseticidas não seletivos, como piretroides e fosforados nos pomares, que eliminavam os inimigos naturais. Com a implantação do sistema de produção integrada de maçã e a proibição do uso de inseticidas piretroides e alguns organofosforados (Kovaleski & Ribeiro, 2003), prejudiciais aos inimigos naturais (insetos e ácaros predadores) do ácaro-vermelho, a população dessa praga diminuiu consideravelmente nos últimos anos e hoje ela pode ser considerada praga secundária em diversas localidades.

MANEJO

O monitoramento de *P. ulmi* deve ser feito semanalmente, de outubro a abril, por meio da amostragem sequencial de no mínimo dez plantas por talhão de 5 ha, retirando-se cinco folhas por planta e anotando-se o número daquelas com presença do ácaro. As plantas podem ser diferentes a cada avaliação. Ações de controle devem levar em conta a porcentagem de folhas infestadas e o ciclo vegetativo da cultura. No início da temporada, o controle deve ser feito quando 50% das folhas estão infestadas, enquanto no período que antecede a colheita somente deve-se aplicar o acaricida quando mais de 70% das folhas apresentam ácaros. Após a colheita, o ácaro será controlado se a infestação das folhas for superior a 90% (Kovaleski et al., 2003).

O controle químico pode ser conduzido em dois períodos: 1) controle de ovos de inverno, juntamente com a quebra de dormência – o óleo mineral, na dosagem de 3 a 5%, reduz a eclosão; 2) durante a fase vegetativa, com duas alternativas: abamectin logo após a queda das pétalas, em mistura com óleo mineral a 0,25%, sem levar em consideração o nível populacional; fenpiroximato e espirodiclofeno, quando a população ultrapassa o nível de controle (Kovaleski & Ribeiro, 2003).

No Brasil, o óleo mineral tem registro para o controle de *P. ulmi* em culturas de maçã, pera, pêssego e uva. Outros compostos também têm registro para o controle de ácaros em macieira no Brasil: abamectina, amitraz, azociclotina, clofentezina, espirodiclofeno, fenpiroximato, fenpropatrina, fluazinam, flufenoxurom, piridabem e propargito (Mapa, 2013).

Ferla e Moraes (1998) realizaram levantamento de espécies de ácaros predadores em macieiras e relataram quatro famílias – Ascidae, Cunaxidae, Phytoseiidae e Stigmaeidae – em pomares no Rio Grande do Sul (Tabela 1).

Tabela 1. Ácaros predadores associados ao ácaro-vermelho-da-macieira, *P. ulmi*, no mundo, incluindo as espécies recentemente observadas no Brasil.

Família	Gênero/espécie	País	Referência
Ascidae	*Asca* sp.	Brasil	Ferla & Moraes (1998)
Phytoseiidae	*Amblyseius chiapensis* De Leon	Brasil	Ferla & Moraes (1998)
	Amblyseius spp.	Brasil	Ferla & Moraes (1998)
	Euseius alatus De Leon	Brasil	Ferla & Moraes (1998)
	Euseius brazilli (El-Banhawy)	Brasil	Ferla & Moraes (1998)
	Euseius concordis (Chant)	Brasil	Ferla & Moraes (1998)
	Euseius finlandicus (Oudemans)	Canadá	Overmeer (1985)
	Euseius sibelius (De Leon)	Brasil	Ferla & Moraes (1998)
	Euseius sp.	Brasil	Ferla & Moraes (1998)
	Fundiseius sp.	Brasil	Ferla & Moraes (1998)
	Galendromus (Galendromus) annectens (De Leon)	Brasil	Ferla & Moraes (1998)
	Galendromus aff. mexicanus	Brasil	Ferla & Moraes (1998)
	Iphiseiodes metapodalis (El-Banhawy)	Brasil	Ferla & Moraes (1998)
	Iphiseiodes zuluagai Denmark & Muma	Brasil	Ferla & Moraes (1998)
	Metaseiulus camelliae (Chant & Yoshida-Shaul)	Brasil	Ferla & Moraes (1998)
	Neoseiulella tiliarum (Oudemans)	Alemanha	Overmeer (1985)
	Neoseiulus cucumeris (Oudemans)	Estados Unidos	Overmeer (1985)
	Neoseiulus fallacis (Garman)	Canadá, Estados Unidos	Overmeer (1985)
	Neoseiulus tunus (De Leon)	Brasil	Ferla & Moraes (1998)
	Phytoseiulus macropilis (Banks)	Canadá	Overmeer (1985)
	Phytoseius guianensis De Leon	Brasil	Ferla & Moraes (1998)
	Proprioseiopsis neotropicus (Ehara)	Brasil	Ferla & Moraes (1998)
	Typhlodromalus aripo De Leon	Brasil	Ferla & Moraes (1998)
	Typhlodromalus marmoreus (El-Banhawy)	Brasil	Ferla & Moraes (1998)
	Typhlodromina tropica (Chant)	Brasil	Ferla & Moraes (1998)
	Typhlodromips mangleae De Leon	Brasil	Ferla & Moraes (1998)
	Typhlodromus pyri Scheuten	Canadá	Overmeer (1985)

Continua

Família	Gênero/espécie	País	Referência
Cunaxidae	*Cunaxoides* sp.	Brasil	Ferla & Moraes (1998)
Erythraeidae	*Balaustium putmani* Smiley	Canadá	Putman (1970)
Stigmaeidae	*Agistemus africanus* Gonzalez	África do Sul	Pringle (1975)
	Agistemus fleschneri Summers	Estados Unidos	Nelson et al. (1973)
	Agistemus floridanus Gonzales-Rodrigues	Brasil	Flechtmann (1981)
	Agistemus longisetosus Gonzalez	Nova Zelândia, Chile	Collyer (1964); Gonzalez-Rodriguez (1971)
	Agistemus sp.	Brasil	Ferla & Moraes (1998)
	Zetzellia graeciana Gonzalez	Itália	Inserra (1970)
	Zetzellia mali (Ewing)	Europa, Canadá, Estados Unidos	Böhm (1960); Parent & LeRoux (1956); Santos (1976)

Phytoseiidae apresentou maior número de espécies, seguido por Stigmaeidae. Outros grupos de ácaros e até mesmo aranhas, embora relatados em associação com esses predadores, parecem apresentar pouco efeito no controle biológico de *P. ulmi* (Gerson, 1985).

A família Stigmaeidae está amplamente distribuída e um número significativo de espécies alimenta-se de tetraniquídeos (Tabela 1). As espécies mais conhecidas pertencem aos gêneros *Agistemus* e *Zetzellia* (Santos & Laing, 1985). Os ácaros da família Erythraeidae são predadores de tamanho relativamente grande e possuem coloração avermelhada. *Balaustium putmani* Smiley preda ovos de *P. ulmi* em laboratório (Putman, 1970).

Em 1995, o controle biológico do ácaro-vermelho foi implantado em pomares comerciais de macieiras em Fraiburgo, SC, por meio de criações do ácaro predador *Neoseiulus californicus* (McGregor) (Acari: Phytoseiidae) em estufas e de liberações inoculativas em campo (Monteiro, 2002b). O sucesso do controle biológico aplicado baseia-se no uso de diversas estratégias de manejo (Monteiro, 2002a, 2000b), entre elas, o monitoramento do ácaro-praga, aplicações seletivas de inseticidas e acaricidas e manejo adequado de plantas daninhas, com redução no número de aplicações de herbicidas. Diversas espécies de plantas invasoras podem servir de abrigo aos ácaros predadores, podendo favorecer o controle biológico do ácaro-praga (Monteiro, 2001, 2002c). Atualmente, o controle biológico de ácaros está implantado em mais de 90% dos pomares de Fraiburgo (Monteiro, 2002b; Monteiro, Souza & Pastori, 2006).

CONSIDERAÇÕES FINAIS

O ácaro-vermelho-da-maçã representa uma praga importante na maioria das áreas de ocorrência, incluindo os principais países produtores de maçã no mundo. A adoção de medidas de controle é indispensável para evitar reduções significativas na produção de maçãs nos pomares afetados. Os métodos que vêm sendo utilizados para o controle de *P. ulmi* nos países onde representa uma praga-chave são o biológico e o químico. É importante o registro de novos acaricidas seletivos para uso na cultura da macieira no Brasil. Contudo, deve-se priorizar o controle biológico da praga. Seria importante dirigir esforços para pesquisa em controle biológico de *P. ulmi* no Brasil, incluindo a investigação sobre a eficiência de linhagens de fungos, bactérias e vírus. O aprimoramento das estratégias de manejo, com ênfase no uso de ácaros predadores da família Phytoseiidae, deve contribuir para a ampliação e o fortalecimento do programa de controle biológico do ácaro-praga no país.

Há necessidade de conscientizar os produtores e toda a população quanto ao risco de introdução ilegal de material de propagação vegetativa no país e aos cuidados necessários para o trânsito interno de material vegetal, de modo geral, para evitar novas introduções de ácaros-praga.

REFERÊNCIAS BIBLIOGRÁFICAS

BERTOLO, F. O. A.; OTT, A. P. & FERLA, N. J. Ácaros em videira no Rio Grande do Sul. *Boletim Fepagro* n. 21, 2011. 26p.

BLEICHER, E. Ocorrência do ácaro *Panoncychus ulmi* (Koch, 1836) Tutle & Baker (1966) no Estado de Santa Catarina. *Rev. Solo* 66(1): 64, 1974.

BNDES. Fruticultura, a produção de maçã no Brasil. *Informativo Técnico Seagri*, n. 2, 2010. 12p. Disponível em: <www.bndes.gov.br/.../sites/.../ InformativoSEAGRI_02_2010.pdf>. Acesso em: 11 mar. 2013.

BÖHM, H. Untersuchungen über Spinmilbenfeinde in Österreich. *Pflanzensch.* 25: 23-46, 1960.

BOLLAND, H. R.; GUTIERREZ, J. & FLECHTMANN, C. H. W. *World catalogue of the spider mite family (Acari: Tetranychidae).* Brill, 1998. 392p.

COLLYER, E. Phytophagous mites and their predators in New Zealand orchards. *New Zealand J. Agric. Res.* 7: 551-68, 1964.

FERLA, N. J. & BOTTON, M. Ocorrência do ácaro-vermelho-europeu associado à cultura da videira no Rio Grande do Sul, Brasil. *Ciência Rural* 38(6): 1.758-61, 2008.

FERLA, N. J. & MORAES, G. J de. Ácaros predadores em pomares de maçã no Rio Grande do Sul. *Anais Soc. Entomol. Brasil.* 27(4): 649-54, 1998.

FLECHTMANN, C. H. W. Ácaros encontrados sobre maçãs de procedência argentina. *An. Esc. Sup. Agric. "Luiz de Queiroz"* 24: 83-5, 1967.

FLECHTMANN, C. H. W. New records of mites from Brazil with description of two species in the genus *Oligonychus* Berlese (Acari, Tetranychidae). *Rev. Bras. Biol.* 41(4): 861-6, 1981.

GERSON, U. Other predaceous mites and spiders. In: HELLE, W. & SABELIS, M. W. (eds.). *World crop pests. Spider mites – their biology*: natural enemies and control. Elsevier: Amsterdã, 1985.

GONZALEZ-RODRIGUES, R. H. Biologia, ecologia y control natural de la aranita roja europea, *P. ulmi* Koch in manzanos y perales de Chile Central. *Rev. Peruana Entomol.* 14: 56-65, 1971.

HOY, M. A. *Agricultural acarology – Introduction to integrated mite management*. CRC Press. Taylor & Francis Group, 2011. 410p.

FACHINELLO, J. C. & NACHTIGAL, J. C. Principais pragas. In: FACHINELLO, J. C.; NACHTIGAL, J. C. & KERSTEN, E. (eds.). *Fruticultura:* fundamentos e práticas. 2. ed. Pelotas: Embrapa Clima Temperado, 2009. Disponível em: <www.cpact.embrapa.br/publicacoes/download/livro/fruticultura_fundamentos_pratica/10.1.htm>. Acesso em: 4 abr. 2013.

INSERRA, R. Observationi morfologiche ed appunti de biologia su *Zetzellia graeciana* Gonzeles (Acarina: Stigmaeidae). *Boll. Zool. Agar. Bachic.* 10: 85-119, 1970.

JEPPSON, L. R.; KEIFER, H. H. & BAKER, E. W. *Mites injurious to economic plants.* Berkeley: University of California Press, 1975. 648p.

JOHAN, L. et al. Acarofauna (Acari) associada à videira (*Vitis vinifera* L.) no Estado do Rio Grande do Sul. *Biociências* 17(1): 1-19, 2009.

KOVALESKI, A. & VENDRAMIM, J. D. Biologia de *Panonychus ulmi* (Koch, 1836) (Acari: Tetranychidae) em macieira. *Rev. Agric.* 68(1): 27-41, 1993.

KOVALESKI, A. et al. *Produção integrada de maçãs no Brasil.* Embrapa Uva e Vinho. Sistema de Produção, 1, 2003. Disponível em: <www.cnpuv.embrapa.br/publica/sprod/ProducaoIntegrada Maca/ pragas.htm>. Acesso em: 4 abr. 2013.

KOVALESKI, A. & RIBEIRO, L. G. Manejo de pragas na produção integrada de maçã. In: PROTAS, J. F. S. & SANHUEZA, R. M. V. *Produção integrada de frutas*: o caso da maçã no Brasil. Bento Gonçalves: Embrapa Uva e Vinho, 2003.

LORENZATO, D. Controle biológico de ácaros fitófagos na cultura da macieira no município de Farroupilha – RS. *Agron. Sulriogrand.* 23(2): 167-83, 1987.

LORENZI, H. et al. *Frutas brasileiras e exóticas cultivadas (de consumo in natura).* Instituto Plantarum de Estudos da Flora, 2006. 672p.

MAPA – Ministério da Agricultura, Pecuária e Abastecimento. *Sistema de Agrotóxicos Fitossanitários.* Disponível em: <agrofit.agricultura.gov.br/agrofit_cons/ principal_agrofit_cons.> Acesso em: 4 abr. 2013.

MENDONÇA, R. S. et al. South American spider mites: new hosts and localities. *J. Insect Sci.* 11(121): 1-18, 2011.

MONTEIRO, L. B. Tolerância de populações de ovos de inverno e de verão de *Panonychus ulmi* (Koch) ao ovicida clofentezine, no Sudeste e no Sudoeste da França. *An. Soc. Entomol. Brasil*, 23: 461-6, 1994.

MONTEIRO, L. B. Seletividade de inseticidas a *Neoseiulus californicus* McGregor (Acari: Phytoseiidae) em macieira no Rio Grande do Sul. *Rev. Bras. Frutic.* 23(3): 589-92, 2001.

MONTEIRO, L. B. Manejo integrado de pragas em macieira no Rio Grande do Sul II. Uso de *Neoseiulus californicus* para o controle de *Panonychus ulmi*. *Rev. Bras. Frutic.* 24(2): 395-405, 2002a.

MONTEIRO, L. B. Criação de ácaros fitófagos e predadores: um caso de produção de *Neoseiulus californicus* em produtores de maçã. In: PARRA, J. R. P. et al. (eds.). *Controle biológico no Brasil*: parasitoides e predadores. São Paulo: Manole, 2002b.

MONTEIRO, L. B. Efeito do manejo de ervas daninhas sobre *Neoseiulus californicus* (Acari: Phytoseiidae) em pomar de macieira. *Rev. Bras. Frutic.* 24(3): 680-2, 2002c.

MONTEIRO, L. B.; SOUZA, A. & PASTORI, P. L. Comparação econômica entre controle biológico e químico para o manejo de ácaro-vermelho em macieira. *Rev. Bras. Frutic.* 28(3): 314-7, 2006.

MORAES, G. J. de & FLECHTMANN, C. H. W. *Manual de acarologia – Acarologia básica e ácaros de plantas cultivadas no Brasil.* Ribeirão Preto: Holos, 2008. 288p.

NELSON, E. E. et al. Toxicity of apple orchard pesticides to *Agistemus fleschneri*. *Environ. Entomol.* 2: 219-22, 1973.

OCHOA, R.; AGUILAR, H. & VARGAS, C. *Acaros fitófagos de America Central*: guia ilustrada. Turrialba, Costa Rica: Catie, 1991. 251p.

OVERMEER, W. P. J. Alternative prey and other food resources. In: HELLE, W. & SABELIS, M. W. (eds.). *World crop pests. Spider mites – their biology*: natural enemies and control. Amsterdã: Elsevier, 1985.

PARENT, B. & LeROUX, E. J. Notes on *Mediolata Mali* (Ewing) (Acarina: Raphignathidae) as a predator of ERM. *Can. Entomol.* 88: 487, 1956.

PRINGLE, K. L. The seasonal occurrence of phytophagous mites (Acari) and their predators on apple trees in the Elgin area. In: 1st CONGR. ENTOMOL. SOC. S. AFR. *Proc...*, 1975.

PUTMAN, W. L. Life history and behaviour of *Balaustium putmani* (Acarina: Erythraeidae). *Ann. Entomol. Soc. Amer.* 63: 76-81, 1970.

SANTOS, M. A. Evaluation of *Zetzellia mali* as predator of *Panonychus ulmi* and *Aculus schlechtendali*. *Environ. Entomol.* 5: 187-91, 1976.

SANTOS, M. A. & LAING, J. E. Stigmaeid predators. In: HELLE, W. & SABELIS, M. W. (eds.). *World crop pests – Spider mites*: their biology, natural enemies and control. Amsterdã: Elsevier, 1985.

25

Ácaro-vermelho-das-palmeiras, *Raoiella indica* Hirst

D. Navia, E. G. F. Morais, R. S. de Mendonça, M. G. C. Gondim Jr.

INTRODUÇÃO

Quando introduzidos em novas áreas, os ácaros fitófagos, na ausência de inimigos naturais eficientes e em condições favoráveis ao seu desenvolvimento, podem causar sérios impactos em agroecossistemas e em ambientes naturais. Entre as características que realçam o potencial dos ácaros fitófagos como espécies invasoras, destacam-se: danos diretos e indiretos às plantas hospedeiras; rápido desenvolvimento de resistência a pesticidas; capacidade de sobrevivência a condições ambientais adversas; alto potencial reprodutivo e reprodução por partenogênese, permitindo o estabelecimento de colônias a partir de uma ou poucas fêmeas; eficiente disseminação por meios naturais, especialmente vento; adaptação a novos hospedeiros em áreas invadidas; difícil detecção, devido às suas reduzidas dimensões e à localização em locais protegidos de seus hospedeiros (Navia, Moraes & Flechtmann, 2007). Geralmente, as infestações por ácaros fitófagos invasores são detectadas apenas quando surgem sintomas severos nos hospedeiros. Isso costuma ocorrer quando as populações dos ácaros já estão elevadas e já se disseminaram na área invadida, o que torna a sua erradicação inviável.

O ácaro-vermelho-das-palmeiras, *Raoiella indica* Hirst, destacou-se, na última década, como um notável ácaro invasor. Ele vem se disseminando com rapidez, ampliando seu espectro de hospedeiros e causando sérios prejuízos nas Américas. Sua introdução no Brasil foi considerada eminente desde que detectado na Venezuela em 2007 (Vásquez et al., 2008), quando foram iniciados levantamentos visando sua detecção precoce no Estado de Roraima. A presença de *R. indica* foi constatada no Brasil em áreas urbanas de Boa Vista, em 2009 (Navia et al., 2010, 2011), e desde então o ácaro vem se disseminando em Roraima, além de ter sido detectado em Manaus, em 2011 (Rodrigues & Antony, 2011).

Este capítulo apresenta informações sobre a taxonomia do gênero *Raoiella* e de *R. indica*, seu histórico de invasão e distribuição atual, plantas hospedeiras no hemisfério oriental e nas Américas, bem como seu impacto econômico e ambiental, atual e potencial, nas áreas invadidas. Uma breve revisão sobre aspectos bioecológicos de *R. indica*, os quais devem ser considerados na definição de estratégias de controle, também é apresentada. As perspectivas para minimizar o impacto de *R. indica* no Brasil, bem como a importância da adoção de medidas regulatórias para evitar ou retardar sua disseminação no país, também são discutidas.

Posição taxonômica e nomenclatura

Ordem: Acari

Superfamília: Tetranychoidea

Família: Tenuipalpidae

Gênero: *Raoiella* Hirst, 1924

Espécie: *Raoiella indica* Hirst, 1924

Os ácaros tenuipalpídeos são comumente conhecidos como ácaros planos ou falsos-ácaros-de-teia. *Raoiella indica* é a espécie-tipo do gênero e foi descrita por Hirst em 1924, a partir de exemplares coletados em folhas de coqueiros em Coimbatore, na Índia. *Rarosiella cocosae* Rimando, também descrita para coqueiros, nas Filipinas, é sinonímia de *R. indica* (Mesa et al., 2009; Dowling et al., 2011). É a única espécie do gênero atualmente conhecida na Região Neotropical e em todo o hemisfério ocidental.

RECONHECIMENTO

Os principais caracteres taxonômicos para espécies do gênero *Raoiella* são: forma, comprimento relativo e posição de setas dorsais; presença ou ausência de gotículas na extremidade das setas dorsais; quetotaxia e forma de setas das pernas e do palpo; e ornamentação das coxas (Beard et al., 2012). Atualmente, o gênero *Raoiella* inclui doze espécies, mas suspeita-se que sete delas, coletadas em tamareiras (*Phoenix dactilifera* L.) ou em *Pandanus* na Índia, Paquistão e Sudão, também sejam sinônimos de *R. indica*: *R. camur* Chaudhri & Akbar, *R. empedos* Chaudhri & Akbar, *R. neotericus* Chaudhri & Akbar, *R. obelias* Hasan & Akbar,

R. pandanae Mohanasundaram, *R. phoenica* Meyer, *R. rahii* Akbar & Chaudhri (Mesa et al., 2009; Dowling et al., 2011). Considerando a suspeita dessas sinonímias, o gênero *Raoiella* teria apenas quatro espécies válidas, além de *R. indica*: *R. australica* Womersley, *R. shimpana* Meyer, *R. macfarlanei* Pritchard & Baker, *R. eugeniae* Mohanasundaram. Recentemente, oito espécies de *Raoiella* foram identificadas como novas para a ciência, todas elas da Austrália, em sua maioria em mirtáceas, e estão sendo descritas (Beard et al., 2012; Dowling et al., 2011).

Raoiella indica possui características únicas dentro do gênero, como: comportamento invasor e capacidade de rápida dispersão, enquanto as demais espécies de *Raoiella* apresentam distribuição restrita a algumas áreas, em um único país; tem como plantas hospedeiras apenas monocotiledôneas, primariamente palmeiras (Arecaceae), enquanto as demais espécies de *Raoiella* infestam apenas dicotiledôneas; infestam um elevado número de hospedeiros (ver, adiante, Plantas hospedeiras), enquanto as demais espécies de *Raoiella* têm sido relatadas em plantas de um único gênero (Dowling et al., 2011).

DISTRIBUIÇÃO GEOGRÁFICA E HISTÓRICO DE INVASÃO NAS AMÉRICAS

Após a descrição de *R. indica* em 1924, em Coimbatore, na Índia, a presença desse ácaro foi relatada em outras regiões desse país (Gao, Karnataka, Kerala, Madhya Pradesh, Tamil Nadu, West Bengal) (Cabi, 2012), em outros países da Ásia (Filipinas, Paquistão, Sri Lanka, Tailândia) (Chaudhri, 1974; Cabi, 2012), nos Orientes Médio e Próximo (Arábia Saudita, Emirados Árabes, Irã, Israel, Omã) (Gerson, Venezian & Blumberg, 1983; Elwan, 2000; Arbabi, Khiaban & Askari, 2002; Cabi, 2012) e na África (Benin, Egito, Ilhas Maurício, Ilhas Reunião, Sudão, Tanzânia e Tunísia) (Sayed, 1942; Moutia, 1958; Pritchard & Baker, 1958; Quilici et al., 1997; Gassouma, 2004; Zannou et al., 2010; Zouba & Raeesi, 2010) (Figura 1).

O ácaro-vermelho-das-palmeiras não era conhecido no Novo Mundo. Em levantamentos extensivos de ácaros plantícolas realizados nas ilhas francesas do Caribe, na década de 1990, ele não foi encontrado (Flechtmann et al., 1999). O primeiro relato de ocorrência de *R. indica* nas Américas foi em 2004, na ilha caribenha da Martinica (Flechtmann & Etienne, 2004), uma das colônias francesas em que haviam sido realizados levantamentos. A partir da primeira detecção desse ácaro, no período de 2005 a 2010, sua presença foi registrada em diversas outras ilhas do Caribe, tanto ao sul quanto ao norte da Martinica: Barbados, Cuba, Dominica, Granada, Guadalupe, Haiti, Ilhas Virgens dos Estados Unidos, Jamaica, Porto Rico & Ilha de Culebra, República Dominicana, Santa Lúcia, San Martin, São Vicente e Granadinas, Trinidad e Tobago (Kane et al., 2005; Etienne & Flechtmann, 2006; Myers, 2007; Rodrigues, Ochoa & Kane, 2007; Shripat, Hosein & Siew, 2008; Welbourn, 2009; Santana et al., 2010; de la Torre, González & González, 2010; Cabi, 2012). Esses relatos revelam que *R. indica* disseminou-se amplamente por todo o

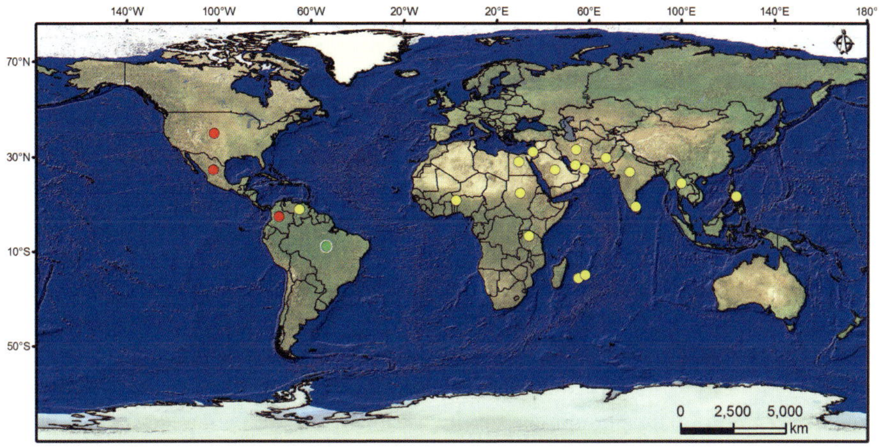

Figura 1. Mapa de distribuição mundial do ácaro-vermelho-das-palmeiras, *R. indica* (Tenuipalpidae). Adaptado de Cabi (2012).

Caribe em pouco mais de cinco anos. Acredita-se que tenha sido nele introduzida através de navios de carga provenientes da África, provavelmente da Ilha Reunião (Cabi, 2012). A disseminação pelas ilhas do Caribe pode ter sido facilitada através do transporte de material vegetal infestado, do trânsito de pessoas ou de tormentas tropicais e furacões (Welbourn, 2009; Cabi, 2012).

Na América do Norte, *R. indica* foi detectada pela primeira vez em 2007, em Palm Beach, na Flórida, EUA, e, em seguida, em outros quatro municípios desse estado (Broward, Martin, Monroe e Miami-Dade) (Welbourn, 2009). Os demais estados dos Estados Unidos, especialmente Texas e Califórnia, têm adotado medidas regulatórias restritivas no trânsito de material vegetal para evitar a introdução de *R. indica* em seus territórios. Em 2009, também foi detectada no México, Estado de Quintana Roo, primeiro em Cancun e Isla Mujeres (Nappo, 2009) e, posteriormente, nos municípios de Lázaro Cárdenas, Benito Juarez, Solidaridad, Tulum e Ilha de Cozumel (Estrada-Venegas, Martinez-Morales & Villa-Castillo, 2010).

Coincidentemente, a presença de *R. indica* foi observada na América do Sul no mesmo ano de seu relato na América do Norte, em 2007. Neste ano, foram constatadas infestações pelo ácaro-vermelho-das-palmeiras no nordeste da Venezuela, estados de Sucre e Monagas (Vásquez et al., 2008). Levantamentos subsequentes, nos anos de 2008 e 2009, mostraram que o ácaro já se encontrava disseminado por todo o norte da Venezuela, em plantios comerciais ou em áreas costeiras (Vásquez et al., 2010). Em 2010, também foi detectado em duas localidades no norte da Colômbia, no Departamento de Magdalena (Parque Nacional Tayrona e Los Naranjos) (Carrillo et al., 2011d). Entre o norte da Venezuela e o Departamento de

Magdalena está a península de La Guajira, predominantemente desértica. Cabe levantar a hipótese de que *R. indica* tenha se disseminado do norte da Venezuela para o Departamento de Magdalena por meios naturais, cruzando essas áreas desérticas, pois o trânsito de pessoas entre essas regiões não é intenso. Não há relatos de ocorrência de *R. indica* em outros países ao norte da América do Sul, mas é possível que o ácaro esteja se disseminando também a leste da Venezuela, nas Guianas e no Suriname, e que não tenha sido detectado nessas áreas devido à falta de esforços amostrais.

Além das Américas, o relato da ocorrência de *R. indica* no Oeste da África também é recente. Em 2010, a sua presença foi relatada em Benin. De acordo com Zannou et al. (2010), esse ácaro foi a espécie mais comum em folhas de coqueiros, representando mais de 70% do número total de ácaros fitófagos, e uma das mais importantes, em termos de danos, em levantamentos realizados de 2004 a 2010.

Estudos de filogenia baseados em sequências de DNA mitocondrial e nuclear foram realizados por Dowling et al. (2011) para investigar a origem e a diversidade genética do gênero *Raoiell*a e da espécie invasora *R. indica*. Os resultados sugerem que *R. indica* representa uma linhagem basal no gênero, anterior à irradiação observada para as espécies da Austrália. Portanto, a alimentação de *Raoiella* em plantas monocotiledôneas seria uma característica primitiva do gênero, a qual evoluiu para a alimentação em dicotiledôneas. As análises filogenéticas mostram também que as populações do Caribe estudadas são idênticas à da Ilha Reunião, no Sudeste da África. Isso corrobora a hipótese apresentada em Cabi (2012) de que a praga foi introduzida no Caribe através de navios provenientes da Ilha Reunião. Entretanto, as populações do Oriente são ancestrais e apresentam alta divergência em relação às demais populações de *R. indica* do Sul da África e do Caribe. Esta é a provável região de origem da espécie, e não o Sudeste da Ásia, como se supunha anteriormente, pelo fato de a descrição da espécie ser de espécimes da Índia. Os autores enfatizam que é necessário dar continuidade aos estudos de biogeografia, incluindo uma amostragem mais ampla, para a confirmação desses resultados. De qualquer forma, essas informações preliminares sobre a origem e as rotas de invasão de *R. indica* são relevantes para orientar a prospecção de inimigos naturais, no contexto do controle biológico clássico.

HISTÓRICO DA INTRODUÇÃO DE *R. indica* NO BRASIL

O ácaro-vermelho-das-palmeiras, *R. indica*, foi regulamentado como praga quarentenária ausente para o Brasil pela Instrução Normativa 52, de 20 de novembro de 2007 (Mapa, 2007). Desde a sua detecção na Venezuela, em 2007 (Vásquez et al., 2008), sua introdução aqui foi considerada eminente, o que estimulou pesquisadores brasileiros a iniciarem levantamentos em áreas de risco, visando a detecção precoce da praga. O Estado de Roraima foi, então, considerado o de mais alto risco de introdução de *R. indica* no Brasil, devido às extensas fronteiras com a Venezuela e ao intenso trânsito de cargas informais e de pessoas entre os dois países. Por isso, pesquisadores da Embrapa e de universidades parceiras iniciaram, em 2007, levantamentos de ácaros plantícolas em palmeiras, bananeiras e outras plantas relatadas como hospedeiras de *R. indica* em Roraima. Inicialmente, foram priorizadas áreas urbanas e rurais em: Pacaraima, município de divisa com a Venezuela; Boa Vista, capital do estado que está a cerca de 250 km ao sul da divisa; e Cantá, cerca de 100 km a sudeste de Boa Vista, onde há uma estação experimental da Embrapa Roraima. Em 2008, os levantamentos foram intensificados e incluiu-se neles o município de Bonfim, o qual faz divisa com a Guiana Inglesa. Em julho de 2009, *R. indica* foi detectada infestando folhas de coqueiros em áreas urbanas de Boa Vista (Navia et al., 2011). A presença dessa praga quarentenária foi imediatamente notificada ao Ministério da Agricultura, Pecuária e Abastecimento (Mapa), o qual coordenou um levantamento realizado no município de Boa Vista. Constatou-se que o ácaro estava amplamente disseminado em áreas urbanas e rurais de todo o município (Marsaro Jr., 2009, comunicação pessoal). A presença do ácaro em Pacaraima foi constatada apenas nos últimos meses de 2010 (Gondim Jr. et al., 2012). O fato de *R. indica* não ter sido primeiramente detectada em Pacaraima, no município de fronteira com a Venezuela, mas na capital do estado, Boa Vista, sugere que sua introdução no Brasil não ocorreu por meios naturais, e sim pela atividade humana.

Levantamentos subsequentes, realizados entre 2009 e 2011, mostram que *R. indica* estava presente em dez dos quinze municípios de Roraima: Alto Alegre, Amajari, Bonfim, Boa Vista, Cantá, Caracaraí (sede e norte do município), Iracema, Mucajaí, Normandia e Pacaraima (Gondim Jr. et al., 2012) (Figura 2). Até o momento, esse ácaro não foi encontrado nos municípios de São João da Baliza, São Luiz, Caroebe e Rorainópolis, todos ao sul do estado e da barreira fitossanitária estruturada no quilômetro 500 da BR-174, que liga Boa Vista ao sul de Roraima e à cidade de Manaus (Morais, 2013, comunicação pessoal). Essa barreira foi criada com a finalidade de evitar a disseminação de *R. indica* para o Amazonas e do norte para o sul de Roraima, onde concentram-se as áreas de produção de banana. Sua finalidade era garantir a continuidade das exportações de banana do sul de Roraima para Manaus, principal mercado consumidor dessa produção, uma vez que a região era considerada área livre do ácaro. Certamente, essa barreira fitossanitária tem contribuído para a contenção de *R. indica* nos municípios do centro e do norte de Roraima, evitando sua rápida disseminação para o sul do estado. Entretanto, apesar dessa medida regulatória e de não ter sido detectada a sua presença nos municípios do sul de Roraima, esse ácaro invasor foi encontrado em alguns bairros de Manaus, Amazonas, em agosto de 2011, infestando palmeiras ornamentais e coqueiros (Rodrigues & Antony, 2011). Levantamentos fitossanitários realizados no segundo semestre de 2011 por técnicos da Comissão Executiva de Defesa Sanitária Animal e Vegetal do Estado do Amazonas, Secretaria de Estado da Produção Rural do Amazonas (Sepror/Codesav),

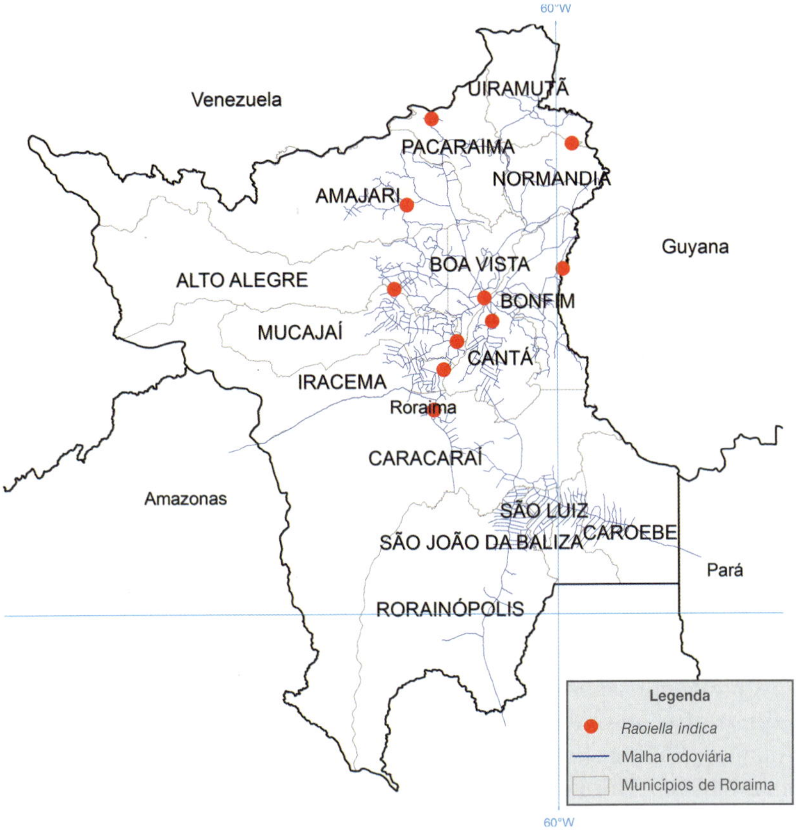

Figura 2. Distribuição do ácaro-vermelho-das-palmeiras, *Raoiella indica* (Tenuipalpidae), no Estado de Roraima.

mostraram que *R. indica* está presente em dezoito localidades no município de Manaus, mas não nos municípios vizinhos: Itaquatiara, Rio Preto da Eva, Iranduba, Manacapuru e Presidente Figueiredo (Lopes, 2012, comunicação pessoal).

É possível que a disseminação desse ácaro de Roraima para Manaus tenha ocorrido através do transporte fluvial, intenso entre os estados e menos sujeito a fiscalização. Normalmente, os passageiros que utilizam o transporte fluvial carregam produtos vegetais para alimentação durante a viagem, incluindo frutos ou mesmo material de propagação, os quais podem veicular a praga.

Entre os municípios de Roraima onde o ácaro-vermelho-das-palmeiras foi encontrado estão Bonfim e Normandia, ambos na fronteira com a Guiana. Esta observação corrobora a hipótese da presença de *R. indica* no país vizinho. Seria importante a aplicação de medidas emergenciais conjuntas entre o Brasil e a

Guiana, visando a redução das populações do ácaro na área, com a consequente diminuição do foco de infestação e do risco de disseminação do ácaro para outros estados brasileiros.

Levantamentos sistemáticos visando a detecção de *R. indica* também foram realizados em sete dos dezessete municípios do Amapá, em 2010, mas o ácaro não foi encontrado (Silva, 2011, comunicação pessoal). Até o momento, a presença dele no Brasil foi detectada apenas nos estados de Roraima e Amazonas.

PLANTAS HOSPEDEIRAS

Além de disseminar-se rapidamente nas Américas, *R. indica* ampliou de modo expressivo sua gama de hospedeiros nas áreas invadidas. Antes do relato da sua introdução na Região Neotropical, em 2004, era conhecida infestando menos de dez plantas. O coqueiro (*Cocos nucifera* L.) e a tamareira (*Phoenix dactylifera* L.) eram seus principais hospedeiros na África, na Ásia e nos Orientes Próximo e Médio (Tabela 1). Em 2012 foram listadas como hospedeiras desse ácaro mais de noventa plantas. A grande maioria dos hospedeiros de *R. indica* são palmeiras, família Arecaceae, tendo sido relatadas ao menos 75 espécies, 25 delas (32%) de origem neotropical. Além de palmeiras, infesta também plantas das famílias Musaceae (seis espécies), Heliconiaceae (quatro), Strelitziaceae (duas), Zingiberaceae (seis), Pandanaceae (uma) e Cannaceae (uma) (Tabela 1). Nas Américas, o coqueiro tem sido observado como hospedeiro preferencial de *R. indica*. As outras plantas hospedeiras mais comuns para o ácaro nas Américas são: a palmeira-de-manila (*Adonidia merrillii* (Becc.) Becc. (= *Veitchia*)), a palmeira-de-macarthur (*Ptychosperma macarthurii* (H. Wendl. ex HJ Veitch) H. Wendl. ex Hook. f.), a palmeira-ráfia (*Rhapis excelsa* (Thunb.) A. Henry ex Rehder), além das bananeiras, helicônias e alpinias (Tabela 1).

Todas as plantas confirmadas como hospedeiras de *R. indica* são monocotiledôneas (Carrillo et al., 2011a). Três dicotiledôneas – feijão (*Phaseolus* sp.), manjericão (*Ocimum basilicum* L.) e *Acer* sp. – foram relatadas como hospedeiras do ácaro na Índia (Gupta, 1984), no Paquistão (Chaudhri, 1974) e na Rússia (Mitrofanov & Strunkova, 1979), respectivamente. O *status* dessas plantas como hospedeiras reprodutivas de *R. indica* vinha sendo questionado. Era possível que alguns desses registros tivessem se baseado na presença de alguns indivíduos que estivessem sobre as plantas, ocasionalmente, em meio ao processo de dispersão, mas elas não eram realmente hospedeiras. Em experimentos de infestação em condições controladas, Carrillo et al. (2011a) mostraram que o feijão e o manjericão não são hospedeiros reprodutivos de *R. indica*. Infestações controladas em *Acer* sp. não foram realizadas, mas acredita-se que esse registro seja um equívoco. Como a publicação original de Mitrofanov e Strunkova (1979) está em russo, é possível que a observação tenha sido feita em palmeira *Areca*, mas erroneamente tenha sido escrito e traduzido como *Acer* (Ochoa, observação pessoal em Carrillo et al., 2011a).

Tabela 1. Plantas hospedeiras de *R. indica* em suas áreas de ocorrência no hemisfério oriental e nas Américas (Hosein, 2011, dados não publicados).

Hospedeiros Famílias/espécies	Países (estados)	Referências	Observações
Arecaceae			
Acanthophoenix rubra (Bory) H. Wendl. *	Estados Unidos (Flórida)	Carrillo et al. (2011a)	
Acoelorrhaphe wrightii H. Wendl. ex Becc. *	Estados Unidos (Flórida), República Dominicana	Welbourn (2009), Pellerano (2008, dados não publicados)	Nativa da Região Neotropical
Adonidia merrillii (Becc.) Becc. (= *Veitchia*) *	Brasil (Roraima, Amazonas, Manaus), Cuba, Culebra Island, Guadalupe, Martinica, Santa Lúcia, República Dominicana, Trinidad e Tobago	Fletchmann & Etienne (2004), Kane et al. (2005), Etienne & Flechtmann (2006), Rodrigues, Ochoa & Kane (2007), Pellerano (2008, dados não publicados), de la Torre, González & González (2010), Marsaro Jr. et al. (2010), Carrillo et al. (2011a), Rodrigues & Antony (2011)	
Aiphanes caryotifolia (Kunth) H. A. Wendl. *	Estados Unidos (Flórida)	Welbourn (2009)	Nativa da Região Neotropical
Aiphanes sp. *	Santa Lúcia, West Indies	Kane et al. (2005)	Nativa da Região Neotropical
Allagoptera arenaria (Gomes) O. Kintze *	Estados Unidos (Flórida)	Carrillo et al. (2011a)	Nativa da Região Neotropical
Archontophoenix alexandrae (F. Muell.) H. Wendl. & Drude *	Estados Unidos (Flórida)	Welbourn (2009)	
Areca catechu L. *	Cuba, Índia	Nageshachandra & Channabasavanna (1984), Reus & Ramos (2010)	
Areca sp. *	Estados Unidos (Flórida), Índia	Pritchard & Baker (1958), Carrillo et al. (2011a)	
Arenga australasica (H. L. Wendl. & Drude) S. T. Blake *	Estados Unidos (Flórida)	Carrillo et al. (2011a)	
Arenga engleri Becc. *	Estados Unidos (Flórida)	Carrillo et al. (2011a)	

Continua

Hospedeiros Famílias/espécies	Países (estados)	Referências	Observações
Arenga pinnata (Wurmb) Merrill *	Trinidad e Tobago	Carrillo et al. (2011a)	
Arenga tremula (Blanco) Becc. *	Estados Unidos (Flórida)	Carrillo et al. (2011a)	
Arenga undulatifolia Becc. *	Estados Unidos (Flórida)	Carrillo et al. (2011a)	
Bactris gasipaes Kunth	Roraima, Brasil	Marsaro Jr. et al. (2010)	Baixas populações
Bactris plumeriana Mart. *	República Dominicana	Pellerano (2008, dados não publicados)	Nativa da Região Neotropical
Beccariophoenix madagascariensis Jum. & H. Perrier *	Estados Unidos (Flórida)	Welbourn (2009)	
Bismarckia nobilis Hildebr. & Wendl. *		Welbourn (2006, 2009)	
Brahea armata S. Watson *	Estados Unidos (Flórida)	Carrillo et al. (2011a)	Nativa da Região Neotropical
Butia capitata (Mart.) Becc. *	Estados Unidos (Flórida)	Welbourn (2009)	
Caryota mitis Lour *	Brasil (Amazonas, Manaus), Estados Unidos (Flórida), Guadalupe, Trinidad e Tobago	Etienne & Fletchmann (2006), Carrillo et al. (2011a), Rodrigues & Antony (2011)	
Caryota urens L. *	Brasil (Roraima), Estados Unidos (Flórida), Trinidad e Tobago	Carrillo et al. (2011a)	Baixas populações no Brasil
Chamaedorea sp. *		Welbourn (2006, 2009)	Nativa da Região Neotropical
Coccothrinax argentata (Jacq.) L. H. Bailey *	Estados Unidos (Flórida)	Cocco & Hoy (2009)	Nativa da Região Neotropical
Coccothrinax barbadensis (Lodd ex Mart.) Becc	Cuba	Reus & Ramos (2010)	Nativa da Região Neotropical

Continua

Hospedeiros Famílias/espécies	Países (estados)	Referências	Observações
Cocos nucifera L. *	Brasil (Roraima, Amazonas, Manaus), Colômbia, Cuba, Dominica, Estados Unidos (Flórida), Granada, Ilhas Reunião, Índia, Martinica, Ilhas Maurício, México (Quintana Roo), Omã, Porto Rico, República Dominicana, Santa Lúcia, Saint Martin, Tailândia, Trinidad e Tobago, Venezuela	Hirst (1924), Moutia (1958), Flechtmann & Etienne (2004), Ueckerman (2004), Kane et al. (2005), Etienne & Flechtmann (2006), Kane & Ochoa (2006), IPPC (2007), Rodrigues, Ochoa & Kane (2007), Pellerano (2008, dados não publicados), Vásquez et al. (2008), Welbourn (2009), de la Torre, González & González (2010), Estrada-Venegas, Martinez-Morales & Villa-Castillo (2010), Navia et al. (2010), Perez et al. (2010), Carrillo et al. (2011d), Rodrigues & Antony (2011)	
Corypha umbraculifera L. *	Estados Unidos (Flórida)	Welbourn (2009)	
Dictyosperma album (Bory) H. Wendl. & Drude ex Scheff. *	Ilhas Maurício	Moutia (1958)	
Dypsis decaryi (Jum.) Beentje & J. Dransf *	República Dominicana	Pellerano (2008, dados não publicados)	
Dypsis lutescens (H. Wendl.) Beentje & J. Dransf. (= *Chrysalidocarpus*)	Brasil (Roraima), Cuba, República Dominicana, Santa Lúcia	Kane et al. (2005), Marsaro Jr. et al. (2010), Pellerano (2008, dados não publicados), Reus & Ramos (2010)	Baixas populações no Brasil
Elaeis guineensis N. J. Jacquin	Brasil (Roraima)	Welbourn (2009), Marsaro Jr. et al. (2010)	Baixas populações no Brasil
Euterpe oleracea Mart.	Brasil (Roraima)	Marsaro Jr. et al. (2010)	Nativa da Região Neotropical
Euterpe precatoria Mart.	Brasil (Roraima)	Marsaro Jr. et al. (2010)	Nativa da Região Neotropical
Gaussia princeps (Scott) *	Estados Unidos (Flórida)	Carrillo et al. (2011a)	Nativa da Região Neotropical
Guihaia grossefibrosa J. Dransf., S. K. Lee & F. N. Wei *	Estados Unidos (Flórida)	Carrillo et al. (2011a)	

Continua

Hospedeiros Famílias/espécies	Países (estados)	Referências	Observações
Heterospathe elmeri Becc. in Leafl. *	Estados Unidos (Flórida)	Carrillo et al. (2011a)	
Heterospathe intermedia (Becc.) Fernando *	Estados Unidos (Flórida)	Carrillo et al. (2011a)	
Heterospathe negrosensis Becc. *	Estados Unidos (Flórida)	Carrillo et al. (2011a)	
Latania sp. *	Trinidad e Tobago	Carrillo et al. (2011a)	
Licuala grandis Wendl. *	Guadalupe	Etienne & Fletchmann (2006)	
Livistona australis (R. Br.) Mart. *	Estados Unidos (Flórida)	Carrillo et al. (2011a)	
Livistona carinensis (Chiov.) Dransf. & Uhl *	Estados Unidos (Flórida)	Carrillo et al. (2011a)	
Livistona chinensis (Jacq.) R.Br. ex. Mart. *	Cuba, Estados Unidos (Flórida), República Dominicana	Pellerano (2008, dados não publicados), Welbourn (2009), Reus & Ramos (2010)	
Livistona fulva A. N. Rodd *	Estados Unidos (Flórida)	Carrillo et al. (2011a)	
Livistona mariae F. Muell *	Estados Unidos (Flórida)	Carrillo et al. (2011a)	
Livistona muelleri F. Muell. *	Estados Unidos (Flórida)	Carrillo et al. (2011a)	
Livistona rigida Becc. *	Estados Unidos (Flórida)	Carrillo et al. (2011a)	
Livistona rotundifolia (Lam.) Mart. *	Trinidad e Tobago	Carrillo et al. (2011a)	
Licuala spinosa Thunberg *	Trinidad e Tobago	Carrillo et al. (2011a)	
Livistona sp.	Cuba	de la Torre, González & González (2010)	
Mauritia flexuosa L.	Brasil (Roraima), Trinidad e Tobago	Hosein (comunicação pessoal), Marsaro Jr. et al. (2010)	Nativa da Região Neotropical
Neoveitchia storckii (Wendl) *	Estados Unidos (Flórida)	Carrillo et al. (2011a)	
Oenocarpus bataua Martius	Brasil (Roraima)	Morais (nesta publicação)	Nativa da Região Neotropical

Continua

Hospedeiros Famílias/espécies	Países (estados)	Referências	Observações
Phoenix canariensis hort. ex Chabaud *	Estados Unidos (Flórida), Guadalupe	Etienne & Fletchmann (2006), Welbourn (2009), Carrillo et al. (2011a)	
Phoenix dactylifera L. *	Arábia Saudita, Cuba, Egito, Emirados Árabes, Estados Unidos (Flórida), Israel, Ilhas Maurício, Omã, Paquistão, República Dominicana, Sudão, Tunísia (Nefzawa oasis),	Sayed (1942), Moutia (1958), Pritchard & Baker (1958), Chaudhri (1974), Gerson, Venezian & Blumberg (1983), Otier (1997), Elwan (2000), Gassouma (2003), Alhudaib (2005), Pellerano (2008, dados não publicados), Welbourn (2009), Reus & Ramos (2010), Zouba & Raeesi (2010)	
Phoenix reclinata Jacq. *	Estados Unidos (Flórida), República Dominicana	Pellerano (2008, dados não publicados), Welbourn (2009), Carrillo et al. (2011a)	
Phoenix roebelenii O'Brien *	Brasil (Roraima e Amazonas), Estados Unidos (Flórida), Trinidad e Tobago	Welbourn (2009), Marsaro Jr. et al. (2010), Carrillo et al. (2011a), Morais (comunicação pessoal)	
Phoenix sp.	Cuba	de la Torre, González & González (2010)	
Pritchardia pacifica Seem. & H. Wendl. *	Brasil (Roraima), Estados Unidos (Flórida), Guadalupe, Trinidad e Tobago	Etienne & Fletchmann (2006), Welbourn (2009), Marsaro Jr. et al. (2010), Carrillo et al. (2011a)	
Pritchardia vuylstekeana H. Wendl. *	Estados Unidos (Flórida)	Cocco & Hoy (2009)	
Pseudophoenix sargentii H. Wendl. *	Estados Unidos (Flórida), República Dominicana	Pellerano (2008, dados não publicados), Welbourn (2009)	Nativa da Região Neotropical
Pseudophoenix vinifera (Mart.) Becc. *	República Dominicana	Pellerano (2008, dados não publicados), Welbourn (2009)	Nativa da Região Neotropical
Ptychosperma elegans (R. Br.) Blume *	Cuba, Estados Unidos (Flórida), República Dominicana	Pellerano (2008, dados não publicados), Welbourn (2009), Reus & Ramos (2010)	
Ptychosperma macarthurii (H. Wendl. ex HJ Veitch) H. Wendl. ex Hook. f. *	Estados Unidos (Flórida), Guadalupe, Martinica, República Dominicana, Trinidad e Tobago	Fletchmann & Etienne (2004), Etienne & Fletchmann (2006), Pellerano (2008, dados não publicados), Welbourn (2009), Carrillo et al. (2011a)	

Continua

Hospedeiros Famílias/espécies	Países (estados)	Referências	Observações
Rhapidophyllum hystrix (Pursh).	Estados Unidos (Flórida)	Cocco & Hoy (2009)	
Rhapis excelsa (Thunb.) A. Henry ex Rehder *	Brasil (Roraima), Estados Unidos (Flórida), República Dominicana, Trinidad e Tobago	Pellerano (2008, dados não publicados), Welbourn (2009), Marsaro Jr. et al. (2010), Carrillo et al. (2011a)	
Roystonea borinquena Cook *	Cuba, República Dominicana	Pellerano (2008, dados não publicados), Welbourn (2009), Reus & Ramos (2010)	Nativa da Região Neotropical
Roystonea regia (Kunth) Cook *	Cuba, Venezuela	Vásquez et al. (2008), Welbourn (2009), Reus & Ramos (2010)	Nativa da Região Neotropical
Schippia concolor Burret *	Estados Unidos (Flórida)	Welbourn (2009)	Nativa da Região Neotropical
Syagrus romanzoffiana (Mart.) Glass. *	Estados Unidos (Flórida), Santa Lúcia, Trinidad e Tobago	Kane et al. (2005), Welbourn (2009), Carrillo et al. (2011a)	Nativa da Região Neotropical
Syagrus schizophylla (Cham.) Glass. *	República Dominicana	Pellerano (2008, dados não publicados), Welbourn (2009)	Nativa da Região Neotropical
Thrinax radiata Loddiges ex J. A. & J. H. Schultes *	Estados Unidos (Flórida)	Welbourn (2009)	Nativa da Região Neotropical
Veitchia arecina Becc. *	Estados Unidos (Flórida)	Cocco & Hoy (2009)	
Veitchia sp. *	Estados Unidos (Flórida)	Welbourn (2009)	
Washingtonia filifera (Linden ex André) H. Wendl. *	República Dominicana	Pellerano (2008, dados não publicados), Welbourn (2009)	Nativa da Região Neotropical
Washingtonia robusta H. Wendl. *	Estados Unidos (Flórida), Guadalupe, Trinidad e Tobago	Etienne & Fletchmann (2006), Welbourn (2009), Carrillo et al. (2011a)	Nativa da Região Neotropical
Wodyetia bifurcata A. K. Irvine *	Estados Unidos (Flórida)	Welbourn (2009)	
Heliconiacea			
Heliconia bihai L. *	Brasil (Roraima), República Dominicana	Pellerano (2008, dados não publicados), Welbourn (2009), Marsaro Jr. et al. (2010)	Nativa da Região Neotropical

Continua

Hospedeiros Famílias/espécies	Países (estados)	Referências	Observações
Heliconia psittacorum Sassy *	Brasil (Roraima), Cuba, República Dominicana	Pellerano (2008, dados não publicados), Marsaro Jr. et al. (2010), Reus & Ramos (2010)	Nativa da Região Neotropical
Heliconia rostrata Ruiz & Pavon *	Cuba, Guadalupe, República Dominicana	Etienne & Fletchmann (2006), Pellerano (2008, dados não publicados), Reus & Ramos (2010)	Nativa da Região Neotropical
Heliconia sp.	Brasil (Roraima), Colômbia, Cuba, Estados Unidos (Flórida)	Welbourn (2009), de la Torre et al. (2010), Marsaro Jr. et al. (2010), Carrillo et al. (2011a, 2011b)	Nativa da Região Neotropical
Strelitziaceae			
Ravenala madagascariensis Sonn. Engl. *		Welbourn (2006)	
Strelitzia reginae Ait. Engl. *	Cuba, Guadalupe	Etienne & Fletchmann (2006), Reus & Ramos (2010)	
Strelitzia sp.	Venezuela (Zulia)	Vásquez et al. (2010)	
Musaceae			
Musa acuminata Colla *	Colômbia, Estados Unidos (Flórida), Santa Lúcia e Dominica	Kane et al. (2005), Carrillo et al. (2011a, 2011b)	
Musa balbisiana Colla *	Santa Lúcia e Dominica	Kane et al. (2005)	
Musa corniculata Rumph. *	República Dominicana	Pellerano (2008, dados não publicados)	
Musa paradisiaca L. *	Cuba, Dominica, República Dominicana, Santa Lúcia	Kane et al. (2005), Pellerano (2008, dados não publicados), de la Torre et al. (2010), Reus & Ramos (2010)	
Musa sapientum L. *	Cuba, República Dominicana	Pellerano (2008, dados não publicados), de la Torre, González & González (2010), Reus & Ramos (2010)	
Musa uranoscopus Lour. (= M. coccinea) *	Santa Lúcia e Dominica, West Indies	Kane et al. (2005)	

Continua

Hospedeiros Famílias/espécies	Países (estados)	Referências	Observações
Pandanaceae			
Pandanus sp. *		Kane & Ochoa (2006)	
Pandanus utilis Bory *	República Dominicana	Pellerano (2008, dados não publicados), Welbourn (2009)	
Zingiberaceae			
Alpinia purpurata (Vieillard) K. Schumann *	Cuba, Guadalupe, República Dominicana	Etienne & Fletchmann (2006), Pellerano (2008, dados não publicados), Welbourn (2009), de la Torre, González & González (2010), Reus & Ramos (2010)	
Alpinia speciosa(W) K. Schum.	Cuba	de la Torre, González & González (2010)	
Alpinia zerumbet (Pers.) Burtt. & R. M. Sm. Engl. *	Estados Unidos (Flórida)	Welbourn (2009), Cocco & Hoy (2009)	
Amomum capitatum Roxb. ex Spreng., Schrad. & Link	Cuba	de la Torre, González & González (2010)	
Etlingera elatior (Jack) RM Smith *	Cuba, Guadalupe, República Dominicana	Etienne & Fletchmann (2006), Pellerano (2008, dados não publicados), Reus & Ramos (2010)	
Zingiber sp. *		Peña et al. (2006)	
Cannaceae			
Canna indica L.	Brasil (Roraima)	Marsaro Jr. et al. (2010)	Baixas populações no Brasil, nativa da Região Neotropical

* Plantas consideradas por Carrillo et al. (2011a) como hospedeiras reprodutivas de *R. indica*.

Carrillo et al. (2011a) realizaram levantamentos sistemáticos de *R. indica* em jardins botânicos na Flórida, EUA, e em Trinidad e Tobago, para obtenção de informações sobre os hospedeiros que possibilitam o desenvolvimento de gerações múltiplas, utilizando como critério a presença de colônias contendo todos os estágios de desenvolvimento do ácaro, nos diferentes períodos amostrais. Esses autores confirmaram o *status* de hospedeiros de elevado número de plantas que já haviam sido relatadas na literatura como hospedeiras e adicionaram 27 novos registros aos levantamentos anteriores. De acordo com esses estudos, ao menos 25% dos hospedeiros reprodutivos de *R. indica* são espécies nativas do Novo Mundo, indicando uma adaptação recente desse ácaro invasor a elas. Os autores investigaram também, através de infestações controladas, o *status* de três palmeiras nativas da Flórida, EUA – *Sabal palmetto* (Walt.). Lodd., *Serenoa repens* (W. Bartram) Small e *Thrinax radiata* Loddiges ex J.A. & J.H. Schultes – como hospedeiras de *R. indica*. Apenas *T. radiata* foi confirmada como sendo hospedeira do ácaro. Os autores sugerem que *R. indica* apresenta alta adaptabilidade a novas plantas hospedeiras, apesar de nem todas as palmeiras do Novo Mundo serem vulneráveis à infestação pelo ácaro.

Além das palmeiras, as bananeiras (*Musa* spp.) são hospedeiras de *R. indica* de grande importância socioeconômica nas Américas. Para avaliar se elas são realmente novas hospedeiras desse ácaro nas Américas ou se já eram no Velho Mundo, mesmo suportando baixas populações, Taylor (2010) conduziu levantamentos em diferentes cultivares de bananeiras em Kerala, Índia, de dezembro de 2008 a abril de 2010. Nesses levantamentos, não foram detectadas colônias do ácaro nos diferentes cultivares de bananeiras, mesmo quando em cultivo associado com coqueiros. Essas observações suportam a hipótese de uma recente adaptação de *R. indica* às bananeiras nas Américas.

No Brasil, em Roraima, o ácaro-vermelho-das-palmeiras já foi encontrado infestando dezesseis espécies de plantas. Além de coqueiros e bananeiras, infestações foram observadas em outras treze palmeiras (Tabela 1): pupunha, palmeira-rabo-de-peixe, palmeira-areca, dendê, açaí, açaí-solteiro, buriti, tamareira-anã, palmeira-fênix, palmeira-ráfia, palmeira-de-manila e palmeira-pataué, em três espécies de helicônias e na bananeirinha-de-jardim (*Canna indica* L.). Em Manaus, até o momento, foram relatadas infestações de *R. indica* apenas em coqueiros, palmeira-rabo-de-peixe, tamareira-anã e palmeira-manila (Rodrigues & Antony, 2011; Lopes, 2012, comunicação pessoal). Nos levantamentos realizados em Roraima, foram observadas baixas infestações na bananeirinha-de-jardim, pupunha, palmeira-areca e dendê, sugerindo que estes são hospedeiros menos favoráveis ao desenvolvimento desse ácaro (Marsaro Jr. et al., 2010), mas essas observações devem ser confirmadas através de estudos de biologia. Caso se confirme o *status* de *C. indica* como hospedeira reprodutiva de *R. indica* no Brasil, sua família, Cannaceae, será nova família hospedeira para o ácaro nas Américas.

O dendê é um hospedeiro de *R. indica* de relevante importância econômica no Brasil. Essa palmeira foi listada como hospedeira de *R. indica* por Welbourn (2009). Entretanto, nos estudos conduzidos por Carrillo et al. (2011a) na Flórida, EUA, e em Trinidad e Tobago, não foram detectadas populações do ácaro sobre essa palmeira. Até o momento, apesar de terem sido observadas baixas populações de *R. indica* sobre o dendê no Brasil, antes que se possa afirmar que essa não é uma cultura ameaçada pela praga no país é importante avaliar seu *status* como hospedeiro, por meio de experimentos detalhados de biologia e de infestações controladas em laboratório.

Outras palmeiras de grande importância socioeconômica já observadas como hospedeiras de *R. indica* no Brasil e que podem ser consideradas culturas ameaçadas no país são os açaís *Euterpe oleraceae* Mart. e *Euterpe precatoria* Mart. Espécies de palmeiras do gênero *Euterpe* ainda não haviam sido listadas como hospedeiras de *R. indica* em outros países. Esse é um novo gênero hospedeiro da praga nas Américas. Apesar de ainda não haver relato, é possível que *R. indica* também possa infestar a palmeira-juçara, *Euterpe edulis* Mart., a qual é encontrada sobretudo no Sudeste do Brasil. As palmeiras *Euterpe* são extremamente importantes, pela produção do fruto de açaí, que tem sido chamado de "ouro negro da Amazônia" pelo seu valor nutritivo e econômico, além do palmito, produto extremamente apreciado no mercado nacional e internacional.

Além de palmeiras cultivadas, *R. indica* também tem sido relatada infestando e causando sérios danos em palmeiras nativas nas Américas. Em Trinidad e Tobago, os buritizeiros (*Mauritia flexuosa* L.) vêm sendo severamente infestados pelo ácaro. Em levantamentos realizados em áreas naturais dessas ilhas, têm sido encontrados até 25 ácaros/cm^2 em folhas de buritizeiros, com níveis de infestação de 25% das superfícies foliares e 100% das folhas infestadas. Essas infestações têm resultado em amarelecimento, necrose e morte de folhas, redução na produção de inflorescências e frutos e morte de plantas jovens (Hosein, 2011, dados não publicados). O desenvolvimento de populações extremamente elevadas de *R. indica* e o sério impacto que elas vêm ocasionando aos buritizeiros relatados em Trinidad e Tobago são particularmente preocupantes para o Brasil. Essa palmeira é nativa no país e muito abundante, sobretudo nas regiões Norte e Centro-Oeste. Infestações de buritizeiros pelo ácaro já foram observadas em Roraima (Marsaro Jr. et al., 2010). Caso as infestações de *R. indica* em *M. flexuosa* também sejam severas no país, facilitarão a rápida disseminação da praga e poderão resultar em sério impacto aos ambientes naturais.

É provável que *R. indica* se adapte a novas plantas hospedeiras nas áreas onde vem se disseminando no Brasil e nos demais países das Américas. A adaptação do ácaro a novos hospedeiros nas áreas invadidas parece constituir um processo complexo, o qual pode ser influenciado por diversas características das plantas hospedeiras (como defesas induzidas ou constitutivas), características físicas das folhas, interação com competidores e/ou inimigos naturais (Carrillo et al., 2011a).

Portanto, a única forma de predizer o espectro de hospedeiros de *R. indica* no Brasil é realizando experimentos de infestação controlada para as plantas hospedeiras potenciais pertencentes às famílias que vêm sendo atacadas. Os resultados dessas avaliações serão importantes para subsidiar medidas de mitigação do impacto do ácaro no país.

BIOLOGIA

Como o nome comum sugere, *R. indica* apresenta coloração vermelha intensa. Os adultos possuem setas dorsais longas, esbranquiçadas, com as extremidades expandidas, muitas vezes com gotículas nas pontas. Esses ácaros são facilmente reconhecidos e podem ser vistos a olho nu ou com o auxílio de uma lupa de mão (Figura 3). Os ovos de *R. indica* medem de 90 a 100 µm de comprimento, são

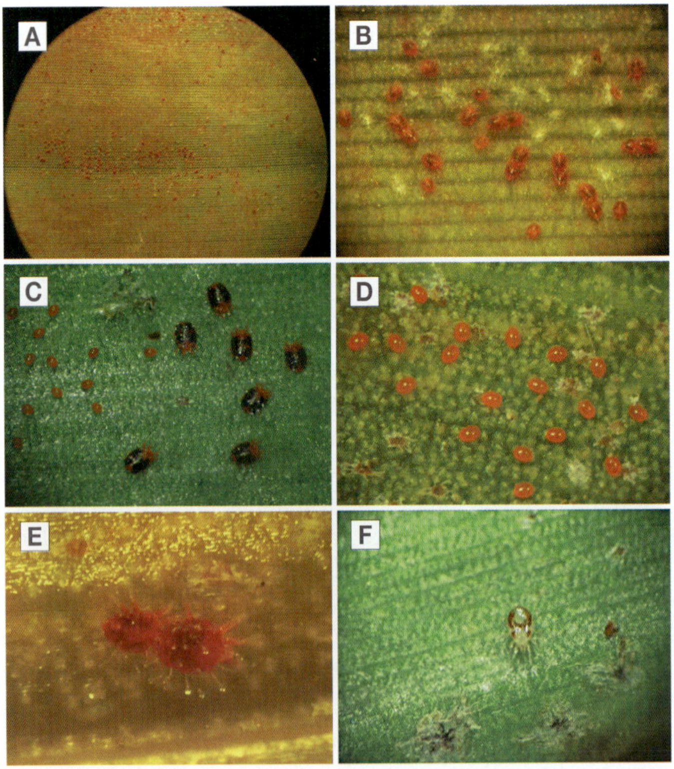

Figura 3. Ácaro-vermelho-das-palmeiras, *R. indica*.
A, B) Aspecto geral de colônia na superfície inferior de folha de coqueiro. C) Fêmeas. D) Ovos. E) Casal e aspecto de gotículas na extremidade das setas dorsais. F) Ácaro predador *Amblyseius largoensis* após alimentar-se de *R. indica*.
Fotos: A, B, C, E, F) Denise Navia e F. Ferragut, IAM/UPV. D) Elisângela G. F. de Morais.

ovoides e de superfície lisa, apresentam coloração vermelho-alaranjada brilhante e tornam-se opacos antes da eclosão das larvas (Figura 3). Uma das extremidades dos ovos é mais larga e está presa à superfície abaxial das folhas por um fino e longo pedúnculo, com cerca de duas vezes o comprimento do ovo (Nageshachandra & Channabasavanna, 1984; Kane & Ochoa, 2006). Após o estágio de ovo, *R. indica* passa por quatro estágios de desenvolvimento em seu ciclo de vida – larva, protoninfa, deutoninfa e adulto –, com formas quiescentes entre esses estágios. As larvas apresentam três pares de pernas, são de coloração vermelho-alaranjada e começam a se alimentar logo após a eclosão. As protoninfas apresentam quatro pares de pernas e medem de 180 a 200 µm de comprimento. No estágio de protoninfa, já é possível diferenciar machos e fêmeas; nas fêmeas, a região posterior do opistossoma é alargada, enquanto no macho é estreita e pontiaguda. As deutoninfas são ovais e medem de 240 a 250 µm de comprimento. As fêmeas normalmente apresentam manchas vermelho-escuras no opistossoma, são semicirculares, medem de 250 a 320 µm de comprimento e de 190 a 220 µm de largura. Os machos são piriformes e achatados, medem de 220 a 230 µm de comprimento e de 140 a 150 µm de largura (Nageshachandra & Channabasavanna, 1984; Kane & Ochoa, 2006; Peña et al., 2006).

Os ácaros-vermelhos-das-palmeiras apresentam um interessante comportamento sexual. Reproduzem-se sexuadamente e também por partenogênese arrenótoca, de modo que ovos não fertilizados dão origem a machos. Os machos e as fêmeas estão sexualmente maduros quando emergem. Os machos procuram as fêmeas ativamente, o que sugere o envolvimento de feromônios nesse comportamento (Hoy, Peña & Nguyen, 2006). Quando encontram uma deutoninfa quiescente, posicionam-se muito próximo a ela e aguardam o início do processo de muda. Ao iniciar a muda da deutoninfa quiescente, movem-se sob ela e inclinam o corpo para a cópula, que dura cerca de quinze minutos (Nageshachandra & Channabasavanna, 1984). Esse comportamento peculiar também pode ser utilizado para o reconhecimento de *R. indica*, pois numerosos "casais" (machos junto às deutoninfas quiescentes ou copulando com as fêmeas recém-emergidas) são observados sob as folhas infestadas.

PARÂMETROS BIOLÓGICOS

A biologia de *R. indica* foi estudada, no hemisfério oriental, em coqueiros na Índia (Nageshachandra & Channabasavanna, 1984) e nas Ilhas Maurício (Moutia, 1958) e em tamareiras no Egito (Zaher, Wafa & Yousef, 1969), sob diferentes condições ambientais. Nas Américas, a biologia de *R. indica* foi estudada em Cuba, em palmeira areca (*Areca catechu*) (Flores-Galano, Montoya & Rodrigues, 2010) e em coqueiros e bananeiras (González-Reyes & Ramos, 2010) (Tabela 2).

Flores-Galano, Montoya e Rodrigues (2010) observaram que o ciclo de vida em palmeira areca foi mais longo, e o período de oviposição e a fecundidade foram

Tabela 2. Parâmetros biológicos do ácaro-vermelho-das-palmeiras, *R. indica*, em vários países, plantas hospedeiras e condições ambientais.

Local, hospedeiro e condições climáticas	Ciclo de vida (dias)	Longevidade (dias)	Período de pré-oviposição (dias)	Ovos (n)
Índia; coqueiro 23,9 a 25,7°C e 60% UR	♀ 24,5	♀ 50,9	Fertilizadas 5,9	22
	♂ 20,6	♂ 21,6	Não fertilizadas 2	18,4
Ilhas Maurício; coqueiro – 24°C (fev.-mar.)	22	♀ 27 ♂ 24 (não especificada a estação)	3	28 a 38 ovos, em um período de 27 dias
Ilhas Maurício; coqueiro – 18°C (jul.-ago.)	33		7	
Egito; tamareira 23 a 28°C verão	21 a 28		3,3	50 ovos, 2 por dia, em um período de 27 dias
Cuba; *Areca catechu* 25°C e 57% UR	♀ 22 a 40	♀ 26 a 39	Oviposição 11 (2 a 17)	7 ovos
	♂ 24 a 44	♂ 27 a 38		
Cuba 26°C e 75% UR – coqueiro	31	24		12,58
Cuba 26°C e 75% UR – bananeira	33	15		7,83

significativamente mais reduzidos do que nos outros países (Moutia, 1958; Nageshachandra & Channabasavanna, 1984). Esses autores consideraram necessária a realização de ensaios para avaliar se a palmeira areca é um hospedeiro apropriado ao desenvolvimento de *R. indica*.

Comparando os parâmetros biológicos de *R. indica* em coqueiro e bananeira (*M. acuminata*, subgrupo Cavendish 'Gran enano'), González-Reyes e Ramos (2010) não observaram diferenças significativas nos períodos de desenvolvimento dos ácaros nesses dois hospedeiros. Entretanto, a oviposição e a longevidade das fêmeas foram significativamente mais altas em coqueiro do que em bananeira. Resultados similares foram obtidos por Cocco e Hoy (2009). Diversos parâmetros biológicos de *R. indica* observados em Cuba foram expressivamente diferentes daqueles verificados nos países orientais; em geral, os ácaros apresentaram potencial reprodutivo mais baixo em Cuba. É importante a realização de novos estudos biológicos, de outras populações de *R. indica* das Américas, sob diferentes condições ambientais e em diferentes plantas hospedeiras, para confirmação desses resultados.

DINÂMICA POPULACIONAL E DISTRIBUIÇÃO ESPACIAL

Estudos da dinâmica populacional de *R. indica* em coqueiro e palmeira areca na Índia e em coqueiro nas Ilhas Maurício têm mostrado que as densidades populacionais desse ácaro estão correlacionadas a alta temperatura, baixa umidade relativa, baixa pluviosidade e longos fotoperíodos (Moutia, 1958; Puttarudriah & Channabasavanna, 1958; Nageshachandra & Channabasavanna, 1984; Sarkar & Somchoudhury, 1989; Yadavbabu & Manjunatha, 2007; Taylor et al., 2011). Esses autores relataram que as populações do ácaro caem abruptamente durante a estação chuvosa. Taylor et al. (2011) observaram que reduções populacionais abruptas de *R. indica* na Índia coincidiram com alta pluviosidade nos meses de maio e junho (867,6 mm) e julho (1,188 mm). Nageshachandra & Channabasavanna (1983) e Yadavbabu e Manjunatha (2007) demonstraram também que há diferença no efeito da pluviosidade, de acordo com o estágio de desenvolvimento de *R. indica*: adultos não são seriamente afetados pela pluviosidade, mas ovos e ninfas, sim.

Nas Américas, a dinâmica de *R. indica* foi estudada em três localidades da Flórida, EUA, de janeiro de 2008 a março de 2010. A presença do ácaro foi observada por todo o ano e atingiu 4.000 ácaros/folíolo. Em todas as áreas estudadas, os níveis populacionais foram mais elevados nos quatro primeiros meses após a infestação inicial. Observou-se também uma tendência negativa da densidade populacional do ácaro a partir de julho de 2008, o que pode estar relacionado às condições subtropicais daquele estado e/ou ao aumento populacional dos predadores (Duncan, Carrillo & Peña 2010).

Taylor et al. (2011) realizaram levantamentos de *R. indica* em Kerala, Sudoeste da Índia, no período de dezembro de 2008 a julho de 2009, que corresponde ao período não chuvoso, em que as populações do ácaro em geral aumentam. O estudo foi conduzido em duas áreas para a palmeira areca (*Areca catechu* L.) e em duas áreas para coqueiros (*C. nucifera*). Os levantamentos tiveram como objetivo determinar a influência do hospedeiro, fatores climáticos e o impacto dos ácaros predadores fitoseídeos sobre as populações de *R. indica*. Os resultados indicaram que há efeito das plantas hospedeiras sobre as populações do ácaro. As populações sobre a palmeira areca (máximo 8,6 ácaros/cm^2) foram significativamente mais altas do que em coqueiro (máximo 0,9 ácaros/cm^2). Entretanto, observou-se maior número de coqueiros infestados do que de palmeiras areca. Os autores sugeriram que essas diferenças podem estar relacionadas a diferenças físicas ou fisiológicas dos hospedeiros, como densidade de estômatos ou área de copa disponível para colonização. Apesar de nenhum fator climático, isoladamente, ter sido de modo significativo relacionado à densidade de *R. indica*, foram encontradas influências da interação de fatores; maiores densidades populacionais foram encontradas nas localidades mais quentes e secas. Verificou-se também uma marcante diferença na densidade de fitoseídeos entre as palmeiras, com um número expressivamente maior de predadores em coqueiros do que em palmeira areca. Observou-se também uma fraca resposta numérica dos fitoseídeos em relação à densidade de *R. indica* em coqueiro, mas isso não foi verificado em palmeira areca.

Roda et al. (2012) conduziram estudos sobre a distribuição espacial de *R. indica* em coqueiros (distribuição intra-árvore) em Trinidad e Tobago e Porto Rico, em oito períodos de amostragem, ao longo de dois anos. Os dados foram analisados com o objetivo de determinar como os levantamentos de *R. indica* devem ser realizados, de modo a obter maior precisão para a estimativa das populações do ácaro em menor tempo de amostragem. O número mais elevado de ácaros foi encontrado em folhas do estrato médio dos coqueiros; esse número foi mais baixo nas folhas dos estratos superior e inferior. As folhas do estrato inferior apresentaram, em média, um número inferior de ácaros. As populações de *R. indica* não variaram entre as regiões basais, medianas e apicais das folhas. A densidade dos ácaros foi significativamente inferior na seção apical dos folíolos, em relação às seções mediana e basal, as quais não diferiram entre si. Adicionalmente, os autores utilizaram dados de presença–ausência para investigar a probabilidade de os ácaros não estarem presentes em uma seção do folíolo escolhida aleatoriamente em uma folha infestada. Os resultados dessas análises indicam que, para obter maior precisão da densidade de *R. indica* em um plantio, deve-se amostrar uma seção de um folíolo por coqueiro, tomando amostras do maior número possível de coqueiros.

IMPACTO ECONÔMICO E DANOS

Altas infestações de *R. indica* em coqueiro, bananeira, buritizeiro e demais hospedeiros causam amarelecimento severo das folhas, seguido de necrose dos tecidos (Flechtmann & Etienne, 2004; Welbourn, 2009; Peña et al., 2006). Folhas basais das bananeiras podem morrer devido à alta infestação pelo ácaro (Figura 4) (Navia, 2011, comunicação pessoal). Coqueiros jovens podem ter seu desenvolvimento comprometido ou mesmo morrer devido às infestações pelos ácaros, tanto em viveiros como no campo (Figura 4) (Sarkar & Somchoudhury, 1988; Sathiamma, 1996; Navia, comunicação pessoal). Quando as infestações estão associadas a condições de estresse hídrico e nutricional, as plantas são mais seriamente afetadas. Isso tem sido observado especialmente para coqueiros (Moutia, 1958; Jeppson, Keifer & Baker, 1975; Hosein, 2011, comunicação pessoal).

Estimativas de redução na produção de coqueiros têm sido apresentadas para algumas localidades do Caribe e da América do Sul. Trinidad e Tobago têm sido as ilhas do Caribe mais seriamente afetadas pelas infestações de *R. indica*. Nelas a redução na produção de coqueiros tem sido superior a 70%. De acordo com a Associação de Produtores de Coco de Trinidad e Tobago, nas principais áreas de produção, em Cedros, as perdas podem chegar a 90% e está sendo necessário importar coco para manter a indústria de copra (Agostini, 2011, comunicação pessoal). Em outras localidades do Caribe, a redução na produção de coco após a introdução de *R. indica* tem sido estimada em torno de 50%. Na Venezuela, a redução na produção de coqueiros após a introdução de *R. indica* vem sendo estimada em 70% pela Associação dos Produtores de Coco (Quirós, 2010, comunicação pessoal).

Danos severos em bananeiras, devido às infestações, têm sido observados em Trinidad e Tobago, Colômbia e República Dominicana (Navia, 2011, comunicação

Figura 4. Danos de *R. indica*. A, B, C) Em bananeiras. D, F) Em coqueiros. Fotos: Denise Navia e F. Ferragut.

pessoal) quando os plantios estão associados ou próximos a áreas com coqueiros. A completa necrose de um elevado número de folhas basais pode refletir na menor produção de frutos. Entretanto, o impacto na produção de bananas devido às infestações por *R. indica* ainda não foi avaliado.

Os danos causados por *R. indica* a seus hospedeiros, em especial coqueiros e outras palmeiras, têm ocasionado também impacto estético em áreas turísticas, onde essas plantas são emblemáticas, símbolo de áreas tropicais.

Além da redução na produção, o impacto econômico de *R. indica* nas Américas deve-se aos gastos com medidas emergenciais de prevenção e contenção nas áreas afetadas ou ameaçadas. Na Flórida, EUA, os produtores de palmeiras ornamentais têm estimado um gasto de US$ 500.000 para as pulverizações exigidas pelo governo. Alguns países, como o México, onde a presença de *R. indica* foi recentemente detectada, vêm aplicando medidas emergenciais de prevenção ou contenção, incluindo pulverizações, campanhas fitossanitárias e reforço na fiscalização do trânsito de pessoas e material vegetal (Juárez-Duran, 2010).

No Brasil, a distribuição de *R. indica* ainda é restrita e o ácaro até agora não se estabeleceu em áreas produtoras de coco e banana. Dessa forma, não vem causando impacto econômico no país, apesar de já serem observadas altas densidades populacionais em suas áreas de ocorrência em Roraima (Marsaro Jr., 2010, comunicação pessoal). A simples constatação da ocorrência de *R. indica* nesse estado teve sério impacto para os produtores de banana. No sul de Roraima, a banana é a cultura de maior importância socioeconômica. É produzida por pequenos produtores e os frutos são exportados para Manaus. Imediatamente após a notificação de ocorrência de *R. indica* em Roraima, o Mapa proibiu o escoamento da produção de banana desse estado para o Amazonas, visando evitar a disseminação da praga através do trânsito de frutos potencialmente infestados. A medida causou grandes perdas de frutos, visto que o estado não consome toda a produção, e levou ainda os produtores a se manifestarem. Após o monitoramento realizado pela Agência de Defesa Fitossanitária de Roraima (ADERR), a região sul do estado foi declarada livre do ácaro e as exportações de banana dessa região foram liberadas.

O impacto potencial de *R. indica* no Brasil é alto, considerando:

- Redução na produção de coqueiros e severos danos em bananeiras observados em áreas produtoras de outros países do Caribe e da América do Sul onde o ácaro foi introduzido.
- Alta probabilidade de estabelecimento de *R. indica* em diversas regiões brasileiras até a latitude de 23° S, o que corresponde ao sul do Estado do Rio de Janeiro e centro-norte do Estado de São Paulo, incluindo as principais regiões produtoras de coco do Nordeste (Navia et al., 2012).
- Importância socioeconômica das principais culturas ameaçadas no país: coqueiro, bananeira, açaí. O Brasil atualmente é o quarto maior produtor de coco e banana no mundo (Faostat, 2010). A produção de açaí no Norte do país gera cerca de 25 mil empregos diretos e uma receita anual de R$ 40 milhões. A produção de frutos dessa palmeira já atingiu 160 mil toneladas, sendo que cerca de 20% delas são consumidas pelas famílias no local de produção. O valor anual da produção de frutos, apenas no Estado do Pará, é de R$ 66 milhões (Homma, 2006). É necessário confirmar se o dendê e a pupunha são hospedeiros reprodutivos do ácaro. Outras palmeiras de importância econômica que são potenciais hospedeiras de *R. indica* são: babaçu, piaçava e juçara.
- Expansão da produção e exportação de flores tropicais das famílias Heliconiacea, Musaceae, Zingiberaceae e Strelitziacea, principalmente no Norte e Nordeste do Brasil (Terao, Carvalho & Barroso, 2005), as quais podem ser afetadas pelas infestações de *R. indica* ou pela imposição de barreiras fitossanitárias para exportação, devido à presença da praga no país.
- Abundância de palmeiras, helicônias e musáceas em ambientes naturais no Brasil, as quais podem ser afetadas pelo ácaro, como observado para os

buritizeiros em Trinidad e Tobago (Hosein, 2011, dados não publicados). Altas infestações de palmeiras nativas podem causar modificação de habitats e afetar de maneira negativa comunidades tradicionais que exploram os subprodutos de plantas hospedeiras de modo extrativista e agricultores familiares que cultivam essas plantas e dependem da comercialização dos seus subprodutos.

- Impacto estético em palmeiras e outras hospedeiras de *R. indica* cultivadas como ornamentais em áreas turísticas, em especial no Norte e no Nordeste do Brasil.

MÉTODOS DE CONTROLE

Alguns métodos de controle estão sendo estudados para minimizar os danos causados por *R. indica* nas áreas recentemente invadidas no Novo Mundo. Dentre eles, destacam-se: a resistência de plantas (Rodrigues & Irish, 2011), o controle químico (Rodrigues & Peña, 2011) e, sobretudo, o controle biológico através de predadores (Peña et al., 2009; Carrillo et al., 2010; Mound, Tree & Goldarazena, 2010; Carrillo & Peña, 2010; Carrillo et al., 2011b; Domingos et al., 2013).

Controle químico

O controle químico de *R. indica* pode ser útil em viveiros, como método de controle emergencial ou como medida regulatória para o trânsito de material vegetal. Entretanto, há diversos inconvenientes para a sua utilização em áreas de produção:

- porte elevado das culturas infestadas, como coqueiros e outras palmeiras. Na maioria das áreas de produção de coco das Américas predomina o cultivo do coqueiro gigante, cuja altura dificulta ou inviabiliza a pulverização;
- alto custo financeiro da prática nos principais países produtores. Os produtores de coco são, em sua maioria, pequenos agricultores. Suas áreas apresentam baixa produtividade e eles não dispõem de recursos para custear aplicações frequentes de acaricidas;
- escassez ou falta de acaricidas registrados para o controle de *R. indica* nas culturas afetadas;
- impacto ambiental e sobre a saúde humana, em virtude da aplicação de acaricidas em áreas extensas, em plantas de alto porte, por produtores sem experiência na utilização de produtos químicos.

A avaliação de alguns produtos para o controle de *R. indica* foi realizada na Índia e no Oriente Médio. Os melhores resultados foram obtidos com Monocrotophos, Phosphamidon, Dicofol, Dimetoato, Quinalphos, Ethion, Phosalone e Endosulfan (Sarkar & Somchoudhury, 1988; Jalaluddin & Mohanasundaram, 1990; Jayaraj, Natarajan & Ramasubramanian, 1991). Nadarajan, Channabasavanna e Chandra (1990) constataram também que vários inseticidas sistêmicos apresentaram toxicidade sobre larvas, ninfas e adultos de *R. indica*. Entretanto, a maioria dos produtos anteriormente avaliados para o controle do ácaro no Velho Mundo não pode ser utilizada nas Américas, devido à sua alta toxicidade, e provavelmente não seriam registrados para as culturas afetadas pelo ácaro.

Para o controle de *R. indica* nas Américas, diversos acaricidas têm sido testados em condições de laboratório (Abamectina, Fenpiroximato, Clorfenapir, Óxido de Fembutoxina, Hexythiazox, Propargito, Espirodiclofen, Diafentiurom, Espiromesifeno e Milbemectina). Dentre eles, Milbemectina, Abamectina e Fenpiroximato foram os que apresentaram as menores CLS_{50} para a praga (Gondim Jr., 2012, dados não publicados). Rodrigues e Peña (2011) testaram diversos acaricidas, através de pulverização e injeção dos produtos nas plantas, e verificaram que Espiromesofeno, Dicofol e Acequinocyl foram efetivos na redução da população de *R. indica* em Porto Rico, enquanto Etoxanole, Abamectin, Pyridaben, Milbemectin e enxofre foram eficientes na Flórida, EUA.

No Brasil, o acaricida Espiromesifeno foi permitido para uso em caráter emergencial no controle de *R. indica* em palmáceas e musáceas de setembro de 2009 a setembro de 2010. Esse registro já venceu e não houve prorrogação. De qualquer modo, as avaliações de eficiência de acaricidas realizadas em laboratório mostraram que esse não seria o produto mais indicado para o controle desse ácaro no país. Entre os acaricidas testados (Abamectina, Clorfenapir, Fenpiroximato, Fenbutatina, Propargite, Spirodiclofeno, Milbemectina, Diafentiurom, Hexitiazoxi e Espiromesifeno), o Espiromesifeno apresentou uma das mais baixas eficiências de controle (Gondim Jr., 2012, dados não publicados).

Alguns produtos botânicos também já haviam sido ou vêm sendo avaliados para o controle de *R. indica*. Na Índia, pulverizações com uma mistura de óleo de nim (*Azadirachta indica* A. Juss) e enxofre, após a limpeza das copas, cinco ou seis vezes ao ano, apresentou bons resultados. De acordo com Peña et al. (2006), as aplicações de nim resultaram em aumento de 25% na produção. Em Omã, a eficiência do óleo de coco, do detergente e do Fenpiroximato foi testada em coqueiros jovens por Pérez et al. (2010), com resultados satisfatórios. Em algumas localidades das Américas, por exemplo, no México e Trinidad e Tobago, têm sido realizadas pulverizações com nim para controle emergencial e redução das infestações de *R. indica* (Navia D, comunicação pessoal), mas não há resultados experimentais sobre a eficiência do produto.

Controle biológico

O controle biológico constitui o método ideal para o controle de *R. indica* no médio e no longo prazo nas Américas e tem sido a linha de pesquisa mais estudada atualmente para controle desse ácaro.

O primeiro relato de um inimigo natural associado a *R. indica* foi feito por Moutia (1958). Ele apontou o ácaro *Amblyseius caudatus* Berlese (Phytoseiidae) como predador de *R. indica* nas Ilhas Maurício. Posteriormente, alguns trabalhos relataram a ocorrência de predadores associados a *R. indica* na Índia, entre eles: os ácaros predadores *Amblyseius channabasavannai* Gupta, *Amblyseius* sp., *Neoseiulus* (= *Amblyseius*) *longispinosus* (Evans) e *Phytoseius* sp. (Phytoseiidae); os insetos predadores *Stethorus keralicus* Kapur, *Stethorus parcempunctatus* Puttarudriah & ChannaBasavanna, *Stethorus tetranychi* Kapur e *Jauravia* sp. (Coccinellidae) e *Oligota* sp. (Staphylinidae) (Daniel, 1981; Nageshchandra & Channabasavanna, 1983; Somchoudhury & Sarkar, 1987; Gupta, 2001). Uma revisão sobre os inimigos naturais de *R. indica* foi recentemente publicada por Carrillo et al. (2011c). Estes autores listaram um total de 28 espécies de artrópodes, incluindo ácaros e insetos, em associação com *R. indica* em todo o mundo. Além disso, verificaram também três espécies de fungos infectando a praga em Porto Rico.

Amblyseius largoensis (Muma) (Acari: Phytoseiidae) tem sido o inimigo natural mais frequentemente encontrado em associação com *R. indica* no mundo. Esse ácaro foi encontrado predando o ácaro em algumas ilhas do Caribe (Etienne & Flechtmann, 2006; Hoy, Peña & Nguyen, 2006), na Flórida, EUA (Peña et al., 2009), no Brasil (Moraes, comunicação pessoal), na África, em Benin e na Tanzânia (Zannou et al., 2010), e também no Velho Mundo, na Índia (Taylor et al., 2011), nas Filipinas (Gallego, Aterrado & Batomalague, 2003) e nas Ilhas Maurício (Moraes et al., 2012). Populações de *A. largoensis* de diferentes partes do mundo e com diferentes históricos alimentares vêm sendo testadas como predadores de *R. indica*. Carrillo et al. (2011b) estudaram populações de *A. largoensis* com e sem contato prévio com *R. indica* e verificaram diferenças nos níveis de predação de larvas, indicando um provável processo de aprendizagem e seleção dessas populações para a alimentação da praga. Domingos et al. (2013) estudaram duas populações de *A. largoensis*, uma associada a *R. indica* durante longo período de tempo (Ilhas Reunião), outra associada por pouco tempo (cerca de dois anos) (Roraima). Esses autores verificaram que, apesar de o tempo de desenvolvimento e de a viabilidade total das duas populações serem próximos, a população oriunda das Ilhas Reunião apresentou o dobro da taxa de predação em relação à população associada à praga em Roraima.

Os testes de predação realizados com *A. largoensis* em laboratório foram conduzidos em condições de confinamento (Carrillo et al., 2010; Carrillo & Peña, 2011; Carrillo et al., 2011b; Domingos et al., 2013). Nessas condições, não é possível saber se, no campo, esse predador alimenta-se preferencialmente de *R. indica* ou se prefere outra fonte de alimento, como pólen, outros ácaros fitófagos ou exsudatos açucarados de artrópodes, com frequência encontrados nas folhas do coqueiro. Outra informação importante a respeito do comportamento de predação de *A. largoensis* é saber se ele é capaz de localizar *R. indica* na planta. Recentemente, Rivera-Rivera, Galindo-Cardona e Rodrigues (2012) detectaram a presença de DNA de *R. indica* no aparelho digestivo de *A. largoensis*, através de marcadores moleculares, o que indica que o predador alimenta-se do ácaro no campo. Também é importante realizar testes de olfatometria que respondam a esse questionamento.

Estudos de dinâmica populacional têm demonstrado que a densidade de *A. largoensis* em áreas recentemente invadidas pelo predador tem aumentado, e tem reduzido a densidade populacional de *R. indica* (Peña et al., 2009). O impacto real desse inimigo natural, presente também no Novo Mundo, sobre as populações do ácaro, ainda está em fase de estudo. Além disso, inimigos naturais já presentes em áreas recentemente invadidas por *R. indica* podem produzir algum nível de controle. É possível que o potencial de predação de *A. largoensis* não seja suficiente para manter a praga sob controle na América, sendo recomendável prosseguir na busca de inimigos naturais mais promissores e que evoluíram com a espécie a ser controlada, de preferência na sua região de origem.

Resistência de plantas

Há pouca informação sobre plantas resistentes às infestações pelo ácaro-vermelho-das-palmeiras. Algumas avaliações foram realizadas para coqueiro, na Índia, e para bananeira, em Porto Rico. Na Índia, algumas variedades comerciais de coqueiros – Hooghly Tall, Hooghly Local, Hazari, Andaman Giant, Howrah Tall, Kerala Tall, Andaman Tall e Chennangi – foram avaliadas em relação à suscetibilidade a *R. indica,* e todas mostraram-se altamente suscetíveis (Sarkar & Somchoudhury, 1989). Entretanto, esses autores observaram correlação positiva entre as populações do ácaro e os conteúdos de proteína e nitrogênio das variedades avaliadas. Em Porto Rico, Rodrigues e Irish (2011) realizaram avaliações preliminares da resistência de acessos de bananeiras a *R. indica* e observaram que três acessos desenvolvidos a partir do material genético Cavendish foram mais resistentes ao desenvolvimento das populações do ácaro. A partir das informações recolhidas, ainda não é possível afirmar que a resistência genética de plantas apresenta ou não potencial como estratégia no manejo do ácaro-vermelho-das-palmeiras. Um primeiro passo nessa direção seria avaliar as variedades comerciais de coqueiro e bananeira comumente mais cultivadas no Brasil, nas áreas de maior risco de estabelecimento do ácaro.

CONSIDERAÇÕES FINAIS

O ácaro-vermelho-das-palmeiras constitui um interessante exemplo de ácaro fitófago que vem causando sérios prejuízos após ser introduzido em novas áreas. Após a sua introdução no Caribe, tem alcançado altas densidades populacionais, provocando sérios danos a seus hospedeiros, disseminado-se com rapidez e ampliando de modo considerável seu espectro de hospedeiros. Esse ácaro continua representando uma ameaça para as áreas tropicais e subtropicais do continente americano onde ainda não está presente.

No Brasil, o ácaro ainda apresenta distribuição restrita. Foi relatado em dois estados da Região Norte: Roraima e Amazonas. O potencial de estabelecimento e de impacto econômico, social e ambiental de *R. indica* é alto. Apesar de já serem observadas altas densidades populacionais do ácaro no país, ele ainda não se disseminou para importantes áreas produtoras de seus principais hospedeiros, o coqueiro e a bananeira. Além destas frutíferas, diversas outras palmeiras e flores tropicais poderão ser afetadas pela praga, sejam elas cultivadas ou em ambientes naturais.

É de extrema importância definir estratégias de controle para *R. indica* no país, antes que se dissemine para áreas de maior potencial de impacto. Isso seguramente minimizaria o impacto desse ácaro invasor no Brasil. Entre as estratégias consideradas mais promissoras para o controle de *R. indica* está o controle biológico. Esforços vêm sendo direcionados para a prospecção e avaliação de inimigos naturais e devem ser intensificados. O controle químico seria extremamente útil para o controle emergencial da praga, a redução de focos de infestação e procedimentos quarentenários. Ensaios laboratoriais visando a avaliação de eficiência de alguns acaricidas já foram realizados. Entretanto, no momento, não há registro de pesticidas para o controle de *R. indica* no Brasil.

REFERÊNCIAS BIBLIOGRÁFICAS

ALHUDAIB, K. A. *Diseases and pest of palm*, 2005. Disponível em: <www.redpalmweevil.com/diseases/before%20harvest.htm>. Acesso em: 15 mar. 2008.

ARBABI, M.; KHIABAN, N. G. Z. & ASCARI, M. Plant mite fauna of Sistan-Baluchestan and Hormozgan Provinces. *J. Entomol. Soc. Iran.* 22: 87-8, 2002.

BEARD, J. J. et al. *Flat mites of the world – Part I Raoiella and Brevipalpus*. Identification Technology Program. Fort Collins, CPHST, PPQ, APHIS, USDA, 2012. Disponível em: <idtools.org/id/mites/flatmites>. Acesso em: 15 abr. 2012.

CABI. *Invasive species compendium*. *Raoiella indica*, 2012. Disponível em: <www.cabi.org/isc/?compid=5&dsid=46792&loadmodule=datasheet&page=481&site=144#>. Acesso em: 15 abr. 2012.

CARRILLO, D. & PEÑA, J. Studies on the biology of native predators associated with *Raoiella indica* (Acari: Tenuipalpidae) in Florida, USA: implications on their potential as biological control agents of this exotic species. (Abstract 79). In: MORAES, G. J.; CASTILHO, R. C. & FLECHTMANN, C. H. W. (eds.). *Abstract Book of the XIII International Congress of Acarology*. Recife, 2010. Disponível em: < www.acarology.org/ica/ica2010/docs/0910_15_abstractBookCapa.pdf>. Acesso em: 15 abr. 2012.

CARRILLO, D. et al. Development and reproduction of *Amblyseius largoensis* (Acari: Phytoseiidae) feeding on pollen, *Raoiella indica* (Acari: Tenuipalpidae), and other microarthropods inhabiting coconuts in Florida, USA. *Exp. Appl. Acarol.* 52: 119-29, 2010.

CARRILLO, D. & PEÑA, J. E. Prey-stage preferences and functional and numerical responses of *Amblyseius largoensis* (Acari: Phytoseiidae) to *Raoiella indica* (Acari: Tenuipalpidae). *Exp. Appl. Acarol.*, 2011. DOI 10.1007/s10493-011-9488-7.

CARRILLO, D. et al. Host plant range of *Raoiella indica* Hirst (Acari: Tenuipalpidae) in areas of invasion of the new world. *Exp. Appl. Acarol.*, 2011a. DOI 10.1007/s10493-011-9487-8.

CARRILLO, D. et al. Variability in response of four populations of *Amblyseius largoensis* (Acari: Phytoseiidae) to *Raoiella indica* (Acari: Tenuipalpidae) and *Tetranychus gloveri* (Acari: Tetranychidae) eggs and larvae. *Biol. Control.*, 2011b. DOI:10.1016/j.biocontrol.2011.09.002.

CARRILLO, D. et al. A review of the natural enemies of the red palm mite, *Raoiella indica* (Acari: Tenuipalpidae). *Exp. Appl. Acarol.*, 2011c. DOI 10.1007/s10493-011-9499-4.

CARRILLO, D. et al. First report of *Raoiella indica* Hirst (Acari: Tenuipalpidae) in Colombia. *Fla. Entomol.* 94: 370-1, 2011d.

CHAUDRI, W. M. Taxonomic studies of the mites belonging to the families Tenuipalpidae, Tetranychidae, Tuckerellidae, Caligonellidae, Stigmaeidae and Phytoseiidae. Lyallpur: University of Agriculture, 1974. 50p. (PL-480 Project on Mites).

COCCO, A. & HOY, M. A. Feeding, reproduction, and development of the red palm mite (Acari: Tenuipalpidae) on selected palms and banana cultivars in quarantine. *Fla. Entomol.* 92: 276-91, 2009.

DANIEL, M. Bionomics of the predaceous mite *Amblyseius channabasavanni* (Acari: Phytoseiidae), predaceous on the palm mite *Raoiella indica*. In: CHANNABASAVANNA, G. P. (ed.). *Contributions to acarology in India*. Bangalore: Anubhava Printers, 1981.

DE LA TORRE, P. E.; GONZÁLEZ, A. S. & GONZÁLEZ, A. I. Presencia del ácaro *Raoiella indica* Hirst (Acari: Tenuipalpidae) en Cuba. *Rev. Prot. Veg.* 25: 1-4, 2010.

DOMINGOS, C. A. et al. Comparison of two populations of the pantropical predator *Amblyseius largoensis* (Acari: Phytoseiidae) for biological control of *Raoiella indica* (Prostigmata: Tenuipalpidae). *Experimental & Applied Acarology* 60: 83-93, 2013.

DOWLING, A. P. G. et al. Phylogenetic investigation of the genus *Raoiella* (Prostigmata: Tenuipalpidae): diversity, distribution and world invasion. *Exp. Appl. Acarol.*, 2011. DOI 10.10007/s10493-011-9483-z.

DUNCAN, R. E.; CARRILLO, D. & PEÑA, J. E. Population dynamics of the red palm mite, *Raoiella indica* (Acari: Tenuipalpidae), in Florida, USA. (Abstract 134). In: MORAES, G. J.; CASTILHO, R. C. & FLECHTMANN, C. H. W. (eds.). *Abstract Book of the XIII International Congress of Acarology*. Recife, 2010. Disponível em: <www.acarology.org/ica/ica2010/docs/0910_15_abstractBookCapa.pdf>. Acesso em: 15 abr. 2012.

ELWAN, A. A. Survey of the insect and mite pests associated with date palm trees in Al-Dakhliya region, Sultanate of Oman. *Egypt J. Agric. Res.* 78: 653-64, 2000.

ESTRADA-VENEGAS, E.; MARTINEZ-MORALES, H. & VILLA-CASTILLO, J. *Raoiella indica* Hirst (Acari: Tenuipalpidae): First record and threat in Mexico. (Abstract 140). In: MORAES, G. J.; CASTILHO, R. C., FLECHTMANN, C. H. W. (eds.). *Abstract Book of the XIII International Congress of Acarology*. Recife, 2010. Disponível em: <www.acarology.org/ica/ica2010/docs/ 0910_15_abstractBookCapa.pdf>. Acesso em: 15 abr. 2012.

ETIENNE, J. & FLECHTMANN, C. H. W. First record of *Raoiella indica* (Hirst, 1924) (Acari: Tenuipalpidae) in Guadeloupe and Saint Martin, West Indies. *Int. J. Acarol.* 32: 331- 2, 2006.

FAOSTAT. *Production coconuts*, 2010. Disponível em: <faostat.fao.org/site/339/default.aspx>. Acesso em: 7 fev. 2011.

FLECHTMANN, C. H. W. & ETIENNE, J. The red palm mite, *Roiella indica* Hirst, a threat to palms in the Americas (Acari: Prostigmata: Tenuipalpidae). *Syst. Appl. Acarol.* 9: 109-10, 2004.

FLECHTMANN, C. H. W. et al. Plant mites (Acari) of the French Antilles. 1. Tetranychoidea (Prostigmata). *Acarologia* 40: 137-44, 1999.

FLORES-GALANO, G.; MONTOYA, A. & RODRIGUES, H. Biología de *Raoiella indica* Hirst (Acari: Tenuipalpidae) sobre *Areca catechu* L. *Rev. Prot. Veg.* 25: 11-6, 2010.

GALLEGO, C. E.; ATERRADO, E. D. & BATOMALAQUE, C. G. Biology of the false spider mite, *Rarosiella cocosae* Rimando, infesting coconut palms in Camiguin, Northern Mindanao (Philippines). *Philipp. Entomol.* 17: 187, 2003.

GASSOUMA, M. S. Pests of the date palm (*Phoenix dactylifera*). In: REGIONAL WORKSHOP ON DATE PALM DEVELOPMENT IN THE GCC COUNTRIES OF THE ARABIAN PENINSULA, Abu Dhabi, 2004. *Proceedings*... Disponível em: <www.icarda.org/APRP/Datepalm/Topics/Pest/Pestright.htm>. Acesso em: 15 abr. 2012.

GERSON, U.; VENEZIAN, A. & BLUMBERG, D. Phytophagous mites on date palms in Israel. *Fruits* 38: 133-5, 1983.

GONDIM JR., M.G.C.; CASTRO, T.M.M.G.; MARSARO JR., A.L.; NAVIA, D.; MELO, J.W.S.; DEMITE, P.R.; MORAES, G.J. Can the red palm mite threaten the Amazon vegetation? *Syst. Biodivers.* 10: 527–535, 2012.

GONZÁLEZ-REYES, A. I. & RAMOS, M. Desarrollo y reproducción de *Raoiella indica* Hirst (Acari: Tenuipalpidae) en laboratorio. *Rev. Prot. Veg.* 25: 7-10, 2010.

GUPTA, Y. N. On a collection of tetranychoid mites from Tamil Nadu with description of new species of *Aponychus* (Acari: Tetranychidae). *Bull. Zool. Survey India* 6: 237-45, 1984.

GUPTA, Y. N. A conspectus of natural enemies of phytophagous mites and mites as potential biocontrol agents of agricultural pests in India. In: HALLIDAY, B. et al. (eds.). INTERNATIONAL CONGRESS OF ACAROLOGY, 10. Collingwood: CSIRO Publishing, 2001. 657p.

HIRST, S. On some new species of red spider. *Ann. Magaz. Nat. Hist.* 14: 522-7, 1924.

HOMMA, A. K. O. Mercado e comercialização. In: NOGUEIRA, O. L.; FIGUEIREDO, F. J. C. & MULLER, A. A. (eds.). *Sistema de produção do açaí*. Belém: Embrapa Amazônia Oriental, 2006. (Sistemas de Produção, 4, 2 ed. ISSN 1809-4325). Disponível em: <sistemasdeproducao.cnptia.embrapa.br/ FontesHTML/Acai/SistemaProducaoAcai_2ed/index.htm>. Acesso em: 9 abr. 2012.

HOY, M. A.; PEÑA, J. E. & NGUYEN, R. *Red palm mite,* Raoiella indica *Hirst (Arachnida: Acari: Tenuipalpidae).* University of Florida IFAS Extension, 2006. Disponível em: <http://edis.ifas.ufl.edu/IN711>. Acesso em: 7 fev. 2011.

IPPC. Red palm mite in Grenada. *IPPC Official Pest Report*, 2007, n. GD-2/1. Rome, FAO. Disponível em: <www.ippc.int/IPP/En/default>. Acesso em: 9 abr. 2012.

JALALUDDIN, S. M. & MOHANASUNDARAM, M. Control of the coconut red mite *Raoiella indica* Hirst (Tenuipalpidae: Acari) in the nursery. *Indian Coconut J. Cochin.* 21: 7-8, 1990.

JAYARAJ, J.; NATARAJAN, K. & RAMASUBRAMANIAN, G. V. Control of *Raoiella indica* Hirst. (Tenuipalpidae: Acari) on coconut with pesticides. *Indian Coconut J. Cochin.* 22: 7-9, 1991.

JEPPSON, L. R.; KEIFER, H. H. & BAKER, E. W. *Mites injurious to economic plants.* Berkeley: University of California Press, 1975. 614p.

JUÁREZ-DURAN, M. Vigilancia epidemiológica del ácaro rojo de las palmas (*Raoiella indica*) en México. In: SÁNCHEZ GÁLVEZ, M. C.; SANDOVAL-ISLAS, J. S. & ESTRADA-VENEGAS, E. G. E. (eds.). *Primer Simposio International de Acarología en México – Memorias.* Chapingo: Universidad Autónoma Chapingo, 2010. Disponível em: <armandocorrea.com/Acarologia/main.html>. Acesso em: 7 fev. 2011.

KANE, E. C. & OCHOA, R. *Detection and identification of Raoiella indica Hirst (Acari: Tenuipalpidae).* Agency Report. Beltsville: USDA ARS. Systematic Entomology Laboratory, 2006. Disponível em: <entnemdept.ufl.edu/pestalert/Raoiella_indica_Guide.pdf>. Acesso em: 7 fev. 2011.

KANE, E. et al. *Raoiella indica* (Acari: Tenuipalpidae), an island hopping mite pest in the Caribbean (Poster). In: *Entomological Society of America, Annual Meeting.* Fort Lauderdale:

Florida, 2005. Disponível em: <www.sel.barc.usda.gov/acari/PDF/Raoiella indica-Kane et al.pdf>. Acesso em: 7 fev. 2011.

MAPA – Ministério da Agricultura, Pecuária e Abastecimento. *Instrução Normativa 52*. Brasília, 2007. Disponível em: <www.extranet.agricultura.gov.br/sislegis-consulta/18316>. Acesso em: 12 abr. 2012.

MARSARO JR., A. L. et al. Host plants of the red palm mite, *Raoiella indica* Hirst (Tenuipalpidae), in Brazil. (Abstract 267). In: MORAES, G. J., CASTILHO, R. C. & FLECHTMANN, C. H. W. (eds.). *Abstract Book of the XIII International Congress of Acarology*. Recife, 2010. Disponível em: <www.acarology.org/ ica/ica2010/docs/0910_15_abstractBookCapa.pdf>. Acesso em: 15 abr. 2012.

MESA, N. C. et al. *A catalog of the Tenuipalpidae (Acari) of the world with a key to genera*. Auckland: Magnolia Press, 2009. 185p. (Zootaxa 2098).

MITROFANOV, V. I. & STRUNKOVA, Z. I. *Ofredelitel Kleshchiploskotelok* (A key to the false spider mites). Dushanbe: Donish, 1979. 148p.

MORAES, G. J. et al. Search for natural enemies of *Raoiella indica* Hirst in La Réunion Island (Indian Ocean). *Acarologia*, 2012 (submetido).

MOUND, L. A.; TREE, D. J. & GOLDARAZENA, A. A new species of predatory *Scolothrips* (Thysanoptera, Thripidae) feeding on *Raoiella* mites (Tenuipalpidae) in Australia. *Zootaxa* 2.620: 63-8, 2010.

MOUTIA, L. A. Contribution to the study of some phytophagous acarina and their predators in Mauritius. *Bull. Entomol. Res.* 49: 59-75, 1958.

MYERS, J. Coconut shipments detained in Florida – Red palm mite contamination hurting exports. *Jamaica Gleaner News*, 2007. Disponível em: <www.jamaica-gleaner.com/ gleaner/20070803/business/business6.html>. Acesso em: 7 fev. 2011.

NADARAJAN, L.; CHANNABASAVANNA, G. & CHANDRA, B. K. Control of coconut pests through stem injection of systemic insecticides. *Mysore J. Agric. Sci.* 14: 355-64, 1990.

NAGESHACHANDRA, B. K. & CHANNABASAVANNA, G. P. *Stethorus keralicus* (Coleoptera: Coccinellidae) feeding on *Raoiella macfarlanei* infesting roseapple. *Acarol. Newsl.* 13: 3, 1983.

NAGESHACHANDRA, B. K. & CHANNABASAVANNA, G. P. Plant mites. In: GRIFFTHS, D. A. & BOWMAN, C. E. (eds.). *Acarology VI*. West Sussex: Ellis Horwood Publishers, 1984.

NAPPO – North American Plant Protection Organization. *Phytosanitary alert system*: detection of the red palm mite (*Raoiella indica*) in Cancun and Isla Mujeres. Quintana Roo, Mexico, 2009. Disponível em: <www.pestalert.org/oprDetail.cfm?oprID=406>. Acesso em: 20 nov. 2009.

NAVIA, D.; MORAES, G. J. & FLECHTMANN, C. H. W. Phytophagous mites as invasive alien species: quarantine procedures. In: MORALES-MALACARA, J. B. et al. (eds.). *Proceedings of the XI International Congress of Acarology*. Mérida, México, DF: Instituto de Biologia and Facultad de Ciencias, Universidad Nacional Autonoma de Mexico, Sociedad Latinoamericana de Acarología, 2007. 726p.

NAVIA, D. et al. Current *status* and distribution of *Raoiella indica* (Acari: Tenuipalpidae) in Brazil (Abstract 320). In: MORAES, G. J.; CASTILHO, R. C. & FLECHTMANN, C. H. W. (eds.). *Abstract Book of the XIII International Congress of Acarology*. Recife, 2010. Disponível em: <www.acarology.org/ica/ica2010/docs/ 0910_15_abstractBookCapa.pdf>. Acesso em: 15 abr. 2012.

NAVIA, D. et al. First report of the red palm mite, *Raoiella indica* Hirst (Acari: Tenuipalpidae), in Brazil. *Neotrop. Entomol.* 40: 409-11, 2011.

NAVIA, D. et al. Potencial de estabelecimento do ácaro-vermelho-das-palmeiras, *Raoiella indica*, no Brasil. In: III CONFERÊNCIA NACIONAL SOBRE A DEFESA AGROPECUÁRIA, Salvador, 2012. Área: Modelos matemáticos aplicados à defesa agropecuária. Salvador, 2012.

OTIER, M. *Phoenix dactylifera* in the United Arab Emirates. *Principes* 41: 444-54, 1997.

PEÑA, J. E. et al. *Raoiella indica (Prostigmata: Tenuipalpidae)*: the red palm mite: a potential invasive pest of palms and bananas and other tropical crops in Florida. University of Florida IFAS Extension, 2006. Disponível em: <edis.ifas.ufl.edu/in681>. Acesso em: 7 fev. 2011.

PEÑA, J. E. et al. Predator-prey dynamics and strategies for control of the red palm mite (*Raoiella indica*) (Acari: Tenuipalpidae) in areas of invasion in the Neotropics. In: 2nd MEETING OF IOBC/WPRS. *Proceedings*... Florence: Work Group Integrated Control of Plant Feeding Mites, 2009.

PÉREZ, C. A. et al. Efficacy of ecofriendly compounds against red palm mite (*Raoiella indica*) on coconut seedlings in the Sultanate of Oman (Abstract 378). In: MORAES, G. J.; CASTILHO, R. C. & FLECHTMANN, C. H. W. (eds.). *Abstract Book of the XIII International Congress of Acarology*. Recife, 2010. Disponível em: <www.acarology.org/ ica/ica2010/docs/0910_15_abstractBookCapa.pdf>. Acesso em: 15 abr. 2012.

PRITCHARD, A. E. & BAKER, W. The false spider mite (Acarina: Tenuipalpidae). *University of California Publications in Entomology* 14: 175-274, 1958.

PUTTARUDRIAH, M. & CHANNABASAVANNA, G. P. Preliminary acaricidal test against the areca palm mite, *Raoiella indica*. *Arecanut J.* 8: 87, 1958.

QUILICI, S. et al. Predatory mites from various crops on Réunion Island. *Int. J. Acarol.* 23: 283-91, 1997.

REUS, M. G. & RAMOS, M. Plantas hospedantes de *Raoiella indica* Hirst (Acari: Tenuipalpidae) en el municipio Santiago de Cuba. *Rev. Prot. Veg.* 25: 5-6, 2010.

REYES, A. I. G. & RAMOS, M. Desarrollo y reproducción de *Raoiella indica* Hirst (Acari: Tenuipalpidae) en laboratorio. *Rev. Prot. Veg.* 25: 7-10, 2010.

RIVERA-RIVERA, C.; GALINDO-CARDONA, A. & RODRIGUES, J. C. V. Testing prey DNA fingerprinting on *Amblyseius largoensis* (Acari: Phytoseiidae) predation of *Raoiella indica* (Acari: Tenuipalpidae). *Exp. Appl. Acarol.*, 2012. DOI 10.1007/s10493-012-9551-z.

RODA, A. et al. Red palm mite situation in the Caribbean and Florida. *Proc. Caribbean Food Crops Soc.* 44: 80-7, 2010.

RODA, A. et al. Spatial distributions of the red palm mite, *Raoiella indica* (Acari: Tenuipalpidae) on coconut and their implications for development of efficient sampling plans. *Exp. Appl. Acarol.*, 2012. DOI 10.1007/s10493-012-9538-9.

RODRIGUES, J. C. V. & ANTONY, L. M. K. First report of *Raoiella indica* (Acari: Tenuipalpidae) in Amazonas state, Brazil. *Fla. Entomol.* 94: 1.073-74, 2011. Disponível em: <www.fcla.edu/FlaEnt>. Acesso em: 15 mar. 2011.

RODRIGUES, J. C. V. & IRISH, B. M. Effect of coconut palm proximities and *Musa* spp. germplasm resistance to colonization by *Raoiella indica* (Acari: Tenuipalpidae). *Exp. Appl. Acarol.*, 2011. DOI 10.1007/s10493-011-9484-y.

RODRIGUES, J. C. V. & PEÑA, J. E. Chemical control of the red palm mite, *Raoiella indica* (Acari: Tenuipalpidae) in banana and coconut. *Exp. Appl. Acarol.*, 2011. DOI 10.1007/s10493-011-9493-x.

RODRIGUES, J. C. V.; OCHOA, R. & KANE, E. First report of *Raoiella indica* Hirst (Acari: Tehuipalpidae) and its damage to coconut palms in Puerto Rico and Culebra Islands. *Int. J. Acarol.* 33: 3-5, 2007.

SANTANA, P. E. de T.; GONZÁLEZ, A. S. & GONZÁLEZ, A. I. Presencia del ácaro *Raoiella indica* Hirst (Acari: Tenuipalpidae) en Cuba. *Rev. Prot. Veg.* 25: 1-4, 2010.

SARKAR, P. K. & SOMCHOUDHURY, A. K. Evaluation of some pesticides against *Raoiella indica* Hirst on coconut palm in West Bengal. *Pesticides* 22: 21-2, 1988.

SARKAR, P. K. & SOMCHOUDHURY, A. K. Interrelationship between plant characters and incidence of *Raoiella indica* Hirst on coconut. *Indian J. Entomol.* 51: 45-50, 1989.

SATHIAMMA, B. Observations on the mite fauna associated with the coconut palm in Kerala, India. *J. Plantation Crop* 24: 92-6, 1996.

SAYED, T. Contribution to the knowledge of the Acarina of Egypt: the genus *Raoiella* Hirst (Pseudotetranychinae: Tetranychidae). *Bull. Soc. Fouad 1er Entomol.* 26: 81-91, 1942.

SHRIPAT, C.; HOSEIN, F. & SIEW, P. *The presence of red palm mite Raoiella indica Hirst (Acari: Tenuipalpidae) in Tobago*. Centeno: Ministry of Agriculture, Land and Marine Resources, 2008. 12p.

SOMCHOUDHRY, A. K. & SARKAR, P. K. Observations on natural enemies found in association with coconut mite, *Raoiella indica* Hirst. *Bull. Entomol.* 28: 104-7, 1987.

TAYLOR, B. Ecology of *Raoiella indica* and its natural enemies in Kerala, India (Abstract 503). In: MORAES, G. J.; CASTILHO, R. C. & FLECHTMANN, C. H. W. (eds.). *Abstract Book of the XIII International Congress of Acarology.* Recife, 2010. Disponível em: <www.acarology.org/ ica/ica2010/docs/0910_15_abstractBookCapa.pdf>. Acesso em: 15 abr. 2012.

TAYLOR, B. et al. Within-season dynamics of red palm mite (*Raoiella indica*) and phytoseiid predators on two host palm species in south-west India. *Exp. Appl. Acarol.*, 2011. DOI 10.1007/s10493-011-9482-0.

TERAO, D.; CARVALHO, A. C. P. P. & BARROSO, T. C. S. F. *Flores tropicais: tropical flowers.* Brasília, DF: Embrapa Informação Tecnológica, 2005. 225p.

UECKERMANN, E. A. Taxonomic research in acarology. In: 29th WORKSHOP ON BIODIVERSITY DYNAMICS ON LA REUNION ISLAND. *Proceedings...*, nov./dez. 2004. Disponível em: <www.cirad.fr/reunion/content/download/895/4023/ file/Atelier%2520Biodiversit%25C3%25A9%25202004.pdf>. Acesso em: 20 mar. 2011.

VÁZQUEZ, C. et al. First report of *Raoiella indica* Hirst (Acari: Tenuipalpidae) in South America. *Neotrop. Entomol.* 37: 739-40, 2008.

VÁZQUEZ, C. et al. Current status and distribution of *Raoiella indica* in Venezuela (Abstract 527). In: MORAES, G. J.; CASTILHO, R. C. & FLECHTMANN, C. H. W. (eds.). *Abstract Book of the XIII International Congress of Acarology*. Recife, 2010. Disponível em: <www.acarology.org/ ica/ica2010/docs/0910_15_abstractBookCapa.pdf>. Acesso em: 15 abr. 2012.

WELBOURN, C. *Red palm mite Raoiella indica (Acari: Tenuipalpidae)*. Pest alert. DPI – FDACS. Disponível em: <http://www.doacs.state.fl.us/pi/enpp/ento/r.indica.html>. Acesso: 25 jul. 2010.

WELBOURN, C. *Pest alert*: red palm mite, *Raoiella indica* Hirst (Acari: Tenuipalpidae), 2009. Disponível em: <www.freshfromflorida.com/pi/pest-alerts/raoiella-indica.html>. Acesso em: 19 mar. 2012.

YADAVBABU, R. K. & MANJUNATHA, M. Seasonal incidence of mite population in arecanut. *Karnataka J. Agric. Sci.* 20: 401-2, 2007.

ZAHER, M. A.; WAFA, A. K. & YOUSEF, A. A. Biological studies on *Raoiella indica* Hirst and *Phyllotetranychus aegyptiacus* Sayed infesting date palm trees in UAR. *Z. Angew Entomol. (J. Appl. Entomol.)* 63: 406-11, 1969.

ZANNOU, I. et al. Mite diversity in coconut habitat in West and East Africa (Abstract 547). In: MORAES, G. J.; CASTILHO, R. C. & FLECHTMANN, C. H. W. (eds.). *Abstract Book of the XIII International Congress of Acarology*. Recife, 2010. Disponível em: <www.cenargen.embrapa.br/ica13/docs/0910_15_abstractBookCapa.pdf>. Acesso em: 15 abr. 2012.

ZOUBA, A. & RAEESI, A. First report of *Raoiella indica* Hirst (Acari: Tenuipalpidae) in Tunisia. In: DAAMI-REMADI, M. (ed.). *The African Journal of Plant Science and Biotechnology*. Ikenobe: Global Science Books, 2010. 100p. Disponível em: <www.globalsciencebooks.info/JournalsSup/ images/WebJournals/ AJPSB_ 4(SI2)IssueInformation.pdf>. Acesso em: 19 mar. 2012.

26

Ácaro-da-erinose-da-lichia, *Aceria litchii* (Keifer)

J. L. C. Mineiro, A. Raga, D. Navia

INTRODUÇÃO

Os ácaros fitófagos estão entre os grupos de pragas de expressão quarentenária. Entre as características que lhes conferem alto potencial como pragas quarentenárias, pode-se destacar: risco de causar danos severos a seus hospedeiros, diretos e/ou indiretos; ação como vetores ou disseminadores de fitopatógenos; rápido desenvolvimento de resistência a pesticidas; difícil detecção; capacidade de sobreviver a condições adversas; reprodução por partenogênese, em que uma ou poucas fêmeas podem dar origem a uma nova colônia; dispersão por meios naturais, especialmente pelo vento; adaptação a novas plantas hospedeiras (Navia, Moraes & Flechtmann, 2006).

Entre os ácaros fitófagos, Eriophyidae é considerada a segunda família em importância econômica, após os ácaros de teia da família Tetranychidae (Lindquist & Amrine, 1996). Os eriofiídeos destacam-se também por sua importância quarentenária. Entre as características citadas, que ressaltam a expressão quarentenária dos ácaros fitófagos, algumas são especialmente notáveis para os eriofiídeos (Navia et al., 2010). Esses ácaros, diminutos, medem de 85 a 500 μm de comprimento, estão entre os menores ácaros plantícolas e, com frequência, suas colônias ficam alojadas em locais protegidos nos hospedeiros, como o interior de gemas ou bainhas (Lindquist, Sabelis & Bruin, 1996). Dessa forma, podem não ser detectados em atividades de inspeção. A maioria dos ácaros conhecidos como vetores de fitopatógenos está em Eriophyidae. Pelo menos 26 fitopatógenos estão associados com ácaros dessa família (Jones, 1999). A partenogênese arrenótoca é comum entre os eriofiídeos (Helle & Wysoki, 1996). Depois de introduzidos em uma nova área, eles podem se dispersar com facilidade por meios naturais, como o vento (Lindquist, Sabelis & Bruin, 1996).

Navia et al. (2010) listaram 85 espécies de ácaros eriofiídeos, distribuídas em trinta gêneros. Elas foram acidental ou intencionalmente introduzidas em novas áreas e algumas têm causado sérios impactos econômicos. Dessas espécies, trinta pertencem ao gênero *Aceria*. A maioria das plantas hospedeiras desses eriofiídeos é frutífera ou ornamental, provavelmente devido ao intenso trânsito internacional de materiais de propagação vegetativa e de frutos frescos, os quais podem veicular ácaros eriofiídeos.

O ácaro-da-erinose-da-lichia, *Aceria litchii* (Keifer), é um exemplo de ácaro eriofiídeo recentemente registrado Brasil, introduzido de modo acidental por meio do trânsito de material de propagação vegetativa, e vem causando sério impacto em pomares comerciais de seu hospedeiro, a lichieira, *Litchi chinensis* Sonn.

A lichieira é uma frutífera de clima tropical e subtropical oriunda da China Meridional (Gomes, 1975; Martins, Bastos & Scallopi, 2001) e pertencente à família Sapindaceae, a qual inclui também as frutíferas conhecidas como longana (*Dimocarpus longan* Lour.) e rambutan (*Nephelium lappaceum* L.) (Menzel, 2002). Os frutos da lichieira são esféricos, ovoides ou ovalados, com 2,5 a 4,0 cm de diâmetro (Bastos et al., 2004). A parte comestível, denominada arilo, é de cor branca e fica localizada entre a semente e o endocarpo. A lichia apresenta quantidades apreciáveis de vitamina C e dos minerais K, P e Cu e é considerada uma fruta com poder antioxidante (Motta, 2009). A lichieira foi introduzida no Brasil em 1810 no Jardim Botânico do Rio de Janeiro (Gomes, 1975).

Os principais produtores de lichia são China, Índia, Vietnã, Taiwan, Tailândia, Madagascar, Israel e África do Sul. Os chineses são responsáveis por 80% da produção mundial (Menzel & Waite, 2005; Abrali, 2011). Estima-se que o Brasil produza 5 mil toneladas de lichia, colhida em cerca de 3.500 ha, valores que colocam o país em 9º lugar no *ranking* mundial (Abrali, 2011). A produção nacional está concentrada sobretudo nos estados de São Paulo, Minas Gerais e Paraná. A colheita ocorre no período de novembro a janeiro (Ceagesp, 2011). Apesar de cultivada no país desde a década de 1970, a lichia pode ser considerada uma fruta exótica para os brasileiros, devido à limitada produção nacional, oriunda de pequenas áreas, além da pouca divulgação científica (Motta, 2009).

Em sua região de origem, as lichieiras são infestadas por vários grupos de pragas que atacam flores, frutos, folhas e ramos. Algumas espécies de lepidobrocas são as mais importantes pragas de lichieiras, além de lagartas e brocas de folhas e frutos, besouros de tronco, cochonilhas, percevejos, moscas-das-frutas e ácaros eriofiídeos (Menzel, 2002; Waite & Hwang, 2002). Entretanto, no Brasil, as lichieiras não vinham sendo afetadas seriamente por nenhuma praga. O ácaro-da-erinose-da-lichia vem sendo considerado a primeira praga importante da cultura no Brasil (*O Estado de S.Paulo*, 2010).

Posição taxonômica e nomenclatura

Ordem: Acari

Superfamília: Eriophyoidea

Família: Eriophyidae

Gênero: *Aceria* Keiferr, 1944

Espécie: *Aceria litchii* (Keifer, 1943)

Sinonímias (Amrine, 2003): *Eriophyes litchii* Keifer, 1943
Erineum sixtaliae Corda, 1840
Eriophyes chinensis O'Gara, 1916
Eriophyes cordai Oudemans, 1937

O ácaro-da-erinose-da-lichia, *A. litchii* (Keifer, 1943), foi descrito de espécimes coletados em Pensacola, Honolulu, Havaí, EUA, causando eríneos na superfície inferior de folhas de lichieiras (Keifer, 1943). É conhecido na China como ácaro-do-veludo-da-lichia ou ácaro-da-orelha-de-cachorro (Waite & Hwang, 2002), nomes comuns que se referem aos sintomas ocasionados pelas infestações.

DISTRIBUIÇÃO GEOGRÁFICA

O ácaro-da-erinose-da-lichia está amplamente distribuído no Sul e Sudeste da Ásia e ocorrem em toda a Índia (Puttarudriah & Channa Basavanna, 1959; Sharma, 1985; Sharma & Thakur, 1992; Singh & Raghuraman, 2011), Paquistão (Alam & Wadud, 1963), Bangladesh (Haque et al., 1998; Siddiqui, 2002), Tailândia (Keifer & Knorr, 1978), China e Taiwan (Huang, 1967; Huang, Huang & Horng, 1990). Esse ácaro também está presente na Oceania, sendo relatado no Havaí (Keifer, 1943; Nishida & Holdaway, 1945) e na Austrália (Jeppson, Keifer & Baker, 1975; Pinese, 1981; Waite, 1986).

A maioria dos ácaros eriofiídeos apresenta alta especificidade hospedeira (Oldfield, 1996) e, normalmente, sua área de origem corresponde à área de origem da planta hospedeira. Portanto, embora *A. litchii* tenha sido descrita de espécimes do Havaí, sua provável origem é o Sudeste Asiático, área de origem da lichia, a qual, de acordo com Menzel (2002), está entre o Sul da China, o Noroeste do Vietnã e Mianmar.

HISTÓRICO DA INTRODUÇÃO DA PRAGA NO BRASIL

No Brasil, *A. litchii* foi listada em 2007 como praga quarentenária ausente (A1), de acordo com a Instrução Normativa 52 do Ministério da Agricultura, Pecuária e Abastecimento (Mapa, 2007).

A praga foi constatada pela primeira vez no país em 2008 (Raga et al., 2010), a atacar severamente lichieiras adultas no município de Limeira, SP. O ácaro-da-erinose espalhou-se com rapidez pelo Estado de São Paulo e, desde então, tem comprometido a produção em pomares de lichia sem manejo adequado (Raga et al., 2008; Raga et al., 2011; Montes et al., 2011). Nele, *A. litchii* já foi registrada em 46 municípios (Figura 1). Além de São Paulo, infestações pelo ácaro também

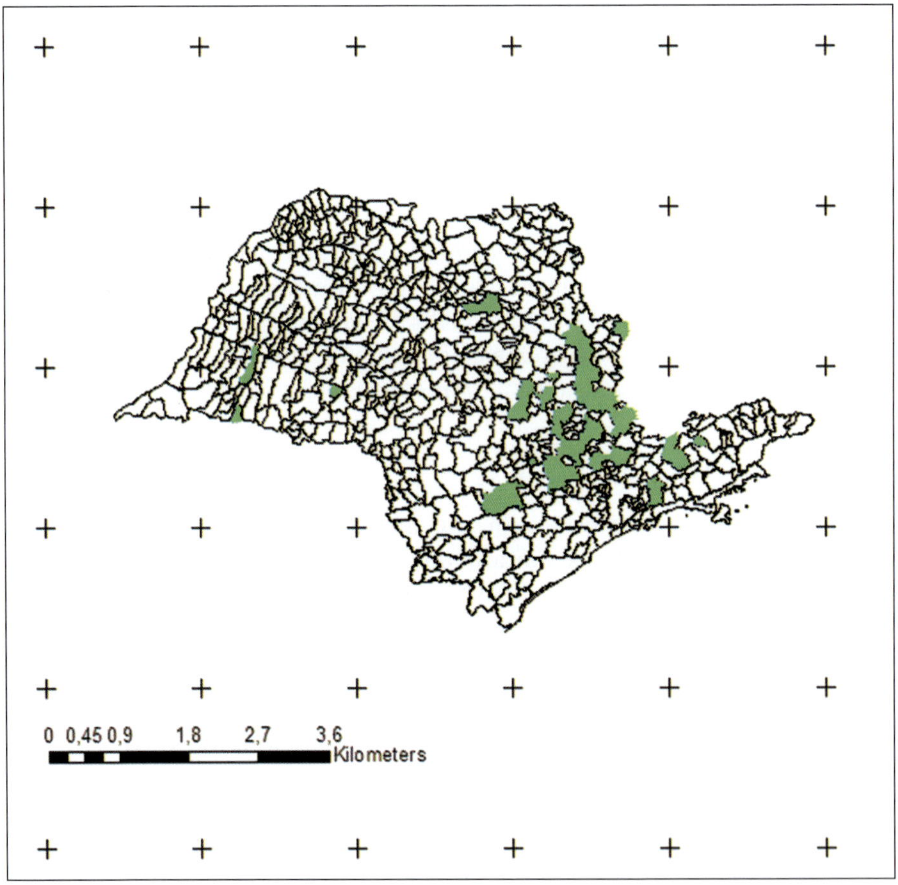

Figura 1. Municípios do Estado de São Paulo com registro do ácaro-da-erinise-da-lichia, *A. litchii*, a partir de amostras recebidas pelo Instituto Biológico. Período de abril de 2008 a dezembro de 2011.

já foram constatadas em pomares de lichieiras em Minas Gerais e no Paraná (Agrolink, 2010; Yamanishi, comunicação pessoal; Peratelli, comunicação pessoal). Segundo avaliação da Associação Brasileira de Produtores de Lichia, *A. litchii* já infestou 95% das propriedades dos estados mencionados. Portanto, a praga já se encontra em todos os principais estados produtores.

Não há informação sobre como o ácaro-da-erinose-da-lichia foi introduzido no Brasil. É possível que essa introdução acidental tenha ocorrido por meio do trânsito ilegal de material de propagação vegetativa de lichia oriundo da Ásia.

PLANTAS HOSPEDEIRAS

O principal hospedeiro de *A. litchii* é a lichieira. O ácaro também foi relatado em longana (*D. longan*) (Waite & Gerson, 1994; Huang, 2008). Entretanto, para o Brasil, não há constatação de infestações do ácaro-da-erinose-da-lichia nessa outra espécie de sapindácea.

BIOLOGIA E ECOLOGIA

Os ácaros-da-erinose-da-lichia são alongados, vermiformes. Apresentam 0,11 a 0,13 mm de comprimento e sua coloração varia de amarelada a rosa-avermelhada (Figura 2A) (Keifer, 1943; Alam & Wadud, 1963). Assim como os demais ácaros eriofiídeos, *A. litchii* tem apenas dois pares de pernas na região anterior do corpo. O ciclo de vida compreende os estágios de ovo, protoninfa, deutoninfa e adulto

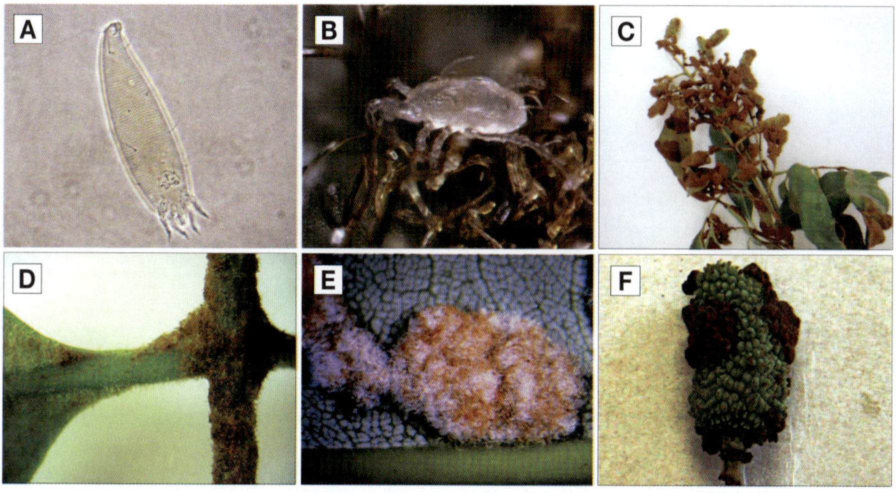

Figura 2. A) *A. litchii*. B) *Phytoseius woodburyi* (ácaro predador). C, D) Sintomas de erinose em ramos. E, F) Erinose em folha e fruto. Fotos: Jeferson L. C. Mineiro.

(Figura 3). Os ovos são esféricos, translúcidos, gradualmente tornam-se pálido-esbranquiçados e medem de 0,03 a 0,04 mm de diâmetro (Alam & Wadud, 1963; Butani, 1977). As fêmeas depositam os ovos na base dos eríneos. O período de incubação varia de 2,5 a 4 dias. O estágio de protoninfa dura de dois a três dias e a deutoninfa, de cinco a sete dias. O período de pré-oviposição é de 1,5 dia. O ciclo de vida completo varia de treze a dezenove dias (Alam & Wadud, 1963; Jeppson, Keifer & Baker, 1975). Na Índia e na China, ocorrem de treze a quinze gerações sobrepostas durante um ano (Prasad & Singh, 1981; Zhang, 1997, apud Waite & Hwang, 2002). As colônias de *A. litchii* desenvolvem-se principalmente na superfície inferior de folhas jovens, mas podem também ser encontradas em inflorescências e frutos (Alam & Wadud, 1963; Jeppson, Keifer & Baker, 1975; Martins, Bastos & Scallopi, 2001). Os ácaros alimentam-se do suco celular (Alam & Wadud, 1963).

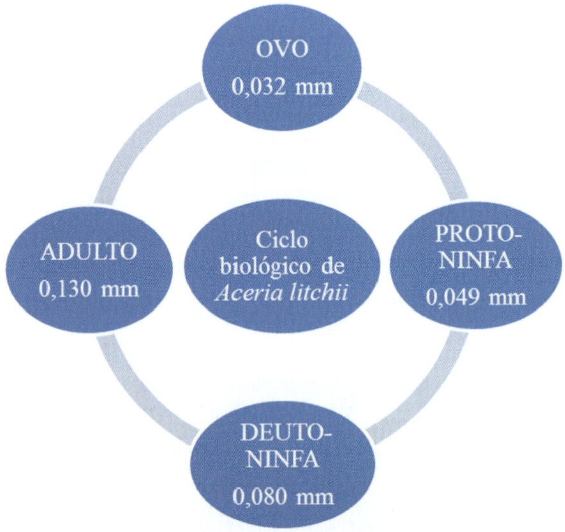

Figura 3. Estágios de desenvolvimento do ácaro-da-erinose-da-lichia, *A. litchii* (Alam & Wadud 1963).

DINÂMICA POPULACIONAL

Os picos populacionais de *A. litchii* ocorrem quando as brotações das lichieiras são abundantes. Entretanto, alguns fatores climáticos têm sido considerados desfavoráveis ao desenvolvimento dos ácaros, como alta umidade relativa e chuvas intensas (Nishida & Holdaway, 1945; Alam & Wadud, 1963). A sazonalidade de *A. litchii* foi estudada na Índia e no Paquistão (Alam & Wadud, 1963; Sharma, Singh & Akhauri, 1986; Thakur & Sharma, 1990).

No Paquistão, Alam & Wadud (1963) observaram que as populações de *A. litchii* são muito baixas durante o inverno (novembro a meados de fevereiro). A partir das últimas semanas de fevereiro, começam a aumentar gradualmente, com picos populacionais entre abril e maio. A partir de maio, começam a diminuir até agosto. Essa diminuição nos níveis populacionais foi correlacionada com o período de alta umidade relativa, que acontece em junho. Após o período chuvoso, as populações aumentam novamente, ocorrendo outro pico de setembro a outubro. Os autores observaram que os ácaros permaneciam inativos durante os meses de inverno e consideraram que períodos moderadamente quentes e secos eram mais favoráveis ao desenvolvimento deles.

Em Bihar, na Índia, Thakur e Sharma (1990) fizeram observações um pouco diferentes com relação à sazonalidade e à influência de fatores climáticos sobre as populações de *A. litchii*. Esses autores observaram que os ácaros permanecem ativos durante todo o ano, com populações que variam de 31 a 93 ácaros/2,5 cm^2. As populações mais elevadas, observadas em maio, foram correlacionadas com temperaturas mais elevadas, velocidade do vento e períodos ensolarados desse mês. Os níveis populacionais mais baixos foram observados em dezembro. A umidade relativa foi considerada fator importante, mas não o principal fator regulador das populações de *A. litchii*.

No Brasil, ainda não foram realizados estudos detalhados da dinâmica populacional de *A. litchii*. De modo geral, em nossas condições, pode ser encontrada durante o ano todo e altas populações da praga têm sido registradas nos meses de temperaturas mais elevadas.

DISSEMINAÇÃO

O ácaro-da-erinose-da-lichia pode ser disseminado a curtas e longas distâncias por meio da atividade humana, seja no trânsito de material vegetal infestado (mudas, estacas, frutos), nos equipamentos ou materiais utilizados nos pomares (podões, tratores), nas roupas de pessoas que transitam em pomares infestados etc. Quando as lichieiras são próximas e seus galhos estão em contato, os ácaros podem passar de uma árvore a outra por caminhamento (Prasad & Singh, 1981).

Os principais meios naturais de disseminação de *A. litchii* são o vento (Lindquist, Sabelis & Bruin, 1996; Wen et al., 1991, em Waite & Hwang, 2002) e os polinizadores (Waite & McAlpine, 1992; Waite, 1999). Estes últimos autores apresentaram evidência da importância das abelhas para a dispersão de *A. litchii*. Mais de 23% das abelhas forrageando em lichieiras com alta infestação possuíam ácaros aderidos às pernas (Waite & McAlpine, 1992). Waite (1999) apresentou evidências de que esse processo de forese resultou na infestação das inflorescências subsequentemente visitadas pelas abelhas. O surgimento de sintomas de erinose em inflorescências de lichieiras não infestadas foi correlacionado com a abertura das flores e a visitação das abelhas.

SINTOMAS OCASIONADOS PELAS INFESTAÇÕES

Os sintomas ocasionados devido à infestação por *A. litchii* podem ser observados na Figura 2. Esses ácaros infestam as brotações das lichieiras, provocando a formação de eríneos, que se assemelham a um feltro na superfície inferior das folhas (Jeppson et al., 1975). A erinose é o primeiro sintoma da infestação e pode iniciar-se com o desenvolvimento de folíolos que não se despegam. Os eríneos causados pela infestação de *A. litchii* consistem em fileiras de papilas que apresentam intensa divisão de células. De início, eles são esverdeados, apresentando a mesma coloração que o tecido vegetal. Em dois dias, tornam-se mais espessos, branco-prateados, mas em um período de três a quatro dias passam a apresentar coloração levemente marrom a marrom-avermelhada. Nesse momento, as folhas ficam retorcidas (Jeppson, Keifer & Baker, 1975). As erinoses muito antigas apresentam coloração bastante escura, quase negra. Os níveis populacionais mais elevados são observados quando elas exibem coloração de marrom a marrom- escuro (Nishida & Holdaway, 1945). Entretanto, alguns ácaros permanecem nas erinoses escuras até o surgimento de novas brotações (Wen et al., 1991, apud Waite & Hwang, 2002). No início, os eríneos podem formar-se em áreas restritas no tecido vegetal. Todavia, se as infestações são severas, podem cobrir toda a superfície das folhas, causando seu enrolamento (Nishida & Holdaway, 1945). Além das brotações e das folhas jovens, os frutos e as inflorescências também podem ser infestados (Alam & Wadud, 1963).

AGENTE CAUSAL DA FORMAÇÃO DE ERÍNEOS

Tem sido tema de discussão se o desenvolvimento de erinose nas lichieiras é resultante da alimentação dos ácaros, os quais injetariam toxinas nas células, estimulando-as a um crescimento/multiplicação anormal, ou do talo da alga *Cephaleuros viriscens* Kunze, a qual é transmitida pelos ácaros e com a qual eles manteriam uma relação simbiótica (Somchoudhury, Sing & Mukerjee, 1989; Sharma, 1991). Saha, Somchoudhury e Sarkar (1996) estudaram os sintomas associados com a presença de *A. litchii* e confirmaram que a alga está envolvida na produção de erinose. Entretanto, os tratamentos químicos que matam os ácaros resultam no surgimento de novas folhagens sem erinose, e sintomas de erinose não são observados em países onde o ácaro não ocorre, embora a alga esteja presente (Waite & Elder, 1996; Waite & Hwang, 2002). O papel de ambos, *A. litchii* e *C. viriscens*, na formação de erinose ainda necessita ser esclarecido, assim como a relação simbiótica entre esses organismos.

IMPACTO ECONÔMICO E DANOS

De modo geral, a infestação por *A. litchii* pode ocasionar perdas quantitativas e qualitativas na produção de frutos. As brotações das lichieiras podem ser totalmente deformadas devido à infestação por *A. litchii* (Nishida & Holdaway, 1945). Os estômatos das lichieiras ficam bloqueados pela erinose, o que prejudica o processo de fotossíntese e provoca a queda de folhas e frutos (Alam & Wadud, 1963; Sharma & Thakur, 1992). As infestações podem causar atrofia e paralisação do desenvolvimento das plantas, além de reduzir o desenvolvimento das inflorescências (Alam & Wadud, 1963; Jeppson, Keifer & Baker, 1975). Os danos às folhas podem alcançar 45%, levando as lichieiras a não produzirem frutos (Alam & Wadud, 1963). Muitas folhas podem cair se as infestações são muito severas. Enquanto algumas árvores podem tolerar infestações relativamente altas sem detrimento de seu crescimento, outras podem ter seu crescimento paralisado ou mesmo morrer (Pinese, 1981). Infestações durante o florescimento podem causar redução significativa da produção. No período da floração, se as folhas abaixo das inflorescências estão infestadas, também podem ser afetadas, levando à redução na produção ou à deformação de frutos. Mesmo depois que os frutos já estão desenvolvidos até a metade de seu tamanho final, os ácaros podem colonizá-los, produzindo erinose na casca, o que afeta seu valor estético e reduz seu valor comercial (Waite & Hwang, 2002) (Figura 2).

Devido à severidade dos danos causados às lichieiras, *A. litchii* tem sido considerada uma das pragas-chave da cultura nos principais países produtores, concentrados na Ásia, incluindo Índia, Tailândia e Vietnã (Lall & Rahman, 1975; Prasad & Singh, 1981; Thakur & Sharma, 1990). A redução na produção na Índia devido a infestações por *A. litchii* pode ser de até 80% (Prasad & Singh, 1981).

No Brasil, ainda não há dados experimentais sobre perdas ocasionadas por *A. litchii*, mas existem estimativas de produtores sobre as perdas e os custos para o controle do ácaro. Em pomares comerciais, esse ácaro tem causado perdas de 70 a 80% (Yamanishi, comunicação pessoal), de forma que a aplicação de medidas de controle é indispensável. O custo de produção da lichia em pomares afetados aumentou em 20% (Agrolink, 2010). Devido ao desconhecimento sobre as ações de manejo, alguns produtores optaram pela erradicação dos seus pomares (Raga, observação pessoal). A presença do ácaro-da-erinose-da-lichia também pode representar um problema para o mercado internacional dessa fruta. A produção de lichia no Brasil está em expansão e os produtores vêm considerando o mercado internacional uma excelente oportunidade para o aumento da produção, em especial nos meses de baixa produção dos países do hemisfério Norte.

MEDIDAS DE CONTROLE

Métodos químicos e culturais têm sido utilizados para o controle do ácaro-da-erinose-da-lichia, tanto no Brasil como nos demais países afetados.

A poda é a principal medida cultural no manejo do ácaro. Permite a redução das populações nos pomares. Os ácaros são facilmente disseminados nos pomares, seja por contato, pelo vento ou por polinizadores (Waite, 1999). Por isso, é importante eliminar o máximo possível de ramos infestados dos pomares. Durante o período em que não há frutificação, sobretudo após a colheita, os ramos infestados devem ser cortados e queimados (Menzel, 2002; Wen et al., 1991, apud Waite & Hwang, 2002; Waite, 2005).

Até o momento, não há registro de agrotóxicos para a cultura da lichia no Brasil (Mapa, 2012). Nos demais países afetados por *A. litchii*, o controle da praga tem sido alcançado por meio de um programa de pulverizações sucessivas. O período crítico para as pulverizações é imediatamente antes da brotação das lichieiras (Pinese, 1981; Waite, 1992; Waite & Elder, 1996). Na literatura internacional, os acaricidas à base de enxofre, carbaril, dicofol, dimetoato, fentoato, monocrotofós, ciexatina e azociclotina oferecem controle satisfatório do ácaro-da-erinose (Prasad & Singh, 1981; Prasad & Bagle, 1981; Sharma & Rahman, 1982; Sharma, Singh & Akhauri, 1986; Sharma & Thakur, 1992; Childers, Easterbrook & Solomon, 1996). O enxofre tem sido recomendado para o controle de *A. litchii* na China (Waite & Hwang, 2002), no Havaí (Nishida & Holdaway, 1945) e em Taiwan (Wen et al., 1991, apud Waite & Hwang, 2002). Na Índia, Prasad e Bagle (1981) e Sharma e Rahman (1982) constataram que dicofol apresentou os melhores resultados para o controle de *A. litchii*. Além desses produtos, a eficiência do espiromesifeno para o seu controle foi avaliada por Schulte, Martin e Sauerborn (2007) no Norte da Tailândia, no período de florescimento e frutificação das lichieiras (período frio e seco). A completa eliminação da infestação foi obtida dezoito dias após a segunda aplicação a uma dose elevada (144 mg ia/l). Os autores consideraram que o grau de cobertura por eríneos e algas não afetou de maneira significativa a eficiência dos tratamentos.

Em Queensland, na Austrália, têm sido recomendadas três pulverizações de dimetoato ou enxofre, aplicadas em intervalos de duas ou três semanas, durante a emergência das brotações e a expansão das folhas. Protegem os novos ramos da infestação pelos ácaros que começam a migrar a partir das folhas da porção inferior das copas (Waite & Hwang, 2002). De acordo com Waite (2005), a primeira pulverização deve ser realizada nas lichieiras infestadas e em suas vizinhas assim que as brotações começam a surgir; a segunda, quando todas as brotações já emergiram e antes que as novas folhas comecem a expandir-se; e a terceira, depois que as folhas expandiram-se completamente, mas ainda não enrijeceram. O autor considera que, se essas pulverizações são realizadas durante o período de brotação pós-colheita, as populações dos ácaros conservam-se baixas quando as inflorescências emergem. Se permanecem folhas infestadas abaixo das inflorescências, devem ser realizadas novas pulverizações para evitar que os ácaros migrem e danifiquem flores e frutos (Waite & Hwang, 2002). Recomendações similares foram feitas por Schulte, Martin e Sauerborn (2007) para as condições de plantio na Tailândia em relação ao momento das pulverizações.

Tendo em vista que o controle de *A. litchii* exige medidas de alto custo financeiro, como poda das plantas e pulverização com acaricidas, é necessária uma rigorosa vistoria de mudas em viveiros, para evitar a disseminação da praga para novas áreas de produção. A poda leve das plantas em ramos com erinose, seguida imediatamente da retirada e destruição do material podado, são medidas efetivas e de grande alcance para o controle do ácaro-da-erinose nos talhões de lichia. Observações sobre a distribuição do ácaro nas plantas indicam que as maiores populações de *A. litchii* são encontradas no terço inferior. Consequentemente, a poda na região da saia das plantas deve ser rigorosa (Raga et al., 2010).

Na Austrália, o manejo do ácaro-da-erinose é baseado nas seguintes medidas (Waite, 2011):

- Avaliação de vinte plantas ao acaso e de forma espaçada por pomar.
- Caso a erinose seja observada na maioria das plantas, três pulverizações com acaricidas autorizados devem ser realizadas durante as brotações, com intervalos de dez a catorze dias.
- Se o ácaro-da-erinose está presente durante o florescimento, realizar uma pulverização antes do alongamento das panículas.
- Controle satisfatório tem sido alcançado com pulverizações sucessivas e alternadas de enxofre e dimetoato, a primeira realizada no início das brotações.
- Cuidados especiais devem ser tomados com a pulverização de enxofre sob altas temperaturas.

De acordo com Raga et al. (2011), medidas preventivas emergenciais devem ser tomadas para evitar a introdução ou conter a disseminação do ácaro-da-erinose:

- Não utilizar máquinas e implementos oriundos de outras propriedades.
- Impedir a entrada de veículos no interior ou nos arredores do pomar de lichia.
- Roupas e utensílios destinados a trabalhadores devem ter uso exclusivo em cada propriedade.
- Caixarias, máquinas e implementos devem ser higienizados antes e após a sua entrada no pomar.
- Implantar quebra-ventos nos pomares de lichia para dificultar a disseminação dos ácaros pelo vento ou por insetos.
- Combinar a realização de medidas de controle e prevenção em pomares de lichia da mesma região produtora.

Inimigos naturais

Elevado número de predadores tem sido relatado em associação com o ácaro-da-erinose-da-lichia na Austrália, China, Índia e, recentemente, no Brasil (Tabela 1). Além de ácaros predadores das famílias Anystidae, Ascidae, Blattisocidae, Bdellidae, Cheyletidae, Cunaxidae, Eupalopsellidae, Phytoseiidae e Stigmaeidae, tam-

Tabela 1. Ácaros e insetos predadores associados ao ácaro-da-erinose-da-lichia, *A. litchii*, no mundo, incluindo as espécies recentemente observadas no Brasil.

Classes/famílias	Gêneros/espécies	Localidades/países	Referências
Acari			
Anystidae	Não identificado	São Paulo, Brasil	Mineiro & Raga (2003)
	Anystis sp.	Queensland, Austrália	Waite & Gerson (1994)
Ascidae	*Lasioseius* sp.	Queensland, Austrália	Waite & Gerson (1994)
Blattisocidae	*Blattisocius dendriticus* (Berlese)	Queensland, Austrália	Waite & Gerson (1994)
Bdellidae	*Bdella* sp.	São Paulo, Brasil	Mineiro & Raga (2003)
Cheyletidae	*Hemicheyletia wellsi* (Baker)	Queensland, Austrália	Waite & Gerson (1994)
Cunaxidae	*Cunaxa setirostris* (Hermann)	Índia	Lall & Rahman (1975)
	Cunaxa sp.	Queensland, Austrália	Waite & Gerson (1994)
Eupalopsellidae	*Exothorhis* sp.	São Paulo, Brasil	Mineiro & Raga (2003)
Phytoseiidae	*Amblyseius compositus* Denmark & Muma	São Paulo, Brasil	Picoli et al. (2010)
	Amblyseius eharai Amitai & Swirski	China	Wu, Lan & Liu (1991)
	Amblyseius herbicolus (Chant)	Queensland, Austrália; São Paulo, Brasil; China; Índia	Somchoudhury, Singh & Mukherjee (1989), Wu et al. (1991), Waite & Gerson (1994), Mineiro & Raga (2003), Picoli et al. (2010)
	Amblyseius largoensis Muma	Queensland, Austrália; China; India	Somchoudhury et al. (1987), Wu et al. (1991), Waite & Gerson (1994)
	Amblyseius nambourensis Schicha	Queensland, Austrália	Waite & Gerson (1994)
	Amblyseius paraaerialis Muma	Índia	Thakur & Sharma (1990)
	Euseius citrifolius Denmark & Muma	São Paulo, Brasil	Mineiro & Raga (2003)
	Euseius coccineae (Gupta)	Índia	Thakur & Sharma (1989)
	Euseius concordis (Chant)	São Paulo, Brasil	Mineiro & Raga (2003), Picoli et al. (2010)
	Euseius finlandicus (Oudemans)	Índia	Thakur & Sharma (1989)
	Euseius neovictoriensis (Schicha)	Austrália	Schicha (1987)

Continua

Classes/famílias	Gêneros/espécies	Localidades/países	Referências
	Euseius ovalis (Evans)	China	Wu et al. (1991)
	Euseius pruni (Gupta)	Índia	Thakur & Sharma (1989)
	Iphiseiodes zuluagai Denmark & Muma	São Paulo, Brasil	Mineiro & Raga (2003), Picoli et al. (2010)
	Neoseiulus barkeri Hughes	Queensland, Austrália	Waite & Gerson (1994)
	Okiseius morenoi Schicha	Queensland, Austrália	Waite & Gerson (1994)
	Okiseius subtropicus Ehara	China	Wu et al. (1991)
	Phytoseius fujianensis Wu	China	Wu et al. (1991)
	Phytoseiulus macropilis (Banks)	São Paulo, Brasil	Mineiro & Raga (2003), Picoli et al. (2010)
	Phytoseius hawaiiensis Prasad	Queensland, Austrália; China	Wu et al. (1991), Waite & Gerson (1994)
	Phytoseius intermedius Evans & MacFarlane	São Paulo, Brasil; Índia	Lall & Rahman (1975), Picoli et al. (2010)
	Phytoseius sp.	Índia	Lall & Rahman (1975)
	Phytoseius rubiginosae Schicha	Queensland, Austrália	Waite & Gerson (1994)
	Phytoseius woodburyi De Leon	São Paulo, Brasil	Raga et al. (2011)
	Typhlodromips cantonensis (Schicha)	China	Wu et al. (1991)
	Typhlodromips syzygii (Gupta)	Índia	Somchoudhury et al. (1987)
	Typhlodromips neomarkwelli (Schicha)	Queensland, Austrália	Waite & Gerson (1994)
	Typhlodromips okinawanus (Ehara)	China	Wu et al. (1991)
	Typhlodromus fleschneri Chant	Índia	Lall & Rahman (1975)
	Typhlodromus (Anthoseius) haramotoi Prasad	Queensland, Austrália	Waite & Gerson (1994)
	Typhlodromus (Anthoseius) homalii (Gupta)	Índia	Somchoudhury et al. (1987)
	Typhlodromus (Anthoseius) sonprayagensis Gupta	Índia	Somchoudhury et al. (1987)

Continua

Classes/famílias	Gêneros/espécies	Localidades/países	Referências
Stigmaeidae	*Agistemus collyerae* Gonzalez	Queensland, Austrália	Waite & Gerson (1994)
	Agistemus exsertus Gonzalez	Províncias de Guangdong, Guangxi e Fujian, China	Ren & Tian (2000)
	Agistemus sp.	São Paulo, Brasil; Índia	Somchoudhury et al. (1987), Mineiro & Raga (2003)
	Zetzellia sp.	São Paulo, Brasil	Mineiro & Raga (2003)
Insecta			
Cecidomyiidae	*Arthrocnodax* sp.	Queensland, Austrália	Waite & Gerson (1994)

bém foi relatada a associação com um inseto predador da família Cecidomyiidae. O maior número de predadores associados a *A. litchii* pertence à família Phytoseiidae – 32 espécies pertencentes aos gêneros *Amblyseius*, *Euseius*, *Iphiseiodes*, *Neoseiulus*, *Okiseius*, *Phytoseiulus*, *Phytoseius*, *Typhlodromips* e *Typhlodromus*.

No Brasil, levantamentos de ácaros predadores associados ao ácaro-da-erinose-da-lichia foram realizados por Mineiro e Raga (2003) e Picoli et al. (2010) no Estado de São Paulo. Esses autores listaram treze espécies de ácaros predadores associados a *A. litchii* – oito Phytoseiidae, duas Stigmaeidae, uma Bdellidae, uma Anystidae e uma Eupalopsellidae. Não há informação sobre os inimigos naturais associados a *A. litchii* nos demais estados onde foram constatadas infestações.

Apesar desse elevado número de espécies predadoras associadas a *A. litchii*, nem todas foram observadas predando a praga. Mesmo para as espécies que foram confirmadas como predadoras de *A. litchii*, não há informação sobre seu potencial de predação. Por exemplo, na Austrália, apesar de dezesseis espécies de predadores serem relatadas em associação com *A. litchii*, esse ácaro continua sendo um problema para a cultura (Waite & Gerson, 1994). É possível que a ação dos inimigos naturais seja dificultada pela erinose dos tecidos infestados por *A. litchii*, pois ela protege os ácaros e dificulta o acesso dos predadores.

O ácaro estigmeídeo *Agistemus exsertus* Gonzalez tem sido utilizado para o controle de *A. litchii* nas províncias de Guangdong, Guangxi e Fujian, na China (Ren & Tian, 2000, apud Waite & Hwang, 2002). Entretanto, não há informação detalhada sobre como esse controle tem sido realizado, nem sobre sua eficiência.

Após prospecção de inimigos naturais de *A. litchii* na China, o fitoseídeo *Amblyseius eharai* Amitai & Swirski foi selecionado e introduzido na Austrália em 1993 (Waite & Gerson, 1994). Após avaliações em condições de quarentena, em Queensland, confirmou-se que ele alimentava-se de *A. litchii*. Entretanto, por questão de prioridade para o controle de pragas nesse país, o predador não chegou a ser liberado em campo (Waite, 2001, não publicado).

A resposta numérica e funcional do fitoseídeo *Amblyseius largoensis* Muma predando *A. litchii* foi estudada na China por Cheng et al. (2005). O fitoseídeo mostrou uma resposta funcional positiva. Os adultos predaram sobre todos os estágios da praga. Com o aumento da densidade de *A. litchii* até determinado nível, a capacidade de predação de *A. largoensis* aumentou gradualmente, atingindo um número médio de 37 presas por dia. À medida que a densidade populacional de *A. litchii* diminuiu, a oviposição média do predador reduziu e o seu período de desenvolvimento foi mais curto.

Nos levantamentos realizados por Picoli et al. (2010) em pomares com lichieiras Bengal de doze anos, em São Paulo, foram coletados mais de 6 mil ácaros fitoseídeos, sendo a espécie mais frequente *Amblyseius compositus* (Denmark & Muma) (42,6%), seguida de *Phytoseius intermedius* Evans & Macfarlane (31,2%), *Euseius concordis* (Chant) (14,1%) e *Amblyseius herbicolus* (Chant) (8,8%). A dinâmica populacional de *A.compositus*, *E. concordis* e *Iphiseiodes zuluagai* Denmark & Muma foi correlacionada de modo positivo com as populações de *A. litchii*, indicando relação de predação. No período final desses levantamentos, a erinose das folhas estava completamente coberta de micélios esbranquiçados. Estes micélios foram isolados e identificados como pertencentes ao fungo acaropatogênico *Hirsutella thompsonii* (Fischer). Um elevado número de indivíduos de *A. litchii* estava morto e envolto pelo fungo. Isso foi observado em todo o pomar, indicando que o fungo estava disseminado na área. É possível que a erinose crie condições microclimáticas favoráveis ao desenvolvimento desse fungo acaropatogênico. Esta observação é extremamente interessante e será importante avaliar a ação desse isolado de *H. thompsonii* sobre *A. litchii* em laboratório, além de realizar ensaios em condições de semicampo e campo.

CONSIDERAÇÕES FINAIS

O ácaro-da-erinose-da-lichia representa uma praga importante na maioria das suas áreas de ocorrência no mundo, incluindo os principais estados produtores de lichia no Brasil, onde foi recentemente detectado. A aplicação de medidas de controle é imprescindível para evitar reduções significativas na produção da fruta nos pomares afetados. Os métodos de controle utilizados para *A. litchii* nos países onde ela representa uma praga-chave têm sido os culturais e os químicos. É urgente o registro de pesticidas com efeito acaricida para a aplicação na cultura da lichia no Brasil. Entretanto, a possibilidade de utilização do controle biológico não deve ser descartada como medida no médio e no longo prazo. Seria importante dirigir esforços para pesquisa em controle biológico de *A. litchii* no Brasil, incluindo a investigação sobre a eficiência da linhagem de *H. thompsonni*, encontrada infectando o ácaro em pomares em São Paulo, e a avaliação de eficiência de ácaros predadores, bem como a definição de estratégias para utilização do controle biológico. Para implementação do manejo de *A. litchii* no Brasil, também seria necessário conhecer melhor a dinâmica populacional da praga em nossas condições, nos diferentes cultivares de lichia, bem como os fatores climáticos que limitam o desenvolvimento das populações do ácaro. Para evitar a introdução de novas pragas no país, incluindo ácaros fitófagos, grupo de organismos de difícil detecção, é necessário conscientizar os produtores e toda a população sobre o risco de introdução ilegal de material de propagação vegetativa no país e sobre os cuidados necessários para o trânsito interno de material vegetal, de modo geral. O exemplo do ácaro-da-erinose-da-lichia poderia ser utilizado em campanhas fitossanitárias.

AGRADECIMENTOS

Os autores agradecem a colaboração do pesquisador científico Vagner Azarias Martins do Instituto de Economia Agrícola, pela elaboração do mapa de distribuição, e da MsC Simone Bacilieri, do Instituto Biológico, pela montagem da figura do ciclo biológico do ácaro-da-erinose. Também agradece ao CNPq pela concessão de Bolsa de Produtividade aos dois últimos autores.

REFERÊNCIAS BIBLIOGRÁFICAS

ABRALI – Associação Brasileira de Lichia e Longana. *Principais países produtores de lichia*, 2011. Disponível em: <http://www. abrali.org.br/lichiaemnumeros.htm>. Acesso em: 13 abr. 2011.

AGROLINK *Nova praga está atacando as plantações de lichia*, 2010. Disponível em: <www. agrolink.com.br/cereaisdeinverno/NoticiaDetalhe.aspx?CodNoticia=115177>. Acesso em: 6 fev. 2011.

ALAM, M. Z. & WADUD, M. A. On the biology of litchi mite, *Aceria litchi* Keifer (Eriophyidae, Acarina) in East Pakistan. *Pak J. Sci.* 15: 232-40, 1963.

AMRINE JR., J. W. *Catalog of the Eriophyoidea. A working catalog of the Eriophyoidea of the world*, 2003. Disponível em: <insects.tamu.edu/research/collection/hallan/acari/eriophyidae>. Acesso em: 7 fev. 2011.

BASTOS, D. C. et al. *A cultura da lichia*. Piracicaba: Escola Superior de Agricultura Luiz de Queiroz, 2004. 31p. (Série Produtor Rural, 26).

BUTANI, D. K. Pest of litchi in India and their control. *Fruits* 32: 269-70.

CEAGESP – Companhia de Entrepostos e Armazéns Gerais de São Paulo. *A lichia na Ceagesp de 1999 a 2009*. São Paulo: Ceagesp, 2011. Disponível em: <http://www. hortibrasil.org/jnw/ index.php>. Acesso em: 13 abr. 2011.

CHENG, L. et al. Functional and numerical response of *Amblyseius largoensis* to *Aceria litchii*. *J. Trop. Crops* 26: 53, 2005.

CHILDERS, C. C.; EASTERBROOK, M. A. & SOLOMON, M. G. Chemical control of eriophyoid mites. In: LINDQUIST, E. E.; SABELIS, E. E. & BRUIN, M. W. (eds.). *Eriophyoid mites*: their biology, natural enemies and control. Amsterdam: Elsevier, 1996. 822p.

GOMES, P. *Fruticultura brasileira*. 2. ed. São Paulo, Nobel, 1975. 446p.

HAQUE, M. M. et al. *Eriophyid mites* (Acarina: Eriophyoidea) from Bangladesh. *Orient Insects* 32: 35-40, 1998.

HELLE, W. & WYSOKI, M. Arrhenotokous parthenogenesis. In: LINDQUIST, E. E.; SABELIS, E. E. & BRUIN, M. W. (eds.). *Eriophyoid mites*: their biology, natural enemies and control. Amsterdam: Elsevier, 1996. 822p.

HUANG, K. *Aceria* (Acarina: Eriophyoidea) in Taiwan: five new species and plant abnormalities caused by sixteen species. *Zootaxa* 1.829: 1-30, 2008.

HUANG, T. A study on morphological features of erinose mite of litchi (*Eriophyes litchii* Keifer) and an observation on the conditions of its damage. *Plant Prot. Bull.* 9: 35-46, 1967.

HUANG, T.; HUANG, K. W. & HORNG, I. J. Two species of eriophyid mites injurious to litchi trees in Taiwan. *Chin J. Entomol.* 3: 57-64, 1990.

JEPPSON, L. R.; KEIFER, H. H. & BAKER, E. W. *Mites injurious to economic plants.* Berkeley: University of California, 1975. 641p.

JONES, A. T. Eriophyid mite transmitted viruses and virus-like agents of plants. In: *Biotic interactions in plant-pathogen associations.* Oxford: BSPP Presidential Meeting, British Society for Plant Pathology, 1999. Disponível em: <www.bspp.org.uk/archives/bspp1999/session5.php.>. Acesso em: 7 abr. 2009.

KEIFER, H. H. Eriophyid Studies XIII. *The Bulletin* 32: 212-22, Department of Agriculture, State of the California, 1943. (pl. 171).

KEIFER, H. H. & KNORR, L. C. Eriophyid mites of Thailand. *Plant Prot. Serv. Tech. Bull.* 38: 1-36, 1978.

LALL, B. S.; RAHMAN, M. F. Studies on the bionomics and control of the erinose mite *Eriophyes litchii* Keifer (Acarina: Eriophyidae). *Pesticides* 9: 49-54, 1975.

LINDQUIST, E. E. & AMRINE, J. W. J. Systematics, diagnoses for major taxa, and keys to families and genera with species on plants of economic importance. In: LINDQUIST, E. E.; SABELIS, E. E. & BRUIN, M. W. (eds.). *Eriophyoid mites*: their biology, natural enemies and control. Amsterdam: Elsevier, 1996. 822p.

LINDQUIST, E. E.; SABELIS, E. E. & BRUIN, M. W. *Eriophyoid mites*: their biology, natural enemies and control. Amsterdam: Elsevier, 1996. 822p.

MAPA – Ministério da Agricultura, Pecuária e Abastecimento. *Instrução Normativa 52.* Brasília, dez. 2007. Disponível em: <www.extranet.agricultura.gov.br/sislegis-consulta/18316>. Acesso em: 6 mar. 2008.

MAPA – Ministério da Agricultura, Pecuária e Abastecimento. *Sistema de Agrotóxicos Fitossanitários.* Brasília, 2012. Disponível em: <agrofit.agricultura.gov.br/agrofit_cons/principal_agrofit_cons>. Acesso em: 22 mar. 2012.

MARTINS, A. B. G.; BASTOS, D. C. & SCALLOPI JR., E. J. *Lichieira (Litchi chinensis Sonn).* Jaboticabal: Sociedade Brasileira de Fruticultura, 2001. 8p.

MENZEL, C. *The lychee crop in Asia and the Pacific.* Bangkok: Food and Agriculture Organization of the United Nations, 2002. 108p.

MENZEL, C. M. & WAITE, G. K. *Litchi and longan*: botany, cultivation and uses. Queensland, Cabi Publishing, 2005. 305p.

MINEIRO, J. L. C. & RAGA, A. Ocorrência de ácaros (Arachnida: Acari) em plantas de lichia (*Litchi chinensis* Sonn.) (Sapindaceae) no Estado de São Paulo. In: REUNIÃO ANUAL DO INSTITUTO BIOLÓGICO, 16. *Anais...* São Paulo: Instituto Biológico, 2003. (CD-ROM).

MONTES, S. M. N. M. et al. Diversidade de ácaros fitófagos e predadores em plantas hospedeiras em Presidente Prudente, São Paulo, Brasil. In: 3º SIMPÓSIO BRASILEIRO DE ACAROLOGIA. *Anais...* Campinas: Instituto Biológico, 2011. (CD-ROM).

MOTTA, E. L. *Avaliação da composição nutricional e atividade antioxidante de Litchi chinensis Sonn. ("Lichia") cultivada no Brasil.* Rio de Janeiro, 2009. 75p. Dissertação (mestrado em Ciências Farmacêuticas) – Universidade Federal do Rio de Janeiro.

NAVIA, D.; MORAES, G. J. & FLECHTMANN, C. H. W. Phytophagous mites as invasive alien species: quarantine procedures. In: MORALES-MALACARA, J. B. et al. (eds.). *Proceedings of the XI International Congress of Acarology*. Mexico, DF: Unam/Sociedad Latinoamericana de Acarología, 2006. 726p.

NAVIA, D. et al. Adventive eriophyoid mites: a global review of their impact, pathways, prevention and challenges. *Exp. Appl. Acarol.* 51: 225-55, 2010.

NISHIDA, T. & HOLDAWAY, F. G. *The erinose mite of lychee*. Hawaii Agriculture Experiment Station, 1945. 10p. (Circular, 48).

O ESTADO DE S.PAULO. *Rústica lichia tem primeira praga no país*, 2010. Disponível em: <www.estadao.com.br/.../suplementos,rustica-lichia-tem-primeira-praga-no-pais.htm>. Acesso em: 10 fev. 2011.

OLDFIELD, G. N. Diversity and host plant specificity. In: LINDQUIST, E. E.; SABELIS, E. E. & BRUIN, M. W. (eds.). *Eriophyoid mites*: their biology, natural enemies and control. Amsterdam: Elsevier, 1996. 822p.

PICOLI, P. R. F. et al. Ácaros predadores associados ao ácaro-da-erinose da lichia. *Pesq. Agropec. Bras.* 45: 1.246-52, 2010.

PINESE, B. Erinose mite – a serious litchi pest. *Qld. Agric. J.* 107: 79-81, 1981.

PRASAD, V. G. & BAGLE, B. G. Evaluation of acaricides for the control of litchi mite, *Aceria litchii* Keifer (Acarina: Eriophyidae). *Pesticides* 1: 22-3, 1981.

PRASAD, V. G. & SINGH, R. K. Prevalence and control of litchi mite, *Aceria litchii* Keifer in Bihar. *Indian J. Entomol.* 43: 67-75, 1981.

PUTTARUDDRIAH, M. & CHANNA BRASAVANA, G. P. A preliminary account of polyphagous mites of Mysore. In: 1st ALL INDIA CONGRESS ON ZOOLOGY. *Proceedings*... Bangalore, 1959.

RAGA, A. et al. Primeiro relato de *Eriophyes litchi* Keifer (Prostigmata, Eriophyidae) em plantas de lichia no Brasil. In: CONGRESSO BRASILEIRO DE ENTOMOLOGIA, 22. *Anais*... Uberlândia: Sociedade Entomológica do Brasil, 2008. (CD-ROM).

RAGA, A. et al. Primeiro relato de *Aceria litchii* (Keifer) (Prostigmata: Eriophyidae) em plantas de lichia no Brasil. *Rev. Bras. Frutic.* 32: 628-9, 2010.

RAGA, A. et al. Registros do ácaro-da-erinose *Aceria litchii* (Keifer) (Acari: Trombidiformes) no Estado de São Paulo. In: SIMPÓSIO BRASILEIRO DE ACAROLOGIA, 3. *Anais*... Campinas: Instituto Biológico, 2011. (CD-ROM).

REN, S. & TIAN, M. Litch pests and their natural enemies. In: INTERNATIONAL SYMPOSIUM ON LITCHI AND LOGAN, 1. *Abstract.* Guangzhou, 2000.

SAHA, K.; SOMCHOUDHURY, A. K. & SARKAR, P. K. Structure and ecology of *Cephaleuros virescens* Kunze and its relationship with *Aceria litchii* Keifer (Prostigmata: Acari) in forming litchi erineum. *J. Mycopathol. Res.* 34: 159-71, 1996.

SCHICHA, E. *Phytoseiidae of Australia and Neighbouring areas*. West Bloomfield: Indira Publishing House, 1987. 187p.

SCHULTE, M. J.; MARTIN, K. & SAUERBORN, J. Efficacy of spiromesifen on *Aceria litchi* (Keifer) in relation to *Cephaleuros virescens* Kunze colonization on leaves of litchi (*Litchi chinensis* Sonn.). *J. Plant Dis. Prot.* 114: 133-7, 2007.

SHARMA, D. D. Major pests of litchi in Bihar. *Indian Farming* 35: 25-6, 1985.

SHARMA, D. D. Occurrence of *Cephaleuros virescens*, a new record of leaf-curl in litchi (*Litchi chinensis*). *Indian J. Agric. Sci.* 61: 446-8, 1991.

SHARMA, D. D. & RAHMAN, M. F. Control of litchi mite *Aceria litchi* (Keifer) with particular reference to evaluation of pre-bloom and post-bloom application of insecticides. *Entomon.* 7: 55-6, 1982.

SHARMA, D. D. & THAKUR, A. P. Bioefficacy of eight pesticides against litchi erineum mite (*Aceria litchii*) and its predators. *Indian J. Agric. Sci.* 63: 240-2, 1992.

SHARMA, D. D.; SINGH, S. P. & AKHAURI, R. K. Relationship between the population of*Aceria litchi* Keifer on litchi and weather factors. *Indian J. Agric. Sci.* 56: 59-63, 1986.

SIDDIQUI, S. B. M. A. B. Lychee production in Bangladesh. In: PAPADEMETRIOUS, M. K. & DENT, F. J. *Lychee production in the Asia-Pacific Region*. Rome: Food and Agriculture Organization of the United Nations Regional, Office for Asia and the Pacific, 2002. Disponível em: <www.fao.org/docrep/005/ac684e/ac684e00.htm>. Acesso em: 5 mar. 2012.

SINGH, J. & RAGHURAMANN, M. Emerging scenario of important mite pests in north India. *Zoosymposia* 6: 170-9, 2011.

SOMCHOUDHURY, A. K.; SINGH, P. & MUKHERJEE, A. B. Interrelationship betwenn *Aceria litchii* (Acari: Eriophyidae) and *Cephaleuros virescens,* a parasitic alga in the fomation of erineum-like structure on litchi leaf. In: CHANNABASAVANA, G. P. & VIRAKTAMATH (eds.). *Progress in acarology.* Bangarole: Acarology Society of India, 1989, t. 2. 484p.

THAKUR, A. P. & SHARMA, D. D. Influence of weather factors and predators on the populations of *Aceria litchii* Keifer. *Indian J. Plant Prot.* 18: 109-12, 1990.

WAITE, G. K. Pests of lychees in Australia. In: MENZEL, A. M. & GREER, G. N. (eds.). *The potential of lychee in Australia. Proceedings of the First National Seminar.* Nambour: Sunshine Coast Tropical Fruits Association, 1986.

WAITE, G. K. Integrated pest management in lychee. In: FULLELOVE, G. D. (ed.). *Proceedings of the Third Nantional Lychee Seminar*. Bundaberg: Bundaberg & District Orchardists Association, 1992. 94p.

WAITE, G. K. New evidence further incriminates honey-bees as vectors of lychee erinose mite *Aceria litchi* (Acari: Eryophyidae). *Exp. Appl. Acarol.* 23: 145-7, 1999.

WAITE, G. K. Pests. In: MENZEL, C. M. & WAITE, G. K. (eds.). *Litchi and longan – Botany, production and uses*. Wallingford: Cabi International, 2005. 336p.

WAITE, G. K. *Lychee erinose mite in lychees*. Queensland Government, Department of Plant Industries and Fisheries, 2011. Disponível em: <www2.dpi.qld.gov.au/horticulture/5432.html>. Acesso em: 1 fev. 2011.

WAITE, G. K. & ELDER, R. J. Lychee/longan insect pests and their control. In: WELCH, T. & FERGUSON, J. (eds.). *Proceedings of the Fourth National Lychee Seminar Including Longans*. Yeppoon: Australian Lychee Growers' Association Inc., 1996.

WAITE, G. K. & GERSON, U. The predator guild associated with *Aceria litchi* (Acari: Eriophyidae) in Australia and China. *Entomophaga* 39: 275-80, 1994.

WAITE, G. K. & HWANG, J. S. Pests of litchi and longan. In: PEÑA, J. E.; SHARP, J. L. & WYSOKI, M. (eds.). *Tropical fruit pests and pollinators*: biology economic importance, natural enemies and control. Wallingford: Cabi, 2002. 430p.

WAITE, G. K. & McALPINE, J. D. Honey bees as carriers of lychee erinose mite *Eriophyes litchii* (Acari Eriophyiidae). *Exp. Appl. Acarol.* 15: 299-302, 1992.

WU, W. N.; LAN, W. M. & LIU, Y. H. Phytoseiid mites on litchis in China and their application. *Nat. Enemies Insects* 13: 82-91, 1991.

27

Ácaro-hindustânico-dos-citros, *Schizotetranychus hindustanicus* (Hirst)

A. K. Fantine, R. L. Sugayama, E. F. Vilela

INTRODUÇÃO

A citricultura brasileira vem sofrendo o impacto da introdução de uma série de pragas nas últimas décadas, tais como o minador-da-folha-dos-citros e a mosca-negra. Além das perdas que ocasionam em campo, essas pragas prejudicam o comércio nacional e internacional de frutos *in natura* e o material de propagação. Todos esses eventos de introdução apontam para a necessidade de desenvolvimento de métodos de controle e adequação aos requisitos fitossanitários, onerando o setor e reduzindo a competitividade da cadeia produtiva.

Em 2008, em Boa Vista, Roraima, foi constatada a presença de mais um ácaro com potencial importância econômica para a citricultura, *Schizotetranychus hindustanicus* (Hirst), comumente chamado de ácaro-hindustânico-dos-citros, originário do Sul da Índia e descrito em 1924 (Hirst, 1924).

Segundo o Season and Crop Report (Government of Tamil Nadu, 2006), o Estado de Tamil Nadu, centro de origem do ácaro na Índia, produz em torno de 25 mil toneladas de laranjas e limões em uma área de aproximadamente 11 mil hectares. No entanto, as informações sobre a importância de *S. hindustanicus* como praga da citricultura local são escassas.

Fora de seu centro de origem biogeográfico, a espécie atingiu níveis populacionais alarmantes, causando sérios danos às folhas e aos frutos de plantas cítricas na Venezuela (Nienstaedt, 2007). Assim, deve-se considerar a possibilidade de ela disseminar-se nas principais regiões citrícolas do Brasil e causar perdas significativas. No intuito de salvaguardar a agricultura nacional, é necessário obter maiores informações sobre o ácaro, visando estabelecer medidas preventivas à sua dispersão e ao seu estabelecimento no país.

Após a sua detecção, institutos de pesquisa e órgãos oficiais de defesa agropecuária, em nível federal e estadual, mobilizaram equipes para realizar o levantamento de informações técnicas e científicas para o estabelecimento de medidas de mitigação de risco.

Posição taxonômica e nomenclatura

Ordem: Acari
Superfamília: Tetranychoidea
Família: Tetranychidae
Gênero: *Schizotetranychus* Trägårdh, 1915
Espécie: *Schizotetranychus hindustanicus* (Hirst, 1924)
Sinonímia: *Tetranychus* (*Schizotetranychus*) *hindustanicus* Hirst
Nomes comuns:
Português: "ácaro-hindustânico-dos-citros".
Espanhol: "ácaro hindu de los cítricos".
Inglês: "citrus hindu mite", "citrus nest-webbing mite".

HISTÓRICO DE INTRODUÇÃO E SITUAÇÃO DE *S. hindustanicus* NO BRASIL

A posição geográfica da Venezuela – primeiro país a relatar a ocorrência de *S. hindustanicus* fora de seu centro de origem – é relevante para entender a forma de dispersão do ácaro da Ásia até a América. Não há informações concretas a respeito do meio de introdução do ácaro na Venezuela, porém, ocorreram importantes movimentos migratórios da Índia para a região do norte da América do Sul no final do século XIX. Na Guiana Inglesa, no Suriname, na Guiana Francesa e em Trinidad e Tobago, cerca de 40% da população tem origem hindustânica. Portanto, a hipótese é de que esses imigrantes tenham trazido plantas ou partes de plantas infestadas, visto que o gênero *Citrus* tem sua origem biogeográfica também no Sudeste Asiático. Ao encontrar um ambiente com condições abióticas favoráveis, em que a oferta de plantas hospedeiras era abundante e não havia inimigos naturais, o ácaro adaptou-se e dispersou-se pela Venezuela e hoje está amplamente distribuído nas zonas citrícolas do país.

Dois anos após a detecção de *S. hindustanicus* em Boa Vista, foi realizado o mapeamento do ácaro no Estado de Roraima (Fantine, 2011). A hipótese de que a dispersão pudesse estar ocorrendo naturalmente, por meios ativos ou passivos, a partir da Venezuela, foi descartada, pois não foram encontradas plantas infestadas ao longo do trajeto de Pacaraima (na fronteira com a Venezuela) a Boa Vista (Figura 1). O que se constatou é que o ácaro restringe-se a Boa Vista (zona urbana e rural), Cantá e Bonfim (Figura 2).

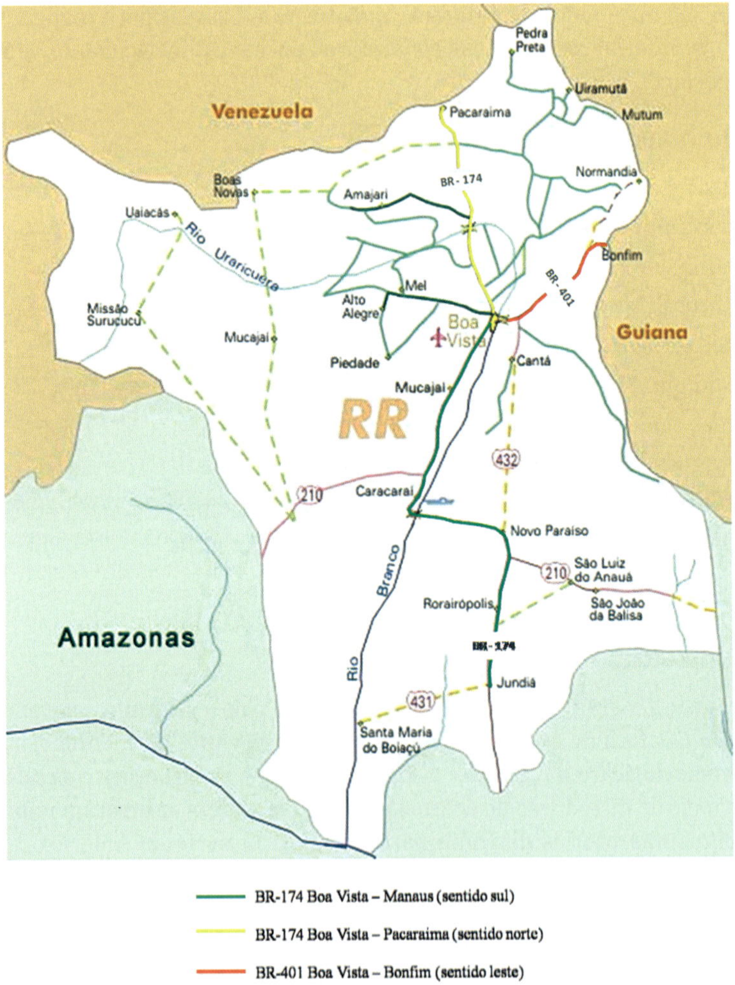

Figura 1. Mapa rodoviário do Estado de Roraima. Detalhe da rota utilizada para mapeamento da presença do ácaro no estado, que representa as três principais saídas de Boa Vista: sentido Guiana Inglesa (ao leste, BR-401), Venezuela (ao norte, BR-174) e Manaus, AM (ao sul, BR-174). Adaptado do Ministério dos Transportes.

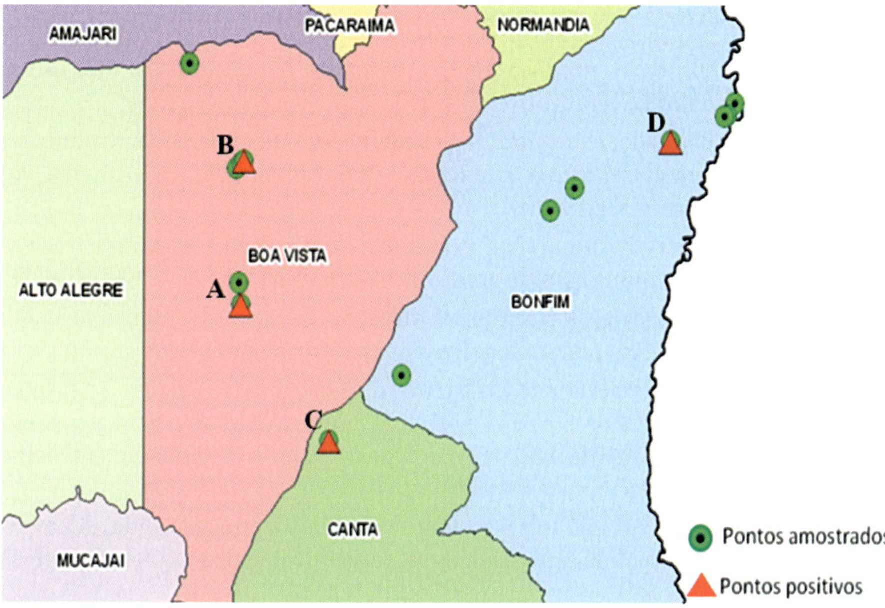

Figura 2. Detalhe de alguns pontos amostrados durante o mapeamento do ácaro no Estado de Roraima e confirmação da presença de *S. hindustanicus* em plantas avaliadas nos pontos A, B, C e D, nos municípios de Boa Vista, Cantá e Bonfim.

Assim, supõe-se que a introdução do ácaro no Estado de Roraima foi feita por meio de material propagativo infestado. As informações circunstanciais coletadas junto a produtores rurais ou moradores de propriedades onde o ácaro foi encontrado corroboram essa hipótese.

DISTRIBUIÇÃO GEOGRÁFICA

O ácaro *S. hindustanicus* foi descrito por Hirst (1924) em Coimbatore, distrito do Estado de Tamil Nadu, no Sul da Índia. Até a última publicação do *World Catalogue of the Spider Mite Family* (Acari: Tetranychidae) (Bolland, Gutierrez & Flechtmann, 1998), a espécie não havia sido relatada em nenhuma outra localidade.

Em 2002, foi registrado no Estado de Zulia, Noroeste da Venezuela (Quirós & Geraud-Pouey, 2002). Em janeiro e fevereiro de 2008, foram observados sintomas nas folhas e nos frutos de limão-galego e limão-taiti em pomares domésticos e comerciais no município de Boa Vista, RR (Návia & Marsaro Júnior, 2010).

Em 2010, *S. hindustanicus* foi relatado na Colômbia, na cidade de Dibulla, Estado de La Guajira (Toro & Mesa, não publicado), e no Estado de Magdalena (Vargas, não publicado). Nesse ano, foi publicado também o relato de *S. hindustanicus* no Irã (Sheikholeslamzadeh & Sadeghi, 2010).

BIOLOGIA

O ciclo de vida de *S. hindustanicus* é composto de cinco fases: ovo, larva, protoninfa, deutoninfa e adulto.

- Ovo: arredondado, estriado e ligeiramente achatado dorso-ventralmente, amarelo bem claro; com a maturação, torna-se amarelo mais intenso, de tom esverdeado (Figura 3A).
- Larva: ao emergir, é amarelo-esverdeada, arredondada e apresenta três pares de pernas; com o passar do tempo, fica ovalada e a cor verde intensifica-se.
- Protoninfa: estado posterior à primeira muda; de cor verde intenso; ovalado, porém de tamanho maior; adquire o quarto par de pernas.
- Deutoninfa: podem ser notadas ligeiras diferenças entre a fêmea e o macho: as fêmeas são maiores e têm o opistossoma arredondado; os machos são menores, ligeiramente achatados, e têm o opistossoma triangular (Nienstaedt, 2007).
- Estado de repouso: são três os estados de repouso: protocrisálida, deutocrisálida e teliocrisálida, que seguem-se, respectivamente, aos estados ativos

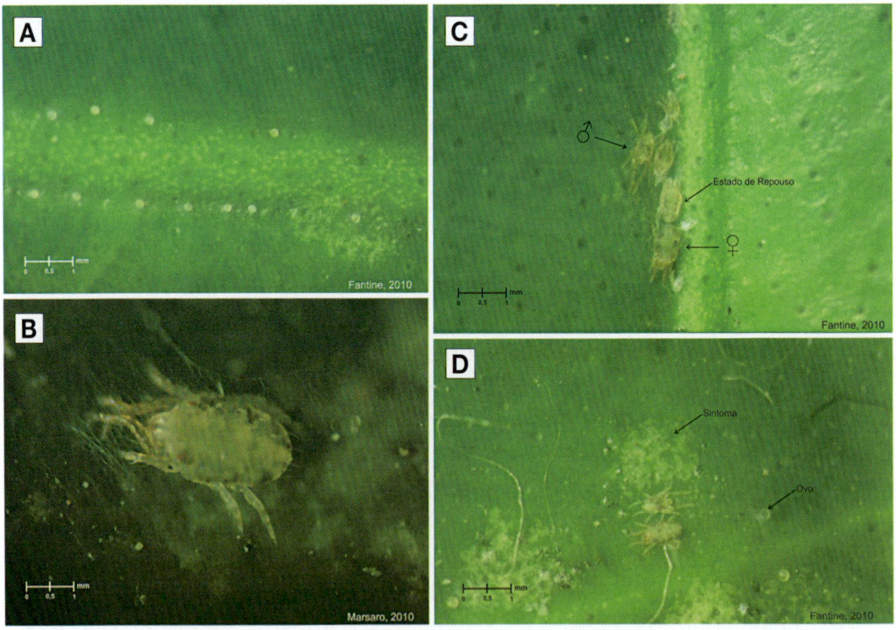

Figura 3. *S. hindustanicus* em folha de laranjeira-pera.
A) Ovos ao longo da nervura central da folha. B) Fêmea debaixo de sua teia. C) Indivíduos ativos em diferentes estágios de desenvolvimento. D) Machos e fêmeas debaixo da teia, sintomas do ataque e ovos presentes na folha.

de protoninfa, deutoninfa e adulto (Nienstaedt, 2007). Caracterizam-se pela coloração opaca e pelo posicionamento das pernas anteriores para a frente e das posteriores, para trás.

- Adulto: a fêmea é globosa e mede cerca de 0,4 a 0,5 mm. O macho é menor, com opistossoma triangular; as pernas são compridas, principalmente o primeiro par. Ambos são rosados no gnatossoma e nas pernas anteriores. O restante do corpo mantém-se esverdeado e, à medida que o indivíduo envelhece, a coloração torna-se mais forte e opaca.

As fêmeas sexualmente maduras tecem uma fina teia sobre a folha onde depositam os ovos e, logo em seguida, os recobrem para protegê-los contra adversidades (Figura 3B). Elas também tecem ninhos de teia de pouca densidade, onde podem ser encontrados os diferentes estágios de desenvolvimento do ácaro (Figura 3C) (Nienstaedt, 2007).

Nienstaedt e Marcano (2009) obtiveram os dados do ciclo biológico de *S. hindustanicus* em condições de laboratório (25 ± 2°C e 83 ± 12% de umidade), em três substratos de alimentação: laranjeira (*Citrus sinensis* Linnaeus), lima-da-pérsia (*Citrus aurantifolia* Chistm) e limão-crioulo (*Citrus limon* Linnaeus). A fase de ovo dura, em média, sete dias. A longevidade é de cerca de 15,7 ± 8,6 a 20,3 ± 10,7 dias e o ciclo de vida completo (ovo a adulto), de 30,1 ± 5,4 a 31,1 ± 7,1 dias. As fêmeas possuem período de oviposição de aproximadamente nove dias, taxa de fecundidade de 1,5 ovos/fêmea/dia e fertilidade de 99 a 100%.

PLANTAS HOSPEDEIRAS

Hospedeiro principal: *Citrus* spp. (Hirst, 1924).

Hospedeiros alternativos: *Acacia* sp. (Fabaceae), *Melia azedarach* (Meliaceae), *Sorghum vulgare* (Poaceae), *Azadirachta indica* (Meliaceae) e *Cocos nucifera* (Arecaceae) (Migeon & Dorkeld, 2008). *Acorus calamus* L. (Araceae) (Gupta & Karmakar, 2011). *Morus alba* (Moraceae) e *Robinia pseudoacacia* (Fabaceae) (Sheikholeslamzadeh & Sadeghi, 2010).

Embora haja relatos de que a espécie ataca árvores do gênero *Acacia*, observou-se, em condição de semicampo, que as fêmeas não sobrevivem nem depositam ovos sobre folhas de *Acacia mangium* (Fantine, 2011), descartando-se, assim, essa espécie da lista de plantas hospedeiras de *S. hindustanicus*.

IMPACTO ECONÔMICO

Os sintomas em plantas cítricas caracterizam-se por pontos cloróticos não coalescentes, de formato circular, inicialmente localizados ao longo da nervura central da folha, em sua face adaxial (Figura 4A). Não há preferência por determinado estrato da planta. O aumento na intensidade de lesões é proporcional ao

Figura 4. Danos ocasionados por *S. hindustanicus*. A) Pontos cloróticos na face adaxial, nas nervuras da folha. B) Danos em folhas de plantas de limão-galego. C) Danos em folhas de laranjeira-pera: folhas velhas sintomáticas permanecem nos ramos. D, E) Danos acompanham as cavidades da casca do limão-galego e da laranja-pera.

aumento progressivo da infestação. Os ácaros tendem a preferir folhas jovens, mas é possível encontrá-los alimentando-se de folhas em estágio de maturação mais avançado (Nienstaedt, 2007; Návia & Marsaro Júnior, 2010).

Em condições experimentais, a severidade dos sintomas ocasionados por *S. hindustanicus* nas folhas de laranjeira (variedade pera) aumentou com o incremento da população de indivíduos nas folhas. O valor mínimo de área foliar afetada foi de 0,16%, atingindo aproximadamente 13% após quinze dias de sua infestação (Fantine, 2011).

O dano direto causado pelo ácaro aos frutos compromete o seu valor de mercado nos casos em que o produto é destinado ao consumo *in natura*.

Os danos indiretos causados pela praga são:

- Redução do teor de clorofila e da área fotossintética da planta.
- Atraso na floração e redução na produtividade.
- Aumento dos custos de produção pela necessidade de realização de tratamentos pós-colheita e certificação de trânsito.
- Necessidade de desenvolvimento de métodos para controle em campo.

O ataque por *S. hindustanicus* leva a uma redução de 30% no teor de clorofila de folhas de laranjeira-pera (Fantine, 2011). Ácaros tetraniquídeos, que ocasionam danos à face adaxial da folha, destroem as células do parênquima paliçádico (Flechtmann, 1985). Assim, a planta afetada perde uma significativa capacidade para captação de luz. As seções clorofiladas das folhas estão associadas à produção de carboidratos pela atividade fotossintética e as seções meristemáticas associam-se aos carboidratos produzidos, os quais são utilizados na formação de novos tecidos da planta (Sideris & Young, 1947). Dessa forma, infere-se que a perda de clorofila nas folhas de plantas infestadas afetaria em algum grau, e não sozinha, a fotossíntese da planta.

O ataque por *S. hindustanicus* não provoca queda prematura das folhas em plantas de citros (Figura 4A). As folhas velhas sintomáticas permanecem nos limoeiros (limão-taiti e limão-galego) (Figura 4B) e na laranjeira (variedade Pera) (Figura 4C). O lançamento de novas brotações pelos ramos aparentemente não é afetado pelo ataque. Nos frutos, as pontuações parecem seguir as várias cavidades presentes na casca (Figuras 4D e 4E).

Os citricultores de Boa Vista observaram que laranjeira (variedade Pera) e limão-taiti infestados têm sua floração atrasada e a produtividade diminuída em relação às plantas sadias. No entanto, não foram realizados testes em condições controladas para averiguar se há correlação entre infestação por *S. hindustanicus* e atraso ou redução na produção.

A presença de *S. hindustanicus* em Roraima foi seguida pelo estabelecimento de medidas de mitigação de risco de sua disseminação, que incluem a escovação dos frutos e seu tratamento com cera, além da emissão da documentação de trânsito doméstico de frutos por profissionais habilitados. Isso acarretou aumento nos custos de produção. Até o momento, não há acaricida registrado para o controle do ácaro. Faz-se necessário desenvolver tecnologias para controle em campo em áreas onde a espécie já está estabelecida.

AGRADECIMENTOS

Aos editores deste livro, pelo convite. Ao doutor Alberto Marsaro Júnior, pela gentileza em permitir o uso de fotografias de sua autoria. Ao doutor Hani Fouad, pela ajuda na tradução de artigo em idioma persa.

REFERÊNCIAS BIBLIOGRÁFICAS

BOLLAND, H. R.; GUTIERREZ, J. & FLECHTMANN, C. H. W. *World catalogue of spider mite family (Acari: Tetranychidae)*. Boston: Brill, 1998. 392p.

FANTINE, A. K. *Schizotetranychus hindustanicus (Hirst, 1924) (Acari: Tetranychidae)*: rotas de risco e potencial de impacto para a citricultura brasileira. Viçosa, 2011. 83p. Dissertação (mestrado) – Departamento de Entomologia, Universidade Federal de Viçosa.

FLECHTMANN, C. H. W. *Ácaros de importância agrícola*. São Paulo: Nobel, 1985. 189p.

GOVERNMENT of Tamil Nadu. *Season and crop report 2005-06*. Department of Economics and Statistics, Government of Tamil Nadu, India, 2006. Disponível em: <www.tn.gov.in/departments/agri.html>. Acesso em: 3 dez. 2011.

GUPTA, S. K. & KARMAKAR, K. Diversity of mites (Acari) on medicinal and aromatic plants in India. *Zoosymposia*. Magnolia Press, 6: 56-61, 2011.

HIRST, S. On some new species of red spider mite. *Ann. Mag. Nat. Hist.*, ser. 9, 14: 522-7, 1924.

MIGEON, A. & DORKELD, F. *Spider Mites Web*: a comprehensive database for the Tetranychidae, 2008. Disponível em: <www.montpellier.inra.fr/CBGP/spmweb>. Acessado em: 21 jan. 2012.

NÁVIA, D. & MARSARO JR., A. Firts report of the Citrus hindu mite, *Schizotetranychus hindustanicus* (Hirst) (Prostigmata: Tetranychidae), in Brazil. *Neotrop. Entomol.* 39(1): 140-3, 2010.

NIENSTAEDT, B. M. A. *Estudio de algunos aspectos biológicos y ecológicos del ácaro hindú de los cítricos Schizotetranychus hindustanicus (Hirst, 1924) (Acari: Tetranychidae), en Maracay, Venezuela*. Postgrado: Instituto y Departamiento de Zoología Agrícola, Universidad Central de Venezuela, 2007. 66p.

NIENSTAEDT, B. & MARCANO, R. Estudio de la biología del ácaro hindu de los cítricos *Schizotetranychus hindustanicus* (Hirst, 1924) (Acari: Tetranychidae), en tres tipos de alimentos. *Entomotropica* 24(2): 51-6, 2009.

QUIRÓS, M. & GERAUD-POUEY, F. *Schizotetranychus hindustanicus* (Hirst) (Acari: Tetranychidae), new spider mite pest damaging citrus in Venezuela, South America. In: XI INTERNATIONAL CONGRESS OF ACAROLOGY, 11, Merida. *Program and abstract book*. Distrito Federal, México: Universidad Nacional Autónoma de México, 2002. p. 255-6.

SHEIKHOLESLAMZADEH, S. & SADEGHI, H. First records of four mite species (Acari: Tetranychidae) in Iran. *Applied Entomology and Phytopathology*, 78(1): 121-5, 2010.

SIDERIS, C. P. & YOUNG, H. Y. Effects of nitrogen on chlorophyll, acidity, ascorbic acid, and carbohydrate fractions of *Ananas comosus* (L.) *Merr. Plant Physiol.*, 22(2): 97-116, 1947.

PARTE III

Horticultura e Plantas Forrageiras

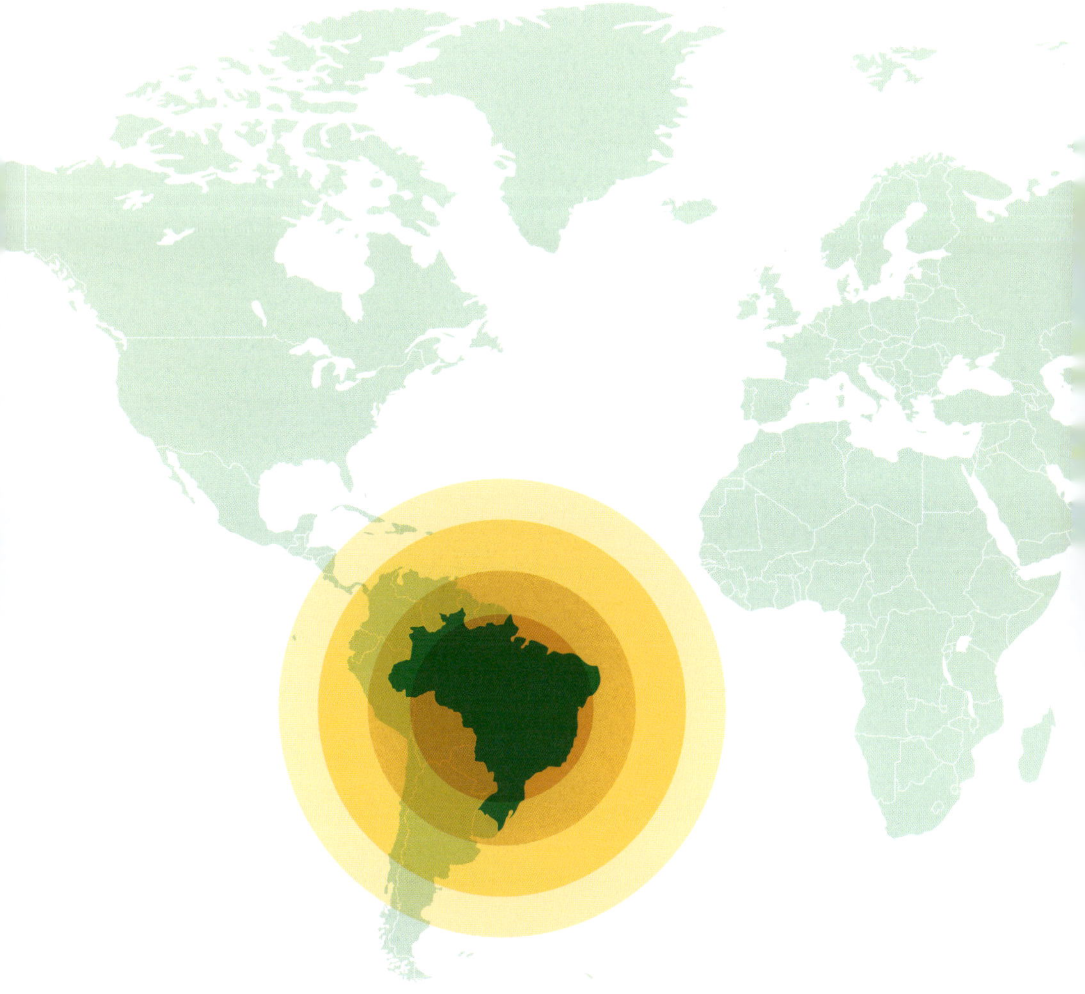

28

Traça-da-batata, *Phthorimaea operculella* (Zeller)

F. H. França, M. C. Branco, V. O. Becker

INTRODUÇÃO

Ainda que originária da América do Sul, oficialmente a traça-da-batata, *Phthorimaea operculella* (Lepidoptera: Gelechiidae), foi introduzida no Brasil no início do século passado com a batata importada da Europa, recebida no porto do Rio de Janeiro ou de Santos. Em pouco tempo, ganhou o Planalto Paulista e, em 1935, já era considerada uma praga importante da cultura da batata em Maria da Fé, Minas Gerais. A partir daí, provavelmente pelo replantio de tubérculos-semente infestados com ovos, larvas e pupas, disseminou-se para outros locais onde quer que se produzisse a batata, ou por outras espécies de solanáceas que servem de hospedeiros alternativos. Em 2012, o inseto podia ser encontrado em todos os estados onde se cultiva batata.

Os adultos são pequenas mariposas cinzentas que atingem até 1,5 cm de envergadura e têm hábito noturno para acasalamento e oviposição. As larvas danificam folhas, brotações, hastes e tubérculos no campo e causam prejuízos em tubérculos que não são armazenados sob refrigeração. Caso eles se destinem ao plantio de novas áreas, e se não houver cuidado com as práticas fitossanitárias preventivas, constituirão fonte primária de infestação no campo. A traça-da-batata causa ainda danos a folhas e frutos de tomate e a outras espécies, como pimentão, pimenta e berinjela, além de *Beta vulgaris*, a beterraba açucareira. É encontrada também em amarantáceas e solanáceas silvestres dos gêneros *Amaranthus*, *Datura*, *Nicandra* e *Physalis*.

Desde a década de 1990, a traça-da-batata, após décadas relegada à condição de praga secundária da cultura, tornou-se um problema fitossanitário relevante. Contribuíram para essa mudança de *status* a evolução tecnológica do sistema de produção da batata, que fez que a cultura se deslocasse de regiões produtoras tradicionais para locais de temperatura média mais elevada, cujas áreas relativamente planas e próprias para o cultivo mecanizado facilitam plantios sucessivos. Os modernos sistemas de irrigação tipo pivô central, além do uso intensivo de fertilizantes e agrotóxicos, tornaram possíveis esses deslocamentos.

O que se depreende dessa análise é que aconteceram avanços significativos no processo de enfrentamento de situações de risco fitossanitário ao longo dos últimos cento e vinte anos no Brasil. De todo modo, a relativamente pequena estrutura de prevenção fitossanitária que existia no país no início do século passado e a falta de cultura de práticas quarentenárias do país ainda permanecem nos dias de hoje. Naquela época e nas décadas seguintes, a falta de política quarentenária, política de Estado, de arcabouço jurídico representativo, de estrutura física e de pessoal técnico qualificado contribuiu para a introdução da traça-da-batata, que causou e tem causado grandes perdas à produção e aumentado os custos diretos e indiretos da bataticultura no Brasil. Da mesma forma que ocorrreu com outras pragas introduzidas no país ao longo do século XX, relativamente à importância do agronegócio brasileiro hoje, a necessidade de cuidados e medidas é ainda maior. Daí ser essencial avaliar se as percepções sobre problemas potenciais que ameaçam nossa agricultura evoluíram e se os aparatos legais e físicos que existem na época atual são suficientes para enfrentá-los agora e no futuro, em momento histórico em que a concorrência comercial e o intercâmbio de pessoas entre países contribuem sobremaneira para aumentar o risco de introdução de agentes fitossanitários com potencial de inviabilizar setores do agronegócio brasileiro.

Posição taxonômica e nomenclatura

Ordem: Lepidoptera

Família: Gelechiidae

Subfamília: Gelechiinae

Gênero: *Phthorimaea* Meyrick, 1902

Espécie: *Phthorimaea operculella* (Zeller, 1873)

Sinonímias: *Gelechia terrella* Walker, 1864
Gelechia operculella Zeller, 1873
Bryotropha solanella Boisduval, 1875
Gelechia tabacella Ragonot, 1879

Gelechia sedata Butler, 1880
Phthorimaea epicentra Meyrick, 1909
Gnorimoschema operculella (Zeller, 1873)
Gnorimoscema solanella (Boisduval, 1875)

Phthorimaea operculella (Zeller) (Gelechiidae) foi descrita pelo entomólogo inglês Francis Walker, em 1864, como *Gelechia terrella,* com base em material proveniente da Austrália. A espécie recebeu mais quatro nomes nos dezesseis anos seguintes: *Gelechia operculella* Zeller, 1873, com base em material coletado no Texas; *Bryotropha solanella* Boisduval, 1875, e *Gelechia tabacella* Ragonot, 1879, ambas sem especificação da origem do material; e como *Gelechia sedata* Butler, 1880, com base em especimen coletado na Nova Zelândia. Foi descrita ainda mais uma vez, em 1909, como *Phthorimaea epicentra* Meyrick, a partir de uma fêmea coletada na África do Sul (Becker, 1984). Vale descatar que, apesar de o nome *terrella,* proposto por Walker em 1864, ser o mais antigo, não pode ser usado, pois na época da descrição já havia outra espécie com essa identificação: *Gelechia terrella* [Denis & Schiffermüller], 1775. Portanto, trata-se de homônimo mais recente (Hodges, 1967). O nome usado deve ser o seguinte, mais antigo: *operculella,* proposto por Zeller em 1873. Na literatura antiga, também era conhecida como *Gnorimoschema operculella* (Zeller) e *Gnorimoschema solanella* Boisduval, 1874 (Haines, 1977; Raman, 1980).

Essa constatação permite destacar alguns fatos: 1) apesar de sua origem sul-americana, já conhecida pelos agricultores da região, nenhuma das descrições foi baseada em material coletado nesse continente; 2) a traça-da-batata já provocava prejuízos à produção de batata na Tasmânia, na Nova Zelândia e na Califórnia antes mesmo de ter sido descrita (Berthon, 1855, citado por Trivedi & Rajagopal, 1992), apesar de ser uma praga conhecida na Europa desde a introdução da batata nesse continente; 3) o próprio Lineu, em 1758, já havia dado nome à maioria das espécies que causam danos às plantas cultivadas no continente europeu, mesmo nos casos em que não dispunha de material, baseando-se nas descrições e ilustrações de autores mais antigos; 4) a batata já era cultivada na Escandinávia em meados do século XVII, e provavelmente conhecida por Lineu. Com base nessas considerações, é possível supor que existam especimens coletados e depositados em alguma coleção na Europa, à espera de que algum entomologista recupere tal registro e descrição da espécie onde ela está depositada.

Pela sua distribuição mundial e por causar danos de importância econômica à cultura no campo e nos tubérculos armazenados, a traça-da-batata é a espécie mais conhecida entre os vários gelechiídeos associados a outras solanáceas cultivadas, como *Keiferia lycopersicella*, *Symmetrischema tangolias* [= *S. plaesiosema*], *Scrobipalpopsis solanivora* e *Tuta absoluta*. As três primeiras espécies têm distribuição ampla. Podem representar uma ameaça potencial se desconsiderados os cuidados fitossanitários no intercâmbio de tubérculos entre o Brasil e os países onde são consideradas pragas da batata (Haines, 1977; Raman, 1980). Já *T. absoluta*, importante praga do tomateiro, tem causado danos à bataticultura em Goiás e no Distrito Federal (Medeiros et al., 1998).

HISTÓRICO DA INTRODUÇÃO DA PRAGA NO BRASIL

Expansão da cultura da batata no mundo e sua introdução no Brasil

A controvérsia quanto à origem da batata da América do Sul levada à Europa foi exaustivamente discutida por Salaman (1985) em sua obra *The history and social influence of the potato*. A partir das conclusões de botânicos e geneticistas russos enviados por Vavilov às Américas nos anos de 1930 para coletar *Solanum*, por existirem consideráveis diferenças de hábitos de crescimento e arquitetura de plantas de batatas cultivadas no Chile e nos Andes, eles propuseram que as primeiras, muito parecidas com a batata europeia, fossem classificadas como *Solanum tuberosum* e a espécie cultivada nos Andes fosse denominada *Solanum andigena* (Salaman, 1985). Daí os cientistas russos afirmarem enfaticamente, até meados do século passado, que as primeiras batatas cultivadas na Europa teriam se originado no Chile.

Tal dúvida permaneceu até que Salaman (1985) demonstrasse – de modo convincente, ancorado em fundamentos botânicos, realidades geográficas e antropológicas, rotas marítimas, anotações de comércio, situação sociopolítica das relações da Espanha com suas colônias e outras evidências da história contemporânea da época – que a batata foi introduzida na Europa a partir do porto de Cartagena, Colômbia, e que tinha origem nas áreas cultivadas pelos nativos nos arredores de Bogotá (Salaman, 1985).

Sabe-se que distintas espécies de batata eram cultivadas pelos nativos da costa do Pacífico da América do Sul no início do século XVI, desde zonas de altitude nos Andes do Peru e Bolívia até os vales litorâneos e mesmo ilhas, como Chiloé, no Chile (Salaman, 1985). Reconhece-se também que o tubérculo foi introduzido na Europa apenas por volta de 1570, através da Espanha, onde há o registro do primeiro plantio e consumo da batata, nas hortas cultivadas do hospital de Sevilha, em 1573 (Salaman, 1985). Daí a batata teria sido levada para a região da Toscana, na Itália, em 1587, e de lá para a Alemanha, entre 1588 e 1593 (Burton, 1989). Foi plantada em jardins botânicos de Londres em 1596, com o uso de tubérculos recebidos do legado papal (Salaman, 1985), provavelmente porque a Igreja Católica era a única instituição organizada que permeava os países europeus. Seu potencial agrícola e alimentar foi reconhecido na França em 1601, e a batata firmou vocação definitiva como alimento básico na Irlanda no início do século XVII (Burton, 1989).

A importância da cultura da batata para o crescimento da população e para a urbanização da Europa é exaustivamente discutida por Nunn e Qian (2011). A

Europa era um continente devastado por permanentes guerras que dizimavam os rebanhos e os cultivos de cereais, cujas colheitas eram objeto de disputa interminável por exércitos, uma vez que a fome era uma ameaça concreta, ano após ano. Essas condições, de certa forma, fizeram que a batata, dadas as suas características de alta produtividade e elevado valor alimentício (energético e proteico), precocidade e capacidade de armazenamento, vencesse preconceitos e respondesse com rapidez às necessidades de produção e consumo (Salaman, 1985). Considera-se a batata responsável pelo aumento significativo da população mundial, o que possibilitou a urbanização que aconteceu nos séculos XVIII e XIX (Nunn & Qian, 2011). As mais conservadoras estimativas relacionam a introdução da batata no Velho Mundo ao crescimento da população em 25%, entre os anos de 1700 e 1900.

E qual teria sido o caminho percorrido pela batata até o Brasil? A introdução do tubérculo na Espanha, em 1573, aconteceu pouco antes da morte de Dom Sebastião, então rei de Portugal, em 1578, na África, fato que determinou a unificação e administração da Península Ibérica (1580-1640), o que torna plausível a hipótese de que a cultura tenha se disseminado para Portugal. Sabe-se que os colonizadores portugueses levaram a batata para as colônias na África no final do século XVIII (Burton, 1989). Com isso, não existe razão objetiva para que nossos colonizadores não tenham introduzido a batata no Brasil no mesmo período, ou pouco depois, com a vinda da família real em 1808. Se é provável, no entanto, que essas introduções tenham sido as primeiras, talvez não tenham sido as únicas, considerando as várias correntes migratórias europeias que formaram o povo brasileiro entre 1820 e 1930.

Como vimos, a batata era cultivada na Itália e na Alemanha desde 1580. Portanto, é válido supor que, no início do século XIX, fazia parte da dieta alimentar dos imigrantes alemães que vieram colonizar o Rio Grande do Sul, a partir de 1825, e, depois, a partir de 1875, dos italianos. Como então era hábito, esses imigrantes com certeza trouxeram os tubérculos que deram origem à produção de batata nesse estado, como provavelmente também ocorreu com as várias levas de imigrantes de várias nacionalidades no Rio de Janeiro (Teresópolis e Friburgo, em 1819), no Espírito Santo e em Santa Catarina. Da mesma forma, é razoável supor que a batata também era conhecida dos primeiros colonos poloneses assentados no Paraná a partir de 1869.

Outro elemento que reforça a convicção de que o tubérculo fez parte das várias correntes migratórias para o Brasil é a informação de que o Império Britânico levava batata da Itália para plantar em suas colônias. Isso explicaria a disseminação da traça-da-batata, por exemplo, para a Índia e de lá para a região onde hoje é Bangladesh (Banglapedia, 2006). Assim, uma vez cultivada em muitos países da Europa, a batata espalhou-se, com seus insetos e patógenos, para o resto do mundo, levada pelas marinhas mercantes do velho continente para os portos da Ásia, África e Oceania (Num & Quin, 2011).

Portanto, é possível que, mesmo que ainda não houvesse ocorrido antes no Brasil, *P. operculella* tenha sido trazida com tubérculos de batata importados entre 1845 e 1858. Também se atribui o início do cultivo da batata no Rio de Janeiro à necessidade de satisfação das exigências alimentares dos funcionários das companhias inglesas contratadas durante o império para construir as estradas de ferro Mauá e Leopoldina.

Ainda que a bataticultura fosse explorada economicamente em vários estados brasileiros no final do século XIX, não se conhece nenhum registro, até o momento, da presença da traça-da-batata nesse período no Brasil. Algumas razões podem ser apontadas para esse fato: pequena importância econômica do inseto; baixo consumo do produto; poucos especialistas em agronomia e pragas; áreas de produção relativamente pequenas, esparsas e isoladas geograficamente, em geral derivadas de batatas-semente produzidas pelos próprios agricultores; produção concentrada em locais de altitude e épocas de plantio associadas às épocas do ano com temperaturas mais amenas, o que contribuía para manter baixas as populações do inseto; precária rede viária, limitando o transporte e o comércio de gêneros alimentícios; população predominantemente rural, sendo os grandes centros populacionais do país (São Paulo e Rio de Janeiro) os únicos a demandar produção agrícola local e importações.

O abastecimento da população das cidades de São Paulo e do Rio de Janeiro, com 528 mil e 911 mil habitantes, respectivamente, no final da Primeira Guerra Mundial (Bertucci-Martins, 2003; Goulart, 2005), obrigava que a demanda não atendida pelo mercado local fosse suprida pela importação de tubérculos de batata da Europa e da América do Norte. Portanto, é provável que a traça-da-batata tenha sido introduzida no Brasil através dos principais portos do país, Rio de Janeiro e Santos, nos séculos XVIII e XIX. Nessa época, ela já era considerada praga importante nos Estados Unidos, na Austrália, Nova Zelândia, Tasmânia, África do Sul, Índia, Itália, França, Cuba, Canárias, Havaí e Açores.

Traça-da-batata no Brasil

O desenvolvimento da entomologia no Brasil, na primeira metade do século XX, deveu-se à devoção e ao descortínio de alguns poucos, mas grandes brasileiros, destacando-se o professor Ângelo Moreira da Costa Lima. Médico de formação e apaixonado pelo mundo dos insetos, aos quais dedicou toda a sua profícua vida como pesquisador e professor, é considerado um dos criadores da entomologia agrícola no Brasil, a partir de 1916. O Serviço Nacional de Vigilância Sanitária Vegetal foi regulamentado pelo Decreto 15.198, de 21 de dezembro de 1921, e o professor Ângelo era diretor da instituição (Silva, 2006). A criação desse serviço representou um marco na gestão da coisa pública relacionada à agricultura, e foi a partir dele que se implantou uma política de proteção fitossanitária no Brasil. Um exemplo é a Portaria de 14 de janeiro de 1922, que proibia a importação de alguns produtos agrícolas, entre eles, a batata, de países onde fossem encontrados agentes que constituíssem ameaça à agricultura nacional. Nessa portaria, entre vários patógenos mencionados, o único inseto citado era *P. operculella* (Torres, 1923). Daí a surpresa: por que apenas uma espécie de inseto? E por que a traça-da-batata?

Afinal, proibia-se, por exemplo, a entrada de algodão, mas não se mencionava o bicudo-do-algodoeiro (Barbosa, 1981), na ocasião já uma importante praga da cotonicultura nos Estados Unidos. Citava-se a batata, mas não se mencionava sua principal praga na época, *Leptinotarsa decemlineata*, que alcançara o continente europeu poucos anos antes. Esse inseto já havia merecido uma referência na *Encyclopedia Rural Brasileira*, na qual se alertava o público para o fato de que "ainda não se conhece meio seguro de exterminação" de tal inseto (Dutra, 1893).

Na literatura brasileira relacionada à traça-da-batata entre 1923 e 1945, verifica-se a importância e a influência dos trabalhos publicados por F. Picard em 1912 (Torres, 1923; Lima, 1945), *Farmer's Bulletin* nº 557 em 1913 (Torres, 1923), J. E. Graft em 1917 (Lima, 1945), os quais contribuíram para tornar a traça-da-batata mais conhecida no meio científico mundial e tiveram impacto na comunidade científica brasileira no período.

Torres (1923) fez o primeiro registro formal do inseto no Brasil, estabelecendo "a presença da mariposa *Phthorimaea operculella* em diferentes fases, numa partida de 60 toneladas (2.514 caixas) de tubérculos de batata americana, procedentes da Noruega", no porto do Rio de Janeiro, em março de 1923. Ainda que a partida tenha sido condenada e o professor Ângelo tenha solicitado ao inspetor da Alfândega a incineração de todos os tubérculos, baseado na autoridade que lhe foi conferida pela Portaria assinada pelo ministro da Agricultura no ano anterior, foi solenemente ignorado, e foram retiradas aproximadamente 30 toneladas de batata "do armazém externo A da Alfândega" (Torres, 1923) sem autorização do Serviço de Vigilância Sanitária Vegetal. O material estava infestado por ovos, larvas, pupas e adultos da traça-da-batata e foi vendido no varejo. Além disso, o autor informa que "outras partidas têm sido despachadas sem o conhecimento prévio do nosso Serviço". Interessante notar que Torres (1935) se contradiz, ao afirmar que toda a partida de batata importada em 1923 havia sido incinerada naquela ocasião. Em 1925, na Bahia, Bondar menciona "uma terrível praga da batatinha que está invadindo as culturas do fumo", além de outra solanácea hospedeira, a jurubeba, cujos exemplares enviados ao Imperial Bureau of Entomology, em Londres, foram identificados por E. Meyrick como *P. operculella* (Anônimo, 1925).

É importante ressaltar a informação de que, "em Santos, varias partidas de batatas aportavam inilludivelmente parasytadas pela praga em questão e, dadas circumstancias especiaes, como seja, a necessidade de descarregar o vapor, e a impossibilidade de as fazer voltar, força era fazel-as descarregar, urgindo que isto se fizesse sob medidas sanitarias rigorosas. Uma vez as batatas nos respectivos armazéns, ficou, *ipso facto*, a praça de Santos considerada infestada, já que expurga-las era impossível na occasião" (Guimarães, 1927). Contudo, observada na região de Itatiba apenas na década seguinte, foi descrita a ocorrência da traça-da-batata em "tubérculos de batatinha" em campos de cultura do Estado de São Paulo (Mendes, 1937). O autor conclui: "si bem que não tenha sido efetuadas maiores observações que as atrás alinhadas, supomos que tal inséto, que indubitavelmente constitue uma das pragas da batatinha no Estado de São Paulo, não tem aqui a importância econômica que assume em outros países da América e Europa. Por outro lado acreditamos que pesquisas posteriores revelarão a existência da praga nas outras zonas batateiras do Estado de São Paulo".

É também da revisão de Mendes (1937) a informação de que a praga já fora identificada em 1934, a partir de larvas coletadas em plantas de fumo na região de Piracicaba e Nova Odessa. Lima (1936) citou que lagartas da espécie foram encontradas em batata armazenada, em fevereiro de 1923 (um mês antes da primeira constatação oficial), em Deodoro, hoje bairro da cidade do Rio de Janeiro. Outra comunicação do Serviço de Defesa Sanitária Vegetal revelava que as lagartas alimentavam-se de "folhas de batata ingleza" no município de Maria da Fé, Minas Gerais, em março de 1935. É interessante ressaltar que Lima (1945) parece endossar e equivocadamente atribuir a Mendes (1937) a ideia de que a traça-da-batata talvez fosse originária do Brasil. O ponto central de seu argumento é que diversas espécies de gelequiídeos, muito parecidos com a traça-da-batata, são associadas com solanáceas cultivadas em vários estados brasileiros.

Todas essas informações sugerem que a traça-da-batata já estava presente no Brasil antes da sua primeira constatação "oficial". Assim, ainda hoje não se sabe se *P. operculella* foi identificada no país porque o Estado organizou um serviço de vigilância sanitária para prevenir problemas dessa ordem, ou se isso aconteceu por causa do crescente interesse de parte da comunidade científica nacional e do aumento do intercâmbio científico com pesquisadores de outros países.

De resto, parece que, nas primeiras décadas do século passado, o aparecimento de problemas fitossanitários que demandavam soluções urgentes determinou a criação de órgãos públicos e o estabelecimento de equipes e programas de pesquisa, como sugere Silva (2006). Este autor descreve a saga política e técnico-científica para enfrentar a broca-do-café, cuja gravidade e ameaça potencial à principal riqueza agrícola brasileira nos anos 1920 levou o governo estadual de São Paulo a compor uma comissão científica responsável pela elaboração e implementação de um plano de combate. A comissão foi formalmente extinta em fins de 1927, após a criação de uma instituição permanente de pesquisa agrícola: o Instituto Biológico de Defesa Agrícola e Animal (Silva, 2006).

Nesse processo de enfrentamento às pragas introduzidas, as instituições nacionais evoluíram política e organizacionalmente ao longo do século XX. E um exemplo é que, em março de 1983, quando o bicudo-do-algodoeiro foi identificado na região produtora de algodão em Americana, SP, e pouco tempo depois na Paraíba (Barbosa, Lukelahr & Braga Sobrinho, 1986), já havia sistemas de pesquisa e extensão rural, públicos e privados, preparados para enfrentar tamanho desafio (Barbosa, 1981). Soluções tecnológicas foram adaptadas, desenvolvidas e adotadas nas décadas seguintes, fazendo que a cotonicultura brasileira fosse considerada, em 2012, uma das mais modernas praticadas no mundo, porém, a um custo de produção muito elevado, o que põe em risco sua sustentabilidade no longo prazo.

DISTRIBUIÇÃO GEOGRÁFICA

A traça-da-batata é originária da América do Sul e encontrada em mais de noventa países (Figura 1), em todos os continentes. A maior parte da distribuição concentra-se nos cinturões de clima equatorial e tropical. Considera-se como primeira ocorrência da traça-da-batata aquela registrada na Tasmânia, em 1855 (Torres, 1923; Das & Raman, 1994). As populações distribuem-se entre os paralelos 35 Norte e Sul e estão associadas a zonas de produção de batata localizadas em baixa e alta altitude (Haines, 1977; Raman, 1980). No Brasil, a traça-da-batata é encontrada em todas as regiões onde é feito o cultivo: Rio Grande do Sul, Santa Catarina, Paraná, São Paulo, Rio de Janeiro, Minas Gerais, Goiás, Distrito Federal, Mato Grosso do Sul, Espírito Santo, Bahia, Alagoas, Pernambuco, Paraíba e Ceará (Medeiros et al., 1998).

Em extensa revisão publicada sobre *P. operculella,* Rondon (2010) estudou a origem, os métodos de controle e a distribuição da praga, entre outros temas. Ao mencionar o Brasil, a autora sugere que o inseto é encontrado apenas no Estado do Rio Grande do Sul.

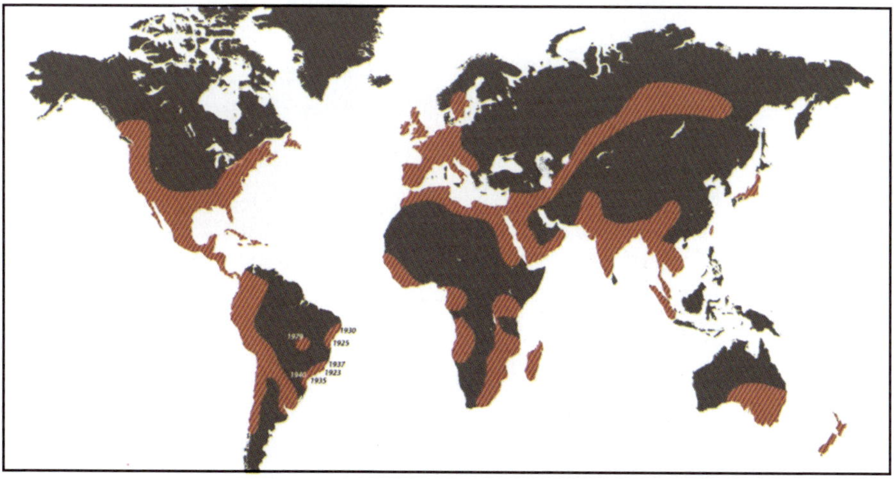

Figura 1. Distribuição mundial de *P. operculella* (Rondon, 2010).

BIOLOGIA E ECOLOGIA

As descrições acerca da biologia da espécie são baseadas em trabalhos de Guimarães (1927), Mendes (1937), Haines (1977), Raman (1980) e em dados e informações não publicados pelos autores. Os ovos (Figura 2A) são pequenos (0,5 × 0,4 mm) e ovais, de cor branca ou amarelo-clara, e permanecem nessa fase por dois a quatro dias. No campo, são postos isolados ou em grupos, preferencialmente na face inferior das folhas, nas brotações, e nas ramas, nos tubérculos, próximo aos "olhos". Também são postos em sacos que acomodam os tubérculos, em janelas, luminárias e fiação, em caixas e paredes dos depósitos e armazéns.

Inicialmente, as larvas (Figura 2B) têm cor branca ou creme; eventualmente assume um tom esverdeado e alcançam até 11 mm perto da empupação. A larva passa por quatro instares (Carneiro & Almeida, 1983). Neles, é difícil a separação da cabeça e da placa protorácica (pronoto), que tem cor preta ou marrom-escura, mas isso facilita a discriminação dessa espécie em relação a outros gelequiídeos (Zucchi, Silveira Neto & Nakano, 1993).

As pupas (Figura 2C) medem até 6 mm de comprimento e, em geral, são protegidas por um casulo branco ou cinza. Eventualmente, em populações densas, há pupas esverdeadas ou marrons sem essa proteção. Podem ser encontradas em vários locais, como folhas senescentes ou secas das plantas; junto a entulho e restos de cultura; nos "olhos" de tubérculos aparentemente sadios ou em tubérculos desidratados ou danificados; nas rachaduras e mesmo fixas às paredes de armazéns e depósitos.

Figura 2. A) Ovos. B) Larvas. C) Pupas. D) Adultos. Fotos: Ward M. Tingey.

Em temperaturas mais elevadas, os adultos (Figura 2D) emergem em até oito dias. As mariposas são pequenas, com envergadura inferior a 15 mm. O abdome é cinza brilhante, as asas anteriores são acinzentadas e as posteriores, brancas. A traça-da-batata voa sobretudo à noite. Durante o dia, é difícil encontrar os adultos, porque eles se escondem sob as folhas baixas da planta, entre torrões de solo etc.

As fêmeas iniciam a oviposição a partir do acasalamento, que em geral acontece logo após a eclosão. A postura acontece entre quatro e nove dias, podendo atingir de cem a trezentos ovos, a depender da temperatura ambiente e do acesso a nutrientes. Em temperatura controlada e na presença de solução de açúcar, os adultos vivem de dez a quinze dias. A oviposição é favorecida em temperaturas de 20 a 30°C, mas é inibida sob luz forte.

O desenvolvimento larval só é possível em temperaturas acima de 10°C. A incubação dos ovos e o desenvolvimento larval são favorecidos por temperaturas mais elevadas, mas não pela umidade relativa. As larvas eclodem em até cinco dias após a oviposição, a única fase do inseto que causa dano. O ciclo do ovo ao adulto completa-se entre três e quatro semanas, em temperaturas entre 25 e 30°C. O sucesso do desenvolvimento da espécie, portanto, circunscreve-se a temperaturas de 10 e 30°C.

No campo, acima dos 16°C surgem os primeiros sinais da presença do inseto (larvas, danos nas folhas, adultos); entre 25 e 30°C, as populações tendem a aumentar com muita rapidez. Os adultos dispersam-se do campo para o armazém e entre campos de produção, embora alguns autores estimem que adultos de *P. operculella* não se movimentem muito, em especial para encontrar outros hospedeiros (Cameron et al., 1997; Golizadeh & Razmjou, 2010), mas o fazem em geral de plantios mais antigos para os mais novos. As larvas invadem o parênquima foliar, as brotações e, eventualmente, os tubérculos localizados próximo à superfície do solo. Elas são capazes de localizar folhas e plantas, com menor eficiência, à medida que aumenta a distância entre as plantas, no fim do ciclo em que se encontram, e as plantas novas para as quais podem migrar (Rivera, 2011; Medina et al., 2010).

Além da depreciação econômica dos tubérculos e da redução da área foliar, que evolui para a seca e a morte das plantas, em alguns casos a perda da gema apical favorece o superbrotamento. Indiretamente, os danos causados pelas larvas favorecem a disseminação de doenças de origem fúngica e bacteriana, o que torna ainda mais arriscado o sistema de produção da batata.

O dano observado nos tubérculos (Figura 3), tanto em campo quanto em armazém, caracteriza-se pela formação de minas e galerias superficiais ou pela localização profunda das larvas no interior dos tubérculos, o que dificulta sua identificação sem a destruição do produto. Para as condições de armazenamento, acredita-se que a principal fonte de infestação sejam os tubérculos trazidos do campo com ovos ou larvas. Completado o ciclo, as fêmeas iniciam a oviposição, escolhendo preferencialmente as brotações e os "olhos" dos tubérculos. Sob alta

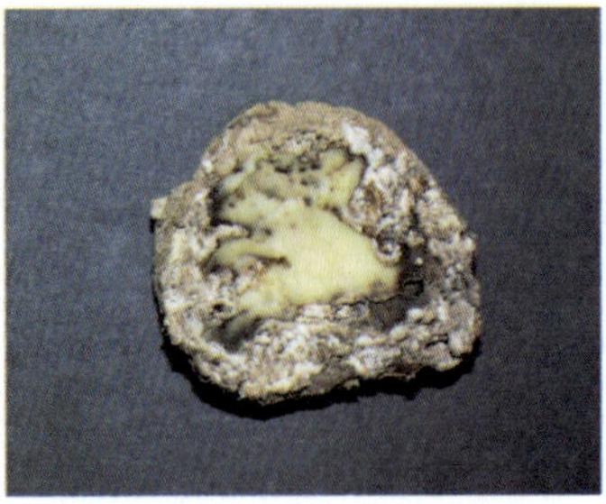

Figura 3. Tubérculo danificado por *P. operculella*. Foto: Ward M. Tingey.

infestação, posturas são feitas nas paredes, em entulhos, sacos, caixas e outras estruturas, de onde as larvas recém-eclodidas migram até os tubérculos.

PLANTAS HOSPEDEIRAS

A traça-da-batata é considerada uma praga da batata desde 1855. Além dessa cultura, o inseto ataca as partes vegetativas e os frutos de algumas espécies de importância econômica de solanáceas, como o fumo (*Nicotiana tabacum*), o tomate (*Lycopersicum esculentum*), o pimentão (*Capsicum annuum*), a pimenta (*Capsicum frutescens*), a berinjela (*Solanum melongena*), *S. muricatum* e *S. aviculare* (Mendes, 1939; Haines, 1977; Das & Raman, 1994; Cameron et al., 1997; Trivedi & Rajagopal, 1992). Entre as poucas espécies hospedeiras de importância econômica, afora as solanáceas, inclui-se a beterraba açucareira, *Beta vulgaris*. Entre as ervas daninhas estão os gêneros *Amaranthus, Datura, Nicandra* e *Physalis* (Haines, 1977; Das & Raman, 1994).

Em uma revisão dos hospedeiros alternativos da traça-da-batata, Das e Raman (1994) relacionaram 60 espécies, das quais 52 pertencem à família Solanaceae (gênero *Solanum* e outros proximamente relacionados). Outras famílias que contêm espécies hospedeiras do inseto são: Scrophulariaceae, Borginaceae, Rosaceae, Typhaceae, Asteraceae, Amaranthaceae e Chenopodiaceae. Ainda que a literatura não relate infestação severa ocorrendo em qualquer um dos hospedeiros classificados como ervas daninhas e não considere que a batata e o fumo sejam os hospedeiros preferidos da traça-da-batata, está confirmado que a espécie pode perpetuar-se em hospedeiros alternativos quando a batata ou o fumo não estão disponíveis (Cameron et al., 1997).

DANOS

Os prejuízos causados pela traça-da-batata (Figura 3) podem atingir até 15% dos tubérculos. Provocam redução de até 30% da produção, já que podem ser descartados como impróprios para o comércio (Ali, 1993). Os danos podem ser reduzidos por meio de medidas preventivas, como escolha de cultivares de batata que tuberizam mais profundamente no solo e por isso são menos vulneráveis, e adoção de boas práticas agronômicas, antes que sejam consideradas medidas de controle químico.

MÉTODOS DE CONTROLE

Entre as boas práticas agronômicas que devem ser adotadas, pode ser citadas: 1) adoção de "vazio sanitário", evitando plantios sucessivos em uma mesma área; 2) escape dos plantios em períodos de temperatura elevada, entre 25 e 30°C, uma vez que esse espectro de temperatura contribui para a ocorrência de altas populações do inseto; 3) utilização de tubérculos livres de ovos, larvas e pupas para o plantio; 4) redução da exposição de tubérculos à oviposição, com bom preparo do solo, de modo a evitar a formação de torrões, por exemplo; 5) realização da amontoa alta 35 a 42 dias após o plantio; 6) manutenção do solo em capacidade de campo para reduzir as suas rachaduras; 7) priorização de sistemas de irrigação por aspersão que concorrem para a redução de populações do inseto, pela remoção de ovos e das larvas das folhas, e para o aumento da mortalidade de pupas em relação a sistemas de irrigação por sulcos/infiltração; 8) monitoramento de populações por meio de armadilhas de feromônio para minimizar pulverizações de inseticidas, que devem ser feitas quando o número de adultos capturados é em média superior a 20 por armadilha, se a batata é destinada ao consumo, ou 40 por armadilha, se é destinada ao processamento industrial. Medidas de monitoramento devem privilegiar o período inicial de desenvolvimento das plantas, para reduzir tanto os danos nas folhas quanto nos tubérculos (Ali, 1993; University of California, 1986; Reifscheneider, 1987; França, 1998; Lopes & Buso, 1997; Cisneros, 1992; Vilela & Della Lúcia, 1987; Furiatti, Pinto Jr. & Pereira, 1998; Raman, 1988).

No que refere ao controle biológico, várias espécies de parasitoides da traça-da--batata foram identificadas, entre elas, *Apanteles subandinus*, única de dezessete espécies recuperadas em tentativa de controle biológico empreendido na Nova Zelândia, onde atingiu 45% de taxa de parasitismo e retardou o pico populacional da traça em três a quatro semanas (uma geração), sem contudo possuir significado econômico. Outros inimigos naturais identificados nesse país foram *Diadegma semiclausum* e o taquinídeo *Trigonospila brevifascies*. Já *Copidosoma koehleri*, uma espécie poliembriônica, com tecnologia de produção massal definida e estratégias de liberação inoculativa e inundativa realizadas em vários países, comprovadas por avaliações de eficiência biológica do parasitoide em relação ao seu custo de produção (Raman, Palácios & Mujica, 1993; Baggen & Gurr, 1998), tem potencial de aplicação, mas são necessárias mais tentativas de transferência de tecnologia para viabilizar sua adoção em larga escala.

O uso de *Baculovirus phthorimaea* tem sido enfatizado nos países andinos. As larvas da traça-da-batata são mortas devido a uma enfermidade natural causada pelo baculovírus 12 a 21 dias após a ingestão, sendo que nenhuma larva atingiu a fase de pupa. O baculovírus pode ser aplicado em polvilhamento ou em solução aquosa, tanto em tubérculos armazenados como em campos de produção. O processo de obtenção do vírus é semiartesanal, relativamente simples de ser executado e pode ser produzido para utilização em escala comercial pelos agricultores (CIP, 1992). O fungo *Muscodor albus*, que produz uma mistura de voláteis com capacidade antimicrobiana, foi testado por suas atividades inseticidas contra larvas de traça-da-batata, com eficiência relativa de até 73% em relação ao controle (Lacey & Neven, 2006), mas ainda precisa ser desenvolvido comercialmente.

No que se refere ao uso de variedades resistentes (Stein, 1998; Malakar-Kuenen & Tingey, 2000; Malakar-Kuenen & Tingey, 2006), existe um acervo de informações de quase quarenta anos de pesquisas, em que se buscou desenvolver cultivares de batata resistentes a insetos, entre estes, a traça-da-batata. Informações e resultados relevantes, de interesse científico e aplicado, estão fartamente documentados, mas o fato é que ainda não existe um cultivar de batata com apelo comercial disponível ao produtor (Dogramaci & Tingey, 2009; Dogramaci & Tingey, 2010).

Com base nessas considerações, percebe-se que o controle da traça-da-batata baseia-se principalmente em práticas culturais e no controle químico. Este ainda é o meio mais utilizado, seja no campo ou quando os tubérculos são armazenados sem refrigeração. Os casos de resistência a alguns princípios ativos mencionados têm sido pouco frequentes (Dogramaci & Tingey, 2008), mas merecem ser investigados com maior amplitude.

AGRADECIMENTOS

Os autores agradecem à The McKnight Foundation que, por meio do projeto cooperativo "Obtaining potatoes less dependent on insecticides through a type of broad spectrum resistance mediated by glandular trichomes and leptines", ofereceu à Embrapa Hortaliças e outras instituições brasileiras o apoio técnico e financeiro necessário para atividades de P&D em entomologia e melhoramento de batata entre 1994 e 2003. Ao doutor Ward Max Tingey, Cornell University, por gentilmente ter cedido e autorizado o uso das fotos utilizadas neste capítulo, e ao designer gráfico João Luiz França Moura, pela elaboração do mapa de distribuição da traça-da-batata no Brasil e no mundo. É necessário agradecer o inestimável apoio do Setor de Informação e Documentação da Embrapa Hortaliças, na pessoa de Fátima Lima, demais bibliotecárias e funcionários que a seguiram e que diligentemente recuperaram e mantêm as referências bibliográficas citadas neste trabalho. Por fim, é preciso e importante mencionar e agradecer a Sebastião Barbosa, Francisco José Becker Reifschneider, Hozanan Pires Chaves, José Amauri Buso e Carlos Alberto Lopes, cujas contribuições à pesquisa sobre a batata nos últimos 35 anos tornaram possível reescrever a história da introdução da traça-da-batata, *P. operculella*, e de muitas outras no Brasil.

REFERÊNCIAS BIBLIOGRÁFICAS

ALI MA. Effects of cultural practices on reducing field infestation of potato tuber moth (*Phthorimaea operculella*) and greening of tubers in the Sudan. *J. Agric. Science* 121: 187-92, 1993.

ANÔNIMO. Uma terrível praga da batatinha que está invadindo as culturas de fumo. *Chac. Quint.* 32: 319-20, 1925.

BAGGEN, L. R. & GURR, G. M. The influence of food on *Copidosoma koehleri* (Hymenoptera: Encyrtidae), and the use of flowering plants as a habitat management tool to enhance biological control of potato moth, *Phthorimaea operculella* (Lepidoptera: Gelechiidae). *Biolog. Control* 11: 9-17, 1998.

BANGLAPEDIA, 2006. Disponível em: <www.banglapedia.org/httpdocs/HT/T_0237.HTM>. Acesso em: 2 jan. 2012.

BARBOSA, S.; LUKEFAHR, M. J. & BRAGA SOBRINHO, R. *O bicudo-do-algodoeiro*. Embrapa–DDT, 1986. 314p. (Documentos, 4).

BARBOSA, S. *Boll Weevil, iminente ameaça à cotonicultura brasileira (Coleoptera: Curculionidae).* Embrapa–CNPA, 1981. 15p. (Misc., 01).

BECKER, V. O. Gelechiidae. In: HEPPNER, J. B. (ed.). *Atlas of neotropical lepidoptera.* Checklist – Part 1. The Hague, Junk, 1984. p. 44-53.

BERTUCCI-MARTINS, L. M. "Conselhos ao povo": educação contra a influenza de 1918. *Cad. Cedes* 23: 103-17, 2003.

BURTON, W. G. *The potato.* 3. ed. New York: Longman, 1989. 742p.

CAMERON. P. J. Alternative host plants as refugia for diamondback moth and potato tuber moth. Biology of fruit and vegetable pests. In: 50th NZ PLANT PROTECTION CONF. *Proc...*,1997, p. 242-6.

CARNEIRO, M. F. & ALMEIDA, A. A. Influência da dieta no número e duração dos instares da *Phthorimaea operculella*. *Pesq. Agrop. Brasil.* 18: 329-34, 1983.

CIP. *Control biologic de la polilla de la papa con Baculovirus phthorimaea*. Lima, 1992. 25p. (Boletín de Capacitación, 2).

CISNEROS, F. H. *El manejo integrado de plagas*. Lima, 1992. 38p. (Guia de Investigacion, 7).

LIMA, A. C. *Terceiro catálogo dos insectos que viven nas plantas do Brasil*. Rio de Janeiro: Escola Nacional de Agronomia, 1936. 460p.

LIMA, A. C. *Insetos do Brasil*: Lepidopteros. Rio de Janeiro: Escola Nacional de Agronomia, 1945. 379p. (Didática, 7).

DAS, G. P. & RAMAN, D. V. Alternate hosts of the potato tuber moth, *Phthorimaea operculella* (Zeller). *Crop Prot.* 13: 83-6, 1994.

DOGRAMACI, M. & TINGEY, W. M. Comparison of insecticide resistance in a North American field population and a laboratory colony of potato tuberworm (Lepidoptera: Gelechiidae). *J. Pest. Science*. DOI 10.1007/s10340-007-0178-5. 81: 17-22, 2008.

DOGRAMACI, M. & TINGEY, W. M. Host resistance and influence of tuber surface on larval performance of potato tuberworm (Lepidoptera: Gelechiidae). *J. Pest. Science*. DOI 10.1007/s10340-008-0228-7. 82: 109-14, 2009.

DOGRAMACI, M. & TINGEY, W. M. Performance of a North American field population and a laboratory colony of the potato tuberworm, *Phthorimaea operculella*, on foliage of resistant and susceptible potato clones. *J. Insect Sci.* 10: 80, 2010.

DUTRA, M. Livro do lavrador: tratado completo de agricultura theorica e pratica. In: *Enclyclopedia Rural Brasileira*. Livraria do Povo – Quaresma & Cia. Livreiros e Editores, 1893. 164p.

FRANÇA, F. H. A traça-da-batata pode ser controlada sem inseticida. *Informativo Abamig*, Pouso Alegre, 1: 8, 1998.

FURIATTI, R. S.; PINTO JR., A. R. & PEREIRA, P. R. V. S. Uso de armadilhas com feromônio sexual no monitoramento da traça-da-batata *Phthorimaea operculella* (Zeller, 1873) (Lepidoptera, Gelechiidae) em campo de batata. In: 17º CONGRESSO BRASILEIRO DE ENTOMOLOGIA, 1998. *Resumos*... Rio de Janeiro: Sociedade Entomológica do Brasil, v. 1.

GOLIZADEH, A. & RAZMJOU, J. Life table parameters of *Phthorimaea operculella* (Lepidoptera: Gelechiidae), feeding on tubers of six potato cultivars. *J. Econ. Entomol.* 103: 966-72, 2010.

GOULART, A. C. Revisitando a espanhola: a gripe pandêmica de 1918 no Rio de Janeiro. *Hist. Cien. Saúde*, Manguinhos 12: 101-42, 2005.

GUIMARÃES, R. F. Uma praga que ameaça a cultura da batatinha *Solanum tuberosum* L., *Lycopersicon tuberosum* Mill, *Papas peruvianum* Claus. *Bol. Agric.* 28: 11, 1927.

HAINES, C. P. *The potato tuber moth, Phthorimaea operculella (Zeller):* a bibliography of recent literature and a review of its biology and control on potatoes in the field and in store. London: Tropical Products Institute, 1977. 14p. (Tropical Products Institute, G112).

HODGES, R. W. The trivial name of the potato tuberworm (Lepidoptera: Gelechiidae). *Proc. Entomol. Soc. Wash.* 69: 52, 1967.

LACEY, L. A. & NEVEN, L. G. The potential of the fungus, *Muscodor albus*, as a microbial control agent of potato tuber moth (Lepidoptera: Gelechiidae) in stored potatoes. *J. Inv. Path.* 91: 195-8, 2006.

LOPES, C. A. & BUSO, J. A. (eds.). Cultivo da batata (*Solanum tuberosum* L.). Brasília: Embrapa–CNPH, 1997. 35p. (Instruções Técnicas da Embrapa Hortaliças, 8).

MALAKAR-KUENEN, R. D. & TINGEY, W. M. Glandular trichomes of *Solanum berthaultii* and its hybrids with potato deter oviposition and impair growth of potato tuber moth. *Entomol. Exp. Appl.* 94: 249-57, 2000.

MALAKAR-KUENEN, R. D. & TINGEY, W. M. Aspects of tuber resistance in hybrid potatoes to potato tuber worm. *Entomol. Exp. Appl.* 120: 131-7, 2006.

MEDEIROS, M. A. et al. *Bibliografia brasileira de entomologia das hortaliças*. Brasília: Embrapa–CNPH, 1998. 176p. (Documentos, 12).

MEDINA, R. F. et al. Population Structure of *Phthorimaea operculella* (Lepidoptera: Gelechiidae) in the United States. *Environ. Entomol.* 39: 1.037-42, 2010.

MENDES, L. As lagartas de *Gnorimoschema operculella* (Zeller), praga da batatinha no Estado de São Paulo. In: MENDES, L. *Ocorrência de Gnorimoschema operculella (Zeller), em tubérculos de batatinha, em campos de cultura do Estado de São Paulo*. Campinas: IAC, 1937. (Boletim Técnico, 35).

MENDES, L. Segunda contribuição sobre a ocorrência da traça-da-batatinha *Gnorimoschema operculella* (Zeller) (Lepidoptera, Gelechiidae) no Estado de São Paulo. Campinas: IAC, 1939. 36p. (Boletim Técnico, 52).

NUNN, N. & QIAN, N. The potato's contribution to population and urbanization: evidence from a historical experiment. *Quart. J. Econ.* 126: 593-650, 2011.

RAMAN, K. V. *Potato tuber moth*. Lima: CIP, 1980. 14p. (Technical Information Bulletin, 3).

RAMAN, K. V.; PALÁCIOS, M. & MUJICA, N. Control biologico de la polilla de la papa *Phthorimaea operculella* por el parasitoide Copidosoma koehleri. Lima: CIP, 1993. 28p. (Boletín de Capacitación, 3).

RAMAN, K. V. Control of potato tuber moth *Phthorimaea operculella* with sex pheromones in Peru. In: SYMPOSIUM ON PHEROMONES AND OTHER BEHAVIOUR-MIDIFYING CHEMICALS. *Proceedings... Agric. Ecosys. Environ.* 21: 85-9, 1988.

REIFSCHNEIDER, F. J. B. (coord.). *Produção de batata*. Brasília: Linha Gráfica, 1987. 239p.

RIVERA, M. J. *The potato tuberworm, Phthorimaea operculella (Zeller), in the tobacco, Nicotiana tabacum L., agroecosystem*: seasonal biology and larval behavior. Raleigh, North Carolina, EUA, 2011. 84p. Tese (mestrado) – North Carolina State University.

RONDON, S. I. The potato tuberworm: a literature review of its biology, ecology, and control. *Am. J. Pot. Res.* 87: 149-66, 2010.

SALAMAN, R. *The history and social influence of the potato*. London: Cambridge University Press, 1985. 685p.

SILVA, A. F. C. A campanha contra a broca do café em São Paulo (1924-1927). *Hist. Cienc. Saúde*, Manguinhos 13: 957-93, 2006.

STEIN, C. P. *Resistência de cultivares de Solanum tuberosum e de híbrido de S. tuberosum × S. berthaultii a Myzus persicae (Sulzer), Liriomyza huidobrensis (Blanchard), Phthorimaea operculella (Zeller) e pragas de solo*. Piracicaba, SP, 1998. 74p. Tese (doutorado) – Escola Superior de Agricultura "Luiz de Queiroz", Universidade de São Paulo.

TORRES, A. F. M. Uma terrível praga da batatinha *Phthorimaea operculella* L. *Chac. Quint.* 27: 493-9, 1923.

TORRES, A. F. M. A traça-da-batatinha *Phthorimaea operculella* L. *Chac. Quint.* 52: 521-2, 1935.

TRIVEDI, T. P. & RAJAGOPAL, D. Distribution, biology, ecology and management of potato tuber moth, *Phthorimaea operculella* (Zeller) (Lepidoptera: Gelechiidae): a review. *Trop. Pest Manag.* 38: 279-85, 1992.

UNIVERSITY of California – Division of Agriculture and Natural Resources. *Integrated pest management for potatoes in the western United States*. Oakland, Califórnia, 1986. 146p. (University of California Publication, 3.316).

VILELA, E. F. & DELLA LUCIA, T. M. C. *Feronônio de insetos*: biologia, química e emprego no manejo de pragas. Viçosa: Universidade Federal de Viçosa, 1987. 155p.

ZUCCHI, R. A.; SILVEIRA NETO, S. & NAKANO, O. *Guia de identificação de pragas agrícolas*. Piracicaba: Fealq, 1993. 139p.

29

Traça-do-tomateiro, *Tuta absoluta* (Meyrick)

M. Michereff Filho, J. A. Guimarães,
A. P. de Moura, E. F. Vilela

INTRODUÇÃO

O tomateiro, uma das principais hortaliças cultivadas no Brasil, tem significativa importância socioeconômica. Envolve grandes áreas e a utilização de considerável mão de obra. Além disso, movimenta enorme volume de capital na comercialização de insumos e na produção, assim como no processamento industrial e na exportação de produtos alimentícios (Silva et al., 2006; Melo et al., 2008; Boiteux, Melo & Vilela, 2008). Dentre os problemas fitossanitários da cultura, destaca-se a traça-do-tomateiro, *Tuta absoluta*, considerada praga-chave não só pela incidência e pelos prejuízos causados, mas também pelas dificuldades para o seu controle (Picanço et al., 1995, 1998; França et al., 2000; Souza & Reis, 2000). Este capítulo apresenta uma síntese histórica do surgimento da traça-do--tomateiro e do seu impacto socioeconômico na agricultura brasileira, bem como a situação atual dessa praga no mundo.

Posição taxonômica e nomenclatura

Ordem: Lepidoptera

Superfamília: Gelechioidea

Sufamília: Gelechiinae

Família: Gelechiidae

Gênero: *Tuta* Strand, 1911

Espécie: *Tuta absoluta* (Meyrick, 1917)

Sinonímias: *Phthorimaea absoluta* Meyrick, 1917
Gnorimoschema absoluta (Meyrick, 1917)
Scrobipalpula absoluta (Meyrick, 1917)
Scrobipalpuloides absoluta (Meyrick, 1917)

A traça-do-tomateiro foi transferida para os gêneros *Gnorimoschema*, *Scrobipalpula*, *Scrobipalpuloides* por Clarke (1965), e *Tuta* por Povolny (1967, 1987, 1994).

BIOLOGIA E ECOLOGIA

Os adultos de *T. absoluta* são mariposas pequenas (10 a 11 mm de comprimento), de coloração cinza-prateada, com asas franjadas, antenas filiformes e palpos labiais recurvados (Figura 1A) (Coelho & França, 1987; Haji et al., 1988a). Os ovos são elípticos, amarelos e muito pequenos (0,36 mm × 0,22 mm) (Figura 1B). São depositados isoladamente ao longo das nervuras dos folíolos, tanto na superfície superior como na inferior, nos brotos terminais, nas hastes, no cálice das flores e

Figura 1. Estágios de *T. absoluta*. A) Adulto. B) Ovos. C) Lagarta sobre folíolo minado. D) Casulo coberto por fragmentos de solo (esquerda) e pupas fora do casulo (direita). Fotos: Esteban D. Saini.

nos frutos do tomateiro (Coelho & França, 1987; Uchoa-Fernandes, Della Lucia & Vilela, 1995; Souza & Reis, 2000; OEPP/Eppo, 2005).

Após quatro a cinco dias, as lagartas da traça-do-tomateiro eclodem dos ovos. A coloração do corpo varia do verde-claro ao rosa, com uma placa quitinosa escura na parte dorsal do primeiro segmento torácico. O desenvolvimento larval dura de treze a quinze dias, período em que a lagarta passa por quatro estágios. Lagartas de primeiro instar medem cerca de 0,9 mm de comprimento, enquanto as de quarto instar chegam a medir até 7,5 mm de comprimento (Figura 1C). As pupas possuem coloração que varia do verde-claro ao marrom e são envoltas por um casulo de seda esbranquiçado (Figura 1D). São encontradas com frequência nos folíolos e no caule do tomateiro; podem ocorrer também no interior dos frutos ou ainda no solo, como pupa nua (Coelho & França, 1987; Souza & Reis, 2000; OEPP/Eppo, 2005).

O ciclo biológico da praga, do ovo até a morte dos adultos, em condições de laboratório, varia de 26 a 38 dias (Haji et al., 1988a; Souza & Reis, 2000). No campo, as gerações da traça são superpostas. Podem ocorrer, em uma lavoura infestada, todos os estágios da praga ao mesmo tempo (Souza & Reis, 2000).

Trabalhando com tabela de vida ecológica de *T. absoluta*, Miranda et al. (1998) constataram elevada mortalidade da praga no campo, maior no estágio larval (79,8%) do que nos estágios de ovo (58,7%) e de pupa (7%). A fase crítica no desenvolvimento da praga correspondeu aos dois primeiros estágios larvais, enquanto os fatores-chave de mortalidade foram representados pelos inimigos naturais das lagartas e pelo controle químico.

DANOS

Logo após a eclosão, as lagartas penetram nos tecidos vegetais mais tenros. Minam os folíolos, broqueiam o caule, perfuram as brotações apicais, atacam os frutos, depreciando-os para a comercialização, e, em casos extremos, podem matar as plantas (Figura 2A–2D).

Como normalmente acontece com outros insetos-pragas, diversos outros fatores, além daqueles já citados, podem influenciar as infestações da traça-do-tomateiro. Sua flutuação populacional, por exemplo, é bastante influenciada pelas condições climáticas. A combinação de baixa precipitação atmosférica com temperaturas elevadas e veranicos na época chuvosa favorece a proliferação da praga nas regiões produtoras de tomate (Haji et al., 1988b; Castelo Branco, 1992; Imenes et al., 1994).

PLANTAS HOSPEDEIRAS

Além do tomateiro, *T. absoluta* ocasionalmente coloniza cultivos de batata e solanáceas silvestres, como a maria-pretinha (*Solanum americanum* Mill.) e o

Figura 2. Injúrias e danos das lagartas de *T. absoluta* no tomateiro. A) Folíolo com minas necrosadas. B) Broqueamento do caule do tomateiro. C) Frutos broqueados. D) Morte de plantas pelo ataque severo da praga. Fotos: Embrapa Hortaliças.

joá-bravo (*S. aculeatissimum* Jacq.), as quais têm potencial de manter e permitir a dispersão regional das populações da praga durante a entressafra do tomate (França & Castelo Branco, 1992).

O intenso fluxo de comercialização regional entre produtores e centros consumidores de tomate, a existência de condições climáticas favoráveis e a distância reduzida entre cultivos que apresentam diferentes estágios fenológicos foram apontados por França (1993) e Melo (1993) como os principais fatores responsáveis pela ampla e rápida dispersão de *T. absoluta* nas regiões produtoras. Entretanto, o abandono dos campos após as colheitas e a existência de plantas voluntárias de tomateiro na entressafra são os mais importantes focos de dispersão da praga (França, 1993; Souza & Reis, 2000).

INIMIGOS NATURAIS

Entre os inimigos naturais da traça-do-tomateiro destacam-se os predadores, os parasitoides e os entomopatógenos (Silva et al., 2006). Ao todo, 49 espécies de parasitoides e 44 de predadores estão associadas aos diferentes estágios de desenvolvimento de *T. absoluta* no continente sul-americano (Desneaux et al., 2010). Os predadores atacam em todos os estágios de desenvolvimento da traça e estão presentes e ativos desde a fase inicial da cultura (Medeiros, Sujii & Morais, 2011). Os percevejos predadores *Orius* sp., *Lasiochilus* sp. e *Xylocoris* sp. (Heteroptera: Anthocoridae), *Annona bimaculata* e *Hyaliodocoris insignis* (Heteroptera: Miridae) atacam ovos e lagartas de primeiro instar, enquanto os vespídeos *Protonectarina sylveirae* e *Brachygastra lecheguana* atacam sobretudo as lagartas de segundo e terceiro instares (Bacci et al., 2008). As vespas constituem o grupo mais importante de predadores de lagartas da traça-do-tomateiro, devido à sua habilidade de abrir as minas da traça nas folhas do tomateiro, à procura das lagartas (Medeiros, Sujii & Morais, 2011). A ação combinada dos predadores pode ser responsável por até 99,5% de mortalidade larval em *T. absoluta,* enquanto no estágio de ovo a inviabilidade é tida como o principal fator de mortalidade (Miranda et al., 1998; Medeiros et al., 2009a).

Entre os parasitoides, *Trichogramma pretiosum* (Hymenoptera: Trichogrammatidae) é especialista em ovos, causando níveis de redução de cerca de 30% (Medeiros, Sujii & Morais, 2011). Essa espécie foi utilizada com sucesso em programas de controle biológico aplicado da traça-do-tomateiro no Vale do Rio São Francisco, na década de 1990 (Haji et al., 2002).

Os parasitoides larvais atacam, de preferência, as lagartas maduras de terceiro e quarto instares, com destaque para as espécies de braconídeos *Bracon* sp., *Earinus* sp. e *Conura* sp. (Marchiori, Silva & Lobo, 2003, 2004). Com relação às pupas de *T. absoluta*, sabe-se que são atacadas por pelo menos cinco espécies de parasitoides e por doze espécies de predadores (Bacci et al., 2008; Desneaux et al., 2010). Em estudos realizados em área de tomateiro cultivado sob sistema orgânico, o parasitismo em larvas/pupas de *T. absoluta* foi de apenas 0,5% (Medeiros, Sujii & Morais, 2011). No entanto, deve-se ressaltar que esse valor foi subestimado, pois consideraram-se apenas as lagartas parasitadas e das quais emergiram parasitoides. Por outro lado, sabe-se que cerca de 50% das lagartas parasitadas podem morrer em decorrência do parasitismo e, dessa forma, não há emergência de parasitoides (Van Driesche & Bellows, 1996).

Dentre os entomopatógenos, destacam-se os fungos e as bactérias. Os fungos provocam mortalidade principalmente nas lagartas de primeiro, segundo e terceiro instares, enquanto as bactérias são mais efetivas sobre as de terceiro e quarto instares (Bacci et al., 2008). De acordo com Medeiros, Sujii e Morais (2011), taxas de mortalidade de 7% a 20% de lagartas de *T. absoluta* foram causadas pela bactéria entomopatogênica *Bacillus thuringiensis* Berliner em tomateiro cultivado no sistema orgânico, o que demonstra o potencial desse agente no manejo da traça, sobretudo quando utilizado em conjunto com o parasitoide de ovos *T. pretiosum* (Haji et al., 2002; Medeiros et al., 2009b; Medeiros, Sujii & Morais, 2011).

Na Espanha e em outros países da Europa, onde *T. absoluta* foi recentemente introduzida, o seu manejo tem sido feito basicamente com inseticidas. No entanto, o controle biológico com formulados comerciais de *B. thuringiensis* vem sendo cada vez mais utilizado. Em experimentos realizados por González-Cabrera et al. (2011), foi demonstrada a alta eficiência de *B. thuringiensis* sobre os primeiros instares da praga, a ponto de não ter sido necessária a aplicação de inseticidas. Esses autores ainda recomendam a integração de inseticidas biológicos à base de *B. thuringiensis* junto com agentes de controle biológico específicos para a fase de ovo, como os percevejos predadores (*Nabis* sp.) e parasitoides do gênero *Trichogramma*.

HISTÓRICO DA INTRODUÇÃO

Registros de ocorrência na América do Sul

Segundo Vargas (1970), *T. absoluta* foi constatada pela primeira vez em Huancayo, no Peru, em 1917. Contudo, somente a partir da década de 1960 essa espécie passou a ser limitante para o cultivo do tomateiro no Peru, Chile, Colômbia, Argentina, Bolívia, Uruguai e Paraguai (Figura 3) (Bahamondes & Mallea, 1969; Vargas, 1970; Razuri & Vargas, 1975; Moore, 1983; Carballo et al., 1981; Nakano & Paulo, 1983; Estay, 2000; Flores, Gilardón & Gardenal, 2003).

Introduções recentes em países do Velho Mundo

O primeiro relato da traça-do-tomateiro fora da América do Sul ocorreu na Europa, em 2006, na província de Castellón de La Plana, na Espanha. Essa introdução aconteceu, muito provavelmente, por meio da importação de tomates de

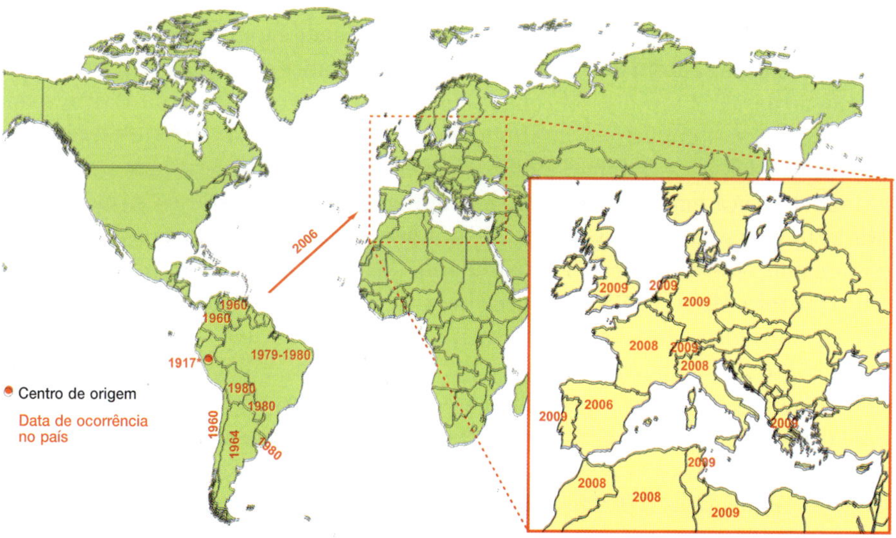

Figura 3. Distribuição de *T. absoluta* no mundo. Fonte: *Tomato leaf miner 2012*.

algum país da América do Sul (Urbaneja et al., 2007). Posteriormente, a praga espalhou-se para outros países da Europa e do Norte da África banhados pelo Mar Mediterrâneo (Figura 3). Em sua dispersão recente pelo mundo, *T. absoluta* alcançou o continente asiático. Assim, essa praga já se estabeleceu nos seguintes países: Albânia, Alemanha, Arábia Saudita, Argélia, Bahrein, Bulgária, Chipre, Costa Rica, Croácia, Espanha, Egito, França, Grécia, Holanda, Irã, Iraque, Israel, Itália, Jordânia, Kosovo, Kuwait, Líbia, Lituânia, Macedônia, Malta, Marrocos, Níger, Panamá, Portugal, Reino Unido, Romênia, Rússia, Saara Ocidental, Senegal, Sérvia, Sudão, Suíça, Tunísia e Turquia (Desneaux et al., 2010; OEPP/Eppo, 2010; Ostrauskas & Ivinskis, 2010; Cifuentes, Chynoweth & Bielza, 2011; Vacas et al., 2011; Tomato, 2012).

Introdução no Brasil

Nenhuma informação disponível mostra claramente a rota de entrada da traça-do-tomateiro no Brasil. Contudo, acredita-se que tenha vindo de algum país vizinho, tendo em vista que já havia sido constatada em Mendoza, na Argentina, entre os anos de 1960 e 1964, devido à importação de tomate chileno sem a devida inspeção sanitária (Figura 3) (Nakano & Paulo, 1983; Riquelme, 1993).

A primeira ocorrência de *T. absoluta* em tomateiro no país foi observada entre 1979 e 1980, no litoral do Paraná, mais precisamente, na cidade de Morretes (Muszinski, Lavendowski & Maschio, 1982; Siqueira, Guedes & Picanço, 2000a). Em outubro de 1980, foi constatada em Jaboticabal, SP, a danificar tomate rasteiro (Moreira, Lara & Churata Maska, 1981). No final de 1981, *T. absoluta* foi encontrada no Vale do Salitre, em Juazeiro, BA (Moraes & Normanha, 1982); disseminou-se com rapidez e com grande intensidade de infestação para outras áreas de tomate rasteiro no Vale do Submédio São Francisco (Haji, 1992). No Estado do Rio de Janeiro, a praga foi constatada em 1981, em São João da Barra, e em 1982 e 1983, nos municípios de Itaguaí e Vassouras, a atacar tomate estaqueado (Gonçalves, Oliveira & Lima, 1983). Também em 1982, foi verificado o primeiro ataque da traça em Minas Gerais, nos municípios de Florestal e Carmópolis de Minas (Souza et al., 1983). Já em 1983, a presença dessa praga causando danos ao tomateiro foi relatada no Espírito Santo (Scardini, Ferreira & Galveas, 1983) e na Zona da Mata de Pernambuco (Lyra Netto, Wanderley & Melo, 1991). Em 1984, a infestação da traça-do-tomateiro já havia alcançado o Estado do Ceará, no Planalto de Ibiapaba (Bezerril, Carbeiro & Torres Filho, 1992). Ao final da década de 1980, já estava instalada em todas as regiões produtoras de tomate do país (França, 1993). Na década de 1990, *T. absoluta* passou a infestar também os cultivos de tomateiro protegidos em estufa, exigindo maior atenção para o seu controle (Villas Bôas & França, 1996; Fernandes, 1999).

Pelo curto período de tempo decorrido entre a constatação da traça-do-tomateiro nas regiões brasileiras, acredita-se que essa praga já existia no nosso país mesmo antes do primeiro relato. Provavelmente, foi confundida com a traça-da-batatinha, *Phthorimaea operculella* (Zeller, 1873), que também infestava o tomateiro na década de 1970 (Prieto, 1980; Nakano & Paulo, 1983).

Situação atual

Passados mais de trinta anos após os primeiros relatos de sua ocorrência no país, a traça-do-tomateiro continua a ser uma das principais pragas dessa hortaliça. Ocorre em surtos periódicos e devastadores em várias regiões produtoras, em particular nos cultivos de tomateiro estaqueado. Surtos da traça-do-tomateiro de menor severidade vêm sendo registrados em cultivos de tomate para processamento industrial nos estados de São Paulo, Minas Gerais, Goiás e no Distrito Federal (Miguel Michereff Filho, comunicação pessoal, 2014). Portanto, novos esforços em pesquisa e difusão tecnológica deverão ser empreendidos para equacionamento do controle de *T. absoluta* no atual cenário da tomaticultura brasileira.

IMPACTO SOCIOECONÔMICO NA TOMATICULTURA

A rápida expansão de *T. absoluta* no território brasileiro e seus severos danos ao tomateiro produziram mudanças profundas no cenário produtivo do tomate nas regiões mais atingidas pela praga. Tais mudanças refletiram em reduções na área cultivada e na produtividade, no aumento do custo de produção, na depreciação dos frutos no mercado consumidor, na redução da qualidade dos produtos processados pela indústria, no endividamento e na migração de produtores para novas áreas e também no desemprego (França, 1993; Silva, 1993; Souza & Reis, 2000).

O elevado potencial de dano de *T. absoluta*, aliado às exigências da indústria e do mercado consumidor, tem elevado o número das pulverizações e o custo de produção e gerado a eliminação de inimigos naturais, problemas de intoxicação de aplicadores e presença abusiva de resíduos tóxicos nos produtos (Imenes et al., 1992; Moreira, 1995; França et al., 2000).

Do ponto de vista econômico, a traça-do-tomateiro tem afetado a cadeia produtiva de tomate tanto de modo indireto, com aumento do custo de produção, quanto direto, com redução do valor comercial dos frutos ou inviabilização da cultura (França, 1993; Silva, 1993; Reis, 1994).

O aumento no custo de produção reduz a margem de lucro dos agricultores e aumenta a vulnerabilidade do investimento diante da oscilação de preços do produto no mercado. Para a indústria, o aumento do custo de produção, devido à ação da traça, conduz à redução da competitividade do tomate processado no país. Com isso, torna-se vantajosa a importação, em detrimento da produção local, o que levou a redução nos contratos de produção, assim como na área total cultivada (França, 1993; Melo, 1993).

O surgimento de *T. absoluta* como praga na agricultura brasileira foi marcado pelos severos danos ocasionados na cultura do tomate e pela sua grande adaptação a diferentes condições ecológicas, reduzindo de modo drástico ou mesmo inviabilizando a produção dos cultivos destinados tanto a consumo *in natura* como para a indústria.

Tomate para processamento industrial

Os danos provocados diretamente pelo inseto, com redução do rendimento dos cultivos de tomateiro e da qualidade do produto processado, foram um dos piores problemas enfrentados pelo agronegócio do tomateiro rasteiro, sobretudo no Submédio São Francisco. O surgimento da traça-do-tomateiro nessa região, em 1981, coincidiu com o período de franca expansão da área cultivada com a cultura. O cultivo era realizado peculiarmente, durante todo o ano. Havia grandes extensões de plantios em diferentes estágios de desenvolvimento em áreas limítrofes (Haji, 1992; Reis, 1994).

A partir de 1982, passaram a ser aplicados simultaneamente dois inseticidas para o seu controle, o que refletiu de imediato no aumento dos custos de produção. Contudo, devido à grande severidade dos ataques da traça aos cultivos, em 1989 os tomaticultores passaram a usar inseticidas em doses maiores e em intervalos menores de aplicação (Haji et al., 1986). A frequência das pulverizações passou de dez a doze para até vinte aplicações (Reis, 1994).

Em 1989, a previsão de área a ser cultivada no Submédio São Francisco era de 15 mil hectares. Entretanto, devido ao grande surto de *T. absoluta*, decresceu para 12 mil hectares, com danos estimados em 50% da produção e duas pulverizações realizadas semanalmente, na maioria dos casos. Em 1990-1991, a área cultivada foi reduzida a um terço, como também em 1992, passando para 3.500 hectares (Haji, 1992; França, 1993). Contudo, nessa última safra, fatores de ordem mercadológica também exerceram expressiva influência na redução das áreas cultivadas (Silva, 1993).

Em termos de rendimento, de 1988 para 1989, houve diminuição de 40 t/ha para 20 t/ha de tomate (Reis, 1994). A produção de polpa nessa região foi enxugada de 370 mil toneladas, em 1988, para menos de 200 mil toneladas, em 1992 (França, 1993). Com a redução na produção e na área cultivada, em 1992 ocorreram perdas na arrecadação de impostos da ordem de U$ 1,85 milhão e uma queda na oferta de empregos da ordem de 1 milhão de homens/dia (Silva, 1993; CPATSA, 1994). Essa situação revela o significativo impacto econômico e sobretudo social gerado, em grande parte, por sucessivos anos de frustração na safra de tomate na região, devido à ação destruidora da traça-do-tomateiro.

Em razão dos esforços do Centro de Pesquisa Agropecuária do Trópico Semi-Árido (CPATSA), do Ministério da Agricultura e do segmento agroindustrial da região, foram feitos relevantes progressos no controle da praga a partir de 1991, graças à utilização do controle biológico com o parasitoide *Trichogramma pretiosum* Riley, associado a pulverizações de *Bacillus thuringiensis*, além do emprego de táticas de controle químico, cultural e legislativo (Calendário de Cultivo, Portaria 053, fevereiro de 1993) (França, 1993; Silva, 1993; França et al., 2000).

Com a invasão da mosca-branca, *Bemisia tabaci* (Gennadius), biótipo B, na região do Submédio São Francisco, em meados da década de 1990, a traça-do-tomateiro passou a ter expressão secundária. Em decorrência, a atenção dos fitossanitaristas nessa região passou a ser direcionada mais para o controle da mosca-branca, e o programa de manejo integrado da traça-do-tomateiro foi abandonado (Francisca N. P. Haji, comunicação pessoal, 2000).

Tomate para mesa

Para a cultura de tomateiro estaqueado, existem poucos relatos ou registros de perdas e problemas sociais ou econômicos advindos do surgimento da traça-do-tomateiro. Para o controle dessa praga, os plantios de tomateiro estaqueado chegaram a receber até três pulverizações semanais, totalizando 36 aplicações de inseticida durante o cultivo, muitas vezes envolvendo até cinco princípios ativos diferentes (França, 1993; Picanço et al., 1995). O uso intensivo de inseticidas, além de outros inconvenientes, onera o custo de produção em 12 a 25%, além do fato de poucos produtos oferecerem controle satisfatório da praga (França, 1993; Castelo Branco, França & Fontes, 1996; Souza & Reis, 2000).

Independente das táticas de controle utilizadas, assim como da época de cultivo, o ataque de *T. absoluta* aos frutos continua sendo um dos principais fatores de perdas na produção de tomate para mesa (Picanço et al., 1997; Picanço et al., 1998). Perdas de até 100%, com abandono dos cultivos antes da colheita, já foram verificadas em várias localidades do país (França, 1993; Souza & Reis, 2000).

Outro caso de impacto socioeconômico de *T. absoluta* em tomateiro estaqueado foi relatado pela Emater de Minas Gerais. Na safra 1998-1999, entre dezembro e maio, um grande surto dessa praga em Lagoa Dourada contribuiu para uma redução de 80% da produção em relação à safra anterior (3.500 toneladas), mesmo diante do emprego maciço de pulverizações de inseticidas nos cultivos. A frustração na produção, juntamente com o preço insatisfatório do produto (R$ 6 a R$ 7 a caixa) no mercado e o aumento do preço dos agrotóxicos, devido à variação cambial existente na época, levaram ao abandono da maioria das lavouras do município, por terem se tornado antieconômicas. Dos 150 hectares plantados, apenas 20 hectares chegaram à colheita.

Severos ataques da traça-do-tomateiro também foram responsáveis pela elevação do preço do tomate no varejo em razão da queda na oferta do produto; pela substituição da exploração do tomateiro por outras culturas de menor risco na produção, a exemplo da implantação de projetos de fruticultura por antigos produtores de tomate em alguns municípios do Sul de Minas; e pelo indeferimento, pelos agentes financeiros, de novos financiamentos para a cultura do tomateiro, resultando em redução da área cultivada, desemprego e menor circulação de capital nessa região produtora (Souza & Reis, 2000).

Extensão do problema para a tomaticultura

Conforme comentado anteriormente, o impacto socioeconômico causado pela traça-do-tomateiro ao agronegócio brasileiro é bastante expressivo, inclusive aumentando os custos de produção, devido à utilização cada vez mais frequente de inseticidas para o seu controle. No entanto, pode ocorrer um agravamento da situação, uma vez que já há relatos da ineficiência de alguns compostos que visam controlar essa importante praga, tanto no Brasil como em outros países, o que tornará seu controle ainda mais difícil (Salazar & Araya, 1997; Siqueira, Guedes & Picanço, 2000a, 2000b; Castelo Branco et al., 2001; Siqueira et al., 2001; Lietti, Botto & Alzogaray, 2005; Deboni & Castelo Branco, 2007; Santos et al., 2011; Silva et al., 2011).

Ao avaliarem a eficiência de três inseticidas (acefato, lambda-cialotrina e lufenurom) no controle de lagartas da traça-do-tomateiro, por exemplo, Deboni e Castelo Branco (2007) verificaram que a porcentagem de mortalidade observada foi inferior a 70% para todos os compostos testados e para as duas populações da praga estudadas. Esses autores relataram, ainda, que a reduzida suscetibilidade da traça-do-tomateiro a inseticidas recomendados e amplamente utilizados no seu controle também já havia sido constatada por Castelo Branco et al. (2001). Nesse estudo, os autores verificaram que doses comerciais de lufenurom, acefato e deltametrina provocaram, respectivamente, 67%, 2% e 0% de mortalidade de larvas da traça.

Diversas outras populações brasileiras da traça-do-tomateiro têm desenvolvido resistência a vários compostos utilizados para seu controle, como abamectina, cloridrato de cartape, diflubenzurom, metamidofós, permetrina, espinosade, teflubenzurom e triflumurom (Siqueira, Guedes & Picanço, 2000a, 2000b; Siqueira et al., 2001; Santos et al., 2011; Silva et al., 2011). Foram observadas populações da praga com razões de resistência que variam de baixa a moderada. Isso sugere que o nível de suscetibilidade das populações da praga aos compostos avaliados também varia no espaço.

Vale salientar que a evolução da resistência de *T. absoluta* a inseticidas pode difundir-se entre as populações brasileiras dessa praga, tornando cada vez mais difícil a determinação dos níveis de resistência dessas populações a alguns inseticidas mais comumente utilizados no seu controle. Nesse sentido, o desenvolvimento e a implementação de um programa eficiente de manejo integrado da traça-do-tomateiro (França et al., 2000; Villas Bôas, Castelo Branco & Medeiros, 2009) mostram-se de essencial importância para a tomaticultura. Somente assim será possível suprir a crescente demanda pela produção de tomates de elevada qualidade, livres de contaminantes, e, ao mesmo tempo, respeitar o ambiente e a saúde do consumidor e do trabalhador rural. Tais ações também poderão melhorar a eficiência e a competitividade da cadeia produtiva de tomate, tanto nacional quando internacionalmente, resultando em maiores ganhos de produtividade e impactos econômicos positivos ao agronegócio brasileiro. Informações atualizadas sobre o manejo integrado da traça-do-tomateiro podem ser encontradas em Villas Bôas, Castelo Branco e Medeiros (2009).

REFERÊNCIAS BIBLIOGRÁFICAS

BACCI, L. et al. Inimigos naturais da traça-do-tomateiro. *Hortic. Bras.* 26: S2808-12, 2008.

BAHAMONDES, L. A. & MALLEA, A. R. Biologia em Mendoza de *Scrobipalpula absoluta* (Meyrick) Polvony (Lepidoptera – Gelechiidae), espécie nueva para la República Argentina. *Rev. Fac. Cien. Agr.* 15: 96-104, 1969.

BEZERRIL, E. F.; CARBEIRO, J. S. & TORRES FILHO, J. Controle químico da traça-do-tomateiro *Scrobipalpula absoluta* (Meyrick, 1917) (Lepidoptera: Gelechiidae) no Planalto da Ibiapaba, Ceará. *An. Soc. Entomol. Brasil.* 21: 217-24, 1992.

BOITEUX, L. S.; MELO, P. C. T. & VILELA, N. J. Tomate para consumo *in natura*. In: ALBUQUERQUE, A. C. S. & SILVA, A G. da (orgs.). *Desenvolvimento da agricultura tropical:* quatro décadas de inovações tecnológicas, institucionais e políticas. 1. ed. Brasília, DF: Embrapa, 2008, v. 1. 876p.

CARBALLO, R. et al. Ensayos para el control de *Scrobipalpula absoluta* (Meyrick) temporada 1980-1981. *Rev. Téc. Uruguay. Fac. Agron.* 50: 41-6, 1981.

CASTELO BRANCO, M. Flutuação populacional da traça-do-tomateiro no Distrito Federal. *Hortic. Bras.* 10: 33-4, 1992.

CASTELO BRANCO, M.; FRANÇA, F. & FONTES, R. R. Eficiência relativa de inseticidas em mistura com óleo mineral sobre o nível de dano econômico da traça-do-tomateiro. *Hortic. Bras.* 14: 36-8, 1996.

CASTELO BRANCO, M. et al. Uso de inseticidas para o controle da traça-do-tomateiro e traça-das-crucíferas: um estudo de caso. *Hortic. Bras.* 19: 60-3, 2001.

CIFUENTES, D.; CHYNOWETH, R. & BIELZA, P. Genetic study of Mediterranean and South American populations of tomato leafminer *Tuta absoluta* (Povolny, 1994) (Lepidoptera: Gelechiidae) using ribosomal and mitochondrial markers. *Pest Manag. Sci.* 67: 1.155-62, 2011.

CLARKE, J. F. Microlepidoptera of Juan Fernandez Island. *Proc. US Nat. Mus.* 117: 1-606, 1965.

COELHO, M. C. F. & FRANÇA, F. H. Biologia, quetotaxia da larva e descrição da pupa e adulto da traça-do-tomateiro. *Pesq. Agropec. Bras.* 22: 129-35, 1987.

CPATSA. *Recomendações técnicas para o cultivo do tomate industrial em condições irrigadas.* Petrolina: Embrapa–CPATSA/Fundestone, 1994. 52p. (Circular Técnica, 30).

DEBONI, T. C. & CASTELO BRANCO, M. *Suscetibilidade a inseticidas e parasitismo natural por Trichogramma sp. em traça-do-tomateiro.* Brasília: Embrapa Hortaliças, 2007. 18p. (Boletim de Pesquisa e Desenvolvimento, 28).

DESNEAUX, N. et al. Biological invasion of European tomato crops by *Tuta absoluta*: ecology, geographic expansion and prospects for biological control. *J. Pest Sci.* 83: 197-215, 2010.

ESTAY, P. Polilla del tomate *Tuta absoluta* (Meyrick). *Informativo La Platina* 9: 1-4, 2000.

FERNANDES, O. A. Manejo integrado de pragas em cultivo protegido. In: ZAMBOLIM, L. (ed.). *Encontro sobre manejo integrado de doenças e pragas, 1, Viçosa. Livro de Palestras*. Viçosa: MG/UFV, 1999. 147p.

FLORES, L. V.; GILARDÓN, E. & GARDENAL, C. N. Genetic structure of populations of *Tuta absoluta* Meyrick (Lepidoptera: Gelechiidae). *J. Basic Appl. Genet.* 15: 29-32, 2003.

FRANÇA, F. H. & CASTELO BRANCO, M. Ocorrência da traça-do-tomateiro (*Scrobipalpuloides absoluta*) em solanáceas silvestres no Brasil Central. *Hortic. Bras.* 10: 6-10, 1992.

FRANÇA, F. H. Por quanto tempo conseguiremos conviver com a traça-do-tomateiro? *Hort. Bras.* 11: 176-8, 1993.

FRANÇA, F. H. et al. Manejo integrado de pragas. In: SILVA, J. B. C. & GIORDANO, L. B. (orgs.). *Tomate para processamento industrial.* Brasília, DF: Embrapa Comunicação para Transferência de Tecnologia/Embrapa Hortaliças, 2000. 168p.

GONÇALVES, C. R.; OLIVEIRA, A. & LIMA, A. F. *Scrobipalpula absoluta* (Meyrick) (Lepidoptera: Gelechiidae), uma nova broca do tomateiro no Estado do Rio de Janeiro. In: CONGRESSO BRASILEIRO DE ENTOMOLOGIA, 8, Brasília, 1983. *Resumos...* Rio de Janeiro: SEB, 1983. p.73.

GONZALEZ-CABRERA, J. et al. Efficacy of *Bacillus thuringiensis* (Berliner) for controlling the tomato borer, *Tuta absoluta* (Meyrick) (Lepidoptera: Gelechiidae). *Biocontrol.* 56: 71-80, 2011.

HAJI, F. N. P. et al. Controle químico da traça-do-tomateiro *Scrobipalpula absoluta* (Meyrick, 1917) (Lepidoptera: Gelechiidae) no Submédio São Francisco. *An. Soc. Entomol. Brasil.* 15 (supl.): 71-80, 1986.

HAJI, F. N. P. et al. Biologia da traça-do-tomateiro sob condições de laboratório. *Pesq. Agropec. Bras.* 23: 107-10, 1988a.

HAJI, F. N. P. et al. Flutuação populacional da traça-do-tomateiro no Submédio São Francisco. *Pesq. Agropec. Bras.* 23: 7-14, 1998b.

HAJI, F. N. P. Histórico e situação atual da traça-do-tomateiro nos perímetros irrigados do Submédio São Francisco. In: SIMPÓSIO DE CONTROLE BIOLÓGICO, 3, Águas de Lindoia, SP. *Anais...* Campinas: Emopi, 1992. p. 57-8.

HAJI, F. N. P. et al. *Trichogramma pretiosum* para o controle de pragas no tomateiro industrial. In: PARRA, J. P. P. et al. (eds.). *Controle biológico no Brasil*: parasitoides e predadores. São Paulo: Manole, 2002. 635p.

IMENES, S. D. L. et al. Efeito do manejo integrado na população de pragas e inimigos naturais na produção de tomate estaqueado. *Arq. Inst. Biol.* 59: 1-7, 1992.

IMENES, S. D. L. et al. Efeito de inseticidas na incidência de *Scrobipalpuloides absoluta* (Meyrick, 1917) em tomateiros. *Rev. de Agricultura* 69: 231-42, 1994.

LIETTI, M. M. M.; BOTTO, E. & ALZOGARAY, R. A. Insecticide resistance in Argentine populations of *Tuta absoluta* (Meyrick) (Lepidoptera: Gelechiidae). *Neotrop. Entomol.* 34: 113-9, 2005.

LYRA NETTO, A. M. C.; WANDERLEY, L. J. G. & MELO, P. C. T. Controle químico de *Neoleucinodes elegantalis* (Guenée, 1854) e *Scrobipalpula absoluta* (Meyrick, 1917) (Lepidoptera: Gelechiidae) no tomateiro em Pernambuco. *An. Soc. Entomol. Brasil* 20: 353-8, 1991.

MARCHIORI, C. H.; SILVA, C. G. & LOBO, A. P. Primeira ocorrência do parasitoide *Conura* sp. (Hymenoptera: Chalcididae) em pupas de *Tuta absoluta* (Meyrick, 1917) (Lepidoptera: Gelechiidae) em cultivar de tomate em Lavras, Minas Gerais, Brasil. *Arq. Inst. Biol.* 70: 115-6, 2003.

MARCHIORI, C. H.; SILVA, C. G. & LOBO, A. P. Parasitoids of *Tuta absoluta* (Meyrick, 1917) (Lepidoptera: Gelechiidae) collected on tomato plants in Lavras, state of Minas Gerais, Brazil. *Braz. J. Biol.* 64: 551-2, 2004.

MEDEIROS, M. A. et al. Padrão de oviposição e tabela de vida da traça-do-tomateiro *Tuta absoluta* (Meyrick) (Lepidoptera, Gelechiidae). *Rev. Bras. Entomol.* 53: 452-6, 2009a.

MEDEIROS, M. A. et al. Estudo preliminar do controle biológico da traça-do-tomateiro com o parasitoide *Trichogramma pretiosum* em ambiente protegido. *Hort. Bras.* 27: 80-5, 2009b.

MEDEIROS, M. A.; SUJII, E. R. & MORAIS, H. C. Fatores de mortalidade na fase de ovo de *Tuta absoluta* em sistemas de produção orgânica e convencional de tomate. *Bragantia* 70: 72-80, 2011.

MELO, P. C. T. et al. Tomate para processamento industrial. In: ALBUQUERQUE, A. C. S. & SILVA, A. G. da (org.). *Desenvolvimento da agricultura tropical*: quatro décadas de inovações tecnológicas, institucionais e políticas. 1. ed. Brasília, DF: Embrapa, 2008, v. 1. 876p.

MELO, P. C. T. Retrospectiva da agroindústria do tomate no Brasil nos anos 90. *Hortic. Bras.* 11: 109-11, 1993.

MIRANDA, M. M. M. et al. Ecological life table of *Tuta absoluta* (Meyrick) (Lepidopotera: Gelechiidae). *Biocontrol. Sci. Technol.* 8: 597-606, 1998.

MOORE, J. E. Control of tomato leafminer (*Scrobipalpula absoluta*) in Bolivia. *Tropical Pest Manag.* 29: 231-8, 1983.

MORAES, G. J. de & NORMANDA FILHO, J. A. Surto de *Scrobipalpula absoluta* (Meyrick) em tomateiro no trópico semiárido. *Pesq. Agropec. Bras.* 17: 503-4, 1982.

MOREIRA, J. O. T.; LARA, F. M. & CHURATA MASCA, M. C. G. Ocorrência de *Scrobipalpula absoluta* (Meyrick) (Lepidoptera: Gelechiidae) danificando tomate rasteiro em Jaboticabal. In: CONGRESSO BRASILEIRO DE ENTOMOLOGIA, 7, Fortaleza, 1981. *Resumos*... Fortaleza: SEB, 1981. p. 58.

MOREIRA, L. F. *Diagnóstico dos problemas ecotoxicológicos causados pelo uso de inseticida (Metamidafós) na região agrícola de Viçosa, MG.* Viçosa, MG, 1995. 95p. Dissertação (mestrado) – Universidade Federal de Viçosa.

MUSZINSKI, T.; LAVENDOWSKI, I. M. & MASCHIO, L. M. A. de. Constatação de *Scrobipalpula absoluta* (Meyrick, 1917) (= *Gnorimoschema absoluta*) (Lepidopotera: Gelechiidae), como praga do tomateiro (*Lycopersicon sculentum* Mill.), no litoral do Paraná. *An. Soc. Entomol. Brasil.* 11: 291-2, 1982.

NAKANO, O. & PAULO, A. D. As traças-do-tomateiro. *Agroquímica* 20: 8-12, 1983.

OEPP/EPPO. European and Mediterranean Plant Protection Organization. Data sheets on quarantine pests. *Tuta absoluta*. *Bulletin* 35: 434-5, 2005. (Bulletin OEPP/Eppo). Disponível em: <www.eppo.org/QUARANTINE/insects/Tuta_absoluta/DS_Tuta_absoluta.pdf>. Acesso em: 19 mar. 2012.

OEPP/EPPO – European and Mediterranean Plant Protection Organization. *EPPO Reporting Service*, n. 6, 2010/114, 2010. Disponível em: <archives.eppo.int/EPPOReporting/2010/Rse-1006.pdf>. Acesso em: 20 dez. 2012.

OSTRAUSKAS, H. & IVINSKIS, P. Records of tomato pinkworm (*Tuta absoluta* (Meyrick, 1917) – Lepidoptera: Gelechiidae – in Lithuania. *Acta Zool. Lituan.* 20: 151-5, 2010.

PICANÇO, M. et al. Incidência de *Scrobipalpuloides absoluta* em tomateiro sob diferentes sistemas de tutoramento e controle químico. *Hortic. Bras.* 13: 180-3, 1995.

PICANÇO, M. et al. Perdas na produtividade do tomateiro em sistemas alternativos de controle fitossanitário. *Hortic. Bras.* 15: 88-91, 1997.

PICANÇO, M. et al. Yield loss in trellised tomato affected by insecticidal sprays and plant spacing. *Crop Prot.* 17: 447-52, 1998.

POVOLNY, D. Genitalia of some neartic and neotropic members of the tribe Gnorimoschemini (Lepidoptera, Gelechiidae). *Acta Ent. Mus. Nat. Pragae* 37: 51-127, 1967.

POVOLNY, D. *Gnorimoschemini* of Southern America III: the scrobipalpuloid genera (Insecta, Lepidoptera: Gelechiidae). *Steenstrupia* 13: 1-91, 1987.

POVOLNY, D. *Gnorimoschemini* of southern South America VI: identification keys, checklist of neotropical taxa and general considerations (Insecta, Lepidoptera, Gelechiidae). *Steenstrupia* 20: 1-42, 1994.

PRIETO, S. J. M. *Avaliação de danos e controle químico da Phthorimaea operculella (Zeller) (1873) (Lepidoptera: Gelechiidae) em cultura de tomate (Lycopersicum esculentum Mill.).* Piracicaba, 1980. 73p. Dissertação (mestrado) – Escola Superior de Agricultura "Luiz de Queiroz", Universidade de São Paulo.

RAZURI, V. & VARGAS, E. Biologia y comportamiento de *S. absoluta* Meyrick (Lep., Gelechiidae) en tomatera. *Rev. Peru. Entomol.* 18: 84-9, 1975.

REIS, F. S. *A agroindústria processadora de tomate na Bahia*. Salvador: CPE, 1994. 69p. (Carta da CPE 31/94).

RIQUELME, A. H. Control integrado de plagas en tomate. Mendoza, Argentina: Inta, 1993. p. 4-34. (Manuales Agro de Cuyo).

SALAZAR, E. R. & ARAYA, J. E. Detección de resistencia a insecticidas en la polilla del tomate. *Simiente* 67: 8-22, 1997.

SANTOS, A. C. et al. Efficacy of insecticides on *Tuta absoluta* (Meyrick) and other pests in pole tomato. *BioAssay* 6: 1-6, 2011.

SCARDINO, D. M. B.; FERREIRA, L. R. & GALVEAS, P. A. O. Ocorrência da traça-do-tomateiro, *Scrobipalpula absoluta* (Meyrick), no Estado do Espírito Santo. In: CONGRESSO BRASILEIRO DE ENTOMOLOGIA, 8, Brasília, 1983. *Resumos...* Brasília, DF: SEB, 1983. p. 126.

SILVA, F. A. A. Situação atual e perspectivas da tomaticultura nordestina. *Hortic. Bras.* 11: 183-6, 1993.

SILVA, J. B. C. da et al. *Cultivo de tomate para industrialização.* 2. ed. Brasília, DF: Embrapa Hortaliças, 2006. (Sistema de Produção, 1). Disponível em: <sistemasdeproducao. cnptia. embrapa.br/FontesHTML/Tomate/TomateIndustrial- 2ed/colheita.htm>. Acesso em: 30 mar. 2012.

SILVA, G. A. et al. Control failure likelihood and spatial dependence of insecticide resistance in the tomato pinworm, *Tuta absoluta*. *Pest Manag. Sci.* 67: 913-20, 2011.

SIQUEIRA, H. A. A. et al. Abamectin resistance and synergism in Brazilian populations of *Tuta absoluta* (Meyrick) (Lepidoptera: Gelechiidae). *Int. J. Pest. Manag.* 47: 247-51, 2001.

SIQUEIRA, H. A. A.; GUEDES, R. N. C. & PICANÇO, M. C. Insecticide resistance in populations of *Tuta absoluta* (Lepidoptera: Gelechiidae). *Agric. For. Entomol.* 2: 147-53, 2000a.

SIQUEIRA, H. A. A.; GUEDES, R. N. C. & PICANÇO, M. C. Cartap resistance and synergism in populations of *Tuta absoluta* (Lep., Gelechiidae). *J. Appl. Entomol.* 124: 233-8, 2000b.

SOUZA, J. C. de et al. *Traça-do-tomateiro*: histórico, reconhecimento, biologia, prejuízos e controle. Belo Horizonte: Epamig, 1983. 14p. (Boletim Técnico, 102).

SOUZA, J. C. de & REIS, P. R. *Traça do tomateiro*: histórico, reconhecimento, biologia, prejuízos e controle. Belo Horizonte: Epamig, 2000. 32p. (Boletim Técnico, 57).

TOMATO leaf miner, *Tuta absoluta*. Information network [Homepage]. <www.tutaabsoluta.com>. Acesso em: 20 dez. 2012.

UCHOA-FERNANDES, M. A.; DELLA LUCIA, T. M. C. & VILELA, E. F. Mating, oviposition and pupation of *Scrobipalpuloides absoluta* (Meyer.) (Lepidoptera: Gelechiidae). *An. Soc. Entomol. Brasil.* 24: 159-64, 1995.

URBANEJA, A. et al. La polilla del tomate, *Tuta absoluta*. *Phytoma* (Espana) 194: 16-23, 2007.

VACAS, S. et al. Studies on the development of a mating disruption system to control the tomato leafminer, *Tuta absoluta* Povolny (Lepidoptera: Gelechiidae). *Pest Manag. Sci.* DOI: 10.1002: 2202, 2011.

VAN DRIESCHE, R. G. & BELLOWS, T. S. *Biological control.* New York: Chapman & Hall, 1996. 539p.

VARGAS, H. Observaciones sobre la biologia y enemigos naturales de la polilla del tomate, *Gnorimoschema absoluta* (Meyrick) (Lepidoptera: Gelechiidae). *Idesia* 1: 75-110, 1970.

VILLAS BÔAS, G. L. & FRANÇA, F. H. Utilização do parasitoide *Trichogramma pretiosum* no controle da traça-do-tomateiro em cultivo protegido de tomate. *Hortic. Bras.* 14, 1996.

VILLAS BÔAS, G. L.; CASTELO BRANCO, M. & MEDEIROS, M. A. *Manejo integrado da traça-do-tomateiro (Tuta absoluta) em sistema de produção integrada de tomate / indústria (Piti).* Brasília, DF: Embrapa Hortaliças, 2009. 16p. (Circular Técnica, 73).

30

Traça-das-crucíferas, *Plutella xylostella* (L.)

M. Castelo Branco, F. H. França

INTRODUÇÃO

A traça-das-crucíferas é originária da Europa e hoje está disseminada por todos os continentes. Na Ásia, na África e nas Américas é considerada a praga que causa maiores danos às lavouras de brássicas. Desde o século passado, os inseticidas têm sido o principal meio utilizado para o controle desse inseto. Entre 1910 e 1939, foram utilizados arseniatos e nicotina (Parker, 1913; Reid & Barre, 1939). A partir de 1940, os clorados passaram a ser intensivamente empregados. Isso fez que, apenas três anos após a introdução do DDT na Ilha de Java, o primeiro caso de resistência a esse produto fosse identificado. Com isso, doses crescentes desse inseticida foram empregadas para o controle da praga (Arkersmit, 1953). Desde então, diversos inseticidas, de diferentes grupos químicos, foram lançados no mercado. Nas condições tropicais, o número de aplicações varia de uma a quatro por semana e, muitas vezes, as perdas causadas pela praga não são evitadas.

O uso intensivo de inseticidas em lavouras de brássicas selecionou populações resistentes aos mais diferentes produtos, em vários locais do mundo (Tabela 1). No

Tabela 1. Inseticidas e locais onde foram detectadas populações de traça-das-crucíferas resistentes ao produto descrito. As referências desta tabela podem ser encontradas em Castelo Branco (1998).

Inseticidas	Países com traça-das-crucíferas resistentes a inseticidas
Abamectin	China, Malásia
B. thuringiensis	Brasil, China, Coreia, Estados Unidos, Japão, Filipinas, Malásia, Nova Zelândia, Tailândia, Taiwan
Reguladores de crescimento	China, Indonésia, Malásia, Tailândia, Taiwan
Organoclorados	China, Estados Unidos, Japão, Java, Malásia
Organofosforados	Brasil, China, Coreia, Estados Unidos, Filipinas, Honduras, Índia, Nicaraguá, Japão, Malásia, Nova Zelândia, Tailândia, Taiwan, Vietnã
Piretroides	Austrália, Brasil, China, Costa Rica, Coreia, Estados Unidos, Filipinas, Honduras, Índia, Japão, Nicarágua, Malásia, Nova Zelândia, Tailândia, Taiwan, Vietnã

Brasil, a resistência a diferentes inseticidas foi verificada no Distrito Federal e em Pernambuco (Castelo Branco & Gatehouse, 1997; Castelo Branco & Gatehouse, 2001; Castelo Branco & Melo, 2002; Santos et al., 2011).

Várias medidas para a redução do uso de inseticidas em lavouras de brássicas têm sido propostas, dentre elas: uso do nível de dano econômico, quer pela contagem do número de lagartas sobre as plantas (Simonet & Morisak, 1992), quer pela contagem de furos sobre as folhas (Chalfant, 1979); liberações de parasitoides como *Diadegma semiclausum* e *Cotesia plutellae* em áreas de cultivo de brássicas (Morallo-Rejesus & Sayaboc, 1992; Poelking, 1992); uso de cultivares resistentes (Eigenbrode & Shelton, 1992); uso de baculovírus e fungos entomopatogênicos (Kadir, 1992; Riethmacher, Rombach & Kranz, 1992).

No entanto, para aplicar corretamente qualquer medida de controle da traça-das-crucíferas em lavouras de brássicas, é necessário conhecer a biologia e a ecologia da praga em cada região e seu potencial de dano, a fim de que essas medidas sejam as mais adequadas para cada realidade.

Posição taxonômica e nomenclatura

Ordem: Lepidoptera

Família: Plutellidae

Gênero: *Plutella* Schrank, 1802

Espécie: *Plutella xylostella* (L., 1758)

Sinonímia: *Plutella maculipennis* (Curtis, 1839).

Até a década de 1970 era referida como *Plutella maculipennis* (Curtis, 1839).

HISTÓRICO DA INTRODUÇÃO DA PRAGA NO BRASIL

A traça-das-crucíferas provavelmente é originária da região do Mediterrâneo, centro de origem das brássicas (Frost, 1949), de onde se disseminou para diversos continentes. No território norte-americano, ela foi observada pela primeira vez em 1855 (Harcourt, 1962); no Canadá, em 1895 (Harcourt, 1986); em Cuba, em 1908 (Cook & Horne, 1908); na Argentina, em 1923 (Brethes, 1923); e na Malásia, em 1925 (Ooi, 1986); no Brasil, o primeiro registro da traça-das-crucíferas foi feito na Bahia, em cultivos de repolho (Bondar, 1928).

DISTRIBUIÇÃO GEOGRÁFICA

A dispersão da traça-das-crucíferas foi feita pela expansão da cultura de brássicas (Ooi, 1986) e pela migração do inseto por meio das correntes aéreas. A migração pelas correntes aéreas foi sugerida pela primeira vez em 1937 (List, 1937), isso porque, nesse ano, após a ocorrência de um furacão no Colorado, apareceram adultos da praga. Um mês depois, lagartas danificavam cultivos de repolho e couve-flor na região. French (1967) verificou que o inseto é capaz de migrar por até 3.680 km, voando continuamente por vários dias. Na Finlândia, a traça-das-crucíferas migrou pelo menos onze vezes entre 1972 e 1981, quando os ventos eram favoráveis ao transporte do inseto das regiões quentes do Sul da Europa para a Finlândia (Mikkola, 1986). Honda (1992) constatou que, no Norte do Japão, lagartas e pupas de traça-das-crucíferas não sobreviviam por mais de sessenta dias quando a temperatura era inferior a 0°C. O repentino aparecimento de adultos da praga no início da primavera foi atribuído à migração do inseto das regiões mais quentes para o Sul do Japão, onde ela sobrevive no inverno. Em Ontário (Canadá), adultos surgiram subitamente no início da primavera. Esse aparecimento repentino estava associado à presença de ventos que provinham dos Estados Unidos, sugerindo que esses adultos eram originários dessa região (Smith & Sears, 1982). Em um estudo recente, Hopkinson & Soroka (2010), usando mapas de direção de ventos e armadilhas de feromônio para monitorar a imigração de traça-das-crucíferas no Canadá, sugeriram que algumas das populações encontradas no país também poderiam ser originárias dos Estados Unidos.

Diversos estudos sugeriram que a migração de insetos está associada à presença de ovários imaturos em fêmeas recém-emergidas. Para traça-das-crucíferas foi sugerido que a temperatura e o fotoperíodo não parecem constituir fatores indutores da migração, o que explicaria sua presença em diferentes ambientes (Crema & Castelo Branco, 2004). Por outro lado, um grande número de insetos em um só local, com consequente escassez de alimentos, gera uma grande proporção de fêmeas com ovários imaturos e que, teoricamente, estão aptas a migrar grandes distâncias (Castelo Branco & Gatehouse, 1997). Outros estudos sugeriram que, em determinada população, insetos com asas maiores teriam maior tendência a migrar. Zaché e Zaché (2011) verificaram que o incremento da densidade populacional faz aumentar a proporção de indivíduos com asas maiores em uma população de traça-das-crucíferas, o que também sugere que a densidade populacional seria um fator indutor da migração.

BIOLOGIA E ECOLOGIA

Em condições tropicais, a traça-das-crucíferas pode ocorrer durante todo o ano e apresentar até quinze gerações por ano (Poelking, 1992). O crescimento populacional é influenciado pela precipitação e pela temperatura. No período chuvoso, a densidade populacional é baixa, pois a precipitação pluvial elimina os ovos das folhas e provoca o afogamento das larvas. Já os períodos quentes e secos são os que mais favorecem o seu crescimento populacional (França et al., 1985). Em temperaturas ao redor de 15°C, o ciclo de ovo a adulto dura, em média, 28 dias. A mais ou menos 35°C, o ciclo é reduzido para onze dias (Hardy, 1938).

As fêmeas costumam iniciar a oviposição logo após a emergência, e o local preferido varia de acordo com o estado fenológico da planta. Antes da formação da cabeça, a preferência para oviposição é a parte basal das folhas, na epiderme superior ou inferior. Após a formação da cabeça, as fêmeas preferem a borda e a epiderme superior da folha que envolve a cabeça (Zago et al., 2010). O número de ovos (Figura 1A) por fêmea pode chegar a até seiscentos durante seu ciclo de vida (Poelking, 1992). Eles são amarelos no início e marrons próximo à eclosão. As lagartas levam de três a cinco dias para eclodir.

Há quatro estágios larvais. No primeiro, as lagartas minam as folhas e alimentam-se em seu interior. No final desse estágio (Figura 1B), deixam as minas e migram para a parte inferior das folhas, local preferido para alimentação. No segundo e terceiro estágios, consomem o tecido foliar, exceto as nervuras, deixando minas transparentes nas folhas. No quarto estágio, consomem toda a superfície

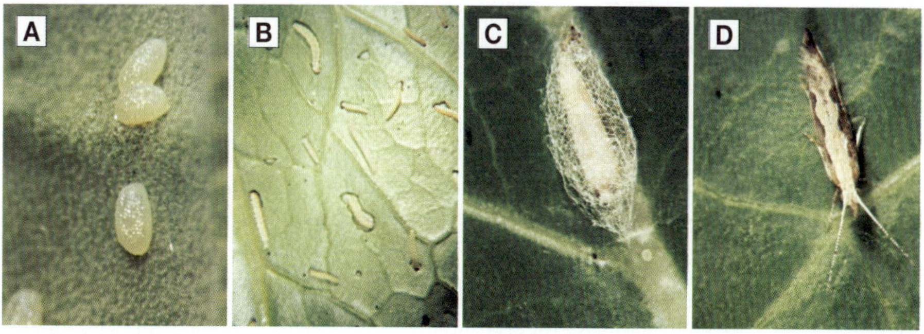

Figura 1. *P. maculipennis.* A) Ovos. B) Lagartas. C) Pupa. D) Adulto. Fotos: Rose G. Monnerat.

foliar (Harcourt, 1957; Barrantes & Rodriguez, 1996). Nessa fase, medem cerca de 10 mm e é possível separar machos e fêmeas, uma vez que os machos apresentam coloração clara no quinto segmento abdominal (Liu & Tabashnik, 1997; Crema & Castelo Branco, 2004). Em cultivos de repolho, as lagartas são verde-escuras; em couve-flor, são verde-claras. São muito ágeis e, se tocadas, movimentam-se com rapidez. Podem também descer das folhas até o chão secretando um fio de seda.

As lagartas empupam em locais que lhes garantam maior proteção contra a ação de predadores e intempéries. As pupas (Figura 1C) são encontradas na parte inferior das folhas, na base das cabeças de repolho e no interior das inflorescências de brócolis e couve-flor. Medem cerca de 10 mm de comprimento. Nos primeiros dias são verde-claras e, próximo à emergência dos adultos, são marrons.

Os adultos são pequenas mariposas escuras (Figura 1D) que durante o dia ocultam-se nas folhas das brássicas. Os machos, quando parados sobre as folhas, apresentam a forma de um diamante na parte dorsal. A longevidade das fêmeas é influenciada pela temperatura. A 25°C sobrevivem em média onze dias, e a 33°C, seis dias (Wakisaka, Ritsuko & Nakasuki, 1992).

PLANTAS HOSPEDEIRAS

Plantas da família das brássicas são as principais hospedeiras da traça-das-crucíferas. Existe diferença de tolerância à praga entre os diversos cultivares de brássicas, como demonstrado por Melo, Castelo Branco e Madeira (1994), Thuler, Bortoli e Hoffmann-Campo (2007), Ebrahimi, Palebi e Fathipour (2009) e Fathi, Bozorg-Amirkalace e Sarjaraz (2011). Ervas daninhas, como *Capsella bursa pastoris,* têm sido citadas como hospedeiras alternativas da praga (Muhamad et al., 1994).

IMPACTO ECONÔMICO E PREJUÍZOS

As lagartas da traça-das-crucíferas preferem as folhas mais novas das brássicas para a alimentação. Em repolho, quando a densidade populacional é baixa, as larvas alimentam-se apenas das folhas superficiais das cabeças, provocando furos nas folhas. Já quando a densidade populacional é elevada, elas penetram nas cabeças. Em brócolis e couve-flor, o inseto alimenta-se das inflorescências. O mercado consumidor é altamente exigente quanto à qualidade dos produtos. O varejo dá preferência a cabeças de repolho que não apresentem furos e as indústrias de congelamento exigem que as inflorescências de brócolis e couve-flor não possuam nenhuma lagarta ou pupa do inseto.

O alto padrão de exigência do mercado consumidor é um dos fatores que contribuem para o uso intensivo de inseticidas para o controle da traça-das-crucíferas. Para manter a eficiência desse controle, novos produtos estão constantemente sendo testados e lançados no mercado (Sun, Liang & Gao, 2012). Em geral, quando um novo inseticida é introduzido para o controle da traça-das-crucíferas, as pulverizações são realizadas com intervalos de sete a quinze dias. Como o novo produto costuma ser bastante eficiente, seu uso generaliza-se, o que seleciona com rapidez indivíduos resistentes. À medida que aumenta a predominância de insetos resistentes na população, o intervalo de aplicação diminui. Em casos extremos, as doses são aumentadas. Ao final desse ciclo (aumento de frequência de aplicação – aumento de dose), o resultado para o produtor é, na maioria das vezes, perda de 100% da produção. A falta de exigência de receituário agronômico para a aquisição de inseticidas em diversas regiões brasileiras, associada à assistência técnica precária em diversos estados, é fator que contribui para esse uso indiscriminado de inseticidas e para a seleção de populações resistentes.

O grande número de aplicações de inseticidas, com a consequente seleção de populações resistentes, provoca, evidentemente, impactos econômicos, sociais e ambientais. Dentre os impactos econômico-sociais, pode-se citar: elevação do custo de produção, quer pelo aumento do número de pulverizações, quer pela substituição de um inseticida por outro, em geral mais caro; aumento do número de intoxicações de trabalhadores, devido ao uso abusivo de inseticidas. Este aumento, aliado à necessidade de tratamento, reduz os recursos públicos a serem empregados para o tratamento de outras importantes doenças que afetam a população brasileira.

Dentre os impactos ambientais causados pelas aplicações intensivas de inseticidas e consequente seleção de populações resistentes, pode-se citar: aumento da poluição de rios e águas subterrâneas por resíduos de inseticidas; mortalidade de peixes, crustáceos e aves; aumento de resíduos de inseticidas nos produtos consumidos pela população. Em 2002, foi constatado que os elevados níveis de resíduos de inseticidas também poderiam estar relacionados ao desconhecimento dos produtores sobre o significado do termo "período de carência". Isso porque agricultores do Distrito Federal atribuíam, por exemplo, um período de carência de sete dias para *Bacillus thuringiensis* e de quinze dias para Metamidofós, quando, na época, esse período era de zero e 21 dias, respectivamente (Castelo Branco & Amaral, 2002). No presente, os problemas relativos a resíduos de inseticidas em repolho parecem ter se reduzido. Na análise de 127 amostras do produto pela Anvisa, em 2010, foram encontradas duas amostras com resíduos de fosforados não permitidos na lavoura. Porém, não foi encontrado resíduo de inseticida registrado além do limite permitido (Anvisa, 2011). Outras brássicas, como couve-flor, repolho e couve, em que os inseticidas também são intensivamente utilizados, não foram analisadas.

O elevado número de pulverizações em brássicas, com a consequente seleção de populações de traças-das-crucíferas resistentes a inseticidas, e os impactos sociais, econômicos e ambientais danosos que essa prática provoca devem ser solucionados. Para isso, atenção especial deve ser dada ao tema pelos governos e produtores. É importante que sejam introduzidas nas lavouras de brássicas técnicas para reduzir o número de aplicações de inseticidas e técnicas de manejo de resistência a esses produtos, a fim de prolongar a sua vida útil.

A redução do número de aplicações de inseticidas é, sem dúvida, a ação mais fundamental. Em repolho, essa redução pode ser obtida com aplicações a partir do início de formação das cabeças, mais ou menos 21 a 28 dias após o transplante, dependendo da região. Pode ainda ser obtida por meio do emprego do nível de dano econômico. Neste caso, as aplicações são realizadas apenas quando é encontrada uma média de seis furos nas quatro folhas centrais (Castelo Branco, Villa Bôas & França, 1996). Na Tabela 2, são apresentados os custos teóricos dos produtores quando essas técnicas são utilizadas para um ciclo de três meses da cultura no campo. A aplicação de inseticidas imediatamente após o transplante apresentou o custo mais elevado. O início das aplicações apenas quando as cabeças começaram a formar-se representou uma redução de um terço nos custos de aplicação. Já a redução no custo de aplicação com base no nível de dano dependeu do número de aplicações e do número de amostragens efetuadas na lavoura. Quanto maior o número de amostragens e o número de aplicações, menor a redução no custo. Assim, na prática, o custo da aplicação baseado no nível de dano econômico dependerá da época de cultivo, da eficiência do produto, da população da praga na

Tabela 2. Custo de aplicação de *B. thuringiensis* em repolho com diferentes formas de emprego de inseticidas.

Forma de aplicação do inseticida	Aplicações (n)	Custo total de aplicação de inseticidas (R$)[1]	Redução do custo de aplicação em relação à aplicação imediatamente após o transplante (%)
Imediatamente após o transplante	12	684,00	–
A partir do início da formação da cabeça	8	456,00	33,3
Seis furos nas quatro folhas centrais, oito amostragens[2]	4	278,64	59,2
Seis furos nas quatro folhas centrais, dezesseis amostragens[2]	4	392,64	42,5
Seis furos nas quatro folhas centrais, oito amostragens[2]	6	329,28	51,8
Seis furos nas quatro folhas centrais, dezesseis amostragens[2]	6	443,28	35,1

1 Fonte: Emater-DF (2009). (http://www.emater.df.gov.br/005/00502001.asp?ttCD_CHAVE=7280). Considerado apenas o custo de aplicação do inseticida, equivalente a R$ 30/aplicação, e o uso de 0,5 kg de acefato por aplicação, equivalente a R$ 54/kg.

2 Para o cálculo do valor da amostragem, foi considerado o tempo de trinta minutos para cada amostragem e o valor de um salário mínimo de um agrônomo (seis salários mínimos de 2009 para jornada de seis horas - Lei 4.950-A/66). Com isso, a hora trabalhada foi equivalente a R$12,66 (http://www.guiatrabalhista.com.br/guia/salario_minimo.htm).

lavoura e do número de amostragens. Outra técnica para a redução do número de aplicações de inseticidas é o manejo da irrigação por aspersão, que se mostrou eficiente para remover larvas de segundo estágio quando as plantas estavam em fase de formação de cabeças (Oliveira et al., 1997).

Outra técnica que pode contribuir para a redução do número de aplicações de inseticidas é a preservação dos inimigos naturais da traça-das-crucíferas nas lavouras. Diversos parasitoides da praga já foram identificados no Brasil e na Argentina, entre eles: *Diadegma* sp., *Apanteles* sp., *Oomyzus sokolowiskii* e *Cotesia plutellae* (Castelo Branco & Medeiros, 2001; Silva-Torres et al., 2010; Bertolaccini et al., 2011). Como é comum observar-se que os parasitoides sozinhos não controlam com eficiência a traça-das-crucíferas (Silva-Torres et al., 2010), o uso de inseticidas seletivos como *Bacillus thuringiensis* (Pontes, 1995) pode contribuir para a preservação dos inimigos naturais. Diversas estirpes desse inseticida biológico já foram testadas para o controle da praga e novos produtos devem surgir no mercado (Medeiros et al., 2005).

Ainda que seja bastante recomendado o uso de inseticidas seletivos para a preservação de inimigos naturais, curiosamente, em áreas de uso intensivo de acefate, cartap e deltametrina foram observados índices de parasitismo de até 87%. Estes altos índices foram atribuídos a um escape das larvas e de parasitoides ao inseticida. Como esses inseticidas não possuem ação translaminar, não conseguem atingir uma parte da população das larvas de traça-das-crucíferas parasitadas localizadas na parte inferior das folhas (Castelo Branco & Medeiros, 2001). Tal explicação pode ser coerente, uma vez que experimentos de laboratório demonstraram que inseticidas piretroides, como deltametrina, e ditiocarbamatos, como cartap, são altamente tóxicos para parasitoides de traça-das-crucíferas (Talekar & Yang, 1991; Kao & Tzeng, 1992).

No que se refere ao uso de técnicas de manejo de resistência a inseticidas, uma das medidas mais recomendadas é a rotação de produtos, já que as aplicações contínuas de um mesmo inseticida tendem a selecionar populações resistentes, como observado em teste de laboratório (Sayyed et al., 2005). Com o uso da rotação, espera-se que a suscetibilidade das populações aos produtos usados seja mantida por um período maior de tempo.

Os inseticidas incluídos em um programa de rotação devem ser utilizados em aplicações semanais, por um período de 21 dias, a fim de contemplar uma geração completa da praga. Devem ser de grupos químicos diferentes, para seleção de diferentes mecanismos de resistência. Piretroides, fosforados, *B. thuringiensis*, reguladores de crescimento e produtos de outros grupos químicos podem ser utilizados em rotação (Sun, 1992). Nas condições tropicais, há sobreposição de gerações de traça-das-crucíferas no campo. Então, para melhorar a eficiência do programa de rotação, devem ser utilizados pelo menos três inseticidas, de três grupos químicos diferentes, a fim de evitar que parte da população seja selecionada por dois inseticidas. É recomendável que os programas de rotação sejam implementados regionalmente, ou seja, que os inseticidas sejam utilizados de modo sincronizado em uma mesma região de cultivo.

Antes de um inseticida ser introduzido em uma área de cultivo, é interessante que se conheça a suscetibilidade inicial da população, a fim de monitorar a evolução da resistência por meio do uso de doses discriminantes. Tal prática permite acompanhar a evolução da resistência no campo quando práticas de manejo de resistência são adotadas (Wang et al., 2010). Para inseticidas já empregados em uma região, bioensaios de laboratório com o uso da dosagem comercial podem indicar a provável eficiência do produto em campo (Castelo Branco & Gatehouse, 1997; Campos, Castelo Branco & Junqueira, 1997). Inseticidas que provocam menos de 95% de mortalidade de larvas devem ser utilizados com cautela em épocas de baixa densidade populacional, como o início do período seco no Distrito Federal (abril a junho). Nos períodos mais secos e quentes do ano (julho a setembro), quando a população da praga cresce com rapidez, esses produtos devem, de preferência, ser abolidos.

Outro método de controle com inseticidas que vem sendo estudado é o uso de plantas transgênicas com cristais do bioinseticida *B. thuringiensis*. O uso dessas plantas tem se mostrado eficiente para o controle de populações de *P. xylostella* não resistentes a ele. Além do mais, estudos recentes mostraram que as plantas transgênicas não afetam a viabilidade de parasitoides com *Diadegma insulare* e *Cotesia plutella*, nem esses hospedeiros discriminam entre larvas resistentes e suscetíveis a esse bioinseticida (Liu et al., 2011). Assim, é possível que, no futuro, plantas transgênicas com cristais do bioinseticida possam constituir uma ferramenta a mais para o controle da traça-das-crucíferas. Outro método que também vem sendo estudado é o uso de vírus de granulose, aliado ao uso do nível de dano econômico. No entanto, esse vírus ainda apresenta elevado custo de aplicação (Subramanian, Rabindra & Sathiah, 2009).

Em resumo, para o efetivo controle da traça-das-crucíferas com reduzido impacto ambiental, a racionalização do uso de inseticidas é uma das prioridades. Além disso, devem ser adotadas outras medidas para o controle da praga, como o manejo da irrigação, a preservação de inimigos naturais pelo emprego de inseticidas seletivos e o uso de práticas culturais adequadas, como a destruição de restos culturais e o cultivo de plantas com aproximadamente a mesma idade em uma mesma região. Todas essas medidas com certeza devem contribuir para a redução das perdas ocasionadas pelo inseto.

REFERÊNCIAS BIBLIOGRÁFICAS

ANVISA. Programa de análise de resíduos de agrotóxicos em alimentos. Brasília: Anvisa, 2011. 26p. Disponível em: <portal.anvisa.gov.br/wps/wcm/connect/b380fe004965d38ab6abf74e-d75891ae/Relat%C3%B3rio+PARA+2010+-+Vers%C3%A3o+Final.pdf?MOD=AJPERES>. Acesso em: 23 jan. 2012.

ARKERSMIT, G. W. DDT-resistance in *Plutella maculipenis* (Curt.) (Lep.) in Java. *Bull. Ent. Res.* 44: 421-5, 1953.

BARRANTES, A. J. A. & RODRIGUES, C. L. Abundancia estacional y daño de *Plutella xylostella* (L.) (Lepidoptera: Plutellidae) y el cultivo de repollo, durante la época seca em Alfaro Ruíz, Alajuela, Costa Rica. *Man. Integr.* Pl 39: 17-24, 1996.

BERTOLACCINI, I. et al. Mortality of *Plutella xylostella* (Lepidoptera, Plutellidae) by parasitoids in the Province of Santa Fe, Argentina. *Rev. Bras. Entomol.* 55: 454-6, 2011.

BONDAR, G. Séria praga de repolho na Bahia – *Plutella maculipennis* Curtis. *Chac. Quint.* 38: 602, 1928.

BRETHES, J. The cabbage moth (*Plutella maculipennis*). *Ann. Soc. R. Arg.* 57: 162-6, 1923.

CAMPOS, L. C. A.; CASTELO BRANCO, M. & JUNQUEIRA, A. M. R. Suscetibilidade de três populações de traça-das-crucíferas a *Bacillus thuringiensis*. *Hort. Bras.* 15: 40-2, 1997.

CASTELO BRANCO, M. *Insecticide resistance in Plutella xylostella (L.) (Lepidoptera: Yponomeutidae) in the Federal District, Brazil*: effects of local and long-range movements of moths. Bangor, 1998. 196p. Tese (doutorado) – University of Wales.

CASTELO BRANCO, M. & AMARAL, P. S. T. Inseticidas para controle da traça-das-crucíferas: como os agricultores os utilizam no Distrito Federal? *Hort. Bras.* 20: 410-5, 2002.

CASTELO BRANCO, M. & GATEHOUSE, A. G. Insecticide resistance in *Plutella xylostella* (L.) (Lepidoptera: Yponomeutidae) in the Federal District, Brazil. *An. Soc. Entomol. Bras.* 26: 75-9, 1997.

CASTELO BRANCO, M. & GATEHOUSE, A. G. A survey of insecticide susceptibility in *Plutella xylostella* (L.) (Lepidoptera: Yponomeutidae) in the Federal District, Brazil. *Neotrop. Entomol.* 30: 327-32, 2001.

CASTELO BRANCO, M. & MEDEIROS, M. A. Impacto de inseticidas sobre parasitoides da traça-das-crucíferas em repolho no Distrito Federal. *Pesq. Agropec. Bras.* 36: 7-13, 2001.

CASTELO BRANCO, M. & MELO, C. A. Resistência a abamectin e cartap em populações de traça-das-crucíferas. *Hort. Bras.* 20: 541-3, 2002.

CASTELO BRANCO, M.; VILLAS BÔAS, G. L. & FRANÇA, F. H. Nível de dano de traça-das--crucíferas em repolho. *Hort. Bras.* 14: 154-7, 1996.

CHALFANT, R. B. Action threshold for the cabbage caterpillar complex in Georgia. *J. Georg. Entomol. Sci.* 14: 359-63, 1979.

COOK, M. T. & HORNE, W. T. *Insects and diseases of vegetables*. Santiago de las Vegas, Cuba: Estación Central Agronomica de Cuba, 1908. 49p. (Boletin, 12).

CREMA, A. & CASTELO BRANCO, M. Impacto da temperatura e fotoperíodo no desenvolvimento ovariano e oviposição de traça-das-crucíferas. *Hort. Bras.* 22: 305-8, 2004.

EBRAHIMI, N.; TALEBI, A. A. & FATHIPOUR, Y. Demographic parameters of the diamondback moth, *Plutella xylostella* (Lep.: Plutellidae) on five rapeseed cultivars. *Journal of Entomological Society of Iran* 28: 49-59, 2009. Disponível em: <www.entsociran.org.ir/pdf/jesi/28%282%29/Ebrahimi%20et%20al.-615.pdf>. Acesso em: 23 fev. 2012.

EIGENBRODE, S. D. & SHELTON, A. M. Resistance to diamondback moth in *Brassica:* mechanisms and potential for resistance cultivars. In: TALEKAR, N. S. (ed.). *Diamondback moth and other crucifer pests:* proceedings of the Second International Workshop. Taiwan: AVRDC, 1992. 603p.

FATHI, S. A. A.; BOZORG-AMIRKALAEE, M. & SARFARAZ, R. M. Preference and performance of *Plutella xylostella* (L.) (Lepidoptera: Plutellidae) on canola cultivars. *J. Pest Sci.* 84: 41-7, 2011.

FRANÇA. F. H. et al. Controle da traça-das-crucíferas em repolho, 1984. *Hort. Bras.* 3(2): 47-53, 1985.

FRENCH, R. A. Long distance of movemnte of two migrant Lepidoptera in relation to synoptic weather conditions. *Biometeorol.* 2: 565-9, 1967.

FROST, G. W. The diamondback moth in Pennsylvania. *J. Econ. Entomol.* 42: 681-2, 1949.

HARCOURT, D. G. Biology of the diamondback moth, *Plutella maculipennis* (Curt) (Lepidoptera: Plutellidae), is eastern Ontario. II. Life history, behavior and host relationships. *Can. Ent.* 89: 554-63, 1957.

HARCOURT, D. G. Biology of cabbage caterpillars in Eastern Ontario. *Proc. Ent. Soc. Ont.* 93: 61-75, 1962.

HARCOURT, D. G. Population dynamics of the diamondback moth in Southern Ontario. In: TALEKAR, N. S. & GRIGGS, T. D. (eds.). *Diamondback moth and other crucifer pests:* proceedings of the First International Workshop. Taiwan: AVRDC, 1986. 469p.

HARDY, J. E. *Plutella maculipennis,* Curt., its natural and biological control in England. *Bull. Ent. Res.* 29: 343-72, 1938.

HONDA, K. Hibernation and migration of diamondback moth in Northern Japan. In: TALEKAR, N. S. (ed.). *Diamondback moth and other crucifer pests:* proceedings of the Second International Workshop. Taiwan: AVRDC, 1992. 603p.

HOPKINSON, R. F. & SOROKA, J. J. Air trajectory model applied to an in-depth diagnosis of potential diamondback moth infestations on the Canadian Prairies. *Agric. For. Meteorol.* 150: 1-11, 2010.

KADIR, H. A. Potential of several baculovirus for the control of diamondback moth and *Cracidolomia binotalis* on cabbage. In: TALEKAR, N. S. (ed.). *Diamondback moth and other crucifer pests:* proceedings of the Second International Workshop. Taiwan: AVRDC, 1992. 603p.

KAO, S. S. & TEZENG, C. C. Toxicity of insecticides to *Cotesia plutellae,* a parasitoid of the diamondback moth. In: TALEKAR, N. S. & GRIGGS, T. D. (eds.). *Diamondback moth and other crucifer pests:* proceedings of the First International Workshop. Taiwan: AVRDC, 1986. 469p.

LIST, G. M. Possible migration of diamondback moth. *J. Econ. Entomol.* 30: 676, 1937.

LIU, Y. B. & TABASHNIK, B. E. Visual determination of sex of diamondback moth larvae. *Can. Entomol.* 129: 585-6, 1997.

LIU, X. et al. Effect of Bt broccoli and resistant genotype of *Plutella xylostella* (Lepidoptera: Plutellidae) on development and host acceptance of the parasitoid *Diadegma insulare* (Hymenoptera: Ichneumonidae). *Transgenic Res.* 20: 887-97, 2011.

MEDEIROS, P. T. et al. Seleção e caracterização de estirpes de *Bacillus thuringiensis* efetivas no controle da traça-das-crucíferas *Plutella xylostella*. *Pesq. Agropec. Bras.* 40: 1.145-8, 2005.

MELO, P. E.; CASTELO BRANCO, M. & MADEIRA, N. R. Avaliação de genótipos de repolho para resistência a traça-das-crucíferas. *Hort. Bras.* 12(1): 19-24, 1994.

MIKKOLA, K. Direction of insect migration in relation to the wind. In: DANTHANARAYANA, W. (ed.). *Insect flight*: dispersal and migration. Berlim: Springer-Verlag, 1986. 204p.

MORALLO-REJESUS, B. & SAYABOC, A. S. Management of diamondback moth with *Cotesia plutellae*: prospects in the Philipines. In: TALEKAR, N. S. (ed.). *Diamondback moth and other crucifer pests:* proceedings of the Second International Workshop. Taiwan: AVRDC, 1992. 603p.

MUHAMAD, O. R. et al. Influence of wild crucifers on life history traists and flight of the diamondback moth *Plutella xylostella* (Lepidotera: Yponomeutidae). *Res. Pop. Ecol.* 35: 53-62, 1994.

OLIVEIRA, A. T. et al. Impacto da irrigação por aspersão convencional na dinâmica populacional de traça-das-crucíferas (*Plutella xylostella*) em plantas de repolho. *Hort. Bras.* 15 (supl.), 1997. (Resumo, 203).

OOI, P. A. C. Diamondback moth in Malaysia. In: TALEKAR, N. S. & GRIGGS, T. D. (eds.). *Diamondback moth and other crucifer pests:* proceedings of the First Second International Workshop. Taiwan: AVRDC, 1986. 469p.

PARKER, J. R. *The imported cabbage worm and the cabbage aphis*. Bozeman: Montane Agriculture College Experimental Station, 1913. p. 9-24. (Circular, 29).

POELKING, A. Diamondback moth in the Philippines and its control with *Diadegma semiclausum*. In: TALEKAR, N. S. (ed.). *Diamondback moth and other crucifer pests:* proceedings of the Second International Workshop. Taiwan: AVRDC, 1992. 603p.

PONTES, R. G. M. S. *Interrelation entre la teigne dês crucifers Plutella xylostella (L.) (Lepidoptera: Yponomeutidae), son parasitoide Diadegma sp. (Hym: Ichneumonidae) et la bacteria entomopathogene Bacillus thuringiensis Berliner.* Montpellier, 1995. 162p. Tese (doutorado) – École Nationale Superieure Agronomique de Montpellier.

REID JR., W. J. & BARRE, C. O. Cabbage insect investigations. *Report South Carolina Exp. Stat.* 52: 177-80, 1939.

RIETHMACHER, G. W.; ROMBACH, M. C. & KRANZ, J. Epizotics of *Pandora blunckii* and *Zoophthora radicans* (Entomophthoraceae: Zygomycotina) in diamondback moth populations in the Philipinnes. In: TALEKAR, N. S. (ed.). *Diamondback moth and other crucifer pests:* proceedings of the Second International Workshop. Taiwan: AVRDC, 1992. 603p.

SANTOS, V. C. et al. Insecticide resistance in populations of the diamondback moth, *Plutella xylostella* (L.) (Lepidoptera: Plutellidae), from the state of Pernambuco, Brazil. *Neotrop. Entomol.* 40: 264-70, 2011.

SAYYED, A. H. et al. Inheritance of resistance and cross-resistance to deltamethrin in *Plutella xylostella* (Lepidoptera: Plutellidae) from Pakistan. *Pest Mang. Sci.* 61: 636-42, 2005.

SILVA-TORRES, C. S. A. et al. Parasitismo de traça-das-crucíferas por *Oomyzus sokolowskii*. *Pesq. Agropec. Bras.* 45: 638-45, 2010.

SIMONET, D. E. & MORISAK, D. J. Utilising action thereshold in small plot insecticide evaluations against cabbage feeding, lepidopterous larvae. *J. Econ. Entomol.* 75: 43-6, 1982.

SMITH, D. B. & SEARS, M. K. Evidence for dispersal of diamondback moth, *Plutella xylostella* (Lepidoptera: Plutellidae), into southern Ontario. *Proc. Entomol. Soc. Ont.* 113: 21-7, 1982.

SUBRAMANIAN, S.; RABINDRA, R. J. & SATHIAH, N. Economic threshold for the management of *Plutella xylostella* with granulovirus in cauliflower ecosystem. *Phytoparasitica* 38: 5-17, 2009.

SUN, C. N. Insecticide resistance in diamondback moth. In: TALEKAR, N. S. (ed.). *Diamondback moth and other crucifer pests:* proceedings of the Second International Workshop. Taiwan: AVRDC, 1992. 603p.

SUN, J.; LIANG, P. & GAO, X. Cross-resistance patterns and fitness in fufenozide-resistant diamondback moth, *Plutella xylostella* (Lepidoptera: Plutellidae). *Pest Mang. Sci.* 68: 285-9, 2012.

TALEKAR, N. S. & YANG, J. C. Characteristic of parasitism of diamondback moth by two larval parasites. *Entomophaga* 36: 95-104, 1991.

THULER, R. T.; BORTOLI, A. S. & HOFFMANN-CAMPO, C. B. Classificação de cultivares de brássicas com relação à resistência à traça-das-crucíferas e à presença de glucosinolatos. *Pesq. Agropec. Bras.* 42: 467-74, 2007.

WAKISAKA, S.; RITSUKO, T. & NAKASUKI, F. Effects of natural enemies, rainfall, temperature and host plants on survival and reproduction of diamondback moth. In: TALEKAR, N. S. (ed.). *Diamondback moth and other crucifer pests:* proceedings of the Second International Workshop. Taiwan: AVRDC, 1992. 603p.

WANG, X. et al. Baseline susceptibility of the diamondback moth (Lepidoptera: Plutellidae) to Chlorantraniliprole in China. *J. Econ. Entomol.* 103: 843-8, 2010.

ZACHÉ, B. & ZACHÉ, R. R. C. Influência da agregação de lagartas sobre a expressão morfológica em adultos de *Plutella xylostella. Revista Científica Eletrônica de Agronomia*, 18: 46-51, 2011. Disponível em: <www.faef.edu.br/revista/agro/artigos/6.pdf>. Acesso em: 20 fev. 2012.

ZAGO, H. B. et al. Distribuição de ovos de *Plutella xylostella* (L.) (Lepidoptera: Plutellidae) e o parasitismo por *Trichogramma pretiosum* Riley (Hymenoptera: Trichogrammatidae). *Neotrop. Entomol.* 39: 241-7, 2010.

31

Cochonilha-do-carmim, *Dactylopius opuntiae* (Cockerell)

J. L. Batista, C. H. Brito, E. B. Lopes

INTRODUÇÃO

A palma forrageira é uma cactácea de origem mexicana que foi introduzida no Brasil pelos portugueses no século XIX, no Rio de Janeiro, com o objetivo de produzir o corante vermelho-carmim, até então de domínio espanhol, por meio da cochonilha *Dactylopius coccus* (Costa), ou de atender a solicitação de D. João VI, em 1811, para a introdução desse cacto no Jardim Botânico do Rio de Janeiro.

No Nordeste brasileiro, a introdução dessa cactácea também é objeto de controvérsia. Há relatos de que a palma teria sido introduzida no Estado de Pernambuco, no Jardim Botânico de Olinda, e somente no início da segunda década de 1900 teria despertado o interesse dos criadores de bovinos e caprinos, passando então a ser cultivada com intensidade (Pessoa, 1967), o que transformou-a em planta forrageira de primordial importância na região semiárida nordestina. Há indícios também de que essa cactácea tenha sido trazida do Texas, EUA, para o Estado de Pernambuco por volta de 1880 (Lopes et al., 2012b).

A rápida disseminação da palma forrageira na Região Nordeste ocorreu sobretudo graças às suas características morfofisiológicas, que lhe permitem suportar as adversidades climáticas da região semiárida e, desse modo, garante o suprimento de alimento dos rebanhos de bovinos e caprinos, considerando as elevadas produções de matéria seca por unidade de área e o elevado teor de água (Costa et al., 1973). Atualmente, não se pode avaliar a composição botânica da região semiárida nordestina sem a presença marcante da palma forrageira, em termos de área cultivada e importância econômica.

As palmas forrageiras cultivadas na Região Nordeste pertencem a duas espécies: *Nopalea cochenillifera* (L.) Salm-Dick (palma-doce ou miúda) (Figura 1) e *Opuntia ficus indica* (L.) Mill. (palma-gigante ou graúda) (Figura 2). A espécie mais comum e mais cultivada é a palma gigante, por apresentar maior rusticidade e maior produtividade em termos de massa verde (Santos et al., 2006). Os principais

Figura 1. Campo de palma forrageira miúda *N. cochenillifera.*

Figura 2. Campo de palma forrageira gigante *O. ficus indica.*

estados produtores de palma forrageira são Pernambuco, Paraíba, Alagoas, Ceará, Rio Grande do Norte, Sergipe, Piauí e Bahia, estimando-se uma área de cultivo de aproximadamente 600 mil hectares (Lopes, Santos & Vasconcelos, 2012a).

Dada a importância do cultivo da palma forrageira para o Nordeste, a "introdução" da cochonilha-do-carmim *Dactylopius opuntiae* (Cockerell) nos plantios de palma provocou enormes prejuízos econômicos e sociais. Ela transformou-se na principal praga não apenas da palma forrageira, mas da região semiárida do Nordeste. É facilmente reconhecida no campo, pois suas colônias assemelham-se a chumaços de algodão e liberam um líquido avermelhado ao serem esmagadas. Ao colonizarem as plantas, permanecem até a morte do hospedeiro.

Posição taxonômica e nomenclatura

Ordem: Hemiptera

Subordem: Sternorrhyncha

Superfamília: Coccoidea

Família: Dactylopiidae

Gênero: *Dactylopius* Costa, 1829

Espécie: *Dactylopius opuntiae* (Cockerell, 1896)

Sinonímia: *Coccus cacti opuntiae* Cockerell, 1896

A família Dactylopiidae é constituída apenas pelo gênero *Dactylopius*, com onze espécies (Ben-Dov, 2001). Todas produzem o pigmento vermelho carmim-cochonilha, usado como corante nas indústrias alimentícia, farmacêutica e de cosméticos. No entanto, *D. coccus*, conhecida como cochonilha cultivada ou fina, é a espécie utilizada comercialmente para a obtenção do carmim.

Dactylopius opuntiae foi descrita inicialmente como *Coccus cacti opuntiae* Cockerell, 1896. Recebeu a denominação de *D. opuntiae* por Cockerell em 1929. De acordo com Chávez-Moreno et al. (2011), também pode ser encontrada com a denominação *D. opuntiae* biótipo 1, resultante de algumas variações morfológicas entre indivíduos dessa espécie semelhantes a *Dactylopius salmianus* De Lotto.

HISTÓRICO DA INTRODUÇÃO DA PRAGA NO BRASIL

Não se sabe ao certo como a cochonilha-do-carmim foi introduzida no país. Os primeiros relatos de danos à palma forrageira ocorreram no município de Sertânia, PE, entre 1998 a 2001. Há fortes indícios de que houve uma introdução errônea da principal espécie produtora do carmim *D. coccus*, com o objetivo de produção do corante carmim-cochonilha nessa região, como mais uma fonte de renda para os produtores da zona semiárida nordestina, com base na forma de exploração desse corante em vários países produtores.

Outra hipótese, embora menos provável, é que a introdução da cochonilha-do-carmim *D. opuntiae* tenha ocorrida junto com a da palma no Brasil, tanto para a exploração econômica da cochonilha *D. coccus* como pela entrada acidental de *D. opuntiae* em plantas destinadas à jardinagem.

DISTRIBUIÇÃO GEOGRÁFICA

D. opuntiae encontra-se amplamente distribuída em várias partes do mundo, considerando-se as infestações naturais ou após a sua introdução como agente de controle biológico de palma do gênero *Opuntia*. Na região da África Tropical, foi relatada em Cabo Verde, Quênia, Madagascar, Zimbábue, Ilhas Maurício e África do Sul; no Oriente, na Índia, no Paquistão e no Ceilão; na Região Neotropical, no México, na Jamaica e no Brasil, além de nos Estados Unidos (incluindo Havaí), na França e na Austrália.

No Brasil, é considerada praga quarentenária (A2) e sua ocorrência restringe-se à Região Nordeste, estados de Pernambuco e Paraíba. No entanto, há relatos dessa praga nos estados do Ceará e de Alagoas.

BIOLOGIA E ECOLOGIA

A cochonilha-do-carmim depende do seu hospedeiro para alimentação e proteção. Costuma alimentar-se dos cladódios, mas pode formar colônias nas frutas (Southwood, 1973). A fêmea utiliza seu estilete para succionar a seiva dos cladódios, introduzindo saliva tóxica que leva à clorose, apodrecimento, tombamento e morte das plantas, em razão de uma deficiência de água e nutrientes para o vegetal, processo que ocorre em apenas quinze dias. Foi por essa razão que se introduziu a cochonilha na África do Sul, para fins de controle biológico (Zimmermann & Moran, 1991).

As fêmeas apresentam corpo ovalado e a extremidade abdominal muito arredondada. Não há lóbulos anais ou cerdas apicais. São sedentárias e tendem a agrupar-se nos cladódios. No final do estágio de desenvolvimento, as ninfas que se transformarão em machos formam um casulo ovalado de cera branca, aglomerado em forma de penca, com 3 a 4 mm de comprimento, do qual saem os machos alados. A disseminação por recursos próprios é lenta e difícil, por se tratar de inseto de hábito estacionário. Os machos, que são alados, vivem somente para fecundar as fêmeas, e morrem logo em seguida (Longo & Rapisarda, 2001).

As fêmeas apresentam três estágios biológicos: ovo, dois instares ninfais e adulto. As ninfas de primeiro instar são vermelhas e, depois de cerca de uma semana, produzem uma substância branca filamentosa e uma secreção também branca (Flores-Hernadez et al., 2006). Depois da primeira metamorfose, a coloração torna-se cada vez mais escura e o tamanho aumenta lentamente. Em seu primeiro estágio, as ninfas possuem alta capacidade de dispersão (ninfas migrantes) e podem percorrer 1 cm a cada 12 s (Lopes, Albuquerque & Brito, 2009) (Figura 3). Quando atingem a idade adulta, ovipositam e mantêm os ovos embaixo do corpo.

A duração dos dois primeiros instares ninfais é de 18,1 para as fêmeas e de 19,8 dias para os machos. O ciclo biológico é de 77 dias para as fêmeas e de 43,3 dias para os machos. O período de pré-oviposição ocorre ao redor de 19 dias. A oviposição dura 21 dias, com uma média de 131 descendentes produzidos por fêmea (Flores-Hernadez et al., 2006).

A cochonilha-do-carmim é protegida das condições adversas do tempo, sobretudo vento e insolação, graças à estrutura cerosa que a reveste. Lopes, Albuquerque e Brito (2009) estudaram a capacidade de dispersão e infestação artificial de *D. opuntiae* e verificaram que o período para infestação total dos cladódios é de sessenta dias. As ninfas migrantes, antes de se estabelecerem no cladódio, saem da colônia e permanecem sobre ela por algum tempo, até se fixarem, ou seguem até o ápice do cladódio, quando são levadas pelo vento ou outros agentes. A dispersão das ninfas pode ocorrer por meio de aves que pousam no ápice dos cladódios e levam em suas pernas as ninfas migrantes, de ovinos e caprinos que caminham nos palmais, pelo deslocamento do próprio homem entre os palmais e pela comercialização de palma infestada.

As chuvas influenciam o número de colônias sobre os cladódios. Em precipitação pluvial de 9,9 a 15,9 mm há queda considerável das colônias (Lopes, Albuquerque & Brito, 2009). As fortes precipitações fazem desprender as cochonilhas adultas e as ninfas migrantes dos cladódios (Flores-Flores & Tekelenburg, 2001; Portillo & Vigueras, 2003).

Nos campos de produção, nos últimos anos, foram identificados algumas espécies de predadores de *D. opuntiae* na região semiárida nordestina: *Zagreus*

Figura 3. Ninfas migrantes da cochonilha-do-carmim, *D. opuntiae*, em palma forrageira *O. ficus indica*.

bimaculosus (Mulsant.) (Coleoptera: Coccinellidae), *Cycloneda sanguinea* (L) (Coleoptera: Coccinellidae) e *Baccha* sp. (Diptera: Syrphidae) (Brito et al., 2008). Também foram relatados como predadores os coccinelídeos *Exochomus bimaculosus* (Mulsant.), *Coccidophilus citricola* (Brethes), *Chilocorus nigrita* (Fabricius), *Pentilia* sp., *Zagloba* sp., *Calloeneis* sp. e o sirfídeo *Salpingogaster conopida* (Philippi) (Diptera: Syrphidae) (Santos, 2006).

No controle microbiano, destaca-se a ação dos fungos entomopatogênicos, que provocam epizootias naturais em populações de cochonilhas-do-carmim em áreas afetadas na Paraíba e em Pernambuco. Nos primeiros isolamentos em campo, foi verificada a ocorrência de *Fusarium* sp. e *Entomophtora lecanii* (Zimm.) (Longo & Rapisarda, 2001). Em trabalhos desenvolvidos no Laboratório de Controle Biológico da Embrapa Semiárido, foram obtidos resultados promissores com o uso dos isolados LCB53 de *Metarhizium anisopliae* e LCB63 de *Beauveria bassiana,* credenciando-os para estudos em campo (Brito et al., 2008).

PLANTAS HOSPEDEIRAS

Os registros em vários países (México, Estados Unidos, Austrália, África do Sul, Brasil, entre outros) são exclusivamente da família Cactaceae (De Lotto, 1974; Claps & Haro, 2001), principalmente espécies do gênero *Opuntiae.* A classificação botânica desse gênero é bastante complexa, em razão das variações fenotípicas reguladas por condições climáticas, pela poliploidia, que ocorre em grande número de populações, e pela alta capacidade de hibridação (Scheinvar, 2001).

Os principais estudos sobre *D. opuntiae* no mundo estão relacionados à sua ação como agente de controle biológico de cactáceas consideradas daninhas, em virtude de sua grande especificidade e agressividade. Na família das cactáceas, existem 178 gêneros com cerca de 2 mil espécies conhecidas. As espécies de *Opuntia* e *Nopalea* são as mais utilizadas como plantas forrageiras nas zonas áridas e semiáridas do globo terrestre, as quais são atacadas pela cochonilha-do-carmim. No Nordeste brasileiro, são exploradas principalmente três espécies de palma forrageira: *Opuntia ficus indica* (gigante), *Opuntia* sp. (redonda) e *Nopalea cochenillifera* (miúda) (Lopes et al., 2012b).

De acordo com Brutsch e Zimmermann (2001), várias espécies de *Opuntia* tornaram-se plantas daninhas ao serem introduzidas e provocarem infestação em alguns países. Um dos métodos de controle efetivo é o controle biológico com *D. opuntiae*. Isso demonstra a capacidade da cochonilha de dizimar plantios de cactáceas do gênero *Opuntia*. Os principais hospedeiros alvo do controle biológico com a cochonilha são *Opuntia ficus indica*, *O. stricta* (Haworth), *O. lindheimeri*, *O. vulgaris* Miller, *O. elatior* Miller, *O. streptacantha* Lemaire, *O. dillenii* (Ker-Gawler) e *O. cordobensis* Speg. No México, foram constatadas dezenove espécies de plantas hospedeiras de *D. opuntiae*, quinze pertencentes ao gênero *Opuntiae,* duas ao gênero *Nopalea* e duas ao gênero *Cylindropuntia* (Chávez-Moreno et al., 2011).

IMPACTO ECONÔMICO E PREJUÍZOS

A cochonilha-do-carmim é a principal praga da palma forrageira no Nordeste brasileiro. A infestação desse inseto provoca a morte da planta, e estima-se que mais de 150 mil hectares de palma já foram dizimados pela praga. Os estados mais afetados são Pernambuco e Paraíba. Nos municípios onde as perdas na produção de palma foram de até 100%, houve um colapso na pecuária bovina, caprina e ovina, provocando um prejuízo em sequência na cadeia produtiva (Chiacchio, 2008; Lopes et al., 2012b).

A palma forrageira é atividade lucrativa na região semiárida nordestina, diretamente, por fornecer alimento para o rebanho; indiretamente, porque o excedente é vendido aos outros produtores. A infestação das plantas de palma gigante pela cochonilha *D. opuntiae* faz que degenerem totalmente, inviabilizando-as (Figura 4).

A gravidade da infestação da cochonilha *D. opuntiae* no Nordeste brasileiro pode ser quantificada pela totalidade dos municípios infestados nos quais a palma forrageira tem destaque socioeconômico. No Estado da Paraíba, 70 municípios já apresentam infestação; mais de 100 mil hectares foram dizimados, com perda econômica da ordem de mais de 500 milhões de reais. Em menor escala, mas de forma progressiva, vêm os estados do Rio Grande do Norte e do Ceará (Lopes et al., 2012b). Por meio de suas picadas e da injeção de toxinas, a cochonilha provoca o amarelecimento dos cladódios e a consequente morte das plantas (Rapisarda & Longo, 2001).

Figura 4. Cladódios de palma forrageira infestados com a cochonilha-do-carmim.

REFERÊNCIAS BIBLIOGRÁFICAS

BEM-DOV, Y. *ScaleNet*, 2001. <www.sel.barc.usda.gov/scalecgi/chklist.exe?Family=Dactylopiidae&genus=>. Atualizado em: 13 jun. 2013. Acesso em: 3 out. 2013.

BRITO, C. H. et al. Avaliação de produtos alternativos e pesticidas no controle da cochonilha--do-carmim na Paraíba. *Rev. Biol. Cienc. Terra* 8: 1-5, 2008.

BRUTSCH, M. O. & ZIMMERMANN, H. G. Controle e utilização das opuntias selvagens. In: BARBERA, G.; INGLESE, P. & PIMIENTA-BARRIOS, E. (eds.). *Agroecologia, cultivo e usos da palma forrageira*. João Pessoa: FAO/Sebrae, 2001. 216p.

CHÁVEZ-MORENO, C. K. et al. Distribution and habitat in Mexico of *Dactylopius* Costa (Hemiptera: Dactylopiidae) and their cacti hosts (Cactaceae: Opuntioideae). *Neotrop. Entomol.* 40: 62-71, 2011.

CHIACCHIO, F. P. B. Incidência da cochonilha-do-carmim em palma forrageira. *Bahia Agrícola* 8: 12-4, 2008.

CLAPS, L. E. & HARO, M. E. Coccoidea (Insecta: Hemiptera) associated with Cactaceae in Argentina. *Journal of the Professional Association for the Cactus Development* 4: 77-83, 2001.

COSTA, B. M.; MENDONÇA, C. A. G. & CALAZANS, J. A. M. *Forrageiras arbóreas e suculentas para formação de pastagens*. Cruz das Almas: Instituto de Pesquisa e Experimentação Agropecuária do Leste – Ipeal, 1973. 24p.

DE LOTTO, G. On the *status* and identity of the cochineal insects (Homoptera: Coccidea: Dactylopiidae). *Journal of the Entomological Society of South Africa* 37: 67-93, 1974.

FLORES-FLORES, V. & TEKELENBRUG, A. Produção de corante (*Dactilopius coccus Costa*). In: BARBERA, G.; INGLESE, P. & PIMIENTA-BARRIOS, E. (eds.). *Agroecologia, cultivo e usos da palma forrageira*. João Pessoa: FAO/Sebrae, 2001. 216p.

FLORES-HERNÁNDEZ, A. et al. Reproducción de cochinilla silvestre *Dactylopius opuntiae* (Homoptera: Dactylopiidae). *Rev. Mex. Biodivers.* 77: 97-102, 2006.

LONGO, S. & RAPISARDA, C. Pragas da palma forrageira. In: BARBERA, G.; INGLESE, P. & PIMIENTA-BARRIOS, E. (eds.). *Agroecologia, cultivo e usos da palma forrageira*. João Pessoa: FAO/Sebrae, 2001. 216p.

LOPES, E. B.; ALBUQUERQUE, I. C. & BRITO, C. H. Velocidade de infestação e dispersão de *Dactylopius opuntiae*. *Eng. Amb.* 6: 196-205, 2009.

LOPES, E. B.; SANTOS, D. C. & VASCONCELOS, M. F. Cultivo da palma forrageira. In: LOPES, E. B. (org.). *Palma forrageira*: cultivo, uso atual e perspectivas de utilização no Semiárido nordestino. João Pessoa: Emepa-PB, 2012a. 256p.

LOPES, E. B. et al. Pragas da palma forrageira. In: LOPES, E. B. (org.). *Palma forrageira*: cultivo, uso atual e perspectivas de utilização no Semiárido nordestino. João Pessoa: Emepa-PB, 2012b. 256p.

PESSOA, A. S. *Cultura da palma forrageira*. Recife: Superintendência do Desenvolvimento do Nordeste (Sudene), 1967. 98p.

PORTILLO, L. & VIGUERAS, A. L. *Cría de grana cochinilla*. México: Universidad de Guadalajar, 2003. 51p.

SANTOS, D. C. *Manejo e utilização da palma forrageira (Opuntia e Nopalea) em Pernambuco*. Recife: IPA, 2006. 48p.

SANTOS, D. C. et al. *Manejo e utilização da palma forrageira (Opuntia e Nopalea) em Pernambuco*. Recife: Empresa Pernambucana de Pesquisa Agropecuária/IPA, 2006. 30p.

SCHEINVAR, L. Taxonomia das opuntias utilizadas. In: BARBERA, G.; INGLESE, P. & PIMIENTA-BARRIOS, E. (eds.). *Agroecologia, cultivo e usos da palma forrageira*. João Pessoa: FAO/Sebrae, 2001. 216p.

SOUTHWOOD, T. R. E. The insect/plant relationship – an evolutionary perspective. *Symp. R. Entomol. Soc. London* 6: 3-29, 1973.

ZIMMERMANN, H. G. & MORAN, V. C. Biological control of prickly pear, *Opuntia ficus indica* (Cacteceae), in South Africa. *Agric. Ecosyst. Environ.* 37: 29-35, 1991.

32

Tripes-da-cebola, *Thrips tabaci* Lindeman

E. F. B. Lima, R. A. Zucchi

INTRODUÇÃO

O maior gênero de Thysanoptera é *Thrips*, com quase trezentas espécies descritas (Mound, 2005), entretanto, nenhuma das poucas espécies registradas na Região Neotropical é nativa (Mound, 2009). *Thrips tabaci*, uma das seis espécies desse gênero introduzidas no Brasil (Monteiro, 1999; Miyasato, 2005), está estabelecida no território nacional há muito tempo, causando prejuízos econômicos significativos principalmente em liliáceas, em especial na cultura de cebola.

Posição taxonômica e nomenclatura

Ordem: Thysanoptera

Subordem: Terebrantia

Família: Thripidae

Subfamília: Thripinae

Gênero: *Thrips* L., 1758

Espécie: *Thrips tabaci* Lindeman, 1889

Sinonímias (Mound, 2005):

Foram estabelecidas 23 sinonímias para *T. tabaci*.

A descrição de *T. tabaci* foi baseada em espécimes coletados na Bessarábia (atual Moldávia) causando mosaico-do-tabaco em folhas de tabaco (Lindeman, 1889). Na literatura internacional, é referida por vários nomes comuns, especialmente "onion thrips", "cotton thrips", "tobacco thrips", "potato thrips", "piollo de la cebolla", "piollo del tabaco", "tabakblasenfuss", "thrips de l'oignon", "thrips du tabac" e "tripide del tabaco". No Brasil, os nomes "tripes-da-cebola" e "tripes-do--fumo" são os mais utilizados.

CARACTERIZAÇÃO MORFOLÓGICA

A fêmea (Figura 1) é de coloração variável entre amarelo-clara e marrom--escura. Possui manchas marrom-claras ou marrom-amareladas medianamente no tórax e nos urotergitos. Antena 7-segmentada. Pedicelo no antenômero III simples; antenômeros III-IV com sensilos bifurcados; antenômero VII pequeno (Figura 2A). Par de cerdas ocelares I ausente; par de cerdas ocelares III dentro do triângulo ocelar; cerdas pós-oculares pequenas (Figura 2B). Pronoto quadrangular com esculturação transversalmente estriada; cerdas discais numerosas e curtas; dois pares de cerdas posteroangulares principais (Figura 2C). Metanoto com reticulação poligonal medianamente, laterais com esculturação oblíqua estriada; par de sensilos campaniformes ausente (Figura 2D). Asa anterior em geral com a primeira fileira de cerdas com três cerdas distais (Figura 2E). Urotergito II com três cerdas laterais; urotergitos V-VIII com par de ctenídeos lateral; urotergito VIII com pente póstero-marginal completo, com dentes longos e finos (Figura 2F); urotergito IX com par de sensilos campaniformes (Figura 2G); pleurotergitos com várias fileiras de microtríquias (Figura 2H); uroesternitos com três pares de cerdas posteromarginais e sem cerdas discais. O macho também é amarelo-claro, semelhante à fêmea, porém menor. Uroesternitos III-V com pequena área glandular transversal. Raramente são coletados.

Seis espécies de *Thrips* são relatadas no Brasil (Monteiro & Lima, 2011). Além de *T. tabaci*, também *T. palmi* possui grande importância econômica. Essas duas

Figura 1. Fêmea de *T. tabaci*. Foto: Universidade de Wageningen.

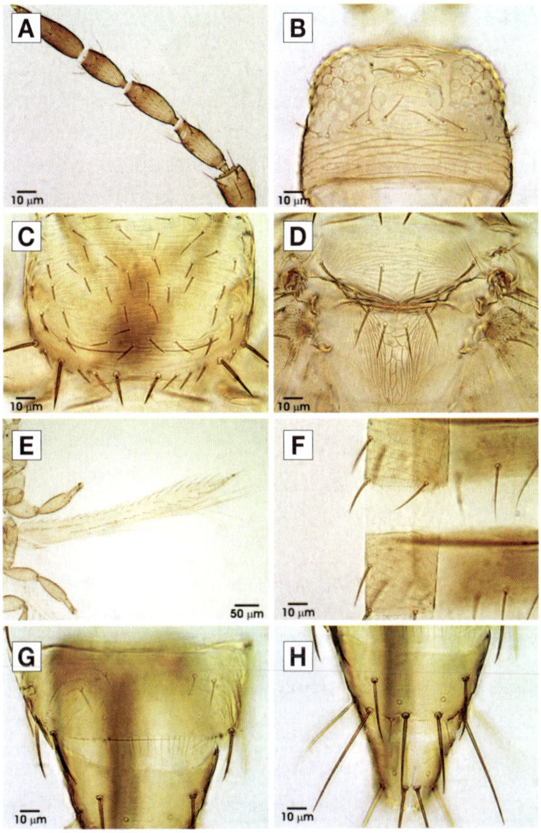

Figura 2. *T. tabaci*. A) Antena. B) Cabeça. C) Pronoto. D) Metanoto. E) Asa anterior. F) Pleurotergitos com microtríquias. G) Urotergito VIII. H) Urotergitos IX-X. Fotos: Élison Fabrício B. Lima.

espécies diferem quanto à coloração, à posição da cerda ocelar III, à esculturação do metanoto e à quantidade de cerdas discais laterais no urotergito II.

HISTÓRICO DA INTRODUÇÃO DA PRAGA NO BRASIL

Embora Fagundes (1928) tenha relatado a ocorrência de *T. tabaci* no 2º Congresso de Criadores, realizado no Rio Grande do Sul, o primeiro registro formal da espécie no Brasil foi feito dois anos depois, com material coletado em feijoeiros na Bahia (Bondar, 1930). É provável que a espécie tenha chegado ao país vindo da região do Mediterrâneo Oriental (Monteiro, Mound & Zucchi, 1999). Entretanto, não é possível afirmar se foi introduzida diretamente dessa região ou de países vizinhos, uma vez que encontra-se amplamente distribuída pelo continente americano.

DISTRIBUIÇÃO GEOGRÁFICA

Nativa da região mediterrânea oriental, de onde a cebola, sua principal planta hospedeira, é originária (Monteiro, Mound & Zucchi, 1999; Mound, 2009), *T. tabaci* encontra-se mundialmente distribuída (mais de cem países em cinco continentes) desde a primeira metade do século XX (Plantwise, 2013). Entretanto, não é abundante em áreas com grande incidência de chuvas (Monteiro, Mound & Zucchi, 1999). No Brasil, o tripes-da-cebola é relatado em todas as regiões geográficas e biomas (Tabela 1).

Tabela 1. Distribuição geográfica de *T. tabaci* no Brasil.

Região	Bioma	Estado
Norte	Amazônia	Roraima
Nordeste	Caatinga	Bahia
	Caatinga	Ceará
	Caatinga	Pernambuco
Centro-Oeste	Cerrado	Distrito Federal
	Cerrado/Pantanal	Mato Grosso do Sul
Sudeste	Cerrado	Minas Gerais
	Mata Atlântica/Cerrado	Rio de Janeiro
	Mata Atlântica/Cerrado	São Paulo
Sul	Mata Atlântica/Cerrado	Paraná
	Campos sulinos	Rio Grande do Sul
	Mata Atlântica/Cerrado	Santa Catarina

Fonte: Silva et al. (1968), Monteiro (1999), Monteiro, Mound & Zucchi (1999, 2001).

BIOLOGIA

T. tabaci reproduz-se sexuada e assexuadamente. A partenogênese pode ser arrenótoca, telítoca ou deuterótoca (Naut et al., 2006), porém, os machos não são comuns (Capinera, 2001). A postura é endofítica e o ciclo de vida é composto por ovo, dois instares ninfais, pré-pupa, pupa e adulto. De ovo a adulto, o período de desenvolvimento é de dez a vinte dias, dependendo da época do ano (Capinera, 2001). Em condições tropicais, na cultura de cebola na Venezuela, as fases de ovo, ninfas de primeiro e segundo instares e pupa duram cerca de três dias; a de pré-pupa, ao redor de dois dias; e a de adulto, aproximadamente doze dias. As fêmeas colocam, em média, quarenta ovos (Arrieche et al., 2006). Os números são semelhantes aos aferidos por Hassanzadeh, Hejazi & Rahnemoon (2003). Em temperaturas baixas, o período de desenvolvimento é mais longo. Em condições de inverno rigoroso de áreas temperadas, somente os adultos sobrevivem. As ninfas começam a emergir no início da primavera e colonizam as plantas hospedeiras. Em áreas tropicais, como o Brasil, imaturos e adultos estão presentes o ano inteiro (Capinera, 2001).

Em plantas jovens de cebola, as ninfas de *T. tabaci* concentram-se na parte basal. À medida que a planta cresce, a densidade de tripes aumenta e as ninfas tornam-se mais dispersas. Os adultos, em contrapartida, sempre concentram-se nas partes superiores da planta, independentemente da idade do vegetal (Mo et al., 2008). Folhas mais jovens e mais velhas apresentam menor quantidade de ovos do que folhas de idade intermediária e há maior concentração deles na região mediana das folhas. A parte externa das plantas é preferida para oviposição, exceto quando as plantas ainda são pequenas (Mo et al., 2008).

T. tabaci em geral apresenta populações maiores em épocas quentes e secas (Capinera, 2001). Em cultura de cebola em Ituporanga, SC, o pico populacional do tripes ocorre na segunda semana de novembro, época em que a temperatura média está acima de 20°C e os níveis de pluviosidade são os menores do ano (Gonçalves, 1997). No Rio Grande do Sul, a população do tripes-da-cebola também apresenta-se maior em alho e cebola em períodos de temperaturas mais altas e de menor umidade (Lorini & Dezordi, 1990; Lorini & Mendonça Júnior, 1990).

Em diferentes cultivos, *T. tabaci* exibe comportamentos variados. No caso do pepino, o tripes alimenta-se praticamente o tempo inteiro, ficando muito pouco tempo inativo, o que não ocorre com o alho-poró. Assim, os danos causados ao pepino são bem maiores. Além disso, as fêmeas continuamente exploram as folhas de pepino. Já a taxa de oviposição manteve-se semelhante nessas duas culturas (Riefler & Koshier, 2009).

PLANTAS HOSPEDEIRAS

Apesar de ser mais conhecida como praga de liliáceas, em especial cebola e alho, *T. tabaci* é polífaga. Desenvolve-se em plantas de cerca de trezentas espécies de 25 famílias (Mau & Kessing, 1991). No Brasil, foi registrada em mais de trinta espécies vegetais (Tabela 2). Em algodoeiro, considera-se que os vários registros de *T. tabaci* no Brasil são identificações errôneas, uma vez que, em extensas amostragens de tripes na cultura em vários estados brasileiros na década de 1990, nenhum exemplar de *T. tabaci* foi coletado. Por outro lado, *Frankliniella schultzei* foi comumente amostrada, e concluiu-se, assim, que essa é a espécie de tripes praga do algodoeiro (Monteiro, Zucchi & Mound, 1998). Apesar de ser uma praga de grande importância, o tripes-da-cebola também é predador facultativo de ácaros fitófagos (Milne & Walter, 1998).

Tabela 2. Plantas com registro de *T. tabaci* no Brasil.

Nome comum	Nome científico	Família
Alfafa	*Medicago sativa*	Fabaceae
Álisso	*Lobularia maritima*	Brassicaceae
Alho	*Allium sativum*	Liliaceae
Âmio-maior	*Ammi majus*	Apiaceae
Aspargo	*Asparagus officinalis*	Aspargaceae
Begônia-rosa	*Begonia cucullata*	Begoniaceae
Berinjela	*Solanum melongena*	Solanaceae
Beterraba	*Beta vulgaris*	Amaranthaceae
Cambará	*Lantana camara*	Verbenaceae
Cebola	*Allium cepa*	Liliaceae
Cebolinha	*Allium fistulosum*	Liliaceae
Couve-flor	*Brassica oleracea* var. *botrytis*	Brassicaceae
Craveiro-de-jardim	*Dianthus caryophyllus*	Caryophyllaceae
Crisântemo	*Chrysanthemum frutescens* *Chrysanthemum partheniiun* *Dendranthema grandiflora*	Asteraceae
Ervilheira	*Pisum sativum*	Fabaceae
Feijoeiro comum	*Phaseolus vulgaris*	Fabaceae
Feijoeiro-fava	*Phaseolus lunatus*	Fabaceae
Feijoeiro-fradinho	*Vigna unguiculata*	Fabaceae
Feijoeiro-holandês, feijoeiro-de-porco	*Canavalia ensiformis*	Fabaceae
Gladíolo	*Gladiolus* sp.	Iridaceae
Gerbera	*Gerbera* sp.	Asteraceae
Meloeiro	*Cucumis melo*	Cucurbitaceae
Melancieira	*Citrulls lanatus*	Cucurbitaceae
Morangueiro	*Fragaria* x *ananassa*	Rosaceae
Nectarina	*Prunus persica* var. *nucipersica*	Rosaceae
Pessegueiro	*Prunus persica*	Rosaceae
Pepino	*Cucumis sativus*	Cucurbitaceae
Repolho	*Brassica oleracea*	Brassicaceae
Repolho ornamental	*Brassica oleracea* var. *acephala*	Brassicaceae
Soja	*Glycine max*	Fabaceae
Tabaco, fumo	*Nicotiana tabacum*	Solanaceae
Tomateiro	*Solanum lycopersicum*	Solanaceae

Fontes: Silva et al. (1968), Monteiro (1999), Monteiro, Mound & Zucchi (1999, 2001).

IMPACTO ECONÔMICO

T. tabaci é praga-chave de culturas como cebola, alho e alho-poró, mas também é praga de repolho, algodoeiro, aspargo, cebolinha e pepino (Monteiro, Mound & Zucchi, 1999, 2001; Monteiro, 2002; Capinera, 2001). Em geral, os danos resultam da alimentação de conteúdos celulares, por meio da inserção dos estiletes no tecido foliar (Capinera, 2001), e podem diminuir a produtividade de cultivos como cebola e *Hypericum sampsonii* (Hypericaceae) em até 50% (Sato & Nakano, 1990; Gonçalves, 1997; Dai et al., 2009).

Em cebola, principal cultura atacada por *T. tabaci*, a praga provoca o aparecimento de manchas brancas ou prateadas nas folhas (Figura 3). Em altas infestações, interfere no balanço hormonal das plantas, encarquilhando ou atrofiando as folhas (Kendall & Bjostad, 1990). O dano diminui o tamanho e o peso dos bulbos e pode levar à morte da planta (Capinera, 2001; Bôas, 2004). Essa praga é especialmente prejudicial quando se alimenta durante o período de formação prematura do bulbo e durante o desenvolvimento da planta. A cicatriz foliar constitui um sério problema nas cebolas imaturas (Orloff, Natwich & Poole, 2010). Em alho, causa o aparecimento de coloração amarelada e aspecto ressecado nas folhas, o que pode culminar com a morte prematura da planta (Lorini & Mendonça Júnior, 1990).

Em repolho, produz o bronzeamento das folhas, deixando-as com textura áspera. Quando as injúrias são severas, os danos podem ser observados no terço externo da cabeça e as folhas atingidas devem ser removidas antes da comercialização (Shelton, Plate & Chen, 2008). Em pepino, pode causar problemas durante o processamento, devido à contaminação com tripes de produtos como o chucrute (Shelton et al., 1982).

Além dos danos diretos, *T. tabaci* é vetor do *Iris Yellow Spot Virus*, que foi descrito no Brasil e espalhou-se por vários outros países (Diaz-Montano et al.,

Figura 3. Dano causado por *T. tabaci* em cebola. Foto: Embrapa Semiárido.

2011). O vírus causa uma doença comumente chamada de sapeca, que promove o aparecimento de lesões cloróticas em forma de diamante ou de extensas regiões necróticas que provocam a dessecação de folhas, talos florais e inflorescências, além de diminuição do tamanho e do peso dos bulbos. A sua incidência pode alcançar 100% (Pozzer et al., 1994; Gent et al., 2006).

As cicatrizes deixadas pelo tripes-da-cebola também criam uma porta de entrada para patógenos foliares, tais como o fungo *Alternaria porri*, agente causador da doença da mancha púrpura. Quando tanto o tripes quanto o fungo estão presentes, necroses severas desenvolvem-se nas folhas (McKenzie et al., 1993).

CONTROLE

Pelo hábito de se confinar próximo à base das plantas atacadas, *T. tabaci* possui uma proteção natural contra os inseticidas e, para que seu controle seja efetivo, é necessário lançar mão de várias táticas.

Como controle cultural, devem-se evitar plantios consecutivos, que favorecem a migração do tripes para culturas mais recentes; escolher cultivares mais tolerantes ao inseto, de folhas lisas e com pouca cerosidade, com bainha circular e maior ângulo de abertura; utilizar cultivares precoces, que escapam do pico populacional de *T. tabaci*, e realizar plantios em épocas que desfavoreçam maiores densidades populacionais da praga (Bôas, 2004). O plantio consorciado com cenoura, por exemplo, resultou em menor número de tripes em cebola (Uvah & Coaker, 1984), embora o plantio de cebola com bordaduras formadas por cenoura, trigo-mourisco, nabo forrageiro, rúcula, milho ou vegetação espontânea, em Santa Catarina, não tenha feito diminuir a população de *T. tabaci* (Gonçalves & Silva, 2003).

As joaninhas (Coccinelidae), os crisopídeos (Chrysopidae) e os sirfídeos (Syrphidae) são predadores de *T. tabaci*, mas nenhum deles mostrou-se eficiente no controle do tripes-da-cebola (Capinera, 2001). Os predadores, como *Orius insidiosus* e *O. tristicolor* (Anthocoridae), entretanto, são mais efetivos, porque, em razão do porte pequeno, perseguem tripes entre os pequenos espaços das folhas de cebola (Capinera, 2001). O uso de extrato de nim (*Azadirachta indica*), associado a *Beauveria bassiana*, também revelou-se eficiente (Al-mazra'awi et al., 2009).

É relatada resistência de *T. tabaci* a catorze ingredientes ativos de produtos químicos (Whalon et al., 2012). Mesmo sem nenhum caso registrado no Brasil, é importante que o uso de inseticidas leve em conta o manejo integrado, de modo a minimizar riscos de resistência e priorizar o cultivo ambientalmente correto.

Para as culturas de cebola e alho no Brasil, foram estabelecidos os níveis de dano econômico e de ação de *T. tabaci*. Para cebola, são 15 tripes/planta no estado vegetativo e, após essa fase, 30 tripes/planta (Bôas, 2004); para alho, são 20 tripes/planta (Bôas et al., 1995). Há registros de inseticidas contra *T. tabaci* para catorze culturas no Brasil (Agrofit/Mapa, 2013).

AGRADECIMENTOS

Ao EntCare (Universidade de Wageningen) e à Embrapa Semi-Árido, pela cessão de imagens.

REFERÊNCIAS BIBLIOGRÁFICAS

AGROFIT/MAPA. *Sistema de Agrotóxicos Fitossanitários*/Ministério da Agricultura, Pecuária e Abastecimento, 2013. Disponível em: <extranet.agricultura.gov.br/agrofit_cons/principal_agrofit_cons>. Acesso em: 1 maio 2013.

AL-MAZRA'AWI, M. S. et al. Effect of application method on the interaction between *Beauveria bassiana* and neem tree extract when combined for *Thrips tabaci* (Thysanoptera: Thripidae) control. *J. Food Agric. Environ.* 7: 869-73, 2009.

ARRIECHE, N. et al. Estudios biológicos de *Thrips tabaci* Lindeman (Thysanoptera: Thripidae) en cebolla, em el estado Lara, Venezuela. *Bioagro* 18(3): 149-54, 2006.

BÔAS, G. L. V. Manejo integrado de pragas. In: OLIVEIRA, V. R. & BOITEUX, L. S. Sistema de produção de cebola (*Allium cepa* L.). Brasília: Embrapa Hortaliças, 2004. Disponível em: <www.cnph.embrapa.br/sistprod/cebola/pragas.htm>. Acesso em: 21 abr. 2013.

BÔAS, G. L. V. et al. Nível de dano de tripes em alho cultivado no Distrito Federal e região geoeconômica. *Hortic. Bras.* 13(1): 22-7, 1995.

BONDAR, G. Insectos damninhos e molestias dos feijões na Bahia. *Bol. Agric. Com. Ind.* 1/3: 58-137, 1930.

CAPINERA, J. L. Order Thysanoptera – Thrips. In: CAPINERA, J. L. (ed.). *Handbook of vegetable pests*. New York: Elsevier, 2001. 729 p.

DAI, Y. et al. Effect of *Thrips tabaci* on anatomical features, photosynthetic characteristics and chlorophyll fluorescence of *Hypericum sampsonii* leaves. *Crop Protection* 28: 327-32, 2009.

DIAZ-MONTANO, J. et al. Onion thrips (Thysanoptera: Thripidae): a global pest of increasing concern in onion. *J. Econ. Entomol.* 104(1): 1-13, 2011.

FAGUNDES, N. B. Contribuição apresentada ao 2º Congresso de Criadores, 1928.

GENT, D. H. et al. *Iris yellow spot virus*: an emerging threat to onion bulb and seed production. *Plant Disease* 90(12): 1.468-80, 2006.

GONÇALVES, P. A. S. Flutuação populacional de tripes, *Thrips tabaci* Lind., em cebola em Ituporanga, Santa Catarina. *An. Soc. Entomol. Bras.* 26(2): 365-9, 1997.

GONÇALVES, P. A. S. & SILVA, C. R. S. Efeito de espécies vegetais em bordadura em cebola sobre a densidade populacional de tripes e sirfídeos predadores. *Hortic. Bras.* 21(4): 731-4, 2003.

HASSANZADEH, S. M.; HEJAZI, M. J. & RAHNEMOON, A. A. Investigating of the life cycle of onion thrips, *Thrips Tabaci* Lind. in insectarium. *J. Agric. Sci.* 13(1): 91-100, 2003.

KENDALL, D. M. & BJOSTAD, L. B. Phytochemical ecology: herbivory by *Thrips tabaci* induces greater ethylene production in intact onions than mechanical damage alone. *J. Chem. Ecol.* 16: 981-91, 1990.

LINDEMAN, K. Die schädlichsten Insekten des Tabak. *Byull' Moskovskogo Obshchestva Ispytatelei Prirody* 1888: 10-77, 1889.

LORINI, I. & DEZORDI, J. Flutuação populacional de *Thrips tabaci* Lindeman, 1888 (Thysanoptera: Thripidae) na cultura da cebola. *An. Soc. Entomol. Brasil.* 19: 361-5, 1990.

LORINI, I. & MENDONÇA JR., V. Flutuação populacional de *Thrips tabaci* Lindeman, 1888 (Thysanoptera: Thripidae) na cultura de alho. *An. Soc. Entomol. Brasil.* 19(2): 367-71, 1990.

MAU, R. F. L. & KESSING, J. L. M. Thrips tabaci (Linderman), 1991. Disponível em: <www.extento.hawaii.edu/kbase/crop/Type/t_tabaci.htm>. Acesso em: 12 maio 2013.

McKENZIE, C. L. et al. Injury to onions by *Thrips tabaci* (Thysanoptera: Thripidae) and its role in the development of purple blotch. *Environ. Entomol.* 22(6): 1.266-77, 1993.

MILNE, N. & WALTER, G. H. Significance of mite prey in the diet of the onion thrips *Thrips tabaci* Linderman (Thysanoptera: Thripidae) Linderman (Thysanoptera: Thripidae). *Aust. J. Entomol.* 37: 120-4, 1998.

MIYSATO, E. A. *A taxonomic study on common thrips (Thysanoptera, Terebrantia) occurring on the ornamental plants of Southern Brazil.* Tóquio, Japão, 2005. 168p. Dissertação (mestrado) – Tokyo University of Agriculture.

MO, J. et al. Within-plant distribution of onion thrips (Thysanoptera: Thripidae) in onions. *J. Econom. Entomol.* 101(4): 1.331-6, 2008.

MONTEIRO, R. C. & LIMA, E. F. B. *Thysanoptera of Brazil*, 2011. Disponível em: <www.lea.esalq.usp.br/thysanoptera>. Acesso em: 16 maio 2013.

MONTEIRO, R. C. *Estudos taxonômicos de tripes (Thysanoptera) constatados no Brasil com ênfase no gênero Frankliniella.* Piracicaba, 1999. 144p. Tese (doutorado) – Escola Superior de Agricultura "Luiz de Queiroz", Universidade de São Paulo.

MONTEIRO, R. C.; MOUND, L. A. & ZUCCHI, R. A. Thrips (Thysanoptera) as pests of plant production in Brazil. *Rev. Bras. Entomol.* 43(3/4): 163-71, 1999.

MONTEIRO, R. C.; MOUND, L. A. & ZUCCHI, R. A. Espécies de *Thrips* (Thysanoptera: Thripidae) no Brasil. *Neotrop. Entomol.* 30(1): 61-3, 2001.

MONTEIRO, R. C.; MOUND, L. A. & ZUCCHI, R. A. *Thrips tabaci* Lind.: é realmente uma praga do algodoeiro no Brasil? *An. Soc. Entomol. Bras.* 27: 489-94, 1998.

MONTEIRO, R. C. The Thysanoptera fauna of Brazil. In: MOUND, L. A. & MARULLO, R. *Thrips and Tospoviruses*: proceedings of the 7th International Symposium on Thysanoptera. Reggio Calabria, Itália, 2002. 390p.

MOUND, L. A. *Thysanoptera (Thrips) of the world – a checklist*, 2005. Disponível em: <anic. ento.csiro.au/worldthrips/taxon_details.asp?BiotaID=8373>. Acesso em: 3 maio 2013.

MOUND, L. A. *World Thysanoptera*, 2009. Disponível em: <anic.ento.csiro.au/ thrips>. Acesso em: 2 maio 2013.

NAUT, B. A. et al. Reproductive modes in onion thrips (Thysanoptera: Thripidae) populations from New York onion fields. *Environ. Entomol.* 35: 1.264-71, 2006.

ORLOFF, S.; NATWICK, E. T. & POOLE, G. J. Insects and mites. In: OHLENDORF, B. & O'NEILL, M. J. *UC IPM Pest Management Guidelines*: Onion/Garlic. Oakland: University of California, 2010. 42p.

PLANTWISE. *Frankliniella occidentalis*, 2013. Disponível em: < www.plantwise.org/ KnowledgeBank/Datasheet.aspx?dsid=53746>. Acesso em: 28 abr. 2013.

POZZER, L. et al. "Sapeca": an onion disease in the Submédio São Francisco region, Brazil, is caused by a tospovirus with a serologically distinct nucleocapsid protein. *Fitopatol. Bras.* 19: 321, 1994.

RIEFLER, J. & KOSHIER, E. H. Comparing behavioural patterns of *Thrips tabaci* Lindeman on leek and cucumber. *J. Insect Behav.* 22(2): 111-20, 2009.

SATO, M. E. & NAKANO, O. Influência da época de plantio na infestação do *Thrips tabaci* Lindeman, 1888 no desenvolvimento e produção das plantas de cebola (*Allium cepa* L.). *Ecossistema* 15: 79-88, 1990.

SHELTON, A. M.; PLATE, J. & CHEN, M. Advances in control of onion thrips (Thysanoptera: Thripidae) in cabbage. *J. Econ. Entomol.* 101: 438-43, 2008.

SHELTON, A. M. et al. Onion thrips (Thysanoptera: Thripidae) damage and contamination in sauerkraut. *J. Econ. Entolmol.* 75: 492-4, 1982.

SILVA, A. G. A. et al. Ordem Thysanoptera. In: SILVA, A. G. A. et al. *Quarto catálogo de insetos que vivem nas plantas do Brasil.* Rio de Janeiro: Ministério da Agricultura, 1968, t. 1, pt. 2. 622p.

UVAH, I. I. I. & COAKER, T. H. Effect of mixed cropping on some insect pests of carrots and onions. *Entomol. Exp. Appl.* 36: 159-67, 1984.

WHALON, M. E. et al. *Arthropod pesticide resistance database*, 2012. Disponível em: < www. pesticideresistance.org >. Acesso em: 28 abr. 2013.

33

Tripes, *Thrips palmi* Karny

R. C. Monteiro, E. F. B. Lima

INTRODUÇÃO

Uma das pragas mais importantes das plantas hortícolas é *Thrips palmi*, tanto nos trópicos quanto nas regiões temperadas, em casas de vegetação. Sua rápida dispersão e seu estabelecimento em uma vasta área tropical e subtropical foram favorecidos por determinadas características biológicas da praga, associadas ao insucesso do seu controle por produtos químicos e ao comércio internacional de plantas. Quando detectada nos estágios iniciais de introdução, sua presença pode ser restringida ou erradicada. No entanto, uma vez estabelecida, representa um grande problema para a produção agrícola, e o controle de sua população envolve a utilização conjunta de vários métodos. No Brasil, *T. palmi* está presente pelo menos desde o final de 1992, estabelecida em vários locais. Muitas vezes causa perdas severas ou totais de produção, abandono da cultura no campo e desistência do plantio na área atingida.

DETECÇÃO

A detecção de insetos pequenos nem sempre é fácil, em especial quando encontram-se em inserções, cavidades e outros locais protegidos, como costuma ocorrer com os tripes. A coleta pode ser feita utilizando-se uma bandeja plástica colocada sob a planta, a qual deve receber batidas com o auxílio de um bastão. Os tripes caem na bandeja e nela permanecem tempo suficiente para a coleta e a transferência dos exemplares para frascos contendo álcool etílico 60% ou AGA (10 partes de álcool etílico 60%, uma parte de glicerina e uma parte de ácido acético glacial), com o auxílio de um pincel. Para a identificação específica, é necessária a preparação e a montagem dos exemplares em lâminas de microscopia.

As plantas com altas infestações de *T. palmi* em geral apresentam uma ou mais das seguintes características: folhas com pontos, estrias ou áreas prateadas; folhas bronzeadas; folhas e brotos terminais atrofiados; flores com estrias; frutos com estrias e/ou deformações (Sakimura, Nakahara & Denmark, 1986).

Posição taxonômica e nomenclatura

Ordem: Thysanoptera

Subordem: Terebrantia

Família: Thripidae

Subfamília: Thripinae

Gênero: *Thrips* L., 1758

Espécie: *Thrips palmi* Karny, 1925

Sinonímias: *Chloethrips aureus* Ananthakrishnan & Jagadish, 1967
Thrips gracilis Ananthakrishnan & Jagadish, 1968
Thrips leucadophilus Priesner, 1936
Thrips clarus Moulton, 1928

A descrição de *T. palmi* foi baseada em espécimes coletados em plantas jovens e adultas de fumo (*Nicotiana tabacum*) em Medan, Ilha de Sumatra, Indonésia. O nome da espécie foi dado em homenagem a B. T. Palm, então diretor da Estação Quarentenária de Medan (Karny, 1925). Por esse motivo, a espécie por vezes é chamada de "palm thrips"; entretanto, até o momento, ela não foi registrada em associação com qualquer palmácea, como sugere a denominação encontrada em várias publicações e páginas da internet.

No Brasil, *T. palmi* em geral é referida com o seu próprio nome científico. "Melon thrips", "palm thrips", "yellow flower thrips" e "southern thrips" são, nessa ordem, os nomes comuns mais utilizados na literatura internacional.

CARACTERIZAÇÃO MORFOLÓGICA DE ADULTOS

As características de identificação do gênero *Thrips* são: cabeça com dois pares de cerdas ocelares (par I ausente); pronoto com dois pares de cerdas posteroangulares desenvolvidas; segmentos antenais III-IV com sensilos bifurcados;

asas anteriores com fileira de cerdas interrompida na primeira nervura; um par de ctenídeos em posição posteromediana em relação aos espiráculos no tergito abdominal VIII.

Das 286 espécies válidas do gênero (Mound, 2005), apenas seis foram relatadas no Brasil: *T. australis*, *T. florum*, *T. orientalis*, *T. palmi*, *T. simplex* e *T. tabaci* (Monteiro, Mound & Zucchi, 1999; Miyasato, 2005; Monteiro & Lima, 2011). Duas outras espécies, *Thrips minutus* v. *puttemansi* Lima (1926) e *Thrips saccharoni* Moulton (1933), são sinonímias de *Stenchaetothrips minutus* (Deventer, 1906) (Nakahara, 1994). A maioria das espécies do gênero *Thrips* é da Região Holoártica e do Velho Mundo, o que em parte explicaria o pequeno número de espécies registradas no Brasil. No entanto, possivelmente esse número também é reflexo do baixo número de coletas de tripes no país.

Algumas das características que podem ser utilizadas para distinguir *T. palmi* das outras espécies do gênero atualmente encontradas no Brasil podem ser visualizadas na Tabela 1.

A caracterização morfológica dos adultos de *T. palmi* é dada a seguir.

A fêmea (Figura 1) é de coloração amarelo-clara, exceto parte dos segmentos antenais (ápice do segmento III, metade apical dos segmentos III-IV e dos segmentos VI-VII) (Figura 2A) e cerdas do corpo e das asas, que são marrom-escuros

Tabela 1. Caracteres morfológicos para distinção das seis espécies de *Thrips* registradas no Brasil.

Espécies Caracteres	*T. australis*	*T. florum*	*T. orientalis*	*T. palmi*	*T. simplex*	*T. tabaci*
Coloração do corpo	Em geral amarela, com área marrom nos tergitos abdominais	Marrom	Marrom	Amarela	Marrom	Em geral amarela, com área marrom nos tergitos abdominais
Número de segmentos antenais	Sete	Sete	Sete	Sete	Oito	Sete
Esculturação do metanoto	Reticulada	Linear	Reticulada, com marcas internas	Longitudinal estriada, convergindo no terço posterior	Reticulada medianamente	Em geral, irregularmente reticulada
Cor da asa anterior	Amarela	Marrom, com um quarto basal claro	Marrom, com um quarto basal claro	Amarela	Marrom com um quarto basal claro	Amarela
Pente posteromarginal no tergito abdominal VIII	Incompleto (ausente medianamente); dentes curtos	Completo; dentes pequenos e esparsos	Incompleto (ausente medianamente); dentes curtos	Completo; dentes longos de tamanho regular	Completo; dentes de tamanho irregular	Completo; dentes longos de tamanho regular

Figura 1. Fêmea de *T. palmi*. Foto: Cheryle A. O'Donnell.

(Figura 2). Comprimento do corpo entre 1 e 1,2 mm (contraído–não contraído). Antena 7-segmentada (Figura 2A); segmento II duas vezes mais largo do que longo; segmentos III-IV com sensilos bifurcados (Figura 2B). Dois pares de cerdas ocelares (par I ausente); cerdas pós-oculares alinhadas em arco; cerdas i com o mesmo comprimento das cerdas ocelares III, e cerdas ii e iv menores do que iii (Figura 2C). Pronoto com dois pares de cerdas posteroangulares desenvolvidas, cerca de metade do comprimento dele; demais cerdas curtas; superfície com fracas esculturações transversais (Figura 2D). Metanoto com inserção do par de cerdas medianas afastada da margem anterior; esculturação longitudinal estriada, convergindo no terço posterior; um par de sensilos campaniformes na parte posterior (Figura 2F). Primeira nervura de cerdas da asa anterior com duas a quatro cerdas distais e cerca de sete cerdas na porção basal; segunda nervura com cerca de doze cerdas (Figura 2E). Tergito abdominal II com quatro cerdas laterais (Figura 2G); tergito abdominal VIII com pente posteromarginal completo, com microtíquias longas e finas e um par de ctenídeos localizados posteromedianamente em relação aos espiráculos (Figura 2H); tergito abdominal IX com dois pares de sensilos campaniformes (Figura 2I); tergitos abdominais III-VII com cerdas medianas menores do que a distância entre as suas bases e sem esculturação mediana; esculturação lateral sem microtríquias; pleurotergitos sem microtríquias e cerdas discais. Esternitos abdominais com três pares de cerdas posteromarginais, sem cerdas discais. O macho é semelhante à fêmea, mas menor; tergito abdominal II algumas vezes com apenas três cerdas laterais; pente posteromarginal do tergito abdominal VIII quase sempre ausente lateralmente; cerdas B1 do tergito abdominal IX menores e alinhadas com as cerdas B2; esternitos abdominais III-VII com ampla área glandular transversal.

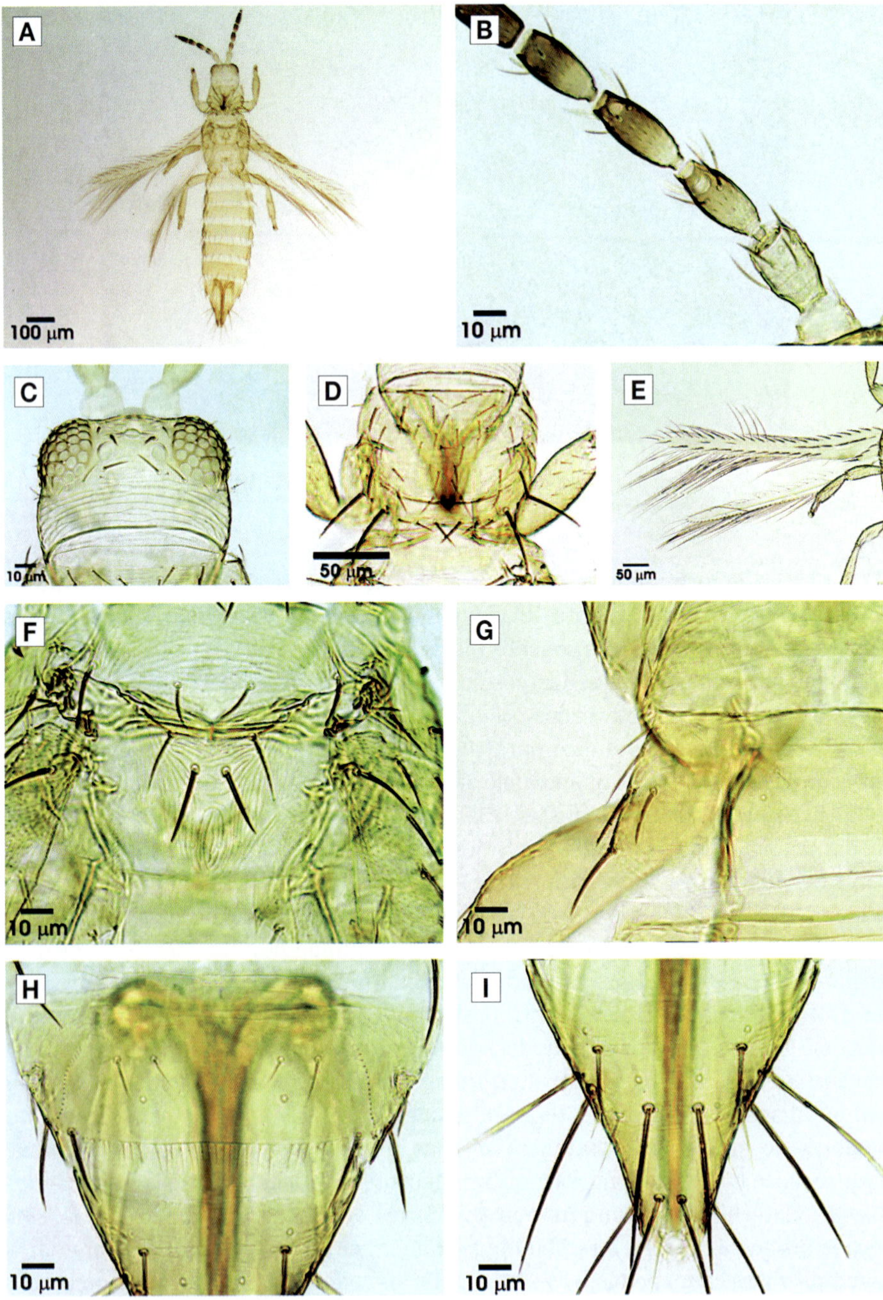

Figura 2. Fêmea de *T. palmi*. A) Corpo inteiro. B) Segmentos antenais I-VI. C) Cabeça (dorsal). D) Pronoto. E) Asas. F) Mesonoto e metanoto. G) Tergito abdominal II (parte). H) Tergito abdominal VIII-IX (parte). I) Tergitos abdominais IX-X. Fotos: Élison F. B. Lima.

MÉTODOS MODERNOS DE IDENTIFICAÇÃO

Atualmente, vêm sendo utilizados métodos morfométricos, moleculares e bioquímicos para identificação de *T. palmi*, assim como de outras espécies de tripes, visando auxiliar os métodos morfológicos clássicos (Mehle & Trdan, 2012).

HISTÓRICO DA INTRODUÇÃO DA PRAGA NO BRASIL

T. palmi é uma espécie oriental, originária dos trópicos úmidos do Sudeste Asiático. Alguns anos após sua descrição na Ilha de Sumatra (Indonésia), em 1925, onde infestava plantas de fumo, foi encontrada a oeste, na Índia e no Sudão, e ao norte, na Tailândia (Sakimura, Nakahara & Denmark, 1986). Em 1980, Bhatti redescreveu *T. palmi*, permitindo sua correta caracterização e distinção das espécies semelhantes. No período em que a identidade de *T. palmi* permaneceu confusa, não surgiram relatos sobre a sua importância econômica, com exceção de danos causados em gergelim, no Sul da Índia (Ananthakrishnan, 1955). Após esse período, *T. palmi* foi relatado danificando plantas ao longo do Oriente e das ilhas do Pacífico (Walker, 1992a).

Os problemas causados por *T. palmi* em legumes e hortaliças iniciaram no Japão, em 1978 (Nakazawa, 1981). Nas décadas subsequentes, a espécie espalhou-se dentro do Sudeste da Ásia e migrou para a Austrália, as ilhas do Pacífico, a Flórida (EUA), o Caribe, a América do Sul e o Oeste da África (Cannon, Matthews & Collins, 2007).

Nas Américas, as primeiras detecções ocorreram na década de 1980. Primeiro a praga foi constatada em Guadalupe e Martinica, em 1985 (Guyot, 1988; Denoyes et al., 1986). Em 1990, alcançou os Estados Unidos da América (Flórida) (FAO, 1991; Cannon, Matthews & Collins, 2007). Dispersando-se em direção ao sul, alcançou a Venezuela em 1990 (Cermeli & Montagne, 1990), a Guiana em 1991 (Walker, 1992a), o Brasil em 1992 (Monteiro, Mound & Zucchi, 1995, 1999) e a Colômbia em 1997 (Durán, Mesa & Estrada, 1999; Bueno & Cardona, 2003).

Não se conhece o local de entrada de *T. palmi* no Brasil. No entanto, o primeiro registro da espécie no país foi feito no município de Registro, Estado de São Paulo. Exemplares de *T. palmi* foram coletados em pepino e vagem em 1992.

Embora adultos de *T. palmi* voem bem, suas pequenas dimensões tornam sua capacidade de dispersão moderada. Assim, acredita-se que muitas das introduções dessa espécie estejam associadas ao transporte de material vegetal pelo homem (Dentener, Whiting & Connolly, 2002), o que provavelmente ocorreu no Brasil.

Após ser detectada no Estado de São Paulo, *T. palmi* dispersou-se principalmente em direção ao norte, alcançando outros estados da Região Sudeste (Minas Gerais em 1995, Rio de Janeiro em 1997) e das regiões Nordeste (Bahia em 1997), Norte (Roraima em 1997) e Centro-Oeste (Goiás e Distrito Federal em 1998). No Sul, foi constatada apenas no Estado do Paraná, em 1995 (Tabela 3).

No país, desde a data da sua primeira coleta, *T. palmi* vem causando danos à maioria das plantas nas quais foi encontrada. No entanto, a partir de 1993, os danos tornaram-se bastante expressivos, causando perdas severas ou totais. De início, as culturas atacadas foram batata, berinjela e pimentão, na Região Sudeste (com destaque para São Paulo, mas também Minas Gerais e Rio de Janeiro). Posteriormente, *T. palmi* atacou pepino na Região Sul (Paraná), melancia na Região Norte (Roraima) e no extremo sul da Região Nordeste (Bahia) e melancia, melão, abóbora, pepino e feijão na Região Centro-Oeste (Distrito Federal e Goiânia). De modo geral, a data de coleta e envio de amostras para identificação está relacionada ao período em que os danos e prejuízos foram causados, ou imediatamente posterior a ele. Portanto, essas datas não são necessariamente as de introdução do inseto nos estados.

DISTRIBUIÇÃO GEOGRÁFICA

Atualmente, *T. palmi* está presente em uma ampla área das regiões tropical e subtropical da Ásia, África, América, Europa e Oceania (Tabela 2). Embora considerada ausente na Guatemala (América Central), autoridades holandesas afirmam que foram interceptadas mudas de *Ficus benjamina* infestadas por *T. palmi* originárias desse país.

Tabela 2. Distribuição geográfica mundial de *T. palmi*.

Continentes	Países/nações/estados	Referências (registro)
América		
América do Norte	Estados Unidos (Flórida)	Walker (1992a), Cabi (1992), Eppo (2012)
	México	Eppo (2012)
América Central e Caribe	Antígua e Barbuda	Walker (1992a), Cabi (1992), Eppo (2012)
	Bahamas	Eppo (2012)
	Barbados	Cabi (1992), Eppo (2012)
	Costa Rica	Eppo (2012)
	Cuba	Eppo (2012)
	Curaçao	Eppo (2012)
	Dominica	Walker (1992a), Cabi (1992), Eppo (2012)
	Granada	Cabi (1992), Eppo (2012)
	Guadalupe	Walker (1992a), Cabi (1992), Eppo (2012)
	Haiti	Cabi (1992), Eppo (2012)
	Ilhas Virgens Britânicas	Eppo (2012)
	Jamaica	Eppo (2012)
	Martinica	Walker (1992a), Cabi (1992), Eppo (2012)
	Porto Rico (EUA)	Walker (1992a), Cabi (1992), Eppo (2012)
	República Dominicana	Cabi (1992), Eppo (2012)
	São Cristóvão e Neves	Walker (1992a), Cabi (1992), Eppo (2012)
	São Vicente e Granadinas	Eppo (2012)
	Santa Lúcia	Cabi (1992), Eppo (2012)
	Trinidade e Tobago	Walker (1992a), Cabi (1992), Eppo (2012)

Continua

Continentes	Países/nações/estados	Referências (registro)
América do Sul	Brasil	Monteiro, Zucchi & Mound (1995)
	Colômbia	Durán, Mesa & Estrada (1999)
	Guiana	Walker (1992a), Cabi (1992), Eppo (2012)
	Guiana Francesa	Eppo (2012)
	Suriname	Eppo (2012)
	Venezuela	Cermeli & Montagne (1990)
Europa*	Noruega	Reynaud (2010)
	Portugal	Reynaud (2010)
	República Tcheca	Reynaud (2010)
Ásia	Bangladesh	Walker (1992a), Cabi (1992), Eppo (2012)
	Birmânia (Myanmar)	Walker (1992a), Cabi (1992), Eppo (2012)
	Brunei	Walker (1992a), Cabi (1992), Eppo (2012)
	China	Walker (1992a), Cabi (1992), Eppo (2012)
	Coreia do Norte	Eppo (2012)
	Coreia do Sul	Eppo (2012)
	Filipinas	Walker (1992a), Cabi (1992), Eppo (2012)
	Hong Kong	Walker (1992a), Cabi (1992)
	Índia	Walker (1992a), Cabi (1992), Eppo (2012)
	Indonésia (Java e Sumatra)	Walker (1992a), Cabi (1992), Eppo (2012)
	Iraque	Hamodi & Abdul-Rssoul (2012)
	Japão	Walker (1992a), Cabi (1992), Eppo (2012)
	Malásia	Walker (1992a), Cabi (1992), Eppo (2012)
	Paquistão	Walker (1992a), Cabi (1992), Eppo (2012)
	Singapura	Walker (1992a), Cabi (1992), Eppo (2012)
	Sri Lanka	Walker (1992a), Cabi (1992), Eppo (2012)
	Tailândia	Walker (1992a), Cabi (1992), Eppo (2012)
	Taiwan	Walker (1992a), Cabi (1992), Eppo (2012)
	Vietnã	Eppo (2012)
África	Costa do Marfim	Eppo (2012)
	Ilhas Maurício	Walker (1992a), Cabi (1992), Eppo (2012)
	Nigéria	Walker (1992a), Cabi (1992), Eppo (2012)
	Ilhas Reunião	Walker (1992a), Cabi (1992), Eppo (2012)
	Sudão	Walker (1992a), Cabi (1992), Eppo (2012)
	Ilhas Canárias	Walker (1992a), Cabi (1992)
Oceania	Austrália	Walker (1992a), Cabi (1992), Eppo (2012)
	Guam	Walker (1992a), Cabi (1992), Eppo (2012)
	Havaí (EUA)	Walker (1992a), Cabi (1992), Eppo (2012)
	Nova Caledônia	Walker (1992a), Cabi (1992), Eppo (2012)
	Ilhas Wallis e Futuna	Walker (1992a), Cabi (1992), Eppo (2012)
	Palau	Eppo (2012)
	Papua Nova Guiné	Eppo (2012)
	Polinésia Francesa	Eppo (2012)
	Samoa	Walker (1992a), Cabi (1992), Eppo (2012)
	Samoa Americana	Eppo (2012)

* Na Holanda e no Reino Unido, *T. palmi* foi erradicada (Reynaud, 2010; Eppo, 2012).

No Brasil, *T. palmi* está presente nas cinco regiões geográficas, em sete estados (São Paulo, Paraná, Minas Gerais, Rio de Janeiro, Goiás, Bahia e Roraima) e no Distrito Federal, e em 36 localidades (Tabela 3). No entanto, essa distribuição sem dúvida não contempla todos os locais onde é encontrada atualmente, pela falta de coletas representativas.

Tabela 3. Distribuição geográfica e ano de registro de *T. palmi* e plantas associadas no Brasil.

Região	Estados	Presença no estado[a]	Municípios/ localidades	Culturas
Norte	Roraima	1997	Normandia	Melancia
			Apiaú	Melancia
Nordeste	Bahia	1997	Teixeira de Freitas	Melancia
Centro-Oeste	Goiás	1998	Carmo do Rio Verde	Melancia[b]
			Goiânia	Abóbora, berinjela, feijão, melancia, pepino e tomate
			Luziânia	Feijão
			Rianápolis	Melancia[b]
			Santa Helena	Pimentão[c]
			Uruana	Melancia[b]
	Distrito Federal	1998	Brasília e arredores	Abóbora, feijão, melão[d], pepino[d], pimentão[d]
Sudeste	São Paulo	1992	Artur Nogueira	Crisântemo e tomate
			Atibaia	Batata e crisântemo
			Conchal	Jiló
			Elias Fausto	Berinjela
			Holambra	Berinjela e crisântemo
			Ilha Solteira	Berinjela[e]
			Itapetininga	Batata
			Itapira	Pimentão
			Jaguariúna	Crisântemo
			Monte Mor	Melancia
			Paranapanema	Berinjela e pimentão
			Paulínia	Berinjela e pimenão
			Piedade	Berinjela
			Pinhalzinho	Batata
			Registro	Berinjela, pepino e vagem
			São Miguel Arcanjo	Pimentão
			Sorocaba	Pepino[f]
			? (desconhecida)	Tomate
	Minas Gerais	1995	Bueno Brandão	Batata
			Guidoval	Berinjela[c]
			Tocantins	Pepino[g]
			Viçosa	Berinjela[c]
	Rio de Janeiro	1997	Cachoeiras de Macacu	Pimentão
			Vassouras	Pimentão
Sul	Paraná	1995	Assaí	Caupi
			Morretes	Pepino

a Ano de coleta mais antiga dos espécimes identificados. b Felipe, Veloso & Fernandes (2004). c Leite et al. (2006). d Nagata et al. (1999). e Takao et al. (2004). f Souza Jr. & Kawaguchi (2004). g Bacci et al. (2008).

BIOLOGIA E ECOLOGIA

T. palmi é polífago, embora mais conhecido como praga de Curcubitaceae e Solanaceae, com alta capacidade reprodutiva (Kawai, 1985) e resistente a vários produtos químicos (Matsuzaki et al., 1986). Alimenta-se principalmente em brotos em desenvolvimento e folhas jovens, embora flores e frutos jovens também sejam atacados (Young & Zhang, 2001). O seu ciclo de vida compreende os estágios embrionário (ovo), ninfal (ninfas de primeiro e segundo instares), pupal (pré-pupa e pupa) e adulto. O estágio embrionário fica protegido no interior dos tecidos do hospedeiro e o pupal, no solo (Kawai & Kitamura, 1987).

Os ovos são colocados individualmente nos tecidos tenros da planta (folhas e flores), por meio de uma incisão feita pelo ovipositor da fêmea. As ninfas alimentam-se ativamente dos tecidos e, quando atingem o pleno desenvolvimento, as de segundo instar jogam-se ao solo ou substrato, onde transformam-se em pré-pupa e, em momento posterior, em pupa (Kawai, 1990b). A maioria das ninfas tende a cair no solo próximo à haste da planta. A distribuição das pupas e a emergência dos adultos também concentram-se ao redor da haste (Tsuchida, 1997). Após a emergência, os adultos movem-se em direção aos tecidos em crescimento da parte aérea, como folhas, flores e frutos jovens, onde se alimentam, copulam e colocam os ovos (Kawai, 1990b). A sobrevivência e o período de desenvolvimento dos diferentes estágios de *T. palmi* variam em função da temperatura e da planta hospedeira.

A temperatura base e a constante térmica para desenvolvimento do estágio pré-adulto (ovo a pupa) foram estimadas em 11,6°C e 189,1 graus/dia, respectivamente. *T. palmi* não se desenvolve em temperatura igual ou superior a 35°C e todos os estágios de desenvolvimento morrem quando expostos a 40°C por 23 horas, 48°C por 30 minutos e 55°C por 7 minutos (Kawai, 1985). As pupas podem tolerar temperaturas baixas apenas por determinado período de tempo (8 dias a 0°C; 4,25 horas a –5°C; 35 minutos a –10°C), não sobrevivendo a invernos rigorosos, sob condições naturais. No entanto, mesmo nesses locais, *T. palmi* é considerada um risco, já que pode infestar plantas cultivadas em casa de vegetação (Nonaka, Nagai & Gamamoto, 1982). A temperatura de 25°C é considerada a melhor para o desenvolvimento da espécie, por proporcionar maior taxa reprodutiva líquida a esses insetos (Tabelas 4 e 5) (Kawai 1985, 1986a).

T. palmi apresenta crescimento populacional consideravelmente variável, a depender da sua planta hospedeira. Apesar de a duração do seu estágio ninfal não ter sido afetada por grande parte das plantas hospedeiras em que foi criada (Tabela 6), adultos mantidos em diferentes plantas exibiram variação significativa em sua fecundidade (Tabela 7). Tomate e morango foram os únicos hospedeiros que não permitiram o desenvolvimento imaturo completo de *T. palmi* (Tabela 6). Adultos mantidos em pepino, melão, berinjela e abóbora foram mais fecundos e longevos; já aqueles mantidos em pimentão e crisântemo apresentaram menor longevidade e fecundidade (Tabela 7).

Tabela 4. Período de desenvolvimento e taxa de sobrevivência dos estágios imaturos de *T. palmi* em diferentes temperaturas, em folhas de pepineiro (adaptado de Kawai, 1985).

	15°C	20°C	25°C	30°C
Duração do estágio de ovo (dias)	18,3 ± 2,0[a]	10,4 ± 1,6	6,3 ± 0,7	5,1 ± 0,3
Duração do estágio ninfal (dias)	21,7 ± 3,0	7,8 ± 1,1	4,8 ± 0,8	4,8 ± 0,8
Duração do estágio pupal (dias)	13,7 ± 0,7	6,6 ± 0,8	3,5 ± 0,5	3,0 ± 0,2
Duração do estágio pré-adulto[b] (dias)	53,7	23,8	13,6	11,9
Eclosão de ninfas (%)	92	97	98	96
Pré-pupação (%)	65	70	74	73
Emergência (%)	62	65	66	68
Fêmeas (%)	82,3	81,5	71,2	79,4

a Média ± desvio-padrão.
b Compreende ovo, ninfa, pré-pupa e pupa.

Tabela 5. Crescimento populacional de *T. palmi* em pepino em diferentes temperaturas (adaptado de Kawai, 1985).

Temperatura (°C)	Tempo de geração (T) (dias)	Taxa líquida reprodutiva (R_0)	Taxa intrínseca de aumento natural/ dia (λ)	Taxa reprodutiva/mês (r)
15	80,2	16,5	0,035	2,9
20	40,7	25,9	0,080	11,0
25	24,8	28,0	0,134	55,7
30	20,5	19,1	0,144	75,2

Tabela 6. Período de desenvolvimento e taxa de sobrevivência de *T. palmi* em várias culturas (temperatura de 25°C, fotoperíodo de 16L:8E) (adaptado de Kawai, 1986a).

Cultura	Pré-pupas (%)	Pupas (%)	Emergên-cia (%)	Fêmeas (%)	Estágio ninfal (dias)	Duração do estágio pré-adulto (dias)[a]
Pepineiro (*Cucumis sativus*)	74	72	66	71,2	5,1 ± 0,2	9,2 ± 0,2[b]
Meloeiro (*Cucumis melo*)	70	55	50	78,8	4,7 ± 0,2	9,0 ± 0,3
Aboboreira (*Cucurbita maxima*)	70	53	43	79,1	3,9 ± 0,2	8,3 ± 0,3
Meloeiro-de-são-caetano (*Momordica charantia*)	77	65	61	57,3	5,0 ± 0,3	9,4 ± 0,2
Berinjeleira (*Solanum melongena*)	74	71	62	85,5	5,0 ± 0,2	9,1 ± 0,2
Pimentãozeiro (*Solanum annuum*)	53	50	45	71,1	4,7 ± 0,4	9,0 ± 0,4

Continua

Cultura	Pré-pupas (%)	Pupas (%)	Emergência (%)	Fêmeas (%)	Estágio ninfal (dias)	Duração do estágio pré-adulto (dias)[a]
Feijoeiro (*Phaseolus vulgaris*)	69	69	65	73,8	5,1 ± 0,2	9,2 ± 0,2
Quiabeiro (*Abelmoschus esculentus*)	23	23	20	90,0	7,2 ± 0,5	11,7 ± 0,6
Crisântemo (*Chrysanthemum morifolium*)	20	19	13	84,6	6,5 ± 0,7	11,2 ± 1,2
Tomateiro (*Lycopersicon esculentum*)	0	0	0	–	–	–
Morangueiro (*Fragaria* x *ananassa*)	0	0	0	–	–	–

a Compreende ovo, ninfa, pré-pupa e pupa.
b Média ± desvio-padrão.

Tabela 7. Longevidade e fecundidade da fêmea de *T. palmi* em várias culturas (temperatura de 25°C, fotoperíodo de 16L:8E) (adaptado de Kawai, 1986a).

Culturas	Longevidade da fêmea (dias)	Fecundidade (ovos/fêmea)	Taxa de oviposição (ovos/fêmea/dia)
Pepineiro	15,8 ± 3,6[a]	59,6 ± 8,5[a]	3,8 ± 0,6[a]
Meloeiro	13,3 ± 2,8	32,5 ± 13,1	2,4 ± 0,4
Aboboreira	15,8 ± 2,4	21,5 ± 7,2	1,4 ± 0,3
Meloeiro-de-são-caetano	14,4 ± 2,9	7,8 ± 1,7	0,5 ± 0,1
Berinjeleira	15,5 ± 2,9	25,1 ± 4,4	1,6 ± 0,4
Pimentãozeiro	11,8 ± 2,9	0,9 ± 3,2	0,8 ± 0,2
Feijoeiro	15,0 ± 3,6	9,8 ± 3,0	0,7 ± 0,3
Quiabeiro	12,4 ± 2,1	2,8 ± 0,9	0,2 ± 0,1
Crisântemo	6,1 ± 0,4	0,6 ± 0,4	0,1 ± 0,1
Tomateiro	5,1 ± 0,8	0	0
Morangueiro	4,0 ± 0,3	0	0
Sem cultura, com água	3,9 ± 0,2	0	0
Sem cultura, sem água	2,0 ± 0	0	0

a Média ± desvio-padrão.

Os adultos mantidos em tomate e morango, além de apresentarem baixa longevidade, não foram capazes de produzir descendentes (Tabela 7) (Kawai, 1986a). De forma geral, o pepino pode ser considerado o melhor hospedeiro para o desenvolvimento de *T. palmi*, seguido pelo melão e pela berinjela; o quiabo e o crisântemo foram os hospedeiros que proporcionaram o pior desenvolvimento populacional da espécie (Tabela 7) (Kawai, 1986a). A inadequação hospedeira apresentada pelo tomate foi conferida à presença de um composto deterrente nas folhas, a α-tomatina (Hirano et al., 1993, 1994).

T. palmi reproduz-se sexuadamente ou por partenogênese (Yoshihara & Kawai, 1982). Neste último caso, fêmeas virgens colocam ovos que originarão apenas machos (partenogênese arrenótoca), enquanto 70 a 80% das progênies de fêmeas acasaladas são fêmeas; a fecundidade, em ambos os casos, é a mesma (Teratomoto, Nonaka & Nagai, 1982).

A densidade populacional de *T. palmi* influencia a porcentagem de cópula. Em condições de densidade populacional muito baixa, o número de fêmeas acasaladas também é baixo, em função dos encontros menos frequentes entre fêmeas e machos. Assim, fêmeas virgens ovipositam apenas progênies de machos e a taxa de reprodução é reduzida, o que influencia o crescimento populacional da espécie (Kawai, 1987, 1988b; Kawai & Kitamura, 1987).

T. palmi reproduz-se de modo exponencial em casa de vegetação e no campo, até as hospedeiras serem seriamente danificadas pela infestação, o que indica que outros fatores de mortalidade são insignificantes (Kawai, 1985).

A distribuição de *T. palmi* nas plantas hospedeiras varia em função do estágio de desenvolvimento do tripes (ninfal ou adulto) e do hospedeiro (espécie e órgão vegetal) (Kawai, 1985). O sistema de cultivo, em casa de vegetação ou em campo, também pode influenciar a distribuição das ninfas na planta, em algumas culturas (Kawai, 1983, 1984, 1988a). A alimentação em geral ocorre nas folhas; entretanto, em pimenteira, por exemplo, uma hospedeira menos adequada, indivíduos dessa espécie preferem flores a folhas (Capinera, 2008).

Em pepineiro cultivado em casa de vegetação, os adultos distribuem-se ao acaso na planta e são encontrados nas folhas medianas (cinco a dez folhas abaixo da apical) e apicais; as ninfas distribuem-se em agrupamentos na planta e são encontradas nas folhas mais baixas (dez a quinze folhas abaixo da apical), nas quais a maioria dos adultos havia sido observada uma semana antes. Se a unidade de amostragem considerada for cada folha de pepino, tanto adultos como ninfas apresentarão distribuição bastante agregada. Poucos insetos são encontrados nas flores e nos frutos (Kawai, 1983). Em pepineiro cultivado em campo, a mesma distribuição é observada, com exceção das ninfas, que se distribuem ao acaso entre as plantas (Kawai, 1984).

Em berinjeleira, os adultos encontram-se mais nas folhas medianas e nas flores, e as ninfas, nas folhas mais baixas e nos frutos. Com relação à densidade populacional, mais de 99% da população total de tripes infesta folhas e menos de 1% infesta flores e frutos em casa de vegetação (Kitamura & Kawai, 1984; Kawai, 1988a).

Já em pimentãozeiro, os adultos são mais abundantes nas flores, e as ninfas, nos frutos. Cerca de 50% dos adultos e 80% das ninfas da população total infestam folhas, e o restante (50% dos adultos e 20% das ninfas) infesta flores e frutos, com relação à densidade populacional, em casa de vegetação. A distribuição de *T. palmi* em berinjeleira e pimentãozeiro, em condições de campo, assemelha-se ao que ocorre em pepineiro (Kawai, 1988a).

Em batateira, em que os danos são observados nas folhas, os adultos de *T. palmi* distribuem-se em maior quantidade na parte superior, entre a primeira e a terceira folhas. As ninfas, em contrapartida, localizam-se sobretudo nas folhas seis a dez, na região mediana (Tobing, 2007).

Em mangueira, *T. palmi* apresentou distribuição agregada. Panículas florais no dossel inferior exibiram significantemente mais tripes do que as do dossel superior, não havendo distinção entre a posição delas em nenhum dos quatro quadrantes (norte, sul, leste e oeste) das árvores (Verghese, Tandon & Rao, 1988).

As diferentes distribuições de *T. palmi* nas plantas hospedeiras acarretam diferentes tipos de danos. Para o pepineiro, os danos foliares são os mais importantes em termos econômicos, enquanto para o pimentãozeiro os danos nos frutos são os mais importantes. Em berinjeleira, tanto frutos como folhas são danificados, mas os danos nos frutos são os de importância econômica (Kawai, 1990b).

T. palmi possui comportamento de atração por determinadas cores. Em cultivo de berinjeleira, esses tripes foram coletados em maior quantidade em armadilhas adesivas azuis do que em turquesa, amarelas, azul-escuras, verdes, laranja, vermelhas e pretas (Huaping et al., 1997). Utilizando armadilhas do tipo CC em amendoinzeiro, Chu et al. (2000) constataram que adultos dessa espécie foram capturados em maior número em armadilhas com base de cor branca, quando comparadas às de cor amarela. Em orquídeas, *T. palmi* exibiu preferência alimentar por flores coloridas (roxa e lavanda/cor-de-rosa), em detrimento das flores não pigmentadas (Hata, Hara & Hansen, 1991).

Outro aspecto importante da biologia é a altura do voo, essencial para detecção, monitoramento e, em alguns casos, controle de *T. palmi*. No entanto, poucos são os estudos que o abordam. Em cultivo de berinjeleira, em que a maioria das plantas apresentava altura média de 70 cm, adultos de *T. palmi* foram coletados em maior número entre 73,9 e 101,7 cm (Huaping et al., 1997).

PLANTAS HOSPEDEIRAS

T. palmi foi relatado em mais de cinquenta espécies de plantas, envolvendo mais de vinte famílias, entre hortícolas, ornamentais e daninhas (Wang & Chu, 1986; Riley et al., 2011). Solanáceas e cucurbitáceas são consideradas as melhores hospedeiras (Kawai, 1986a).

No Brasil, o tripes foi coletado em Solanaceae, Cucurbitaceae, Fabaceae, Malvaceae e Musaceae, em dezesseis culturas e dezesseis espécies vegetais (Tabela 8).

Tabela 8. Plantas nas quais *T. palmi* foi registrada no Brasil.

Nome comum	Nome científico	Família
Aboboreira	*Cucurbita pepo*	Cucurbitaceae
Algodoeiro	*Gossypium hirsutum*	Malvaceae
Batateira	*Solanum tuberosum*	Solanaceae
Bananeira	*Musa* sp.	Musaceae
Berinjeleira	*Solanum melongena*	Solanaceae
Crisântemo	*Chrysanthemum* spp. *Dendranthema moriflolium*	Asteraceae
Feijoeiro e vagem	*Phaseolus vulgaris*	Fabaceae
Feijoeiro-caupi	*Vigna unguiculata*	Fabaceae
Jiloeiro	*Solanum gilo*	Solanaceae
Maria-pretinha	*Solanum nigrum*	Solanaceae
Melancieira	*Citrullus lanatus*	Cucurbitaceae
Meloeiro	*Cucumis melo*	Cucurbitaceae
Pepineiro	*Cucumis sativus*	Cucurbitaceae
Pimentãozeiro	*Capsicum annuum*	Solanaceae
Tomateiro	*Solanum lycopersicum*	Solanaceae

Também esses valores possivelmente não correspondem à realidade, em função da ausência de estudos de levantamento.

Embora adultos do tripes tenham sido coletados em tomateiro no Brasil, aparentemente sem causar danos, não se sabe se essa planta é hospedeira do inseto no país. Entretanto, a espécie é considerada praga da cultura em outros países. Na Venezuela, *T. palmi* também foi observado em tomateiro, mas sem ser associado a danos (Cermeli & Montagne, 1993). No Caribe, a planta foi relatada como sua hospedeira (Capinera, 2001).

IMPACTO ECONÔMICO E PREJUÍZOS

Além dos danos diretos causados às plantas, *T. palmi* é vetor de fitopatógenos (danos indiretos), razão pela qual sua importância quarentenária não se restringe apenas ao seu estabelecimento em novos hospedeiros e localidades do Brasil. Deve-se também, e principalmente, prevenir a introdução de novas populações, na tentativa de evitar a introdução conjunta de fitopatógenos ainda não constatados no país, tais como os tospovírus GBNV (*Groundnut bud necrosis virus*) e WSMV (*Watermelon mottle streak virus*). Do mesmo modo, esforços devem ser feitos para evitar a introdução de plantas hospedeiras de *T. palmi* possivelmente infectadas por viroses.

Entre as hortícolas em que *T. palmi* é considerado praga, estão: feijoeiro, repolho, cantalupo (variedade de melão), pimenteira-malagueta, pimenteira, repolho-chinês, feijoeiro-caupi, pepineiro, berinjeleira, alface, meloeiro, quiabeiro, cebola, ervilha, batateira, aboboreira, morangueira (ou jerimum), tomateiro e melancieira. Outras culturas atacadas são: abacateiro, cravo, crisântemo, citros, algodoeiro, hibisco, mangueira, pessegueiro, ameixeira, soja, fumo e outras (Capinera, 2008).

Danos diretos

Os danos diretos causados por *T. palmi* são semelhantes àqueles ocasionados por outras espécies de tripes, decorrentes da alimentação das ninfas e adultos nos tecidos vegetais do hospedeiro. Indivíduos dessa espécie inserem suas peças bucais no tecido vegetal e sugam o conteúdo celular (Young & Zhang, 2001). Embora esses danos sejam pequenos, em termos de produção, se comparados aos danos indiretos (transmissão de fitopatógenos), no caso de *T. palmi* são importantes, sobretudo se a parte vegetal danificada é o produto comercializado, como ocorre com ornamentais (flores) e frutos.

Pontos prateados com frequência surgem na superfície das folhas e flores, resultantes da entrada de ar no interior dos tecidos esvaziados dos quais os tripes alimentaram-se. Tecidos danificados próximos podem coalescer, o que determina o surgimento de estrias ou áreas maiores de prateamento. Com o tempo, os tecidos necrosam, caracterizando o bronzeamento, ou ressecam e tornam-se quebradiços (Figura 3A). O prateamento e o bronzeamento são comumente encontrados nas folhas. Nos frutos, a casca pode adquirir aparência de tecido lenhoso, dano visível sobretudo em berinjela (Figura 3D). Tecidos jovens, quando atacados, tendem a atrofiar (brotos foliares e botões florais) ou a crescer deformados (frutos), devido à interrupção do crescimento ou ao crescimento não uniforme dos tecidos adjacentes (Figuras 3B e 3C). Frutos novos podem não desenvolver-se e/ou apresentar queda prematura (Figura 3B). O crescimento da planta também pode ser retardado. Se mudas de berinjela, pepino ou abóbora são atacadas, as plantas permanecem atrofiadas e acabam por morrer (Young & Zhang, 2001). Os sintomas de ataque de *T. palmi* em algumas culturas encontram-se na Tabela 9.

Para o pepineiro, foi estimada uma densidade tolerada de 5,3 e 10,6 adultos de *T. palmi*/folha, admitindo-se 5 e 10% de perda, respectivamente, e 4,4 e 8,8 adultos/folha, sem perdas na colheita dos frutos (Kawai, 1986b). Em berinjeleira, a densidade de *T. palmi* tolerada foi estimada em 0,08 adulto/folha para a colheita de frutos não danificados, admitindo-se perdas de 5%, enquanto em pimentãozeiro esse valor foi de 0,11 adulto/flor (Kawai, 1986c). Entretanto, estudos no Havaí sugeriram um nível de dano econômico de 94 tripes por folha durante o crescimento inicial da planta (Capinera, 2008).

No Brasil, as perdas de produção causadas pelos danos diretos de *T. palmi* vão de severas a totais, quando ocorrem altas infestações. Logo que foi constatado

Figura 3. Danos de *T. palmi*. A) Folha de batateira. B) Frutos de pimentãozeiro em diferentes estágios de desenvolvimento. C) Ninfas danificando fruto de pimentãozeiro. D) Fruto de berinjeleira. Fotos: Renata C. Monteiro.

no país, causou danos severos em batateira, berinjeleira e pimentãozeiro, depois passou a danificar pepineiro e melancieira e, em momento posterior, meloeiro, aboboreira e feijoeiro. Em 1998, provocou perda total em um campo de 20 hectares de pimentãozeiro, no Estado de Goiás, e perdas severas em meloeiros e pepineiros plantados em estufa, no Distrito Federal (Nagata et al., 1999).

Danos indiretos

Algumas espécies de tripes são vetoras de agentes fitopatogênicos, em particular vírus do gênero *Tospovirus*, que podem causar sérias perdas na produção de alimentos, fibras e plantas ornamentais em todo o mundo (Moritz, Kumm & Mound, 2004).

Os tripes são os únicos vetores de espécies de vírus do gênero *Tospovirus* (família Bunyaviridae). *T. palmi* é vetor de seis espécies asiáticas de *Tospovirus* ainda não constatadas no Brasil: *Calla lily chlorotic spot virus*, *Capsicum chlorosis virus, Groundnut bud necrosis virus*, *Melon yellow spot virus*, *Watermelon silver mottle virus*, *Watermelon bud necrosis virus* (Pappu, Jones & Jain, 2009; Whitifield, Ullman & German, 2005). Também foi relatado como vetor de *Tomato*

Tabela 9. Culturas atacadas por *T. palmi* e sintomas de ataque (adaptado de Lewis, 1997).

Famílias **Nome comum (nome científico)**	**Sintomas**
Cucurbitaceae	
Melancieira (*Citrullus lanatus*)	Bronzeamento de folhas e morte dos brotos terminais WSMV causam o mosqueamento prateado em folhas atrofiadas, frutos com superfície irregular e manchas cloróticas
Meloeiro (*Cucumis melo*)	Prateamento e bronzeamento de folhas, atrofia de brotos terminais, danos e deformações em frutos
Pepieiro (*Cucumis sativus*)	Prateamento e bronzeamento das folhas, prateamento de flores e frutos com estrias
Fabaceae	
Feijoeiro e vagem (*Phaseolus vulgaris*)	Descolaração e distorção de flores, folhas inicialmente com pontos brancos e, posteriormente, secas e quebradiças
Solanaceae	
Batateira (*Solanum tuberosum*)	Folhas com estrias, secas e quebradiças
Berinjeleira (*Solanum melongena*)	Prateamento e bronzeamento das folhas, frutos com estrias na casca e queda prematura
Pimentãozeiro (*Capsicum annuum* e *Capsicum* spp.)	Descoloração de flores e distorção de frutos

spotted wilt virus (TSWV) (Fujisawa, Tanaka & Ishii, 1988); entretanto, estudos posteriores não comprovaram a associação (Mau et al., 1990; Wijkamp, Almarza & Peters, 1995; Murai, 2002).

Embora as espécies citadas não ocorram no Brasil, a diversidade de *Tospovirus* no país é grande, gênero representado por sete espécies: *Tomato spotted wilt virus* (TSWV), *Tomato chlorotic spot virus* (TCSV), *Groundnut ringspot virus* (GRSV), *Chrysanthemum steam necrosis virus* (CSNV), *Zucchini lethal chlorosis virus* (ZLCV), relatada apenas no Brasil, *Iris yellow spot virus* (IYSV) (Pozzer et al., 1999; De Ávila et al., 1993; Resende et al., 1996) e *Bean necrotic mosaic virus* (BeNMV), descrita recentemente no país (Oliveira, 2011). Testes de transmissão realizados com populações de *T. palmi* demonstraram que a espécie não é vetora de TSWV, TCSV, GRSV e CSNV (Nagata et al., 2004). Testes com IYSV não confirmaram *T. palmi* como transmissor, porque os tripes não sobreviveram em *Nicotiana benthamiana*, planta utilizada nos estudos. *T. palmi* também não transmitiu ZLCV (Nagata, 2012, dados não publicados). Testes de transmissibilidade de BeNMV por tripes ainda não foram realizados (Nagata, 2012, comunicação pessoal). É sabido, entretanto, que a espécie comumente alimenta-se e completa seu ciclo de vida em associação com plantas hospedeiras de TSWV e outros vetores de tospovírus (Ullman, Sherwood & German, 1997).

Apenas as ninfas de primeiro e início de segundo instares podem adquirir tospovírus, ao se alimentarem no mesófilo de plantas infectadas. A transmissão é feita apenas por adultos. A relação *Tospovirus*–tripes é persistente (após a aquisição do vírus, o vetor permanece virulífero por toda a vida) e propagativa (os vírus circulam e multiplicam-se no vetor) (Ullman, Sherwood & German, 1997; Whitfield, Almarza & Peters, 2005). Alguns estudos têm mostrado que, além de causar grandes problemas às plantas, os tospovírus também podem diminuir o desempenho de algumas espécies de tripes, tais como aumento de tempo para a formação do adulto e de adultos menores (Whitfield, Almarza & Peters, 2005).

CONTROLE

O controle de *T. palmi* requer a utilização conjunta de métodos físicos e culturais, inimigos naturais e produtos químicos, visto que nenhum deles, por si só, é suficiente para o controle da espécie. Os métodos utilizados devem considerar: tolerância a produtos químicos; ineficiência de produtos químicos nos estágios embrionário e pupal; polifagia; hospedeiro – distribuição, taxa reprodutiva e nível de dano econômico apresentado por *T. palmi* no hospedeiro. A prevenção de invasão em casa de vegetação, a redução da densidade populacional em plântulas e a coleta massal através de armadilhas adesivas são importantes para manter a densidade populacional de *T. palmi* a mais baixa possível, fator fundamental para o controle da espécie. Desse modo, as chances de desenvolvimento de tolerância a produtos químicos são reduzidas, o equilíbrio em relação a outras pragas e inimigos naturais não é muito afetado e o custo do controle é reduzido, em especial em grandes áreas (Kawai, 1986d, 1990a, 1990c, 1995, 1996; Kawai & Kitamura, 1987, 1990; Layland, Upton & Brown, 1994; Walker, 1992b).

Práticas culturais

A utilização de práticas culturais para o controle de *T. palmi* envolve o uso de barreiras físicas, como telas de malha fina, cobertura orgânica, cobertura plástica e armadilha adesiva.

As telas evitam a entrada dos tripes em casa de vegetação. A cobertura orgânica com restos culturais reduz a colonização das plantas no campo. A cobertura plástica no solo limita o crescimento populacional, embora não se saiba se isso se deve à redução das taxas de invasão por adultos ou à impossibilidade de pupação no solo (Capinera, 2008). Pelo fato de *T. palmi* evitar materiais prateados, a utilização de plásticos com essa coloração para cobrir o solo resulta em densidades mais baixas da espécie em casas de vegetação (Kawai, 1990c; Salas, 2004). Plásticos pretos também mostraram-se efetivos (Cannon, Matthews & Collins, 2007).

Em regiões de clima frio, o tratamento por solarização pode ser utilizado em casa de vegetação para auxiliar o controle de *T. palmi*. Esse tratamento consiste em utilizar cobertura plástica sobre o solo para aquecê-lo por meio da radiação solar, após a remoção da cultura. Desse modo, ocorre o aquecimento dos resíduos da cultura e dos tripes que permanecem nas plantas, reduzindo de modo significativo a sobrevivência dos insetos (Horiuchi, 1991).

O uso de armadilhas adesivas tem se mostrado efetivo no controle de *T. palmi* em algumas culturas, como pimentãozeiro (Nonaka & Nagai, 1984).

Outro aspecto a ser observado em relação ao controle natural de tripes em geral é o fato de chuvas fortes reduzirem o número desses insetos. Assim, a irrigação por aspersão pode influenciar de modo negativo a sobrevivência dos tripes, embora se trate de técnica de uso limitado, uma vez que a planta pode já estar com suas necessidades hídricas supridas (Cannon, Matthews & Collins, 2007).

No caso em que *T. palmi* ataca flores, se houver preferência alimentar por determinadas cores de um mesmo cultivo, uma estratégia de controle possível é o plantio em separado dos cultivares com coloração atrativa e dos cultivares com coloração não atrativa (Hata, Hara & Hansen, 1991).

Controle químico

Produtos químicos muitas vezes não são efetivos no controle de *T. palmi*, pelo fato de os ovos serem colocados dentro do tecido vegetal e o estágio pupal (pré-pupa e pupa) encontrar-se no solo ou no substrato. Dessa forma, a aplicação de inseticidas foliares com frequência não resulta em controle efetivo.

A maioria dos inseticidas utilizados no controle de *T. palmi*, incluindo spinosinas, avermectinas, neonicotinoides e organofosforados, age no sistema nervoso. No Brasil, há inseticidas registrados para o controle dessa espécie em treze culturas (a lista completa encontra-se disponível em http://extranet.agricultura.gov.br/agrofit_cons). Entre eles, há produtos dos grupos químicos neonicotinoide, metilcarbamato de fenila, éter piridiloxipropílico, análogo de pirazol, tetranortriterpenoide, piretroide e organofosforado (Agrofit/Mapa, 2012). Inseticidas sistêmicos em geral são mais efetivos no controle de insetos sugadores.

Além do hábito da espécie, o insucesso no controle de *T. palmi* pode ser causado pela tolerância a inseticidas. Não há casos de resistência comprovados (Whalon et al., 2012).

Vários tratamentos foliares e de aspersão, sozinhos ou combinados com óleos, permitiram alcançar relativo sucesso (Capinera, 2008). A utilização de extratos vegetais e óleos, junto com os produtos químicos, proporciona controle mais efetivo da praga (Capinera, 2008; Burubai et al., 2011).

Controle biológico

Os programas de controle biológico de tripes costumam utilizar predadores, uma vez que a predação é importante para a regulação da população, e o uso abusivo de inseticidas pode aumentar os problemas com tripes, por matarem seus predadores (Capinera, 2008). Entretanto, também são relatados alguns parasitoides de tripes.

Cerca de quarenta espécies de inimigos naturais de *T. palmi* foram registradas no mundo, incluindo predadores como moscas (Cecidomyiidae), joaninhas (Coccinellidae), percevejos (Miridae, Lygaeidae e Anthocoridae), neurópteros (Chrysopidae), outros tripes (Aeolothripidae, Phlaeothripidae e Thripidae) e ácaros (Phytoseiidae); vespas parasitoides de ovos (Trichogrammatidae) e ninfas (Eulophidae); e nematoides entomopatogênicos (Steinernematidae) (Cox et al., 2006). A maioria dessas famílias está presente no Brasil e realiza o controle biológico natural. Entretanto, apenas duas espécies são comercializadas: o ácaro *Stratiolaelapis scimitus* (Laelapidae) e o percevejo *Orius insidiosus* (Anthocoridae). O ácaro *S. scimitus* não é relatado como predador de *T. palmi* (Cox et al., 2007). Entretanto, por se tratar de um predador generalista, pode ser utilizado também no controle dessa praga.

AGRADECIMENTOS

Aos editores do livro, pelo convite. Ao doutor Akira Kawai (National Research Institute of Vegetables, Ornamental Plants and Tea, Japan), pelas separatas disponibilizadas. À doutora Cheryle A. O'Donnell (United States Department of Agriculture — USDA/Aphis), pela fotografia cedida. Aos professores doutor T. Nagata (Universidade de Brasília) e doutor Celso Omoto (Universidade de São Paulo, Esalq), pelas informações.

REFERÊNCIAS BIBLIOGRÁFICAS

AGROFIT/MAPA. *Sistema de Agrotóxicos Fitossanitários*/Ministério da Agricultura, Pecuária e Abastecimento, 2012. Disponível em: <extranet.agricultura.gov.br/agrofit_cons/principal_agrofit_cons>. Acesso em: 1 jun. 2012.

ANANTHAKRISHNAN, T. N. Notes on *Thrips palmi* Karny, attacking *Sesamum indicum*. *J. Bombay Nat. Hist. Soc.* 52: 951-2, 1955.

BACCI, L. et al. Sampling plan for Thrips (Thysanoptera: Thripidae) on cucumber. *Neotrop. Entomol.* 37(5): 582-90, 2008.

BHATTI, J. S. Taxonomic studies in some Thripini (Thysanoptera: Thripidae). *Orient Insects* 3: 373-82, 1969.

BHATTI, J. S. Species of the genus *Thrips* from India (Thysanoptera). *Syst. Entom.* 5: 109-66, 1980.

BUENO, J. M. & CARDONA, M. C. Umbral de acción para *Thrips palmi* (Thysanoptera: Thripidae) en habichuela en el Valle del Cauca, Colombia. *Rev. Colomb. Entomol.* 29(2): 51-5, 2003.

BURUBAI, W. et al. Combination of garlic extract and some organophosphate insecticides in controlling thrips (*Thrips palmi*) pest in watermelon management. *Int. J. Appl. Sci. Eng.* 9(1): 19-23, 2011.

CABI – Centre for Agricultural Bioscience International. *Distribution maps of pests*. London, 1992. (Series A: Map. n. 480).

CANNON, R. J. C.; MATHEWS, L. & COLLINS, D. W. A review of the pest *status* and control options for *Thrips palmi*. *Crop. Prot.* 26: 1.089-98, 2007.

CAPINERA, J. L. Order Thysanoptera – Thrips. In: CAPINERA, J. L. (ed.). *Handbook of vegetable pests*. New York: Elsevier, 2001. 729p.

CAPINERA, J. L. Melon thrips, *Thrips palmi* Karny (Thysanoptera; Thripidae). In: CAPINERA, J. L. (ed.). *Encyclopedia of Entomology*. Dordrecht: Springer, 2008. 4346p.

CERMELI, M. L. & MONTAGNE, A. A. *Thrips palmi* Karny (Thysanoptera, Thripidae) nueva plaga para Venezuela. *Bol. Entomol. Venez.* 5(20): 192, 1990.

CERMELI, M. L. & MONTAGNE, A. A. Present situation of *Thrips palmi* Karny (Thysanoptera: Thripidae) in Venezulela. *Manejo Integr. Plagas* 29: 22-3, 1993.

CHU, C. C. et al. Use of CC traps with different trap base colors for silverleaf whiteflies (Homoptera: Aleyrodidae), thrips (Thysanoptera: Thripidae), and leafhoppers (Homoptera: Cicadellidae). *J. Econ. Entomol.* 93(4): 1.329-37, 2000.

COX, P. D. et al. Potential for the use of biological agents for the control of *Thrips palmi* (Thysanoptera: Thripidae) outbreaks. *Biocontrol Sci. Techn.* 16(9): 871-91, 2006.

DE ÁVILA, A. C. et al. Distinct levels of relationships between tospovirus isolates. *Arch. Virol.* 128: 211-27, 1993.

DENOYES, B. et al. A new pest of vegetable crops in Martinique: *Thrips palmi* (Karny). *Agron. Trop.* 41(2): 167-9, 1986.

DENTENER, P. R.; WHITING, D. C. & CONNOLLY, P. G. *Thrips palmi* karny (Thysanoptera: Thripidae): could it survive in New Zealand? *NZ Plant Prot.* 55: 18-24, 2002.

DURÁN, I.; MESA, N. & ESTRADA, E. Ciclo de vida de *Thrips palmi* (Thysanoptera: Thripidae) y registro de hospedantes en el Valle del Cauca. *Rev. Colombiana Entomol.* 25: 109-20, 1999.

EPPO – European and Mediterran Plant Protection Organization. *PQR – EPPO database on quarantine pests*, 2012. Disponível em: <www.eppo.int>. Acesso em: 16 jun. 2012.

FAO – Food and Agricultural Organization of the United Nations. First record of *Thrips palmi* in continental United States. *Plant Prot. Bull.* 39(4): 188, 1991.

FELIPE, A. F. C. L.; VELOSO, V. R. S. & FERNANDES, P. M. Espécies de tripes (Thysanoptera) associadas à cultura da melancia (*Citrullus lanatus* Schrad) no Estado de Goiás, 2004. XX CONGRESSO BRASILEIRO DE ENTOMOLOGIA. *Anais*... Disponível em: <www.seb.org.br/eventos/CBE/XXCBE/anais/ resumosdeposteres/RESUMOS/resumo_329.html>. Acesso em: 12 abr. 2012.

FUJISAWA, I.; TANAKA, K. & ISHII, M. Tomato spotted wilt virus transmission by three species of thrips, *Thrips setosus*, *Thrips tabaci* and *Thrips palmi*. *Ann. Phytopathol. Soc. Japan* 54: 392, 1988.

GUYOT, J. Review and first observations in Guadeloupe on *Thrips palmi* Karny. *Agronomie* 8(7): 565-75, 1988.

HAMODI, A. A. & ABDUL-RSSOUL, M. S. New record of *Thrips palmi* Karny 1925 (Thysanoptera: Thripidae) in Iraq. *Arab. J. Plant Prot.* 30(1): 142-4, 2012.

HATA, T. Y.; HARA, A. H. & HANSEN, J. D. Feeding preference of melon mhrips on orchids in Hawaii. *HortScience* 26 (10): 1.294-5, 1991.

HIRANO, C. et al. Short-distance walking responses of *Thrips palmi* Karny (Thysanoptera: Thripidae) to tomato leaves. *Appl. Entomol. Zool.* 28(2): 233-4, 1993.

HIRANO, C. et al. A feeding deterrent for *Thrips palmi* (Thysanoptera: Thripidae) found in tomato leaves: isolation and identification. *Jpn. J. Appl. Entomol. Zool.* 38(2): 109-20, 1994.

HORIUCHI, S. Solarization for greenhouse crops in Japan. In: DE VAY, J. E.; STAPLETON, J. J. & ELMORE, C. L. (eds.). *Soil Solarization, U. N. Food & Agric. Org. Plant Production and Protec*, 1991 (Paper, 109).

HUAPING, C. et al. Preference of *Thrips palmi* to different color sticky cards and trapping effect of blue one. *Chin. J. Appl. Ecol.* 3, 1997. Disponível em: <en.cnki.com.cn/Article_en/CJFDTOTAL-YYSB199703022>. Acesso em: 19 jun. 2012.

KARNY, H. H. Die an tabak auf Java und Sumatra angetroffenen Blasenfüsser (Thysanoptera). *Bull. Deli Proefstn. Medan.* 23: 1-55, 1925.

KAWAI, A. Studies on population ecology of *Thrips palmi* Karny. I. Population growth and distribution pattern on cucumber in greenhouse. *Jpn. J. Appl. Ent. Zool.* 27: 261-4, 1983.

KAWAI, A. Studies on population ecology of *Thrips palmi* Karny. V. Population growth on cucumber in open field. *Kyushu Agr. Res.* 46: 121-2, 1984.

KAWAI, A. Studies on population ecology of *Thrips palmi* Karny. VII. Effect of temperature on population growth. *Jpn. J. Appl. Ent. Zool.* 29: 140-3, 1985.

KAWAI, A. Studies on population ecology of *Thrips palmi* Karny. X. Differences in population growth on various crops. *Jpn. J. Appl. Ent. Zool.* 30: 7-11, 1986a.

KAWAI, A. Studies on population ecology of *Thrips palmi* Karny. XI. Analysis of damage to cucumber. *Jpn. J. Appl. Ent. Zool.* 30: 12-6, 1986b.

KAWAI, A. Studies on population ecology of *Thrips palmi* Karny. XII. Analysis of damage to eggplant and sweet pepper. *Jpn. J. Appl. Ent. Zool.* 30: 179-87, 1986c.

KAWAI, A. Studies on population ecology of *Thrips palmi* Karny. XIII. Comparison of the adult movement in the plastic greenhouse depending on the covering materials. *Proc. Assoc. Pl. Prot. Kyushu* 32: 163-5, 1986d.

KAWAI, A. Studies on population ecology of *Thrips palmi* Karny. XIV. Relationship between the density and rate of copulation. *Jpn. J. Appl. Ent. Zool.* 31: 85-7, 1987.

KAWAI, A. Studies on population ecology of *Thrips palmi* Karny. XVI. Distribution among leaf, flower and fruit on eggplant and sweet pepper. *Jpn. J. Appl. Ent. Zool.* 32: 291-6, 1988a.

KAWAI, A. Studies on population ecology of *Thrips palmi* Karny. XVII. Relationship between the density on eggplant or sweet pepper and rate of copulation. *Jpn. J. Appl. Ent. Zool.* 32: 334-6, 1988b.

KAWAI, A. Studies on population ecology of *Thrips palmi* Karny. XVIII. Evaluation of the effectiveness of control methods of thrips on eggplant and sweet pepper using a simulation model. *Appl. Entomol. Zool.* 25(2): 161-75, 1990a.

KAWAI, A. Life cycle and population dynamics of *Thrips palmi* Karny. *Jpn. Agric. Res.* Q 23(4): 282-8, 1990b.

KAWAI, A. Control of *Thrips palmi* Karny in Japan. *Jpn. Agric. Res.* Q 24(1): 43-8, 1990c.

KAWAI, A. Control of *Thrips palmi* Karny (Thysanoptera: Thripidae) by *Orius* spp. (Heteroptera: Anthocoridae) on greenhouse eggplant. *Appl. Entomol. Zool.* 30(1): 1-7, 1995.

KAWAI, A. Utilization of *Orius* spp. in IPM of *Thrips palmi* Karny on eggplant grown in greenhouses. In: FFTC (ed.). *Biological pest control in systems of integrated pest management.* Taipei, Taiwan: FFTC, 1996. (Book Series, nº 47).

KAWAI, A. & KITAMURA, C. Studies on population ecology of *Thrips palmi* Karny. XV. Evaluation of effectiveness of control measures using a simulation model. *Appl. Entomol. Zool.* 22(3): 292-302, 1987.

KAWAI, A. & KITAMURA, C. Studies on population ecology of *Thrips palmi* Karny. XVIII. Evaluation of effectiveness of control methods of thrips on eggplant and sweet pepper using a simulation model. *Appl. Entomol. Zool.* 25(2): 161-75, 1990.

KITAMURA, C. & KAWAI, A. Studies on population ecology of *Thrips palmi* Karny. 4. Distribution pattern on eggplants in a greenhouse. *Jpn. J. Appl. Ent. Zool.* 28: 181-3, 1984.

LAYLAND, J. K.; UPTON, M. & BROWN, H. H. Monitoring and identification of *Thrips palmi*. *J. Austral. Entomol. Soc.* 33: 169-73, 1994.

LEITE, G. L. D. et al. Factors affecting herbivory of *Thrips palmi* (Thysanoptera: Thripidae) and *Aphis gossypii* (Homoptera: Aphididae) on the eggplant (*Solanum melongena*). *Braz. Arch. Biol. Technol.* 49(3): 361-9, 2006.

LEWIS, T. *Thrips as crop pests*. Wallingford: CAB International, 1997. 740p.

LIMA, A. C. A propósito de uma comunicação do Dr. Puttemans, sobre o mosaico da canna de assucar. *Chac. Quintais* 34(1): 30-2, 1926.

MATSUZAKI, T. et al. Studies on the control of *Thrips palmi* Karny on eggplant in a greenhouse. *Proc. Assoc. Pl Protec. Shikoku* 21: 75-86, 1986.

MAU, R. F. L. et al. Factors affecting the epidemiology of TSWV in field crops: comparative virus acquisition efficiency of vectors and suitability of alternate hosts to *Frankliniella occidentalis* (Pergande). In: *Virus-thrips-plant Interaction of Tomato Spotted Wilt Virus, Proceedings of USDA Workshop.* Beltsville, Maryland: ARS, 1990.

MEHLE, N. & TRDAN, S. Traditional and modern methods for the identification of thrips (Thysanoptera) species. *J. Pest. Sci.* 85(2): 179-90, 2012.

MONTEIRO, R. C.; ZUCCHI, R. A. & MOUND, L. A. Record of *Thrips palmi* Karny, 1925 (Thysanoptera, Thripidae) in the State of São Paulo, Brazil. *Rev. Agricultura* 70(1): 53-5, 1995.

MIYASATO, E. A. *A taxonomic study on common thrips (Thysanoptera, Terebrantia) occurring on the ornamental plants os Southern Brazil.* Tóquio, Japão, 2005. 168p. Dissertação (mestrado) – Tokyo University of Agriculture.

MONTEIRO, R. C. & LIMA, E. F. B. *Thysanoptera of Brazil*, 2011. Disponível em: <www.lea.esalq.usp.br/thysanoptera/>. Acesso em: 16 jun. 2012.

MONTEIRO, R. C.; MOUND, L. A. & ZUCCHI, R. A. Thrips (Thysanoptera) as pests of plant production in Brazil. *Rev. Bras. Entomol.* 43(3/4): 163-71, 1999.

MORITZ, G.; KUMM, S. & MOUND, L. A. Tospovirus transmission depends on thrips ontogeny. *Virus Res.* 100: 143-9, 2004.

MOULTON, D. The Thysanoptera of South America (II). *Rev. Entomologia* 3(1): 96-133, 1933.

MOUND, L. A. *Thysanoptera (Thrips) of the World – a checklist*, 2005. Disponível em: <www.ento.csiro.au/thysanoptera/worldthrips.php>. Acesso em: 16 jun. 2012.

MURAI, T. The pest and vector from the East: *Thrips palmi*. In: MOUND, L. A. & MARULLO, R. *Thrips and Tospoviruses*: proceedings of the 7th International Symposium on Thisanoptera. Reggio Calabria, Itália, 2002. 390p.

NAGATA, T. *Competence and specificity of thrips in the transmission of tomato spotted wilt virus.* Wageningen, Holanda, 1999. 96p. Tese (doutorado) – Agricultural University Wageningen.

NAGATA, T. et al. The competence of four thrips species to transmit and replicate four tospoviruses. *Plant Pathol.* 53: 136-40, 2004.

NAGATA, T. et al. Identification and rearing of four thrips species vectors of tospovirus in the Federal District, Brazil. *An. Soc. Entomol. Brasil.* 28(3): 535-9, 1999.

NAKAHARA, S. The genus *Thrips* Linnaeus (Thysanoptea: Thripidae) of the New World. USDA, *Tech Bull.* 1.822: 1-183, 1994.

NAKAZAWA, K. New thrips pest in Japan. *Sting* 4: 16, 1981.

NONAKA, K; NAGAI, K. & YAMAMOTO, E. Ecology and control of the thrips infesting fruit vegetables. 4. Resistance of *Thrips palmi* to cold and heat. *Kyushu Agr. Res.* 44: 119, 1982.

NONAKA, K. & NAGAI, K. Ecology and control of the thrips infesting fruit vegetables. 8. Control of *Thrips palmi* using blue coloured sticky ribbons. *Kyushu Agric. Res.* 44: 119, 1984.

OLIVEIRA, A. S. *Bean necrotic mosaic virus*: um novo e distinto tospovírus brasileiro. Brasília, 2011. 55p. Dissertação (mestrado) – Universidade de Brasília.

PAPPU, H. R.; JONES, R. A. C. & JAIN, R. K. Global *status* of tospovirus epidemics in diverse cropping systems: successes achieved and challenges ahead. *Virus Res.* 141(2): 219-36, 2009.

POZZER, L. et al. Characterization of a tospovirus isolate of Iris yellow spot virus associated with a disease in onion filed in Brazil. *Plant Dis.* 83(4): 345-50, 1999.

RESENDE, R. de O. et al. New tospoviruses found in Brazil. *Acta Hort.* 431: 78-9, 1996.

REYNAUD, P. Thrips (Thysanoptera). *BioRisk* 4(2): 767-91, 2010.

RILEY, D. G. et al. Thrips vectors of tospoviruses. *J. Integ. Pest Mngmt.* 1(2): 2-10, 2011.

SAKIMURA, K.; NAKAHARA, L. M. & DENMARK, H. A. *A thrips, Thrips palmi Karny (Thysanoptera: Thripidae).* Fla. Dept. Agric. & Consumer Serv., Division of Plant Industry, 1986. (Entomology Circular, nº 280).

SALAS, J. Evaluation of cultural pratices to control *Thrips palmi* (Thysanoptera: Thripidae) on green pepper. *Entomotropica* 19: 39-46, 2004.

SOUZA JR., J. A. & KAWAGUCHI, M. Avaliação da eficácia do Mospilan tablete (Acetamiprid) no controle de tripes, *Thrips palmi*, e pulgão, *Myzus persicae*, na cultura do pepino, *Cucumis sativus*, cultivar "Rubi", 2004. In: XX CONGRESSO BRASILEIRO DE ENTOMOLOGIA. *Anais*... Disponível em: < <www.seb.org.br/eventos/CBE/XXCBE/anais/resumosdeposteres/RESUMOS/resumo_1697.html >. Acesso em: 12 abr. 2012.

TAKAO, W. et al. Atividade de nova formulação de Acetamiprid (tablete) no controle de mosca-branca, *Bemisia tabaci* biótipo B (Homoptera: Aleyrodidae) e tripes, *Thrips palmi* (Thysanoptera: Thripidae), em berinjela, 2004. In: XX CONGRESSO BRASILEIRO DE ENTOMOLOGIA. *Anais*... Disponível em: <www.seb.org.br/eventos/CBE/ XXCBE/anais/resumosdeposteres/RESUMOS/resumo_1189.html>. Acesso em: 12 abr. 2012.

TERATOMOTO, S.; NONAKA, K. & NAGAI, K. Ecology and control of the thrips infesting fruit vegetables. 6. Reproductive potencial of *Thrips palmi*. *Proc. Assoc. Pl. Prot. Kyushu* 28: 128-9, 1982.

TOBING, M. C. The vertical distribution and monitoring population of *Thrips palmi* Karny (Thysanoptera: Thripidae) on *Solanum tuberosum* (potato plant). *Journal Biosains* 18(2): 1-8, 2007.

TSUCHIDA, K. Adult emerging sites of *Thrips palmi* (Thysanoptera: Thripidae) in an eggplant field with mulching sheet. *Appl. Entomol. Zool.* 32(1): 246-9, 1997.

ULLMAN, D. E.; SHERWOOD, J. L. & GERMAN, T. L. Thrips as vectors of plant pathogens. In: LEWIS, T. (ed.). *Thrips as crop pests*. Wallingford: CAB International, 1997. 740p.

VERGHESE, A.; TANDON, P. L. & RAO, G. S. P. Ecological studies relevant to the management of *Thrips palmi* Karny on mango in India. *Trop Pest Manage.* 34(1): 55-8, 1988.

WALKER, A. K. Pest Status. In: GIRLING, D. J. (ed.). *Thrips palmi – A literature survey with an annotated bibliography*. Ascot: International Institute of Biological Control, 1992a. 37p.

WALKER, A. K. Control measures. In: GIRLING, D. J. (ed.). *Thrips palmi – A literature survey with an annotated bibliography.* Ascot: International Institute of Biological Control, 1992b. 37p.

WANG, C. L. & CHU, Y. I. Review of the southern thrips, *Thrips palmi* Karny. *Chin. J. Entomol.* 6: 133-43, 1986.

WHALON, M. E. et al. *Arthropod pesticide resistance database*, 2012. Disponível em: <www.pesticideresistance.org>. Acesso em: 18 jun. 2012.

WHITIFIELD, A. E.; ULLMAN, D. E. & GERMAN, T. L. Tospovirus-thrips interactions. *Annu. Rev. Phytopatol.* 43: 459-89, 2005.

WIJKAMP, I.; ALMARZA, N. & PETERS, D. Median latent period and transmission of tospoviruses vectores by thrips. In: PARKER, B. L.; SKINNER, M. & LEWIS, T. (eds.). *Thrips biology and management.* New York: Plenum Press, 1995. 636p.

YOSHIHARA, T. & KAWAI, A. Parthenogenesis in *Thrips palmi* Karny. *Proc. Assoc. Pl. Prot. Kyushu* 28: 130-1, 1982.

YOUNG, G. R. & ZHANG, L. IPM of melon thrips, *Thrips palmi* Karny (Thysanoptera: Thripidae), on eggplant in the top end of the Northern territory. In: 6th WORKSHOP ON TROPICAL AGRICULTURAL ENTOMOLOGY. *Proceedings*... 2001, p. 101-11.

PARTE IV

Grandes Culturas

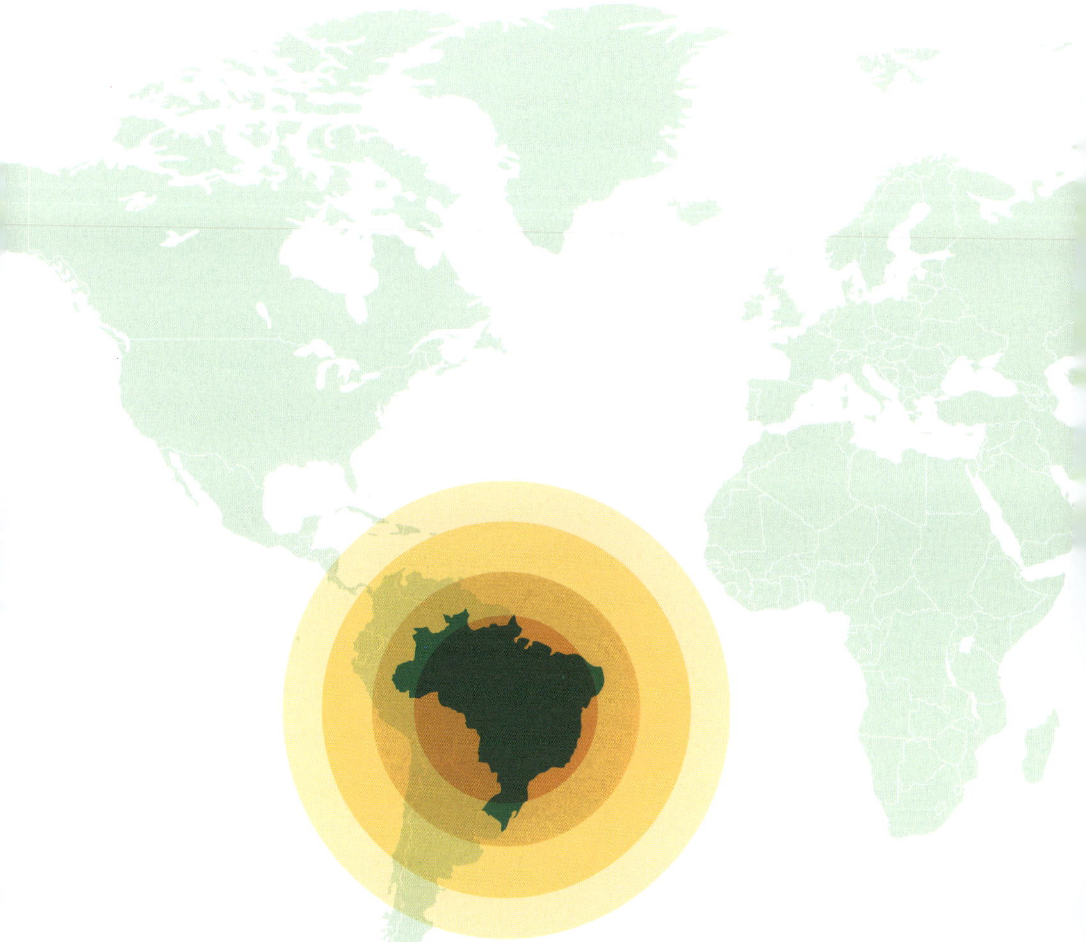

34

Broca-do-café, *Hypothenemus hampei* (Ferrari)

F. Cantor, V. L. R. M. Benassi, C. J. Fanton,
D. Rodriguez, J. R. Cure

INTRODUÇÃO

A broca-do-café, *Hypothenemus hampei* (Figuras 1A, 1B), foi introduzida no Brasil no início do século XX. Desde então, causa danos à cafeicultura brasileira, em determinados anos mais severamente do que em outros, a depender do clima, da região, do manejo da cultura e do próprio preço do café. Quando se constatou sua presença no país, foi grande o interesse em conhecer a biologia, o comportamento e o controle biológico desse inseto, com o objetivo de minimizar os prejuízos à cultura do café. Com o fortalecimento do controle químico, o interesse pelos estudos básicos diminuiu e foi retomado só em épocas mais recentes, a partir de 1990, abrangendo tópicos diversos da biologia, ecologia, genética e controle da praga.

Posição taxonômica e nomenclatura

Ordem: Coleoptera

Família: Curculionidae

Subfamília: Scolytinae

Tribo: Cryphalini

Gênero: *Hypothenemus* Westwood, 1834

Espécie: *Hypothenemus hampei* (Ferrari, 1867)

Sinonímias: *Cryphalus hampei* Ferrari, 1867
Stephanoderes coffea Hazedorn, 1910
Xyleborus coffeivorus Van Der Weele, 1910
Xyleborus coffeicola Novaes, 1922

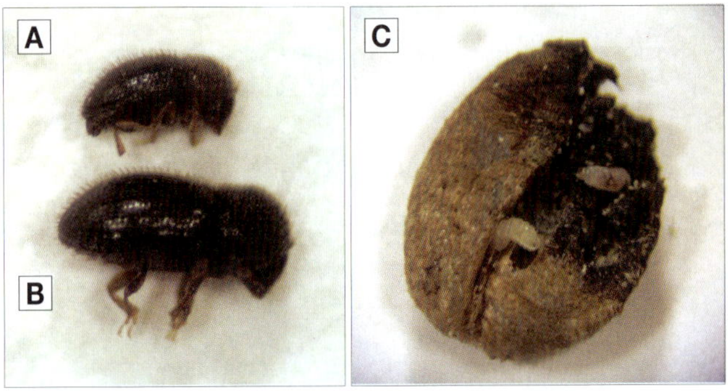

Figura 1. *H. hampei.* A) Macho. B) Fêmea. C) Danos no grão de café. Foto: Vera L. R. M. Benassi.

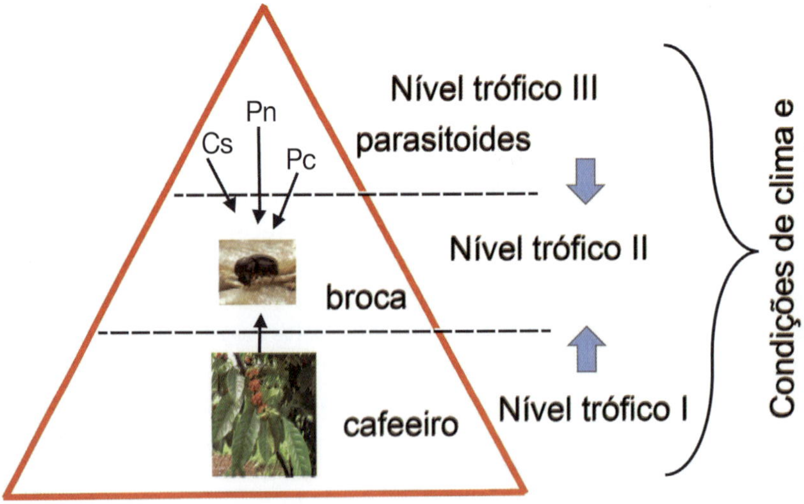

Figura 2. Influência dos diferentes níveis tróficos na dinâmica populacional da broca do café, *H. hampei,* dentro de uma configuração de clima que tem efeitos diferenciais sobre cada um dos componentes do sistema: a planta, a broca e três dos seus parasitoides (Cure & Gutierrez, 2006).
Cs = *Cephalonomia stephanoderis*, Pn = *Prorops nasuta*, Pc = *Phymantichus coffea.*

BIOLOGIA E ECOLOGIA

Detalhes da biologia de populações de *H. hampei* são encontrados inicialmente em Bergamin (1943), depois em Baker (1984), Baker, Barreira & Rivas (1992), Baker & Barrera (1993) e Bustillo (2006, 2007). Em condições brasileiras, a dinâmica populacional tem sido estudada no campo em Minas Gerais (Cure et al., 1998; Ferreira et al., 2000) e Rondônia (Costa et al., 2001). Gutierrez et al. (1998) analisaram o sistema tritrófico planta–broca–parasitoides por meio de um modelo de simulação matemática. Este modelo foi melhorado recentemente, para incluir novos aspectos da biologia e ecologia tanto da planta quanto da praga e seus parasitoides, o que permite confirmar algumas afirmações associadas à praga e ao seu manejo, bem como reavaliar outras relativas aos mesmos aspectos (Rodríguez et al., 2011, 2012; Rodríguez, 2012). Jaramillo et al. (2009) determinaram os limites máximo e mínimo de temperatura, assim como a taxa de desenvolvimento para o inseto, com a finalidade de analisar qualitativamente o efeito da mudança climática na dinâmica de populações e na distribuição da praga. Vega et al. (2009) resumiram as informações e sugeriram novas perspetivas para a abordagem dos estudos sobre a broca.

Quanto à duração do desenvolvimento de cada fase (Tabela 1), há diferenças devido às condições do local de estudo. Na região de Viçosa, MG, Cure et al. (1998) constataram que, durante todo o período de formação do fruto, podem ocorrer entre três e quatro gerações de broca, em concordância com Bergamin (1943). Na primeira geração, mais lenta do que as subsequentes, as fêmeas esperam dentro dos frutos o momento apropriado para a oviposição. Uma vez estabelecida a colônia de insetos, sua dinâmica pode ser afetada pela oferta de frutos presentes no campo (Cure et al., 1998; Rodríguez et al., 2012) ou pelas condições ambientais (Gutierrez et al., 1998; Rodríguez et al., 2012). Períodos secos com altas temperaturas, como ocorre na região central cafeeira da Colômbia, em janeiro, favorecem o rápido crescimento da população e a dispersão das fêmeas. Já em épocas frias e úmidas, as taxas de crescimento e dispersão da população são menores (Constantino et al., 2010, 2011; Rodríguez et al., 2012). Em Londrina, os períodos secos coincidem com as baixas temperaturas do inverno, o que limita parcialmente o crescimento da população (Rodríguez et al., 2012) (Figura 3). O excesso de umidade provoca a putrefação dos grãos do solo e da planta (Baker, Barrera & Rivas, 1992; Souza & Reis, 1997; Ferreira et al., 2000; Constantino, 2010; Rodríguez et al., 2012), gerando a morte da progênie em desenvolvimento. Por outro lado, a umidade muito baixa faz que se tornem secos, reduzindo a multiplicação da broca. Além disso, a alta umidade relativa proporciona condições para o desenvolvimento do patógeno *Beauveria bassiana*. A ação da chuva manifesta-se de modo indireto sobre a população da broca, determinando a intensidade do florescimento e a quantidade de frutos produzidos, dos quais a broca depende totalmente (ver Figura 2: efeito do nível I sobre o nível II).

Tabela 1. Duração (em dias) dos diferentes estágios biológicos de *H. hampei*, segundo vários autores (adaptado de Ruiz-Cárdenas, 1996).

Autores	Países	Ovo	Larva	Pré-pupa	Pupa[c]	Total
Bartra, Urrello & Rodrigues (1982)	Peru	6-8	12-15	2-3	5-7[c]	25-33
Bergamin (1943)	Brasil	6-7	8-13	2	4-6[c]	20-28
Corbett	Malásia	5-7	12-20	–	4-7[c]	21-34
Hargreaves	Uganda	5-9	15-19	–	7-8[c]	27-36
Hdez & Sánchez	Guatemala	5-9	10-26	–	4-9[c]	20-44
Jepson[b]	Ceilão	6	18	2	5[c]	31
Leefmans[b]	Java	5-6	10-26	1-2	4-8[c]	20-37
Monterroso (1981)	Guatemala	7-9	11-13	–	5-6[c]	23-28
Montoya (1992)	Colômbia	7	12	2-3	4-5[c]	25-27
Morallo	Filipinas	4-9	¡9-31	–	4-10[c]	27-50
Muñoz-Hernandez (1991)	Honduras	6-14	10-29	–	4-14[c]	21-49
Oliveira[a]	Brasil	4-6	11-14	2-4	4-8[c]	21-32
Veuillet[a]	Libéria	8-12	21-28	–	15-18[c]	44-58
Souza (1986)	Brasil	4-10	14	–	7-8[c]	27-30
Sredharan et al. (1994)	Índia	4-9	10-31	–	4-13[c]	25-36

a Apud Bergamin (1943). b Apud Le Pelley (1968). c Apud Bartra et al. (1982).

Raros períodos secos muito concentrados durante o ano fazem sincronizar a floração e a colheita, sendo fornecidos frutos apropriados para a broca em épocas bem definidas. Já em períodos secos dispersos são geradas múltiplas florações durante o ano e produzidos frutos de diferentes estágios de maturidade, o que proporciona alimento e refúgio para a broca permanentemente (Arcila & Jaramillo, 2003; Da Matta et al., 2008; Rodríguez et al., 2011, 2012).

A broca-do-café é a praga mais severa em regiões cafeeiras de baixa altitude (Baker, Barrera & Valenzuela, 1989). Cafezais plantados em altitudes entre 750 e 1.100 metros são mais propensos ao ataque da broca do que em altitudes entre 1.500 e 1.700 metros. À medida que a altitude aumenta, a porcentagem de infestação de frutos brocados reduz, devido à diminuição da temperatura.

O sombreamento das lavouras cafeeiras modifica o microclima. Provoca diminuição da incidência dos raios solares, redução da temperatura e do arejamento, aumento da umidade, e o solo fica coberto com matéria orgânica e mantém-se permanentemente úmido. Esses fatores podem favorecer de maneira direta o desenvolvimento da broca (Fonseca, 1939; Bergamin, 1950). Além disso, a sombra também exerce influência sobre os seus inimigos naturais.

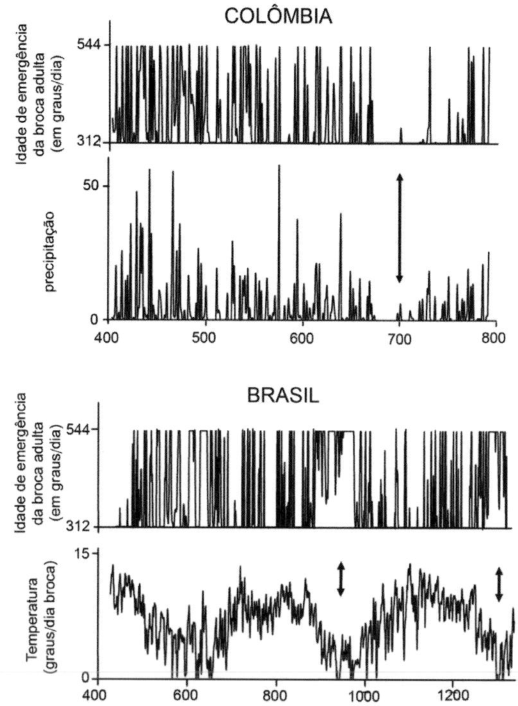

Figura 3. Efeito da precipitação pluvial e da temperatura na idade de emergência da broca. A) Na Colômbia é determinada principalmente pela precipitação. B) No Brasil, pela temperatura. As setas indicam os momentos críticos (Rodríguez et al., 2012).

HISTÓRICO DA INTRODUÇÃO DA PRAGA NO BRASIL

Local de origem

A broca-do-café é originária da África Equatorial (Bergamin, 1943), apesar de a descrição original ter sido feita a partir de exemplares obtidos de grãos de café comercial na França (Ticheler, 1961). Segundo Baker (1984), sua relação com o gênero *Coffea* deve ter se originado na África Central, a partir de *C. canephora* (Robusta), visto que *C. arabica* originou-se em territórios da Etiópia, em altitudes desfavoráveis à broca.

No passado, diversos autores consideraram que o país de origem da broca era Uganda, porque foi lá onde primeiro constatou-se a broca como praga importante do café, em 1908, e porque lá ocorriam os seus parasitoides. Ticheler (1961) considerou essas justificativas pouco convincentes, pois o inseto foi observado em diversos países, mais ou menos na mesma época e ainda porque outro parasitoide foi identificado nessa época na Costa do Marfim.

Estudos de diversidade genética com marcadores moleculares sugerem que a broca pode ser originária do Quênia (Andreev et al., 1998) ou da Etiópia (Benavides et al., 2004). O exame da broca coletada em diferentes países demonstra, em todas as localidades amostradas, uma variabilidade genética notavelmente baixa (Andreev et al., 1998; Benavides et al., 2004). Isso pode ser explicado pelo sistema de cópula entre irmãos no interior do fruto, somado ao efeito do estrangulamento genético gerado a cada oportunidade em que a broca ingressa em uma nova região. Em muitos locais, sua dispersão é relativamente recente e, portanto, ainda não transcorreu tempo suficiente para a acumulação de variabilidade genética em âmbito regional. Por fim, um fator muito importante a ser considerado para explicar a baixa variabilidade genética das populações da broca é a haplodiploidia funcional, que permite uma rápida eliminação das mutações deletéreas. Uma das consequências disso é a rápida fixação de alelos, a qual pode ter consequências negativas, no caso de resistência a inseticidas, e baixa capacidade de adaptação da praga a mudanças drásticas no ambiente. Alguns autores consideram que essa situação oferece uma boa oportunidade para produzir variedades transgênicas de café que incorporem substâncias tóxicas para o inseto (Benavides, 2007). Isso, porém, deve ser revisto com precaução, sob dois pontos de vista: pelos seus efeitos sobre a dinâmica das populações de hervíboros e dos seus inimigos naturais dentro dos agroecossistemas, conforme tem sido claramente demonstrado (Hilbeck, 2001; Gutierrez et al., 2006; Gutierrez & Ponsard, 2006) pelo impacto que isso pode ter sobre a percepção dos consumidores e dos nichos de mercado.

Registro em outros países

Não há registros da ocorrência da broca-do-café no campo até 1901, quando foi observada no Gabão (Chevalier, 1947). Nesse ano, Fleautiaux (1901) fez a primeira referência à broca como praga, identificando-a a partir de exemplares obtidos de café provenientes do Congo, embora Leplae (1928) tenha relatado que a broca foi encontrada em 1903. De 1902 a 1904, foi constatada nos territórios franceses de Oubangi-Chari e Chade e em toda África Central e Ocidental (Chevalier, 1947). Apesar dos vários relatos de ocorrência, a broca foi considerada praga importante pela primeira vez em 1908, quando foi identificada em Uganda. De 1908 a 1909, diversos ataques foram noticiados nesse país. Segundo Bergamin (1943), não foi determinada a data exata da introducão da broca em Java, mas acredita-se que tenha sido entre 1909 e 1910, em um distrito da região ocidental. Van der Weele (1910) relatou ter observado sua presença nesse país em 1909. Em Angola, foi registrada em 1913 (Hagedorn, 1913, apud Schmitz & Crisinel, 1957). Na ilha de Sumatra, foi registrada em 1918 (Corporaal, 1921) e, na Costa do Marfim, em 1922 (Beille, 1925).

Primeiro registro no Brasil

De acordo com Bergamin (1943), nada se sabe sobre o momento e a via de introdução da praga no Brasil, mas o autor menciona a possibilidade de introdução em 1913, por meio de sementes infestadas procedentes do Congo Belga, trazidas por algum fazendeiro de Campinas, SP. Consta que Costa Lima publicou uma nota dizendo que não havia possibilidade de o inseto ser introduzido no país, uma vez que a fiscalização era rigorosa nos portos de Belém, Recife, Bahia, Rio de Janeiro, Santos e Rio Grande do Sul, os únicos locais por onde era permitida a importação de plantas e partes vivas de plantas de procedência estrangeira, estando impedida, assim, a importação de mudas e sementes de café (Anônimo, 1922).

O primeiro registro oficial data de 1924, com o incremento da população da praga em muitos municípios. Na época, o governo do Estado de São Paulo iniciou o exame imediato dos cafezais, sob a coordenação do entomologista Adolpho Hempel, que reconheceu a praga como *Stephanoderes* e, portanto, merecedora de estudo e de cuidado especial, dada a conhecida malignidade de pragas desse gênero em outros países (Bergamin, 1943). Isso foi confirmado por outros entomologistas brasileiros, alemães, ingleses e franceses, que anunciaram que se tratava de uma praga que ocorria em países com plantações de café. Logo o governo do Estado de São Paulo constituiu uma comissão de especialistas para estudar, nos locais onde a praga era encontrada, os danos por ela ocasionados e seus hábitos e sugerir medidas de controle (Bergamin, 1943). Foram tomadas muitas medidas de combate, sobretudo físicas, mecânicas e culturais. No princípio, houve certa resistência natural por parte dos fazendeiros, motivo pelo qual a Comissão decretou uma lei, por mandato do governo, determinando que todas as medidas fossem executadas, sob a fiscalização de funcionários públicos.

Em 1925, o antigo Serviço de Combate à Broca-do-café passou a denominar-se Comissão de Estudo e Debelação da Praga Cafeeira. Sua função era vigiar, com autonomia e rigor, a execução das medidas curativas e executar medidas preventivas em locais onde a broca não tinha sido notificada nas proximidades das áreas afetadas. Durante o tempo de ação da Comissão, além das práticas adotadas para o controle da broca, promoveu-se grande campanha de informação e prevenção entre os cafeicultores e iniciaram-se os primeiros estudos sobre a biologia dela. Em 1927, a Comissão publicou um relatório demonstrando a eficácia das medidas adotadas. Quando, em 1928, a Comissão foi incorporada ao Instituto Biológico, os trabalhos de combate à praga prosseguiram sem alteração. Com a mudança da organização do Instituto, os trabalhos sobre a broca-do-café foram divididos, principalmente entre a Seção de Defesa Fitossanitária, responsável pelo combate à praga, e a de Entomologia Agrícola, encarregada de estudar a biologia do inseto e de seus inimigos naturais, como base para o aperfeiçoamento dos processos de defesa da cultura cafeeira.

Locais de dispersão

Após a introdução da broca em Campinas e, em seguida, em todos os demais municípios do Estado de São Paulo, a praga foi aos poucos sendo disseminada para as demais regiões cafeeiras do Brasil. Em 1925, foi encontrada nos municípios mineiros de Guaxupé e Sacramento (Lima & Ravache, 1925). Segundo Bergamin (1945), ainda nesse ano foi constatada no norte do Paraná, nas regiões sul e sudoeste de Minas Gerais, em toda a região cafeeira do Rio de Janeiro, no sul do Espírito Santo e no Vale do Rio Doce.

Atualmente, a broca está presente em todas as regiões cafeeiras do Brasil, até mesmo nas mais distantes, como nos estados do Norte. A intensidade de sua infestação varia de região para região. Entretanto, nas culturas onde são adotados espaçamentos mais adensados ou naquelas pertencentes a *C. canephora*, a exemplo de Espírito Santo e Rondônia, o ataque é mais intenso.

DISTRIBUIÇÃO GEOGRÁFICA NA AMÉRICA

A partir da década de 1960, a broca aos poucos foi sendo disseminada para os países produtores de café das Américas Central e do Sul. Apenas em Porto Rico é mais antiga, descoberta em 1946. Na América Central, a praga foi inicialmente detectada na Guatemala em 1971 (Carrillo & Campos, 1991), depois em Honduras em 1977 (Muñóz-Hernandez, 1991), na Jamaica em 1978 (Reid, 1991), no México em 1978 (Villanueva-Marrufo, 1991), em El Salvador em 1981 (Munóz-Hernández, 1998), na Nicarágua em 1988 (Monterrey, 1991) e na República Dominicana em 1995 (Muñóz-Hernández 1998), estando a Costa Rica ainda livre da praga. Na América do Sul, foi de início introduzida no Brasil em 1913 (Berthet, 1913) e, em momento posterior, no Suriname em 1960 (Ticheler, 1961), no Peru em 1962 (Reinoso, 1964), no Equador em 1981 (Kleiti-Koch et al., 1988) e na Colômbia em 1988 (Cardenas & Bustillo, 1991).

Uma revisão dos hospedeiros do gênero *Hypothenemus* foi feita por Johanneson e Mansingh (1984), que concluíram que *H. hampei* é monófaga, ataca apenas espécies de *Coffea*. Outras plantas são citadas apenas como refúgio ou como hospedeiras ocasionais, porque não se verificou a multiplicação do inseto nas sementes (Morstatt, 1914 et al., apud Le Pelley, 1968; D'Angremond, 1940). Ovos, larvas e pupas já foram encontrados em *Leucaena leucocephala* (Mimosaceae), *Gliricidia sepilan* (Fabaceae), em duas espécies de *Psychotria* (Rubiaceae) e uma de *Dioscorea* (Dioscoreaceae). Os únicos relatos sobre a perfuração da broca em outros hospedeiros, seguida de reprodução, são de Ghesquière (1933), em *Dialium lacourtiana*, e de Benassi & De Carvalho (1989), que obtiveram multiplicação em laboratório com frutos de açaí, *Euterpe oleraceae.*

No gênero *Coffea*, foi observada a seguinte ordem de preferência, da menos para a mais suscetível: *C. excelsa*, *C. dybowskii*, *C. dewevrei*, *C. canephora* e *C. arabica* (Edwall, 1924; Chevalier, 1947; Coste, 1955, e Cramer, 1957, citados por Johanneson & Mansingh, 1984; Benassi & De Carvalho, 1994). Provavelmente, os insetos recebem diferentes estímulos visuais e olfativos dos frutos (Mendoza, 1991; Giordanengo, Brun & Frérot, 1993; Mathieu, 1995; Mathieu et al., 1997; Gutierrez & Ondarza, 1996,). De acordo com Edwall (1924), o grau de dureza exerce grande influência no ataque e na reprodução da broca, porque, embora ela possa infestar frutos de todos os estágios, sua multiplicação ocorre somente dentro de uma faixa de conteúdo de água do fruto. Segundo Ticheler (1961), o teor de água favorável ao desenvolvimento dos descendentes é em torno de 60 a 65%. Na Colômbia, Salazar et al. (1993) constataram que frutos entre 17 e 26 semanas de idade atingem teores de umidade de 70 a 80%, faixa mais propícia para o ataque da broca. No Brasil, Benassi (1996) observou o início de oviposição da broca em *C. canephora* a partir de 81% de umidade. Assim, apesar de o ataque começar ainda no período de formação dos frutos, a fêmea apenas perfura-os, abandonando-os em seguida. Os frutos perfurados tornam-se amarelados ou alaranjados, caem no solo ou, se permanecem na planta, tornam-se secos. Os chumbinhos brocados de *C. arabica* só servem de abrigo para a broca, caindo em seguida (Fanton, observação pessoal). A umidade mais favorável para a broca iniciar postura foi de 71%, com aproximadamente 34,4% das fêmeas ovipositando (Benassi, 1996).

CONTROLE BIOLÓGICO E CULTURAL

Entre os parasitoides, encontram-se a vespa-de-uganda, *Prorops nasuta* (Waterston, 1923) (Hym., Bethylidae), a vespa-da-costa-do-marfim, *Cephalonomia stephanoderis* (Betrem 1961) (Hym., Bethylidae), a vespa-do-togo, *Phymastichus coffea* (La Salle 1990) (Hym., Eulophidae) e *Heterospillus coffeicola* (Schmiedeknecht 1923) (Hym., Braconidae) (Benassi & Berti, 1989; Perez-Lachaud & Hardy, 1998). Como predadores mais importantes, encontram-se a formiga *Crematogaster curvispinosus* e o hemíptero *Dindymus rubiginosus*; como entomopatógenos, os fungos *Beauveria bassiana*, *Metarhizium anisopliae* e *Hyrsutella eleutheratorum* (Posada-Flórez et al., 1993). Países da América Central e da América do Sul desenvolveran com algum sucesso técnicas de criação desses parasitoides para a sua posterior liberação; os casos mais representativos são o do México (Barrera et al., 1990), da Costa Rica (Borbón-Martínez, 1992), de El Salvador (Vega, González & Raude, 1992) e da Colômbia (Benavides & Portilla, 1990).

No caso de *P. nasuta,* os resultados não têm correspondido às expectativas, devido principalmente às baixas taxas de colonização dos frutos em campo, seja no México (Infante, 1998; Infante, Munford & Méndez, 2001), na Colômbia (Maldonado & Benavides, 2007) ou no Brasil (Cure et al., 1998).

Também *C. stephanoderis* não foi importante para o controle na Colômbia, apesar de ter sido liberado em grandes quantidades (Maldonado & Benavides, 2007). No México, entretanto, esse parasitoide teve importante efeito no controle da praga (Gómez et al., 2010) sempre que efetuadas liberações massais a cada ciclo de produção (Barrera, 2005). O custo da produção do parasitoide, entretanto, é um importante limitante para a sua utilização permanente. De Souza et al. (2006) reportaram a presença de *C. stephanoderis* na Amazônia brasileira e consideram que o controle natural exercido por ele tem significativo efeito no controle da broca no Estado de Rondônia.

Análises realizadas por meio de modelos de simulação matemática indicam que a eficiência dos Bethylidae é afetada notavelmente pelo *host-feeding* das vespinhas (Rodríguez, 2012), o que já foi sugerido por Pérez-Lachaud e Hardy (1999). O consumo de ovos e larvas jovens da broca por parte da fêmea desses parasitoides limita a disponibilidade de larvas e pupas suscetíveis para o parasitismo, restringindo, assim, o tamanho da população do parasitoide. Por isso, o crescimento da população é lento e só atinge níveis importantes de vespinhas quando a colheita está finalizando, conforme foi observado no Togo por Borbón (1989). A simulação matemática indica que, na Colômbia, as vespinhas que emergem no final da colheita permitem obter altos níveis de parasitismo nos períodos inter-colheita, caracterizados por baixa oferta de frutos e, portanto, populações reduzidas da broca. Benassi (2007) também observou, no Espírito Santo e em São Paulo, que as altas porcentagens de parasitismo ocorreram no período de entressafra, mas a população do parasitoide não experimenta aumento suficientemente rápido nas épocas de colheita. Como observado por Rodríguez (2012) e até certo ponto por Benassi (2007), isso indica que, definitivamente, os betilídeos por si só não possuem potencial para reduzir de maneira significativa as populações da broca, o que já foi observado por Gutierrez et al. (1998) e por Rodriguez et al. (2012) (Figura 4).

A biologia de *P. coffea* é diferente dos betilídeos mencionados, pois parasita a fêmea da broca no momento da penetração no fruto, antes da oviposição, e, portanto, oferece uma possibilidade de controle biológico complementar à dos parasitoides mencionados (Gutierrez et al., 1998; Barrera, 2005). Porém, apesar dos elevados níveis de parasitismo observados em laboratório, ainda não foi possível o seu estabelecimento em campo (Barrera, 2005; Maldonado & Benavides, 2007). De acordo com Rodríguez (2012), sob condições colombianas, esse parasitoide possui

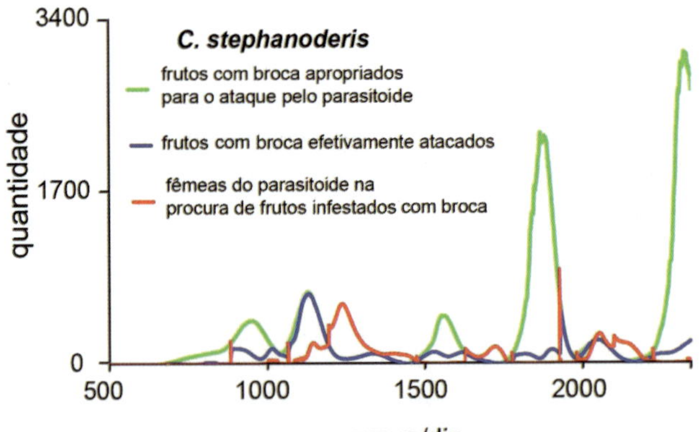

Figura 4. Simulação da dinâmica dos frutos atacados pela broca, dos frutos com broca parasitados por *C. stephanoderis* e dos novos adultos do parasitoide na procura de novos frutos brocados para serem parasitados (Rodríguez, 2012).

potencial biológico para reduzir de maneira significativa as populações da broca, mas o amplo uso de *B. bassiana* não permite seu estabelecimento em campo.

Heterospillus coffeicola ainda não foi adequadamente avaliado em campo, porque até o momento não existe a possibilidade de criação massal (Jaramillo, Borgemeister & Baker, 2006; Vega et al., 2009). Práticas como a própria colheita da produção, o repasse e a remoção das cerejas do chão têm importante efeito na diminuição das populações dos parasitoides e seus estados imaturos (Gutierrez et al., 1998; Vega et al., 2009). Esse conjunto de medidas para o controle da broca é amplamente utilizado na Colômbia (Aristizábal, Salazar & Mejía, 2002; Benavides et al., 2002, 2003).

A utilização de nematoides dos gêneros *Steinernema* e *Heterorhabditis* é considerada promissória para o controle da broca (Allard & Moore, 1989; Molina & López, 2002; Lara, López & Bustillo, 2004), porém ainda não existem metodologias de produção massal para sua utilização comercial. *Metaparasitylenchus hypothenemi* foi encontrada a infectar a praga de forma natural no México (Castillo et al., 2002) e em Honduras (Poinar et al., 2004). É necessário, entretanto, aprofundar o estudo sobre o possível impacto desses organismos no agroecossistema do cafeeiro.

A resposta de *H. hampei* a estímulos olfativos encontra-se muito bem documentada na literatura (Benassi, 1990; Mendoza, 1991; Giordanengo, Brun & Frarot, 1993; Mathieu, 1995; Gutierrez & Ondarza, 1996; Mathieu et al., 1997; González & Dufour, 2000; Borbón et al., 2000; Cárdenas, 2000; Villacorta et al., 2001; Da Silva, Ventura & Morales, 2006), assim como a resposta à cor dos frutos (Ticheler, 1961; Mendoza, 1991).

A utilização de armadilhas com atraentes é recomendada para o controle da broca na América Central (Borbón, 2004; Dufour et al., 2004; Dufour & Frérot, 2008) e também no Brasil (Villacorta et al., 2001). Estes últimos autores observaram, no Estado do Paraná, reduções de 50% nos níveis de infestação nos tratamentos com armadilhas. Na Colômbia, ao contrário, as percentagens de captura de adultos em armadilhas, diante da população total, é muito baixa e, portanto, é recomendada apenas como estratégia de monitoramento, e não de controle (Gil et al., 2007; Cardona & Bustillo, 2006). Esse comportamento pode ser explicado pela presença contínua de frutos apropriados para o desenvolvimento da broca o ano todo. É importante ressaltar que na Colômbia, apesar da concentração da colheita em setembro–dezembro e abril–junho, a presença ocasional de curtos períodos secos ocasiona florações dispersas, permitindo a presença de frutos em todos os estágios de desenvolvimento ao mesmo tempo (Arcila et al., 1993; Vélez et al., 2000; Rodríguez et al., 2011). A atração desses frutos sobre as fêmeas da broca que estão procurando frutos para colonizar possivelmente é maior do que aquela obtida com a mistura de etanol e metanol empregada na época atual como atraente nas armadilhas (Fanton, 2001; Fanton, Vilela & Souza, 2003; Dufour et al., 2004; Dufour & Frérot, 2008; Rodríguez, Cure & Cantor, 2009).

A elevada efetividade obtida com as mesmas armadilhas na América Central pode ser resultado da concentração dos períodos de floração e colheita. Nessa região são registradas capturas muito altas no período de pós-colheita, quando o fornecimento de frutos é quase inexistente e ocorre migração massiva das fêmeas (Dufour et al., 2004). Essa observação evidencia a importância de desenvolver atraentes mais eficientes, que proporcionem maior atração das armadilhas do que dos frutos. Nesse sentido, Mendesil et al. (2009) identificaram quatro novos semioquímicos perante a resposta eletrofisiológica das antenas de *H. hampei*. Esses compostos poderiam ser a base para a obtenção de um atraente mais eficiente, logo que sejam resolvidos aspectos tais como a proporção ótima de cada composto na mistura do atraente.

Rodríguez (2012) concluiu que a base do manejo integrado da broca deve ser o controle cultural, incluindo a realização de colheitas periódicas e colheitas de frutos caídos. Em regiões onde a oferta de frutos permite a presença da praga durante todo o ano, essas práticas devem realizar-se a cada quinze dias, em ambiente quente e seco, ou no máximo a cada trinta dias em clima úmido e com temperaturas mais moderadas. O autor concluiu que, em áreas secas, o uso de *P. coffea* pode incrementar de modo significativo o controle da praga, enquanto em áreas úmidas o controle cultural pode ser complementado pelo emprego do fungo *B. bassiana*.

IMPACTO ECONÔMICO, BIOLÓGICO E SOCIAL

A cafeicultura brasileira constitui em uma das principais atividades agrícolas, um importante fator de desenvolvimento regional, não só como gerador de divisas, mas também como distribuidor de riquezas, na absorção direta e indireta de mão de obra. Em algumas regiões, a broca-do-café é um dos principais problemas fitossanitários da cultura; em outras, é o principal, como acontece nos cultivos de *C. canephora*. O inseto muitas vezes compromete a produção e a produtividade do cafeeiro, onerando os custos de produção e comercialização. O cálculo dos prejuízos causados pela praga é difícil de determinar, principalmente por causa das variações de intensidade do ataque, de ano para ano ou de região para região. Os danos diretos, provocados pela perfuração e destruição parcial ou total das sementes (Figura 1C), resultam na perda de peso, na queda de frutos, na classificação do tipo do café; e os indiretos, pelo aparecimento de fungos que provocam o apodrecimento dos frutos, alteram a qualidade e o sabor da bebida.

A broca inicia o ataque logo no início da formação dos frutos. Nesse estágio, não realiza posturas, devido ao alto conteúdo de água dos frutos, mas os primeiros prejuízos são observados, pois, uma vez perfurados, os frutos interrompem o seu desenvolvimento, tornando-se precocemente de coloração amarelada ou alaranjada, e caem ao solo ou permanecem presos na planta, mas secos. A perda pela queda prematura dos frutos muitas vezes passa despercebida pelo cafeicultor. Segundo

Schmitz e Crisinel (1957, apud Le Pelley, 1968), de 11% de queda dos frutos, 7% correspondiam ao ataque da broca. Em outro ensaio, de uma queda de 17% dos frutos, 14% foram causados pela broca (82,4% do total). À medida que as sementes atingem o ponto de endurecimento, a broca inicia a oviposição. Toledo (1947) relatou que, de todas as modalidades de danos ocasionados pela broca, a destruição das sementes destaca-se, pela dimensão dos prejuízos. O autor estabeleceu porcentagens médias esperadas de cada categoria de café beneficiado e de café destruído pela broca, de acordo com diferentes índices de infestação (Tabela 2).

Oliveira Filho (1927) comparou os rendimentos normais do café sem broca e observou que eram necessários 63 litros de cerejas para a obtenção de 15 kg, enquanto para o café brocado eram necessários 164 litros de cerejas para completar o peso de 15 kg. Coste (1955) relatou que uma infestação de 25% de frutos brocados pode causar uma depreciação na qualidade comercial do café de até 50%. Em café com 100% de infestação, as perdas em peso representam 21,1%, ou 12,6 kg por saca de 60 kg de café beneficiado (Reis, De Souza & Melles, 1984; Souza et al., 1981).

A classificação comercial do café pelo tipo baseia-se no número e no grau de impurezas e defeitos encontrados em uma amostra de 300 gramas: pedras, torrões, paus, cascas, grãos quebrados, ardidos, pretos, brocados, verdes, não descascados, mal granados, chochos e concha. A broca é responsável sobretudo pelo defeito do tipo brocado – dois a cinco grãos brocados constituem um defeito. Entretanto, também pode introduzir outros defeitos, como os quebrados e, indiretamente, os pretos, verdes e chochos. Lucas (1986) observou que, quanto maior o índice de infestação, maior o número de defeitos introduzidos na amostra e, portanto, pior

Tabela 2. Porcentagens médias esperadas de café, segundo o grau de infestação de *H. hampei* (Toledo, 1947).

Graus de infestação (%)	Porcentagens médias esperadas de café				
	Normal	Braqueado	Escolha	Total	Destruído
0	95,456	–	4,761	100.061	–
10	91,132	3,887	5,229	100.284	1,058
20	86,122	7,991	6,183	100.296	2,144
30	80,971	12,108	7,168	100.147	3,266
40	76,376	16,672	8,192	101.240	4,459
50	71,787	20,446	9,814	101.539	5,814
60	66,809	23,749	10,540	101.098	7,500
70	60,845	29,260	11,023	101.128	9,895
80	53,129	34,190	13,216	100.523	13,793
90	43,161	39,953	16,694	99.808	20,880
100	31,540	47,376	19,756	99.672	34,212

a classificação pelo tipo. Relatou ainda que o ataque da broca resulta na fragilidade das sementes e, devido ao efeito mecânico das máquinas de beneficiamento, parte delas é triturada e até mesmo transformada em pó e perde-se no processo, de maneira não quantificada.

O fator mais importante na determinacão da qualidade do café é a bebida, que também é parâmetro limitante para a exportação (IBC, 1977; Teixeira, Pereira & Puito, s.d.). A classificação do café pela bebida também determina a diferença do preço do café arábica. Ela é feita de acordo com o sabor, identificado pela prova de xícara por degustadores, e especificado como estritamente mole, mole, apenas mole, duro, rio e riado. As características organolépticas da bebida não são alteradas diretamente pelo ataque da broca (Lucas, 1986). Há, porém, interferência indireta, com alteração de cor e sabor da bebida (Abrahão & Bitran, 1973), pois o orifício feito pela broca permite a entrada de microrganismos que, sob condições propícias, podem desenvolver-se e atingir as sementes (Chalfoun, De Souza & Carvalho, 1984). Um saco de café do tipo mole teve uma diferença de preço de cerca de 30% em relação ao tipo rio (Amorim & Teixeira, 1975). Qualquer tentativa de minimizar a produção de cafés duros deve basear-se na diminuição de microrganismos (Krug, 1941).

Nas regiões onde se cultiva *C. canephora,* devido às altas infestações que ocorrem a cada ano, o produtor, preocupado com o aumento da população da broca, colhe o café precocemente, quando a percentagem de frutos verdes ainda é muito alta. Isto afeta, após o beneficiamento, o valor da comercialização do café, devido à presença de frutos verdes e pretos misturados.

Para o controle da broca-do-café no Brasil, de início utilizou-se o método biológico, com a liberação de *Prorops nasuta,* importado de Uganda, em 1929. Com o aparecimento dos produtos químicos, adotou-se o método químico durante muito tempo, com o uso de inseticidas clorados (DDT e BHC), altamente tóxicos, até a sua proibição. Hoje, usa-se o Endossulfan, mas há novas tentativas de controle com parasitoides no norte do Espírito Santo, feitas pela Emcaper (Benassi & Berti Filho, 1989; Benassi, 1995; Benassi, 1996), e em Minas Gerais, realizadas pela Universidade Federal de Viçosa (Vilela et al., 1998; Cantor, Vilela & Bustillo, 1999).

A cultura do cafeeiro é realizada em 1.572 municípios brasileiros, em 218 mil propriedades (IBC, 1988, apud Silva & Costa, 1995). Como gerador de mão de obra, o setor absorve 4 milhões de pessoas na produção e 10 milhões nos demais segmentos (comércio, indústria e serviços).

A grande influência na produção e na produtividade do café tem consequências sociais, pois o produto é importante para a fixação da mão de obra no meio rural. Em muitos estados, predominam os pequenos produtores, que têm no café seu meio principal de sobrevivência. A migração de famílias do meio rural para o meio urbano acontece por inúmeras causas, que variam de acordo com a problemática de cada região brasileira. A baixa produção e produtividade das lavouras e a consequente diminuição da renda descontentam o agricultor, criando péssimas condições de vida no meio rural. Entretanto, o meio urbano do Brasil, país em desenvolvimento, não possui infraestrutura para comportar esse contingente populacional oriundo do campo, o que gera o aumento e a criação de favelas, o aumento do subemprego, a marginalização, a fome e a miséria.

CONSIDERAÇÕES FINAIS

Em diferentes países, a experiência obtida demonstra que o controle da broca--do-café exige a integração de diversas estratégias de manejo, principalmente biológicas e culturais. Entre as estratégias de controle biológico, o uso de parasitoides deve ser considerado em épocas favoráveis à ação de parasitismo por eles. O fungo *B. bassiana* tem se mostrado muito valioso e os nematoides entomófagos possuem um potencial que deverá ser examinado mais detalhadamente no futuro, para combinar parasitoides, fungos e nematoides, sem gerar interferência entre esses controladores biológicos, visando a máxima redução da praga. A procura de novos inimigos naturais continua sendo importante tema de pesquisa para o setor cafeeiro. O controle cultural, como parte do manejo integrado, é um componente muito efetivo, mas o seu elevado custo em mão de obra constitui a principal limitação para a sua adoção de forma geral pelos produtores. O emprego de armadilhas para o controle exige ainda o desenvolvimento de um atraente mais efetivo do que a combinação atualmente utilizada de etanol e metanol.

AGRADECIMENTOS

A Fabiano Gumier Costa e Cristiano Lopes Andrade, pela fotografia dos adultos da broca-do-café.

REFERÊNCIAS BIBLIOGRÁFICAS

ABRAHÃO, J. & BITRAN, E. A. Caruncho das tulhas atacando lavouras de café. *Biológico*, São Paulo, 39: 245-7, 1973.

ALLARD, G. B. & MOORE, D. *Heterorhabditis* sp. nematodes as control agents for coffee berry borer *Hypothenemus hampei* (Scolytidae). *J. Invertebr. Pathol.* 54: 45-8, 1989.

AMORIM, H. V. & TEIXEIRA, A. A. Chemistry of Brazilian green coffee and the quality of the beverage. IV. Electrophoresis of proteins in agar-gel and its relation with chlorogenic acids. *Turrialba* 25: 18-24, 1975.

ANDREEV, D. et al. Lack of nucleotide variability in a beetle pestwith extreme inbreeding. *Insect Mol. Biol.* 7: 197-200, 1998.

ANÔNIMO. Sobre o Scolyto destruidor dos cafezaes. *Chácaras e Quintais* 26: 34-5, 1992.

ARCILA, J. & JARAMILLO, R. A. *Relación entre la humedad del suelo, la floración y el desarrollo del fruto del cafeto*. Chinchiná, Colômbia: Federación Nacional de Cafeteros de Colombia, 2003. (Av. Téc. Cenicafé 311, 7).

ARCILA, J. et al. *La floración del cafeto y su relación con el control de la broca*. Chinchiná, Colômbia: Federación Nacional de Cafeteros de Colombia, 1993. (Av. Téc. Cenicafé 193).

ARISTIZÁBAL, L. F.; SALAZAR, H. M. & MAJÍA, C. G. Cambios en la adopción de los componentes del manejo integrado de la broca del café, *Hypothenemus hampei* (Coleoptera: Scolytidae), a través de metodologías participativas. *Rev. Colomb. Entomol.* 28: 153-60, 2002.

BAKER, P. S. Some aspects of the behaviour of the coffee berry borer in relation to its control in Southern Mexico (Colcoptera: Scolytidae). *Folia Entomol. Mex.* 61: 9-24, 1984.

BAKER, P. S. & BARRERA, J. F. A field study of a population of coffee berry borer, *Hypothenemus hampei* (Coleoptera: Scolytidae), in Chiapas, Mexico. *Trop. Agric.* 70: 351-5, 1993.

BAKER, P. S.; BARRERA, J. F. & RIVAS, A. Life-history studies of the coffee berry borer (*Hypothenemus hampei*, Scolytidae) on coffee trees in Southern Mexico. *J. Appl. Ecol.* 29: 656-62, 1992.

BAKER, P. S.; BARRERA, J. F. & VALENZUELA, J. E. The distribution of the coffee berry borer (*Hypothenemus hampei*) in Southern Mexico; a survey for a biocontrol project. *Trop Pest Manag.* 35: 162-8, 1989.

BARRERA, G. J. F. Investigación sobre la broca del café en México: logros, retos y perspectivas. In: BARRERA, G. J. F. (ed.). *Simposio sobre Situación Actual y Perspectivas de la Investigación y Manejo de la Broca del Café en Costa Rica, Cuba, Guatemala y México.* Chiapas, México: Sociedad Mexicana de Entomología y El Colegio de la Frontera Sur. Tapachula, 2005.

BARRERA, G. J. F. et al. *Avances del proyecto Control Biológico de la broca del café en México mediante parasitoides de origen africano*. Guatemala, Taller regional de broca, IICA – Promecafe, 1990.

BARTRA, C.; URRELLO, R. & RODRIGUEZ, R. Biología de la broca del café *Hypothenemus hampei* Ferrari (Coleoptera: Ipidae) en Tingo, Maria, Peru. *Tropicultura* l: 17-31, 1982.

BEILLE, L. Les Stephanoderes sur les caféiers cultivés à la Côte d'Ivoire. *Rev. Bot. Appi. Agr. Col.* 45: 387-8, 1925.

BENASSI, V. L. R. M. Resultados preliminares da flutuação populacional da broca-do-café *Hypothenemus hampei* (Ferrari, 1867) (Coleoptera: Scolytidae) na região norte do Espírito Santo. In: 16º CONGRESSO BRASILEIRO DE PESQUISAS CAFEEIRAS. *Anais*... Rio de Janeiro, 1990.

BENASSI, V. L. R. M. Levantamento dos inimigos naturais da broca-do-café, *Hypothenemus hampei* (Ferr.) (Coleoptera: Scolytidae) no norte de Espírito Santo. *An. Soc. Entomol. Bras.* 24: 635-8, 1995.

BENASSI, V. L. R. M. Desenvolvimento da broca-do-café, *Hypothenemus hampei* (Ferr., 1867) (Coleoptera: Scolytidae), em frutos de diferentes teores de umidade de *Coffea canephora* e *C. arabica*. In: 22º CONGRESSO BRASILEIRO DE PESQUISAS CAFEEIRAS. *Anais*... Águas de Lindoia: Procafé/Denac/Cati, 1996.

BENASSI, V. L. R. M. Biologia em diferentes temperaturas e ocorrência de *Prorops nasuta* Wat. e *Cephalonomia stephanoderis* Betr. (Hymenoptera: Bethylidae) parasitando *Hypothenemus hampei* (Ferr.) (Coleoptera: Scolytidae). São Paulo, 2007. 90p. Tese (doutorado) – Universidade Estadual de São Paulo.

BENASSI, V. L. R. M. & DE CARVALHO, C. H. S. Desenvolvimento da broca-do-café *Hypothenemus hampei* (Ferrari, 1867) (Coleoptera: Scolytidae) em frutos de açaí, *Euterpe oleraceae* M. In: 15º CONGRESSO BRASILEIRO DE PESQUISAS CAFEEIRAS. *Anais*... Maringá: Instituto Brasileiro do Café, 1989.

BENASSI, V. L. R. M. & BERTI FILHO, E. Nota sobre a ocorrência de *Cephalonomia* sp. (Hymenoptera, Bethylidae) parasitando a broca-do-café, *Hypothenemus hampei* (Ferrari, 1867) (Coleoptera, Scolytidae) no Estado do Espírito Santo. *Rev. Agric.* 64: 105-6, 1989.

BENASSI, V. L. R. M. & DE CARVALHO, C. H. S. Preferência de ataque a frutos de *Coffea arabica* c *C. canephora* pela broca-do-café, *Hypothenemus hampei* (Ferrari, 1967) (Coleoptera, Scolytidae). *Rev. Agric.* 69: 103-11, 1994.

BENAVIDES, G. M. & PORTILLA, R. M. Uso del café pergamino para la cría de *Hypothenemus hampei* y de su parasitoide *Cephalonomia stephanoderis* en Colombia. *Rev. Cenicafé* 41: 114-6, 1990.

BENAVIDES, P. Aspectos genéticos de la broca del café. In: BARRERA, J. F. et al. (eds.). *La broca del café en América tropical*: hallazgos y enfoques. México: Soc. Mex. Entomol. y El Colegio de la Frontera Sur., 2007.

BENAVIDES, P. et al. Análisis biológico y económico del manejo integrado de la broca del café en Colombia. *Rev. Cenicafé* 54: 5-23, 2003.

BENAVIDES, P. et al. Participación del control cultural, químico y biológico en el manejo de la broca del café. *Rev. Colomb. Entomol.* 28: 161-5, 2002.

BENAVIDES, P. et al. Biodiversity and biogeography of an important inbreed pest of coffee, coffee berryborer (Coleoptera: Curculionidae: Scolytinae). *Ann. Entomol. Soc. Am.* 98: 359-66, 2004.

BERGAMIN, J. Contribuição para o conhecimento da biologia da broca-do-café *Hypothenemus hampei* (Ferrari, 1867) (Col. Ipidae). *Arq. Inst. Biol.* 14: 31-72, 1943.

BERGAMIN, J. Broca-do-café. *Rev. Agr.* 20(9-12): 427-30, 1945.

BERGAMIN, J. A broca-do-café e o reerguimento da lavoura cafeeira. *Boletim de Agricultura*, São Paulo 48: 381-96, 1950.

BERTHET, J. A. Caruncho do café. *Boletim de Agricultura*, São Paulo 14: 312-3, 1913.

BETREM, J. G. *Cephalonomia stephanoderis* nov. spec. (Hym., Belhylidae). *Entomol. Ber.* (Amst) 21: 183-4, 1961.

BORBÓN, M. O. *Bioecologie d'un ravageur des baies de cafeier Hypothenemus hampei Ferr. (Col: Scol) et de ses parasitoides au Togo.* Toulouse, France, 1989. Tese (doutorado) – L'Université Paul Sabatier de Toulouse.

BORBÓN, M. O. Eficacia de las trampas de vasos para el monitoreo y control de la broca del café *Hypothenemus hampei* (Coleoptera: Curculionidae) en Nicaragua y Costa Rica. In: *Manejo da broca do café.* Workshop internacional. Londrina, 2004.

BORBÓN, M. O. et al. Proyecto de trampas, atrayentes y repelentes para el control de la broca del fruto del cafeto, *Hypothenemus hampei* L. (Coleoptera: Scolytidae). In: XIX SIMPOSIO LATINOAMERICANO DE CAFICULTURA. *Memorias...* San José, Costa Rica, 2000.

BORBÓN, M. O. (1992). *Uso del control biológico de la broca del fruto del cafeto Hypothenemus hampei (Ferrari).* Costa Rica: Convênio Icafe–MAG, 1992.

BUSTILLO, A. E. Una revisión sobre la broca del café, *Hypothenemus hampei* (Coleoptera: Curculionidae: Scolytinae), en Colombia. *Rev. Colomb. Entomol.* 32: 101-16, 2006.

BUSTILLO, A. E. *El manejo de cafetales y su relación con el control de la broca del café en Colombia.* Chinchiná, Colômbia: Cenicafé, 2007. 40p.

CANTOR, F.; VILELA, E. F. & BUSTILLO, A. E. First introduction to Brazil of *Phymastichus coffea* (La Salle) (Hymenoptera: Eulophidae), endoparasitoid of the coffe berry borer, *Hypothenemos hampei* (Ferrari) (Coleoptera: Scolytidae). In: 3º SEMINÁRIO INTERNACIONAL DE BIOTECNOLOGIA DA AGROINDÚSTRIA CAFEEIRA. *Resumos...* Londrina, 1999.

CARDENAS, R. M. Trampas y atrayentes para monitoreo de poblaciones de broca del café *Hypothenemus hampei* (Ferrari) (Col., Scolytidae). In: XIX SIMPOSIO LATINOAMERICANO DE CAFICULTURA. *Memorias...* San José, Costa Rica, 2000.

CARDENAS, R. M. & BUSTILLO, A. E. La broca del café en Colombia. In: REUNIÓN INTERCONTINENTAL SOBRE BROCA DEL CAFÉ. *Resúmenes...* Tapachula, Chiapas, 1991.

CARDONA, G. E. & BUSTILLO, A. E. Captura de broca del café *Hypothenemus hampei* (Ferrari) usando trampas en tres densidades diferentes. In: XXXIII CONGRESO DE ENTOMOLOGÍA DE SOCOLEN. *Resúmenes*... Manizales, Colômbia, 2006.

CARRILLO, E. & CAMPOS, O. La broca del cafe en Guatemala. In: REUNIÓN INTERCONTINENTAL SOBRE BROCA DEL CAFÉ. *Resúmenes*... Tapachula, Chiapas, 1991.

CASTILLO, A et al. First field report of a nematode (Tylenchida: Sphaerularioidea) attacking the coffee berry borer, *Hypothenemus hampei* (Ferrari) (Coleoptera: Scolytidae) in the Americas. *J. Invertebr. Pathol.* 79: 199-202, 2002.

CHALFOUN, S. M.; SOUZA, J. C. de & CARVALHO, V. D. de. Relação entre a incidência da broca, *Hypothenemus hampei* (Ferrari, 1867) (Coleoptera: Scolytidae) e microrganismos em grãos de café. In: 11º CONGRESSO BRASILEIRO DE PESQUISAS CAFEEIRAS. *Anais*... Londrina: Instituto Brasileiro do Café, 1984.

CHEVALIER, A. Les cafèiers du globe fasc. III: Systématique des caféiers et faux-caféiers, maladies et insectes nuisibles. In: *Enciclop. Biologique Paris*, n° 28, 1947. 356p.

CONSTANTINO, C. L. M. et al. Efecto del fenómeno El Niño y La Niña en la dinámica de infestación de la broca del café *Hypothenemus hampei* (Coleoptera: Curculionidae) en un gradiente altitudinal en la cordillera central colombiana. In: MUÑÓZ, P. (ed.). *Resúmenes XXXVII Congreso de la Sociedad Colombiana de Entomología*. Bogotá, Colômbia, 2010. 124p.

CONSTANTINO, C. L. M. et al. Efecto del cambio y la variabilidad climática en la dinámica de infestación de la broca del café, *Hypothenemus hampei* en la zona central cafetera de Colombia. In: GÓNGORA, B. C. E. & CONSTANTINO, C. L. M. (eds.). *Memorias 38º Congreso de la Sociedad Colombiana de Entomología*. Manizales, Colômbia, 2011.

CORPORAAL, J. B. De koffieboorder op Sumatra's Oostkust en Atjeh. Med. Alg. Proefsta. *AVROS* 12: 19, 1921.

COSTA, J. N. M. et al. Flutuação populacional da broca-do-café (*Hypothenemus hampei*, Ferrari) no Estado de Rondônia. In: II SIMPÓSIO DE PESQUISA DO CAFÉ NO BRASIL. *Resumos expandidos*. Vitória, Espírito Santo, 2001. Disponível em: <www.sbicafe.ufv.br/handle/10820/607>.

COSTA, T. C. & VIILACORTA, A. Modelo acumulativo para *Hypothenemus hampei* (Ferrari, 1867) (Coleoptera; Scolytidae) com base em suas exigências térmicas. *An. Soc. Entomol. Brasil.* 18: 90-7, 1989.

COSTE, R. Los cafetos. In: *Cafetos y cafés en el mundo*. Paris: Moisonneuve & Larose, 1955.

CURE, J. R. & GUTIERREZ, A. P. El ser humano y la economia de la natureza. *Manejo Integrado de Plagas y Agroecología* 78: 8-16, 2006.

CURE, J. R. et al. Phenology and population dynamics of the coffee berry borer *Hypothenemus hampei* (Ferr.) in relation to the phenological states of the berry. *An. Soc. Entomol. Brasil.* 27: 325-36, 1998.

DA MATTA, F. M. et al. Ecophysiology of coffee growth and production. Brazilian. *J. Plant Physiol.* 19: 485-510, 2008.

D'ANGREMOND, A. Verslag van den directeur van het algemeen Profestation de AVROS over het tijdvak 1.937-39. Meded alg. Proefs. *AVROS* 31: 70-6, 1940.

DA SILVA, F. C.; VENTURA, M. U. & MORALES, L. Capture of *Hypothenemus hampei* Ferrari (Coleoptera: Scolytidae) in response to trap characteristics. *Sci. Agric.* 63: 567-71, 2006.

DUFOUR, B. P. & FRÉROT, B. Optimization of coffee berry borer, *Hypothenemus hampei* Ferrari (Col., Scolytidae), mass trapping with an attractant mixture. *J. Econ. Entomol.* 132: 591-600, 2008.

DUFOUR, B. P. et al. Validation of coffe berry borer (CBB) trapping with the Brocap Trap. In: XX INTERNATIONAL CONFERENCE ON COFFEE SCIENCE. Bangalore, Índia, 2004.

EDWALL, G. O Scolyto do grão de café, *Stephanoderes coffeae* Hag. Segundo as monographias de Morstatt e Vayssêre. *Boletim Agr.*, São Paulo. 6: 257-69, 1924.

FANTON, C. J. *Ecología da broca-do-café Hypothenemus hampei (Ferrari, 1867) (Coleoptera: Scolytidae) na Zona da Mata de Minas Gerais.* Viçosa, 2001. Tese (doutorado) – Universidade Federal de Viçosa.

FANTON, C. J.; VILELA, E. F. & SOUZA, O. F. Distribução da broca-do-café, *Hypothenemus hampei*, em ramos de cafeeiro. In: SIMPÓSIO DE PESQUISA DOS CAFÉS DO BRASIL e WORKSHOP INTERNACIONAL DE CAFÉ & SAÚDE. Brasília, 2003.

FERREIRA, A. J. et al. Dinâmica populacional da broca-do-café *Hypothenemus hampei* (Ferr.) (Coleoptera: Scolytidae) em Lavras, MG. *An. Soc. Entomol. Brasil.* 29: 237-44, 2000.

FLEUTIAUX, E. Un ennemi du café du Rouilou (Congo). *La Nature* 29: 4, 1901.

FONSECA, J. P. A "broca" e o sombreamento dos cafezais. *O Biológico* 5: 133-6, 1939.

GHESQUIÈRE, J. Rôle des ipides dans la destruction des végetaux au Congo Belge. *Ann. Gembloux*, Brussels. 39: 24-37, 1933.

GIL, P. et al. Radio de acción de la trampa atrayente Brocatrap® para la captura de adultos en un cafetal. In: XXXIV CONGRESO SOCIEDAD COLOMBIANA DE ENTOMOLOGÍA. *Resúmenes...* Cartagena das Índias, 2007.

GIORDANENGO, P.; BRUN, L. O. & FRÉROT, B. Evidence for allelochimical attraction of the coffee berry borer, *Hypothenemus hampei*, by coffee berries. *J. Chem. Ecol.* 19: 763-9, 1993.

GÓMEZ, R. J. et al. Determinación del establecimiento de parasitoides de la broca del café *Hypothenemus hampei* (Coleoptera: Curculionidae, Scolytinae) en cafetales del Soconusco, Chiapas, México. *Entomotrópica* 25: 25-36, 2010.

GONZÁLEZ, M. O. & DUFOUR, B. P. Diseño, desarrollo y evaluación del trampeo en el manejo integrado de la broca del café *Hypothenemus hampei*. In: XIX SIMPOSIO LATINOAMERICANO DE CAFICULTURA. Costa Rica, 2000.

GUTIERREZ, A. & ONDARZA, R. N. Kairomone effect of extracts from *Coffea canephora* over *Hypothenemus hampei* (Coleoptera: Scolytidae). *Environ. Entomol.* 25: 96-100, 1996.

GUTIERREZ, A. P. & PONSARD, S. Physiologically based demographics of Bt cotton-pest interactions. I – Pink bollworm resistance, refuge and risk. *Ecol. Model.* 191: 346-59, 2006.

GUTIERREZ, A. P. et al. Tritrophic analysis of the coffee (*Coffea arabica*) – Coffee berry borer [*Hypothenemus hampei* (Ferrarri)] – parasitoid system. *An. Soc. Entomol. Brasil.* 27: 357-86, 1998.

GUTIERREZ, A. P. et al. Physiologically based demographics of Bt cotton-pest interactions II. Temporal refuges, natural enemy interactions. *Ecol. Model.* 191: 360-82, 2006.

HILBECK, A. Implications of transgenic, insecticidal plants for insect and plant biodiversity. *Perspect Plant Ecol. Evol. Syst.* 4: 43-61, 2001.

IBC – Instituto Brasileiro do Café. Classificação. In: *Cultura de café no Brasil – Manual de recomendações.* Rio de Janeiro, 1997.

INFANTE, F. *Biological control of Hypothenemus hampei (Coleoptera: Scolytidae) in Mexico, using the parasitoid Prorops nasuta (Hymenoptera: Bethylidae).* London, 1998. 173p. Tese (doutorado) – Imperial College. University of London.

INFANTE, F.; MUNFORD, J. & MÉNDEZ, I. Non-recovery of *Prorops nasuta* (Hymenoptera: Bethylidae), an imported parasitoid of the coffee berry borer (Coleoptera: Scolytidae) in Mexico. *Southwest Entomol.* 26: 159-63, 2001.

JARAMILLLO, J.; BORGEMEISTER, C. & BAKER, P. Coffee berry borer *Hypothenemus hampei* (Coleoptera: Curculionidae): searching for sustainable control strategies. *Bull. Entomol. Res.* 96: 223-33, 2006.

JARAMILLLO, J. et al. *Thermal tolerance of the coffee berry borer Hypothenemus hampei*: predictions of climate change impact on a tropical insect pest. PLosONE 4:e6487. DOI: 10.1371/journal.pone.0006487, 2009.

JOHANNESON, N. E. & MANSINGH, A. Host pest relationship of the genus, *Hypothenemus* (Scolytidae: Coleoptera) with special reference to the coffee berry borer, *H. hampei*. *J. Coffee Res.* 14: 43-56, 1984.

KLEITI-KOCH, C. et al. Factores naturales de regulación y control biológico de la broca del café *Hypothenemus hampei* (Ferr.). Ecuador. *Sanidad Vegetal* 3: 5-30, 1988.

KRUG, H. P. *A origem da variação de bebida dos nossos cafés*. Campinas: Sociedade Rural Brasileira, 1941. 393p.

LA SALLE, J. A new genus and species of Tetrastichinae (Hymenoptera: Eulophidae) parasitic on the coffee berry borer, *Hypothenemus hampei* (Ferrari) (Coleoptera: Scolytidae). *Bull. Entomol. Res.* 80: 7-10, 1990.

LARA, G. J. C.; LÓPEZ, J. C. & BUSTILLO, A. E. Efecto de entomonemátodos sobre poblaciones de la broca del café, *Hypothenemus hampei* (Coleoptera: Scolytidae) en frutos en el suelo. *Rev. Colomb. Entomol.* 30: 179-85, 2004.

LE PELLEY, R. H. *Pests of coffee*. Longmans: Green and Co., 1968. 590p.

LEPLAE, E. Le scolyte des baies du caféier (*Stephanoderes*). *Bull. Agric. Congo Belge* 19: 271-6, 1928.

LIMA, A. M. da C. & RAVACHE, A. A. A broca-do-café. *Bol. Min. Agric.*, Rio de Janeiro, 14: 39-42, 1925.

LUCAS, M. B. *Efeitos de diferentes índices de infestação pela broca-do-café Hypothenemus hampei (Ferrari, 1867) (Coleoptera–Scolytidae) no peso e classificaçào do café pelo tipo e pela bebida*. Lavras, 1986. 67p. Tese (mestrado) – Universidade Federal de Lavras.

MALDONADO, L. C. E. & BENAVIDES, P. Evaluación del establecimiento de *Cephalonomia stephanoderis* y *Prorops nasuta*, controladores de *Hypothenemus hampei*, en Colombia. *Rev. Cenicafé* 58: 333-9, 2007.

MATHIEU, F. *Mécanismes de la colonisation de l'hôte chez le scolyte du café Hypothenemus hampei (Ferr.) (Coleoptera: Scolytidae)*. Paris VII, 1995. 134p. Tese (doutorado) – Université de Paris.

MATHIEU, F. et al. Trapping of the coffee berry borer *Hypothenemus hampei* within a mesch--enclosed environment: interaction of olfactory and visual stimuli. *J. Appl. Entomol.* 121: 181-6, 1997.

MENDESEIL, E. et al. Semiochemicals used in host location by the coffee berry borer, *Hypothenemus hampei*. *J. Chem. Ecol.* 35: 944-50, 2009.

MENDOZA, J. *Resposta da broca-do-café Hypothenemus hampei a estímulos visuais e semioquímicos*. Viçosa, 1991. 44p. Tese (mestrado) – Universidade Federal de Viçosa.

MOLINA, J. P. & LÓPEZ, J. C. Desplazamiento y parasitismo de entomonemátodos hacia frutos infestados con la broca del café. *Rev. Colomb. Entomol.* 28: 145-51, 2002.

MONTERREY, J. La broca del cafe en Nicaragua. In: I REUNIÓN INTERCONTINENTAL SOBRE BROCA DEL CAFÉ. *Resúmenes...* Tapachula, Chiapas, 1991.

MONTERROSO, M. J. L. Longevidad de *Hypothenemus hampei* bajo condiciones de laboratorio en Guatemala. *Rev. Cafetalera* 209: 36-9, 1981.

MONTOYA, O. S. A. *Ciclo de vida de la broca del café (Hypothenemus hampei Ferrari) sobre frutos en diferentes estados de desarrollo*. Santafé de Bogotá, 1992. 77p. Tese (engenharia agrônoma) – Facultad de Ciencias Agropecuarias, Universidad Nacional de Colombia,

MUÑÓZ-HERNANDEZ, R. La broca del cafe en Honduras. In: REUNIÓN INTERCONTINENTAL SOBRE BROCA DEL CAFÉ, I. *Resúmenes...* Tapachula, Chiapas, México, 1991.

MUÑÓZ-HERNANDEZ, R. Estrategias de manejo de la broca del café en los países de Promecafé. In: II REUNIÓN INTERCONTINENTAL SOBRE BROCA DEL CAFÉ, II. *Resúmenes...* Tapachula, Chiapas, 1998.

MURPHY, S. T. & MOORE, D. Biological control of the coffee berry borer, *Hypothenemus hampei* (Ferrari) (Coleoptera, Scolytidae): previous programmes and possibilities for the future. *Bioc. News Inform.* 11: 107-17, 1990.

OLIVEIRA FILHO, M. L. de. *Contribuição para o conhecimento da broca-do-café Stephanoderes hampei (Ferrari, 1867)*: modo de comportar-se e ser combatida em São Paulo – Brasil. Secretaria da Agricultura, Indústria e Comércio/Com. de Est. e Deb. da Praga Cafeeira, 1927. 95p.

PÉREZ-LACHAUD, G. & HARDY, I. C. W. Reproductive biology of *Cephalonomia hyalinipenis* (Hymenoptera: Bethylidae), a native parasitoid of the coffee berry borer, *Hypothenemus hampei* (Coleoptera: Scolytidae), in Chiapas, México. *Biol. Control.* 14: 152-8, 1999.

PÉREZ-LACHAUD, G. & HARDY, I. C. W. *Cephalonomia* sp. ca. *waterstoni* (Hymenoptera: Bethylidae), parasitoide nativo de la broca del café en Chiapas. In: II REUNIÓN INTERCONTINENTAL SOBRE BROCA DEL CAFE. *Resúmenes...* Tapachula, Chiapas, 1998.

POINAR, G. et al. *Metaparasitylenchus hipothenemi* n. sp. (Nematoda: Allantonematidae), a parasite of the coffee berry borer *Hypothenemus hampei* (Curculionidae). *J. Parasitol.* 90: 1.106-10, 2004.

POSADA-FLÓREZ, F. J. et al. Primer registro del ataque de *Hirsutella eleiuheraiorian* sobre la broca del cafe en Colombia. *Rev. Cenicafé* 44: 155-8, 1993.

REID, J. C. La broca del cafe en Jamaica. In: I REUNIÓN INTERCONTINENTAL SOBRE BROCA DEL CAFÉ. *Resúmenes...* Tapachula, Chiapas, 1991.

REINOSO, C. L. Las plagas del café y su control en las zonas de Satipo y Chanchamayo. *Café Peruano* 2: 4-8, 14, 20, 1964.

REIS, P. R.; SOUZA, J. C. & MELLES, C. A. Pragas do cafeeiro. *Informe Agropecuário*, Belo Horizonte, Epamig, 10: 41-50, 1984.

RODRÍGUEZ, D. *Implementación de un modelo de simulación del agroecosistema productivo del café para el manejo integrado de la broca (Hypothenemus hampei).* Colômbia, 2012. 195p. Tese (doutorado) – Universidad Nacional de Colombia.

RODRÍGUEZ, D.; CURE, J. R. & CANTOR, F. Empleo de trampas con atrayente para el control de la broca del café: (*Hypothenemus hampei* Ferrari Coleoptera: Curculionidae: Scolytinae): diseños, criterios de uso en campo y efectividad. *Rev. Fac. Ciencias Básicas*, Universidad Militar Nueva Granada, Colombia, 5: 12-21, 2009.

RODRÍGUEZ, D. et al. A coffee agroecosystem model. I. Growth and development of the coffee plant. *Ecol. Model* 222: 3.626-39, 2011.

RODRÍGUEZ, D. et al. A coffee agroecosystem model. II. Dynamics of coffee berry borer. *Ecol. Model.* 248: 203-14, 2012.

RUIZ-CÁRDENAS, R. *Efecto de la fenologia del fruto de café sobre los parámetros de la tabla de vida de la broca del café. Hypothenemus hampei (Ferrari).* Santafé de Bogotá, 1996. 87p. Tese (engenharia agrônoma) – Fac. Ciencias Agropec., Universidad Nacional de Colombia.

SALAZER, M. B. et al. Crecimiento y desarrollo del fruto del café y su relación con la broca. Cenicafé. Chinchiná (Caldas), Colômbia: Cenicafé, 1993. (Av. Técnicos, 194).

SCHMITZ, G. & CRISINEL, P. La lutte contre *Siephanoderes hampei* Ferr. *Sér. Sci* 70: 1, Brussels., Pub. Inst. Nat. Étude Agron. Congo Belge, 1957. 156p.

SILVA, A E. S. da & COSTA, E. B. da. Importância econômica e social. In: COSTA, E. B. da et al. (eds.). *Manual técnico para a cultura do café no Estado do Espírito Santo*. Vitória: Seag, 1995. 63p.

SOUZA, J. C. de. Broca-do-café *Hypothenemus hampei*. Lavras: Epamig, 1986. 30p.

SOUZA, J. C. de & REIS, P. R. *Broca-do-café*: histórico, reconhecimento, biologia, prejuízos, monitoramento e controle. Belo Horizonte: Epamig, 1997. 31p. (Boletim Técnico, 50).

SOUZA, J. C. de et al. Broca-do-café, *Hypothenemus hampei* (Ferrari, 1867) (Coleoptera, Scolytidae). In: *Pragas do cafeeiro*. Belo Horizonte: Epamig, 1981.

SOUZA, M. S. de et al. Ocorrência de *Cephalonomia stephanoderis* Betrem (Hymenoptera: Bethylidae) em cafezais da Amazônia brasileira. *Neotrop. Entomol.* 335: 560-2, 2006.

SREDHARAN, K. et al. Bioecology and management of coffee berry borer. *Indian Coffee* 58: 5-13, 1994.

TEIXEIRA, A. A.; PEREIRA, L. S. & PINTO, J. C. A. *Classificação de café:* noções gerais. Rio de Janeiro: IBC/Gerca, s.d. 117p.

TICHELER, J. H. G. An analytical study of the epidemiology of the coffee berry borer in the Ivory Coast. *Meded. Landbhoogesch.*, Wageningen, 61: 1-49, 1961.

TOLEDO, A. A. de. Importância econômica da broca-do-café *Hypothenemus hampei* (Ferr.) no Estado de São Paulo. *Arq. Inst. Biol.* 18: 213-38, 1947.

VAN DER WEELW. Ein neuer javanische Kaffccschadling *Xyleborus coffeivorus* n.sp. *Buli. Dept. Agrie. Iles Neerlandaises*, Buitenzorg, 35: 1-60, 1910.

VEGA, F. E. et al. The coffee berry borer, *Hypothenemus hampei* (Ferrari) (Coleoptera: Curculionidae): a short review, with recent findings and future research directions. *Terr. Arthropod Revi.* 2: 129-47, 2009. DOI: 10.1163/187498209X 12525675906031.

VEGA, R. M. I.; GONZÁLEZ, M. O. & RAUDA, A. M. *Control biológico de la broca del cafeto Hypothenemus hampei mediante parasitoides de origen africano en El Salvador.* Fundación Salvadoreña para investigaciones del Café – Promecafe, 1992.

VÉLEZ, B. E. et al. Distribución de la floración y la cosecha de café en tres altitudes. Chinchiná, Colômbia: Federación Nacional de Cafeteros de Colombia, 2000. 4p. (Av. Técnicos Cenicafé).

VILELA, E. F. et al. Elementos para la validación de modelos para el control biológico de la broca del café. In: II REUNIÓN INTERCONTINENTAL SOBRE BROCA DEL CAFÉ. *Resúmenes...* Tapachula, Chiapas, 1998.

VILLACORTA, A. et al. Um modelo de armadilha com semioquímicos para o manejo integrado da broca-do-café *Hypothenemus hampei* (Ferrari) no Paraná. In: SIMPÓSIO DE PESQUISA DOS CAFÉS DO BRASIL. Vitória, 2001.

VILLANUEVA-MARRUFO, A. E. Investigaciones del Inmecafe sobre la broca del cafe. In: I REUNIÓN INTERCONTINENTAL SOBRE BROCA DEL CAFÉ. *Resúmenes...* Tapachula, Chiapas, 1991.

WATERSTON, J. Notes on parasitic Hymenoptera. *Bull. Ent. Res.* 14: 103-18, 1923.

35

Bicudo-do-algodoeiro, *Anthonomus grandis* Boheman

F. S. Ramalho, R. S. Medeiros, W. P. Lemos

INTRODUÇÃO

O Brasil é o quinto maior produtor mundial de algodão (*Gossypium hirsutum*, raça *latifolium*) e a China ocupa a primeira posição no *ranking* (Conab, 2011). Plantado na Região Meridional, o algodão herbáceo (*Gossypium hirsutum*, raça *latifolium*) engloba os estados de São Paulo, Minas Gerais, Mato Grosso do Sul, Mato Grosso, Paraná e Goiás; na Setentrional, os tipos herbáceo e perene (*G. hirsutum*, raça *marie-galante*) são plantados nos estados do Maranhão, Bahia, Piauí, Ceará, Rio Grande do Norte, Paraíba, Pernambuco e Alagoas.

A Região Meridional é a maior produtora de algodão do país. Gerava 66% do algodão nacional em aproximadamente 67% da área plantada, em 2011. Apresenta solo e clima excelentes para a produção de algodão. Além disso, os produtores utilizam fertilizantes e empregam tecnologias apropriadas ao controle de pragas, doenças e ervas daninhas.

O algodão é muito importante para a Região Setentrional pelo seu elevado potencial socioeconômico. É explorado sobretudo por pequenos produtores, com propriedades com menos de 20 ha, exceto nos estados da Bahia, Maranhão, Piauí e Rio Grande do Norte. Isso mostra sua importância relativa para esses produtores, que têm nessa cultura sua principal fonte de renda. Em 2011, a produção brasileira de algodão em rama foi de 5.059.943 t, com rendimento médio de 3.590 kg/ha, proporcionando em torno de 100.700 empregos diretos (dos quais 66.500 nos estados setentrionais), sendo fator decisivo para a fixação do homem no campo.

No momento atual, a produção de algodão herbáceo (*G. hirsutum*, raça *latifolium*) no Brasil ocorre predominantemente em três estados: Mato Grosso (50%), Bahia (31%) e Goiás (8%); os demais estados são responsáveis por 11% (Conab, 2011). Portanto, os estados de Mato Grosso, Bahia e Goiás são os maiores produtores de algodão do país, e geraram 89% do algodão nacional em cerca de 88% de área plantada, em 2011.

De acordo com o Mapa (2011), as projeções para a produção de algodão em pluma no Brasil indicam um aumento de 1,6 milhão de toneladas, em 2010-2011, para 2,4 milhões de toneladas, em 2020-2021. Essa expansão corresponde a uma taxa de crescimento de 4,3% ao ano, durante o período de 2010-2011 a 2020-2021.

Embora o algodoeiro seja uma das principais culturas da Região Nordeste, alguns estados (Ceará, Rio Grande do Norte, Paraíba, Pernambuco e Alagoas) apresentam produtividades bem mais baixas do que os estados de Mato Grosso, Bahia e Goiás. Entretanto, os estados do Maranhão e do Piauí têm produtividade superior a 3.000 kg/ha. O rendimento médio do algodão no Brasil é de 3.590 kg/ha, enquanto nos estados do Ceará, Rio Grande do Norte, Paraíba, Pernambuco e Alagoas é de 933 kg/ha. São responsáveis por essa baixa produtividade: o solo, o clima, o material genético, as ervas daninhas e a falta de incentivo do governo, além das pragas, que podem comprometer a performance vegetativa e/ou produtiva da planta. A erosão e a ausência de práticas de conservação e adubação orgânica depredam o solo e comprometem futuros avanços tecnológicos. Esses fatores contribuem para que os produtores de algodão do Nordeste resistam a mudanças e inovações tecnológicas.

Um dos fatores responsáveis pela baixa produtividade do algodão, sobretudo no Nordeste, é o controle inadequado de pragas. Lamb (1974) citou 61 espécies de insetos que atacam o algodoeiro em diferentes países. No Brasil, dezoito espécies de insetos e três de ácaros são as principais pragas do algodoeiro herbáceo (Gallo et al., 2002). Segundo Davidson (1968), oito espécies de insetos e três de ácaros são pragas do algodoeiro perene na Região Nordeste.

Até janeiro de 1983, apesar do elevado número de pragas, o Brasil era privilegiado, pois o bicudo-do-algodoeiro, *Anthonomus grandis*, ainda não havia ocorrido em nenhuma das suas regiões algodoeiras. Em fevereiro desse ano, o bicudo foi encontrado no país pela primeira vez.

Neste capítulo será abordada a nomenclatura científica, posição taxonômica, bioecologia, distribuição e o impacto da introdução de *A. grandis* no Brasil. Existem referências sobre a origem e a distribuição do bicudo no Novo Mundo (Burke et al., 1986; Ramalho & Santos, 1996) que podem ser consultadas, para mais informações.

Posição taxonômica e nomenclatura

Ordem: Coleoptera
Família: Curculionidae
Subfamília: Anthonominae
Gênero: *Anthonomus* Germar, 1817
Espécie: *Anthonomus grandis* Boheman, 1843

Anthonomus grandis foi descrita em 1843 por C. H. Boheman. Pouca atenção foi dada ao estudo da taxonomia dessa espécie, até que Pierce (1913) descrevesse *A. grandis thurberiae*, do Arizona, EUA. O interesse nesse táxon resultou em estudos biológicos desenvolvidos por Coad e Pierce (1914) e Coad (1915).

A subfamília Anthonominae é composta por aproximadamente 33 gêneros e cerca de 500 espécies (Burke, 1964). *Anthonomus* é o mais rico em espécies, com aproximadamente 350 (Burke, 1986).

Os trabalhos sobre a taxonomia de *A. grandis* consideraram a existência de duas subespécies, e muito foi realizado na busca de caracteres para separá-las. Werner (1960) utilizou caracteres da espermateca para separar o bicudo-da-turbéria daqueles que atacam algodão cultivado no Sul dos Estados Unidos. Vários caracteres foram estudados pelo autor, demonstrando variação geográfica, o que levou-o a reconhecer três formas de *A. grandis*: *A. grandis grandis*, distribuída em algodão cultivado na Região Central-Norte do México, Sudeste dos Estados Unidos, Venezuela e Colômbia; *A. grandis thurberiae*, distribuída em turbéria (*Gossypium thurberi*) e em algodão cultivado no Arizona e ao longo da costa noroeste do México; uma forma "intermediária" distribuída sobre algodão selvagem em Cuba e em algodão cultivado na maior parte do México, em partes do Texas e do Arizona, na América Central, em Cuba e no Haiti.

Apesar do trabalho de Warner (1966), algumas questões a respeito do parentesco entre as populações da espécie permanecem sem resposta, como a presença da forma "intermediária" e de *A. grandis thurberiae* sobre algodão cultivado no Arizona e ao longo da costa noroeste do México. Existiam problemas de ordem teórica e prática para determinar se tais populações eram realmente distintas. Warner (1966) observou, ainda, uma forma *A. grandis grandis* de Warner no Sudeste dos Estados Unidos, a qual diferia em vários aspectos da forma "intermediária" do México. Burke e Cate (1979) descreveram *A. hunteri* da região de Yucatán, México, uma espécie muito próxima de *A. grandis*. Portanto, Werner (1960), Warner (1966) e Burke (1968) sabiam que *A. grandis* podia ser segregado em várias formas biológicas morfologicamente reconhecíveis. Com base nos estudos de Whitcomb e Britton (1953), Edwards (1954) e Hubbell (1954), os autores Werner (1960), Warner (1966), Burke (1968), Glick e Mitlin (1968), Burke e Cate (1979), Bartlett, Randall e May (1983), Burke (1986) e Burke et al. (1986) propuseram a existência de três populações de *A. grandis* (Tabela 1), denominadas: bicudo-da-maçã-da-turbéria, bicudo-da-maçã-mexicana, bicudo-da-maçã-do-sudeste.

Tabela 1. Caracteres das formas de *A. grandis* (adaptado de Burke, 1986).

	Formas		
	Bicudo-da-maçã-mexicana	**Bicudo-da-maçã-do-sudeste**	**Bicudo-da-maçã-da-turbéria**
Distribuição	Arizona, Califórnia, México, América Central e Cuba	Texas, Sudeste dos Estados Unidos, Haiti, República Dominicana, Venezuela, Colômbia, Brasil, Paraguai e Argentina	Arizona, Novo México, Sonora e México
Hospedeiros	*Gossypium hirsutum, G. davidsonii, G. barbadense* e provavelmente *G. thurberi, Hampea nutricia, Hibiscus pernambucensis*	*Gossypium hirsutum, Cienfuegosia drumondii* e *C. affinis*	*Gossypium thurberie,* ocasionalmente *G. hirsutum*
Forma do corpo	Robusta e alongada	Alongada	Robusta e fortemente convexa
Polimorfismo dos intervalos elitrais	Baixa incidência em poucas amostras	Alta incidência em todas as amostras	Ausente
Cerdas pronotais	Classes de cerdas II ou III constituem a maioria de todas as amostras	Classe de cerdas IV constitui todas ou a maioria das amostras. Classe III algumas vezes presente, mas com baixa incidência	Classe de cerdas I predomina. Incidência da classe III baixa
Profêmures	Robustos a delgados Índice CF/LF[1] de 3,47 a 3,80	Geralmente delgados Índice CF/LF[1] de 3,47 a 3,80	Robustos. Índices CF/LF[1] de 3,34 a 3,40
Cor da antena	A maioria dos indivíduos com a clava mais escura do que o funículo	A maioria dos indivíduos com a clava não mais escura do que o funículo, exceto os da Venezuela e da Colômbia	A maioria dos indivíduos com a clava mais escura que o funículo
Escutelo	A maioria dos indivíduos com escutelo das classes II e III	A maioria dos indivíduos com escutelo da classe IV, exceto os do Haiti e da República Dominicana	A maioria dos indivíduos com escutelo da classe I
Metepisterno	A maioria dos indivíduos com metepisterno das classes I e II	A maioria dos indivíduos com metepisterno da classe III, exceto os do Haiti, da República Dominicana e da Venezuela	A maioria dos indivíduos com metepisterno da classe I
Espermateca	Tubo esclerosado de comprimento longo a moderado	Tubo esclerosado curto	Tubo esclerosado longo

1 Comprimento/largura (CF/LF) dos profêmures.

Nas populações de bicudo-da-maçã-da-turbéria estão incluídos os bicudos anteriormente conhecidos como *A. grandis thurberiae*.

Os bicudos que se desenvolvem sobre turbéria constituem uma raça ecofenotípica com características morfológicas consideravelmente distintas. Essa forma ocorre no Arizona e em Sonora. O nome bicudo-mexicano aplica-se aos bicudos que se associam à subespécie nominal, no caso de se reconhecer subespécies. Esse nome foi usado pela primeira vez para os bicudos do Texas e do Nordeste do México, área de transição entre os bicudos do Sul do México e do Sudeste dos Estados Unidos. Essa forma ocorre no Arizona, Califórnia, México, América Central e Cuba. O nome bicudo-da-maçã-do-sudeste inclui os bicudos do Texas, do Sudeste dos Estados Unidos, do Haiti, da República Dominicana, da Venezuela, da Colômbia, do Brasil, do Paraguai e da Argentina. No Brasil, essa forma é chamada bicudo-do-algodoeiro.

Ao considerar esse sistema de nomenclatura, Burke (1986) afirmou que a espécie, como um todo, pode ser designada pelo nome vulgar bicudo-da-maçã, denominação pela qual *A. grandis grandis* é conhecida na lista de nomes vulgares dos insetos aprovada pela Sociedade Entomológica da América. Para referir-se a uma das três formas, pode-se usar o nome científico da espécie, seguido de seu nome vernáculo. Por exemplo: *Anthonomus grandis*, bicudo-da-maçã-do-sudeste.

BIOLOGIA E ECOLOGIA

No Nordeste do Brasil, a fêmea de *A. grandis* deposita a maioria dos ovos dentro de botões florais de tamanho médio (com diâmetro $\geq$ 3 mm e < 6 mm), desde o aparecimento dos primeiros botões na planta até o final do ciclo da cultura (Ramalho & Jesus, 1988). Lloyd, McMeans e Merkl (1961) afirmaram que os botões florais são as estruturas preferidas para oviposição pelo bicudo. A fêmea de *A. grandis* deposita o ovo (Figura 1A) dentro deles, entre as anteras imaturas, ou na

Figura 1. *A. grandis.* A) Ovo depositado nas anteras de um botão floral. B) Larva de terceiro instar. C) Pupa. D) Adulto.

maçã, na parede carpelar. O depósito é de um ovo por botão floral, exceto quando a densidade populacional da praga é alta (Hunter & Hinds, 1905). O orifício de oviposição (Figura 2A) é fechado por uma mistura de substância micótica e resíduos provenientes do botão. Em seguida, a planta reage fisiologicamente, produzindo uma protuberância ou calo conhecido como orifício de oviposição (Figura 2A), que cicatriza de imediato, fechando-o (Hunter & Pierce, 1912). Dois a três dias após a oviposição, a larva (Figura 1B) eclode e começa a alimentar-se das anteras e de outros tecidos (Figura 2B). A duração do primeiro, segundo e terceiro instares nos botões florais é de um, dois e três a quatro dias, respectivamente (Alvarez, 1990). À medida que a larva (Figura 1B) alimenta-se e cresce, ela constrói um local para empupar (cela pupal) (Figura 1B) dentro do botão floral. Isso ocorre até que o alimento se torne escasso ou os tecidos vegetais tenham se tornado inadequados como alimento para ela. A partir daí, o interior do botão floral já foi, em geral, quase todo consumido, e então a mistura de excrementos fecais produzidos e os resíduos provenientes do botão floral são espalhados nas paredes da cavidade, sob a forma de uma camada fina e compacta. Esta camada é compactada por meio de um intenso trabalho de giro executado pela larva, quando se aproxima o final do seu último instar (isto é, o terceiro instar) (Hunter & Hinds, 1905). Na cela, a pupa (Figura 1C) permanece pelo período de quatro a cinco dias e transforma-se em adulto (Figura 1D). Com dois a três dias de idade, escapa ou emerge do botão floral através de um orifício de diâmetro igual ao seu corpo, feito com as mandíbulas (Hunter & Hinds, 1905).

Figura 2. Danos causados por *A. grandis*. A) Eotão floral (à esquerda, orifícios de oviposição; à direita, alimentação). B) Maçã de algodoeiro.

HISTÓRICO DA INTRODUÇÃO DA PRAGA NO BRASIL

Distribuição do bicudo no Novo Mundo e sua introdução no Brasil

As informações sobre a distribuição de *A. grandis* no Novo Mundo foram apresentadas por Burke et al. (1986) e Ramalho e Santos (1995) (Tabela 2; Figura 3).

Tabela 2. Cronologia de eventos históricos sobre *A. grandis* na agricultura (Burke et al., 1986).

Evento	Ano	Referência
Espécime-tipo coletado em/ou próximo a Vera Cruz, México	1830	Chevrolat (1834)
Originalmente descrito por C. H. Boheman	1843	Boheman (1843)
Primeiro registro em Cuba	1870	Suffrian (1871)
Observado danificando algodão cultivado em Monclova, Coahuila, México	1880	Riley (1885)
Primeira publicação sobre plantas alimentares e hábitos de espécies	1885	Riley (1885)
Primeiro relatório da ocorrência do bicudo no Texas (é provável que tenha ocorrido nesse estado aproximadamente em 1892)	1894	Howard (1894)
Primeiro registro do bicudo em Louisiana	1903	Loftin (1946)
Chegou a Oklahoma, Arkansas e Mississippi	1907	Loftin (1946)
Chegou a Alabama e Flórida	1912	Loftin (1946)
Descrição de *A. grandis thurberiae* coletado no Arizona por W. D. Pierce	1913	Pierce (1913)
Chegou ao litoral do Atlântico da Geórgia	1916	Loftin (1946)
Primeiro registro atacando algodão cultivado no Arizona	1920	Morrill (1921)
Encontrado atacando algodão cultivado e selvagem ao longo da Costa Oeste do México (Mazatlán a Hermosillo)	1921	Morrill (1921)
Infestou a maior parte do leste do cinturão algodoeiro dos Estados Unidos	1922	Loftin (1946)
Primeiro registro de ocorrência no Haiti	1932	Audant & Occenad (1937)
Primeiro registro de ocorrência na Venezuela	1949	Whitcomb & Britton (1953)
Primeiro registro de ocorrência na região de Delicias, Chihuahua, México	1950	Johnston (1963)
Primeiro registro de ocorrência em Presídio, Texas	1953	Robertson (1957)
Primeiro registro atacando algodão cultivado próximo a El Paso, Texas	1960	Robertson, Noble & Orr (1966)
Primeiro registro de ocorrência no Brasil	1983	Barbosa et al. (1983)
Primeiro registro no Nordeste do Brasil	1983	Braga Sobrinho, Crisóstomo & Lukefahr (1983)
Primeiro registro de ocorrência no Paraguai	1991	Marengo & Whitcomb (1991)
Primeiro registro de ocorrência na Argentina	1993	Videla, Rodriguez & Contreras (1996)

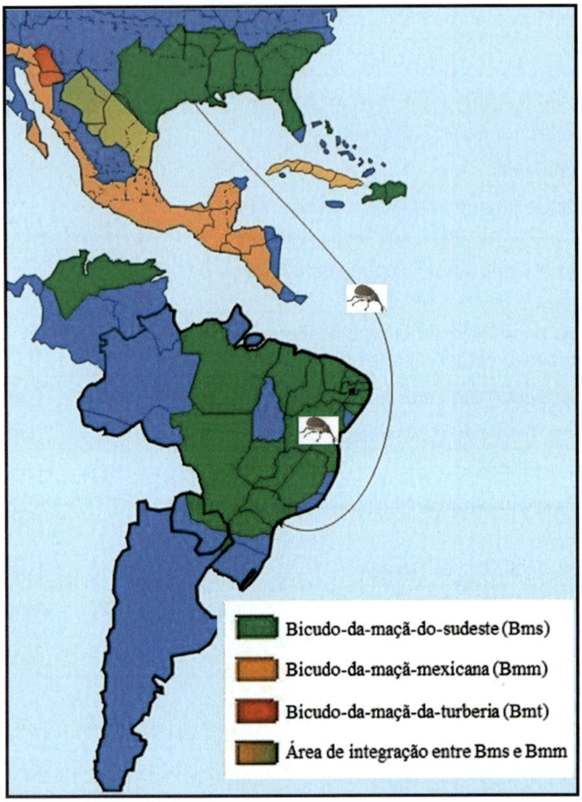

Figura 3. Distribuição mundial das três formas de *A. grandis* (adaptada de Burke et al., 1986) e rotas hipotetizadas da introdução no Brasil e na Paraíba (Ramalho & Santos, 1994).

No Brasil, as primeiras populações de *A. grandis* foram registradas em São Paulo, em fevereiro de 1983 (Barbosa et al., 1983), e na Paraíba, em julho de 1983 (Braga Sobrinho, Crisóstomo & Lukefahr, 1983; Menezes Neto & Ramalho, 1984). São morfologicamente similares ao bicudo-do-sudeste. De acordo com Burke et al. (1986), o bicudo que ocorre no Brasil pode ter sido originado dos Estados Unidos, Nordeste do México, Haiti, República Dominicana, Venezuela ou Colômbia. Todavia, Ramalho e Santos (1996) relataram que as infestações ocorridas em São Paulo foram provenientes do Sudeste dos Estados Unidos e que a chegada do bicudo ao Brasil foi resultado de introdução possivelmente por avião, e não de expansão natural do inseto. A primeira infestação do bicudo em algodoais brasileiros foi localizada próximo ao Aeroporto Internacional de Cumbica, São Paulo. Por sua vez, é provável que a infestação ocorrida no Nordeste (em Ingá, Paraíba) tenha resultado de uma importação acidental de bicudos das áreas infestadas em São Paulo (Figura 3), e não da expansão natural do inseto.

Movimento do bicudo na Região Meridional do Brasil

A distribuição do bicudo na Região Meridional é mostrada na Figura 4. Os primeiros campos de algodão infestados pelo bicudo no Brasil foram constatados em São Paulo, em fevereiro de 1983, nos municípios de Campinas, Jaguariúna, Santo Antônio da Posse, Americana, Piracicaba, Tietê e Tatuí (Barbosa et al., 1983). Em março de 1983, a área de algodão no Estado de São Paulo infestada por *A. grandis* já era de 3.600 ha. Em junho, final do ciclo da cultura, 45.000 ha de algodão distribuídos em 43 municípios paulistas estavam infestados. As primeiras infestações da praga ocorreram em áreas isoladas de algodão. Ao final da safra de 1983-1984, o bicudo ocorria em quase todas as regiões produtoras de algodão de São Paulo, apesar da enorme quantidade de inseticidas utilizados contra a praga. No início da safra de 1984-1985, todos os campos de algodão de 83 municípios paulistas estavam infestados pelo bicudo – uma área de aproximadamente 100.000 ha (Martin, Barbosa & Campanhola, 1987). Durante a safra de 1987-1988, todos os municípios produtores de algodão do Estado de São Paulo estavam infestados pelo bicudo.

Em Minas Gerais, as primeiras infestações foram detectadas no final da safra de 1984-1985, em todos os municípios vizinhos ao Estado de São Paulo, a

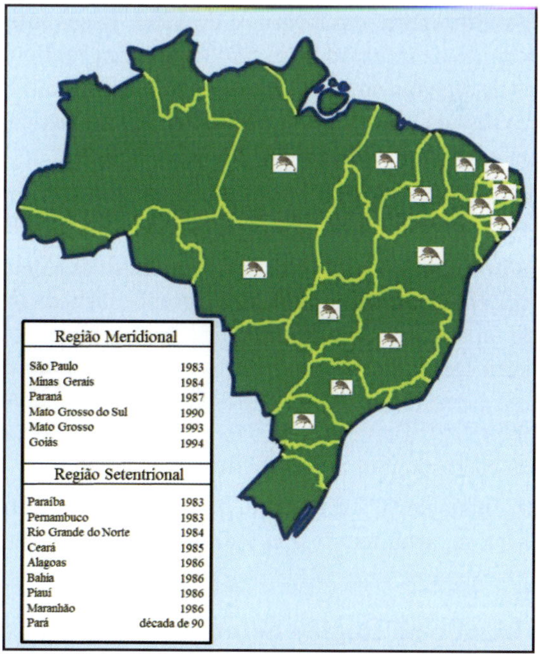

Figura 4. Distribuição de *A. grandis* nas regiões Meridional e Setentrional do Brasil (adaptado de Ramalho & Santos, 1994).

danificar maçãs (Figura 4), mas nessa safra os prejuízos não foram significativos, considerando a baixa densidade populacional do inseto. As primeiras infestações da praga em Minas Gerais vieram de algodoais infestados de São Paulo. No início da safra de 1985-1986, o governo mineiro proibiu o plantio de algodão em todos os municípios vizinhos a São Paulo. Como resultado dessa medida, a praga não migrou das áreas infestadas para o sul, o norte e o nordeste de Minas Gerais. Segundo informações do doutor C. E. Figueiredo (chefe do Serviço de Defesa Vegetal, Ministério de Agricultura, Minas Gerais), em maio de 1991 o bicudo infestou 23.850 ha de algodão localizados nos municípios de Conquista, Uberaba, Conceição das Alagoas, Planura, Fronteira e Iturama. No período de 21 a 22 de agosto de 1985, foi realizado em Montes Claros o Primeiro Encontro sobre Bicudo, no qual foi lançado o programa de supressão do bicudo, com a proibição do transporte de sementes e/ou de algodão em rama de regiões infestadas para áreas indenes, dentro dos estados e entre eles. Esse programa contribuiu para que a migração da praga do sul para o norte e o nordeste de Minas Gerais fosse retardada.

As primeiras infestações do bicudo no Paraná ocorreram nos municípios de Barra do Jacaré e Maringá, em maio de 1987. No final da safra de 1990-1991, mais de 432.000 ha de algodão, isto é, 90% da área plantada no estado, estavam infestados por *A. grandis*.

Os primeiros municípios do Mato Grosso do Sul onde encontrou-se o bicudo foram Taquarussu e Bataipora, em fevereiro de 1990. Essas infestações decorreram de migrações de áreas infestadas de São Paulo. Em junho de 1991, a praga ocorreu em campos de algodão dos municípios de Jateí, Naviraí, Nova Andradina, Brasilândia e Santa Rita do Pardo. Em dezembro de 1992, o bicudo já se encontrava em todas as regiões produtoras de algodão do estado.

Em Mato Grosso, o bicudo foi constatado pela primeira vez em junho de 1993, nos municípios de Mirassol D'Oeste e Cáceres (Arantes et al., 1993).

De acordo com informações do doutor Aderivaldo Alves Vilela (chefe do Setor de Sanidade Vegetal, Departamento de Defesa Agropecuária da Delegacia Federal de Goiás), o bicudo foi constatado pela primeira vez em Goiás nos municípios de Itumbiara, Cachoeira Dourada, Inaciolândia e Panamá, em 20 de maio de 1996, a infestar uma área plantada de algodão herbáceo de aproximadamente 11.000 ha. Na safra de 1998-1999, a área de algodão infestada pelo bicudo no estado era de 98.036 ha, o que correspondia a 85% da área plantada.

De 1983 a 1993, mais de 90% da Região Meridional foi infestada por *A. grandis*. A praga encontra-se, atualmente, em todos os estados produtores de algodão da região.

Movimento do bicudo na Região Setentrional do Brasil

A distribuição do bicudo na Região Setentrional, de 1983 a 1999, pode ser vista na Figura 4. Os primeiros algodoais infestados foram detectados na Paraíba, no município de Ingá, em 4 de julho de 1983 (Braga Sobrinho, Crisóstomo & Lukefahr, 1983; Barbosa et al., 1983; Menezes Neto & Ramalho, 1984). Um levantamento conduzido por técnicos da Embrapa Algodão e Emater–PB mostrou que, em julho de 1983, o bicudo encontrava-se nos municípios de Ingá, Gurinhém, Itatuba, Juarez Távora e Mogeiro e que 80% dos campos de algodão infestados pela praga apresentavam áreas com menos de 5 ha. Esses municípios estão localizados no Agreste do estado, e neles havia produtores com áreas com mais de 50 ha, exploradas sob a forma de arrendamento. Esse sistema de exploração agrícola favorece o desenvolvimento da policultura, isto é, o consórcio de algodão herbáceo com milho (*Zea mays*) e feijão (*Phaseolus vulgaris* ou *Vigna unguiculata*), sendo o algodão o principal componente do sistema.

Em dezembro de 1983, mais de 90% dos algodoais do Agreste da Paraíba estavam infestados por *A. grandis* e, em junho de 1984, o bicudo foi encontrado na região do Cariri, nos municípios de Soledade e Taperoá, a atacar algodão dos tipos perene e herbáceo. No final de junho de 1984, *A. grandis* foi detectado nas regiões do Seridó e do Sertão (município de Belém do Brejo da Cruz). O Seridó é a principal região produtora de algodão perene do estado. Em 1985, todas as regiões produtoras de algodão da Paraíba estavam infestadas pela praga.

Em Pernambuco, o bicudo foi constatado pela primeira vez em julho de 1983, no município de Toritama. A infestação foi decorrente da expansão natural do inseto de áreas infestadas do Agreste da Paraíba. No final de 1985, já ocorria em todo o estado, atacando campos de algodão irrigados no município de Petrolina.

Os primeiros algodoais infestados pelo bicudo no Rio Grande do Norte foram constatados em 23 de julho de 1984.

O bicudo foi detectado pela primeira vez em Alagoas em 1986, no Agreste, a infestar algodão plantado em sistema solteiro no município de Palmeira dos Índios e em um sistema de consórcio com fumo (*Nicotiana tabacum*) no município de Arapiraca. Levantamento feito por técnicos da Emater–AL indicou alta capacidade da praga de causar danos à cultura.

Em agosto de 1986, o bicudo foi encontrado em algodoais irrigados, cultivar Alcalá del Cerro, no município de Juazeiro, Bahia. No final da safra de 1991, a praga chegou ao Vale do Yuyu, causando sérios danos à cotonicultura do sudoeste baiano. É provável que a introdução do inseto no sudoeste do estado possa ser atribuída à importação de semente de algodão em rama ou de outros produtos de algodão de regiões do Brasil já infestadas por *A. grandis*.

Os primeiros algodoais infestados pelo bicudo no Piauí foram constatados nas regiões sul e norte do estado, durante a safra de 1986, nos municípios de São Raimundo Nonato e Buriti dos Lopes. Essas infestações vieram provavelmente de áreas infestadas do Ceará e/ou de Pernambuco. Na safra de 1987, *A. grandis* atingiu todas as regiões produtoras de algodão do Piauí.

O bicudo foi constatado no Maranhão em setembro de 1986, a danificar botões florais e maçãs em algodoais localizados no município de São Bernardo (doutor A. P. Angelim, chefe da DFARA/Mara, informação pessoal). Essa infestação pode ter sido originada da emigração de insetos do nordeste do Piauí. Na safra de 1987, a praga já encontrava-se em todas as regiões produtoras do Maranhão.

A. grandis foi detectado no Pará pela primeira vez na década de 1990, nos municípios de Dom Eliseu (comunidade Santa Helena) e de Rondon do Pará (comunidade Nova Esperança). Acredita-se que tenha sido levado por migrantes nordestinos no início da década de 1990, quando da implantação de novas comunidades agrícolas (Silva, 1998).

De acordo com Ramalho e Santos (1994), a rápida distribuição do bicudo na Região Setentrional do Brasil pode ser explicada pelos seguintes fatores: por causa da distribuição irregular das chuvas, o algodão é plantado de janeiro a dezembro; é plantado em quase toda a região e, assim, ao longo do ano, pode-se encontrá-lo em diferentes estágios de desenvolvimento; em qualquer época do ano, a praga pode ser conduzida de áreas infestadas para regiões indenes, por meio de transportes frequentes de semente de algodão em rama e de outros produtos do algodão.

IMPACTO ECONÔMICO, BIOLÓGICO E SOCIAL

A modernização da agricultura brasileira foi intensificada na década de 1960, quando, sob a orientação do governo federal, foi estabelecido um programa dinâmico de desenvolvimento no setor agrícola. Nesse contexto, a "modernização da agricultura" é vista como um processo de industrialização da agricultura, isto é, uso intensivo de fertilizantes, inseticidas, fungicidas, herbicidas, implementos agrícolas e outros produtos industrializados. O processo, pelas suas peculiaridades, atingiu com maior impacto produtos agrícolas que necessitavam de muito mais tecnologias. Para esses produtos, em nível internacional, a utilização de tecnologia simplificava o uso de produtos industrializados. É o caso do algodão.

É muito diferente o nível tecnológico dos produtores de algodão do Norte e do Sul do Brasil. Na Região Meridional, o trabalho desenvolvido pelo Instituto Agronômico de Campinas, desde o início do século, e o esforço feito pela indústria têxtil contribuíram de modo significativo para a modernização das tecnologias a adotar, tanto no setor primário como no secundário da cotonicultura. Na Região Setentrional, a modernização não ocorreu, e o atraso da cotonicultura pode ser atribuído à falta de interesse das indústrias têxteis; à afinidade dos cotonicultores com a estrutura tradicional de produção; aos riscos climáticos da região, associados ao sistema de exploração do algodoeiro.

Ao comentar a estrutura da produção de algodão que prevalece na Região Setentrional do Brasil, Andrade (1977) afirmou que uma das vantagens da cultura do algodão, em geral plantado em consórcio com o milho, é que, após a colheita, feita no período mais seco do ano, as folhagens e as estruturas reprodutivas do algodão e do milho são utilizadas na alimentação do gado, justamente quando não se tem mais nenhuma pastagem no campo. Isso constitui uma grande vantagem para os grandes criadores de gado da região, pois, com essa prática, seus lucros aumentam, sem prejuízos para a sua atividade de pecuaristas. Uma das principais características desse sistema de produção é a aversão à utilização de inovações tecnológicas. O sistema desperdiça terra e mão de obra em grande escala e incorpora poucas inovações tecnológicas (utilização de fertilizantes, inseticidas, herbicidas, fungicidas e outros produtos industrializados).

A introdução do bicudo na Região Setentrional do Brasil contribuiu para acelerar a crise já existente no sistema de produção dessa malvácea. Para se ter uma cultura rentável na presença de *A. grandis,* é necessário certo nível de tecnologia, associado ao mais alto custo de produção.

Embora muito esforço tenha sido feito para introduzir na Região Setentrional os princípios do manejo integrado de pragas (MIP), o sucesso alcançado pelos técnicos em difundir essa tecnologia entre os cotonicultores da região ainda é insignificante. O baixo nível de adoção do MIP pelos produtores deve-se principalmente à estrutura de produção predominante na região: caráter tradicional e baixo nível educacional dos cotonicultores; desigualdade econômica e social, que vem sendo cada vez mais incrementada pela política governamental.

Uma análise do impacto do bicudo na área colhida, na produção e na produtividade de algodão em rama nas regiões Meridional e Setentrional do Brasil foi feita por Ramalho e Santos (1996). Eles mostraram que, em São Paulo e no Paraná, ocorreu um pequeno aumento da área colhida e da produção, com taxa de crescimento anual de 2% de 1981 a 1990. A situação foi similar para o período após a introdução do bicudo, isto é, de 1983 a 1990. A produtividade do algodão em rama apresentou crescimento de 1% no período de 1983 a 1990. Este aumento pode ser considerado o resultado de mudanças no nível tecnológico dos produtores; pode também ser interpretado como efeito positivo da introdução do bicudo na Região Meridional.

Na Região Setentrional, no período de 1981 a 1983, a área colhida e a produção de algodão herbáceo em rama sofreram declínio de 13% e 7%, respectivamente, mas, entre 1983 e 1986, observou-se aumento na área colhida, o qual ocorreu no período em que o bicudo encontrava-se presente na região. Esse fato pode ser explicado pelos seguintes motivos: término do grande período de seca ocorrido entre 1979 e 1983; no período de 1983 a 1986, incentivos aos produtores oferecidos pelo governo para erradicarem o algodão. O governo pagou para que o algodão fosse arrancado e queimado e indenizou as áreas plantadas. Nesse caso, a intenção do cotonicultor não foi aumentar sua área, na expectativa de obter uma colheita rentável, e sim ser recompensado com a indenização oferecida pelo governo. No período, a produtividade de algodão em rama teve uma taxa de aumento de 5%. Isto ocorreu, provavelmente, por causa de fatores climáticos e biológicos, os quais interferiram, de modo direto ou indireto, na supressão de populações do bicudo.

De 1983 a 1990, a área colhida, a produção e a produtividade de algodão perene em rama apresentaram taxas anuais de declínio de 16%, 18% e 1%, respectivamente. Portanto, a introdução do bicudo no agroecossistema setentrional do Brasil causou perdas diretas e indiretas, que se estenderam praticamente a toda a estrutura social, financeira e econômica da região. É impossível estimar as perdas econômicas e sociais, devidas, principalmente, à desvalorização dos valores das propriedades, ao fechamento das usinas de beneficiamento de sementes e de óleo comestível, ao desemprego e à migração de trabalhadores para as grandes cidades do Nordeste e do Sudeste. A magnitude dos prejuízos causados pelo bicudo é dinâmica, varia de ano para ano e de área para área. O dano de *A. grandis* em campos individuais é influenciado por diferentes fatores e varia de modo amplo, flutuando de uma leve a uma completa destruição das estruturas reprodutivas do algodoeiro. Os danos causados pelo bicudo em geral são mais acentuados nas regiões e nas safras em que ocorrem altas precipitações pluviométricas durante os meses de desenvolvimento da cultura. Ramalho e Santos (1996) estimaram os prejuízos causados pelo bicudo na Paraíba e em Pernambuco e afirmaram que os danos causados por *A. grandis* na produtividade de algodão herbáceo em rama variaram de 54% a 87%. O incremento na produtividade promovido pela mais eficiente estratégia de controle da praga variou de 116% a 657%.

ECOLOGIA E MANEJO

Plantas hospedeiras

Plantas hospedeiras e alimentares são os principais fatores ecológicos responsáveis pela sobrevivência do bicudo na América do Sul (Ramalho & Wanderley, 1996).

A primeira associação do bicudo com algodão cultivado foi reportada por Riley (1985), o qual encontrou *A. grandis* a danificar estruturas reprodutivas de uma cultura de algodão em Monclova, Coahuila, México. Ao longo de 35 anos, outros gêneros de plantas têm sido acrescentados à lista de hospedeiros. Revisões de plantas hospedeiras do bicudo foram escritas por Cross et al. (1975) e Lukefahr, Barbosa e Braga Sobrinho (1986).

O bicudo pertence a um gênero constituído de espécies que se desenvolvem em plantas hospedeiras pertencentes a um estreito âmbito taxonômico (Ashmad & Burke, 1972). Desenvolve-se em plantas de diferentes gêneros apenas dentro da tribo Gossypieae, família Malvaceae (Cross et al., 1975). Dos oito gêneros da tribo Gossypieae, apenas quatro (*Gossypium*, *Cienfuegosia*, *Thespesia* e *Hampea*) (Fryxell, 1982) apresentam espécies que podem suscitar a aparição do bicudo e são suas hospedeiras. Espécies do gênero *Hampea* não ocorrem na América do Sul; todavia, elas podem ser encontradas em áreas ao longo da linha do equador (Ramalho & Wanderley, 1996).

A distribuição do bicudo na América do Sul tem levado à sua associação com os tipos de algodão cultivados, sobretudo derivados de *G. hirsutum*. Cross et al. (1975), em abril de 1961, encontraram uma larva de bicudo a atacar uma maçã de algodão *G. hirsutum*, raça *marie-galante*, no município de Magdalena, Colômbia. Na Região Nordeste do Brasil, o bicudo é uma praga do algodão-mocó (*G. hirsutum*, raça *marie-galante*) (Ramalho & Gonzaga, 1991). De acordo com Lukefahr, Barbosa e Braga Sobrinho (1986), das 36 espécies de *Gossypium*, 25 são hospedeiras dessa praga.

São conhecidas 36 espécies de *Cienfuegosia*, entretanto apenas seis são encontradas na área de ocorrência do bicudo. *C. affines* foi a primeira hospedeira intermediária do bicudo. Isto ocorreu na Venezuela (Szumkowski, 1952, 1954), onde *A. grandis* costuma desenvolver-se nessa espécie de planta (Cross et al., 1975). Os adultos do bicudo que se alimentam de *C. affines* têm longevidade similar àqueles que se desenvolvem em plantas de algodão. Na ausência do algodão, o bicudo pode sobreviver nessa hospedeira nativa, usando-a como fonte de alimento (Lukefahr, Barbosa & Braga Sobrinho, 1986). Na Venezuela e na Colômbia, *C. heterophylla* pode ser uma planta hospedeira do bicudo (Cross et al., 1975). Três adultos do bicudo foram vistos em plantas de *C. heterophylla*, próximos a San Mateo, Anzoátegui, Venezuela (Szumkowski, 1953). Lukefahr, Barbosa e Braga Sobrinho (1986) reportaram que *A. grandis* é atraído e reproduz-se em plantas de *C. affines*, *C. heterophylla*, *C. glabrifolia*, *C. drummondii*, *C. sulfurea* e *C. argentina*.

De acordo com Fryxell (1982), dezesseis espécies de *Thespesia* são conhecidas, mas apenas *T. populnea* é comum na América do Sul, onde esse tipo de árvore é plantado como planta ornamental e está distribuído na região litorânea. No Brasil, é hospedeira do bicudo; é plantada ao longo das ruas das cidades e usada como planta ornamental (produção de flores, pequena quantidade de fibra e fins medicinais) nas zonas rural e urbana (Ramalho & Wanderley, 1996). Em janeiro de 1964, Cross et al. (1975) observaram *A. grandis* a se reproduzir em 25 plantas de *T. populnea* em Naiguatá, Distrito Federal, Venezuela; *T. populnea* é conhecida como hospedeira do bicudo na região litorânea, no norte da Colômbia.

As espécies *Wissadula contracta*, *Abutilon gigatiteum*, *A. hirtum*, *Sida* spp., *Hibiscus syriacus*, *H. mutabilis*, *H. esculentus*, *H. rosasinensis* e *T. populnea* foram listadas por Szumkowski (1954) como plantas alimentares de adultos do bicudo. No Nordeste do Brasil, *H. pernambucensis* pode manter baixas populações de *A. grandis* (Lukefahr, Barbosa & Braga Sobrinho, 1986).

Restos da cultura de algodão e hospedeiros intermediários do bicudo apresentam importância muito grande para o manejo do bicudo nos países da América do Sul. Isso é influenciado principalmente pelas condições climáticas, as quais permitem ao bicudo permanecer parte do ano em áreas cultivadas com algodão e o restante do ano em restos de culturas do algodão e/ou em hospedeiros intermediários (Ramalho & Wanderley, 1996).

Sobrevivência durante a entressafra

Na Venezuela, *A. grandis* pode viver somente doze dias na ausência de alimento, porque não hiberna nas temperaturas (> 16,7ºC) que ocorrem nesse país (Whitcomb, 1953). Então, o período de entressafra sem algodão, incluindo destruição dos restos de cultura e hospedeiros intermediários, pode reduzir de modo significativo os problemas causados por essa praga. De acordo com Marin (1981), na Colômbia, o bicudo não entra em diapausa (cessação da gametogênese, atrofia das gônadas, aumento da quantidade de gordura no corpo e redução da taxa de respiração e da quantidade de água no corpo), mas sobrevive por longos períodos, em estado de repouso ou quiescência (apresenta sinais de vida e pode reproduzir-se durante o ano), embaixo das folhas caídas no solo. Nas regiões tropicais, *A. grandis* entra em quiescência para regular o seu ciclo biológico e assim garantir a sua sobrevivência nos mais adversos ecossistemas. Na Colômbia, durante o período de entressafra, pode sobreviver em áreas úmidas; a sua reprodução depende de plantas de algodão perene, campos de algodão abandonados e *T. populnea* (Alvarez, 1990).

No Brasil, entomologistas têm opiniões diferentes a respeito da fisiologia da sobrevivência do bicudo durante o período de entressafra. Braga Sobrinho e Lukefahr (1984) reportaram que, no Estado da Paraíba, *A. grandis* desenvolve diapausa verdadeira. Campanhola et al. (1988) encontraram bicudos em diapausa em campos de algodão de municípios do Estado de São Paulo. Esses pesquisadores usaram os mesmos critérios propostos por Brazzel e Newsom (1959) para caracterizar a diapausa em bicudos. Entretanto, Ramalho e Jesus (1987) estudaram os estados fisiológicos e o comportamento de *A. grandis* durante o período de entressafra no Estado da Paraíba. Concluíram que os bicudos coletados em armadilhas de feromônio ou encapsulados dentro de maçãs secas encontram-se quiescentes, fisiologicamente ativos e capazes de se reproduzir durante o período de entressafra. Em campos abandonados de algodão localizados no Agreste (zona de transição entre a área litorânea e a região semiárida) do Estado da Paraíba, têm sido encontradas populações de bicudo fisiologicamente ativas. Resultados semelhantes têm sido reportados por Keeley et al. (1977), Guerra e Garcia (1982), Guerra, Garcia e Tamoyo (1982) e Guerra et al. (1984), que mostraram que bicudos nativos de regiões tropicais e subtropicais apresentam um comportamento não usual durante o período mais frio do ano, permanecendo fisiologicamente ativos e capazes de se reproduzir durante o período de entressafra. Portanto, de acordo com Ramalho e Wanderley (1996), as conclusões apresentadas por Braga Sobrinho e Lukefahr (1984) e Campanhola et al. (1988) são incorretas: no Brasil, *A. grandis* não entra em verdadeira diapausa, e sim em estado de quiescência.

Manejo do bicudo

No Brasil, dispõe-se de novas estratégias de manejo do bicudo, as quais são ecológica e economicamente viáveis (Ramalho, Jesus & Bleicher, 1989; Ramalho et al., 1990; Ramalho, 1994). As estratégias são constituídas de táticas utilizadas para reduzir as populações do bicudo, incluindo manipulação de cultivares, práticas culturais, uso do clima e do controle biológico por meio de parasitoides, predadores e entomopatógenos.

Manipulação de cultivares

Sabe-se que os cultivares de algodão que apresentam rápido período de frutificação e maturação precoce podem ajudar os cotonicultores a enfrentar os problemas que poderão ser causados pelo bicudo à sua cultura. Hoje, alguns melhoristas e entomologistas do Brasil estão cientes de que os sistemas de manejo com *short-season cotton* (cultivar de algodão com rápido período de frutificação e maturação precoce), em conjunto com apropriadas práticas de manejo de artrópodes, são um método promissor para reduzir as populações de *A. grandis*, sem a utilização de inseticidas. Esse sistema de produção de algodão, tanto em algodão solteiro como consorciado com outras culturas, é importante em programas de manejo do bicudo, porque as maçãs que se desenvolvem nas regiões mediana e basal das plantas não são danificadas por essa praga e, assim, a produção é garantida. A principal vantagem de cultivares de algodão com rápido período de frutificação é que eles são bastante produtivos em sistemas intensivos de manejo de produção; também escapam dos altos picos populacionais de bicudos que ocorrem no final do ciclo da cultura. O cultivar de algodão CNPA Precoce 1 apresenta rápido período de frutificação e maturação precoce. Plantado em alta densidade, pode ser cultivado na Região Nordeste do Brasil, utilizando reduzida quantidade de fertilizantes e inseticidas, sem diminuição da produção. Segundo Beltrão (1987), Beltrão e Cavalcanti (1989) e Beltrão e Silva (1989), o CNPA Precoce 1 plantado em alta densidade floresce com rapidez e retém grande quantidade de estruturas reprodutivas, o que é útil para minimizar os danos causados pelo bicudo (Ramalho & Wanderley, 1996). De acordo com Ramalho et al. (1990), esse cultivar, em condições de sequeiro da Região Nordeste do Brasil, pode ser colhido 145 dias após o plantio. Esse comportamento do CNPA Precoce 1 é vantajoso, porque o alimento e os locais de reprodução dos bicudos podem ser removidos dos agroecossistemas por meio de colheitas realizadas mais cedo e pela destruição dos restos de cultura. No caso de a produção de algodão ficar restrita a cultivares (*short-season*) de algodão, ocorrerão grandes reduções nas populações de bicudo, sem a necessidade de aplicação de inseticidas.

Práticas culturais

Quando se implementam modificações nas práticas da produção de algodão que vêm sendo usadas ao longo de anos, podem-se criar mudanças nas plantas e no ambiente. A atratividade e a suscetibilidade das plantas e do meio ambiente às pragas podem ser alteradas e, às vezes, isso pode agravar ou melhorar os problemas causados por elas ou criar novos problemas. As populações de bicudo ou de seus inimigos naturais podem ser afetadas por mudanças no tempo de aplicação e na quantidade de irrigação ou de fertilizantes, pelo uso de diferentes cultivares de algodão, por mudanças na densidade das plantas, pelo espaçamento entre linhas, pelas práticas de cultivo, pela época de plantio e pela maturidade da cultura. Algumas dessas mudanças são especificamente implementadas, buscando-se o controle cultural do bicudo. Portanto, práticas culturais constituem uma das principais estratégias de controle das pragas do algodão.

No Brasil, as principais práticas culturais usadas para reduzir as populações de *A. grandis* são: datas uniformes de plantio; períodos livres de plantio de algodão; destruição de estruturas reprodutivas atacadas pelo bicudo (botões, flores e maçãs) e hospedeiros alternativos; destruição rápida e uniforme dos restos da cultura; culturas armadilhas e rotação de culturas. De acordo com a Embrapa–CNPA (1985), no sistema de cultivo de algodão perene, as estruturas reprodutivas atacadas pelo bicudo são destruídas pelos bovinos, os quais se alimentam de folhas, botões florais, flores, maçãs e cápsulas secas que permanecem nas plantas após a colheita. Assim, as práticas culturais constituem o alicerce para o sucesso do manejo do bicudo.

Clima

A luz do sol exerce papel muito importante para regular a atividade e a abundância de insetos nas regiões semiáridas, principalmente no Nordeste do Brasil. Isso se deve ao fato de que, durante a estação chuvosa, os dias são um pouco mais curtos, nublados e com menos luz do que na estação seca, quando então o sol brilha quase constantemente todos os dias. Adultos das importantes pragas do algodão, inclusive o bicudo, são fototropicamente negativos à luz natural. Além disso, o sol afeta a taxa de evaporação de água do solo e mata os insetos no seu ambiente (Pyenson, 1938). Na Região Nordeste do Brasil, esse é um fator limitante para muitos insetos, sobretudo para *A. grandis* no agroecossistema do algodoeiro perene. Nessa região, na qual é plantado o algodão dos tipos herbáceo e perene, em especial no Sertão (área semiárida), a radiação solar que atinge a superfície do solo é alta, atingindo 500 cal/cm^2/dia, em dias de sol, com mais de 3 mil horas de luz natural (Duque, 1973).

Reduções das populações de adultos de bicudo durante o período de safra de algodão têm sido obtidas por Ramalho, Jesus e Bleicher (1989), graças aos efeitos de altas temperaturas e baixa umidade do solo. No Agreste do Estado da Paraíba, a dessecação de larvas, pupas e adultos pré-emergentes é o principal fator de mortalidade do bicudo (Ramalho & Gonzaga, 1990a, 1990b; Ramalho, Gonzaga & Silva, 1993; Ramalho & Silva, 1993). Entretanto, a maior taxa de mortalidade ocorre na forma larval (Ramalho & Silva, 1993). Na região do Sertão do Estado da Paraíba, a dessecação é a principal causa de mortalidade de *A. grandis*. Na região do Seridó dos estados da Paraíba e do Rio Grande do Norte, onde é cultivado o algodão perene, a mortalidade do bicudo por causa da dessecação é de 95% (Ramalho & Wanderley, 1996). Nessa região, a dessecação com outras medidas de controle natural, a manipulação de cultivares e as práticas culturais têm reduzido as populações de bicudo ao *status* de praga de baixa importância econômica, e as aplicações de inseticidas raramente são necessárias para o seu controle.

Controle biológico

Outra estratégia de controle do bicudo é a utilização de inimigos naturais por meio da manipulação de hospedeiros da praga, do meio ambiente e dos seus parasitoides, predadores e entomopatógenos, tornando-os mais efetivos contra ela. Parasitoides, predadores e entomopatógenos são importantes no controle de pragas em qualquer parte do mundo, entretanto, nos trópicos, sua importância é muito maior (Whitcomb, 1953).

No Brasil, programas de controle de pragas que visam a liberação e/ou conservação de inimigos naturais nativos nos agroecossistemas são bastante promissores em termos ecológicos e econômicos, pois os ecossistemas brasileiros têm um rico complexo de inimigos naturais nativos. O bicudo é atacado por um grupo diverso de inimigos naturais (Tabelas 3 e 4). Pesquisadores brasileiros têm mostrado a importância ecológica e econômica de utilizar parasitoides (Figuras 5A-5D e 6A-6C) e predadores como estratégia para reduzir populações de bicudo (Ramalho et al., 1986; Araújo et al., 1991; Ramalho & Wanderley, 1996; Ramalho et al., 2003; Ramalho & Dias, 2003).

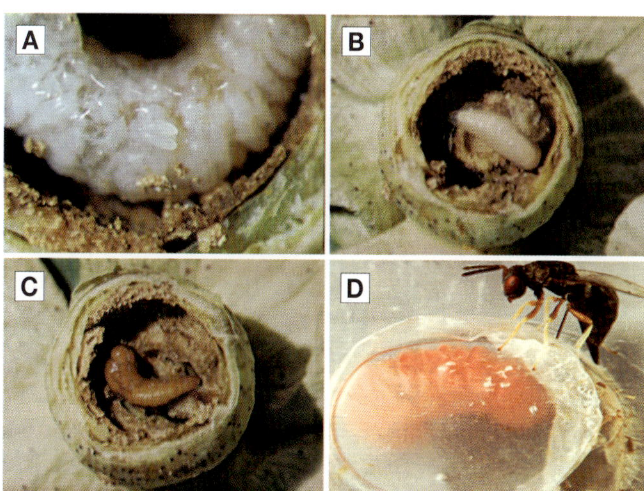

Figura 5. *Catolaccus grandis.* A) Ovos sobre larva de *A. grandis.* B) Larva. C) Pupa. D) Adulto. Fotos: Juan A. Morales-Ramos.

Figura 6. *Bracon vulgaris.* A) Ovos sobre larva de *A. grandis.* B) Parasitando larva de *A. grandis.* C) Pupa.

Tabela 3. Parasitoides do bicudo na América do Sul (Ramalho & Wanderley, 1996).

Parasitoides	Famílias	Países	Referências
Bracon kirkpatrick	Braconidae	Colômbia	Alvarez (1990)
Bracon mellitor		Brasil	Araújo et al. (1991)
Bracon vestiticida		Venezuela	Cross & Chesnut (1971)
Bracon spp.		Brasil	Pierozzi (1985)
Bracon spp.		Brasil	Ramalho et al. (1986)
Bracon vulgaris		Brasil	Ramalho & Gonzaga (1990b)
Urosigalphus rubicorpus		Brasil	Ramalho & Gonzaga (1990b)
Catolaccus grandis	Pteromalidae	Brasil/ Colômbia	Ramalho et al. (1986), Alvarez (1990)
Catolaccus hunteri		Brasil/ Colômbia	Ramalho et al. (1986), Alvarez (1990)
Heterospilus spp.		Colômbia	Alvarez (1990)
Protolaccus spp.		Colômbia	Alvarez (1990)
Eupelmus cushmeni	Eupelmidae	Brasil	Pierozzi (1985)
Eupelmus sp.		Brasil	Ramalho & Gonzaga (1990b)
Eurytoma sp.	Eurytomidae	Brasil	Ramalho & Gonzaga (1990b)
Hyalomyodes brasiliensis	Tachinidae	Brasil	Pierozzi (1985)
Não identificado	Ichneumonidae	Brasil	Araújo et al. (1991)
Não identificado	Bethylidae	Brasil	Ramalho & Gonzaga (1990b)

Os entomopatógenos são importantes agentes reguladores de populações de pragas do algodão. Entretanto, pouco se conhece a respeito dos entomopatógenos que ocorrem naturalmente nos agroecossistemas do Brasil. Pierozzi (1985) reportou que a bactéria *Serratia marcescens* e o fungo *Isaria* sp. podem causar mortalidade do bicudo em campos de algodão na Região Sudeste do Brasil. Ramalho et al. (1993) encontraram larvas de bicudo atacadas por um vírus na Região Nordeste.

Tabela 4. Predadores do bicudo na América do Sul (Ramalho & Wanderley, 1996).

Predadores	Famílias	Países	Referências
Componotus sericeiventris	Formicidae	Brasil	Pierozzi (1985)
Solenopsis spp.	Formicidae	Brazil	Pierozzi (1985)
Latrodectus geometricus	Theridiidae	Brasil	Pierozzi (1985)
Solenopsis geminata	Formicidae	Brasil	Ramalho & Silva (1993)
Crematogaster spp.	Formicidae	Brasil	Ramalho & Silva (1993)
Pheidole spp.	Formicidae	Brasil/ Venezuela	Marengo et al. (1987), Ramalho & Silva (1993)
Brachygastra Lecheguana	Vespidae	Brasil	Soares & Lara (1994)
Conomyrma sp.	Formicidae	Brasil	Dado não publicado
Euborellia annulipes	Anisolabidae	Brasil	Lemos, Ramalho & Zanuncio (2003)
Neivamyrmex sp.	Formicidae	Colômbia	Dado não publicado

De acordo com Coutinho e Cavalcante (1988), o uso de feromônios com entomopatógenos pode constituir uma nova ferramenta para o cotonicultor na redução das populações do bicudo.

A ocorrência de inimigos naturais nos agroecossistemas do algodoeiro no Brasil é útil na redução de populações do bicudo sem afetar as relações ecológicas de outros organismos. Os inimigos naturais são um componente biológico de programas de manejo do bicudo e estão prontos para serem aplicados em todo o Brasil.

O controle biológico do bicudo por meio da conservação de seus inimigos naturais é pouco usado no país. Todavia, para o melhoramento dessa estratégia, é necessário produzir mais conhecimentos sobre o potencial de parasitoides, predadores e entomopatógenos contra o bicudo. Os estudos deverão ser implementados e conduzidos durante um período bastante longo e de maneira intensiva por pesquisadores do país, em cooperação com entomologistas de países da América do Sul que têm interesse no controle biológico do bicudo. Espera-se que esses estudos forneçam a base para o desenvolvimento de táticas de manejo de *A. grandis* que não afetem os agroecossistemas do algodoeiro, garantindo ao Brasil uma cotonicultura sustentável.

REFERÊNCIAS BIBLIOGRÁFICAS

ALVAREZ, G. A. Bases técnicas para el cultivo de algodón en Colômbia. *Bol. Not. Dep. Experimentación*, Inst. Fom. Algodonero 2: 5-63, 1990.

ANDRADE, M. C. *A terra e o homem no Nordeste*. São Paulo: Brasiliense, 1977. 249p.

ARANTES, E. M. et al. Ocorrência do bicudo-do-algodoeiro em Mato Grosso. In: VII REUNIÃO INTERNACIONAL DO ALDGODÃO. Cuiabá, Embrapa/CNPA, 1993.

ARAÚJO, L. H. A. et al. Observações sobre alguns parasitoides do bicudo-do-algodoeiro. In: 13º CONGRESSO BRASILEIRO DE ENTOMOLOGIA, Recife, PE. Recife: Sociedade Entomológica do Brasil, 1991.

ASHMAD, M. & BURKE, H. R. Larvae of the boll weevil tribe Anthonominae. *Misc. Publ. Entomol. Soc. Am.* 8: 32-81, 1972.

AUDANT, A. & OCCENAD, A. The Mexican cotton boll weevil, *Anthonomus grandis* Boheman, in Haiti. *J. Agric. Univ. Puerto Rico* 21: 69-97, 1937.

BARBOSA, S. et al. *Relatório sobre a ocorrência do bicudo-do-algodoeiro, Anthonomus grandis* Boheman, *"boll weevil", no Brasil e recomendações para sua erradicação.* Campina Grande, Embrapa/CNPA, 1983. (Documentos, 21).

BARTLETT, A. C.; RANDALL, W. C. & MAY, J. E. Allozyme variation among populations of boll weevils in Arizona and Mexico. *Southwest Entomol.* 8: 118-30, 1983.

BELTRÃO, N. E. M. *Novas configurações de plantio na cultura do algodoeiro herbáceo com método ecológico de combate ao bicudo-do-algdoeiro.* Campina Grande, Embrapa-CNPA, 1987. (Pesquisa em andamento, 6).

BELTRÃO, N. E. M. & CAVALCANTI, M. A. *Crescimento e desenvolvimento do algodão herbáceo, cultivar CNPA Precoce 1 no Semiárido paraibano e suas relações com o bicudo.* Campina Grande, Embrapa-CNPA, 1989. (Comunicado Técnico, 32).

BELTRÃO, N. E. M. & SILVA, J. R. *Efeitos de novas configurações de plantio no algodoeiro herbáceo, no uso de insumos e no bicudo-do-algodoeiro. 1. Resultados em condições de sequeiro.* Campina Grande, Embrapa-CNPA, 1989. (Pesquisa em andamento, 9).

BOHEMAN, C. H. Original description of *Anthonomus grandis*. In: SCHOENHERR, C. J. (ed.). *Genera et species Curculionidum*, 1843, v. 7, pt. 2.

BRAGA SOBRINHO, R.; CRISÓSTOMO, J. R. & LUKEFAHR, M. J. *Relatório sobre a ocorrência do bicudo-do-algodoeiro, Anthonomus grandis* Boheman, *na Região Nordeste do Brasil e proposta para sua erradicação.* Campina Grande, Embrapa/CNPA, 1983. (Miscelânea, 1).

BRAGA SOBRINHO, R.; CRISÓSTOMO, J. R. & LUKEFAHR, M. J. Ocorrência de diapausa no bicudo-do-algodoeiro, *Anthonomus grandis* Boheman, na Região Nordeste do Brasil. In: 9º CONGRESSO BRASILEIRO DE ENTOMOLOGIA. Londrina, Paraná: Sociedade Entomológica do Brasil, 1984.

BRAZZEL, J. R. & NEWASOM, L. D. Diapause in *Anthonomus grandis* Boh. *J. Econ. Entomol.* 52: 603-11, 1959.

BURKE, H. R. Studies of the genus *Anthonomus* in North and Central America (Coleoptera: Curculionidae). II. The subgenus *Anthonomorphus* Dieta. *Coleopt. Bull.* 18: 7-17, 1964.

BURKE, H. R. *Geographic variation and taxonomy of Anthonomus grandis Boheman.* College Station, Tex. Agric. Exp. Stn., 1968. 151p.

BURKE, H. R. Situação taxonômica do bicudo-do-algodoeiro no Brasil e em outras áreas da América do Norte e do Sul. In: BARBOSA, S.; LUKEFAHR, M. J. & BRAGA SOBRINHO, R. (eds.). *O bicudo-do-algodoeiro.*, Brasília: Embrapa-DDT, 1986. 314p. (Documentos, 4).

BURKE, H. R. et al. Origin and dispersal of the boll weevil. *Bul. Entomol. Soc. Am.* 32: 228-38, 1986.

BURKE, H. R. & CATE, J. R. A new species of Mexican *Anthonomus* related to the boll weevil (Coleoptera: Curculionidae). *Ann. Entomol. Soc. Am.* 72: 189-92, 1979.

CAMPANHOLA, D. et al. Levantamento de adultos do bicudo, *Anthonomus grandis* Boheman, 1843 (Coleoptera: Curculionidae) utilizando armadilhas de feromônio, em alguns municípios do Estado de São Paulo. *An. Soc. Entomol. Brasil.* 17: 135-56, 1988.

CHEVROLAT, L. A. A. *Coléoptères du Mexique.* Strasbourg, 1834. fsc. 1.

COAD, B. R. *Relation of the Arizona wild cotton weevil to cotton planting in the arid west.* Washington D.C.: USDA, 1915. (USDA Bull., 233).

COAD, B. R. & PIERCE, W. D. Studies on the Arizona thurberia weevil on cotton in Texas. *Proc. Entomol. Soc. Wash.* 16: 23-7, 1914.

CONAB. *Acompanhamento da safra brasileira:* grãos: safra 2010/2011: quarto levantamento janeiro/2011. Brasília, DF, 2011.

COUTINHO, J. L. B. & CAVALCANTE, A. A. L. B. Utilização do fungo *Beauveria bassiana* no controle do bicudo-do-algodoeiro em Pernambuco. *Pesq. Agrop. Bras.* 23: 455-61, 1988.

CROSS, W. H. et al. Host plants of the boll weevil. *Env. Entomol.* 4: 19-26, 1975.

CROSS, W. H. & CHESNUT, T. L. Arthropod parasites of the boll weevil *Anthonomus grandis* 1. An annoted list. *Ann. Entomol. Soc. Am.* 6: 506-27, 1971.

DAVIDSON, A. *Controle das pragas do algodão no Nordeste brasileiro.* Recife: Sudene–Div., 1968. Documentação, 68. (Sudene–Agricultura, 1).

DUQUE, G. O. *O Nordeste e as lavouras xerófilas.* Fortaleza: Banco do Nordeste do Brasil, 1973.

EDWRADS, J. C. A new approach to intraspecific categories. *Syst. Zool.* 3: 1-20, 1954.

EMBRAPA-CNPA. *Cultura do algodoeiro em áreas infestadas pelo bicudo.* Campina Grande: Embrapa-CNPA, 1985. (Circ. Téc., 11).

FRYXELL, P. A. *The natural history of the cotton tribe.* College Station, Texas A&M University Press, 1982.

GALO, D. et al. *Entomologia agrícola.* Piracicaba: Fealq, 2002. 920p.

GLICK, B. & MITLIN, N. An immunological study of the antigens of *Anthonomus grandis* and *Anthonomus grandis* thurberiae. *Ann. Entomol. Soc. Am.* 61: 548-9, 1968.

GUERRA, A. A. & GARCIA, R. D. Seasonal patterns of boll weevil response to grandlure-baited traps in the subtropical Rio Grande Valley of Texas. *Southwest Entomol.* 7: 216-20, 1982.

GUERRA, A. A.; GARCIA, R. D. & TAMAYO, J. A. Physiological activity of the boll weevil during the fall and winter in subtropical areas of the Rio Grande Valley of Texas. *J. Econ. Entomol.* 75: 11-5, 1982.

GUERRA, A. A. et al. The quiescente physiological status of boll weevils (Coleoptera: Curculionidae) during the noncotton season in the tropical zone of Soconusco in Chiapas, Mexico. *J. Econ. Entomol.* 77: 595-8, 1984.

HOWARD, I. O. A new cotton insect in Texas. *Insect Life* 7: 273, 1894.

HUBBELL, H. The naming of geographically variant populations. *Syst. Zool.* 3: 113-21, 1954.

HUNTER, W. D. & HINDS, W. E. *The Mexican boll weevil.* Washington: USDA, 1905. (USDA Bureau of Entomology Bull. 51).

HUNTER, W. D. & PIERCE, W. D. *The Mexican cotton boll weevil*: a summary of the investigation of this insect up to December 31, 1911. Washington: US Senate, 1912. (Doc., 305).

JOHNSTON, H. G. Status of the boll weevil – current programs and outlook. *Cotton Gin Oil Mill Press* (16 March 1963): 63-6, 1963.

KEELEY, L. L. et al. Succinatecytochrome C reductase activity and lipids in diapause and nondiapause *Anthonomus grandis* from diferente latitudes. *J. Insect Physiol.* 23: 231-4, 1977.

LAMB, K. P. *Economic entomology in the tropics.* New York: Academic Press, 1974.

LEMOS, W. P.; RAMALHO, F. S. & ZANUNCIO, J. C. Age-dependent fecundity and life-fertility tables for *Euborellia annulipes* (Lucas) (Dermaptera: Anisolabididae) a cotton boll weevil predator in laboratory studies with an artificial diet. *Env. Entomol.* 32: 592-601, 2003.

LLOYD, E. P.; McMEANS, J. J. & MERKL, M. E. Preferred feeding and egg laying sites of the boll weevil and the effect of weevil damage on cotton plant. *J. Econ. Entornol.* 54: 979-87, 1961.

LOFTIN, V. C. Living with the boll weevil for fifty years. *Inst. Res. Rep. Publ.* 3.827: 273-92, 1946.

LUKEFAHR, M. J.; BARBOSA, S. & BRAGA SOBRINHO, R. Plantas hospedeiras do bicudo com referência especial à flora brasileira. In: BARBOSA, S.; LUKEFAHR, M. J. & BRAGA SOBRINHO, R. (eds.). *O bicudo-do-algodoeiro*. Brasília: Embrapa/DDT, 1986.

MAPA. *Projeções do agronegócio*: Brasil 2010/2011 a 2020/2021. Brasília, DF: Ministério da Agricultura, Pecuária e Abastecimento, Assessoria de Gestão Estratégica, 2011. 59p.

MARENGO, R. M. L.; ALVAREZ, L. A. & WHITCOMB, W. H. El picudo mejicano del algodonero, *Anthonomus grandis* Boh. El desafio para la produccion algodonera en el Paraguay. *Public. Misc.* n. 18. Paraguay: Ministerio de Agricultura y Ganaderia, 1987.

MARENGO, R. M. L. & WHITCOMB, W. H. Discovery of the boll weevil, *Anthonomus grandis* Boheman in Paraguay (Coleoptera: Curculionidae). *Fla. Entomol.* 5: 44, 1991.

MARIN, C. H. *El picudo del algodonero trenta años de existência en Colombia*. Colômbia: Instituto Colombiano Agropecuário, 1981. (Bol. Tec., 81).

MARTIN, D. F.; BARBOSA, S. & CAMPANHOLA, C. *Observações preliminares sobre o bicudo--do-algodoeiro no Estado de São Paulo*. Jaguariúna: Embrapa/CNPDA, 1987. (Circular Técnica, 1).

MENEZES NETO, J. & RAMALHO, F. S. *Situação do bicudo, Anthonomus grandis e seu monitoramento no Nordeste brasileiro.* Campina Grande: Embrapa/CNPA, 1984. (Miscelânea, 2).

MORRILL, A. W. Arizona wild cotton or thurberia and its insect enemies in relation to the cotton industry of the Southwest. *J. Econ. Entomol.* 14: 472-8, 1921.

PIERCE, W. D. The occurrence of a cotton boll weevil in Arizona. *J. Agric. Res.* 1: 89-99, 1913.

PIEROZZI, I. Ecologia aplicada de *Anthonomus grandis* Boheman, 1843 (Coleoptera: Curculionidae) na região de Campinas. Campinas, 1985. Tese (mestrado) – Unicamp.

PYENSON, L. Notes on the biology of the cotton borer in Pernambuco. *J. Econ. Entomol.* 31: 553-7, 1938.

RAMALHO, F. S. Cotton pest management, part 4. A Brazilian perspective. *Annu. Ver. Entomol.* 39: 563-78, 1994.

RAMALHO, F. S. & DIAS, J. M. Efeitos de hospedeiros alternativos na biologia de *Catolaccus grandis* (Burks) (Hymenoptera: Pteromalidae), parasitoide de *Anthonomus grandis* Boheman (Coleoptera: Curculionidae). *N. Entomol.* 32: 307-10, 2003.

RAMALHO, F. S. & GONZAGA, J. V. Methodology of the application of pyrethroids against cotton boll weevil and pink bollworm. *Trop. Pest Manag.* 37: 324-8, 1991.

RAMALHO, F. S. & GONZAGA, J. V. Mortalidade natural do *Anthonomus grandis* (Coleoptera: Curculionidae) no algodoeiro consorciado. In: 6ª REUNIÃO NACIONAL DO ALGODÃO, Campina Grande, Paraíba. Campina Grande, Paraíba: Embrapa/CNPA, 1999a.

RAMALHO, F. S. & GONZAGA, J. V. Parasitoides do bicudo-do-algodoeiro, *Anthonomus grandis* (Coleoptera: Curculionidae). In: 6ª REUNIÃO NACIONAL DO ALGODÃO, Campina Grande, Paraíba. Campina Grande, Paraíba: Embrapa/CNPA, 1999b.

RAMALHO, F. S.; GONZAGA, J. V. & SILVA, J. R. B. Método para determinação das causas de mortalidade natural do bicudo-do-algodoeiro. *Pesq. Agrop. Bras.* 28: 877-87, 1993.

RAMALHO, F. S. & JESUS, F. M. M. Atividades fisiológicas do bicudo-do-algodoeiro, *Anthonomus grandis*, nos períodos de safra e entressafra. In: 12º CONGRESSO BRASILEIRO DE ENTOMOLOGIA. Campinas, São Paulo. Campinas: Sociedade Entomológica do Brasil, 1987.

RAMALHO, F. S. & JESUS, F. M. M. Distribution of boll weevil (*Anthonomus grandis* Boheman) eggs within cotton squares. *Trop. Agric.* 60: 245-8, 1988.

RAMALHO, F. S.; JESUS, F. M. M. & BLEICHER, E. Himenópteros parasitos do bicudo-do-algodoeiro, *Anthonomus grandis* Bohemam. In: 4ª REUNIÃO NACIONAL DO ALGODÃO, Campina Grande, Paraíba. Campina Grande: Paraíba: Embrapa/CNPA, 1986.

RAMALHO, F. S.; JESUS, F. M. M. & BLEICHER, E. Manejo integrado de pragas e viabilidade do algodoeiro herbáceo no Nordeste. In: Sociedade Entomológica do Brasil (ed.). *Seminário sobre controle de insetos*. Campinas: Fundação Cargill, 1989.

RAMALHO, F. S.; JESUS, F. M. M. & GONZAGA, J. V. Táticas de manejo integrado de pragas em áreas infestadas pelo bicudo-do-algodoeiro. *Pesq. Agrop. Bras.* 25:677-690, 1990.

RAMALHO, F. S. & SANTOS, R. F. lmpact of the introduction of the cotton boll weevil in Brazil. In: CONSTABLE, G. A. & FORRESTER, N. W. (eds.). *Proceedings of the World Cotton Research Conference-1:* challenging the future. Brisbane: CSIRO, 1996. 617p.

RAMALHO, F. S. & SILVA, J. R. B. Período de emergência e mortalidade natural do bicudo-do--algodoeiro. *Pesq. Agropec. Bras.* 28: 1.221-31, 1993.

RAMALHO, F. S. & WANDERLEY, P. A. Ecology and management of the boll weevil in South American cotton. *Am. Entomol.* 42: 41-7, 1996.

RAMALHO, F. S. et al. Evaluation of *Catolaccus grandis* (Burks) (Hym., Pteromalidae) as a biological control agent against cotton boll weevil. *J. Appl. Entomol.* 124: 359-64, 2003.

RILEY, C. V. Natural history of other species of the genus *Anthonomus*. In: *USDA Report of Agriculture Commissioner for 1885*. Washington, DC: USDA, 1885.

ROBERTSON, O. T. Occurrence of the boll weevil in the Big Bend of Texas. *J. Econ. Entomol.* 50: 102, 1957.

ROBERTSON, O. T.; NOBLE, I. W. & ORR, G. E. Spread of the boll weevil and its control in far west Texas. *J. Econ. Entomol.* 59: 754-6, 1966.

SILVA, A. de B. *Bicudo-do-algodoeiro* (*Anthonomus grandis* Boheman): uma ameaça à cotonicultura do Estado do Pará. Belém: Embrapa-CPATU, 1998. 30p. (Documentos, 101).

SOARES, J. J. & LARA, F. M. Predação de *Anthonomus grandis* Boheman por *Brachygastra lecheguana* (Latreille) (Hymenoptera: Vespidae). *An. Soc. Entomol. Brasil.* 23: 135-6, 1994.

SUFFRIAN, E. Verzeichniss der von Dr. Gundlach auf der Insel Cuba gesammelten Russelkafer. *Arch Naturg* 37: 122-84, 1871.

SZUMKOWSKI, W. El "algodon de sabana", *Cienfuegosia affinis* (HBK) Kochr., huésped del "picudo del algodon", *Anthonomus grandis* Boh., en Venezuela. *Agron. Tropical* 1: 279-86, 1952.

SZUMKOWSKI, W. Nota preliminar sobre *Cienfuegosia heterophylla* Garcke, planta hospedeira de *Alabama argillacea* (HBN) y *Anthonomus grandis* Boh. en Venezuela. *Agron. Tropical* 3: 121, 1953.

SZUMKOWSKI, W. Recomendaciones para el combate de plagas del algodonero, según los resultados de los estúdios biológicos. *Agron. Tropical* 3: 273-90, 1954.

VIDELA, G. W.; RODRIGUES, G. D. & CONTRERAS, G. B. Dinámica poblacional y dispersión de *Anthonomus grandis* Boheman "picudo dei algodón". In: SEMINÁRIO INTERNACIONAL "MANEJO INTEGRADO DEL PICUDO DEL ALGODONERO EM ARGENTINA, BRASIL Y PARAGUAY". *Actas...* Londrina, 1996.

WARNER, R. E. Taxonomy of the subspecies of *Anthonomus grandis* (Coleoptera: Curculionidae). *Ann. Entomol. Soc. Am.* 59: 1.073-88, 1966.

WERNER, F. G. A new character for the identification of the boll weevil and the thurberia weevil (Coleoptera: Curculionidae). *Ann. Entomol. Soc. Am.* 53: 548-9, 1960.

WHITCOMB, W. *The control of field crop pests in Venezuela*. Venezuela: Serviço Shell para Agricultura, Shell Caribbean Petroleum Corporation, 1953.

WHITCOMB, W. & BRITTON, L. A. The control of the cotton boll weevil *Anthonomus grandis* Boh. *Venezuela. Emp. Cotton Grow* 30: 177-81, 1953.

36

Gorgulho-aquático-do-arroz, *Oryzophagus oryzae* (Lima)

J. F. S. Martins, U. S. Cunha

INTRODUÇÃO

O arroz é um alimento com alto valor energético, componente essencial da cesta básica do brasileiro. Perto de 78% da produção do cereal no Brasil é obtida em cerca de 1,4 milhão de hectares de orizicultura irrigada por inundação, concentrados nos estados do Rio Grande do Sul e de Santa Catarina. Essa área de arroz irrigado, que corresponde a 50% da área total cultivada com arroz no Brasil, é estratégica para o abastecimento interno nacional, visto que praticamente elimina riscos de oscilação produtiva, típica da área de arroz de sequeiro, predominante na Região Centro-Oeste. O ataque de diversas espécies de insetos constitui um dos principais fatores impeditivos para o melhor desempenho da cultura do arroz irrigado no Brasil, destacando-se o gorgulho-aquático *Oryzophagus oryzae* (Lima), de ocorrência crônica (Martins et al., 2009), desde a sua primeira constatação em arrozais do Rio Grande do Sul (Lima, 1936).

O. oryzae é mais importante como praga da cultura do arroz irrigado na Região Sul, em especial no Rio Grande do Sul e em Santa Catarina, estados onde tem sido aplicada elevada carga de inseticidas químicos para o seu controle (Martins & Prando, 2004). No âmbito do Cone Sul, atualmente, há referências à ocorrência da espécie na Argentina, na Bolívia, no Brasil, no Paraguai e no Uruguai (Wibmer

& O'Brien, 1986). Neste capítulo são fornecidas informações atualizadas sobre aspectos bioecológicos e táticas para o manejo integrado do inseto, em vista das modificações tecnológicas (Martins et al., 2007) que têm ocorrido no sistema de produção de arroz irrigado. Visando contribuir para a melhoria do manejo integrado de *O. oryzae*, também são apresentadas estratégias de controle relacionadas a outras duas espécies de gorgulhos-aquáticos americanos do arroz, *Lissorhoptrus brevirostris* e *L. oryzophilus*, predominantes em Cuba (Meneses & Ravelo, 1979) e nos Estados Unidos (Smith et al., 1986), respectivamente.

Posição taxonômica e nomenclatura

Ordem: Coleoptera

Família: Curculionidae

Subfamília: Erihininae

Tribo: Stenopelmini

Gênero: *Oryzophagus* Kuschel, 1951

Espécie: *Oryzophagus oryzae* (Lima, 1936)

Sinonímia: *Lissorhoptrus oryzae* Lima, 1936

Oryzophagus oryzae foi descrita originalmente no gênero *Lissorhoptrus* por Lima (1936) e transferida para o gênero *Oryzophagus* por Kuschel (1951).

BIOLOGIA E ECOLOGIA

Os adultos de *O. oryzae* (Figura 1) – os machos com dimensões médias de 1,17 mm de largura e 2,85 mm de comprimento, as fêmeas com 1,42 mm de largura e 3,44 mm de comprimento (Prando, 1999) – possuem franjas natatórias nas tíbias

Figura 1. Adultos de *O. oryzae*. Foto: Luis Antônio Suita de Castro.

do segundo par de pernas. Na entressafra do arroz, no Rio Grande do Sul (fevereiro a outubro), permanecem em diapausa (hibernação), em restos culturais de arroz, na base das plantas de diversas poáceas e de algumas ciperáceas circunvizinhas às lavouras (Pugliese, 1955), em restos vegetais, sobre o solo de matas naturais ou bosques de eucaliptos e pinheiros (Camargo, 1991) e em folhedo de bambu (Mielitz, Becker & Romanowski, 1996). O aparelho reprodutor sexualmente imaturo e a cavidade abdominal toda preenchida com corpos gordurosos são considerados importantes elementos para caracterizar o estado de diapausa, tanto de machos como de fêmeas (Redaelli, Becker & Romanowski, 1995). Adultos de *L. oryzophilus*, ao entrarem em diapausa, apresentam degeneração dos músculos de voo (Muda, Tugwell & Haizup, 1981; Matsui et al., 1983) e atrofia do aparelho reprodutor (Nilake, 1977; Matsui et al., 1983). O aumento da temperatura e do fotoperíodo e o início da inundação dos arrozais, na primavera, são apontados como os principais fatores indutores da saída dos adultos dos sítios de hibernação (Morgan et al., 1984). Há informação de que os músculos de voo degeneram em definitivo após a invasão dos arrozais (Smith et al., 1986), e o inseto passa a distribuir-se apenas por meio da água de irrigação.

A população de adultos pós-hibernantes de *O. oryzae*, por meio do voo ou deslocamento via água de irrigação, invade os arrozais nos meses de setembro, outubro, novembro (Pugliese, 1955) e dezembro, concentrando-se nas primeiras lavouras implantadas (Martins, 1976). Independente da época de implantação do arrozal, sempre há maior concentração de adultos em locais onde a água de irrigação é mais profunda (Martins, 1979). Alimentam-se preferencialmente de folhas de arroz, causando lesões longitudinais de 1 a 30 mm de comprimento (Figura 2), e também de poáceas e ciperáceas nativas (Camargo, 1991; Link & Costa, 1991). Os adultos alimentam-se ainda da radícula e do coleóptilo das sementes, em lavouras de arroz pré-germinado (Prando & Rosado-Neto, 1997).

Figura 2. Lesões causadas por adultos de *O. oryzae* às folhas de arroz. Foto: José Francisco da Silva Martins.

Nos arrozais, o acasalamento e a oviposição de *O. oryzae* aparentemente iniciam-se dois a três dias após a inundação (Martins, Veronez & Carbonari, 1997), de modo semelhante ao constatado para a espécie *L. brevirostris* (Menezes & Ravelo, 1979). Nesse período, machos e fêmeas são encontrados em posição de acasalamento (acoplados), a nadar próximo à superfície da água de irrigação ou sobre folhas de arroz e poáceas aquáticas. Durante vários anos, considerou-se que a postura era realizada diretamente em raízes de arroz, em solo inundado (Bertels, 1956; Camargo, 1991). Depois, porém, foi constatado que a oviposição é endofítica e ocorre em partes submersas da bainha foliar, direta e de modo individual nas lacunas aeríferas (Moreira et al., 1996; Prando, 1999; Moreira, 2002). A fêmea seleciona um ponto na bainha foliar, realiza uma cisão com as mandíbulas e deposita apenas um ovo de cada vez. Os ovos são esbranquiçados, cilíndricos, levemente curvos, com as extremidades arredondadas (Figura 3), têm em média 0,23 mm de diâmetro e 0,85 mm de comprimento (Prando, 1999). Segundo revisão da literatura (Camargo, 1991), fêmeas de *L. oryzophilus* e *L. brevirostris* ovipositam em média 1,5 a 2,5 ovos/dia, em um total de 60 a 91 ovos/fêmea, durante 20 a 47 dias, respectivamente, mas desconhece-se ainda a fecundidade de *O. oryzae*. A sua taxa de oviposição, porém, é influenciada de modo significativo pela profundidade da água de irrigação; são registrados 75 ovos/planta, à profundidade de 4 cm a 12 cm (Moreira, 2002). O período médio de incubação, de cerca de ± 6,5 dias, detectado por Prando (1999), foi de 7 dias, conforme Martins e Botton (1996); foi ainda observado que as larvas saem das bainhas somente sete a nove dias pós-oviposição. Portanto, após a eclosão, por 1 a 1,5 dias elas alimentam-se no interior das lacunas aeríferas. Depois, descem pela parte interna da planta, fixam-se com as mandíbulas e executam movimentos ondulatórios dorsoventrais, até atingirem a superfície do solo. Pode ocorrer também que logo após a saída das bainhas as larvas flutuem, para em seguida imergirem. Em qualquer circunstância, quando elas atingem o solo, submergem no lodo e vão ao encontro das raízes de arroz,

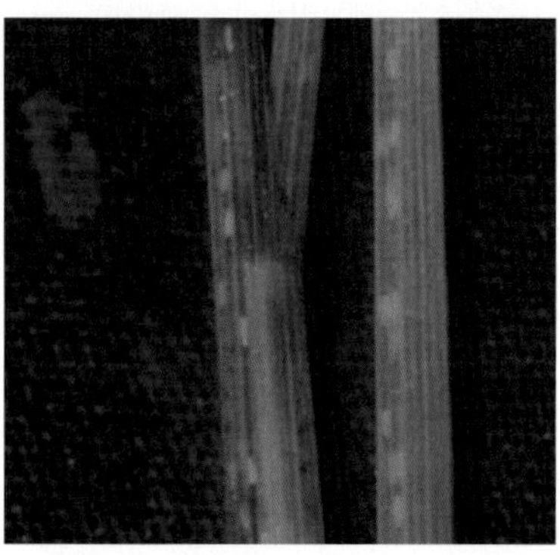

Figura 3. Ovos de *O. oryzae* nas bainhas-foliares de arroz. Foto: Honório Francisco Prando.

iniciando a alimentação e formando galerias. Elas são vulneráveis ao extremo a fatores ambientais bióticos e abióticos durante o deslocamento da bainha foliar ao solo, sendo estritamente aquáticas na condição de ectofíticas livres; apenas são endofíticas no primeiro estágio, quando ainda estão na bainha da folha ou penetram nas raízes.

As larvas de *O. oryzae* realizam movimentos lentos e somente sobrevivem em solos inundados, com águas paradas ou pouco movimentadas. São ápodes, brancas, com cabeça marrom. Possuem seis pares de espiráculos abdominais modificados (haustórios), projetados do quinto ao décimo segmento abdominal, na região dorsal (Figura 4). Os espiráculos dorsais estão ligados à traqueia, em parte servindo como órgão respiratório, em parte desempenhando função locomotora. As larvas ectofíticas de vida aquática estrita costumam inserir os espiráculos nos tecidos das raízes de arroz, aparentemente para retirar oxigênio do aerênquima (Tsuzuki et al., 1984). Assim mantêm-se fixas às raízes, submersas, inseridas em lodo, em ambiente anaeróbio. Cerca de 25 dias após a eclosão, no último estágio, completam o crescimento, medindo 8,5 mm de comprimento. Formam a pupa também em solo inundado, no interior de casulo impermeável, confeccionado com argila e material vegetal, fortemente aderido a uma raiz jovem. Supõe-se que é por meio dessa raiz que a pupa recebe o suplemento de oxigênio oriundo dos aerênquimas da planta. Em sua maioria, os casulos são fixados às raízes até 6 cm de distância do colo da planta de arroz e possuem, em média, 2,77 mm de diâmetro e 4,13 mm de comprimento (Figura 5). Os adultos emergem cerca de dez dias depois, ao romperem a câmara pupal com as mandíbulas, e permanecem nos arrozais até o final do ciclo da cultura, quando entram em diapausa.

No Rio Grande do Sul e em Santa Catarina, ocorrem no mínimo duas gerações anuais de *O. oryzae*, durante o período de cultivo do arroz irrigado (Pugliese, 1955; Schmitt & Miura, 1881). No Rio Grande do Sul, conforme a época de semeadura do arroz, a primeira geração de larvas ocorre de novembro a dezembro e a segunda, de fevereiro a março (Pugliese, 1955). A primeira geração é mais prejudicial, pois

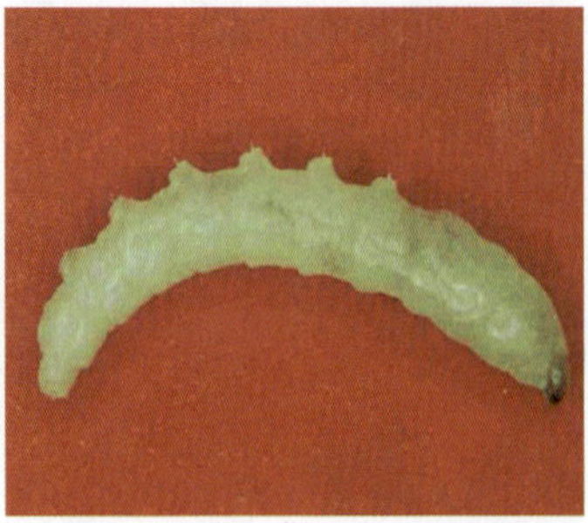

Figura 4. Larvas de *O. oryzae* (bicheira-da-raiz-do-arroz). Foto: Carlos Jorge Rossetto.

Figura 5. Câmaras pupais de *O. oryzae* fixas às raízes de arroz.
Foto: Paulo Luis Lanzetta Aguiar.

além de a densidade populacional ser maior, ela acontece mais cedo, e o sistema radicular das plantas de arroz ainda encontra-se pouco desenvolvido. A segunda geração, ao contrário, coincide com a fase em que as plantas estão mais desenvolvidas, portanto, mais resistentes aos danos às raízes. O pico populacional da primeira geração de larvas tem ocorrido entre 30 e 45 dias após a inundação dos arrozais (Martins, 1976; Souza & Reis, 1990; Camargo, 1991; Carbonari et al., 2000). De acordo com a duração das fases, o ciclo biológico de *O. oryzae* completa-se em cerca de 42 dias (Martins & Ferreira, 1980).

HISTÓRICO DA INTRODUÇÃO DA PRAGA NO BRASIL

No Brasil, os primeiros exemplares da espécie *O. oryzae* foram encontrados pelo agrônomo C. H. Reiniger, em fevereiro de 1935, em arrozal do município de Rio Pardo, Rio Grande do Sul. O material foi repassado para identificação ao doutor A. da C. Lima, pelo Serviço de Defesa Sanitária Vegetal, do Ministério da Agricultura, com a seguinte nota: "larvas em raízes de arroz, em plantações alagadas". Como é extremamente próxima a *Lissorhoptrus simplex*, o conhecido "rice water weevil" dos Estados Unidos, a espécie passou a ser considerada também praga do arroz (Lima, 1936).

Apesar de *O. oryzae* ter sido detectada pela primeira vez no agroecossistema de terras baixas do Rio Grande do Sul, seu local de origem é incerto, visto que na época o inseto também foi encontrado no Norte da Argentina e no Paraguai (Kuschel, 1951). O fato de os primeiros espécimes terem sido encontrados em território brasileiro não elimina a possibilidade de a praga ter sido introduzida de países vizinhos, vindo a se estabelecer no Rio Grande do Sul, onde o processo de expansão da cultura do arroz irrigado de início foi mais intenso. Sem dúvida, *O. oryzae* é uma espécie sul-americana (Kuschel, 1951), e seu lugar de origem é o Sul do continente. Por outro lado, mesmo que o lugar de origem tenha sido o próprio município de Rio Pardo, no Rio Grande do Sul, é importante considerar que a população do inseto, durante 64 anos, desde que foi constatado, tem alcançado de modo contínuo regiões longínquas do Brasil, o que caracteriza um processo de introdução da praga, tendo em vista a dimensão continental e a variabilidade ecológica do país.

Há escassez de publicações sobre a ocorrência de *O. oryzae* nas áreas orizícolas de países vizinhos ao Brasil, principalmente Argentina, Uruguai e Paraguai. Contudo, o Norte da Argentina, o Paraguai e os estados de Mato Grosso do Sul e Tocantins, onde a disponibilidade de áreas aptas à orizicultura irrigada tem facilitado a expansão da cultura, são potencialmente os principais pontos de dispersão de *O. oryzae* na América do Sul.

DISTRIBUIÇÃO GEOGRÁFICA ATUAL

Atualmente, a distribuição geográfica de *O. oryzae* abrange Argentina, Bolívia, Brasil, Paraguai e Uruguai (Wibmer & O'Brien, 1986). Em território brasileiro, considerando apenas o que consta da literatura, além do Rio Grande do Sul (Lima, 1936), o inseto também foi detectado em áreas de produção de arroz irrigado dos estados de Santa Catarina (Lima, 1951), Rio de Janeiro (Pereira, Costa & Silva, 1986), Goiás (Martins et al., 1987), Mato Grosso (Martins & Prando, 2004), São Paulo (Camargo, 1991), Minas Gerais (Santa-Cecília, Souza & Reis, 1992) e Tocantins (Martins & Prando, 2004). Contudo, a distribuição geográfica atual do inseto no Brasil provavelmente é bem mais ampla, e ele deve existir em latitudes bem mais distantes do que aquela do município de Rio Pardo, no Rio Grande do Sul, onde foram coletados os primeiros exemplares. Também há informações ainda não confirmadas sobre a ocorrência da espécie no Estado do Maranhão.

No Brasil, as áreas de orizicultura irrigada mais distantes do lugar de origem de *O. oryzae*, onde foram detectados gorgulhos-aquáticos, situavam-se no Amapá. Neste estado, *L. oryzophilus* foi considerado mais abundante, porém há a necessidade de confirmar a identificação dessa espécie. Assim, é possível que, em um complexo de gorgulhos-aquáticos-do-arroz, que ocorrem em áreas encharcadas no extremo norte do Brasil, coexista, em menor ou maior abundância, a espécie *O. oryzae*. Devido à escassez de estudos taxonômicos de gorgulhos-aquáticos nas regiões do Brasil que possuem condições ecológicas para o desenvolvimento da orizicultura irrigada por inundação, há pouco conhecimento sobre a distribuição geográfica das espécies envolvidas.

IMPACTO ECONÔMICO, BIOLÓGICO E SOCIAL

A maioria das informações sobre o impacto econômico de *O. oryzae* na cultura do arroz vem do Sul do Brasil. No Rio Grande do Sul, onde o inseto pode ocasionar perdas de produtividade da ordem de 10%, inseticidas têm sido aplicados anualmente em cerca de 650.000 ha, sobretudo no tratamento de sementes (Martins & Cunha, 2007; Grutzmacher et al., 2008). A estimativa é de que, em cada hectare de cultura danificada pela praga, a perda econômica seja de US$ 200. Em Santa Catarina, o inseto ocorre em quase toda a área cultivada (cerca de 150.000 ha), podendo reduzir em cerca de 18% a produtividade (Martins & Prando, 2004), o equivalente a US$ 353/ha.

Na avaliação do impacto econômico, é importante conhecer a interação entre as características bioecológicas de *O. oryzae* e as constantes mudanças tecnológicas que ocorrem no sistema de produção do cereal. O domínio desse conhecimento assume relevância em vista do seu potencial de aplicação na melhoria do manejo integrado (MIP) do inseto. Assim, é importante considerar o papel que alguns fatores próprios da lavoura de arroz irrigado podem exercer na dinâmica populacional e no nível de prejuízos causados pelo inseto.

MANEJO INTEGRADO

Sistemas de cultivo

Os adultos de *O. oryzae* raramente causam danos significativos às plantas de arroz em lavouras implantadas via semeadura em solo seco desnudo (sistema convencional) ou com cobertura vegetal dessecada (plantio direto ou cultivo mínimo). Nesses sistemas de cultivo, predominantes no Rio Grande do Sul, os adultos apenas intensificam a alimentação nas folhas de arroz quando as plantas já estão fortalecidas, com cerca de 25 dias de idade, na época da irrigação por inundação das lavouras (Martins, Terres & Botton, 1993). Contudo, no sistema de arroz pré-germinado, predominante em Santa Catarina, como o preparo do solo e a distribuição de sementes são realizados em ambiente alagado (Epagri, 1998), os adultos ocorrem com maior antecedência nas lavouras, destruindo quantidade significativa de plântulas (Lima, 1951). Em determinadas circunstâncias, isso implica a necessidade de nova semeadura. Independente do sistema de implantação da cultura, as larvas de *O. oryzae*, conhecidas como bicheiras-da-raiz, sempre provocam os principais danos às plantas de arroz. Ao cortarem as raízes (Figura 6), reduzem de modo drástico a absorção de nutrientes e, em consequência, afetam de forma negativa o desenvolvimento das plantas.

Relevo da área cultivada

No Rio Grande do Sul, há dois tipos característicos de lavoura de arroz irrigado, determinados pelo relevo da área, que podem influenciar a dinâmica populacional de *O. oryzae*: aquelas implantadas em áreas planas (lavouras planas) e aquelas implantadas em áreas inclinadas (lavouras de coxilha).

Nas lavouras planas, há maior facilidade para o aplainamento do solo, técnica que elimina formações irregulares da superfície do terreno, em especial as depres-

Figura 6. Danos causadas por larvas de *O. oryzae* às raízes de arroz.
Foto: Jaime Vargas de Oliveira.

sões, nas quais a água das chuvas ou da própria inundação da lavoura acumula-se primeiro, transformando-se, posteriormente, em locais de maior profundidade. Os gorgulhos-aquáticos, ao invadirem os arrozais, preferem esses locais, onde alimentam-se das folhas de arroz, acasalam e ovipositam, estabelecendo a associação positiva entre índice de infestação larval e profundidade da água de irrigação (Martins, 1979). O aplainamento do solo é indicado como método reducionista dos danos causados por *O. oryzae*, por possibilitar menor profundidade média da água de irrigação. Essa condição, ao evitar uma ocupação regionalizada das lavouras pelos gorgulhos (Hickel, 2009), induz à distribuição mais uniforme de larvas e, em consequência, reduz a densidade delas por unidade de área, situação menos prejudicial às plantas de arroz (Martins, Veronez & Carbonari, 1997).

As lavouras de coxilha, predominantes no Planalto da Campanha (Fronteira Oeste) do Rio Grande do Sul, devido à inclinação do terreno, requerem maior número de taipas (camalhões) para represar internamente a água de irrigação. As taipas possuem, paralelamente, em cada lado, valetas (leiveiros) dentro das quais o arroz também é cultivado e onde é maior a profundidade da água de irrigação ou das chuvas, condição altamente favorável ao desenvolvimento do inseto (Martins, 1979). Há evidências de que o acúmulo de água das chuvas nos leiveiros antecipa a invasão dos arrozais por *O. oryzae* e pode, por isso, promover o aumento do número de gerações anuais do inseto.

Manejo da época de semeadura

A época de semeadura de arroz exerce influência na dinâmica populacional de *O. oryzae* (Martins, 1976), mas dificilmente será alterada, como medida isolada de controle. Além disso, a tendência a maior concentração de adultos pós-hibernantes nas primeiras lavouras instaladas no ano agrícola possibilita que sejam adotadas medidas curativas de controle (Martins, Veronez & Carbonari, 1997) antes que ocorra a expansão da população para novas áreas de cultivo. No Rio Grande do Sul, pulverizações aéreas de inseticidas, nas primeiras partes implantadas dos arrozais, correspondentes apenas a 30% da área total cultivada, reduzem com eficácia os prejuízos causados por *O. oryzae* e, em consequência, os custos de produção e os riscos de impacto ambiental.

Manejo da água de irrigação

Há práticas estritas de manejo da inundação que influenciam a dinâmica populacional de gorgulhos-aquáticos. Nesse contexto, a retirada da água dos arrozais (drenagem) tem sido preconizada, há muitos anos, como redutora dos danos causados pelas suas larvas (Thompson et al., 1994; Epagri, 1998). Contudo, mesmo com a redução da população larval de *O. oryzae*, a drenagem foi considerada tecnicamente inviável, porque facilita a reinfestação das lavouras por plantas daninhas e expõe as plantas de arroz ao ataque de insetos subterrâneos e a baixas temperaturas. Além do mais, a drenagem foi considerada antieconômica, por promover o aumento dos custos de produção, devido à necessidade de reposição de água nas lavouras, sem ganhos significativos de produtividade (Martins, Bertels & Dittrich, 1977). Mais recentemente, porém, ao utilizar-se novos cultivares de arroz, obtiveram-se resultados promissores na supressão da população larval de *O. oryzae*, sem redução significativa da produtividade, interrompendo por dez a quinze dias a irrigação (Martins et al., 2009, 2011a).

O retardamento da inundação de arrozais implantados por meio de semeadura em solo seco é visto como promissor para reduzir os prejuízos causados por *L. oryzophilus*. Baseia-se no princípio de que a oviposição em plantas de arroz ocorre apenas em condições submersas. A estratégia é expor as plantas ao inseto apenas quando estiverem mais desenvolvidas e, portanto, potencialmente mais tolerantes ao dano das larvas (Rice et al., 1993).

Ciclo biológico de cultivares e grau de resistência genética ao inseto

A resistência genética de arroz a *O. oryzae* pode ser dos tipos antixenose, antibiose ou tolerância (Martins & Terres, 1995). A tolerância contempla a capacidade da planta de arroz de recuperar parte do sistema radicular danificado pelas larvas. Cultivares de ciclo curto em geral possuem menor capacidade de recuperação de raízes (tolerância), pois grande parte do seu período de crescimento, a fase de perfilhamento, coincide com a época em que a população de larvas é mais elevada no campo. Como a flutuação da população larval de *O. oryzae* tende a ser igual em cultivares de ciclo curto e médio, atingindo o pico populacional cerca de trinta dias após a inundação do arrozal, os cultivares de ciclo médio permanecem por mais tempo em crescimento vegetativo, em período no qual a população larval encontra-se em declínio, e podem mais facilmente emitir novas raízes (Carbonari et al., 2000; Martins, Carbonari & Vendramim, 2004). Uma avaliação da associação entre o teor de nitrogênio em plantas de arroz e o ataque de *O. oryzae* em quatro cultivares indicou que apenas o cultivar Dawn, com maior ciclo de desenvolvimento fenológico, foi menos infestado por larvas e recuperou o teor de nitrogênio após o dano do inseto.

Vários trabalhos sobre a resistência genética do arroz a *O. oryzae* têm sido realizados no Brasil, contribuindo para o desenvolvimento dos cultivares BRS Atalanta (Terres et al., 1999) e BRS Pelota (Terres et al., 2000), mais resistentes ao inseto. Definiram-se métodos mais precisos para avaliação da resistência (Martins et al., 2001; Silva et al., 2003; Lima, 2011), confirmando efeitos típicos de antibiose pelo cultivar Dawn (Silva et al., 2003; Marschalek et al., 2005). Em sequência, os cultivares BRS Atalanta, Dawn e BR-IRGA 413 foram utilizados como fonte de genes (alelos) para a população de seleção recorrente CNA 11 (Rangel et al., 1997), dando origem a 58 plantas com reação de elevada resistência ao inseto (Martins et al., 2007). A recombinação dessas plantas originou 73 cruzamentos, reunindo genes de resistência de Dawn × BRS Atalanta, Dawn × BR-IRGA 413 e BRS Atalanta × BR IRGA 413. Esse material está sendo utilizado em programa de melhoramento genético de arroz, visando desenvolver genótipos resistentes ao inseto e com outras características agronômicas desejáveis (Martins et al., 2011a).

Estado nutricional das plantas

Um maior teor de nitrogênio nas plantas de arroz torna-as mais suscetíveis ao ataque de *L. oryzophilus* (Bang & Tugwell, 1976) e *L. brevirostris* (Menezes & Elizalde, 1980). A alimentação de adultos de *O. oryzae* foi estimulada com a elevação do teor de nitrogênio da parte aérea das plantas dos cultivares de arroz BR IRGA 410, BRS Firmeza, Dawn e BRS Atalanta (Cunha et al., 2006). O nitrogênio, porém, após o estabelecimento do inseto nas plantas de arroz, pode ser utilizado na recuperação de raízes danificadas. A aplicação suplementar de ureia, até a fase de diferenciação das panículas, auxilia na recuperação de plantas danificadas por larvas de *O. oryzae* (Martins et al., 1987). Apesar de comprovado o potencial da adubação nitrogenada para recuperar raízes dos cultivares BRS Chui e BRS 7 Taim, atacadas por larvas de *O. oryzae*, não foi observado aumento significativo na produtividade das plantas (Cunha et al., 2001). O potássio exerce efeito negativo na biologia de *L. brevirostris* (Menezes & Elizalde, 1980).

Inimigos naturais

O controle biológico natural de gorgulhos-aquáticos é restrito, em vista da escassez de organismos que desempenhem o papel de inimigos naturais eficientes (Smith et al., 1986). No Brasil, aplicações de *Beauveria bassiana*, associada a óleo de soja, permitiram controlar de modo satisfatório gorgulhos-aquáticos no campo (Leite et al., 1992). Pela primeira vez foi constatada a ocorrência de uma linhagem selvagem de *B. bassiana* em adultos hibernantes de *O. oryzae* (Mielitz & Silva,

1992). A concentração populacional do inseto, a presença do entomopatógeno e de condições microclimáticas favoráveis nos sítios de hibernação são consideradas indicativos da potencialidade desse tipo de fungo como agente de controle biológico (Mielitz et al., 1996). Em Cuba, adultos de *L. brevirostris* têm sido controlados com os fungos *B. bassiana* e *Metarhizium anisopliae*, aplicados na vegetação nativa marginal às lavouras ou diretamente nas plantas de arroz (Meneses, Becker & Romanowski, 1996).

Uma rara ação de predador sobre *O. oryzae* consiste do consumo de larvas (bicheira-da-raiz) por ditiscídeos aquáticos, conforme constatado em cultivo de arroz pré-germinado. Foi apontada a necessidade de intensificar pesquisas sobre o assunto (Prando, 1999).

Um número considerável de estudos sobre controle microbiano de *O. oryzae* tem sido realizado, a envolver principalmente fungos entomopatogênicos (*B. bassiana* e *M. anisopliae*) e bactérias (*Bacillus thuringiensis*), a maioria em condições de laboratório (Martins et al., 2010). A aplicabilidade do controle microbiano é maior em regiões nas quais pequenas áreas são cultivadas sucessivamente com arroz durante vários anos. Em menores áreas, seria factível aplicar entomopatógenos nos sítios de hibernação ou diretamente em adultos sobre as plantas de arroz, em pontos de maior concentração, durante a invasão das lavouras, a exemplo do que é feito em Cuba (Meneses et al., 1996). Outro aspecto a considerar é a possibilidade de redução de doses de inseticidas por meio da mistura com entomopatógenos, conforme Prando e Sosa-Gómez (1998), que constataram que a redução em até 50% da dose de fipronil associado a *B. bassiana* e *M. anisopliae* proporcionou um controle de 90% da população de larvas de *O. oryzae* em arroz pré-germinado, equivalendo ao resultado obtido quando utilizada a dose completa do inseticida. Portanto, a pesquisa sobre controle microbiano de O. oryzae deve ser direcionada nesse sentido.

Avaliações sobre o desempenho de espécies de peixes no controle de larvas de *O. oryzae*, em condições de campo, indicaram que a tilápia-do-nilo (*Oreochromis niloticus*) é mais efetiva do que a carpa-comum (*Cyprinus carpio*); em laboratório, cada alevino, com 10 g, de ambas as espécies de peixe, consumiu mais de cem adultos de *O. oryzae* em menos de duas horas. Apesar desses resultados, foi concluído que os peixes não controlam satisfatoriamente o inseto, e as pesquisas sobre o assunto devem continuar (Sato & Ishiy, 2001). Peixes como *C. carpio* foram considerados predadores de insetos em sistemas de rizipiscicultura (Contrin et al., 2002).

Monitoramento populacional e controle químico

Além de possíveis prejuízos econômicos decorrentes de danos de *O. oryzae* à cultura do arroz irrigado (aumento de custos operacionais e redução da produção de arroz), é importante também considerar possíveis impactos biológicos e sociais estreitamente ligados à dificuldade de introduzir no sistema produtivo táticas mais condizentes com os princípios do manejo integrado de pragas (MIP). No Sul do Brasil, onde o inseto assume maior expressão econômica, ainda predomina o controle químico irracional, sem embasamento do monitoramento de adultos e larvas nos arrozais. A pressão e a eficiência do setor comercial de agrotóxicos em preconizar o maior uso possível de inseticidas têm sido o principal motivo dessa situação (Martins, 2012).

Os locais onde os adultos de *O. oryzae* preferem instalar-se, ao invadirem os arrozais, tendem a coincidir com aqueles onde futuramente haverá maior concentração de larvas (Hickel, 2009). O conhecimento dessa relação é básico para o processo de monitoramento populacional e a aplicação de medidas corretas de controle, sobretudo de inseticidas. Dois sistemas de monitoramento são indicados. O primeiro, para controle de adultos, adaptado de Smith et al. (1986), preconiza que cerca de três dias após a inundação, no sistema de semeadura em solo seco ou na emergência das plantas no sistema de arroz pré-germinado, seja avaliada a presença de insetos no mínimo em dez locais escolhidos ao acaso no arrozal, observando-se a folha mais nova de vinte plantas para detectar a presença ou ausência de sinais de alimentação (lesões longitudinais). Se houver mais de 50% das plantas com folhas lesionadas, o controle poderá ser feito através do método da pulverização foliar (Martins, Botton & Carbonari, 1996; Martins & Cunha, 2007; Martins et al., 2008). O segundo sistema de monitoramento, voltado ao controle de larvas, preconiza que, a partir do décimo dia de inundação, no sistema de semeadura em solo seco ou na emergência das plantas, no sistema de arroz pré-germinado, seja avaliada a presença de insetos no mínimo em dez locais escolhidos ao acaso na lavoura, considerando que de início há maior concentração de larvas ao longo das margens ou nas primeiras partes inundadas dela. Em cada local, retirar quatro amostras de solo e de raízes, usando uma secção de cano de PVC com 10 cm de diâmetro e 20 cm de altura, aprofundando-a 6 cm no solo. Agitar as amostras sob água, em uma peneira apropriada, para liberação e contagem das larvas. A cada larva, em média, acima de cinco larvas por amostra, é esperada uma redução entre 1,1 e 1,5% na produção de grãos de cultivares de ciclo médio e precoces, respectivamente. O controle de larvas, se necessário, deve ser feito com inseticidas granulados, aplicados de maneira direta na água de irrigação, no máximo até a fase de início de diferenciação das panículas (Reunião, 2010). Recentemente, foi demonstrado que, a depender do diâmetro e da profundidade de retirada das amostras de solo e de raízes, pode ser obtida maior eficiência no processo de contagem de larvas (Neves et al., 2011, 2012).

Três métodos de aplicação de inseticidas são indicados para o controle de *O. oryzae* (Reunião, 2010): tratamento de sementes; pulverização foliar, cerca de três dias após a inundação do arrozal, para controle de adultos; distribuição de inseticidas granulados na água de irrigação, a partir do décimo dia após a inundação, para controle de larvas. Os três métodos são altamente eficientes e apresentam índices de controle da população larval superiores a 90% (Botton, Carbonari & Martins,

1999). Nos últimos cinco anos, no Rio Grande do Sul, o uso de sementes tratadas com inseticidas tem aumentado de modo significativo, inclusive em áreas sem histórico de ocorrência do inseto (Martins & Cunha, 2007; Martins, 2011). Porém, pesquisas sobre a racionalização do uso de agrotóxicos indicaram a possibilidade de reduzir em cerca de 65% a dose mínima do inseticida registrado no Ministério da Agropecuária e Abastecimento (Mapa) como o mais usado no tratamento de sementes de arroz. No caso de o produtor já ter adquirido semente tratada com a dose mínima do inseticida registrado no Mapa, basta alternar camadas de sementes na caixa da máquina semeadora, de modo a obter uma mistura de um terço de sementes tratadas com dois terços de sementes não tratadas (Martins et al., 2010).

Até o presente, possíveis impactos biológicos e sociais causados pelos diferentes métodos de aplicação de inseticidas químicos para controle de *O. oryzae* têm sido pouco considerados. Isso, porém, no contexto de esforços direcionados à racionalização do uso desses produtos nos arrozais, pode ser avaliado por meio de indicadores sobre o tema (Pingali & Roger, 1995; Yao, Gu & Guo, 2010).

Além dos benefícios econômicos da racionalização do uso de inseticidas nas áreas biológica e social, poderá haver melhoria do bem-estar humano e animal, sobretudo no meio rural. Os benefícios ao meio ambiente serão diretos e notórios, preservando e conservando recursos naturais, incluindo a biodiversidade. Assim, trabalhadores e familiares que moram no entorno de áreas agrícolas, bem como alunos que estudam em escolas rurais, ficarão expostos a menor quantidade de produtos carreados por derivas ou acumulados em corpos hídricos destinados ao abastecimento primário, à pesca ou à recreação, bem como em alimentos, o que refletirá em um meio ambiente mais adequado à permanência do homem no campo, com base nos seus costumes.

CONSIDERAÇÕES FINAIS

A implementação de sistemas precisos e seguros para o manejo integrado de *O. oryzae* na cultura do arroz irrigado depende de um esforço conjunto de diferentes segmentos da cadeia produtiva (Martins, 2012), sendo que: o setor que desenvolve e/ou comercializa inseticidas deve mudar o objetivo de incentivar o uso da maior quantidade possível desses produtos; o setor produtivo deve aumentar o grau de adoção de bases e técnicas já disponíveis para MIP, atentando mais às recomendações preconizadas pelas instituições oficiais e dependendo menos de indicações de empresas privadas, em especial daquelas ligadas ao comércio de agrotóxicos; o setor da pesquisa deve atender a demandas relativas ao avanço do conhecimento científico e tecnológico na busca de métodos precisos e seguros para MIP; representantes da assistência técnica e de transferência de tecnologia, pública ou privada, devem atentar mais aos princípios e às técnicas já disponíveis para MIP, repassando-os aos produtores e técnicos ligados ao sistema produtivo, abordando aspectos de rentabilidade, segurança alimentar e segurança ambiental.

REFERÊNCIAS BIBLIOGRÁFICAS

BANG, Y. H. & TUGWELL, P. *Adult rice water weevil feeding preference for rice plants and leaves of different ages*. Fayetteville, USA: Agric. Exp. Station, Division of Agric., Univ. of Arkansas, 1976. 12p. (Report Series, 231).

BERTELS, A. *Entomologia agrícola sul-brasileira*. Rio de Janeiro: SIA, 1956. 458p.

BOTTON, M.; CARBONARI, J. J. & MARTINS, J. F. da S. Eficiência de métodos de aplicação de inseticidas no controle de *Oryzophagus oryzae* (Costa Lima, 1936) (Coleoptera: Curculionidae), na cultura do arroz irrigado. *Pesq. Agropec. Gaúcha* 5: 71-75, 1999.

CAMARGO, L. M. P. C. de A. Gorgulhos aquáticos do arroz: caracterização e controle. *Lav. Arroz* 44: 7-14, 1991.

CARBONARI, J. J. et al. Relação entre flutuação populacional de *Oryzophagus oryzae* (Costa Lima) (Coleoptera: Curculionidae) e período de perfilhamento de cultivares de arroz irrigado. *An. Soc. Entomol. Brasil.* 29: 361-66, 2000.

CONTRIN, D. S. et al. Rizipiscicultura: um sistema agroecológico de produção. In: CONGRESSO DA CADEIA PRODUTIVA DE ARROZ, 1, Florianópolis, SC, 2002. *Anais*... Santo Antônio de Goiás: Embrapa Arroz e Feijão, 2002.

CUNHA, U. S. da et al. Associação entre teor de nitrogênio em cultivares de arroz e ataque de *Oryzophagus oryzae* (Costa Lima) (Coleoptera: Curculionidae). *Ciênc. Rural* 36: 1.678-83, 2006.

CUNHA, U. S. da et al. Recuperação de plantas de arroz irrigado danificadas por larvas de *Oryzophagus oryzae* (Costa Lima, 1936) (Coleoptera: Curculionidae) pela adubação nitrogenada em cobertura. *R. Bras. Agrociência* 7: 58-63, 2001.

EPAGRI. Sistema de produção de arroz irrigado em Santa Catarina (pré-germinado). Florianópolis: Epagri, 1998, 79p. (Sistemas de Produção, 32).

GRUTZMACHER, A. D. et al. Viabilidade da antecipação do tratamento de sementes de arroz com inseticidas em relação à data de semeadura no controle de *Oryzophagus oryzae* (Coleoptera: Curculionidae). *Ciênc. Rural* 38: 1.830-35, 2008.

HICKEL, E. R. Distribuição espacial de adultos da bicheira-da-raiz, *Oryzophagus oryzae* (Coleoptera; Curculionidae), em lavouras de arroz irrigado no sistema pré-germinado. In: CONGRESSO BRASILEIRO DE ARROZ IRRIGADO, 6, Porto Alegre, RS, 2009. *Anais*... Porto Alegre: Palotti, 2009.

KUSCHEL, G. Revision de *Lissorhoptrus* Leconte y generos vecinos de America. *Rev. Chil. Entomol.* 1: 23-74, 1951.

LEITE, L. G. et al. Controle de adultos do gorgulho aquático pela aplicação da mistura do fungo *Beauveria bassiana* com óleo de soja, em campos irrigados. *An. Soc. Ent. Brasil.* 21: 83-94, 1992.

LIMA, A. D. F. O bicho do arroz. *Boletim Fitossanitário* 5: 49-53, 1951.

LIMA, A. M. da C. Dois curculionídeos daninhos no Rio Grande do Sul. *Campo* 7: 23-4, 1936.

LIMA, C. A. B. *Dimorfismo sexual, desenvolvimento de um novo método de monitoramento e aplicabilidade de variáveis biológicas de Oryzophagus oryzae (Costa Lima, 1936) (Coleoptera: Curculionidae) na avaliação da resistência de arroz*. Pelotas, 2011. 80p. Tese (doutorado) – Universidade Federal de Pelotas.

LINK, D. & COSTA, E. C. Locais de hibernação de adultos de *Oryzophagus oryzae* (Costa Lima, 1936) na região central do Rio Grande do Sul. In: REUNIÃO SUL-BRASILEIRA DE INSETOS DE SOLO, 3, Chapecó, SC, 1991. *Ata*... Chapecó: Empasc/CPPP, 1991.

MARSCHALEK, R. et al. Avaliação da resistência de linhagens e cultivares de arroz aos gorgulhos aquáticos com livre chance de escolha sob condições de cultivo em Santa Catarina. In: CONGRESSO BRASILEIRO DE ARROZ IRRIGADO, 4, Santa Maria, RS, 2005. *Anais*... Santa Maria: Orium, 2005.

MARTINS, J. F. da S. Níveis de infestação de *Oryzophagus oryzae* (Costa Lima, 1936) (Coleoptera: Curculionidae) durante o período de desenvolvimento da cultura do arroz. *Ciên. Cult.* 28: 1.493-97, 1976.

MARTINS, J. F. da S. Profundidade da água de irrigação e nível de infestação da bicheira-da-raiz em arroz. *Pesq. Agropec. Bras.* 14: 97-9, 1979.

MARTINS, J. F. da S. Por um arrozal a salvo de pragas – Parte I. *A Granja* 756: 58-9, 2011.

MARTINS, J. F. da S. Por um arrozal a salvo de pragas – Parte II. *A Granja* 757: 68-9, 2012.

MARTINS, J. F. da S. & TERRES, A. L. S. Avaliação de germoplasma de arroz visando resistência a *Oryzophagus oryzae* (Costa Lima). *An. Soc. Entomol. Brasil.* 24: 445-53, 1995.

MARTINS, J. F. da S. & BOTTON, M. Controle de insetos da cultura do arroz. In: PESKE, S. T.; NEDEL, J. L. & BARROS, A. C. S. A. (eds.). *Produção de arroz irrigado*. Pelotas: Editora e Gráfica Universitária - UFPel, 1996. 659p.

MARTINS, J. F. da S. & CUNHA, U. S. da. *Situação do sistema de controle químico do gorgulho-aquático Oryzophagus oryzae (Coleoptera: Curculionidae) na cultura do arroz no Rio Grande do Sul*. Pelotas: Embrapa Clima Temperado, 2007, 25p. (Documentos, 215).

MARTINS, J. F. da S. & FERREIRA, E. *Caracterização e controle da bicheira-da-raiz-do-arroz*. Goiânia: Embrapa-CNPAF, 1980. 14p. (Circular Técnica, 9).

MARTINS, J. F. da S. & PRANDO, H. F. Bicheira-da-raiz-do-arroz. In: SALVADORI, J. R.; ÁVILA, C. J. & SILVA, M. T. B. da (eds.). *Pragas de solo no Brasil*. Passo Fundo: Embrapa Trigo; Dourados: Embrapa Agropecuária Oeste; Cruz Alta: Fundacep-Fecotrigo, 2004. 541p.

MARTINS, J. F. da S.; BERTELS, A. & DITTRICH, R. C. Métodos de aplicação de inseticidas no controle da bicheira-do-arroz *Oryzophagus oryzae* (Coleoptera: Curculionidae). *Pesq. Agropec. Brasil.* 12: 41-8, 1977.

MARTINS, J. F. da S.; BOTTON, M. & CARBONARI, J. J. Controle de *Oryzophagus oryzae* (Costa Lima) através da pulverização foliar de arroz com inseticidas piretroides. *An. Soc. Ent. Brasil.* 25: 217-21, 1996.

MARTINS, J. F. da S.; CARBONARI, J. J. & VENDRAMIM, J. D. Simulação do dano causado por larvas de *Oryzophagus oryzae* (Coleoptera: Curculionidae) a cultivares de arroz irrigado. *Ciênc. Rural* 34: 653-9, 2004.

MARTINS, J. F. da S.; TERRES, A. L. S. & BOTTON, M. Alternativas de controle da bicheira-da-raiz visando menor impacto ambiental. *Lav. Arroz* 46: 12-4, 1993.

MARTINS, J. F. da S.; VERONEZ, A. B. C. & CARBONARI, J. J. Manejo integrado do gorgulho aquático [*Oryzophagus oryzae* (Costa Lima, 1936)] na cultura do arroz irrigado: situação atual e perspectivas futuras. In: REUNIÃO SUL-BRASILEIRA SOBRE PRAGAS DE SOLO, 6, Santa Maria, RS, 1997. *Anais*... e *Ata*... Santa Maria: UFSM-CCR, 1997.

MARTINS, J. F. da S. et al. Identificação de fontes de resistência de arroz ao gorgulho-aquático *Oryzophagus oryzae* por meio da seleção recorrente de plantas. In: CONGRESSO BRASILEIRO DE ARROZ IRRIGADO, 5, Pelotas, RS, 2007. *Anais*... Pelotas: Embrapa Clima Temperado, 2007.

MARTINS, J. F. da S. et al. Inseticida regulador de crescimento no controle do gorgulho-aquático-do-arroz *Oryzophagus oryzae* (Coleoptera: Curculionidae). *R. Bras. Agrociência* 14: 87-95, 2008.

MARTINS, J. F. da S. et al. Metodologia para desenvolver progênies de arroz resistentes a *Oryzophagus oryzae* por meio de seleção recorrente. In: CONGRESSO BRASILEIRO DE ARROZ IRRIGADO, 7, Balneário Camboriú, SC, 2011. *Anais*... Itajaí: Epagri/Sosbai, 2011a.

MARTINS, J. F. da S. et al. Adubação nitrogenada e controle da bicheira-da-raiz-do-arroz. *Lav. Arroz* 40: 8-11, 1987.

MARTINS, J. F. da S. et al. *Situação do controle biológico de insetos-praga da cultura do arroz na Região Sul do Brasil*. Pelotas: Embrapa Clima Temperado, 2010, 33p. (Documentos, 309).

MARTINS, J. F. da S. et al. Novo método para aferição da densidade populacional do gorgulho--aquático em plantas de arroz irrigado. *Agropec. Clima Temp.* 4: 363-70, 2001.

MARTINS, J. F. da S. et al. Efeito da supressão da inundação da cultura do arroz na população do gorgulho-aquático e produção de grãos. In: CONGRESSO BRASILEIRO DE ARROZ IRRIGADO, 7, Balneário Camboriú, SC, 2011. *Anais*... Itajaí: Epagri/Sosbai, 2011b.

MARTINS, J. F. da S. et al. *Efeito da interrupção da inundação da cultura do arroz na população do gorgulho-aquático e produção de grãos*. Pelotas: Embrapa Clima Temperado, 2009. 6p. (Comunicado Técnico, 230).

MATSUI, M. et al. Morphological changes in the flight muscles and the ovary of the rice water weevil adult, *Lissorhoptrus oryzophilus* Kuschel (Coleoptera: Curculionidae), collected at various sites during the period of migration. *Jap. Jour. App. Entom. Zool.* 27: 183-8, 1983.

MENESES, C. R. & ELIZALDE, R. Influencia de la fertilizacion mineral en el cultivo del arroz sobre la poblacion de *Lissorhoptrus brevirostris* (Coleoptera: Curculionidae). *Cienc. Tec. Agric.* 3: 49-69, 1980.

MENESES, C. R. & RAVELO, H. G. Estudos bioetológicos de *Lissorhoptrus brevirostris* (Coleoptera: Curculionidae). *Agrotec. Cuba* 11: 19-29, 1979.

MENESES, C. R. et al. *Guia para el trabajo de campo en el manejo integrado de plagas del arroz*. 2. ed. Cuba: Flar/IIA, 1996. 35p.

MIELITZ, L. R. & SILVA, L. da. Ocorrência de *Beauveria bassiana* (Bals.) Vuill em adultos de *Oryzophagus oryzae* (Costa Lima, 1936) (Coleoptera: Curculionidae). *An. Soc. Ent. Brasil.* 21: 263-5, 1992.

MIELITZ, L. R.; BECKER, M. & ROMANOWSKI, H. P. Hibernation dynamics of *Oryzophagus oryzae* and its implications for management. *Entomol. Exp. Appl.* 78: 159-66, 1996.

MOREIRA, G. R. P. Oviposition by the riceinfesting weevil, *Oryzophagus oryzae* (Costa Lima, 1936) (Coleoptera, Curculionidae): influence of water depth and host-plant characteristics. *Rev. Bras. Zoociências* 4: 237-53, 2002.

MOREIRA, G. R. P. et al. Caracterização morfológica da interação respiratória entre as fases aquáticas de *Oryzophagus oryzae* (Coleoptera) e a planta de arroz irrigado. In: CONGRESSO BRASILEIRO DE ZOOLOGIA, 21, Porto Alegre, RS, 1996. *Resumos*... Porto Alegre: UFRGS, 1996.

MORGAN, D. R. et al. Rice water weevil (Coleoptera: Curculionidae) indirect flight muscle development and spring emergence in response to temperature. *Environ. Entomol.* 13: 26-8, 1984.

MUDA, A. R. B.; TUGWELL, N. P & HAIZUP, M. B. History and indirect flight muscle degeneration and regeneration in the rice water weevil. *Environ. Entom.* 10: 685-90, 1981.

NEVES, M. B. das et al. Profundidade da amostragem de solo e de raízes e índice de infestação de *Oryzophagus oryzae* (Costa Lima, 1936) (Coleoptera: Curculionidae) em cultivares de arroz. *Ciênc. Rural* 41: 2.039-44, 2011.

NEVES, M. B. das et al. *Associação entre diâmetro de amostras de solo e raízes de arroz e índice de infestação larval de Oryzophagus oryzae (Costa Lima, 1936) (Coleoptera: Curculionidae).* Pelotas: Embrapa Clima Temperado, 2012, 8p. (Circular Técnica, 131).

NILAKE, S. S. Reproductive status of overwintering rice water weevils. *Ann. Entomol. Soc. Am.* 70: 559-601, 1977.

PEREIRA, R. P.; COSTA, R. A. & SILVA, V. R. Danos da bicheira de raiz em cultivares de arroz. In: CONGRESSO BRASILEIRO DE ENTOMOLOGIA, 10, Rio de Janeiro, RJ, 1986. *Resumos*... Rio de Janeiro: Sociedade Entomológica do Brasil, 1986.

PINGALI, P. L. & ROGER, P. A. *Impact of pesticides on farmer health and the rice environment.* Los Banõs: IRRI, 1995. 664p.

PRANDO, H. F. *Aspectos bioetológicos e de controle de Oryzophagus oryzae (Costa Lima, 1936) (Coleoptera: Curculionidae) em arroz irrigado, sistema de cultivo pré-germinado.* Curitiba, 1999. 102p. Tese (doutorado) – Universidade Federal do Paraná.

PRANDO, H. F. & SOSA-GÓMEZ, D. R. *Beauveria bassiana, Metarhizium anisopliae* e fipronil para o controle de *Oryzophagus oryzae* (Col., Curculionidae), em arroz irrigado, sistema pré-germinado. In: CONGRESSO BRASILEIRO DE ENTOMOLOGIA, 17, Rio de Janeiro, 1998. *Resumos*... Rio de Janeiro: SEB/UFRRJ, 1998.

PUGLIESE, A. A larva da raiz do arroz. *Lav. Arroz* 9: 17-8, 1955.

RANGEL, P. H. N. et al. CNA 11 População de arroz irrigado para alta produtividade e tolerância ao frio. In: REUNIÃO DA CULTURA DO ARROZ IRRIGADO, 22, Balneário Camboriú, SC, 1997. *Anais*... Itajaí: Epagri, 1997.

REDAELLI, L. R.; BECKER, M. & ROMANOWSKI, H. P. Changes in the internal reproductive organs and fat body levels as diapause indicators in *Oryzophagus oryzae* (Coleoptera: Curculionidae). *Rev. Brasil. Biol.* 55: 737-44, 1995.

REUNIÃO Técnica da cultura do arroz irrigado, 28, Bento Gonçalves, RS, 2010. *Arroz irrigado:* recomendações técnicas para o Sul do Brasil. Porto Alegre: Sosbal, 2010. 188p.

RICE, W. C. et al. *Delayed flood and plant growth regulators (gibberellic acid) as management tools for the control of the rice water weevil.* Crowley, USA: Rice Res. Station, Louisiana Agric. Exp. Station, Agric. Center, LSU, 1993, 504p. (Annual Research Report, 85).

SANTA-CECÍLIA, L. V. C.; SOUZA, B. & REIS, P. R. Ocorrência da bicheira-da-raiz-do-arroz em plantios irrigados, no município de Nepomuceno, região sul do Estado de Minas Gerais. *An. Soc. Ent. Brasil.* 21: 463-6, 1992.

SATO, G. & ISHIY, T. Influência da rizipiscicultura na produtividade do arroz e controle biológico da bicheira-da-raiz (*Oryzophagus oryzae*). In: CONGRESSO BRASILEIRO DE ARROZ IRRIGADO, 2; REUNIÃO DA CULTURA DO ARROZ IRRIGADO, 24. Porto Alegre, RS, 2001. *Anais*... Porto Alegre: Instituto Riograndense do Arroz, 2001.

SCHMITT, A. T. & MIURA, L. Flutuação populacional da bicheira-da-raiz em arroz irrigado em Itajaí, SC. In: REUNIÃO DA CULTURA DO ARROZ IRRIGADO, 11, Pelotas, RS, 1981. *Anais*... Pelotas, 1981.

SILVA, F. F. da et al. Avaliação da resistência de arroz a *Oryzophagus oryzae* com e sem chance de escolha da planta hospedeira. *R. Bras. Agrociência* 9: 135-40, 2003.

SMITH, C. M. et al. *Insect pest of rice in Louisiana.* Baton Rouge, USA: Louisiana Agric. Exp. Station, LSU, 1986, 23p. (Bulletin, 774).

SOUZA, J. C. de & REIS, P. R. Dano e controle da bicheira-do-arroz na região sul do Estado de Minas Gerais. *Pesq. Agropec. Bras.* 25: 181-4, 1990.

TERRES, A. L. S. et al. BRS Pelota, cultivar de arroz irrigado de alto potencial produtivo. *Agropec. Clima Temp.* 3: 291-4, 2000.

TERRES, A. L. S. et al. Melhoramento genético de arroz irrigado na Embrapa Clima Temperado: 10. BRS Firmeza e BRS Atalanta, novos cultivares para a orizicultura gaúcha. In: CONGRESSO BRASILEIRO DE ARROZ IRRIGADO, 1, Pelotas, RS, 1999. *Anais*... Pelotas: Embrapa Clima Temperado, 1999.

THOMPSON, R. A. et al. Water management as a cultural control for the rice water weevil (Coleoptera: Curculionidae) in southwest Louisiana. *J. Econ. Entomol.* 87: 223-30, 1994.

TSUZUKI, H. et al. Studies on biology if the newly invaded insect rice water weevil (*Lissorhoptrus oryzophilus* Kushel). *Res. Bull. Aichi-Ken Agric. Res. Cent. Nagakute* (Aichi, Japan) 15: 133-5, 1984.

YAO, L. V.; GU, S. Z. & GUO, D. M. Valuing environmental externalities from rice-wheat farming in the lower reaches of the Yangtze River. *Ecol. Econ.* 69: 1.436-42, 2010.

WIBMER, G. J. & O'BRIEN, C. W. Annotated checklist of the weevils (Curculionidae sensu lato) of South America (Coleoptera: Curculionoidea). *Mem. Amer. Entomol. Inst.* 39: 1-563, 1986.

37

Broca-da-haste-do-algodoeiro, *Conotrachelus denieri* Hustache

C. J. Ávila, P. E. Degrande

INTRODUÇÃO

O gênero *Conotrachelus*, proposto por Djean em 1835, contém espécies que ocorrem basicamente no continente americano. Cerca de 70% das espécies distribuídas na América do Sul são encontradas no Brasil (Wibmer & O'Brien, 1986). O primeiro registro da broca-da-haste ou broca-do--ponteiro-do-algodoeiro (*Conotrachelus denieri* Hustache, 1939) no país foi feito em novembro de 1986, no município de Sete Quedas, Estado de Mato Grosso do Sul, fronteira do Brasil com o Paraguai, quando foram encontradas larvas da espécie a broquear caules e ramos de algodoeiros (Degrande, 1991). As plantas atacadas paralisavam o crescimento apical e emitiam novas brotações, proporcionando um superbrotamento lateral. As lavouras infestadas apresentavam idade entre 25 e 60 dias. Em função da dificuldade de controle, os agricultores foram obrigados a fazer a ressemeadura nas áreas atacadas pela broca. Na safra 1987-1988, foram observados ataques do inseto em botões florais e maçãs do algodoeiro (Degrande, 1991). Após a sua constatação no Brasil, *C. denieri* tem se caracterizado como uma importante praga da cultura na Região Centro-Sul do país, com distribuição geográfica atual nos estados de Mato Grosso do Sul, Paraná e São Paulo (Santos & Santos, 2005).

Posição taxonômica e nomenclatura

Ordem: Coleoptera

Subordem: Polyphaga

Superfamília: Curculionoidea

Família: Curculionidae

Subfamília: Molytinae

Tribo: Conotrachelini

Gênero: *Conotrachelus* Dejean, 1835

Espécie: *Conotrachelus denieri* Hustache, 1939

Conotrachelus denieri foi descrita em 1939, na Argentina, por A. Hustache. No catálogo de Wibmer & O'Brien (1986), que lista as espécies de Curculionidae da América do Sul, não consta nenhuma sinonímia de *C. denieri*.

RECONHECIMENTO

O adulto (Figura 1) apresenta coloração ocre e mede de 3 a 5 mm de comprimento (Botelho, Serrano & Guerra, 2005; Braga Sobrinho, 1993; Saran & Santos, 2007). As antenas, os élitros e as pernas são pardo-escuros. O rostro é fortemente

Figura 1. Adulto de *C. denieri*. Foto: Paulo E. Saran.

recurvado, com três carenas basais, e quase tão longo quanto o protórax. O pronoto apresenta quatro linhas cruzadas de cada lado (comprimento e largura semelhantes), com protuberâncias contendo fileiras de pelos amarelos. Os élitros são rugosos e mais largos do que o pronoto; apresentam uma mancha basal nítida (às vezes borrada e indistinta), de pubescência amarelada. As pernas também apresentam fileiras de pelos amarelos, alternados pela pilosiodade marrom, formando manchas mais claras de fundo marrom, e os fêmures têm um "dente" triangular obtuso conspícuo. Em geral, os machos são menores do que as fêmeas. O adulto, em contato com o solo, assume coloração semelhante à da terra, o que torna difícil distingui-lo de imediato. Outra característica interessante do adulto é que, quando tocado ou perturbado, permanece totalmente imóvel; recolhe as pernas na região ventral do corpo e fica nessa posição por alguns segundos, quando então volta à atividade. Os ovos são esbranquiçados, lisos e elípticos, com comprimento de cerca de 1 mm, atingindo perto de duas vezes o tamanho da largura. As larvas (Figura 2) medem de 5 a 7 mm em seu desenvolvimento máximo; de início, apresentam coloração branca e, depois, branco-leitosa, com a cabeça marrom e destacada; são ápodas e possuem os segmentos do corpo bem nítidos e móveis, os quais auxiliam em seu deslocamento, pois, apesar de não possuírem pernas, as larvas podem se deslocar com facilidade. As pupas são amareladas e medem cerca de 3,5 mm de comprimento; ficam imóveis, mas quando tocadas mexem-se com suavidade; são em geral encontradas no solo, a uma profundidade de 2 a 5

Figura 2. Larva de *C. denieri* e seu dano na haste do algodoeiro. Foto: Paulo E. Saran.

cm, onde confeccionam uma pequena câmara com partículas de solo (Degrande, 1998). Esse inseto tem atividade preferencialmente noturna. Pode ser encontrado escondido no solo, debaixo de folhagem, de torrões ou em fendas, próximo às plantas (Braga Sobrinho, 1993).

BIOLOGIA E ECOLOGIA

Observações de campo e de laboratório sobre a biologia e o comportamento de *C. denieri* foram feitas por Denier (1942) no Paraguai e na Argentina. A fêmea pode efetuar a postura em plantas de algodão de diferentes idades fisiológicas, desde recém-germinadas até com mais de quarenta dias. Na fase reprodutiva, o inseto oviposita em botões florais ou maçãs. Em todos os casos, o ovo é depositado endofiticamente, no fundo de um pequeno orifício feito pela fêmea, que costuma colocar um ovo por orifício. Em plantas jovens, a postura é realizada na região do colo, localizada poucos milímetros abaixo do nível do solo. A larva, ao eclodir, alimenta-se do caulículo, podendo causar a morte da plântula. Em plantas com mais de quinze dias, a postura é normalmente observada nas plantas acima do nível do solo. Nestas condições, após a eclosão, as larvas penetram no caule, formando galerias no sentido descendente e alimentando-se da parte central dele, bem como de parte da raiz; nas plantas mais desenvolvidas (vinte a quarenta dias), provocam broqueamento da haste central (Figura 2) e dos ramos situados sobretudo no terço superior do algodoeiro (Santos, 1999; Almeida, Silva & Ramalho, 2008). As galerias, localizadas na proximidade do ponteiro da planta, em geral são maiores, uma vez que essa região dela constitui o alimento preferido das larvas. O broqueamento do caule pode causar a morte em plantas muito jovens. No entanto, plantas com quinze dias têm o crescimento paralisado após o ataque, devido à perda da dominância apical. Os entrenós tornam-se curtos, podendo surgir um superbrotamento na haste denominado de "envassouramento" da planta (Degrande, 1991; Santos, 1997c).

De acordo com Silva et al. (1995), *C. denieri* pode ter de três a quatro gerações por safra. As duas primeiras gerações da broca-da-haste ocorrem no caule e as demais, no interior das maçãs (Santos, 1999, 2011). O inseto apresenta o seguinte ciclo biológico: período de incubação dos ovos de quatro dias; período larval variando de 30 a 35 dias; período pupal de cinco a catorze dias, com duração média de ovo a adulto de 39 a 53 dias. Degrande (não publicado) estudou a biologia da praga em laboratório e obteve, em média, respectivamente, 4, 34 e 12 dias para os períodos de incubação, duração larval e pupal. Na falta de alimento, as larvas de *C. denieri*, quando mantidas em tubos de vidro, foram capazes de sobreviver por mais de uma semana (Denier, 1942).

Os adultos são capazes de voar. Nas horas mais quentes do dia, apresentam baixa atividade. Evitam a insolação direta, procurando locais sombreados da planta ou mesmo do solo. Abrigam-se em frestas do solo, mas sempre próximo às plântulas de algodão; também é comum encontrá-los no ápice das plantas. Em lavouras com plantas mais desenvolvidas, ficam entre as folhas, mas também podem ser encontrados no solo, sendo comum observar-se casais em cópula. Um bom método para detectar os adultos na lavoura consiste em agitar as plantas, derrubando os insetos sobre uma superfície branca. Os adultos são mais ativos ao amanhecer e ao anoitecer, quando ficam mais expostos na parte aérea das plantas, alimentando-se principalmente dos brotos terminais das plantas jovens (plântulas). À noite, podem ser atraídos por focos luminosos ou paredes iluminadas. Em plantas mais desenvolvidas, o adulto causa puncturas no tecido vegetal de brotações, ramos e hastes, deixando cicatrizes, mas essas injúrias em geral não afetam a produtividade do algodoeiro (Denier, 1942).

Durante o período reprodutivo do algodoeiro, as maçãs são preferidas pela fêmea para ovipositar, em relação a qualquer outra parte da planta. Os ovos são colocados na base do fruto, na região protegida pelas brácteas, e no cálice. Ao eclodir, a larva abre uma galeria na base da maçã. As larvas penetram a partir da base do fruto e alimentam-se dos tecidos interloculares, não danificando as sementes (Santos, 1993). É comum encontrar-se mais de uma larva desenvolvendo-se no interior do fruto. Findo o período de alimentação, as larvas abandonam o tecido vegetal (ramo ou fruto) e vão para o solo, onde passam à fase de pupa. O orifício de saída nas maçãs deixado pelas larvas permite a entrada de água e de microrganismos, o que provoca o apodrecimento dos frutos e o surgimento de carimãs. Esse dano indireto costuma ser maior do que aquele causado pela alimentação do inseto nas maçãs (Degrande, 1998). No solo, a larva constrói um abrigo de terra dentro do qual se processa a metamorfose. Eventualmente, a pupação também pode ocorrer dentro das maçãs (Denier, 1942).

No período da entressafra, os adultos sobrevivem em áreas de abrigo de vegetação permanente (matas, capinzais etc.). Alimentam-se ou reproduzem-se em outras plantas hospedeiras e adentram as lavouras de algodão a partir das bordaduras (Santos, 1997b). O ataque da broca-da-haste nas lavouras de algodão inicia-se pelas bordaduras da área, próximo aos locais de abrigo, como matas e arbustos (Papa, 2006). As primeiras lavouras semeadas na área são as que apresentam maior incidência da praga, sobretudo nos primeiros plantios da região (Degrande, 1998). Não existe, até o momento, relato de diapausa de *C. denieri* na fase adulta, como acontece com o bicudo-do-algodoeiro (*Antonomus grandis*). É provável que ocorra esse fenômeno, já que o inseto parece multiplicar-se apenas em um grupo restrito de hospedeiros. Prudent (1988) determinou a incidência de *C. denieri* em 33 espécies de plantas da família Malvaceae, no Paraguai. Em nenhum dos hospedeiros testados, pertencentes aos grupos Hisbiciae (nove espécies), Abutiliae (seis espécies), Sidinae (nove esécies) e Ureneae (quatro espécies), ocorreu o desenvolvimento de *C. denieri*. No entanto, o inseto completou seu ciclo em hastes de *Gossypium raimondii*, *G. darwinii* e *G. barbadense*, bem como em hastes e maçãs de *Cienfuegosa affinis* e de *C. drummondii*. O autor concluiu que *C. denieri* é uma praga que parece restrita às espécies de plantas da tribo Gossypieae.

HISTÓRICO DA INTRODUÇÃO NO BRASIL

A broca-da-haste-do-algodoeiro, *C. denieri*, foi introduzida na Região Oeste do Brasil, provavelmente através de espécimes provenientes do Paraguai ou da Argentina, uma vez que a espécie foi descrita de exemplares do Paraguai e em seguida constatada na Argentina (Botelho, Serrano & Guerra, 2005). De acordo com o catálogo de Wibmer e O'Brien (1986), *C. denieri* apresentava distribuição geográfica restrita ao Paraguai, à Argentina e à Bolívia. Através de levantamento de pragas do algodoeiro na Bolívia, Candia (1971) constatou a ocorrência dessa praga em 11% das lavouras de Santa Cruz, importante região produtora de algodão em caroço desse país.

No Brasil, o primeiro registro de *C. denieri* foi realizado no mês de novembro de 1986, em lavouras de algodão do município de Sete Quedas, Estado de Mato Grosso do Sul (Degrande, 1991). Na ocasião, a Cooperativa Agrícola Sulmato-grossense (Copasul) comunicou ao Ministério da Agricultura a ocorrência da nova praga. Na safra de 1987, sua presença foi observada em áreas algodoeiras de Itaquiraí e Mundo Novo, MS. Porém, em novembro de 1990, um intenso ataque em caules e ramos foi constatado em algumas lavouras da região de Caarapó, MS. Em novembro de 1991, o inseto foi observado em caules e ramos de algodoeiros nos municípios de Mundo Novo e Itaquiraí. Na safra de 1991-1992, o ataque generalizou-se pela região de Fátima do Sul, Jateí, Novo Horizonte do Sul, Mundo Novo, Itaquiraí e Naviraí, MS. Também na safra de 1991-1992, o inseto foi constatado no município de Guaíra, cidade paranaense que margeia o Rio Paraná, situada na divisa com o Estado do Mato Grosso do Sul (Silva et al., 1995). Durante a safra de 1992-1993, a praga foi encontrada em várias lavouras de algodão do oeste paranaense, ocasionando danos severos à cultura (Santos, 1997a). Atualmente, *C. denieri* está distribuída nos estados do Mato Grosso do Sul, Paraná e São Paulo (Santos & Santos, 2005). Caso medidas visando a erradicação ou contenção não sejam tomadas, há a probabilidade de introdução de *C. denieri* nos estados de São Paulo, Mato Grosso e Goiás, em razão da proximidade geográfica das regiões onde essa praga é encontrada atualmente. A introdução de *C. denieri* em Mato Grosso, considerado o principal estado produtor de algodão do Brasil, poderá causar impacto econômico na cultura, uma vez que, para a contenção dessa praga, serão necessárias aplicações de inseticidas tanto nas sementes como em pulverização sobre as plantas. Botelho, Serrano e Guerra (2005) realizaram um detalhado estudo utilizando plantio isca e armadilhas de Malaise, visando detectar a ocorrência de *C. denieri* nas regiões produtoras de algodão do Estado de Mato Grosso. Os autores verificaram que, embora nos levantamentos tivessem encontrado vários espécimes do gênero *Conotrachelus* e sintomas de alimentação de curculionídeos nas plantas de algodão, felizmente não detectaram *C. denieri* nas áreas amostradas da região.

IMPACTO ECONÔMICO, ECOLÓGICO E SOCIAL

Tanto os adultos quanto as larvas de *C. denieri* podem danificar as plantas de algodão, causando redução de estande, enfraquecimento da planta ou destruição das suas partes reprodutivas. Danos indiretos também são ocasionados pelos orifícios de saída da larva das maçãs ou da haste, que permitem a entrada de água e microrganismos, causando o apodrecimento da parte vegetal atacada (Botelho, Serrano & Guerra, 2005). Além de ocasionar graves danos no período inicial da cultura, na fase vegetativa, nos botões florais e nas maçãs do algodoeiro, a presença de mais uma praga no agroecossistema do algodoeiro contribuiu para a elevação dos custos de produção, constituindo mais um dos motivos para a redução da área cultivada no sul de Mato Grosso do Sul e no oeste do Paraná, considerando-se especialmente os pequenos produtores. O aumento do custo de produção da cultura decorre da necessidade de realizar pulverizações iniciais de inseticidas, sobretudo nas lavouras semeadas mais cedo do que de costume na região, bem como da necessidade de proteção das maçãs com inseticidas no período reprodutivo. Estimativas indicam que são necessários 15 a 30 dólares por hectare para combater a praga, desde a sua constatação. Somente no Brasil, em 1986, foram gastos cerca de US$ 300.000 para combatê-la, muitas vezes sem resultados satisfatórios (Botelho, Serrano & Guerra, 2005).

Outro problema que pode decorrer da introdução dessa praga na região é o maior desequilíbrio biológico nas lavouras, uma vez que, para o seu controle, é necessário utilizar inseticidas não seletivos aos inimigos naturais, como os organofosforados paratiom metílico e triazofós e os piretroides deltametrina e betaciflutrina. Esse desequilíbrio é mais sério na fase inicial da cultura, já que, antes da sua introdução, o modelo de Manejo Integrado de Pragas preconizava produtos seletivos durante os oitenta dias iniciais de cultivo. Além disso, o uso de produtos organofosforados, como os que podem ser utilizados para o controle dessa praga, aumenta o risco de intoxicações dos aplicadores, especialmente dos pequenos produtores que realizam aplicações manuais, além do aumento das populações de ácaro-rajado.

A presença da broca-da-haste-do-algodoeiro no nosso meio, juntamente com o bicudo, tem evidenciado que a nossa opção de "conviver com o inseto", ao invés de implantar um programa de eliminação e/ou contenção da praga, não tem sido uma medida correta. No entanto, ainda é tempo de adotar um programa que vise a erradicação desses curculionídeos que prejudicam a cultura do algodão no nosso país. É preciso também maior fiscalização no trânsito de material vegetal das áreas infestadas para as áreas sem a praga. Isso constitui-se, verdadeiramente, em defesa da agricultura nacional.

CONTROLE

O controle da broca-da-haste pode ser realizado por meio de medidas preventivas e curativas. A destruição das soqueiras e o uso do plantio isca são considerados importantes estratégias para o manejo da broca-da-haste-do-algodoeiro (Degrande, 1998; Santos, 2011). A semeadura do plantio isca deve ser realizada antes da época costumeira de instalação da lavoura de algodão. Esse plantio deve ser monitorado logo após a emergência das plantas. Uma vez constatada a presença do adulto no plantio isca, aplicações sequenciais de inseticidas devem ser realizadas, com intervalo de cinco a sete dias (Santos, 1997a; Ávila & Gomez, 2001). Uma vez efetuado o controle da broca no plantio isca, este deve ser destruído antes da emergência das plantas da lavoura de algodão. Resultados experimentais evidenciaram que a aplicação de inseticidas nas sementes pode proporcionar um ótimo controle dos adultos e das larvas da broca-da-haste (Ávila & Gomez, 2002; Santos & Santos, 2005). Porém, dependendo do nível de infestação da praga presente na área, poderá ser necessária a aplicação de produtos em pulverização na parte aérea das plantas. A constatação de plantas mais desenvolvidas com ataque da broca indica a possibilidade de infestação da praga nas maçãs do algodoeiro. Nessa condição, Santos (2011) obteve um controle eficiente da praga com a aplicação dos mesmos produtos recomendados para o controle do bicudo. Deve-se lembrar, no entanto, que não há inseticidas registrados junto ao Ministério da Agricultura, Pecuária e Abastecimento para o controle dessa praga no algodoeiro.

Informações sobre a relação de inimigos naturais de *C. denieri* são praticamente inexistentes na literatura. No entanto, o controle biológico é realizado de modo natural por parasitoides de larvas e por fungos entomopatógenos, podendo atuar durante a maturação da lavoura ou na entressafra (Santos, 1999). Denier (1942) encontrou uma pupa de microimenóptero em uma galeria de algodoeiro feita por larva de *C. denieri*. O adulto desse parasitoide foi descrito com o nome de *Pseudaplastomorpha conotracheli* Blanchard, 1940 (Hymenoptera: Chalcidoidea). Os estudos nessa área precisam ser incentivados, em especial para as condições do Brasil, onde essa praga foi recentemente constatada.

AGRADECIMENTOS

Agradecemos ao doutor Miguel Francisco de Souza Filho, do Instituto Biológico–Campinas; ao doutor Sérgio A. Vanin, do Instituto de Biociências–USP; e ao professor Roberto A. Zucchi, da Escola Superior de Agricultura "Luiz de Queiroz"–USP, pelo auxílio concedido na busca e levantamento do material bibliográfico para a elaboração deste trabalho, bem como ao doutor Walter Jorge dos Santos e Paulo E. Saran, pela concessão das fotos de *C. denieri* publicadas neste capítulo.

REFERÊNCIAS BIBLIOGRÁFICAS

ALMEIDA, R. P. de; SILVA, C. A. D. & RAMALHO, F. de S. Manejo integrado de pragas do algodoeiro no Brasil. In: BELTRÃO, N. E. de M. & AZEVEDO, D. M. P. de (eds.). *O agronegócio do algodão no Brasil*. 2. ed. rev. amp. Brasília: DF, Embrapa Informação Tecnológica; Campina Grande: Embrapa Algodão, 2008, v. 2.

ÁVILA, C. J. & GOMEZ, S. A. Eficiência de inseticidas no controle da broca-da-haste-do-algodoeiro, *Conotrachelus denieri* Hustache, 1939 (Coleoptera: Curculionidae). In: CONGRESSO BRASILEIRO DE ALGODÃO, 3., 2001, Campo Grande, MS. *Produzir sempre, o grande desafio: Anais*. Campina Grande: Embrapa Algodão; Dourados: Embrapa Agropecuária Oeste, 2001, v.1, 672p.

ÁVILA, C. J. & GOMEZ, S. A. Eficiência de inseticidas no controle da broca-da-haste, *Conotrachelus denieri*, na cultura do algodoeiro. Dourados: Embrapa Agropecuária Oeste, 2002. 4p. (Comunicado Técnico, 62).

BOTELHO, A. C. G.; SERRANO, M. A. & GUERRA, W. D. *Levantamento da ocorrência da broca--da-haste, Conotrachelus denieri (Hustache, 1939) (Coleoptera: Curculionidae) na cultura do algodão no Estado de Mato Grosso*. Várzea Grande: Univag, Facual, 2005. 49p. Disponível em: <antigo.facual.org.br/pesquisa/arquivos/Relat%F3rio%20Broca%20da%20Haste%20 UNIVAG.pdf>. Acesso em: 23 mar. 2012.

BRAGA SOBRINHO, R. *Informações sobre biologia da broca da haste*, Conotrachelus denieri *Hust*. Campina Grande: Embrapa-CNPA, 1993. 4p.

CANDIA, J. D. Las plagas del algodon en Bolivia. *Rev. Peru. Ent.* 14: 395-7, 1971.

DEGRANDE, P. E. Primeiro registro de *Conotrachelus denieri* Hustache, 1939 (Coleoptera: Curculionidae) em algodoeiro no Brasil. *An. Soc. Entomol. Bras.* 20: 449-51, 1991.

DEGRANDE, P. E. *Guia prático de controle de pragas do algodoeiro*. Dourados: UFMS, 1998. 60p.

DENIER, P. C. *Apuntes sobre la biologia de Conotrachelus denieri Hust., plaga del algodonero.* Buenos Aires: Ministério de Agricultura da Argentina, Junta Nacional del Algodon, 1942. 32p.

HUSTACHE, A. Descripción de una especie nueva del género *Conotrachelus* Sch. (Col. Curculionidae). *Notas Mus. La Plata* 23: 323-8, 1939.

PAPA, G. Pragas e seu controle. In: MORESCO, E. (org.). *Algodão – pesquisas e resultados para o campo*. Cuiabá: Facual, 2006. 390p. (Publicações Facual, 2).

PRUDENT, P. Alternative hosts of *Conotrachelus denieri* Hust. (Coleoptera: Curculionidae). *Cotton Fibres Trop.* 63: 153, 1988.

SANTOS, W. J. Avaliação de danos e controle da broca-do-ponteiro, *Conotrachelus denieri* (Coleoptera: Curculionidae), no algodoeiro. In: CONGRESSO BRASILEIRO DE ALGODÃO, 1., Fortaleza, 1997. *Algodão irrigado: Anais*. Campina Grande: Embrapa-CNPA, 1997a. 648p.

SANTOS, W. J. Manejo das pragas do algodão, com destaque para o Cerrado brasileiro. In: FREIRE, E. C. (ed.). *Algodão no Cerrado do Brasil*. Aparecida de Goiânia: Abrapa, 2011. 1082p.

SANTOS, W. J. Manejo integrado de pragas do algodoeiro no Brasil. In: *Mato Grosso*: autossuficiência: o algodão no caminho do sucesso. Rondonópolis: Fundação MT, 1997b. 107p. (Boletim de Pesquisa, 1).

SANTOS, W. J. Monitoramento e controle das pragas do algodoeiro. In: CIA, E.; FREIRE, E. C. & SANTOS, W. J. (ed.). *Cultura do algodoeiro*. Piracicaba: Potafos, 1999. 286p.

SANTOS, W. J. Ocorrência e controle da broca-do-ponteiro, *Conotrachelus denieri* (Coleoptera: Curculionidae), na cultura do algodoeiro. In: CONGRESSO BRASILEIRO DE ENTOMOLOGIA, 16º, Salvador, 1997. *Resumos*... Salvador: SEB, 1997c. 400p.

SANTOS, W. J. Pragas do algodoeiro. In: *Recomendações para a cultura do algodoeiro no Paraná*. Londrina: Iapar, 1993. 71p. (Informe de Pesquisa, 107).

SANTOS, W. J. & SANTOS, K. B. dos. Ocorrência, danos e controle da broca-do-ponteiro, *Conotrachelus denieri*, Hust., 1939, no algodoeiro. In: CONGRESSO BRASILEIRO DE ALGODÃO, 5., 2005, Salvador. *Algodão, uma fibra natural: Anais*. Salvador, Embrapa Algodão, 2005. (CD-ROM).

SARAN, P. E. & SANTOS, W. J. *Manual de pragas do algodoeiro*. FMC, 2007. 280p.

SILVA, N. M. et al. Seja doutor do seu algodoeiro. *Inf. Agron.* 69: 1-24, 1995.

WIBMER, C. J. & O'BRIEN, C. W. Annotated checklist of the weevils (Curculionidae *sensu lato*) of South America (Coleoptera: Curculionoidea). *Mem. Am. Entomol. Inst.* 39: 1-563, 1986.

38

Pulgão-verde-dos-cereais, *Schizaphis graminum* (Rondani)

J. M. Waquil, M. Lopes-da-Silva, J. R. Salvadori,
C. M. Lazzarotto, P. R. V. S. Pereira, D. Lau

INTRODUÇÃO

A infestação das plantas pelo pulgão-verde-dos-cereais, *Schizaphis graminum*, pode ser facilmente detectada pela presença de manchas avermelhadas na face superior das folhas atacadas, embora a colônia sempre se estabeleça na face inferior. Os pulgões eliminam muito açúcar pelos excrementos, que se acumulam na superfície superior das folhas localizadas abaixo daquelas infestadas. Essas folhas ficam cobertas por um fungo escuro, conhecido como fumagina. Devido ao grande potencial de reprodução do pulgão-verde-dos-cereais e à ampla adaptação de atacar plantas tanto no inverno como no verão, tornou-se praga importante de várias culturas, principalmente do trigo e do sorgo.

O trigo, a aveia, a cevada, o centeio e o triticale são denominados, em conjunto, cereais de inverno. Essas espécies são cultivadas predominantemente na Região Sul do Brasil. Os estados do Rio Grande do Sul e do Paraná são os maiores produtores. Certas regiões localizadas em latitudes menores, incluindo os cerrados, sobretudo em função da altitude, apresentam condições edafoclimáticas adequadas para o plantio desses cereais; em muitos casos, há necessidade de irrigação para a obtenção de altas produtividades.

O sorgo, *Sorghum bicolor* (L.) Moench, está entre os cinco cereais mais importantes do mundo. Em produção, é superado apenas pelo trigo, milho, arroz e cevada. A sua maior utilização é na alimentação animal, na formulação de rações ou como forragem. Em épocas recentes, o sorgo sacarino está sendo introduzido nas usinas para a produção de etanol. O uso na alimentação humana é possível, mas, por questões culturais, está restrito a algumas regiões da África e da Ásia. Nutricionalmente, o sorgo apresenta 95% do valor biológico do milho. Ele pode substituir 100% do milho, nas rações para ruminantes, e de 40 a 60%, nas rações para monogástricos.

Posição taxonômica e nomenclatura

Ordem: Hemiptera

Subordem: Sternorrhyncha

Família: Aphididae

Tribo: Aphidini

Subtribo: Rhopalosiphina

Gênero: *Schizaphis* Börner, 1931

Espécie: *Schizaphis graminum* (Rondani, 1847)

Sinonímias: *Aphis graminum* Rondani, 1847
Toxoptera graminum (Rondani, 1874)

O gênero *Schizaphis* tem como espécie-tipo o *Aphis graminum* Rondani, 1847, que foi transferido para o gênero *Toxoptera*, representado por quarenta espécies estreitamente relacionadas a *Rhopalosiphum* Koch. Como há pouca diferença entre os dois gêneros, são necessários estudos taxonômicos e moleculares mais detalhados (Blackman & Eastop, 1994; Foottit et al., 2008). Análise filogenética molecular mostrou que os quatro gêneros — *Hyalopterus*, *Melanaphis*, *Rhopalosiphum* e *Schizaphis* — foram incluídos em Rhopalosiphina e, apesar de terem sido utilizadas cinco regiões de DNA (4500 pb), a monofilia de *Rhopalosiphum*, *Melanaphis* e *Schizaphis* não foi resolvida (Kim, Lee & Jang, 2011).

As espécies de *Schizaphis* possuem o sifúnculo sem a borda saliente; a nervura média da asa anterior tem apenas uma ramificação (dois ramos); são ápteras, sem esclerotização dorsal abdominal poligonal, padrão característico em *Rhopalosiphum*. Cerca da metade das espécies é holocíclica em Poaceae, e as restantes, em Cyperaceae. A maioria das espécies é europeia (Blackman & Eastop, 1984; Pérez Hidalgo & Mier Durante, 2005).

RECONHECIMENTO

Os adultos ápteros e alados de *Schizaphis graminum* apresentam grandes diferenças na aparência. Nos ápteros, o corpo é oval-alongado, amarelo-esverdeado, e no dorso destaca-se uma linha média longitudinal verde-escura. O tamanho varia de

1,3 a 2,2 mm de comprimento. O tubérculo antenal é pouco desenvolvido. A antena, com seis segmentos, é de coloração castanha e o comprimento não atinge a base dos sifúnculos, os quais são cilíndricos e possuem a mesma coloração do corpo, cujo ápice apresenta-se escurecido. A cauda tem dois ou três pares de cerdas laterais.

A coloração geral dos alados é verde-limão, com duas estrias verde-escuras bem distintas no dorso do abdômen. O corpo mede aproximadamente 1,8 mm de comprimento. A cabeça e o protórax são marrom-claros e os demais segmentos torácicos são negros. O abdômen é amarelo-esverdeado. As antenas e as patas apresentam pontos negros. Os sifúnculos e as pernas têm extremidades negras. O macho é alado, possui genitália esclerotizada e o seu tamanho é cerca da metade do tamanho das fêmeas vivíparas (Puterka & Slosser, 1983).

ORIGEM, DISTRIBUIÇÃO E IMPORTÂNCIA ECONÔMICA

O local de origem de *S. graminum*, assim como o da maioria dos insetos que se tornaram cosmopolitas, é incerto. Acredita-se que tenha se originado na Região Paleártica e esteja bem adaptado nas Américas (Blackman & Eastop, 1984; Clua et al., 2004). O registro mais antigo dessa espécie é de 1847, na Itália, onde, cinco anos depois, foi descrita como *Aphis graminum*, por Rondani. Nos Estados Unidos, ele foi registrado pela primeira vez em 1882, pelo Departamento de Agricultura, mas sem identificação do local (Hunter, 1909). Segundo Webster (1909), citado por Starks & Mayo (1985), em 1907 já estava registrado no trigo e em outros cereais de inverno nos quatro continentes: Europa, Ásia, África e América do Norte. Embora na literatura *Sorghum bicolor* (L.) Moench tenha sido registrado como hospedeiro do pulgão-verde-dos-cereais desde 1863 (Webster & Phillips, 1912), apenas em 1968 tornou praga importante na cultura do sorgo granífero nas grandes planícies dos Estados Unidos (Starks & Mayo, 1985).

Na Argentina, o pulgão-verde-dos-cereais foi detectado pela primeira vez em 1914, na província de La Pampa, e logo foi registrado nas regiões produtoras de cereais. Ainda, segundo Noriega, Chidichimo & Castro (2000), os primeiros surtos de danos foram registrados no centro das províncias de Santa Fe, Córdoba e La Pampa e no sudoeste da província de Buenos Aires. No Brasil, o registro mais antigo do pulgão-verde-dos-cereais foi feito por Costa Lima, no *Segundo catálogo de insetos que vivem nas plantas do Brasil e ensaio de bibliografia entomológica brasileira*, publicado nos Arquivos da Escola Superior de Agricultura e Medicina Veterinária, Rio de Janeiro, em dezembro de 1927, conforme citado no *Quarto catálogo dos insetos que vivem nas plantas no Brasil:* seus parasitos e predadores (Silva et al., 1967). Nesse catálogo, entre os anos de 1933 (segundo registro sobre o pulgão-verde) e 1962, são citadas 26 referências sobre o pulgão-verde-dos-cereais. Embora já tivesse sido encontrado em alpiste, em 1933 e 1938, no Rio Grande do Sul, considera-se que o primeiro registro como praga em trigo e cevada foi feito por Reiniger (1941) nesse mesmo estado.

A primeira publicação exclusivamente sobre o pulgão-verde-dos-cereais data de 1956, na revista *A Granja*, de Porto Alegre, por J. Moreira Ludwig. Andrej Bertels M., em seu livro *Entomologia agrícola sul-brasileira*, publicado em 1956, descreveu em detalhes a morfologia, a biologia, a ecologia e o controle do pulgão-verde-dos-cereais (como *Toxoptera graminum*). Um dado no mínimo curioso citado por Bertels refere-se ao potencial de reprodução desse pulgão: "Deste modo, a massa ponderável de um só pulgão pode, no fim de uma estação, atingir 822.000.000 de toneladas". Em 1956, Bertels recomendou o controle químico dele no trigo e citou seus principais inimigos naturais: *Cycloneda sanguinea* (L), *Eriopis conexa* Germ., *Baccha clavata* Fabr. e *Aphidius platensis* Brèthes. Desde então, essas duas estratégias têm sido usadas e melhoradas para o manejo do pulgão-verde-dos-cereais no trigo.

O sorgo tipo vassoura vem sendo cultivado no Brasil desde a época da escravidão. Entretanto, essa era uma cultura marginal, cultivada em faixas nas bordas das glebas das culturas principais. Esse tipo de manejo dificulta e restringe a incidência e o estabelecimento da população do pulgão-verde, que prefere plantas mais adensadas. Uma segunda fase da introdução do sorgo no Brasil envolveu as variedades forrageiras e foi realizada no Rio Grande do Sul e no Nordeste. Segundo Leal, Vitdewilligen e Scholl (1972), as tentativas de introdução do sorgo no Rio Grande do Sul iniciaram-se por volta de 1922. Em Pernambuco, há registro do sorgo forrageiro cultivado no Posto de Limoeiro desde 1938 (Miranda et al., 1972). Na década de 1950, nas extintas estações experimentais da Escola de Engenharia da Universidade Federal do Rio Grande do Sul, iniciaram-se os primeiros experimentos com sorgo granífero (Leal, Vitdewwilligen & Scholl, 1972). No Nordeste, o esforço significativo de introdução do sorgo ocorreu a partir de 1958, quando foi introduzida uma coleção de variedades dos Estados Unidos e do Instituto Agronômico de Campinas (Miranda et al., 1972). Até 1972, quando foi realizado o 1º Simpósio Interamericano de Sorgo, o pulgão-verde-dos-cereais não havia sido registrado nessa cultura e, portanto, não foi incluído na lista de pragas de sorgo no Brasil, registrada nos anais (Ribas, 1972; Rossetto et al., 1972). Entretanto, em 1975, quando foi realizado o International Soghum Workshop, na Universidade de Porto Rico, em Maygüez, esse pulgão foi registrado a atacar sorgo no Brasil, em 1973 (Overman, 1975). A partir de 1978, iniciaram-se no nosso país os trabalhos para o manejo do pulgão-verde no sorgo, avaliando-se a seletividade de inseticidas (Gravena, 1978) e a prospecção de genótipos resistentes (Galli, Lara & Barbosa, 1981; Cruz, 1986).

A migração e a dispersão dos adultos do pulgão-verde dependem de vários fatores ambientais. Nos Estados Unidos, fêmeas partenogenéticas sobrevivem no inverno e, a cada ano, as áreas do Norte são reinfestadas por indivíduos alados, levados pelas correntes aéreas (Starks & Mayo, 1985). No Rio Grande do Sul, a ocorrência do pulgão-verde predomina no verão e no outono; no segundo semestre do ano, ele desaparece.

Nos Estados Unidos, a infestação do trigo, no inverno, e do sorgo, no verão, tornou o pulgão-verde-dos-cereais uma das pragas mais importantes nas grandes planícies centrais e envolve vários estados. No Estado de Oklahoma, apenas no ano de 1976, causou um prejuízo de mais de 80 milhões de dólares (Starks & Burton, 1977). Para o controle no trigo, durante o inverno, e no sorgo, durante o verão, foram utilizados intensivamente os inseticidas organofosforados, com alta eficiência. A partir de 1974, foi registrada perda da atividade desses inseticidas – por exemplo, a redução de trinta vezes na eficácia do disulfoton (Teetes et al., 1975a). Com isso, maiores investimentos foram feitos em métodos alternativos de controle, como a resistência de plantas. Entretanto, o pulgão-verde apresenta grande variabilidade genética, com potencial não só para se tornar resistente aos inseticidas, mas também para quebrar a resistência das plantas hospedeiras. Assim, só o manejo integrado, com a utilização de diferentes estratégias de controle, sobretudo compatibilizando-as com o controle biológico natural, tem produzido resultados favoráveis.

Considerando que *Zea mays* está na lista de hospedeiros do pulgão-verde-dos--cereais, há uma pergunta relevante para os países produtores de milho: qual é o real risco de esse pulgão tornar-se uma praga importante do milho? Waquil, Prates & Purcino (2004) avaliaram a coleção nuclear de germoplasma de milho da Embrapa Milho e Sorgo e verificaram que 5% dos acessos foram totalmente imunes ao pulgão; 1% desses acessos responderam como hospedeiros favoráveis e mais de 90% foram intermediários. Portanto, é possível prospectar as causas dessa imunidade ao pulgão-verde, e os programas de melhoramento de milho deveriam atentar para que não sejam liberados cultivares suscetíveis a *S. graminum*; os cultivares em uso na época atual parecem altamente resistentes.

BIOLOGIA E COMPORTAMENTO

Nas regiões tropicais, os pulgões reproduzem-se por partenogênese telítoca vivípara, isto é, fêmeas originam ninfas também fêmeas, que podem transformar--se em aladas ou ápteras, a depender das condições favoráveis ou não do ambiente ou do hospedeiro. Em geral, as ápteras são mais comuns, e as formas aladas são produzidas em tempo de escassez de recursos ou na presença de alta densidade populacional. As fêmeas ovíparas (gâmicas) são quase sempre ápteras, com pseudo-sensórios nas tíbias posteriores. Após acasalamento com o macho, produzem ovos. As ovíparas ápteras (gâmicas) distinguem-se das vivíparas ápteras (virginóparas) por serem mais enegrecidas e terem as tíbias metatorácicas alargadas na base (Puterka & Slosser, 1983). As fêmeas aladas (virginóparas) demoram mais tempo para atingir a maturidade, costumam ser menores e ter fecundidade mais baixa do que as formas ápteras (Dixon, 1977).

S. graminum apresenta ciclo partenogenético como estratégia reprodutiva, compartilhado com a maioria das espécies de afídeos das regiões temperadas

(Dixon, 1998; Pietro & Caillaud, 1998; Raymond, Searle & Douglas, 2001). Essa estratégia envolve produção assexual de ninfas fêmeas, a partir de fêmeas vivíparas (telítocas), durante a primavera até meados ou final do outono. Na sequência, ocorre pelo menos uma geração sexuada (machos e fêmeas ovíparas), desencadeada por uma série de estímulos ambientais, incluindo temperatura e fotoperíodo (Marcovitch, 1923; Puterka & Slosser, 1983, 1986; Margaritopoulos et al., 2002). Em geral, a geração sexual dos afídeos está associada à alternância de hospedeiros, fato que não foi observado em *S. graminum*, pelo menos não fora de Poaceae. As fundatrizes (mães fundadoras) eclodem dos ovos no início da primavera e iniciam a produção da geração partenogenética.

Em latitudes inferiores ao paralelo 35° N, o pulgão-verde-dos-cereais não possui ciclo sexual natural (Webster & Phillips, 1912; Daniels, 1956). Vários autores encontraram ovos de *S. graminum* ao sul do paralelo 35°, sob condições controladas (Puterka & Slosser, 1983, 1986), porém, no campo, eles não são achados (Gorena, 2004). Embora o pulgão-verde possa reproduzir-se a temperaturas entre 10 e 33°C, a temperatura ideal está em torno de 22,5°C. Nessas condições, e em hospedeiros suscetíveis, o pulgão pode produzir de três a quatro gerações por mês. As ninfas, em condições ideais, passam por quatro instares e atingem a maturidade em cinco dias. Cada fêmea pode produzir até cem descendentes nos seus 25 dias de longevidade; tem, assim, grande potencial de reprodução e forma grandes colônias. Em geral, o pulgão-verde danifica seus hospedeiros. Provoca cloroses, reduz o volume da raiz, a biomassa da parte aérea e o conteúdo de proteína nas sementes; pode até causar a morte de toda a planta (Burton, 1986; Castro & Rumi, 1987; Castro, Rumi & Arriaga, 1988).

HOSPEDEIROS E BIÓTIPOS

O termo biótipo tem sido empregado nos estudos de pulgões para discriminar a variação na adaptação e os danos aos hospedeiros (Eastop, 1973; Wilhoit & Mitler, 1991; Anstead, Burd & Shufran, 2002). Alguns biótipos podem diferir no tamanho do corpo e no formato (Starks & Mayo, 1985). O efeito da dieta no polimorfismo dos afídeos tem sido bem documentado (Mittler, 1972). O sistema de reprodução partenogenética dos pulgões resulta na produção de clones, que seriam indivíduos com o mesmo genótipo. Entretanto, a possibilidade de mutação de uma geração para outra é um evento possível e documentado (Lushai, Markovitch & Loxdale, 2002). Mesmo com a existência de um sistema de reprodução sem recombinação genética, é possível observar variações em características biológicas dentro de uma população da mesma espécie de pulgão. No caso de *S. graminum,* biótipos correspondem a grupos de indivíduos clones, com a mesma relação de virulência (capacidade de dano letal) a uma série de genótipos de plantas diferenciadoras (Porter et al., 1997). Assim, os biótipos de *S. graminum* são identificados de modo simples, em um sistema binário: virulento–avirulento. Para o melhoramento dos cereais, visando a resistência ao pulgão-verde, o biótipo avirulento caracteriza uma relação de resistência da planta ao ataque de um biótipo específico. Os biótipos avirulentos produzem um dano caracterizado por discretas manchas cloróticas ou necróticas, sem maior comprometimento do tecido foliar. Os biótipos qualificados como virulentos caracterizam uma relação de suscetibilidade do cultivar ao ataque da praga. Nesse caso, o pulgão é capaz de produzir danos como lesão necrótica nas folhas e levar a planta à morte em situação de teste.

A identificação dos biótipos pode ser feita pelas técnicas de escala de danos ou de qualificação da lesão (Puterka & Peters, 1988). De maneira simples, a técnica de qualificação da lesão é mais rápida. Consiste na semeadura de dez a quinze sementes de cada fonte de resistência por vaso, que são transferidas para uma câmara climatizada (21°C, 70% de umidade relativa e 12h de fotofase). Após uma semana, dez clones de afídeos da mesma idade (um dia) são colocados nas plântulas e deixados nelas por um período de quatro dias, para alimentação. Após a eliminação desses clones, as folhas são examinadas, com o auxílio de uma lupa, para verificar o desenvolvimento de lesão. Elas são consideradas suscetíveis quando há o desenvolvimento de lesões necróticas e resistentes quando, no máximo, é observada clorose (amarelecimento) no local de alimentação dos afídeos.

O histórico de caracterização de biótipos é todo restrito aos Estados Unidos e as caracterizações iniciam com o desenvolvimento dos cultivares de trigo resistentes ao pulgão-verde. O primeiro cultivar resistente foi o DS28A (Painter & Peters, 1956). Esse cultivar foi obtido por meio de testes de genótipos de trigo, com uma população de *S. graminum* mantida em casa de vegetação, em Oklahoma. Após três anos de plantio do DS28A, verificou-se, em campo, a existência de populações capazes de danificá-lo de modo significativo (Wood, 1961, apud Puterka & Peters, 1990). Essas populações virulentas de *S. graminum* foram designadas como biótipo B, em oposição à população avirulenta ao cultivar DS28A, designado como biótipo A.

O evento mais marcante do histórico da caracterização dos biótipos foi o ataque maciço de *S. graminum* em plantações de sorgo, nos estados de Oklahoma e Kansas, em 1968. Até então, não havia registros de danos desse pulgão ao sorgo. As populações que danificavam o sorgo foram denominadas de biótipo C (Harvey & Hackerott, 1969). Esse biótipo também é capaz de danificar o cultivar de trigo DS28A, diferenciando-se do B pela sua virulência ao sorgo. A fonte de resistência a esse biótipo foi encontrada na linhagem de trigo Amigo. Porter, Peterson & Vise (1982) identificaram populações capazes de danificar a linhagem Amigo e designaram um novo biótipo, o biótipo E, incapaz de danificar a linhagem de trigo Largo. Durante levantamentos para caracterização de biótipos nas áreas produtoras de trigo, Kindler e Spomer (1986) encontraram um novo biótipo, capaz de danificar e matar os cultivares Amigo e Largo. Em testes de caracterização de biótipos, esse biótipo foi incapaz de produzir danos ao cultivar DS28A e foi denominado biótipo F. Levantamentos realizados em Oklahoma (Kerns, Peters & Puterka, 1987) e no

Texas (Bush et al., 1987) detectaram dois novos biótipos, designados como G e H por Puterka et al. (1988). O biótipo G é virulento a todas as fontes de resistência em trigo, mas é avirulento ao sorgo e à cevada. O biótipo H compartilha todas as relações de virulência com o biótipo E em trigo, mas é avirulento ao sorgo e é o único capaz de danificar o cultivar Post de cevada. Harvey et al. (1991) relataram a existência de clones de *S. graminum* capazes de danificar sorgo E resistente, com exceção da linhagem de sorgo PI 266965, tendo reações similares às do biótipo E em trigo. Esses clones foram designados como biótipo I. Beregovoy e Peters (1995) descreveram um isolado de *S. graminum* proveniente de Idaho, EUA, que era "avirulento" a todas as fontes de resistência testadas e que foi designado como biótipo K (Harvey, Wilde & Kofod, 1997). Trata-se de clones capazes de danificar a linhagem PI 550610, um germoplasma de sorgo I resistente.

O único biótipo caracterizado de modo diferente daquele que usa as relações de virulência com genótipos de trigo e sorgo foi o D, designado pela sua resistência a inseticidas do grupo dos organofosforados (Teetes et al., 1975a). A designação foi abandonada, por ser inválida para programas de melhoramento de trigo ou sorgo para resistência a *S. graminum* (Porter et al., 1997). Segundo Burd & Porter (2006), há nove biótipos reconhecidos (B, C, E, F, G, H, I, J, K) e três ainda não reconhecidos (NY, EWR e CWR), descritos por Shufran et al. (2000). Além desses, existem treze possíveis novos biótipos que possuem relação distinta, na capacidade de dano, de outros biótipos já designados (Burd & Porter, 2006). Nesse balanço, não está incluído o biótipo A original, que poderia ser considerado um biótipo diferente ou aquele já descrito quando foi, inicialmente, comparado com o biótipo B. Entretanto, apesar do grande e crescente número de biótipos, se os estudos forem ampliados em escala mundial, apenas os biótipos C e E terão relevância, pela sua abundância.

Com base em registros históricos, Porter et al. (1997) foram os primeiros a propor que não existe relação entre o emprego de cultivares resistentes e o desenvolvimento de novos biótipos. Assim, os biótipos de *S. graminum* seriam muito mais indivíduos pré-adaptados, oportunistas; a detecção do seu aparecimento no campo não mantém relação direta com o lançamento de cultivares resistentes. Essa interpretação começou a ganhar força a partir de estudos baseados no DNA. Os três principais biótipos – B, C e E (chamados de biótipos agrícolas) – são diferentes, em termos evolutivos, de acordo com a análise de restrição do seu DNA mitocondrial (Powers et al., 1989), sendo que os biótipos C e E são mais próximos entre si. Por meio de marcadores RAPD, Black et al. (1992) diferenciaram quase todos os biótipos; apenas não conseguiram encontrar um marcador que diferenciasse o biótipo C do E, o qual não apresentava variação. O mesmo fato foi observado por Aikhionbare et al. (1998). No entanto, ao ser usado o espaçador intergênico do rDNA (altamente variável), foi demonstrado que o biótipo E é composto de várias linhagens maternais – 56 diferentes indivíduos em um grupo de 61 clones (Shufran, Margolies & Black, 1992).

Uma nova interpretação da evolução dos biótipos, mais como um processo de coevolução, e não como resultado de seleção por resistência de cultivares, foi obtida por Shufran et al. (2000). Por meio da análise filogenética das sequências de um gene mitocondrial, os autores obtiveram três agrupamentos: biótipos agrícolas (C, E, I, K), biótipos raros e extremamente virulentos (F, G e NY) e biótipos do grupo B (B, CWR, EUR). O biótipo H de *S. graminum* é tão diferente dos outros biótipos que é forte a indicação que se trate de outra espécie de pulgão. Em outro trabalho, com maior número de amostras, incluindo mais exemplares dos biótipos I, G e K e de outros clones sem determinação biotípica, Anstead, Burd & Shufram (2002) identificaram uma associação entre haplótipos, ou seja, indivíduos com a mesma sequência do DNA mitocondrial, com o hospedeiro onde foram coletados. Diante dessa associação, os autores concluíram que os biótipos de *S. graminum* são populações que divergem em função do hospedeiro. Portanto, o fenômeno da formação de biótipos do pulgão-verde-dos-cereais tem sido tratado como evento anterior à atividade agrícola, interpretação que deve ser considerada ainda uma hipótese, pois depende de trabalhos de caracterização molecular de biótipos de *S. graminum* em escala mundial. O fato de a hipótese explicativa dos biótipos ter surgido a partir de dados obtidos exclusivamente nos Estados Unidos indica a necessidade de ampliação geográfica dos estudos para validá-la (Marcelo Lopes da Silva, 2012, informação pessoal). O trabalho de Karrat et al. (2012) comparou sequências do DNA mitocondrial de clones de *S. graminum* coletados no Norte da África com sequências dos biótipos obtidos nos Estados Unidos. Esse estudo revelou que *S. graminum* do Norte da África apresenta sequências próximas aos biótipos agrícolas, mas nenhuma igual à dos biótipos dos Estados Unidos, usados como referência.

Tonet (1999) fez as primeiras caracterizações de biótipos de *S. graminum* no Brasil. Em 1993, a Embrapa Trigo coletou 26 clones nas regiões produtoras de trigo no país, todos pertencentes ao biótipo C. Em 1994, apenas os pulgões coletados na região de Santa Rosa, RS, pertenciam a esse biótipo. Em 1996, foram encontrados biótipos C e E na maior parte das áreas tritícolas do Brasil; os clones oriundos de Guaíra, PR, e de Fátima do Sul e Caarapó, MS, pertenciam ao biótipo B. Lopes-da-Silva, Tonet & Vieira (2004) identificaram as diferenças entre os biótipos C e E no Brasil, mas as similaridades genéticas entre eles não permitem estabelecer se constituem dois grupos diferentes. O biótipo B, ou pelo menos o conjunto de clones considerados como tendo reação de biótipo B, era muito distinto. A comparação do perfil genético dos biótipos C e E do Brasil e dos Estados Unidos apontou diferenças marcantes, o que sugere que, apesar da mesma reação às plantas diferenciadoras, clones identificados como pertencentes a um mesmo biótipo podem ter maior similaridade genética com outros biótipos (Lopes-da-Silva, Tonet & Vieira, 2004). Esse fato sugere que os biótipos (pelo menos os chamados biótipos agrícolas) são indivíduos que possuem em comum os mesmos genes alelos que regulam sua interação com as plantas. Dessa forma, não importa a similaridade do restante do genoma para definir o que é um biótipo, e sim a presença desses genes alelos.

A existência de biótipos no pulgão-verde-dos-cereais poderia ser explicada pela hipótese da interação gene a gene (Flor, 1971), pela qual para cada gene que condiciona uma reação de resistência no hospedeiro existe um gene complementar na praga que condiciona a sua avirulência. Entretanto, o mecanismo existente no pulgão-verde parece mais complexo, pois há vários genes em interação com um gene da planta (Puterka & Peters, 1989).

Das espécies de pulgões-pragas de cereais, *S. graminum* é a que apresenta a maior gama de hospedeiros dentro da família Poaceae. O grande problema, no estabelecimento da lista completa de hospedeiros, é o fato de que alguns biótipos não são encontrados em certos hospedeiros em razão de sua baixa reprodução. Beregovoy & Peters (1995) demonstraram que alguns biótipos (B, E, C e I) possuem alta taxa de reprodução; funcionam como r-estrategistas e têm longevidade mais baixa em relação aos biótipos K-estrategistas. Estes últimos biótipos (F, H, J) apresentam reprodução mais baixa e maior longevidade. Essa é uma explicação para a predominância dos biótipos C e E nos sistemas agrícolas, perfeitamente adaptados ao curto ciclo das plantas cultivadas.

A primeira compilação completa e original de espécies de plantas hospedeiras foi feita por Patch (1938), que apontava 62 espécies. No entanto, o trabalho foi baseado em registros não documentados. Com as mudanças de taxonomia botânica, a primeira lista passou a ter 57 espécies (Michels, 1986). Até o trabalho de Michels (1986), apenas 33 espécies de plantas eram confirmadas como hospedeiras do pulgão-verde-dos-cereais. Ele acrescentou 47 espécies, com base em registros da literatura e trabalho de campo, o que resulta em mais de 70 espécies reconhecidas como hospedeiras do pulgão-verde, distribuídas por 44 gêneros. Segundo Blackman & Eastop (1984), os principais gêneros de Poaceas atacadas por *S. graminum* incluem: *Agropyron*, *Avena*, *Bromus*, *Dactylus*, *Eleusine*, *Festuca*, *Hordeum*, *Lolium*, *Oryza*, *Panicum*, *Poa*, *Sorghum*, *Triticum* e *Zea*. A lista completa e atualizada de hospedeiros de *S. graminum* compreende cerca de uma centena de espécies (Tabela 1).

PULGÃO-VERDE EM CEREAIS DE INVERNO

Importância econômica no trigo

Os afídeos, ou pulgões, são considerados pragas-chave para os cereais de inverno, tanto pelos danos diretos que podem causar ao sugarem a seiva, como pela condição de vetores obrigatórios de certos vírus fitopatogênicos. As espécies de pulgões que ocorrem são comuns aos diferentes cereais de inverno. Associadas ao trigo, já foram relatadas mais de dez espécies. Entre elas, merecem destaque o pulgão-verde-dos-cereais *Schizaphis graminum* (Rondani, 1852), o pulgão-do-colmo ou pulgão-da-aveia *Rhopalosiphum padi* (L. 1758), o pulgão-da-folha *Metopolophium dirhodum* (Walker, 1849) e o pulgão-da-espiga *Sitobion avenae* (Fabricius, 1775).

Tabela 1. Espécies de plantas hospedeiras de *S. graminum* (baseado em Michels, 1986; revisado e atualizado).

Nome científico	Nome comum
1. *Agropyron cristatum* (L.) Gaertn *Agropyron fragile* (Roth.) Candargy	Crested wheatgrass Siberian wheatgrass
2. *Agrostis stolonifera* L.	Creeping bentgrass
3. *Alopecurus arundinaceus* Poir *Alopecurus geniculatus* L. *Alopecurus pratensis*	Creeping foxtail Water foxtail Common foxtail
4. *Andropogon cernuus* *Andropogon gerardi* Vit.	Milheto-branco-do-egito Big bluestem
5. *Arrhenatherum elatius* (L.) Presl. [Avena]	Tall oatgrass
6. *Avena barbata* Brot. *Avena fatua* L. *Avena sativa* L. *Avena strigosa* Schreb.	Slender oat Wild oat Aveia comum Aveia-preta
7. *Bothriochloa ischaemum* (L.) Keng *Bothriochloa saccharoides* Gould	Yellow bluestem Silver bluestem
8. *Bouteloua gracilis* (H.B.K.) lag.	Blue gramma
9. *Bromus anomalus* Rupr. *Bromus unioloides* (Willd) H.B.K. *Bromus commutatus* Schrad *Bromus erectus* Huds *Bromus inermis* Leyss *Bromus mollis* L. *Bromus rigidus* Roth *Bromus secalinus* L. *Bromus tectorum* L.	Nodding brome Cevadilha Hairy chess Meadow brome Capim-cevadilha Soft chess Ripgut brome Capim-cevadinha Cheatgrass, downy chess
10. *Buchloe dactyloides* (Nutt.) Engelm.	Buffalo grass
11. *Cenchrus incertus* M. A. Curtis	Capim-amoroso-da-areia, capim-carrapicho-da-areia
12. *Chloris verticillata* Nutt. *Chloris virgata* Swartz	Windmill Grass Shoy chloris
13. *Cynodon dactylon* (L.) Pers	Grama-bermuda, capim-bermuda
14. *Dactylis glomerata* L. *Dactylis spicata* (L.) Green	Capim-dos-pomares Seashore saltgrass
15. *Danthonia* sp.	Danthonia
16. *Digitaria sanguinalis* (L.) Scop.	Capim-colchão
17. *Echinochloa crus-galli* (L.) Beauv.	Capim-arroz
18. *Elusine indica* (L.) Gaertn.	Capim-pé-de-galinha
19. *Elymus canadensis* L. *Elymus junceus* Fisch. *Elymus virginicus* L. *Elymus lanceolatus* (Scribn. & Smith) Gould *Elymus subsecundus* (Link) A.D. Love *Elymus trachycaulus* (Link) Gould	Canadian wildrye Russian wildrye Virginian wildrye Thickspike wheatgrass Bearded wheatgrass Slender wheatgrass
20. *Elytrigia intermedia* (Host) Nevski *Elytrigia pontica* (podp.) Holub. *Elytrigia repens* (L.) Nevsk	Intermediate wheatgrass Tall wheatgrass Quackgrass bluebunch wheatgrass

Continua

Nome científico	Nome comum
21. *Eragrostis ciliaenesis* (All.) Lutati. *Eragrostis curvula* (Schrad.) Nees. *Eragrostis pilosa* (L.) Beauv. *Eragrostis arundinacea* Schreb. *Eragrostis ovina* L. *Eragrostis rubra* L.	Stinkgrass Capim-chorão India lovegrass Tall fescue Sheep fescue Red fescue
22. *Festuca pratensis* Huds.	Meadow fescue
23. *Hordeum brachyantherum* Nevski *Hordeum jubatum* L. *Hordeum pusillum* Nutt. *Hordeum vulgare* L.	Meadow barley Foxtail barley Little barley Cevada
24. *Hyperhenia hirta* (L.) Stap. F.	Hyperhenia
25. *Lolium multiflorum* Lam. *Lolium perenne* L.	Azevém, azevém-italiano, azevém-anual Azevém-perene
26 *Milium effusum*	Milhete
27. *Oryza sativa* L.	Arroz
28. *Panicum miliaceum* L. *Panicum virgatum* L.	Painço, milho-alvo Switchgrass
29. *Pascopyrum smithii* (Rybd.) Love	Western wheatgrass
30. *Pennisetum typhoides* (Burn.)	Pearl millet
31. *Phalaris arundinacea* L. *Phalaris caroliniana* (Walt.)	Grama-canário Grama-canário
32. *Phleum pratense* L.	Grama-timóteo
33. *Poa annua* L. *Poa compressa* L. *Poa pratensis* L.	Poa anual, poa comum, Canada bluegrass Grama-azul
34. *Polypogon monspeliensis* (L.) Desf.	Rabbitfoot grass
35. *Psathyrostachys juncea* Nevski	Russian wildrye
36. *Secale cereale* L.	Centeio
37. *Setaria italica* L. (Beauv.) *Setaria viridis* L. (Beauf.)	Milheto-rabo-de-raposa Green bristlegrass
38. *Sorghastrum nutans* (L.) Nash.	Indiangrass
39. *Sorghum halepense* (L.) Pers. *Sorghum virgatum* (Hack.) Stapf. *Sorghum bicolor* Moench *Sorghum sudanense* stapf.	Capim-massambará, sorgo-de-alepo Tunis grass, Sudan grass Sorgo Sorgo-sudão
40. *Sporobolus neglectus* Nash.	Dropseed grass
41. *Stipa leucotricha* Trin. and Rupr. *Stipa viridula* Trin.	Texas needlegrass Green needlegrass
42. *Tripascum dactyloides* (L.) L.	Eastern grammagrass
43. *Triticum aestivum* L. *Triticum aestivum* var. durum *Triticum cylindricum* (Host) Ces.	Trigo Trigo-duro Jointed goatgrass
44. X *Triticosecale* Wittmack	Triticale
45. *Zea mays* L.	Milho

Com relação à importância econômica, as espécies de afídeos que ocorrem em trigo e em outros cereais de inverno têm sido consideradas em conjunto, em função das semelhanças biológicas, dos hospedeiros utilizados, das exigências climáticas, dos inimigos naturais, dos danos que causam e dos meios empregados para o seu controle. A importância relativa das espécies de pulgões do trigo, determinada pelos níveis populacionais incidentes, tem variado ao longo do tempo. *S. graminum* é relatado em trigo desde os primórdios da triticultura brasileira em escala comercial. Entre as espécies mais importantes que ocorrem em trigo e em outros cereais de inverno, apresenta maior longevidade e maior prolificidade (Figura 1). Durante muitos anos, até a década de 1970, na fase de grande e rápida expansão da triticultura brasileira, o pulgão-verde foi a espécie mais comum referida como praga dessa cultura (Salvadori & Tonet, 2001).

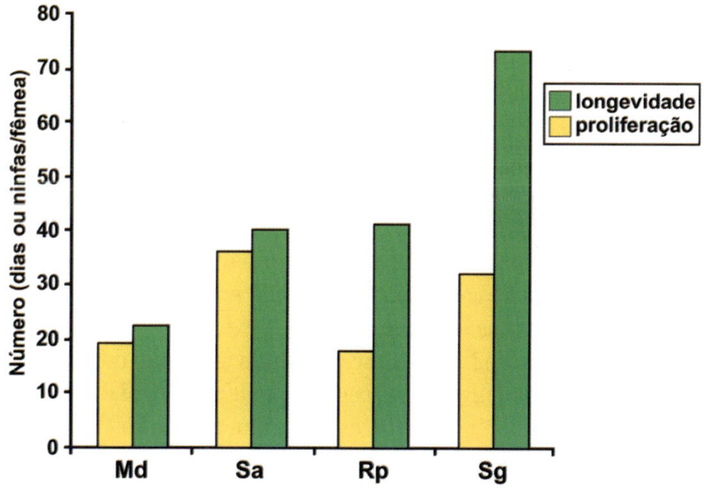

Figura 1. Longevidade (dias) e prolificidade (ninfas/fêmea) de afídeos em trigo: *Metopolophium dirhodum* (Md), *Sitobion avenae* (Sa), *Rhopalosiphum padi* (Rp) e *Schizaphis graminum* (Sg) (Gassen, 1984).

Incidência e danos no trigo

No Brasil, a espécie está distribuída em todas as regiões tritícolas, desde o extremo sul até a região dos cerrados. As maiores infestações ocorrem em regiões de temperatura média mais elevada, como nas latitudes inferiores a 24° S e na fronteira oeste do Rio Grande do Sul, e em regiões ou anos de inverno pouco rigoroso e seco. Mesmo em regiões mais frias, pode ocorrer em níveis populacionais capazes de causar danos em plantios de outono (principalmente em aveia-preta) e em anos com invernos amenos (Salvadori, 2000; Salvadori & Tonet, 2001), em plantios em época normal.

No Rio Grande do Sul, o pulgão-verde-dos-cereais permanece ativo no verão, em uma gama variada de gramíneas, como sorgo, plantas voluntárias de trigo e de aveia ou plantas daninhas (por exemplo, *Digitaria ciliaris*, *Cynodon* sp. e *Pannisetum clandestinum*). Entretanto, em plantas de trigo espontâneas e em *P. clandestinum*, reproduz-se lentamente (Zúñiga, 1982). A sobrevivência durante o verão e a chegada de alados levados pelos ventos de áreas mais setentrionais podem explicar a origem das infestações dos pulgões em trigo (Gassen, 1984). Todavia, Zúñiga (1982) observou que, no Rio Grande do Sul, é forte a evidência de que as infestações de *S. graminum* têm origem no próprio local.

O pulgão-verde incide nos cereais de inverno, sobretudo em trigo, cevada e aveia, no outono ou no início da estação fria. Normalmente, dependendo da época de semeadura e da região, as lavouras estão em fase de emergência e desenvolvimento inicial (fase de plântulas), quando são mais sensíveis ao ataque dos insetos. Também em função do clima, sobretudo da temperatura amena e da precipitação pluvial escassa, os pulgões podem continuar ocorrendo em estágios mais adiantados das plantas e infestar colmos, folhas, espigas e panículas.

Quanto à natureza dos danos de *S. graminum* nos cereais de inverno, eles podem ser diretos, decorrentes da sucção da seiva e da ação toxicogênica da saliva injetada na planta durante a alimentação (Figura 2A), ou indiretos, pela transmissão de vírus causadores do nanismo amarelo. A severidade dos danos dos pulgões varia de acordo com a intensidade do ataque, o cultivar, o estágio de desenvolvimento das plantas e a época do ano. Devido à saliva tóxica, ao elevado potencial de reprodução e ao fato de atacar plantas em início de desenvolvimento, *S. graminum* é, dentre os pulgões dos cereais de inverno, uma das espécies mais daninhas. A toxina salivar injetada durante a alimentação resulta em destruição da parede celular, provoca manchas cloróticas e necróticas e mesmo o completo amarelecimento e a morte de folhas e de plantas pequenas.

A morte de plântulas de trigo, cevada e aveia é comum nos casos de infestações severas do pulgão-verde. Em 1982, em Mato Grosso do Sul, período em que a triticultura ocupava áreas expressivas na região, foram constatadas em experimentos perdas médias de 46%, decorrentes do ataque de *S. graminum* em trigo (Salvadori, Silva & Rumiatto, 1983). Além da morte de plântulas, os danos que provoca em cereais de inverno derivam da redução do número de espigas ou panículas, do número e do peso dos grãos e da massa seca (Salvadori, 2000; Goellner & Floss, 2011).

A importância de uma espécie de afídeo como vetor de determinado vírus depende da sua abundância e da eficiência com que é capaz de transmiti-lo. A relação entre as espécies de afídeos e os patógenos *Barley yellow dwarf virus* (BYDV) e *Cereal yellow dwarf virus* (CYDV) (família *Luteoviridae*), que provocam nanismo

Figura 2. *S. graminum* em folhas de aveia-preta. A) Detalhe da colônia. B) Lesões avermelhadas provocadas pelo ato alimentar na face oposta à colônia. Fotos: Douglas Lau.

amarelo em cereais, é do tipo circulativa, não propagativa e caracterizada por especificidades na relação vírus/vetor (Rochow, 1969; Miller & Rasochová, 1997). *S. graminum* é vetor do BYDV-SGV (Johnson & Rochow, 1972); também já foi demonstrado que clones oriundos do campo são capazes de transmitir BYDV-PAV em testes diretos de transmissão (Gray et al., 1998).

No Brasil, estudos realizados a partir de 1970 indicavam que populações do pulgão-verde eram capazes de transmitir o BYDV, embora com menor eficiência do que outras espécies de afídeos (Caetano, 1982). Recentemente, testes de transmissão de uma população de isolados de BYDV-PAV, obtidos entre 2007 e 2009 com um clone de *S. graminum,* foram negativos. Em amostragens em campo, realizadas por meio de coletas semanais entre janeiro de 2009 e julho de 2010, nenhum exemplar de *S. graminum* coletado foi capaz de transmitir vírus (Parizoto et al., 2013). Mesmo frequente em cereais no verão e no outono (Lau et al., 2008, 2009), o pulgão-verde apresenta ocorrência "deslocada" em relação aos picos epidemiológicos virais anuais. O fato de não transmitir as espécies virais predominantes sugere que possui papel secundário como vetor. Parece existir menor eficiência na transmissão de viroses em insetos toxicogênicos (Carter, 1939).

Cultivares de trigo resistentes

Atualmente, na Embrapa Trigo, em Passo Fundo, RS, várias ações fazem parte do programa de pesquisa institucional, visando a caracterização de germoplasma e melhoramento de cultivares de trigo para resistência ao complexo de pulgões--B/CYDV, incluindo estudos básicos sobre os componentes do patossistema. No trigo, uma forma de resistência a *S. graminum* é caracterizada pela sua natureza monogênica e pela reação genótipo-específica. Assim, o resultado da interação depende tanto do genótipo de trigo (cultivar) quanto do biótipo de *S. graminum*, variando em 0 (sem dano), 1 (mancha esbranquiçada), 2 (mancha amarela com necrose central) e 3 (manchas coalescendo) (Figura 2B). Os genes que conferem essa forma de resistência foram introduzidos em programas de melhoramento, gerando cultivares como BR 36 – Ianomami, em 1993, e Embrapa 16, em 1997, lançados no mercado como resistentes a *S. graminum*.

PULGÃO-VERDE NO SORGO

Importância econômica no sorgo

A planta do sorgo tem ampla adaptação geográfica e caracteriza-se pela sua tolerância ao estresse hídrico. Essa característica fisiológica distingue o sorgo do milho. Sob estresse hídrico, o milho tem seu ciclo encurtado e sua produtividade reduzida; já o sorgo tem seu desenvolvimento paralisado e aguarda as condições favoráveis de precipitação pluvial para completar seu ciclo normalmente. Esses períodos de escassez hídrica são típicos nas regiões dos cerrados brasileiros, conhecidos como veranicos. A alta sensibilidade do sorgo ao alumínio tóxico do solo e a utilização de práticas de calagem, que corrige apenas as camadas superficiais do solo, têm limitado o sucesso dessa cultura. A possibilidade de melhoramento genético, gerando híbridos tolerantes ao alumínio, ou a maior utilização de gesso para corrigir a acidez das camadas mais profundas do solo ampliarão ainda mais o sucesso dessa cultura nos cerrados brasileiros.

Devido à tolerância do sorgo ao estresse hídrico, as primeiras tentativas de introdução do sorgo granífero no Brasil ocorreram na Região Nordeste. Entretanto, o cultivo foi estabelecido primeiro na região da fronteira do Rio Grande do Sul, que também sofre déficit hídrico. Nos últimos trinta anos, foi realizado um esforço significativo para a introdução da cultura do sorgo nas demais regiões brasileiras, mas sem o sucesso esperado. Atualmente, cerca de 85% da área cultivada com sorgo granífero concentra-se nos estados de Goiás, Mato Grosso, Minas Gerais e Bahia. O Estado de Goiás é o maior produtor, com 40% dos 900 mil ha de sorgo cultivados no Brasil. Nas regiões Sudeste e Centro-Oeste, o sorgo vem se adaptando como cultura de segunda safra, em sucessão (safrinha) sobretudo à cultura da soja.

Com o aumento da demanda e as dificuldades de importação de milho na Região Nordeste, o cultivo do sorgo vem sendo incentivado, com sucesso, também nas regiões semiáridas, onde ocorrem altas temperaturas e precipitações pluviais inferiores a 600 mm anuais. Para os consumidores de grãos forrageiros, o aumento da produção, em especial do sorgo safrinha, nas regiões Sudeste e Centro-Oeste, tem sido fator importante para a estabilização da oferta dessa matéria-prima, reduzindo as oscilações de oferta e de preços. Entretanto, a manutenção dessa vantagem comparativa depende da produtividade e, portanto, da melhoria de todo o sistema de produção, sobretudo no manejo de pragas e doenças. O pulgão pode atacar o sorgo durante todo o seu ciclo, causando prejuízos. O seu controle químico, se necessário, em uma cultura de baixo valor econômico como o sorgo, pode afetar a viabilidade econômica da cultura em determinadas condições.

Incidência e danos no sorgo

O pulgão-verde-dos-cereais é uma das pragas-chave para a cultura do sorgo no Brasil. O biótipo C, que infesta o sorgo, pode causar danos desde a emergência das plântulas até a fase de maturação dos grãos. No sorgo, o pulgão-verde distingue-se da outra espécie de pulgão também comumente encontrada a infestá-lo, o pulgão--do-milho, *Rhopalosiphum maidis* (Fitch), pelo tipo de interação inseto/planta. Eles têm sítios preferenciais de alimentação opostos: enquanto o pulgão-verde prefere as partes mais maduras (bainha e folhas baixeiras), o pulgão-do-milho prefere as partes mais jovens da planta (cartucho ou gemas florais). Embora o pulgão-verde normalmente infeste a face inferior (Figura 2A) das folhas, o sintoma de danos pode ser observado na face superior, na forma de manchas com coloração que varia de avermelhada, bronzeada até marrom bem escura. A presença de exúvias brancas nas folhas ou de excrementos pegajosos na face superior das folhas, abaixo das folhas infestadas ou no solo, está associada à infestação pelos pulgões. Como os excrementos do pulgão são ricos em açúcares, em geral a colônia fica protegida por formigas, que se alimentam desses excrementos. Nos excrementos dos pulgões, pode ocorrer ainda o desenvolvimento de um fungo escuro, a fumagina.

O pulgão-verde pode causar quatro tipos de danos ao sorgo. Tanto os adultos como as ninfas sugam seiva das folhas, consomem seiva e nutrientes da planta, a qual sofre mais quando o ataque é associado ao estresse hídrico. Durante a alimentação, o pulgão introduz saliva para facilitar a alimentação, a qual é tóxica e provoca bronzeamento e morte da área foliar afetada, à semelhança do trigo. Os adultos, principalmente as formas aladas, também são importantes vetores de vírus, como o do mosaico da cana-de-açúcar (SCMV). Tanto o pulgão como essa virose têm sido com frequência observados nas áreas cultivadas com o sorgo no Brasil. Em condições favoráveis, a planta toda pode ser colonizada pelo pulgão-verde, o que pode causar a sua morte. Ainda, as plantas infestadas pelos pulgões podem tornar-se mais sensíveis a determinadas doenças, como as podridões de colmo. Os danos do pulgão-verde podem afetar não só a produtividade das plantas, como também a qualidade dos grãos produzidos (Starks & Mayo, 1985).

Como vetor, o pulgão-verde tem baixa eficiência no trigo, mas, no sorgo, a forma alada é considerada a mais eficiente na transmissão do vírus do mosaico comum. As plantas suscetíveis, quando infectadas com esse patógeno, apresentam um mosqueado com dois padrões de verde, um mais claro e outro mais escuro.

Pode ocorrer ainda uma manifestação mais severa da doença, que causa a morte da planta, conhecida como mosaico necrótico. Como várias gramíneas podem servir como hospedeiras intermediárias desse vírus, o controle efetivo de plantas daninhas pode ser um fator importante para evitar a disseminação dessa doença na lavoura. Como esse patógeno tem transmissão estiletar ou não persistente, o estilete do inseto serve apenas de veículo do patógeno e é facilmente limpo após algumas picadas de prova em plantas sadias.

A extensão dos danos diretos provocados pelo pulgão-verde depende da densidade populacional, do estágio de desenvolvimento, do vigor e do suprimento de água das plantas. Logo após a emergência, baixas populações do pulgão-verde são suficientes para causar a morte das plântulas, reduzindo, assim, o estande da cultura. Nos estágios mais avançados de desenvolvimento, os prejuízos estão associados à extensão da colonização da planta e à suscetibilidade do cultivar utilizado. No Brasil, o pulgão-verde passou a constituir problema no sorgo a partir dos anos 1980.

Cultivares de sorgo resistentes

O método ideal de controle de pragas, principalmente em *commodites* de baixo valor econômico ou de grande impacto social, como o sorgo, é através da resistência das plantas. Conforme Starks e Mayo (1985), logo após o surto de infestação do pulgão-verde no sorgo em 1968, nos Estados Unidos, foram identificadas as fontes de resistência SA 7536-1, KS 30, IS809 e PI 264453. Os genes de resistência foram com rapidez transferidos para cultivares comerciais, pois a herança é simples e dominante (Weibel et al., 1972) e a metodologia de seleção de plântulas é eficiente (Johnson et al., 1972). Essa metodologia está descrita em detalhes em Teetes (1980).

No Brasil, Cruz (1986) avaliou as principais fontes de resistência ao biótipo predominante em Sete Lagoas e verificou que as melhores fontes de resistência ao pulgão-verde foram GR 11111, GB-3, S 9743 e S 9750. Aparentemente, os três mecanismos – não preferência, antibiose e tolerância – atuam em conjunto na resistência do sorgo ao pulgão-verde e foi confirmada a herança monogênica e dominante, conforme já havia sido relatada nos Estados Unidos. Na Embrapa Milho e Sorgo, essas fontes de resistência foram incorporadas ao programa de melhoramento de sorgo granífero e híbridos experimentais já foram avaliados. Portanto, é possível que brevemente haja híbridos comerciais disponíveis no mercado brasileiro.

MÉTODOS DE CONTROLE E MANEJO

Controle cultural

A variação no manejo cultural tem sido usada desde os primórdios da agricultura, para evitar ou reduzir a incidência de pragas e doenças. Entretanto, as estratégias, para serem efetivas e aceitas de modo amplo, precisam ser compatíveis com as demais práticas, para obter-se alta produtividade. Por exemplo, sabe-se que, no sorgo, o crescimento da população de pulgão-verde é favorecido pela alta densidade das plantas, pela boa umidade e pela fertilidade do solo (Archer et al., 1982). Por outro lado, várias estratégias para o manejo cultural afetam a dinâmica populacional do pulgão-verde e podem ser usadas para controlar ou minimizar tanto seus danos diretos como indiretos.

Tanto na cultura do trigo como na do sorgo, a eliminação de hospedeiros secundários, representados por várias espécies de poáceas, é recomendável, para diminuir tanto a incidência como as fontes primárias dos fitopatógenos por eles transmitidos. Assim, o cultivo da própria aveia-preta ou do milheto no outono, para fins de cobertura vegetal, alimentação animal ou produção de palha no sistema de plantio direto, deve ser utilizado com os devidos cuidados para evitar surtos de pragas. Esses sistemas, em especial o da integração lavoura–pecuária, representam fontes de infestação dos insetos e de inóculo dos fitopatógenos. As gramíneas cultivadas ou espontâneas e as plantas daninhas ou de interesse econômico podem exercer o papel de "pontes verdes", ao estabelecerem a conexão do sistema "vetores–viroses" entre os cereais de verão (milho e outros) e os de inverno. Portanto, o manejo adequado desses sistemas pode reduzir a incidência de pulgões e dos patógenos por eles transmitidos.

A partir dos anos 1980, houve grande redução da área cultivada com trigo nas regiões Sudeste e Centro-Oeste, devido à retirada dos incentivos governamentais, abrindo o mercado brasileiro para a importação. A alternativa encontrada pelos produtores foi a substituição do trigo pelo milho ou o sorgo, cultivados no outono (safrinha). O impacto da mudança da época de cultivo do sorgo do verão para o outono foi tão grande que alterou em profundidade a comunidade de insetos no agroecossistema, reduzindo a incidência da mosca-do-sorgo e do pulgão-verde. Embora o pulgão se adapte bem ao inverno, atacando o trigo, e ao verão, atacando o sorgo, monitoramentos realizados neste último revelaram que a população do pulgão-verde na safrinha é regulada pelo controle biológico natural, promovido principalmente pelas larvas de crisopídeos da espécie *Chrysoperla externa* (Figura 3) (Waquil, Viana & Cruz, 2003). Entretanto, não se pode desprezar a contribuição de outros predadores, como a tesourinha (*Doru luteipes*) e várias espécies de joaninhas. Nos levantamentos, registraram-se sinais de infestação pelo pulgão-verde, mas sem colônia (Figura 4), e alta densidade desses predadores. Adicionalmente, existe o efeito de final de ciclo, pois, com a colheita das culturas de verão, as diferentes espécies de inimigos naturais migram e concentram-se nas culturas de outono. Assim, é raro haver a necessidade de controle químico do pulgão-verde no sorgo safrinha. Isso só acontece quando no início de desenvolvimento da lavoura é utilizado controle químico de lagartas com inseticidas pouco seletivos, como os piretroides, por serem os mais baratos (Waquil, Prates & Purcino, 2004). Portanto, hoje, no sorgo safrinha, o pulgão-verde deixou de ser uma praga relevante. En-

Figura 3. *Chrysoperla externa*, cujas larvas são os principais predadores de *S. graminum* na cultura do sorgo safrinha, nas regiões Sudeste e Centro-Oeste. Foto: José M. Waquil.

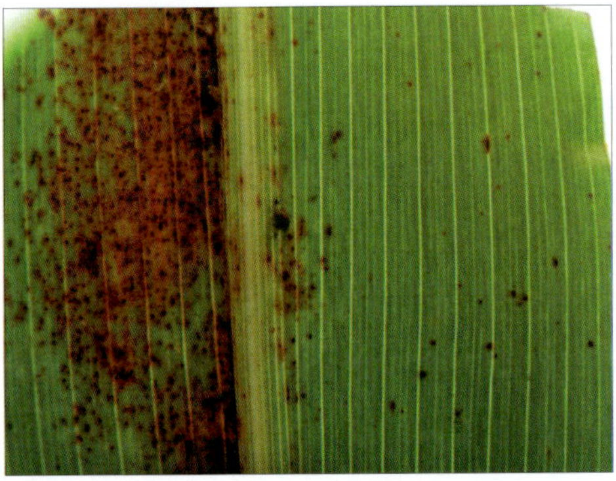

Figura 4. Danos de *S. graminum* em sorgo. Foto: José M. Waquil.

tretanto, o novo incentivo ao cultivo do sorgo sacarino, para reduzir a ociosidade das destilarias de álcool, pode aumentar a área cultivada com sorgo no verão e a importância do pulgão-verde.

Controle biológico

Em geral, o controle biológico natural e os fatores abióticos limitam o potencial reprodutivo do pulgão-verde e mantêm a sua densidade populacional baixa. A quebra desse equilíbrio é que permite a explosão populacional dos pulgões, provocando expressivos danos nos cereais de inverno e no sorgo. São reconhecidas, especialmente no agroecossistema que envolve o trigo e o sorgo, várias famílias de predadores (Anthocoridae, Carabidae, Chrysopidae, Coccinellidae, Forficulidae e Syrphidae), de parasitoides (Braconidae e Aphelinidae) e de fungos entomopatogênicos. Esses agentes de controle biológico, por serem inimigos naturais comuns aos afídeos em geral, são referidos como um complexo e há poucas informações específicas sobre cada espécie.

Entre os predadores, mais generalistas por natureza, podem ser destacados os crisopídeos (*Chrysoperla externa*), as tesourinhas (*Doru luteipes*), as joaninhas e suas larvas (*Cycloneda sanguinea* e *Eriopis conexa*) e as larvas dos sirfídeos (*Allograpta* spp., *Pseudodorus clavatus* e *Toxomerus* spp.) (Gassen, 1986). Entre os fungos afidopatogênicos, podem ser citados como mais comuns: *Conidiobolus obscurus*, *Entomophthora planchoniana*, *Erynia neoaphidis* e *Zoophthora radicans* (Gassen, 1986; Waquil, Viana & Cruz, 2003).

Em 1978, a Embrapa Trigo, ao introduzir no país catorze espécies de microimenópteros parasitoides (Tabela 2), implementou um programa de controle biológico dos pulgões do trigo. Antes desse programa, as espécies de parasitoides de afídeos de cereais citadas no Brasil eram *Aphidius colemani* e *Lysiphlebus testaceipes* (Pimenta & Smith, 1976; Lazzari, 1980; Zúñiga, 1982). De acordo com

Tabela 2. Parasitoides (Hymenoptera: Braconidae) introduzidos no Brasil entre 1978 e 1980 pelo Programa de Controle Biológico dos Afídeos de Trigo – Embrapa Trigo.

Subfamília/espécie	Hospedeiro*	Procedência
Aphelininae		
Aphelinus abdominalis Dalman	Md	Chile
Aphelinus asychis (Walker, 1838)	Md, Sa	França
Aphelinus flavipes Foerster	Sg	França
Aphelinus varipes Foerster	Md, Sg	Hungria, França
Aphidiinae		
Aphidius colemani Vierek, 1912**	Md, Sa	França, Israel
Aphidius ervi Haliday, 1834	Md, Sg	França, Checoslováquia
Aphidius pascuorum Marshall	Sg	França
Aphidius picipes (Nees, 1811)	Sg	Checoslováquia, Itália, Hungria
Aphidius rhopalosiphi De Stefani, 1902	Md, Sa, Sg	Chile, Checoslováquia, França
Aphidius uzbekistanicus Luzhetzki, 1960	Md, Sa	Itália
Ephedrus plagiator (Nees, 1811)	Md, Sa	França, Checoslováquia
Lysiphlebus testaceipes (Cresson, 1880)[2]	Sg	Chile
Praon gallicum Starý, 1971	Md	França
Praon volucre (Haliday, 1833)	Md	França, Checoslováquia, Espanha

* Afídeos de cereais de inverno: *Metopolophium dirhodum* (Md), *Sitobion avenae* (Sa) e *Schizaphis graminum* (Sg). Fontes: Embrapa (1979), Gassen & Tambasco (1983), Salvadori & Salles (2002).

** Espécies já citadas para o Brasil (Zúñiga, 1982; Gassen, 1986).

a revisão realizada por Pimenta e Smith (1976), os parasitoides até então citados para *S. graminum* no Brasil eram os braconídeos *Diaretus* sp., *Lysaphidus platensis* (Brèthes, 1913) (citado também como *Aphidius platensis*) e *Lysiphlebus testaceipes* (Cresson, 1880). Segundo Zúñiga (1982), *Aphidius platensis* corresponde a *Aphidius colemani.*

Quatro safras de trigo, após o início do programa, das espécies introduzidas – *Aphidius rhopalosiphi*, *Aphidius uzbekistanicus* e *Praon volucre* – mostraram estabelecimento definitivo, com eficiente parasitismo em *M. dirhodum* e *S. avenae*, que foram as espécies alvo do programa. As espécies *A. colemani* e *Diaeretiella rapae*, parasitoides endêmicos, foram as mais importantes no controle de afídeos dos gêneros *Rhopalosiphum* e *Schizaphis* (Zúñiga, 1982). Conforme Gassen (1986), os parasitoides de afídeos do trigo mais frequentes em coletas de campo foram: *A. colemani*, *D. rapae*, *A. uzbekistanicus*, *A. rhopalosiphi*, *Aphidius ervi*, *Ephedrus plagiator*, *Praon gallicum* e *P. volucre.* Portanto, o programa de introdução de parasitoides dos pulgões realizado pela Embrapa Trigo foi muito bem-sucedido, inclusive para o controle do pulgão-verde na cultura do sorgo.

Controle químico

O pulgão-verde, como os demais pulgões de cereais de inverno e do sorgo, é com facilidade controlado com inseticidas químicos, pulverizados na parte aérea das plantas. Para o seu controle, há várias opções para o trigo e algumas para o sorgo, legalmente registradas. Entretanto, alguns fosforados, como o metil parathion, podem ser fitotóxicos para o sorgo. Ainda em relação ao sorgo, em períodos de estiagem, o uso intensivo de alguns princípios ativos, como os piretroides, pode provocar o aumento da população de ácaros. O principal avanço ocorrido nos últimos anos, com relação ao controle químico dos pulgões nessas culturas, foi o uso de inseticidas neonicotinoides, sobretudo no tratamento de sementes. Esse tipo de controle tem se mostrado muito eficiente e prático para minimizar tanto os danos diretos como os indiretos, em especial porque os neonicotinoides em tratamento de sementes protegem as plantas no seu estágio inicial de desenvolvimento, período no qual os danos por pulgão-verde são potencialmente altos.

Manejo integrado

A concentração de esforços em uma única medida de controle para uma espécie-praga aumenta a vulnerabilidade do sistema e pode levar a um desastre, em caso de falha. O controle químico deve ser adotado somente com produtos seletivos e na menor dose efetiva. Também deve ser usado apenas quando o monitoramento da lavoura indica que o nível econômico de dano foi atingido. O manejo integrado dos pulgões em trigo, que serve de base para os demais cereais de inverno, está fundamentado em níveis de ação que variam de acordo com os estágios de desenvolvimento fenológico das plantas, no controle biológico natural e no uso seletivo de inseticidas. Para o período de emergência até o início do afilhamento das plantas, recomenda-se começar o controle quando a incidência for de 10% de plantas infestadas, independente do número de pulgões; do afilhamento até a fase de grãos em massa, o nível de ação é de 10 afídeos/afilho ou espiga (Salvadori, 2000). O nível de infestação deve ser avaliado a cada semana, através da contagem direta nas plantas, em vários pontos tomados ao acaso, de modo a se obter um valor médio representativo da área. No caso do sorgo, recomenda-se o controle químico apenas quando forem atingidos os níveis de ação, de acordo com o estágio de desenvolvimento das plantas, conforme apresentado na Tabela 3 (Waquil, Viana & Cruz, 2003).

A resistência pode não livrar totalmente as plantas dos danos causados pelo pulgão-verde, mas pode promover um nível constante de supressão da reprodução dos insetos e retardar o atingimento do nível de ação. Assim, os métodos de controle através da resistência das plantas e do controle biológico podem ser complementares na supressão da população do pulgão (Starks et al., 1972; Teetes, Johnson & Rosenov, 1975b). Predadores e parasitoides requerem uma densidade mínima, de presa ou de hospedeiro, para sobreviverem no campo, e a resistência de plantas permite essa reserva suplementar de alimento (Starks & Mayo, 1985). Portanto, se o motivo da resistência da planta de sorgo ao pulgão não afetar a qualidade da presa ou do hospedeiro, esses dois métodos tornam-se completamente compatíveis.

Na cultura do sorgo safrinha, como relatado anteriormente, *Chrysoperla externa* e *Doru luteipes* desempenham papel fundamental na redução dos danos provocados pelo pulgão-verde. Avaliando-se o desempenho de *C. externa* em colônias de pulgão-verde mantidas em genótipos de sorgo resistentes (GR 11111, TX 430 × GR 111 e GB 3B) e genótipo suscetível (BR 007B), Figueira et al. (2002) concluíram que os dois métodos de controle são compatíveis. De maneira semelhante, Alvarenga, Vendramim e Cruz (1995), estudando a biologia de *Doru luteipes* em colônias de pulgão-verde mantidas em folhas de sorgo resistente e suscetível, verificaram que o desenvolvimento do predador foi similar, mas a biomassa dos predadores alimentados nas colônias de pulgão sobre o sorgo resistente foi menor; entretanto, o consumo dos predadores foi significativamente maior. Usando essa mesma metodologia, Santos et al. (2003) verificaram que não houve efeito adverso do sorgo resistente ao pulgão-verde sobre o desenvolvimento das larvas, nem sobre a fecundidade dos adultos da joaninha *Cycloneda sanguinea*. A produção de cultivares

Tabela 3. Nível de controle de *S. graminum* em função do estágio de desenvolvimento das plantas de sorgo.

Estágio de desenvolvimento	Nível de controle
Emergência até V3 (três folhas totalmente abertas)	Plantas infestadas amareladas
V3 até o emborrachamento	Uma folha morta pelos pulgões
Emergência de panículas até maturação fisiológica	Duas folhas mortas pelos pulgões

Fonte: Waquil, Viana & Cruz (2003).

resistentes ao complexo vetor–virose é outra estratégia de grande prioridade de pesquisa, uma vez que é uma estratégia de controle fácil de integrar às demais. Portanto, o desenvolvimento de cultivares resistentes ao pulgão-verde, como também aos patógenos por ele transmitidos, deve ser contemplado nos programas de melhoramento dessas culturas, para consolidar, de maneira mais duradoura, o manejo integrado dessa espécie.

Outra estratégia bastante compatível com o manejo integrado do pulgão--verde é o tratamento de sementes. O uso dos aficidas, apesar de ser um método preventivo, apresenta como vantagem a seletividade de posição, isto é, por terem ação sistêmica e serem aplicados apenas na espermosfera, representam riscos mínimos para os predadores e parasitoides dos pulgões. A infestação de plântulas de sorgo pelo pulgão-verde pode ser retardada através do tratamento das sementes ou do solo com inseticidas sistêmicos. O tratamento de sementes de sorgo com a mistura de thiodicarbe e imidacloprido produziu um incremento de 90% no estande final da cultura e de 30% na produção de grãos (Waquil & Ramalho, 2006). Avaliando a atividade do imidacloprido sobre o pulgão-verde, Ribeiro e Waquil (2006) verificaram que insetos de colônias mantidas em laboratório por mais de dez anos e insetos recém-coletados no campo não diferiram quanto à linha básica de suscetibilidade, cuja CL50 foi de 23,82 ppm. Assim, se esse princípio ativo for usado de modo intensivo para o controle do pulgão-verde nos próximos anos, não será difícil detectar biótipo resistente, se ocorrer.

REFERÊNCIAS BIBLIOGRÁFICAS

AIKHIONBARE, F. O.; PRUESS, K. P. & MAYO, Z. B. Seven greenburg (Homoptera: Aphididae) biotypes characterized using random-amplified polymorphic DNA. *Genetic Analysis Biomolecular Engineering* 14(4): 105-8, 1988.

ALVARENGA, C. D.; VENDRAMIM, J. D. & CRUZ, I. Biologia e predação de *Doru luteipes* (Scud.) sobre *Schizaphis graminum* (Rond.) criado em diferentes genótipos de sorgo. *Anais da Sociedade Entomológica do Brasil* 24(3): 523-31, 1995.

ANSTEAD, J. A.; BURD, J. & SHUFRAN, K. A. Mitochondrial DNA sequence divergence among *Schizaphis graminum* (Hemiptera: Aphididae) clones from cultivated and non-cultivated hosts: haplotype and hosts associations. *Bull. Ent. Res.* 92: 17-24, 2002.

ARCHER, T. L. et al. Nitrogen fertilizer influence on greenburg (Homoptera: Aphididae) dynamics and damage to sorghum. *Journal of Economic Entomology* 75(4): 695-8, 1982.

BEREGOVOY, V. & PETERS, D. C. Efficiency of host-plant use by 8 biotypes of *Schizaphis graminum* (Aphididae: Homoptera). *J. Kans. Entomol. Soc.* 69: 69-73, 1995.

BERTELS, M. A. *Entomologia agrícola sul-brasileira*. Rio de Janeiro: Serviço de Informação Agrícola, SAI/MA, Ed. Jornal do Comércio–Rodrigues & C., 1956. 458p. (Série Didática, n. 16).

BLACK, W. C. et al. Use of random amplified polymorphic DNA-Polymerase Chain Reaction (RAPD-PCR) to detect DNA polymorphisms in aphids (Homoptera: Aphididae). *Bulletin of Entomological Research* 82: 151-9, 1992.

BLACKMAN, R. L. & EASTOP, V. F. *Aphids on the world's crops, an identification and information guide.* 2. ed. England: John Wiley & Sons, 2000.

BLACKMAN, R. L. & EASTOP, V. F. *Aphids on the world's trees, an identification and information guide.* Wallingford: CAB, 1994. 986p.

BURD, J. D. & PORTER, D. R. Biotypic diversity in greenbug (Hemiptera: Aphididae): characterizing new virulence and host associations. *J. Econ. Entomol.* 99(3): 959-65, 2006.

BURTON, R. L. Effect of greenbug (Homoptera: Aphididae) damage on roots and shoots biomass in wheat seedlings. *Journal of Economic Entomology* 79: 633-6, 1986.

BUSH, L. et al. Status of greenbug biotypes in Texas. *Southwest Entomol.* 12: 229-36, 1987.

CAETANO, V. R. *Estudo sobre o vírus do nanismo amarelo da cevada, em trigo, no Rio Grande do Sul.* Piracicaba, 1982. 75p. Tese (doutorado) – Escola Superior de Agricultura "Luiz de Queiroz", USP.

CARTER, W. Injuries to plants caused by insect toxins. *Botanical Review* 5: 273-326, 1939.

CASTRO, A. M. & RUMI, C. P. Greenbug damage on the aerial vegetative growth of two barley cultivars. *Environmental and Experimental Botany* 23(3): 263-71, 1987.

CASTRO, A. M.; RUMI, C. P. & ARRIAGA, H. O. Influence of greenbug on root growth of resistance and susceptible barley genotypes. *Environmental and Experimental Botany* 28: 61-72, 1988.

CLUA, A. et al. The biological characteristics and distribution of the greenbug, *Schizaphis graminum*, and Russian wheat aphid, *Diuraphis noxia* (Hemiptera: Aphididae), in Argentina and Chile. *Eur. J. Entomol.* 101: 193-8, 2004.

CRUZ, I. *Resistência de genótipos de sorgo ao pulgão-verde, Schizaphis graminum (Rondani, 1852) (Homoptera: Aphididae).* Piracicaba, 1986. 222p. Tese (doutorado) – Escola Superior de Agricultura "Luiz de Queiroz", USP.

DANIELS, N. E. Greenbug eggs below the thirty-fifth parallel. *J. Econ. Entomol.* 49: 567, 1956.

DIXON, A. F. G. Aphid ecology: life cycles, polymorphism, and population regulation. *Annu. Rev. Ecol. Syst.* 8: 329-53, 1977.

DIXON, A. F. G. *Aphid ecology*: an optimization approach. London, UK: Chapman & Hall, 1998.

EASTOP, V. F. Biotype of aphids. In: LOWE, A. D. (ed.). *Perspectives in aphid biology*. Auckland, New Zealand: The Entomological Society of New Zealand, 1973. 280p.

EMBRAPA. Centro Nacional de Pesquisa de Trigo (Passo Fundo, RS). Programa de controle biológico dos pulgões do trigo. In: *Relatório anual*, 1v. não pag. Coord. L. A. Salles. Passo Fundo, RS, 1979.

FIGUEIRA, L. K.; LARA, F. M. & CRUZ, I. Efeito de genótipos de sorgo sobre o predador *Chrysoperla externa* (Hagen) (Neuroptera: Chrysopidae) alimentado com *Schizaphis graminum* (Rondani) (Hemiptera: Aphididae). *Neotrop. Entomol.* 31: 133-9, 2002.

FLOR, H. H. Current status of gene-for-gene concept. *Annu. Rev. Plant Pathol.* 15: 231-45, 1971.

FOOTTIT, R. G. et al. Species identification of aphids (Insecta: Hemiptera: Aphididae) through DNA barcodes. *Molecular Ecology Resources* 8: 1; 189-201, 2008.

GALLI, A. J. B.; LARA, F. M. & BARBOSA, J. C. Resistência de genótipos de sorgo a *Schizaphis graminum* (Rondani, 1852) (Homoptera-Aphididae). *An. Soc. Entomol. Brasil.* 19(1): 61-71, 1981.

GASSEN, D. N. *Insetos associados à cultura do trigo no Brasil.* Passo Fundo: Embrapa Trigo, 1984. 39p. (Circular Técnica, n. 3).

GASSEN, D. N. *Parasitos, patógenos e predadores de insetos associados à cultura do trigo.* Passo Fundo: Embrapa Trigo, 1986. 86p. (Circular Técnica, n. 1).

GOELLNER, C. I. & FLOSS, E. L. *Insetos-pragas da cultura da aveia*: biologia, manejo e controle. Passo Fundo: UPF Editora, 2011. 96p.

GORENA, R. *Characterization of Schizaphis graminum (Rondani) (Homoptera: Aphididae) biotype evolution via virulence and a fitness on Sorghum bicolor (L.) Moench and Sorgum halepense (L.) Persoon.* Thesis (Ph.D.) Texas A & M University, USA, 2004.

GRAVENA, S. *Seletividade de inseticidas para um programa de controle integrado do pulgão-verde, Schizaphis graminum (Rondani), em sorgo granífero (Sorghum bicolor L. Moench).* Piracicaba, 1978. 182p. Tese (doutorado) – Escola Superior de Agricultura "Luiz de Queiroz", USP.

GRAY, S. et al. *Barley yellow dwarf* luteoviruses and their predominant aphid vectors in winter wheat grown in South Carolina. *Plant Disease* 82: 1.328-33, 1998.

HARVEY, T. L. & HACKEROTT, H. L. Plant resistance to a greenbug biotype injurious to sorghum. *Crop Science* 9: 656-8, 1969.

HARVEY, T. L.; WILDE, G. E. & KOFOD, K. D. A new greenbug virulent to E biotype resistant sorghum. *Crop Science* 31: 1.689-91, 1991.

HARVEY, T. L.; WILDE, G. E. & KOFOD, K. D. Designation of a new greenbug, biotype K, injurious to resistant sorghum. *Crop Science* 37: 989, 1997.

HUNTER, S. J. The green bug and its enemies. *Bulletin of the University of Kansas* IX(2): 1-3, 1909.

JOHNSON, J. W.; TEETS, G. L. & SCHAEFER, C. A. Green house and field technique for evaluating resistance of sorghums cultivars to the greenburg. *Southwestern Entomology* 1: 150-4, 1972.

JOHNSON, R. A. & ROCHOW, W. F. An isolate of *Barley yellow dwarf virus* transmitted specifically by *Schizaphis graminum*. *Phytopathology* 62: 921-5, 1972.

KERNS, D. L; PETERS, D. C. & PUTERKA, G. J. Greenbug biotype and sorghum seed sales surveys in Okhlahoma, 1986. *Southwest Entomol.* 12: 237-43, 1987.

KHARRAT, I. et al. The greenbug, *Schizaphis graminum* Rondani (Hemiptera: Aphididae), in Tunisia: mitochondrial DNA divergence and haplotype inference. *J. Entomol. Res. Soc.* 14(1): 77-82, 2012.

KIM, H.; LEE, S. & JANG, Y. Macroevolutionary patterns in the *Aphidini aphids* (Hemiptera: Aphididae): diversification, host association, and biogeographic origins. PLoS ONE 6(9): e24749. DOI:10.1371/journal.pone.0024749, 2011.

KINDLER, S. D. & SPOMER, S. M. Biotypic status of six greenbug (Homoptera: Aphididae) isolates. *Environ. Entomol.* 15: 567-72, 1986.

LAU, D. et al. *Ocorrência do Barley/Cereal yellow dwarf virus e seus vetores em cereais de inverno no Rio Grande do Sul, Santa Catarina, Paraná e Mato Grosso do Sul em 2008.* Passo Fundo: Embrapa Trigo, 2009. 10p. (Comunicado Técnico on line, n. 256). Disponível em: <www.cnpt.embrapa.br/biblio/co/p_co256.htm>.

LAU, D. et al. *Ocorrência do Barley/Cereal* yellow dwarf *virus e seus vetores em cereais de inverno no Rio Grande do Sul em 2007.* Passo Fundo: Embrapa Trigo, 2008. 8p. (Comunicado Técnico on line, n. 236). Disponível em: <http://www.cnpt.embrapa.br/biblio/co/p_co236htm>.

LAZZARI, S. N. Ocorrência, controle e inimigos naturais dos insetos que atacam a cultura da cevada (*Hordeum vulgare* L.) na Lapa, PR. Curitiba, 1980. 151p. Tese (mestrado) – Universidade Federal do Paraná.

LEAL, J. C.; UITDEWILLIGEN, W. & SCHOLL, J. Estudos comparativos de cultivares de sorgo granífero e de milho. In: 1º SIMPÓSIO INTERAMERICANO DE SORGO. *Anais...* Brasília, DF, 1972.

LOPES-DA-SILVA, M.; TONET, G. E. L. & VIEIRA, L. G. E. Characterization and genetic relationships among Brazilian biotypes of *Schizaphis graminum* (Rondani) (Hemiptera: Aphididae) using RAPD markers. *Neotrop. Entomol.* 33(1): 43-9, 2004.

LUSAHI, G.; MARKOVITCH, O. & LOXDALE, H. D. Host-based genotype variation in insects revisited. *B. Entomol. Res.* 92: 159-64, 2002.

MARCOVITCH, S. Plant lice and light exposure. *Sci.* 58: 537-8, 1923.

MARGARITOPOULOS, J. T. et al. Life cycle variation of *Myzus persicae* (Hemiptera: Aphididae) in Greece. *Bull. Entomol. Res.* 92: 309-19, 2002.

MICHELS JR., G. J. Graminaceous North American host plants of the greenbug with notes on biotypes. *Southwest Entomol.* 11: 55-66, 1986.

MILLER, W. A. & RASOCHOVÁ, L. Barley yellow dwarf viruses. *Annual Review of Phytopathology* 35: 167-90, 1997.

MIRANDA, P. et al. Comportamento do sorgo no Estado de Pernambuco. In: 1º SIMPÓSIO INTERAMERICANO DE SORGO. *Anais...* Brasília, DF, 1972.

MITTLER, T. E. Aphid polymorphism as affected by diet. In: LOWE, A. D. (ed.). *Perspectives of aphid biology*. Auckland: Entomological Society of New Zealand, 1972.

NORIEGA, A.; CHIDICHIMO, H. & CASTRO, M. Determination of biotypes in three populations of greenbug collected in three localities of cereal producing area in Argentina. *Revista de La Facultad de Agronomía* 104(2): 85-92, 2000.

OVERMAN, J. L. Some perspectives on insect problems of sorghum in Brazil. In: INTERNATIONAL SORGHUM WORKSHOP. University of Puerto Rico, Campous de Maygüez, 1975.

PAINTER, R. H. & PETERS, D. C. Screening wheat varieties and hybrids for resistance to greenbug. *J. Econ. Entomol.* 49: 546-8, 1956.

PARIZOTO, G. et al. Barley yellow dwarf virus-PAV in Brazil: seasonal fluctuation and biological characteristics. *Trop. Plant Pathol.* 38: 11-9, 2013.

PATCH, E. M. Food plant catalogue of the aphids of the world including Phylloxeridae. *Maine Agr. Exp. Sta. Bull.* 35: 341, 1938.

PÉREZ HIDALGO, N. & MIER DURANTE, M. P. Género *Schizaphis* In: NIETO NAFRÍA, J. M. et al. (eds.). Hemiptera, Aphididae III. Fauna ibérica, v. 28. Apud: RAMOS, M. A. et al. (eds.). Madri: Museo de Ciencias Naturales, CSIC, 2005.

PIETRO, J. P. & CAILLAUD, C. M. Response to intraclonal selection for adaptation to resistant wheat in the English grain aphid (Homoptera: Aphididae). *Environ. Entomol.* 27: 80-5, 1998.

PIMENTA, H. R. & SMITH, J. G. *Afídeos, seus danos e inimigos naturais em plantações de trigo (Triticum sp.) no Estado do Paraná*. Curitiba: Ocepar, 1976. 175p.

PORTER, D. R. et al. Greenbug (Homoptera: Aphididae) biotypes: selected by resistant cultivars or preadapted opportunists. *J. Econ. Entomol.* 90: 1.055-65, 1997.

PORTER, D. R.; PETERSON, J. L. & VISE, O. A new greenbug biotype. *Crop Science* 22: 847-50, 1982.

POWERS, T. O. et al. Mitochondrial DNA divergence among greenbug (Homoptera: Aphididae) biotypes. *Ann. Entomol. Soc. Am.* 82: 298-302, 1989.

PUTERKA, G. J. & PETERS, D. C. Rapid technique for determining greenbug (Homoptera: Aphididae) biotypes B, C, E and F. *J. Econ. Entomol.* 81: 396-9, 1988.

PUTERKA, G. J. & PETERS, D. C. Inheritance of greenbug, *Schizaphis graminum* (Rondani) virulence to Gb2 and Gb3 resistance genes in wheat. *Genome* 32(1): 109-14, 1989.

PUTERKA, G. J. & PETERS, D. C. Sexual reproduction and inheritance of virulence in the greenbug *Schizaphis graminum* (Rondani) In: CAMPBELL, R. K. & EIKENBARY, R. D. (eds.). *Aphid-plant genotype interactions*. Amsterdam: Elsevier, 1990.

PUTERKA, G. J. & PETERS, D. C. Designation of two new greenbug (Homoptera: Aphididae) biotypes G and H. *J. Econ. Entomol.* 81: 1.754-59, 1988.

PUTERKA, G. J. & SLOSSER, J. E. Inducing oviparae and males of biotype C greenbugs, *Schizaphis graminum* (Rond.). *Southwest Entomol.* 8: 268-72, 1983.

PUTERKA, G. J. & SLOSSER, J. E. Influence of host and temperature on greenbug, *Schizaphis graminum* (Rondani), egg hatch. *Southwest Entomol.* 11: 75-81, 1986.

RAYMOND, B. J.; SEARLE, B. & DOUGLAS, A. E. On the process of shaping reproductive isolation in aphids of the *Aphis fabae* (Scop.) complex (Aphididae: Homoptera). *Biol. J. Linn. Soc.* 74: 205-15, 2001.

REINIGER, C. H. Uma ameaça para os trigais do Sul. Combate biológico dos pulgões (afídeos). *Chácaras e Quintais* 64: 697-9, 1941.

RIBAS, P. M. Problemas de controle de algumas pragas e doenças de sorgo em campos experimentais no Brasil. In: SIMPÓSIO INTERAMERICANO DE SORGO. *Anais*... Brasília, DF, 1972.

RIBEIRO, R. S. & WAQUIL, J. M. Linha básica de suscetibilidade do pulgão-verde, *Schizaphis graminum* (Rondani) ao Imidacloprid. In: 26º CONGRESSO NACIONAL DE MILHO E SORGO, 2º SIMPÓSIO BRASILEIRO SOBRE A LAGARTA-DO-CARTUCHO, *Spodoptera frugiperda*, e 1º SIMPÓSIO SOBRE *COLLETOTRICHUM GRAMINICOLA*. *Resumo expandido.* Belo Horizonte: ABMS, 2006.

ROCHOW, W. F. Biological properties of four isolates of *Barley yellow dwarf virus*. *Phytopathology* 59: 1.580-9, 1969.

RONDANI, C. *Aphis graminum* n. sp. *Nuove Ann. Sci. Nat. Bologna* 6: 9-11, 1852.

ROSSETTO, C. J. et al. Pragas do sorgo em São Paulo. In: 1º SIMPÓSIO INTERAMERICANO DE SORGO. *Anais*... Brasília, DF, 1972.

SALVADORI, J. R. Pragas de trigo no Brasil. In: GUEDES, J. C.; COSTA, I. D. da & CASTIGLIONI, E. (orgs.). *Bases e técnicas do manejo de insetos.* Santa Maria: UFSM/CCR/DFS, 2000.

SALVADORI, J. R. & SALLES, L. A. B. de. Controle biológico dos pulgões do trigo. In: PARRA, J. R. P. et al. (orgs.). *Controle biológico no Brasil:* parasitoides e predadores. São Paulo: Manole, 2002.

SALVADORI, J. R.; SILVA, J. J. C. da & RUMIATTO, M. Avaliação de danos de *Schizaphis graminum* em trigo sob infestação natural. In: Resultados de pesquisa com trigo obtidos na Uepae Dourados em 1982. Embrapa – Unidade de Execução de Pesquisa de Âmbito Estadual de Dourados. Dourados, 1983.

SALVADORI, J. R. & TONET, G. E. L. *Manejo integrado dos pulgões do trigo*. Passo Fundo: Embrapa Trigo, 2001. 52p. (Embrapa Trigo Documentos, 34).

SANTOS, T. M. et al. Efeito da alimentação de *Schizaphis graminum* com genótipos de sorgo no desenvolvimento do predador *Cycloneda sanguinea*. *Pesq. Agropec. Bras.* 38(5): 555-60, 2003.

SHUFRAN, K. A. et al. Mitochondrial DNA sequences divergence among greenbug (Homoptera: Aphididae) biotypes: evidence for host adapted races. *Insect Mol. Biol.* 9: 179-84, 2000.

SHUFRAN, K. A.; MARGOLIES, D. C. & BLACK, W. C. Variation between biotype E clones of *Schizaphis graminum* (Homoptera: Aphididae). *B. Entomol. Res.* 82: 407-16, 1992.

SILVA, A. G. d'A. et al. *Quarto catálogo dos insetos que vivem nas plantas do Brasil, seus parasitos e predadores*. Parte II, 1º tomo. Rio de Janeiro: Laboratório Central de Patologia Vegetal, SDSV/DDIA/Ministério da Agricultura, 1967. 622p.

STARKS, K. J. & BURTON, R. L. *Greenbug: determining biotypes, culturing, and screening for plant resistance with notes on rearing parasitoids*. Washington DC, USA: Government Printing Office, 1977. 12p. (USDA Agriculture Research Service, Technical Bulletin, n. 1.556).

STARKS, K. J. & MAYO JR., Z. B. Biology and control of the green bug attacking sorghum. In: INTERNATIONAL SORGHUM ENTOMOLOGY WORKSHOP. *Proceedings*... International Crops Research Institute for the Semi-Arid Tropics. Texas A&M University, College Station, 1985.

STARKS, K. J.; MUNIAPPAN, R. & EIKENBARY, R. D. Interaction between plant resistance and parasitism against the greenbug on barley and sorghum. *Ann. of the Entomol. Soc. of Am.* 65: 650-5, 1972.

STOETZEL, M. B. & MILLER, G. L. Aerial feeding aphids of corn in the United States with reference of the root-feeding *Aphis maidiradicis* (Homoptera: Aphididae). *Florida Entomologist* 84(1): 83-98, 2001.

TEETES, G. L.; JOHNSON, J. W. & ROSENOV, D. T. Response of resistant improved sorghum hybrids to natural and artificial greenbug populations. *J. Econ. Entomol.* 68: 546-8, 1975b.

TEETES, G. L. et al. Greenbug resistance to organophosphorus insecticide on Texas High Plans. *J. Econ. Entomol.* 7: 877-80, 1975a.

TEETES, G. L. Breeding sorghum resistant to insects. In: MAXWELL, F. G. & JENNINGS, P. R. (eds.). *Breeding plants resistant to insects*. New York: John Wiley & Sons, 1980.

TONET, G. E. L. Identificação de biótipos de *Schizaphis graminum* que ocorrem em cereais de inverno no Brasil. In: XVIII REUNIÃO NACIONAL DA PESQUISA DE TRIGO. *Anais*... Passo Fundo, 1999.

WAQUIL, J. M. & RAMALHO, J. H. Incentivo à produção de sorgo no norte de Minas Gerais. Sete Lagoas: Embrapa Milho e Sorgo, 2006. 24p. (Série Documentos).

WAQUIL, J. M. & VIANA, P. A. *Ocorrência e controle de pragas na cultura do sorgo nas regiões Alta Mogiana de São Paulo e Triângulo Mineiro*. Sete Lagoas: Embrapa Milho e Sorgo, 2004. 14p. (Circular Técnica, 49).

WAQUIL, J. M.; VIANA, P. A. & CRUZ, I. *Manejo de pragas na cultura do sorgo*. Sete Lagoas: Embrapa Milho e Sorgo, 2003. 25p. (Circular Técnica, 27).

WAQUIL, J. M.; PRATES, H. T. & PURCINO, A. A. C. Prospecção de fenótipos de milho contrastantes quanto à resposta ao *Schizaphis graminum* (Rondani) (Hemiptera, Aphididae). In: XX CONGRESSO BRASILEIRO DE ENTOMOLOGIA. *Anais*... Gramado, RS, 2004. (CD).

WATT, A. D. & DIXON, A. F. G. The role of cereal growth stages and crowding in the induction of alate in *Sitobion avenae* and its consequences for population growth. *Ecol. Entomol.* 6: 441-7, 1981.

WEBSTER, F. M. & PHILLIPS, W. J. The spring grain aphis or "green bug". *Bulletin of the Bureau of Entomology*, United States Department of Agriculture 110, 1912. Washington, DC.

WEIBEL, D. E. et al. Sorghum cultivars and progenies rated for resistance to greenbugs. *Crop Science* 12(3): 334-6, 1972.

WILHOIT, L. R. & MITTLER, T. E. Biotypes and clonal variation in greenbug (Homoptera Aphididae) populations from a locality in California. *Environ. Entomol.* 20: 757-67, 1991.

ZÚÑIGA, E. *Controle biológico dos afídeos do trigo (Homoptera: Aphididae) por meio de parasitoides no planalto médio do Rio Grande do Sul, Brasil*. Curitiba, 1982. 319p. Tese (doutorado) – Universidade Federal do Paraná.

39

Mosca-branca, *Bemisia tabaci* (Gennadius) biótipo B

A. L. Lourenção, R. Krause-Sakate, G. E. Valle

INTRODUÇÃO

As moscas-brancas são insetos que se alimentam do floema das plantas, tanto na fase imatura (ninfas) quanto na adulta (Lenteren & Noldus, 1990). Existem mais de 1.500 espécies descritas, distribuídas em 161 gêneros e divididas nas subfamílias Aleyrodinae e Aleyrodicinae (Martin & Mound, 2007). Entre as moscas-brancas mais importantes como pragas, destacam-se as espécies polífagas *Bemisia tabaci* (Genn.) e *Trialeurodes vaporariorum* (West.). Esta última ocorre em locais de maior altitude e de clima temperado, enquanto *B. tabaci* predomina nas regiões tropicais e subtropicais (Hilje & Morales, 2008; Stansly & Naranjo, 2010).

Bemisia tabaci começou a ter destaque internacional como séria praga em campo e também em cultivo protegido a partir dos anos de 1970, devido às infestações ocorridas no Sudão e, a seguir, na década de 1980, nos Estados Unidos (De Barro et al., 2011). Seus danos às plantas compreendem alterações nos processos fisiológicos, reduzindo a transpiração e a fotossíntese, e perda de vigor, com consequente redução no desenvolvimento, em decorrência da alimentação de adultos e ninfas (Inbar & Gerling, 2008; McAuslane et al., 2004). As secreções (*honeydew*) depositadas nas superfícies foliares constituem meio adequado para o desenvolvimento de fungos, o que prejudica a fotossíntese (Davidson et al., 1994), além de contaminarem produtos, como o manchamento das fibras no algodoeiro

(Henneberry et al., 2000) e de frutos nas culturas do tomateiro e do meloeiro, entre outras. *B. tabaci* também é eficiente vetora de fitovírus, capaz de transmitir mais de duzentas espécies de vírus, a maioria de grande impacto econômico para várias hortaliças e reconhecidos como os mais importantes vírus de plantas emergentes em regiões tropicais e subtropicais, como os dos gêneros *Begomovirus* (família *Geminiviridae*) e *Crinivirius* (família *Closteroviridae*) (Navas-Castillo, Fiallo--Olivé & Sánchez-Campos, 2011). Outro tipo de dano são as desordens fisiológicas induzidas pela alimentação do inseto, como o prateamento das folhas e frutos em aboboreiras e o amadurecimento irregular dos frutos do tomateiro. Neste caso, as anomalias estão associadas ao biótipo B de *B. tabaci* (Brown, Frohlich & Rosell, 1995), atualmente reclassificada como espécie Middle East-Asia Minor 1 (MEAM1), tema do presente capítulo.

Posição taxonômica e nomenclatura

Ordem: Hemiptera

Subordem: Sternorrhyncha

Família: Aleyrodidae

Sufamília: Aleyrodinae

Gênero: *Bemisia* Quaintance & Baker, 1914

Espécie: *Bemisia tabaci* (Gennadius, 1889) biótipo B

Sinonímias:

Foram estabelecidas vinte sinonímias (Martin & Mound, 2007).

Bemisia tabaci foi descrita como *Aleurodes tabaci* por Gennadius, em 1889, a partir de exemplares coletados em planta de fumo (*Nicotiana* sp.) na Grécia (*apud* Coch, 1986). A identificação de moscas-brancas é baseada sobretudo em exame do "pupário" (Gill, 1990). Contudo, essa estrutura pode sofrer modificações, em função da superfície foliar na qual a ninfa desenvolveu-se, conforme demonstrado primeiro por Mound (1963), que verificou que o número, o tamanho e a disposição das setas dorsais em *B. tabaci* estão relacionados com a quantidade, a distribuição e a estrutura dos tricomas na folha. Assim, esse inseto foi descrito várias vezes, e as sinonímias foram listadas inicialmente por Russell (1957) e Mound e Halsey (1978); posteriormente, Martin e Mound (2007) relacionaram as vinte sinonímias estabelecidas até aquela data, destacando-se a última, *B. argentifolii* Bellows & Perring (1994), bastante utilizada por alguns anos.

É conhecida, entre outros nomes, por mosca-branca-do-fumo, da batata-doce e do algodoeiro. Supõe-se que o centro de origem dessa espécie seja o Paquistão ou a Índia, uma vez que áreas desses países apresentam as maiores diversidades de parasitoides desse gênero (Brown, Frohlich & Rosell, 1995). Sua dispersão pelo mundo deve-se ao transporte de material vegetal pelo homem; as plantas portam não só ovos e ninfas, como também adultos.

BIÓTIPOS

As populações de *B. tabaci* apresentam alta variabilidade biológica intraespecífica e genética, porém são morfologicamente idênticas, incapazes de ser distinguidas tanto no estágio juvenil como no adulto (Rosell et al., 1997; Brown et al., 2000; Calvert et al., 2001). Elas exibem variabilidade biológica com relação aos hospedeiros preferencialmente colonizados, ao polimorfismo genético, à fecundidade, à capacidade de causar fitotoxicidade, à composição de procariotas endossimbiontes; apresentam também diferenças na transmissão das diferentes espécies de begomovírus (Brown, Frohlich & Rosell, 1995; Frohlich et al., 1999). Durante muito tempo, esses critérios foram utilizados para distinguir os diferentes biótipos de *B. tabaci* (Brown, 2010).

As primeiras observações sobre a ocorrência de raças ou biótipos em *B. tabaci* foram realizadas em Porto Rico. Verificou-se que duas populações dessa espécie ocupavam nichos diferentes dentro de uma mesma área do país. Uma delas, denominada raça Sida, colonizava várias espécies vegetais, incluindo plantas cultivadas e da vegetação espontânea, enquanto a outra, denominada raça Jatropha, apresentava-se praticamente monófaga, a colonizar *Jatropha gossypifolia* e *Croton lobatus,* ambas euforbiáceas. Além dessas diferenças na colonização de plantas, também diferiam na transmissão de vírus (Bird, 1957; Bird & Sanchez, 1971). No Brasil, na década de 1970, plantas de mandioca foram submetidas a infestações por populações de *B. tabaci* mantidas pelo Setor de Virologia do Instituto Agronômico (IAC), sem ser obtida colonização das plantas pelo inseto (Costa & Russell, 1975). Esses autores concluíram, com base em seus resultados e também na não colonização em mandioca por populações de *B. tabaci* em Porto Rico (Bird, 1957), que as raças americanas diferiam em relação àquelas que ocorriam na África, já que neste continente populações de *B. tabaci* colonizavam mandioca e transmitiam o *African cassava mosaic virus* (ACMV). Outras observações sobre biótipos foram realizadas na Costa do Marfim, onde foram descritos o biótipo mandioca, que coloniza mandioca e berinjela selvagem e transmite o ACMV, e o biótipo quiabo, que é mais polífago, colonizando quiabo, berinjela e outras espécies vegetais, mas não transmite o ACMV (Burban et al., 1992). Em sequência, outras evidências sobre a variabilidade entre populações de *B. tabaci* coletadas em vários países do continente americano, da África, da Ásia e da Europa foram apresentadas, após estudos em que se avaliaram parâmetros morfológicos, associações com plantas hospedeiras, testes de acasalamento e eficiência na transmissão de vírus (Bedford et al., 1994).

O conceito de biótipo em *B. tabaci* veio a ter maior destaque com as infestações, nos Estados Unidos, de populações dessa espécie com comportamento diferente daquele das populações nativas, a partir da década de 1980. Essa mosca-branca invasora foi referida como pertencente ao biótipo B e as populações nativas, como biótipo A (Costa & Brown, 1990). Como consequência da introdução do biótipo B, foram registrados surtos populacionais provocando grandes prejuízos na agricultura em vários estados americanos, como Flórida, Arizona, Texas e Califórnia. Com rapidez esse biótipo invadiu outros países, chegando ao México, à América Central e ao Caribe, com intensas infestações em culturas como soja, tomateiro, algodão, fumo e melão (Oliveira, Henneberry & Anderson, 2001). No Brasil, a partir de 1991, esse biótipo foi observado em altas infestações em hortaliças e ornamentais, nos municípios paulistas de Paulínia, Holambra, Jaguariúna e Artur Nogueira (Lourenção & Nagai, 1994). A seguir, em poucos anos, o biótipo B atingiu todas as fronteiras agrícolas do país.

Em 2001, com base em diversas técnicas, 41 populações de *B. tabaci* de diferentes regiões do mundo foram examinadas e separadas em sete grupos. Em 24 populações foi designado o biótipo, enquanto outras 17 permaneceram sem designação (Perring, 2001). Contudo, as diferenças observadas entre as populações de *B. tabaci*, principalmente as evidências de isolamento reprodutivo entre espécimes dos diferentes biótipos, aliadas à utilização de técnicas moleculares, levaram a uma readequação da taxonomia dessa espécie, hoje considerada um complexo de espécies crípticas (Dinsdale et al., 2010; De Barro et al., 2011).

CARACTERIZAÇÃO MOLECULAR

Diferentes técnicas têm sido utilizadas para classificar populações de *B. tabaci*, como o perfil de isoenzimas, o RAPD-PCR (*random amplification of polymorphic DNA polymerase chain reaction*), a amplificação da região ITS 1 (*nuclear ribosomal intergenic transcribed spacer 1*), a amplificação da região 16S, microssatélites, AFLPs e a amplificação e análise do gene mtCOI (*mitochondrial cytochrome oxidase I*), denominado em português de gene mitocondrial citocromo oxidase I. O RAPD-PCR fornece informações principalmente sobre a variabilidade genética das populações de *B. tabaci*, enquanto a sequência de nucleotídeos da região 16S, mtCOI e ITS1 é mais indicada para delimitar a estrutura filogenética das populações (De Barro et al., 2011).

Análise do gene mtCOI

Dinsdale et al. (2010) propuseram que a sequência de nucleotídeos da porção do gene mtCOI é altamente informativa e permite determinar a afiliação genética dos indivíduos de *B. tabaci* e inclusive diferenciá-las em espécies. Esses autores, ao analisar 549 sequências de mtCOI de *B. tabaci*, verificaram que, ao adotar um critério de divergência de 3,5% na identidade de nucleotídeos do gene mtCOI, foi possível classificar os indivíduos em diferentes espécies. Ao adotar 11% de divergência para a mesma porção analisada, foi possível diferenciar as populações em grupos genéticos.

Desse modo, atualmente, o complexo *B. tabaci* está dividido em 11 grupos genéticos, contendo 24 espécies (De Barro et al., 2011). O número de espécies foi ampliado para 29 com a descrição de quatro novas espécies na China (Hu et al., 2011) e, mais recentemente, uma nova espécie na Argentina, denominada de New World 2 (Alemandri et al., 2012). Nesse contexto, o biótipo B, altamente polífago e com ampla distribuição mundial, pertence à espécie Middle East-Asia Minor 1; já o biótipo Q, predominantemente encontrado na região do Mediterrâneo, pertence à espécie Mediterranean; e os diferentes biótipos encontrados no continente americano (A, C, D, F, Jatropha, N, R, Sida) pertencem à espécie New World (De Barro et al., 2011).

No Brasil, por meio da análise da sequência do gene mtCOI em indivíduos de *B. tabaci*, verificou-se a existência de quatro espécies distintas: Middle East-Asia Minor 1, New World e New World 2 (Marubayashi et al., 2013) e, mais recentemente no Rio Grande do Sul, a espécie Mediterranean, também conhecida como *B. tabaci* biótipo Q (Barbosa et al., 2015).

A espécie Middle East-Asia Minor 1, que engloba o biótipo B, é a predominante no Brasil, encontrada em maior frequência tanto em plantas cultivadas quanto em plantas daninhas (Fontes, Colombo & Lourenção, 2010; Rocha et al., 2011; Valle et al., 2011; Marubayashi et al., 2013). A espécie New World (que engloba os biótipos A, C, D, F, Jatropha, N, R e Sida) indígena das Américas foi encontrada no Estado de São Paulo, até o momento, a colonizar apenas jiló (*Solanum gilo*) e corda-de-viola (*Ipomoea* sp.), enquanto a espécie New World 2 foi com frequência associada às plantas daninhas, como leiteiro ou amendoim-bravo (*Euphorbia heterophylla*) e carrapicho-de-carneiro (*Xanthium cavanillesii*). Um fato curioso é que as espécies New World 2 e Middle East-Asia Minor 1 foram observadas colonizando uma mesma planta de soja (*Glycine max*), o que indica que ambas podem ocupar o mesmo nicho ecológico (Marubayashi et al., 2013). As espécies New World e New World 2 sempre foram encontradas em número muito reduzido de insetos e o seu papel como transmissoras sobretudo de begomovírus ainda é desconhecido.

Estudos anteriores já indicavam variabilidade genética nas populações brasileiras de *B. tabaci* (Lima et al., 2002; Rabello et al., 2008; Silva et al., 2009; Fontes, Colombo & Lourenção, 2010). Em plantas daninhas, populações relacionadas ao biótipo A, encontrado no Arizona, EUA, hoje reconhecidas como pertencentes à espécie New World, foram identificadas por Lima et al. (2002) e denominadas de biótipo BR. Contudo, pela ausência de sequência mtCOI disponível para o que se chamou de biótipo BR, não é possível afirmar se essas populações eram da espécie New World ou New World 2.

RAPD-PCR

A técnica de RAPD-PCR foi muito empregada no estudo de variabilidade inter e intraespecífica de *Bemisia* spp. (Gawell & Bartlett, 1993; Perring et al., 1993; De Barro & Driver, 1997). No Brasil, as populações de *B. tabaci* denominadas de biótipo BR foram identificadas e pré-classificadas pela técnica de RAPD (Lima et al., 2002). Estes mesmos autores desenvolveram um marcador baseado em RAPD-PCR capaz de diferenciar as populações indígenas no Brasil do invasivo biótipo B. Rabello et al. (2008) verificaram diferenças de padrões moleculares de RAPD-PCR entre os biótipos A, BR e Q, porém variações nos perfis eletroforéticos também foram observadas entre espécimes de um mesmo biótipo, coletadas de diferentes hospedeiros.

Allemandri et al. (2012) verificaram que as espécies New World e New World 2 apresentam o perfil RAPD-PCR similar ao biótipo BR encontrado no Brasil, de modo que esse marcador foi considerado incapaz de diferenciar as duas espécies indígenas das Américas.

PCR-RFLP

O PCR-RFLP pode ser uma ferramenta bastante útil na análise inicial de populações de *B. tabaci* e principalmente na identificação individual em uma mesma planta. Bosco et al. (2006) verificaram que as espécies Middle East-Asia Minor 1 e Mediterranean podem ser diferenciadas pelo perfil eletroforético do gene mtCOI utilizando a enzima de restrição *Taq*I. No caso das espécies Middle East-Asia Minor 1, New World e New World 2 verificadas no Brasil até o momento, Marubayashi et al. (2013) também observaram um perfil diferente entre elas, utilizando essa mesma enzima de restrição (Figura 1). Para a espécie Middle East-Asia Minor 1, são gerados três fragmentos, e para a espécie New World 2, dois fragmentos de

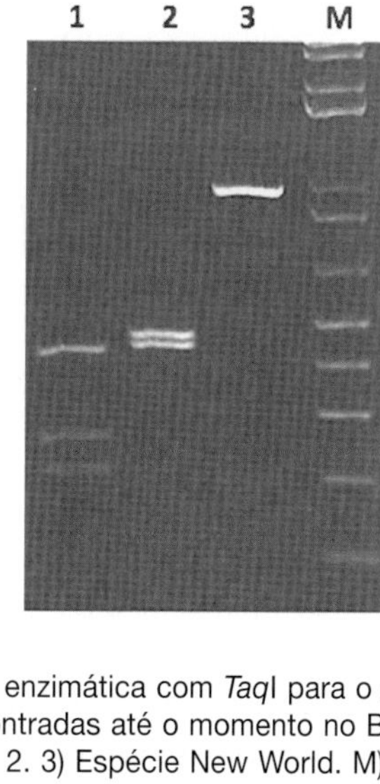

Figura 1. Padrão de clivagem enzimática com *Taq*I para o gene mtCOI amplificado para as três espécies de *B. tabaci* encontradas até o momento no Brasil. 1) Espécie Middle East-Asia Minor 1. 2) Espécie New World 2. 3) Espécie New World. M) Marcador 1 kb Plus DNA ladder. Foto: Júlio M. Marubayashi.

restrição. O fragmento mtCOI de *B. tabaci* espécie New World não é clivado, como pode ser observado na Figura 1. Essa análise é interessante para monitorar as populações de *B. tabaci* e selecionar os espécimes a terem o mtCOI sequenciado.

MICROSSATÉLITES

O conhecimento sobre a estrutura genética de populações, sobretudo a flutuação de genes dentro de uma população, é limitado, devido à falta de marcadores polimórficos codominantes. Como os microssatélites são marcadores altamente polimórficos e codominantes, são considerados excelentes para o estudo da estrutura genética de populações de diferentes biótipos, bem como para a flutuação de genes entre populações derivadas de um mesmo biótipo (Simon, Cenis & De La Rua, 2007). Um aspecto importante do uso de marcadores moleculares é a possibilidade de determinar a origem de infestações em novas áreas pelo uso de modelos genéticos específicos (Rannala & Mountain, 2006). Para *B. tabaci*, encontram-se isolados e caracterizados microssatélites, os quais podem ser utilizados para caracterizar biótipos oriundos de diferentes regiões e/ou plantas hospedeiras (Tsagkarakou & Roditakis, 2003; De Barro et al., 2003; De Barro, Trueman & Frohlic, 2005; Delatte et al., 2006; Simon, Cenis & De La Rua, 2007; Dalmon et al., 2008).

O principal marcador molecular baseado em DNA para mosca-branca utiliza a amplificação do DNA, sendo usados *primers* específicos para dada região do genoma. A grande vantagem é que podem ser usadas pequenas quantidades de DNA extraído da amostra a ser analisada, o que é importante para *B. tabaci*, devido ao seu tamanho reduzido. Os microssatélites para *B. tabaci* conseguiram dividir as populações em grupos grandes e independentes (De Barro et al., 2003; Tsagkarakou & Roditakis, 2003; Delatte et al., 2006; Tsagkarakou et al., 2007; Dalmon et al., 2008; Gauthier, Dalleau-Clouet & Bouvret, 2008), permitindo o estudo da estrutura populacional em escala regional.

De Barro, Trueman e Frohlich (2005) avaliaram quinze locos microssatélites e perceberam forte estrutura das populações avaliadas, com separação geográfica para as regiões da Ásia–Pacífico, resultando em seis populações geneticamente distintas, com pouca ou nenhuma flutuação de genes entre elas. Entretanto, os autores não descartaram a possibilidade de influência de outros fatores na organização geral e na distribuição dessas populações. Posteriormente, Delatte et al. (2006) usaram oito microssatélites para estudar a distribuição do biótipo B nas Ilhas Reunião e sua interação com o biótipo Ms. Os autores demonstraram que o biótipo Ms dispersou-se pela ilha, apesar de o biótipo B colonizar as culturas e o biótipo Ms desenvolver-se melhor em plantas da vegetação espontânea, verificando relativa distribuição em locais distintos dentro da ilha.

No Brasil, um estudo da estrutura populacional entre e dentro de oito populações de *B. tabaci* provenientes de seis localidades de cinco estados, com marcadores microssatélites, mostrou separação das populações em grupos distintos, relacionados sobretudo à origem geográfica (Valle et al., 2011). Ainda nesse trabalho, as sete populações foram comparadas com uma população padrão (Campinas, correspondente ao biótipo B). Verificou-se que as populações são muito próximas, o que indica que todas pertencem ao biótipo B. Em um estudo mais abrangente, foram avaliadas novas populações de mosca-branca pertencentes às espécies *B. tabaci*, *T. vaporariorum* e *Aleurodicus pseudugesii*. Essas populações foram comparadas com uma população padrão (Flórida, EUA) correspondente ao biótipo B. Foi verificado que as populações pertencentes a *B. tabaci* são muito próximas e pertencem ao biótipo B. Mais uma vez, constatou-se variação principalmente em relação à origem geográfica. Como era esperado, as populações de *T. vaporariorum* e *A. pseudugesii* formaram um grupo independente (Figura 2) (Valle et al., 2012, não publicado).

BIOLOGIA

A exemplo de outras espécies de moscas-brancas, a reprodução em *B. tabaci* é sexuada ou por partenogênese arrenótoca, na qual ovos não fertilizados originam machos e ovos fertilizados originam fêmeas (Byrne & Bellows, 1991). Também como outros aleirodídeos, em seu ciclo de vida essa espécie apresenta seis estágios: ovo, ninfa de primeiro, segundo, terceiro e quarto instares (esta última referida na literatura como "pupa" ou "estágio pupal") e adulto.

A oviposição é realizada preferencialmente na superfície abaxial das folhas, onde as fêmeas também se alimentam (Lenteren & Noldus, 1990). Os ovos, elípticos e alongados, possuem uma extensão do córion denominada pedicelo, por meio do qual a fêmea fixa o ovo à folha. Em uma fenda aberta na epiderme foliar pelo ovipositor da fêmea, o pedicelo é introduzido junto com uma secreção, que serve para mantê-lo fixo (Buckner et al., 2002). Além da fixação à superfície foliar, o pedicelo também permite passagem de água e possivelmente de solutos, o que é essencial para o desenvolvimento dos ovos (Walker, Perring & Freeman, 2010). Enquanto a maioria das espécies de moscas-brancas estudadas insere o pedicelo nos estômatos, as fêmeas de *B. tabaci* inserem-no diretamente em células da epiderme (Paulson & Beardsley, 1985). Ovos recém-colocados são brancos ou branco-amarelados, mas tornam-se mais escuros próximo à eclosão. A oviposição é influenciada por fatores ambientais, como temperatura, e em especial pela planta hospedeira. No Brasil, para culturas de expressão econômica, foram verificadas diferenças na oviposição de *B. tabaci* biótipo B em abobrinha, feijoeiro, repolho, tomateiro, mandioca, pepino, soja, pimentão, milho, poinsétia, brócolo e berinjela, quando o inseto teve chance de escolha entre elas (Villas Bôas et al., 2001). Considerando as culturas de soja, meloeiro, algodoeiro, feijoeiro e tomateiro, Lourenção et al. (2008) apresentaram revisão sobre o efeito de diferentes genótipos dentro de cada uma dessas espécies vegetais sobre a oviposição de *B. tabaci*. A taxa de oviposição pode atingir até 394 ovos por fêmea (Byrne & Bellows, 1991). No Brasil, utilizando o biótipo B, Villas Bôas, França e Macedo (2002) encontraram até 300 ovos por fêmea em repolho e

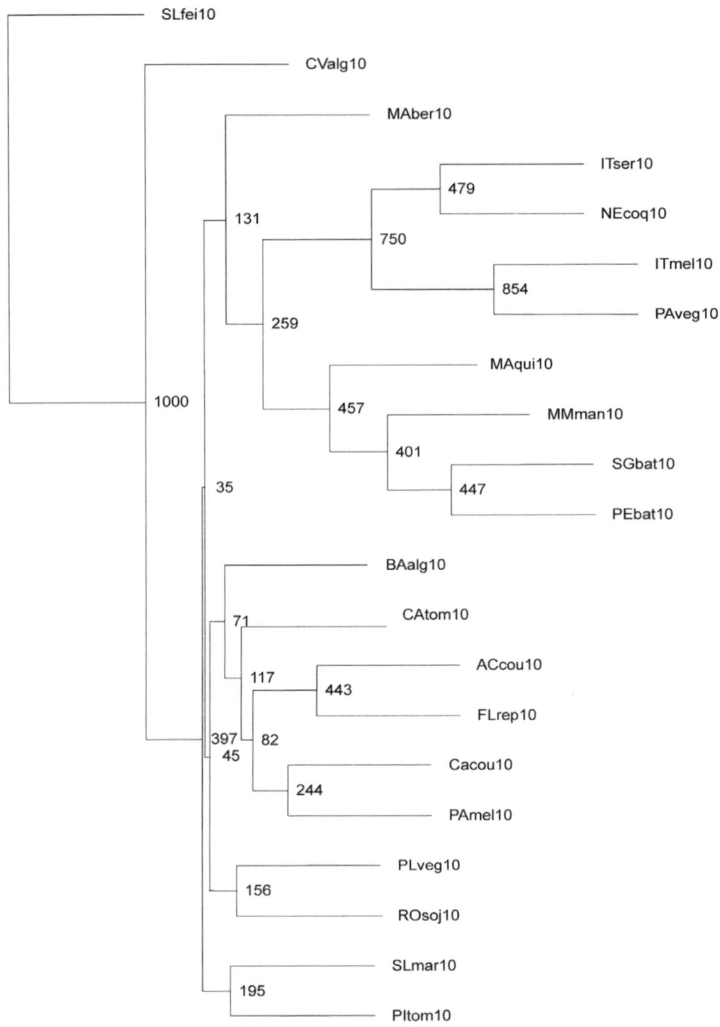

Figura 2. Dendrograma com 21 populações de mosca-branca, abrangendo *Bemisia tabaci*, *Trialeurodes vaporariorum* e *Aleurodicus pseudugesii*, de acordo com análise de marcadores microssatélites (Valle et al., 2012, dados não publicados).
B. tabaci (SLfei – Santana do Livramento, RS – feijão-caupi; CValg – Campo Verde, MT – algodão; MAber – Monte Alegre do Sul, SP – berinjela; MAqui – Monte Alegre do Sul, SP – quiabo; MMman – Mogi Mirim, SP – mandioca; SGbat – São Gotardo, MG – batata; PEbat – Perdizes, MG – batata; BAalg – Barreiras, BA – algodão; CAtom – Cruz das Almas, BA – tomate; CAcou – Campinas, SP – couve; ROsoj – Rondonópolis, MT – soja; PItom – Piracicaba, SP – tomate; SLmar – Santana do Livramento, RS – maracujá; PLveg – Primavera do Leste, MT – casa de vegetação; FLrep – Flórida, EUA – repolho; ACcou – Acre, AC – couve; PAmel – Paulínia, SP – melão); *Trialeurodes vaporariorum* (ITser – Itatiba, SP – serralha; ITmel – Itatiba, SP – melão; PAveg – Paulínia/SP – casa de vegetação); *Aleurodicus pseudugesii* (NEcoq – Maceió, AL – coqueiro) (Giuliana E. Valle).

poinsétia, à temperatura de 28°C e fotofase de 14h. Ainda nessas condições, esses autores determinaram o período de incubação, que atingiu 6,1 dias para ovos em feijoeiro e abobrinha, 6,4 em repolho, 6,8 em tomateiro e 7,2 em poinsétia. Em uma mesma espécie vegetal, o período de incubação pode variar de maneira significativa, de acordo com a temperatura, conforme avaliações em ovos colocados por *B. tabaci* biótipo B em *Brassica* sp. (Xie et al., 2011). Nesse estudo, a fase de ovo durou cerca de seis dias à temperatura de 24°C; a 15°C, atingiu quase 23 dias. Após a saída das ninfas, os ovos permanecem fixos à superfície foliar, o que pode fornecer dados de interesse em estudos de tabela de vida.

Na eclosão, abre-se uma fenda longitudinal a partir da parte apical do ovo, permitindo a saída da ninfa de primeiro instar (*crawler*). No início deste instar, as ninfas apresentam pernas e percorrem a superfície foliar à procura de um local adequado; escolhido o local, inserem os estiletes e costumam lá permanecer até o final do desenvolvimento ninfal (Walker, Perring & Freeman, 2010). Segundo estes autores, no primeiro instar as pernas são relativamente bem desenvolvidas, com coxa, trocânter, fêmur, tíbia e tarso fundidos e pré-tarso. Com base em estudos como o de Price e Taborsky (1992), a capacidade de dispersão das ninfas de primeiro instar tem sido considerada limitada, embora tenha sido observado que ninfas podem mudar de folha e até mesmo de planta, à procura de local mais adequado para o seu desenvolvimento (Summers, Newton & Estrada, 1996). Nos três instares seguintes, as pernas são curtas e grossas, sem segmentação distinta; embora não sirvam para locomoção, parecem ter importante função na fixação das ninfas à folha durante as ecdises (Walker, Perring & Freeman, 2010). Em todos os quatro instares, as ninfas possuem formato oval; o seu comprimento e a sua largura aumentam depois de cada mudança de instar. No quarto e último instar, ocorrem grandes transformações morfológicas, sinalizadas pela possibilidade de visualizar os olhos vermelhos, o que dá o nome a esse instar de ninfas-de-olhos-vermelhos. Em algum momento do quarto instar, as ninfas param de se alimentar e retiram seus estiletes da planta. Nesse instar, de início elas são achatadas e translúcidas; a seguir, assumem coloração branca opaca e, por fim, podem ser vistas as formas do inseto adulto, como as asas e a pigmentação amarelada do corpo (Byrne & Bellows, 1991; Walker, Perring & Freeman, 2010). A duração da fase ninfal também é bastante variável; depende principalmente da planta hospedeira e da temperatura. No Brasil, em estudos conduzidos com *B. tabaci* biótipo B à temperatura de 28°C e fotofase de 14h, observou-se período ninfal de 14,2 dias em repolho, de 16,5 dias em tomateiro, de 17,6 dias em feijoeiro e de 18,3 dias em poinsétia (Villas Bôas et al., 2002). Analogamente à fase de ovo, a duração da fase ninfal pode variar dentro de uma mesma espécie vegetal, de acordo com alterações na temperatura. Em tomateiro, a fase ninfal de *B. tabaci* biótipo B diminui gradativamente com o aumento da temperatura; sob temperaturas fixas de 15°, 20°, 25°, 28°, 30° e 35°C, as durações alcançaram 55,9; 26,0; 14,1; 13,6; 12,6 e 12,0 dias, respectivamente (Yang & Chi, 2006).

A emergência dos adultos deixa o "pupário" com uma abertura em forma de T e ocorre principalmente no início da manhã (6-9:30h) (Hoffman & Byrne, 1986). A exemplo dos ovos, após a eclosão das ninfas o "pupário" também pode permanecer aderido à folha, fornecendo informações para estudos ecológicos. À temperatura de 27°C, da emergência até o primeiro voo decorrem cerca de quatro horas (Byrne & Bretzel, 1987). Logo após a emergência, machos e fêmeas de *B. tabaci* biótipo B acasalam-se seguidamente. Segundo Liu et al. (2007), a contínua disponibilidade de machos para as fêmeas é essencial, pois a falta resulta em redução na fertilização dos ovos, o que conduz a progênies de machos. O comportamento de corte e de acasalamento inclui a movimentação do macho ao acaso pela folha, à procura da fêmea. Localizada a fêmea e iniciado o contato, a maioria dos machos mantém esse contato com suas antenas; eles posicionam o seu corpo de forma paralela ao corpo da fêmea, seguindo-se o acasalamento (Walker, Perring & Freeman, 2010). A longevidade é maior nas fêmeas do que nos machos (Drost, Lenteren & Roermund, 1998), e também a planta hospedeira pode afetar esse parâmetro. Kakimoto et al. (2007) verificaram que a longevidade em fêmeas de *B. tabaci* biótipo B pode ser afetada de modo significativo pela planta na qual o inseto se criou; em berinjela, pepino, pimenta e tomate, fêmeas viveram 31,7; 27,7; 21,8 e 18,3 dias, respectivamente, à temperatura de 25°C.

PLANTAS HOSPEDEIRAS

Bemisia tabaci é um inseto multivoltino, que não apresenta diapausa ou algum estágio quiescente. Assim, as populações são mantidas por meio da exploração dos recursos vegetais existentes, incluindo plantas cultivadas e da vegetação espontânea (Naranjo et al., 2010).

Para *B. tabaci*, Mound & Halsey (1978) relacionaram 327 espécies de 63 famílias botânicas diferentes como hospedeiras. Depois, novos registros totalizaram 506 espécies de plantas de 74 famílias botânicas (mono e dicotiledôneas) como suas hospedeiras (Greathead, 1986). Atualmente, as relações envolvendo plantas em que *B. tabaci* é capaz de se reproduzir atingem de 500 a 600 espécies vegetais (Brown, 2010). Contudo, esses catálogos abrangem observações sobre várias populações desse complexo, o que dificulta o conhecimento preciso das hospedeiras dentro de cada biótipo. De qualquer forma, o biótipo B é reconhecido como bastante polífago, sendo acrescidos, periodicamente, novos registros de plantas hospedeiras (Simmons, Harrison & Luig, 2008). Para o manejo dessa mosca-branca, deve ser considerado o papel das diversas plantas invasoras como hospedeiras do inseto em períodos de entressafra (Figuras 3A, 3B, 3C, 3D) e também como reservatórios dos vírus veiculados às plantas cultivadas (Figuras 3E, 3F).

No Brasil, as principais culturas infestadas e prejudicadas com seu ataque incluem o tomateiro, o feijoeiro, o meloeiro e a batata, em que a transmissão de

Figura 3. Plantas hospedeiras de *B. tabaci* biótipo B.
A) Joá-bravo (*Solanum viarum*). B) Serralha (*Sonchus oleraceus*). C) Picão-preto (*Bidens pilosa*). D) Maria-pretinha (*Solanum americanum*). E) Guanxuma (*Sida rhombifolia*) infectada por begomovírus. F) Joá-bravo (*Solanum palinacanthum*) infectado com *Tomato yellow vein streak virus* (planta da esquerda, ao lado de planta sadia).
Fotos: A–E) André L. Lourenção. F) José Alberto C. Souza-Dias.

vírus é expressiva, além de algodoeiro, soja, aboboreira, melancia, videira, hortaliças diversas e ornamentais. Com os surtos populacionais na década de 1990, que ocorreram em regiões paulistas de agricultura intensiva, verificou-se de forma clara o potencial das plantas da vegetação espontânea como hospedeiras desse inseto. Invasoras como serralha (*Sonchus oleraceus*), joá-bravo (*Solanum viarum*, *S. palinacanthum*), corda-de-viola (*Ipomoea* sp.), leiteiro ou amendoim-bravo, picão-preto (*Bidens pilosa*), falsa-serralha (*Emilia sonchifolia*), picão-branco (*Galinsoga parviflora*), caruru (*Amaranthus viridis*), maria-pretinha (*Solanum americanum*), datura (*Datura stramonium*), guanxuma (*Sida rhombifolia*), entre outras, apresentavam grande quantidade de adultos e ninfas em suas folhas, durante e após o cultivo das culturas.

DISTRIBUIÇÃO GEOGRÁFICA

O complexo *B. tabaci* é cosmopolita, com populações naturais que ocorrem em regiões tropicais e subtropicais de todos os continentes, com exceção da Antártica (Naranjo & Legg, 2010). A região de origem do biótipo B é referida como sendo o Oriente Médio–Ásia Menor (Irã, Israel, Jordânia, Kuwait, Paquistão, Arábia Saudita, Síria, República Árabe Unida, Iêmen), de onde se disseminou para pelo menos 54 países, como África do Sul, Alemanha, Antígua e Barbados, Argentina, Austrália, Belize, Brasil, Canadá, China, Colômbia, Chipre, Coreia do Sul, Costa Rica, Dinamarca, República Dominicana, Egito, Espanha, Estados Unidos, Ilhas Fiji, França, Grécia, Granada, Guadalupe, Guam, Guatemala, Holanda, Honduras, Ilhas Cook, Ilhas Marianas do Norte, Ilhas Marshall, Ilhas Reunião, Índia, Itália, Japão, Martinica, Mayotte, Maurício, México, Nova Caledônia, Nova Zelândia, Niue, Noruega, Panamá, Polinésia Francesa, Polônia, Porto Rico, República Dominicana, São Cristóvão e Névis, Samoa, Taiwan, Tonga, Trinidad e Tobago, Tunísia e Venezuela (De Barro et al., 2011).

HISTÓRICO DA INTRODUÇÃO NO BRASIL

A primeira referência da ocorrência de *B. tabaci* no Brasil foi na década de 1920, no Estado da Bahia (Bondar, 1928). Outras referências sobre essa espécie e suas plantas hospedeiras foram catalogadas por Silva et al. (1968), que nessa época apontavam sua distribuição nos estados da Bahia, São Paulo e Santa Catarina.

As populações nativas de *B. tabaci* costumam apresentar-se em baixas densidades, com exceção de alguns anos em que ocorreram surtos isolados. Em 1968, em lavouras de algodoeiro, e em 1972-1973, em campos de soja, algodoeiro e feijoeiro, no norte do Paraná e na região sul de São Paulo, houve surtos populacionais do inseto, acompanhados de aumento na incidência de vírus, principalmente o causador do mosaico-dourado no feijoeiro (Costa, Costa & Sauer, 1973). Até a década de 1990, portanto, a maior importância das populações nativas de *B. tabaci* no país era como transmissora de vírus para culturas como feijoeiro e tomateiro (Yuki, 2011). Nesse sentido, devem ser destacados os estudos pioneiros liderados pelo doutor Álvaro Santos Costa, realizados na antiga Seção de Virologia do Instituto Agronômico (IAC), em Campinas, SP, com destaque para as décadas de 1960 e 1970, quando foram publicados artigos e revisões sobre o tema (Costa, 1965, 1975, 1976).

As primeiras observações de *B. tabaci* biótipo B no Brasil foram realizadas a partir de 1991, época em que ocorreram altas infestações em hortaliças e ornamentais, nos municípios paulistas de Paulínia, Holambra, Jaguariúna e Artur Nogueira (Lourenção & Nagai, 1994). Em hortaliças, as infestações atingiam sobretudo brócolos, berinjela, aboboreiras e tomateiros. Nestas duas últimas, induz o prateamento das folhas e o amadurecimento irregular dos frutos, respectivamente; em ornamentais, as maiores infestações ocorriam em crisântemo e poinsétia. Lavouras de algodoeiro e feijoeiro foram infestadas com intensidade. Foram constatadas infecções generalizadas do mosaico-dourado (*Bean golden mosaic virus*) nessa leguminosa, queda precoce de folhas e manchamento da fibra em plantas de algodoeiro.

Logo após essas ocorrências em São Paulo, ocorreu rápida disseminação da praga para diversos estados brasileiros, atribuída ao contínuo transporte de material vegetal, sobretudo de ornamentais. Em 1993, houve o relato de intensas infestações de *B. tabaci* biótipo B no Distrito Federal, sendo destacada a alta incidência de sintomas de vírus em plantios de tomateiros infestados por essa mosca-branca (França, Villa Bôas & Castelo Branco, 1996). Estes autores também observaram infestação em mandioca, feijão-vagem e amendoim-bravo. Ainda nesse ano, foi notificada a presença da praga nos estados da Bahia, Goiás e Minas Gerais (Villas Bôas & Castelo Branco, 2009).

Entre 1996 e 1997, foram feitos novos relatos de altas infestações em Pernambuco, Bahia (Haji, Alencar & Lima, 1996), Paraná, sul de São Paulo (Sosa-Gómez, Moscardi & Santos, 1997), Ceará, Rio Grande do Norte, Tocantins, Rio de Janeiro e Mato Grosso do Sul (Villas Bôas et al., 1997). Em 1999, em Balsas, no Estado do Maranhão, foram registradas infestações desse biótipo em lavouras de soja, acompanhadas de epizootias do fungo *Lecanicillium lecanii*, o que controlou a praga em momentos de alta umidade relativa (Lourenção, Miranda & Alves, 2001). No início de 2011, amostras de adultos de *B. tabaci* coletados em plantas de couve procedentes de Rio Branco, Acre, foram caracterizadas molecularmente como pertencentes ao biótipo B (Valle & Lourenção, dados não publicados).

Segundo Villas Bôas e Castelo Branco (2009), o único estado brasileiro em que ainda não foi constatada a presença desse biótipo é o Amazonas. Contudo, é pouco provável que *B. tabaci* biótipo B ainda não esteja presente nesse estado. Com o intenso trânsito da material vegetal entre os diferentes estados, essa mosca-branca já deve ter sido introduzida, porém permanece em níveis populacionais baixos e, portanto, não desperta a atenção dos produtores. É provável que, devido às características climáticas e de agricultura locais, não tenham ocorrido infestações de

B. tabaci biótipo B dignas de registro na Região Norte brasileira, principalmente no Amazonas.

IMPACTO ECONÔMICO

Bemisia tabaci biótipo B é uma das principais pragas da agricultura, em âmbito mundial. As principais características que tornam muito difícil seu controle envolvem sua plasticidade genética, seu potencial reprodutivo e sua capacidade de transmitir muitas espécies de vírus a várias plantas de interesse econômico (Hilje & Morales, 2008). Devido a sua plasticidade genética, essa mosca-branca pode com rapidez desenvolver resistência a inseticidas de diferentes grupos químicos, incluindo os mais novos, como os neonicotinoides e reguladores de crescimento, como observado em populações da praga coletadas nos estados de Goiás e da Bahia (Silva et al., 2009). Seu potencial reprodutivo pode ser expresso de forma plena em boa parte do território brasileiro, onde ocorrem condições climáticas adequadas a esse inseto. Aliando a plasticidade genética e o potencial reprodutivo do inseto ao sistema de produção adotado em vários polos agrícolas brasileiros, onde diferentes culturas hospedeiras são cultivadas lado a lado, ou mesmo em sequência, durante todo o ano, criam-se condições extremamente favoráveis ao desenvolvimento de altas populações da mosca-branca. Com relação à transmissão de vírus, após a entrada desse biótipo, emergiram novos problemas com vírus em tomateiro, pimentão, batata e melão, provavelmente devido à capacidade dessa mosca-branca de explorar maior gama de plantas, incluindo as da vegetação espontânea, para aquisição desses agentes infecciosos.

Os danos causados por *B. tabaci* biótipo B às plantas em que se alimenta podem ser diretos e indiretos. Os danos diretos referem-se a alterações bioquímicas, fisiológicas, anatômicas e de desenvolvimento das plantas infestadas; pode haver diminuição das reservas das plantas, com redução da produção e indução de desordens fisiológicas (Inbar & Gerling, 2008). Em tomateiro, foi constatado que a alimentação de ninfas e adultos reduz a fotossíntese, por restringir trocas gasosas através dos estômatos e por reduzir o conteúdo de clorofila nas folhas (Buntin, Gilbertz & Oetting, 1993). As desordens fisiológicas mais comuns induzidas por *B. tabaci* biótipo B abrangem o prateamento das folhas e dos frutos em aboboreiras, o amadurecimento irregular dos frutos do tomateiro, o clareamento das nervuras em poinsétia e outras ornamentais, o clareamento do caule em brássicas.

De início, os sintomas do prateamento das folhas em aboboreiras (Figura 4), que aparecem três dias após o início de alimentação das ninfas, não eram atribuídos aos adultos (Yokomi, Hoelmer & Osborne, 1990). Posteriormente, De Barro e Khan (2007) comprovaram que também a fase adulta desse biótipo de *B. tabaci* é capaz de induzir o prateamento das folhas, desde que haja infestação adequada de adultos por período de tempo superior a onze dias. Após a descoberta da capacidade do biótipo B de induzir essa desordem, foram encontrados

Figura 4. Prateamento das folhas em aboboreira infestada por *B. tabaci* biótipo B. Foto: André L. Lourenção.

outros dois biótipos a induzir o prateamento das folhas em aboboreiras: o biótipo Ms (Delatte et al., 2005) e o biótipo Ug6 (Sseruwagi et al., 2005). A distribuição atual desses dois biótipos restringe-se a ilhas do Oceano Índico e à África. Não só plantas das três principais espécies cultivadas de *Cucurbita* (*C. pepo*, *C. maxima* e *C. moschata*) apresentam sintomas dessa desordem, mostrando sensibilidade à alimentação dessa mosca-branca, mas também espécies selvagens, como *C. ecuadorensis* e *C. martinezii* (McAuslane, Webb & Elmstrom, 1996). Se a infestação persiste até a fase reprodutiva das plantas, também pode ocorrer o prateamento dos frutos que, além do aspecto prateado, podem ter tamanho menor, depreciando o produto comercialmente. Outra cucurbitácea que também pode ter seus frutos descoloridos devido à infestação de *B. tabaci* biótipo B é o chuchuzeiro (*Sechium edule*). Pela primeira vez no Brasil, Pavan et al. (1994) verificaram em 1993, no Guarujá, Estado de São Paulo, que frutos dessa planta ficavam brancos em lavouras infestadas por essa mosca-branca. Posteriormente, em 2005, em Iguape, e em 2009, em Monte Alegre do Sul, ambos municípios paulistas, essa desordem foi de novo observada em lavouras de chuchuzeiro, cujas folhas apresentavam-se infestadas de ninfas e adultos, não sendo, contudo, constatada essa descoloração nos frutos de plantas não infestadas (Lourenção & Valle, dados não publicados). Não foram detectadas alterações nas folhas; foram afetados apenas os frutos, que ficavam brancos externa e internamente (Figura 5), com a consequente depreciação no comércio. São necessárias pesquisas para determinar qual fase do inseto é determinante na indução dessa anomalia — ninfas, adultos ou ambas —, já que apenas foi detectada sua ocorrência em plantas infestadas conjuntamente com essas fases da mosca-branca. Também seria interessante verificar qual é o nível de infestação necessário para a indução da anomalia.

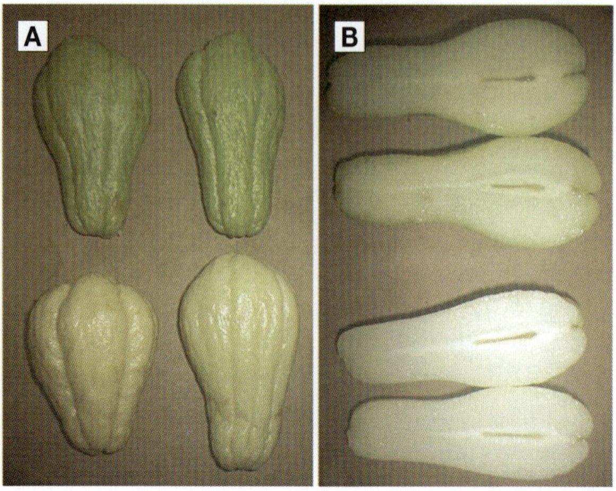

Figura 5. Branqueamento dos frutos do chuchuzeiro em plantas infestadas por *B. tabaci* biótipo B. A) Frutos de coloração normal (acima) e frutos brancos (abaixo). B) Interior de frutos de coloração normal (acima) e de frutos brancos (abaixo). Fotos: André L. Lourenção.

O amadurecimento irregular do tomateiro foi primeiro observado no sudoeste da Flórida, EUA, em 1987, e nos anos seguintes, em lavouras de tomateiro de outras regiões desse estado, sempre acompanhado de infestações de *B. tabaci* biótipo B (Maynard & Cantliffe, 1989). Frutos de plantas infestadas não amadurecem por completo; o interior fica com aspecto "isoporizado" (Figura 6), o que deprecia o produto comercialmente. Além do tomate de mesa, o processamento de polpa pode ser muito comprometido caso sejam utilizados frutos com esse sintoma. Schuster (2001) estabeleceu relação entre o nível de infestação dessa mosca-branca e a severidade dos sintomas de amadurecimento irregular. Os sintomas são restritos aos frutos, nos quais a síntese, a função e o balanço de fitormônios são alterados (Inbar & Gerling, 2008).

Como danos indiretos, tem-se a formação de fumagina sobre folhas e frutos das plantas infestadas e a transmissão de vírus. A fumagina é um fungo preto do gênero *Capnodium* que se desenvolve sobre a secreção açucarada que a mosca-branca excreta durante o processo de alimentação. Além de interferir nos processos fisiológicos da planta, como transpiração e fotossíntese, quando presente nas folhas a fumagina também pode afetar seus produtos, desenvolvendo-se e conferindo aspecto sujo à superfície de tomates, uvas, melão e outras, além de manchar a fibra em algodoeiro. Ainda na floricultura, plantas como bico-de-papagaio, crisântemo, gérbera e outras podem ter seu aspecto ornamental prejudicado com a ocorrência de fumagina em suas folhas.

Antes da entrada do biótipo B no Brasil, as populações aqui presentes (provavelmente pertencentes ao biótipo A) eram consideradas pragas secundárias,

Figura 6. Amadurecimento irregular dos frutos do tomateiro em plantas infestadas por *B. tabaci* biótipo B.
A) Aparência externa dos frutos. B) Interior do fruto, com aspecto "isoporizado".
Fotos: Renate K.-Sakate.

apesar de esse biótipo nativo estar relacionado com a transmissão de vírus nas culturas do feijoeiro e da soja (Costa, Costa & Sauer, 1973). Esse cenário mudou de modo radical com a introdução do biótipo B no início da década de 1990. Nos anos seguintes, *B. tabaci* biótipo B esteve particularmente associado à emergência dos begomovírus, sobretudo em tomateiro (Ribeiro et al., 1998). Infecções generalizadas desses agentes em regiões do Submédio São Francisco, durante os anos de 1997 e 1998, considerada na época a principal produtora de tomate para processamento industrial no Brasil, provocaram o abandono dessas áreas, desviando o tomate industrial principalmente para o Estado de Goiás. Em 2001 e 2002, infecções de *Tomato yellow vein streak virus* (ToYVSV), uma espécie de begomovírus descrita por Faria et al. (1997), causaram prejuízos expressivos aos produtores em diversas áreas de plantio de tomateiros em Monte Mor, Elias Fausto e Sumaré, SP. Nessas regiões, as aplicações de inseticidas para controle de *B. tabaci* biótipo B em um ciclo da cultura chegavam algumas vezes a mais de sessenta, sem controle adequado do inseto, devido às constantes reinfestações e, provavelmente, a populações resistentes. Em 2001, da produção esperada de 300 caixas/1.000 pés, houve redução para 80 caixas/1.000 pés; no ano seguinte, as infecções continuaram de forma mais severa, e a produção caiu para uma média de 50 caixas/1.000 pés (informações obtidas junto a produtores em reunião da Ceagesp, São Paulo, em 2002). Esse cenário de altas infecções de begomovírus em tomateiros repetiu-se em outros estados brasileiros, como Minas Gerais, Goiás e Pernambuco. Os begomovírus são hoje o principal problema em tomateiro, com relatos de perdas de até 100% em diferentes estados brasileiros. No Brasil, existem catorze espécies de begomovírus descritas e sua emergência está associada à transferência horizontal de plantas daninhas para plantas cultivadas por *B. tabaci* biótipo B, que, ao contrário do biótipo A, coloniza solanáceas de forma intensa. Por recombinação e pseudorrecombinação, esses vírus passaram a infectar e causar prejuízos às plantas cultivadas (Navas-Castillo, Fiallo-Olivé & Sánchez-Campos, 2011). Ainda em tomateiro, ocorreu a emergência de vírus pertencentes ao gênero *Crinivirus* (família Closteroviridae), transmitido por *B. tabaci* biótipo B (Barbosa et al., 2008, 2011). Dentre os begomovírus encontrados no Brasil, vale ressaltar que a espécie *Tomato severe rugose virus* (ToSRV) prevalece, na época atual, em diversas regiões, como no Estado de São Paulo e no Distrito Federal, enquanto a espécie *Tomato chlorotic mottle virus* (ToCMoV) ocorre de modo predominante no Nordeste (Fernandes et al., 2008). O que se observa, após mais de vinte anos da entrada do biótipo B de *B. tabaci,* é que a pressão da seleção favorece a sobrevivência das espécies de begomovírus mais bem adaptadas aos seus hospedeiros e vetores. ToSRV, além de hoje ser problema em tomateiro, causando sintomas bastante severos nessa planta (Figura 7A), tem se tornado um vírus comum em pimentão (Figura 7B), em consequência do aumento da incidência da mosca-branca, provocando danos à cultura (Rocha et al., 2012).

Além dos begomovírus, *Tomato chlorosis virus* (ToCV), pertencente ao gênero *Crinivirus* (família Closteroviridae), é um vírus emergente tanto em tomateiro como em pimentão, sendo transmitido no Brasil por *B. tabaci* biótipo B ou *T. vaporariorum* (Barbosa et al., 2008, 2011). Esse vírus encontra-se disseminado pelo país. Foi detectado em tomateiros dos estados de São Paulo, Bahia, Espírito Santo, Goiás, Minas Gerais e Rio de Janeiro. Em tomateiro, os sintomas confundem-

Figura 7. Sintomas de *Tomato severe rugose virus.* A) Em tomateiro. B) Em pimentão. Fotos: Kelly C. G. Rocha.

-se com aqueles causados por deficiência nutricional, em especial por magnésio (Barbosa et al., 2011).

O ToCV também foi relatado recentemente em batata proveniente de Goiás (Freitas et al., 2011). Os sintomas que provoca em batata são similares aos causados pelo *Potato leaf roll virus* (PLRV), um luteovírus transmitido por afídeos. Dentre os begomovírus, em batata ocorrem o ToYVSV e o ToSRV, produzindo sintomas de mosaico deformante (Souza-Dias et al., 2008). Dessa forma, em batata, as três espécies de vírus transmitidas por *B. tabaci* biótipo B registradas até o momento são comuns ao tomateiro. Este fato deve ser considerado na escolha de áreas para implantação de campos de produção de batata, uma vez que lavouras adjacentes com tomateiros poderão servir de fonte de vírus.

No feijoeiro comum, apesar da expressiva disseminação de *B. tabaci* biótipo B, a diversidade de begomovírus parece baixa. O *Bean golden mosaic virus* (BGMV) é o principal begomovírus da cultura (Silva et al., 2010). Ele causa o sintoma conhecido como mosaico dourado do feijoeiro (Figura 8A). Em 2011, foi aprovado no Brasil o cultivo do feijão transgênico, resistente ao BGMV, utilizando a tecnologia do RNA interferente, desenvolvida por Bonfim et al. (2007). Além dos begomovírus, o feijoeiro também pode ser infectado por um carlavírus, *Cowpea mild mottle virus* (CpMMV), igualmente transmitido por *B. tabaci* biótipo B e causador do mosaico angular do feijoeiro (Costa, Gaspar & Vega, 1983) (Figura 8B).

Na cultura do meloeiro, a partir de 1999, um vírus passou a ocorrer em áreas de produção no Nordeste brasileiro, provocando a doença conhecida como amarelão do meloeiro. O agente causal, um flexivírus, foi caracterizado molecularmente e denominado *Melon yellowing-associated virus* (MYaV), sendo transmitido por *B.*

Figura 8. Sintomas de viroses em feijoeiro. A) *Bean golden mosaic virus*. B) *Cowpea mild mottle virus*. Fotos: Júlio M. Marubayashi.

tabaci biótipo B (Nagata et al., 2005). Levantamentos posteriores demonstraram que esse flexivírus está disseminado de modo amplo nos estados do Rio Grande do Norte, Ceará, Bahia e Pernambuco, que são as principais áreas produtoras de melão da Região Nordeste (Lima et al., 2009).

REFERÊNCIAS BIBLIOGRÁFICAS

ALEMANDRI, V. et al. Species within the *Bemisia tabaci* (Hemiptera: Aleyrodidae) complex in soybean and bean crops in Argentina. *J. Econ. Entomol.*105: 48-53, 2012.

BARBOSA, J. C. et al. First report of *Tomato chlorosis virus* infecting tomato crops in Brazil. *Plant Disease* 92: 1.709, 2008.

BARBOSA, J. C. et al. Occurrence of *Tomato chlorosis virus* in tomato crops in five Brazilian states. *Trop. Plant Pathol.* 36: 256-8, 2011.

BARBOSA, L. F. et al. First report of *Bemisia tabaci* Mediterranean (Q biotype) species in Brazil. *Pest. Manag. Sci.* 71: 501-04, 2015.

BEDFORD, I. D. et al. Geminivirus transmission and biological characterization of *Bemisia tabaci* (Gennadius) biotypes from different geographic regions. *Ann. Appl. Biol.* 125: 311-25, 1994.

BIRD, J. A whitefly-transmitted mosaic of *Jatropha gossypifolia*. *Tech. Pap. P. R. Agric. Exp. Stn.* 22: 1-35, 1957.

BIRD, J. & SANCHEZ, J. Whitefly-transmitted viruses in Puerto Rico. *J. Agric. Univ. Puerto Rico* 55: 461-7, 1971.

BONDAR, G. Aleyrodideos do Brasil (2ª contribuição). *Boletim do Laboratório de Patologia Vegetal* 5: 27-34, 1928.

BONFIM, K. et al. RNAi-mediated resistance to *Bean golden mosaic virus* in genetically engineered common bean (*Phaseolus vulgaris*) *Mol. Plant Microbe Interact.* 20: 717-26, 2007.

BOSCO, D. et al. PCR-RFLP Identification of *Bemisia tabaci* biotypes in the Mediterranean Basin. *Phytoparasitica* 34: 243-51, 2006.

BROWN, J. K. Phylogenetic biology of the *Bemisia tabaci* sibling species group. In: STANSLY, P. A. & NARANJO, S. E. (eds.). *Bemisia*: bionomics and management of a global pest. Springer, 2010. 540p.

BROWN, J. K.; FROHLICH, D. R. & ROSELL, R. C. The sweetpotato or silverleaf whiteflies: biotypes of *Bemisia tabaci* or a species complex? *Annu. Rev. Entomol.* 40: 511-34, 1995.

BROWN, J. K. et al. Genetic analysis of *Bemisia* (Homoptera: Aleyrodidae) populations by isoelectric focusing electrophoresis. *Biochem. Genet.* 38: 13-25, 2000.

BUCKENER, J. S. et al. Characterization and functions of the whitefly egg pedicel. *Arch. Insect Biochem. Physiol.* 49: 22-33, 2002.

BUNTIN, G. D.; GILBERTZ, D. A. & OETTING, R. D. Chlorophyll loss and gas exchange in tomato leaves after feeding injury by *Bemisia tabaci* (Homoptera: Aleyrodidae). *J. Econ. Entomol.* 86: 517-22, 1993.

BURBAN, C. et al. Host-associated biotypes within West African populations of the whitefly *Bemisia tabaci* (Genn.) (Hom., Aleyrodidae). *J. Appl. Ent.* 113: 416-23, 1992.

BYRNE, D. N. & BRETZEL, P. K. Similarity in flight activity rhythms in coexisting species of Aleyrodidae, *Bemisia tabaci* and *Trialeurodes abutilonea*. *Entomol. Exp. Appl.* 43: 215-9, 1987.

BYRNE, D. N. & BELLOWS, T. S. Whitefly biology. *Annu. Rev. Entomol.* 36: 431-57, 1991.

CALVERT, L. A. et al. Morphological and mitochondrial DNA marcher analyses of whiteflies (Homoptera: Aleyrodidae) colonizing cassava and beans in Colombia. *Ann. Entomol. Soc. Am.* 94: 512-9, 2001.

COCH, M. J. W. *Bemisia tabaci*: a literature survey on the cotton whitefly with an annotated bibliography. Ascot: FAO/CAB, 1986. 121p.

COSTA, A. S. Three whitefly-transmitted virus diseases of beans in São Paulo, Brazil. *Plant Prot. Bull.* 13: 121-30, 1965.

COSTA, A. S. Increase in the population density of *Bemisia tabaci*, a threat of widespread virus infection of legume crops in Brazil. In: BIRD, J. & MARAMOROSCH, K. (eds.). *Tropical diseases of legumes*. New York: Academic Press, 1975.

COSTA, A. S. Whitefly-transmitted plant diseases. *Annu. Rev. Phytopathol.* 14: 429-49, 1976.

COSTA, A. S. & RUSSELL, L. M. Failure of *Bemisia tabaci* to breed on cassava plants in Brazil (Homoptera-Aleyrodidae). *Cienc. Cult.* 27: 388-90, 1975.

COSTA, A. S.; COSTA, C. L. & SAUER, H. F. G. Surto de mosca-branca em culturas do Paraná e São Paulo. *An. Soc. Entomol. Brasil.* 2: 20-30, 1973.

COSTA, A. S.; GASPAR, J. O. & VEGA, J. Mosaico angular do feijoeiro Jalo causado por um "carlavírus" transmitido pela mosca-branca *Bemisia tabaci*. *Fitopatol. Bras.* 8: 325-37, 1983.

COSTA, A. S. & BROWN, J. K. Variation in biological characteristics, isozyme patterns and virus transmission among populations of *Bemisia tabaci* (Genn.) in Arizona. *Phytopathol.* 80: 888, 1990.

DALMON, A. et al. Genetic structure of the invasive pest *Bemisia tabaci*: evidence of limited but persistent genetic differentiation in glasshouse populations. *Heredity* 100: 316-25, 2008.

DAVIDSON, E. W. et al. Microorganisms influence the composition of honeydew produced by the silverleaf whitefly, *Bemisia argentifolii*. *J. Ins. Physiol.* 40: 1.069-76, 1994.

DE BARRO, P. J. & DRIVER, F. Use of RAPD PCR to distinguish the B biotype from other biotypes of *Bemisia tabaci* (Gennadius) (Hemiptera: Aleyrodidae). *Aust. J. Entomol.* 36: 149-52, 1997.

DE BARRO, P. J. & KHAN, S. Adult *Bemisia tabaci* biotype B can induce silverleafing in squash. *Bull. Entomol. Res.* 97: 433-6, 2007.

DE BARRO, P. J.; TRUEMAN, J. W. H. & FROHLICH, D. R. *Bemisia argentifolii* is a race of *B. tabaci* (Hemiptera: Aleyrodidae): the molecular genetic differentiation of *B. tabaci* populations around the world. *Bull. Entomol. Res.* 95: 193-203, 2005.

DE BARRO, P. J. et al. *Bemisia tabaci*: a statement of species status. *Annu. Rev. Entomol.* 56: 1-19, 2011.

DE BARRO, P. J. et al. Isolation and characterization of microsatellite loci in *Bemisia tabaci*. *Ecol. Notes* 3: 40-3, 2003.

DELATTE, H. et al. A new silverleaf-inducing biotype Ms of *Bemisia tabaci* (Hemiptera, Aleyrodidae) indigenous to the islands of the south-west Indian Ocean. *Bull. Entomol. Res.* 95: 29-35, 2005.

DELATTE, H. et al. Microsatellites reveal extensive geographical, ecological and genetic contacts between invasive and indigenous whitefly biotypes in an insular environment. *Genet. Res.* 87: 109-24, 2006.

DINSDALE, A. A et al. Refined global analysis of *Bemisia tabaci* (Hemiptera: Sternorryncha: Aleyrodoidea: Aleyrodidae) mitochondrial cytochrome oxidase 1 to identify species level genetic boundaries. *Ann. Entomol. Soc. Am.* 103: 196-208, 2010.

DROST, Y. C.; LENTEREN, J. C. & ROERMUND, H. J. W. Life-history parameters of different biotypes of *Bemisia tabaci* (Hemiptera: Aleyrodidae) in relation to temperature and host plant: a selective review. *Bull. Entomol. Res.* 88: 219-29, 1998.

FARIA, J. C. et al. A new geminivirus associated with tomato in the State of São Paulo, Brazil. *Plant Disease* 81: 423, 1997.

FERNANDES, F. R. et al. Diversity and prevalence of Brazilian bipartite begomovirus species associated to tomatoes. *Virus Genes* 36: 251-8, 2008.

FONTES, F. H. M.; COLOMBO, C. A. & LOURENÇÃO, A. L. Molecular characterization and genetic divergence of *Bemisia tabaci* (Genn.) (Hemiptera: Aleyrodidae) on different crops and growing areas. *Neotrop. Entomol.* 39: 221-6, 2010.

FRANÇA, F. H.; VILLAS BOAS, G. L. & CASTELO BRANCO, M. Ocorrência de *Bemisia argentifolii* Bellows & Perring (Homoptera: Aleyrodidae) no Distrito Federal. *An. Soc. Entomol. Bras.* 25: 369-72, 1996.

FREITAS, D. M. S. et al. Detection of *Tomato chlorosis virus* (ToCV) in potato tubers from the State of Goiás, Brazil. *Virus Reviews and Research* 16: 219, 2011.

FROHLICH, D. R. et al. A phylogeographical analysis of the *Bemisia tabaci* species complex based on mitochondrial DNA markers. *Mol. Ecol.* 8: 1.683-91, 1999.

GAUTHIER, N.; DALLEAU-CLOUET, C. & BOUVRET, M.-E. Twelve new polymorphic microsatellite loci and PCR multiplexing in the whitefly, *Bemisia tabaci*. *Mol. Ecol. Resour.* 8: 1.004-7, 2008.

GAWELL, N. J. & BARTLETT, A. C. Characterization of differences between whiteflies using RAPD-PCR. *Insect Mol. Biol.* 2: 33-8, 1993.

GILL, R. J. The morphology of whiteflies. In: GERLING, D. (ed.). *Whiteflies*: their bionomics, pest status and management. Andover: Intercept, 1990. 348p.

GREATHEAD, A. H. Host plants. In: COCK, M. J. M. *Bemisia tabaci*: a literature survey on the cotton whitefly with an annotated bibliography. Ascot: FAO/CAB, 1986. 121p.

HAJI, F. N. P.; ALENCAR, J. A. & LIMA, M. F. *Mosca-branca*: danos, importância econômica e medidas de controle. Petrolina: Embrapa-CPTSA, 1996. 9p. (Documentos, 83).

HENNEBERRY, T. J. et al. *Bemisia argentifolii* (Homoptera: Aleyrodidae) honeydew and honeydew sugar relationships to sticky cotton. *Southw. Entomol.* 25: 1-14, 2000.

HILJE, L. & MORALES, F. J. Whitefly bioecology and management in Latin America. In: CAPINERA, J. (ed.). *Encyclopedia of entomology*. Springer, 2008.

HOFFEMAN, C. J. & BYRNE, D. N. Effects of temperature and photoperiod upon adult eclosion of sweetpotato whiteflies. *Entomol. Exp. Appl.* 42: 139-43, 1986.

HU, J. et al. *An extensive field survey combined with a phylogenetic analysis reveals rapid and widespread invasion of two alien whiteflies in China.* PLoS ONE. 6 e 16061, 2011.

INBAR, M. & GERLING, D. Plant-mediated interactions between whiteflies, herbivores, and natural enemies. *Annu. Rev. Entomol.* 53: 431-8, 2008.

KAKIMOTO, K. et al. Host plant effect on development and reproduction of *Bemisia argentifolii* Bellows et Perring (*B. tabaci* [Gennadius] B-biotype) (Homoptera: Aleyrodidae) *Appl. Entomol. Zool.* 42: 63-70, 2007.

LENTEREN, J. C. V. & NOLDUS, L. P. J. J. Whitefly-plant relationships: behavioural and ecological aspects. In: GERLING, D. (ed.). *Whiteflies*: their bionomics, pest status and management. Andover: Intercept, 1990. 348p.

LIMA, L. H. C. et al. Genetic diversity of *Bemisia tabaci* (Genn.) populations in Brazil revealed by RAPD markers. *Genet. Mol. Biol.* 25: 217-23, 2002.

LIMA, M. F. et al. Detecção por sorologia do *Melon yellowing associated virus* (MYaV) em áreas produtoras de melão no Nordeste brasileiro. *Hortic. Bras.* 27: 478-83, 2009.

LIU, S.-S. et al. Asymmetric mating interactions drive widespread invasion and displacement in a whitefly. *Science* 318: 1.769-72, 2007.

LOURENÇÃO, A. L. & NAGAI, H. Surtos populacionais de *Bemisia tabaci* no Estado de São Paulo. *Bragantia* 53: 53-9, 1994.

LOURENÇÃO, A. L.; MIRANDA, M. A. C. & ALVES, S. B. Ocorrência epizoótica de *Verticillium lecanii* em *Bemisia tabaci* biótipo B (Hemiptera: Aleyrodidae) no Estado do Maranhão. *Neotrop. Entomol.* 30: 183-5, 2001.

LOURENÇÃO, A. L. et al. Resistencia de plantas de importancia económica a la mosca blanca *Bemisia tabaci* biótipo B. In: ARENAS, L. D. O. (ed.). *Moscas blancas*: temas selectos sobre su manejo. México: Mundi Prensa, 2008. 120p.

MARTIN, J. H. & MOUND, L. A. An annotated check list of the world's whiteflies (Insecta: Hemiptera: Aleyrodidae). *Zootaxa* 1.492: 1-84, 2007.

MARUBAYASHI, J. M. et al. At least two indigenous species of the *Bemisia tabaci* complex are present in Brazil. *J. Appl. Entomol.* 137: 113-21, 2013.

MAYNARD, D. N. & CANTLIFFE, D. J. *Squash silverleaf and tomato irregular ripening*: new vegetable disorders in Florida. Vegetable Crops Fact Sheet VC-37, Florida Cooperative Extention Service, Institute of Food and Agricultural Sciences, Gainesville, Florida, 1989. 4p.

McAUSLANE, H. J.; WEBB, S. E. & ELMSTROM, G. W. Resistance in germplasm of *Cucurbita pepo* to silverleaf, a disorder associated with *Bemisia argentifolii* (Homoptera: Aleyrodidae). *Florida Entomol.* 79: 206-21, 1996.

McAUSLANE, H. J. et al. Influence of *Bemisia argentifolii* (Homoptera: Aleyrodidae) and squash silverleaf disorder on zucchini seedling growth. *J. Econ. Entomol.* 97: 1.096-105, 2004.

MOUND, L. A. Host-correlated variation in *Bemisia tabaci* (Gennadius) (Homoptera, Aleyrodidae). *Proc. Royal Entomol. Soc. London* 38: 171-80, 1963.

MOUND, L. A. & HALSEY, S. H. *Whitefly of the world*: a systematic catalogue of the Aleyrodidae (Homoptera) with host plant and natural enemy data. London: John Wiley & Sons, 1978. 340p.

NAGATA, T. et al. A novel flexivirus transmitted by whitefly. *Archives of Virology* 150: 379-87, 2005.

NARANJO, S. E. & LEGG, J. P. Biology and ecology of *Bemisia tabaci*. In: STANSLY, P. A. & NARANJO, S. E. (eds.). *Bemisia*: bionomics and management of a global pest. Springer, 2010. 540p.

NARANJO, S. E. et al. Population dynamics, demography, dispersal and spread of *Bemisia tabaci*. In: STANSLY, P. A. & NARANJO, S. E. (eds.). *Bemisia*: bionomics and management of a global pest. Springer, 2010. 540p.

NAVAS-CASTILLO, J.; FIALLO-OLIVÉ, E. & SÁNCHEZ-CAMPOS, S. Emerging virus diseases transmitted by whiteflies. *Annu. Rev. Phytopathol.* 49: 219-48, 2011.

OLIVEIRA, M. R. V.; HENNEBERRY, T. J. & ANDERSON, P. History, current status, and collaborative research projects for *Bemisia tabaci*. *Crop Prot.* 20: 709-23, 2001.

PAULSON, G. S. & BEARDSLEY, J. W. Whitefly (Hemiptera: Aleyrodidae) egg pedicel insertion into host plant stomata. *Ann. Entomol. Soc. Am.* 78: 506-8, 1985.

PAVAN, M. A. et al. Ocorrência de "chuchu branco" no litoral paulista. *Summa Phytopathol.* 20: 49, 1994.

PERRING, T. M. The *Bemisia tabaci* complex. *Crop Prot.* 20: 725-37, 2001.

PERRING, T. M. et al. Identification of a whitefly species by genomic and behavioral studies. *Science* 259: 74-7, 1993.

PRICE, J. F. & TABORSKY, D. Movement of immature *Bemisia tabaci* (Homoptera: Aleyrodidae) on poinsettia leaves. *Florida Entomol.* 75: 151-3, 1992.

RABELLO, A. R. et al. Diversity analysis of *Bemisia tabaci* biotypes: RAPD, PCR-RFLP and sequencing of the ITS1 rDNA region. *Genet. Mol. Biol.* 31: 585-90, 2008.

RANNALA, B. & MOUNTAIN, J. L. Detecting immigration by using multilocus genotypes. *Proc. National Acad. Scienc.*, USA, 94: 9.197-221, 2006.

RIBEIRO, S. G. et al. Widespread occurrence of tomato geminiviruses in Brazil, associated with the new biotype of the whitefly vector. *Plant Disease* 82: 830, 1998.

ROCHA, K. C. G. et al. Only the B biotype of *Bemisia tabaci* is present on vegetables in São Paulo state, Brazil. *Sci. Agric.* 68: 120-3, 2011.

ROCHA, K. C. G. et al. Yield losses caused by *Tomato severe rugose virus* (ToSRV) in pepper cultivars. *Summa Phytopathol.* 38: 87-9, 2012.

ROSELL, R. C. et al. Analysis of morphological variation in distinct populations of *Bemisia tabaci* (Homoptera: Aleyrodidae). *Ann. Entomol. Soc. Am.* 90: 575-89, 1997.

RUSSELL, L. M. Synonyms of *Bemisia tabaci* (Gennadius) (Homoptera, Aleyrodidae). *Bull. Brooklyn Entomol. Soc.* 52: 122-3, 1957.

SCHUSTER, D. J. Relationship of silverleaf whitefly population density to severity of irregular ripening of tomato. *HortScience* 36: 1.089-90, 2001.

SILVA, A. G. A. et al. *Quarto catálogo dos insetos que vivem nas plantas do Brasil.* Rio de Janeiro: Ministério da Agricultura, 1968, parte II, tomo 1. 622p.

SILVA, L. D. et al. Monitoramento da suscetibilidade a inseticidas em populações de *Bemisia tabaci* (Gennadius) (Hemiptera: Aleyrodidae). *Neotrop. Entomol.* 38: 116-25, 2009.

SILVA, M. C. et al. Genetic variability of the *Bemisia tabaci* (Gennadius) biotype B (Hemiptera: Aleyrodidae) in vegetable crops in São Luis, state of Maranhão, Brazil. *Neotrop. Entomol.* 38: 762-8, 2009.

SILVA, T. A. L. et al. Diversidade genética de begomovírus infectando feijoeiro no *Brasil. Trop. Plant Pathol.* 35: S184, 2010.

SIMMONS, A. M.; HARRISON, H. F. & LING, K.-S. Forty-nine new host-plant species for *Bemisia tabaci* (Hemiptera: Aleyrodidae). *Entomol. Sci.* 11: 385-90, 2008.

SIMON, B.; CENIS, J. L. & DE LA RUA, P. Distribution patterns of the Q and B biotypes of *Bemisia tabaci* in the Mediterranean Basin based on microsatellite variation. *Entomol. Exp. Appl.* 3: 327-36, 2007.

SOSA-GÓMEZ, D. R.; MOSCARDI, F. & SANTOS, M. *Bemisia* spp. na cultura da soja: ocorrência, controle químico e incidência do fungo entomopatogênico *Paecilomyces* spp. In: CONGRESSO BRASILEIRO DE ENTOMOLOGIA, 16. *Resumos*... Salvador, Bahia, 1997.

SOUZA-DIAS, J. A. C. et al. *Tomato severe rugose virus*: another begomovírus causing leaf deformation and mosaic symptoms on potato in Brazil. *Plant Dis.* 92: 487, 2008.

SSERUWAGI, P. et al. Genetic diversity of *Bemisia tabaci* (Gennadius) (Hemiptera, Aleyrodidae) populations and presence of the B biotype and a non-B biotype that can induce silverleaf symptoms in squash, in Uganda. *Ann. Appl. Biol.* 147: 253-65, 2005.

STANSLY, P. A. & NARANJO, S. E. Introduction. In: STANSLY, P. A. & NARANJO, S. E. (eds.). *Bemisia*: bionomics and management of a global pest. Springer, 2010. 540p.

SUMMERS, C. G.; NEWTON, A. S. & ESTRADA, D. Intraplant and interplant movement of *Bemisia argentifolii* (Homoptera: Aleyrodidae) crawlers. *Environ. Entomol.* 25: 1.360-4, 1996.

TSAGKARAKOU, A. & RODITAKIS, N. Isolation and characterization of microsatellite loci in *Bemisia tabaci* (Hemiptera: Aleyrodidae). *Mol. Ecol. Notes* 3: 196-8, 2003.

TSAGKARAKOU, A. et al. Biotype status and genetic polymorphism of the whitefly *Bemisia tabaci* (Hemiptera: Aleyrodidae) in Greece: mitochondrial DNA and microsatellites. *Bull. Entomol. Res.* 97: 29-40, 2007.

VALLE, G. E. et al. Estrutura genética populacional de *Bemisia tabaci* (Gennadius) (Hemiptera: Aleyrodidae) utilizando marcadores microssatélites. *Neotrop. Entomol.* 40: 204-11, 2011.

VILLAS BOAS, G. L. & CASTELO BRANCO, M. *Manejo integrado da mosca-branca (Bemisia tabaci biótipo B) em sistema de produção integrada de tomate de indústria (PITI)*. Brasília: Embrapa, 2009. 15p. (Circular Técnica, 70).

VILLAS BOAS, G. L. et al. *Manejo integrado da mosca-branca Bemisia argentifolii*. Brasília: Embrapa, 1997. 11p. (Circular Técnica, 9).

VILLAS BOAS, G. L. et al. Avaliação da preferência de *Bemisia argentifolii* por diferentes espécies de plantas. *Hortic. Bras.* 19: 130-4, 2001.

VILLAS BOAS, G. L.; FRANÇA, F. H. & MACEDO, N. Potencial biótico da mosca-branca *Bemisia argentifolii* a diferentes plantas hospedeiras. *Hortic. Bras.* 20: 71-9, 2002.

WALKER, G. P.; PERRING, T. M. & FREEMAN, T. P. Life history, functional anatomy, feeding and mating behavior. In: STANSLY, P. A. & NARANJO, S. E. (eds.). *Bemisia*: bionomics and management of a global pest. Springer, 2010. 540p.

XIE, M. et al. Effects of temperature on the growth and reproduction characteristics of *Bemisia tabaci* B-biotype and *Trialeurodes vaporariorum*. *J. Appl. Entomol.* 135: 252-7, 2011.

YANG, T. C. & CHI, H. Life tables and development of *Bemisia argentifolii* (Homoptera: Aleyrodidae) at different temperatures. *J. Econ. Entomol.* 99: 691-8, 2006.

YOKOMI, R. K.; HOELMER, K. A. & OSBORNE, L. S. Relationship between the sweetpotato whitefly and the squash silverleaf disorder. *Phytopathol.* 80: 895-900, 1990.

YUKI, V. A. Epidemiologia e controle de begomovírus transmitido por mosca-branca. In: BALDIN, E. L. L. et al. (eds.). *Avanços em fitossanidade*. Botucatu: Unesp/Fepaf, 2011. 163p.

40

Percevejo-das-gramíneas, *Blissus ?leucopterus*

José R. Valério, Paulo R. Reis, José O. G. de Lima

"Confusion in the taxonomy and nomenclature among the chinch bug relatives makes an after-the-fact assessment of the species responsible for damage reported in the literature somewhat risky." (Watts et al., 1989)

INTRODUÇÃO

O gênero *Blissus* é encontrado em todas as zonas geográficas do mundo, com exceção da Austrália (Leonard, 1968a). Nos Estados Unidos, o percevejo *B. leucopterus* é considerado nativo e constitui importante praga em culturas como sorgo, milho, trigo e cevada (Spike, Wright & Danielson, 1993). De acordo com Leonard (1966), os primeiros registros de danos causados por esse inseto nos Estados Unidos datam de 1785. Esse percevejo representou constante ameaça a várias culturas dos colonizadores americanos e, devido ao grande interesse que sempre despertou, talvez seja o inseto sobre o qual mais se escreveu nesse país. É conhecido como "chinch bug", termo atribuído também às subespécies e outras espécies de *Blissus*, como constatado na bibliografia publicada por Ramnath, Pedersen e Foster (1995). *B. leucopterus leucopterus* (Say) ("chinch bug") é referido como praga chave nas culturas de cereais como milho e sorgo, enquanto *B. leucopterus hirtus* Montandon ("hairy chinch bug") e *B. insularis* Barber ("southern chinch bug") são mais importantes em gramados. Na América Latina, há registros da ocorrência de *B. leucopterus* em Cuba (Iglesias et al., 1996), citado como praga do trigo, e na Colômbia (Vásquez & Sanchez, 1991), como praga do sorgo. No último país, esses autores mencionaram a ocorrência de seis espécies de *Blissus*, entre elas, *B. brasiliensis* Drake. No Brasil, no entanto, há o registro da ocorrência de outra espécie do gênero *Blissus*, feita por Costa (1945): *B. bosqi* Drake, na gramínea *Stenotaphrum americanus*, no Rio Grande do Sul.

No que se refere às pragas introduzidas no Brasil, no entanto, o percevejo-das--gramíneas, espécie pertencente ao gênero *Blissus*, supostamente *B. leucopterus* (Say), constitui um caso particular. Embora se admita que esse percevejo foi introduzido no país, há evidências de que isso não ocorreu. Espécimes de *Blissus* coletados no Brasil e encaminhados recentemente ao Systematic Entomology Laboratory (SEL)/USDA não foram confirmados como *B. leucopterus*. Enquanto nos Estados Unidos essa espécie, considerada praga importante, em particular na primeira metade do século XX (Lynch et al., 1987), tem sido associada com importantes culturas de cereais, gramíneas forrageiras e gramados, no Brasil infestações de *Blissus* estão associadas quase exclusivamente às gramíneas *Brachiaria arrecta* (ex *B. radicans*, *Tanner grass*) e Tangola (Reis, Costa & Lobato, 1976; Ohashi et al., 1980; Pereira & Silva, 1988). Essas forrageiras, apesar de serem excelentes alternativas para áreas de solos mal drenados, têm menor importância no contexto da bovinocultura nacional, se comparadas com outras espécies de gramíneas. Como resultado, esse percevejo, apesar das preocupações surgidas logo após a sua constatação, não assumiu nas condições brasileiras a importância que lhe é atribuída, por exemplo, nos Estados Unidos. Exemplares de *Blissus* coletados em 1996 no Estado de Mato Grosso do Sul foram de início identificados pelo doutor Thomas J. Henry (SEL/USDA) como *B. slateri* Leonard, posteriormente considerada sinonímia de *B. antillus* Leonard por Baranowski e Slater (1998). A partir dessa constatação, espécimes de *Blissus* coletados em 1975 em Minas Gerais (momento e local de sua suposta introdução no Brasil) foram submetidos novamente a identificação, e verificou-se tratar-se também de *B. antillus*. Embora esse grupo de insetos necessite de revisão (havendo, portanto, a possibilidade de novas alterações), conclui-se ter sido equivocada a identificação feita quando de sua suposta introdução. No entanto, tendo em vista a escassez quase absoluta de informações disponíveis na literatura sobre *B. antillus* e a grande similaridade existente entre as diversas espécies de *Blissus*, muitos dados apresentados neste capítulo foram obtidos no exterior e referem-se principalmente a *B. leucopterus*.

Posição taxonômica e nomenclatura

Ordem: Hemiptera

Subordem: Heteroptera

Infraordem: Pentatomorpha

Família: Blissidae

Gênero: *Blissus* Burmeister, 1835

Espécie: *Blissus ?leucopterus*

Blissus antillus foi descrito por Leonard (1968b) junto com outras duas espécies: *B. slateri* e *B. planus*. Posteriormente, Baranowski e Slater (1998) estabeleceram que essas duas espécies são sinonímias de *B. antillus*. Apesar da grande importância econômica de várias espécies de *Blissus* (em especial de *B. leucopterus*), esses percevejos pertencem a um grupo de insetos que necessita de urgente revisão taxonômica. Segundo Watts et al. (1989), é arriscado atribuir eventuais danos a uma ou outra espécie de *Blissus*, devido às indefinições na taxonomia e na nomenclatura desses insetos. Para Reinert, Heller e Crocker (1995), similaridades morfológicas entre diferentes espécies de *Blissus*, bem como variações intraespecíficas, tornam a identificação de espécimes desses percevejos extremamente difícil. Leonard (1966), com base em evidências morfológicas, biológicas e citológicas, referiu-se ao complexo "*leucopterus*" do gênero *Blissus* como sendo composto pela espécie *B. insularis* e pelas subespécies *B. leucopterus leucopterus*, *B. leucopterus hirtus*, *B. arenarius arenarius* e *B. arenarius maritimus*. Essas subespécies seriam interférteis, apresentariam apenas pequenas diferenças morfológicas, diferindo sobretudo na distribuição geográfica, na percentagem de adultos braquípteros (asas curtas) e na preferência por diferentes plantas hospedeiras e habitats.

Posteriormente, *B. antillus*, *B. slateri* e *B. planus* também foram incluídas no complexo "*leucopterus*" (Leonard, 1968b). Tradicionalmente, o gênero *Blissus* era classificado na família Lygaeidae, subfamília Blissinae. Entretanto, Henry (1997, 2009), por meio de análise filogenética dos grupos de famílias da infraordem Pentatomorfa, concluiu que a família Lygaeidae é polifilética e, assim, a subfamília passou ao *status* de família Blissidae.

RECONHECIMENTO

As informações descritivas sobre *B. antillus* apresentadas por Baranowski e Slater (1998) aparecem resumidas a seguir.

Os adultos são relativamente pequenos, com 2,5 a 3,5 mm de comprimento. O lobo posterior do pronoto apresenta coloração negra, contrastando acentuadamente com o lobo anterior, que é cinza. O lábio com frequência estende-se além da metade do mesoesterno. Hemiélitros brancos, com pequenas marcas escurecidas. Asas posteriores (membranosas) brancas. Ambas as formas, macróptera (asas longas) e braquíptera (asas curtas), ocorrem nessa espécie. Uma descrição taxonômica detalhada de *B. antillus* pode ser encontrada em Leonard (1968b), que descreveu a espécie. Na Figura 1, são ilustrados adultos e ninfas de *B. antillus*.

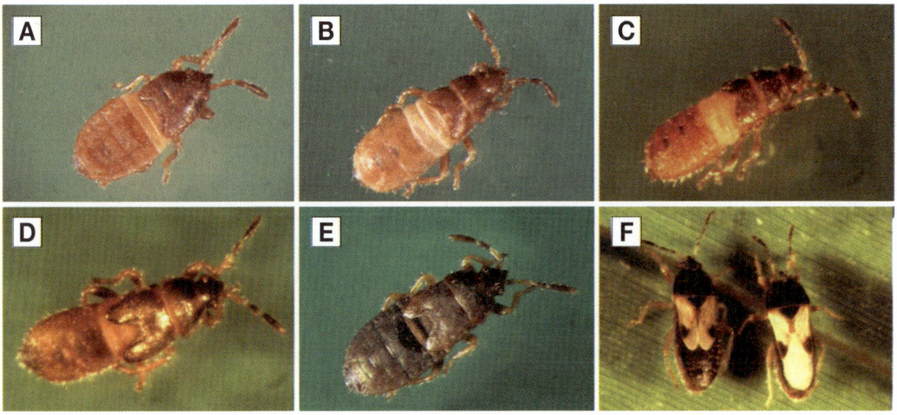

Figura 1. *B. ?leucopterus*. A–E) Ninfas (instares 1 a 5). F) Adultos (braquíptero e macróptero).

Tendo em vista, no entanto, a grande semelhança entre as várias espécies do gênero *Blissus*, apresenta-se também a descrição de *B. leucopterus*, que, por ser a espécie de *Blissus* mais estudada, permite complementar a descrição desses percevejos, incluindo as formas imaturas. Os adultos de *B. leucopterus* têm aproximadamente 3,0 a 3,6 mm de comprimento por 1 mm de largura. Corpo negro. Hemiélitros em sua maior parte brancos, com duas pequenas manchas pretas laterais próximo à região mediana da margem costal. Pernas claras, vermelho-amareladas. Os adultos podem ocorrer tanto na forma macróptera como braquíptera. As fêmeas são maiores e mais robustas do que os machos. Os ovos, a princípio brancos, tornam-se avermelhados à medida que se aproxima o momento da eclosão da ninfa. São alongados e ligeiramente curvos, com as extremidades arredondadas; em uma delas, notam-se, em geral, quatro pequenas protuberâncias. As formas jovens, ao longo de seus cinco instares ninfais, apresentam colorações distintas. O primeiro e o segundo instares têm coloração vermelha brilhante, com uma larga faixa branca na região anterior do abdome; o terceiro instar é alaranjado, notando-se o surgimento de tecas alares mesotorácicas; o quarto é marrom alaranjado e as tecas alares atingem a região posterior do primeiro segmento abdominal; o quinto é negro e as tecas alares atingem além do segundo segmento abdominal.

BIOLOGIA E ECOLOGIA

Como mencionado anteriormente, tendo em vista a escassez de dados sobre a bioecologia de *B. antillus*, optou-se por apresentar os dados disponíveis sobre *B. leucopterus*, dada a grande similaridade que se supõe existir entre as espécies desse gênero. Essa espécie tem sido muito estudada em particular nos Estados Unidos e há inúmeros registros na literatura sobre a sua bioecologia, como os apresentados a seguir, extraídos de Leonard (1966), Spike, Wright & Danielson (1993) e Reinert, Heller & Crocker (1995). Segundo esses autores, nas condições norte-americanas, adultos de *B. leucopterus* resistem ao inverno, permanecendo em diapausa em touceiras de gramíneas nativas. Apesar de terem sido observadas ninfas procurando sítios de hibernação, elas não sobrevivem, a não ser que se transformem em adultos antes da chegada do inverno. No início da primavera, esses adultos deixam os sítios de hibernação, voando para áreas plantadas com trigo, aveia, centeio ou cevada (Figura 2). Nessas culturas, os adultos de *B. leucopterus* copulam e iniciam, em seguida, a oviposição. Os ovos são colocados preferencialmente nas bainhas das folhas basais ou logo abaixo da superfície do solo; quando há fendas no solo, podem ser postos próximo às raízes ou mesmo nelas. Cada fêmea oviposita em média vinte ovos por dia, ao longo de duas a três semanas. Após a eclosão, que ocorre dentro de uma a quatro semanas, a depender da temperatura, as ninfas iniciam de imediato a sucção de seiva. O desenvolvimento ninfal, que compreende cinco instares, ocorre ao longo de cerca de quatro a seis semanas. Tão logo a cultura do cereal — trigo, por exemplo — inicia o amadurecimento, os percevejos migram em grande número para as culturas de milho e sorgo nas proximidades. Nessa ocasião, considerando que a maioria ainda encontra-se na fase ninfal, o deslocamento para as áreas vizinhas ocorre por caminhamento. Nessas culturas de verão, inicia-se a segunda e última geração anual de *B. leucopterus*, cujos adultos, por ocasião do outono, migram para os refúgios de hibernação.

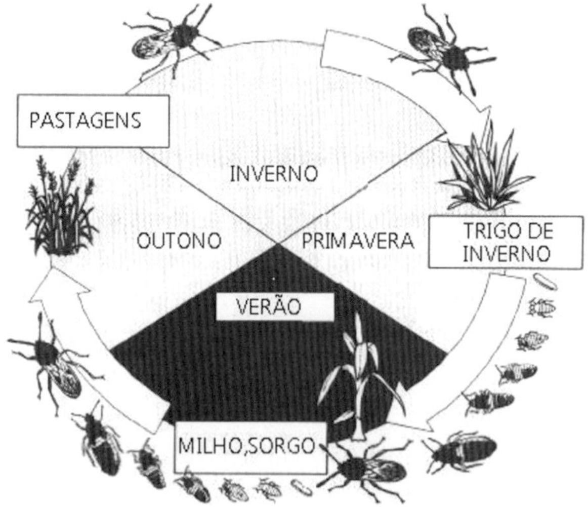

Figura 2. Ciclo de vida de *B. leucopterus* nos Estados Unidos (adaptado de Spike, Wright & Danielson, 1993).

No Brasil, através de estudos bioecológicos conduzidos por Ohashi et al. (1980) em Minas Gerais, constatou-se que esses percevejos (os autores referem-se à espécie estudada como sendo *B. leucopterus*, mas pode, no entanto, tratar-se de *B. antillus*) ocorrem em níveis mais elevados nos meses de outubro e novembro e que a gramínea *B. arrecta* (ex *B. radicans*, *Tanner Grass*) é a planta hospedeira preferida desses insetos. O desenvolvimento desde a fase de ovo até a emergência do adulto (Ohashi et al., 1980) tem duração aproximada de 91 dias (incubação: 21 dias; primeiro instar: 21,5 dias; segundo instar: 9,5 dias; terceiro instar: 9,7 dias; quarto instar: 11,6 dias; quinto instar: 18,1 dias). Esses autores afirmaram que os adultos não hibernam durante o inverno (o estudo foi desenvolvido nas condições do Brasil Central) e que ambas as formas, macróptera e braquíptera, foram encontradas. Nesses estudos, observaram alto percentual (72%) de formas braquípteras, contrastando com dados de Leonard (1966), que atribuiu à espécie *B. leucopterus* apenas 0,1%. Considerando que o percentual de formas braquípteras foi usado por Leonard (1966) como parâmetro importante na separação de subespécies, o alto percentual constatado para a espécie estudada no Brasil por Ohashi et al. (1980) deverá ser considerado em futuros estudos taxonômicos.

HISTÓRICO DA INTRODUÇÃO DA PRAGA NO BRASIL

Desconhece-se a procedência dos primeiros exemplares de *Blissus* (supostamente *B. leucopterus*) coletados em Minas Gerais, bem como de que modo teriam sido introduzidos. Na verdade, considerando as evidências de que as identificações dos primeiros exemplares do percevejo coletados no Brasil foram equivocadas, seria possível até mesmo questionar se efetivamente trata-se de espécie exótica. Mesmo porque, segundo Leonard (1968b), as espécies de *Blissus* do Novo Mundo em geral são consideradas originárias do sul ou do centro do continente americano, apesar dos escassos estudos nessas regiões. Embora Schaefer (1998) admita a possibilidade de adaptação de espécies nativas de *Blissus* a novas culturas, é provável que o percevejo-das-gramíneas tenha sido mesmo introduzido no Brasil. Admite-se que tais insetos tenham sido trazidos quando da introdução de mudas de *Tanner grass* (*Brachiaria arrecta*) no país. Essa gramínea, juntamente com o capim Angola (*B. mutica*) e o híbrido resultante do cruzamento entre essas duas espécies, o capim Tangola, são as principais, e quase exclusivas, plantas hospedeiras desse percevejo nas condições brasileiras. Como o capim Angola é registrado no Brasil desde 1823 (Parsons, 1972), caso a espécie de *Blissus* em questão fosse nativa, era de esperar que houvesse registros da ocorrência desse inseto nesse capim muito antes de 1975, ocasião de seu primeiro registro no Brasil. Apesar de não se ter encontrado registro de quando *Tanner grass* teria sido introduzido no país, admite-se que isso tenha ocorrido em meados dos anos 1960 (no trabalho taxonômico sobre o gênero *Brachiaria* no Brasil de Sendulsky (1978), o material de *B. arrecta* mais antigo, coletado em 1967, era procedente de Pernambuco). A possibilidade de que *B. arrecta* tenha sido introduzido na década de 1960 é reforçada tendo em vista que o híbrido natural, o capim Tangola, resultante do cruzamento entre *B. arrecta* e o capim Angola, só foi constatado pela primeira vez em 1971, no Rio de Janeiro (Soares Filho, 1994). A consistência entre as prováveis datas da introdução do *Tanner grass*, da primeira constatação do híbrido natural e do primeiro registro de *Blissus* no Brasil, aliada ao fato de que não havia registros desse inseto em capim Angola (gramínea registrada no Brasil desde 1823), reforça a tese de que a introdução de *Blissus* estaria vinculada à introdução do *Tanner grass*. De maneira complementar, Mariconi (1953) antecipou-se em mais de vinte anos ao primeiro registro desse inseto no Brasil, ao alertar sobre a possibilidade de sua introdução no país, admitindo que aconteceria pelo Rio Grande do Sul, pois ele já ocorria na Argentina. Segundo o autor, *B. leucopterus* teria sido constatado nesse país já em 1937. No entanto, isso deveria ser confirmado, tratando-se, muito provavelmente, de um equívoco.

No Brasil, a primeira constatação foi feita no Estado de Minas Gerais pelo engenheiro agrônomo Acácio Costa Júnior, em março de 1975. O primeiro registro na literatura foi feito por Reis, Costa e Lobato (1976). Os focos iniciais foram detectados na fazenda Massacará, no município de Fortuna de Minas, em pastagem de *B. arrecta* (ex *B. radicans*). Trata-se de gramínea forrageira adaptada e recomendada para solos mal drenados, cuja propagação é feita exclusivamente através de mudas. Devido aos hábitos do percevejo de permanecer, em grande número, sob as bainhas das folhas dessa gramínea, a sua disseminação para outras áreas aconteceu à medida que esse capim (assim como o capim Angola e o capim Tangola) foi estabelecido em outras propriedades, municípios e estados. Levantamentos que se sucederam à constatação inicial foram, em grande parte, direcionados para propriedades com *B. arrecta*. A presença desse inseto foi, então, registrada em inúmeros outros municípios de Minas Gerais. Pouco mais de um ano após o primeiro registro em Minas, esse percevejo foi encontrado também em mais de setenta municípios do Estado de São Paulo (Khun Neto & Groppo, 1976). Através de portaria do Ministério da Agricultura expedida na ocasião, foi designada comissão para estudo e proposição de medidas de controle das doenças e pragas das pastagens. Posteriormente, através da Portaria Ministerial 822, de 11 de outubro de 1976, foram estabelecidas medidas que incluíam a interdição, para fins de defesa sanitária vegetal, das áreas plantadas com *B. radicans* (atualmente *B. arrecta*) nos estados de Minas Gerais e São Paulo, assim como daquelas que viessem a ser constatadas em outros estados; a proibição, em todo o território nacional, da multiplicação da referida gramínea; a proibição da entrada de partes vegetativas dessa forrageira em todo o território nacional, procedente de qualquer país; e também a erradicação do percevejo *Blissus* (supostamente *B. leucopterus*) e, simultaneamente, da gramínea *B. radicans* nas áreas infestadas pelo percevejo. Embora alguns ensaios tenham sido conduzidos para avaliar inseticidas e herbicidas que poderiam ser utilizados, respectivamente, na campanha de erradicação do inseto e na planta hospedeira (Botelho, 1980), essa determinação não foi implementada como previsto.

DISTRIBUIÇÃO GEOGRÁFICA

Admite-se que o percevejo-das-gramíneas ocorra no Brasil onde os capins *Tanner grass*, Angola e Tangola, principais plantas hospedeiras, estejam estabelecidos. Isso deve-se ao fato de que essas gramíneas, como mencionado anteriormente, são propagadas através de mudas, disseminando, assim, o percevejo, que costuma alojar-se sob as bainhas das folhas dessas forrageiras. Após a sua primeira constatação, em 1975, no município de Fortuna, MG, infestações foram constatadas em vários outros municípios desse estado e, em pouco mais de um ano, em dezenas de municípios do Estado de São Paulo (Khun Neto & Groppo, 1976). Segundo Loreto e Ribemboim (1979), citados por Pereira e Silva (1988), focos do percevejo-das-gramíneas teriam sido registrados nos estados de Pernambuco e Paraíba, em 1977, e nos estados da Bahia e do Sergipe, em 1979. No Estado do Rio de Janeiro, ele vem sendo constatado desde 1980 (Pereira & Silva, 1988; Viegas & Lima, 1991). Fanton (1991) considerou o percevejo uma das principais pragas das pastagens no Espírito Santo, sobretudo em áreas de baixadas, locais de maior umidade, sempre associado ao capim *Tanner grass*. Há registro da sua ocorrência também no Estado do Tocantins (Pereira, 1991). Valério, Vieira e Valle (1999) constataram infestação de *Blissus antillus* Leonard no Estado de Mato Grosso do Sul, em março de 1996. À semelhança do que foi verificado em outras localidades do país, os percevejos também foram encontrados em pastagens de capim Tangola. Mudas dessa gramínea provenientes da área infestada em Mato Grosso do Sul teriam sido levadas também para Rondônia, o que permite inferir que *B. antillus* deva ocorrer também nesse estado. Fazolin et al. (2009) registraram infestações dessa espécie no Estado do Acre. Através desses registros, confirma-se a ampla distribuição geográfica do percevejo-das-gramíneas, abrangendo estados do Sudeste, Centro-Oeste, Norte e Nordeste. É possível que esteja disseminado por todo o país.

IMPACTO ECONÔMICO, BIOLÓGICO E SOCIAL

O percevejo *B. leucopterus* é praga-chave nas culturas de milho, sorgo, milheto, centeio e gramíneas nativas. Pode também causar danos em gramados (Reinert et al., 1995). Referida como praga importante de várias culturas dos primeiros colonizadores americanos, esse percevejo tem ressurgido mais recentemente nos Estados Unidos, constituindo de novo séria ameaça às culturas atuais de milho e outros cereais (Suszklw, 1994). Em geral, grande número desse percevejo migra de culturas de grãos, em final de ciclo, para outras gramíneas, forrageiras ou não. Ninfas e adultos sugam a seiva dos colmos e da base das touceiras de gramíneas suscetíveis; alimentam-se tanto do floema como do xilema. Quando em níveis populacionais elevados, essa remoção de seiva resulta, inicialmente, no murchamento e pode culminar na morte das plantas. Os sintomas dos danos podem ser confundidos com sintomas de seca (estresse hídrico). Leonard (1966) ressaltou que as espécies da subfamília Blissinae [sic] alimentam-se da seiva de gramíneas e diferem das demais espécies da família Lygaeidae, as quais sugam sementes ou são predadoras. Nos Estados Unidos, onde esse percevejo tem sido extensivamente estudado, há inúmeros registros do seu impacto econômico (Spike et al., 1994). No Brasil, onde supostamente teria sido introduzido em 1975, não há registros dessa natureza. O inseto foi pouco estudado no país e é escassa a literatura nacional a seu respeito. Os trabalhos encontrados na literatura nacional sobre esse percevejo estão restritos à ocorrência, aos levantamentos populacionais e ao controle químico. O contraste entre o grande volume de informação acumulada nos Estados Unidos e os poucos registros disponíveis no Brasil não retrata apenas a longa história, mas também a importância econômica de *B. leucopterus* naquele país. Reforça-se, assim, a tese de que muito provavelmente trate-se de espécies diferentes: *B. leucopterus*, nos Estados Unidos, seria séria praga em várias culturas de cereais, pastagens e gramados; *B. antillus* (ou um complexo de espécies), no Brasil, restringe-se basicamente a três gramíneas forrageiras.

A importância do percevejo-das-gramíneas no Brasil limita-se às áreas onde a produção pecuária depende dos capins *Tanner grass*, Angola e Tangola, gramíneas adaptadas a solos mal drenados. Castro (1981) mencionou que 400 ha de pastagens (*B. arrecta*) ficaram definitivamente comprometidos devido aos danos do percevejo-das-gramíneas no Estado do Rio de Janeiro. Há notícias de danos em estados do Nordeste, como Alagoas, e também no Espírito Santo (Figura 3). No entanto, os danos têm sido mais consistentes e preocupantes no Estado do Rio de Janeiro. O percevejo-das-gramíneas é considerado uma das principais pragas das pastagens nesse estado, ameaçando a atividade pecuária, da qual mais de 50% da

Figura 3. Alta infestação e dano do percevejo-das-gramíneas em *B. arrecta* no Espírito Santo. Fotos: Bruno G. de Maria.

produção provém de pequenos e médios produtores. A ameaça representada pelo percevejo no Estado do Rio de Janeiro assumiu também um aspecto social. Em 1995, a Secretaria Estadual de Agricultura desse estado organizou um seminário de defesa das pastagens, que deu origem a um documento, a Carta de Macaé de Defesa das Pastagens, no qual foi registrada a importância do problema representado pelo percevejo-das-gramíneas e as urgentes soluções demandadas. Segundo Souza et al. (1995), pecuaristas das regiões Norte e Noroeste fluminense teriam utilizado vários sistemas de controle, como fogo, aração, gradagem, inseticidas e inundações, porém sem sucesso. Acredita-se que a seleção de gramíneas resistentes a esse percevejo, bem como adaptadas às condições de solos de baixadas úmidas, representa excelente alternativa de controle. A partir de estudos iniciais conduzidos por Souza et al. (1995), as gramíneas *Setaria anceps* e *Brachiaria humidicola* foram recomendadas. O controle biológico é outra alternativa. Embora incipientes, há registros nessa área, como o relato de constatação de inimigos naturais de *B. antillus* por Coracini e Samuels (2002), assim como avaliações preliminares com fungos entomopatogênicos sobre ovos (Samuels et al., 2002) e adultos desse percevejo (Samuels & Coracini, 2004).

Severos danos causados pelo percevejo-das-gramíneas foram constatados também no Estado de Mato Grosso do Sul (Valério et al., 1999), constituindo o primeiro registro de *Blissus* nesse estado. As infestações foram constatadas em pastagens de capim Tangola, reproduzindo-se o mesmo quadro verificado em outras localidades do Brasil, ou seja, ataque de *Blissus* em capim estabelecido em condições de várzea. Extensas áreas com capim Tangola apresentavam danos severos, e constatou-se a morte da maior parte da porção aérea das plantas. Mais de 800 ha estabelecidos com essa gramínea foram dizimados pelo percevejo em período inferior a dois anos. Iniciativas de controle, como fogo e aplicação de fungos entomógenos (*Metarhizium anisopliae* e *Beauveria bassiana*), não foram eficientes. Suspeitando tratar-se de *B. leucopterus,* exemplares foram enviados ao Systematic Entomology Laboratory/USDA e identificados como sendo *B. slateri* (atualmente *B. antillus*).

A espécie de *Blissus* constatada no Brasil, portanto, tem importância localizada e não resultou na "terrível praga que ataca um grande número de plantas da família das gramíneas", como mencionado por Castro (1981), tampouco configurou-se como praga da cana-de-açúcar, do arroz e do milho, como supunha o referido autor. Essa suposta ameaça, que não se concretizou, existia em função do histórico da espécie *B. leucopterus* nos Estados Unidos, espécie que parece nunca ter ocorrido no Brasil, tratando-se, na verdade, de *B. antillus*. Antecipa-se que, com a revisão taxonômica desse grupo, novas alterações serão feitas antes que se tenham determinações mais definitivas.

REFERÊNCIAS BIBLIOGRÁFICAS

BARANOWSKI, R. M. & SLATER, J. A. The Lygaeidae of the Cayman Islands with the description of a new species of *Ochrimnus* (Hemiptera). *Florida Entomologist* 81: 75-92, 1998.

BOTELHO, W. Percevejo-das-gramíneas, *Blissus leucopterus* (Say, 1832) no Estado de Minas Gerais. In: ENCONTRO NACIONAL DE FITOSSANITARISTAS, 1., Campinas, 1980. *Anais*... Campinas: Cati, 1980.

CASTRO, A. G. Pastagens sob novas ameaças. *Agricultura de Hoje* 73: 32-3, 1981.

CORACINI, D. L. A. & SAMUELS, R. I. Natural enemies of the chinch bug, *Blissus antillus* Leonard (Hemiptera: Lygaeidae: Blissinae), pasture pest in Rio de Janeiro State, Brazil. *Neotrop. Entomol.* 31: 165-7, 2002.

COSTA, R. G. Uma praga das gramíneas. *Bol. Agron.*, Porto Alegre, 9 (99/100): 39-40, 1945.

FANTON, C. J. Principais pragas das pastagens no Espírito Santo. In: ENCONTRO REGIONAL SOBRE PASTAGENS, 1., 1990. Cachoeiro do Itapemirim, Vitória: Emcapa, 1991.

FAZOLIN, M. et al. Levantamento de insetos-praga associados aos capins tanner-grass, tangola e estrela-africana no acre. *Amazônia: Ci. & Desenv.* 4: 161-73, 2009.

HENRY, T. J. Phylogenetic analysis of family groups within the Infraorder Pentatomorpha (Hemiptera: Heteroptera), with emphasis on the Lygaeoidea. *Ann. Entomol. Soc. Americ.* 90: 275-301, 1997.

HENRY, T. J. Biodiversity of Heteroptera. In: FOOTTIT, R. & ADLER. P. (eds.). *Insect biodiversity*: science and society. Oxford, UK: Wiley-Blackwell Publishing, 2009. 632p.

IGLESIAS, L. A. et al. Estudio preliminar de las plagas y enfermedades que pueden constituir un peligro para el cultivo del trigo (*Triticum aestivum* L.) en Cuba. *Cultivos Tropicales* 17: 75-8, 1996.

KHUN NETO, J. & CROPPO, G. A. *Blissus leucopterus* × *"Tanner grass"*. Campinas: Coordenadoria de Assistência Técnica Integral, 1976. 8p. (Boletim Técnico, 99).

LEONARD, D. E. Biosystematics of the "*leucopterus* complex" of the genus *Blissus* (Heteroptera: Lygaeidae). *Conn. Agric. Exp. Stn. Bull.* 677, 1966. 47p.

LEONARD, D. E. A revision of the genus *Blissus* (Heteroptera: Lygaeidae) in Eastern North America. *Ann. Entomol. Soc. America.* 61: 239-50, 1968a.

LEONARD, D. E. Three new species of *Blissus* from the Antilles (Heteroptera: Lygaeidae). *Proc. Ent. Soc. Wash.* 70: 150-3, 1968b.

LYNCH, R. E. et al. Chinch bug damage to bermudagrass. *J. Entomol. Sci.* 22: 153-8, 1987.

MARICONI, F. A. M. O percevejo dos cereais ameaça a agricultura brasileira, *Blissus leucopterus* (Say). *O Solo* 45: 55-61, 1953.

OHASHI, O. S. et al. *Bioecologia de Blissus leucopterus (Say, 1822) (Hemiptera-Lygaeidae) no Estado de Minas Gerais*. Belo Horizonte: Epamig, 1980. 26p.

PARSONS, J. J. Spread of African pasture grasses to the American Tropics. *J. Range Manage.* 25: 12-7, 1972.

PEREIRA, R. P. & SILVA, S. C. Ocorrência de *Blissus leucopterus* em pastagem do Estado do Rio de Janeiro. *Pesq. Agropec. Bras.* 23: 551-3, 1988.

PEREIRA, R. P. Ocorrência de *Blissus leucopterus* em arroz no Brasil. *Pesq. Agropec. Bras.* 26: 2.069-71, 1991.

RAMNATH, S.; PEDERSEN, J. F. & FOSTER, J. E. An annotated bibliography of the chinch bug. *USDA ARS Bibliographies and Literature of Agriculture* 130, 1995. 94p.

REINERT, J. A.; HELLER, P. R. & CROCKER, R. L. Chinch Bugs. In: BRANDENBURG, R. L. & VILLANI, M. G. (eds.). *Handbook of Turfgrass insect pests*. Lanham, MD: Entomological Society of America, 1995. 140p.

REIS, P. R.; COSTA JR., A. & LOBATO, L. C. *Blissus leucopterus* (Say, 1832) (Hemiptera: Lygaeidae), nova praga de gramíneas, introduzida no Estado de Minas Gerais. *An. Soc. Entom. Brasil.* 5: 241-2, 1976.

SAMUELS, R. I. et al. Infection of *Blissus antillus* (Hemiptera: Lygaeidae) eggs by the entomopathogenic fungi *Metarhizium anisopliae* and *Beauveria bassiana*. *Biological Control.* 23: 269-73, 2002.

SAMUELS, R. I. & CORACINI, D. L. A. Selection of *Beauveria bassiana* and *Metarhizium anisopliae* isolates for the control of *Blissus antillus* (Hemiptera: Lygaeidae). *Sci. Agric.* 61: 271-5, 2004.

SCHAEFER, C. W. Phylogeny, systematics and practical entomology: the Heteroptera (Hemiptera). *An. Soc. Entom. Brasil.* 27: 499-511, 1998.

SENDULSKY, T. *Brachiaria*: taxonomy of cultivated and native species in Brazil. *Hoehnea* 7: 99-139, 1978.

SOARES FILHO, C. V. Recomendações de espécies e variedades de *Brachiaria* para diferentes condições. In: PEIXOTO, A. M.; MOURA, J. C. & FARIA, V. P. (eds.). *Anais do 11º Simpósio sobre Manejo da Pastagem*. Piracicaba: Fealq, 1994. 325p.

SOUZA, S. O. et al. Comportamento de seis gramíneas forrageiras tropicais adubadas e não adubadas submetidas à incidência de *Blissus leucopterus* (Say, 1832) (Hemiptera: Lygaeidae). *Cienc. e Prat.*, Lavras, 19: 369-74, 1995.

SPIKE, B. P.; WRIGHT, R. J. & DANIELSON, S. D. *Chinch bug management*. Inst. Agric. Nat. Resources, Univ. of Nebraska, Lincoln, NebGuide G86-806-A, 1993. 4p.

SPIKE, B. P. et al. Bibliography of the chinch bug, *Blissus leucopterus leucopterus* (Say) (Heteroptera: Lygaeidae) since 1888. *J. Kansas Entomol. Soc.* 67: 116-25, 1994.

SUSZKLW, J. A pest that's a chinch to return. *Agriculture Research* 42: 16, 1994.

VALÉRIO, J. R.; VIEIRA, J. M. & VALLE, L. C. S. Ocorrência de *Blissus antillus* Leonard (Hemiptera: Lygaeidae: Blissinae) em pastagem no Estado de Mato Grosso do Sul. *An. Soc. Entom. Brasil.* 28: 527-9, 1999.

VÁSQUEZ, J. M. N. & SÁNCHEZ, G. G. Biologia, habitos y huespedes de la chinche de las raices *Blissus leucopterus* (Say) (Hemiptera: Lygaeidae). *Rev. Colombiana Entomol.* 17: 8-15, 1991.

VIEGAS, E. C. & LIMA, A. F. Sobre a ocorrência do percevejo-das-pastagens *Blissus leucopterus* (Say, 1832) (Hemiptera, Lygaeidae) no Estado do Rio de Janeiro e sua predação por *Eriopis connexa* (Germar, 1824) (Coleoptera, Coccinellidae). In: CONGRESSO BRASILEIRO DE ENTOMOLOGIA, 13, Recife, 1991. *Resumos...* Recife: SEB, 1991.

WATTS, J. G. et al. *Rangeland entomology*. 2. ed. Denver, CO: Society for Range Management, 1989. 388p. (Range Science Series, n. 2).

41

Mosca-do-sorgo, *Stenodiplosis sorghicola* (Coquillett)

J. M. Waquil, F. M. Lara

INTRODUÇÃO

No Brasil, o sorgo vem sendo utilizado principalmente na alimentação animal, quer *in natura*, quer na produção de ração ou silagem. O aumento da demanda por energia renovável abriu a oportunidade para a utilização do sorgo sacarino, na entressafra da cana-de-açúcar, para a produção de etanol. Na safra 2011-2012, foram cultivados cerca de 30 mil ha pelas usinas de etanol e, na safra 2012-2013, aproximadamente 120 mil ha. Em pequena escala, o sorgo-vassoura (talvez o primeiro tipo introduzido no país) tem sido usado na agricultura familiar e como matéria-prima em pequenas indústrias. Considerando que mais de 70% do milho consumido no Brasil é destinado à alimentação animal, boa parte desse consumo pode ser substituída pelo sorgo, com vantagens econômicas, liberando o equivalente em milho para utilização mais nobre ou disponibilizando maiores volumes para exportação. Como o milho e o sorgo são cultivados, predominantemente, em condição de sequeiro, a disponibilidade de chuvas constitui o principal fator determinante para a abundância ou escassez desses grãos no mercado. A maior tolerância do sorgo ao estresse hídrico pode regular melhor o abastecimento do mercado com grãos forrageiros. Portanto, a exploração dessa gramínea é estratégica para o Brasil, tanto sob o aspecto econômico e cultural como para a diversificação do agroecossistema.

O incremento da área cultivada com o sorgo na "safrinha", devido à sua maior tolerância ao estresse hídrico e às facilidades para a mecanização, passa a ser importante estratégia para regular o abastecimento e reduzir a sazonalidade da oferta de grãos forrageiros no mercado brasileiro. Na prática, isso já vem acontecendo, tanto na safrinha como na safra normal, com o sorgo forrageiro e sacarino, pois a área cultivada com todos os tipos de sorgo evoluiu de aproximadamente 500 mil para cerca de um milhão de hectares, nos últimos dez anos. O sorgo granífero migrou das regiões Sul e Sudeste para a Região Centro-Oeste, que hoje cultiva cerca de 70% da área total semeada no Brasil, na época da safrinha. Entre os insetos que usam o sorgo como hospedeiro, a mosca destaca-se como um dos principais em todas as regiões produtoras do mundo.

Posição taxonômica e nomenclatura

Ordem: Diptera

Subordem: Bibionomorpha

Família: Cecidomyiidae

Subfamília: Cecidomyiinae

Gênero: *Stenodiplosis* Reuter, 1895

Espécie: *Stenodiplosis sorghicola* (Coquillett, 1899)

Sinonímias: *Diplosis sorghicola* Coquillett, 1899
Contarinia andropogonis Felt, 1921
Contarinia palposa Blanchard, 1958

Por muitos anos, os danos provocados pela mosca-do-sorgo foram confundidos pelos produtores com abortamento floral, devido aos efeitos ambientais. Segundo Harris (1985), as larvas da mosca-do-sorgo foram observadas pela primeira vez em outubro de 1895, por D. W. Coquillett, em panículas de sorgo provenientes de Dillburg e Montgomery, Alabama, EUA. Os primeiros adultos observados por Coquillett foram obtidos de panículas de sorgo infestadas, recebidas em 26 de setembro de 1898, enviadas por R. H. Price, provenientes de College Station, Texas. Assim, a mosca-do-sorgo foi descrita nos Estados Unidos como *Diplosis sorghicola* (Diptera: Cecidomyiidae) (Coquillett, 1899). Sua ocorrência em outros locais do mundo levou alguns pesquisadores a descrevê-la como *Contarinia andropogonis* Felt, 1921, na Índia, e *Contarinia palposa* Blanchard, 1958, na Argentina. Após minucioso estudo, Harris (1964) verificou tratar-se de uma só espécie, figurando essas como sinonímias de *Contarinia sorghicola* (Coquillett, 1899). O gênero *Stenodiplosis* foi revalidado (Gagné, 1994) e removido de *Contarinia*, de tal forma que a mosca-do-sorgo passou a ser denominada *Stenodiplosis sorghicola* (Coquillett, 1899). Durante anos, houve dúvida sobre a data da descrição original da espécie. Entretanto, Foote (1965), com base em uma observação manuscrita do próprio Coquillett, concluiu que a data correta é 1899 e não 1898.

RECONHECIMENTO

A mosca-do-sorgo é um pequeno díptero com características peculiares (Figura 1). O comprimento médio do corpo do adulto varia de 1,5 mm, nos machos, a 2 mm, nas fêmeas. A coloração do abdome varia de salmão brilhante, logo após a emergência, a marrom-escuro, ao final do período de oviposição. As asas são transparentes e o comprimento chega a 3 mm. O aparelho bucal é atrofiado nos adultos. O dimorfismo sexual caracteriza-se pela presença do ovipositor, nas fêmeas, e pelo comprimento das antenas, que, nos machos, equivale ao comprimento do corpo, enquanto nas fêmeas não passa de metade de seu comprimento.

Figura 1. *S. sorghicola* sobre espigueta do sorgo. Foto: King & Saunders (1984).

ORIGEM E DISTRIBUIÇÃO GEOGRÁFICA

Segundo Harris (1985), depois da descoberta da mosca-do-sorgo, em 1895, ela foi inicialmente considerada uma espécie evoluída no Novo Mundo e espalhada para os demais continentes através da distribuição de linhagens melhoradas de sorgo pelos Estados Unidos. Supunha-se, ainda, que as espécies predominantes na África, Índia e América do Sul eram distintas. Após estudos detalhados de taxonomia desenvolvidos por Harris (1964), dissecando espiguetas de sorgo provenientes de coleções do Royal Botanic Gardens, Kew e do Natural History Museum, foi demonstrado que *S. sorghicola* estava presente em muitos países, mesmo antes de sua descrição na América, como em coleções realizadas em 1860 em Moçambique, em 1869 no Sudão e em 1886 em Porto Rico. Portanto, as evidências indicam que *S. sorghicola* é uma espécie africana, que evoluiu juntamente com o sorgo selvagem na Etiópia e áreas adjacentes. O sorgo é cultivado nessa parte da África desde 4000 a.C. Daí, acompanhando a disseminação dele, a mosca espalhou-se do continente africano para a Ásia e, mais tarde, para as Américas, provavelmente no sorgo-vassoura, utilizado como cama para os escravos nos navios negreiros. Assim, é quase certo que a mosca-do-sorgo foi introduzida nas Américas em panículas secas de sorgo-vassoura, na forma de larvas hibernantes e/ou em diapausa. A descoberta de muitas fontes de resistência do sorgo à mosca, procedentes dessas regiões da África, como a AF-28, reforça ainda mais essa hipótese.

No Brasil, a mosca-do-sorgo foi registrada pela primeira vez por Rossetto, Nakano & Banzatto (1967), a provocar danos totais em parcelas de sorgo cultivado em estações experimentais do Estado de São Paulo. Entretanto, Rossetto & Veiga (1973) comprovaram a ocorrência da mosca, através da presença da exúvia pupal em panículas de sorgo coletadas em 1945 no herbário da Seção de Fitossanidade do Instituto de Pesquisas Agropecuárias (IPA), em Recife, Pernambuco. Em época mais recente, a mosca-do-sorgo foi registrada também na Região Norte do Brasil, tanto no sorgo granífero como no forrageiro (Thomazini, Thomazini & Pacheco, 2003). Atualmente, *S. sorghicola* é considerada uma das pragas mais importantes do sorgo e está distribuída em todo o mundo, causando danos em todas as regiões onde se cultiva essa gramínea entre os paralelos 40° N e 40° S.

BIOECOLOGIA E COMPORTAMENTO

Durante o verão, nas regiões temperadas e subtropicais, ou durante todo o ano, nas regiões tropicais, onde não há limitações de umidade para o desenvolvimento do ciclo biológico, os adultos emergem das plantas atacadas. Nas regiões onde há interrupção do ciclo biológico, a primeira geração inicia-se com a emergência de adultos provenientes dos detritos de panículas do hospedeiro desenvolvido na estação anterior.

Em ambos os casos, os machos emergem nas primeiras horas da manhã. Cerca de duas a três horas depois, inicia-se a emergência das fêmeas. Eles ficam voando em torno do sítio de emergência, atraídos pelo feromônio liberado pelas fêmeas. A cópula ocorre logo após a emergência das fêmeas, que permanecem receptivas por até uma hora. Logo após a cópula, elas procuram panículas florescidas de plantas do gênero *Sorghum* para colocar seus ovos. A maioria das fêmeas da mosca-do-sorgo é atraída pela cor amarela (30%), seguida pela verde (26%), vermelha (23%) e azul (10%). Maior atratividade foi observada quando se associou a cor vermelha ou amarela aos odores de panículas de sorgo florescidas, em comparação apenas com os odores (Sharma & Franzmann, 2001).

Após identificar panículas em florescimento no campo, as fêmeas da mosca pousam, procuram as espiguetas em florescimento e, através de tentativas, distendendo e encolhendo seu longo ovipositor, em movimentos de vaivém, introduzem o ápice do ovipositor no interior da flor. Depois de algumas tentativas de oviposição, a fêmea pode mudar de flor ou permanecer imóvel, depositando o ovo junto ao ovário floral. Nos casos de sucesso na oviposição, é possível observar a passagem do ovo pelo ovipositor da fêmea. Logo após a postura de um único ovo, ela costuma deslocar-se para outra espigueta e reiniciar o processo. Mesmo nos sorgos suscetíveis, a eficiência de oviposição das fêmeas não ultrapassa 44% (Waquil, Teetes &

Peterson, 1986b). O pico de oviposição ocorre antes do meio-dia, quando as flores estão abertas para a polinização. Durante a sua vida, cada fêmea pode colocar de 28 a 124 ovos, mas a média é de 100 ovos por fêmea. É comum encontrar-se mais de um ovo em uma mesma espigueta, mas, neste caso, ocorre múltipla oviposição, ou seja, a flor é usada mais de uma vez por uma ou mais fêmeas. Em situações de alta infestação, é possível encontrar até 20 ovos em uma única espigueta. Entretanto, ainda não foi registrada a presença de mais de cinco pupas na mesma flor.

O ciclo biológico da mosca, de ovo a adulto, pode variar de 12 a 35 dias, a depender principalmente da temperatura. O período de incubação estende-se de dois a cinco dias. Os ovos são translúcidos e alongados, semelhantes a minúsculas bananas. Após a eclosão, as larvas passam a se alimentar do ovário floral e dos humores da flor. É possível identificar, no ovário floral, o sítio de alimentação das larvas, pela alteração das camadas superficiais do tecido do ovário. No início, elas também são translúcidas, mas, à medida que se desenvolvem, assumem uma coloração amarelada e, depois, tornam-se alaranjadas até o estágio de pupa, que apresenta coloração salmão brilhante. Uma das formas de confirmar se os danos causados ao sorgo são realmente devidos à infestação pela mosca é pelo esmagamento da espigueta entre os dedos: se escorrer um líquido de coloração amarelada ou avermelhada, o resultado será positivo. Mesmo nas flores pedicelares, que são estéreis, pode ocorrer o desenvolvimento de larvas da mosca. A fase larval dura de sete a onze dias. Depois desse tempo, a larva assume uma coloração vermelha alaranjada característica e passa ao estágio de pupa no próprio sítio de alimentação, quando apresenta coloração vermelha uniforme, com a cabeça e os apêndices marrons ou pretos. Ao fim de três dias, as pupas dirigem-se para o ápice da espícula, de onde o adulto emerge, ficando a exúvia pupal presa nessa extremidade, a indicar sintoma de infestação. A longevidade dos machos é de algumas horas e a das fêmeas, de um dia. Com a emergência e a cópula dos adultos, o ciclo recomeça e seguem-se várias gerações, em cada estação, até que os fatores climáticos induzam a hibernação ou a diapausa larval.

A queda da temperatura, no outono, induz o aumento da taxa de larvas que entram em hibernação dentro dos casulos. Por outro lado, nos períodos de estresse hídrico, elas sobrevivem em diapausa, no interior dos casulos, dentro das espículas. Segundo Fadlelmula, Mohammed & Khafagi (2010), as temperaturas acima de 34ºC e a umidade relativa abaixo de 34% podem também induzir a diapausa. Para a quebra da diapausa, há a necessidade de umidade relativa em torno de 92% e contato da larva com água. Em geral, a quebra acontece depois de sete meses e meio, mas uma pequena taxa da população pode sobreviver nessa forma por até quatro anos. Provavelmente, foi através dessas larvas em diapausa que *S. sorghicola* disseminou-se pelo mundo, com presença registrada nos cinco continentes. Uma vez que os adultos têm período de vida muito curto e comportamento muito defensivo, em relação às correntes de ar, é pouco provável que o voo e o vento sejam fatores importantes na migração a longas distâncias. Por outro lado, o voo a curtas distâncias é indispensável para os machos encontrarem as fêmeas e para estas migrarem do sítio de emergência (panículas já granadas) para os de oviposição (panículas em florescimento).

DINÂMICA POPULACIONAL E HOSPEDEIROS

O sorgo granífero é o hospedeiro mais favorável a *S. sorghicola*, seguido, em menor escala, pelo forrageiro e outras espécies do gênero *Sorghum*. Nos agroecossistemas onde existem plantas desse gênero a se desenvolver voluntariamente (hoje, no Brasil, ocorrem várias espécies e seus híbridos), a mosca-do-sorgo sobrevive nas touceiras, onde se observam perfilhos em todos os estágios de desenvolvimento, a emergir das panículas maduras e infestar as novas em florescimento. Assim, a fenologia desse hospedeiro selvagem desempenha importante papel na dinâmica populacional da mosca-do-sorgo, servindo de ponte entre a emergência das formas de resistência e o sorgo cultivado (Lloyd, Franzmann & Zalucki, 2007). Depois de algumas gerações, a população cresce de modo exponencial e, quando o sorgo cultivado na época normal floresce, há coincidência com o pico populacional de *S. sorghicola*, registrando-se os maiores prejuízos.

No outono, com a queda da temperatura, da umidade do solo e do ar, as larvas entram em hibernação ou diapausa e permanecem dentro das espiguetas infestadas, as quais caem ao solo após a completa senescência da planta, no caso de sorgo selvagem ou voluntário. É nessa forma de larvas em diapausa e/ou hibernantes que a mosca sobrevive no período em que não há hospedeiros ou condições ambientais favoráveis para o seu desenvolvimento. Durante a colheita do sorgo cultivado, as espiguetas infestadas pelas larvas em diapausa são eliminadas pela colheitadeira durante o processo de limpeza, mas permanecem no solo durante a entressafra. Na primavera, após as primeiras chuvas nas regiões onde o inverno é seco e após o aquecimento do solo nas regiões temperadas, ocorre a quebra da resistência e as larvas completam seu desenvolvimento. Para a emergência dos primeiros adultos, são necessários 185 graus/dias, com base em 15,5°C, o que coincide com o florescimento das primeiras panículas dos hospedeiros selvagens. Assim, o ciclo reinicia a cada ano, em locais onde a mosca não consegue sobreviver durante algum período.

Vários fatores afetam a emergência de adultos das larvas em diapausa no solo. A emergência desses adultos é severamente reduzida quando as larvas e as pupas são expostas a temperaturas acima de 40°C (Franzmann, Lloyd & Zalucki, 2006). Estes autores verificaram, ainda, que as larvas em diapausa na superfície do solo, ou enterradas até 1 cm de profundidade, produzem cerca de 390% mais adultos do que as enterradas entre 5 e 10 cm. Mesmo na superfície, cerca de 30% das larvas permanecem em diapausa por um ano, enquanto menos de 1% delas sobreviveriam se enterradas (Franzmann, Lloyd & Zalucki, 2006). Portanto, o preparo do solo, em áreas muito infestadas, pode ser um método de controle cultural importante da mosca-do-sorgo.

O pico populacional das moscas, emergidas de larvas em diapausa, ocorre entre quinze e vinte dias após o início da emergência e, em quarenta dias, emergem os adultos da segunda geração, desenvolvidos no sorgo selvagem. Estes são os insetos que migram para o sorgo cultivado, produzindo aí sua terceira geração no ambiente, e a primeira no sorgo cultivado. Nas lavouras comerciais, o pico populacional ocorre, em geral, na quarta geração dos insetos, declinando, a partir daí, pelo efeito ambiental, que induz um aumento substancial na taxa de larvas que entram em diapausa ou hibernação, e pela ação dos inimigos naturais, que atingem seu pico no final do verão/outono.

Segundo Walter (1941), Passlow (1958, 1965), Callan (1941), Harris (1961a, 1961b, 1964), Randolph & Montoya (1964), Guido & Bruhn (1966), as seguintes espécies do gênero *Sorghum* foram observadas como hospedeiras de *S. sorghicola* (aparecem assinaladas com asterisco aquelas registradas no Brasil): *Sorghum arundinaceum*, *S. cafrorum* v. *bicarinatum*, *S. caudatum*, *S. dochna*, *S. guineense*, *S. halepense** (capim-maçambará), *S. halepense* v. *almum*, *S. margaritiferum*, *S. membranaceum*, *S. nigricans*, *S. saccharatum** (sorgo-sacarino), *S. sudanense** (capim-sudão), *S. technicum** (sorgo-vassoura), *S. verticilliflorum*, *S. bicolor** (anteriormente, *S. vulgare*, que é o sorgo granífero e forrageiro hoje em cultivo). Segundo Harris (1985), todas as identificações de *S. sorghicola* em gêneros diferentes do *Sorghum*, como *Andropogon*, *Brachiaria*, *Panicum*, *Setaria*, *Schizachyrium*, *Sorghastrum*, *Trioza* etc., são identificações errôneas das espécies de moscas envolvidas.

DANOS

Os danos da mosca no sorgo são causados pelas larvas, ao se alimentarem dos ovários florais (Figura 2). Todos os compostos orgânicos translocados dos órgãos de síntese para a cariopse são consumidos pelas larvas em desenvolvimento. Uma única larva é suficiente para reduzir em 100% o peso de uma cariopse, ou seja, de um grão. Portanto, nas flores infestadas não há desenvolvimento dos grãos, com perda de 100%. Neste caso, devido à eliminação prematura do grão atacado, isto é, de um dreno concorrente, as cariopses adjacentes àquela podem aumentar significativamente em tamanho e peso. Entretanto, essa compensação não atinge 100% do peso dos grãos destruídos pelas larvas. Assim, o peso total de grãos da panícula acaba sendo reduzido. Por outro lado, se há múltipla infestação (alimentação de várias larvas em uma mesma cariopse), aumenta a capacidade de dreno do ovário atacado, reduzindo o tamanho e o peso das cariopses adjacentes. Isso provoca perdas maiores do que aquelas atribuídas somente às cariopses atacadas (Waquil & Teetes, 1990).

Figura 2. Danos de *S. sorghicola* no sorgo. Foto: King & Saunders (1984).

O diagnóstico da infestação do sorgo pela mosca pode ser feito de várias maneiras, de acordo com o estágio de desenvolvimento da cariopse. Na fase de grãos leitosos, devem-se comprimir as espiguetas malgranadas entre os dedos, observando a cor do líquido que escorre pelo ápice da espigueta. Se ele apresentar qualquer tom de cor, variando de amarelo-claro a vermelho, o dano foi devido à larva da mosca, mas, se variar de translúcido a leitoso, a falha de granação teve outra causa. Já na fase de grãos duros, tendendo para secos, em observações feitas ao amanhecer foram constatados adultos da mosca voando ao redor das panículas infestadas. Outro sinal de infestação é a presença de pupários vazios no ápice das espiguetas. Em laboratório, usando um microscópio estereoscópico e com o auxílio de um par de pinças, é possível dissecar espiguetas malgranadas e identificar larvas ou pupas em espiguetas infestadas.

Sob baixo nível de infestação, a incidência da mosca passa quase despercebida, mas, com moderada ou alta infestação, as panículas ficam chochas como as estéreis, e as perdas podem ser totais. Segundo Harris (1970), os surtos de infestação do sorgo pela mosca são altamente dependentes das condições climáticas, e o nível de infestação está relacionado com a alta umidade relativa do ar ou com a precipitação, como acontece nas regiões mais úmidas da Índia, Argentina, Estados Unidos e Nigéria. As perdas totais no campo são raras, entretanto, estimativas sistemáticas indicam perdas anuais desde 4% nos Estados Unidos (Wiseman, McMillan &

Widstron, 1976) a mais de 50% nas regiões tropicais da África e da Ásia (Harris, 1985). Em muitos países onde o sorgo é cultivado por pequenos agricultores, os danos da mosca passam despercebidos ou são atribuídos a outros agentes. Nos Estados Unidos, o nível de dano econômico em híbridos suscetíveis foi estimado em uma fêmea por panícula e, nos resistentes, sobe para cinco fêmeas por panícula.

Conceitualmente, o nível de ação para que medidas de controle sejam tomadas depende de algumas variáveis do inseto e da produção. Nos Estados Unidos, Knutson & Cronholm (2007) propuseram uma expressão para determinar o nível de dano econômico (NDE) em função do custo de controle, do valor da produção e da densidade da espécie alvo, levando em consideração os danos e os fatores de mortalidade para cada estágio de desenvolvimento do inseto. Assim, para determinar o NDE para a mosca-do-sorgo, deve-se utilizar a expressão: NDE = C (33.256)/VF, onde NDE é o número médio de fêmeas da mosca a ovipositar nas panículas em florescimento, C é o custo de controle, V é o valor da produção no mercado por unidade de área e F é o número de panículas em florescimento por unidade de área (acre). Todos esses valores precisam ser estimados para cada situação, e em especial para as condições brasileiras, onde essa equação precisa ser ajustada e validada.

ESTRATÉGIAS DE CONTROLE E MANEJO

Como a larva da mosca-do-sorgo se desenvolve protegida dentro da espigueta, as medidas de controle têm sido dirigidas basicamente contra os adultos, para proteger as plantas da oviposição. Os fatores de mortalidade da larva têm impacto maior somente nas gerações subsequentes.

Controle cultural

As estratégias de controle mais eficientes são as culturais, que contribuem para a redução geral da população de adultos no campo. A utilização de híbridos que assegurem uma uniformidade de florescimento, associada ao plantio cedo, permite uma assincronia fenológica, promovendo uma evasão hospedeira. Essas medidas preventivas podem ser usadas de modo eficiente quando associadas ao controle natural, por exemplo, os fatores abióticos ou bióticos, como os parasitoides e predadores, dispensando, em muitos casos, o uso do controle químico. Por outro lado, o monitoramento diário do campo, durante o florescimento, é de extrema importância para que medidas de controle químico sejam adotadas apenas se os níveis de ação forem atingidos: uma fêmea por panícula nos sorgos suscetíveis e cinco nos resistentes.

Entre as várias medidas culturais, a eliminação dos hospedeiros selvagens, através da aplicação dirigida de herbicidas ou mesmo do controle mecânico na área de plantio e nas áreas adjacentes, é fundamental para reduzir a infestação do sorgo pela mosca. Em áreas onde o cultivo do sorgo é feito com frequência, a realização da colheita mecânica torna mínimas as perdas de grãos e reduz ao máximo a emergência de plantas voluntárias nas áreas a serem semeadas na próxima safra. Também a destruição dos restos culturais dos plantios anteriores evita as constantes rebrotas das plantas, o que impede sucessivas gerações da praga no local e, como consequência, reduz a densidade de adultos na safra seguinte.

Como o período de suscetibilidade da panícula do sorgo ao ataque da mosca é relativamente curto e a população da mosca no início da primavera é baixa, todas as estratégias que contribuem para reduzir a coincidência desse período com o pico populacional do inseto são favoráveis à proteção das plantas. Assim, a antecipação do semeio e a utilização de híbridos precoces, com um curto intervalo de florescimento da panícula, evitam a coincidência da fase de maior suscetibilidade da planta com o pico populacional dos adultos e reduzem significativamente os danos. Uma alternativa que vem sendo utilizada nas regiões Sudeste e Centro-Oeste do Brasil é o cultivo do sorgo na época da "safrinha", quando a população da mosca já foi reduzida de modo natural, devido às condições climáticas.

Outro fator importante para reduzir as perdas provocadas pela mosca é a uniformidade do florescimento no campo, uma vez que, no verão, o ciclo de ovo a adulto é muito curto, entre doze e quinze dias, e o período de tempo entre a abertura da primeira flor da panícula e a última varia de seis a nove dias, de acordo, basicamente, com o tamanho da panícula, a temperatura e a umidade do solo. Portanto, variações mínimas no ciclo das plantas no campo permitirão sua reinfestação pelos insetos desenvolvidos nas plantas mais precoces, com aumento exponencial da população. Os maiores prejuízos causados pela mosca têm sido registrados em lavouras não uniformes, que permitem a multiplicação do inseto por uma ou duas gerações. Para reduzir esse risco, recomenda-se:

- Priorizar o plantio de sementes híbridas com boa germinação e vigor, para maior uniformidade do florescimento.
- Reduzir ao mínimo o período de plantio do campo.
- Controlar com rigor a profundidade e, principalmente, a densidade de plantio, através do bom preparo do solo e da regulagem correta da semeadeira, pois plantas em espaçamentos largos ou com baixa densidade tendem a perfilhar, e as panículas desses perfilhos florescem mais tarde do que as da planta-mãe, coincidindo com a emergência de adultos desenvolvidos nessas plantas, portanto, de segunda geração na lavoura, e provocando grandes perdas na produção de grãos desses perfilhos.
- Evitar, durante o período de pico populacional da mosca, toda prática que faça aumentar o período de suscetibilidade do campo, como o semeio de grãos colhidos de híbridos (sementes F2), o plantio a lanço, a utilização de rebrotas, a mistura de cultivares, os plantios escalonados etc., pois todas essas práticas aumentam a incidência de danos causados pela mosca.

Controle biológico

Em todas as regiões do mundo onde o sorgo é cultivado, as comunidades de insetos que usam sua panícula como sítio de alimentação, oviposição e abrigo variam de maneira considerável. Assim, são encontrados vários organismos fitófagos e entomófagos. No sorgo, estão descritas várias espécies de parasitoides, sobretudo os ectoparasitos de larvas como *Eupelmus popa, Tetrastichus diplosidis* e *Aprostocetus diplosidis*, na maioria das regiões onde a mosca-do-sorgo se encontra adaptada. O gênero *Aprostocetus* foi registrado recentemente também no Sul da França (Vercambre et al., 2010). Outras espécies do gênero *Tetrastichus* podem parasitar as larvas em diferentes regiões, mas nem sempre são corretamente identificadas, pela complexidade da sua taxonomia (Harris, 1985).

No Brasil, no Estado de São Paulo, já foram constatados vários himenópteros parasitando a mosca-do-sorgo, como *Tetrastichus* sp., *Inostema* sp. e *E. popa*. Essa espécie e duas outras de *Tetrastichus* apresentavam baixa taxa de parasitismo no final dos anos 1960 e início da década de 1970. Poucos anos depois, *T. diplosidis* e outras espécies do gênero passaram a destacar-se com parasitismo natural superior a 30%, o que seria esperado após a fase inicial de introdução e adaptação da mosca-do-sorgo.

Nas regiões do mundo em que se cultiva o sorgo, de acordo com a espécie e os cultivares envolvidos, tem sido registrado parasitismo de 8,2 a 100%. Entretanto, pelo menos nas regiões temperadas, parece que o parasitismo tem tido papel restrito no equilíbrio da mosca-do-sorgo. *E. popa* possui a biologia e o comportamento semelhantes aos da mosca-do-sorgo, exceto quanto à longevidade, pois os adultos vivem uma semana ou mais. Essa espécie costuma emergir da diapausa duas ou três semanas depois da mosca-do-sorgo e, em certas condições, pode tornar-se fitófaga, mostrando, assim, excelente mecanismo de sobrevivência na ausência do hospedeiro.

Em geral, os parasitoides preferem atacar as larvas que se encontram no estágio médio de desenvolvimento. Levam de 7 a 32 dias para completar seu ciclo. Tanto no sorgo cultivado como no selvagem, *E. popa* é mais abundante no início da estação, primavera/verão, enquanto *T. diplosidis* atinge seu pico no final do verão/outono e predomina no sorgo cultivado (Baxendale, Lippincott & Teetes, 1983).

Na vasta distribuição geográfica de *S. sorghicola*, além dos parasitoides, destacam-se alguns predadores generalistas que também a utilizam como presa. Nos Estados Unidos, foram registradas as formigas *Iridomyrmex humilis*, *I. analis*, *Pheidole* sp. e *Solenopsis geminata* carregando adultos recém-emergidos e pupas da mosca (Newell & Barber, 1913; Walter, 1941). Capturando adultos no campo, foram observados dípteros (*Atomosia puella* e *Psilipus flavipes*), várias espécies de hemípteros (*Geocoris punctipes, Zelus socius, Orius insidiosus*), libélulas *Argia* sp. e *Pantala hymenaea* e, ocasionalmente, larvas de neurópteros. Várias espécies de aranhas, como *Metepeira labyrinthea*, *Epeira pratensis* e *Dictyna* sp., alimentam-se de adultos da mosca. Esta última chega a capturar mais de cinquenta adultos por dia em suas teias, enquanto *Phidippus audax*, *P. mystaceus* e outras espécies não identificadas foram observadas a capturar fêmeas em oviposição. Pupas da mosca-do-sorgo, tanto no campo como no laboratório, podem ser atacadas por ácaros.

Variedades resistentes

Para o produtor, o ideal seria que tivesse à sua disposição variedades resistentes às principais pragas da cultura a ser utilizada. Dessa forma, ele diminuiria seus custos de produção e, paralelamente, contribuiria para a preservação do meio ambiente, além da vantagem de utilizar uma tática que não exige conhecimento técnico adicional. Por essas e outras vantagens, cultivares de sorgo resistente à mosca têm sido investigados desde 1908 (Teetes, 1985). Por muitos anos, vários autores tentaram obter, sem sucesso, linhas resistentes.

Entretanto, fontes de resistência têm sido registradas na literatura há várias décadas. Na Costa do Ouro, a variedade Nunaba foi considerada resistente à mosca. Na presença de testemunha suscetível, essa variedade foi cerca de dez vezes menos infestada (Bowden & Neve, 1953), mas, na ausência de outras variedades, essa resistência não foi efetiva (Harris, 1961b). O maior impacto no melhoramento do sorgo para resistência à mosca foi o programa de conversão do USDA, que disponibilizou maior número de linhas convertidas para insensibilidade ao fotoperíodo e com altura reduzida para serem avaliadas. Na Geórgia, EUA, usando o efeito da época de plantio na densidade da mosca-do-sorgo, a variedade sul-africana ODC 19 foi identificada como a menos preferida sob baixa densidade de adultos (Wiseman & McMillian, 1970). Partindo de 216 linhagens, após cinco anos de seleção, foram obtidas onze variedades, que foram menos atacadas pela mosca (Wiseman & McMillian, 1968), além do genótipo SGIRL MR-l, com resistência moderada a *S. sorghicola* (Wiseman, McMillan & Widstrom, 1973). No mesmo ano, foram registradas oito linhas resistentes, provenientes do programa de conversão, adaptadas às regiões temperadas.

Em Campinas, SP, Rossetto & Banzatto (1967) observaram que as variedades AF-28, AF-112 e B. Leoti sofreram muito pouco dano em relação a A. orange, AF- 37, M.35.1 e AF-114. Concluíram que as variedades AF-28 e AF-112 possuem fatores genéticos para a resistência à mosca. No Ceará, 20% dos genótipos provenientes de Camarões e 4,6% provenientes da Universidade de Purdue, EUA, resistiram a *S. sorghicola* (Santos & Carmo, 1974; Santos, Carmo & Lima, 1974).

Em Caruaru, Pernambuco, Faris, Ventura & Ferraz (1974) constataram que os genótipos IS-2740, IS-9826, NK 300, AF-112, ICAPAL-1 e a variedade 22078-1 de Purdue (IPA 730040) foram resistentes à mosca-do-sorgo. Os genótipos ICAPAL-1 e AF-112 também se revelaram resistentes em Serra Talhada. Após vários anos de estudo, foi confirmado o alto grau de resistência dos genótipos AF-28 e AF-117 e a resistência moderada de B. Leoti. Verificou-se, ainda, que a resistência de AF-28 mantém-se mesmo em testes de confinamento (Rossetto, Gonçalves & Diniz, 1975; Rossetto, Banzato & Igue, 1976). A comparação quantitativa dos danos causados pela mosca a essas fontes de resistência revelou que, sob alta infestação (densidade de 100 a 200 fêmeas/panícula), a variedade AF-28 sofreu apenas 5% de dano, enquanto SGIRL-MR-l e Granador INTA sofreram danos de cerca de 75%, e TX-2536 e IS-836lB tiveram danos totais (Trevisan, Schaffert & Bueno, 1975). Avaliando o efeito do local e da época de plantio sobre a expressão da resistência, Lara, Rossetto & Igue (1977) registraram uma infestação de 0,8 a 2,9 fêmeas/panícula na fonte AF-28, enquanto no híbrido R-1090 ela foi de 137 a 252 fêmeas/panícula, respectivamente, em Campinas e Jaboticabal, SP. Ainda em Jaboticabal, Busoli & Osuna (1982) constataram alta resistência à mosca no genótipo EA-73, no mesmo nível daquela apresentada por AF-28.

Na resistência do sorgo à mosca, estão registrados pelo menos dois mecanismos: não preferência e antibiose. No genótipo Nunaba, a não preferência para oviposição ocorre em função de barreiras nas espiguetas, provavelmente devido ao fato de suas longas glumas não se abrirem, normalmente, durante a polinização. Na variedade AF-28, o mecanismo de resistência é não preferência para oviposição. Inclusive, essa resistência é quebrada quando, de modo artificial, são introduzidos ovos da mosca entre as glumas da espigueta. Nesse genótipo, a resistência é governada por dois ou três alelos recessivos, provavelmente com efeitos aditivos. Essa característica parece não estar relacionada a características agronômicas indesejáveis e, portanto, pode ser transferida para linhagens ou variedades comerciais (Rossetto, 1980). De modo geral, esse mecanismo está presente, em diferentes níveis, na maioria das fontes de resistência conhecidas.

Em função da antibiose ou da não preferência para alimentação, as linhagens SC 175-9, SC 175-14 e SC 239-14 têm efeito sobre o desenvolvimento das larvas e a emergência dos adultos (Rossetto, 1977; Wuensche, 1980). Por outro lado, estudos de produtividade, desenvolvimento da cariopse e emergência de adultos da mosca não conseguiram demonstrar o mecanismo de tolerância (Wuensche, 1980). Com referência ao material genético melhorado, o híbrido resistente ATX-2755 × TX-2767 foi comparado com o suscetível ATX-2572 × TX-430, quanto aos níveis de controle e aos mecanismos de resistência. No híbrido resistente, é necessária uma densidade cinco vezes maior de fêmeas ovipositando para causar o mesmo dano (Hallman, Teetes & Johson, 1984). Essa diferença se deve à menor preferência dos adultos em visitar as panículas do híbrido resistente (11%) e à menor eficiência das fêmeas em ovipositar no resistente, em contraste com o suscetível (44%) (Waquil, Teetes & Peterson, 1986a). Além disso, observou-se maior intervalo de tempo entre as posturas nas espiguetas de sorgo resistente das fêmeas de *S. sorghicola*. Esses fatos indicam que a não preferência para oviposição é um mecanismo de resistência importante do sorgo à mosca (Waquil, Teetes & Peterson, 1986b).

A variedade IAC 83/75-5-1-6, com resistência múltipla, foi selecionada no Brasil e tem razoável produtividade em vários locais de São Paulo. Sua resistência é moderada para *S. sorghicola* e psitacídeos (periquitos e maritacas) e alta para o pulgão, *Schizaphis graminum* (Rond.). Embora a variedade também apresente resistência ao acamamento, mostrou-se suscetível ao míldio, à antracnose e a solos ácidos (Rossetto et al., 1993).

Os inimigos naturais da mosca-do-sorgo orientam-se, de início, em resposta a estímulos da planta e, depois, por estímulos da mosca. Essa ação direta da planta sobre os inimigos naturais tem sido relatada por vários autores (Lara, 1991). Trabalhos conduzidos no Brasil demonstraram que certos genótipos de sorgo influem na taxa de parasitismo de *S. sorghicola* por *T. diplosidis* e *Tetrastichus* sp. (Busoli et al., 1984; Lara, De Bortoli & Boiça Júnior, 1986; Campos, Berti Filho & Lara, 1993; Lara et al., 1997). Essa influência pode estar relacionada a determinada parte da planta. Assim, comparando a atratividade de folhas, panículas sem flores, grãos, flores fecundadas e não fecundadas de sorgo ao parasitoide *T. diplosidis*, foi constatado que somente flores não fecundadas e grãos foram atrativos para o himenóptero, o que sugere que a procura da planta pelo parasitoide é influenciada por cairomônios emanados por flores não fecundadas e grãos, enquanto a localização da larva da mosca deve ser afetada por outros fatores químicos (Moura, Vilela & Waquil, 1987). Outra constatação importante: as panículas da variedade AF-28 são mais atrativas para esse parasitoide do que as dos genótipos IPA- 201, BR-300, TX-2536, entre outros (Lara, Campos & Berti Filho, 1994).

Em várias regiões do mundo, tem sido feito um esforço significativo para a obtenção de híbridos comerciais de sorgo resistente à mosca. Na Índia, foi desenvolvido o genótipo ICSV 88032, uma linha altamente produtiva e com alto nível de resistência à mosca-do-sorgo (Agrawal, Abraham & Sharma, 2005). Por outro lado, as linhas altamente resistentes à mosca nesse país, DJ 6514 e ICSV 197, foram suscetíveis em Alupe, Quênia, enquanto AF-28 e IS 8891 mantiveram-se resistentes em ambos os países (Sharma et al., 1999). Em Burkina Faso, foram realizados cruzamentos entre fontes exóticas de resistência à mosca e linhagens adaptadas para alta produtividade, obtendo-se linhagens F4 e F8, como CCAL 1/13-1-1-1 e BF-94/11-1K-1K. Em testes de campo, essas linhagens mostraram resistência à mosca e a fungos dos grãos e tolerância a percevejos da panícula, além de 140% de ganho em produtividade (Dakouo et al., 2005). Avaliando o custo/benefício do uso de híbridos de sorgo resistentes à mosca-do-sorgo, Damte, Pendleton & Almas (2009) verificaram que as perdas nos híbridos suscetíveis, em comparação com os resistentes, giram em torno de 188,8 kg/ha e o ganho em produtividade varia de 48,1 a 96,7%, projetando um rendimento, em 25 anos, da ordem de 320 milhões de dólares.

Controle químico

Considerando o reduzido efeito dos inseticidas, aplicados em pulverização, sobre as larvas já estabelecidas dentro das espiguetas, as ações de controle, para serem efetivas, devem seguir com rigor os critérios de aplicação, de modo a reduzir a população de fêmeas com atividade de oviposição no período crítico de suscetibilidade do sorgo, ou seja, durante o florescimento. Sabe-se, por exemplo, que as aplicações de inseticidas após o término do florescimento não são econômicas, e o controle deve ser iniciado quando a infestação é igual ou maior do que 1 adulto/panícula, depois da emergência completa de 90% das panículas. Deve-se atentar para o fato de que, quanto menos uniforme for o florescimento do campo, mais pulverizações poderão ser necessárias, e o intervalo entre elas deverá ser de quatro dias.

Em geral, os inseticidas têm se revelado eficientes no controle de *S. sorghicola*, embora só alguns tenham sido aprovados para o uso em sorgo granífero. Porém, uma das dificuldades do uso de inseticidas no controle de pragas no sorgo é a sensibilidade da planta à ação fitotóxica de alguns princípios ativos. Vários deles, principalmente o parathion, têm se revelado fitotóxicos a muitas variedades e híbridos de sorgo. O sintoma de fitotoxidez é verificado com facilidade pelas necroses que aparecem nas folhas após a aplicação. No entanto, deve-se ressaltar que essa fitotoxicidade depende do genótipo utilizado, pois ela nem sempre se traduz em perdas na produção. Entre os produtos registrados e mais utilizados no controle da mosca estão aqueles à base de clorpirifós e os piretroides.

Manejo integrado

Com base nas informações apresentadas em cada estratégia de controle, percebe-se que existem técnicas suficientes para estabelecer um programa para o manejo da mosca-do-sorgo. Vários aspectos para o manejo de pragas na cultura do sorgo foram discutidos em Waquil, Viane & Cruz (2003). Dentre as técnicas, o controle cultural deve ser a base para o manejo e deve ser compatibilizado com os outros métodos. As medidas culturais são definitivamente imprescindíveis, pois elas determinam se o produtor terá ou não problemas com o inseto e quais medidas de controle precisará usar no decorrer do florescimento para evitar os danos econômicos. Avaliando a interação entre o controle biológico e os cultivares resistentes à mosca, Nwanze et al. (1998) concluíram que os dois métodos são sinergéticos e complementares, pois a taxa de parasitismo passou de cerca de 50%, nos cultivares suscetíveis, para 100%, nos cultivares com resistência moderada. Por outro lado, em cultivares com alto nível de resistência, a infestação da mosca foi praticamente nula. Portanto, medidas devem ser adotadas antes e durante o estabelecimento da cultura, mesmo depois da colheita. Com isso, o produtor poderá evitar densidades populacionais acima do nível de dano econômico, sem precisar, por exemplo, utilizar o controle químico durante o florescimento da cultura ou destruir os focos de emergência dos adultos, práticas que acabam sendo bem mais onerosas e nem sempre viáveis.

Atualmente, nas regiões Sudeste e Centro-Oeste do Brasil, o sorgo granífero vem sendo cultivado na época da “safrinha”, semeado em fevereiro/março, e o florescimento ocorre em abril/maio. Nessa época, o pico populacional da mosca-do-sorgo já passou, e a taxa de emergência de adultos cai de 80%, em janeiro/fevereiro, para apenas 10%, em abril/maio, com densidade populacional abaixo do nível de dano econômico. Entretanto, essa regra pode não prevalecer, em função das variações climáticas das microrregiões, sobretudo da temperatura, da umidade (do solo e do ar) e da precipitação (Waquil, 1999). Portanto, mesmo ao se adotar todas as técnicas culturais recomendadas, há a necessidade de constante monitoramento do campo, durante o período de florescimento, para proteger as plantas da infestação da mosca, pois, após a postura, não existem medidas de controle curativas.

REFERÊNCIAS BIBLIOGRÁFICAS

AGRAWAL, B. L.; ABRAHAM, C. V. & SHARMA, H. C. Registration of ICSV 88032: a high yielding line resistant to sorghum midge, *Stenodiplosis sorghicola*. *Journal of SAT Agricultural Research 1*: 43-6, 2005.

BAXENDALE, F. P.; LIPPINCOTT, E. L. & TEETES, G. L. Biology and seasonal abundance of hymenopterous parasitoids of sorghum midge (Diptera: Cecidomyiidae). *Environ. Entomol.* 12: 871-7, 1983.

BOWDEN, J. & NEVE, R. A. Sorghum midge and resistant varieties in the Gold Coast. *Nature* 172: 551, 1953.

BUSOLI, A. C. & OSUNA, J. A. Resistência de genótipos de sorgo [*Sorghum bicolor* (L.) Moench] a *Contarinia sorghicola* (Coquillett, 1898) (Diptera – Cecidomyiidae), sob condições de campo. *An. Soc. Entomol. Brasil.* 11: 169-80, 1982.

BUSOLI, A. C. et al. Aspectos bioecológicos da mosca-do-sorgo [*Contarinia sorghicola* (Coq. 1898) (Diptera – Cecidomyiidae)] e inimigos naturais, na região de Jaboticabal, SP. *An. Soc. Entomol. Brasil.* 13: 167-76, 1984.

CALLAN, E. M. The gall midges (Diptera – Cecidomyiidae) of economic importance in West Indies. *Trop. Agric.* 18: 117-27, 1941.

CAMPOS, A. R.; BERTI FILHO, E. & LARA, F. M. Influência de genótipos de sorgo granífero sobre a mosca *Contarinia sorghicola* (Coquillett, 1898) (Diptera – Cecidomyiidae) e seus parasitoides. In: 14º CONGRESSO BRASILEIRO DE ENTOMOLOGIA. *Resumos...* Piracicaba: Sociedade Entomológica do Brasil, 1993.

COQUILLETT, D. W. A Cecidomyiidae injurious to seeds of sorghum. *Bull. US Bur. Entomol.* 18: 81-2, 1899.

DAKOUO, D. et al. The genetic control of the sorghum midge, *Stenodiplosis sorghicola*, a major constraint to sorghum production in Burkina Faso. *Cahiers Agricultures* 14: 201-8, 2005.

DAMTE, T.; PENDLETON, B. B. & ALMAS, L. K. Cost-benefit analysis of sorghum midge, *Stenodiplosis sorghicola* (Coquillett) resistant sorghum hybrid research and development in Texas. *Southwestern Entomologist* 34: 395-405, 2009.

FADLELMULA, A. A.; MOHAMMED, A. E. & KHAFAGI, R. M. Effect of ecological factors on sorghum midge, *Stenodiplosis sorghicola* (Coq.), (Diptera: Cecidomyiidae) population. *Sudan Journal of Agricultural Research* 15: 49-60, 2010.

FARIS, M. A.; VENTURA, C. A. & FERRAZ, L. 1. Competição de híbridos granífero e forrageiro. 2. Competição de variedades graníferas. 3. Competição de cultivares internacionais de Purdue. In: 10ª REUNIÃO BRASILEIRA DE MILHO E SORGO. *Anais...* Sete Lagoas, 1974.

FOOTE, R. H. Family Cecidomyiidae. In: STONE, A. et al. Catalog of the Diptera of America North of Mexico, AR SI United Sates Department of Agriculture. *Agriculture Handbook* 276: 1696, 1965.

FRAZMANN, B. A.; LLOYD, R. J. & ZALUCKI, M. P. Effect of soil burial depth and wetting on mortality of diapausing larvae and patterns of post-diapause adult emergence of sorghum midge, *Stenodiplosis sorghicola* (Coquillett) (Diptera: Cecidomyiidae). *Australian Journal of Entomology* 45: 192-7, 2006.

GAGNÉ, R. J. *The gall midges of the Neotropical region*. Ithaca: Comstock Cornell University Press, 1994. 352p.

GUIDO, A. S. & BRUHN, J. C. Nueva plaga agricola para el Uruguay: la mosquita del sorgo (*Contarinia* sp. – Diptera, Cecidomyiidae). *Boletín 87*, Montevideo, Facultad de Agronomía, 1966. 10p.

KING, A. B. S. & SAUNDERS, J. L. *The invertebrate pests of annual food crops in Central America*. Londres: Overseas Development Administration, 1984. 166p.

KNUTSON, A. E. & CRONHOLM, G. Economic injury levels for sorghum midge, *Stenodiplosis sorghicola* and corn earworm, *Helicoverpa zea*, feeding on panicles of sorghum, *Sorghum bicolor. Southwestern Entomologist* 32: 75-85, 2007.

HALLMAN, O. L.; TEETES, G. L. & JOHNSON, J. W. Relationship of sorghum midge (Diptera: Cecidomyiidae) density to damage to resistant and susceptible sorghum hybrids. *J. Econ. Entomol.* 77: 83-7, 1984.

HARRIS, K. M. Sorghum midge, *Contarinia sorghicola* (Coq.), in West Africa. *Nature* 192: 187-8, 1961a.

HARRIS, K. M. The sorghum midge, *Contarinia sorghicola* (Coq.), in Nigeria. *Bull. Entomol. Res.* 52: 129-46, 1961b.

HARRIS, K. M. The sorghum midge complex (Diptera – Cecidomyiidae). *Bull. Entomol. Res.* 55: 233-47, 1964.

HARRIS, K. M. The sorghum midge. *Pans* 16: 36-42, 1970.

HARRIS, K. M. The sorghum midge: a review of published information. In: INTERNATIONAL SORGHUM ENTOMOLOGY WORKSHO. *Proceedings...* Texas A & M University, United States Department of Agriculture, Icrisat, College Station, 1985.

LARA, F. M. *Princípios de resistência de plantas a insetos*. 2. ed. São Paulo: Ícone, 1991. 336p.

LARA, F. M.; CAMPOS, A. R. & BERTI FILHO, E. Preferência de *Aprostocetus diplosidis* Crawford (Hymenoptera: Eulophidae) por partes da planta de sorgo e por diferentes genótipos. *An. Soc. Entomol. Brasil.* 23: 57-62, 1994.

LARA, F. M.; DE BORTOLI, S. A. & BOIÇA JR., A. L. Resistência de plantas a insetos. *Inform. Agropec.* 12: 23-9, 1986.

LARA, F. M.; ROSSETTO, C. J. & IGUE, T. Resistance of the AF-28 sorghum variety to sorghum midge. *Entomol. Exp. Appl.* 21: 238-42, 1977.

LARA, F. M. et al. Resistência de genótipos de sorgo a *Contarinia sorghicola* (Coq.) (Diptera, Cecidomyiidae) e *Diatraea saccharalis* (Lepidoptera, Pyralidae) e influência sobre parasitoides. *An. Soc. Entomol. Brasil.* 26: 327-33, 1997.

LLOYD, R. J.; FRANZMANN, B. A. & ZALUCKI, M. P. Seasonal incidence of *Stenodiplosis sorghicola* (Coquillett) (Diptera: Cecidomyiidae) and its parasitoids on *Sorghum halepense* (L.) Pers. in south-eastern Queensland, Austrália. *Australian Journal of Entomology* 46: 23-8, 2007.

MOURA, C. J.; VILELA, E. F. & WAQUIL, J. M. Estudo comportamental do *Aprostocetus diplosidis* (Crawford, 1907) (Hymenoptera, Eulophidae). In: 11º CONGRESSO BRASILEIRO DE ENTOMOLOGIA. *Resumos*... Campinas, Sociedade Entomológica do Brasil, 1987.

NEWELL, W. & BARBER, T. *The Argentine ant.* US Dept. Agric. Bur. Entomol. Washington, DC, 1913. 98p. (Bull., 122). [Também em *Rev. Appl. Entomol.* 1: 325-8].

NWANZE, K. F. et al. Tritrophic interactions in sorghum midge (*Stenodiplosis sorghicola*) and its parasitoid (*Aprostocetus* spp.). *Crop Protection* 17: 165-9, 1998.

PASSLOW, T. Parasites of sorghum midge, *Contarinia sorghicola* (Coq.) in Queensland. *Qd. J. Agric. Sci.* 15: 35-6, 1958.

PASSLOW, T. Bionomics of sorghum midge, *Contarinia sorghicola* (Coq.) in Queensland, with particular reference to diapause. *Qd. J. Agric. Sci.* 22: 149-67, 1965.

RANDOLPH, N. M. & MONTOYA, E. L. *Ecology, biology and control of sorghum midge on the Texas South Plains.* Texas Agr. Exp. Sta., 1964. 10p. (Progress Report. 2304).

ROSSETTO, C. J. *Tipos de resistência de sorgo, Sorghum bicolor (L) Moench, a Contarinia sorghicola (Coquillett, 1898).* Jaboticabal, SP, 1977. 34p. Tese (livre-docência) – Faculdade de Ciências Agrárias e Veterinárias, Universidade Estadual Paulista.

ROSSETTO, C. J. Comportamento de linhas F3 do cruzamento das variedades AF-28, resistente, e Sarte, suscetível, em relação a *Contarinia sorghicola*. In: 6º CONGRESSO BRASILEIRO DE ENTOMOLOGIA. *Resumos*... Campinas: Sociedade Entomológica do Brasil, 1980.

ROSSETTO, C. J. & BANZATTO, N. V. Resistência de variedades de sorgo a *Contarinia sorghicola* (Coquillett) (Diptera – Cecidomyiidae). In: 7ª REUNIÃO LATINOAMERICANA DE FOTOTECNIA. *Resumos*... Maraçay, 1967.

ROSSETTO, C. J. & VEIGA, A. F. S. L. Introdução da *Contarinia sorghicola* no Brasil. In: 1ª REUNIÃO ANUAL DA SOCIEDADE ENTOMOLÓGICA DO BRASIL. *Resumos*... Viçosa, MG: Universidade Federal de Viçosa, 1973.

ROSSETTO, C. J.; BANZATTO, N. V. & IGUE, T. Resistência de variedades de sorgo a *Contarinia sorghicola* e *Rhopalosiphum maidis*. In: 3º CONGRESSO BRASILEIRO DE ENTOMOLOGIA. *Resumos*... Maceió: Sociedade Entomológica do Brasil, 1976.

ROSSETTO, C. J.; GONÇALVES, W. & DINIZ, J. L. M. Resistência da variedade AF-28 à mosca-do-sorgo, *Contarinia sorghicola*, na ausência de outras variedades. *An. Soc. Entomol. Brasil.* 4: 16-20, 1975.

ROSSETTO, C. J.; NAKANO, O. & BANZATTO, N. V. Praga: fator limitante na produção de sorgo granífero. *O Agronômico* 19: 1-2, 1967.

ROSSETTO, C. J.; et al. Melhoramento de sorgo para multirresistência: II. Obtenção de variedade resistente a *Contarinia sorghicola*, Psitacídea e *Schizaphis graminum*. In: 14º CONGRESSO BRASILEIRO DE ENTOMOLOGIA. *Resumos*... Piracicaba: Sociedade Entomológica do Brasil, 1993.

SANTOS, J. H. R. & CARMO, C. M. Evaluation of resistance to *Contarinia sorghicola* by sorghum lines from Cameron, Africa Collection, in Ceará, Brazil. *Sorghum Newsletter* 17: 10-1, 1974.

SANTOS, J. H. R.; CARMO, C. M. & LIMA, F. C. B. Evaluation of resistance to *Contarinia sorghicola* by sorghum lines from the Purdue collection, in Ceará, Brazil. *Sorghum Newsletter* 17: 12-3, 1974.

SHARMA, H. C. & FRANZMANN, B. A. Orientation of sorghum midge, *Stenodiplosis sorghicola*, females (Diptera: Cecidomyiidae) to color and host-odor stimuli. *J. Agric. Urban. Entomol.* 18: 237-48, 2001.

SHARMA, H. C. et al. Breakdown of resistance to sorghum midge, *Stenodiplosis sorghicola*. *Euphytica* 109: 131-40, 1999.

TEETES, G. L. Sorghum midge biology, population dynamics, and integrated pest management. In: INTERNATIONAL SORGHUM ENTOMOLOGY WORKSHOP. *Proceedings*... Texas A & M University, United States Department of Agriculture, Icrisat, College Station, Tx., 1985.

THOMAZINI, M. J.; THOMAZINI, A. P. B. W. & PACHECO, E. P. Ocorrência da mosca-do-sorgo *Stenodiplosis sorghicola* (Coquillett) (Diptera: Cecidomyiidae) em genótipos de sorgo em Rio Branco, AC, Brasil. *Ciência Rural* 33: 583-5, 2003.

TREVISAN, W. L.; SCAFFERT, R. E. & BUENO, A. Sorghum breeding and improvement in Brazil – Problems and potentials. In: INTERNATIONAL SORGHUM WORKSHOP. *Proceedings*... Mayaguez: Universidade de Puerto Rico, 1975.

VERCAMBRE, B. New knowledge on the sorghum midge, *Stenodiplosis sorghicola* Coquilett 1899 (Diptera: Cecidomyiidae), in the south of France. halshs-00520981, version 1, 2010. Disponível em: <halshs.archives-ouvertes.fr/docs/00/ 52/09/81/PDF/Stenodiplosis-vercambreVF20100924.pdf>.

WALTER, E. V. *The biology and control of the sorghum midge*. Washington, Dept. Agric., 1941. 27p. (Tech. Bull., 778).

WAQUIL, J. M. Enfrente a mosca. *Revista Cultivar Grandes Culturas*, 1999. Disponível em: <www.grupocultivar.com.br/site/content/artigos/artigos.php?id=14>.

WAQUIL, J. M. & TEETES, G. L. Impacto do dano da mosca-do-sorgo, *Contarinia sorghicola* (Coq. 1898), no peso de cada grão remanescente à infestação. *An. Soc. Entomol. Bras.* 19: 201-9, 1990.

WAQUIL, J. M.; TEETES, G. L. & PETERSON, G. C. Adult sorghum midge (Diptera – Cecidomyiidae) nonpreference for resistant hybrid sorghum. *J. Econ. Entomol.* 79: 455-8, 1986a.

WAQUIL, J. M.; TEETES, G. L. & PETERSON, G. C. Sorghum midge (Diptera – Cecidomyiidae) adult ovipositional behavior on resistant and susceptible sorghum hybrids. *J. Econ. Entomol.* 79: 530-2, 1986b.

WAQUIL, J. M.; VIANA, P. A. & CRUZ, I. *Manejo de pragas na cultura do sorgo.* Sete Lagoas, MG: Embrapa Milho e Sorgo, 2003. 25p. (Circular Técnica, 27).

WISEMAN, B. R. & McMILLIAN, W. W. Resistance in sorghum to sorghum midge, *Contarinia sorghicola* (Coquillet) (Diptera: Cecidomyiidae). *J. Georgia Entomol. Soc.* 3: 147-53, 1968.

WISEMAN, B. R. & McMILLIAN, W. W. Preference of sorghum midge among selected lines, with notes on overwintering midges and parasite emergence. *Prod. Res. Report* 122, 1970. 8p.

WISEMAN, B. R.; McMILLIAN, W. W. & WIDSTROM, N. W. Registration of SGIRL – MR-l Sorghum germplasm. *Crop. Sci.* 13: 398, 1973.

WISEMAN, B. R.; McMILLIAN, W. W. & WIDSTROM, N. W. *The sorghum midge*: a bibliography, 1898-1975. United States Department of Agriculture, Agricultural Research Service (ARS-S-139), 1976. 8p.

WUENSCHE, A. L. *An assessment of plant resistance to the sorghum midge, Contarinia sorghicola, in selected lines of Sorghum bicolor.* Texas, 1980. 193p. Tese (Ph.D.) – Texas A & M University, College Station.

42

Helicoverpa armigera (Hübner)

A. Specht, S. V. Paula-Moraes, D. R. Sosa-Gómez

INTRODUÇÃO

Diversas publicações brasileiras relacionam espécies de *Helicoverpa*, em particular *H. zea* (Bod.), em todo o país, e *H. gelotopoeon* (Dyar), no Sul e no Sudeste, atacando diversas culturas (Silva et al., 1968). Entretanto, são descritos danos expressivos causados apenas por *H. zea* na cultura do milho e, esporadicamente, na do algodão (Lima & Racca Fillho, 1996; Gallo et al., 2002).

Na safra 2011-2012 foi relatado o aumento progressivo da incidência de representantes de *Helicoverpa* na cultura da soja (Gassen, 2013). Com base em um comunicado técnico (Igarzabal, 2010), que relatava aumentos progressivos da incidência de *H. gelotopoeon* em soja na Argentina, a partir de 2008, pesquisadores e técnicos atribuíram também a essa espécie os ataques na soja e, posteriormente, no algodoeiro, no Brasil. A situação agravou-se em diversos estados durante a safra 2012-2013. A partir de novembro de 2012, produtores do oeste da Bahia procuraram a Embrapa Cerrados para avaliar a situação, definida como fora de controle, com danos econômicos estimados em cerca de 2 bilhões de reais. A Embrapa Cerrados organizou reunião com entomologistas de outras unidades (Algodão, Arroz e Feijão, Milho e Sorgo, Soja) para contribuir na avaliação da situação. A identificação específica dos agentes causadores foi priorizada e, em dezembro de 2012, a Embrapa

Cerrados iniciou as coletas dos espécimes. Em função de relatos semelhantes em diferentes unidades da federação, coletas também foram realizadas no Distrito Federal, em Mato Grosso e no Paraná.

Com as mariposas coletadas em armadilha luminosa no oeste da Bahia, verificou-se, em função dos locais e das culturas, a ocorrência de várias espécies, sendo que 25 a 35% dos exemplares pertenciam ao gênero *Helicoverpa*. Entre os seus representantes, encontrou-se *H. zea* (minoria) e outra espécie cujos caracteres morfológicos não correspondiam aos de *H. gelotopoeon*. A partir de comparações com espécies descritas para todo o gênero (Hardwick, 1965; Pogue, 2004) e o posterior exame da genitália de quinze machos, provenientes de quatro estados, conclui-se, em 13 de março de 2013, que se tratava de *H. armigera* (Hübner), até então exótica e regulamentada como praga quarentenária A1 para o Brasil (Instrução Normativa nº 52, de 20/11/2007). Estudos complementares, realizados na Embrapa Soja, de sequenciamento de genes mitocondriais – subunidade I de citromo-oxidase (COI), subunidade II de citromo-oxidase (COII) e citocromo B – indicaram coincidência de 99 a 100% com as sequências de nucleotídeos de *H. armigera* depositadas no Gene Bank. A caracterização molecular foi finalizada em 21 de março de 2013. Em 22 de março, os autores deste capítulo encaminharam nota técnica informando às instâncias superiores da Embrapa a identificação da espécie no Brasil. A informação foi encaminhada ao ministro da Agricultura, Pecuária e Abastecimento pelo presidente da Embrapa. Em uma comunicação científica, também foi registrada a ocorrência de *H. armigera* no Brasil, com base em caracteres morfológicos (Czepak et al., 2013).

Com base na Instrução Normativa nº 2 (09/01/2002), que estabelece a obrigatoriedade de notificação ao Mapa, antes de submissão de publicação de detecção de pragas exóticas ou classificadas como quarentenária ou exótica para o Brasil, foi protocolada solicitação (Documento nº 70570.000355/2013-42) para autorização de submissão de manuscrito científico à revista *PAB* e resumo para a reunião da Entomology Society of America, em 2013. Durante o processo de autorização pelo Mapa, informações adicionais foram solicitadas (Ofício DSV-DAS-Mapa nº 157/2013, 09/04/2013), incluindo laudo laboratorial, com detalhes das informações consideradas na identificação. Mediante autorização formalizada pelo Mapa (Ofício DSV/DAS nº 160/2013, 11/04/2013), o manuscrito foi submetido para publicação, descrevendo o trabalho de coleta de espécimes, a identificação taxonômica e molecular da detecção de *H. armigera* no Brasil.

Posição taxonômica e nomenclatura

Ordem: Lepidoptera

Superfamília: Noctuoidea

Família: Noctuidae

Subfamília: Heliothinae

Gênero: *Helicoverpa* Hardwick, 1965

Espécies: *Helicoverpa armigera* (Hübner, [1809])

Sinonímias: *Noctua barbara* Fabricius, 1794
Heliothis conferta Walker, 1857
Heliothis pulverosa Walker, 1857
Heliothis uniformis Wallengren, 1860
Helicoverpa armigera commoni Hardwick, 1965
Heliothis rama Bhattacherjee & Gupta, 1972

O nome *N. barbara* Fabricius, 1794 não havia sido usado por mais de 150 anos e foi considerado *nomen oblitum* (Hardwick, 1965). Desse modo, foi suprimido pela Opinião 1120 da Comissão Internacional de Nomenclatura Zoológica (Poole, 1989).

Nomes comuns: Helicoverpa, Old World (African) bollworm, corn earworm, cotton bollworm.

Identificação (Hardwick, 1965; Pogue, 2004)

Chave para as espécies de *Helicoverpa* registradas no Brasil (genitália masculina)

1. Valva estreitada medianamente, ápice espatulado (Figura 1); vesica com um espinho conspícuo e quatro lobos; espinhos uniformes e em fileira contínua da segunda espiral até o ápice (Figura 3) .... *H. gelotopoeon*.

1'. Valva com mesma largura em toda a extensão (Figura 2); porção basal da vesica com menos de quatro lobos; espinhos irregulares em grupos não contíguos (Figura 4) 2

2. Valva maior ou igual a 4,9 mm; vesica com três lobos (Figura 5)... *H. zea*.

2'. Valva com menos de 4,9 mm; vesica com um lobo curvo (Figura 6) .... *H. armigera*.

HISTÓRICO DA INTRODUÇÃO DA PRAGA NO BRASIL

Apesar de a identificação de *H. armigera* (Figuras 7-12) no Brasil ter sido realizada em março de 2013, supõe-se que a sua ocorrência já abrangia diferentes unidades da federação, em níveis populacionais elevados, a causar danos expressivos a diversas culturas. Assim, o estabelecimento do momento da introdução dificilmente poderá ser precisado. Supõe-se, entretanto, que é possível que tenha ocorrido com anterioridade suficiente, de forma a favorecer a dispersão e/ou migração de adultos e estabelecer densidade populacional elevada o suficiente para provocar danos econômicos em diversas culturas hospedeiras e regiões agrícolas do Brasil.

Considera-se como a mais provável via de ingresso de pragas no mundo o trânsito de plantas ornamentais (Dias, Oliveira & Paula, 2002; Oliveira & Paula 2000).

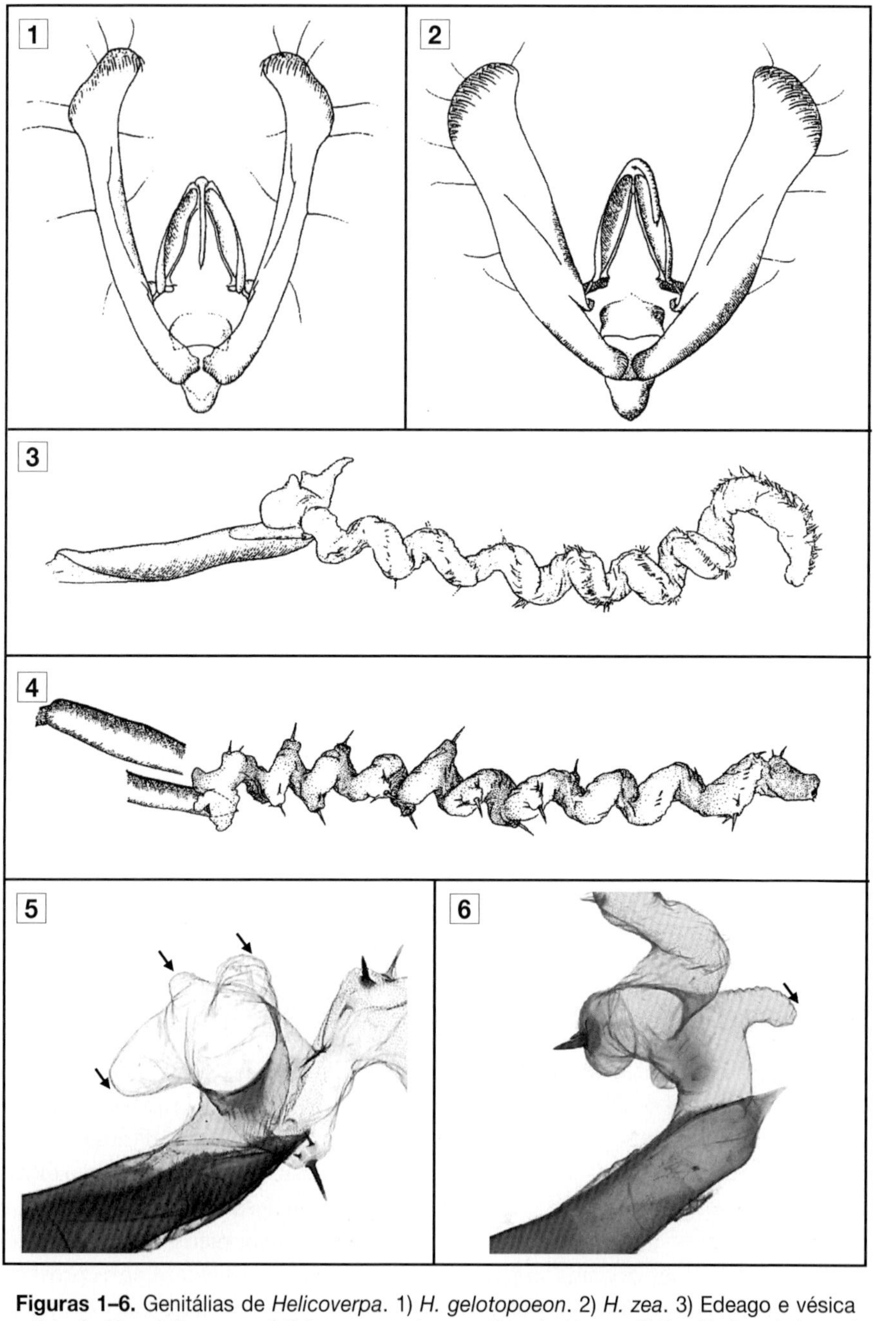

Figuras 1–6. Genitálias de *Helicoverpa*. 1) *H. gelotopoeon*. 2) *H. zea*. 3) Edeago e vésica evertida de *H. gelotopoeon*. 4) Edeago e vesica evertida de *H. zea*. 5) Região basal da vesica de *H. zea*. 6) Região basal da vesica de *H. armigera* (as setas indicam os lobos). Figuras 1–4: modificadas de Hardwick (1965). Figuras 5–6: modificadas de Pogue (2004).

Figuras 7–14. *H. armigera*. 7) Macho. 8) Fêmea. 9) Microescultura do ovo. 10) Dano da lagarta nos brotos de soja. 11) Dano da lagarta nas folhas de soja. 12) Pupas. 13) Lagarta morta por fungo *Nomuraea rileyi*. 14) Pupa de braconídeo. Figuras 7–8: Alexandre Specht. Figura 9: Anastasia Korycinska. Figuras 10–11: Paulo Gallo. Figuras 12–14: Silvana Paula-Moraes.

No caso de *H. armigera*, frequentes interceptações em importações e detecções em campo, em países da Europa, até então sem registro de ocorrência, desencadearam a realização de análise de risco de pragas (ARP) (Lammers & MacLeod, 2007).

A ARP avaliou o risco de introdução dessa espécie em países localizados no Norte da Europa, como Holanda e Reino Unido. Concluiu-se que existe risco fitossanitário de introdução pelas vias de ingresso de carregamentos de flores cortadas, vegetais, plantas ornamentais e trânsito de pessoas. Entretanto, apesar de possível, a classificação do risco foi considerada baixa, em função da pequena possibilidade de sobrevivência e estabelecimento da espécie depois da introdução em nova área. A via de ingresso, classificada como de maior risco para introdução de *H. armigera*, foi a dispersão natural, considerando a capacidade de migração da espécie. A capacidade de voo de *H. armigera* é de até mil quilômetros. Populações do Sul da Europa e mesmo do Norte da África podem alcançar a Grã-Bretanha. Na Europa, essa alta mobilidade torna *H. armigera* uma praga transiente, que explicaria os surtos populacionais impactantes em países nos quais a diapausa não garante alta sobrevivência e estabelecimento (Lammers & MacLeod, 2007).

Nos Estados Unidos, de vinte intercepções em 2003, foram registradas lagartas em flores cortadas, hortelã e manjericão, provenientes da Bósnia, Israel, Japão, Líbano, Holanda, Nova Zelândia e Zimbábue (Pogue, 2004).

DISTRIBUIÇÃO GEOGRÁFICA

H. armigera ocorre na Europa, África, Ásia e Oceania, ocasionando prejuízos econômicos em diversos países desses continentes (Avilla & González-Zamora, 2010; Behere et al., 2007).

No Brasil, até o momento, há registro confirmado na Bahia, no Distrito Federal, em Goiás, em Mato Grosso e no Paraná. Entretanto, em função de relatos de vários segmentos do setor produtivo, há a suspeita de que já esteja dispersa por todo o país.

BIOLOGIA E ECOLOGIA

Os ovos são depositados isoladamente nas gemas, flores, folhas, frutas e caules das plantas hospedeiras. As fêmeas de *H. armigera* (Figura 8) depositam entre 300 e 700 ovos, mas há relatos de até 3 mil ovos (CAB, 2009). Entretanto, sua fecundidade depende das condições nutricionais em que se desenvolveram as lagartas. Assim, lagartas que se alimentaram do algodoeiro, milho, feijoeiro, tomate, pimenta e fumo originaram fêmeas que depositaram, em média, 708, 785, 778, 559, 562 e 314 ovos, respectivamente. A longevidade dos adultos em laboratório varia de 7,6 a 14 dias (Liu et al., 2004). O acasalamento tem maior frequência nas horas próximas da meia-noite (Zalucki et al., 1986) e a maior atividade de oviposição também ocorre à noite, em um padrão bimodal, com maior atividade durante o primeiro pico (Persson, 1974). A taxa reprodutiva de ovo a ovo varia de 117,6 em algodoeiro a 5,1 em pimenta (Liu et al., 2004).

Em dieta artificial, Twine (1978) estimou a temperatura base em 11°C para o desenvolvimento, e a necessidade de 475 graus/dias para as fases larval e pupal, combinadas. Os tempos de desenvolvimento das fases imaturas podem variar de 26,6 dias em milho a 35,1 dias em tomate. A sobrevivência dos imaturos (ovo a pupa) varia de 33,1% em algodoeiro a 1,7% em pimenta (Liu et al., 2004). O número de instares larvais varia de cinco a sete, sendo mais comum cinco ou seis (Zalucki et al., 1986). A lagarta desenvolvida interrompe a alimentação, desloca-se para o solo, constrói uma câmara pupal e um túnel de emergência e passa para a fase de pupa (Figura 12), que transcorre entre 2 e 6 cm de profundidade (Tamhane, Giri & Gupta, 2007; Duffield, 2004; Lloyd, Murray & Hopkinson, 2008). Os dias curtos (11 a 14 horas de luz/dia), as baixas temperaturas e até mesmo as altas temperaturas combinadas com estação seca são fatores que podem desencadear diapausa pupal (CAB, 2009).

H. armigera apresenta notável capacidade de dispersão. Estudos realizados com radares e a presença de pólen na espirotromba indicam que pode migrar longas distâncias. As mariposas costumam voar a menos de 1.500 m de altura sobre o nível do mar; a maior parte concentra-se entre 200 e 500 m. A velocidade de deslocamento varia de 24 a 41 km.h^{-1} (Feng et al., 2009). Essas informações indicam que, no Brasil, as populações de *H. armigera* dispersaram com rapidez após sua introdução, uma vez que ela está disseminada do Norte ao Sul (Sosa-Gómez et al., no prelo).

PLANTAS HOSPEDEIRAS

Como a maioria dos representantes do gênero, *H. armigera* é polífaga e se alimenta de grande gama de plantas hospedeiras cultivadas e nativas (Hardwick, 1965), incluindo hospedeiros do grupo das monocotiledôneas e dicotiledôneas (Zalucki et al., 1986). Na Austrália, são citadas 172 espécies pertencentes a quarenta famílias (Zalucki et al., 1994) e na China aproximadamente 200 espécies pertencentes a trinta famílias botânicas (Xu, Zhang & Zhu, 1958). Preferencialmente, é encontrada em feijoeiro (*Phaseolus vulgaris*), soja (*Glycine max* L.), amendoim (*Arachis hipogea*), guandu (*Cajanus cajan*), grão-de-bico (*Cicer arietinum*), algodoeiro (*Gossypium hirsutum*), milho (*Zea mais*), girassol (*Helianthus annus*), sorgo (*Sorghum bicolor* (L.) Moench), fumo (*Nicotiana tabacum* L.) e em diversas hortaliças, como tomateiro (*Licopersicum esculentum*) e pimenta (*Capsicum frutescens* L.) (Fitt, 1989). Várias plantas que ocorrem no Brasil já foram registradas como hospedeiras de *H. armigera* em outros países (Tabela 1).

Tabela 1. Plantas que ocorrem no Brasil e estão registradas como hospedeiras de *H. armigera* em outros países (Zalucki et al., 1986).

Famílias/ Nomes científicos	Nomes comuns
Asteraceae	
Helianthus annuus	Girassol
Lactuca sativa	Alface
Brassicaceae	
Brassica napus	Nabo
Brassica nigra	Mostarda-preta
Brassica oleracea var. *capitata*	Repolho
Brassica oleracea var. *italica*	Brócoli
Brassica rapa	Nabo
Caricaceae	
Carica papaya	Mamão
Chenopodiaceae	
Beta vulgaris	Beterraba
Cucurbitaceae	
Citrullus lantanus	Melancia
Euphorbiaceae	
Ricinus communis	Mamona
Fabaceae	
Arachis hypogaea	Amendoim
Cajanus cajan	Guandu
Cicer arietinum	Grão-de-bico
Glycine max	Soja
Lablab purpureus	Lab-lab
Lupinus sp.	Tremoço
Medicago sativa	Alfafa
Phaseolus vulgaris	Feijão
Pisum sativum	Ervilha
Linaceae	
Linum usitatissimum	Linho
Malvaceae	
Abelmoschis esculentus	Quiabo
Gossypum hirsutum	Algodão
Hibiscus cannabinus	Quenafe
Sida spp.	Guanxuma
Musaceae	
Musa sp.	
Passifloraceae	
Passiflora edulis	Maracujá-amarelo
Pedaliaceae	
Sesamum indicum	Sesamo
Poaceae	
Hordeum vulgare	Aveia
Panicum sp.	Capim
Sorghum bicolor	Sorgo
Triticum aestivum	Trigo
Zea mays	Milho
Polygonaceae	
Rumex sp.	Lingua-de-vaca
Proteaceae	
Macadamia integrifolia	Macadâmia
Macadamia tetraphylla	Macadâmia
Rosaceae	
Fragaria × *ananassa*	Morangueiro
Rutaceae	
Citrus lemon	Limoeiro
Citrus sinensis	Laranjeira
Solanaceae	
Datura sp.	
Lycopersicum	Tomate
Nicotiana tabacum	Fumo
Petunia × *hybrida*	Petunia
Physalis peruviana	Physalis
Solanum tuberosum	Batata
Vitaceae	
Vitis vinifera	Uva
Zingiberaceae	
Zingiber officinale	Gengibre

IMPACTO ECONÔMICO E PREJUÍZOS

H. armigera é praga de grande variedade de cultivos explorados para produção de alimentos, fibras e óleos (CAB, 2009). O impacto econômico gerado pelo ataque das lagartas se deve às características citadas anteriormente, que envolvem grande número de plantas hospedeiras, alta capacidade de reprodução e mobilidade em diferentes habitats na paisagem agrícola (Farrow & Daly, 1987; Fitt, Zalucki & Twine, 1989). As lagartas podem atacar tanto a parte vegetativa como as estruturas reprodutivas das plantas hospedeiras. Entretanto, a fase reprodutiva é preferida e a capacidade de movimentação entre frutos, antes do consumo total deles, representa grande destruição por essa praga, mesmo em pequenas populações de lagartas (Zalucki et al., 1986). O impacto econômico de *H. armigera* foi registrado na Austrália, China e Índia, sendo considerada praga-chave na cultura do algodoeiro (Downes, Mahon & Olsen, 2007). Além da cultura do algodão, que é um hospedeiro preferencial, ataca as culturas de soja e milho no início da estação de cultivo (Maelzer & Zalucki, 1999). Entretanto, essas culturas não suportam muitas gerações da praga, por apresentarem rápido período de florescimento, preferido para deposição de postura. Adultos que emergem após o período de florescimento tendem a dispersar, em busca de hospedeiros mais atrativos, que sustentem maior número de gerações da praga, como é o caso da cultura do algodão (Zalucki et al., 1986), em função do tempo de permanência no campo. Na Índia, além do algodoeiro, é considerada a praga mais importante nos cultivos de guandu, grão-de-bico, girassol, tomate, sorgo, milheto, quiabo e milho (Sharma, 2001). Na África, há registros de redução na produção de algodão da ordem de 60% (CAB, 2009). É ainda considerada a praga mais importante da cultura do tomate, na Espanha e em Portugal (Arnó et al., 1999).

No Brasil, as lagartas têm sido encontradas no início da safra de soja, em plantas pequenas, com dois a três folíolos, ocultas nos folíolos que ainda não abriram totalmente; alimentam-se das folhas e podem destruir o broto apical (Figura 10).

INIMIGOS NATURAIS

Nos locais onde é endêmica, *H. armigera* apresenta inúmeros inimigos naturais (CAB, 2009). Apesar da recente introdução no Brasil, as suas lagartas já foram documentadas como mortas por ação de parasitoides e doenças comumente associadas a outros representantes de *Heliothinae*. Lagartas coletadas nas culturas de soja, milho e algodão (safra 2012-2013) apresentaram parasitismo por braconídeos (Figura 13) e patógenos, tais como o fungo *Nomuraea rileyi* (Figura 14) e um vírus de poliedrose nuclear (Sosa-Gómez, não publicado).

MANEJO

O manejo de *H. armigera* na cultura do algodão, antes da tecnologia de plantas transgênicas, a expressar a toxina Bt, era baseado no controle químico, considerando-se, em alguns casos, o nível de controle e a capacidade de compensação de injúria pela planta e o impacto positivo de inimigos naturais (Longworth & Rudd, 1975). Na Austrália, 35 a 40% do custo de produção era relacionado ao controle de pragas; 80% das aplicações de inseticidas eram direcionadas para controle de *H. armigera* (Fitt, 2000). Em alguns casos, a tomada de decisão é baseada no uso de sistema computadorizado (Hearn & Bange, 2002).

Dentre os inseticidas utilizados para o controle de *H. armigera*, nos países em que ocorre, são citados: indoxicarbe, methoxyfenozide, benzoato de emamectina, novaluron, chlorfenapyr, imidaclopride, fluvalinate, endosulfan, spinosad, abamectina, deltametrina, cipermetrina, lambda-cyalothrin, carbaryl, metomil, profenofos, tiodicarb e clorpirifos (Fathipour & Sedaratian, 2013). Entretanto, vários são os registros de resistência a diferentes grupos de inseticidas (Zalucki, Adamson & Furlong, 2009). A resistência de *H. armigera* a piretroides pelos mecanismos de desintoxicação metabólica ou insensibilidade do sítio-alvo (Kranthi et al., 2001) é reportada na Austrália, Tailândia, Turquia, Índia, Indonésia, Paquistão (CAB, 2009), Espanha (Torres Vila et al., 2002), China, Israel e Nova Zelândia (Konus, 2004). Também são registrados na Austrália casos de resistência a endosulfan, organofosforados e carbamatos (Zalucki et al., 2009).

Várias têm sido as estratégias empregadas para evitar ou retardar o risco da evolução de resistência de *H. armigera* a inseticidas. A rotação de inseticidas com diferentes modos de ação tem sido recomendada, mas não evita isoladamente a pressão de seleção para evolução de resistência dessa praga (Fathipour & Sedaratian, 2013). O uso do sinergista butóxito de piperonila tem sido preconizado como aliado para o manejo de resistência a piretroides e carbamatos. A produção de enzimas que metabolizam e sequestram piretroides é inibida na presença desse sinergista, três a quatro horas após a aplicação. Entretanto, a atividade enzimática do inseto é recuperada em aproximadamente 24 horas (Young, Gunning & Moores, 2005) e também não representa solução isolada para o manejo de *H. armigera*. Aplicações visando lagartas de instares iniciais devem ser preconizadas na adoção do controle químico, devido à maior suscetibilidade e exposição de lagartas, as quais, após o segundo instar, abrigam-se em estruturas reprodutivas (Mabett, Dareepat & Nachapong, 1980). Kohli (1982) preconizou ainda que, em casos de alta infestação da praga e cultivos em franco desenvolvimento vegetativo, o intervalo de aplicações de inseticidas deve ser reduzido, de forma a proteger as partes vegetativas recentes.

Entretanto, a alternativa mais indicada para o uso de inseticidas no controle de *H. armigera* é a adoção de sistema de monitoramento da praga e do nível de controle para tomada de decisão. A captura de adultos tem sido usada como forma de detecção de noctuídeos, determinação da composição e abundância de espécies. Entretanto, tentativas de estabelecimento da correlação entre adultos capturados e densidade populacional da praga a ocasionar danos nas culturas, para subsidiar tomada de decisão, não têm alcançado sucesso (CAB, 2009). O uso de armadilha luminosa permite obter informação sobre as espécies presentes em determinada área e a flutuação populacional durante a estação de cultivo (Roach, 1975). As armadilhas de feromônio são indicadas e mais sensitivas para a detecção de populações iniciais em cultivos, por serem específicas, o que torna o trabalho de contagem rápido e fácil (Klun et al., 1979).

A partir da informação sobre o início da infestação de *H. armigera* no cultivo, ou no caso de mais de uma planta hospedeira cultivada na mesma área, a contagem direta de ovos e lagartas de primeiro instar deve ser realizada (Torres-Vila, Rodriguez-Molina & Lacasa-Plasencia, 2003). Na avaliação dos ovos, é fundamental considerar a presença de ovos parasitados, dissecados e inférteis, como forma de melhor estimativa da população impactante na área (Van Hamburg, 1981). Na cultura do algodão, a frequência de amostragem recomendada é de pelo menos duas vezes por semana, no início da germinação das plantas, até que 30 a 40% delas estejam com os capulhos abertos (Cotton Pest Management, 2010-2011). Níveis de dano econômico e de controle para *H. armigera* têm sido baseados no número de lagartas por área ou comprimento de linha de plantio. Fathipour e Sedaratian (2013) apresentam uma revisão dos níveis de dano econômico e de controle propostos para as culturas de algodão, soja, tomate, grão-de-bico, feijão-de-corda, feijão e amendoim.

O controle biológico é citado como aliado no manejo de *H. armigera*, exemplificado por mais de quinze espécies do parasitoide *Trichogramma* atacando ovos (CAB, 2009). Entretanto, sua eficiência de controle pode ser comprometida em função do número de aplicações de inseticidas, em muitos casos não seletivos (Fathipour & Sedaratian, 2013). Para culturas com maior tolerância à praga e maior nível de controle, o favorecimento da sobrevivência de inimigos naturais contribui para o manejo de *H. armigera*, considerando a associação de vários cultivos em uma área.

A abordagem de "total manejo populacional" proposta por Perkins (citado por Zalucki, Adamson & Furlong, 2009) ou mais comumente designada "manejo regional de pragas" (Kipling & Stadelbacher, 1983) torna-se apropriada para o manejo de *H. armigera,* considerando o número de gerações, o alto grau de polifagia e a capacidade de dispersão em vários cultivos. Dessa forma, em vez do manejo em nível de propriedade agrícola, torna-se necessária a abordagem na paisagem agrícola, considerando o mosaico de espécies de culturas e a contribuição de cada uma na dinâmica populacional da espécie. O milho e o sorgo podem contribuir para o aumento da densidade populacional de *H. armigera* no início da estação de cultivo (Maelzer & Zalucki, 1999), mas também é possível a intensificação das medidas de controle, em especial o controle biológico, que impactará no decréscimo da população da praga que infesta culturas de maior valor agregado, como é o caso do algodoeiro (Zalucki, Adamson & Furlong, 2009).

A tecnologia de plantas transgênicas expressando toxinas Bt na cultura do algodão é considerada um novo fundamento no controle de pragas nessa cultura

(Zalucki, Adamson & Furlong, 2009). A primeira geração de plantas expressando a toxina Cry1Ac para controle de *H. armigera* foi introduzida na Austrália em 1995-1996. A expressão dessa toxina não é consistente durante todo o ciclo da cultura; ocorre variabilidade (Lutrell, Wan & Knighten, 1999), o que, em alguns casos, pode demandar a aplicação de inseticidas, principalmente no terço final da estação de cultivo (Zalucki, Adamson & Furlong, 2009). Essa tecnologia foi adotada na Austrália, como uma transição para a introdução de plantas de algodão transgênicas expressando as toxinas Cry1Ac e Cry2Ab, de modo a diminuir o risco de seleção de populações resistentes de *H. armigera* (Roush, 1998).

O manejo da resistência de pragas à tecnologia Bt, em conjunto com a expressão em alta dose da toxina (Gould, 1998), representa componente-chave para o sucesso no longo prazo da tecnologia. A recomendação de refúgio para a cultura do algodão transgênico Bt, no caso da Austrália, inclui a opção inclusive de outras culturas, como sorgo e milho. Além dos benefícios já mencionados dessas culturas, para o favorecimento de inimigos naturais de *H. armigera* no início da estação de cultivo, elas também promovem a manutenção de populações não selecionadas para a resistência à toxina Cry1Ac. Destaca-se, mais uma vez, a importância da paisagem agrícola, dentro dos aspectos temporais e espaciais, para uma espécie polífaga e de alta mobilidade como é *H. armigera*.

REFERÊNCIAS BIBLIOGRÁFICAS

ARNÓ, J. et al. Integrated pest management for processing tomatoes in the Ebro Delta (Spain). *ISHS Acta Horticulturae* 487: 207-12, 1999.

AVILLA, C. & GONZÁLEZ-ZAMORA, J. E. Monitoring resistance of *Helicoverpa armigera* to different insecticides used in cotton Spain. *Crop Protection* 29: 100-3, 2010.

BEHERE, G. T. et al. Mitochondrial DNA analysis of field populations of *Helicoverpa armigera* (Lepidoptera: Noctuidae) and of its relationship to *H. zea*. *BMC Evolutionary Biology* 7: 117, 2007.

CAB International. *Helicoverpa armigera* sheet, 2009. (CD).

CZEPAK, C. et al. Primeiro registro de ocorrência de *Helicoverpa armigera* (Hübner) (Lepidoptera: Noctuidae) no Brasil. *Pesq. Agropec. Trop.* 43: 110-3, 2013.

DIAS, V. S.; OLIVEIRA, M. R. V. & PAULA, S. V. *Risco de introdução de pragas invasoras exóticas na importação de flores frescas*. Brasília: Embrapa Recursos Genéticos e Biotecnologia, 2002. 4p. (Comunicado Técnico, 68).

DOWNES, S.; MAHON, R. & OLSEN, K. Monitoring and adaptive resistance management in Australia for Bt-cotton: current status and future challenges. *J. Invert. Pathol.* 95: 208-13, 2007.

DUFFIELD, S. J. Evaluation of the risk of overwintering *Helicoverpa* spp. pupae under irrigated summer crops in south-eastern Australia and the potential for area-wide management. *Ann. App. Biol.* 144: 17-26, 2004.

FARROW, R. A. & DALY, J. C. Long-range movements as an adaptive strategy in the genus *Heliothis* (Lepidoptera: Noctuidae): a review of its occurrence and detection in four pest species. *Austr. J. Zool.* 35: 1-24, 1987.

FATHIPOUR, Y. & SEDARATIAN, A. Integrated management of *Helicoverpa armigera* in soybean cropping systems. In: EL-SHEMY, H. (ed.). *Soybean – Pest resistance*. ISBN: 978-953-51-0978-5, InTech, 2013. Disponível em: <www.intechopen.com/books/soybean-pest-resistance/integrated-management-of-helicoverpa-armigera-in-soybean-cropping-systems>.

FENG, H. et al. Season migration of *Helicoverpa armigera* (Lepidoptera: Noctuidae) over the Bohai Sea. *J. Econ. Entom.* 102: 95-104, 2009.

FITT, G. P. The ecology of *Heliothis* in relation to agroecosystems. *Ann. Rev. Entomol.* 34: 17-52, 1989.

FITT, G. P. An Australian approach to IPM in cotton: integrating new technologies to minimize insecticide dependence. *Crop Protection* 19: 793-800, 2000.

FITT, G. P.; ZALUCKI, M. P. & TWINE, P. Temporal and spatial patterns in pheromone-trap catches of *Helicoverpa* spp. (Lepidoptera, Noctuidae) in cotton-growing areas of Australia. *Bull. Entomol. Res.* 79: 145-61, 1989.

GASSEN, D. N. *Lagarta-das-ponteiras-da-soja ou lagarta-das-vagens-da-soja, Helicoverpa gelotopoeon*. Cooperativa dos Agricultores de Plantio Direto – Cooplantio, 2013. 3p. (Informativo, 156).

GALLO, D. et al. *Entomologia agrícola*. São Paulo: Fealq, 2002. 920p.

GOULD, F. Sustaintability of transgenic insecticidal cultivars: integrating pest genetics and ecology. *Annu. Rev. Entomol.* 43: 701-26, 1998.

HARDWICK, D. F. The corn earworm complex. *Mem. Entomol. Soc. Canada* 40: 1-247, 1965.

HEARN, A. B. & BANGE, M. P. SIRATAC and CottonLOGIC: persevering with DSSs in the Australian cotton industry. *Agricultural Systems* 74: 27-56, 2002.

IGARZABAL, D. Nova lagarta causa danos severos na Argentina. *Rev. Plantio Direto* 115: 1-3, 2010.

KIPLING, E. A. & STADELBACHER, E. F. The rationale for pest area-wide management for *Heliothis* populations. *Bull. Entomol. Soc.* 29: 29-37, 1983.

KLUN, J. A. et al. Trace chemicals: the essence of sexual communication systems in *Heliothis* species. *Science* 204: 1.328-30, 1979.

KOHLI, A. The likely impact of synthetic prethroids on *Heliothis* management. In: REED, W. & KUMBLE, V. (eds.). *Proceedings of the International Workshop on Heliothis Management*, 15-20 November 1981. Patancheru, India: International Crops Research, 1982.

KONUS, M. *Effect of the synthetic pyrethroid insecticide lambda-cyhalothrin on Helicoverpa armigera glutathione s-transferases*, 2004. Thesis – Middle West Technical University.

KRANTHI, K. R. et al. Pyrethroid resistance and mechanisms of resistance in field strains of *Helicoverpa armigera* (Lepidoptera: Noctuidae). *J. Econ. Entomol.* 94: 253-63, 2001.

LAMMERS, J. W. & MacLEOD, A. *Report of a pest risk analysis, Helicoverpa armigera (Hübner, 1808)*. Plant Protection Service (NL) and Central Science Laboratory (UK), 2007.

LIMA, A. F. & RACCA FILHO, F. *Manual de pragas e praguicidas*: receituário agronômico. Rio de Janeiro: Ed. da UFRRJ, 1996. 818p.

LIU, Z. et al. Life table studies of the cotton bollworm, *Helicoverpa armigera* (Hübner) (Lepidoptera: Noctuidae), on different host plants. *Environ. Entomol.* 33: 1.570-6, 2004.

LLOYD, R. J.; MURRAY, D. A. H. & HOPKINSON, J. E. Abundance and mortality of overwintering pupae of *Helicoverpa armigera* (Hübner) (Lepidoptera: Noctuidae) on the Darling Downs, Queensland, Australia. *Austr. J. Entomol.* 47: 297-306, 2008.

LONGWORTH, J. W. & RUDD, D. Plant pesticide economics with special reference to cotton insecticides. *Austr. J. Agric. Econ.* 19: 210-26, 1975.

LUTTRELL, R. G.; WAN, L. & KNIGHTEN, K. Variation in susceptibility of noctuid (Lepidoptera) larvae attacking cotton and soybean to purrified endotoxin proteins and commercial formulations of *Bacillus thuringiensis*. *J. Econ. Entomol.* 92: 21-32, 1999.

MABETT, T. H.; DAREEPAT, P. & NACHAPONG, M. Behavior studies on *Heliothis armigera* and their application to scouting techniques for cotton in Thailand. *Trop. Pest Manag.* 26: 268-73, 1980.

MAELZER, D. A. & ZALUCKI, M. P. Analysis and interpretation of long term light trap data for *Helicoverpa armigera* (Lepidoptera: Noctuidae) in Australia: the effect of climatic and crop host plants. *Bull. Entomol. Res.* 89: 455-65, 1999.

OLIVEIRA, M. R. V. & PAULA, S. V. *Propostas metodológicas para análise de risco de pragas quarentenárias de material vegetal*. Brasília: Embrapa Recursos Genéticos e Biotecnologia, 2000. 142p. (Documentos, 47).

PERSSON, B. Diel distribution of oviposition in *Agrotis ipsilon*, *Agrotis munda*, and *Heliothis armigera* (Lepidoptera: Noctuidae) in relation to temperature and moonlight experiments in an egg-laying recording apparatus in Queensland, Australia. *Entomol. Scand.* 5: 196-208, 1974.

POGUE, G. M. A new synonym of *Helicoverpa zea* (Boddie) and differentiation of adult males of *H. zea* and *H. armigera* (Hübner) (Lepidoptera: Noctuidae: Heliothinae). *Ann. Entomol. Soc. Am.* 97: 1.222-6, 2004.

POOLE, R. W. Noctuidae. In: HEPPNER, J. B. (ed.). *Lepidopterorum catalogus*. New York: Brill, 1989. 1.314p.

ROACH, S. H. *Heliothis zea* and *H. virescens* moth activity as measured by black light and pheromone traps. *J. Econ. Entomol.* 68: 17-21, 1975.

ROUSH, R. Two toxins strategies for management of insecticidal transgenic crops: can pyramiding succeed where pesticide mixtures have not? *Philos. T. Roy. Soc. B.* 353: 1.777-86, 1998.

SHARMA, H. C. Cotton bollworm/legume pod borer, *Helicoverpa armigera* (Hübner) (Lepidoptera: Noctuidae): biology and management. In: *Crop protection compendium*. International Crops Research Institute for the Semi-Arid Tropics. Institute for the Semi-Arid Tropics, 2001.

SILVA, A. G. A. et al. *Quarto catálogo dos insetos que vivem nas plantas do Brasil, seus parasitos e predadores*. Parte II, 1º tomo. Insetos, hospedeiros e inimigos naturais. Rio de Janeiro: Ministério da Agricultura, 1968. 622p.

TAMHANE, V. A.; GIRI, A. P. & GUPTA, V. S. *Helicoverpa armigera*: ecology and control using novel biotechnological approaches. In: PIMENTEL, D. (ed.). *Encyclopedia of pest management*. Taylor & Francis Group. 9. 232-237, 2007. v. II, cap. 95.

TORRES-VILA, L. M. et al. Insecticide resistance of *Helicoverpa armigera* to endosulfan, carbamates and organophosphates: the Spanish case. *Crop Protection* 21: 1.003-13, 2002.

TORRES-VILA, L. M.; RODRIGUEZ-MOLINA, M. C. & LACASA-PLASENCIA, A. Testing IPM protocols for *Helicoverpa armigera* in processing tomato: egg-count vs. fruit-count-based damage thresholds using Bt or chemical insecticides. *Crop Protection* 22: 1.045-52, 2003.

TWINE, P. H. Effect of temperature on the development of larvae and pupae of the corn earworm, *Heliothis armigera* (Hübner) (Lepidoptera: Noctuidae). *Queensl. J. Agric. Anim. Sci.* 35: 23-8, 1978.

VAN HAMBURG, H. The inadequacy of egg counts as indicators of threshold levels for control of *Heliothis armigera* on cotton. *J. Entomol. Soc. South Africa* 44: 289-95, 1981.

XU, M.; ZHANG, G. X. & ZHU, H. F. Research on cotton bollworm. *Acta Entomol. Sinica 1*: 18-29, 1958 (em chinês).

YOUNG, S. J.; GUNNING, R. V. & MOORES, G. D. The effect of piperonyl butoxide on pyrethroid-resistance-associated esterases in *Helicoverpa armigera* (Hübner) (Lepidoptera: Noctuidae). *Pest Management Science* 61: 397-401, 2005.

ZALUCKI, M. P. et al. The biology and ecology of *Heliothis armigera* (Hubner) and *H. punctigera* Wallengren (Lepidoptera?: Noctuidae) in Australia: What we know? *Austr. J. Zool.* 34: 779-814, 1986.

ZALUCKI, M. P.; ADAMSON, D. & FURLONG, M. The future of IPM: whither or wither? *Austr. J. Entomol.* 48: 85-96, 2009.

ZALUCKI, M. P. et al. Ecology of *Helicoverpa armigera* (Hübner) and *H. punctigera* (Wallengren) in the inland of Australia: larval sampling and host plant relations during winter and spring. *Austr. J. Zool.* 42: 329-46, 1994.

43

Ácaro-do-enrolamento-do-trigo, *Aceria tosichella* Keifer

P. R. V. S. Pereira, D. Lau, D. Navia, R. S. de Mendonça, J. R. Salvadori, V. Bianchin

INTRODUÇÃO

Conhecido como ácaro-do-enrolamento-do-trigo, *Aceria tosichella* é vermiforme, esbranquiçado, com menos de 0,3 mm de comprimento (Figura 1). Altas populações desse ácaro podem causar perdas no rendimento em lavouras de trigo, devido ao dano direto pela alimentação (Harvey, Martin & Seifers, 2002) e, sobretudo, pela transmissão e disseminação de viroses (Oldfield & Proeseler, 1996). O ácaro e as viroses por ele transmitidas compõem um complexo que afeta culturas de cereais em diferentes regiões do mundo, constituindo uma ameaça para áreas não afetadas e recém-invadidas. Do conhecimento de agricultores e pesquisadores por pelo menos seis décadas, esse complexo vem causando, em áreas da América do Norte, importante impacto econômico (Velandia et al., 2010). Novas espécies de vírus transmitidos vêm sendo identificadas (Seifers et al., 2008, 2009; Stephan et al., 2008), e os danos causados tornaram-se maiores, devido à ocorrência de severas infecções mistas e ao fato de as dificuldades de controle, por exemplo, por meio de resistência genética, aumentarem. Em áreas de produção de cereais de inverno na Austrália e na América do Sul, onde essas pragas foram detectadas na última década, elas têm causado impacto e sua proporção depende do quanto se adaptarão e se disseminarão nessas condições (Ellis et al., 2003a;

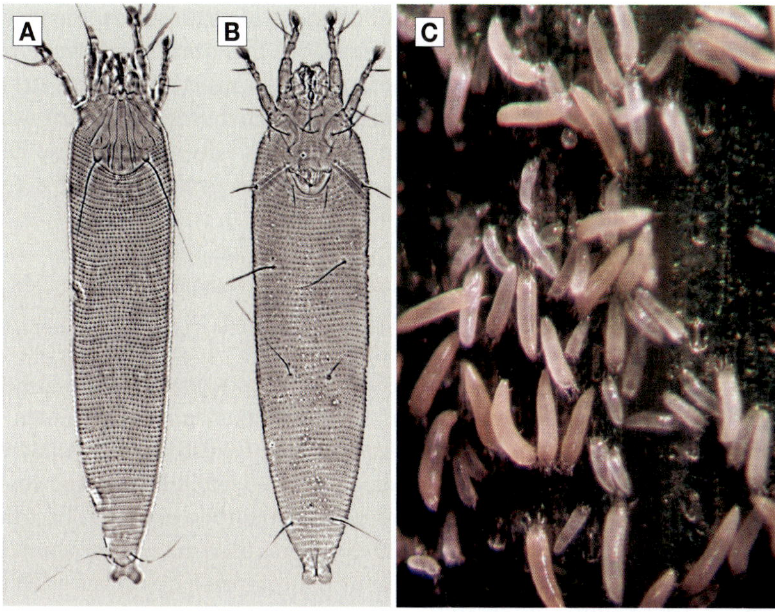

Figura 1. *A. tosichella* Keifer. A) Vista dorsal. B) Vista ventral. C) Aspecto de população em planta de trigo. Fotos: A, B) Maria Angélica Rodrigues; C) Paulo R. V. S. Pereira.

Ellis, Rebetzke & Chu, 2003b; Truol et al., 2004; Dwyer et al., 2007; Coutts et al., 2008a, 2008b; Truol & Sagadin, 2008a).

Posição taxonômica e nomenclatura

Ordem: Acari

Superfamília: Eriophyoidea

Família: Eriophyidae

Gênero: *Aceria* Keifer, 1944

Espécie: *Aceria tosichela* Keifer, 1969

Sinonímia: *Aceria tritici* Shevtchenko, 1970

A identidade de *A. tosichella* tem uma história de incertezas (Frost & Ridland, 1996). Essa espécie foi descrita em trigo (*Triticum aestivum* L.) por Keifer (1969); é muito próxima, morfologicamente, de *Aceria tulipae* (Keifer), uma espécie descrita em bulbos de tulipas originários da Holanda e coletados em 1937 na Califórnia, EUA (Keifer 1938, 1969). Durante muitos anos, *A. tosichella* foi erroneamente identificada como *A. tulipae*, supostamente a infestar trigo e considerada como o vetor de *Wheat streak mosaic virus* (WSMV) (Keifer, 1953; Slykhuis, 1955). A ocorrência de um ácaro eriofiídeo em plantas tão diferentes quanto Poaceae e Liliaceae estimulou o desenvolvimento de estudos biológicos e morfológicos. Shevtchenko et al. (1970) mostraram que a espécie de eriofiídeo que ocorre em trigo era diferente da espécie em tulipa e, assim, *Aceria tritici* foi descrita por Shevtchenko, no mesmo trabalho, como a espécie de gramíneas, ocorrendo em quatro espécies de Poaceae no Uzbequistão. Entretanto, alguns meses antes da descrição de Shevtchenko, Keifer (1969) já havia descrito *A. tosichella* para acomodar a espécie de trigo associada com a virose em trigo. Desde então, *A. tritici* e *A. tosichella* são considerados sinônimos (Amrine & Stasny, 1994). Entretanto, o nome *A. tulipae* continuou sendo usado para identificar o ácaro eriofiídeo associado ao trigo até 1995, sobretudo pelos pesquisadores norte-americanos (Harvey & Livers, 1975; Harvey et al., 1995a; Harvey, Martin & Seifers, 1995b). Apesar de já ter sido esclarecida a distinção entre *A. tosichella*, espécie vetora que infesta gramíneas, e *A. tulipae*, praga que causa danos diretos em liliáceas, questões taxonômicas relevantes ainda precisam ser investigadas em relação a *A. tosichella*. Os estudos têm evidenciado a existência de biótipos de *A. tosichella* com diferentes habilidades como vetores e causando diferentes respostas a genótipos de trigo (Harvey et al., 1995a; Harvey, Martin & Seifers, 1995b; Harvey et al., 1999). Além disso, há indicações de que o fenótipo considerado *A. tosichella* represente um complexo de espécies (Halliday & Knihinicki, 2004; Skoracka & Kuczynski, 2006).

ORIGEM E DISTRIBUIÇÃO

A. tosichella foi descrito em folhas de trigo (*Triticum aestivum* L.) na localidade de Zemun-Beograd, antiga Iugoslávia, por Keifer (1969). Esse ácaro está disperso em todo o mundo. Está presente na Europa (Oldfield & Proeseler, 1996), na América do Norte (Oldfield & Proeseler, 1996; Hoffmann & Lopez-Campos, 2000; Amrine, 2003), na África (Meyer, 1981), na Ásia (Oldfield, 1970), no Oriente Médio (Oldfield, 1970; Makkouk & Kumari, 1997; Denizhan et al., 2010), na Oceania (Halliday & Knihinicki, 2004) e na América do Sul (Navia et al., 2006; Pereira et al., 2009; Castiglioni & Navia, 2010). Ele tem como hospedeiro principal o trigo, mas suas populações podem desenvolver-se em outros cereais, como milho (*Zea mays*), aveia (*Avena* spp.), cevada (*Hordeum vulgare*), centeio (*Secale cereale*) e milheto (*Pennisetum glaucum*) (Jeppson, Keifer & Baker, 1975). Foi também relatado em um grande número de gramíneas (incluindo gramíneas cultivadas de menor importância e ervas daninhas) e apresenta cerca de 120 espécies de hospedeiros na família Poaceae (Amrine, 2003). A origem do ácaro-do-enrolamento-do-trigo é desconhecida e os caminhos que permitiram a sua ampla disseminação em todo o mundo são incertos. Também não há informações sobre as suas rotas de colonização, uma vez que os dados sobre o primeiro registro desse ácaro em cada país ou continente não permitem elaborar hipóteses históricas. É possível que *A. tosichella* esteja presente há muito tempo em diversas áreas, causando danos menores e permanecendo despercebido até que os vírus por ele transmitidos sejam relatados. Em geral, levantamentos para detecção de ácaros eriofiídeos em gramíneas são realizados logo após o registro de viroses associadas, sendo necessário encontrar o vetor e seus hospedeiros alternativos para estabelecer medidas de manejo (Jeżewska & Wieczorek, 1998; Navia et al., 2006). *A. tosichella* é o único vetor das viroses a ele associadas (Oldfield & Proeseler, 1996). Isso indica uma relação bastante específica entre o ácaro e os vírus que transmite, fazendo que medidas de controle para os membros desse complexo sejam estritamente associadas.

HISTÓRICO DE INTRODUÇÃO DA PRAGA NA AMÉRICA DO SUL E NO BRASIL

Os registros de *A. tosichella* na América do Sul são recentes. Foi primeiro encontrado na Argentina, em 2004 (Navia et al., 2006), dois anos depois da detecção de WSMV nesse país (Truol et al., 2004). A presença de HPV foi confirmada na Argentina em 2007, na província de Buenos Aires, em infecções mistas com WSMV (Truol & Sagadin, 2008a, 2008b). A ocorrência de *A. tosichella* e viroses associadas na Argentina criou o alerta para a presença desse complexo em outros países da América do Sul, em especial nos países vizinhos e com áreas de produção de cereais contíguas. Em 2006, um projeto de colaboração entre instituições de pesquisa argentinas, brasileiras, paraguaias e uruguaias foi iniciado, tendo como um dos seus objetivos mapear a ocorrência do complexo ácaro/viroses nas áreas de produção tritícola desses países. Como resultado desse projeto, *A. tosichella* foi detectado no Brasil e no Uruguai. Neste país, foi detectado pela primeira vez em 2007, nas províncias de Colônia e Rio Negro, tendo trigo, azevém e *Bromus unioloides* como hospedeiros (Castiglioni & Navia, 2010). No Brasil, foi primeiramente registrado, em 2006, no Estado do Rio Grande do Sul, em regiões próximas à fronteira com a Argentina. Nesse estado, os primeiros registros do ácaro foram em amostras de trigo, nos municípios de Passo Fundo, Palmeira das Missões, São Luís Gonzaga e Santo Antônio das Missões, todos na região noroeste do estado (Pereira et al., 2009).

No Brasil, em 2007 e 2008, após a detecção de *A. tosichella*, houve monitoramento para acompanhamento de sua distribuição no Estado do Rio Grande do Sul. Nesse período, observou-se a ampliação tanto da distribuição como do número de hospedeiros do ácaro no estado. Além dos municípios de Passo Fundo, Palmeira das Missões, São Luís Gonzaga e Santo Antônio das Missões, ele foi detectado em Júlio de Castilhos, Almirante Tamandaré do Sul, Chapada, Santa Rosa e Três de Maio. Como hospedeiros, além do trigo, foi encontrado em amostras de milho e *Agropyron* sp. (dados não publicados).

DANOS

Danos relacionados à infestação por *A. tosichella* incluem descoloração, enrolamento e desenvolvimento anormal de folhas e arqueamento de plantas. Em plantas infestadas, as folhas não se expandem normalmente. Os ácaros permanecem dentro das folhas mais velhas, fazendo as plantas arquearem (Jeppson, Keifer & Baker, 1975; Cabi, 2002) (Figuras 2A, 2B). Perdas no rendimento de grãos de trigo devido a infestações de *A. tosichella* podem chegar a 30% (Harvey, Martin & Seifers, 2002). Entretanto, o principal dano causado pelo ácaro está relacionado com a transmissão das viroses *Wheat streak mosaic virus* (WSMV) (Slykhuis, 1955), *High plains virus* (HPV) (Jensen, Lane & Seifers, 1996; Seifers et al., 1997), *Brome streak mosaic virus* (BrSMV) (Goetz & Maiss, 1995) e *Triticum mosaic virus* (TriMV) (Seifers et al., 2008, 2009). Os vírus transmitidos por *A. tosichella* são muito diversos e pertencem a diferentes grupos taxonômicos. Com base em características físicas do virion e em sequências de genoma WSMV, BrSMV e TriMV são classificados dentro da família Potyviridae. O *Wheat streak mosaic virus* (WSMV) e o *Brome streak mosaic virus* (BrSMV) pertencem ao gênero *Tritimovirus*, e TriMV foi considerado pertencente a um novo gênero, denominado *Susmovirus* (Fellers et al., 2009). O HPV recebeu esse nome devido à localização geográfica de registro da doença (região das pradarias, nos Estados Unidos) e provavelmente é um vírus novo, que se assemelha ao tenuivírus e ao tospovírus. Dois novos nomes foram propostos para esse vírus: *Maize red stripe virus* (MRStV) e *Wheat mosaic virus* (WMoV), e há razões para especular que HPV na realidade represente uma

Figura 2. *A. tosichella* Keifer – Sintomas do ataque do ácaro. Dano direto: A) Enrolamento de folhas. B) Folha não expandida. Sintomas causados pelo WSMV: C) Folhas mosqueadas (padrão de mosaico verde com estrias cloróticas).
Fotos A, B) Paulo R. V. S. Pereira; C) Douglas Lau.

reaparição de *Wheat spot mosaic* (WSpM), descrito e estudado na década de 1950 por Slykhuis (1956) (Skare et al., 2006). Entre esses vírus transmitidos por *A. tosichella,* WSMV e HPV causam mais comumente impacto econômico em trigo e milho. O WSMV apresenta o maior histórico de epidemias em trigo, e o HPV tem relatos epidêmicos associados a sintomas severos a partir dos anos 1990. Mais recentemente identificado, o TriMV pode ter impacto, pois infecta cultivares com gene de resistência ao WSMV. Os principais sintomas causados pelo WSMV em trigo são folhas mosqueadas (padrão de mosaico verde com estrias cloróticas) e folhas listradas (Figura 2C) (Murray, Parry & Cattlin, 1998; Ellis et al., 2003a). Outras gramíneas também mostram esse tipo de sintomas (Ellis et al., 2004), que podem evoluir para clorose e atrofia severa da planta. Em muitos casos, as plantas ficam estéreis ou produzem sementes murchas (Ellis et al., 2003a). Em nível microscópico, infecções de WSMV incluem acumulação de corpos de inclusão cilíndricos e amorfos (Gao & Nassuth, 1992), deformações de núcleo e cloroplastos (Gao & Nassuth, 1993), proliferação de membranas e deposições ao longo das paredes do mesófilo e da bainha celular (Gao & Nassuth, 1994). Em campo, o desenvolvimento da doença em geral começa nas bordas de lavoura próxima de plantas de trigo voluntárias ou outras gramíneas que possam alojar o vetor (Thomas & Hein, 2003). À medida que a cultura cresce, um gradiente de severidade da doença se desenvolve, e existe correlação significativa entre a produtividade e a intensidade dos seus sintomas (Workneh, Jones & Rush, 2009).

DISTRIBUIÇÃO NO BRASIL

O mapeamento da distribuição do ácaro *A. tosichella* no Brasil foi obtido por meio de levantamentos realizados em 2009 e 2010 como atividade do projeto "Monitoramento e diagnose do complexo *Aceria tosichella* e vírus transmitidos (*Wheat streak mosaic virus, High plains virus*) no Brasil e na Argentina e avaliação da resistência de cultivares para estimar o seu impacto na triticultura nacional", Edital CNPq/Mapa/SDA nº 064/2008, coordenado pela Embrapa Trigo. Os levantamentos foram realizados em 187 pontos georreferenciados, nos estados do Rio Grande do Sul, Santa Catarina, Paraná e Mato Grosso do Sul, em coletas realizadas durante 2009 e 2010, abrangendo oitenta municípios das principais regiões produtoras de trigo desses estados (Tabela 1, Figura 3). Nesse período, foram coletadas 691 amostras, compreendendo 30 espécies pertencentes a 21 gêneros de Poaceae (Tabela 2). Os procedimentos de coleta foram realizados conforme Bianchin et al. (2010).

Os dados obtidos nas coletas para monitoramento do ácaro-do-enrolamento--do-trigo mostram que, em comparação com o registro de sua primeira ocorrência no Brasil, em 2006 (Pereira et al., 2009), ampliou-se sua distribuição no Estado do Rio Grande do Sul, com novos registros de ocorrência nos municípios de Coxilha, Ijuí, Nonoai, Pontão, Santo Ângelo, São Miguel das Missões e Vacaria (Tabela 3). Até o presente, a distibuição de *A. tosichella* está concentrada no Estado do Rio

Tabela 1. Municípios onde foram amostradas folhas de espécies de Poaceae para monitoramento do ácaro-do-enrolamento-do-trigo (2009-2010).

Mato Grosso do Sul	18. Janiópolis	2. André da Rocha
1. Aral Moreira	19. Londrina	3. Bossoroca
2. Caarapó	20. Mallet	4. Carazinho
3. Dourados	21. Mamborê	5. Chapada
4. Itaquiraí	22. Manoel Ribas	6. Coxilha
5. Juti	23. Mal. Candido Rondon	7. Cruz Alta
6. Laguna Carapã	24. Marialva	8. Giruá
7. Ponta Porã	25. Mauá da Serra	9. Ijuí
8. Sanga Puitã	26. Nova Mercedes	10. Itaroquém
9. Tacuru	27. Palmeira	11. Jóia
Paraná	28. Pato Branco	12. Lagoa Vermelha
1. Ampére	29. Paulo Frontin	13. Nonoai
2. Araruna	30. Peabiru	14. Palmeira das Missões
3. Boa Ventura de São Roque	31. Ponta Grossa	15. Panambi
4. Cafelândia	32. Prudentópolis	16. Passo Fundo
5. Campo Mourão	33. Realeza	17. Pejuçara
6. Candói	34. São Domingos	18. Pontão
7. Cascavel	35. São Mateus do Sul	19. Santa Rosa
8. Coronel Vivida	36. Tamarana	20. Santiago
9. Engenheiro Beltrão	37. Toledo	21. Santo Ângelo
10. Faxinal	38. Ubiratã	22. Santo Antônio da Missões
11. Floresta	39. Umuarama	23. Santo Augusto
12. Francisco Beltrão	**Santa Catarina**	24. São Borja
13. Guaíra	1. Abelardo Luz	25. São Luís Gonzaga
14. Guamiranga	2. Água Doce	26. São Miguel das Missões
15. Guarapuava	3. Xaxim	27. Três de Maio
16. Irati	**Rio Grande do Sul**	28. Tupantuba
17. Ivaiporã	1. Alm. Tamandaré do Sul	29. Vacaria

Grande do Sul (Figura 3), com um ponto de detecção em Nonoai, perto da fronteira com o Estado de Santa Catarina. Embora não se tenham informações sobre a forma de entrada de *A. tosichella* no Brasil, a disseminação no Estado do Rio Grande do Sul provavelmente ocorreu de forma natural. As principais formas naturais de disseminação de ácaros eriofiídeos, em curtas e médias distâncias, são: vento, vetores animais (foresia) e disseminação passiva pela chuva e por atividades humanas (Lindquist, Sabelis & Bruin, 1996; Bergh, 2001; Liu et al., 2005).

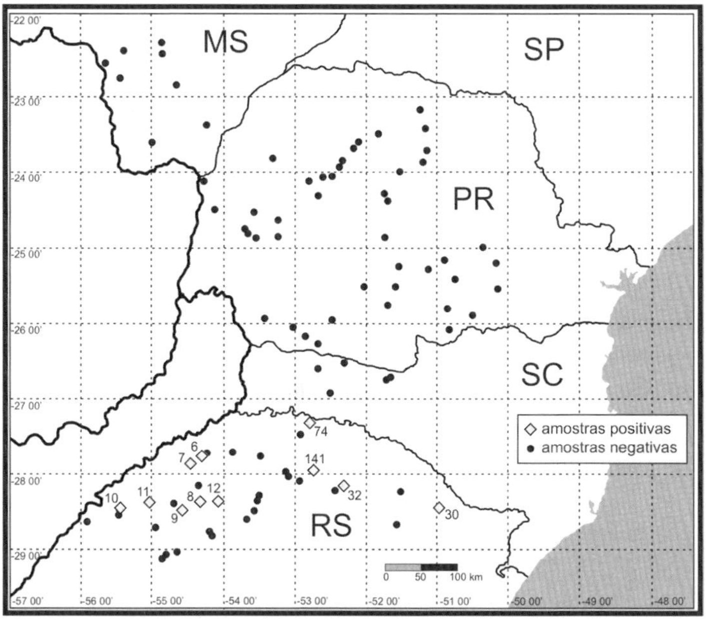

Figura 3. Pontos de coleta georreferenciados para o monitoramento do ácaro-do-enrolamento-do-trigo em 2009-2010. 6) Três de Maio. 7) Santa Rosa. 8) Santo Ângelo. 9) São Miguel das Missões. 10) Santo Antônio das Missões. 11) São Luís Gonzaga. 12) Ijuí. 30) Vacaria. 32) Coxilha. 74) Nonoai. 141) Pontão.

Tabela 2. Lista das espécies de Poaceae amostradas para monitoramento do ácaro-do-enrolamento-do-trigo (Brasil, 2009-2010).

Espécies		Espécies	
1.	*Andropogon bicornis*	9.	*Eleusine indica*
	A. leucostachyus	10.	*Eragrostis plana*
2.	*Avena sativa*	11.	*Eustachys distichophylla*
	A. strigosa	12.	*Hordeum vulgare*
3.	*Brachiaria decumbens*	13.	*Lolium multiflorum*
	B. plantaginea	14.	*Panicum maximum*
4.	*Bromus catharticus*	15.	*Pennisetum clandestinum*
5.	*Chloris barbata*	16.	*Rhynchelytrum repens*
	C. polydactyla	17.	*Setaria geniculata*
	C. radiata		*S. parviflora*
6.	*Cynodon dactylus*	18.	*Sorghum bicolor*
7.	*Digitaria horizontalis*		*S. halepense*
	D. insularis	19.	*Triticum aestivum*
	D. sanguinalis	20.	*X. triticosecale* Wittmack
8.	*Echinochloa colonum*	21.	*Zea mays*

A forma como *A. tosichella* se dissemina por longas distâncias ainda é desconhecida. Os ácaros eriofiídeos em geral não são capazes de se disseminar por meio de sementes, apenas junto com material de propagação vegetativa ou frutas (Fan & Petitt, 1998; Bergh, 2001; Dufner, Schruft & Guggenheim, 2001; Bell et al., 2005).

Também foi observado aumento no número de hospedeiros para as condições brasileiras, com novos registros para *Andropogon bicornis* (capim-rabo-de-burro), *Avena sativa* (aveia), *Brachiaria plantaginea* (papuã), *Chloris polydactyla* (capim--de-rodes), *Digitaria horizontalis* (milhã), *D. insularis* (capim-amargoso), *Lolium multiflorum* (azevém), *Pennisetum americanum* (pasto-italiano) e *Sorghum halepense* (capim-maçambará) (Tabela 3). De acordo com Jeppson, Keifer e Baker (1975), as populações de *A. tosichella* podem se desenvolver em sorgo (*Sorghum* sp.), cevada (*Hordeum vulgare*), milho (*Zea mays*), aveia (*Avena sativa*), centeio (*Secale cereale*) e milheto (*Pennisetum glaucum*). Castiglioni e Navia (2010) registraram para o Uruguai, além do trigo, azevém (*Lolium multiflorum*) e *Bromus*

Tabela 3. Localidades e espécies de Poaceae em que o ácaro-do-enrolamento-do-trigo *A. tosichella* (Keifer) foi detectado (Brasil, 2009-2010).

	Amostras positivas 2009	
Pontos	**Localidades**	**Hospedeiros**
6	Três de Maio (–27 45' 39,44578"; –54 15' 42,87238")	*Digitaria horizontalis* (milhã)
7	Santa Rosa (–27 52' 52,94114"; –54 26' 02,50637")	*Triticum aestivum* (trigo) *Digitaria insularis* (capim-amargoso)
8	Santo Ângelo (–28 22' 54,70049"; –54 18' 17,23882")	*Pennisetum americanum* (pasto-italiano) *Chloris polydactyla* (capim-de-rodes)
9	São Miguel das Missões (–28 29' 35,59530"; –54 33' 37,15222")	*Brachiaria plantaginea* (papuã) *Avena sativa* (aveia)
10	Santo Antônio das Missões (–28 29' 42,70383"; –55 25' 18,00500")	*Brachiaria plantaginea* (papuã) *Digitaria insularis* (capim-amargoso)
11	São Luís Gonzaga (–28 24' 57,22908"; –55 00' 29,41628")	*Andropogon bicornis* (capim-rabo-de-burro)
12	Ijuí (–28 23' 00,40000"; –54 02' 56,00000")	*Sorghum halepense* (capim-maçambará)
30	Vacaria (–28 27' 12,20000"; –50 56' 42,00000")	*Lolium multiflorum* (azevém)
32	Coxilha (–28 11' 40,60000"; –52 18' 59,70000")	*Triticum aestivum* (trigo)
74	Nonoai (–27 19' 36,20000"; –52 46' 18,70000")	*Triticum aestivum* (trigo)
	Amostra positiva 2010	
Ponto	**Localidade**	**Hospedeiro**
141	Pontão (–27 58' 09,60000"; –52 43' 47,90000")	*Brachiaria plantaginea* (papuã)

unioloides como hospedeiros de *A. tosichella*. A gama de hospedeiros desse ácaro é ampla e eles podem agir como "pontes verdes espaço-temporais", facilitando o processo de disseminação natural e contribuindo de forma importante não só para infestações de *A. tosichella* na cultura do trigo, como também para a sua dispersão para novas áreas.

Se as condições ambientais requeridas por *A. tosichella* forem similares a outras espécies do gênero, é possível que venha a ter sua distribuição ampliada para Santa Catarina, Paraná e Mato Grosso do Sul. Com exceção do sul do Paraná, que apresenta inverno frio e úmido (similar ao do Rio Grande do Sul e Santa Catarina), as demais regiões desse estado apresentam inverno mais ameno e seco. O impacto deste clima sobre as populações de *A. tosichella* é incerto.

IMPACTO BIOLÓGICO, ECONÔMICO E SOCIAL

Apesar do aumento de locais e hospedeiros em que *A. tosichella* foi detectado, a sua incidência é baixa (menos de 3% das amostras coletadas), e não foram observadas em campo altas infestações, tampouco danos ocasionados pelo ácaro em cereais de inverno (poucos indivíduos coletados por amostra). Pelos resultados obtidos, a presença desse ácaro no Brasil não está associada ou resultou em impactos econômicos negativos para cultivos de cereais de inverno. Entretanto, como a presença dele nas condições brasileiras é recente, o monitoramento em campo se faz necessário e deve ser mantido, visando acompanhar sua disseminação no Brasil, bem como estudar suas relações com plantas hospedeiras nativas e cultivadas, em especial no que diz respeito à resistência de plantas ao *A. tosichella.*

REFERÊNCIAS BIBLIOGRÁFICAS

AMRINE, J. W. & STASNY, T. A. *Catalog of the Eriophyoidea (Acarina: Prostigmata) of the world.* Indira Publishing House, West Bloomfield, 1994.

AMRINE, J. W. *Catalog of the Eriophyoidea. A working catalog of the Eriophyoidea of the world*, 2003. Disponível em: <insects.tamu.edu/research/collection/hallan/acari/eriophyidae>.

BELL, J. R. et al. Ballooning dispersal using silk: world fauna, phylogenies, genetics and models. *Bull. Entomol. Res.* 95: 69-114, 2005.

BERGH, J. C. Ecology and aerobiology of dispersing citrus rust mites (Acari: Eriophyidae) in Central Florida. *Environ. Entomol.* 30: 318-26, 2001.

BIANCHIN, V. et al. *Técnica para amostragem, coleta e triagem de ácaros Eriophyideos em poáceas*. Passo Fundo: Embrapa Trigo, 2010. 15p. (Comunicado técnico on-line, 289). Disponível em: <www.cnpt.embrapa.br/biblio/co/p_co289.htm>.

CASTIGLIONI, E. & NAVIA, D. Presence of the wheat curl mite, *Aceria tosichella* Keifer (Prostigmata: Eriophyidae), in Uruguay. *Agrociencia* 14: 19-26, 2010.

CAB INTERNATIONAL. *Crop protection compendium*. Wallingford: CAB International, 2002. (1 CD-ROM).

COUTTS, B. A. et al. Finding *Wheat streak mosaic virus* in south-west Australia. *Aust. J. Agric. Res.* 59: 836-43, 2008a.

COUTTS, B. A. et al. The epidemiology of *Wheat streak mosaic virus* in Australia: case histories, gradients, mite vectors, and alternative hosts. *Aust. J. Agric. Res.* 59: 844-53, 2008b.

DENIZHAN, E. et al. Preliminary study on eriophyoid mites (Acari: Eriophyidae) infesting grasses in Turkey. In: MORAES, G. J.; CASTILLO, R. C. & FLECHTMANN, C. H. (eds.). *XIII International Congress of Acarology. Abstracts*. Recife, 2010.

DUFFNER, K.; SCHRUFT, G. & GUGGENHEIM, R. Passive dispersal of the grape rust mite *Calepitrimerus vitis* Nalepa, 1905 (Acari: Eriophyoidea) in vineyards. *J. Pest Sci.* 74: 1-6, 2001.

DWYER, G. I. et al. *Wheat streak mosaic virus* in Australia: relationship to isolates from the pacific northwest of the USA and its dispersion via seed transmission. *Plant Dis.* 91: 164-70, 2007.

ELLIS, M. H. et al. First report of *Wheat streak mosaic virus* in Australia. *Australas Plant Pathol.* 32: 551-3, 2003a.

ELLIS, M. H.; REBETZKE, G. J. & CHU, P. First report of *Wheat streak mosaic virus* in Australia. *Plant Pathol.* 52: 808, 2003b.

ELLIS, M. H. et al. Detection of *Wheat streak mosaic virus* in four pasture grasses in Australia. *Plant Pathol*, 2004. DOI: 10.1111/j.0032-0862.2004.00960.x.

FAN, Y. Q. & PETITT, F. L. Dispersal of the broad mite, *Polyphagotarsonemus latus* (Acari: Tarsonemidae) on *Bemisia argentifolii* (Homoptera: Aleyrodidae). *Exp. Appl. Acarol.* 22: 411-5, 1998.

FELLERS, J. P. et al. The complete genome sequence of *Triticum mosaic virus*, a new wheat--infecting virus of the High Plains. *Arch. Virol.* 154: 1.511-5, 2009.

FROST, W. E. & RIDLAND, P. M. Grasses. In: LINDQUIST, E. E.; SABELIS, M. W. & BRUIN, J. (eds.). *Eriophyoid mites – their biology, natural enemies and control.* Amsterdam: Elsevier Science BV, 1996.

GAO, J. & NASSUTH, A. Cytological changes induced by *Wheat streak mosaic virus* in cereal leaf tissues. *Can. J. Bot.* 70: 19-25, 1992.

GAO, J. & NASSUTH, A. Alteration of major cellular organelles in wheat leaf tissue infected with *Wheat streak mosaic virus rymovirus* (Potyviridae). *Phytopathol.* 83: 206-13, 1993.

GAO, J. & NASSUTH, A. *Wheat streak mosaic virus* – induced cytoplasmic expasion and membrane proliferation. *J. Phytopathol.* 142: 79-87, 1994.

GOETZ, R. & MAISS, E. The complete nucleotide-sequence and genomic organization of the mite-transmitted *Brome streak mosaic rymovirus* in comparison with those of potyviruses. *J. Gen. Virol.* 76: 2.035-42, 1995.

HALLIDAY, R. B. & KNIHINICKI, D. K. The occurrence of *Aceria tulipae* (Keifer) and *Aceria tosichella* Keifer in Australia (Acari: Eriophyidae). *Int. J. Acarol.* 30: 113-8, 2004.

HARVEY, T. L.; MARTIN, T. J. & SEIFERS, D. L. Wheat yield reduction due to wheat curl mite (Acari: Eriophyidae) infestations. *J. Agric. Urban Entomol.* 19: 9-13, 2002.

HARVEY, T. L. & LIVERS, R. W. Resistance to wheat curl mite, *Aceria tulipae* Keifer, in rye and wheat-rye addition lines. *Environ. Entomol.* 4: 523-6, 1975.

HARVEY, T. L. et al. Adaptation of wheat curl mite (Acari: Eriophyidae) to resistant wheat in Kansas. *J. Agric. Entomol.* 12: 119-25, 1995a.

HARVEY, T. L.; MARTIN, T. J. & SEIFERS, D. L. Survival of five wheat curl mite *Aceria tosichella* Keifer (Acari: Eriophyidae) strains on mite resistant wheat. *Exp. Appl. Acarol.* 19: 459-63, 1995b.

HARVEY, T. L. et al. Survival of wheat curl mites on different sources of resistance in wheat. *Crop Sci.* 39: 1.887-9, 1999.

HOFFMANN, A. & LOPEZ-CAMPOS, G. *Biodiversidad de los acaros en Mexico.* Coyoacan: Fideicomiso Fondo para la Biodiversidad, 2000.

JENSEN, S. G.; LANE, L. C. & SEIFERS, D. L. A new disease of corn and wheat in the High Plains. *Plant Dis.* 80: 1.387-90, 1996.

JEPPSON, L. R.; KEIFER, H. H. & BAKER, E. W. *Mites injurious to economic plants.* Los Angeles: University of California Press, 1975.

JEZEWSKA, M. & WIECZOREK, M. Nowe wirusy występujące na pszenicy w Polsce [New viruses occurring on wheat plants in Poland.]. *Prog. Plant Prot.* 38: 93-100, 1998.

KEIFER, H. H. Eriophyid Studies I. *Bull. Dep. Agric. State California* 27: 181-206, 1938.

KEIFER, H. H. Eriophyid studies XXI. *Bull. Dep. Agric. State California* 42: 65-79, 1953.

KEIFER, H. H. *Eriophyid Studies C-3.* Agricultural Research Service, United States Department of Agriculture, 1969. (Special publication).

LINDQUIST, E. E.; SABELIS, M. W. & BRUIN, J. *Eriophyoid mites*: their biology, natural enemies and control. Amsterdam: Elsevier, 1996. 790p.

LIU, J. et al. Wheat curl mite (Acari : Eriophyidae) dispersal and its relationship with kernel red streaking in maize. *J. Econ. Entomol.* 98: 1.580-6, 2005.

MAKKOUK, K. M. & KUMARI, S. G. Natural occurrence of *Wheat streak mosaic virus* on wheat in Syria. *Rachis* 16: 74-6, 1997.

MEYER, M. K. P. Mite pests of crops in southern Africa. *Sci. Bull. Dep. Agric. Fish. Rep. S. Afr.* 397: 1-92, 1981.

MURRAY, T. D.; PARRY, D. W. & CATTLIN, N. D. *A colour handbook of diseases of small grain cereal crops.* London: Manson Publishing, 1998.

NAVIA, D. et al. *Aceria tosichella* Keifer (Acari: Eriophyidae) from *Wheat streak mosaic virus* infected wheat plants in Argentina. *Int. J. Acarol.* 32: 189-93, 2006.

OLDFIELD, G. N. Mite transmission of plant viruses. *Annu. Rev. Entomol.* 15: 343-80, 1970.

OLDFIELD, G. N. & PROESELER, G. Eriophyoid mites as vectors of plant pathogens. In: LINDQUIST, E. E.; SABELIS, M. W. & BRUIN, J. (eds.). *Eriophyoid mites – their biology, natural enemies and control.* Amsterdam: Elsevier Science BV, 1996.

PEREIRA, P. R. V. S. et al. Occurrence of *Aceria tosichella* in Brazil. *Pesq. Agropec. Brasil.* 44: 539-42, 2009.

SEIFERS, D. L. et al. Identification of the wheat curl mite as the vector of the High Plains virus of corn and wheat. *Plant Dis.* 81: 1.161-6, 1997.

SEIFERS, D. L. et al. *Triticum mosaic virus*: a new virus isolated from wheat in Kansas. *Plant Dis.* 92: 808-17, 2008.

SEIFERS, D. L. et al. Identification of the wheat curl mite as the vector of *Triticum mosaic virus*. *Plant Dis.* 93: 25-9, 2009.

SHEVTCHENKO, V. G. et al. Taxonomic separation of similar species of eriophyid mites, *Aceria tulipae* Keif. and *A. tritici* sp. n. (Acarina, Eriophyoidea) – vectors of the viruses of onions and wheat. *Zool. Z* 49: 224-35, 1970.

SKARE, J. M. et al. A new eriophyid mite-borne membrane-enveloped virus-like complex isolated from plants. *Virol.* 347: 343-53, 2006.

SKORACHA, A. & KUCZYNSKI, L. Infestation parameters and morphological variation of the wheat curl mite *Aceria tosichella* Keifer (Acari: Eriophyoidea). In: GABRYS, G. & IGNATOWICZ, S. (eds.). *Advances in polish acarology*. Warsaw: SGGW, 2006.

SLYKHUIS, J. T. *Aceria tulipae* Keifer (Acarina: Eriophyidae) in relation to the spread of wheat streak mosaic. *Phytopathol.* 45: 116-128, 1955.

SLYKHUIS, J. T. Wheat spot mosaic, caused by a mite-transmitted virus associated with wheat streak mosaic. *Phytopathol.* 46: 682-7, 1956.

STEPHAN, D. et al. Eriophyid mite transmission and host range of a *Brome streak mosaic virus* isolate derived from a full-length cDNA clone. *Arch. Virol.* 153: 181-5, 2008.

THOMAS, J. A. & HEIN, G. L. Influence of volunteer wheat plant condition on movement of the wheat curl mite, *Aceria tosichella*, in winter wheat. *Exp. Appl. Acarol.* 31: 253-68, 2003.

TRUOL, G. et al. First report of *Wheat streak mosaic virus* infecting wheat in Argentina. *Australas Plant Pathol.* 33: 137-8, 2004.

TRUOL, G. & SAGADIN, M. Presencia de *High plain virus* (HPV) nueva enfermedad del cultivo de trigo en La Província de Buenos Aires. In: VII CONGRESO NACIONAL DE TRIGO. *Resúmenes...* Santa Rosa: Inta/Unipalm, 2008a.

TRUOL, G. & SAGADIN, M. Presencia del *Wheat streak mosaic virus* (WSMV) y *High Plains virus* (HPV) en la Provincia de Córdoba. In: 1er CONGRESO ARGENTINO DE FITOPATOLOGÍA. *Libro de Resúmenes...* Cordoba, 2008b.

VELANDIA, M. et al. Economic impact of *Wheat streak mosaic virus* in the Texas High Plains. *Crop Prot.* 29: 699-703, 2010.

WORKNEH, F.; JONES, D. C. & RUSH, C. M. Quantifying wheat yield across the field as a function of wheat streak mosaic intensity: a state space approach. *Phytopathol.* 99: 432-40, 2009.

PARTE V
Florestas

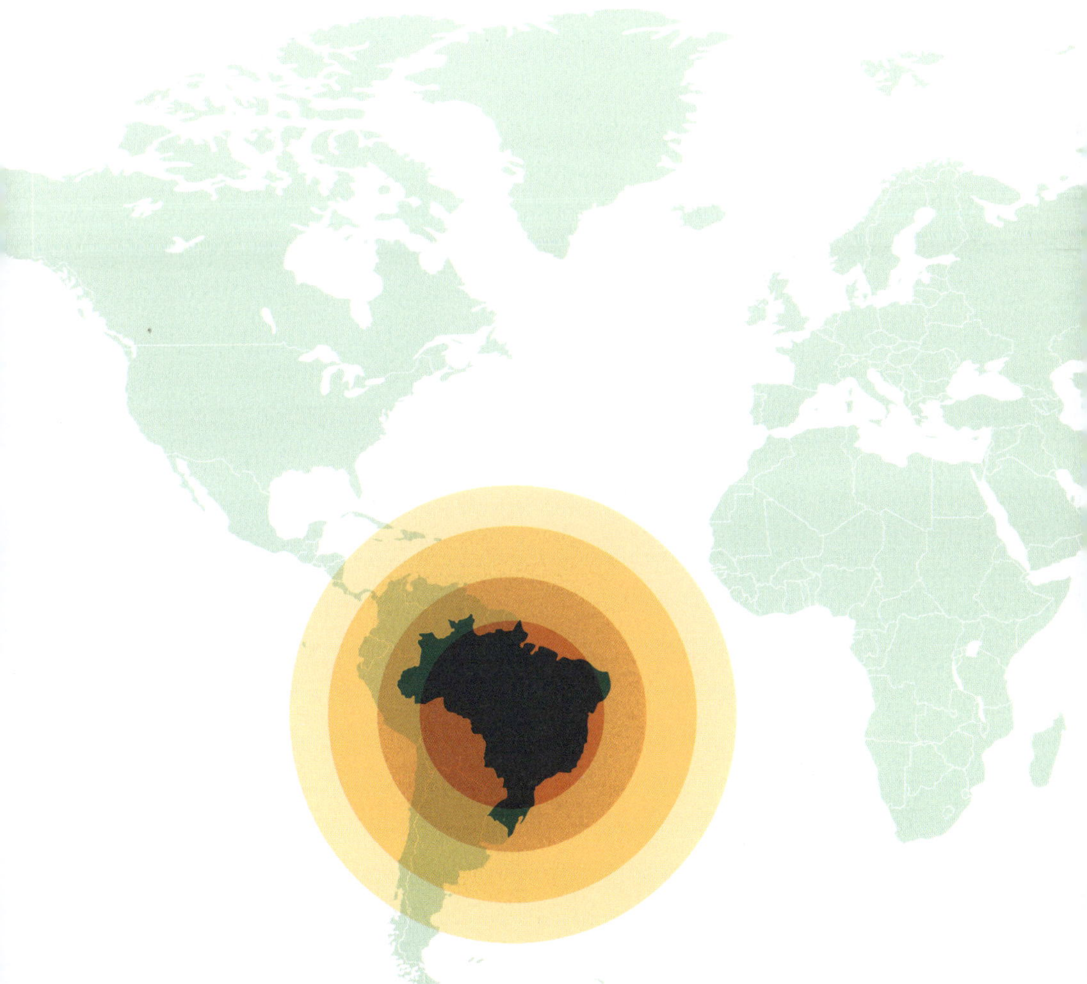

44

Broca-do-eucalipto, *Phoracantha semipunctata* (Fabricius)

G. T. Ribeiro, J. C. M. Poderoso,
C. F. Wilcken, J. C. Zanuncio

INTRODUÇÃO

A cultura do eucalipto é uma atividade econômica importante no Brasil, com área plantada de aproximadamente 3 milhões de ha. Essa planta apresenta rápido crescimento, capacidade produtiva e adaptabilidade a diversos ambientes e grande diversidade de espécies, tornando possível atender aos diversos setores da produção industrial madeireira (SBS, 2007).

O Brasil consome 350 milhões de m^3/ano de madeira (celulose, serraria, energia etc.), que correspondem a 8% do consumo mundial, mas as florestas existentes não suprem essa demanda. Assim, novos e importantes investimentos florestais em várias regiões do país visam suprir a demanda interna e as exportações. Esses investimentos também estão localizados em áreas sem tradição florestal, como a metade sul do Rio Grande do Sul (SBS, 2007).

Os plantios de *Eucalyptus* spp., com abundância de alimento e menor sobrevivência de inimigos naturais, podem ser prejudicados devido às condições que proporcionam o desenvolvimento de insetos, sobretudo de plantas nativas da família Myrtaceae (Santos et al., 1993). Várias pragas estão associadas ao *Eucalyptus,* com destaque para as formigas cortadeiras, as lagartas e os besouros desfolhadores. As espécies deste último grupo podem danificar mudas no viveiro e no campo (Zanetti, 2005). Há também as espécies broqueadoras do eucalipto, entre elas, *Phoracantha semipunctata*. Esta espécie foi introduzida acidentalmente na maioria das regiões onde o eucalipto é cultivado e é considerada praga em muitas delas (Gonzalez-Tirado, 1986).

Posição taxonômica e nomenclatura

Ordem: Coleoptera

Família: Cerambycidae

Subfamília: Cerambycinae

Gênero: *Phoracantha* Newman, 1840

Espécie: *Phoracantha semipunctata* (Fabricius, 1775)

Sinonímias: *Stenocorus semipunctatus* Fabricius, 1775
Phoracantha inscripta Germar, 1848
Phoracantha hospital Pascoe, 1864

O gênero *Phoracantha* compreende quarenta espécies (Wang, 1995), que atacam preferencialmente Myrtaceae (Duffy, 1963). Além de *P. semipunctata,* na Região Neotropical, esse gênero é representado por *P. recurva* Newmann, 1840, que também ataca eucalipto. Essas duas espécies estão registradas no Brasil.

RECONHECIMENTO

Adultos de *P. semipunctata* possuem cerca de 30 mm de comprimento, um par de antenas longas, que superam o comprimento do corpo, típicas da família Cerambycidae, coloração escura, em tonalidades de marrom, com uma faixa amarela transversal na porção mediana dos élitros e uma mancha da mesma cor na extremidade inferior deles, de forma oblíqua ou semicircular, razão desse nome específico (Figura 1).

HISTÓRICO DA INTRODUÇÃO DA PRAGA NO BRASIL

Origem e distribuição

O gênero *Phoracantha,* originário da Austrália e da Nova Guiné, e sua espécie mais conhecida, *P. semipunctata*, a broca-do-eucalipto, são nativos da Austrália (Wang, Thornthon & New, 1999) e estão estabelecidos em praticamente todas as regiões onde espécies de *Eucalyptus* são cultivadas: África do Sul, Argentina, Brasil, Chile, Egito, Espanha, Estados Unidos, França, Israel, Itália, Malásia, Moçambique, Portugal, Tunísia, Uruguai e Zâmbia (Duffy, 1963; Powell, 1978; Lima et al., 1988; Tirado & Junco, 1988; Paine, Steinbauer & Lawson, 2011).

Figura 1. Adulto da broca-do-eucalipto, *Phoracantha semipunctata*.
Foto: Genésio T. Ribeiro.

Na África do Sul, *P. semipunctata* foi registrada, em 1906, em dormentes de estrada de ferro importados da Austrália (Cillié & Tribe, 1991). Depois, foi detectada em Israel (1945), Turquia (1959), Tunísia (1962) e Chile (1973) (Chararas, 1969; Mendel, 1985; Amanda & Pérez, 1998). Em Portugal, foi introduzida em 1980 na península de Setúbal (Figo, 1981), onde atingiu níveis preocupantes em povoamentos de eucalipto, principalmente nas regiões ao sul do rio Tejo (Paiva & Araújo, 1985). Na Espanha, essa praga foi registrada na região de Cantábria em 1990 (Omenaca & Barreal, 1991). *P. semipunctata* foi observada em árvores de eucalipto no sudeste da Califórnia em fins de 1984 (Ali & Garcia, 1988; Bybee et al., 2004).

Primeiro registro como praga e local de entrada no Brasil

P. semipunctata foi citada pela primeira vez na década de 1950, no Rio Grande do Sul (Biezanko & Bosq, 1956). Posteriormente, foi relatada na região de Córrego Rico, em um horto da Ferrovia Paulista SA, no Estado de São Paulo, atacando *Corymbia citriodora,* e em plantações dessa espécie no Estado da Bahia (Berti Filho, Alves & Cerignoni, 1995; Ribeiro, Zanuncio & Oliveira, 1998; Ribeiro et al., 2001). A ocorrência de *P. semipunctata* foi registrada nos estados da Bahia, Espírito Santo, Minas Gerais (Cerrado e Zona da Mata), Paraná e Rio Grande do Sul em várias espécies, incluindo *Eucalyptus camaldulensis*, *E. cloeziana*, *E. grandis*, *E. pellita*, *E. urophylla* e *C. citriodora* (Ribeiro, Zanuncio & Oliveira, 1998; Ribeiro et al., 2001).

BIOLOGIA E ECOLOGIA

P. semipunctata possui hábitos noturnos e vive de 40 (verão) a 180 dias (inverno). A fêmea põe ovos em grupos de 10 a 110 no tronco das árvores ou em toras cortadas de eucalipto, em especial em fendas ou sob a casca a se soltar (Figura 2).

Figura 2. Postura de *Phoracantha semipunctata*, sob casca de eucalipto. Foto: Genésio T. Ribeiro.

As larvas eclodem em três a quatro dias na época mais quente, e em oito a dez dias no final do inverno, em regiões de clima mais frio. Desenvolvem-se na região subcortical, onde se alimentam na região do floema e, no último estágio, perfuram o lenho para confeccionar a câmara pupal (Figura 3). O adulto de *P. semipunctata*, ao completar o ciclo, desobstrui a galeria até a região subcortical, perfura a casca, voa e reinicia o ciclo (Powell, 1978; Lima et al., 1988; Hanks, Millar & Paine, 1991).

O tamanho do macho confere uma vantagem para o sucesso reprodutivo de *P. semipunctata*: as suas antenas, maiores do que as das fêmeas, proporcionam-lhe maior facilidade para encontrá-las e obter sucesso reprodutivo (Hanks, Millar & Paine, 1996; Lopes, Marques & Araújo, 2005)

Aspectos biológicos de *P. semipunctata* foram avaliados em laboratório, em toras de *E. pellita* e *E. urophylla* com seis anos de idade e 50 cm de comprimento, previamente colonizadas em campo, com o máximo de duas posturas recentes por tora. O ciclo biológico desse inseto foi mais curto em *E. urophylla do* que em *E.*

Figura 3. *Phoracantha semipunctata*. A) Danos em madeira de eucalipto. B) Larvas de último estágio. Fotos: Genésio T. Ribeiro.

pellita, com índices mais expressivos. Na primeira espécie, foi maior o número de ovos por postura (19,0 e 16,8) e a viabilidade da fase jovem (39,5% em *E. urophylla* e 30,8% em *E. pellita*). A duração de cada fase e do ciclo biológico total também é menor em *E. urophylla*, de 113 dias (99 a 129 dias), do que em *E. pellita*, de 134,0 dias (114 a 154 dias). Então, *E. urophylla* oferece melhores condições para o desenvolvimento de *P. semipunctata* (Ribeiro, Zanuncio & Oliveira, 1998).

O número anual de gerações de *P. semipunctata* varia de acordo com a região. Na Espanha, observaram-se ciclos de 3 a 8,5 meses, a depender das condições climáticas (em especial umidade e temperatura mínima) e da época do ano em que esse broqueador realiza sua postura (Tirado & Junco, 1988); na Tunísia, em Israel e no Zâmbia, há duas gerações anuais (Chararas, 1969; Ivory, 1977; Mendel, 1985); em Portugal também há duas gerações por ano, mas a segunda não representa problemas fitossanitários, em razão sobretudo da elevada mortalidade durante o inverno (Lima et al., 1988). A suscetibilidade relativa de espécies de eucalipto ao ataque e à colonização por *P. semipunctata* depende de características ambientais (edafoclimáticas em geral, hidrologia, nutrientes etc.) e da planta ou de sua genética (morfológicas, anatômicas, metabólicas etc.) (Farrall et al., 1988).

O número de larvas de *P. semipunctata* é reduzido em temperaturas ao redor de 10°C (Hanks, Millar & Paine, 1991). Essa condição dificilmente ocorre nos lugares do Brasil onde se cultiva o eucalipto e, por isso, a temperatura não deve ser impedimento para o desenvolvimento desse inseto no país.

Na Espanha, as posturas de *P. semipunctata* são mais viáveis e frequentes até o início das primeiras chuvas, quando as árvores podem recuperar seu vigor e secretar seiva (extrativos ou exsudados), reduzindo as chances de as larvas do inseto penetrarem no tecido subcortical das plantas. Suas posturas costumam ser feitas dois meses após as últimas chuvas (ou no período chuvoso), quando as plantas apresentam os primeiros sintomas de falta de água (Chararas; Schoenemberger & Poupon, 1969).

A suscetibilidade de árvores a *P. semipunctata* aumenta com a idade, pois, além do maior tempo de exposição a ataques e colonização, cresce a competição entre elas por luz, água, nutrientes etc. Árvores para usos mais nobres, como madeira serrada, podem apresentar maior suscetibilidade a *P. semipunctata*.

IMPACTO ECONÔMICO

As larvas de *P. semipunctata* danificam o tecido subcortical das plantas e, no último estágio, perfuram a madeira para confeccionar sua câmara pupal (Hanks, Paine & Millar, 1993; Bybee et al., 2004).

O dano pela broca-do-eucalipto é caracterizado pela perfuração na madeira em pé, no campo, em especial em povoamentos estressados, o que pode inviabilizar a exportação de toras de eucalipto. Além disso, madeira empilhada no campo e nos pátios das fábricas pode ser atacada e colonizada por *P. semipunctata*, reduzindo seu valor nos mercados interno e externo. Prejuízos por *P. semipunctata* incluem a morte de árvores, sobretudo aquelas que se aproximam dos limites de tolerância e apresentam maior suscetibilidade a insetos subcorticais e perfuradores (Chararas, Schoenemberger & Poupon, 1969; Hanks et al., 1995).

Condições extremas, como estresse hídrico, má adaptação da espécie, incêndios etc., podem favorecer o ataque e a colonização de árvores de eucalipto por *P. semipunctata* e provocar a morte delas no campo, além de afetar a produtividade. No Brasil, as perdas por *P. semipunctata* são pouco estudadas, mas, em Portugal, ataques mais severos dessa broca podem reduzir em 15 a 20% o volume total de madeira por hectare (Paiva & Araújo, 1985).

A depreciação da madeira deve-se a galerias confeccionadas pela broca, inviabilizando-a para fins nobres (serrarias e manufaturados). Proprietários de pequenas serrarias adaptaram-se a esse tipo de dano da broca-do-eucalipto, pois aproveitam a madeira com galerias para comercialização no mercado interno. A madeira danificada por *P. semipunctata* não pode ser exportada, devido às barreiras fitossanitárias.

O aumento populacional da broca-do-eucalipto e a falta de ações de controle podem levá-la a patamares mais elevados, de árvore para árvore, em ciclos sucessivos, e à morte de muitas delas, o que poderia inviabilizar plantações inteiras. O potencial de danos de *P. semipunctata* torna necessária a adoção de medidas urgentes para minimizar perdas e danos na madeira.

A ocorrência de danos por *P. semipunctata* em *Eucalyptus* spp. tem sido estudada em vários países, mas pouco se conhece sobre seu comportamento no Brasil. O nível de infestação e a área de abrangência desse broqueador indicam ser necessário estudar seus danos com o aumento da idade das plantas e sua flutuação populacional, além da biologia em diferentes espécies de eucalipto e métodos de controle, incluindo o biológico. Isso é preciso, pois o nível de dano, as espécies hospedeiras e fatores ambientais podem afetar as árvores ou predispô-las ao ataque e à colonização por *P. semipunctata*.

MÉTODOS DE CONTROLE

A disseminação de *P. semipunctata* nos estados produtores é mais grave nas regiões Norte e Nordeste do Brasil, de onde são exportadas toras de eucalipto para a Europa (Ribeiro et al., 2001). As brocas do gênero *Phoracantha* são pragas quarentenárias, e a presença do inseto ou de vestígios de seu ataque pode provocar o embargo da madeira exportada, com prejuízos econômicos e perda de mercados.

O controle da broca-do-eucalipto é pouco recomendado no Brasil. O rápido processamento da madeira recém-cortada e o descascamento das toras no campo são medidas que podem ser adotadas.

O controle biológico é o método mais empregado nos Estados Unidos, África do Sul e Chile. No Brasil, há relatos dos fungos entomopatogênicos *Beauveria brongniartii* (Sacc.) Petch e *Hirsutella* sp. em adultos de *P. semipunctata* (Berti Filho, Alves & Cerignoni, 1995; Berti Filho, Alves & Cerignoni, 1996), mas não há pesquisas que busquem viabilizar esses fungos no controle biológico.

A utilização de inimigos naturais, em especial parasitoides e predadores, está entre os métodos mais promissores, no contexto das estratégias de controle biológico de *P. semipunctata*.

Dentre os predadores, os que se alimentam de ovos da broca-do-eucalipto são os mais importantes, sobretudo formigas predadoras que, em Portugal e no Marrocos, contribuíram para o manejo integrado de *P. semipunctata* (Way, Cammell & Paiva, 1992; Austin, Quicke & Marsh, 1994).

O parasitoide de ovos *Avetianella longoi* Siscaro (Hymenoptera: Encyrtidae), introduzido da Austrália em diversos países, como Itália, Portugal, África do Sul e Estados Unidos (Moore, 1963; Paine, Millar & Hanks, 1995; Hanks, Millar & Paine, 1996), apresentou sucesso no controle de *P. semipunctata*, com resultados bastante eficientes.

No Brasil, parasitoides de larvas da família Braconidae foram identificados em campo. Apresentam elevado índice de mortalidade de larvas (em torno de 50%) e podem ser uma alternativa para o controle desse inseto-praga (Ribeiro, 2001).

As árvores estressadas, principalmente por déficit hídrico, são mais suscetíveis ao ataque de *P. semipunctata*. Nesta condição, 54 espécies de eucalipto foram atacadas pela broca-do-eucalipto, incluindo *E. camaldulensis, C. citriodora, E. globulus, E. grandis* e *E. saligna* (Powell, 1978; Farral et al., 1988; Hanks, Paine & Millas, 1993; Berti Filho, Cerignoni & Souza Jr., 1995; Hanks et al., 1995; Wang, 1995).

Os mecanismos que envolvem a especificidade do hospedeiro podem fornecer informações sobre padrões de dispersão dos insetos. Levantamentos detalhados para detecção de *P. semipunctata* devem ser realizados em todas as regiões onde se cultiva o eucalipto, para determinar sua distribuição geográfica. Além disso, estudos de bioecologia, determinação de danos e levantamento de inimigos naturais devem ser desenvolvidos para programas de manejo integrado da broca-do-eucalipto.

REFERÊNCIAS BIBLIOGRÁFICAS

ALI, A. D. & GARCIA, J. M. Efficacy and economics of selected systemic inseticides for control of *Phoracantha semipunctata* (Coleoptera: Cerambycidae), a new pest in North America. *J. Econ. Entomol.* 81: 1.124-7, 1988.

AMANDA, H. & PÉREZ, C. Emergencia de adultos del talador del eucalipto (*Phoracantha semipunctata*) (Fabricius) y su relacion com los dias-grado. In: CONGRESSO INTERNACIONAL DE PLAGAS FLORESTALES. Pucon. *Proceedings*... Pucon: Corporacion Nacional Forestal, 1998.

AUSTIN, A. D.; QUICKE, D. J. L. & MARSH, P. M. The hymenopterous parasitoids of eucalypt longicorn beetles, *Phoracantha* spp. (Coleoptera: Cerambycidae) in Australia. *Bull. Entomol. Res.* 84: 145-74, 1994.

BERTI FILHO, E.; CERIGNON, J. A. & SOUZA JR., C. N. Primeiro registro de *Phoracantha semipunctata* (Fabricius, 1775) (Coleoptera: Cerambycidae) no Estado de São Paulo. *Revista de Agricultura* 70: 16-40, 1995.

BERTI FILHO, E.; ALVES, S. B. & CERIGNON, J. A. Ocorrência de *Beauveria brongnartii* (Sacc.) Petch em *Phoracantha semipunctata* (Fabricius) (Coleoptera: Cerambycidae). *Revista de Agricultura* 70: 346, 1995.

BERTI FILHO, E.; ALVES, S. B. & CERIGNON, J. A. Ocorrência do fungo *Hirsutella* sp. em adulto da broca-dos-eucaliptos *Phoracantha semipunctata* (Fabricius) (Coleoptera, Cerambycidae). *Revista de Agricultura* 71: 156, 1996.

BIEZANKO, C. M. & BOSQ, J. M. Cerambycidae de Pelotas e seus arredores. *Acros* 9: 3-15, 1956.

BYBEE, L. F. et al. Seasonal development of *Phoracantha recurva* and *P. semipunctata* (Coleoptera: Cerambycidae) in Southern California. *Environ. Entomol.* 33: 1.232-41, 2004.

CHARARAS, C. Étude biologique de *Phoracantha semipunctata* F. (Coléoptère Cerambycidae xylophage) specifique des *Eucalyptus* en Tunisie et recherches sur la vitalité et l'adaptation de ces essences. *Comptes Rendus des Séances de l'Academie d'Agriculture de France* 55: 47-57, 1969.

CHARARAS, C.; SCHOENEMBERGER, A. & POUPON, H. Variations de la vitalité et de la pression osmotique de divers *Eucalyptus*, en fonction des conditions ecologiques et rôle de *Phoracantha semipunctata* Fabr. Coléoptère: Cerambycidae xylophage. *Comptes Rendus de l'Academie de Séances de Paris* 268: 2.697-700, 1969.

CILLIÉ, J. J. & TRIBE, G. D. A method for monitoring egg production by the Eucalyptus borers *Phoracantha* spp. (Cerambycidae). *South African Forestry Journal* 157: 24-6, 1991.

DUFFY, E. A. J. *A monograph of the immature stages of Australian timber beetles (Cerambycidae).* London: Bristish Museum (Natural History), 1963. 235p.

FARRALL, H. et al. Análises dos níveis de ataque por *Phoracantha semipunctata* Fab. (Coleoptera: Cerambycidae) para diferentes espécies de Eucalyptus. In: ENCONTRO NACIONAL SOBRE PROTEÇÃO DO EUCALIPTO CONTRA *Phoracantha semipunctata*, FAB., 1, 1988, Lisboa. *Anais...* Lisboa: Acel – Associação das Empresas de Celulose e Papel, 1988.

FIGO, M. L. A *Phoracantha semipunctata Fab. (Coleoptera: Cerambycidae), praga dos eucaliptos.* Lisboa: Inia – Estação Florestal Nacional, Inia/Notas Técnico-científicas, 1981. 12p.

GONZALEZ-TIRADO, L. *Phoracantha semipunctata* F.: damages caused in the province of Huelva during 1983 and 1984. *Boletín de Sanidad Vegetal Plagas* 12: 147-62, 1986.

HANKS, L. M.; MILLAR, J. G. & PAINE, T. D. Evaluation of cold temperatures and density as mortality factors of the eucalyptus longhorned borer (Coleopetera: Cerambycidae) in California. *Environ Entomol.* 20: 1.653-8, 1991.

HANKS, L. M.; MILLAR, J. G. & PAINE, T. D. Body size influences mating success of the eucalyptus longhorned borer (Coleoptera: Cerambycidae). *J. Insect Behav.* 9: 369-82, 1996.

HANKS, L. M.; PAINE, T. D. & MILLAR, J. G. Host species preference and larval performance in the wood-boring beetle *Phoracantha semipunctata* F. *Oecologia* 95: 22-9, 1993.

HANKS, L. M. et al. Variation among Eucalyptus species in resistence to eucalyptus longhorned borer in Southern California. *Entomol. Exp. Appl.* 74: 185-94, 1995.

IVORY, M. H. Preliminary investigations of the pest of exotic forest trees in Zambia. *Commonwealth Forestry Review* 56: 47-56, 1977.

LIMA, L. M. et al. Ciclo de vida de *Phoracantha semipunctata* F. (Coleoptera: Cerambycidae) em Portugal. In: ENCONTRO NACIONAL SOBRE PROTEÇÃO DO EUCALIPTO CONTRA *Phoracantha semipunctata*, FAB., 1, Lisboa. *Anais*... Lisboa: Acel – Associação das Empresas de Celulose e Papel, 1988.

LOPES, O.; MARQUES, P. C. & ARAÚJO, J. The role of antennae in mate recognition in *Phoracantha semipunctata* (Coleoptera: Cerambycidae). *J. Insect Behav.* 18: 243-57, 2005.

MENDEL, Z. Seasonal development of the eucalypt borer, *Phoracantha semipunctata*, in Israel. *Phytoparasitica* 13: 85-93, 1985.

MOORE, K. M. Observations on some Australian forest insects. 15. Some mortality factors of *Phoracantha semipunctata* (F.) (Coleoptera: Cerambycidae). *Proc. Linn. Soc. NSW* 88: 221-9, 1963.

OMENACA, J. A. S. & BARREAL, J. A. R. Presencia de *Phoracantha semipunctata* Fabr. sobre *Eucalyptus globulus* Labill. en Cantabria (España). *Boletin de Sanidad Vegetal Plagas* 17: 417-22, 1991.

PAINE, T. D.; MILLAR, J. G. & HANKS, L. M. Integrated program protects trees from eucalyptus longhorned borer. *California Agriculture* 49: 34-7, 1995.

PAINE, T. D.; STEINBAUER, M. J. & LAWSON, S. A. Native and exotic pests of *Eucalyptus*: a worldwide perspective. *Annu. Rev. Entomol.* 56: 181-201, 2011.

PAIVA, M. R. & ARAÚJO, J. Impacto de *Phoracantha semipunctata* Fab. (Col.: Cerambycidae) na cultura do eucalipto no Alentejo. In: CONGRESSO SOBRE O ALENTEJO, 1, 1985, Alentejo. *Actas*... Alentejo, 1985, 3: 1.505-16.

POWELL, W. Colonization of twelve species of Eucalyptus by *Phoracantha semipunctata* (F.) (Coleoptera: Cerambycidae) in Malawi. *Bull. Entomol. Res.* 68: 621-6, 1978.

RIBEIRO, G. T.; ZANUNCIO, J. C. & OLIVEIRA, P. J. S. Aspectos biológicos de *Phoracantha semipunctata* Fabricius, 1775 (Coleoptera: Cerambycidae), em toras de *Eucalyptus pellita* e *Eucalyptus urophylla*. In: CONGRESSO BRASILEIRO DE ENTOMOLOGIA, 17, 1998, Rio de Janeiro. *Anais*... Rio de Janeiro: Sociedade Entomológica do Brasil, 1998.

RIBEIRO, G. T. et al. Ocorrência da broca-do-eucalipto *Phoracantha semipunctata* Fab. (Coleoptera: Cerambycidae), nos estados de Minas Gerais, Paraná e Espírito Santo. *Revista Árvore* 25: 393-6, 2001.

SANTOS, G. P. et al. Aspectos biológicos e morfológicos de *Dirphiopsis eumedidoides* (Vuillot, 1893) (Lepidoptera: Saturniidae) em folhas de *Eucalyptus grandis*. *Revista Árvore* 17: 351-7, 1993.

SOCIEDADE BRASILEIRA DE SILVICULTURA. *Estatísticas*. São Paulo, 2007. Disponível em: <http://www.sbs.org.br/secure/PalestraCampoGrande- EucaliptoMitoseVerdades.pdf.>. Acesso em: 1 abr. 2012.

TIRADO, L. G. & JUNCO, R. Aspectos generales de la biologia de *Phoracantha semipunctata* Fab. en la provincia de Huelva. In: ENCONTRO NACIONAL SOBRE PROTEÇÃO DO EUCALIPTO CONTRA *Phoracantha semipunctata* Fab., 1, Lisboa. *Anais*... Lisboa: Acel – Associação das Empresas de Celulose e Papel, 1988.

WANG, Q. A. Taxonomic revision of the australian genus *Phoracantha* Newman (Coleoptera: Cerambycidae). *Invertebr. Taxon.* 9: 865-958, 1995.

WANG, Q. A.; THORNTHON, I. W. B. & NEW, T. R. A cladistics analysis of the Phoracanthine genus *Phoracantha* Newman (Coleoptera: Cerambycidae: Cerambycinae), with discussion of biogeographic distribution and pest status. *Annu. Entomol. Soc. Am.* 92: 631-8, 1999.

WAY, M. J.; CAMMELL, M. E. & PAIVA, M. R. Studies on egg predation by ants (Hymenoptera: Formicidae) especially on the eucalyptus borer *Phoracantha semipunctata* (Coleoptera: Cerambycidae) in Portugal. *Bull. Entomoll. Res.* 82: 425-32, 1992.

ZANETTI, R. *Notas de aula de entomologia florestal.* Departamento de Entomologia/Ufla. Lavras, MG: 2005. Disponível em: <www.den.ufla.br/Professores/Ronald/ Disciplinas/Notas%20Aula/MIPFlorestas%>. Acesso em: 19 out. 2009.

45

Gorgulho-do-eucalipto, *Gonipterus platensis* Marelli

C. F. Wilcken, N. C. Oliveira

INTRODUÇÃO

As áreas de plantações com *Eucalyptus* formam extensos maciços homogêneos, adaptados ao clima tropical, mas constituem um ecossistema com pouca biodiversidade e sujeito à ocorrência de surtos de pragas (Santana, 2003).

Apesar de a principal espécie de besouro desfolhador no Brasil ser *Costalimaita ferruginea* (Coleoptera: Chrysomelidae), em nível mundial, o gorgulho-do-eucalipto, *Gonipterus "scutellatus"*, considerado atualmente como um complexo de espécies nativas da Austrália, tem sido identificado como a principal espécie de besouro desfolhador de *Eucalyptus*. Esse gorgulho se alimenta de ramos, brotos e folhas e provoca redução no crescimento, malformações e, eventualmente, a morte das plantas hospedeiras (Tooke, 1955). Na época atual, essa espécie encontra-se presente em quatro continentes: Oceania, África, Europa e Américas (Eppo, 2005). A praga foi registrada pela primeira vez no Brasil por Freitas, em 1979, em Curitiba, PR, em árvores de *E. viminalis* e *E. saligna* (var. *protusa*). Em 1992, foi detectada em plantações de *E. dunni,* no Estado de São Paulo (Rosado-Neto, 1993). Em todas essas detecções, sempre foi observada a presença de seu inimigo natural específico, o parasitoide de ovos *Anaphes nitens* (Hymentoptera: Mymaridae). Em geral, a ocorrência da praga sempre foi esporádica em plantações de eucalipto na Região

Sul e no Estado de São Paulo, devido principalmente ao controle biológico feito pelo inimigo natural. Em 2003, foi verificada a ocorrência dessa espécie no Estado do Espírito Santo a atacar plantios clonais de *E. urophylla* × *E. grandis* ("urograndis") em níveis epidêmicos, causando danos econômicos aos produtores dessa região (Ascensão..., 2006). Essas ocorrências demonstram que a praga continua a se dispersar lentamente pelo Brasil e pode atingir outras regiões produtoras do país.

Posição taxonômica e nomenclatura

Ordem: Coleoptera

Família: Curculionidae

Subfamília: Gonipterinae

Gênero: *Gonipterus* Schöenher, 1833

Espécie: *Gonipterus platensis* Marelli,1926

O gênero *Gonipterus* é composto por 27 espécies, que se alimentam de plantas de *Eucalyptus* (Mally 1924). Recentemente, foi demonstrado que *G. scutellatus* é um complexo, formado por dez espécies crípticas (Newete, Oberprieler & Byrne, 2011), cuja ocorrência na Austrália foi confirmada por meio de estudos moleculares (Mapondera et al., 2012). O estudo desse complexo demonstrou que *G. scutellatus* é uma espécie de ocorrência restrita à Tasmânia; não foi constatada fora da Austrália. A espécie predominante na Austrália Ocidental e em Vitória é *G. platensis*, que foi descrita por Marelli em 1926, na Argentina, e confirmada também nas demais regiões onde a praga foi introduzida — Europa, Américas do Norte e do Sul, Nova Zelândia e, provavelmente, África (Mapondera et al., 2012). Portanto, a denominação correta do gorgulho-do-eucalipto que ocorre no Brasil é *G. platensis* Marelli. No país, tem sido registrado também *G. gibberus* (Boisduvall, 1833), principalmente na Região Sul (Rio Grande do Sul, Santa Catarina e Paraná) (Figura 2F); entretanto, o nome válido dessa espécie é *G. pulverulentus* Lea (Rolf Oberprieler, informação pessoal).

RECONHECIMENTO

Os adultos de *G. platensis* são castanho-escuros (tegumento brilhante, com granulação grossa e densa). Possuem revestimento escamoso, mais denso ventralmente, e tubérculo subumeral proeminente na base dos élitros, logo abaixo e atrás dos úmeros. O rostro é curto, subcilíndrico, com as laterais pretas e o centro castanho-avermelhado. Dimorfismo sexual presente no quinto esterno abdominal, que na fêmea apresenta uma depressão centroposterior mediana e, no macho, é subplano, com a margem posterior truncada (Rosado-Neto & Marques, 1996; Sanches, 1993). Em geral, o comprimento do corpo varia entre 5,7 e 8,9 mm nos machos e entre 7,5 e 9,4 mm nas fêmeas (Rosado-Neto & Marques, 1996).

Ao contrário dos adultos, as formas imaturas (larva e pupa) de *G. platensis* apresentam caracteres morfológicos externos facilmente distintos de *G. pulverulentus* (Rosado-Neto & Marques, 1996). As larvas de *G. platensis* e *G. pulverulentus* são ápodas, convexas dorsalmente e planas ventralmente, com a cabeça escura, parcialmente retraída sobre o tórax (Rosado-Neto & Freitas, 1982; Mansilla Vázquez, 1992; Rosado-Neto & Marques, 1996). As larvas de *G. platensis* apresentam no abdome três faixas verde-escuras e têm comprimento médio de 9,2 a 11,3 mm (Rosado Neto & Marques, 1996; Sanches, 1993). As pupas medem entre 7,0 e 11,3 mm, são do tipo exarada, com coloração amarelo-esbranquiçada, e se desenvolvem no solo, protegidas por uma câmara pupal formada com o próprio solo (Tooke, 1955; Arzone & Meotto, 1978; Freitas, 1979; Sanches, 1993). As pupas de *G. platensis* distinguem-se pela manutenção das três faixas longitudinais, porém mais apagadas do que nas larvas (Sanches, 1993; Rosado-Neto & Marques, 1996).

DISTRIBUIÇÃO GEOGRÁFICA E HOSPEDEIROS

O gorgulho-do-eucalipto é originário da Austrália e da Tasmânia (Mally, 1924) e encontra-se distribuído na África, em vários países da região mediterrânea, na América do Norte e na Europa (Eppo, 2005). Na América do Sul, a praga encontra-se estabelecida na Argentina, no Chile, no Brasil (Lanfranco & Dungey, 2001) e no Uruguai (Eppo, 2005) (Figura 1).

O primeiro registro de *G. platensis* (como *G. scutellatus*) fora da região de origem foi em 1916, na África do Sul. Em apenas trinta anos, essa espécie colonizou a metade do continente africano, espalhando-se desde o cabo da Boa Esperança até o lago Vitória (Mally, 1924).

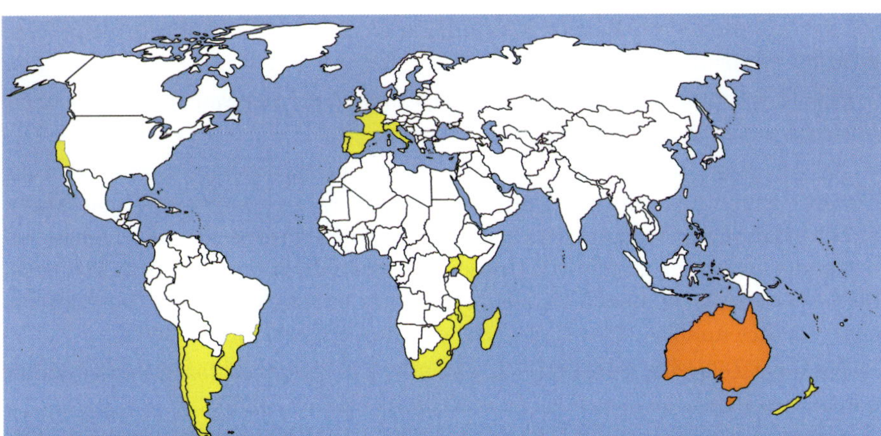

Figura 1. Distribuição geográfica do gorgulho-do-eucalipto *G. platensis* no mundo, em 2014.

A praga foi introduzida na Argentina em 1925 (Fiorentino & Medina, 1991), depois no Uruguai (Eppo, 2005), no Brasil (Andrade, 1928), nas Ilhas Maurício entre 1935 e 1940 (Willians, Moutia & Hermelin, 1951), em Madagascar em 1950 (Frappa, 1950), no Mediterrâneo europeu em 1975 (Cadahia, 1986), na Nova Zelândia em 1980 (Bain, 1977), na Espanha em 1991 (Mansilla-Vázquez, 1992), nos Estados Unidos (Califórnia) em 1994 (Cowles & Downer, 1995) e no Chile em 1998 (Parra & Gonzalez, 1999).

No Brasil, há relatos do gênero *Gonipterus* desde a década de 1920 a atacar *Eucalyptus* spp., em Pelotas, no Rio Grande do Sul, representado por *G. pulverulentus* (como *G. gibberus*) (Andrade, 1928; Barbiellini, 1955; Kober, 1955). Posteriormente, foi encontrado em Lages, SC, dispersando-se para o Paraná (Fenilli, 1982).

O primeiro registro da espécie *G. platensis* (como *G. scutellatus*) no Brasil ocorreu em 1979, na região de Curitiba, no Estado do Paraná, em *E. viminalis* e *E. saligna* (variedade *protusa*) (Freitas, 1979). Em 1982, foi registrada no Estado de Santa Catarina (Fenilli, 1982). Em 1993, foi encontrada danificando folhas de *E. dunni* em Itararé, no Estado de São Paulo (Rosado-Neto, 1993).

Durante uma década, no Brasil, os ataques do gorgulho-do-eucalipto ocorreram de maneira esporádica na Região Sul e no sul do Estado de São Paulo, onde a praga manteve-se em equilíbrio, devido à presença do inimigo natural específico, o microimenóptero *Anaphes nitens*. No entanto, em setembro de 2003, um surto da espécie foi constatado no município de Aracruz, Estado do Espírito Santo, infestando intensamente plantios clonais de *E. grandis* × *E. urophylla* ("urograndis") com idades entre oito meses e seis anos. A introdução acidental do inseto no Estado do Espírito Santo foi, provavelmente, em carga de toras de eucalipto com casca trazidas da Região Sul, onde adultos em diapausa podem ter vindo sob a casca das árvores (Wilcken et al., 2008).

Na região de origem, *G. platensis* ocorre principalmente em *E. viminalis*, *E. globulus* e *E. punctata*. Destas, *E. viminalis* é considerada a espécie hospedeira preferida (Mansilla-Vázquez, 1992).

Nos vários países onde foi introduzido, *G. platensis* mostrou preferência pelas diferentes espécies de *Eucalyptus*.

Na África do Sul, foram classificadas sessenta espécies em sete categorias, de acordo com o tipo e a severidade do ataque para a província do Cabo (Mally, 1924), e foi apresentada uma lista com quatro grupos de espécies, relacionando-as ao grau de ataque de *G. platensis*, observado durante 25 anos (Tabela 1) (Tooke, 1955). Nesse país, na década de 1980, ocorreram surtos em espécies consideradas relativamente imunes, como *E. grandis* e *E. macarthurii* (Tribe, 2005).

Na Nova Zelândia, as espécies *E. globulus* e *E. viminalis* foram consideradas as mais suscetíveis ao ataque de *G. scutellatus* (Miller, 1927).

Em Madagascar, as espécies hospedeiras mais suscetíveis foram *E. cornuta*, *E. viminalis*, *E. punctata*, *E. globulus*, *E. urginera* e *E. rostrata* (= *camaldulensis*) (Kevan, 1946).

Tabela 1. Classificação das espécies de *Eucalyptus* atacadas por *G. platensis* na África do Sul, segundo Tooke (1955).

Severamente atacadas	Pouco atacadas	Aparentemente imunes ao ataque	Regionalmente atacadas
E. amplifoli	*E. albens*	*E. acmenioides*	*E. bosistoana*
E. blakelyi	*E. bicolor*	*E. aggregata*	*E. bridgesiana*
E. deanei	*E. caleyi*	*E. alpina*	*E. dalrympleana*
E. elaeophora	*E. cambagei*	*E. altior*	*E. lemanni*
E. foecunda	*E. capitellata*	*E. botryoides*	*E. melliodora*
E. globulus	*E. camphora*	*E. calophylla*	*E. punctata*
E. goniocalix	*E. coccifera*	*E. citriodora*	*E. rostrata*
E. longifolia	*E. cornuta*	*E. cinerea*	*E. rubida*
E. longicornis	*E. crebra*	*E. cladocalyx*	*E. tereticornis*
E. loxophleba	*E. decipiens*	*E. corymbosa*	
E. maidenii	*E. gomflocornuta*	*E. dealbata*	
E. maculosa	*E. marginata*	*E. diversicolor*	
E. microtheca	*E. microcarpa*	*E. dives*	
E. obcordata	*E. microcorys*	*E. eugeniodes*	
E. occidentalis	*E. nova-angelica*	*E. fastigata*	
E. pauciflora	*E. obliqua*	*E. ficifolia*	
E. propinqua	*E. ovata*	*E. gigantea*	
E. redunca	*E. patens*	*E. gomphocephala*	
E. robusta	*E. piperita*	*E. numerosa*	
E. smithii	*E. planchoniana*	*E. paniculata*	
E. stuartiana	*E. populifolia*	*E. regnans*	
E. viminalis	*E. resinifera*	*E. sieberiana*	
	E. risdonii	*E. stellulata*	
	E. saligna	*E. stricta*	
	E. siderophloia	*E. yarraensis*	
	E. sideroxylon		
	E. todtiana		
	E. trabuti		
	E. urnigera		
	E. virgata		

No Quênia, *E. globulus*, *E. maidenii*, *E. robusta* e *E. smithii* foram as mais atacadas por *G. scutellatus*, enquanto *E. saligna* e *E. citriodora* foram citadas como praticamente imunes (Kevan, 1946). Para as Ilhas Maurício, em 1944, quando *G. scutellatus* foi encontrado, mas não identificado, a espécie *E. robusta* foi a mais seriamente atacada em relação a *E. tereticornis* e *E. kirtonian* (Willians et al., 1951).

Na Itália, *G. platensis* mostrou preferência por folhas de *E. globulus*, não atacando *E. cinerea, E. gunnii*, *E. polyanthemos*, *E. stuartiana* e *E. rostrata* (Arzone & Meotto, 1978). Na Espanha, os danos causados por *G. platensis* foram observados em *E. globulus* e *E. obliqua* (Mansilla-Vázquez & Pérez-Otero, 1996).

No Chile, *G. platensis* desfolha principalmente *E. globulus*, *E. camaldulensis* e *E. viminalis* (Lanfranco & Dungey, 2001). *E. camaldulensis* foi considerada mais suscetível à infestação de adultos, em comparação com *E. globulus* e *E. robusta* (Huerta-Fuentes et al., 2008).

No Brasil, *G. platensis* foi encontrado em *E. viminalis*, *E. saligna* (variedade *protusa*), *E. globulus*, *E. dunnii* (Freitas, 1979) e em híbridos de *E. grandis* × *E. urophylla* "urograndis" (Wilcken et al., 2008). As espécies *E. robusta, E. rostrata* e *E. viminalis* também foram seriamente atacadas por *G. pulverulentus* no Brasil (Lubianca, 1955).

BIOECOLOGIA

Após emergirem, os adultos de *G. platensis* (Figura 2F) distribuem-se de modo uniforme na planta. Quando tocados, apresentam uma reação característica: caem ao chão e permanecem imóveis durante algum tempo. Quando não se soltam e caem, podem permanecer fortemente agarrados aos ramos. Alimentam-se de folhas em qualquer altura da planta, dando preferência às partes mais tenras. Ao alimentar-se, ficam na margem da folha, consumindo o limbo em direção à nervura central (Freitas, 1991).

A fêmea inicia a oviposição após aproximadamente vinte dias de alimentação com folhas tenras das brotações novas (Arzone & Meotto, 1978) (Figura 2A). A ausência de folhas novas e tenras é fator limitante para a ocorrência de oviposição que, de modo geral, é realizada nesse tipo de folha (Sanches, 1993).

Figura 2. *G. platensis*. A) Fêmea ovipositando. B) Escatoteca. C) Larva de quarto instar. D) Larvas alimentando-se de folhas de eucalipto. E) Pupa. F) Adulto de *G. platensis* (à direita) e de *G. pulverulentus* (à esquerda).

Os ovos são depositados em série, de preferência na superfície das folhas, e cobertos por uma massa escura, formada por excrementos (escatoteca) (Figura 2B).

A eclosão das larvas ocorre por aberturas feitas no lado oposto da folha em que acontece a postura. *G. platensis* apresenta quatro estágios larvais, que duram cerca de uma semana cada, podendo ser mais curtos com o aumento da temperatura (Santolamazza-Carbone, 2002) (Figuras 2C, 2D). Ao atingirem o desenvolvimento máximo, as larvas interrompem a alimentação, caem no solo e começam a se enterrar, atingindo 2 a 2,5 cm de profundidade, onde fazem uma câmara para pupação (Tooke, 1955; Freitas, 1991; Sanches, 1993).

A câmara pupal de *G. platensis* é pouco maior do que o seu comprimento total e apresenta superfície interna lisa e pouco permeável à água. No seu interior, a larva pode ficar encurvada ou esticada (Sanches, 1993). As fases de pré-pupa e de pupa ocorrem de um a um mês e meio após o período larval (Arzone & Meotto, 1978) (Figura 2E).

O desenvolvimento biológico de *G. platensis* depende da alimentação e da temperatura. A temperatura ideal situa-se na faixa entre 22°C e 26°C. Em híbridos de *E. grandis* × *E. urophylla* ("urograndis"), sob a temperatura de 26°C, o estágio larval variou entre 20 e 21 dias; as fases de pré-pupa e pupa, de 33 a 35 dias; e a longevidade dos adultos, entre 146 e 171 dias (Oliveira, 2006). Em *E. viminalis,* o período médio de incubação foi de aproximadamente 13 dias na temperatura de 18°C, 11 dias para 20°C, 9 dias para 22°C e 8 dias para 24°C; o período de pré--pupa e pupa durou em média 54, 47, 37 e 33 dias para essas quatro temperaturas, respectivamente (Sanches, 1993).

No campo, os adultos podem viver de seis a doze meses (Santolamazza-Carbone & Fernandez de Ana-Magan, 2004). Na Tasmânia, *G. scutellatus* apresenta duas gerações por ano, com picos de oviposição na primavera e no final do verão (Anônimo, 1981). Na África do Sul e na Itália, podem ocorrer duas gerações anuais de *G. platensis* (Mally, 1924; Arzone & Meotto, 1978). No Chile, há quatro gerações por ano, sendo que o estágio larval é completado em torno de quarenta dias (Lanfranco & Dungey, 2001).

No Brasil, na região de Curitiba, PR, foram constatadas duas gerações anuais de *G. platensis*, uma no verão e a outra no outono. A fase adulta ocorre durante todo o ano e os primeiros ovos surgem no final de agosto e continuam até fevereiro (Sanches, 1993). Nessa região, ovos, larvas, pupas e adultos da espécie *G. pulverulentus* foram registrados durante os meses de julho a dezembro. De janeiro a julho, apenas adultos foram encontrados, com redução da densidade populacional à medida que o inverno se aproximava. O aparecimento de ovos e larvas coincidiu com o período de lançamento dos brotos foliares do hospedeiro, com maior incidência durante os meses de setembro e outubro (Freitas, 1979).

DANOS

Ao contrário do que ocorre na área de distribuição natural, onde é considerado de importância econômica secundária, devido à presença de predadores nativos que controlam a população, *G. platensis* tem adquirido importância internacional, devido aos danos que ocasionou em vários países onde foi introduzido.

G. platensis é um inseto desfolhador, que causa danos durante os estágios larval e adulto, atacando principalmente o terço superior da planta hospedeira (Mansilla-Vázquez, 1992). No primeiro e no segundo instares, as larvas raspam a superfície foliar, alimentando-se da epiderme e do mesofilo, sem perfurar a epiderme oposta. Quando mais desenvolvidas, alimentam-se de forma indiscriminada de qualquer área, sobretudo das folhas e brotações jovens. Os adultos tendem a se alimentar nas extremidades das folhas e em ramos tenros (Mally, 1924; Mansilla-Vázquez, 1992; Sanches, 1993). As folhas que não são totalmente consumidas assumem o aspecto de queimadas; o mesmo acontece com o broto vegetativo (Freitas, 1979).

A desfolha ocasionada por larvas e adultos desse inseto reduz a taxa de crescimento anual e o vigor das plantações de *Eucalyptus*. Ao alimentar-se do broto principal, provoca malformações do fuste e redução de aproximadamente 30% de crescimento da planta. Quando as desfolhas são sucessivas durante quatro anos, pode ser detectada até 30% de morte das plantas. Somente desfolhas intensas podem produzir atraso no crescimento que implique perdas econômicas (Parra & Gonzalez, 1999). A área foliar média consumida durante o desenvolvimento larval de *G. platensis* em *E. urophylla* foi de 70,6 cm^2; no híbrido "urograndis", foi de 68,4 cm^2; em *E. camaldulensis*, de 54,7 cm^2; e em *E. grandis*, de 45,2 cm^2 (Oliveira, 2006).

CONTROLE

Controle biológico

O método biológico, com o uso do parasitoide de ovos *Anaphes nitens* Girault (Hymenoptera: Mymaridae) (Figura 3A), tem se mostrado a melhor alternativa para o controle de *G. platensis*, com vários relatos documentados do sucesso desse método, na África do Sul (Tooke, 1955), nos Estados Unidos (Hanks et al., 2000), no Chile (Lanfranco & Dungey, 2001), na Nova Zelândia (Withers, 2001) e na Espanha (Cordero-Rivera, Santolamazza-Carbone & Andrés, 1999). A espécie *A. nitens* é encontrada na Região Sul do Brasil, onde a praga tem ocorrência esporádica (Sanches, 2000).

A espécie *A. nitens* é um microimenóptero que mede 0,9 mm de comprimento. Suas fêmeas localizam as ootecas e parasitam os ovos de *G. platensis* e *G. pulverulentus*. Completam seu ciclo de vida em aproximadamente dezessete dias, a temperaturas entre 20 e 25°C (Santolamazza-Carbone, Rodrigues-Illamola & Cordero-Rivera, 2006).

Figura 3. A) Fêmea de *A. nitens* parasitando ovos de *G. platensis*. B) Plantação clonal de eucalipto desfolhada por *G. platensis* (à esquerda) e controlada com *Beauveria bassiana* (à direita). Foto: Aracruz Celulose.

O parasitismo de ovos a campo por *A. nitens* foi avaliado em Curitiba, PR, entre 1991 e 1992, para as duas espécies do gorgulho-do-eucalipto. Foi verificado que o parasitismo de ovos de *G. platensis* foi de apenas 1,9% em setembro, atingindo 100% em fevereiro de 1992; para *G. pulverulentus*, ele variou de 2,5%, em setembro de 1991, a 100%, em março de 1992 (Sanchez, 2000). Na Califórnia, EUA, foram verificadas taxas de parasitismo acima de 80% por três anos consecutivos (1995-1997) e a desfolha causada por *G. platensis* foi reduzida para menos de 10% (Hanks et al., 2000).

Outras duas espécies de *Anaphes* que parasitam ovos de *G. platensis* foram descritas na Austrália: *A. tasmaniae* e *A. inexpectatus,* que foram introduzidas na África do Sul para controle do gorgulho-do-eucalipto em áreas com baixo parasitismo por *A. nitens* (Huber & Prinsloo, 1990). Esse baixo parasitismo pode ser devido às baixas temperaturas do inverno, mas também pode estar relacionado à questão taxonômica, uma vez que o parasitoide foi introduzido como específico de *G. scutellatus*, mas, na verdade, a espécie predominante atualmente é *G. platensis*, que não tinha sua distribuição geográfica conhecida até 2012 (Mapondera et al., 2012).

Algumas alternativas para o controle da praga, como o uso do fungo entomopatogênico *Beauveria bassiana* (Bals. Vuill.), foram sugeridas e testadas por alguns autores (Berti-Filho et al., 1992; Wilcken et al., 2005), sendo considerado efetivo o controle biológico dessa praga no Espírito Santo (Ascensão..., 2006) (Figura 3B).

Controle cultural

Na África do Sul, o controle cultural foi experimentado. Os métodos testados incluíram a aração (às vezes com irrigação e fertilização) para expor e matar pupas no solo; a redução da copa e a poda das plantas hospedeiras, para reduzir o alimento disponível para o besouro; e, mais drasticamente, queimadas dos talhões infestados. Somente o primeiro método apresentou resultados positivos, porém, não foi utilizado, por ser impraticável em larga escala (Richardson & Meakins, 1986).

Controle químico

Não há inseticidas químicos registrados oficialmente para essa praga em condição de campo no Brasil. No passado, alguns inseticidas clorados e fosforados foram testados para o controle de adultos de *G. pulverulentus*. Entretanto, por se tratar de extensas áreas plantadas, esse método tornou-se econômica e ecologicamente inviável para o controle da praga (Kober, 1955). Recentemente, resultados de pesquisas demonstraram que os inseticidas flufenoxuron e azadirachtin exerceram bom controle sobre as larvas do desfolhador, não afetando o inimigo natural, sendo recomendáveis para o uso no controle integrado (Pérez-Otero, Mansilla-Vázquez & Rodrigues-Iglesia, 2003).

Resistência das plantas

O uso de espécies não suscetíveis pode ser uma alternativa para o manejo de *G. platensis*.

Na África do Sul, as espécies suscetíveis ao ataque de *G. "scutellatus"* foram substituídas por outras mais resistentes (Tooke, 1955). As espécies dominantes plantadas em 1916, quando *G. "scutellatus"* foi detectado, eram *E. viminalis*, *E. globulus* e *E. maidenii*, sendo também as mais suscetíveis ao ataque da praga (Tooke, 1955; Richardson & Meakins, 1986). Atualmente, quase 80% de todas as plantações de eucalipto na África do Sul são constituídas de *E. grandis*, considerada mais resistente (Poynton, 1979; Annecke & Moran, 1982, citados por Tribe, 2005). No Brasil, *E. grandis* também é pouco atacado por *G. platensis* (Wilcken, informação pessoal).

REFERÊNCIAS BIBLIOGRÁFICAS

ANDRADE, E. M. Uma praga do eucalipto. *Chácaras e Quintais* 37(5): 463-5, 1928.

ANÔNIMO. *Eucalyptus weevil*. Forestry Commission Tasmanian Forest Pest and Diseases Leaflet. (8) Government Printer, Tasmania, 1981.

ARZONE, A. & MEOTTO, F. Reperti biologici su *Gonipterus scutellatus* Gyll. (Col. Curculionidae) infestante gli eucalypti della Riviera Ligure. *Redia* 61: 205-22, 1978.

ASCENSÃO e queda do gorgulho. In: REUNIÃO TÉCNICA PROTEF (9). Avanços da pesquisa na proteção florestal. Aracruz, 2006. 27p.

BAIN, J. *Gonipterus scutellatus* Gylenhal (Coleoptera: Curculionidae), gum tree weevil. In: *Forest and timber insects in New Zealand*, n. 8. Sydney, 1977.

BARBIELLINI, A. A. Combate à praga do eucalipto no Sul. *Chácaras e Quintais* 91 (2): 91-192, 1955.

BERTI FILHO, E. et al. Ocorrência de *Beauveria* (Bals.) Vuill. em adultos de *Gonipterus scutellatus* (Gyllenhal) (Coleoptera, Curculionidae). *Revista de Agricultura* 67(3): 293-4, 1992.

CADAHIA, D. The importance of insect pests in the Mediterranean region. *Bulletin OEPP/ EPPO* 16: 265-83, 1986.

CORDERO-RIVERA, A.; SANTOLOMAZA-CARBONE, S. & ANDRÉS, J. A. Life cycle and biological control of the Eucalyptus snout beetle (Coleoptera, Curculionidae) by *Anaphes nitens* (Hymenoptera, Mymaridae) in north-west Spain. *Agricultural and Forest Entomology* 1: 103-9, 1999.

COWLES, R. W. & DOWNER, J. A. Eucalyptus snout beetle detected in California. *California Agriculture* 49(1): 38-49, 1995.

EPPO. Data sheets on quarantine pest: *Gonipterus gibberus* and *Gonipterus scutellatus*. *Bulletin EPPO* 35(3): 368-70, 2005.

FENILLI, R. Primeiro registro de *Gonipterus platensis* Marelli, 1926 e *Gonipterus gibberus* (Boisduval, 1835) (Coleoptera, Curculionidae, Gonipterinae) no Estado de Santa Catarina, Brasil. *Anais da Sociedade Entomológica do Brasil* 11(2): 293-4, 1982.

FIORENTINO, D. C. & MEDINA, D. L. Breve panorama de las plagas entomológicas forestales Argentinas. *Investigación Agraria: Sistemas y Recursos Forestales* 16: 181-90, 1991.

FRAPPA, C. Sur la presence de *Gonipterus scutellatus* Gyll. dans les peuplements d'*Eucalyptus* de Madagascar et l'acclimatement d'*Anmophoidea nitens* Gir., insecte auxiliaire parasite. *Revue de Pathologie Vegetale* 29: 369-75, 1950.

FREITAS, S. *Contribuição ao estudo da morfologia e biologia de Gonipterus gibberus (Boisduval, 1835) (Coleoptera, Curculionidae) e levantamento dos danos causados por esta espécie em eucaliptos dos arredores de Curitiba.* Curitiba, 1979. 95p. Dissertação (mestrado em Entomologia) – Universidade Federal do Paraná.

FREITAS, S. Biologia de *Gonipterus gibberus* (Boisduval, 1935) (Coleoptera, Curculionidae), uma praga do *Eucalyptus*. *Anais da Sociedade Entomológica do Brasil* 20(2): 339-44, 1991.

HANKS, L. M. et al. Classical biological control of the Australian Weevil *Gonipterus scutellatus* (Coleoptera: Curculionidae) in California. *Biological Control* 29: 369-75, 2000.

HUBER, J. T. & PRINSLOO, G. L. Redescription of *Anaphes nitens* Giraud and description of two new species of *Anaphes* Haliday (Hymenoptera: Mymaridae), parasites of *Gonipterus scutellatus* Gyllenhall (Coleoptera: Curculionidae) in Tasmania. *Journal of Australian Entomological Society* 29: 333-41, 1990.

HUERTA-FUENTES, A. et al. Susceptibilidad de espécies de eucalipto a *Gonipterus scutellatus* y perfiles electroforéticos de proteínas marcadoras del adulto. *Agrociencia* 42: 327-34, 2008.

KEVAN, D. K. McE. The *Eucalyptus* weevil in East Africa. *East African Agricultural Journal,* 12: 40-4, 1946.

KOBER, E. Observações preliminares da ação de diversos inseticidas orgânicos de síntese, no controle ao *Gonipterus gibberus* Boisduvalli, praga do eucalipto. *Agronomia Sulriograndense* 2(1): 30-40, 1955.

LANFRANCO, D. & DUNGEY, H. S. Insect damage in *Eucalyptus*: a review of plantations in Chile. *Australian Journal of Ecology* 26: 477-81, 2001.

LUBIANCA, J. L. O *Gonipterus gibberus* Boisduval, como praga do eucalipto no Rio Grande do Sul. *A Granja* 11: 54-7, 1995.

MALLY, C. W. The Eucalyptus snout-beetle (*Gonipterus scutellatus*). *J. Dep. Agric. Union of South Africa* 51: 1-30, 1924.

MANSILLA-VÁZQUEZ, J. P. Presencia sobre *Eucalyptus globulus* Labill de *Gonipterus scutellatus* Gyll. (Col. Curculionidae) en Galicia. *Boletín de Sanidad Vegetal y Plagas* 18(3): 547-54, 1992.

MANSILLA-VÁZQUEZ, J. P. & PÉREZ-OTERO, R. El defoliador del eucalipto *Gonipterus scutellatus*. *Phytoma* (España) 81: 36-42, 1996.

MAPONDERA, T. S. et al. Identification and molecular phylogenetics of the cryptic species of the *Gonipterus scutellatus* complex (Coleoptera: Curculionidae: Gonipterini). *Australian Journal of Entomology* 51: 175-88, 2012.

MILLER, D. The gum-tree weevil and its parasites. *New Zealand Journal of Agriculture* 35(5): 283-9, 1927.

NEWETE, S. W.; OBERPRIELER, R. G. & BYME, M. J. The host range of the Eucalyptus Weevil, *Gonipterus "scutellatus"* Gyllenhal (Coleoptera: Curculionidae), in South Africa. *Annals of Forest Science* 68: 1.005-13, 2011.

OLIVEIRA, N. C. *Biologia de Gonipterus scutellatus (Coleoptera: Curculionidae) em Eucalyptus spp. em diferentes temperaturas.* Botucatu, 2006. 82p. Tese (doutorado em Proteção de Plantas) – Faculdade de Ciências Agronômicas, Unesp.

PARRA, P. S. & GONZALEZ, M. G. Gorgojo del eucalipto. *Informativo Sanitario Vegetal: Subgerencia de Tecnologías Silvícolas* (2): 1-12, 1999.

PÉREZ-OTERO, R.; MANSILLA-VÁZQUEZ, P. & RODRIGUEZ-IGLESIAS, J. Eficacia y efectos en laboratório de diferentes insecticidas en el control del defoliador del eucalipto *Gonipterus scutellatus* y de su parasitoide *Anaphes nitens*. *Boletín de Sanidad Vegetal – Plagas* 29: 649-58, 2003.

RICHARDSON, K. F. & MEAKINS, R. H. Inter and intra specific variation in the susceptibility of *Eucalypts* to the snout beetle *Gonipterus scutellatus* Gyll. (Coleoptera: Curculionidae). *South African Forestry Journal* 139: 21-31, 1986.

ROSADO-NETO, G. H. & FREITAS, S. de. Description of immature forms of the Eucalyptus weevil *Gonipterus gibberus* Boisduval, 1835 (Coleoptera, Curculionidae). *Revista Brasileira de Biologia* 42, (3): 467-71, 1982.

ROSADO-NETO, G. H. Gonipterinae dos eucaliptos: primeiro registro de *Gonipterus scutellatus* para o Estado de São Paulo, Brasil, e algumas considerações sobre *G. gibberus* (Coleoptera, Curculionidae). *Revista Brasileira de Entomologia* 37(3): 465-7, 1993.

ROSADO-NETO, G. H. & MARQUES, M. I. Características do adulto, genitália e formas imaturas de *Gonipterus gibberus* Boisduval e *G. scutellatus* Gyllenhal (Coleoptera, Curculionidae). *Revista Brasileira de Zoologia*, 13(1): 77-90, 1996.

SANCHES, M. A. *Influência da temperatura no desenvolvimento de Gonipterus scutellatus Gyllenhal 1833 (Coleoptera, Curculionidae) em Eucalyptus viminalis Labill. Aspectos bionômicos e parasitismo na Região de Curitiba (PR).* Curitiba, 1993. 65f. Dissertação (mestrado) – Universidade Federal do Paraná.

SANCHES, M. A. Parasitismo de ovos de *Gonipterus scutellatus* Gyllenhal, 1833 e *Gonipterus gibberus* Boisduval, 1835 (Coleoptera, Curculionidae) por *Anaphes nitens* (Girault, 1928) (Hymenoptera, Mymaridae) em Colombo (Paraná, Brasil). *Arquivos do Instituto Biológico* 67: 77-82, 2000.

SANTANA, D. L. Q. *Ctenarytaina spatulata Taylor, 1997 (Hemiptera: Psyllidae):* morfologia, biologia, dinâmica, resistência e danos em *E. grandis* Hill. Ex Maiden. Curitiba, 2003. 123p. Tese (doutorado) – Universidade Federal do Paraná.

SANTOLOMAZZA-CARBONE, S. *Ecología del gorgojo del eucalipto Gonipterus scutellatus Gyllenhal y de su parasitoide Anaphes nitens Girault.* Spain, 2002. 216p. Thesis (Ph.D) – Universidade de Vigo.

SANTOLOMAZZA-CARBONE, S. & FERNANDEZ DE ANA-MARGAN, F. J. Testing of selected inseticides to assess the viability of the integrated pest management of the eucalyptus snout-beetle *Gonipterus scutellatus* in north-west Spain. *Journal of Applied Entomology* 128(9/10): 620-727, 2004.

SANTOLOMAZZA-CARBONE, S.; RODRIGUEZ-ILLAMOLA, A. & CORDERO-RIVERA, A. Thermal requirements and phenology of the Eucalyptus snout beetle *Gonipterus scutellatus* Gyllenhal. *Journal of Applied Entomology* 130(6/7): 368-76, 2006.

TRIBE, G. D. The present status of *Anaphes nitens* (Hymenoptera: Mymaridae), an egg parasitoid of the Eucalyptus snout beetle *Gonipterus scutellatus*, in the Western Cape Province of South Africa. *Southern African Forestry Journal* 203: 49-54, 2005.

TOOKE, F. G. C. *The eucalyptus snout-beetle, Gonipterus scutellatus Gyll. A study of its ecology and control by biological means.* Entomological Memoires Department of Agriculture Union of South Africa (3), 1955. 282p.

WILCKEN, C. F. et al. Eficiência de *Beauveria bassiana* (Boveril) no controle do gorgulho-do--eucalipto *Gonipterus scutellatus* (Coleoptera: Curculionidae) em condições de laboratório. In: SIMPÓSIO DE CONTROLE BIOLÓGICO. *Anais...* Recife, 2005.

WILCKEN, C. F. et al. Ocorrência de *Gonipterus scutellatus* Gyllenhal (Coleoptera: Curculionidae) em plantações de eucalipto no Estado do Espírito Santo. *Arquivos do Instituto Biológico* 75(1): 113-5, 2008.

WILLIANS, J. R.; MOUTIA, L. A. & HERMELIN, P. R. The biological control of *Gonipterus scutellatus* Gyll. (Col.: Curculionidae) in Mauritius. *Bulletin of Entomological Research* 42(1): 23-8, 1951.

WHITERS, T. M. Colonization of in New Zealand by Australian insects. *Australian Forestry* 26: 467-76, 2001.

46

Gorgulho-do-pínus, *Pissodes castaneus* (Degeer)

E. T. Iede, M. F. O. Martins, W. Reis Filho, S. R. M. Zaleski

INTRODUÇÃO

A intensificação do comércio mundial, nas duas últimas décadas, propiciou o aumento da circulação de mercadorias, tanto de origem animal como vegetal. Essas mercadorias, associadas a um aumento no fluxo de pessoas, decorrente do desenvolvimento do setor turístico, e à falta de estrutura da defesa fitossanitária, aumentaram os riscos de introdução de pragas exóticas, principalmente as florestais (Iede, Penteado & Reis Filho, 2000; Iede, 2005).

O Brasil é um país florestal, com aproximadamente 516 milhões de hectares de florestas naturais e plantadas (SFB, 2010). Desses, quase 7 milhões correspondem, atualmente, a reflorestamentos de *Pinus* e *Eucalyptus* (Abraf, 2013), cujas espécies foram introduzidas há mais de quarenta anos para atender à demanda de madeira para diversos fins, em substituição às espécies nativas, que foram dizimadas e possuem baixa capacidade de regeneração dos ecossistemas originais, o que inviabilizava técnica e economicamente os reflorestamentos homogêneos com essas espécies (Iede, Penteado & Reis Filho, 2000).

As plantações de pínus estão concentradas em uma área de aproximadamente 1,8 milhão de hectares, com a finalidade de fornecer matéria-prima para a produção de papel e celulose, madeira serrada, e para laminação (Kronka, Bertolani & Ponce, 2005). Na Região Sul, o plantio de pínus corresponde a 90% das florestas plantadas, sobretudo nos estados do Paraná e de Santa Catarina, sendo que *Pinus taeda* e *P. elliottii* constituem a maior parte do plantio de pínus no país (Abraf, 2013). Estima-se uma produção de 65 mil toneladas de resina, principal produto extraído de *P. elliottii*, que abastece o mercado interno, e sabe-se que *P. taeda* atinge quase um milhão de hectares, sendo utilizado para a produção de celulose, papel, madeira serrada, chapas e madeira reconstituída (Shimizu, 2005). As áreas de plantio em geral são contínuas, agrupadas em grandes extensões, e possuem uma base restrita de espécies e procedências, favorecendo o estabelecimento e a dispersão de pragas exóticas (Iede, 2005).

O gorgulho-do-pínus, *Pissodes castaneus*, é originário da Europa e do Norte da África e foi detectado pela primeira vez no Brasil em junho de 2001, no município de São José dos Ausentes, RS, sendo registrado posteriormente nos municípios de Pinhão, PR, Curitibanos, SC, São Joaquim, SC, e Cambará do Sul, RS, em plantios jovens (dois a seis anos) de *P. taeda* (Iede, Reis Filho & Penteado, 2004; Iede et al., 2007; Frensch, 2010). Atualmente, encontra-se distribuído por toda a Região Sul, trazendo preocupações para o setor florestal. Esse besouro ataca árvores da família Pinaceae, atingindo praticamente todas as espécies do gênero *Pinus*. Danos mais relevantes são causados pelas larvas, que se alimentam da região do câmbio e da casca, onde formam uma galeria coberta por excrementos e fibras finas de madeira, podendo ocorrer anelamento de ramos e troncos em árvores jovens e adultas (Frensch, 2010; Pestaña & Santolamazza-Carbone, 2010). Os adultos atacam o broto terminal e ramos jovens, deixando orifícios de saída com exsudação de resina e serragem abundante embaixo da casca de árvores submetidas a condições de estresse (Zaleski, 2009).

Em geral, pode-se afirmar que a presença do gorgulho é uma indicação de que existem sérios problemas silviculturais na área atacada, devido aos ataques às plantas sob estresse, seja por fatores bióticos ou abióticos, o que o torna uma praga oportunista. Dessa forma, é necessário avaliar, durante o planejamento do manejo florestal, todos os fatores bióticos e abióticos que podem favorecer essa praga.

Posição taxonômica e nomenclatura

Ordem: Coleoptera

Família: Curculionidae

Gênero: *Pissodes* Germar, 1817

Espécie: *Pissodes castaneus* (Degeer, 1775)

Sinonímias: *Curculio castaneus* Degeer, 1775

Pissodes fabricii Stephens, 1831

Pissodes notatus (Fabricius, 1787)

RECONHECIMENTO

Os adultos medem de 6 a 9 mm de comprimento, são curculionídeos típicos, com rostro (tromba) alongado e antenas geniculoclavadas. Na extremidade distal do rostro encontram-se pequenas mas fortes mandíbulas. O corpo é cilíndrico e de coloração parda. Os élitros apresentam quatro manchas transversais (Figura 1A), formadas por escamas amareladas, e não há dimorfismo sexual acentuado, mas é possível a diferenciação dos sexos apenas pelo formato do abdome e do rostro (Day et al., 2007).

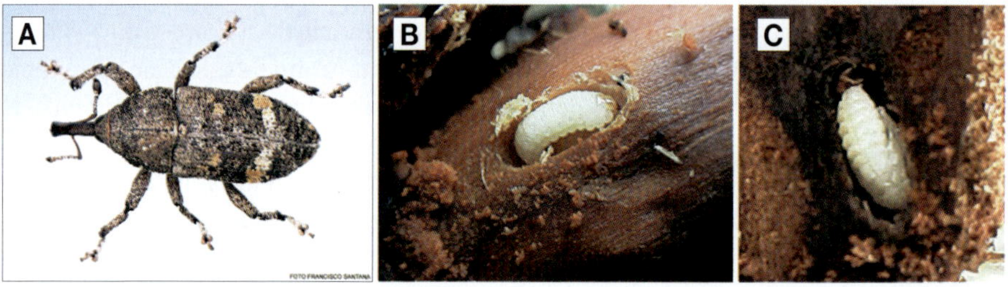

Figura 1. *P. castaneus*. A) Adulto. B) Larva. C) Pupa na câmara. Foto A: Francisco Santana.

HISTÓRICO DA INTRODUÇÃO DA PRAGA NO BRASIL

O primeiro registro de *P. castaneus* ocorreu no município de São José dos Ausentes, RS, em julho de 2001, em um plantio de *P. taeda* de 87 ha, densidade inicial de 2.500 plantas, com quase dois anos, em solos com afloramento de rocha. A constatação da praga ocorreu por meio de um levantamento na área, utilizando-se quatro amostras de cem plantas, das quais se obteve um índice de ataque de 3%. No final do mesmo ano, houve o registro no município de Pinhão, PR (Iede, Reis Filho & Penteado, 2004; Iede et al., 2007, 2010; Zaleski, 2009; Frensch, 2010).

No início de 2002, houve registro de ataque em Curitibanos, SC, e, em agosto, no município de Cambará do Sul, RS, verificou-se ataque de *P. castaneus* em um plantio de *P. taeda* de seis anos, localizado em uma encosta próxima a uma fábrica de celulose, portanto, exposto à poluição ácida, originária de gases dos processos industriais. No mesmo ano, foi constatada a presença desse inseto em São Joaquim, SC, também em agosto, em plantio de *P. taeda* com quatro anos de idade, e no município de Brunópolis, em outubro, em um plantio de três anos que, provavelmente, ficou mais suscetível ao ataque, devido à poda sofrida em julho. Para esse ataque, verificou-se um índice médio de infestação de 16,53%. Atualmente, a praga encontra-se distribuída por toda a Região Sul (Iede, Reis Filho e Penteado, 2004; Iede et al., 2007).

De acordo com estudos genéticos com as populações de *P. castaneus* no Brasil, verificou-se que elas devem ser originárias do Sul da Europa (Itália) e teriam sido introduzidas e dispersadas no sentido sul-norte, a partir do Rio Grande do Sul. A alta similaridade genética entre as populações brasileiras e as de seu local de origem, a Itália, além do elevado polimorfismo e da falta de um padrão para os agrupamentos presentes no país, indicam que essas populações ainda estão em processo de fixação (Zaleski, 2009).

DISTRIBUIÇÃO GEOGRÁFICA

P. castaneus é originário do Norte da África (Argélia e Ilhas Canárias) e Europa. Não há registros de ocorrência apenas nos países da Oceania (Cabi, 2012). O gorgulho-do-pínus ocorre nos seguintes países:

- Europa – Áustria, Belarus, Bélgica, Bulgária, Croácia, República Tcheca, Dinamarca, Finlândia, França, Alemanha, Grécia, Hungria, Irlanda, Itália, Letônia, Lituânia, Moldova, Holanda, Noruega, Polônia, Portugal, Romênia, Rússia, Sérvia, Eslováquia, Espanha, Suécia, Suíça, Ucrânia, Reino Unido, Montenegro.
- Ásia – Turquia, Sibéria.
- África – Argélia, Marrocos, Ilhas Canárias e Ilha da Madeira.
- América do Sul – Argentina, Chile, Uruguai e Brasil (Rio Grande do Sul, Santa Catarina e Paraná).
- América do Norte – Nova York, EUA; registro de interceptação, sem maiores detalhes com relação a possível introdução.

BIOLOGIA E ECOLOGIA

Em sua região de origem, *P. castaneus* possui um ciclo de vida complexo, assim como outros membros da família Curculionidae. Essa complexidade se deve ao fato de as fêmeas produzirem diversas gerações, durante suas vidas, resultando em uma variação no comprimento do ciclo de vida, do ovo ao adulto maduro, a depender da época da postura. Quando ela ocorre no verão, resulta em desenvolvimento rápido; quando acontece no outono, resulta em desenvolvimento lento, pois há um período de diapausa no inverno (Munro, 1928).

O período de oviposição de *P. castaneus* ocorre em dois momentos distintos: o primeiro em meados da primavera, início do verão; o segundo entre o final do verão e o início do outono. A oviposição é realizada sob a casca, logo abaixo das brotações apicais do ramo terminal. As fêmeas colocam seus ovos em fendas abertas com seu aparelho bucal na casca de pinheiros, depositando de um a quatro ovos por fenda. Na Itália, Panzavolta e Tiberi (2010) constataram a presença de ovos durante a primavera até o final do verão e início do outono, período correspondente aos meses de março a outubro/final de novembro. Não encontraram ovos de junho a agosto, período em que ocorrem temperaturas mais altas (cerca de 32°C), e em janeiro e fevereiro, quando as temperaturas médias são inferiores a 13°C.

A temperatura afeta os insetos tanto direta como indiretamente (Gallo et al., 2002). Nesse caso, ela interfere de maneira direta, pois altera a duração do ciclo de vida e, em consequência, o número de gerações ao ano. *P. castaneus* costuma apresentar uma geração ao ano (ciclo univoltino), mas em regiões mais frias pode apresentar uma geração a cada dois anos (ciclo semivoltino) (Day et al., 2007). No caso de ocorrência de duas gerações ao ano (ciclo bivoltino), a postura realizada no outono dará origem a adultos que emergirão na primavera. As primeiras posturas, realizadas na primavera, darão origem a adultos no outono, que podem se reproduzir antes do período de hibernação, no inverno.

No Brasil, o período de oviposição dura, em média, oito semanas, em contraste com as quatro semanas do local de origem, possivelmente devido às condições de temperatura e estações bem mais definidas do Sul da Europa (Zaleski, 2009). Os ovos são de cor branco-pérola (brilhante), lisos, oblongos e arredondados em ambas as extremidades, e medem de 0,5 a 1 mm de diâmetro. À medida que a incubação vai se completando, tornam-se amarelados e as larvas eclodem, no máximo, em dezenove dias (Iede, Reis Filho & Penteado, 2004; Zaleski, 2009). Elas são branco-amareladas (Figura 1B), cilíndricas, ligeiramente curvadas (em forma de C), ápodas, com a cabeça castanho-clara e quatro instares larvais (Panzavolta, 2007). As larvas dos primeiros instares são encontradas principalmente na primavera e no outono; as dos instares finais são dominantes em relação às iniciais. Isso se deve às exigências térmicas maiores das larvas desses instares e à diapausa, que suspende seu desenvolvimento por um período prolongado. Para o último instar, além da diapausa, induzida por baixas temperaturas, há a diapausa na fase de pré-pupa (Panzavolta & Tiberi, 2010).

As pupas e os adultos, ainda dentro da câmara pupal, são observados durante a primavera e o verão, porém, pode haver a antecipação de sua ocorrência caso as temperaturas se mantenham elevadas (Panzavolta & Tiberi, 2010). As pupas do tipo exarata inicialmente são branco-brilhantes (Figura 1C), mas escurecem com o passar do tempo (Iede, Reis Filho & Penteado, 2004).

A emergência dos adultos, na Europa, inicia-se em maio e estende-se até setembro. Os adultos recém-emergidos se alimentam dos ramos e brotos terminais e podem sobreviver até vinte meses. A agregação dos adultos é mediada por feromônios. Os principais compostos (1R, 2S)- grandisol e (1R, 2S)-grandisal são extraídos tanto em *P. castaneus* como em *P. strobi, P. aproximatus* e *P. nemorensis* (Frensch, 2010). Essas substâncias são produzidas no abdome e no intestino posterior do macho e atuam na atração de ambos os sexos, em sinergismo com os cairomônios da planta para *P. strobi* e *P. nemorensis*, e funcionam como feromônio sexual, sem ação sinergística com a planta, para *P. castaneus* (Zaleski, 2009).

As larvas são mais prejudiciais, pois podem, eventualmente, matar o ramo terminal, já que se alimentam da região do câmbio e da casca, interrompendo a circulação de seiva. Outro aspecto importante é que *P. castaneus* guarda íntima relação com a transmissão de fungos extremamente patogênicos ao pínus, como *Armillarias* spp., *Ophiostomas* spp., *Cronartium flaccidum* e *Leptographium serpens* — a patogenicidade deste último depende da época do ano (Pestaña & Santolamazza-Carbone, 2010). As árvores atacadas por *P. castaneus* apresentam a copa marrom-avermelhada e pontuações na casca resultantes da oviposição ou alimentação.

PLANTAS HOSPEDEIRAS

O gorgulho-do-pínus ataca coníferas da família Pinaceae: *Abies* spp. (*A. alba* e *A. nordmanniana*), *Pinus* spp. (*P. banksiana*, *P. contorta*, *P. halapensis*, *P. nigra*, *P. pinaster*, *P. pinea*, *P. radiata*, *P. strobus*, *P. sylvestris*, *P. wallichiana*), *Pseudotsuga menziesii* e uma espécie de Taxaceae, *Taxus baccata* (Beeche Cisternas et al., 1993, Fontecilla & Grez, 1998; Cabi, 2012). No Brasil, foi registrado em *P. taeda* (Iede, Reis Filho & Penteado, 2004).

IMPACTO ECONÔMICO E PREJUÍZOS

Apesar de ser considerada uma praga inicialmente secundária em boa parte da Europa, *P. castaneus* é considerada uma das mais importantes em plantios de *Pinus* spp. na França. Em 1962 e 1963, dizimou 58% de *P. pinaster* plantado na Rússia, Reino Unido, Finlândia e Espanha, onde grande número de plantas jovens sofre ataque e, em consequência, morre (Cabi, 2012). No Uruguai, foi responsável por taxas de mortalidades superiores a 10%, em diferentes localidades (Zaleski, 2009).

O gorgulho-do-pínus ataca de preferência plantios jovens de pínus, localizados em sítios ruins, com solos rasos e de baixa fertilidade, ou mesmo em solos encharcados. Porém, pode atacar árvores de até 15 anos de idade. De modo geral, pode-se afirmar que qualquer fator que provoque o estresse das plantas favorece a propagação dessa praga.

O principal dano é causado pelas larvas que se alimentam na região do câmbio e da casca, onde formam uma galeria sinuosa, preenchida com excrementos, em geral na parte inferior do caule, podendo ocorrer um anelamento completo na árvore. Um dano secundário é causado pelos adultos que se alimentam do broto terminal (gema apical) (Frensch, 2010) (Figura 2A). As árvores atacadas apresentam um sintoma característico na copa, que fica marrom-avermelhada na parte superior. Geralmente, o ataque de *P. castaneus* causa a morte das árvores. A larva ataca o broto terminal delas, preferindo aquelas com os ramos líderes mais altos. Os brotos de crescimento do ano acabam morrendo, resultando em perda de crescimento no ano seguinte. Dessa forma, os brotos laterais tornam-se dominantes, e a planta assume um aspecto arbustivo (Figura 2B). As árvores costumam ser atacadas mais uma vez se um novo ramo líder é formado; contudo, a repetição do ataque abaixo

Figura 2. Dano de *P. castaneus*. A) Adulto danificando gema terminal. B) Aspecto arbustivo do pínus.

de um ponteiro morto pode ocorrer ocasionalmente. Em um ano, a depender do estado nutricional e do manejo florestal do talhão, pode ocorrer o ataque em mais de 50% das árvores (Romanik & Cadahia, 1981). A proporção de ataque varia de ano para ano, devido aos efeitos do clima, a inimigos naturais e outros fatores. Por essa razão, devem ser avaliados os danos do inseto em diferentes sistemas de manejo florestal, submetidos a diferentes tratos silviculturais.

No Brasil, é considerada uma praga secundária, visto que as plantas atacadas, em sua maioria, são aquelas que apresentam problemas silviculturais associados a fatores abióticos. Mudas de baixa qualidade, ferramentas usadas no plantio e preparo de solo inadequado, uso de dosagens de herbicidas que causam estresse nas plantas, podas realizadas no período de emergência de insetos adultos, entre outros fatores, podem predispor as plantas ao ataque de *P. castaneus.*

MÉTODOS DE CONTROLE

Com relação aos inimigos naturais, são relatadas oito espécies de himenópteros parasitoides, das famílias Chalcididae (duas espécies), Ichneumonidae (três), Braconidae (duas) (Kenis & Mills, 1994; Iede et al., 2007) e Pteromalidae (*Metacolus unifasciatus*), além de uma ave (pica-pau), porém, não há programas de controle biológico de *P. castaneus* desenvolvidos ou em andamento.

O controle químico pode ser realizado em curto prazo, pois a longo prazo esse tipo de tratamento torna-se inviável, devido aos elevados custos e ao longo período de voo dos adultos, que se estende de maio a setembro no hemisfério Norte e de novembro a março no hemisfério Sul (Cabi, 2012). Na região de origem, há aplicações esporádicas de inseticida, porém, esse controle não é totalmente eficaz, devido à diapausa nos períodos muito frios ou à estivação, quando as temperaturas são muito elevadas e os insetos permanecem no solo ou em ranhuras da casca, impedindo a ação plena do inseticida (Zaleski, 2009).

Por outro lado, o controle silvicultural pode reduzir a atuação da praga, visto que *P. castaneus* ataca de preferência plantas jovens, enfraquecidas por fatores bióticos ou abióticos. Na Europa, onde é considerada uma praga secundária, seus surtos são associados a declínios de pínus por ação de outros insetos ou patógenos, e eventualmente ataca plantas saudáveis, quando em alta densidade populacional (Day et al., 2007). A avaliação de plantas atacadas pelo gorgulho-do-pínus em campo demonstrou que, em pelo menos 90% dos casos, as plantas apresentavam sérios problemas de enovelamento de raízes, que ocorreram na fase de produção de mudas ou no plantio. Isso indica que, em muitos casos, estão sendo plantadas mudas passadas, cujas raízes já enovelaram no tubete, e/ou ocorrem casos de enovelamento provocados pelo espelhamento ou vitrificação do solo, principalmente pelo uso do chacho (instrumento de ferro pontiagudo, similar a uma alavanca) em solos rasos ou argilosos, impedindo o desenvolvimento normal das raízes. Uma correção importante seria selecionar melhor os locais de plantio e dar a devida atenção ao preparo do solo, em função das suas características físicas. Deve-se também dar atenção especial à produção de mudas, para evitar problemas no sistema radicular.

Uma prática silvicultural bastante importante, a poda, quando realizada em época inadequada, pode comprometer o plantio. Os ferimentos provocados por essa prática exalam compostos químicos que atraem a praga e, por essa razão, ela deve ser executada somente nos períodos de baixa densidade populacional de *P. castaneus,* que no Brasil costuma ocorrer apenas no inverno. Além disso, os restos de poda devem ser eliminados e, se possível, picados, para evitar a proliferação dos insetos. Cuidados também devem ser tomados durante os desbastes, com a eliminação dos resíduos. Esse procedimento pode ser atrasado para manter uma alta densidade de plantas, reduzindo a infestação e melhorando a forma das árvores, desde que não prejudique o desenvolvimento das plantas.

Um controle preventivo ou curativo mais eficaz pode ser feito quando são utilizados sistemas de monitoramento efetivos. Neste caso, indica-se a utilização de toretes-armadilhas (árvores recém-abatidas, deixadas no talhão para atrair os adultos para cópula e postura, reduzindo a infestação de plantas sadias), que devem ser retirados do plantio para serem queimados ou destruídos antes da emergência dos adultos (Iede, Reis Filho & Penteado, 2004; Zaleski, 2009). A instalação das armadilhas deve ser realizada, de preferência, nos meses de outubro a março, quando há maior ocorrência da praga, e o período entre a instalação e a retirada não deve ser superior a sessenta dias (Zaleski, 2009).

REFERÊNCIAS BIBLIOGRÁFICAS

ABRAF – Associação Brasileira de Produtores de Florestas Plantadas. *Anuário estatístico da Abraf 2013, ano base 2012*. Brasília: Abraf, 2013. 140p. Disponível em: <www.biblioteca florestal.ufv.br/handle/123456789/3910>. Acesso em: 22 jan. 2014.

BEECHE CISTERNAS, M. et al. *Manual de reconocimiento de plagas forestales cuarentenárias*. Santiago: Ministerio de Agricultura, Servicio Agrícola y Ganadero, 1993. 169p.

CABI. *Crop protection compendium – Pissodes castaneus* [home page]. Disponível em: <www. cabi.org/cpc/?compid=1&dsid=41485&loadmodule=datasheet&page=868&site=161>. Acesso em: 26 mar. 2012.

DAY, K. R. et al. General biology and life cycles of bark weevils. In: LIEUTIER, F. et al. (eds.). *Bark and wood boring insects in living trees in Europe, a synthesis*. Rep. Netherlands: Springer, 2007.

FONTECILLA, L. F. & GREZ, R. *Manual de detection y control de plagas y enfermedades presentes y potenciales em plantaciones de pino y eucalipto*. Concepcion: Ed. Anibal Pinto, Controladora de Plagas Forestales, 1998. 114p.

FRENSCH, G. *Identificação e estudos visando a aplicação de infoquímicos para controle de gorgulho-da-casca-do-pínus, Pissodes castaneus (De Geer, 1775) (Coleoptera: Curculinidae)*. Curitiba, 2010. 107p. Dissertação (mestrado em Química Orgânica)) – Universidade Federal do Paraná.

GALLO, D. et al. *Entomologia agrícola*. Piracicaba: Biblioteca de Ciências Agrárias Luiz de Queiroz, 2002. v. 10. 920p.

IEDE, E. T. *Importância das pragas quarentenárias florestais no comércio internacional – Estratégias e alternativas para o Brasil.* Colombo, PR: Embrapa Florestas, 2005. 35p. (Boletim de Pesquisa e Desenvolvimento, 22).

IEDE, E. T.; PENTEADO, S. R. C. & REIS FILHO, W. Pragas quarentenárias florestais: riscos e prevenção. *Floresta*, v. 30, n. 1-2, 2000.

IEDE, E. T.; REIS FILHO, W. & PENTEADO, S. R. C. *Ocorrência de Pissodes castaneus (De Geer) (Coleoptera, Curculionidae) em Pinus, na Região Sul do Brasil.* Colombo, PR: Embrapa Florestas, 2004. 6p. (Comunicado Técnico, 114). Disponível em: <ainfo.cnptia.embrapa.br/ digital/bitstream/CNPF/41307/1/Com_tec114.pdf>. Acesso em: 22 mar. 2012.

IEDE, E. T. et al. *Pissodes castaneus* (De Geer, 1775) (Coleoptera, Curculionidae), the bark pine Weevil: a pest or a biological indicator? In: U.S. DEPARTMENT OF AGRICULTURE INTERAGENCY RESEARCH FORUM ON INVASIVE SPECIES, 21., 2010, Annapolis, Maryland. *Proceedings...* Newtown Square: USDA, Forest Service, Northern Research Station, 2010.

IEDE, E. T. et al. Monitoramento e controle de *Pissodes castaneus* em *Pinus* spp. 2007. Colombo, PR: Embrapa Florestas, 2007. 8p. (Circular Técnica, 130). Disponível em: <ainfo. cnptia.embrapa.br/digital/bitstream/CNPF-2009-09/42331/1/Circular130.pdf>. Acesso em: 22 mar. 2012.

KENIS, M. & MILLS, N. J. Parasitoids of European species in the genus *Pissodes* (Col.: Curculinidae) and their potential for the biological control of Pissodes strobi (Peck) in Canada. *Biological Control*. 4: 14-21, 1994.

KRONKA, F. J. N.; BERTOLANI, F. & PONCE, R. H. *A cultura do Pinus no Brasil.* São Paulo: Sociedade Brasileira de Silvicultura, 2005. 160p.

MUNRO, J. W. The biology and control of *Hylobius abietis* (L.). *Forestry*, v. 2, n. 1, 1928.

PANZAVOLTA, T. Instar determination for *Pissodes castaneus* (Coleoptera: Curculionidae) using head capsule widths and lengths. *Environmental Entomology*, v. 36, n. 5, 2007. Disponível em: <www.bioone.org/doi/full/10.1603/0046-225X%282007%2936%5B1054%3AIDFPCC%5D2.0.CO%3B2>. Acesso em: 22 mar. 2012.

PANZAVOLTA, T. & TIBERI, R. Observations on the lif cycle on *Pissodes castaneus* in central Italy. *Bulletin of Insectology*, v. 63, n. 1, 2010.

PESTAÑA, M. & SANTOLAMAZZA-CARBONE, S. Mutual benefit between banded pine weevil *Pissodes castaneus* and blue-stains fungus *Leptographium serpens* em maritime pine. *Agricultural and Forest Entomology*, v. 12, 2010.

ROMANIK, N. & CADAHIA, D. (coords.). *Plagas de insectos de las masas forestales españolas*. 2. ed. Madrid: Ministerio de Agricultura, Pesca y Alementacion, 1981. 252p.

SFB – Serviço Florestal Brasileiro. *Florestas do Brasil – um resumo*. Serviço Florestal Brasileiro, Ministério do Meio Ambiente, 2010. 156p.

SHIMIZU, J. Y. *Cultivo do pínus*: espécies de *Pinus* mais plantadas no Brasil. Embrapa Florestas, Sistemas de Produção 5, 2005. Disponível em: <sistemasdeproducao.cnptia.embrapa.br/FontesHTML/Pinus/CultivodoPinus/03_especies_mais_plantadas_no_brasil.htm>. Acesso em: 23 mar. 2012.

ZALESKI, S. R. M. *Pissodes castaneus (De Geer) (Coleoptera: Curculinidae):* bioecologia, feromônio sexual, variabilidade genética e aspectos do monitoramento e controle. Curitiba, 2009. 121p. Tese (doutorado em Entomologia) – Universidade Federal do Paraná.

47

Broca-da-teca, *Sinoxylon unidentatum* (Fabricius)

O. Peres Filho, E. P. Teixeira, R. G. Moura

INTRODUÇÃO

Várias espécies de Bostrichidae são importantes pragas florestais e agrícolas, e as espécies de *Sinoxylon* são em particular importantes como pragas de árvores, madeira e bambus (Fisher, 1950; Teixeira, Novo & Berti Filho, 2002).

Estabelecido por Duftschmid em 1825, o gênero *Sinoxylon* conta atualmente com 52 espécies, dentre elas, *Sinoxylon unidentatum* (Fabricius, 1801) (Borowski & Wegrzynowicz, 2007), uma das pragas potenciais no campo florestal.

S. unidentatum é uma espécie comum nos trópicos, sobretudo nos países asiáticos. Foi descrita por Fabricius no gênero *Sinodendron,* e a Índia Oriental foi registrada como seu habitat (Fabricius, 1801). Encontra-se difundida em vários países das regiões Oriental e Afrotropical (Borowski, 2007), além da América do Sul (Peres Filho et al., 2006a).

Posição taxonômica e nomenclatura

Ordem: Coleoptera

Família: Bostrichidae

Subfamília: Bostrichinae

Tribo: Sinoxylonini
Gênero: *Sinoxylon* Duftschmid, 1825
Espécie: *Sinoxylon unidentatum* (Fabricius, 1801)
Sinonímia: *Sinoxylum conigerum* Gerstäcker, 1855

Sinoxylon unidentatum (Fabricius, 1801) foi descrita originalmente no gênero *Sinodendron*. Sua verdadeira posição taxonômica permaneceu duvidosa até tempos recentes, quando foi elucidada por Borowski e Wegrzynowicz (2007), que a colocaram como sinônimo sênior de *S. conigerum* Gerstäcker, 1855. Lesne (1906), quando da revisão dos Sinoxylinae, ao se referir a *S. conigerum*, colocou em dúvida a validade dessa espécie e assim se manifestou: "?unidentatum Fabricius 1801, Syst. Eleuth. II, p. 307 (1) Il est extrémament probable que l'espèce fabricienne est bien la mème que celle décrite par Gerstäcker." Fisher (1950) registrou: "Type locality. — Of conigerum, Mozambique, Portuguese East Africa. Of unidentatum, East India. Present location of these types is unknown to the writer". Nesse trabalho, não fez nenhuma menção sobre a validade do nome *S. conigerum*.

HISTÓRICO DA INTRODUÇÃO DA PRAGA NO BRASIL

O registro oficial e primeiro da constatação do inseto no Brasil foi feito por Peres Filho et al. (2006a), a partir de material coletado atacando toras e tábuas (madeira) de teca (*Tectona grandis* L.f.) (Lamiaceae) nos municípios de Várzea Grande e Cuiabá, MT, em 2001. A publicação só foi possível após a autorização do Ministério da Agricultura, Pecuária e Abastecimento. Material coletado em final de 2011, em Tangará da Serra, MT, comprova que essa praga já está se disseminando pelo estado.

DISTRIBUIÇÃO GEOGRÁFICA

S. unidentatum é comum na Índia, está difundida nos trópicos e tende a se tornar cosmopolita. Existem registros da espécie na Tailândia, China, Malásia, Flórida, África Oriental, Venezuela, Madagascar, Ceilão, Java, Filipinas, Ilhas Havaianas, Venezuela, Colômbia, Brasil e Caribe. Foi interceptada no Canadá, Itália, Nova Zelândia, Nova York, mas não se estabeleceu (Borowski & Węgrzynowicz, 2007; CAB, 2004; Peres Filho et al., 2006a).

O comércio de madeira bruta e seus derivados, bem como a utilização de paletes de madeira no transporte de mercadorias, tem contribuído sobremaneira para a dispersão da espécie pelo mundo.

BIOLOGIA E ECOLOGIA

A biologia da broca-da-teca não foi estudada, mas provavelmente se assemelha à biologia de outras espécies do gênero *Sinoxylon*. A dificuldade maior reside no comportamento desse inseto (Beeson & Bhatia, 1937; Liu, Schönitzer & Yang, 2008).

É um inseto de hábitos noturnos, fototrópico positivo e atraído pelo etanol. A maioria dos bostriquídeos possui hábitos noturnos e com frequência é atraída pela luz ao entardecer (Liu, Schönitzer & Yang, 2008). O adulto constrói túneis, reduzindo o teor de amido da madeira, para deposição dos ovos na madeira recém-cortada (Binda & Joly, 1991; Tomimura, 1993). Os estudos desenvolvidos para determinar a flutuação populacional de *S. unidentatum* nos municípios de Várzea Grande e Cuiabá, de 2002 a 2004, permitiram concluir que a época de maior ocorrência dos adultos é no período chuvoso e que praticamente desaparecem na época da seca (Figura 1) (Peres Filho, 2010).

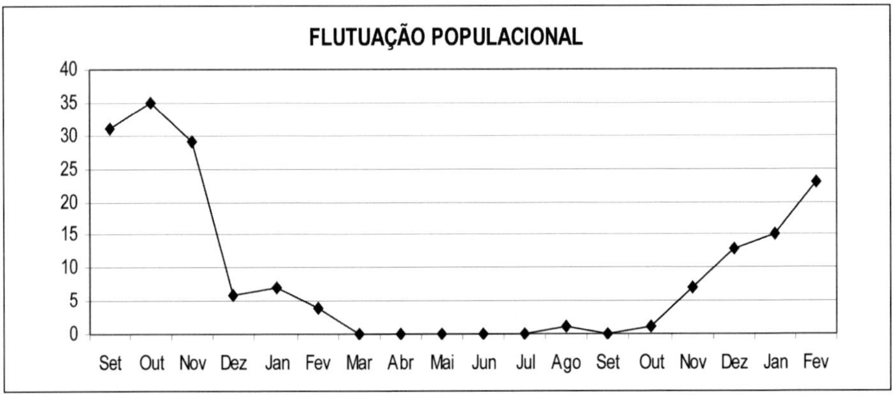

Figura 1. Flutuação populacional de *S. unidentatum* nos municípios de Várzea Grande e Cuiabá, MT. Período de 2002 a 2004 (Peres Filho, 2010).

Possui o corpo cilíndrico e curto. A coloração varia de negro a castanho-avermelhado-escuro. Cabeça coberta pelo pronoto e invisível de cima. Comprimento de 3,5 mm a 5,5 mm. Clava antenal 3-segmentada, bem desenvolvida, flabeliforme, fortemente transversa. Segmentos finamente sulcados. Pronoto e corpo com pubescência inconspícua. Escutelo subtriangular, arredondado no ápice. Declividade apical de cada élitro com um tubérculo no centro, junto à sutura elitral, ereto e cônico, de coloração escura, base dos tubérculos granulosa. Fronte quadridentada. Clípeo bidentado no bordo anterior, ao lado da base do labro. Mandíbulas arredondadas no ápice (Binda & Joly, 1991; Lesne, 1906; Fisher, 1950) (Figura 2).

A larva, escarabeiforme, assim como o adulto, é bastante ativa na construção de galerias (Peres Filho, 2010).

PLANTAS HOSPEDEIRAS

S. unidentatum é xilófaga e polífaga e foi registrada atacando *Acacia* sp., *Albizia cimara* (Roxb.) Boiv., *Cajanus cajan* (L.) Huth., *Myroxylon balsamum* (L.) Harms.,

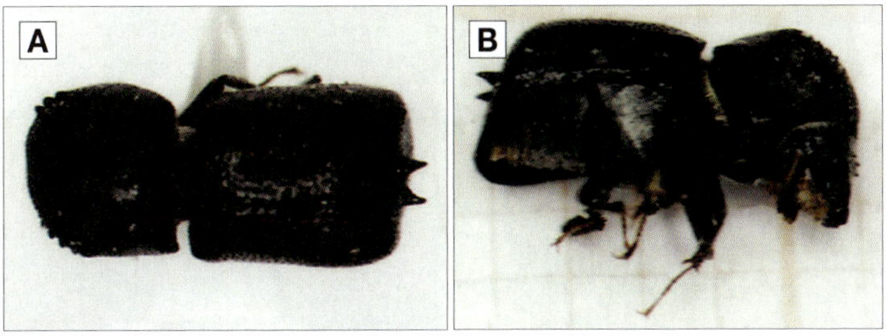

Figura 2. *S. unidentatum.* A) Dorsal. B) Lateroventral. Fotos: O. Peres Filho.

Delonix regia (Bojer ex Hook.) Raf., *Samanea saman* (Jacq.) Merr., *Piptadenia flava* (Spreng. ex DC.) Benth., *Derris* sp. (Fabaceae), *Anacardium occidentale* L., *Astronium fraxinifolium* Schott, *Mangifera indica* L. (Anacardiaceae), *Manihot esculenta* Crantz, *Hura crepitans* L., *Hevea brasiliensis* (Willd. ex A.Juss.) Müll. Arg. (Euphorbiaceae), *Gossypium hirsutum* L. (Malvaceae), *Tectona grandis* L.f. (Lamiaceae), *Adina cordifolia* (Roxb.) Brandis (Rubiaceae), *Holoptelea integrifolia* (Roxb.) Planch. (Ulmaceae), *Swietenia mahagani* (L.) Jacq., *Swietenia macrophylla* King (Meliaceae), *Shorea robusta* Gaertn. (Dipterocarpaceae), *Terminalia bialata* (Roxb.) Steud., *Terminalia myriocarpa* Van Heurck & Müll. Arg. (Combretaceae), *Grewia tiliaefolia* Vahl (Malvaceae), *Bambusa* spp. (Poaceae), *Eucalyptus* sp., *Psidium guajava* L. (Myrtaceae), barbasco e ébano (Brasil, 2008; Peres Filho, Dorval & Berti Filho, 2006b; Camacho, Güerere & Queiroz, 2002).

IMPACTO ECONÔMICO, CONTROLE E PREJUÍZOS

A teca, *T. grandis* L.f., nativa do continente asiático e uma das mais valiosas madeiras no mercado mundial, é atualmente a principal cultura florestal no Estado de Mato Grosso. No Brasil, a área florestada com teca é de 112 mil ha, o que representa 1,8% da área total de florestas plantadas. Em Mato Grosso, a área plantada é de 60 mil ha. Associada a outras espécies florestais, a teca contribui com boa parcela para a arrecadação de ICMS, nos empregos diretos, na exportação anual, no estoque de carbono etc. Em ordem decrescente, em área com plantios de teca, estão os estados do Pará, Rondônia, Acre, Goiás, Tocantins, Maranhão e São Paulo (Peres Filho et al., 2006a; Takizawa, 2011). Sua madeira é usada em carpintaria, marcenaria e construção naval, mas não há dados estatísticos sobre danos.

Os danos (Figura 3) causados à madeira consistem nos orifícios e nas galerias escavadas pelas larvas e pelos adultos, sempre na região do alburno, no sentido longitudinal do tronco (Peres Filho et al., 2006a), que podem inutilizar a madeira para as finalidades às quais se destina e impedir sua entrada em outros países fora da região de ocorrência do inseto.

Figura 3. Dano de *S. unidentatum* em teca. A, B, F) Madeira desdobrada (serraria). C, D, E) Madeira em toras (condições de campo). Fotos: O. Peres Filho.

Além do surgimento de orifícios na madeira, os ataques são caracterizados pela grande quantidade de serragem expelida através deles, proveniente da intensa atividade larval. As galerias são circulares, estreitas e podem se apresentar limpas ou repletas de serragem compactada; também são ramificadas quando destinadas às posturas (Nair, 2007; Peres Filho, 2010).

MEDIDAS DE CONTROLE

Em função da importância da madeira e dos danos que o inseto pode causar, faz-se necessário colocar em prática medidas de controle, na tentativa de minimizar os danos. A seguir, são citadas diferentes medidas de controle (Peres Filho, 2010).

- **Preventivo ou indireto** – considerado o melhor método, uma vez que são utilizadas técnicas que impedem o ataque da broca. São elas:

  a) corte da madeira nas épocas de menor ocorrência da praga;

  b) permanência da madeira o menor tempo possível estocada no campo ou em pátios de serrarias;

  c) tratamento da madeira com inseticidas piretroides por imersão, banho, pincelamento ou pulverização;

  d) secagem racional da madeira e, se possível, com umidade inferior a 8%;

  e) tratamento da madeira pelo uso da pressão e vácuo em autoclaves.

  Especificamente para o corte da madeira (item **a**), o procedimento básico seria o monitoramento do inseto por meio da utilização de armadilhas etanólicas, luminosas e até mesmo de armadilhas-tronco.

- **Tratamento curativo ou direto** – recomendado para os casos em que a madeira já foi atacada, mas não está em estágio avançado de dano, pois nessa situação o controle não compensa, pelo retorno econômico mínimo ou até mesmo por inviabilizar o uso da madeira. Para a broca-da-teca, não há inseticida oficialmente indicado e, portanto, devem ser adotadas medidas gerais de controle, tais como:

  a) expurgo do material mediante o uso de inseticidas gasosos, como o fosfeto de alumínio com 57% de ingrediente ativo nas doses: 2 pastilhas de 3 g/m^3, 10 comprimidos de 0,6 g/m^3, 1 sachê de 34 g/6 m^3. Para esse inseticida, o ambiente deve estar completamente fechado. No caso de brocas na madeira, pode-se utilizá-lo na formulação pastosa, na dose de 3 g/orifício. Não há período de carência para esse produto;

  b) as mesmas técnicas dos itens **d** e **e** do controle indireto;

  c) a literatura internacional relata diversos inseticidas para *Sinoxylon* spp. (Tabela 1).

Por se tratar de praga quarentenária (A2), todas as medidas de controle do inseto devem obedecer ao constante na Portaria Conjunta Sedraf/Indea-MT nº 01/2011.

Tabela 1. Relação de inseticidas para o controle de *Sinoxylon* spp.

Inseticidas (i.a.)	Pragas	Doses	Observações	Fontes bibliográficas
Ácido bórico[1]	*Sinoxylon anale*	10% com 0,5% de NaPCP	Madeira de seringueira	Gnanaharan, Mathew & Damodharan (1983)
Permetrina[2], cipermetrina[2] e deltametrina[2]	*Sinoxylon anale*	?	Lenha de *Dalbergia sissoo* (88% de controle)	Hanif, Chaudhry & Gul (1991)
Cipermetrina[2] e betaciflutrina[2]	*Sinoxylon anale* *Sinoxylon crassum*	Concentrações de 0,1%, 0,2% e 0,5%, com eficiência variando de 82 a 95%	Pilhas de lenha (> 80% de eficiência com uma aplicação, por dezesseis meses)	Gul, Bajwa & Hanif (1997)
Ácido bórico	*Sinoxylon anale*	2%	Madeira de cajueiro (aplicações quinzenais)	Gnanaharan, Sudheendrakumar & Nair (1985)

Grupo químico: 1 Inorgânico. 2 Piretroide (modificado de Peres Filho, 2010).

REFERÊNCIAS BIBLIOGRÁFICAS

BEESON, C. F. C. & BATHIA, B. M. On the biology of the Bostrychidae (Coleoptera). *Indian for Rec. Entomology* 2: 223-323, 1937.

BINDA, F. & JOLY, L. J. Los Bostrichidae (Coleoptera) de Venezuela. *Bol. Entomol. Venez.* 6: 83-133, 1991.

BOROWSKI, J. & WEGRZYNOWICZ, P. *World catalogue of Bostrichidae (Coleoptera). Wydawnictwo Mantis*. Olsztyn: Poland, 2007. 247p.

BOROWSKI, J. Bostrichidae. In: LÖBL, I. & SMETANA, A. (eds.). *Catalogue of Paleartic Coleoptera*. Apollo Books, Stenstrup, 2007, v. 4.

BRASIL. Secretaria de Estado de Agricultura e Assuntos Fundiários. Portaria Conjunta Sedraf/Indea-MT n. 01/2011. *Diário Oficial do Estado do Mato Grosso*, 30 de maio de 2011. Estabelece normas para o Programa de Prevenção e Controle da Broca Conigera (*Sinoxylon conigerum*) no Estado de Mato Grosso.

BRASIL. Ministério de Agricultura e Abastecimento. Instrução normativa SDA n. 41/2008 de 1 de julho de 2008. *Diário Oficial da União*, 2 de julho de 2008. Estabelece a lista de pragas quarentenárias ausentes (A1) e de pragas quarentenárias presentes (A2) para o Brasil e aprova os procedimentos para as suas atualizações.

CAB International. *Sinoxylon conigerum Gerstaecker. Crop protection compendium*. Wallingford, UK, CAB International, 2004.

CAMACHO, M. J.; GÜERERE, P. & QUIROZ, M. Insectos y ácaros del guayabo (*Psidium guajava* L.) en plantaciones comerciales del estado de Zulia, Venezuela. *Rev. Fac. de Agronom.* 19: 1-8, 2002.

FISHER, W. S. *A revision of the North American species of beetles belonging to the family Bostrichidae*. United States Department of Agriculture Misc. Publ., 1950. 157p.

GNANAHARAN, R.; MATHEW, G.; DAMODHARAN, T. K. Protection of rubber wood against the insect borer *Sinoxylon anale* Les. (Coleoptera: Bostrichidae). Peechi, India. *Kerala Forest Research Inst.* 14(1): 8-11, 1983.

GNANAHARAN, R.; SUDHEENDRAKUMAR, V. V. & NAIR, K. S. S. Protection of cashew wood in storage against insect borers. Pecchi, India. *Kerala Forest Research Inst.* 20(1): 65-74, 1985.

GUL, H.; BAJWA, G. A.; HANIF, G. Screening and economics of some pyrethroid insecticides against powder post beetles. Pakistan. *Pakistan Journal of Forestry* 47: 1-4, 1997.

HANIF, G.; CHAUDHRY, M. I. & GUL, H. Efficacy of pyrethroids against powder post beetles attack on fuelwood. Peshawar, Pakistan. *Pakistan Forest Inst.* 41(4): 178-83, 1991.

LESNE, P. Révision des coléoptères de la famille des bostrychides. 5ème Mémoire. *Ann. Soc. Ent. France* 75: 445-561, 1906.

LIU, L. Y.; SCHÖNITZER, K. & YANG, J. T. A review of the literature on the life history of Bostrichidae (Coleoptera). *Mitteilungen der Münchener Entomologische Gesselschaft* 98: 91-7, 2008.

LUNZ, A. M. et al. *Monitoramento de Sinoxylon conigerum (Gerstäcker, 1885) (Coleoptera: Bostrichidae) em madeira de teca (Tectona grandis L.f.) no Estado do Pará*. Belém, PA: Embrapa, 2010. (Comunicado técnico, 224).

NAIR, K. S. S. *Tropical forest insect pests:* ecology, impact and management. New York: Cambridge University Press, 2007. 404p.

PERES FILHO, O. *Sinoxylon conigerum Gerstäcker, 1855 (Coleoptera: Bostrichidae)*: da Ásia ao Brasil. Cuiabá, MT, jun. 2010. Apostila. 31p.

PERES FILHO, O. et al. First record of *Sinoxylon conigerum* Gerstäcker (Coleoptera: Bostrichidae) in Brazil. *Neotrop. Entomol.* 35: 712-3, 2006a.

PERES FILHO, O.; DORVAL, A. & BERTI FILHO, E. *A entomofauna associada à teca, Tectona grandis L.f. (Verbenaceae), no Estado de Mato Grosso*. Piracicaba: Ipef, 2006b. 58 p.

TAKIZAWA, F. Arefloresta (Associação de Reflorestadores de Mato Grosso): plantando a sustentabilidade de Mato Grosso. In: 4º ENCONTRO DE ATUALIZAÇÕES FLORESTAIS E AMBIENTAIS, 1 maio 2011.

TEIXEIRA, E. P.; NOVO, J. P. S. & BERTI FILHO, E. First record of *Sinoxylon anale* Lesne and *Sinoxylon senegalensis* (Karsch) (Coleoptera: Bostrichidae) in Brazil. *Neotrop. Entomol.* 31: 651-2, 2002.

TOMIMURA, Y. Chemical characteristics of rubberwood damaged by *Sinoxylon conigerum* Gerstäcker. *Bulletin of the Forestry and Forest Products Research Institute* 365: 33-43, 1993.

48

Vespa-da-madeira, *Sirex noctilio* Fabricius

E. T. Iede, S. R. C. Penteado, W. Reis Filho

INTRODUÇÃO

A introdução de pragas exóticas em um novo habitat pode trazer consequências indesejáveis, como simplificação do ecossistema, destruição da vida selvagem, aumento dos riscos de incêndio, mudanças na paisagem, destruição de áreas recreacionais, depreciação de imóveis residenciais e danos à saúde humana, entre outros. Fatores como o crescimento substancial do comércio internacional nos últimos anos, inclusive o de produtos vegetais, devido à abertura comercial e ao aumento do turismo internacional, multiplicaram de forma alarmante os riscos de introdução de pragas exóticas.

A vespa-da-madeira, *Sirex noctilio*, apesar de ser considerada praga secundária nos países de origem, constitui uma séria ameaça aos povoamentos de espécies de *Pinus* nos locais onde foi introduzida acidentalmente, como África do Sul, Argentina, Austrália, Brasil, Chile, Nova Zelândia, Uruguai e, mais recentemente, Canadá e Estados Unidos.

Isso pode ser comprovado pelos severos danos causados nesses países e pelos altos investimentos realizados em pesquisa para o seu controle. A Nova Zelândia, que iniciou um trabalho de controle na década de 1920, obteve sucesso apenas em 1974, quando a praga já se encontrava em níveis endêmicos. A Austrália, que desenvolveu um dos maiores programas de controle biológico de que se tem conhecimento no mundo, iniciou os trabalhos logo após a detecção da vespa-da-madeira, em 1952, na Tasmânia, e incrementou-os a partir de 1962, após a detecção do inseto no continente, em 1961. No Uruguai, em função da pequena área reflorestada com pínus na época da introdução da vespa-da-madeira (30 mil ha), as autoridades e reflorestadores implementaram um programa de controle, utilizando medidas biológicas e silviculturais, para evitar maiores perdas.

Com a introdução da vespa-da-madeira no Brasil, em 1988, o setor florestal brasileiro sentiu a necessidade de adotar medidas emergenciais de controle, diante do alto potencial de danos da praga e por possuir uma das maiores áreas reflorestadas com pínus do mundo – cerca de 2 milhões de hectares. Por tratar-se de espécie exótica, introduzida sem o seu complexo de inimigos naturais, *S. noctilio* tornou-se a mais séria ameaça aos plantios de pinos do país, devido ao seu rápido estabelecimento, colonização e dispersão.

A vespa-da-madeira está presente nos estados do Rio Grande do Sul, Santa Catarina, Paraná, São Paulo e Minas Gerais. Em função do potencial de danos da praga, foi criado, em 1989, o Programa Nacional de Controle à Vespa-da-madeira (PNCVM), instituído pelo Ministério da Agricultura, Pecuária e Abastecimento (Mapa) por meio da Portaria 031/89, de 22 de fevereiro de 1989, com o objetivo principal de fornecer subsídios para o monitoramento e controle da praga. Em julho de 1989, foi instituído o Fundo Nacional de Controle à Vespa-da-madeira (Funcema), cuja finalidade principal é dar suporte financeiro para o desenvolvimento do programa.

Se as medidas de monitoramento, prevenção e controle de *S. noctilio*, preconizadas pelo PNCVM, não tivessem sido adotadas no Brasil, o prejuízo seria da ordem de U$ 53 milhões anuais, levando em conta também os custos da colheita e de U$ 25 milhões anuais, quando considerada a madeira em pé (comunicação pessoal do pesquisador José Mauro Paz Moreira, da Embrapa Florestas, para Susete do Rocio Chiarello Penteado, da Embrapa Florestas, em 26 de junho de 2014).

Posição taxonômica e nomenclatura

Ordem: Hymenoptera

Família: Siricidae

Subfamília: Siricinae

Gênero: *Sirex* L., 1761

Espécie: *Sirex noctilio* Fabricius, 1793

Nomes comuns:

Os siricídeos se desenvolvem no interior do tronco de várias espécies e são comumente chamados de vespas-da-madeira ou "horntails" (Smith, 1988).

DISTRIBUIÇÃO GEOGRÁFICA

S. noctilio é originária da Europa, Ásia e Norte da África, atingindo grande densidade na zona mediterrânea, e tem preferência por espécies do gênero *Pinus*.

Segundo Smith (1988) e Beeche Cisternas et al. (1993), distribui-se pelos seguintes países: Açores, Alemanha, Argélia, Áustria, Bélgica, Chipre, Dinamarca, Espanha, Finlândia, França, Grécia, Hungria, Inglaterra, Marrocos, Mongólia, Noruega, Polônia, Portugal, Romênia, República Tcheca, Eslováquia, Tunísia e Rússia.

Em 1900, foi introduzida na Nova Zelândia (Miller & Clark, 1935), porém, só foi considerada uma praga de importância econômica a partir de 1920. Entre 1947 e 1951, ocorreram os maiores índices de mortalidade de plantas, com mais de 30% de árvores mortas em 500 acres de *Pinus radiata* (Gilmour, 1965). Em 1952, a praga foi introduzida na Austrália, na ilha da Tasmânia (Gilbert & Miller, 1952). Várias tentativas para sua erradicação não obtiveram sucesso e, em 1959, a mortalidade de plantas chegou a 40% (Taylor, 1981).

Na América do Sul, a vespa-da-madeira foi detectada pela primeira vez no Uruguai, em 1980; no período de 1983 a 1985, a população da praga atingiu altos níveis populacionais em plantações localizadas no noroeste do país (Rebuffo, 1990). Em dezembro de 1985, foi declarada praga nacional (Bianchi Pla, 1993).

Na Argentina, entre 1985 e 1986, foi registrado o ataque da vespa-da-madeira em Gualeguaychu, Província de Entre Rios, em plantações de *P. taeda* e *P. elliottii* com 19 anos de idade (Echeverria, 1986). Posteriormente, em 1991, a praga foi registrada em San Carlos de Bariloche, província de Rio Negro, em consequência de um carregamento de madeira infestada originária da província de Buenos Aires, a 1.400 quilômetros de distância. Nos anos de 1993 e 1995, foi detectada nas províncias de Corrientes e Misiones, no norte do país.

No Chile, a vespa-da-madeira foi detectada em 2001, inicialmente na região central, a infestar um plantio de *P. radiata* e alguns pequenos grupos de árvores de pínus utilizadas em arborização urbana. No final do mesmo ano, foi feita a detecção no Sul do país, em plantios de *P. radiata* perto de uma rodovia internacional que liga o Chile à Argentina. O Servicio Agricola y Ganadero (SAG) iniciou então um programa oficial de controle da praga. Como resultado, foi erradicada na região central do país durante 2004 e continua sendo controlada na Região Sul do Chile (Beeche Cisternas, 2007).

Na África do Sul, a vespa-da-madeira foi interceptada pela primeira vez, em 1962, em Porto Elizabeth, mas não ocorreu seu estabelecimento. Em 1994, ela foi encontrada a infestar plantios de pínus na Cidade do Cabo. Posteriormente, espalhou-se para outras regiões, provocando danos com perdas expressivas em plantios de *P. radiata*, que chegaram a mais de 39 milhões de dólares por ano na África do Sul. Um programa de controle foi iniciado, com a introdução dos inimigos naturais *Ibalia leucospoides* (constatado o estabelecimento) e *Megarhyssa nortoni* (não constatado o estabelecimento) e o nematoide *Deladenus siricidicola* (com baixa eficiência) (<www.waspweb.org/Siricoidea/Siricidae/Sirex/Sirex_noctilio.htm>).

Nos Estados Unidos, a primeira interceptação de *S. noctilio* ocorreu em 2002, quando foi coletada uma única fêmea em um armazém, em Bloomington, Indiana.

Assim, em 2003, ela foi adicionada à lista de pragas do Animal and Plant Health Inspection Service (Aphis). Em 2004, outra fêmea foi interceptada em armadilhas instaladas em áreas adjacentes a uma floresta, no Estado de Nova York, e, em 2005, foi constatado o seu estabelecimento. Em 2007, foi detectada em Monroe County, Pensilvânia. Posteriormente, foi registrada em outros locais. Em 2006, foi iniciado um programa de controle biológico com a utilização do nematoide *D. siricidicola*, importado da Austrália (<www.maine.gov/agriculture/pi/pestsurvey/pestinfo/woodwasp.htm>).

No Canadá, *S. noctilio* foi registrada pela primeira vez em Ontário, em 2005, logo após a descoberta da praga em Fulton, no Estado de Nova York, que fica aproximadamente a 100 quilômetros do sul de Kingston e a cerca de 80 quilômetros de Prince Edward County, em Ontário (De Groot, Nystrom & Scarr, 2006).

HISTÓRICO DA INTRODUÇÃO DA PRAGA NO BRASIL

O primeiro registro de *S. noctilio* no Brasil foi realizado em fevereiro de 1988, em povoamentos de *P. taeda* no município de Gramado, RS (Iede, Penteado & Bisol, 1988). Os povoamentos possuíam, em média, 17 anos de idade, plantados no espaçamento 2 × 2 m (2.500 plantas/ha), e não haviam sido desbastados. A mortalidade média de 9,6% vinha sendo atribuída ao esgotamento do solo, devido à excessiva competição das plantas por nutrientes. Entretanto, quando foram abatidas algumas árvores secas ou com amarelecimento da copa, foi constatada a presença de larvas de *S. noctilio*. A hipótese de que a competição entre plantas poderia ser a causa do alto índice de mortalidade, devido ao atraso no desbaste, não é totalmente falsa, visto que, se os tratos silviculturais tivessem sido realizados, os danos da vespa-da-madeira poderiam ter sido reduzidos. Na mesma ocasião, foi constatada uma mortalidade de 240 árvores/ha em outros reflorestamentos de *P. taeda*, localizados em Canela e São Francisco de Paula, RS. Atualmente, a praga está amplamente distribuída em plantios de *Pinus* spp. em diferentes regiões do Rio Grande do Sul. Com o registro do inseto nesse estado, foi iniciado, em Santa Catarina, no ano de 1989, um programa de monitoramento visando a detecção precoce da praga. Foram instalados 31 grupos de árvores-armadilha ao longo da fronteira entre os dois estados e, em dezembro de 1989, foi registrada a sua ocorrência na localidade de Coxilha Rica, município de Lages, SC.

No Paraná, *S. noctilio* foi detectada em 1994, no município de Palmas, inicialmente, em grupamentos de árvores-armadilha. Em 1996, a Secretaria de Estado da Agricultura e do Abastecimento (Seab) publicou a Resolução 0215/96, que trata da obrigatoriedade do monitoramento e controle da vespa-da-madeira pelos proprietários de plantios de pínus no Estado do Paraná. Em 2009, foi assinada a Resolução Secretarial 115, que dispõe sobre a obrigatoriedade da adoção de medidas sanitárias para o controle de pragas quarentenárias nos cultivos florestais nesse estado, quando foi iniciado o cadastramento junto ao Departamento de Fiscalização e Defesa Agropecuária da Seab-PR de áreas destinadas aos cultivos florestais de pínus e eucalipto, hospedeiros de pragas quarentenárias.

Em função do problema a ser enfrentado pelo setor florestal brasileiro, a Embrapa Florestas definiu uma estratégia de ação para o controle dessa praga no Brasil, buscando a consultaria do dr. Robin Anthony Bedding, da Divisão de Entomologia do CSIRO, da Austrália. Como resultado, foi elaborado o Programa Nacional de Controle à Vespa-da-madeira (PNCVM) (Iede et al., 1989; Iede, Penteado & Reis Filho, 2012), o qual sugeriu a criação de um fundo de recursos financeiros para apoio ao programa. Assim, em junho de 1989, foi criado o Fundo Nacional de Controle à Vespa-da-madeira (Funcema), entidade civil sem fins lucrativos, constituída por instituições públicas e privadas, cujo objetivo principal é aportar recursos para o desenvolvimento do PNCVM.

BIOLOGIA E ECOLOGIA

Os ovos da vespa-da-madeira são brancos, elípticos e lisos. As larvas são cilíndricas, de coloração esbranquiçada, com três pares de pernas torácicas vestigiais, mandíbulas denteadas, fortemente pigmentadas, e um espinho supra-anal (Figura 1A). A larva, que dará origem à fêmea, pode ser reconhecida pela presença de órgãos hipopleurais (que carregam esporos do fungo simbionte *Amylostereum areolatum*) ao lado do corpo, entre o primeiro e o segundo segmentos abdominais. Como eles são de difícil visualização, é mais fácil determinar o sexo das larvas examinando o esterno do nono segmento abdominal. Nos machos, há três pequenos escleritos marrom-escuros, e nas fêmeas há somente dois (Morgan, 1968; Zondag & Nuttal, 1977). As pupas são brancas, do tipo exaradas, e apresentam um tegumento fino transparente (Carvalho, Pedrosa-Macedo & Santos, 1993).

Os adultos medem de 9 a 36 mm de comprimento. A fêmea é azul-metálica (exceto as pernas, que são castanhas) e possui um longo ovipositor, protegido por uma bainha, que é recolhido para trás quando não está em uso (Figura 1B). Nos machos, os segmentos medianos do abdome (do terceiro ao sétimo) e os dois primeiros pares de pernas são marrom-alaranjados; as pernas posteriores são robustas e enegrecidas (Figura 1C).

No Brasil, a maioria dos adultos emerge de outubro a abril, com picos em novembro e dezembro (Carvalho, Pedrosa-Macedo & Santos, 1993; Iede et al., 1993). A proporção macho/fêmea pode variar de 1,5:1 até 32:1 (Taylor, 1981; Carvalho, Pedrosa-Macedo & Santos, 1993).

Os machos começam a emergir antes das fêmeas, dirigem-se ao topo das árvores e aglomeram-se ao redor da copa. As fêmeas, logo após a emergência, dirigem-se às copas das árvores, onde ocorre o acasalamento. Os machos em geral realizam voos curtos; as fêmeas voam distâncias superiores a 100 metros (Morgan & Stuart, 1966).

Figura 1. *S. noctilio*. A) Larva. B) Fêmea. C) Macho da vespa-da-madeira.

S. noctilio pode se reproduzir também assexuadamente, por partenogênese arrenótoca, quando as condições são desfavoráveis ao desenvolvimento (Morgan, 1968; Taylor, 1981). Após o período inicial de voo, as fêmeas perfuram o tronco das árvores com o ovipositor e colocam os ovos no alburno (Taylor, 1981). Em cada local de oviposição, podem perfurar até quatro galerias, e o número médio de ovos por galeria pode chegar a 2,2 (Madden, 1974). As fêmeas maiores colocam de trezentos a quinhentos ovos, em aproximadamente dez dias (Morgan, 1968). No Brasil, Carvalho, Pedrosa-Macedo e Santos (1993) observaram fecundidade média de 226 ovos e longevidade de quatro a cinco dias, para fêmeas e machos, respectivamente. Iede, Penteado e Brisol (1988) registraram longevidade média de oito dias, em condições controladas (T = 25° ± 1°C, UR 70 ± 10% e fotofase de 12h). Durante as posturas, as fêmeas introduzem esporos de um fungo simbionte, *A. areolatum*, e um muco (secreção), que são os causadores da toxicidade e consequente morte das plantas (Coutts, 1969). Nas Figuras 2A e 2D, é possível observar os sintomas de clorose progressiva da copa e a morte das árvores. Os insetos não se alimentam na fase adulta, sendo totalmente dependentes das reservas de gordura do corpo.

Os ovos têm período de incubação de 14 a 28 dias (Morgan, 1968). As larvas, após a eclosão, constroem galerias próximas aos locais de postura e, quando atingem o terceiro ou quarto instar, deslocam-se para o interior da madeira. O número de instares pode variar de seis a doze (Neumann, Morey & Mckimm, 1987). Condições inadequadas para o desenvolvimento do inseto, como alta ou baixa umidade, que propiciam menor crescimento do fungo, ou mesmo barreiras físicas, são as responsáveis por essas alterações (Madden, 1988). O período de pré-pupa e pupa varia de dezesseis a vinte dias (Carvalho, Pedrosa-Macedo & Santos, 1993).

O fungo simbionte é utilizado como alimento pelas larvas. A larva, aparentemente, extrai nutrientes úteis do micélio do fungo que se encontra na madeira. As secreções salivares e os nutrientes dissolvidos são depois ingeridos por ela, e parte da serragem da madeira é regurgitada e deslocada para trás do seu corpo, onde vai juntar-se aos restos já acumulados (Morgan, 1968). Iede, Penteado e Bisol (1988) verificaram que as larvas da vespa-da-madeira concentram-se sobretudo no terço médio da árvore, ocorrendo em outras partes do tronco em menor quantidade. Penteado et al. (2000) verificaram maior ocorrência de larvas no terço médio e na metade inferior do terço superior da planta.

Figura 2. Sintoma de ataque da vespa-da-madeira. A) Clorose nas acículas de pínus. B) Respingos de resina no tronco. C) Orifícios de emergência de adultos. D) Morte da árvore.

O ciclo evolutivo do inseto em geral é de um ano. Entretanto, pode ocorrer um ciclo curto, também chamado de ciclo de verão, que tem duração de três a quatro meses (Iede, Penteado & Bisol, 1988). Normalmente, o ciclo curto ocorre em árvores dominadas ou no terço superior de árvores dominantes. Na Europa, podem ocorrer também ciclos de dois e três anos (Morgan, 1988).

PLANTAS HOSPEDEIRAS

S. noctilio ocorre quase exclusivamente em espécies de *Pinus*. Outros hospedeiros de menor importância são: *Abies*, *Picea*, *Larix* e *Pseudotsuga* (Madden, 1988). As espécies de *Pinus* com registro de ataque pela vespa-da-madeira são: *P. austriaca*, *P. canariensis*, *P. echinata*, *P. elliottii*, *P. halepensis*, *P. laricio*, *P. muricata*, *P. palustris*, *P. patula*, *P. pinaster*, *P. pinea*, *P. ponderosa*, *P. radiata*, *P. taeda* (Miller & Clark, 1935; Zondag & Nuttal, 1977; Rebuffo, 1990; Madden, 1988; Iede et al., 1993). Há registros de postura e desenvolvimento da vespa-da-madeira em toras de *P. caribaea* var. *bahamensis*, *P. caribaea* var. *caribaea*, *P. caribaea* var. *hondurensis*, *P. kesiya*, *P. oocarpa* e *P. strobus* var. *chiapensis*, colocadas artificialmente no campo (Duraflora, 1993).

IMPACTO ECONÔMICO E PREJUÍZOS

As perdas provocadas pelo ataque de pragas às árvores dependem da espécie da praga, do tipo de dano que causa e do valor comercial da madeira. Além disso, as pragas exóticas muitas vezes são quarentenárias para países que mantêm relações comerciais com o país em que foram introduzidas. Em função disso, o país importador pode impor barreiras fitossanitárias, causando entraves ao comércio, que vão desde o aumento do preço da mercadoria até a impossibilidade de sua comercialização, devido a tratamentos fitossanitários. Não havendo comércio da madeira e de seus derivados, ela não é explorada no campo, o que acarreta problemas sociais, como o desemprego e suas implicações, além de aumentar o risco de ataque de outras pragas ou o incremento da população da praga introduzida, frente ao estresse propiciado pela superestocagem da madeira no campo. Normalmente, esses prejuízos, paralelos às perdas no campo, não são considerados pelos produtores e economistas.

Nos países de origem, *S. noctilio* se desenvolve, normalmente, em árvores danificadas ou mortas por fatores bióticos e abióticos, tais como fogo, ventos, outros insetos, doenças, nevadas, operações mecânicas etc., mas pode se desenvolver também em árvores vivas (Morgan, 1968; Fumiss & Carolin, 1977; Spradbery & Kirk, 1978). É a única espécie entre os siricídeos europeus capaz de atacar árvores sadias (Spradbery & Kirk, 1978).

Os principais danos provocados por esse inseto são: perfurações na madeira, realizadas por larvas e adultos; deterioração da madeira, devido à ação do fungo *A. areolatum*; e ocorrência de partes debilitadas nos locais onde são realizadas as posturas, com o escorrimento de resina, sendo esta também uma porta de entrada para um fungo secundário do gênero *Botryodiplodia* (Rawlings, 1948; Iede, Penteado & Birol, 1988).

Os sintomas externos mais visíveis são: progressivo amarelecimento da copa, que posteriormente torna-se marrom-avermelhada (Figura 2A); esmorecimento da folhagem e perda das acículas; respingos de resina na casca (em função das perfurações realizadas para a postura) (Figura 2B); e orifícios de emergência de adultos (Figura 2C) (Neumann, Morey & Mckimm, 1987; Iede et al., 1988).

Os plantios mais suscetíveis ao ataque de *S. noctilio* em geral são aqueles com mais de oito anos, com alta densidade de plantas ou que se encontram sob estresse, provocado por diferentes fatores bióticos ou abióticos. O inseto debilita ainda mais as plantas, devido à secreção do muco fitotóxico e aos esporos do fungo simbionte *A. areolatum* no alburno, durante a postura. O fungo é fonte de nutrientes para as larvas, porém também é um patógeno, que contribui para alterar os processos fisiológicos da planta, influenciando na perda de umidade da madeira e no seu apodrecimento. Além disso, a qualidade da madeira é afetada pela atividade das larvas, que constroem galerias, e pela penetração de agentes secundários que a danificam, limitando seu uso ou tornando-a imprópria para o mercado.

Após a morte da árvore (Figura 2D), a madeira é degradada com rapidez e sua utilização deve ser feita no máximo seis meses após o ataque. Nos países onde *S. noctilio* foi introduzida, as perdas foram significativas. Na Nova Zelândia, foram estimadas em mais de 30% das árvores, em uma área superior a 202 ha (Rawlings & Wilson, 1949). Na Tasmânia, ocorreu mortalidade de até 40% em plantios de *P. radiata* (Taylor, 1981).

No continente australiano, no período de 1987-1989, ocorreu um grande surto em função da adoção de medidas inadequadas para o controle da praga e cerca de 5 milhões de árvores morreram, com perdas de aproximadamente 8,5 milhões de dólares (Haugen, 1990). Um programa emergencial de controle foi desenvolvido, ao custo de um milhão de dólares, pelo qual 170 mil árvores de *P. radiata* foram inoculadas com o principal inimigo natural, o nematoide *D. siricidicola* (Haugen & Underdown, 1990).

No Uruguai, os danos mais severos foram observados em 1984, no Noroeste do país, onde ocorreram níveis de mortalidade de árvores de até 60%. Foram utilizadas medidas silviculturais curativas, pela realização do corte e queima do material atacado, aliadas a medidas preventivas nas intervenções de manejo florestal (Rebuffo, 1990). Além disso, em 1987, foi introduzido, da Nova Zelândia, pelo setor privado, o nematoide *D. siricidicola*, inoculado em uma área restrita.

No Brasil, a evolução dos danos da vespa-da-madeira foi acompanhada em uma área de 176 ha no município de Canela, RS. Em fevereiro de 1988, a mortalidade era de 9,8%; em agosto, passou para 30%; e, em agosto de 1989, atingiu quase 60%. No ano seguinte, foi realizado o corte raso na área, uma vez que, nessa condição, as medidas de controle preconizadas pelo PNCVM não são eficazes.

No Brasil, a vespa-da-madeira está presente em uma área de cerca de um milhão de hectares de *Pinus*. Muitas delas apresentam baixos níveis de mortalidade de árvores, em função do monitoramento e do estabelecimento do controle exercido pelo nematoide *D. siricidicola*. Contudo, se medidas de monitoramento, prevenção e controle não estivessem sendo implementadas, o patrimônio florestal brasileiro certamente estaria comprometido.

MONITORAMENTO E CONTROLE

S. noctilio é essencialmente uma praga secundária oportunista. Portanto, a prevenção do ataque, de acordo com Neumann, Morey e Mckimm (1987), pode ser feita por meio da adoção de medidas de monitoramento dos plantios e das práticas silviculturais, incluindo o desbaste seletivo, com a remoção das árvores doentes, danificadas e bifurcadas. Segundo esses autores, as árvores resistentes ao ataque da praga são as que não sofreram danos físicos e cresceram em condições adequadas.

Ure (1949), citado por Sutton (1984), desenvolveu um regime silvicultural para plantios de *P. radiata* na Nova Zelândia, recomendando a realização de desbastes ralos e frequentes para manter o vigor das plantas e reduzir a competição. Segundo Sutton (1984), os princípios básicos desse regime de desbaste formou a base das práticas silviculturais utilizadas posteriormente.

A vespa-da-madeira pode dispersar-se naturalmente de trinta a cinquenta quilômetros por ano. Contudo, o transporte de madeira atacada aumenta muito a probabilidade de dispersão. Segundo Bedding (1989), é provável que tenha sido dessa forma que *S. noctilio* foi introduzida no Brasil, vinda do Uruguai. Dessa forma, medidas de quarentena devem ser aplicadas, em particular para materiais transportados a longas distâncias. A fiscalização das áreas afetadas e a regulamentação do transporte de madeira atacada para áreas indenes contribuem para impedir o rápido avanço da praga.

A utilização de árvores-armadilha, por meio do estressamento das árvores, pela utilização de um herbicida, é uma técnica muito eficiente e utilizada para detectar a presença da praga em níveis populacionais baixos e proporcionar pontos para liberação de inimigos naturais (Minko, 1981; Bedding, 1989; Iede et al., 1989; Iede, Penteado & Reis Filho, 2005; Penteado, Iede & Reis Filho, 2002b).

Conforme Haugen e Underdown (1990), a detecção precoce de *Sirex* permite a liberação de inimigos naturais antes que a população da praga atinja o nível de dano econômico. O objetivo é detectá-la antes que ocorra um nível de mortalidade de árvores superior a 0,1%, ou seja, de uma a duas árvores atacadas por hectare, em um povoamento não desbastado.

O monitoramento da dispersão da praga e a definição da área atacada são atividades essenciais em um programa de manejo integrado de pragas. Porém, isso requer uma metodologia amostral que leve em conta a grande extensão dos plantios, os níveis de ataque da praga, a praticidade de aplicação do método e os custos da atividade.

Penteado, Oliveira e Iede (2002a) desenvolveram um método baseado na utilização da amostragem sequencial, onde a amostra é dimensionada no campo, em função dos níveis de ataque, de forma a não ocorrer falta de precisão com tamanhos reduzidos nem desperdícios com tamanhos excessivos da amostra. A Tabela 1 contém o número de árvores que deverão ser avaliadas, de acordo com o nível de ataque, e a sua utilização deverá seguir as recomendações a seguir:

- Iniciar amostrando 68 árvores.
- O número de árvores atacadas da amostra deverá ser comparado ao número de árvores atacadas apresentado na terceira coluna da tabela, nesse caso, 34.
- Se o número de árvores atacadas da amostra for igual ou superior a 34, deve-se considerar a amostra completada.
- Se esse número for inferior, deve-se continuar o processo, amostrando mais seis árvores, totalizando 74 árvores amostradas.
- Se o número de árvores atacadas for 36 ou mais, deve-se interromper a amostragem.
- Se esse número for inferior a 36, continua-se até que seja obtido o número de árvores atacadas requerido na terceira coluna da tabela.

Tabela 1. Amostragem sequencial para determinar a porcentagem de árvores atacadas pela vespa-da-madeira em povoamentos de *Pinus* spp.

Número de árvores		
Amostradas	**Atacadas**	**Mínimo para interromper a amostragem**
68		34
74		36
80		37
87		38
94		39
102		41
111		42
121		44
132		45
145		46
159		48
175		49
194		50
215		52
241		53
272		54
272		*

* Neste ponto, interromper a amostragem, independente do número de árvores atacadas encontradas na amostra.

- Ao atingir o máximo de 272 árvores avaliadas, deve-se interromper a amostragem e calcular o percentual de árvores atacadas utilizando a expressão: % de ataque = (nº de árvores atacadas/nº de árvores amostradas) × 100.

Deve-se realizar uma amostragem por talhão de até 50 ha. Caminhar ao longo de uma linha, avaliando, no máximo, 40 árvores nela (Figura 3A); ao final de cada linha, intercalar de três a oito linhas (Figura 3B), dependendo do tamanho da área, e retornar, avaliando até 40 árvores (Figura 3A), seguindo o esquema de caminhamento indicado na Figura 3. Se o talhão não for homogêneo, realizar pelo menos mais uma amostragem na mesma área, calculando a porcentagem de árvores atacadas pela média das amostragens realizadas.

A amostragem deverá ser realizada entre fevereiro e maio. Isso porque, nesse período, grande parte das árvores atacadas já apresenta os sintomas de ataque. A vantagem da amostragem feita nesse período é a possibilidade de estimar não só o nível de ataque, mas também o número de árvores que devem ser tratadas com os agentes de controle biológico.

O controle biológico de *S. noctilio* é uma das formas mais eficientes para a redução da população dessa praga. O nematoide *D. siricidicola*, principal agente de controle da vespa-da-madeira, foi descoberto em 1962 na Nova Zelândia, por Zondag (1969), e, segundo Nuttall (1980), é encontrado em todas as florestas de pínus onde *S. noctilio* está presente, podendo esterilizar mais de 90% das fêmeas.

Bedding (1967, 1972) estudou a biologia de *D. siricidicola* e observou a ocorrência de dois ciclos de vida, um de vida livre ou micetófago e outro de vida parasitária. O ciclo de vida livre inicia quando, durante a postura, as fêmeas de *S. noctilio* parasitadas pelo nematoide colocam seus ovos contendo nematoides juvenis nas árvores de pínus, juntamente com esporos do fungo *A. areolatum*. Os nematoides juvenis eclodem dos ovos do hospedeiro poucas horas após a postura. Os juvenis

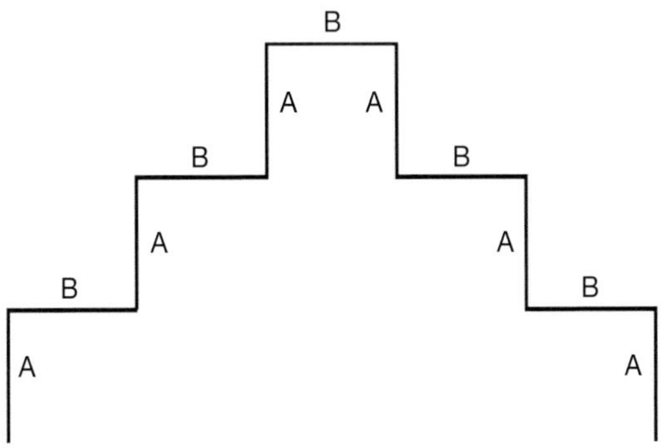

Figura 3. Forma de caminhamento em plantio de pínus para avaliação da porcentagem de ataque da vespa-da-madeira pela utilização da amostragem sequencial.

começam a alimentar-se do fungo e tornam-se nematoides adultos de vida livre ou micetófagos, colocando muitos ovos na madeira. Nessas áreas relativamente assépticas, onde o fungo é esparso, os nematoides juvenis desenvolvem-se apenas na forma de vida livre. No entanto, nos arredores das larvas de *S. noctilio*, podem se desenvolver como adultos de vida parasitária (Bedding, 1972). A ocorrência da forma de vida livre é que permite a multiplicação do nematoide em laboratório e sua aplicação em campo.

O ciclo de vida parasitário ocorre nos arredores das larvas de *Sirex*, onde estão presentes muitos microrganismos, e, de acordo com Bedding (1972), quando há altas concentrações de CO_2 e pH baixo. Na ausência de larvas de *S. noctilio*, os níveis de CO_2 não são altos o suficiente e o pH não é baixo o suficiente para promover o desenvolvimento de formas infectivas. Apenas as fêmeas infectivas, adultas e acasaladas penetram nas larvas de *S. noctilio*, deixando uma cicatriz na cutícula.

Quando o hospedeiro inicia a pupação, ocorre a produção de milhares de ovos, os quais são fecundados e eclodem dentro da fêmea do nematoide (Bedding & Akhurst, 1974). Logo após, as formas juvenis saem do corpo do nematoide, colocando-se na hemocele da pupa hospedeira. Posteriormente, migram para os órgãos reprodutores do hospedeiro e, no caso das fêmeas, os nematoides penetram em todos os ovos, suprimindo o desenvolvimento dos ovários, tornando-as estéreis. Cada ovo pode conter de cinquenta a duzentos nematoides. Nos machos, os testículos tornam-se uma sólida massa de milhares de nematoides juvenis (Bedding, 1972). No entanto, os machos permanecem férteis, pois, no início da pupação do hospedeiro, a maioria dos espermatozoides passa para as vesículas seminais, onde os nematoides não conseguem penetrar, e, assim, eles costumam ser transferidos durante a cópula (Bedding, 1972).

Bedding e Akhurst (1974) relataram que 70% das fêmeas de *Sirex* que emergiram de árvores inoculadas com o nematoide se encontravam parasitadas. A ocorrência de níveis de parasitismo próximos a 90% nas florestas da Ilha do Norte da Nova Zelândia foi relatada por Zondag (1979). Bedding (1972) observou que *D. siricidicola* apresenta densidade dependente, podendo atingir níveis de parasitismo próximos a 100%. O autor relatou que as aplicações realizadas entre 1987 e 1989 na Austrália resultaram em menos de 25% de insetos parasitados. Investigações realizadas por Haugen e Underdown (1993) demonstraram que a causa do baixo parasitismo teria sido a perda de infectividade da linhagem de *D. siricidicola*, e isso teria decorrido das contínuas subculturas em laboratório na forma de vida livre, sem a passagem pela forma de vida parasitária, resultando em uma linhagem que raramente dava origem à forma de vida parasitária, mesmo encontrando as condições ideais na madeira.

No Brasil, a cada ano são realizadas coletas no campo para isolamento do nematoide e do fungo, para introdução na criação massal, visando manter a eficiência dele. A produção de nematoides no Brasil é realizada pela Embrapa

Florestas, a qual distribui as doses aos proprietários de plantios de pínus com a presença da vespa-da-madeira. As informações e recomendações sobre a inoculação de nematoides foram apresentadas por Iede et al. (1989), Penteado, Iede e Reis Filho (2002b), Iede, Penteado e Reis Filho (2005).

Cada dose de nematoides com 20 ml contém cerca de um milhão de indivíduos e é suficiente para tratar, em média, dez árvores. Essas doses devem ser aplicadas em, no máximo, dez dias após a sua obtenção e, nesse período, devem ser mantidas a uma temperatura entre 5°C e 8°C. O período de inoculação é entre março e agosto, época de maior ocorrência de larvas no interior da árvore. Para a inoculação dos nematoides em árvores atacadas pela vespa-da-madeira, é preparada uma gelatina na concentração de 10%, à qual é adicionada certa quantidade de doses, a depender do número de árvores a serem inoculadas. A gelatina tem a função de garantir a hidratação dos nematoides, até que penetrem no interior da madeira. Essa solução de gelatina com as doses de nematoides é denominada de inóculo.

Como regra geral, é indicada a inoculação de 20% das árvores atacadas, as quais são selecionadas com base nas seguintes características: copa amarelada, respingos de resina no tronco e ausência de orifícios de emergência de adultos (Iede et al., 1989; Penteado, Iede & Reis Filho, 2002b; Iede, Penteado & Reis Filho, 2005). As árvores são derrubadas, desgalhadas e, com o auxílio de um martelo especial, são realizadas perfurações ao longo do tronco do pínus. O inóculo é transferido para um frasco aplicador e introduzido nos orifícios. No Brasil, na maioria dos locais onde o nematoide encontra-se estabelecido, têm sido registrados níveis médios de parasitismo de 70% e a praga encontra-se sob controle.

As metas previstas no PNCVM foram complementadas, após a introdução do nematoide, com a introdução de parasitoides. A espécie *Ibalia leucospoides* (Hymenoptera: Ibaliidae) é um parasitoide de ovos e larvas de instares iniciais. Foi introduzida acidentalmente e registrada pela primeira vez no Brasil, em dezembro de 1990, no município de São Francisco de Paula (Carvalho, 1993). Hoje, está presente em todos os municípios onde ocorre a vespa-da-madeira, com níveis médios de parasitismo de 25%. Os parasitoides larvais *Megarhyssa nortoni* e *Rhyssa persuasoria* (Hymenoptera: Ichneumonidae) foram introduzidos, respectivamente, em 1996 e 1997, em um projeto conjunto da Embrapa Florestas, do Instituto Internacional de Controle Biológico (IIBC) e do Serviço Florestal do Departamento de Agricultura dos Estados Unidos (USDA Forest Service). Esses parasitoides, pelo fato de possuírem um ovipositor longo, parasitam larvas em instares mais avançados e são ectoparasitoides. Foram realizadas liberações no campo, porém, não foi constatado o estabelecimento das espécies. Segundo Taylor (1981), o complexo de parasitoides controla cerca de 40% da população da praga que não foi parasitada pelo nematoide.

CONSIDERAÇÕES FINAIS

As medidas de monitoramento e controle da vespa-da-madeira adotadas no Brasil permitiram que o avanço dessa praga fosse retardado, auxiliando a pesquisa no ajuste de seus resultados ao Programa Nacional de Controle à Vespa-da-madeira.

O controle biológico, com a introdução e o uso do nematoide *D. siricidicola*, que apresenta eficiência média de 70%, podendo chegar a níveis próximos a 100%, e a ação do parasitoide *I. leucospoides*, associados a medidas silviculturais (mais especificamente, à realização de desbastes), mostraram-se efetivos no controle da praga e têm protegido o patrimônio florestal brasileiro.

Após vinte e cinco anos de implantação das ações do Programa Nacional de Controle à Vespa-da-madeira, apoiadas pelo Fundo Nacional de Controle à Vespa--da-madeira, constata-se a seriedade com que esse assunto foi tratado pelo setor florestal brasileiro, tanto em nível público como privado, retratando a responsabilidade do setor e a defesa vegetal do país.

Os resultados positivos obtidos por esse programa devem-se principalmente à sinergia que ocorreu entre pesquisa, ensino, extensão, defesa vegetal estadual e federal, e também setor produtivo, que apoiou o desenvolvimento do programa e o adotou. Pode-se afirmar que, no Brasil, a vespa-da-madeira está totalmente sob controle.

REFERÊNCIAS BIBLIOGRÁFICAS

BEDDING, R. A. Parasitic and free-living cycles in entomogenous nematodes of the genus *Deladenus*. *Nature* 214: 174-5, 1967.

BEDDING, R. A. Biology of *Deladenus siricidicola* (Neotylenchidae) an entomophagous-mycetophagous nematode parasitic in siricid woodwasps. *Nematologica* 18: 482-93, 1972.

BEDDING, R. A. Relatório e recomendações sobre o ataque de *Sirex* no Brasil. Curitiba: Embrapa/CNPF, 1989. 8p.

BEDDING, R. A. & AKHURST, R. J. Use of *Deladenus siricidicola* in the biological control of *Sirex noctilio* in Australia. 1. *Austr. Entom. Soc.* 13: 129-35, 1974.

BEECHE CISTERNAS, M. et al. *Manual de reconocimiento de plagas forestales cuarentenarias*. Santiago: Ministerio de Agricultura, Servicio Agrícola y Ganadero, 1993. 169p.

BEECHE CISTERNAS, M. Official program for detection and control of *Sirex noctilio* (Hymenoptera: Siricidae) in Chile. In: INTERNATIONAL SIREX SYMPOSIUM. Pretoria, South Africa, 2007.

BIANCHI PLA, M. Situacion del *Sirex noctilio* F. y otros insectos plagas forestales en Uruguay. In: CONFERÊNCIA REGIONAL DA VESPA-DA-MADEIRA, *Sirex noctilio*, NA AMÉRICA DO SUL. *Anais*... Colombo, PR: Embrapa-CNPF/FAO-ONU/USDA Forest Service, 1993.

CARVALHO, A. G. Parasitismo de *Ibalia* sp. (Hymenoptera: Ibaliidae) em *Sirex noctilio* Fabricius, (Hymenoptera: Siricidae) em São Francisco de Paula, RS. *Boletim de Pesquisa Florestal Embrapa/CNPF* 26-27: 61-2, 1993.

CARVALHO, A. G.; PEDROSA-MACEDO, J. H. & SANTOS, H. R. Bioecologia de *Sirex noctilio* F. 1793 (Hymenoptera: Siricidae) em povoamentos de *Pinus taeda* L. In: CONFERÊNCIA REGIONAL DA VESPA-DA-MADEIRA, *Sirex noctilio*, NA AMÉRICA DO SUL. *Anais*... Colombo, PR: Embrapa – CNPF/FAO-ONU/USDA Forest Service, 1993.

COUTTS, M. P. The mechanism of pathogenicity of *Sirex noctilio* on *Pinus radiata*. I. Effects of the symbiotic fungus *Amylostereum* (Thelophoraceae). *Austr. J. Biol. Sci.* 22: 915-24, 1969.

DURAFLORA. Suscetibilidade de toras de pinheiros tropicais ao ataque da vespa-da-madeira, *Sirex noctilio* (Hymenoptera: Siricidae). In: CONFERÊNCIA REGIONAL DA VESPA-DA-MADEIRA, *Sirex noctilio*, NA AMÉRICA DO SUL. *Anais*... Colombo, PR: Embrapa-NPF/FAO-ONU/USDA Forest Service, 1993.

ECHEVERNIA, N. E. A vispa barrenadora de los pinos *Sirex noctilio* (Hymenoptera: Siricidae). *Ifona Buenos Aires* 3: 22-3, 1986.

FUMISS, R. L. & CAROLIN, V. W. *Westem forest insects*. Washington, D.C. USDA Forest Service, 1977. 654p.

GILBERT, J. M. & MILLER, L. W. An outbreak of *Sirex noctilio* (F.) in Tasmania. *Austr. Forestry* 16: 63-9, 1952.

GILMOUR, J. M. The life cycle of the fungal symbiotic of *Sirex noctilio. N. Zeal J. Forestry* 10(1): 80-9, 1965.

HAUGEN, D. A. Control procedures for *Sirex noctilio* in the green triangle: review from detection to severe outbreak (1977-1987). *Austr. Forestry* 53(1): 24-32, 1990.

HAUGEN, D. A. & UNDERDOWN, M. G. *Sirex noctilio* control programme in response to the 1987 green triangle outbreak. *Austr. Forestry* 53(1): 33-40, 1990.

HAUGEN, D. A. & UNDERDOWN, M. G. Reduced parasitism of *Sirex noctilio* in radiata pines innoculated with the nematode *Beddingia siricidicola* during 1974-1989. *Austr. Forestry* 56: 45-8, 1993.

IEDE, E. T.; PENTEADO, S. R. C. & BISOL, J. C. Primeiro registro de ataque de *Sirex noctilio* em *Pinus taeda* no Brasil. Curitiba: Embrapa-CNPF, 1988. 12p. (Circular Técnica, 20).

IEDE, E. T. et al. *Programa Nacional de Controle da Vespa-da-madeira – PNCVM*. Colombo: Embrapa-CNPF, 1989. 10p.

IEDE, E. T. et al. Panorama a nível mundial da ocorrência de *Sirex noctilio* F., 1793. In: CONFERÊNCIA REGIONAL DA VESPA-DA-MADEIRA, *Sirex noctilio*, NA AMÉRICA DO SUL. *Anais*... Colombo, PR: Embrapa-CNPFI/FAO-ONU/USDA Forest Service, 1993.

IEDE, E. T.; PENTEADO, S. R. C. & REIS FILHO, W. *Uso do nematoide no controle da vespa--da-madeira*. Embrapa Florestas, 2005. (Folder).

IEDE, E. T.; PENTEADO, S. R. C. & REIS FILHO, W. The woodwasp *Sirex noctilio* in Brazil: monitoring and control. In: *The Sirex woodwasp and its fungal symbiont*, 2012.

MADDEN, J. L. Oviposition behavior of the woodwasp, *Sirex noctilio* F. *Austr. L. Zool.* 22: 341-51, 1974.

MADDEN, J. L. *Sirex* in Australasia. In: BERRYMAN, A. A. (ed.). *Dynamics of forest insect populations*. New York: Plenum, 1988.

MILLER, D. & CLARK, A. F. *Sirex noctilio* F. and its parasite in New Zealand. *Bulletin of Entomological Research Wallingford* 26: 149-54, 1935.

MINKO, G. Chemicals for non-commercial thinning of *Pinus radiata* by basal stem injection. *Austr. Weeds* 1: 5-7, 1981.

MORGAN, D. F. Bionomics of Siricidae. *Ann. Rev. Entom.* 13: 239-56, 1968.

MORGAN, D. F. & STEWART, N. C. The biology of the woodwasp *Sirex noctilio* (F.) in New Zealand. *Transactions of the Royal Society of the New Zealand*, Wellington 7(14): 195-204, 1966.

NEUMANN, F. G.; MOREY, J. L. & McKIMM, R. J. The *Sirex* wasp in Victoria. *Lands and Forest Div. Bull.* 29: 1-41, 1987.

NUTTALL, M. J. *Deladenus siricidicola* Bedding (Nematoda: Neotylenchidae) nematode parasite of *Sirex*. *Forests and Timber Insects in New Zealand* 48, 1980. 8p.

PENTEADO, S. R. C.; OLIVEIRA, E. B. & IEDE, E. T. Distribuição da vespa-da-madeira e de seus inimigos naturais ao longo do tronco de pínus. *Boletim de Pesquisa Florestal* 40: 23-34, 2000, CNPF/Embrapa.

PENTEADO, S. R. C.; OLIVEIRA, E. B. & IEDE, E. T. *Aplicação da amostragem sequencial para monitoramento dos níveis de ataque de vespa-da-madeira (Sirex noctilio) em povoamentos de Pinus taeda*. Colombo, PR: Embrapa Florestas, 2002a. 17p. (Boletim de Pesquisa e Desenvolvimento).

PENTEADO, S. R. C.; IEDE, E. T. & REIS FILHO, W. *Manual para o controle da vespa-da--madeira (Sirex noctilio) em plantios de Pinus spp.* Colombo: Embrapa Florestas, 2002b. 38p. (Série Documentos).

PETER DE GROOT, L.; NYSTROM, K. L. & SACRR, T. Discovery of *Sirex noctilio* (Hymenoptera: Siricidae) in Ontario, Canada. *The Great Lakes Entomologist* 39(1,2): 49-53, 2006.

RAWLINGS, G. B. Recent observations on the *Sirex noctilio* population in *Pinus radiata* forests in New Zealand. *New Zealand Journal of Forestry* 5: 411-21, 1948.

RAWLINGS, G. B. & WILSON, N. M. *Sirex noctilio* as a beneficial and destructive insect of *Pinus radiata* in New Zealand. *New Zealand Journal of Forestry* 6(1): 20-9, 1949.

REBUFFO, S. *La avispa de la madera Sirex noctilio F. en el Uruguay*. Ministério de Ganaderia, Agricultura y Pesca, Dirección Forestal, 1990. 17p.

SMITH, D. R. Suborder Symphita (Xyelidae, Pararchexyelidae, Parapamphiliidae, Xyelydidae, Karatavitidae, Gigasiridae, Sepulcidae, Pseudosiricidae, Anaxyelidae, Siricidae, Xiphydriidae, Paroryssidae, Xyelotomidae, Blasticotomidae, Pergidae). In: *Hymenopterorum Catalogus* 14: 59-63, 1978. W. Junk, The Hague.

SMITH, D. R. A synopsis of the sawflies (Hymenoptera: Symphyta) of America south of the United States: introduction, Xyelidae, Pamphiliidae, Cimbicidae, Diprionidae, Xyphydriidae, Siricidae, Orussidae, Cephidae. *Syst. Entomol.* 13: 205-61, 1988.

SPRADBERY, J. P. & KIRK, A. A. Aspects of the ecology of siricid woodwasps (Hymenoptera: Siricidae) in Europe, North Africa and Turkey with special reference to the biological control of *Sirex noctilio* F. in Australia. *Bull. Entomol. Res.* 68: 341-59, 1978.

SUTTON, W. R. J. *New Zealand experience with radiata pine*. Vancouver, BC, Canada, Th e HR Macmillan Lectureship in Forestry, 1984. 21p.

TAYLOR, K. L. The Sirex woodwasp: ecology and control of an introduced forest insect. In: *The ecology of pests. Some Australian case histories.* CSIRO, 1981.

ZONDAG, R. Nematode infection of *Sirex noctilio* F. in New Zealand. *New Zea. J. Sci.* 12(4): 732-47, 1969.

ZONDAG, R. Control of *Sirex noctilio* (F.) with *Deladenus siricidicola* Bedding, Part II. Introduction and establishments in the South Island 1968-1975. *New Zealand Journal of Forestry Science, New Zeal. J. for Sci.* 9(1): 68-76, 1979.

ZONDAG, R. & NUTTAL, M. J. *Sirex noctilio* Fabricius (Hymenoptera: Siricidae). Forest and Timber Insects in New Zealand. *New Zealand Forest Service, New Zeal. J. for Serv. Rotorua*, 20: 1-7, 1977.

49

Vespa-da-galha-do-citriodora, *Epichrysocharis burwelli* Schauff

R. A. Pereira, E. Berti Filho, C. F. Wilcken

INTRODUÇÃO

O eucalipto, nome vulgar dado às plantas dos gêneros *Eucalyptus* e *Corymbia*, é massivamente cultivado como essência florestal para a produção de madeira e celulose. Entretanto, também constitui importante cultura produtora de óleos essenciais no Brasil, um dos principais produtores mundiais (Santos, 2002). Os óleos essenciais extraídos dessas plantas são utilizados na produção de produtos de limpeza, alimentos, perfumes e na medicina (Vitti & Brito, 2003).

Corymbia citriodora é tida como uma das espécies de eucalipto mais atacadas por insetos. Os maiores danos são ocasionados por representantes das ordens Hymenoptera (formigas cortadeiras), Lepidoptera (lagartas desfolhadoras) e Coleoptera (besouros desfolhadores) (Berti Filho, 1984). Além dessas, uma praga recém-introduzida, *Epichrysocharis burwelli*, vem provocando redução na quantidade de óleo essencial extraído das folhas e, por isso, foi recentemente incluída no grupo de pragas importantes para essa cultura (Berti Filho et al., 2004).

E. burwelli, conhecida como vespa-da-galha-do-citriodora ou microvespa-do--eucalipto-citriodora, foi registrada pela primeira vez no Brasil no Estado de Minas Gerais, no primeiro semestre de 2003. Atualmente, encontra-se distribuída de modo amplo em vários estados brasileiros, sobretudo nas regiões Sul e Sudeste (Berti Filho, Costa & La Salle, 2004; Santana & Anjos, 2007). Os danos ocasionados por esse inseto, decorrentes de galhas induzidas na epiderme foliar, diminuem a produção de óleo essencial, devido ao necrosamento produzido, além de provocarem a queda prematura das folhas (Berti Filho, Costa & La Salle, 2004; Anjos & Zacaro, 2005; Downer, 1999).

Essas galhas, que são crescimentos anormais dos tecidos da planta hospedeira induzidos pelo inseto, por meio de hiperplasia e hipertrofia celular, modificam inteiramente a morfologia e a bioquímica da planta no local da indução, de forma que ela acaba fornecendo ao indutor abrigo e alimento de alta qualidade nutricional. Em contraposição aos benefícios ao agente causal, a planta, na tentativa de se defender, acaba diminuindo seu desempenho e sua produtividade. Em casos muito severos, a indução de galhas pode ocasionar até a morte da planta (Shorthouse & Rohfritsch, 1992).

Posição taxonômica e nomenclatura

Ordem: Hymenoptera

Família: Eulophidae

Subfamília: Tetrastichinae

Tribo: Tetrastichini

Gênero: *Epichrysocharis* Girault, 1913

Espécie: *Epichrysocharis burwelli* Schauff, 2000

A família Eulophidae é conhecida por apresentar espécies parasitoides de outros insetos, muitos considerados pragas de culturas de importância econômica. No entanto, muitas outras biologias são encontradas, incluindo a indução de galhas (La Salle, 1994, 2005).

Em Eulophidae, a indução de galhas está restrita sobretudo às subfamílias Opheliminae e Tetrastichinae (La Salle, 2005). Opheliminae, anteriormente tribo Ophelimini, foi elevada a subfamília por Burks et al. (2011), sendo encontrada apenas na Austrália. Contém apenas dois gêneros: *Ophelimus*, talvez o maior gênero de indutores de galha, e *Australsecodes*, que compreende poucas espécies (Gauthier et al., 2000). Tetrastichinae apresenta grande quantidade de estilos de vida. Essa subfamília compreende espécies parasitoides de mais de cem famílias de insetos, em dez ordens, tanto como aquelas que predam ovissacos de aranhas, ácaros e nematoides dentro de galhas. Os principais gêneros indutores de galhas são *Oncastichus*, *Epichrysocharis* e *Quadrastichodella* (La Salle, 1994).

Nos vários gêneros de Eulophidae em que a indução de galhas é conhecida, algumas espécies se tornaram particularmente importantes por terem sido introduzidas em outros países, onde ocasionam muitos prejuízos. Dentre elas, incluem-se *Onchastichus goughi*, *Quadrastichus erythrinae*, *Ophelimus eucalypti*, *Ophelimus maskelli*, *Leptocybe invasa*, *Selitrichodes globulus* e *Epichrysocharis burwelli* (Kim, Delvare & La Salle, 2004; La Salle et al., 2009).

RECONHECIMENTO

E. burwelli (Figura 1) mede 0,5 a 0,6 mm de comprimento e possui 0,9 a 1,4 mm de envergadura. A coloração varia de marrom a marrom-amarelada. A fêmea possui um ovipositor proeminente, que ocupa a maior parte do abdome, e, assim, se distingue com facilidade do macho, cuja genitália ocupa apenas a parte apical dele. Em ambos os sexos, as antenas são geniculoclavadas, amarelas, com o primeiro e o segundo flagelômeros pouco distintos e clava com três segmentos. O escapo do macho é menor do que o da fêmea e possui uma placa ventral (provavelmente com função sensorial) (Pereira, 2010). Os olhos salientes e vermelhos ocupam a maior parte da cabeça. As asas anteriores são translúcidas, com nervuras reduzidas, e as posteriores são estreitas e com franjas. Abdome não peciolado (Schauff & Garrison, 2000; Anjos & Zacaro, 2005).

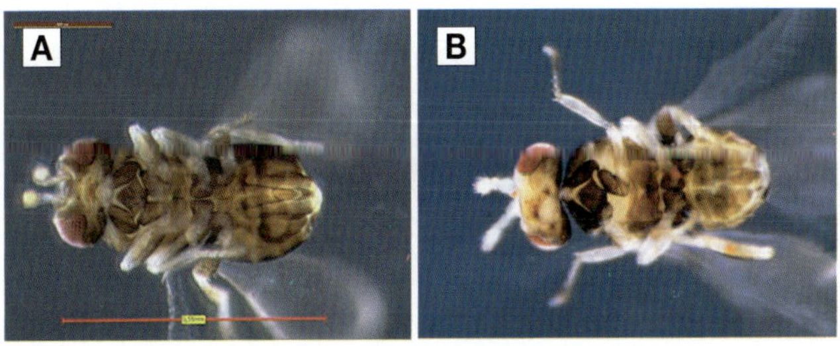

Figura 1. *E. burwelli*. A) Fêmea. B) Macho.
Foto: Valmir A. Costa.

BIOECOLOGIA E PLANTAS HOSPEDEIRAS

E. burwelli vive toda a fase imatura (larva e pupa) dentro de galhas induzidas por ela mesma, as quais fornecem abrigo e alimento altamente nutritivo. A emergência do adulto ocorre dentro da galha, de onde sai perfurando um orifício de emergência com suas mandíbulas. Em condições de laboratório, as vespas apresentam horário relativamente definido de emergência, com pico entre 7 e 9 horas, e nítida preferência pelo período da manhã (Pereira, 2010).

A reprodução é por partenogênese, no entanto, alguns poucos machos são encontrados ocasionalmente, mas não se sabe se desempenham função reprodutiva. A razão sexual observada de adultos coletados em Piracicaba e Itatinga, SP, foi de 165 fêmeas para um macho (Pereira, 2010).

A longevidade das vespas varia entre poucas horas a alguns dias, de acordo com a dieta oferecida. Em condições controladas de laboratório, quando mel é incorporado à dieta, a longevidade média dos adultos aumenta de modo considerável (Anjos & Zacaro, 2005; Pereira, 2010). No entanto, em condições de campo, sobretudo no sistema de manejo de *C. citriodora*, no qual as plantas são com frequência desbastadas e as flores não são produzidas, a longevidade dos adultos provavelmente não é superior a 24 horas. O tamanho diminuto e o corpo frágil dessas vespas também não favorecem uma longevidade maior (Pereira, 2010).

Após a emergência, as vespas iniciam a oviposição. Os ovos são depositados nas brotações foliares da planta hospedeira, quando ainda apresentam coloração avermelhada, característica da espécie, logo abaixo da epiderme (Anjos & Zacaro, 2005; Pereira, 2010). Logo após a oviposição, é desencadeado o processo de formação da galha. Cinco estágios de desenvolvimento foram observados em condições de campo, em experimento realizado em Itatinga, SP (Pereira, 2010).

O estágio I começa logo após a oviposição. O primeiro sintoma aparece no local de inserção do ovo. O local se torna deprimido e ocorre uma mudança de coloração: ele passa de vermelho claro a marrom (Figura 2A). Essa é a primeira reação da planta, que ocorre provavelmente devido à presença do ovo e à introdução de fluidos de oviposição pela fêmea (Mani, 1992; Rohfritsch, 1992). O estágio II inicia cerca de uma a duas semanas após a oviposição e é caracterizado pela formação de um halo amarelo ao redor do ponto de inserção do ovo, que continua deprimido e marrom (Figura 2B). Essa fase está possivelmente relacionada à eclosão da larva que dá sequência ao processo de formação da galha. Se ela não eclode ou morre logo após a eclosão, os sintomas cessam e apenas manchas escuras no local podem ser observadas. Essas mudanças de coloração durante o desenvolvimento da galha indicam a conversão de flavonoides em antocianinas, simultaneamente à quebra da clorofila, que acelera a senescência da folha (Maunders, Brown & Woolhouse, 1983), o que explica o intenso desfolhamento de plantas que apresentam alta infestação de galhas. No estágio III, a galha aumenta de tamanho e inicia-se o processo de intumescimento. A coloração dela muda, voltando a ser similar à da folha ao redor (Figura 2C). Esse estágio ocorre cerca de seis a sete semanas após a oviposição. No estágio IV, que ocorre aproximadamente dois meses após a oviposição, a galha atinge seu tamanho máximo e muda de coloração, tornando-se marrom. Nesse estágio, as galhas provavelmente abrigam insetos na fase de pupa (Figura 2D). Logo após, segue-se o estágio V, no qual ocorre a saída do adulto, por volta de 70 a 96 dias após a oviposição. Depois da emergência dos adultos, as folhas que permanecem na planta ficam tomadas por galhas que apresentam orifícios escuros no centro e podem abrigar muitos microrganismos e outros insetos (Figura 2E) (Anjos & Zacaro, 2005; Pereira, 2010).

A determinação dos cinco estágios de crescimento da galha permite acompanhar o desenvolvimento do inseto. A galha se desenvolve em sincronia com os tecidos da planta que a produz, e o inseto, paralelamente ao crescimento da galha. Em geral, mudanças no sintoma da galha indicam mudanças na fase de desenvolvi-

Figura 2. Desenvolvimento das galhas de *E. burwelli.*
A) Estágio I, ponto de inserção dos ovos de coloração escura (setas). B) Estágio II, ponto de inserção do ovo de coloração mais escura com halo amarelo (setas). C) Estágio III, iníco do intumescimento das galhas. D) Estágio IV, galha desenvolvida, coloração negra. E) Estágio V, orifícios de emergência dos adultos.
Fotos: Rosylaine A. Pereira (2010).

mento do inseto (Mendel et al., 2004). Em relação às plantas hospedeiras, até o momento apenas *C. citriodora* foi registrada como suscetível à indução de galhas por *E. burwelli* (Santana & Anjos, 2007).

DISTRIBUIÇÃO GEOGRÁFICA

E. burwelli é originária da Austrália e foi registrada na Califórnia, EUA, em 2000, ocasionando danos a *C. citriodora* em áreas de Los Angeles (Schauff & Garrison, 2000) e depois no Havaí, em 2001 (Heu & Suh, 2006). Em 2003, também foi detectada no México (Figura 3).

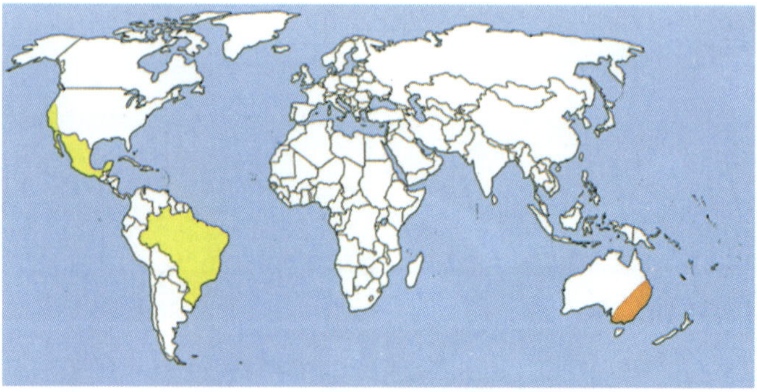

Figura 3. Distribuição geográfica mundial de *E. burwelli*, em 2012.
Em laranja: região de origem; em amarelo: países onde a praga foi introduzida.

No Brasil, o primeiro registro de *E. burwelli* foi feito na região de São João do Paraíso, MG, em plantios de *C. citriodora* de uma empresa produtora de óleo essencial, no primeiro semestre de 2003 (Berti Filho, Costa & La Salle, 2004). Em seguida, foi detectada em vários outros municípios de todas as regiões de Minas Gerais e também no Espírito Santo, Mato Grosso do Sul, Rio de Janeiro, Paraná e Rio Grande do Sul (Santana & Anjos, 2007). Também está estabelecida na Bahia (Wilcken, observação pessoal). No Estado de São Paulo, um dos maiores produtores de *C. citriodora* do Brasil, a vespa encontra-se amplamente difundida.

IMPACTO ECONÔMICO E DANOS

Após a introdução de *E. burwelli* no Brasil, as destilarias observaram redução de cerca de 50% no rendimento de óleo essencial de *C. citriodora* extraído. As galhas induzidas pela vespa, que são pequenas e lenticulares, promovem o necrosamento e a queda prematura das folhas (Anjos & Zacaro, 2005; Pereira, 2010; Pereira, Berti Filho & Moura, 2012).

Tanto o necrosamento quanto a queda das folhas ocorrem apenas quando a densidade de galhas é muito alta. No entanto, essa é uma condição encontrada com facilidade em áreas infestadas. La Salle (2005) observou densidades de galhas de *E. burwelli* sobre *C. citriodora* superiores a 40 galhas/cm^2. No Brasil, foram observadas densidades superiores a 44 galhas/cm^2 e, em altas infestações, foram contadas até 1.400 galhas em uma única folha (Pereira, Berti Filho & Moura, 2012).

Os danos ocasionados pelas galhas, além de prejudicarem o crescimento e o desenvolvimento da planta, reduzem significativamente o rendimento de óleo essencial. Pereira, Berti Filho e Moura (2012) verificaram que altas infestações de galhas em folhas provocaram importante redução no rendimento de óleo essencial. Essa redução deve-se ao necrosamento ocasionado pelo coalescimento de galhas próximas, mas a maior redução deve-se à queda prematura das folhas, ocasionada pelas galhas, que é bastante intensa (Pereira, 2010). Há relatos de reduções variando de 30 a 80% na produção de óleo essencial (Santana & Anjos, 2007).

MONITORAMENTO E CONTROLE

O monitoramento da praga pode ser feito pela amostragem de ramos do terço apical das árvores e contagem das galhas nas folhas. Porém, esse método é bastante trabalhoso e de baixo rendimento em plantios extensos. Outra possibilidade é a amostragem utilizando armadilhas amarelas adesivas, instaladas no interior dos talhões de *C. citriodora*. Os adultos de *E. burwelli* são muito atraídos pela cor amarela e ficam colados nas armadilhas. A frequência das coletas deve ser quinzenal.

Em relação a estratégias de controle, pouco se sabe. Pereira (2010) encontrou outra espécie de eulofídeo, provavelmente pertencente ao gênero *Selitrichodes*, a emergir de galhas de *E. burwelli*. Há indícios de que essa espécie possa ser um parasitoide da vespa, mas ainda é preciso realizar estudos de biologia para confirmar essa hipótese.

O uso de inseticidas pode ser efetivo para o controle de insetos galhadores se são utilizados produtos de ação sistêmica, aplicados logo no início das infestações, antes da emergência dos adultos e consequente secamento das galhas e das folhas. Outra possibilidade é a seleção de procedências de *C. citriodora* resistentes à vespa-da-galha, pois há diferenças significativas na ocorrência de galhas entre plantas de uma mesma população. Algumas plantas, mesmo apresentando sinais de oviposição, não mostravam nenhum sinal do desenvolvimento de galhas. Isso foi observado durante três anos, em dois cultivos distintos de *C. citriodora* (Pereira, Berti Filho & Moura, 2012).

REFERÊNCIAS BIBLIOGRÁFICAS

ANJOS, N. & ZACARO, A. A. A microvespa *Epichrysocharis burwelli* Schauff (Hym.: Eulophidae): novíssima praga florestal no Brasil. In: ZANUNCIO, J. C.; PEREIRA, J. M. M. & ZANUNCIO, T. V. (eds.). *Plagas forestales neotropicales*. Costa Rica, 2005. 3p.

BERTI FILHO, E. O parasitismo no controle integrado de pragas florestais. *Silvicultura* 10: 7-10, 1984.

BERTI FILHO, E.; COSTA, V. A. & LA SALLE, J. Primeiro registro da vespa-da-galha, *Epichrysocharis burwelli* (Hymenoptera: Eulophidae), em *Corymbia* (*Eucalyptus*) *citriodora* (Myrtaceae) no Brasil. *Revista de Agricultura* 79: 363, 2004.

BURKS, R. et al. Combined molecular and morphological phylogeny of Eulophidae (Hymenoptera: Chalcidoidea), with focus on the subfamily Entedoninae. *Cladistics* 27 (6): 581-605, 2011.

DOWNER, J. A new pest insect of *Eucalyptus citriodora*. *Landscape Notes* 14, 1999. 4p.

GAUTHIER, N. et al. Phylogeny of Eulophidae (Hymenoptera, Chalcidoidea), with a reclassification of Eulophinae and the recognition that Elasmidae are derived eulophids. *Systematic Entomology* 25: 521-39, 2000.

HEU, R. A. & SUH, T. H. *Pest detection – Semiannual report*. CAPS Program, Hawaii Department of Agriculture, 2006. 30p.

KIM, I.; DELVARE, G. & LA SALLE, J. A new species of *Quadrastichus* (Hymenoptera: Eulophidae): a gall-inducing pest on *Erythrina* (Fabaceae). *J. Hymenoptera Res.* 13: 243-9, 2004.

LA SALLE, J. North American genera of Tetrastichinae (Hymenoptera: Eulophidae). *Journal of Natural History* 28: 109-236, 1994.

LA SALLE, J. Biology of gall inducers and evolution of gall induction in Chalcidoidea (Hymenoptera: Eulophidae, Eurytomidae, Pteromalidae, Tanaostigmatidae, Torymidae). In: RAMAN, A.; CHAEFFER, C. W. & WITHERS, T. M. (eds.). *Biology, ecology and evolution of gall-inducting arthropods*. New Hampshire: Science Publishers, 2005. 537p.

LA SALLE, J. et al. A new especies of invasive gall wasp (Hymenoptera: Eulophidae: Tetrastichinae) on blue gum (*Eucalyptus globulus*) in California. *Zootaxa* 2.121: 35-43, 2009.

MANI, M. S. Introduction to cecidology. In: SHORTHOUSE, J. D. & ROHFRITSCH, O. (eds.). *Biology of insect-induced galls*. Oxford: Oxford University Press, 1992. 285p.

MAUNDERS, M. J.; BROWN, S. B. & WOOLHOUSE, H. W. The appearance of chlorophyll derivatives in senescing tissue. *Phytochemistry* 22: 2.443-6, 1983.

MENDEL, Z. et al. Taxonomy and biology of *Leptocybe invasa* gen. & sp. n. (Hymenoptera: Eulophidae), an invasive gall inducer on *Eucalyptus*. *Australian J. Entomol.* 43: 101-13, 2004.

PEREIRA, R. A. *Aspectos morfobioecológicos de Eichrysocharis burwelli (Eulophidae, Hymenoptera), vespa-das-galhas das folhas de Corymbia citriodora*. Piracicaba, 2010. Tese (doutorado) – Escola Superior de Agricultura "Luiz de Queiroz", Universidade de São Paulo.

PEREIRA, R. A.; BERTI FILHO, E. & MOURA, R. G. Rendimento de óleo essencial de *Corymbia citriodora* Hill & Johnson sob diferentes níveis de infestação de galhas de *Epichrysocharis burwelli* Schauff (Hymenoptera, Eulophidae). *Revista de Agricultura* 87: 10-6, 2012.

ROHFRITSCH, O. Patterns in gall development. In: SHORTHOUSE, J. D. & ROHFRITSCH, O. (eds.). *Biology of insect-induced galls*. Oxford: Oxford University Press, 1992. 285p.

SANTANA, D. L. Q. & ANJOS, N. *Microvespa-do-eucalipto-citriodora (Corymbia citriodora) – Epichrysocharis burwelli Schauff (Hymenoptera: Eulophidae)*. Colombo, PR: Embrapa, 2007. 4p. (Comunicado Técnico, 188).

SANTOS, A. S. *Análise técnica, econômica e de tendências da indústria brasileira de óleos essenciais*. Rio de Janeiro: Papel Virtual, 2002. 202p.

SCHAUFF, M. E. & GARRISON, R. An introduced species of *Epichrysocharis* (Hymenoptera: Eulophidae) producing galls on *Eucalyptus* in California with notes on the described species and placement of the genus. *J. Hymenoptera Res.* 9: 176-81, 2000.

SHORTHOUSE, J. D. & ROHFRITSCH, O. Preface. In: SHORTHOUSE, J. D. & ROHFRITSCH, O. (eds.). *Biology of insect-induced galls*. Oxford: Oxford University Press, 1992. 285p.

VITTI, M. A. S. & BRITO, J. O. Avaliação do rendimento e do teor de citronela do óleo essencial de procedências e raças locais de *Eucalyptus citriodora*. *Scientia Forestalis* 56: 145-54, 1999.

VITTI, M. A. S. & BRITO, J. O. *Óleo essencial de eucalipto*. Piracicaba: Esalq, 2003. 26p.

50

Vespa-da-galha-do-eucalipto, *Leptocybe invasa* Fisher & La Salle

C. F. Wilcken, B. Zaché, M. V. Masson, R. A. Pereira, L. R. Barbosa, J. C. Zanuncio

INTRODUÇÃO

As galhas são estruturas particulares que surgem das plantas por hiperplasia ou hipertrofia dos tecidos, inibição do desenvolvimento ou modificação celular, como resposta ao ataque por determinados organismos, os indutores de galhas ou galhadores (Stone & Schonrogge, 2003).

Câmaras larvais individuais ou coletivas são formadas no interior das galhas, onde o inseto se desenvolve até o estágio adulto. As galhas proporcionam nutrição e proteção aos seus indutores, diante das flutuações microclimáticas e dos seus inimigos (Stone & Schonrogge, 2003).

Leptocybe invasa, conhecida como vespa-da-galha-do-eucalipto, é uma espécie exótica, encontrada no Brasil em 2008 em *Eucalyptus camaldulensis* e alguns clones. Ela está sendo considerada praga do eucalipto devido aos seus danos e à capacidade de rápida infestação e dispersão, causando perdas sérias em algumas regiões do país (Wilcken & Berti Filho, 2010; Costa et al., 2008).

Posição taxonômica e nomenclatura

Ordem: Hymenoptera

Superfamília: Chalcidoidea

Família: Eulophidae

Subfamília: Tetrastichinae

Gênero: *Leptocybe* Fisher & La Salle, 2004

Espécie: *Leptocybe invasa* Fisher & La Salle, 2004

RECONHECIMENTO

As fêmeas são marrons e levemente azul-esverdeadas, com brilho metálico. Coxas anteriores amarelas; coxas médias e posteriores da mesma cor. Pernas e tarsos amarelos. Último segmento tarsal marrom apicalmente. As fêmeas medem de 1,1 a 1,4 mm de comprimento e os machos, de 1,21 a 1,37 mm (Mendel et al., 2004).

BIOECOLOGIA

O período médio de desenvolvimento ou ciclo total, desde a oviposição até a emergência dos adultos, é variável, de acordo com o país ou a região e com a planta hospedeira. Em plantas mantidas em condições de casa de vegetação em Israel, a duração do ciclo total é de 132,6 dias; na Tailândia, é de apenas 46 dias, em ambos os casos com plantas de *E. camaldulensis* (Mendel et al., 2004; Sangtongpraow, Charerson & Siripatanadilok, 2011); na Índia, a duração é de 59,6 dias em plantas de *E. tereticornis* (Kavitha-Kumari et al., 2010). O desenvolvimento em laboratório e campo foi de 126,2 e 138,3 dias, respectivamente (Hesami, Alemansoor & Seyedebrahimi, 2005).

Os adultos sobrevivem em média 6,5 dias, com alimento (mel e água), e três dias, sem alimento (Mendel et al., 2004; Sangtongpraow, Charerson & Siripatanadilok, 2011). Essa espécie de vespa-da-galha tem reprodução por partenogênese telítoca, responsável pela sua rápida infestação e sobreposição de duas ou três gerações por ano. Os ovos são ovais, brancos e semitransparentes. A fêmea põe cerca de oitenta a cem ovos sob a epiderme foliar (Mutitu et al., 2005). Há ocorrência de machos, mas são muito raros e inférteis (Doganlar, 2005; Sangtongpraow, Charerson & Siripatanadilok, 2011).

O desenvolvimento das galhas de *L. invasa* apresenta cinco estágios. O primeiro estágio (primeira e segunda semanas após a oviposição) é definido pelas cicatrizes de oviposição, principalmente na nervura central das folhas novas. Essa fase é caracterizada por pequena mudança na morfologia do tecido atacado: a cicatriz torna-se maior e a seção da nervura central muda de cor, de verde para rosa, quando há alta oviposição. O fim da fase é reconhecido pela aparência esférica, de cor verde brilhante, e cada galha pode ser separada com facilidade (Mendel et al., 2004). A segunda fase é caracterizada pelo desenvolvimento de forma de relevo típico, e as galhas atingem o seu tamanho máximo (largura: 2,7 ± 0,5 mm). A terceira fase é caracterizada pela alteração da coloração da galha, que passa de verde para rosa-

-avermelhado, mantendo seu brilho típico. A quarta etapa é caracterizada pela perda do brilho da superfície, com mudança de cor para vermelho-escuro. Por fim, a quinta etapa é reconhecida pelos orifícios de emergência dos adultos (Figura 1).

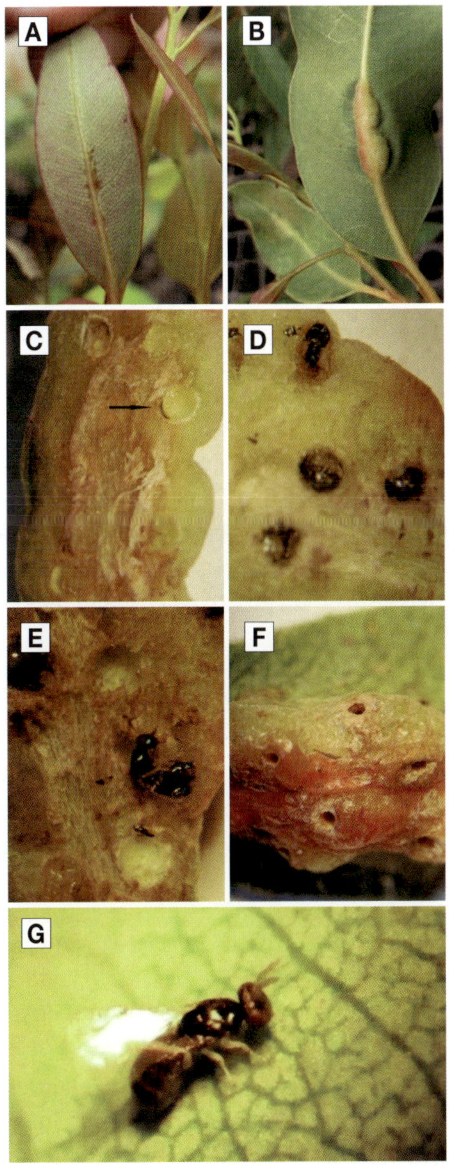

Figura 1. *L. invasa*. A) Folha com postura. B) Galha jovem. C) Larva dentro da galha. D) Pupa. E) Adulto pré-emergente dentro da galha. F) Orifícios de emergência. G) Adulto.

As árvores atacadas com severidade mostram queda de folhas, perda de crescimento e vigor, crescimento atrofiado, superbrotamento dos ponteiros e, eventualmente, morrem. O tempo de desenvolvimento a partir da oviposição é de cerca de quatro meses e meio, e o período de desenvolvimento entre a ocorrência da quarta fase e a emergência de adultos, de cerca de quatro semanas. Os brotos surgidos após o corte formam excelente local de reprodução para as vespas, que podem destruir os brotos inteiros (Mendel et al., 2004). Os ataques ocorrem dentro da primeira e da segunda semanas de brotação, e *L. invasa* pode ovipositar do nível do solo até 32,7 metros de altura (Aytar, 2006). A praga pode formar até cinquenta galhas em uma única folha (Anônimo, 2007).

DISTRIBUIÇÃO GEOGRÁFICA

L. invasa é originária da Austrália e, em 2000, foi detectada no Médio Oriente (Mendel et al., 2004). Disseminou-se para África do Sul, Argélia, Argentina, Camboja, Egito, China, Espanha, Etiópia, França, Grécia, Índia, Irã, Iraque, Israel, Itália, Jordânia, Líbano, Marrocos, Moçambique, Nova Zelândia, Paraguai, Portugal, Quênia, Síria, Tailândia, Taiwan, Tanzânia, Tunísia, Turquia, Uganda e Vietnã (Mendel et al., 2004; OEPP, 2006; FAO, 2007; Dhahri, Jamma & Lo Verde, 2011; Botto et al., 2010; Yaojun et al., 2009; Yang & La Salle, 2010; Abd-El-Raheem & Heikal, 2014). Na América do Sul, a primeira detecção ocorreu no Brasil, em 2008 (Costa et al., 2008; Wilcken & Berti Filho, 2010); posteriormente foi encontrada na Argentina, em 2010 (Botto et al., 2010), no Uruguai, em 2011 (Martin Bollazzi, não publicado) e no Paraguai, em 2014 (Benitez-Dias et al., 2014) (Figura 2). No Brasil, a primeira ocorrência foi na Região Nordeste, Estado da Bahia, e, em seguida, nos estados de Tocantins, Maranhão, Minas Gerais, São Paulo, Pernambuco, Paraná, Mato Grosso do Sul, Espírito Santo, Rio Grande do Sul e Pará (Wilcken et al., 2011; Rinaldi et al., 2013; Lunz, Calábria & Costa, 2014).

PLANTAS HOSPEDEIRAS

A suscetibilidade de *Eucalyptus* spp. e híbridos a *L. invasa* varia na maioria dos países onde o inseto ocorre. Algumas variações podem ser devidas a fatores ambientais e principalmente a fatores genéticos. Isto pode ser explorado em programas de melhoramento, e é provável que seja uma das principais formas de controle para os cultivos comerciais (Nadel & Slippers, 2011).

O sinal da oviposição da vespa sem o desenvolvimento da galha pode definir a planta como resistente. Espécies tolerantes são infestadas pela vespa-da-galha, mas mostram apenas a formação de galhas reduzidas, nas quais não há emergência de novas vespas. Espécies suscetíveis são infestadas com mais facilidade pela vespa, com desenvolvimento tanto no tamanho quanto no número de galhas.

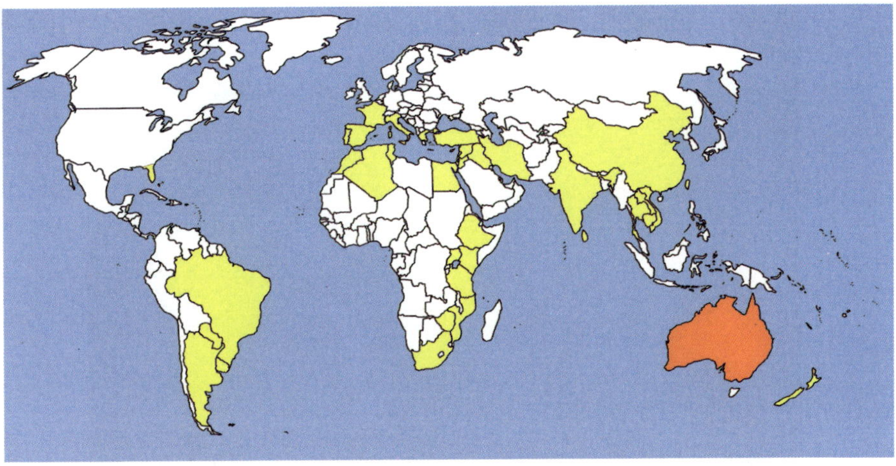

Figura 2. Distribuição geográfica da vespa-da-galha *L. invasa* no mundo, em 2014. Em laranja: região de origem; em amarelo: países onde a praga foi introduzida.

As principais espécies de eucalipto suscetíveis à vespa-da-galha são *E. camaldulensis*, *E. tereticornis*, *E. globulus*, *E. grandis*, *E. saligna*, *E. viminalis*, *E. urophylla* e alguns clones híbridos – HGC (*E. grandis* × *E. camaldulensis*), HUG (*E. urophylla* × *E. grandis*)) (Mendel et al., 2004; Goud et al., 2010), além de *E. benthamii* e *Corymbia citriodora* (Wilcken, não publicado).

DANOS

Os ovos de *L. invasa* são colocados na nervura central de folhas, pecíolos e ramos jovens. Plantas jovens, incluindo mudas em viveiros, são mais afetadas pelas galhas de *L. invasa* do que árvores com idade com mais de dois anos. O número elevado de ovos e gerações sobrepostas resulta em folhas pequenas e deformadas e crescimento retardado das plantas. Em casos graves, ocorre secamento do ponteiro e morte das plantas. Excepcionalmente, podem ser verificados danos em árvores de 15 metros de altura e com seis anos de idade (Kavitha-Kumari et al., 2010).

As galhas, que são hiperplasia celular causada por alguma substância injetada pela fêmea, podem ocasionar o bloqueio do fluxo normal de seiva, levando a superbrotamento e secamento do ponteiro das plantas. Esses danos podem interromper o crescimento de mudas e árvores e comprometer a produtividade (Costa et al., 2008; Wilcken & Berti Filho, 2010) (Figura 3).

Com relação ao período de suscetibilidade, foi verificado que o período entre quatro e dezesseis meses após o plantio é o mais propício às infestações por *L. invasa* no Quênia, com picos entre o décimo e o décimo quinto mês (Nyeko et al., 2010).

Figura 3. *L. invasa*. A) Galhas nas folhas de clone *E. grandis* × *E. camaldulensis*. B) Clones de eucalipto (suscetível à esquerda e resistente à direita). Alagoinhas, BA, 2008.

AMOSTRAGEM E DINÂMICA POPULACIONAL

Há duas técnicas de amostragem e de monitoramento para a vespa-da-galha. Uma delas é a contagem de galhas por ramo, considerando aquelas presentes nas folhas, nos pecíolos e nas hastes; a outra é a utilização de armadilhas amarelas adesivas. Na Índia, foram testadas armadilhas amarelas adesivas (25 × 19 cm), instaladas em viveiros (casas de vegetação) e em campo, para monitoramento de *L. invasa*, durante um ano; foram consideradas efetivas na captura da vespa-da-galha e de seu parasitoide *Megastigmus* sp. (Vastrad et al., 2010).

Em regiões tropicais e subtropicais, é possível encontrar adultos de *L. invasa* o ano todo, com maiores infestações no verão (Nyeko et al., 2010; Vastrad et al., 2010) e, provavelmente, com gerações sobrepostas.

CONTROLE

Até o momento, não existe nenhuma técnica eficaz de controle para a vespa-da-galha. As possíveis recomendações são as que se seguem.

Controle cultural

No viveiro, há duas situações. No caso de minijardim clonal, os ponteiros das minicepas devem ser cortados e queimados. Na produção de mudas, aquelas que estiverem infestadas, com presença de galhas visíveis, devem ser descartadas e queimadas. No campo, pode ser feita poda dos ponteiros e ramos atacados, com a consecutiva queima ou o enterrio deles. Entretanto, durante o período de surtos populacionais, a rebrota advinda dessa poda pode proporcionar até mesmo aumento da infestação.

Em Turmalina, MG, em uma área de 300 ha com clone de *E. camaldulensis* × *E. grandis* altamente infestada, a destruição das brotações com grade pesada, seguida de queima controlada e de espera por seis meses antes de novo plantio (vazio sanitário), proporcionou o controle total da praga (Carlos F. Wilcken, observação pessoal).

Controle químico

Há inseticidas químicos registrados em caráter emergencial para essa praga em viveiros, como os neonicotinoides imidacloprid e thiamethoxam, além do fipronil. Os inseticidas neonicotinoides têm sido eficientes. Aplicações quinzenais na fase larval da praga com imidacloprid a 1,5 g/L em mudas no viveiro proporcionaram 98,8% de controle em relação à testemunha, considerando a emergência de adultos (Masson, não publicado). Entretanto, não foi verificado controle em plantas de eucalipto no campo.

Controle biológico

O controle biológico é a melhor estratégia, principalmente pela introdução de inimigos naturais específicos para a praga. Em Israel, foram introduzidos os parasitoides *Selitrichodes kryceri* e *Quadrastichus mendeli* (Hymenoptera: Eulophidae), que parasitam larvas médias a grandes de *L. invasa* no interior das galhas. O parasitismo obtido em condições experimentais variou de 46,4 a 59% para *S. kryceri* e de 61,8 a 84,2 % para *Q. mendeli*, com duração média de desenvolvimento de aproximadamente trinta dias (Kim et al., 2008). *Megastigmus* sp. (Hymenoptera: Torymidae), encontrado em Israel e Turquia, parasita larvas grandes e pupas de *L. invasa*, mas com parasitismo inferior, comparado às outras duas espécies, variando de 7,7 a 34,4% (Protasov et al., 2008).

Na África do Sul, *S. neseri* (Hymenoptera: Eulophidae) parasita larvas de *L. invasa* no interior das galhas. Foi introduzida da Austrália e é considerada específica de *L. invasa*. Estudos de criação massal e liberação estão sendo feitos na África do Sul (Kelly et al., 2012).

No Brasil, foi descrita *Megastigmus brasiliensis* a parasitar larvas de *L. invasa* no interior das galhas em *E. camaldulensis* na região de Paulínia, SP (Doganlar, Zache & Wilcken, 2013).

Resistência das plantas

Estudos sobre a herança da resistência, aliados à hibridação e clonagem, exibem potencial ferramenta no manejo da praga, uma vez que a suscetibilidade superior encontra-se em condições de viveiro, e esta muito provavelmente é conferida por vários genes de respostas morfológicas e fisiológicas do hospedeiro. Pouco se sabe sobre os mecanismos de defesa do hospedeiro ante a infestação, havendo a necessidade de novos estudos norteados por essa linha. As espécies consideradas resistentes a *L. invasa* são: *E. cloeziana*, *E. cladocalyx*, *E. gomphocephala*, *E. leucoxylon*, *E. nitens* e *E. sideroxylon* (Nadel & Slippers, 2011).

CONSIDERAÇÕES FINAIS

Diante do crescimento do setor florestal brasileiro, acompanhado da ocorrência de pragas e doenças, na grande maioria dos casos quarentenárias, linhas de pesquisa voltadas à convivência com esses agentes requerem embasamento prático, suportado por experimentação e legislação. O controle biológico essencialmente promove a regulação de determinada população-praga em níveis seguros e toleráveis, sendo promissor para um futuro próximo. A opção principal é a importação de inimigos naturais do país de origem, sobretudo parasitoides. Entretanto, a busca por possíveis inimigos naturais já presentes no Brasil também é prioritária, uma vez que há poucos estudos sobre vespas galhícolas em plantas de importância econômica no nosso país, e a existência de parasitoides e predadores pode auxiliar no controle biológico da praga.

REFERÊNCIAS BIBLIOGRÁFICAS

ABD-EL-HAREEM, A. & HEIKAL, H. M. First record of the genus *Leptocybe* spp. *as Eucalyptus gall wasp* (Hymenoptera: Eulophidae) in Egypt. *Int. Jour. Zool. Res.* 4(3): 23-8, 2014.

ANÔNIMO. *Blue gum chalcid. Fabi Pest Alert*, 2007. Disponível em: <www.fabinet.up.ac.za/tpcp/Leptocybe_alert>. Acesso em: nov. 2012.

AYTAR, F. Natural history, distribution and hosts of Eucalyptus gall wasps in Turkey. In: 8th EUROPEAN CONGRESS OF ENTOMOLOGY, Izmir, 2006. *Supplementary Abstracts* (1): 32, Entomological Society of Turkey.

BENITEZ-DIAZ, E. A. et al. First record of *Leptocybe invasa* Fisher & La Salle (Hymenoptera: Eulophidae) and *Rhombacus eucalyptyi* Ghosh & Chakrabarti (Acari: Eriophyidae) from Paraguay. *Bol. Mus. Nac. Hist. Nat. Parag.* 18(1): 129-32, 2014.

BOTTO, E. N. et al. Presencia de *Leptocybe invasa* Fischer & La Salle (Hymenoptera: Eulophidae), la "avispa de la agalla del eucalipto", en Argentina. *Boletín MIP Manejo Integrado de Plagas Inta* (16), 2010.

COSTA, V. A. et al. Eucalyptus gall wasp, *Leptocybe invasa* Fisher & La Salle (Hymenoptera: Eulophidae) in Brazil: new forest pest reaches the New World. *Revista de Agricultura* 83: 136-9, 2008.

DHARI, S.; JAMMA, M. L. B. & LO VERDE, G. First record of *Leptocybe invasa* and *Ophelimus maskelli* Eucalyptus gall wasps in Tunisia. *Tunisian Journal of Plant Protection* 5(2): 229-34, 2011.

DOGANLAR, O. Occurrence of *Leptocybe invasa* Fisher & La Salle, 2004 (Hymenoptera: Chalcidoidea) on *Eucalyptus camaldulensis* in Turkey, with a description of the male sex. *Zoology in the Middle East* 35: 112-4, 2005.

DOGANLAR, M.; ZACHE, B. & WILCKEN, C. F. A new species of *Megastigmus* (Hymenoptera: Torymidae: Megastigminae) from Brazil. *Florida Entomologist* 96 (1): 196-9, 2013.

FAO. *Forest pest species profile*, 2007. 3p. Disponível em: <www.fao.org/forestry>. Acesso em: 15 nov. 2011.

GOUD, K. B. et al. Screening of eucalyptus genotypes against gall wasp, *Leptocybe invasa* Fisher and La Salle (Hymenoptera: Eulophidae). *Karnataka Journal Agriculture Science* 23(1): 213-4, 2010.

HESAMI, S.; ALEMANSOOR, H. & SEYEDEBRAHIMI, S. Report of *Leptocybe invasa* (Hym.: Eulophidae), gall wasp of *Eucalyptus camaldulensis* with notes on biology in Shiraz vicinity. *J. Entomol. Soc. Iran.* 24: 99-108, 2005.

KAVITHA-KUMARI, N. K. et al. Biology of *Eucalyptus* gall wasp, *Leptocybe invasa* Fisher and La Salle (Hymenoptera: Eulophidae). *Karnataka Journal Agriculture Science* 23(1): 211-2, 2010.

KELLY, J. et al. *Selitrichodes neseri* n. sp., a new parasitoid of the eucalyptus gall wasp *Leptocybe invasa* Fisher & La Salle (Hymenoptera: Eulophidae: Tetrastichinae). *Zootaxa* 3333: 50-7, 2012.

KIM, I. K. et al. Taxonomy, biology, and efficacy of two Australian parasitoids of the eucalyptus gall wasp Leptocybe invasa Fisher & La Salle (Hymenoptera: Eulophidae: Tetrastichinae). *Zootaxa*, 1910, 1-20, 2008.

LUNZ, A. M.; CALABRIA, K. C. L. & COSTA, V. A. Registro da vespa-da-galha-do-eucalipto, *Leptocybe invasa* Fisher & La Salle (Hymenoptera: Eulophidae), no Pará: descrição e recomendações. *Comunicado Técnico Embrapa* (241): 1-4, 2014.

MENDEL, Z. et al. The taxonomy and natural history of *Leptocybe invasa* (Hymenoptera: Eulophidae) gen & sp. nov., an invasive gall inducer on *Eucalyptus*. *Australian J. Entomol.* 43: 101-3, 2004.

MUTITU, K. E. et al. Effect of *Leptocybe invasa* (Hymenoptera: Eulophidae) attack on different *Eucalyptus* species. In: MUCHIRI, M. N. et al. (eds.). Recent advances in forestry research and technology development for sustainable forest management. 2nd KENYA FORESTRY RESEARCH INSTITUTE'S SCIENTIFIC CONFERENCE HELD, 2004. *Proceedings...* Kefri, Nairobi, 2005.

NADEL, R. & SLIPPERS, B. *Leptocybe invasa,* the Blue Gum Chalcid wasp. *Information Sheet ICFR / TPCP* (1): 5, 2011. Disponível em: <www.fabinet.up.ac.za>. Acesso em: 15 jan. 2012.

NYEKO, P. et al. Variations in *Leptocybe invasa* (Hymenoptera: Eulophidae) population intensity and infestation on eucalyptus germplasms in Uganda and Kenya. *Intern. J. Pest Management* 56(2): 137-44, 2010.

OEPP – Organisation Europeenne et Mediterraneenne pour la Protection des Plantes. Premier signalement de deux nouveaux ravageurs des eucalyptus dans le sud de la France: *Ophelimus maskelli* et *Leptocybe invasa*. Paris. *Service d'Information* (9): 189, 2006.

PROTASOV, A. et al. Occurrence of two local *Megastigmus* species parasitic on the Eucalyptus gall wasp *Leptocybe invasa* in Israel and Turkey. *Phytoparasitica* 36(5): 449-59, 2008.

RINALDI, D. A. M. F. et al. Ocorrência de *Leptocybe invasa* (Hymenoptera: Eulophidae) em mudas de eucalipto no Paraná. *Pesquisa Florestal Brasileira* 33(75): 327-30, 2013.

SANGTONGPRAOW, B.; CHARERSON, B. & SIRIPATANADILOK, S. Longevity, fecundity and development time of Eucalyptus gall wasp, *Leptocybe invasa* Fisher & La Salle (Hymenoptera: Eulophidae) in Kanchanaburi Province, Thailand. *Thai. Journal of Agricultural Science* 44(3): 155-63, 2011.

STONE, G. N. & SCHONROGGE, K. The adaptive significance of insect gall morphology. *Trends in Ecology and Evolution* 18(10): 512-22, 2003.

TUNG, G. S. & La SALLE, J. Pest alert: a newly discovered invasion of gall-forming wasps *Leptocybe invasa* (Fisher & La Salle), on *Eucalyptus* trees in Taiwan. *Formosan Entomologist* 30: 241-5, 2010.

VASTRAD, A. S. et al. Monitoring Eucalyptus gall wasp, *Leptocybe invasa* Fisher and La Salle (Hymenoptera: Eulophidae) using yellow sticky trap in eucalyptus plantation. *Karnataka Journal Agriculture Science* 23(1): 215-6, 2010.

WILCKEN, C. F. & BERTI FILHO, E. *Vespa-da-galha-do-eucalipto (Leptocybe invasa) (Hymenoptera: Eulophidae): nova praga de florestas de eucalipto no Brasil.* Alerta Ipef, 2010. 11p. Disponível em: <www.ipef.br/protecao/alerta-leptocybe.invasa.pdf>. Acesso em: 15 jan. 2012.

WILCKEN, C. F. et al. *Vespa-da-galha do eucalipto (Leptocybe invasa) no Brasil*. Folder técnico Ipef, 2011.

YAOJUN, W. et al. *Leptocybe invasa*: a new invasive forest pest making galls on twigs and leaves of *Eucalyptus* trees in China (Hymenoptera: Eulophidae). *Scientia Silvae Sinica* 45(7): 161-3, 2009.

51

Lagarta-da-teca, *Hyblaea puera* (Cramer)

O. Peres Filho, R. G. Moura, A. Dorval

INTRODUÇÃO

Conhecida popularmente como teca ou "teak" (Alemanha, Birmânia, Estados Unidos, Índia, Inglaterra, Siam), "teck" (França, Itália), "ojati" (Java), "may sak" (Laos, Camarões, Tanzânia), "kyum" (Burma), "tadi", "tek", "kembal", "Semarang", "jat" e "sâgwam" (Indonésia), "djati" (Malásia), "giathi" (Vietnã) e "sak" (Tailândia), *Tectona grandis* L.f. (Lamiaceae) é uma espécie florestal caducifólia de grande porte, com crescimento sazonal determinado, e pode alcançar até 60 m de altura. É originária da Índia, Tailândia, Burma, Camboja e Indonésia, sendo que áreas de cultivo dessa espécie vêm se expandindo no Estado de Mato Grosso.

O cultivo de *T. grandis* tem se mostrado promissor em reflorestamentos no Brasil, com destaque para o Estado de Mato Grosso, que possui 60 mil ha de área plantada, devido às condições edáficas e climáticas favoráveis. Fonte de uma das madeiras tropicais mais valiosas no mundo, tem sido plantada extensamente para a produção de madeira empregada na construção naval, em móveis e carpintaria em geral. Além disso, surge como uma alternativa para diminuir a pressão sobre outras espécies florestais de ocorrência natural e de grande valor econômico.

No Brasil, a primeira experiência de plantio de *T. grandis* – no Horto Florestal de Rio Claro, SP, e no Jardim Botânico do Rio de Janeiro, RJ – foi feita pelo engenheiro Edmundo Navarro de Andrade, que, no início do século XX, utilizou diversos tipos de madeiras para a construção de ferrovias, indicando boas perspectivas para seu cultivo no país (Moura, 2007).

As plantações comerciais sofrem ataques da lagarta desfolhadora *Hyblaea puera*, principal praga que diminui a área fotossintetizante das plantas e causa grandes prejuízos. Nativa do Sudoeste Asiático, tem também registro de ocorrência na América Central, África e América Latina. Esse lepidóptero é mundialmente conhecido como lagarta-desfolhadora-da-teca. Teve sua primeira citação como praga em 1898, na Divisão Florestal de Konni, em Kerala, Índia, e até hoje é tida como a principal praga da teca nesse país (Tambarussi, 2009).

Posição taxonômica e nomenclatura

Ordem: Lepidoptera

Família: Hyblaeidae

Gênero: *Hyblaea* Fabricius, 1793

Espécie: *Hyblaea puera* (Cramer, 1777)

Sinonímias: *Noctua puera* Cramer, 1777
Noctua saga Fabricius, 1787
Noctua unxia Hübner, 1813
Heliothis apricans Boisduval, 1833
Nabara limacodella Walker, 1866
Aenigma mirificum Strecker, 1876
Hyblaea puera nigra Stebbing, 1903

HISTÓRICO DA INTRODUÇÃO DA PRAGA NO BRASIL

H. puera foi constatada pela primeira vez no Estado de Mato Grosso, causando danos econômicos em plantios homogêneos de teca nos municípios de Cáceres, em 1997, e Rosário Oeste, em 1998, no início da estação chuvosa (outubro) (Peres Filho, Dorval & Berti Filho, 2002).

DISTRIBUIÇÃO GEOGRÁFICA

É uma espécie nativa do continente asiático. Nos locais de ocorrência natural de teca, como a Índia, é considerada a principal praga dessa espécie florestal (Figura 1).

No Brasil, foi registrada nos municípios de Cáceres e Jangada, ambos no Estado de Mato Grosso. Foi encontrada também nos municípios de Chapada dos Guimarães, MT, Nobres, MT, Jataí, GO, Dourados, MS, Rio de Janeiro, RJ, e Cubatão, SP (área de mangue) (Figura 2) (Peres Filho, Dorval & Berti Filho, 2006).

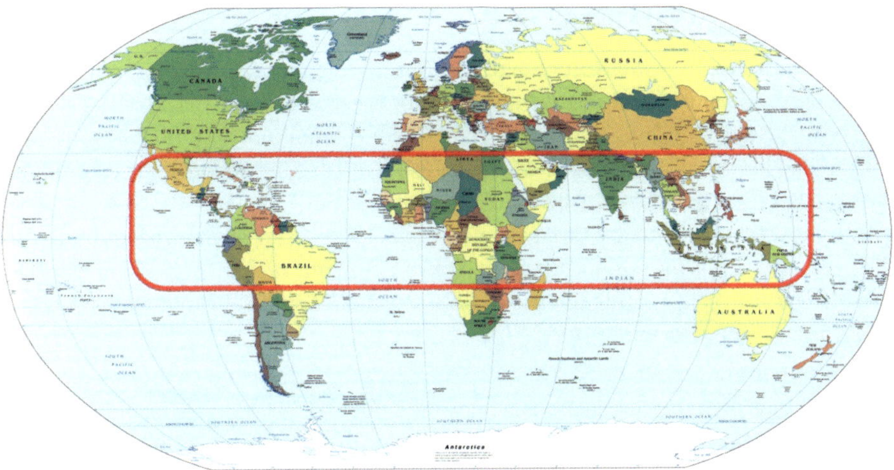

Figura 1. Distribuição de *H. puera* no mundo.

Figura 2. Distribuição de *H. puera* no Brasil.

BIOLOGIA E ECOLOGIA

Os adultos de *H. puera* apresentam 35 mm de envergadura. Asas anteriores acinzentadas, com manchas esbranquiçadas e escuras; asas posteriores de cor marrom-escura, com manchas na parte central e faixa alaranjada em toda a extensão das bordas. Tórax e abdome acinzentados. Tergitos abdominais com faixas escuras (Figura 3A). Ovos esbranquiçados e hialinos (Figuras 3B, 3C). Lagarta branco-amarelada em todo o tórax e abdome; cabeça negra no primeiro instar, depois branco-amarelada na região pleural e rubro-negra na região tergal (Figura 3D). Pupa marrom-escura ligeiramente brilhante, com casulo esbranquiçado (Figura 3E) (Peres Filho, Dorval & Berti Filho, 2006).

O ciclo total de vida de *H. puera* varia de 21 a 33 dias, sob condições de laboratório. O período de incubação dos ovos é de dois a três dias; na fase de período larval, de onze a dezesseis dias; na fase pupal, de quatro a sete dias; e na fase adulta, de quatro a sete dias. Os ovos são branco-hialinos, colocados ao lado das nervuras principal e secundárias, na parte inferior da folha (Figura 3B). As posturas iniciam-se na região apical da planta, passando pela região mediana e, por fim, na região inferior da copa. As lagartas dispersam-se por fios de seda que recobrem o vegetal quando as infestações tornam-se mais elevadas. Elas ficam alojadas nas dobras das folhas, construídas com fios de seda nas bordaduras, e saem à noite para se alimentar. As pupas também ficam alojadas nessas mesmas estruturas.

Figura 3. *H. puera.* A) Adulto. B) Ovos (próximos às nervuras da face inferior da folha). C) Ovo (ampliação 50X). D) Lagartas (variações cromáticas). E) Pupa. Fotos A, B, D, E: O. Peres Filho. Foto C: Guerra.

Os adultos são fototrópicos positivos e migratórios na época da seca, quando a teca perde suas folhas (Peres Filho, Dorval & Berti Filho, 2006).

PLANTAS HOSPEDEIRAS

Essa praga pode ser encontrada em plantas hospedeiras como *Avicennia germinans*, *Avicenia marina*, *Avicenia officinalis* (Avicennaceae), *Callicarpa arborea*, *Clerodendron* sp. (Verbenaceae), *Spathodea* sp. (Bignoniaceae), *Vitex altissima*, *Vitex trifolia*, *Vitex negundo*, *Vitex parviflora*, *Vitex peduncularis*, *Vitex pubescens*, *Vitex* sp. (Lamiaceae), *Tabebuia pentaphylla* e *Oroxylum indicum* (Bignoniaceae) (Nair, 2001; Commowealth Institute of Entomology, 1981; Mohanadas, 1986; Baksha & Craweley, 1995).

IMPACTO ECONÔMICO E PREJUÍZOS

H. puera é considerada, na Índia, a principal praga da teca. Nesse país, assim como no Brasil, ocorre no período chuvoso. Inicia seus ataques nessa ocasião, quando há maior disponibilidade de folhas jovens. Suas lagartas atacam de preferência folhas jovens (Figura 4A). Os ataques acontecem em epicentros que se propagam e podem atingir toda a área.

A dispersão das lagartas, na arquitetura das árvores, dá-se por meio de longos fios de seda facilmente percebidos com o aumento da população. As lagartas iniciam o ataque alimentando-se entre as nervuras secundárias das folhas; durante o dia,

Figura 4. Danos de *H. puera.* A) Em folhas jovens. B) Em povoamento adulto. Fotos: Santos.

permanecem dentro dos seus abrigos, construídos nas bordas das folhas, e saem à noite para se alimentar. Atacam a teca desde o viveiro até árvores adultas no campo.

No Estado de Mato Grosso, seus ataques são frequentes. Ocorrem anualmente, de outubro a novembro, e estendem-se até março, período das chuvas. Chegam a provocar desfolhas severas quando suas populações não são controladas (Figura 4B).

Um experimento conduzido na Índia, em áreas protegidas por quatro anos e desprotegidas por cinco anos, demonstrou que o incremento médio anual na área protegida foi de 6,7 m^3/ha. Na área desprotegida, esse parâmetro caiu para 3,7 m^3/ha, acarretando perdas significativas no volume de madeira por área plantada (Nair et al., 1996).

Em território nacional, foram constatados ataques severos de lagartas de *H. puera* em *Rhizophora mangle* (Rhizophoraceae), *Avicennia geminans* e *A. shaueriana* (Acicenniaceae), plantas nativas do mangue da Baixada Santista, em Cubatão, SP (Peres Filho, Dorval & Berti Filho, 2006).

No Brasil, não há controle químico regulamentado oficialmente para a lagarta-da-teca. Todavia, o uso de *Bacillus thuringiensis* tem trazido resultados satisfatórios em campo. As lagartas são parasitadas por *Cotesia* sp. (Hymenoptera, Braconidae) e predadas por *Podisus nigrispinus* (Dallas, 1851) (Hemiptera, Pentatomidae). Elas também são parasitadas no campo por *Eucelatoria aurescens* Townsend, 1917, e *Chetogena* spp. (Diptera, Tachinidae).

Na Índia, *B. thuringiensis* é utilizado no controle da lagarta-da-teca (Loganathan & David, 2000), assim como extrato de Nim e inseticidas organossintéticos, como cipermetrina, fenvalerate, monocrotofós, acefato, endossulfan, quinalfós, carbaril, clordimeform, leptofós, diclorvós, canfeclor, malation, dimetoato, fenitrotion, ambition (fenitrotion + malation) e triclorfon (Patil et al., 1995; Gupta & Borse, 1997). A literatura assinala inúmeros organismos que atuam como agentes do controle biológico (Tabela 1).

Tabela 1. Inimigos naturais da lagarta-da-teca, *H. puera* (extraído de Peres Filho, 2006).

Inimigos naturais	Fontes
Insetos (predadores)	
Hestiasula brunneriana	Mukhtar (1985)
Eucanthecona furcellata	Surachai (1986); Sudheendrakumar (1986)
Farina nigrolineata	Sudheendrakumar (1986)
Euagoras plagiatus	Patil & Naik (1997)
Endochus sp.	Patil & Naik (1997)
Rhenocoris fuscipes	Patil & Naik (1997)
Sphedanolestus aterrimus	Patil & Naik (1997)
Insetos (parasitoides)	
Brachymeria lasus	Sudheendrakumar (1986)
Alexorista solennis	Sudheendrakumar (1986); Katagall (1996)
Sympiensis sp.	Sudheendrakumar (1986)

Continua

Inimigos naturais	Fontes
Insetos (parasitoides)	
Sympiensis hyblaeae	Surekha (1996)
Brachymeria euploeae	Tilakaratna (1991)
Echthromorpha notularia	Tilakaratna (1991)
Carcelia kockiana	Tilakaratna (1991)
Camptotypus arianus arianus	Mohanadas (1996)
Xanthopimpla sp.	Mohanadas (1996)
Theronia maskeliyae	Mohanadas (1996)
Psilochalcis carinigena	Mohanadas (1996)
Brachymeria lugubris	Mohanadas (1996)
Tetrastichus howardi	Mohanadas (1996)
Trichogramma chilonis	Patil & Naik (1996 e 1997)
Aves (predador)	
Corvus macrorhyncos	Sudheendrakumar (1986)
Acridotheres tristis	Sudheendrakumar (1986)
Dicrurus adsimilis	Sudheendrakumar (1986)
Turdoides striatus	Sudheendrakumar (1986)
Corvus sp.	Katagall (1996)
Entomopatógenos (fungo)	
Beauveria bassiana	Agarwal et al. (1985), Rajak et al. (1990); Fajak et al. (1993)
Fusarium sp.	Agarwal et al. (1985)
Aspergillus flavus	Shamila et al. (1998)
Aspergillus niger	Shamila et al. (1998)
Entomopatógenos (bactéria)	
Enterobacter aerogenes	Sudheendrakumar (1986)
Bacillus thuringiensis	Nair (1998)
Entomopatógenos (vírus)	
NPV	Sudheendrakumar (1986)
Baculovirus sp.	Ahmed (1995); Nair et al. (1996, 1998)

REFERÊNCIAS BIBLIOGRÁFICAS

AGARWAL, G. P. et al. Studies on entomogenous fungi parasitizing insect pests of teak. *Jour. Trop. Forestry* (Kuala Lumpur) 1(1): 91-4, 1985.

AHMED, S. I. Investigations on the nuclear polyhedrosis of teak defoliator, *Hyblaea puera* (Cram.) (Lep., Hyblaeidae). *Jour. Applied Entomol.* (Berlin) 119 (5): 351-4, 1985.

BAKSHA, M. W. & CRAWLEY, M. J. Relative preference of different host plants to teak defoliator, *Hyblaea puera* Cram. (Hyblaeidae: Lepidoptera) in Bangladesh. *J. For. Sci.* (Bangladesh) 24(1): 21-5, 1995.

COMMONWEALTH Institute of Entomology. *Lymantria dispar* (L.), *Hyblaea puera (Cram.)*: distribution maps of pests. London, 1981. v. 26. 2p.

FAJAK, R. C. et al. Susceptibility of teak defoliator (*Hyblaea puera* Cramer) and teak skeletonizer (*Eutectona machaeralis* Walker) to *Beauveria bassiana* (Bals.) *Vuill. Indian Jour. Exp. Biol.* 31(1): 80-2, 1993.

GUPTA, B. K. & BORSE, S. S. Relative toxicity of some insecticides as contact poison against third instar larvae of *Hyblaea puera* (Lepidoptera, Hyblaeidae). *Indian For.* 123(5): 427-9, 1997.

KATAGALL, R. D. Incidence of defoliator in the teak plantation. *Insect Environment*. 2(1): 20, 1996.

LOGANATHAN, J. & DAVID, P. M. M. Laboratory and field evaluation of *Bacillus thuringiensis* Berliner products against the teak defoliator *Hyblaea puera* Cramer. *African Journal Online Insect Science and its Application* 20(1): 61-6, 2000.

MOHANADAS, K. A new host record for the teak defoliator, *Hyblaea puera* (Lepidoptera, Hyblaeidae). *Curr. Sci.* (Bangalore) 55(23): 1.207-8, 1986.

MOHANADAS, K. New records of some natural enemies of the teak defoliator, *Hyblaea puera* Cramer (Lepidoptera: Hyblaeidae) from Kerala, India. *Entomon*. 21(3-4): 251-3, 1996.

MOURA, R. G. *Coleobrocas (Insecta: Coleoptera) associadas à madeira de Tectona grandis L.f. f. (Lamiaceae)*. Piracicaba, 2007. 57p. Dissertação (mestrado em Recursos Florestais) – Escola Superior de Agricultura "Luiz de Queiroz", Universidade de São Paulo.

MUKTAR, A et al. Biology of *Hestiasula brunneriana* Saussure (Dictyoptera: Mantidae). *Indian Forester*. 111(5): 333-8, 1985.

NAIR, K. S. S. et al. Field efficacy of nuclear polyhedrosis virus for protection of teak against the defoliator, *Hyblaea puera* Cramer (Lepidoptera: Hyblaeidae). *Jour. Biol. Control.* 10(1-2): 79-85, 1996.

NAIR, K. S. S. KFRI's tryst with the teak defoliator. *Kerala Forest Res. Inst. Evergreen Trichur*. 40: 1-7, 1998.

NAIR, K. S. S. *Pest outbreaks in tropical forest plantations:* is there a greater risk for exotic tree species? Cifor, Bogor, Indonesia, 2001. 74p.

PATIL, A. K. Efficacy of insecticides against the teak defoliator *Hyblaea puera* Cramer (Lepidoptera, Hyblaeidae). *Indian J. For.* (Dehra Dun) 18(4): 290-2, 1995.

PATIL, S. V. & NAIK, M. I. Cumulative effect of rearing *Trichogramma chilonis* Ishii on teak defoliator, *Hyblaea puera* Cramer and a laboratory host *Corcyra cephalonica* Stainton. *Indian Journal of Forestry* (Dehra Dun) 19(4): 368-70, 1996.

PATIL, S. V. & NAIK, M. I. Ovipositional trend and larval population pattern of teak defoliator, *Hyblaea puera* Cramer, at different heights of teak (*Tectona grandis* Linn.) trees. *Indian Journal of Forestry* (Dehra Dun) 20(2): 150-2, 1997.

PERES FILHO, O.; DORVAL, A. & BERTI FILHO, E. Ocorrência de *Hyblaea puera* (Cramer, 1777) (Lepidoptera: Hyblaeidae) em teca no Brasil. *Bragantia*, Campinas, 61(1): 59-60, 2002.

PERES FILHO, O.; DORVAL, A. & BERTI FILHO, E. *A entomofauna associada à Teca, Tectona grandis L.f. (Verbenaceae), no Estado de Mato Grosso*. Piracicaba: Ipef, 2006. 58p.

RAJAK, R. C. et al. Susceptibility of teak defoliator and teak skeletonizer (Lepidoptera: Noctuidae) to *Beauveria bassiana*: effects of instar, dosage and temperature. In: INTERNATIONAL COLLOQUIUM ON INVERTEBRATE PATHOLOGY AND MICROBIAL CONTROL, 5, 1990. *Procedings and abstracts...* Adelaide, Australia, 1990, 153p.

SHAMILA, K. et al. Pathogenic fungus of *Hyblaea puera* Cramer (Lepidoptera: Hyblaeidae) a major pest of *Tectona grandis*. *Indian Forester*. 124(8): 671-2, 1998.

SUDHEENDRAKUMAR, V. V. Studies on the natural enemies of the teak pests, *Hyblaea puera* and *Eutectona machaeralis*. *Research Report.*, n. 38. Kerala: Forest Res. Inst., 1986. 23p.

SURACHAI, C. Guidelines for mass rearing of *Eocanthecona furcellata* Woolf as predator of *Hyblaea puera* Cram. in Northern Thailand. *Thailand. Vanasarn.* 44(2): 107-11, 1986.

SUREKA, K. et al. A new species of *Sympiensis* (Hymenoptera: Eulophidae) parasitic on the teak defoliator *Hyblaea puera* (Lepidoptera: Hyblaeidae) in India. *Bull. Entomol. Res.* 86(1): 73-6, 1996.

TAMBARUSSI, E. V. *Desenvolvimento de metodologias biotecnológicas para micropropagação, regeneração e transformação genética de teca (Tectona grandis L. f.) visando resistência a Hyblaea puera*. Piracicaba, 2009. 122p. Dissertação (mestrado em Fisiologia e Bioquímica de Plantas) – Escola Superior de Agricultura "Luiz de Queiroz", Universidade de São Paulo.

TILAKARATNA, D. Parasites of the teak defoliator, *Hyblaea puera*. *Sri-Lanka Forester.* 20(1-2): 23-5, 1991.

52

Pulgão-gigante-do-pínus, *Cinara atlantica* (Wilson)

S. M. N. Lazzari, S. R. C. Penteado,
R. C. Zonta-de-Carvalho, C. M. Lazzarotto, J. T. Cardoso

INTRODUÇÃO

A introdução de espécies florestais no Brasil representa um grande benefício para o desenvolvimento socioeconômico de diversas regiões. Atualmente, o cultivo de *Pinus* spp. (Pinaceae) representa cerca de 2,2 milhões de hectares, sobretudo nas regiões Sul e Sudeste. *Pinus taeda* L. ocupa a maior área cultivada, pois apresenta alta produtividade e boa qualidade da matéria-prima para as indústrias de painéis de fibra de média densidade, de celulose e papel. Entretanto, a introdução de espécies vegetais em áreas geográficas onde não são nativas cria condições ideais para a disseminação e o estabelecimento de pragas potenciais, as quais podem afetar negativamente a produtividade do cultivo (Diekmann et al., 2002). Além disso, nos últimos anos, o crescente fluxo internacional de pessoas e produtos tem favorecido a dispersão de um número cada vez maior de organismos animais e vegetais que podem causar prejuízos incalculáveis à economia de muitos países. Em geral, quando uma espécie de inseto é introduzida em um país, ingressa livre dos agentes de controle natural existentes no local de origem, os quais são responsáveis pela manutenção da sua população em níveis toleráveis. Entretanto, no novo habitat, com condições favoráveis e disponibilidade de alimento, esse inseto pode tornar-se uma praga em culturas de importância econômica. Nessa categoria, destacam-se os pulgões-gigantes-do-pínus, *Cinara atlantica* (Wilson,

1919) e *Cinara pinivora* (Wilson, 1919) (Hemiptera: Aphididae). Essas espécies de afídeos são originárias dos Estados Unidos e do Canadá, onde se encontram amplamente distribuídas, mas sem atingir o *status* de praga (Voegtlin & Bridges, 1988; Blackman & Eastop, 1994). Contudo, *C. atlantica*, ao ser introduzida no Brasil, na década de 1990, logo começou a causar danos extensivos nas áreas de cultivo de pínus.

Todas as espécies de *Cinara* compreendem afídeos grandes, de coloração cinza--acastanhada. Alimentam-se no tronco, nos ramos, brotos, nas acículas ou raízes de seus hospedeiros, as coníferas (Figuras 1A e 1B) (Blackman & Eastop, 1994). Esses afídeos são provavelmente holocíclicos em regiões mais frias; contudo, no Brasil, a reprodução é por partenogênese, mas há registro da ocorrência de ovos em acículas de *Pinus elliottii* Engelmann no município de Curitiba, PR, em 1999 (Zonta-de-Carvalho & Lazzari, dados não publicados).

Posição taxonômica e nomenclatura

Ordem: Hemiptera

Subordem: Sternorrhyncha

Superfamília: Aphidoidea

Figura 1. *C. atlantica*. A) Infestação em *Pinus* sp.
B) Colônia com fêmeas partenogenéticas e ninfas de diversos instares.
Fotos: A) Embrapa Florestas; B) V. Horas.

Família: Aphididae

Subfamília: Lachninae

Tribo: Cinarini

Gênero: *Cinara* Curtis, 1835

Espécie: *Cinara atlantica* (Wilson, 1919)

Sinonímia: *Cinara carolina* Tissot, 1932

O gênero *Cinara* resulta de uma radiação adaptativa altamente bem-sucedida nas famílias de coníferas Pinaceae e Cupressaceae. Esses afídeos compreendem cerca de duzentas espécies descritas, das quais 150 são nativas da América do Norte, trinta da Europa e do Mediterrâneo e vinte do Extremo Oriente (Blackman & Eastop, 1994). A revisão taxonômica das espécies que ocorrem na Grã-Bretanha é apresentada por Eastop (1972). Pepper e Tissot (1973) relatam a ocorrência de espécies associadas a *Pinus* no leste dos Estados Unidos, e Voegtlin e Brigdes (1988) catalogaram as espécies norte-americanas.

No Brasil, além de *C. atlantica* e *C. pinivora*, outras duas espécies foram registradas em *Pinus*: *Cinara maritimae* (Dufour, 1833) e *Cinara piniformosana* (Takahashi, 1923) (Costa, Eastop & Costa, 1972; Eastop, 1976; Smith & Cermeli, 1979; Costa, Eastop & Blackman, 1993). Embora as espécies de *Cinara* em *Pinus* sejam muito similares em termos morfológicos, aquelas registradas até o momento no Brasil podem ser diferenciadas de acordo com a chave a seguir, modificada de Costa, Eastop e Blackman (1993) para incluir *C. atlantica* e *C. pinivora*. Espécimes de *C. atlantica* montados em bálsamo-do-canadá estão depositados na Coleção de Entomologia Pe. Jesus Santiago Moure, no Departamento de Zoologia da Universidade Federal do Paraná (DZUP).

Identificação

Chave modificada de Costa, Eastop e Blackman (1993) para fêmeas ápteras vivíparas das espécies de *Cinara* Curtis em *Pinus* spp. registradas no Brasil:

1) Olhos pedunculados; a maioria dos pelos dorso-abdominais saindo de escleritos pigmentados com diâmetro de quatro ou mais vezes o comprimento da base dos pelos; sensório primário com um aro quitinizado evidente; processo terminal normalmente com quatro ou cinco pelos subapicais; terceiro segmento antenal 3,4 a 6 vezes mais longo do que o comprimento do pelo mais longo do segmento e em geral apresentando um sensório próximo do ápice; tíbias posteriores 15 a 23 vezes mais longas do que o comprimento do pelo mais longo da tíbia posterior; quinto segmento antenal 1 a 1,5 vezes o comprimento do sexto segmento antenal; segundo segmento dos tarsos posteriores 1,7 a 2,2 vezes o comprimento do primeiro segmento tarsal, que é 3,8 a 5 vezes o próprio diâmetro basal. Em *Pinus*. (Subgênero *Cinarellla*).. 2

Olhos sésseis; os pelos dorso-abdominais não saem de escleritos pigmentados; se existem pequenas áreas pigmentadas na base de alguns pelos, o diâmetro é menos de três vezes o comprimento da base dos pelos; sensório primário sem um aro quitinizado; processo terminal normalmente com apenas três pelos subapicais; terceiro segmento antenal 1,6 a 2,5 vezes mais longo do que o comprimento do pelo mais longo do segmento e em geral sem sensório; tíbias posteriores 5,9 a 11 vezes mais longas do que o comprimento do pelo mais longo da tíbia posterior; quinto segmento antenal 0,7 a 1,1 (em geral 0,8 a 1) vezes o comprimento do sexto segmento antenal; segundo segmento dos tarsos posteriores 2,6 a 3,3 vezes o comprimento do primeiro segmento tarsal, que é somente 2 a 2,7 vezes o próprio diâmetro basal. Em Cupressaceae. (Subgênero *Cupressobium*)................................ ....Ver item 4 em Costa, Eastop e Blackman (1993)

2) Quarto segmento rostral com 250 a 290 µm de comprimento (Figura 2A), 1,3 a 1,7 vezes o comprimento do primeiro segmento dos tarsos posteriores e 1,6 a 2,2 vezes o comprimento do pelo mais longo do oitavo tergito abdominal; segundo segmento dos tarsos posteriores 1,1 a 1,6 vezes o comprimento do quarto segmento rostral; processo terminal na maior parte das vezes com quatro (60%) ou cinco (35%) pelos subapicais.....***C. maritimae* (Dufour)**

Quarto segmento rostral com 150 a 210 µm de comprimento (Figura 2B), combinação de caracteres diferente dos citados acima 3

3) Quarto segmento rostral 0,8 a 1,2 vezes o comprimento do primeiro segmento dos tarsos posteriores e 0,7 a 1,7 vezes o comprimento do pelo mais longo do oitavo tergito abdominal; segundo segmento dos tarsos posteriores 1,7 a 2,4 vezes o comprimento do quarto segmento rostral; processo terminal geralmente com apenas quatro e muito raramente (3 a 4%) cinco pelos subapicais ....***C. piniformosana* (Takahashi)**

Quarto segmento rostral 1,3 a 2 vezes o comprimento do primeiro segmento dos tarsos posteriores e 1 a 1,8 vezes o comprimento do pelo mais longo do oitavo tergito abdominal; segundo segmento dos tarsos posteriores 1,2 a 1,6 vezes o comprimento do quarto segmento rostral; processo terminal em geral com quatro a cinco pelos subapicais; sifúnculos achatados ou elevados, com os lados íngremes 4

4) Sifúnculos elevados, com os lados íngremes e com a margem das bases regular (Figura 2C); três a cinco tergitos abdominais, cada um com grandes escleritos (ou áreas escuras difusas), incluindo a bases de vários pelos (Figura 2E); quarto segmento rostral 1,3 a 1,6 vezes o comprimento do primeiro segmento dos tarsos posteriores; pelo mais longo do lado dorsal das tíbias posteriores, de 120 a 160 µm; pernas posteriores com a coxa tão escura quanto a metade distal do fêmur e o trocanter tão pálido quanto a metade proximal .... ***C. pinivora* (Wilson)**

Sifúnculos achatados e com a margem das bases irregulares (Figura 2D); três a cinco tergitos abdominais, cada um com pequenos escleritos escuros na base de cada pelo (raramente incluindo a base de dois ou mais pelos) (Figura 2F); quarto segmento rostral 1,5 a 2 vezes o comprimento do primeiro segmento dos tarsos posteriores; pelo mais longo do lado dorsal das tíbias posteriores, de 80 a 110 µm; pernas posteriores com a coxa e o trocanter tão escuros quanto os dois terços distais do fêmur. ***C. atlantica*** **(Wilson)**

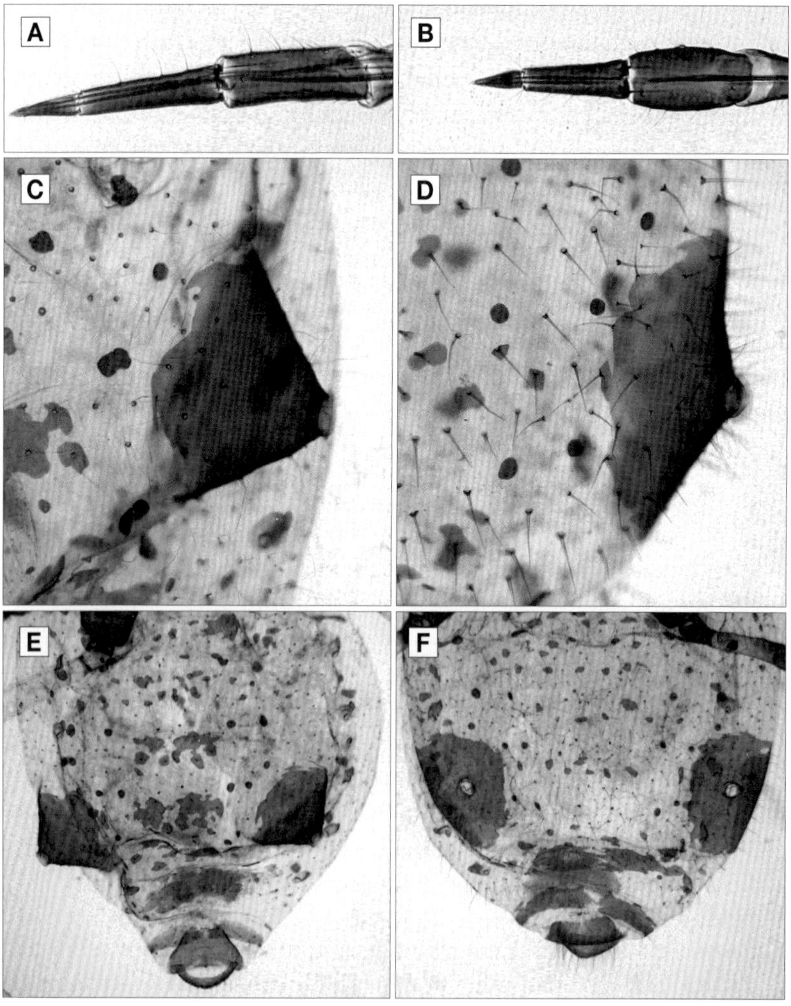

Figura 2. *Cinara* spp. A) *C. maritimae*, segmentos rostrais III, IV e V; *C. atlantica*. B) Segmentos rostrais III, IV e V. D) Sifúnculo. F) Abdome – vista dorsal; *C. pinivora*. C) Sifúnculo. E) Abdome – vista dorsal.
Fotos: R. C. Z.-de-Carvalho.

HISTÓRICO DA INTRODUÇÃO DA PRAGA NO BRASIL

O primeiro registro de *C. atlantica* no Brasil foi feito em 1998, em plantios de *P. taeda* e *P. elliottii*, no município de Lages, SC, associada à espécie *C. pinivora* (Lazzari & Zonta-de-Carvalho, 2000). Esta última espécie havia sido registrada anteriormente em 1996, nos municípios de Cambará do Sul, RS, e Lages, SC, sem causar danos significativos (Iede et al., 1998). A rápida dispersão dessas duas espécies de afídeos causou impacto em todo o setor florestal, que se mobilizou para estudar e definir medidas de controle que reduzissem os seus danos nos viveiros e em plantios comerciais de pínus. Logo após sua introdução, *C. atlantica* tornou-se amplamente distribuída e mais agressiva do que *C. pinivora*, ocorrendo inclusive em áreas de clima mais quente e mesmo durante o verão, o que não acontecia com *C. pinivora* (Lazzari & Zonta-de-Carvalho, 2000).

DISTRIBUIÇÃO GEOGRÁFICA E PLANTAS HOSPEDEIRAS

Na região de origem, *C. atlantica* distribui-se pelo Leste, Sul e Sudeste dos Estados Unidos e do Canadá (Ontário); foi introduzida na Jamaica, Cuba (Pepper & Tissot, 1973; Blackman & Eastop, 1994), Uruguai e Argentina (Penteado, Iede & Reis Filho, 2004; Queiroz, 2005; Oliveira, 2006). Há registros também nas ilhas do Caribe e Havaí (Foottit et al., 2012). No Brasil, sua presença foi constatada em áreas produtoras de *Pinus* em diversos municípios do Rio Grande do Sul, Santa Catarina, Paraná, São Paulo e Minas Gerais (Penteado et al., 2000; Oliveira, 2003; Penteado, Iede & Reis Filho, 2004; Ottati, 2004; Queiroz, 2005).

Os hospedeiros de *C. atlantica*, em sua região de origem, são: *Pinus canariensis*, *P. clausa*, *P. caribaea*, *P. cubensis*, *P. douglasiana*, *P. durangensis*, *P. echinata*, *P. elliottii*, *P. glaba*, *P. gregii*, *P. lumholtzii*, *P. muricata*, *P. occidentalis*, *P. oocarpae*, *P. palustris*, *P. patula*, *P. pungens*, *P. radiata*, *P. resinosa*, *P. rigida*, *P. roxburghii*, *P. serotina*, *P. strobus*, *P. sylvestris*, *P. taeda*, *P. virginiana* (Voegtlin & Bridges, 1988; Blackman & Eastop, 1994). No Brasil, ocorre nas espécies *P. caribaea*, *P. elliottii*, *P. pinaster*, *P. radiata* e *P. taeda* (Iede, 2003); os hospedeiros mais comuns são *P. taeda* e *P. elliotti*, as espécies florestais mais amplamente plantadas no Sul e no Sudeste do país.

BIOLOGIA E ECOLOGIA

C. atlantica apresenta quatro instares ninfais (Zaleski, 2003; Ottati, 2004; Penteado et al., 2002; Camargo, 2007; Penteado, 2007). A longevidade das fêmeas partenogenéticas adultas varia de 9,3 a 36,4 dias (Penteado et al., 2002; Ottati, 2004; Camargo, 2007; Penteado, 2007). O ciclo biológico do inseto tem duração de 17,7 a 45,6 dias (Zaleski, 2003; Camargo, 2007; Penteado, 2007) e cada fêmea pode produzir de 6,9 a 46,7 ninfas durante sua vida (Zaleski, 2003; Ottati, 2004;

Camargo et al., 2005; Camargo, 2007; Penteado, 2007). As variações relatadas por diferentes autores em relação à biologia do inseto estão relacionada às condições de temperatura, umidade e fotoperíodo a que ele está submetido, como também à qualidade nutricional da sua fonte de alimento. Teores maiores de nitrogênio favorecem o seu desenvolvimento, resultando em fêmeas maiores e com maior produção de ninfas, como obtido por Camargo et al. (2005), que verificaram uma produção de ninfas por fêmea de 46,7, 12,3, 4,9 e 7,1, em mudas de *P. taeda*, com teores de nitrogênio de 43,8, 29,8, 24,9 e 22,4 g/kg, respectivamente.

Uma contribuição para o maior conhecimento sobre os parâmetros de crescimento populacional de *C. atlantica* é de Penteado (2007), que elaborou tabelas de vida de fertilidade para esse afídeo e comparou-as com os resultados obtidos por Oliveira (2006) para o parasitoide de *C. atlantica*, *Xenostigmus bifasciatus* (Ashmead, 1891) (Hymenoptera: Braconidae).

Pesquisas usando a técnica do monitoramento eletrônico Electrical Penetration Graph (EPG) têm auxiliado no conhecimento do comportamento alimentar de alguns grupos de insetos sugadores, entre eles, os afídeos (Dreyer & Campbell, 1984; Van Helden & Tjallingii, 1993). Essa técnica fornece informações sobre a trajetória dos estiletes durante a penetração nos tecidos das plantas. No Brasil, o primeiro estudo de uma praga florestal usando EPG foi realizado por Penteado (2007), para caracterizar o comportamento alimentar de *C. atlantica* em *P. taeda*. Os estudos mostraram que *C. atlantica* pode permanecer até cinco horas sobre a planta, sem inserir os estiletes, e que esse comportamento está associado ao fato de o inseto se alimentar de brotos e ramos mais lenhosos, diferente de afídeos de folhas (nestes, a inserção dos estiletes pode ocorrer rapidamente após o contato do inseto com a planta). O autor verificou que *C. atlantica* é um afídeo que se alimenta exclusivamente do floema, onde pode permanecer com os estiletes inseridos por mais de 12 horas, em testes com duração de 24 horas. Não foi registrada a fase xilemática, comum em outras espécies de afídeos. Os resultados obtidos para *C. atlantica* são importantes para o melhor entendimento da relação inseto–planta e estudos do comportamento alimentar em hospedeiros resistentes, com a finalidade de determinar os fatores de resistência (Dreyer & Campbell, 1984; Van Helden & Tjallingii, 1993), avaliar alterações do comportamento relacionadas a determinados componentes da planta (Mayoral, Tjallinggi & Castañera, 1996) e também correlacionar o comportamento dos insetos com os mecanismos de transmissão de viroses (Powell, 1993; Prado & Tjallingii, 1994).

Segundo Kidd e Tozer (1984), certas partes da copa das árvores tendem a ser mais infestadas, em particular aquelas em que os brotos possuem pequeno diâmetro e o floema está relativamente mais próximo da superfície. Elliott e Hodgson (1996) apontam que a dificuldade encontrada pelas ninfas jovens em atingir o floema, em galhos mais velhos ou no tronco, onde ele localiza-se mais profundamente e há maior quantidade de tecidos fibrosos, faz que prefiram as partes mais acessíveis da planta.

O pulgão-gigante-do-pínus prefere brotações novas do pínus. Assim, esse inseto comumente é encontrado em colônias, no terço superior das plantas (Penteado, Iede & Reis Filho, 2004; Queiroz, 2005; Oliveira, 2006; Ribeiro, 2007; Penteado, 2007). Em plantios jovens (com menos de um ano) e em dias com temperaturas muito altas, esse inseto costuma abrigar-se na região do colo e raiz da planta (Penteado, Iede & Reis Filho, 2004). Dixon (1998) comenta que a exploração da seiva do floema em brotos, galhos e troncos de árvores requer adaptações especiais, como o comprimento dos estiletes, que devem ser longos para atingir os canais de seiva localizados mais profundamente. Desse modo, mesmo mostrando maior preferência pelos ramos mais jovens e acessíveis, no estrato superior, *C. atlantica* exibe estiletes longos o suficiente para se alimentar também nos estratos inferiores, com vasos floemáticos mais profundos, conforme registrado por Iede (2003). Pelo comportamento apresentado por *C. atlantica* em pínus, Penteado (2007) e Ribeiro (2007) recomendam realizar as avaliações populacionais da praga no terço superior das plantas, visando maior eficácia e agilidade nas atividades de monitoramento.

As colônias de *C. atlantica* podem ser encontradas em campo o ano todo, porém, os picos populacionais ocorrem na primavera; são de menor intensidade no verão e no outono (Iede, 2003; Penteado, 2007). Na Carolina do Sul, EUA (região de origem da espécie), *C. atlantica* ocorre em setembro (outono) e em março (primavera) (Patti & Fox, 1981); em agosto (verão), são registradas populações mais baixas. Voegtlin (2003) observou na Flórida, Carolina do Sul e Virgínia, EUA, altas populações de *C. atlantica* ocorrendo na primavera. Já Eskiviski et al. (2003) observaram, em Misiones e Corrientes, Argentina, que *C. atlantica* apresenta a maior população na segunda quinzena de setembro (primavera), com 100% das plantas infestadas com esses afídeos.

É possível relacionar os picos de ocorrência da espécie na primavera e picos menores no outono com a concentração de nitrogênio na seiva do floema. Segundo Dixon (1970), os teores de nitrogênio são altos durante o crescimento ativo da planta, na primavera e na sua senescência, durante o outono.

As espécies de *Cinara* estão com frequência associadas a formigas e há grandes evidências de que muitas delas não conseguem sobreviver sem essa associação (Ohio State University, 2005). Em geral, a intensidade desse mutualismo é correlacionada com a quantidade e qualidade do *honeydew* e com a demanda de alimento pelas formigas (Bonser et al., 1998; Völkl et al., 1999). As espécies de *Cinara* que ocorrem em coníferas excretam *honeydew*, que contém entre 30 e 70% do trissacarídeo melezitose, sendo caracterizadas como espécies tipicamente associadas a formigas (Fischer & Shingleton, 2001). As formigas *Solenopsis invicta* e *Camponotus rufipes* (Hymenoptera: Formicidae), associadas a colônias de *C. atlantica* no Brasil (Iede, 2003; Queiroz, 2005; Penteado, 2007), apresentam mutualismo do tipo facultativo (Penteado, 2007). A associação facultativa é mais vantajosa para os afídeos do que a obrigatória, pois, apesar dos benefícios potenciais aparentes, há também custos consideráveis para alguns afídeos (Bristow, 1991). Uma desvantagem clara para os afídeos, na associação obrigatória, é a restrição do habitat, pois a distribuição de uma espécie particular de formiga é usualmente mais restrita do que a distribuição de uma planta. Acrescida à lentidão com que os hemípteros inserem e retiram seus estiletes das plantas durante sua alimentação, pode ser um dos fatores determinantes na evolução da mirmecofilia em diferentes espécies (Delabie, 2001).

IMPACTO ECONÔMICO E PREJUÍZO

As principais injúrias causadas por grandes infestações de *C. atlantica* em pínus são: clorose e queda prematura de acículas, subdesenvolvimento e malformação de árvores, entortamento do fuste (Figura 3A), além de extensa formação de fumagina sobre o *honeydew* produzido por esses afídeos. O envassouramento ou multifurcação provocado pelo ataque nas gemas apicais (Figura 3B), além de ser prejudicial ao desenvolvimento da planta, provoca a perda de dominância apical, afetando o uso da madeira para fins mais nobres (Penteado et al., 2000; Iede, 2003; Penteado, Iede & Reis Filho, 2004; Penteado, 2007). Fox e Griffith (1977) observaram que o crescimento em altura e diâmetro de mudas de *P. taeda*, com um e dois anos de idade, sofrem significativa redução quando elas são atacadas por espécies de *Cinara*.

O pulgão-gigante-do-pínus pode ocasionar perdas significativas até seis meses após o plantio, porém, um ano após o plantio, essas perdas são praticamente nulas (Castro-Faria, 2004; Penteado, 2007). Foi constatado que áreas plantadas em época imediatamente anterior aos meses de colonização de *Cinara* spp., em abril e

Figura 3. Sintomas do ataque intenso de *C. atlantica* em *Pinus* sp. A) Entortamento do fuste. B) Envassouramento, com perda de dominância apical em mudas. Fotos: Embrapa Florestas.

maio, são mais propensas a sofrer distúrbios e perdas no crescimento, em relação aos plantios um pouco mais velhos e com mais tempo de aclimatação em campo (Iede, 2003). Na Argentina, Eskiviski (2005) observou redução no crescimento de plantas de *P. taeda* somente em áreas com qualidade de sítio inferior.

Embora sejam muitos os danos citados na literatura relacionados ao ataque dos pulgões-gigantes-do-pínus, o que tem sido constatado, em plantios de pínus no Brasil, é que a mortalidade de plantas, quando ocorre, em geral está associada a outros fatores de estresse que as debilitam, porém, na maioria das vezes, elas conseguem se recuperar (Penteado, Iede & Reis Filho, 2004). Iede (2003) acrescenta que os danos causados por *Cinara* são decorrentes do ataque no primeiro ano de plantio, uma vez que, nos anos subsequentes, a população da praga é reduzida de forma abrupta, em função do estabelecimento dos inimigos naturais. O incremento da população de inimigos naturais foi constatado também por Penteado (2007), no segundo ano após o plantio, quando as plantas atingem altura média de 2,5 m, havendo tendência do afídeo a ter menor preferência por plantas desse porte.

CONTROLE

C. atlantica, como qualquer outra praga, está sujeita à ação de diferentes fatores bióticos e abióticos, que podem reduzir, em algum momento, sua população. A precipitação pluviométrica tem sido citada como um fator que influencia de forma marcante a dinâmica populacional de algumas espécies de afídeos, reduzindo bruscamente a sua população (Bonnemaison, 1971). Porém, Iede (2003) constatou que não houve mudanças abruptas na população de *C. atlantica* quando a precipitação foi mais elevada, acrescentando que, devido ao hábito desse inseto de se alimentar nos ramos e no caule do pínus, eles ficam mais protegidos do que aquelas espécies que se alimentam em acículas, tendo esse fator pouco efeito no controle da praga.

Controle silvicultural

Dentro de um programa de manejo integrado do pulgão-gigante-do-pínus (Embrapa/Funcema/UFPR), foram realizados estudos com diferentes progênies de *Pinus*. Penteado (2007) comparou o desenvolvimento de *C. atlantica* em mudas de viveiros comerciais e em mudas oriundas de um programa de melhoramento genético de uma empresa florestal. Verificou que os insetos mantidos nas mudas das progênies apresentavam menor viabilidade ninfal, espécimes menores, menor produção de ninfas e os piores parâmetros das tabelas de vida de fertilidade. Assim, as progênies foram menos favoráveis ao desenvolvimento de *C. atlantica*, e o uso delas pode representar uma importante ferramenta dentro do programa de manejo integrado dessa praga.

Uma prática muito utilizada pelas empresas florestais é a retirada de toda a vegetação associada aos plantios de pínus, situação que torna o ambiente favorável ao aumento populacional de *C. atlantica* (Oliveira, 2003). Entretanto, foi constatado que a manutenção da vegetação nas entrelinhas não prejudica o desenvolvimento do pínus, favorece a população de inimigos naturais e, ainda, reduz os custos financeiros e ambientais, pela redução da quantidade de herbicida utilizada. Em contrapartida, as populações de predadores e parasitoides se beneficiam do ambiente onde há vegetação rasteira associada ao pínus, pois esta condição fornece abrigo, alimento e ambiente adequado para a reprodução desses inimigos naturais (Iede, 2003; Oliveira, 2003; Penteado, 2007), contribuindo para o controle da praga.

Controle químico

O imidacloprid é uma das moléculas disponíveis no mercado para o controle de afídeos. O seu uso no controle de *C. atlantica* foi testado por diferentes autores. Harmuch, Castro Faria e Sousa (2002) e Kubo et al. (2002) testaram seu uso na forma de aplicação tópica da calda inseticida na base de mudas de *P. taeda* em tubetes, confirmando sua eficiência. Ramires (2003) testou combinações de imidacloprid com thiametoxam; concluiu que todas foram eficientes, entretanto, com indicativos de que imidacloprid apresenta período residual mais longo em relação ao thiametoxam. Porém, em conformidade com as estratégias de manejo de resistência, a utilização de imidacloprid como único ingrediente ativo para o controle do pulgão-gigante-do-pínus se tornaria um risco real para a ocorrência a médio e longo prazo do desenvolvimento de resistência para essa praga (Faria & Souza, 2005).

Aplicações de imidacloprid via rega e associado ao gel condicionador de solo, em viveiro, foram testadas por Faria e Souza (2007). Os autores observaram efeito residual de até oitenta dias após o plantio, porém, esse efeito não impediu a infestação inicial das mudas pelo afídeo, mas conseguiu evitar a expansão populacional das colônias. Queiroz (2005) observou que o inseticida imidacloprid, quando aplicado a cada trinta dias, protege as plantas da infestação de *C. atlantica*.

Embora os estudos mencionados tenham demonstrado que essa molécula poderia ser usada como uma ferramenta no manejo integrado desse afídeo, não se encontra, até o momento, registrada para uso no controle de *C. atlantica* em plantios de pínus e não pode, portanto, ser recomendada.

Controle biológico

Parasitoides

Os parasitoides têm grande potencial para o controle biológico de afídeos (Mills, 1990). Como durante os primeiros anos da introdução de *Cinara* no Brasil não haviam sido constatados parasitoides associados às colônias, a Embrapa Florestas, em colaboração com outras instituições nacionais e estrangeiras, realizou, entre os anos de 2001 e 2004, a implantação de um programa de controle biológico dos pulgões-gigantes-do-pínus (Penteado, Iede & Reis Filho, 2004). O parasitoide *X.*

bifasciatus (Figura 4A) foi introduzido do Sudeste dos Estados Unidos (Reis Filho et al., 2004) e sua criação massal e liberação em campo foram realizadas pela Embrapa Florestas entre os anos de 2002 e 2004, nos estados de Santa Catarina, Paraná e São Paulo. A dispersão ocorreu rapidamente e seu estabelecimento foi confirmado em todas as áreas onde havia sido liberado, inclusive em alguns locais a 80 quilômetros do local de liberação (Reis-Filho et al., 2004). Em algumas colônias de pulgões, a porcentagem de parasitismo foi próxima de 100% (Figura 4B). Esse parasitoide apresenta sincronismo com seu hospedeiro, ocorrendo picos de afídeos parasitados logo após os picos populacionais do afídeo (Ribeiro, 2007).

Pelo fato de os afídeos serem estrategistas **r**, aumentam suas populações com rapidez, com superposição de gerações (Rodrigues, Bueno & Sampaio, 2003). No entanto, a infestação inicial acontece em pequeno número e em focos isolados. Assim, a presença do parasitoide no início da infestação de *C. atlantica* e o aumento rápido de sua população podem prevenir surtos populacionais da praga e exercer o controle dela, confirmando o sucesso da introdução de *X. bifasciatus* como agente de controle biológico de *C. atlantica* (Penteado, 2007). Reis-Filho et al. (2004) concluíram que *X. bifasciatus* tornou-se o principal agente de controle biológico do pulgão-gigante-do-pínus, ocorrendo também durante o inverno, quando a população dos predadores fica drasticamente reduzida.

Predadores

Os afídeos das coníferas podem ser atacados por um grupo de predadores que inclui espécies das famílias Chrysopidae e Hemerobiidae (Neuroptera), Syrphidae (Diptera), Coccinellidae (Coleoptera) e Nabidae (Heteroptera) (Mills, 1990).

Em plantios de pínus infestados por *C. atlantica* no Brasil, foram registrados os seguintes predadores: Coccinellidae (Coleoptera) – *Cycloneda sanguinea* (Linnaeus, 1763), *Coleomegilla quadrifasciata* (Schoenherr, 1808), *Eriopis con-*

Figura 4. *X. bifasciatus*. A) Fêmea. B) Múmias de *C. atlantica* (espécimes parasitados) em acícula de pínus. Fotos: Embrapa Florestas.

nexa (Germar, 1824), *Harmonia axyridis* (Pallas, 1773), *Hippodamia convergens* (Guérin-Meneville, 1842), *Olla v-nigrun* (Mulsant, 1866), *Scymnus* (*Pullus*) sp.; Syrphidae (Diptera); Chrysopidae (Neuroptera) — *Chrysoperla externa* (Hagen, 1861) (Iede, 2003; Oliveira, 2003; Cardoso & Lazzari, 2003a, 2003b; Cardoso et al., 2003; Eskiviski, 2005; Queiroz, 2005; Penteado, 2007). Os coccinelídeos são os predadores mais importantes, representando mais de 60% da população desses inimigos naturais, sendo *C. sanguinea* a espécie mais frequente na Região Sul do país.

Ovos, larvas e adultos de crisopídeos foram registrados associados a colônias de *C. atlantica* no campo (Cardoso et al., 2003; Eskiviski, 2005; Penteado, 2007). Cardoso e Lazzari (2003a) constataram que larvas e adultos de coccinelídeos e crisopídeos mostraram-se bastante vorazes em testes de laboratório, mas, durante os surtos iniciais de *C. atlantica* no campo, aparentemente não conseguiram suprimir a população da praga.

Fungos entomopatogênicos

O fungo entomopatogênico *Lecanicillium* sp. (Moniliaceae) foi registrado infectando colônias de *C. pinivora* e *C. atlantica* (Penteado et al., 2001; Oliveira, Loureiro & Wilcken, 2002). Posteriormente, esse agente de controle natural foi detectado infectando esses afídeos em diversas áreas de plantio de pínus (Iede, 2003; Queiroz, 2005; Penteado, 2007).

CONSIDERAÇÕES FINAIS

O pulgão-gigante-do-pínus, *C. atlantica*, quando introduzido no Brasil no final da década de 1990, causou grande preocupação ao setor florestal, em razão de sua rápida dispersão e dos danos nas áreas de cultivo comercial de pínus. Contudo, a pronta mobilização dos órgãos de pesquisa e da iniciativa privada, no sentido de estudar a biologia e a ecologia da espécie, as interações com agentes de controle biológico, a avaliação de medidas químicas de controle e, finalmente, o estabelecimento do controle biológico clássico, com a introdução do parasitoide *X. bifasciatus*, resultaram em um programa de controle bem-sucedido. *C. atlantica* ainda ocorre em diversas áreas de plantio de pínus, mas sua população está sob controle. Em geral, são observadas colônias pequenas e com muitas múmias (afídeos parasitados), sem danos visíveis nas plantas de viveiros e nos plantios estabelecidos.

REFERÊNCIAS BIBLIOGRÁFICAS

BLACKMAN, R. L. & EASTOP, V. F. *Aphids on the world's trees – An identification and information guide*. Wallingford: CAB International, 1994. 987p.

BONNEMAISON, L. Observations sur les fluctuations des populations aphidienes du chou de la betterave el la pomme de terre. *An. Soc. Entomol. France* 7: 505-51, 1971.

BONSER, R. et al. Optimal patch use by foraging workers of *Lasius fuliginosus*, *L. niger* and *Myrmica ruginodis*. *Ecol. Entomol.* 23: 15-21, 1998.

BRISTOW, C. M. Why are so few aphids ant-tended? In: HUXLEY, C. R. & CUTLER, D. F. (eds.). *Ant-plant interactions*. Oxford, United Kingdom: Oxford University Press, 1991.

CAMARGO, J. M. M. et al. Comportamento reprodutivo e preferência alimentar de *Cinara atlantica* (Wilson, 1919) (Hemiptera, Aphididae) em progênies de *Pinus taeda* L. (Pinaceae). In: IV ENCONTRO BRASILEIRO DE ECOLOGIA QUÍMICA. Piracicaba, 2005.

CAMARGO, J. M. M. *Efeito da aplicação de nitrogênio e silício em plantas de Pinus taeda L. (Pinaceae) na performance do pulgão-gigante-do-pínus, Cinara atlantica (Wilson, 1919) (Hemiptera: Aphididae)*. Curitiba, 2007. 116p. Dissertação (mestrado) – Universidade Federal do Paraná.

CARDOSO, J. T. & LAZZARI, S. M. N. Development and consumption capacity of *Chrysoperla externa* (Hagen, 1861) (Neuroptera, Chrysopidae) fed with *Cinara* spp. (Hemiptera, Aphididae) under three temperatures. *Rev. Bras. Zool.* 20: 573-6, 2003a.

CARDOSO, J. T. & LAZZARI, S. M. N. Consumption of *Cinara* spp. (Hemiptera, Aphididae) by *Cycloneda sanguinea* (Linnaeus, 1763) and *Hippodamia convergens* Guérin-Méneville, 1842 (Coleoptera, Coccinellidae). *Rev. Bras. Entomol.* 47: 559-62, 2003b.

CARDOSO, J. T. et al. Ocorrência e flutuação de Chrysopidae (Neuroptera) em áreas de plantios de *Pinus taeda* (L.) (Pinaceae) no sul do Paraná. *Rev. Bras. Entomol.* 47: 473-5, 2003.

CASTRO-FARIA, A. B. *Monitoramento de pulgão-do-pínus e seu controle com aplicação de imidacloprid*. Curitiba, 2004. 60p. Dissertação (mestrado) – Universidade Federal do Paraná.

COSTA, C. L.; EASTOP, V. F. & COSTA, A. S. A list of the aphid species (Homoptera: Aphidoidea) collected in São Paulo, Brazil. *Rev. Peru. Entomol.* 15: 131-4, 1972.

COSTA, C. L.; EASTOP, V. F. & BLACKMAN, R. L. Brazilian Aphidoidea: II. Accounts of the Lachninae, Chaitophorinae, Greenideinae, Anoeciinae, and Hormaphidinae. *Pesq. Agropec. Bras.* 28: 269-80, 1993.

DELABIE, J. H. C. Trophobiosis between Formicidae and Hemiptera (Sternorrhyncha and Auchenorrhyncha): an overview. *Neotrop. Entomol.* 30: 501-16, 2001.

DIEKMANN, M. et al. *FAO / IPGRI Technical guidelines for the safe movement of germplasm*, n. 21. *Pinus* spp. Rome: FAO/IPGRI, 2002. Disponível em: <www.ipgri.cgiar.org/publications/pubfile+.asp?ID_PUB=828>.

DIXON, A. F. G. Stabilization of aphid populations by an aphid induced plant factor. *Nature* (London), 227: 1.368-9, 1970.

DIXON, A. F. G. *Aphid ecology*. 2. ed. London, UK: Chapman & Hall, 1998. 288p.

DREYER, D. L. & CAMPBELL, B. C. Association of the degree of methylation of intercellular pectin with plant resistance to aphids and with induction of aphid biotypes. *Experientia* 40: 224-6, 1984.

EASTOP, V. F. A taxonomic review of the species of *Cinara Curtis* occurring in Britain (Hemiptera: Aphididae). *Bull. Br. Mus.* (Nat Hist) Entomol 27: 101-86, 1972.

EASTOP, V. F. A review of *Cinara* subgenus *Cinarella* (Hemiptera: Aphididae). *Bull. Br. Mus. (Nat. Hist.) Entomol.* 35: 1-23, 1976.

ELLIOTT, D. I. & HODGSON, C. J. The distribution of the vetch aphid on bean stems in relation to stylet length and phloem depth. *Entomol. Exp. Appl.* 78: 175-80, 1996.

ESKIVISKI, E. et al. Biologia y efectos de *Cinara* spp. (Hemiptera: Aphididae) em plantaciones jovenes de *Pinus* em las províncias de Misiones y Corrientes, Argentina. In: SIMPÓSIO SOBRE *Cinara* EM *Pinus*, Curitiba. *Anais*... Colombo, PR: Embrapa Florestas, 2003. (1 CD-ROM).

ESKIVISKI, E. *Dinámica poblacional del pulgón de los pinos Cinara atlantica (Wilson, 1919) (Hemiptera: Aphididae), su efecto en el crecimiento en la plantaciones de Pinus y alternativas para su control en Misiones y noreste de Corrientes*. 2005. 79p. Maestria en Ciencias Forestales, orientación en Silvicultura y Manejo – Universidad Nacional de Misiones.

FARIA, A. B. C. & SOUSA, N. J. Estratégias no manejo de resistência a inseticidas para o pulgão-do-pínus (*Cinara pinivora* Wilson e *Cinara atlantica* Wilson; Hemiptera: Aphididae). *Floresta* 35: 153-67, 2005.

FARIA, A. B. C. & SOUSA, N. J. Efeito residual em campo do imidacloprid no controle do pulgão-do-pínus (*Cinara* spp.), sob duas modalidades de aplicação no viveiro de mudas. *Sci. Agrar*. 8: 285-90, 2007.

FISCHER, M. K. & SHINGLETON, A. W. Host plant and ants influence the honeydew sugar composition of aphids. *Funct. Ecol*. 15: 544-50, 2001.

FOOTTIT, R. G. et al. The aphids (Hemiptera: Aphididae and Adelgidae) of Hawaii: annotated list and key to species of an adventive fauna. *Pac. Sci*. 66: 1-30, 2012.

FOX, R. C. & GRIFFITH, K. H. Pine seedling growth loss caused by *Cinara* aphids in South Carolina. *J. Ga. Entomol. Soc*. 12: 29-34, 1977.

HARMUCH, D.; CASTRO-FARIA, A. B. & SOUSA, N. J. Controle químico do pulgão-gigante-do--pínus, através da aplicação do inseticida Confidor 700 GRDA. In: EVENTO DE INICIAÇÃO CIENTÍFICA, 10. Curitiba. *Livro de Resumos*... Curitiba: Ed. Universidade Federal do Paraná, 2002.

IEDE, E. T. *Monitoramento das populações de Cinara spp. (Hemiptera, Aphididae, Lachninae), avaliação de dados e proposta de manejo integrado em plantações de Pinus spp. (Pinaceae), no Sul do Brasil*. Curitiba, 2003. 171p. Tese (doutorado) – Universidade Federal do Paraná.

IEDE, E. T. et al. Ocorrência de *Cinara pinivora* (Hemiptera, Aphididae, Lachninae) em reflorestamento de *Pinus* spp. no Sul do Brasil. XXII CONGRESSO BRASILEIRO DE ZOOLOGIA, Recife. *Resumos*... Recife: Universidade Federal de Pernambuco, 1998.

KIDD, N. A. C. & TOZER, D. J. Host plant and crowding effects in the induction of alatae in the large pine aphid, *Cinara pinea*. *Entomol. Exp. Appl*. 35: 37-42, 1984.

KUBO, K. et al. Controle de *Cinara* spp., com Confidor 700 GRDA associado a gel condicionador de solo. In: EVENTO DE INICIAÇÃO CIENTÍFICA, 10. Curitiba. *Livro de Resumos*... Curitiba: Ed. Universidade Federal do Paraná, 2002.

LAZZARI, S. M. N. & ZONTA-DE-CARVALHO, R. C. Aphids (Homoptera: Aphididae: Lachninae: Cinarini) on *Pinus* spp. and *Cupressus* sp. in Southern Brazil. In: INTERNATIONAL CONGRESS OF ENTOMOLOGY, 21. Foz do Iguaçu. *Abstracts*... Londrina: Embrapa Soja, 2000. v. 1.

MAYORAL, A. M.; TJALLINGII, W. F. & CASTAÑERA, P. Probing behaviour of *Diuraphis noxia* on five cereal species with different hydroxamic acid levels. *Entomol. Exp. Appl*. 78: 341-8, 1996.

MILLS, N. J. Biological control of forest aphid pests in Africa. *Bull. Entomol. Res*. 80: 31-6, 1990.

OHIO STATE UNIVERSITY. *Christmas tree. Fact sheet*. 2p. Disponível em: <http://bugs.osu.edu/~bugdoc/Shetlar/factsheet/christmasstree/images/CinaraAphid/Cinara.PDF>. Acesso em: 19 out. 2005.

OLIVEIRA, N. C.; LOUREIRO, E. S. & WILCKEN, C. F. Ocorrência de *Verticillium lecanii* em populações do pulgão-do-pínus *Cinara atlantica* em *Pinus taeda* no Estado de São Paulo. In: CONGRESSO BRASILEIRO DE ENTOMOLOGIA. *Anais*... Manaus, 2002.

OLIVEIRA, N. C. *Efeitos de diferentes sistemas de manejo de plantas invasoras sobre o controle biológico e incidência de Cinara atlantica (Hemiptera: Aphididae) em Pinus taeda e biologia de coccinelídeos (Coleoptera).* São Paulo, 2003. 79p. Dissertação (mestrado) – Universidade Estadual Paulista Júlio de Mesquita Filho.

OLIVEIRA, S. *Fatores biológicos e comportamentais do parasitoide Xenostigmus bifasciatus Ashmead 1891 (Hymenoptera, Braconidae) visando à otimização de criação massal em laboratório e índice de parasitismo em casa de vegetação.* Curitiba, 2006. 78p. Dissertação (mestrado) – Universidade Federal do Paraná.

OTTATI, A. L. T. *Aspectos bioecológicos do pulgão-gigante-do-pínus, Cinara atlantica (Wilson, 1919) (Hemiptera, Aphididae), em Pinus spp. (Pinaceae).* Botucatu, 2004. 133 p. Tese (doutorado) – Faculdade de Ciência Agronômica, Unesp.

PATTI, J. H. & FOX, F. C. Seasonal occurrence of *Cinara* spp. and *Essigella* pini Wilson on loblolly pine, *Pinus taeda* L. *J. Ga. Entomol. Soc.* 16: 96-105, 1981.

PENTEADO, S. R. C. et al. Pulgão do *Pinus*: nova praga florestal. *Série Técnica Ipef* 13: 97-104, 2000.

PENTEADO, S. R. C. et al. Ocorrência de *Verticillium lecanii* em populações de *Cinara pinivora* e *Cinara atlantica* no Brasil. In: VII SIMPÓSIO DE CONTROLE BIOLÓGICO, Poços de Caldas, MG. *Anais*... Universidade Federal de Lavras, 2001.

PENTEADO, S. R. C. et al. Biologia de *Cinara atlantica* (Homoptera: Aphididae: Lachninae), em duas temperaturas, em laboratório. In: CONGRESSO BRASILEIRO DE ENTOMOLOGIA, 19, Manaus. *Livro de Resumos*... Manaus: Sociedade Entomológica do Brasil, 2002.

PENTEADO, S. R. C.; IEDE, E. T. & REIS FILHO, W. *Os pulgões-gigantes-do-pínus, Cinara pinivora e Cinara atlantica, no Brasil.* Embrapa Florestas, 2004. 10p. (Circular Técnica, 87).

PENTEADO, S. R. C. *Cinara atlantica (Wilson) (Hemiptera, Aphididae):* um estudo de biologia e associações. Curitiba, 2007. 250p. Tese (doutorado) – Universidade Federal do Paraná.

PEPPER, J. O. & TISSOT, A. T. Pine-feeding species of *Cinara* in the Eastern United States (Homoptera: Aphididae). *Fla. Agric. Exp. Stn. Monogr. Ser.* (3), 1973. 160p.

POWELL, K. A. The commercial exploitation of microorganism in agriculture. In: JONES, D. G. (ed.). *Exploitation of microorganisms*. London: Chapman and Hall, 1993.

PRADO, E. & TJALLINGII, W. F. Aphid activities during sieve element punctures. *Entomol. Exp. Appl.* 72: 157-65, 1994.

QUEIROZ, E. C. *Avaliação da infestação de Cinara atlantica (Wilson) (Hemiptera: Aphididae) em mudas de Pinus taeda L. (Pinaceae) em função da época de plantio.* Curitiba, 2005. 67p. Dissertação (mestrado) – Universidade Federal do Paraná

RAMIRES, R. Avaliação da eficiência de mesclas de inseticidas no controle do pulgão-gigante--do-pínus (*Cinara* spp.). In: EVENTO DE INICIAÇÃO CIENTÍFICA, 11, Curitiba. *Livro de Resumos*... Curitiba: Ed. Universidade Federal do Paraná, 2003.

REIS-FILHO, W. et al. Introdução, criação massal, liberação e dispersão de *Xenostigmus bifasciatus* (Hymenoptera, Braconidae), parasitoide do pulgão-gigante-do-pínus *Cinara* spp. (Hemiptera, Aphididae). In: XX CONGRESSO BRASILEIRO DE ENTOMOLOGIA. *Anais*... Gramado, RS, 2004. 695p.

RIBEIRO, R. D. *Distribuição espacial e plano de amostragem sequencial para o monitoramento do pulgão-gigante-do-pínus, Cinara atlantica (Wilson, 1919) (Hemiptera: Aphididae: Lachninae) e do seu parasitoide Xenostigmus bifasciatus (Ashmed, 1891) (Hymenoptera: Braconidae: Aphidiidae) em plantios de Pinus taeda L. (Pinaceae)*. Curitiba, 2007. 137p. Dissertação (mestrado) – Universidade Federal do Paraná.

RODRIGUES, S. M. M.; BUENO, V. H. P. & SAMPAIO, M. V. Tabela de vida de *Lysiphlebus testaceipes* (Cresson, 1880) (Hymenoptera, Aphidiidae) em *Schizaphis graminum* (Rondani, 1852) (Hemiptera, Aphididae). *Rev. Bras. Entomol.* 47: 637-42, 2003.

SMITH, C. F. & CERMELI, M. M. An annotated list of Aphididae (Homoptera) of the Caribean Island and South and Central America. *N. C. Agr. Res. Serv. Tech. Bull.* 259: 1-131, 1979.

VAN HELDEN, M. & TJALLINGII, W. F. Tissue localization of lettuce resistance to the aphid *N. ribisnigri* using electrical penetration graphs. *Entomol. Exp. Appl.* 68: 269-78, 1993.

VOEGTLIN, D. J. & BRIDGES, C. A. Catalog of the *Cinara* species of North America (Homoptera: Aphididae). *Illinois Natural History Survey Special Publication* 8, 1988. 55p.

VOEGTLIN, D. J. Searching for parasites of *Cinara* on pines in the South Eastern United States. In: SIMPÓSIO SOBRE *Cinara* spp. EM *Pinus*, 1. Curitiba. *Anais...* Colombo: Embrapa Florestas, 2003. (1 CD-ROM).

VÖLKL, W. et al. Ant-aphid mutualisms: the impact of honeydew production and honeydew sugar composition on ant preferences. *Oecologia* 118: 483-91, 1999.

ZALESKI, S. R. M. *Biologia, danos e determinação dos limites térmicos para o desenvolvimento de Cinara atlantica (Wilson, 1919) (Hemiptera: Aphididae) em Pinus taeda L. (Pinaceae).* Curitiba, 2003. 70p. Dissertação (mestrado) – Universidade Federal do Paraná.

53

Pulgão-lanígero-do-pínus, *Pineus boerneri* Annand

S. M. N. Lazzari, J. T. Cardoso, S. R. C. Penteado, R. C. Zonta-de-Carvalho, C. M. Lazzarotto

INTRODUÇÃO

O pulgão-lanígero-do-pínus, *Pineus boerneri*, representa o primeiro registro de uma espécie de Adelgidae no Brasil (Penteado et al., 2004). Foi primeiro detectado em municípios da Região Sul do país em 2000 e, posteriormente, em toda a Região Sul e parte da Região Sudeste. *P. boerneri* forma densas colônias em ramos e no tronco de *Pinus* spp., as quais são compostas por fêmeas ovíparas ápteras, ovos e ninfas recobertas por filamentos de cera brancos semelhantes a algodão (Figuras 1A-1D). As fêmeas adultas são sésseis, arredondadas (cerca de 0,76 mm de diâmetro), de coloração marrom-avermelhada, com glândulas de cera na cabeça e no tórax. Os machos são desconhecidos (Yassen & Ghani, 1971; Zondag, 1977; Blackman & Eastop, 1994). Lazzari e Cardoso (2011) descrevem aspectos morfológicos de ovos, ninfas e fêmeas ovíparas de *P. boerneri* no Brasil. A ninfa do primeiro instar (forma móvel) possui o rostro e os estiletes longos, antenas e pernas distintas, com 0,60 mm de comprimento por 0,45 mm de largura, em média (Figura 2A). A fêmea ovípara áptera possui rostro longo e estiletes expostos, glândulas de cera na cabeça e no tórax, ovipositor presente, pernas e antenas reduzidas, cauda e sifúnculos ausentes, com 0,76 mm de diâmetro, em média (Figura 2B). O material de referência está depositado na Coleção de Entomologia Pe. Jesus Santiago Moure (DZUP), da Universidade Federal do Paraná.

Figura 1. Colônias de *P. boerneri*. A) Ataque intenso no tronco de *Pinus* sp. B) Colônia no ramo com adultos, ninfas e ovos envoltos em secreção cerosa. C) Fêmea ovípara e ovos. D) Ninfas. Fotos: A, B, C) Embrapa Florestas; D) J. T. Cardoso.

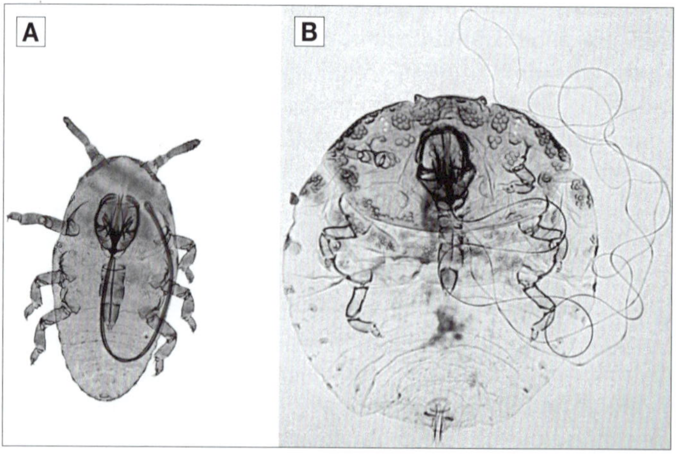

Figura 2. *P. boerneri*. A) Ninfa de primeiro instar (forma móvel), em vista ventral. B) Fêmea ovípara áptera, em vista ventral. Fotos: A) J. T. Cardoso; B) R. C. Z.-de-Carvalho.

Posição taxonômica e nomenclatura

Ordem: Hemiptera

Subordem: Sternorrhyncha

Superfamília: Aphidoidea

Família: Adelgidae

Gênero: *Pineus* Shimer, 1869

Espécie: *Pineus boerneri* Annand, 1928

As fêmeas de Adelgidae apresentam, de maneira geral, redução nas estruturas morfológicas em razão do hábito séssil. Observa-se também pouca variação interespecífica, principalmente entre formas adultas, o que torna difícil a identificação de muitas espécies dessa família (Havill & Foottit, 2007).

O gênero *Pineus* Shimer, 1869, apresenta 29 espécies, caracterizadas sobretudo pela presença de quatro pares de espiráculos abdominais (Eastop, 1966; Blackman & Eastop, 1994; Havill & Foottit, 2007). O *status* taxonômico de algumas espécies desse gênero não está estabelecido e, provavelmente, uma mesma espécie tem sido reconhecida ou descrita em várias partes do mundo com diferentes nomes.

Pineus laevis (Maskell, 1885) infesta três espécies exóticas de *Pinus* na Nova Zelândia (McClure, 1982). Contudo, essa espécie é possivelmente *P. boerneri* (Eastop, 1966; McClure, 1982). *Pineus pini* Gmelin, 1790, e *P. laevis* ocorrem na Austrália em duas espécies de *Pinus* (Eastop, 1966) e são tratadas como o complexo *laevis/pini*, além de *P. boerneri* ser considerado sinônimo de *P. laevis* (Tanton & Alder, 1977). Blackman e Eastop (1994), no entanto, tratam *P. laevis* como sinônimo de *P. pini*, que pode ocorrer simultaneamente com *P. boerneri* na Austrália e Nova Zelândia. Segundo esses autores, essas duas espécies também são confundidas na África, e é provável que as publicações sobre *P. pini* possam referir-se a *P. boerneri* ou a ambas as espécies. No Paquistão, *P. boerneri* pode ter sido descrito com o nome de *Pineus simmondsi* Yaseen & Ghani, 1971, ocorrendo em *Pinus roxburghii* Sargent, e na Argentina como *Pineus havrylenkoi* (Blanchard, 1944), em *Pinus sylvestris* (Blackman & Eastop, 1994). Blanchard (1944) menciona, além das fêmeas ápteras partenogenéticas, a presença de fêmeas sexúparas aladas na Argentina, as quais nunca foram encontradas para *P. boerneri* em outras regiões do mundo. Lazzari e Cardoso (2011) concluíram que *P. havrylenkoi* e *P. boerneri* são espécies distintas, pois a primeira apresenta três segmentos antenais (Blanchard, 1944), enquanto a segunda possui apenas um. É possível que a espécie da Argentina seja *P. pini*, pois, segundo Blackman e Eastop (1994), as fêmeas adultas partenogenéticas dessa espécie apresentam de dois a três segmentos antenais, como *P. havrylenkoi*. Barnes et al. (1976) tratam *P. boerneri* e *P. havrylenkoi* na Rodésia como sendo, possivelmente, *P. pini*.

HISTÓRICO DA INTRODUÇÃO DA PRAGA NO BRASIL

P. boerneri provavelmente tem sua origem no Leste da Ásia, onde seu principal hospedeiro é *Pinus thumbergiana* Franco (McClure, 1990). Foi primeiro detectado na Rodésia e no Quênia em 1968, talvez introduzido através de mudas de *P. taeda* provenientes da Austrália, e na África do Sul em 1978 (Barnes et al., 1976; Mills, 1990). Barnes et al. (1976) consideram que a dispersão inicial da espécie na Rodésia pode ter ocorrido através de trabalhadores de pomares e sementeiras, os quais poderiam carregar os ovos e as ninfas de primeiro instar nas roupas e nas mudas, de uma região a outra. Nos Estados Unidos, foi registrado pela primeira vez a infestar *P. radiata*, na Califórnia (McClure, 1990).

No Brasil, o primeiro registro do pulgão-lanígero-do-pínus ocorreu em 2000, no município de Rio Negrinho, SC, mas é possível que já estivesse presente antes, pois vinha sendo confundido com um fungo entomopatógeno, por causa dos filamentos de cera que produz. No mesmo ano, também foi constatado em Três Barras, SC, Cambará do Sul, RS, Arapoti, Campo do Tenente, Colombo e Curitiba, PR, tendo como hospedeiros *Pinus taeda* L. e *P. elliottii* Engelm (Penteado et al., 2004). A sua ocorrência em São Paulo foi registrada em 2002, e em Minas Gerais em 2004, em espécies de pínus tropicais (Wilcken et al.; 2004, Oliveira et al., 2008).

DISTRIBUIÇÃO GEOGRÁFICA E PLANTAS HOSPEDEIRAS

Os Adelgidae são comuns na Região Holártica, onde a maioria das espécies tem *Picea* spp. como hospedeiro primário e *Pinus* spp. e outros gêneros de coníferas como hospedeiros secundários. Entretanto, *P. boerneri* está associado primariamente a espécies de *Pinus* em todas as regiões em que foi introduzido (Blackman & Eastop, 1994).

P. boerneri encontra-se amplamente distribuído no mundo, sendo registrado na Ásia (Paquistão, Índia, China e Japão), Austrália, América do Norte (Estados Unidos), América do Sul (Chile e Brasil), Nova Zelândia, Europa (Inglaterra), África (África do Sul, Zimbábue, Malawi, Quênia) (McClure, 1984b; Mills, 1990; Blackman & Eastop, 1994).

No Brasil, *P. boerneri* encontra-se distribuído na Região Sul (Paraná, Santa Catarina, Rio Grande do Sul) e em parte da Região Sudeste (São Paulo e Minas Gerais). Levantamentos realizados desde a primeira detecção, em 2000 (Penteado et al., 2004), evidenciaram a presença de *P. boerneri* em dezenove municípios de Santa Catarina, dezenove do Paraná e em 21 de São Paulo (Figuras 3A-3C), em áreas de plantio comercial de *Pinus* e em árvores isoladas (Penteado et al., 2004; Wilcken et al., 2004; Cardoso, 2007; Iede et al., 2007; Oliveira et al., 2008). A espécie também já foi detectada nos municípios de Cambará do Sul, Vacaria, São Francisco de Paula, Gramado e Jaquirana, no Rio Grande do Sul (Penteado et al., 2004; Iede et al., 2007), e Nova Estrela do Sul e Camanducaia, em Minas

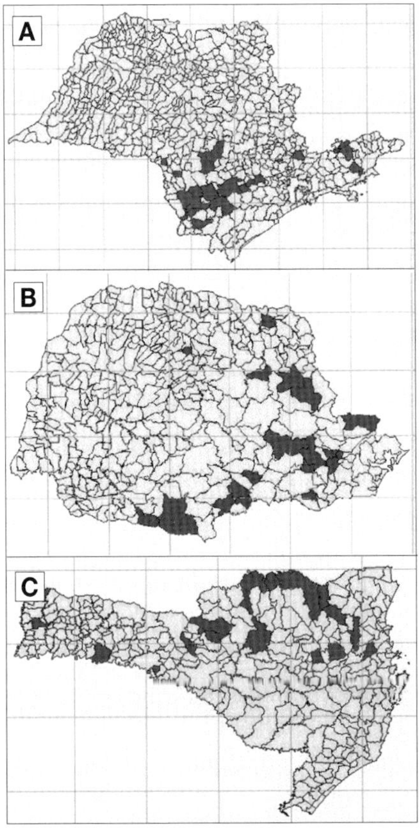

Figura 3. Registro de *P. boerneri* nos principais cultivos comerciais de *Pinus* nos municípios dos estados de São Paulo (A), Paraná (B) e Santa Catarina (C).

Gerais (Wilcken et al., 2004; Oliveira et al., 2008). Pode estar presente em outros municípios ou estados do país nos quais não foram feitos levantamentos de detecção até o momento.

A maioria das espécies de *Pineus* tem *Picea* spp. como hospedeiro primário e *Pinus* spp. e outras coníferas como hospedeiros secundários (Blackman & Eastop, 1994). Entretanto, a espécie *P. boerneri* está associada exclusivamente a espécies de *Pinus*: *P. banksiana*, *P. canariensis*, *P. caribaea*, *P. douglasiana*, *P. durangensis*, *P. echinata*, *P. elliottii*, *P. engelmanii*, *P. halepensis*, *P. michoacana*, *P. oocarpae*, *P. patula*, *P. pinea*, *P. ponderosa*, *P. pseudostrobus*, *P. pungens*, *P. radiata*, *P. resinosa*, *P. rigida*, *P. rudis*, *P. sabiniana*, *P. sylvestris*, *P. taeda*, *P. tabulaeformis*, *P. teocote* e *P. virginiana* (Blackman & Eastop, 1994). No Brasil, seus hospedeiros são *P. taeda*, *P. elliottii*, *P. caribaea*, *P. oocarpae* e *P. patula*. (Penteado et al., 2004; Wilcken et al., 2004; Cardoso, 2007; Oliveira et al., 2008).

BIOLOGIA E ECOLOGIA

No Brasil, a biologia de *P. boerneri* foi estudada por Cardoso (2007), em mudas de *P. taeda* e *P. elliottii*, em condições de laboratório. A duração do ciclo de vida é de aproximadamente 69 dias em *P. taeda* e 65 em *P. elliottii*, passando por quatro instares ninfais (Tabela 1). O período médio de incubação dos ovos é de 6,1 dias em *P. elliottii* e de 7,5 dias em *P. taeda*. A taxa de eclosão dos ovos varia de 85,5% em *P. taeda* e 75% em *P. elliottii*. Porém, a taxa de estabelecimento das ninfas nas plantas é de apenas 12,5% e 18%, respectivamente, nas duas plantas hospedeiras. No Quênia, Mailu, Khamal e Rose (1980) encontraram em média 167 ovos/cm de galho, porém, após duas semanas, eclodiram apenas 27,5% de ninfas de primeiro instar/cm do galho. Infertilidade, dessecação, excesso de chuvas e ação de predadores são apontados como os principais fatores de mortalidade dos ovos.

As ninfas de primeiro instar são as únicas formas móveis e as principais responsáveis pela dispersão na planta e pela escolha dos sítios de alimentação

Tabela 1. Desenvolvimento de *P. boerneri* (média ± erro-padrão e intervalo de confiança a 95%) em duas espécies de plantas hospedeiras, em condições de laboratório, Curitiba, PR. Temperatura média de 20°C para *P. taeda* e de 22°C para *P. elliottii*; UR média de 55%.

Parâmetros	***P. taeda*** (n = 52)	***P. elliottii*** (n = 46)
Ovos (dias)	7,5 ± 0,1 b (7,2 – 7,8)	6,2 ± 0,1 a (5,9 – 6,5)
Primeiro instar (dias)	8,9 ± 0,2 a (8,5 – 9,3)	11,0 ± 0,3 b (10,5 – 11,63)
Segundo instar (dias)	5,8 ± 0,2 a (5,3 – 6,3)	5,8 ± 0,2 a (5,3 – 6,2)
Terceiro instar (dias)	6,7 ± 0,9 a (4,9 – 8,4)	5,4 ± 0,3 a (4,8 – 6,0)
Quarto instar (dias)	5,1 ± 0,5 a (4,1 – 6,2)	5,1 ± 0,2 a (4,5 – 5,6)
Período ninfal total (dias)	24,5 ± 0,8 a (22,9 – 26,0)	27,3 ± 0,7 b (25,9 – 28,7)
Longevidade do adulto (dias)	37,4 ± 4,6 a (27,94 – 46,82)	31,7 ± 3,4 a (24,8 – 38,6)
Ciclo de vida (dias)	69,1 ± 4,5 a (59,9 – 78,3)	65,1 ± 3,5 a (57,9 – 72,4)
Período de oviposição (dias)	32,2 ± 4,4 a (23,0 – 41,3)	27,2 ± 3,1 a (20,8 – 33,6)
Fecundidade	39,8 ± 6,5 a (26,4 – 53,3)	52,9 ± 8,3 a (35,9 – 69,9)
Fecundidade média diária	1,3 ± 0,1 a (1,1 – 1,6)	1,8 ± 0,1 b (1,5 – 2,1)

Letras minúsculas indicam diferenças estatísticas significativas nas linhas, pelo teste de Tukey ($p < 0,05\%$).

(Blackman & Eastop, 1994; McClure, 1989a). Segundo Cardoso (2007), o tempo de desenvolvimento da ninfa de primeiro instar é mais prolongado do que nos demais instares e leva até três dias para se estabelecer. Depois que as ninfas de *P. boerneri* iniciam o processo de alimentação em determinado sítio, tornam-se sésseis e permanecem no mesmo local durante todo o período de vida (Cardoso, 2007), comportamento também observado para *P. boerneri* e *P. coloradensis* (McClure, 1984a).

Os períodos pré-reprodutivo e pós-reprodutivo médios de *P. boerneri* são, respectivamente, de 1,2 dias e 3,5 dias em *P. taeda*, e de 1,5 dias e 2,6 dias em *P. elliottii*; a fecundidade média diária é maior (52,9 ovos) em *P. elliottii* (Cardoso, 2007). Nos Estados Unidos, observam-se variações no período de desenvolvimento de *P. boerneri* em diferentes épocas do ano (McClure, 1989b).

No Brasil, *P. boerneri* ocorre durante o ano todo, com sobreposição de gerações, e o padrão de flutuação sazonal não é bem definido, mas, aparentemente, o aumento populacional é influenciado por temperaturas amenas a altas e baixa pluviosidade (Cardoso, 2007). Já no Paquistão, *P. boerneri* apresenta apenas de três a quatro gerações anuais em *P. roxburghii*. As condições climáticas influenciam vários aspectos do desenvolvimento, além de períodos de latência terem sido observados para as ninfas de primeiro instar durante o inverno (Yassen & Ghani, 1971).

O desempenho reprodutivo e a sobrevivência de ninfas e adultos de *P. boerneri* são significativamente melhores em *P. elliottii*, o que indica que essa espécie de *Pinus* é menos resistente à infestação pelo pulgão-lanígero-do-pínus. As tabelas de vida e de sobrevivência também confirmam melhor adaptação e desempenho de *P. boerneri* em *P. elliottii* do que em *P. taeda* (Cardoso, 2007).

Nos Estados Unidos, *P. boerneri* apresenta padrões de fecundidade e sobrevivência superiores em *P. resinosa*, quando comparados à sua planta hospedeira nativa, *P. thumbergiana* (McClure, 1990). O autor acrescenta que essa superioridade poderia explicar parte do sucesso da espécie nesse país, que se tornou uma séria praga na década de 1980, enquanto em sua região de origem ela é inócua. Na Austrália, *P. radiata* é mais suscetível ao ataque de *P. boerneri* do que *P. muricata* (Simpson & Ades, 1990). Os autores consideram que a diferenciação pode estar relacionada a características do genótipo da planta, somadas às condições ambientais. As características que podem levar uma planta a ser mais ou menos resistente ao ataque de determinada espécie de inseto vão desde características físicas (tricomas, casca, entre outras), químicas (voláteis e outros compostos químicos produzidos em resposta à infestação pelo inseto), até condições de plantio, as quais podem acarretar mudanças anatômicas, químicas e nutricionais nas plantas hospedeiras (Thorsteinson, 1960; Hanover, 1975; Barnes et al., 1976; Simpson & Ades, 1990; Smith, Khan & Pathak, 1994; Collins et al., 2001; Smith, 2005).

Na África do Sul, *P. boerneri* tem demonstrado preferência por *Pinus pinaster* Aiton, com uma média de 89,2% das árvores infestadas, seguido de *P. elliottii*

(54,2%) e *P. radiata* (27,2%) (Zwolinski, 1990). Na Austrália, Simpson e Ades (1990) observaram variação na suscetibilidade em diferentes variedades, dentro de uma mesma variedade e em diferentes plantações de *P. radiata*. Tanton e Alder (1977) também registraram diferenças na suscetibilidade de 49 clones de *Pinus* para o complexo *boerneri*/*pini*.

No Brasil, *P. boerneri* mostra preferência por árvores adultas bem estabelecidas e partes mais velhas. Instala-se preferencialmente no estrato inferior da planta e na porção basal dos galhos (Cardoso, 2007). Na África, a preferência de *P. boerneri* é por porções mais jovens dos galhos de *P. kesyia* (Chilima & Leather, 2001). Hospedeiros diferentes podem influenciar, de maneira diversa, a distribuição de insetos herbívoros nas plantas, assim como a mudança na concentração de defesas químicas e nutrientes entre várias partes de uma planta pode determinar a distribuição da espécie dentro de um hospedeiro (Chilima & Leather, 2001; Awmack & Leather, 2002). Além disso, fatores como o tamanho da população, a deterioração do hospedeiro e a coabitação com outras espécies afetam grandemente a escolha de sítios de colonização e a dinâmica populacional dos Adelgidae (McClure, 1984a).

IMPACTO ECONÔMICO E PREJUÍZOS

A introdução de espécies exóticas de insetos, sem o seu complexo de inimigos naturais, em ambientes que ofereçam plantas potencialmente suscetíveis e baixa resistência ambiental, pode fazer que elas dispersem com rapidez e se tornem sérias pragas agrícolas ou florestais. Não há estudos sobre os prejuízos causados por *P. boerneri* no Brasil, contudo, sua presença tem provocado preocupação no setor florestal. Em sua região de origem, no Leste asiático, mantém baixas populações em *P. thunbergiana* e não causa nenhum dano econômico (McClure, 1990). Contudo, em várias partes do mundo onde foi introduzida, como Estados Unidos, África e Austrália, tem causado danos a diversas espécies de *Pinus*, os quais vão desde descoloração, distorção e morte dos galhos, queda das acículas, retardo no crescimento, perda da dominância apical até a morte da planta, a depender do grau de infestação e das condições da árvore (Tanton & Alder, 1977; Mailu et al., 1980; McClure, 1982, 1984, 1989a, 1989b; Chilima & Leather, 2001).

No Nordeste dos Estados Unidos, desde que *P. boerneri* foi detectada como praga, em 1979, dispersou-se com rapidez e matou centenas de árvores de *P. resinosa* (McClure, 1989b, 1990). A rápida dispersão da espécie pelo país pode ter acontecido devido à ocorrência de várias gerações em um ano e também com a ajuda das correntes de vento. Estudos feitos na Malásia e no Quênia mostram que a espécie é responsável pela perda de crescimento anual de 2 a 5% por ano em árvores jovens de *Pinus*; as árvores mais suscetíveis são aquelas que crescem em condições de estresse (Mailu, Khamal & Rose, 1978).

Segundo Tanton e Alder (1977), espécies de *Pineus* não são consideradas problema em plantios já estabelecidos, onde não duram mais de dois a quatro anos; contudo, podem ser pragas importantes em viveiros e plantios jovens. Em árvores adultas localizadas em sítios ruins e em áreas com estresse hídrico, as infestações podem persistir por muito mais tempo (Zondag, 1977). No Brasil, o ataque de *P. boerneri* tem ocorrido, na maioria das vezes, localizado e associado a fatores de estresse hídrico, como a estiagem, e, nesses casos, pode ser severo (Penteado, comunicação pessoal).

CONTROLE

No Brasil, foram coletados predadores associados às colônias de *P. boerneri* pertencentes à família Coccinellidae e às ordens Neuroptera e Diptera, responsáveis por reduções discretas em suas populações (Cardoso, 2007).

O sucesso do controle biológico de *P. laevis* (provavelmente, *P. boerneri*) e *P. pini* tem sido atribuído à introdução e ao estabelecimento de várias espécies de dípteros da família Chamaemyiidae, gênero *Leucopis*, no Chile, na Nova Zelândia (*P. laevis*) e no Havaí (*P. pini*) (Culliney, Beardsley & Drea, 1988; Zondag & Nuttall, 1989; Mills, 1990; Greathead, 1995). Um predador da família Anthocoridae, *Tetraphleps raoi* Ghauri, introduzido no Quênia para o controle biológico de *P. pini*, também foi bem-sucedido (Mailu, Khamal & Rose, 1980; Aloo & Karanja, 1986).

O díptero da família Chamaemyiidae, *Leucopis atrifacies* Aldrich, 1925, coletado em *P. boerneri* na Califórnia, foi introduzido em 1938 para o controle dessa praga na Austrália, mas não ocorreu o seu estabelecimento; predadores nativos tiveram importante papel no controle das populações do pulgão-lanígero-do-pínus nessa última região (Waterhouse & Sands, 2001). Os predadores nativos das famílias Coccinellidae e Chrysopidae foram registrados atacando *Pineus* spp. na Austrália. Destes, o coccinelídeo *Diomus pumilio* Weise, 1885, é reportado como importante agente de controle (Wilson, 1960).

Antes do início dos trabalhos envolvendo o controle biológico na Nova Zelândia, com as espécies *Leucospis tapinae* Blanchard (Diptera: Chamaemyiidae) e outros predadores, *P. boerneri* era considerada importante praga de *Pinus* spp. (Zondag, 1977; Zondag & Nuttall, 1989). Atualmente, *P. boerneri* e *P. pini* não são mais consideradas pragas em plantios de *P. radiata* na Austrália e na Tasmânia.

Não há registro de nenhum parasitoide ou patógeno de *P. boerneri* na Europa, porém, existe grande número de predadores: três espécies de Chamaemyiidae (*Leucospis tapinae*, *Leucospis argenticollis* Zetterstedt e *Leucospis obscura* Haliday), um Cecidomyiidae (*Lestodiplosis pini* Barnes), várias espécies de Coccinellidae (*Scymnus nigrinus* Kugelann e *Scymnus suturalis* Thunberg, entre outras), além de espécies de Hemerobiidae, Chrysopidae e Syrphidae (Mills, 1990). No Quênia, foram detectadas nove espécies de predadores, oito nativas e uma importada, sendo seis coccinelídeos – *Exochomus flavipes* (Thumberg), *Exochomus* sp. ?*haafi* Fürsch, *Cheilome lunata* (F.), *Hippodamia variegata* (Goeze), *Cheilomenes aurora*

(Gerstaecker) e *Scymnus* spp. –, um crisopídeo (*Chrysopa* sp.), um sirfídeo (*Allograta* sp.) e o antocorídeo *T. raoi* (Mailu et al., 1980).

Técnicas silviculturais podem ser utilizadas como agentes auxiliares em programas de controle de *P. boerneri*. Um vez que a espécie concentra-se principalmente nas partes inferiores da planta, a poda dos galhos inferiores pode levar a grande diminuição ou, no caso de uma infestação recente, à eliminação total do inseto da planta. Além disso, o desenvolvimento de estudos para determinar progênies menos suscetíveis ao ataque dessa praga são importantes para auxiliar no estabelecimento de áreas comerciais mais produtivas.

CONSIDERAÇÕES FINAIS

O registro de *P. boerneri* em áreas de cultivo de *Pinus* no Sul do Brasil, em 2000, causou preocupação no setor florestal, em especial porque foi detectado logo após a introdução do pulgão-gigante-do-pínus, *Cinara atlantica* (Wilson, 1919) (Hemiptera: Aphididae). O setor estava mobilizando-se para definir medidas de controle para *C. atlantica*, e a presença de uma nova espécie, com biologia e comportamento completamente diferentes, como os de *P. boerneri*, implicaram uma estratégia de manejo muito mais complexa. A detecção de focos de infestação em diversos municípios dos estados produtores de pínus, associada à ausência de parasitoides e à presença de poucos predadores, passou a exigir um monitoramento constante desse adelgídeo. Contudo, após mais de uma década da introdução de *P. boerneri* no Brasil, a população desse inseto encontra-se em níveis mais reduzidos, a exemplo do que aconteceu em outros países. Provavelmente, isso se deve ao controle natural, que vem mantendo as populações em equilíbrio, apesar do potencial daninho da espécie, observado em algumas regiões do mundo.

REFERÊNCIAS BIBLIOGRÁFICAS

ALOO, T. C. & KARANJA, M. Biological control of the pine woolly aphid in Kenya using *Tetraphleps raoi* (Hemiptera: Anthocoridae). Egerton, *University College Research Paper Series* n. 10. Njoro, Kenya, 1986. 16p.

AWMACK, C. S. & LEATHER, S. R. Host plant quality and fecundity in herbivorous insects. *Annu. Rev. Entomol.* 47: 817-44, 2002.

BARNES, R. D. et al. Introduction, spread and control of the pine woolly aphid, *Pineus pini* (L), in Rhodesia. *South Afr. Forest J.* 96: 1-11, 1976.

BLACKMAN, R. L. & EASTOP, V. F. *Aphids on the world's trees*: an identification and information guide. Wallingford: CAB International, 1994. 987p.

BLANCHARD, E. E. Descripciones y anotaciones de afidoideos argentinos. *Acta Zool. Lilloana* 2: 15-62, 1944.

CARDOSO, J. T. *Morfologia, bioecologia e comportamento alimentar de Pineus boerneri Annand, 1928 (Hemiptera: Adelgidae) em Pinus spp. (Pinaceae).* Curitiba, PR, 2007. 135p. Tese (doutorado) – Universidade Federal do Paraná.

CHILIMA, C. Z. & LEATHER, S. R. Within-tree and seasonal distribution of the pine woolly aphid *Pineus boerneri* on *Pinus kesiya* trees. *Agric. For. Entomol.* 3: 138-45, 2001.

COLLINS, C. M. et al. Host selection and performance of the giant willow aphid *Tuberolachnus salignus* Gmelin – implications for pest management. *Agric. For. Entomol.* 3: 183-9, 2001.

CULLINEY, T. W.; BEARDSLEY, J. W. & DREA, J. J. Population regulation of the Eurasian pine adelgid (Homoptera: Adelgidae) in Hawaii. *J. Econ. Entomol.* 81: 142-7, 1988.

EASTOP, V. F. A taxonomic study of Australian Aphidoidea (Homoptera). *Aust. J. Zool.* 14: 399-592, 1966.

GREATHEAD, D. J. The *Leucopis* spp. (Diptera: Chamaemyiidae) introduced for biological control of *Pineus* sp. (Homoptera: Adelgidae) in Hawaii: implications for biological control of *Pineus boerneri* in Africa. *Entomologiste* 114: 83-90, 1995.

HANOVER, J. W. Physiology of tree resistance to insects. *Annu. Rev. Entomol.* 20: 75- 95, 1975.

HAVILL, N. P. & FOOTTIT, R. G. Biology and evolution of Adelgidae. *Annu. Ver. Entomol.* 52: 325-49, 2007.

IEDE, E. T. et al. *Pineus boerneri (Hemiptera: Adelgidae) – pulgão-lanígero-do-pínus – praga introduzida em plantios de Pinus spp. no Brasil.* Colombo, PR: Embrapa Florestas, 2007. 6p. (Comunicado Técnico, 190).

LAZZARI, S. M. N. & CARDOSO, J. T. *Pineus boerneri* Annand, 1928 (Hemiptera, Adelgidae) – a new species to Brazil: morphology of eggs, nymphs and adults. *Rev. Bras. Entomol.* 55: 459-66, 2011.

MAILU, A. M.; KHAMAL, C. P. M. & ROSE, D. J. W. Evaluation of pine wooly aphid damage to *Pineus pini* (L.) in Kenya. *East Afr. Agr. J.* 43: 256-9, 1978.

MAILU, A. M.; KHAMAL, C. P. M. & ROSE, D. J. W. Population dynamics of pine wooly aphid, *Pineus pini* (Gmelin) (Hemiptera: Adelgidae) in Kenya. *Bull. Entomol. Res.* 70: 483-90, 1980.

McCLURE, M. S. Distribution and damage of two *Pineus* species (Homoptera: Adelgidae) on red pine in New England. *Ann. Entomol. Soc. Am.* 75: 150-7, 1982.

McCLURE, M. S. Influence of cohabitation and resinosis on site selection and survival of *Pineus boerneri* Annand and *P. coloradensis* (Gilette) (Homoptera: Adelgidae) on red pine. *Environ. Entomol.* 13: 657-63, 1984a.

McCLURE, M. S. *Pineus boerneri* Annand (Hemiptera: Adelgidae): a new or another record from the People's Republic of China? *Proc. Entomol. Soc. Wash.* 86: 460-1, 1984b.

McCLURE, M. S. Importance of weather to the distribution and abundance of introduced Adelgidae and scale insects. *Agricult. Forest Meteorol.* 47: 291-302, 1989a.

McCLURE, M. S. Biology, population trends and damage of *Pineus boerneri* and *P. coloradensis* (Homoptera: Adelgidae) on red pine. *Environ. Entomol.* 18: 1.066-73, 1989b.

McCLURE, M. S. Cohabitation and host species effects on the population growth of *Matsucoccus resinosa* (Homoptera: Margarodidae) and *Pineus boerneri* (Homoptera: Adelgidae) on red pine. *Environ. Entomol.* 19: 672-6, 1990.

MILLS, N. J. Biological control of forest aphid pests in Africa. *Bull. Entomol. Res.* 80: 31-6, 1990.

OLIVEIRA, N. C. et al. Ocorrência de *Pineus boerneri* Annand (Hemiptera: Adelgidae) em *Pinus* spp. nos estados de São Paulo e Minas Gerais. *Arq. Inst. Biol.* 75: 385-7, 2008.

PENTEADO, S. R. C. et al. Primeiro registro de *Pineus boerneri* Annand (Hemiptera: Adelgidae) em *Pinus* spp. (Pinaceae) no Brasil. In: CONGRESSO BRASILEIRO DE ENTOMOLOGIA, 2004, Gramado. *Anais...* Gramado: Sociedade Entomológica do Brasil, 448p.

SIMPSON, J. A. & ADES, P. K. Variation in susceptibility of *Pinus muricata* and *Pinus radiata* to two species of Aphidoidea. *Silvae Genet*. 39: 5-6, 1990.

SMITH, C. M. *Plant resistance to arthropods – Molecular and conventional approaches*. Netherlands, Springer, 2005. 423p.

SMITH, C. M.; KHAN, Z. R. & PATHAK, M. D. *Techniques for evaluating insect resistance in crop plants*. New York: Lewis Publishers, 1994. 320p.

TANTON, M. T. & ALDER, D. The distribution and possible effects of the woolly aphid *Pineus* (Homoptera: Adelgidae) on *Pinus radiata* D. on growing in the Australian Capital Territory. *Aust. Forest Res*. 7: 253-63, 1977.

THORTEINSON, A. J. Host selection in phytophagous insects. *Annu. Rev. Entomol*. 5: 193-218, 1960.

WATERHOUSE, D. F. & SANDS, D. P. A. *Classical biological control of arthropods in Australia*. Canberra: CSIRO Entomology, 2001. 559p.

WILCKEN, C. F. et al. Ocorrência do pulgão-lanígero-do-pínus *Pineus boerneri* (Hemiptera: Adelgidae) em plantios de pínus nos estados de São Paulo e Minas Gerais. *Pineus boerneri* Annand (Hemiptera: Adelgidae) em *Pinus* spp. (Pinaceae) no Brasil. In: CONGRESSO BRASILEIRO DE ENTOMOLOGIA, 2004, Gramado. *Anais*... Gramado: Sociedade Entomológica do Brasil, 448p.

WILSON, F. *A review of the biological control of insects and weeds in Australia and Australian New Guinea*. Commonwealth Institute of Biological Control. England, Commonwealth Agricultural Bureaux, 1960. 102p. (Technical Communication, n. 1).

YASSEN, M. & GHANI, M. A. Descriptions and notes on the biology of four new species of Adelgidae from West Pakistan. *Bull. Entomol. Res*. 61: 191-205, 1971.

ZONDAG, R. Pineus laevis (Maskell) (Hemiptera: Aphidoidea: Adelgidae), pine twig chermes or pine woolly aphid. New Zealand Forest Service, Forest and Timber Insects in New Zealand 25, 1977. 3p.

ZONDAG, R. & NUTTALL, M. J. *Pineus laevis* (Maskell), pine twig chermes or pine woolly aphid (Homoptera: Adelgidae). In: CAMERON, P. J. et al. (eds.). *Review of biological control of invertebrate pests and weeds in New Zealand 1874 to 1987*. CAB International, Institute of Biological Control, Wallingford, Oxon, United Kingdom, 1989. (Tecnical Communication, 10).

ZWOLINSKI, J. B. Preliminary evaluation of the impact of the pine woolly aphid on condition and growth of pines in the Southern Cape. *South. Afr. Forest J*. 153: 22-6, 1990.

54

Psilídeo-de-concha-do-eucalipto, *Glycaspis brimblecombei* Moore

C. F. Wilcken, D. C. Firmino-Winckler, M. H. F. A. Dal Pogetto, T. K. R. Dias, A. C. V. Lima, L. A. N. de Sá, P. J. Ferreira Filho

INTRODUÇÃO

O eucalipto é originário da Austrália e foi introduzido no Brasil na segunda metade do século XIX. É usado principalmente na produção de celulose e papel, chapas de fibras e carvão vegetal. A cultura do eucalipto vem se expandindo bastante no país nos últimos dez anos, atingindo, em 2013, uma área de 5,5 milhões de hectares (Iba, 2014). Os plantios de eucalipto se destacam por possuírem áreas extensas e contíguas, oferecendo maior quantidade de alimento e abrigo para insetos-praga.

Entre as pragas que se destacam em florestas de eucalipto, as principais são formigas cortadeiras, cupins e lepidópteros desfolhadores, que causam perdas relevantes nessas florestas. Entretanto, nas duas últimas décadas, o setor florestal brasileiro também vem sofrendo perdas consideráveis com a introdução de pragas exóticas.

Em 2003, foi detectada a presença do psilídeo-de-concha *Glycaspis brimblecombei* em nosso país (Wilcken et al., 2003). Com o estabelecimento dessa praga no Brasil, tem havido redução considerável na produtividade das plantações de eucalipto. Em áreas com *Eucalyptus camaldulensis*, a mortalidade de árvores varia de 20 a 95% em plantios com desfolhas por anos sucessivos (Wilcken, não publicado).

G. brimblecombei se caracteriza por se alimentar somente de espécies de eucalipto e por sua infestação ser facilmente reconhecida, por causa da secreção açucarada sobre as ninfas, formando uma cobertura chamada de concha (Halbert et al., 2001).

Posição taxonômica e nomenclatura

Ordem: Hemiptera

Subordem: Sternorrhyncha

Família: Aphalaridae

Gênero: *Glycaspis* Taylor, 1960

Espécie: *Glycaspis brimblecombei* Moore, 1964

A superfamília Psylloidea está dividida em oito famílias. Assim, os psilídeos associados ao eucalipto foram incluídos na família Aphalaridae (Burckhardt & Ouvrard, 2012), sendo os gêneros mais importantes: *Blastopsylla*, *Cardiaspina*, *Ctenarytaina*, *Creiis*, *Eucalyptolyma* e *Glycaspis* (Elliott, Ohmart & Wyley, 1998). O gênero *Glycaspis* possui alta diversidade, compreendendo três subgêneros (*Glycaspis*, *Synglycaspis* e *Boreioglycaspis*) e 137 espécies, todas pertencentes ao subgênero *Glycaspis*, associadas exclusivamente a *Eucalyptus* spp. (Ouvrard, 2013). *G. brimblecombei* foi descrita por Moore a partir de amostras coletadas em Brisbane, Austrália (Moore, 1964).

Os adultos de *G. brimblecombei* possuem pernas saltadoras, antenas relativamente longas e se alimentam de seiva das plantas de eucalipto (Ramirez, 2003). Diferenciam-se de outras espécies de psilídeos pelas projeções da parte frontal da cabeça, chamadas de cones genais (Dahlsten et al., 2003). Essa espécie apresenta dimorfismo sexual. As fêmeas são ligeiramente maiores do que os machos, e medem entre 2,5 e 3,1 mm de comprimento. Em geral, os adultos apresentam coloração esverdeada, mas as fêmeas podem variar do verde ao vermelho. As antenas são filiformes, com dez artículos, em ambos os sexos. Nos machos, a terminália é arredondada e apresenta projeções chamadas fórceps, utilizadas para imobilizar a fêmea durante a cópula (Cibrian-Tovar & Iñiguez-Herrera, 2001; Cibrián-Tovar et al., s.d.).

Os ovos são amarelo-alaranjados, brilhantes e ovalados. São postos em linha, agrupados ou individualizados. Podem ser encontrados até trezentos ovos por folha, presos por um pedúnculo à superfície dela (Ramirez, 2003).

As ninfas de *G. brimblecombei* são achatadas dorsoventralmente e amarelas nos quatro primeiros instares (Cibrián-Tovar et al., s.d.). No último instar, a coloração varia do amarelo ao laranja, com os primórdios alares de coloração marrom e duas faixas avermelhadas longitudinais no tórax (Wilcken et al., 2003).

Os psilídeos do gênero *Glycaspis* têm o hábito de construir uma cobertura branca sobre os seus corpos, feita de amido (White, 1972), a qual se assemelha a uma pequena concha, chamada de "lerp" na Austrália. Essa cobertura ou concha é usada pelos aborígenes australianos como alimento (Moore, 1961). O formato das conchas é variável: podem ser planas, circulares, ovais e retangulares. Além disso, há espécies que são galhícolas ou galhadoras. A concha feita pelas ninfas de *G. brimblecombei* tem formato circular (Moore, 1964).

BIOECOLOGIA

O ciclo biológico de *G. brimblecombei* em *E. camaldulensis* varia de 26 a 57 dias com temperaturas médias de 16,5 e 22ºC (Cibrián-Tovar et al., s.d.).

A fase ninfal tem cinco instares, os quais se reconhecem pela estrutura e pelo número de segmentos antenais. Os adultos vivem de 10 a 25 dias. As fêmeas depositam 119 ovos, em média, com mínimo de 46 e máximo de 280. Quanto ao ciclo de vida do inseto, há grande variação na sua duração ao longo do ano, sendo curto no verão e no outono e longo no inverno (Sánchez et al., 2002).

As temperaturas de 22°C e 26°C oferecem condições favoráveis ao desenvolvimento do psilídeo-de-concha, e temperaturas de 18°C e 30°C são limitantes. As ninfas mantidas em folhas de *E. camaldulensis*, à temperatura de 26°C e fotofase de 12h, tiveram duração média do estágio ninfal de 14,2 dias. Os adultos criados nas mesmas condições viveram por 8,4 dias, enquanto o período embrionário teve duração média de 7,9 dias. O ciclo total, considerando o período embrionário até a morte dos adultos, foi de 30,4 dias, em média (Figura 1). A temperatura de 26°C foi a mais adequada para o desenvolvimento das ninfas, com viabilidade média de 74%, enquanto nas temperaturas 18°C e 22°C a viabilidade média foi de 40,5%. A temperatura de 30°C foi a menos adequada, com viabilidade de apenas 22% (Firmino, 2004).

As espécies de eucalipto mais favoráveis ao desenvolvimento são *E. camaldulensis*, *E. urophylla*, *E. grandis*, *E. tereticornis* e o híbrido *E. grandis* × *E. urophylla*, sendo *E. camaldulensis* a mais adequada. *Corymbia citriodora* foi considerada espécie não hospedeira, com mortalidade de ninfas de 100% (Firmino-Winckler & Wilcken, 2009).

DISTRIBUIÇÃO GEOGRÁFICA E HOSPEDEIROS

O psilídeo-de-concha é originário da Austrália e vem se dispersando com rapidez por diferentes regiões produtoras de eucalipto no mundo (Figura 2). Foi introduzido na Califórnia, EUA, em 1998, a causar o secamento de ponteiros em *E. camaldulensis*, *E. tereticornis*, *E. diversicolor*, *E. globulus*, *E. sideroxylon* e *E. rudis* (Brennan et al., 1998). Essa praga, em 2001, dispersou-se pelo Sul dos Estados Unidos, sendo encontrada até na Flórida e no Havaí (Dahlsten et al., 2003; Halbert, Gill & Nisson, 2001; Nagamine & Heu, 2001). No México, distribuiu-se por 24 estados (Ramirez, 2003).

Figura 1. Duração média das fases do ciclo biológico de *G. brimblecombei* criado em *E. camaldulensis* (Firmino, 2004).

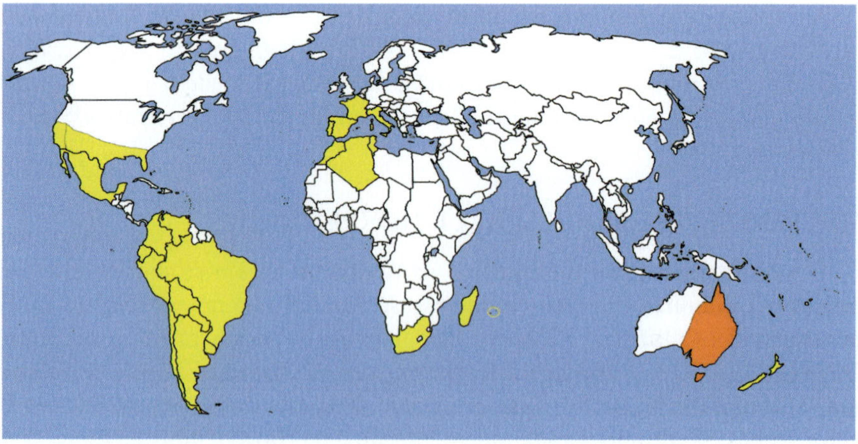

Figura 2. Distribuição geográfica mundial do psilídeo-de-concha em 2014. Em laranja: região de origem; em amarelo: países onde foi introduzido.

Na África, a praga foi detectada primeiramente nas Ilhas Maurício, em 2001, a atacar *E. tereticornis* (Sookar, Seewooruthun & Ramkhelawon, 2003). Também há registro da presença de *G. brimblecombei* em Madagascar (Hollis, 2004). Em 2012, foi detectada na região de Pretória, África do Sul, sobre *E. camaldulensis* (Hurley, 2012). No Norte da África, a praga foi detectada em 2010 no Marrocos (Bami, 2011; Maatouf & Lumaret, 2012), provavelmente vinda da Península Ibérica. Depois dispersou para a Argélia (Reguia & Peris-Felipo, 2013) e Tunísia (Attia & Rapisarda, 2014).

Na América do Sul, o Chile foi o primeiro país a detectar a praga, em 2001, em árvores do Aeroporto Internacional de Santiago (Huerta et al., 2011). Logo depois, foi constatada em outras regiões do país (Sandoval & Rothmann, 2002; Marín & Parra, 2003).

Na Argentina, foi detectada inicialmente em 2005, a atacar *E. camaldulensis* na Estação Experimental do Inta, em Concórdia, província de Entre Rios. Posteriormente, foi encontrada em Santiago del Estero (Bouvet, Harrand & Burckhardt, 2005; Diodato & Venturini, 2007). Logo após, foi detectada no Uruguai em 2006 (FAO-Uruguay, 2006; Bentancourt & Scatoni, 2010), no Equador em 2006 (Onore & Gara, 2007), na Venezuela desde o final de 2007 (Rosales et al., 2008) e no Peru em 2008 (Burckhardt, Lozada & Diaz, 2008). Outros países com registros são Paraguai, Colômbia (Wilcken et al., 2008) e Bolívia (Wilcken, observação pessoal).

O psilídeo-de-concha chegou à Europa em 2007, sendo relatado em Portugal (Valente & Hodkinson, 2009) e na Espanha (Hurtado-Hernandez & Reina-Belinchon, 2008; Borrajo, Lopez & Ruiz, 2009; Prietto-Lillo et al., 2009). Nesse último país, a dispersão tem sido rápida, atingindo cerca de 50% dele em dois anos (2007 a 2009) (Peris-Filipo et al., 2009; Garonna et al., 2011). Posteriormente, *G. brimblecombei* foi detectado na Itália, em 2010 (Laudonia & Garonna, 2011), e também vem se dispersando celeremente pelo país (Peris-Filipo et al., 2011; Garonna et al., 2011). Em 2011, foi constatada na França, em várias regiões do Sul (Cocquempot et al., 2012). Em 2013, o psilídeo-de-concha chegou à Grécia e a Montenegro (Bella & Rapisarda, 2014; Malumphy et al., 2013).

No Brasil, foi registrada primeiro por Wilcken et al. (2003), em junho de 2003, em Mogi Guaçu, SP. Após essa constatação, foi realizado levantamento de áreas com presença da praga. Em setembro de 2003, o psilídeo-de-concha ocorria em 86 municípios paulistas, com maiores infestações nas florestas de eucalipto entre as regiões de Campinas e Ribeirão Preto e de São Carlos a Botucatu. Posteriormente, foi detectado nos estados de Minas Gerais, Mato Grosso do Sul, Goiás e Paraná (Wilcken et al., 2003), Santa Catarina (Lutinski, Lutinski & Garcia, 2006), Rio Grande do Sul (Oliveira et al., 2006), Bahia (Masson et al., 2009), Mato Grosso (Silva, 2010) e Pernambuco (Breda et al., 2010). A praga também já foi detectada nos estados de Espírito Santo, Rio de Janeiro, Maranhão, Piauí, Tocantins e no Distrito Federal (Wilcken, não publicado).

No Brasil, sua dispersão tem sido rápida e ajudada pelo homem, pois as detecções iniciais foram feitas nas margens das principais rodovias de São Paulo e Minas Gerais, em árvores isoladas ou de quebra-ventos. A disseminação pode ser feita por caminhões transportadores de toras de eucalipto, em que costuma-se observar a presença de ramos e folhas residuais da colheita.

As espécies dos gêneros *Eucalyptus* e *Corymbia* são exóticas à flora brasileira e pertencem à família Myrtaceae, que possui grande diversidade de espécies no nosso país. *G. brimblecombei* é uma praga que ataca apenas eucalipto, com preferência pelas espécies do subgênero *Symphyomyrtus* da seção Exsertaria (Pryor & Johnson, 1971), incluindo sobretudo *E. camaldulensis* e *E. tereticornis* (Paine et al., 2000).

Brennan et al. (2001a) classificaram as espécies de eucalipto da Califórnia em relação à suscetibilidade ao psilídeo-de-concha, e observaram que *E. camaldulensis*, *E. tereticornis* e *E. rudis* são altamente suscetíveis, *E. grandis* é tolerante e *E. paniculata*, *E. robusta* e *E. saligna* são resistentes.

No Brasil, foram avaliadas as infestações do psilídeo-de-concha em 22 espécies de eucalipto. As maiores infestações foram observadas em *E. camaldulensis* e *E. tereticornis*, seguidas de *E. urophylla*, procedências Timor e Flores. A infestação foi pequena em *E. pellita*, *E. exserta*, *E. propinqua*, *E. botryoides* e *C. citriodora*. Nas demais espécies, não foram encontradas ninfas do psilídeo-de-concha, que inclui as espécies *E. saligna*, *E. dunni*, *E. globulus*, *E. paniculata* e *E. cloeziana* (Wilcken et al., 2003). Com relação ao desenvolvimento nos hospedeiros, *Eucalyptus camaldulensis*, *E. urophylla*, *E. grandis*, *E. tereticornis* e o híbrido *E. grandis* × *E. urophylla* são favoráveis ao desenvolvimento e à reprodução de *G. brimblecombei*, sendo a espécie *E. camaldulensis* a mais adequada. *C. citriodora* não é hospedeira, pois a mortalidade de ninfas de primeiro instar foi de 100% (Firmino-Winckler e Wilcken, 2009).

SINTOMAS E DANOS

Altas infestações do psilídeo-de-concha (Figuras 3A, 3B) causam descoloração das folhas, redução da área fotossintética das plantas, diminuição do crescimento e secamento dos ponteiros em árvores de eucalipto (Carne & Taylor, 1984), podendo levar as árvores à morte.

Os danos causados por *G. brimblecombei* podem ser de grande proporção. Nos Estados Unidos, pode ocorrer 15% de mortalidade de *E. camaldulensis* no primeiro ano e até 40% no segundo ano (Gill, 1998). No México, uma plantação comercial sofreu severa infestação pelo psilídeo-de-concha, permitindo o ataque em massa de *Neoclytus* sp. (Coleoptera: Cerambycidae), que acabou levando à morte das árvores (Cibrián-Tovar & Iñiguez-Herrera, 2001).

Em árvores de *E. camaldulensis* e *E. tereticornis* infestadas, constatou-se pequena redução no tamanho, deformação das folhas e presença de fumagina. Para clones de *E. grandis* × *E. urophylla* ("urograndis" – HUG), verificou-se

Figura 3. A) Folhas de *E. camaldulensis* infestadas com psilídeo-de-concha. B) Ponteiro de eucalipto (clone "urograndis") infestado por ninfas. C) Plantação de eucalipto clonal (*E. grandis* × *E. camaldulensis*) com desfolhamento. D) Armadilha adesiva amarela utilizada no monitoramento de *G. brimblecombei*.

secamento de ponteiros e 20 a 30% de desfolha. Árvores totalmente infestadas apresentavam 100% de desfolha, sem possibilidade de recuperação (Figura 3C) (Wilcken et al., 2003).

AMOSTRAGEM E DINÂMICA POPULACIONAL

Na Califórnia, EUA, foi realizado o monitoramento de várias espécies de psilídeos-de-eucalipto e seus parasitoides, com o uso de armadilhas amarelas adesivas circulares de 10 cm de diâmetro (Dahlsten et al., 1998). No Brasil, foram realizados monitoramentos com armadilhas adesivas amarelas como teste para verificar a eficiência desse tipo de armadilha em plantações de eucalipto, comparando com dados de contagem das ninfas de *G. brimblecombei* nas folhas de ramos amostrados (Wilcken et al., 2003).

A determinação da distribuição espacial de adultos de *G. brimblecombei* em florestas de eucalipto foi feita utilizando-se a técnica de armadilhas amarelas adesivas para amostragem (Ferreira Filho et al., 2008a). Esse estudo foi realizado entre janeiro e junho de 2005, em uma área útil de 10 ha de *E. camaldulensis* com 6,5 anos de idade. Utilizaram-se 53 pontos amostrais, com uma armadilha amarela, amostragem de cinco folhas de um ramo por árvore e coletas quinzenais. A distribuição espacial foi determinada por análises geoestatísticas e pelo índice de Morisita. A população da praga foi crescente de janeiro a junho, variando de 0,30 a 187,13 adultos/armadilha. Independente do período amostrado, a distribuição espacial sempre foi agregada, e o crescimento populacional mostrou-se muito rápido, mudando de classe de infestação a cada quinze dias.

Com relação à interação com o ambiente, foi avaliado o efeito da temperatura e da precipitação pluvial sobre a população de *G. brimblecombei* na área citada, empregando a mesma metodologia de amostragem com armadilhas adesivas (Figura 3D) (Ferreira Filho et al., 2008a). A população do psilídeo-de-concha reduziu quando em altas temperaturas (verão) e não houve correlação com a precipitação pluvial no período avaliado (janeiro a junho de 2005) (Ferreira Filho et al., 2008b).

CONTROLE

Controle químico

O uso de inseticidas para o controle do psilídeo-de-concha é pouco estudado. Os inseticidas sistêmicos são os mais adequados, pois os inseticidas de contato possuem baixa eficiência, visto que ninfas apresentam pequena mobilidade e são protegidas pela concha. Entretanto, não há produtos registrados para controle do psilídeo-de-concha no Brasil.

Controle biológico

Há várias espécies de inimigos naturais associados ao psilídeo-de-concha (Tabela 1).

Tabela 1. Inimigos naturais do psilídeo-de-concha *G. brimblecombei* relatados no mundo.

Espécie	Hábito alimentar	Fase afetada	País/região	Referências
Psyllaephagus bliteus (Hym.: Encyrtidae)	Parasitoide	Ninfa	Austrália, Estados Unidos, México, América do Sul, Europa	Vários
Anoplolepis longipes (Hym.: Formicidae	Predador	Ninfa, adulto	México	Sanchéz-Martinéz et al. (2005)
Anthocoris nemoralis (Hem.: Anthocoridae)	Predador	Ninfa	Estados Unidos, Itália	Erbilgin, Dahlskn & Chen (2004); Garona, Sasso & Laudonia (2011)

Continua

Espécie	Hábito alimentar	Fase afetada	País/região	Referências
Atopozelus opsimus (Hem.: Reduviidae)	Predador	Ninfa, adulto	Brasil	Dias et al. (2012)
Exochomus laeviusculus (Col.: Coccinellidae)	Predador	Ninfa	Ilhas Maurício	Sookar, Seewooruthun & Ramkhelawon (2003)
Cycloneda sanguinea (Col.: Coccinellidae)	Predador	Ninfa	Brasil	Berti Filho et al. (2003)
Vespula sp. (Hym.: Vespidae)	Predador	Ninfa	Itália	Garona, Sasso & Laudonia (2011)

O parasitoide *Psyllaephagus bliteus* Riek (Hymenoptera: Encyrtidae) (Figuras 4A, 4B) foi descoberto na Austrália e introduzido inicialmente na Califórnia, EUA, em um programa de controle biológico clássico para o psilídeo-de-concha (Dahlsten et al., 2003). No Brasil, *P. bliteus* foi encontrado, de forma acidental, em ramos

Figura 4. *P. bliteus.* A) Fêmea parasitando ninfas do psilídeo-de-concha. B) Concha com orifício de saída do parasitoide. C) *A. opsimus* predando ninfa de *G. brimblecombei*. D) Ninfa de *G. brimblecombei* infectada por *Beauveria bassiana*.

de *E. camaldulensis* e *E. tereticornis* infestados com o psilídeo-de-concha em Piracicaba, SP, 2003 (Berti Filho et al., 2003). Nos países vizinhos, como Argentina, Uruguai e Paraguai, o parasitoide também foi encontrado nos anos seguintes a essa detecção no Brasil e deve ter se dispersado de forma natural (Wilcken, não publicado). A fêmea de *P. bliteus* oviposita em média 125,7 ovos, em um período de 22 dias após sua emergência (Daane et al., 2005). Para criação massal, os autores mencionados sugeriram que, em laboratório, sejam oferecidas plantas ou mudas de eucalipto infestadas com ninfas de terceiro e quarto instares para reprodução do parasitoide, e de primeiro e segundo instares para alimentação das fêmeas dele.

Os resultados iniciais com o parasitoide de ninfas de *P. bliteus* demonstraram a segurança desse inimigo natural específico quanto a outras espécies de psilídeos e que ele aparentemente apresenta relação de dependência com a população do psilídeo-de-concha, tornando-se assim a melhor opção para o controle biológico (Wilcken et al., 2003). Em áreas com ocorrência natural de *P. bliteus*, o parasitismo no campo tem sido baixo, com 0,2 a 11% de ninfas parasitadas em florestas de *E. camaldulensis* nos estados de São Paulo e Minas Gerais (Wilcken et al., 2005). Em 2006, com a importação de novas raças do parasitoide do México, a taxa de parasitismo aumentou, atingindo 25 a 94%, dependendo da região (Wilcken et al., 2008).

Os predadores generalistas, como coccinelídeos, crisopídeos e sirfídeos, são considerados pouco eficientes, pois a quantidade de insetos consumidos é baixa (Cibrián-Tovar & Iñiguez-Herrera, 2001; Dahlsten et al., 2003). O principal motivo é que esses predadores não são adaptados para perfurar as conchas protetoras das ninfas de *G. brimblecombei*, de consistência dura (Wilcken et al., 2003). Portanto, a predação, nesse caso, é mais oportunista (quando as ninfas não estão sob as conchas) do que específica e direcionada, sendo pouco significativa para o controle da população da praga.

Nos últimos anos, tem sido verificado que percevejos predadores vêm atuando com mais eficiência, em comparação com os coccinelídeos, crisopídeos e sirfídeos. Nos Estados Unidos, o percevejo exótico *Anthocoris nemoralis* (Hemiptera: Anthocoridae) tem demonstrado alta capacidade de predação de ninfas de *G. brimblecombei* (Erbilgin, Dahlsten & Chen, 2004).

No Brasil, foi descoberto um percevejo predador do psilídeo-de-concha. Trata-se da espécie *Atopozelus opsimus* (Hemiptera: Reduviidae) (Figura 4C), encontrada em floresta de *E. camaldulensis* e adaptada a predar ninfas e adultos de *G. brimblecombei*. Em laboratório, foi verificado que esse reduvídeo consegue completar seu ciclo de vida alimentando-se exclusivamente de ninfas do psilídeo-de-concha. Apresenta duração da fase ninfal de 40,3 dias e longevidade dos adultos de 61 dias para as fêmeas e de 39 dias para os machos. Os adultos de *A. opsimus* predaram treze indivíduos de *G. brimblecombei* em 36 horas de observação (sete adultos e seis ninfas, em média) (Dias et al., 2012).

Controle microbiano

Na Austrália, não há relatos de entomopatógenos associados às diferentes espécies de psilídeos de eucalipto. Todos os relatos foram feitos nos países onde *G. brimblecombei* se dispersou.

Apesar de relatos sobre epizootias naturais sobre ninfas e/ou adultos do psilídeo-de-concha não citarem a identificação dos patógenos associados, estudos com cepas ou formulações comerciais têm sido conduzidos no Brasil. Em teste de semicampo, mudas de *E. camaldulensis* previamente infestadas com ninfas do psilídeo-de-concha foram separadas para aplicação de produtos comerciais de fungos entomopatogênicos (*Beauveria bassiana, Metarhizium anisopliae* e *Lecanicillium longisporum*), com volume de aplicação equivalente a 200 L/ha. Os produtos mais eficientes foram à base de *B. bassiana* (Figura 4D) e *M. anisopliae*, com eficiência superior a 80%. Nesses tratamentos, os fungos cresceram sobre as conchas e depois infectaram as ninfas sob elas. Em campo, as conchas podem servir de fonte de inóculo (Pogetto et al., 2011).

Resistência de plantas

Em trabalho feito em condições de laboratório e campo, foi avaliada a resistência de espécies e genótipos de eucalipto, a saber: *E. camaldulensis* (procedências VM e IPEF), *E. grandis* e *E. urophylla*, e dos híbridos de *E. grandis* × *E. camaldulensis* (clones 3025 e 1277), de *E. urophylla* × *E. camaldulensis* (clone VM-1), de *E. urophylla* × *E. grandis* (clones H-13, I-144, C-219 e GG-100) e de *E. grandis*. Durante os dois anos de avaliações a campo, verificou-se que os genótipos *E. grandis*, *E. urophylla*, I-144, C-219 e GG-100 e os três genótipos de *E. grandis* apresentaram menor oviposição e infestação de ninfas do psilídeo; os genótipos *E. camaldulensis* e híbrido clonal 3025 revelaram-se altamente suscetíveis ao psilídeo-de-concha em condições de campo (Pereira, 2011).

REFERÊNCIAS BIBLIOGRÁFICAS

ATTIA, S. B.; RAPISARDA, C. First record of the red gum lerp psyllid, *Glycaspis brimblecombei* Moore (Hemiptera: Psyllidae), in Tunisia. *Phytoparasitica* 42(4): 535-9, 2014.

BAMI, R. Au secours de l'eucalyptus. *Le Matin*, 09/06/2011. Disponível em: <maghress.com/fr/lematin/152142>. Acesso em: 12 fev. 2012.

BELLA, S. & RAPISARDA, C. First record from Greece of the invasive red gum lerp psyllid *Glycaspis brimblecombei* Moore (Hemiptera: Psyllidae) and its associated parasitoid *Psyllaephagus bliteus* Riek (Hymenoptera: Encyrtidae). Redia 96: 33-5, 2013.

BENTANCOURT, C. M. & SCATONI, I. B. *Guía de insectos y ácaros de importancia agrícola y forestal en el Uruguay*. 3. ed. Montevideo: Universidad de la República Oriental del Uruguay – Facultad de Agronomía, 2010. 582p.

BERTI FILHO, E. et al. Ocorrência de *Psyllaephagus bliteus/quadricyclus* Riek (Hymenoptera: Encyrtidae) no Brasil. *Revta. Agric.* 78(3): 304, 2003.

BORRAJO, P.; LOPEZ, G. & RUIZ, F. Primera cita de *Glycaspis brimblecombei* Moore (Homoptera: Psyllidae) en el SO de España. *Bol. San. Veg. Plagas* 35(3): 355-61, 2009.

BOUVET, J. P. R.; HARRAND, L. & BURCKHARDT, D. Primera cita de *Blastopsylla occidentalis* y *Glycaspis brimblecombei* (Hemiptera: Psyllidae) para la República Argentina. *Revta. Soc. Entomol. Arg.* 64(1-2): 99-102, 2005.

BREDA, M. O. et al. Registro de *Glycapis brimblecombei* em *Eucalyptus* spp., em Petrolina, Pernambuco. *Pesq. Flor. Bras.* 30(63): 253-5, 2010.

BRENNAN, E. B. et al. First record of *Glycaspis brimblecombei* (Moore) (Homoptera: Psyllidae) in North America: initial observations of potentially serious pest of eucalyptus in California. *Pan-Pacific Entomologist* 75(1): 55-7, 1998.

BRENNAN, E. B. et al. Resistence of *Eucalyptus* species to red gum lerp psyllid (*Glycaspis brimblecombei*) (Homoptera: Psyllidae) in San Francisco Bay area. *Pan-Pacific Entomologist* 77(3): 249-53, 2001a.

BURCKHARDT, D.; LOZADA, P. W. & DIAZ, W. First record of the red gum lerp psyllid *Glycaspis brimblecombei* (Hemiptera: Psylloidea) from Peru. *Bulletin de la Societé Entomologique Suisse* 81: 83-5, 2008.

BURCKHARDT, D. & OUVRARD, D. A revised classification of the jumping plant-lice (Hemiptera: Psylloidea). *Zootaxa* 3.509: 1-34, 2012.

CARNE, P. B. & TAYLOR, K. L. Insect pests. In: HILLIS, W. E. & BROWN, A. G. *Eucalyptus for wood production*. Canberra: CSIRO/Academic Press, 1984.

CIBRIAN-TOVAR, D. & IÑIGUEZ-HERRERA, G. Manual para la identificación y manejo de las plagas y enfermedades forestales del estado de Jalisco. Guadalajara, *Documento Tecnico Prodefo* (32): 23-9, 2001.

CIBRIAN-TOVAR, D. et al. *Introducción y antecedentes sobre Glycaspis brimblecombei y de su parasitoide Psyllaephagus bliteus. Manual técnico operativo-tema I.* Chapingo: Universidad Autónoma Chapingo, División de Ciencias Forestales, s.d. 85p.

COCQUEMPOT, C. et al. Le Psylle du Gommier rouge (*Glycaspis brimblecombei* Moore) introduit sur les eucalyptus de France (Hemiptera, Psyllidae). *Bulletin de la Société Entomologique de France* 117(3): 363-70, 2012.

DAANE, K. M. et al. The biology of *Psyllaephagus bliteus* Riek (Hymenoptera: Encyrtidae), a parasitoid of the red gum lerp psyllid (Hemiptera: Psylloidea). *Biol. Control.* 32: 228-35, 2005.

DAHSLTEN, D. L. et al. Pest notes: Eucalyptus redgum lerp psyllid. *University of California Agricultural Natural Resources Publications* (7.460): 1-4, 2003. Disponível em: <www.ipm.ucdavis.edu>. Acesso em: 11 dez. 2003.

DAHLSTEN, D. L. et al. Biological control of the blue gum psyllid proves economically beneficial. *Calif. Agric.* 52(1): 35-40, 1998.

DIAS, T. K. R. et al. Occurrence of *Atopozelus opsimus* preying on nymphs and adults of *Glycaspis brimblecombei*. *Phytoparasitica* 40: 137-40. 2012.

DIODATO, L. & VENTURINI, M. Presencia del "psílido del escudo" (*Glycaspis brimblecombei*, Hemiptera, Psyllidae), plaga del *Eucalyptus*, en Santiago del Estero, Argentina. *Quebracho* (14): 84-9, 2007.

ELLIOTT, H. J.; OHMART, C. P. & WILEY, F. R. *Insect pests of Australian forests*. Melbourne: Inkata Press, 1998. 214p.

ERBILGIN, N.; DAHLSTEN, N. D. L. & CHEN, P. Intraguild interactions between generalist predators and an introduced parasitoid of *Glycaspis brimblecombei* (Homoptera: Psylloidea). *Biol. Control.* 31: 329-37, 2004.

FAO. *Manual de campo*: plagas y enfermedades de eucaliptos y pinos en el Uruguay. FAO-Uruguai e MGAyP, 2006. 167p.

FERREIRA FILHO, P. J. et al. Caracterização da estrutura espacial do psilídeo-de-concha *Glycaspis brimblecombei* (Hemiptera: Psyllidae) e de seu parasitoide *Psyllaephagus bliteus* (Hymenoptera: Encyrtidae) em floresta de *Eucalyptus camaldulensis*. *Bol. San. Veg. Plagas* 34(1): 11-20, 2008a.

FERREIRA FILHO, P. J. et al. Dinâmica populacional do psilídeo-de-concha *Glycaspis brimblecombei* (Moore, 1964) (Hemiptera: Psyllidae) e de seu parasitoide *Psyllaephagus bliteus* (Hymenoptera: Encyrtidae) em floresta de *Eucalyptus camaldulensis*. *Ciência Rural* 38: 2.109-14, 2008b.

FIRMINO, D. C. *Biologia do psilídeo-de-concha Glycaspis brimblecombei Moore (Hemiptera: Psyllidae) em diferentes espécies de eucalipto e em diferentes temperaturas*. Botucatu, 2004, 49p. Dissertação (mestrado em Proteção de Plantas) – Faculdade de Ciências Agronômicas, Universidade Estadual Paulista.

FIRMINO-WINCKLER, D. C. & WILCKEN, C. F. Biologia do psilídeo-de-concha *Glycaspis brimblecombei* Moore (Hemiptera: Psyllidae) em *Eucalyptus* spp. *Revta. Bras. Entomol.* 53(1): 144-6, 2009.

GARONNA, A. P.; SASSO, R. & LAUDONIA, S. *Glycaspis brimblecombei* (Hem.: Psyllidae), la psilla dal follicolo bianco ceroso, altra specie aliena dell'Eucalipto rosso in Italia. *Foresta* 18: 71-7, 2011.

GILL, R. J. *New state records*: redgum lerp psyllid, *Glycaspis brimblecombei*. California Pest and Disease, 1998.

HALBERT, S. E.; GILL, R. J. & NISSON, J. N. Two *Eucalyptus* psyllids new to Florida (Homoptera: Aphalaridae). *Entomology circular* (407): 1-2, 2001. Disponível em: <www.hawaiiag.org/hdoa/npa/npa01-02_rpsyllid.pdf>. Acesso em: 18 jun. 2003.

HOLLIS, D. *Australian Psylloidea. Jumping plant lice and lerp insects*. Australian Biological Resource Study, Australian Government, Canberra, 2004. 216p.

HUERTA, A.; JARAMILLO, J. & ARAYA, J. E. Establishment of the red gum lerp psyllid parasitoid *Psyllaephagus bliteus* on *Eucalyptus* in Santiago, Chile. Forest Systems 20(3): 339-47, 2011.

HURLEY, B. The red gum "lerp" psyllid, *Glycaspis brimblecombei*: a new pest of *Eucalyptus* now in South Africa. *Plant Protection News* (92): 1-2, 2012.

HURTADO-HERNANDEZ, A. & REINA-BELINCHON, I. Primera cita para Europa de *Glycaspis brimblecombei* Moore (Hemiptera: Psyllidae), uma nueva plaga de eucalipto. *Revta. Soc. Entomol. Aragonesa* 43: 347-429, 2008.

IBA – Indústria Brasileira de Árvores. *Anuário Estatístico 2014*. Brasília, DF, 2014. 97p.

LAUDONIA, S. & GARONNA, A. P. The red gum lerp psyllid, *Glycaspis brimblecombei,* a new exotic pest of *Eucalyptus camaldulensis* in Italy. *Bulletin of Insectology* 63(2): 233-6, 2011.

LUTINSKI, J. A.; LUTINSKI, C. J. & GARCIA, F. R. M. Primeiro registro de *Glycaspis brimblecombei* Moore 1964 (Hemiptera: Psyllidae) em eucalipto no Estado de Santa Catarina, Brasil. *Ciência Rural* 36(2): 653-5, 2006.

MAATOUF, N. & LUMARET, J. P. Eco-ethologie des nouveaux ravageurs invasifs des eucalyptus du Maroc. *Ann. Soc. Entomol. Fr.* 48(3-4): 289-97, 2012.

MALUMPHY, C. et al. First records of *Acizzia jamatonica* (Kuwayama) and *Glycaspis brimblecombei* Moore (Hemiptera, Psyllidae, Aphalaridae) in Montenegro. *Acta Entomologica Serbica* 18(1-2): 11-6, 2013.

MARÍN, S. J. & PARRA, S. N. El ataque del *Glycaspis brimblecombei*. *Chile Forestal* (297): 10, 2003.

MASSON, M. V. et al. Ocorrência e distribuição populacional do psilídeo-de-concha *Glycaspis brimblecombei* Moore 1964 (Hemiptera: Psyllidae) em florestas de eucalipto no litoral norte do Estado da Bahia, Brasil. *Bol. San. Veg. Plagas* 35: 559-62, 2009.

MOORE, K. M. Observations on some Australian forest insetcts. 7. The significance of the *Glycaspis* spp. (Hemiptera: Homoptera: Psyllidae). Associations with their *Eucalyptus* spp. Hosts; erection of a new subgenus and descriptions of thirty-eight new species of *Glycaspis*. *Proc. Linn. Soc. N. S. Wales* 86: 128-67, 1961.

MOORE, K. M. Observations on some Australian forest insects. 18. Four new species of *Glycaspis* (Homoptera: Psyllidae) from Queensland. *Proc. Linn. Soc. N. S. Wales* 89: 163-6, 1964.

NAGAMINE, W. T. & HEU, R. A. Red gum lerp psyllid. Honolulu, New Pest Advisory, 01-02, 2001. 2p. Disponível em: <www.hawaiiag.org/hdoa/npa/npa01-02_rpsyllid.pdf>. Acesso em: 18 jun. 2003.

OLIVEIRA, L. S. et al. Ocorrência de *Glycaspis brimblecombei* (Moore, 1964) (Hemiptera: Psyllidae) em *Eucalyptus* spp. no Rio Grande do Sul, Brasil. *Ciência Florestal* 16(3): 353-5, 2006.

ONORE, G. & GARA, R. L. First record of *Glycaspis brimblecombei* (Hemiptera: Psyllidae) in Ecuador, biological notes and associated fauna. In: 4th EUROPEAN HEMIPTERA CONGRESS IVREA. *Extended abstracts...* Turim, Itália, 2007.

OUVRARD, D. *Psyl'list – The World Psylloidea Database*, 2013. Disponível em: <www.hemiptera-databases.com/psyllist>. Acesso em: 26 fev. 2013.

PAINE, T. D. et al. UC scientists apply IPM techniques to new eucalyptus pests. *Cal. Agric.* 54(6): 8-13, 2000.

PEREIRA, J. M. *Resistência de genótipos de eucalipto ao psilídeo-de-concha Glycaspis brimblecombei Moore (Hemiptera: Psyllidae).* Botucatu, 2011. 88p. Tese (doutorado em Proteção de Plantas) – FCA, Universidade Estadual Paulista.

PERIS-FILIPO, F. J. et al. Nuevos datos sobre la distribución en España de *Glycaspis brimblecombei* Moore, 1964 (Hemiptera: Psyllidae), plaga de *Eucalyptus camaldulensis*. *Bol. Asoc. Esp. Ent.* 33(3-4): 517-26, 2009.

PERIS-FILIPO, F. J. et al. New chronological and biological data of the red gum lerp psyllid *Glycaspis brimblecombei* Moore, 1964, in Italy (Hemiptera, Psyllidae). *Biodiversity Journal* 2(1): 13-7, 2011.

POGETTO, M. H. F. A. D. et al. Control of red-gum lerp psyllid with formulated mycoinsecticides under semi-field conditions. *Int. J. Trop. Insect. Sc.* 31: 85-91, 2011.

PRIETTRO-LILLIO, E. et al. Primer registro del psílido rojo del eucalipto, *Glycaspis brimblecombei,* (Homoptera: Psyllidae) en la Comunidad Valenciana. *Bol. San. Veg. Plagas* 35(3): 277-81, 2009.

PRYOR, L. D. & JOHNSON, L. A. S. *A classification of the Eucalyptus*. Canberra: Australian National University Press, 1971. 192p.

RAMIREZ, A. L. G. *Fluctuacion poblacional del psilido del eucalipto Glycaspis brimblecombei y el efecto del control biológico con la vispa parasitoide Psyllaephagus bliteus.* Cuautitlan Izcalli, 2003. 45p. Tesis (maestria) – Ingeniera Agrícola, Facultad de Estudos Superiores Cuautitlan, Edo. de México, 2003.

REGUIA, K. & PERIS-FILIPO, F. J. *Glycaspis brimblecombei* Moore, 1964 (Hemiptera Psyllidae) invasion and new records in the Mediterranean area. *Biodiversity Journal* 4(4): 501-6, 2013.

ROSALEZ, C. J. et al. *Glycaspis brimblecombei* Moore (Homoptera: Psyllidae) "Red Gum Lerp". Nueva plaga forestal en Venezuela. *Entomotropica* 23(1): 103-4, 2008.

SÁNCHEZ, B. S. Aspectos bionómicos del psílideo del eucalipto *Glycaspis brimblecombei* Moore (Homoptera: Psylloidea: Spondyliaspididae). Chapingo, Texcoco, Edo. de México, 2002. 76p. Tesis (Maestría) – Universidade Autónoma Chapingo. División de Ciências Forestales.

SANCHEZ-MARTINEZ, G. et al. Biological control of the red gum lerp psyllid in Mexico. In: INTERNATIONAL SYMPOSIUM OF BIOLOGICAL CONTROL OF ARTHROPODS, 2., 2005, Davos. USDA Forest Service FHTET-2005-08. v. 3. Morgantown: USDA-FS, 2005. Disponível em: <www.bugwood.org/arthropod2005/vol3/index.html>. Acesso em: 12 fev. 2012.

SANDOVAL, A. & ROTHMANN, S. Detección del psílido de los eucaliptos rojos, *Glycaspis brimblecombei* Moore, 1964, en Chile (Hemiptera: Psyllidae). In: CONGRESO NACIONAL DE ENTOMOLOGIA, 24, 2002, Santiago. *Resúmenes*... Concepción: Universidad de Concepción, 2002. Disponível em: (http;//www.udec.cl/~insectos/resumen.html). Acesso em: 21 jun. 2004.

SILVA, A. L. *Ocorrência, sinecologia de Glycaspis brimblecombei (Moore, 1964) (Hemiptera: Psyllidae) e seus inimigos naturais em Eucalyptus spp. no município de Cuiabá, MT.* Cuiabá, 2010. 61p. Dissertação (mestrado em Ciências Florestais e Ambientais) – Faculdade de Engenharia Florestal, Universidade Federal do Mato Grosso.

SOOKAR, P.; SEEWOORUTHUN, S. I. & RAMKHELAWON, D. The redgum lerp psyllid, *Glycaspis brimblecombei*, a new pest of *Eucalyptus* sp. in Mauritius. *Amas* 327-32, 2003.

VALENTE, C. & HODKINSON, I. First record of the red gum lerp psyllid, *Glycaspis brimblecombei* Moore (Hem.: Psyllidae), in Europe. *J. Appl. Ent.* 133: 315-7, 2009.

WHITE, T. C. R. The production of amylose in the faeces of psyllid larvae with special reference to the lerps of *Cardiaspina densitexta*. *Insect Physiol.* 18: 2.359-67, 1972.

WILCKEN, C. F. et al. Controle biológico do psilídeo-de-concha *Glycaspis brimblecombei* (Hemiptera: Psyllidae) em florestas de eucalipto. In: III CONGRESO VIRTUAL IBEROAMERICANO SOBRE GESTIÓN DE CALIDAD EN LABORATÓRIOS – IBEROLAB, 2005, Valladolid. *Resumenes*... Valladolid: Iberolab, p. 303-307. Disponível em: <www.iberolab.org/opencms/opencms/congreso/IberolabIII2005/index.html>. Acesso em: 12 fev. 2012.

WILCKEN, C. F. et al. Plagas exóticas de importancia en *Eucalyptus* en Brasil. In: XXIII JORNADAS FORESTALES DE ENTRE RIOS. *Anales*... Concordia, 2008.

WILCKEN, C. F. et al. Ocorrência do psilídeo-de-concha (*Glycaspis brimblecombei*) em florestas de eucalipto no Brasil. *Circular Técnica Ipef* (201): 1-11, 2003. Disponível em: <www.ipef.br/publicacoes/ctecnica>. Acesso em: 23 jan. 2014.

55

Percevejo-bronzeado-do-eucalipto, *Thaumastocoris peregrinus* Carpintero & Dellapé

C. F. Wilcken, L. R. Barbosa, E. P. Soliman,
A. C. V. Lima, L. A. N. de Sá, S. Lawson

INTRODUÇÃO

O Brasil possui uma área de aproximadamente 4,7 milhões de hectares de plantações de eucalipto, distribuídas entre as regiões Sudeste (55,8%), Nordeste (17,2%), Sul (11,3%), Centro-Oeste (10,5%) e Norte (5,2%), atendendo aos setores de celulose e papel, chapas e painéis de madeira, siderurgia a carvão vegetal e energia (lenha). O setor florestal gera valor bruto de R$ 51,8 bilhões, com contribuições tributárias de R$ 7,4 bilhões, o que corresponde a 0,57% do total arrecadado pelo país (Abraf, 2011).

As culturas florestais apresentam significativa redução na quantidade e na qualidade de madeira produzida quando atacadas por insetos (Zobel, Wyk & Sthal, 1987; Ohmart, 1990; Ohmart & Edwards, 1991; Candy, Elliot & Bashford, 1992; Sheperd, 1994; Cruz, 1997; Wilcken et al., 2003), em especial por aqueles introduzidos em um novo país ou região.

As plantações brasileiras de eucalipto são atacadas por várias espécies de pragas nativas e, recentemente, por pragas exóticas ou invasoras. Esses insetos, em sua maioria de origem australiana, têm contribuído para a redução da produtividade das florestas de eucalipto. Exemplo recente foi a introdução, em

2008, do percevejo-bronzeado-do-eucalipto, *Thaumastocoris peregrinus*, detectado inicialmente em São Francisco de Assis, RS, que se disseminou rapidamente pelas principais regiões produtoras do país (Wilcken et al., 2010).

Esse inseto vem atraindo a atenção do setor florestal mundial, devido à rapidez com que tem se disseminado e à importância dos danos ocasionados em plantios de eucalipto nos diferentes países onde foi introduzido.

Posição taxonômica e nomenclatura

Ordem: Hemiptera

Subordem: Heteroptera

Família: Thaumastocoridae

Gênero: *Thaumastocoris* Kirkaldy, 1908

Espécie: *Thaumastocoris peregrinus* Carpintero & Dellapé, 2006

O gênero *Thaumastocoris*, de origem australiana, foi proposto por Kirkaldy, em 1908, para *Thaumastocoris australicus* (Hemiptera: Thaumastocoridae), com mais quatro espécies. A descrição taxonômica de *Thaumastocoris peregrinus* foi realizada por Carpintero & Dellapé, em 2006, demonstrando que relatos anteriores sobre a ocorrência de *T. australicus* na África do Sul, em 2003 (Jacobs & Neser, 2005), e na Argentina, em 2005 (Noack & Coviella, 2006), referiam-se a *T. peregrinus*. Essas duas espécies, *T. peregrinus* e *T. australicus,* são morfologicamente próximas, mas distinguem-se pelo pronoto, com a presença de um par de tubérculos anterolaterais, ausente em *T. australicus*, e pela cápsula genital masculina, que, em vista ventral, se abre para o lado esquerdo e no sentido oposto em *T. australicus* (Carpintero & Dellapé, 2006).

O percevejo-bronzeado pertence à subfamília Thaumastocorinae, que possui quatro gêneros descritos: *Baclozygum* Bergroth (Tasmânia e Austrália), *Onymocoris* Drake & Slater (Austrália), *Thaumastocoris* Kirkaldy (Austrália e África do Sul) e *Wechina* Drake & Slater (Sul da Índia) (Carpintero & Dellapé, 2006).

T. peregrinus é um percevejo pequeno (de aproximadamente 3 mm), de corpo achatado, olhos avermelhados, com placas mandibulares desenvolvidas e antenas de quatro segmentos, com os apicais mais escuros (Carpintero & Dellapé, 2006). Os caracteres morfológicos utilizados na descrição de *T. peregrinus* são questionados por Noack, Cassis e Rose (2011). Estes autores afirmam que os caracteres utilizados para descrição da espécie são inconsistentes, pelo fato de ela ter sido feita na Argentina e não ter considerado as variações existentes nas populações nativas da Austrália.

Em 2011, novas espécies de *Thaumastocoris* foram descritas na Austrália (Noack, Cassis & Rose, 2011), evidenciando o potencial para o surgimento de novas pragas da eucaliptocultura mundial.

BIOECOLOGIA

Os dados biológicos sobre percevejos da família Thaumastocoridae são escassos (Cassis, Schuh & Braibvsky, 1999). A maior parte dos estudos são sobre espécies da subfamília Xylastodorinae, que ocorrem na América do Sul (Noack & Rose, 2007). O primeiro trabalho sobre a biologia de espécies de *Thaumastocoris* foi realizado por esses autores em *Eucalyptus scoparia*.

O desenvolvimento do percevejo-bronzeado é dividido nas fases de ovo, ninfa (cinco instares) e adulto (Noack & Rose, 2007; Soliman et al., 2012) (Figura 1). A fase ninfal é de aproximadamente quinze dias. Porém, a temperatura exerce grande influência sobre essa duração, que pode variar de cinquenta dias, à temperatura de 14°C, a treze dias, a 30°C (Soliman, 2010).

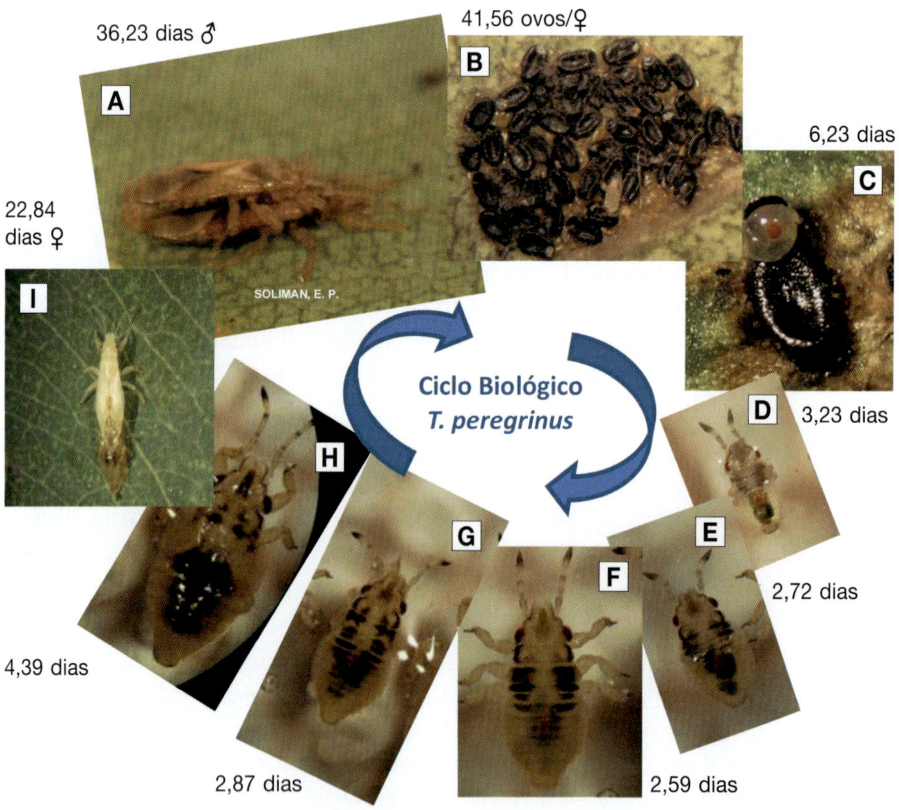

Figura 1. Ciclo biológico de *T. peregrinus*. A) Cópula. B) Ovos. C) Detalhe da eclosão da ninfa. D-H) Desenvolvimento ninfal. D) Primeiro instar. E) Segundo instar. F) Terceiro instar. G) Quarto instar. H) Quinto instar. I) Emergência do adulto.
Fonte: Soliman (2010), Soliman et al. (2012).

A longevidade dos adultos é influenciada pelo material genético do eucalipto. Em *E. grandis* e *E. urophylla,* a longevidade de *T. peregrinus* foi de cerca de quarenta dias, enquanto em clone híbrido de *E.grandis* × *E. camaldulensis* foi de apenas quinze dias (Soliman et al., 2012). A temperatura também influencia o seu desenvolvimento, que é mais rápido nas temperaturas mais elevadas.

As fêmeas colocam seus ovos logo após a cópula; são perto de 60 ovos/fêmea (Noack & Rose, 2007; Crosa, 2008). No Brasil, fêmeas de *T. peregrinus* produziram em média 41 ovos; pode-se chegar a aproximadamente 75 ovos/fêmea em *E. urophylla* e *E. grandis* (Soliman et al., 2012). O período de incubação dos ovos varia de cinco dias (30°C) a 21 dias (14°C) (Soliman, 2010).

DISTRIBUIÇÃO GEOGRÁFICA E HOSPEDEIROS

O percevejo-bronzeado é nativo da Austrália, onde foi pouco estudado até 2002, quando se tornou praga séria de eucalipto plantado em áreas urbanas de Sydney e vem se dispersando com rapidez. Foi registrado na África do Sul, em 2003, e posteriormente dispersou-se para Zimbábue, Malauí e Quênia, Argentina (em 2005), Uruguai e Brasil (em 2008), Chile (em 2009), Itália (em 2011), Portugal (em 2013), na Nova Zelândia (em 2012), infestando diferentes espécies e híbridos de *Eucalyptus* (Noack & Rose, 2007; Jacobs & Neser, 2005; Carpintero & Dellapé, 2006; Noack & Coviella, 2006; Bouvet & Vaccaro, 2007; Martinez & Bianchi, 2010; Wilcken et al., 2010; Noack, Cassis & Rose, 2011; Ide et al., 2011; Laudonia & Sasso, 2012; Sopow, George & Ward, 2012; Garcia et al., 2013) (Figura 2).

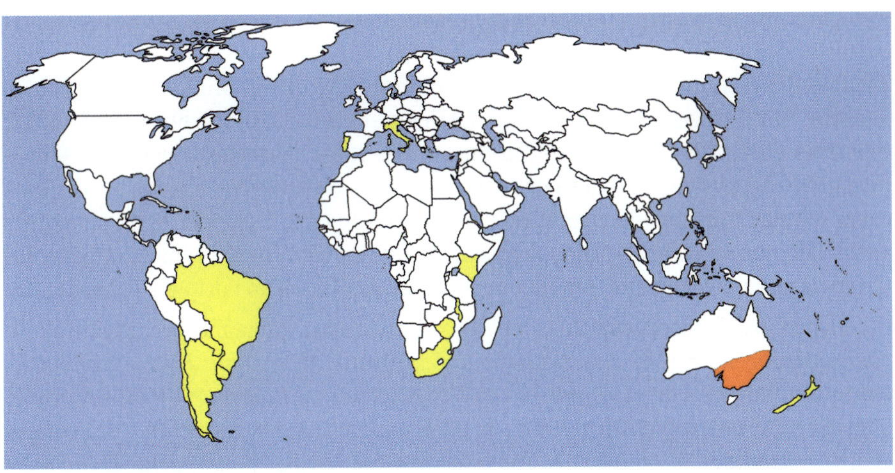

Figura 2. Distribuição geográfica mundial de *T. peregrinus* em 2014. Em laranja: região de origem; em amarelo: países onde foi introduzido.

Em estudo sobre variabilidade genética de populações do percevejo-bronzeado realizado na África do Sul, foi verificado que existem oito haplótipos (H_A a H_H) de *T. peregrinus* na Austrália e que na América do Sul (Argentina, Brasil e Uruguai) só ocorre o haplótipo H_A, comprovando que houve apenas uma única introdução, ocorrida na Argentina, e que o inseto dispersou-se pelo Uruguai e pelo Brasil (Nadel et al., 2010).

A porta de entrada do percevejo-bronzeado no Brasil foi São Francisco de Assis, RS, em maio de 2008, detectado em clone híbrido de *E. grandis* × *E. urophylla*. Provavelmente, a introdução ocorreu de forma natural, pelas fronteiras com a Argentina e o Uruguai. Logo após, a praga foi detectada, em junho de 2008, em Jaguariúna, SP, em árvores isoladas de *E. camaldulensis* (Soliman et al., 2009a; Wilcken et al., 2008). A hipótese mais provável é que o inseto tenha chegado por via aérea, pois a praga foi encontrada em árvores de eucalipto próximas aos aeroportos internacionais de Viracopos, em Campinas, e de Guarulhos, na região metropolitana de São Paulo, em 2008 (Wilcken et al., 2010).

A primeira ocorrência de *T. peregrinus* em plantios clonais no Brasil ocorreu em outubro de 2008, em Salto de Pirapora, SP (Soliman et al., 2009a). Até o final de 2008, o inseto foi detectado em diversos municípios paulistas. Em janeiro de 2010, a praga estava presente em Curvelo e Belo Oriente, MG (Wilcken et al., 2010). Em 2009, foi detectada no Paraná (Barbosa et al., 2010) e em Mato Grosso do Sul, Rio de Janeiro e Espírito Santo (Wilcken et al., 2010) (Figura 3).

No Brasil, sua dispersão tem sido rápida, provavelmente por influência antrópica, pois as detecções iniciais foram feitas nas margens das principais rodovias de São Paulo e do país, em árvores isoladas ou de quebra-ventos. É possível que o inseto esteja sendo disseminado por caminhões que transportam toras de eucalipto, em que se costuma observar a presença de ramos e de folhas residuais da colheita. Dessa forma, a praga provavelmente atingiu os estados vizinhos de São Paulo e Rio Grande do Sul, como Paraná, Santa Catarina, Minas Gerais, Rio de Janeiro, Mato Grosso do Sul e Bahia (Wilcken et al., 2010; Barbosa et al., 2010; Savaris et al., 2011), além de Tocantins (Wilcken, observação pessoal). Outra forma de dispersão tem sido por trens de carga com vagões abertos, dos quais caem folhas ou ramos de eucalipto com ovos do inseto. Essa via de dispersão foi verificada quando a praga chegou ao estado do Espírito Santo, com as infestações a iniciar nas margens da ferrovia que liga Minas Gerais ao porto de Tubarão, ES.

O percevejo-bronzeado é específico de eucalipto, podendo se alimentar de várias espécies, como *E. camaldulensis*, *E. grandis*, *E. smithii*, *E. tereticornis*, *E. viminalis*, híbridos de *E. camaldulensis* × *E. grandis*, *E. grandis* × *E. urophylla* (Jacobs & Neser, 2005; FAO, 2007), *E. globulus*, *E. dunnii*, *E. saligna*, *E. badjensis*, *E. benthamii*, *E. nobilis*, *E. robusta* (Bouvet, 2011), *E. scoparia*, *E. nicholii* (Noack & Coviella, 2006), *E. paniculata* e *E. syderoxylon*. Porém, a espécie mais suscetível ao ataque do inseto é *E. camaldulensis* (Jacobs & Neser, 2005), apesar de o número de ovos/fêmea ser inferior, em comparação com *E. grandis* e *E. urophylla* (Soliman et al., 2012).

SINTOMAS E DANOS

No Brasil, é cultivada ampla gama de espécies e clones de eucalipto e sabe-se que há variação no desenvolvimento e na reprodução do inseto-praga, em função do alimento oferecido (Wilcken et al., 2008b; Firmino-Winckler et al., 2009; Soliman et al., 2012). Portanto, os danos são mais evidentes em alguns materiais genéticos de eucalipto do que em outros.

Os sintomas de ataque de *T. peregrinus* nas folhas de eucalipto variam muito, conforme a espécie, o clone e os híbridos (Jacobs & Neser, 2005; Bouvet & Vaccaro, 2007; Wilcken et al., 2010). Algumas características são marcantes no início da infestação. As folhas apresentam coloração prateada (Figura 3A) ou levemente

Figura 3. A-B) Ramo de eucalipto (clone "urograndis") com sintoma de bronzeamento. C) Plantação de eucalipto clonal com sintoma de bronzeamento. D) Armadilha adesiva amarela para o monitoramento de *T. peregrinus*.

bronzeada, com presença de excrementos na superfície foliar. Após esse sintoma inicial, podem apresentar um bronzeamento (Figura 3B) e/ou clorose, com presença de posturas do inseto próximo às nervuras ou às deformações ásperas na superfície foliar. Esses sintomas generalizados de bronzeamento nas folhas podem ser facilmente confundidos com deficiência de nutrientes, como potássio. Em altas populações, o inseto provoca desfolhamento (Jacobs & Neser, 2005; Bouvet & Vaccaro, 2007; Wilcken et al., 2010), ocasionando reduções de 10 a 20% no volume de madeira (C. F. Wilcken, dados não publicados).

AMOSTRAGEM E DINÂMICA POPULACIONAL

Há vários métodos de amostragem para insetos-praga em florestas plantadas de eucalipto. No caso de *T. peregrinus*, o método indireto é realizado com armadilhas adesivas amarelas dispostas nas plantações (Figura 3D) (Lima, 2011). Outro método bem eficiente é a amostragem direta, realizada com coleta nos ramos de pelo menos dez folhas, fazendo-se a contagem de ninfas e adultos. A coleta deve ser feita no terço médio da copa da planta, independentemente do estágio do inseto e da cultura (Lima, 2011).

A dinâmica populacional do percevejo-bronzeado tem relação direta com a umidade relativa e a precipitação pluviométrica, que afetam suas populações, com correlações inversamente proporcionais à sua flutuação, mas não influindo na distribuição espacial do inseto, que é agregada (Lima, 2011).

Essa dinâmica é facilmente observada nos diferentes picos populacionais em regiões como Alegrete, RS, onde o pico ocorreu em fevereiro, em amostragem realizada em folhas de híbrido de *E. urophylla* × *E. grandis* (Garlet, 2010). Pico populacional semelhante foi encontrado em Concórdia e Entre Rios, na Argentina, com armadilhas adesivas amarelas em plantio de *E. camaldulensis* em março (2007 e 2008) (Bouvet, Harrand & Rodriguez, 2009). Na região de Bauru, SP, o pico populacional ocorreu em junho de 2009 e em abril de 2010 (Spolidorio et al., 2010). Para a região de Campinas, SP, os picos ocorreram em agosto de 2009, em *E. urophylla* e *E. grandis* e híbridos dessas espécies, e em junho de 2010; em Ibaté, SP, o pico populacional aconteceu em outubro de 2010, em híbrido de *E. urophylla* × *E. grandis* (Lima, 2011).

Atualmente, vários estudos e grupos estão buscando implementar estratégias para melhorar os métodos de monitoramento do percevejo-bronzeado. Assim, a rede de monitoramento com armadilhas amarelas adesivas para o levantamento populacional de psilídeo-de-concha *Glycaspis brimblecombei* (Hemiptera: Psyllidae) e de seu parasitoide *Psyllaephagus bliteus* (Hymenoptera: Encyrtidae) nas principais regiões produtoras de florestas de eucalipto, mantidas pelo Programa de Proteção Florestal (Protef), do Instituto de Pesquisa e Estudos Florestais (Ipef), também está sendo utilizada para o monitoramento do percevejo-bronzeado em vários estados brasileiros e no Uruguai (Lima, 2011).

CONTROLE

Assim como qualquer outra espécie de inseto que tem surtos populacionais, *T. peregrinus* é considerado praga do eucalipto, pois apresenta ciclo curto e alto potencial reprodutivo, o que facilita a colonização de novas áreas. Desse modo, trabalhos referentes ao controle são indispensáveis para o estabelecimento de um programa para manejo integrado de *T. peregrinus* no eucalipto.

A principal estratégia é o controle biológico, porém são poucos os relatos de inimigos naturais do percevejo-bronzeado. Na Austrália, foi relatada somente a ocorrência do parasitoide-de-ovos *Cleruchoides noackae* Lin & Huber (Hymenoptera: Mymaridae) (Figura 4), encontrado em Sydney, Austrália (Lin, Huber & Salle, 2007), com índice de parasitismo médio de 25,5% (Cross, 2010). Esse parasitoide já foi introduzido e liberado no Chile em 2011 e no Brasil em 2012, nos estados de Minas Gerais, São Paulo, Rio Grande do Sul, Bahia e Maranhão. Os resultados iniciais demonstram parasitismo entre 25 e 50% (L. R. Barbosa, dados não publicados).

Outro grupo de inimigos naturais é o dos predadores. Foi verificado em campo e/ou em laboratório o potencial de predação de *Chrysoperla externa* (Neuroptera: Chrysopidae) (Barbosa et al., 2010) e de *Atopozelus opsimus* (Hemiptera: Reduviidae) (Wilcken et al., 2010; Dias et al., 2014).

Outra possibilidade de controle biológico é a utilização de fungos entomopatogênicos. No Brasil, a ocorrência de epizootias naturais desses fungos tem sido verificada em alguns plantios de eucalipto. Entre os agentes entomopatogênicos associados ao percevejo-bronzeado, foram identificados fungos da ordem *Entomophthorales*, como *Zoophthora radicans*, além de *Beauveria bassiana, Paecilomyces cateniannulatus* e *Fusarium proliferatum* (Mascarin et al., 2012; Soliman, 2010; San Roman-Lazo, 2012). Portanto, a busca por isolados desses fungos também é

Figura 4. Fêmea de *C. noackae* parasitando ovos do percevejo-bronzeado.

uma estratégia a ser considerada e poderá representar, no futuro, uma alternativa para o controle biológico da praga.

Com relação ao controle químico, as melhores opções seriam inseticidas sistêmicos, como o grupo dos neonicotinoides (imidacloprid e thiamethoxam) (Noack et al., 2009). Porém, não há produtos registrados junto ao Ministério da Agricultura, Pecuária e Abastecimento.

Devido às preocupações ambientais e à ocorrência de *T. peregrinus* em áreas urbanas, torna-se viável a aplicação localizada em substituição à foliar (Lawson & Dahlsten, 2003). Uma das formas é a aplicação de inseticidas sistêmicos por injeção no tronco. Na Austrália, o uso de imidacloprid injetado no tronco de *E. scoparia* reduziu de modo significativo as populações de *T. peregrinus*, em comparação com árvores não tratadas (Noack et al., 2009).

REFERÊNCIAS BIBLIOGRÁFICAS

ABRAF – Associação Brasileira dos Produtores de Florestas Plantadas. *Anuário estatístico*: ano base 2011. Brasília, DF, 2012. 130p.

BARBOSA, L. R. et al. Registro de *Thaumastocoris peregrinus* (Hemiptera, Thaumastocoridae) no Estado do Paraná. *Pesq. Flor. Bras.* 30 (61): 75-7, 2010.

BARBOSA, L. R. et al. *Predação de Thaumastocoris peregrinus por Chrysoperla externa.* Colombo, PR: Embrapa Florestas, 2010. 4p. (Comunicado Técnico, 257).

BOUVET, J. P. R. *Manual de insectos asociados al cultivo de eucalipto.* Ediciones Inta, 2011. 64p.

BOUVET, J. P. R.; HARRAND, L. & RODRIGUEZ, M. B. Fluctuación poblacional de la chinche del eucalipto, *Thaumastocoris peregrinus* Carpintero & Dellapé (Hemiptera: Thaumastocoridae), en plantaciones de eucalipto del nordeste de Entre Rios, Argentina. In: CONGRESO FORESTAL MUNDIAL, 2009, Buenos Aires. *Anales*... Buenos Aires: [s.n] (CD-ROM). Disponível em: <www.cfm2009.org/es/programapost/resumenes/index.asp>.

BOUVET, J. P. R. & VACCARO, N. C. Nueva especie de chinche, *Thaumastocoris peregrinus* (Hemiptera: Thaumastocoridae), en plantaciones de eucalipto in Concórdia. In: JORNADAS FORESTALES DE ENTRE RÍOS, 22, 2007, Concórdia. *Anales*... Concórdia: Inta-EEA, 2007.

CANDY, S. G.; ELLIOT, H. J. & BASHFORD, R. Modelling the impact of defolation by the leaf beetle *Chysophtharta bimaculata* (Coleoptera: Chrysomelidae) on height growth of *Eucalyptus regnans*. *For. Ecol. Manag.* 54: 69-87, 1992.

CARPINTERO, D. L. & DELLAPÉ, P. M. A new species of *Thaumastocoris* Kirkaldy from Argentina (Heteroptera: Thaumastocoridae: Thaumastocorinae). *Zootaxa* (1228): 61-8, 2006.

CASSIS, G.; SCHUH, R. T. & BRAILOVSKY, H. A review of *Onymocoris* (Hemiptera: Thaumastocoridae), with a new species, and notes on host and distributions of other thaumastocorid species. *Acta Societalis Zoologicae Bohemoslovenicae* 63: 19-36, 1999.

CROSA, G. M. *Thaumastocoris peregrinus* Carpintero & Delappe, 2005 (Heteroptera: Thaumastocoridae): new pest found in eucalyptus in Uruguay. In: IUFRO Recent Advances in Forest Entomology. *Abstracts.* Pretoria, South Africa, 2008.

CROSS, D. *Parasitoids of Thaumastocoris spp. in the Sydney region.* Sydney, 2010. 42f. Thesis – University of Sydney.

CRUZ, A. P. *Níveis de dano econômico e fatores que favorecem o aumento de lepidópteros-praga, associados a eucalipto na Jari Celulose S. A.* Viçosa, MG, 1997. 67f. Dissertação (mestrado em Entomologia) – Universidade Federal de Viçosa.

DIAS, T. K. R. et al. Predation of *Thaumastocoris peregrinus* (Hemiptera: Thaumastocoridae) by *Atopozelus opsimus* (Hemiptera: Reduviidae) in Brazil. *Invertebrate Survival Journal* 11: 224-7, 2014.

FAO – Food and Agriculture Organization. Forestry Department. *Overview of forest pests: South Africa*, 2007. Disponível em: <www.fao.org/docrep/012/al019e/al019e00.pdf >. Acesso em: 8 mar. 2009.

FIRMINO-WINCKLER, D. C. et al. Biologia do psilídeo-de-concha *Glycaspis brimblecombei* Moore (Hemiptera: Psyllidae) em *Eucalyptus* spp. *Revta. Bras. Ent.* 53(1): 144-6, 2009.

GARCIA, A. et al. First record of *Thaumastocoris peregrinus* in Portugal and of the neotropical predator *Hemerobius bolivari* in Europe. *Bulletin of Insectology* 66(2): 251-6, 2013.

GARLET, J. *Levantamento populacional da entomofauna em plantios de Eucalyptus spp.* Santa Maria, 2010. 84f. Dissertação (mestrado em Engenharia Florestal) – Universidade Federal de Santa Maria.

IDE, S. et al. Deteccion de *Thaumastocoris peregrinus* (Heteroptera: Thaumastocoridae) asociado a *Eucalyptus* spp. en Chile. *Bosque* 32(3): 309-13, 2011.

JACOBS, D. H. & NESER, S. *Thaumastocoris australicus* Kirkaldy (Heteroptera: Thaumastocoridae): a new insect arrival in South Africa, damaging to *Eucalyptus* trees: research in action. *South African Journal of Science* 101(5): 233-6, 2005.

LAUDONIA, S. & SASSO, R. The bronze bug *Thaumastocoris peregrinus*: a new insect recorded in Italy, damaging *Eucalyptus* trees. *Bulletin of Insectology* 65(1): 1-5, 2012.

LAWSON, A. B. & DAHLSTEN, D. L. Evaluation of systemic insecticides as a treatment option in integrated pest management of the elm leaf beetle, *Xanthogaleruca luteola* (Müller) (Coleoptera: Chrysomelidae). *J. Econ. Ent.* 96: 1.455-62, 2003.

LIMA, A. V. C. *Amostragem e dinâmica populacional do percevejo-bronzeado Thaumastocoris peregrinus (Hemiptera: Thaumastocoridae) em floresta clonal de eucalipto.* Botucatu, 2011. 73 f. Dissertação (mestrado em Agronomia/Proteção de Plantas) – Faculdade de Ciências Agronômicas, Universidade Estadual Paulista.

LIMA, A. V. C. et al. Primeira ocorrência do percevejo-bronzeado *Thaumastocoris peregrinus* (Hemiptera: Thaumastocoridae) no Estado da Bahia. In: CONGRESSO BRASILEIRO DE ENTOMOLOGIA, 23, 2010, Natal. *Anais*... Botucatu: Universidade Estadual Paulista, 2010. (CD-ROM).

LIN, N. Q.; HUBER, J. T. & SALLE, J. L. The Australian genera of Mymaridae (Hymenoptera: Chalcidoidea). *Zootaxa* (1596): 1-111, 2007.

MARTINEZ, G. & BIANCHI, M. Primer registro para Uruguay de la chinche del eucalipto, *Thaumastocoris peregrinus* Carpinteiro y Dellapé, 2006 (Heteroptera: Thaumastocoridae). *Agrociencia* 14(1): 15-8, 2010.

MASCARIN, G. M. et al. Natural occurrence of *Zoophthora radicans* (Entomophthorales: Entomophthoraceae) on *Thaumastocoris peregrinus* (Heteroptera: Thaumastocoridae), an invasive pest recently found in Brazil. *J. Inv. Pathol.*, 2012. Disponível em: <http://dx.doi.org/10.1016/j.jip.2012.03.025>.

NADEL, R. L. et al. DNA bar-coding reveals source and patterns of *Thaumastocoris peregrinus* invasions in South Africa and South America. *Biological Invasions* 12: 1.067-77, 2010.

NOACK, A. E. & COVIELLA, C. E. *Thaumastocoris australicus* Kirkaldy (Hemiptera: Thaumastocoridae): first record of this invasive pest of *Eucalyptus* in the Americas. *Gen. Appl. Ent.* 35: 2, 2006.

NOACK, A. E. & ROSE, H. A. Life-history of *Thaumastocoris peregrines* and *Thaumastocoris* sp. in the laboratory with some observations on behaviour. *Gen. Appl. Ent.* 36: 27-33, 2007.

NOACK, A. E. et al. Efficacy of Imidacloprid in the control of *Thaumastocoris peregrinus* on *Eucalyptus scoparia* in Sydney, Australia. *Arboriculture & Urban Forestry* 35(4): 192-6, 2009.

NOACK, A. E.; CASSIS, G. & ROSE, H. A. Systematic revision of *Thaumastocoris* Kirkaldy (Hemiptera: Heteroptera: Thaumastocoridae). *Zootaxa* (3121): 1-60, 2011.

OHMART, C. P. Insects pests in intensively-managed eucalypt plantations in Australia: some thoughts on this challenge to a new era in Forest management. *Australian Forestry* 36: 637-57, 1990.

OHMART, C. P. & EDWARDS, P. B. Insec herbivory on Eucalyptus. *Ann. Rev. Ent.* 36: 637-57, 1991.

SAN ROMAN-LAZO, M. L. *Caracterização e patogenicidade de fungos entomopatogênicos isolados do percevejo bronzeado do eucalipto, Thaumastocoris peregrinus (Hemiptera: Thaumastocoridae).* Botucatu, 2012. 76f. Dissertação (Mestrado em Agronomia/Proteção de Plantas) – Faculdade de Ciências Agronômicas, Universidade Estadual Paulista.

SAVARIS, M. et al. Primeiro registro de *Thaumastocoris peregrinus* para o Estado de Santa Catarina, e novas áreas de ocorrência para o Rio Grande do Sul, Brasil. *Ciência Rural* 41(11): 1.872-6, 2011.

SHEPERD, R. F. Management strategies for Forest defoliatiors in British Columbia. *Forest Ecology and Management* 68: 303-4, 1994.

SOLIMAN, E. P. et al. Diagnosticação e distribuição do percevejo-bronzeado (*Thaumastocoris peregrinus*) (Hemiptera: Thaumastocoridae) no Brasil. In: I SIMPÓSIO DE PROTEÇÃO DE PLANTAS. *Anais...* Botucatu, SP, 2009a.

SOLIMAN, E. P. *Bioecologia do percevejo-bronzeado Thaumastocoris peregrinus Carpintero & Dellapé (Hemiptera: Thaumastocoridae) em eucalipto e prospecção de inimigos naturais.* Botucatu, 2010. 90f. Dissertação (mestrado em Agronomia) – Universidade Estadual Paulista.

SOLIMAN, E. P. et al. Biology of *Thaumastocoris peregrinus* in different *Eucalyptus* species and clones. *Phytoparasitica* 40(3): 218-27, 2012.

SOPOW, S.; GEORGE, S. & WARD, N. Bronze bug, *Thaumastocoris peregrinus*: a new *Eucalyptus* pest in New Zealand. *Surveillance* 39(2): 43-6, 2012.

SPOLIDORIO, D. C. et al. Flutuação populacional do percevejo-bronzeado *Thaumastocoris peregrinus* em florestas de eucalipto na região de Bauru, SP. In: CONGRESSO BRASILEIRO DE ENTOMOLOGIA, 23, 2010, Natal. *Anais...* Natal: Sociedade Brasileira de Entomologia, 2010. (CD-ROM).

WILCKEN, C. F. et al. Plagas exóticas de importancia en *Eucalyptus* en Brasil. XXIII JORNADAS FORESTALES DE ENTRE RÍOS. *Anales...* Concordia, 2008a.

WILCKEN, C. F. et al. Ocorrência de *Gonipterus scutellatus* Gyllenhal (Coleoptera: Curculionidae) em plantações de eucalipto no Estado do Espírito Santo. *Arq. Inst. Biol.* 75(1): 113-5, 2008b.

WILCKEN, C. F. et al. Ocorrência do psilídeo-de-concha (*Glycaspis brimblecombei*) em florestas de eucalipto no Brasil. *Circular Técnica Ipef* (201): 1-11, 2003. Disponível em: <www.ipef.br/publicacoes/ctecnica>. Acesso em: 28 jan. 2010.

WILCKEN, C. F. et al. Bronze bug *Thaumastocoris peregrinus* Carpintero & Dellapé (Hemiptera: Thaumastocoridae) on *Eucalyptus* in Brazil and its distribution. *Journal of Plant Protection Research* 50(2): 184-8, 2010.

ZOBEL, B. J.; WYK, V. G. & STHAL, P. *Growing exotic forests*. Nova York: John Wiley & Sons, 1987. 508p.